"科技史经典译丛"

中国科学院自然科学史研究所世界科技史研究室

南开大学科学技术史研究中心

山东科学技术出版社

共同策划

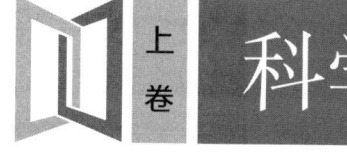 上卷 科学与知识的历史

科 技 史 经 典 译 丛

[法]多米尼克·佩斯特（Dominique Pestre） 总主编
[法]斯特凡纳·范·达默（Stéphane Van Damme） 分卷主编

李云逸 郭 静 译

山东科学技术出版社
·济南·

Histoire des sciences et des savoirs
Tome 1. De la Renaissance aux Lumières
Tome dirigé par Stéphane Van Damme
© Éditions du Seuil. 2015
Simplified Chinese translation edition © 2023 by Shandong Science and Technology Press Co., Ltd.
版权登记号：图字 15-2021-351

图书在版编目（CIP）数据

科学与知识的历史：全三卷 /（法）多米尼克·佩斯特（Dominique Pestre）总主编；李云逸，郭静译．—济南：山东科学技术出版社，2023.5（2024.4重印）

（科技史经典译丛）

ISBN 978-7-5723-1673-9

Ⅰ.①科⋯ Ⅱ.①多⋯ ②李⋯ ③郭⋯ Ⅲ.①科学技术－技术史－世界 Ⅳ.① N091

中国国家版本馆 CIP 数据核字（2023）第 101297 号

科学与知识的历史
KEXUE YU ZHISHI DE LISHI

责任编辑：吴英华　杨　磊
装帧设计：侯　宇

主管单位：	山东出版传媒股份有限公司
出 版 者：	山东科学技术出版社
	地址：济南市市中区舜耕路 517 号
	邮编：250003　电话：（0531）82098088
	网址：www.lkj.com.cn
	电子邮件：sdkj@sdcbcm.com
发 行 者：	山东科学技术出版社
	地址：济南市市中区舜耕路 517 号
	邮编：250003　电话：（0531）82098067
印 刷 者：	山东临沂新华印刷物流集团有限责任公司
	地址：山东省临沂市高新技术产业开发区龙湖路 1 号
	邮编：276017　电话：（0539）2925659

规格：16 开（170 mm × 240 mm）
印张：85.5　字数：1265 千
版次：2023 年 5 月第 1 版　印次：2024 年 4 月第 2 次印刷
定价：348.00 元（全三卷）

译丛总序

科学技术史研究在中国兴起于 20 世纪初的新文化运动时期,到 50 年代开始职业化和建制化,并将工作重心放在整理祖国科学遗产和认知古代发明创造等方面。1978 年,中国科技史学者将研究领域扩展到近现代科学技术史,此后中国近现代科技史成为一个重要学术增长点。迄今,中国学者对本国科技史研究已经取得相当显著的成果,产出了以 26 卷本《中国科学技术史》(卢嘉锡主编)为代表的学术出版物,为科学与文化事业的发展作出了独特贡献,并且赢得了国际学界的尊重和支持。

早在 1956 年 7 月 9 日,中国科学院副院长竺可桢在中国自然科学史讨论会上发表讲话,指出"研究中国自然科学史,无形中会把范围推广到我们毗邻各国的科学史,甚至于世界科学史"。到 1958 年,中国科学院自然科学史研究室起草了《1958—1967 年自然科学史研究发展纲要(草案)》,其中提道:要有计划地、有重点地研究外国科学史,翻译外国科学史名著和古典科学名著;1962 年以前编出"洁本世界科学史小册子";研究印度和阿拉伯国家的科学史及其与中国的科学交流史;研究日本、朝鲜、越南、蒙古和其他亚洲国家的科学史及其与中国的关系。这个雄心勃勃的设想未能如期付诸实施,却为后辈学者带来了启发。

中国科学院自然科学史研究室在 1975 年改称自然科学史研究所,之后在"科学的春天"里更加放眼世界和面向国家现代化建设,在 1978 年创建近现代科学史研究室,正式开始研究世界近现代科学史和技术史,编写了《20 世纪科学技术简史》《世界物理学史》《贝尔实验室》等论著。近些年来,自然科学史研究所尝试国别科技史研究，探讨中国社会和读者们普遍关注的"科技革命"和"现代化"等问题，组织国内相关领域的专家合作编撰了"科技革命与国家现代化研究丛书"。然而，与关于中国科技史的研究相比，国内对世界科技史的研究依然十分薄弱，还只是远未燎原的"星星之火"。我们对世界科学和技术的历史及相关问题的认识落后于国际学术前沿的同行们，不能满足国家现代化建设对学术探索的迫切需求。

国际学界对科技史的关注和研究已有三百年以上的历史，各类学术成果浩如烟海。将国外优秀科技史论著翻译成中文，这是我国提升世界科技史研究和学科建设的起点以及满足国内读者需求的一个非常重要的途径。20世纪中国学者们翻译过一些国外科技史论著与经典科学文献，如丹皮尔的《科学史》、梅森的《自然科学史》、贝尔纳的《历史上的科学》等通史类书籍，再如学科史著作和其他专题论著，包括库恩的《科学革命的结构》等。20世纪80年代以来，国内学者更加有规模地翻译《剑桥科学史》等国外出版的科技史论著，包括萨顿、柯瓦雷、默顿、辛格、科恩、夏平等名家的代表作，还有《尼耳斯·玻尔集》和《爱因斯坦全集》等大部头的科学家论著集。无疑，这些论著为传播科技史知识和促进国内对世界科技史的研究都作出了重要的贡献。

鉴于国内研究世界科技史的紧迫性，我们联络中国科学院自然科学史研究所世界科技史研究室、南开大学科技史研究中心、山东科学技术出版社和其他大学的部分同道，共同策划国外科技史论著的中文翻译和出版工作。我们选译外文学术著作时主要考虑以下五点：①推介普遍获得国际同行好评的力作，不追求作品类型一致或面面俱到；②有助于国内学者更新知识，或者了解国外同行的新探索；③除了英文论著，特别关注以法文、德文、俄文等语种出版的成果；④与国内已经翻译的作品有区别或有互补性；⑤为传播知识和建设科技史学科添砖加瓦。

我们期待中国学者们将来成为世界科技史研究的重要贡献者。目前，国内世界科技史研究的当务之急是培养专门从事这一研究方向的青年学术人才。他们须具备以下基本条件：①了解国际科技史研究的基本态势、理念和方法，能够参与国外论著的汉译工作；②能够熟练运用英语，并且学习其他必要的外语，如拉丁语、法语、德语、俄语、西班牙语、古希腊语、阿拉伯语等，以具备国际合作及研究国外科技史的基本能力；③不仅能研读研究文献，而且还能解读原始文献，以具备评判前人成果和进行独立研究的能力；④与国际同行进行持续的交流和实质性合作，以加强国际对话并向国际学界提供中国视角的世界科技史研究成果。为此，我们须持续鼓励年轻人到海外学习与合作，同时聘请国外高水平专家来华工作及培养世界科技史方向的研究生，让青年学者们直接走上国际学术舞台。随着青年人才的成长，我们就能够直接参与世界科技史的学术前沿研究，更好地回应中国社会对科技发展的关切，为广大读者奉献新知识，在国际学界发挥中国人的学术影响力。

张柏春　赵猛　田淼

2023 年 3 月 5 日

总 序

书写一部长时段的科学与知识的历史

这部《科学与知识的历史》旨在阐明过去五个世纪的情况。它分为三卷，每卷对应一个特定的时间段。首先是从文艺复兴到启蒙时代；然后是从18世纪末到1914年战争前夕的长19世纪（long xixe siècle）；最后是从第一次世界大战到今天的这一百多年。在18世纪最后三分之一的时间里，知识秩序发生了重大的重组。更广泛地说，它体现在学术、经济和政治秩序等方面。这是我们划分第一个时段的内在逻辑。第二个时段的划分则比较传统，单选出长19世纪，并着重指出第一次世界大战及其影响。显然，这样做不是必需的，完全不进行划分也是没有问题的。例如，我们的选择在很大程度上取决于欧洲的情况和该地区所定义的"科学"秩序。人们完全可以考虑其他指标，也可以使用其他选择——每一种选择都偏向于不同的知识形式、世界性安排以及全球分级体系。此外，这部《科学与知识的历史》的许多章节都超越了这些边界，本套图书的结束语［佩斯特（Pestre），第三卷］以及三卷的导言［范·达默（Van Damme），第一卷；拉杰（Raj）和赛本（Sibum），第二卷；博纳伊（Bonneuil）和佩斯特，第三卷］都重新审视了这些时段划分的选择，以证明它们的合理性或提出替代方案。为了让作者对历史时段的把控更为灵活，我们最后给予作者们完全的自由度，让他们在所述年代的基础上可以适当做出时间的前后调整。

本套图书继承了社会科学尤其是对科学的研究在过去四十年中经历的变

革。它并没有把科学视为一种显而易见的既定事物，也没有将其作为一种超越历史的现实或是一种非问题性的类别。它的主题并不固定，也不单一，只需要遍览这三卷就可以确信这一点。本套图书着眼于知识尤其是"科学"知识随时间地点而变化的定义。科学是最受关注的知识活动，它把人类的发明和创造性发挥到了极致，但它必须依赖于设想它的血肉之躯，同时其真理法则也不可能是绝对的。科学知识并不具有能将它与其他理解现实的方式从根本上区分开来的超越性；而其他形式的知识——专业的、大众的、业余的、联想的或"传统的"，更不用说艺术、文学、形而上学或哲学——也都是真理和意义的重要载体。因此，我们需要理解为什么必须谨慎地始终保留"科学"和"知识"两个术语，才能明确我们探讨的对象。

但我们需要更进一步。依靠受控的和仪器化的实验、系统的观察和有规律的记录以及数学和统计工具的认知方式，不仅可以得出知识的陈述，也能让人们在同一活动中得以更好地把握事物，拥有影响世界的强大能力。借用笛卡尔（Descartes）的表述，就是让自己成为"自然的主人和所有者"。因此，在过去的五个世纪里，科学与技术领域之间，知识与生产、政治、军事和帝国世界之间存在着深度交融和错综复杂的关系。当权者总是对科学和技术知识能够提供的一切表现出浓厚的兴趣；反过来，科学家和工程师也往往愿意提供他们的服务。我们还了解到，科技知识并不仅仅是形式化的知识，它只有通过来自其他地方、其他领域的各种技术诀窍和技术对象，才能在实践中得到运用和发挥效力（例如，如果没有工业界提供部件，并共同参与设计，欧洲核子研究中心的加速器会变成什么样？）。这些技术诀窍与从业者和工匠的知识、工业和生产实践联系在一起，并且始终与生活方式和经验息息相关。对科学的研究最终向我们展示了人造物和操作在确立科学事实方面的重要性，展示了"校准"仪器和人员以实现协调一致的重要性——简而言之，即研究对象和工作方式的重要性，以在科学本身中可以达成共识。

在认真考虑上述几点的基础上编写这部《科学与知识的历史》，并非易事。不能把它简单归结为概念分析，或是科学学科的发展，抑或是随着时间推移而交替或重叠的范式或表征模式的历史。它需要人们超越思想、概念和理论进一步思考，把性质不同的事物联系在一起，研究实践和行为，以及它们与其他国家地区群体的实践和知识的关系。而且还应着眼于社会和文化现实，或围绕这些现实的政治和经济的权力运作，以及反过来科技创新对生活、社会和艺术的影响。应该既想到"北方"的知识，也想到"南方"的知识，想到地方动态和全球交流，想到新的霸权使某些类型的知识变得显而易见，而损害其他类型的知识；同时也应该想到有助于塑造所有知识的事件——战争、贸易、商品生产、金融、地缘政治等。简而言之，就像是在研究无缝面料，一定要将其分解，不能过于简化，也不能言过其实。

因此，这部《科学与知识的历史》并不是从科学与知识本身、从它们内在的思想性本质出发，而是尽可能地保持"情境"，保持世界的厚度及其活动和遭遇的多样性。这可能正是它的独创性所在，当然，我们的目标之一是描述科学知识及其性质、做法、实践以及所提出的陈述和理论。同时也尝试从社会、经济、文化和政治层面叙述科学和知识的历史。这三卷本试图刻画每个时代关于知识和科学方面的言论特点，但并不打算将这些话语与对它们付诸成形的具体方式的分析过多地分开；本套图书希望准确地描述产生了哪些认知框架、它们从哪些空间出现、哪些机构和个人承载着它们、为什么它们会使人信服或丧失真理的地位，以及这些知识如何引出具体的解决方案、如何促进或作为积极的媒介来重新配置社会和自然世界。

因此，这部《科学与知识的历史》常常从知识诞生的物理和社会的、制度的或性别的空间来思考。它从设计和交换思想、工具和物品的场所出发开展研究。然而，关键在于不拘泥于"预期"的场所或学科。诚然，这三卷分别对科学院［多纳托（Donato），第一卷］、天文台［奥班（Aubin），第二卷］、工业实验室和创新场所［勒屈耶（Lécuyer），第三卷］进行了深入的重新审视和重新定义，此外还有数学、物理、化学和生物知识，或文学和科学之间的争论［福伊尔哈恩（Feuerhahn），第二卷］。注意力同样放在手工艺知识及其在19世纪物理科学变革中的作用上［赛本（Sibum），第二卷］，或者18世纪和19世纪之交不同人群在加尔各答的汇集与相遇所产生的全新事物［拉杰（Raj），第二卷］。关注内容还包括近代的传教士［罗马诺（Romano），第一卷］、19世纪的规范和标准世界［沙弗尔（Schaffer），第二卷］、20 世纪的自由派智库或非政府组织［佩斯特（Pestre），第三卷］以及相关的或对社会有用的知识如何因此而转变。它涉及公共空间等更抽象的空间形式、科学与知识的利害关系［泰博·索尔热（Thébaud Sorger），第一卷；莱文（Levin），第二卷；比格（Bigg），第三卷］，以及重大时刻，例如，第一次世界大战［拉斯穆森（Rasmussen），第三卷］或技术工业部署对健康和环境的影响［纳什（Nash），第三卷］。

因此，这部作品的中心思想就是要把一系列在大科学史上经常被边缘化的问题纳入其中。首先是保持政治或经济问题的活力，这些问题把对科学的动员和国家或全球发展轨迹有机地联系在一起［伊莱尔－佩雷斯（Hilaire-Pérez），第一卷；弗雷索（Fressoz），第二卷；埃杰敦（Edgerton），第三卷］，将它们作为科学和知识所采取的形式的组成部分加以把握［戈迪埃（Gaudillière），第三卷］。其次是对空间和地理维度保持关注。一方面是考察管理机构，例如，科尔贝（Colbert）所创立的科学院［迪尤（Dew），第一卷］，另一方面是探访在广阔领土上获得的空间，例如，19 世纪的美国［沙普兰（Chaplin），第二卷］或独立后的印度［维斯万纳坦（Visvanathan），第三卷］。最后还要留意交流的空间，例如，大西洋［勒占尔（Regourd），第一卷］或亚洲［贝特朗（Bertrand），第一卷］；知识交流的模式，例如，在明治时期的日本［伊藤（Ito），第二卷］或当代中国（曹聪，第三卷）；以及发生交流的本地与流散群体［穆奇尼克（Muchnik），第一卷］。

此外，它还通过对"环境"一词的理解及其近现代［凯内（Quenet），第一卷］或对气候人为扰动的分析，例如，18 世纪和 19 世纪之交发生的情况［洛谢（Locher），第二卷］，思考了全球化在不同时期的产生方式。最后，它将知识和科学视为人口管理的主要工具或希望。以数字和统计学为基础的治理是古老的［拉布莱（Laboulais），第一卷；贝利韦（Berlivet），第二卷］；以优生学和生命政治学为基础的治理也有两个世纪的历史［米勒－维勒（Müller-Wille），第二卷；富兰克林（Franklin），第三卷；加尔代（Gardey），第三卷］；而以规范、风险和适应性为基础的治理则是较新的［布迪亚（Boudia）和亚斯（Jas），第三卷］。

因此，这个框架是相当明确的。可以说，按照雅克·雷韦尔（Jacques Revel）的说法，关键是"当能把事情变得复杂时，不要把它变得太简单"，不要放弃在案例研究中所学到的东西，即使是在像本套图书一样尝试采取长时段的观点时。例如，从19世纪中叶兰开夏郡工匠实践植物学的方式这一案例入手来思考，确实是一种行之有效的策略。它可以把知识生产和各层级社会互动的密集网络维系在一起。但是，针对较长的时间范围和广阔的地理区域，这样做并非易事，甚至是难以实现的。在这些层面上，我们不可能把所有内容都纳入一个叙述中，因为语言是线性的、顺序的、一维的。我们采用的解决方案是，如果作者愿意，请他们优先考虑论文的形式，也就是说，在近几十年来产生的大量案例研究的基础上，试图找出强有力的论题。这也许存在风险，却使我们可以进行总结，开拓视野。

为了在文章和观点的组织上更系统一些，我们最初确定了四个标题来帮助设计各卷的布局：社会、政治和文化中的科学与知识；科学的场域本身；全球化和发展自我和他者的方式；科学作为治理的工具。这一抽象的提纲显然需要调整（这些标题并非在所有时期都有效），每卷中主题的权重显然也是不同的，但每卷的问题都是由作者们自己提出的：第一卷包含自然哲学［达斯顿（Daston）］、书籍和写作文化问题［萨菲尔（Safier）］和自然志［布尔热（Bourguet）和拉库尔（Lacour）］等章节；第二卷包含现代性、分析革命［皮克斯通（Pickstone）］和异托邦［特雷斯克（Tresch）］等章节；第三卷包含生态知识［马兰（Mahrane）］和经济知识［米切尔（Mitchell）和亨克（Shenk）］等章节，都是20世纪的核心内容。

由于不可能面面俱到，我们一致认为，每一卷都应着眼于它所要叙述的最重要的时刻；另一方面，三卷整体必须表现出多样性和复杂性，以及一定的总体性。因此，我们综合考虑和平衡了这三卷之间的关系。例如，对于长19世纪，怀斯（Wise）（第二卷）谈到了与社会、劳动和政治经济的关注点有关的物理科学的部署，而谢韦伯（Schweber）和莱维－勒布隆（Lévy-Leblond）（第三卷）则对20世纪所珍视的"基础"物理学进行了概念性解读。迪尔（Dear）（第一卷）则讨论了近代实验文化的多样性。在数学方面，作者们采取的角度分别是近代实用数学［布里瓦斯特（Brioist），第一卷］、19 世纪的分析、几何和精确性［亚历山大（Alexander），第二卷］，以及 20 世纪的模型和模拟［阿尔马特（Armatte）和达昂（Dahan），第三卷］，这些实践在各自时代背景下的影响力都是至关重要的。同样，社会科学通过第三卷中雷韦尔（Revel）的章节、第二卷中施兰格（Schlanger）关于欧洲史前史学的章节和第一卷中卫周安（Waley-Cohen）关于中国清朝历史的知识，也被作为一个独立的主题来对待。

这样安排可以实现互补，而不追求在任何情况下都无法实现的详尽性。同样，在关于地球的知识方面，贝斯（Besse）（第一卷）介绍了近代制图学新知识的出现；赫勒尔（Höhler）（第二卷）介绍了长 19 世纪对地球（从深海到两极）及其磁学特性进行清查的方式；而爱德华兹（Edwards）（第三卷）则思考了使气候治理成为可能的物质基础设施。关于人体、医学或生命的知识，曼德雷西（Mandressi）（第一卷）介绍了近代的解剖学视角；勒维（Löwy）（第二卷）叙述了 19 世纪下半叶微生物的发现及其对人类和社会的影响；博纳伊（Bonneuil）（第三卷）描述了 20 世纪对基因及其全能性的痴迷。尚克（Shank）（第一卷）让人了解到十六七世纪学者"人设"的多样性；而夏平（Shapin）（第三卷）则就 20 世纪科学家的"人设"做了探讨。我们认为，西方学者和科学家对"欧洲人以外的他者"的建构问题，就像种族和性别问题一样具有重要性，应该在三卷书中被紧紧追问。在这一点上，绍布（Schaub）和塞巴斯蒂亚尼（Sebastiani）（第一卷）、道格拉斯（Douglas）（第二卷）和利普哈特（Lipphardt）（第三卷）等人的章节都做到了。

想说的话都说完了，现在这些地域、这些流派、这些时空，每一个都可以由读者根据自己的好奇心与兴趣实现进一步的探索。本套图书汇集的综述和论文都是由优秀的学者撰写的，他们各自以自己的方式切入问题，在扎实的数据基础上进行分析。我们希望每个人都能够在书中找到心目中各种问题的答案。或者更好的是：他（也）能发现在此之前自己坚信存在的新大陆或未知的方面，并且对此感到高兴。

多米尼克·佩斯特（Dominique Pestre）撰

总目录

上卷：从文艺复兴到启蒙运动

001 / 科学与知识的旧制度

023 / 第一部分 | 科学、文化、社会

- 025　第一章　从文艺复兴时期到启蒙时代的科学家形象
- 046　第二章　实验文化
- 065　第三章　"结成一体"：旧科学制度下的学院（17—18世纪）
- 090　第四章　文艺复兴时期的战争与科学
- 111　第五章　科学表演

133 / 第二部分 | 科学的场域

- 135　第六章　制图学和地球的大小：欧洲地理学（16—18世纪）
- 152　第七章　自然的哲学和自然哲学（1500—1750）
- 180　第八章　科学书籍与书面文化
- 204　第九章　科学观察：科学的视觉文化
- 229　第十章　自然志界：欧洲（1530—1802）
- 259　第十一章　其他人的知识？种族问题的出现

281 / 第三部分 | 科学和知识的全球化

- 283　第十二章　贸易知识：亚洲的案例

304 第十三章　科学的地方性和中心性：大西洋世界（16—18 世纪）
326 第十四章　传教团的知识
348 第十五章　18 世纪清代中国的历史知识王朝
368 第十六章　知识的跨国动态和流散族群传播

385/ 第四部分 ｜ 科学与对世界的治理

387 第十七章　近代欧洲的国家、科学和企业
408 第十八章　科学的科尔贝主义
424 第十九章　行政知识的产生
441 第二十章　环境及其知识

中卷：现代性与全球化

461/ 全球化、科学与现代性：从七年战争到第一次世界大战

481/ 第一部分 ｜ 科学、文化、社会

483 第一章　对革命的分析和现代主义概述
501 第二章　天文台：空间性制度与知识的迁移
519 第三章　博物馆、展览会和城市的与境
538 第四章　政治知识的分裂：文学 vs 科学，精神科学 vs 自然科学
560 第五章　现代性和计量学
586 第六章　其他性质：19 世纪科学的异托邦

609/ 第二部分 ｜ 科学的场域

611 第七章　清查与盘点地球
627 第八章　世界如何运作

- 646　第九章　数学的形象
- 665　第十章　微生物与人类
- 683　第十一章　全球化、进化与种族科学

703/ 第三部分 ｜ 相异性的产生

- 705　第十二章　劳动中的布歇·德·彼尔特
- 723　第十三章　科学与传统知识
- 742　第十四章　帝国霸权还是建设性互动？19世纪的印度殖民地
- 763　第十五章　美国的殖民认识论
- 783　第十六章　明治维新中的"西方"科学：是模仿还是知识的适应？

803/ 第四部分 ｜ 科学与对世界的治理

- 805　第十七章　经济世界（*Mundus œconomicus*）：在1800年后彻底改变工业并重塑世界
- 825　第十八章　长19世纪的遗传、种族和优生学
- 844　第十九章　社会统计的探索
- 867　第二十章　气候变化、人类行为与殖民活动

下卷：技性科学的世纪（1914年至今）

883/ 技性科学的世纪（1914年至今）

897/ 第一部分 ｜ 科学、经济、社会

- 899　第一章　科学家的形象
- 918　第二章　科学与战争
- 936　第三章　国家：科学的承办者

- 951 　第四章　一种工业的认知方式
- 971 　第五章　发展主义国家中的科学与知识
- 988 　第六章　社会的知识
- 1007　第七章　一个有毒的世纪——"环境卫生"的出现
- 1026　第八章　图片中的原子世纪

1045/ 第二部分 ｜ 科学的场域

- 1047　第九章　社会科学的到来
- 1068　第十章　福柯与生命权力的转变
- 1088　第十一章　经济学的知识
- 1107　第十二章　关于人类多样性的知识
- 1128　第十三章　生态学：对自然的认知与治理
- 1148　第十四章　基因世纪
- 1170　第十五章　物质基础理论
- 1187　第十六章　模型——从表征到行动

1205/ 第三部分 ｜ 科学与对世界的治理

- 1207　第十七章　性别、身体与生物医学
- 1225　第十八章　治理受污染的世界：技术、健康和环境风险
- 1241　第十九章　治理地球系统
- 1263　第二十章　管理创新
- 1279　第二十一章　中国：向科学技术强国迈进
- 1292　从文艺复兴时期到今天的知识和科学：一种长时段的解读

上卷：从文艺复兴到启蒙运动

分卷目录

001 / 科学与知识的旧制度

第一部分　科学、文化、社会

025 / 第一章 ｜ 从文艺复兴时期到启蒙时代的科学家形象

- 026　新科学的中世纪起源
- 027　新科学的人文初衷
- 028　文艺复兴时期的新自然哲学家
- 030　人文科学与文人共和国
- 031　新科学的体制：课程、学院和行政国家（État administratif）
- 034　1700年后的科学、公众和近代学科
- 035　机械艺术的科学化：实验科学及工程学
- 037　女性与新科学

046 / 第二章 ｜ 实验文化

- 046　实验、技巧和知识
- 050　技巧与数学科学
- 052　解剖学研究
- 054　实验：公开还是私下？
- 056　实验共同体

065/ 第三章 | "结成一体":旧科学制度下的学院(17—18世纪)

- 066 科学革命中的学院:一段多元化的历史
- 071 学院和科学革命的若干问题
- 078 18世纪的学院主义:启蒙运动的镜子或代理?
- 081 结语:近代科学中的学术主义和进步价值观念

090/ 第四章 | 文艺复兴时期的战争与科学

- 091 战术与数学
- 097 火炮、弹道学和实验

111/ 第五章 | 科学表演

- 112 从世界的剧场到自然的奇观
- 116 科学公众的出现
- 120 处于赞叹和认知核心的显著实验
- 122 对科学表演及其轰动效应的批评

第二部分 科学的场域

135/ 第六章 | 制图学和地球的大小:欧洲地理学(16—18世纪)

- 135 新的地球地理概念
- 139 地理知识的层级
- 141 地理知识的空间模式和知识实践
- 144 地理学在近代视觉文化史上的地位
- 146 地理知识的政治舞台
- 149 结语

152/ 第七章 | 自然的哲学和自然哲学（1500—1750）

180/ 第八章 | 科学书籍与书面文化

    185 科学院及其（非）官方历史

    190 书面文化和科学文献

    193 世界各地的科学与印刷业

    199 结语

204/ 第九章 | 科学观察：科学的视觉文化

    206 "学术画作"和说服力

    209 艺术与文字

    215 测量、比例、透视

    218 流通传播

    222 视觉知识

229/ 第十章 | 自然志界：欧洲（1530—1802）

    230 自然志场域的形成

    235 观察自然

    236 形成收藏

    240 物品登记

    242 用文字和图像描述

    246 整理自然

    247 启蒙运动的新方向

259/ **第十一章** 其他人的知识？种族问题的出现

  259 导语：年代学的史学挑战

  261 近代知识，中世纪的继承者

  263 知识和专门技能的社会政治动员

  264 发现世界和人类的多样性：寻找新模式

  268 自然志中记载的人类

第三部分　科学和知识的全球化

283/ **第十二章** 贸易知识：亚洲的案例

  284 领航员技艺和航海工具的贸易

  286 异域奇珍的收集及"描述性科学"的兴起

  291 "远方"知识的中介和载体

  294 流通渠道和限制因素

304/ **第十三章** 科学的地方性和中心性：大西洋世界（16—18世纪）

  305 伊比利亚的开放和新知识框架

  308 帝国动力、世界城市和科学集中化

  311 美洲中心性和科学地方性的挑战

  315 离开城市：接触区、联系和流动

  319 结语

326/ **第十四章** 传教团的知识

  327 托钵修会的伊比利亚世纪

332 耶稣会士和另一端的印度人

336 阅读、观察、测量、比较，书籍与自然之间的关系

348/ 第十五章 | 18世纪清代中国的历史知识王朝

350 军事力量和尚武精神

353 纪念战争和其他胜利

354 建筑与帝国

355 宗教与清朝

357 南巡

357 视觉和文字记录

361 礼仪与帝国

362 结语

368/ 第十六章 | 知识的跨国动态和流散族群传播

369 优先的知识"摆渡人"

373 创造性的作用

376 规模差异

第四部分　科学与对世界的治理

387/ 第十七章 | 近代欧洲的国家、科学和企业

389 科学与商业，从培根到牛顿：国家知识

396 "政治技术"时代下的学术科学

408/ 第十八章 | 科学的科尔贝主义

424/ 第十九章 | 行政知识的产生

426 调查：建立经验性知识的方法

429 计数、测量和计算：行政代理人采取新做法

432 数据的正规化

435 结语

441/ 第二十章 | 环境及其知识

442 "大划分"与环境科学

445 自然灾害与风险

448 资源和事物的治理

452 自然保护的诞生

454 气候与自然的脆弱性

科学与知识的旧制度

"15世纪末,一场革命兴起,人们意识到思想的苦难,开始寻找失落的珍宝,在阁楼里逐一找到散佚的书籍。为了利用这批财富,他们付出巨大的努力重新学习阅读真正的拉丁语、古希腊语,甚至是希伯来语。这些语言对于了解科学毫无用处,但对解读《圣经》必不可少。由此掀起一股热潮:面对突然获得的丰富古代精神食粮,人文学者重新开始埋头苦干。刚刚诞生的印刷术对他们的工作大有助益。刚刚绘制的新地图也突然拓宽了他们的精神和物质视野。哥白尼(Copernic)重新证明毕达哥拉斯(Pythagore)的观点,开普勒(Kepler)吸收了哥白尼的学说,伽利略(Galilée)则又在开普勒的研究基础上更进一步。与此同时,安德烈·维萨里(André Vésale)丰富了希波克拉底传统的经验成果。所有这些看似合乎逻辑、简单连贯,所有这些我们已不再相信。"[①]

这是吕西安·费弗尔(Lucien Febvre)在70多年前阐述的观点,他给科学革命开端的所有目的论和线性理论上了怀疑主义的宝贵一课。近代科学究竟在多大程度上仍被认为是近代的?如何描述科学在近代的出现?我们是否应该彻底放弃宏大的叙述,或是更谦虚地尝试一个更具反思性的历史(其中,方法论的征服、历史学的解构、文献的发现都处于中心地位)?

30多年来,历史学家通过质疑以西欧为中心的科学现代性的单一性、断裂性、时代性甚至地理分布,从根本上挑战了"科学革命"的概念。对"科学革命"概念的攻击层出不穷。[②] 这项革新工作也没有留下任何关于现代性的概

---

① Febvre 2003(p. 353-354).

② Dear 2001.

念，它常常被隐含地等同于现代化①。应该记住的是，在近代，新颖性在大多数情况下仍然像可迁移性那样被认为是负面的，违背了自然规律，伴随着罪恶，是灾难和不幸的根源。②因此，作为社会科学和哲学共同的宏大反思运动的一部分，科学史以其自身的方式，通过优先考虑学者自身的认知、技能和经验，试图确定他们的历史性制度，促进了这场辩论。③实际上，科学的社会方法最初是从当代科学，例如，实验室科学开始进行谱系推理的，试图从认识论主义者那里夺回从古至今科学无涯的永恒观念。而科学史学家一直在努力区分四百年来常见的与自然界的新关系。但显然，这些分析越来越凸显出对当代规范的偏离。分析中记录了旧制度下科学实践的奇特之处，并坚持认为这些是非现代性的，甚至是反现代性的。④

相比于提供错误或约定俗成的谱系，作为本套图书的第一卷，我们希望检验一下"科学与知识的旧制度"的假设。然而，这种表述并不是要回到一个假定中世纪和近代之间具有连续性的史学框架。两种经典的科学史方法确实必须保持距离。第一种认为，近代科学概念的提出与早期的"传统"有关：最通常表现为科学的哲学史。第二种则是执着于现世主义的结果：它仍然只关心当代科学中的利害问题，并被谴责为一种不合时宜的形式，顶多是得到了控制。在不完全忽略上述两个极端的前提下，我们希望在这里探索第三种方式，即认真思考从文艺复兴时期到1770年代的周期化特征。通过选择激进的历史化，本卷旨在强调一个时刻的独特性，即在所谓近代科学的漫长轨迹中，由希望和犹豫组成的不确定配置。刻意选择考古学而非谱系学来解读近代科学史，将凸显所研究的历史对象和行动者的不连贯性、可逆性及脆弱性。古代和当代科学实践之间的本质化、"稳固性"、生存性和连续性往往要归功于早在18世纪学者们自己集体编制的历史学叙事。我们将看到，从众多的小型叙事中，如何在有

---

① 正如莱文特·耶尔马兹（Levent Yilmaz）所指出的那样，新颖性的价值化是很晚才出现的。它出现在19世纪，即在"近代性"概念被价值化的时候。
② Roche 2003.
③ 此为达斯顿（Daston）和帕克（Park）的立场。
④ 关于"奇特"的概念，可参阅：Shapin et Schaffer 1993.

远见的预测和关注中形成一个整体图景。①

若想打破此前的近代科学的谱系，需要注意当今问题的四重转变：放弃对科学与知识之间界限的先验定义，而不仅要研究社会和思想活动的划界和分界，而且要研究实践和研究对象的流动；放弃以纯制度方法处理科学的社会历史，而采用人类学方法进行这些实践；放弃单纯以生产为基础的解读，而认真看待社会中对知识的掌握和理解现象；最后，通过制定一套从地方到全球分层级的分析规则，来解决学术活动的地方化问题。因此，在进入正题之前，我们需要先对认识论、社会学、物质性和地理方位四个角度稍加详述。

知识与科学：变动的领地和边界标志

近代科学是什么？首先要关注的角度是认识论。长期以来，近代科学史就是科学学科出现并逐步从哲学中独立出来的历史。② 今天，科学的认识论边界问题已经围绕着科学与知识的对立进行了重新表述。科学史以史学的方式发展，却又是悠久的认识论传统的一部分。虽然在第二次世界大战后的最初几十年里，它主要被它与哲学和理想主义的关系所支配，之后在科学界从业者的推动下，逐渐摆脱束缚，实现专业化。在法国，从加斯东·巴什拉（Gaston Bachelard）到亚历山大·柯瓦雷（Alexandre Koyré）或冈圭朗（Canguilhem），再到米歇尔·福柯（Michel Foucault），历史认识论对科学的定义提出了质疑，而重新采用1932—1935年《法兰西学术院字典》（*Dictionnaire de l'Académie française*）里的定义，即"关于特定对象的推理或实验知识体系"。因此，上述作者试图通过将其与其他科学性或合理性制度进行比较来定位这种自主的知识体系。③ 如果说1930年代以来不同学派围绕如何把握科学的历史（与现在或更遥远的过去如中世纪或古代的延续或断裂）展开争论，那么在很大程度上，正是科学与知识之间的紧张关系导致了这种争论，同时加剧了既定定义的不确

---

① 关于18世纪的焦虑哲学，可参阅：Deprun 1979.
② Kelley 1997.
③ Rheinberger 2014.

定性，以至于今天"科学知识"或"自然知识"的说法仍在使用。① 几十年来，哲学史和科学史为更多的历史方法提供了空间。因此，在历史研究领域，人们试图研究社会中的知识和科学。这些方法试图分析实践和应用的背景，并将"做科学"视为一种活动的结果，而不再是一种认识论上的断裂或门槛效应，这种断裂或门槛效应必然会将普通知识和科学区别开来。

的确，与当今对 science 一词的理解相比，近代初期 scientia 一词存在很多含混之处。如果在这种不稳固的语义基础上妄加揣测，则会造成误解。② 近代科学意义已逐步建立，文艺复兴和启蒙运动之间的近代成为进行反思以建立这些新意义的实验室。让我们回顾一下 1694 年第一版的《法兰西学术院字典》中"科学"一词的定义："通过探究起因而对事物产生确定和明显的认识"。这一定义一直保留到 1798 年（此时，人们更倾向于"确定和明显的事物知识"这一更宽泛的定义），被认为是征服性的科学定义的基石，而不再局限于古代的 doctrina 和 scientia 的含义。正是基于此，数学被视为近代科学的典范出现在字典中，人们也开始质疑各种知识的科学性。③ 逻辑成为这场对弈的标志。如果说狄德罗（Diderot）和达朗贝尔（D'Alembert）的《百科全书》（Encyclopédie）大大扩展了"科学"这一词汇的使用范围，可以在大约 100 个条目中找到这个词，"科学"在这里意味着对常规含义以及机械艺术（les arts mécaniques）的突破。近代英语中，"科学"具有不同含义。首先，科学作为一种知识状态，是与信仰和观点相对立的，也有别于道德信念。它是认识或研究的一个分支，自中世纪以来，它是由七艺构成，即与语词有关的三艺（trivium）和与数学有关的四艺（quadrivium）。三艺指文法、逻辑和修辞，四艺指算术、几何学、音乐和天文学。它与艺术、技术的概念相对立或相结合，它更多的是一种系统的理论而不是应用的方法。在 17、18 世纪，它通常被等同于"哲学"概念。然而，从 1600 年开始，在《牛津字典》（Oxford Dictionary）中，"科学"的近代定义才出现："一门学问，它所研究的是一组

---

① Braunstein 2008.

② Giard 2008.

③ Blay 1999.

可证明的真理或观察到的事实，这些事实被系统地分类，并或多或少地被一般的规律所解释，并结合可靠的方法来发现各自领域内的新真理。"①

因此，"科学与知识的旧制度"指代的是多种多样的有时甚至是相互矛盾的含义。虽然近代以来，知识与科学的分界史一直是人们争论不休的话题，甚至成为科学认识论的经典课题，但这种争论的性质已经发生了变化，它往往变成了科学学科与实践知识之间、纯科学与行动知识之间、真科学与伪科学之间的二元对立。首先，科学不再被视为正在孕育中的一门学科，而是一种将问题和学术实践从一个领域传播到另一个领域的体系。例如，相较于谈论"物理学"的历史，我们更感兴趣的是数学与实验文化的关系、数学与战场上弹道学的联系，因为这有助于推动自然哲学的机械化（la mécanisation）。② 由此，我们将关注使不同的知识领域逐渐独立自主的理论和实践问题的出现，但并非涵盖方方面面。③ 虽然化学、植物学、动物学、地质学和物理学在 18 世纪下半叶逐渐脱离哲学范畴，成为独立的科学学科，但这种从"自然哲学"向近代科学的过渡并不是线性的，也不总是成功的。④ 当代意义上的科学定义是在近代自然哲学表述危机、18 世纪最后几十年的发现和学科史的认识论危机的特殊背景下出现的。

"科学"这一用词很快征服了科学史，但"自然哲学"词汇的使用本身也使得将学术方法重新归入哲学视野成为可能，而这个哲学视野在旧定义中业已存在了很长时间［洛兰·达斯顿（Lorraine Daston）］。但在这样做的过程中，历史学家面临着两个挑战。首先是解构部分与整体的关系，以不同的方式把握哲学体系、认识论的逻辑。为了恢复阐明彼此之间知识的雄心，同时揭示从一个领域到另一个领域的转移、转换问题，简单来说就是通过从既有知识转向"游牧概念"（les concepts nomades），历史学家试图从下而上地理解这种对

---

① 使用的资料来源是法语历史词典，尤其是法兰西学术院的词典，可在 ARTFL 网站上查阅；牛津英语词典可在 http://public.oed.com 网址上查阅。
② 在我看来，与亚历山大·柯瓦雷的方法相比，这是当前方法论上的一个转变；参阅：Roux et Garber 2012.
③ Blair 2006.
④ Gaukroger 2006 et 2010.

将知识全面化的百科全书式的渴望。例如，从文艺复兴到启蒙运动的关于百科全书实践和关于分类、观察或描述实践的经典著作被重新解读，使用列表、目录或集合等认识论体裁，通过如此之多的"认识方式"，试图理解实践的横向性。① 因此，最知识性的历史已经与知识技术的历史相衔接。第二个挑战在于如何摒弃科学创新的目的论，而又不再次陷入重塑传统的困境。② 在认识论的历史化过程中，最成熟的科学特征，例如，客观性、证据、科学事实，现在被描述为与时间和空间中的科学装置相关联，这使得它们具有可见性、流动性和连贯性，总而言之是有效的，但也是暂时的和过渡的。因此，地图册、图像集或科学报告等材料使证据的远程管理、知识和信息的比较及资本化成为可能。

知识领域因而不太集中于当代主要的科学学科。本卷不会试图从历史的角度从各种实践中专门挑出更具有科学性的部分孤立地看，而是结合当时实际背景介绍传播情况和实际原因。在过去的十年中，自然志的范式，无论是采用文艺复兴时期的探究（*historia*）形式，还是18世纪的田野科学形式，都逐渐成为近代科学的重心，在历史研究中取代了天文学和数学，甚至质疑实验的中心地位。实际上，这种范式似乎贯穿了许多知识领域，从神学到恶魔学，从古籍知识到医学，从天文学到人类自然志。③ 某些物理实验本身，以光的研究为例，与自然志和宝石收藏有关。④ 回过头来看，即使第一批学科历史的实证主义胜利迅速恢复了早期词典中公认的数学的优势，博物学家狄德罗相较于数学家达朗贝尔也是正确的。⑤ 这种观点的转变并非微不足道。对于自然志，它不是简单的时间性，它是一种个案的思维模式，它是一种积累的范式，最终是田野科学的实践［布尔热（Bourguet）和拉库尔（Lacou）］。这种范式与其他知识形

---

① Pickstone 2000.
② 关于创新的目的论，可参阅：Edgerton 2013.
③ Pomata et Siraisi 2005, Sebastiani 2013.
④ Bycroft 2013.
⑤ Diderot 2005（p. 62-63）. 关于对数学化概念的严格质疑，可参阅：Roux et Chabot 2011, Duflo et Wagner 2002.

式也很接近，比如古物文化或法律，这些知识形式曾经很少被"科学革命"的历史学家所重视。

科学是一门艺术

第一卷遵循的第二个原则是务实。集体写作是实践而非概念的一部分，它奠定了科学作为知识的独特性的基础，也是更广泛的近代文化的基础。因此，围绕实验文化、地理知识、自然哲学、自然志和医学，近代科学的人类学在实践层面上获得优先地位。

从业人员。除了构架近代学术活动的场所、实践和装置之外，对科学专业人士的描述已经让位于包括制造商、实验者和收藏家在内的整个从业人员群体。我们借用米歇尔·德·塞尔托（Michel de Certeau）"实践的艺术"这一表述（在17世纪把新的社会活动编纂成册的印刷生产中发现了这一有效的表达方式），主要是为了强调科学实践在何种程度上属于对社会世界的再创造，而这种再创造将导致18世纪末"社会"一词的出现。在本卷中，工匠、书商、印刷商、制图师、炮兵、收藏家和商人的话都有权被引用在学者或教授的研究中。[①] 这种将实践置于思想之上的做法，并不是默认或外在主义的科学史。这是在科学工作中征服物质性的历史，它始于近代，将导致19世纪初行业（les corps）和行为（les gestes）的学科化。因此，这种社会的重新与境化必须考虑到旧时学界的语法体系。科学社会史的挑战之一在于认真对待旧制度下的社会语言，尤其是重新引入亲近、荣誉、名誉、道德、业余爱好或社区等用语，而非职业、市场经济或战争文化等用语。重新发现近代的不均等让人思考科学界人士的地位，查阅专业知识以前的含义或是理解耶稣会等宗教团体的重要性。近代科学界人士的再次增加最终使学术机构的女性化趋势显现出来［尚克（J.B.Shank）］。

---

① Hilaire-Pérez 2013, Bertucci 2013.

场所。长期以来，对学术机构的分析主要分为传记式的审视和对未来的学科机构（实验室、医院、观测站）的认定。曾经动员了历史学家力量的大学和学院如今从法团主义维度被重新思考［玛丽亚·皮娅·多纳托（Maria Pia Donato）］，通常被整合到近代国家机器中［尼古拉斯·迪尤（Nicholas Dew）］。它们不再像岛屿那样孤立，而是形成了人员和设备的网络。通过最大限度地减少1400—1700年之间的断层，科学史学家们尤其将科学的"组织革命"放在了中心位置［麦克凯兰（McCellan）］，或是强调了欧洲社会中"公共科学"的出现。在不相对化看待这种演变的前提下，或许有必要考虑长期共存的不同学术实践"制度"之间的多元化视野。这种新的科学组织的建立阶段（1630—1730）为把握社会科学结构的其他模式提供了一个特殊的时机。因此，我们可以看到在1660—1740年，和科学学术化与通过学术期刊和国际通信建立文人共和国（la république des lettres）长网络（les réseaux longs）相对应的是，其他知识经济旨在将所有价值和地位赋予"短网络"（les réseaux courts）和牢固联系而非脆弱联系，赋予出于友谊或保密的做法而非国家的赞助。面对近代国家面貌的变化，科学似乎不太容易被管理或工具化。

表现。30年来，对实验实践的考察使历史学家认定科学有一部分是由表现和社会背景构成的。这种结果导向的观念与公共科学空间的出现有关，这种空间使较成熟的机构黯然失色或不堪重负。本卷的几个章节将尝试重新阐述科学的社会流通问题，无论是以科学演示的形式，还是以书籍和文字的形式［玛丽·泰博-索尔热（Marie Thébaud-Sorger）、尼尔·萨菲尔（Neil Safier）］。书籍史或娱乐史（尤其是戏剧）带来的影响在科学史界也有体现，仅举几例。科学史与文化史的融合，明确地挑战了传统的科学"大众化"或知识纵向"传播"的框架，恢复了曾经被大力质疑的大众文化与学术文化的划分。当然，新的领域仍需开拓。科学书籍的历史激发了对科学阅读史的研究。而学术共同体则主要是"文字共同体"。从更广的范围上看，新的视角使图书馆和科学档案馆都焕发了活力。用罗杰·夏蒂埃（Roger Chartier）的一句话来说，旧印刷制度也为我们的旧科学制度赋予了意义。通过实践讲述科学，强化了启蒙时代所特有的世界物质化的观念。①

近代科学的物质化

第三个角度在史学中处于中心地位，主要在于扩展实用主义方法的物质转变。与将科学视为纯粹理想产物的理想主义观点相反，科学史学家强调科学工作的物质性。在这种情况下，对书面文字、博物学家田野笔记中的科学记录、发明家的草稿纸、植物志的关注都提高了科学物质性的重要性，科学被认为是一系列写作和信息管理操作的结果［安·布莱尔（Ann Blair），玛丽－诺埃尔·布尔热（Marie-Noëlle Bourguet）］。

近代科学的重大挑战之一，首先是在实验实践中保证精确度，以便在任何地方都能复制实验。②通过将理论假设转化为实验实践，近代科学产生了双重后果，即将自然哲学家转变为科学实践者，同时促进了仪器和量具作为科学性标准的使用。科学家热衷于与工匠联合制造供个人使用的仪器，他们在复制这些仪器时遇到了巨大的困难。诸如 17 世纪的气泵或 18 世纪下半叶的风速仪等仪器在经过调整、改造后成为科学活动的主要工具；它们的用途从一开始就是广泛且多样的，同时这些仪器可以兼具美学功能，在王室收藏中占有一席之地。③随着实验科学的确定，技术文化由此强力渗透进自然哲学的宇宙中。在近代形式的"实验室"建立之前，实验文化④仍然保留着短暂而机动的特征［彼得·迪尔（Peter Dear）］。它发生在许多地方，基于多种有时相互竞争的做法，无论是于工艺文化、沙龙社交场所还是咖啡馆。⑤因此，启蒙运动不仅见证了知识体系的革命，而且还见证了设备和仪器的推广普及。仪器在自然哲学家使用的对象中所起的作用越来越大，物质网络在建立科学

---

① 关于丹尼尔·罗奇（Daniel Roche）的开拓性方法，可参阅：Roche 2015.
② Bourguet, Licoppe et Sibum 2002.
③ Beretta 2005.
④ Schaffer et al. 1989.
⑤ Stewart 1992.

陈述的普及性中越来越重要，这都有助于描述往往伴随着论证的物质化和记录（表格、图解、注释）过程［拉斐尔·曼德雷西（Rafael Mandressi）］。①因此，科学抽象的工作离不开具体的实践，更何况这项工作越来越依赖于远距离的信息收集。为了使仪器的地位合法化，自然哲学家们试图在巩固仪器的科学地位的同时，也在巩固实验的科学地位。伽利略（Galilée）就是一个很好的例子，他致力于在佛罗伦萨提高望远镜的声誉。他的发明和天文"发现"的可信度取决于筹措购买可靠仪器的资金，这些仪器既是实用的又具有象征性作用。②约翰·帕特里克（John Patrick）在伦敦制造的气压计，在1660年代最早的设计初衷是技术工具，但从1710年代开始成为炫耀的资本，是社会地位的标志。③

将哲学猜测转化为实验实践，用于对自然界的研究，这使得科学家们越来越多地发明出测定和量化物理现象的实验装置。从此，仪器的种类几乎是无穷无尽的。因此，在许多非科学领域，如军事领域，这种实验和测量的普及是显著的［帕斯卡尔·布里瓦斯特（Pascal Brioist）］。从此，客体可以帮助思考、证明，但不再仅仅被视为哲学工作的唯一补形术。它们定义了自主的实践领域。④

此外，近代科学的特点在于具有创造、描述或命名新事物的能力，这不是纯粹的发明或创造，而是一种促进具体或理论装置产生的方式，使识别、鉴定现象成为可能。⑤这种科学工作的造物观点受到了科学家们自己的谴责。因此，欧洲自动装置的泛滥最终加剧了学者们对反自然的"人造人"的焦虑，正如玛丽·雪莱（Mary Shelley）在1818年出版的《科学怪人或现代的普罗米修斯》（*Frankenstein ou le Prométhée moderne*）中所描述的那样。从更广泛的意义上讲，乌托邦流派见证了学者之间关于科学极限的讨论。乌托邦就这样推翻了已

---

① Yeo 2014, Blair 2010.
② Biagioli 2006.
③ Golinski 2007 (p. 120-127).
④ Bennett 2006.
⑤ Hacking 2002 (p. 11).

建立起来的百科全书式的热情，通过科学重新点燃对文明终结的恐惧。在乔纳森·斯威夫特（Jonathan Swift）的《格列佛游记》（Les Voyages de Gulliver）中，拉格多科学院的学者研究的都是些荒诞不经的课题，其知识趋于空虚，但其发明却很危险。这所科学院以象征性的方式汇集了所有与近代性相关的焦虑和迷恋的特征（百科全书主义的危险、对巴别塔论的恐惧以及科学家的造物力量等）。① 更深层的问题是，乌托邦对服务于知识流动和远方知识收集的新工具的基础提出了质疑。乌托邦从内部破坏了新的信息秩序和科学的物化过程，这些过程似乎在征服人心的同时也令人担忧。

近代科学的第一次全球化

最后一个角度涉及近代科学重点的转变，其目的不仅在于改变规模，将欧洲置于世界地图上，而不是将其"地方化"（provincialiser），与其他非欧洲国家进行更广泛的互动；而且还在于理解这种新布局和科学的流动性的原因。

地域性。因此，知识的社会和文化史使人们有可能通过优先对地点和场所进行研究，重新致力于地方性方法。对科学实践的社会地理学的关注，使我们得以指出，近代科学的产生与特定的空间动态有关，也与强大的社会政治网络的建立有关。空间成为一个复杂的网络，涉及一系列社会、政治和文化关系。考虑到启蒙运动的话语和实践中无处不在的地理想象，地理方法已成为了解和重新解读近代科学部署的另一种方式，其基础是行动者自身产生的空间表象。如果说这确实是一个设想对科学中的"地点""空间"和"领地"概念进行批判性检验的问题，那么，这种质疑则是通过质疑空间的表征而走得更远。地图，和其他科学对象一样，可以用怀疑的眼光来看待，而这远非权力对其进行的明显工具化。在近代科学的未来充满不确定性的背景下，就此引发了激烈的争论。近代科学的情境化操作得益于对知识地理性的关注，并使人更好地理解地理能力对科学家的重要性［贝斯（Besse）］。让我们听听德尼·狄德罗在

---

① Tadié 1996 (p. 144–157).

《对自然的解释》(*Pensées sur l'interprétation de la nature*)（1754年）一文中所说的："我把科学的广阔园地看作是一片广大的原野，其中散布着一些黑暗的地方和一些光明的地方。我们的工作必须着眼于扩大光明地方的边界，或者使原野里的光明中心倍增。"①

信息网络或秩序。因此，自1980年代以来逐渐确立了中心-外围关系的"计算中心"（le centre de calcul）的隐喻已被一种多极化的视野悄然取代，这是一个群岛式的世界，科学的流通不再一定要经由塞维利亚、巴黎、伦敦、罗马，而是指向墨西哥城或加尔各答等其他中心。② 同样，本卷旨在展示在学术信息收集中建立的众多竞争性网络，无论是捍卫基督宗教（天主教或新教）传教的宗教网络［安东内拉·罗马诺（Antonella Romano）］，还是例如整个17世纪使荷兰科学界赚得盆满钵满的商业网络（罗曼·贝特朗［Romain Bertrand]），甚至是胡格诺派或犹太人流散群体的网络［纳塔利娅·穆奇尼克（Natalia Muchnik）］。信息的控制、测量的可靠性和数据的一致性成为旧制度下学者的中心问题，但是当时的世界仍然处于高度分化的状态。③ 此外，负责殖民管理的科学项目似乎并不引人注目，并且相互矛盾，处于一种紧张状态。旅行家记述故事的传播和报纸上对远方奇闻轶事的报道，都对口述和视觉证词的认识论有效性提出了质疑。在什么情况下我们才能相信读到的东西？如何确定别人所说内容的真实性？如人们所见，基于远程管理的证据（信件、报告、会议纪要、清单、地图等）的认知体裁的推广并不是一帆风顺的，也不是没有事先审查的。因此，部分作者甚至对科学信息的可信度提出了激进的质疑。1704年，亚裔青年乔治·普萨尔马纳扎（George Psalmanaazaar）发表的关于台湾岛的著名描述后来被证实是虚构的。④ 信息的可靠性、中间人的可信度比以往任何时候都更加成为争论的焦点。例如，在科尔贝（Colbert）周围，人们既发现像弗朗索瓦·贝尔尼埃（François Bernier）和拉蒙特·勒瓦耶（La

---

① Diderot 2005 (p. 70).
② Barrera-Osorio 2006, Stewart 1992, Romano 2008, Gruzinski 2004, Raj 2007.
③ Ogborn 2008.
④ Psalmanaazaar 1998.

Mothe Le Vayer)这样的东方自由主义者,也有像泰弗诺(Thévenot)那样的新教商人群体,抑或是夏尔·普吕梅埃(Charles Plumier)这样的宗教团体人士。旅游文献汇编等信息技术的采用既反映了人们对知识的新热情、新追求,也显示了对宣教知识的批判。知识的产生似乎既与新市场、与对咖啡等舶来品的新自然消费有关,也与寻找宝石和奖章的重商主义政治经济学有关。

通过选择绘制科学的流通图,即涵盖科学家、仪器、笔记、植物图集、人工制品等,历史学家们发现了特定的路径,但也注意到这种流通是文艺复兴和启蒙时代之间的王朝和帝国所建立的更广泛的信息秩序的一部分。[1] 因此,在大西洋世界,管理者和医生都是收集科学信息的利益相关者[弗朗索瓦·勒占尔(François Regourd)]。[2] 18世纪末,在自然志、技术和行政知识、"环境"管理方面,无论是在欧洲,还是在印度洋或是美洲,来自国家的支持成为以自然资源开发为基础的新政治经济发展的强大引擎[利利亚纳·伊莱尔-佩雷斯(Liliane Hilaire-Pérez)、伊莎贝尔·拉布莱(Isabelle Laboulais)、格雷戈里·凯内(Grégory Quenet)]。[3] 在"科学革命"的标志——牛顿(Newton)的《原理》(*Principia*)革命或卡尔·林奈(Carl Linné)的《自然系统》(*Systèmes de la nature*)革命之后,信息的秩序被揭示。虽然牛顿从未见过大海,林奈结束了在拉普的游历后不再去旅行,牛顿和林奈的学说却是完全流动的,通过遍布全球的联络者来传播,无论是天文学家还是遍布全球的旅行自然学家。但是,建立和维护这些信息网络需要长期的努力,而这种努力是永远无法确定的。这种方法还突出了牛顿知识的地理学,使数据收集更接近自然志实践。当地的信息提供者和中间人在使用信息的顺序上显得至关重要,并且模糊了科学、商业信息与间谍活动之间的界限。[4] 按照相当接近的模式,信息的垄断和控制成为国家、贸易商和科学家的主要关注点。正是这种勾结或累积性使科学成为帝国征服的驱动力之一。自然知识不单纯是为了掌握自然的工具,对

---

[1] Sörlin 2000.
[2] Cook 2007.
[3] Koerner 1999.
[4] Bertucci 2013.

帝国项目的探察和鉴定也是必不可少的。由此，科学与帝国之间的关系不再是次要的，而是与近代科学的出现相辅相成。

全球化。显然，对知识的传播感兴趣并不意味着简单地认可"全流通"或全球化的论点，即它在默默地塑造当前历史的议程。通过试图突破"科学革命"在全球范围内的传播问题，全球知识史实际上放弃了对构建近代社会这些不同规模的知识部署的分析工具和手段的思考。[1] 在"全球"转向中，人们往往把欧洲的普遍性看成是一个总量化、集合化、聚集化的向心力过程。立足于全球对欧洲产生的知识（例如药典或农学知识）的使用[2]，仍需要思考的是它与别的地方创造的其他科学制度的交汇。尼尔·萨菲尔着重指出，在南美或非洲，西方特有的印刷书籍形式是多么受到其他书面、视觉或口头知识传播形式的质疑。这些知识的流通并不是在一个荒无人烟的科学真空中进行的，它没有过分关注知识交汇的地区和形式。卫周安（Joanna Wayley-Cohen）也提醒我们，在18世纪，清朝是如何从中国的角度参与了知识的普及。透视法学说在不把西方路径独特性相对化的情况下，丰富了我们的科学视野，并为科学世界多元性的理念注入力量。

因此，穿越奥斯曼帝国、中国、墨西哥、印度群岛或者秘鲁，如何重新找到欧洲？借用费尔南·布罗代尔（Fernand Braudel）在谈到文艺复兴时期意大利所说的话，研究欧洲必须把它放置在"比它大得多的空间"，从其各个方面的"伟大"入手，需要注意的是，欧洲的伟大是世界的一个方面，"这一真理既见证了第一现代性的几个世纪中意大利的命运起伏，也见证了与它具有相同特征的伟大获得认可的其他情况"。[3] 通过研究近代科学中的这一地理联系，人们从此发现差异化的空间动态，这些空间动态有时是帝国的或宗主国的，有时是散居的或全球的，但在所有情况下都会将地方行动者考虑在内。[4] 为了在厚重的世界中开辟出一条路，近代科学史学家不得不制作一个

---

[1] Withers 2007, Ogborn 2008.

[2] Spary 2010.

[3] Braudel 1989 (p. 17).

[4] Romano 2014.

新的工具箱,并把科学和欧洲的僵固定义收起来。回归欧洲当地知识的做法,最初使人们有可能将远近的情况对称起来,但是,由于过分认同文化主义的做法,它造成了本土知识和学术知识之间的僵硬对立。相反,作为欧洲全部近代性产生的基础,"殖民实验室"这个隐喻是由后殖民研究强加的,它不足以体现欧洲和世界共同创造的科学。为了摆脱欧洲中心主义的本质主义和文化领域的迷信,用米歇尔·德·塞尔托的话说,必须首先将欧洲视作一个"实践空间",还要从历史上思考这些科学在特定背景下的普遍化所允许的共通性和比较的做法。跟随塞尔日·格鲁津斯基(Serge Gruzinski)的脚步,安东内拉·罗马诺(Antonella Romano)、罗曼·贝特朗和弗朗索瓦·勒占尔在本卷中展示了1580—1640年的高产,在这段时期,在伊比利亚半岛上的君主国与伊丽莎白一世治下的英格兰或尼德兰七省联合共和国的竞争中,全球被统一起来。绕道去印度群岛或墨西哥城,让古老的欧洲变成了一个待解之谜。通过还原这种对抗,我们希望了解究竟背景中是什么让这种"欧洲以外投射"的乘数效应得以实现,并配备了一种差异化的方法(档案制作、知识场所、叙事、图书经济等)。从科学的角度更好地了解远方的世界,诸如美国、中国、印度或南亚国家等,使我们能够通过对自然界的研究共同考虑欧洲的欧洲化和遥远地区的欧洲化,从而解释学术方法的对称性。[1] 与其说是一个满盈的世界,不如说是一个群岛组成的世界。[2] 围绕着某些知识,我们可以追寻到将某些空间或某些接触区域结合在一起的轨迹,也可以隔离出有助于这种广泛流通的环境。自17世纪开始的自然志全球化的例子既反映了地缘政治,也反映了对大西洋和印度洋生物勘探普遍化的肯定。[3] 同样,对牛顿科学从波斯到孟买、从加尔各答到太平洋的翻译和改编结果的调查也反映了18世纪末当地天文学文化与大英帝国科学融合的困难和僵局。[4] 以埃德蒙·伯克(Edmund Burke)1791年发表的著名论断"世界由中间人所统治"

---

[1] Gruzinski 2004, Raj 2007.

[2] Schaffer, Roberts, Raj et Delbourgo 2009.

[3] Shiebinger 2004, Bleichmar 2012.

[4] Schaffer, Roberts, Raj et Delbourgo 2009, introduction.

（*The world is governed by go-betweens*）为例，1760—1820 年又为我们这一卷所讨论的时期的末尾提供了另一个富有成效的观察时刻。伯克从政治经验中得知（他曾是国会议员和辉格党领袖之一），调解问题是英国政治的核心。伯克因此被牵连到东印度公司及其总督沃伦·黑斯廷斯（Warren Hastings）的腐败案审判中。对于他的辩护人约瑟夫·普赖斯（Joseph Price）来说，中间人是不可或缺的。他在辩护词中表示，大英帝国是多亏了中间人才得以屹立，而宗主国里的政客们则把他们视为腐败的代理人。这一事件在 18 世纪末至 19 世纪初围绕使用中间人的争议背景下具有标志性意义。是否应该赋予他们政治角色？事实上，这种政治实践意味着一种新的知识经济，它重视（也许是过度重视）当地知识、中间人和本地化的信息系统。与自然志一样，天文知识的全球化使其转变为行政人员和外交官征服世界的特权工具。天文学实践主要用于约束自然和人类的项目中，因此对于强加新的霸权和帝国视野以"理解权力物理学的杀人效应"（les effets meurtriers de la physique des pouvoirs）特别有用。[①] 于是，"科学革命"的伟大叙事及其曾经充满自信的全球投射，就这样因地方性的对抗和协商而逐渐被动摇，这些对抗和协商编织出多种可能的科学近代性网络，并使近代科学在全球范围内的出现既完整地像是一件无缝织物，又东拼西凑地像是一件百衲衣。

参考文献

Barrera-Osorio Antonio, 2006, *Experiencing Nature: The Spanish American Empire and the Early Scientific Revolution*, Austin, University of Texas Press.

Bennett Jim, 2006, The Mechanical Arts, *in* Katharine Park et Lorraine Daston(dir.), *The Cambridge History of Science*, t.3: *Early Modern Science*, New York, Cambridge University Press, p.673-695.

Beretta Marco (dir.), 2005, *From Private to Public: Natural Collections and Museums*, Sagamore Beach (Mass.), Science History Publications.

[①] Schaffer 2014a (p. 371).

Bertucci Paola, 2013, Enlightened Secrets: Silk, Industrial Espionage, and Intelligent Travel in Eighteenth Century France, *Technology and Culture*, no 54, p. 820-852.

Besse Jean-Marc, 2004, Le lieu en histoire des sciences. Hypothèses pour une approche spatiale du savoir géographique au xvie siècle, *Mélanges de l'École française de Rome. Italie et Méditerranée*, vol. 116, no 2, p. 401-422.

Biagioli Mario, 2006, *Galileo's Instruments of Credit: Telescopes, Images, Secrecy*, Chicago, University of Chicago Press.

Blair Ann, 2006, Natural Philosophy, *in* Katharine Park et Lorraine Daston(dir.), *The Cambridge History of Science*, t.3: *Early Modern Science*, New York, Cambridge University Press, p. 365-406.

– 2010, *Too Much to Know: Managing Scholarly Information before the Modern Age*, New Haven, Yale University Press.

Blay Michel, 1999, *La Naissance de la science classique au xviie siecle*, Paris, Nathan.

Bleichmar Daniela, 2012, *Visible Empire: Botanical Expeditions and Visual Culture in the Hispanic Enlightenment*, Chicago, University of Chicago Press.

Bourguet Marie-Noelle, Licoppe Christian et Sibum H. Otto (dir.), 2002, *Instruments, Travel and Science*, Basingstoke, Routledge.

Braudel Fernand, 1989, *Le Modele italien*, Paris, Arthaud.

Braunstein Jean-François (dir.), 2008, *L'Histoire des sciences. Méthodes, styles et controverses*, trad. par J.-F. Braunstein, V. Guillin et A. Zielinska, Paris, Vrin.

Brioist Pascal, 2013, *Léonard de Vinci, homme de guerre*, Paris, Alma éditeur.

Burke Peter, 2010—2012, *A Social History of Knowledge*, Cambridge, Polity Press, 2 vol.

Bycroft Michael Trevor, 2013, *Physics and Natural History in the Eighteenth Century: The Case of Charles Dufay*, Ph.D., Cambridge University.

Certeau Michel de, 2005, *Le Lieu de l'autre. Histoire religieuse et mystique*, Paris, Gallimard et Seuil, coll. Hautes études.

Chappey Jean-Luc, 2002, *La Société des observateurs de l'homme (1799—1804). Des anthropologues au temps de Bonaparte*, Paris, Société des études robespierristes.

– 2010, *Naturalistes en révolution*, Paris, Comité des travaux historiques et scientifiques.

Clark William, Golinski Jan et Schaffer Simon (dir.), 1999, *The Sciences in Enlightened Europe*, Chicago, University of Chicago Press.

Cook Harold J., 2007, *Matters of Exchange: Commerce, Medicine, and Science in the Dutch*

Golden Age, New Haven et Londres, Yale University Press.

Daston Lorraine (dir.), 2000, *Biographies of Scientific Objects*, Chicago, University of Chicago Press.

Daston Lorraine et Galison Peter, 2007, *Objectivity*, New York, Zone Books.

Daston Lorraine et Park Katharine, 1998, *Wonders and the Order of Nature (1150—1750)*, New York, Zone Books.

– (dir.), 2006, *The Cambridge History of Science*, t.3: *Early Modern Science*, Cambridge, Cambridge University Press.

Daston Lorraine et Stollies Michael (dir.), 2008, *Natural Law and Laws of Nature in Early Modern Europe: Jurisprudence, Theology, Moral and Natural Philosophy*, Farnham, Ashgate.

Daston Lorraine et Vidal Fernando (dir.), 2004, *The Moral Authority of Nature*, Chicago, Londres, University of Chicago Press.

Dear Peter, 2001, *Revolutionizing the Sciences: European Knowledge and Its Ambitions (1500—1700)*, Princeton, Princeton University Press.

– 2007, *The Intelligibility of Nature: How Science Makes Sense of the World*, Chicago, University of Chicago Press.

Deprun Jean, 1979, *La Philosophie de l'inquiétude en France au xviiie siecle*, Paris, Vrin.

Diderot Denis, 2005 [1754], *Pensées sur l'interprétation de la nature*, éd.par Colas Duflo, Paris, Garnier-Flammarion.

Duflo Colas et Wagner Pierre, 2002, La science dans l'*Encyclopédie*. D'Alembert et Diderot, in Pierre Wagner (dir.), *Les Philosophes et la science*, Paris, Gallimard, coll. Folio, p. 205-245.

Edgerton David, 2013 [2006], *Quoi de neuf ? Du rôle des techniques dans l'histoire globale*, trad. de l'anglais par Christian Jeanmougin, Paris, Seuil.

Febvre Lucien, 2003 [1942], *Le Probleme de l'incroyance au xvie siecle. La religion de Rabelais*, Paris, Albin Michel.

Findlen Paula et Mullan John, 1993, Gendered Knowledge, Gendered Minds: Women and Newtonianism (1690—1760), in Marina Benjamin (dir.), *A Question of Identity: Women, Science, and Literature*, New Brunswick, Rutgers University Press, p.41-56.

Garber Daniel, 1999, *La Physique métaphysique de Descartes*, trad.de l'américain par Stéphane Bornhausen, Paris, Presses universitaires de France.

Gaukroger Stephen, 2006, *The Emergence of a Scientific Culture: Science and the Shaping of Modernity (1210—1685)*, Oxford, Oxford University Press.

—2010, *The Collapse of Mechanism and the Rise of Sensibility: Science and the Shaping of Modernity (1680—1760)*, Oxford, Clarendon Press.

Giard Luce, 2008, L'ambiguïté? du mot "science" et sa source latine, *in* Antonella Romano (dir.), *Rome et la science moderne, entre Renaissance et Lumieres*, Rome, école française de Rome, p.45-62.

Golinski Jan, 2007, *British Weather and the Climate of Enlightenment*, Chicago, University of Chicago Press.

Gruzinski Serge, 2004, *Les Quatre Parties du monde. Histoire d'une mondialisation*, Paris, La Martinière.

Hacking Ian, 2002, *Historical Ontology*, Cambridge (Mass.), Harvard University Press.

Hilaire-Pérez Liliane, 2000, *L'Invention technique au siecle des Lumieres*, Paris, Albin Michel.

— 2013, *La Piece et le geste. Artisans, marchands et savoirs techniques a Londres au xviiie siecle*, Paris, Albin Michel.

Hunter Michael, 1989, *Establishing the New Science: The Experience of the Early Royal Society*, Woodbridge, Boydell & Brewer.

Iliffe Robert, 2007, Capitalizing Expertise: Philosophical and Artisanal Expertise in Early Modern London, *in* Christelle Rabier (dir.), *Fields of Expertise, Paris and London since 1600*, Cambridge, Cambridge Scholar Press.

Jacob Christian (dir.), 2007—2012, *Lieux de savoir*, Paris, Albin Michel, vol.1 et 2.

—2014, *Qu'est-ce qu'un lieu de savoir ?*, Marseille, OpenEdition Press.

Kelley Donald (dir.), 1997, *History and the Disciplines: The Reclassification of Knowledge in Early Modern Europe*, Rochester, University of Rochester Press.

Koerner Lisbet, 1999, Daedalus Hyperboreus: Baltic Natural History and Mineralogy in the Enlightenment, *in* William Clark, Jan Golinski et Simon Schaffer(dir.), *The Sciences in Enlightened Europe*, Chicago, University of Chicago Press, p.389-422.

Livingstone David, 2003, *Putting Science in Its Place: Geographies of Scientific Knowledge*, Chicago, University of Chicago Press.

Mandressi Rafael, 2003, *Le Regard de l'anatomiste. Dissections et invention du corps en Occident*, Paris, Seuil.

Ogborn Miles, 2008, *Global Lives: Britain and the World (1550—1800)*, Cambridge, Cambridge University Press.

Olgivie Brian, 2006, *The Science of Describing: Natural History in Renaissance*, Chicago, University of Chicago Press.

Pickstone John V., 2000, *Ways of Knowing: A New History of Science, Technology and Medicine*, Manchester, Manchester University Press.

Pimentel Juan, 2000, The Iberian Vision: Science and Empire in the Framework of a Universal Monarchy (1500—1800), *Osiris*, n°15, p. 17–30.

– 2010, *El Rinoceronte y el Megaterio un ensayo de morfologia historica*, Madrid, Abada Editores. Pomata Gianna et Siraisi Nancy G. (dir.), 2005, *Historia: Empiricism and Erudition in Early Modern Europe*, Cambridge (Mass.), MIT Press.

Psalmanaazaar George, 1998 [1704 en anglais et 1705 en français], *Description de l'île de Formose*, introd. de Jean-Paul Bouchon, Poitiers, Paréiasaure.

Raj Kapil, 2007, *Relocating Modern Science: Circulation and the Constitution of Knowledge in South Asia and Europe (1650—1900)*, Basingstoke, Palgrave Macmillan.

Rheinberger Hans-Jörg, 2014, *Introduction a la philosophie des sciences*, trad.de l'allemand par Nathalie Jas, Paris, La Découverte.

Roberts Lissa, Schaffer Simon et Dear Peter (dir.), 2007, *The Mindful Hand: Inquiry and Invention from the Late Renaissance to Early Industrialisation*, Amsterdam, Koninklijke Nederlandse Academie van Wetenschappen.

Roche Daniel, 1995, *La France des Lumieres*, Paris, Fayard.

– 2003, *Humeurs vagabondes. De la circulation des hommes et de l'utilité des voyages*, Paris, Fayard.

Romano Antonella, 2008, *Rome et la science moderne, entre Renaissance et Lumieres*, Rome, école française de Rome.

– et al. (dir.), 2014, *Negotiating Knowledge in Early Modern Empires: A Decentered View (1500—1800)*, Basingstoke, Palgrave.

Roux Sophie et Chabot Hugues, 2011, *La Mathématisation comme probleme*, Paris, éd.des Archives contemporaines, coll. études de sciences.

Roux Sophie et Garber Daniel (dir.), 2012, *The Mechanization of Natural Philosophy*, Dordrecht, Kluwer Academic Publishers, coll. Boston Studies in the Philosophy of Science.

Schaffer Simon *et al.* (dir.), 1989, *The Uses of Experiment*, Cambridge, Cambridge University Press.

– 2014*a*, Taxinomie, discipline, colonies. Foucault et la *Sociology of Knowledge* ?, *in* Jean-

François Bert et Jérome Lamy (dir.), *Michel Foucault: un héritage critique*, Paris, CNRS éditions.

— 2014*b*, *La Fabrique des sciences modernes*, Paris, Seuil.

Schaffer Simon, Roberts Lissa, Raj Kapil et Delbourgo James (dir.), 2009, *The Brokered World: Go-Betweens and Global Intelligence (1770—1820)*, Sagamore Beach (Mass.), Science History Publications.

Sebastiani Silvia, 2013, *The Scottish Enlightenment: Race, Gender, and the Limits of Progress*, New York, Palgrave Macmillan.

Shapin Steven et Schaffer Simon, 1993 [1985], *Léviathan et la pompe a air*, Paris, La Découverte.

Shapin Steven, 2010, *Never Pure: Historical Studies of Science As If It Was Produced by People with Bodies, Situated in Time, Space, Culture, and Society, and Struggling for Credibility and Authority*, Baltimore, Johns Hopkins University Press.

Shapiro Barbara J., 2000, *A Culture of Fact: England (1550—1720)*, Ithaca et Londres, Cornell University Press.

Shiebinger Londa, 2004, *Plants and Empire: Colonial Bioprospecting in the Atlantic World*, Cambridge (Mass.), Harvard University Press.

Sölin Sverker, 2000, Ordering the World for Europe: Science As Intelligence and Information As Seen from the Northern Periphery, *Osiris*, n° 15, p. 51-69.

Spary Emma, 2010, *Eating the Enlightenment: Food and the Sciences in Paris (1670—1760)*, Chicago, University of Chicago Press.

Stewart Larry, 1992, *The Rise of Public Science: Rhetoric, Technology, and Natural Philosophy in Newtonian Britain (1660—1750)*, Cambridge, Cambridge University Press.

Tadié Alexis, 1996, Gulliver au pays des hybrides: langage, science, fiction, dans *Gulliver's Travels* de Jonathan Swift, *Études anglaises*, n° 49-2, p. 144-157.

Torre Angelo, 2011, *Luoghi. La produzione di localita in eta moderna e contemporanea*, Turin, Donzelli.

Vérin Hélène et Dubourg-Glatigny Pascal (dir.), 2008, *Réduire en art. La technologie, de la Renaissance aux Lumieres*, Paris, éd. de la Maison des sciences de l'homme.

Wade Chambers David et Gillespie Richard, 2000, Locality in the History of Science: Colonial Science, Technoscience, and Indigenous Knowledge, *Osiris*, n° 15, p. 221-240.

Withers Charles, 2007, *Placing the Enlightenment: Thinking Geographically about the Age of Reason*, Chicago, University of Chicago Press.

Yeo Richard, 2001, *Encyclopaedic Visions: Scientific Dictionaries and Enlightenment Culture*, Cambridge, Cambridge University Press.

—2014, *Notesbooks, English Virtuosi, and Early Modern Science*, Chicago, University of Chicago Press.

Yilmaz Levent, 2004, *Le Temps moderne. Variations sur les Anciens et les contemporains*, Paris, Gallimard, coll. NRF Essais.

第一部分

科学、文化、社会

上流社会知识交流和两性关系的经典表现。这幅铜版画描绘了一位牛顿主义哲学家在城堡的花园中和一位高贵的女士交谈的场景。——弗朗切斯科·阿尔加罗蒂(Francesco Algarotti),那不勒斯,1737年。

第一章
从文艺复兴时期到启蒙时代的科学家形象

大约 50 年前,当研究人员谈及在 1400 年后欧洲科学的缔造者时(他们脑中的形象一般是男性),他们将其视为巨人,是单凭极具远见的头脑就将世界带入了近代的神话般的人物。如今的研究人员已经开始怀疑,是否能够确定某个特殊时刻或是某场革命,标志着近代科学的诞生。无论他们如何设想近代科学在文艺复兴时期的兴起,他们肯定会把它看成是由几个千里眼的人凭空想象出来的奇异事件。

我们应该如何理解促成 1400 年后新科学在欧洲兴起的男性和女性(因为亦有女性)的工作?最近的研究借助"人设"(*persona*)概念来考虑该问题。人设是一种分析性概念,其定义之一"介于个人履历和社会制度之间"。人设是一种"文化身份",也意味着一种偶然的历史形成,它"既从身体和精神层面塑造了个体,又形成了具有共同且可识别的生理特征的集体"。人设是"来自历史背景在特定的环境中出现和消失的生物";当人们在历史记录中遇到他们时,他们便是"新型个体"(男性和女性)的标志,其特征表明这是一种公认的社会物种,通常是根据性别进行关键性定义。或者,借用另一位先驱对此的表述,我们可以认为,通过人设的分析概念看待知识的历史侧重于"围绕目标建立的个性",其"认知能力和道德态度"同时体现在对知识的追求上。这一概念也适用于在机构内"个人对自己思想和身体所做的工作",在这些机构内,一系列合法化的学科与主观的自我学习过程相融合,以产生权威性的知识。

在1400—1750年,欧洲见证了合法知识构成的社会和制度环境的重置,而与新的认识方式相关的众多新人设正是从这些变化中产生。在本章中,我们提出,最好将传统上所称的"科学革命"描述为社会和知识多层面调整的历史结果。通过关注1400年后科学家不断变化的人设,我们从认知和制度两方面上解释近代科学的出现;我们通过描述促成了近代科学出现的知识的新制度、职业和性别结构来呈现这一历史。

新科学的中世纪起源

当代科学与"科学家"的人设联系在一起,而"科学家"通常出自近代大学。但是这一当代机构直到1800年才出现。在此之前,欧洲在1400—1650年出现了变化,在中世纪教会经院之外工作的自然科学从业者的世俗新团体逐渐取代了在前近代大学网络工作的中世纪科学(scientia)从业者,二者有时甚至相互对立。

中世纪大学的"学者"们倾向于科学(scientia)概念,它依托于基于《圣经》解读的古老资料,尤其是希腊罗马世界的资料。在这个空间里,严格的文本注释与系统的逻辑分析相结合,构成了主要的科学方法论。拉丁语既是教学语言,又是研究语言,两种传播形式主导着经院科学(scientia):①口头争论,学生和教授对有争议的问题进行正式辩论;②讲座和论文,古代知识和近代分析结合,形成权威。中世纪大学里的核心人设是"博士",出自拉丁文 *docere*,意思是"教授"。

当时,科学(scientia)被看作是任何领域的某些知识,而非一种特定的、孤立的知识。大学的博士被公认为是负责决定什么是严格意义上的知识的科学权威,而神学院的博士通过在整个欧洲推广法律、医学和宗教生活的原则,得以将大学与整个社会联系起来。但这个中世纪的科学机构由于旁边艺术学院的存在而变得复杂起来,艺术学院的成员在既定的科学学科中不享有任何地位。

在中世纪，由于观念上和社会上的根本区别，使得艺术（ars）成为一种不那么严格确定、也因此不太高端的知识模式。故而，从认识论的角度来看，艺术学院的地位低于大学的其他学院；它通过教授所谓的"七艺"（"三艺"指文法、修辞和逻辑，"四艺"指算术、几何学、音乐和天文学）使学生为进入更高级的科学研究做好准备，从而履行了某种服务职能，但是它自身并不进行科学（scientia）实践。

为了更好地理解艺术在中世纪欧洲的地位，需要对自由艺术（七艺）和机械艺术进行区分。前者是由自由、超脱的人从事，因此适合纳入大学。另一方面，涉及身体，特别是手的机械艺术被认为是低级的，因为它们与低级行业和其他奴役性工作有关。体力劳动者被认为没有能力从事科学知识所必需的"自由"研究，中世纪的科学（scientia）则很自觉地将自己定义为与所有具体的、基于经验的和劳动的实践相对立，而后者在今天被认为是科学事业的核心。当然，应用于自然的实证研究在中世纪就已经存在，因为大学培养出的医师、外科医师和药剂师实践的是一种更加工具化、具体化和体现化（即机械化）的医学形式。"数学"一词也在同一时期出现，用来表征包括会计、工程、建筑等在内的整个机械行业，即所有对社会起重要作用但在学院派科学眼中是不合法的活动。总体而言，中世纪时期为科学奠定了基础，把"机械"知识的认识论和实践降低到比通用知识更低的等级。

新科学的人文初衷

在 1400 年后，一系列的变化颠覆了中世纪的经院机构。在这场变革中，新人设出现，开始挑战"大学博士"及其中世纪认识论的最高科学权威。

"哲学家"人设从对大学经院实践的认同中分离出来，构成一个重要的转折点。从 12 世纪开始，古代作品和知识被越来越快地发掘出来，在许多方面促成了这一转折点。经院哲学建立在将古代知识和基督宗教学说综合起来的基础上，而 1250 年后，读者可以接触到越来越多的知识材料，并且其中很多知识与基督宗教教义不兼容，这使得书本知识脱离了经院体系。这场变革的核心是"人文主义者"人设，它在对哲学家这一人物形象全新、非经院派理解的出现起到了关键作用。

人文主义者从事多种活动，但最重要的莫过于研究书籍本身，即收集、翻译、抄写和评论文本。1400年后文本学问的扩散和传播在大学之外催生了专门研究拉丁语的新空间。人文主义者还培育了一种区别于教会和大学使用的拉丁语，这种拉丁语更注重修辞而非逻辑；更注重文学性而非辩证推理。在这种兴趣的驱使下，许多人文主义者成为教授，在自己创办的学校里教授该版本的拉丁语，不受大学关于"七艺"的强制限定。在这些创建新型学校的人文主义者中，我们发现了成立于1540年的耶稣会的成员。在挑战教会大学在文艺复兴时期操控拉丁语学习的多股力量中，耶稣会学院在1600年之后跻身世界一流只是其中一个例子。

人文主义学校是"自然哲学家"新人设出现的场所之一，但在1450年和"印刷术革命"之后，印刷商和书商在这一变革中也起到了至关重要的作用。机械印刷机的发明创造了一个良性循环：印刷商和书商提供越来越多的书籍，导致对人文学者提供的教学需求增加，最终对书籍的需求也越来越大。所有这些变革都破坏了大学哲学博士对科学的垄断地位。印刷商和书商也开始获得自由科学从业者的地位，他们从事贸易的店铺成为自由主义人文教育的聚集点。

文艺复兴时期的新自然哲学家

学者——曾经因许多更精确但往往有争议的标签而被淘汰的通用术语——是在这一背景下出现的众多新人设之一。该术语描述了从大学之外的社会性学术空间中所获知识的化身，这也使得源自一种截然不同的哲学实践的全新哲学形式的诞生成为可能。哲学家的权威性曾经是因隶属于大学而得到保证，但在1500年以后，它是通过加入独立的学术机构（科学院、研究室、学会、博物馆等），以及使用印刷品来宣传和保证个人的姓名和身份而建立起来的。扉页是这些变化的一个很有说服力的证明，因为这些扉页上印有作者的"命名"新设计，作者从所宣称的机构协会成员身份中汲取个人的学术权威。笛卡尔

（Descartes）利用"梅森学院"（le cercle de Mersenne）（文艺复兴时期典型的民间学术组织，通常以学者的友好聚会形式进行）来宣扬新的哲学，然后促成其最初的入院，这完美地说明了新制度安排中的实践如何孕育了新的哲学和哲学家概念。他在《第一哲学的沉思集》（*Méditations sur la philosophie première*）中的献词"致非常睿智与杰出的巴黎神学院院长和圣师们"，进一步说明了这种社会知识界的转型所带来的妥协。同样，伽利略利用意大利猞猁学社（Accademia dei Lincei）内的网络，创立了他自己的自然哲学计划，当罗马宗教裁判所在教宗的指导下决定以此对他进行惩罚时，一方面是为了阻止这一新的社会制度力量，另一方面也起到了遏制新哲学拥护者违法行为的作用。

伽利略是文艺复兴时期自然哲学家新人设的完美典范，他的个人案例说明了这些转变的另外两个关键层面。一个是以本土语言书写的科学文献的出现，与拉丁语专著及其所在的研究机构相匹敌，后来逐渐超越了后者。新学院不像大学那样从属于教会机构，而是使用所在国家的本土语言开展研究。伽利略在他的科学著作中喜欢使用托斯卡纳语，就是这种新趋势的一个很好的说明，许多人都模仿笛卡尔，同时用拉丁语和本土语言出版自己的作品，并以此立于传统和近代空间之中。

一直到 18 世纪，拉丁语仍然是严肃科学研究的"通用语"（*lingua franca*），但它越来越受到来自本土语言的竞争，翻译的发展进一步强化了本土语言的蓬勃发展。法语逐渐成为新的非大学科学领域的"通用语"，并从 18 世纪开始成为事实上的欧洲科学语言。这进一步削弱了拉丁语的地位。17 世纪末，莱布尼茨（Leibniz）的作品完美地说明了这些变化。他的哲学著作以拉丁语撰写，因为拉丁语在 17 世纪仍然是哲学的主要语言。但当他想把自己的思想主张公之于众时（这对于他来说很罕见），他就会使用法语，从而可以与最重要的哲学界对话。

当莱布尼茨在德意志与家附近的学者交流时，他通常使用当地方言。这揭示了 17 世纪语言典籍中这些变化的另一个侧面；实际上，莱布尼茨的德语著作通常是面向受过教育的工匠或其他的"机械艺术"专家，这两种人是被排斥在传统大学机构之外的。这些"学者"（即能工巧匠、工程师、建筑师、数学从业者以及其他经验知识和具体知识的专家）因其非自由艺术（七艺）的研究方法被认为不适合大学教学，故而不懂拉丁语。他们在起源于文艺复兴时期的知识空间中找到了新的科学家园。在描述这一时期诞生的哲学的新特性时，对这些变革促成的自由艺术（七艺）理论与经验和技术诀窍的融合不能估计过高。包括"机械哲学家"在内的新人设也是从这种融合中产生的。伽利略在科学工作和自我表现形式中将旧的经院哲学和新的机械数学结合起来，这一做法充分说明了这一创新。此外，在文艺复兴时期，传统的自由艺术（七艺）与传统的机械艺术的广泛融合成为常态。

人文科学与文人共和国

以本土语言以及自由艺术（七艺）和机械艺术融合为基础的非大学知识界组织机构，构成了文人共和国，也孕育出新的人设。如果说中世纪科学实践者在大学中建立了权威，那么在文艺复兴时期，新的自然科学实践者则是在文人共和国的虚拟空间（经常也是实际的）中建立了权威。文人共和国的公民身份受到一套道德原则的约束，这些原则是其公民主动接受的，但繁冗且偏颇，在1500年后成为获得科学权威地位的必要条件。成为文人共和国的公民意味着致力于研究和服务于所有人的更广大利益；在这里，哲学作为一门学科和实践找到了新的存在理由，建立了一种新的生活方式。因此，成为哲学家或成为文人共和国公民常常是一回事，并构成了取代学校博士传统人设的一种新存在模式。

由于文人共和国在原则上向所有认同其价值观的人开放，因此也容纳了传统对立面中出现新的混合身份。"机械哲学家"（philosophe mécanique）这个标签正是这种重新组合的产物，我们可以在名单中添加其他身份，例如"实验哲学家"（philosophe expérimental）、"物理－数学家"（physico-mathématicien）以及很多以前从事"机械"行业的人设，包括解剖学家、工程师，他们在文人共和国这个非大学空间里加入了新科学阵营。那些从事图书贸易的人，至少是处于最高层次的书商，发现自己的地位得到了提高，因为文人共和国把他们变为了知识的实践者，而不仅仅是知识的制造者或供应者。各种类型的工人、手工业者和专业制造商也发现了新的晋升机会，因为他们既可以以技术专家的身份出现，也可以以文人的身份出现。

新的身份诞生了，其中最重要的莫过于科学"记者"。书信往来构成了文人共和国凝聚力的主要因素，总体而言，科学院和图书界（无论是印刷品还是手稿）等实体机构确保了此空间内的社会纽带。法语已经成为非大学学术领域的通用语言，科学期刊在某种程度上成了确保这种新知识环境凝聚力的言论和关系准则的印刷品载体。通过提交研究报告、书评或书信注释来参与这些学术期刊，对文人共和国公民来说是相互了解和共事的最佳渠道，出版这些期刊很快被公认为是一种值得推崇的职业。1684年，莱布尼茨关于微分学的开创性论文发表在最早的同类拉丁文期刊之一的《博学通报》（Acta eruditorum）上，充分说明了这些期刊对新科学形成的影响。在18世纪，这类期刊的数量呈爆炸性增长，而期刊文学从整体而言根据学科变得越来越细分及专业化，并确立了科学期刊的创办原则。

新科学的体制：课程、学院和行政国家（État administratif）

文艺复兴时期之后，文人共和国与新兴的近代国家的和解促进了科学领域权威性非大学机构的成长和巩固。这是伽利略职业生涯的第二个方面，很好地说明了1600年后哲学变革的起源和哲学家形象的新动态。如果说意大利猞猁学社这一机构在伽利略改变自然哲学家形象的过程中发挥了根本性的作用，那么他与美第奇家族和托斯卡纳大公的联系所起的作用也同样重要。伽利略在1610年利用天文望远镜争取宫廷哲学家（而不仅仅是数学家）头衔的方式为力学和哲学的结合作出了贡献，这正是我们所描述的变革的核心。王侯宫廷作为教会经院大学之外的合法机构在这方面起到了决定性的作用。

一般地说，这些王侯宫廷是文艺复兴时期后出现的新科学及新科学人设在政治和经济上的合法化和支持来源。君主们对与大学结盟的兴趣不大，因为大学是科学知识与教会权力相结合的机构，这通常造成王室的权威遭到挑战，而不是加强。因此，自主的"科学"机构的建立很多时候完全与君主的独立愿望有关。此外，一个君主几乎没有理由认为经院科学对建设近代国家是有用的，而应用和实证机械艺术却可能被证明具有很强的实用性。同样，王侯宫廷常常成为将自由艺术（七艺）与机械艺术诀窍结合起来并消弭它们之间对立的地方。伽利略的例子再次完美地说明了这一点；更普遍而言，在近代早期，机械和数学艺术融入科学领域，很大程度要归功于王侯宫廷所起的作用。

无论是考虑到数学天文学与占星术以及后来的航海学和制图学在政治层面的重要联系，还是考虑到"机械和数学艺术"在诸如武器火炮制造、水资源和土地开发以及税务会计等事务中所发挥的作用，人们就会很清楚地发现，数学家在近代国家首批建设者的近代化野心中变得越来越重要，获得了新的科学地位和新的合法性。1500 年后，"化学家"人设的出现同为这一转变提供了绝佳的例证。

化学作为一种基于物质的具体作用及其物理转化的经验解释的知识模式，在中世纪大学学科体系中没有地位（详见第 232 页"化学家的工作坊"）。然而，作为一门与异教科学知识有关的古老艺术，化学这一学科在文艺复兴时期焕发了新生，成为一种与古典哲学理念、秘术和魔法相联系的人文主义实践。化学在医药贸易中也起到了核心作用，从 1500 年开始，由于文人共和国提供的社会阶梯上升的机会，医药贸易开始蓬勃发展，并有意识地变得更加具有科学性。王侯宫廷正处于文艺复兴时期科学网络的交叉口；或许是出于对人文主义哲学或唯灵论的兴趣，或者是旨在借此实现开疆拓土的政治理想，又或许以上因由兼而有之，致力于近代化的君主们渴望获得化学艺术专家的服务。

约翰·约阿希姆·贝歇尔（Johann Joachim Becher）就为该路径提供了一个很好的例子。在美因茨大学医学院接受医师培训并短暂任教后，贝歇尔离开大学成为为中欧统治者服务的访问学者，他的事业也随之大为发展。炼金术是他的专长之一，他也是在寻求将哲学真知和功利性应用结合起来的王公中寻找赞助人的众多炼金术士之一。得益于在王侯宫廷里的多个职位，贝歇尔得以四处旅行，并撰写了多部著作，因此成为文人共和国的知名成员。实际上，他以"燃素之父"之名在多个圈子里声名鹊起，而燃素理论在 18 世纪末被拉瓦锡（Lavoisier）在他的革命性著作中予以驳斥。贝歇尔由于是多个王侯宫廷的座上宾而得以进入当时的科学界，他的工作也参与了近代国家的建设。由于精通冶金术，贝歇尔为政府部门效力，开发神圣罗马帝国的自然资源、矿山和河道，也为官房学派（le Caméralisme）的出现作出了贡献。他的工作甚至使他得以建立起与美洲的联系，当时他代表哈瑙—明岑贝格伯国公爵与荷兰西印度公司谈判，为神圣罗马帝国在荷属圭亚那争取到了一个落脚点。

贝歇尔的科学实践也常常类似于一种为近代国家服务的新型政治艺术，他的"化学家"和"宫廷哲学家"的身份很好地说明了新科学和新人设是如何从文人共和国和统治者宫廷之间的协同作用中涌现的。1650年后，当雄心勃勃的君主们按照文艺复兴时期非正式社团的模式创建自己的学院、制定与国家事务切实相关的课程时，这种联合开始变得更加系统化。

首个王家学院——佛罗伦萨西芒托学院（Accademia del Cimento de Florence）在它短暂的存续期间（1657—1667），保持了对王侯宫廷的做法和规程的依附，后者在1650年之前，科学和国家之间的联盟已经产生。西芒托学院提出了一种切实可行的、以经验为基础的研究自然现象的方法，创造出"实验性"（expérimental）这一新词汇来描述这一方法，并将成果发表在广为流传的作品《自然实验评论》（I Saggi）中，从而为后来创立国家科学奠定了基础。1660年成立的伦敦皇家学会（the Royal Society of London）明确沿用了西芒托学院的理念来确定其行动方针和学术期刊《自然科学会报》（The Philosophical Transactions of the Royal Society of London），创设了"皇家学会会士"（Fellow of the Royal Society）的头衔，以指代新型的近代科学家。帝国的航海计划和建设国家和殖民地的众多项目中都有科学家的参与，他们在这些项目中兼具文人共和国新科学家的身份和为王室服务的"技术人员"身份。由此，担任皇家学会会长42年（1778—1820）的约瑟夫·班克斯（Joseph Banks）就是这种情况下产生的趋向的最好说明。在随库克（Cook）科学探险从而开始他的职业生涯之后，班克斯参与了帝国的发展，于1788年成立了"非洲内陆发现促进协会"（l'Association pour la promotion de la découverte des régions intérieures de l'Afrique），旨在确定尼日尔河的源头位置并对非洲奇观进行科学考察。班克斯作为一名"科学的自然主义者"，就这样同时服务于科学和帝国。

1700 年后的科学、公众和近代学科

在英国，国家与科学既相互联系，同时在形式上又保持距离；而在旧制度时期的法国，在专制主义下，科学的独立性得以保留，科学家直接为王室政府服务。由此在 1700 年后诞生了一种国家与科学的关系，这种关系不同于文艺复兴时期宫廷与文人共和国之间的关系。在 18 世纪，新的行动者——公众——出现了，他们在一定程度上改变了局面。法国的组织模式为 1800 年后欧洲近代科学人物的出现创造了条件。

这种法国模式的核心是一种新型的科学专业主义，尽管它在 18 世纪仍处于萌芽阶段，却奠定了近代科学的基础。1699 年以后，科学院倡导的以学科为中心的制度文化新概念在这方面具有首要意义。1666 年，在甄选王家科学院 24 名创始成员时没有任何具体要求；西芒托学院和伦敦皇家学会也同样如此。然而，在 17 世纪末，一个不同的国家科学概念的出现，将其与第一批科学院的普遍主义理想区别开。此前，得益于文人共和国，工程学、制图学、仪器制造或物理数学等机械艺术被认为是杰出的"身份"。这些学科的从业人员往往是文人共和国的重要成员，尽管不是因为在更专业的技术科学领域中取得了成果，但他们获得了自身的地位。17 世纪，法国将这些技术和功利学科的学者纳入其科学机构，通过赋予他们与王家科学院成员相同的文化声望，提升了他们的社会地位。

结果由此产生了两个新的科学人设群体，一个与在科学院创造的先进科学的纯化观念有关，另一个则与服务于国家建设的技术类科学工作相关。由于这种转变，这两个群体也分别与公众建立起新的联系。

亚历克西斯-克洛德·克莱罗（Alexis-Claude Clairaut）是第一个群体的代表。他生于 1713 年，父亲是一名社会地位很高的数学家。他似乎在摇篮中就学会了数学，十二岁时就成为几何学的专家，并在王家科学院发表了一篇论文。这或许是首个数学神童的案例，只有在已经有了这门学科的专门训练的世界中，才有可能出现。也正是在这个世界中，克莱罗对自己的使命有了新的认识，排除所有其他学科，专注于物理数学的最新研究。他对理论数学应用于天文学、物理学和力学的热情，使他毫无疑问地成为数学物理学的第一位纯实践者。在

刚刚达到要求的年龄后，他立即当选为王家科学院院士，加入新一代数学物理学家的阵营——达朗贝尔（D'Alembert）、莫佩尔蒂（Maupertuis）和欧拉（Euler）等（只列举最知名的），他们因科学院的新组织形式受到鼓励，进一步钻研自己狭窄的专业领域。在同一时期、同一空间中的其他从业者开始把自己看成是致力于某一专门学科领域的职业科学家，他们在1700年后的崭露头角很大程度上归功于国家科学的新逻辑，正是这种新逻辑明确鼓励了这种专业化。

同样的逻辑也导致启蒙时代的普罗大众取代了文人共和国的绅士们。克莱罗再次成为这个趋势的绝佳范例：1759年，47岁的他因预测哈雷彗星经过巴黎上空的时间误差仅三天而名声大噪。这充分展示了由王家科学院的机构转述的天文计算方面的精湛技艺。克莱罗的精准预测不仅为他赢得了空前的名气，而且也对曾大力支持他以及运用其技术能力的国家产生了影响。

机械艺术的科学化：实验科学及工程学

1700年以后，日益广泛和活跃的有文化公众助力了国家和科学的合法化，这种新的社会动态催生了新的科学人设。其中一部分，例如"解剖学家"，在上几个世纪中就已经存在，如今随着近代化的发展，只是发生了轻微的变化。但是其他人设因这种新的公共文化的出现而发生了蜕变。他们中最具影响力的或许当属"实验物理学家"（physicien expérimental），这是18世纪真正的创新。

让-安托万·诺莱（Jean-Antoine Nollet）展现了启蒙运动中实验物理学家的新形象。诺莱仿照英国物理学家在1700年前后在伦敦咖啡馆中开创的做法，于1730年代在巴黎创建了一个实验物理学的公共空间，并开始声名鹊起。他的实验吸引了大量观众，为他带来了丰厚收入。他撰写的一些书籍，一方面用作提供给参加其演示活动的人的纪念品，另一方面也是时下科学辩论的讨论基础。诺莱成为电学领域的权威，这门学科在启蒙运动中迅猛发展，因为它很容易在公开场合进行试验。诺莱是一名杰出的电气专家，是本杰明·富兰克林（Benjamin Franklin）的竞争对手，曾与其就电力的解读展开辩论。他们的辩论是由诺莱以王家科学院院士的身份（他被授予院士身份得益于其作为公共实验家的能力）发起的，吸引了来自世界各地的读者，这多亏了跨大西洋出版物的交流，这些出版物成了启蒙时代公众的精神食粮。1748年，王室对他的成功给予了更光荣的肯定，任命他担任新设立的大学实验物理学教席，即该学科的首位教席。未来的法国国王路易十四正是在诺莱的门下学习了这门新科学的基本原理，成为他的首批学生之一。

从词源上看，"工程师"一词源自两个相关概念的融合：一是独创性和技巧性的能力，尤其是在某一行业的实践中；二是表现出独创性的装置或机制。《牛津英语词典》（*Oxford English Dictionary*）列举了 ingenour 一词在近代初期的多个用法，该词对应意大利语 ingenere 和法语 ingénieur，该词的拼写方法明确表明了"工程"（ingénierie）和"天才"（génie）之间的联系，即这种神秘甚至超自然的创造非凡结果的能力。实践中，在文艺复兴时期，*ingénieur* 这一单词在欧洲所有通用语言中均存在，被当作一个标签，用来指代针对实际和具体问题能够想出出色解决方案的人。

军事工程学在1400年以后成为一门独立的学科，在1500年后是工程师们最常见的活动，但他们还负责道路和运河建设、沼泽排水、园林设计和宫殿建筑以及宫廷表演。文艺复兴时期，身负多重才华的工程师们通过参与文人共和国的图书生产，开始获得作为科学界人士的自主权。刚开始时，工程师只是结合了机械艺术和自由艺术（七艺）的复合人才之一，这在近代初期的欧洲科学界很典型。他的定位介于仪器制造商的手工科学与哲学家和知识分子的智力活动之间。但在1650年后，随着国家的近代化，原本充斥王侯宫廷的通用型人才逐渐被专业的技术人员所取代，工程师成为越来越专业领域的专家。

军事工程学引领了这一潮流。传统上，军官们是从隶属于古老的战士行列中获取其合法性；但在18世纪的法国，他们被迫与工程师一起战斗，以保持他们在王国的军事行动中的等级。特别是早在1700年，海军就已经转变为技术官僚管理机构，雇用了大量专业工程师在王室建于布雷斯特或土伦等城市中的大型兵工厂里工作。王家科学院和海军兵工厂之间也建立起直接的行政联系，以流通天文学、制图学、仪器和力学等领域的理论知识。

专门从事特定科学领域的各种王家学校的创立，也是导致这些变化趋势的征兆。1741年，路桥学院（l'École des ponts et chaussées）成立①，这是第一所工程师学校，专门培养新一代土木工程师，其专业领域涵盖建筑学、测绘学、水利学和税务管理等。1748年，梅济耶尔王家工程学校（l'École royale de génie de Mézières）建立，这所学校旨在通过结合"科学理论"（高等数学、静力学和水力学）和实践培训（防御工事修建技术、切割术、定位学和大地测量学）的教育方式来培养新型军官。王家科学院的成员加入了这些新型技术学校，应王室的要求教授数学和力学，并编写供学生使用的教材。得益于这些学校的存在，国家雇用的大量技术人员发挥了重要作用，并以与科学院院士相同的名义参与了王国的新型科学管理。

总而言之，一个专业性更强的科学院和一批工程师和技术人员的共同出现向我们展示了1650年后法国的科学与国家关系是如何催生出一个新的社会领域，19世纪的科学和技术官僚人设将在这里大显身手。

女性与新科学

截至目前叙述中还一直未出现过女性，然而实际上她们在本章描述的近代早期科学社会中无处不在。在某些情况下，她们的缺席反映了性别歧视偏见，这种偏见造成她们被排除在我们刚刚描述的科学空间之外。在其他情况下，女性几乎没有存在感，这是故意遗漏所致。为了纠正这种谬误，在本章的最后，我想回顾一下近代初期女性参与科学的轨迹，阐明其中蕴含的性别动力（请参见第76页"女性学者和学术界"）。

前面几段提到的每个人设都与"性别"有着特定的关系，但总体而言，女性对科学的参与经历了一系列变化。在中世纪，女性被普遍排斥在科学"职业"之外，但是1400年后的文艺复兴所创造的环境给她们提供了一席之地。1500—1700年在某种意义上成为欧洲女性科学事业的"黄金时代"。然而，在1750年后随着启蒙时代的开启，学科专业化和职业化导致她们再次被排除在外。

---

① 应为1747年成立——译注。

大学博士及其对应的中世纪的哲学家都是男性为主导的人设，担任这些岗位的女性则寥寥无几。造成这种情况的因素有很多，包括大学与天主教会男性等级制之间的联系、对女性参与公共生活的普遍偏见等。然而，在1500年后，环境开始发生变化。以人文主义为核心的宫廷礼仪和文人共和国的出现，使女性作为文明话语的仲裁者和良好风尚的推动者，具有了新的重要性。当伽利略决定向美第奇宫廷最杰出的女性——公爵夫人洛林的克里斯蒂娜（Christine de Lorraine）讲述基督宗教正统观念与哥白尼宇宙论之间的关系时，他在不经意间成为首个推动赋予女性这一新角色的人。一些关于宫廷礼仪的专论，例如卡斯蒂利奥内（Castiglione）撰写的《廷臣论》（*Il Cortegiano*）（1528年），赋予女性在评判适合宫廷社会的价值观方面的显著地位，随着科学与王侯宫廷之间的联系日益密切，女性的科学地位也随之提高。

诸如丰特奈尔（Fontenelle）《关于世界多样性的对话》（*Entretiens sur la pluralité des mondes habités*）（1686年）之类的著作使得科学界的男性与有学问的女性之间的对话成了文人共和国科学实践的典范。在这个空间里，本土语言的使用也使新的读者群体得以参与到当时的科学辩论中来。笛卡尔在1637年意识到这一新情况，因此宣布用法语而非拉丁语发表其著作《谈谈方法》（*Discours de la méthode*），"以便包括女性在内的所有有识之士都能阅读它"。启蒙运动期间，大学以外的科学活动场所（宫廷、沙龙、科学院和新的城市社交场所）的繁盛为女性提供了以前不存在的机会。

在这段时间，虽然这种新的开放性使少数女性能够以科学作家的身份自居，然而，作家人设仍然由男性占绝对主导地位。在女性科学作家中，玛格丽特·卡文迪许（Margaret Cavendish）利用婚姻关系赋予她的财富和权力，在宫廷推广科学活动，这成为她写作的基础。沙特莱侯爵夫人——埃米莉·德·布勒特伊（Emile de Breteuil）是当时唯一的牛顿《自然哲学的数学原理》（*in extenso des Principia*）法译本的作者，还写了自己的数学物理学论文，该论文是在与莫佩尔蒂、克莱罗（Clairaut）、达朗贝尔以及该学科其他杰出人物交流后撰写的（请参见第39页"牛顿学派群像"）。1738年，她在科学院举办的一次比赛中获得荣誉称号。意大利科学院的成员中有很多女性，这一趋势将意大利和其他科学院里绝大部分为男性的欧洲国家区分开来。

1500—1700年，女性越来越多地参与科学活动，这并非没有引起争议。在这一领域为女性提供的新机会引发了新的辩论，这些辩论往往是由女性发起的，涉及女性特质与知识之间的关系以及"女性科学家"这一人设的出现。在支持的一方，我们发现诸如弗朗索瓦·浦兰·德·拉巴尔（Francois Poullain de La Barre）《论两性平等》（De l'égalité des deux sexes）之类的文章，积极传播"才智没有性别"的观点，引发了关于性别和科学的辩论。而在反对的一方，我们发现诸如莫里哀（Molière）《女学究》（Les Femmes savantes）之类的讽刺作品，用厌恶的口吻戏谑地模仿女性在科学领域与男性竞争的企图。当时也出现了一种将"严肃的男性科学"及其科学机构与女性主导的毫无意义的消遣式科学空间分开的论调。然而，在17世纪，这种论调引起了争议，并不构成为男性主导的科学世界辩护的意识形态。最近，女权主义研究发现了一个被遗忘的女性科学事业的世界，从她们积极参加学术活动到大力从事机械艺术活动。总而言之，一切都表明，1500—1700年是一个黄金时代，得益于近代女权主义促成的变革，这一黄金时代在当时得以重现。

牛顿学派群像

近代科学学派是如何创立的？重大科学创新成果是如何传播的？诸多经典问题困扰着科学史学家，他们希望从科学天才的历史中找到答案。

借用路德维克·弗莱克（Ludwik Fleck）的说法，应该放弃把科学工作当作在办公室苦思冥想出的个人作品，而是弄清楚引导及确定科学结果或假设的讨论的解释性群体或思想集体是如何构成的，包括冲突性的讨论（争议、论战等）。

在近代使用的术语"学派"经常具有非常矛盾的形象，一方面污名化创新者，另一方面又攻击守旧派。因此，整个18世纪似乎都在见证着笛卡尔学派和牛顿学派的对立，而且这种分裂在很长一段时间里都被论述为国家滞后或特殊性的缘由。最近，历史学家对导致形成这些集体身份的做法提出了质疑。

就牛顿学派而言，其理念已经发生了很大变化。通过使被遗忘的手稿重见天日，历史学家强调了围绕《圣经》年表的炼金术、神学或古籍著作的重要性，在一定程度上改变了牛顿学派世界的重心。从选择到出版的一系列操作，在整个18世纪是包括数学家和实验者在内的多个读者群体竞相开展的工作。西蒙·沙费尔（Simon Schaffer）对牛顿主义在英国的传播很感兴趣，他注意到牛顿学派是如何从两个解释者群体中产生的：一个是对牛顿在1704年发表的专著《光学》(Opticks) 感兴趣的实验者（《光学》是一本1690年代出版的文件及实验方案汇编，其总体印象是综合的）；另一个是数学家和天文学家，即《原理》的读者。这两个读者群体反过来又影响了上述两部著作的再版和改编工作。因此，牛顿主义的权威性问题就这样在牛顿思想的传播和内化形式中得到发挥。抛开经典的接受研究，法国的牛顿学派和笛卡尔学派之间的对抗超出了制度手段范畴，并考虑了牛顿理论在精英阶层中引起的广泛热情。最终，在"科学革命"的标志（如果有的话）——《原理》革命背后，我们得以发现一个希望成为全球性的信息秩序。牛顿学派远远超出了几个门徒或皇家学会成员的范围，从此囊括了远方的信息提供者，无论是全球各地互通联系的天文学家、商人还是传教士。

斯特凡纳·范·达默

参考文献

Iliff Robert, 2013, *High Priest of Nature : The Heretical Life of Isaac Newton*, Oxford, Oxford University Press.

Schaffer Simon, 2014, *La Fabrique des sciences modernes*, Paris, Seuil.

Schaffer Simon, Roberts Lissa, Raj Kapil et Delbourgo James (dir.), 2009, *The Brokered World: Go-Betweens and Global Intelligence (1770—1820)*, Sagamore Beach, Science History Publications.

Shank J.B., 2008, *The Newton Wars and the Beginning of the French Enlightenment*, Chicago et Londres, University of Chicago Press.

然而，在 1700 年后，随着科学领域被分解为众多高度专业化的学科实践，这种趋势遭到了逆转。尽管宫廷及其附属机构以及 18 世纪特有的社交场所为女性提供了从事科学的场所和地位，但行政国家新设立的技术官僚机构却表现出不太欢迎的态度。从科学实践的普遍性和多元化观念向学科专业化观念的转变也不是一个有利因素。这种专业化导致了文化的二元对立，男性站在硬科学的一边，而女性则只能被迫和他们竞争，捍卫自己在艺术和文学实践中的地位。由官僚政府和学科专业化结合而诞生的新技术学校，将传统上排斥女性的地方——高等教育——重新置于科学领域的中心。随着这些新技术学科的培训对于启蒙时代的新职业化科学越来越必不可少，女性却像中世纪时一样，再一次被排除在外。

无论高等教育在将女性排除在科学领域之外所起的作用如何，在 1400—1800 年，女性在这一领域参与情况的波动都完美地说明了这一时期科学家形象的主要变化。简而言之，我们从以男性为主导的、与教会势力密切联系的、以拉丁文研究为基础的大学机构，逐渐过渡到由独立的文人共和国结构和王侯宫廷政治结构组成的公民社会而促成得更加混合的科学环境。从 1700 年开始，新的变化出现了，文艺复兴时期特有的男女混合的科学世界被启蒙时代的官僚主义政府模式和专业科学导致的仅由男性主宰的世界所取代。19 世纪大学组织科学研究的方式继承了启蒙时代的这些变化，包括它们隐含的性别代表性的不平衡；在同时期诞生的自由主义国家的帮助下，它们为我们今天熟知的当代科学人设提供了一个支撑点。

尚克（J.B.Shank）撰；布鲁诺·蓬沙哈尔（Bruno Poncharal）译

参考文献

Alder Kenneth, 1997, *Engineering the Revolution: Arms and Enlightenment in France(1763—1815)*, Chicago, University of Chicago Press.

Antognazza Maria Rosa, 2011, *Leibniz: An Intellectual Biography*, Cambridge, Cambridge University Press.

Barnes Annie, 1938, *Jean Le Clerc (1657—1736) et la république des lettres*, Genève, E. Droz.

Beretta Marco, Clericuzio Antonio et Principe Lawrence M. (dir.), 2009, *The Accademia del Cimento and Its European Context*, Sagamore Beach (Mass.), Science History Publications.

Bertucci Paola, 2007, *Viaggio nel paese delle meraviglie. Scienza e curiosita nell'Italia del Settecento*, Turin, Bollati Boringhieri.

Biagioli Mario, 1989, The Social Status of Italian Mathematicians (1450—1600), *History of Science*, vol.27, n°1, p.41-95.

— 1993, *Galileo, Courtier: The Practice of Science in the Culture of Absolutism*, Chicago, University of Chicago Press.

— 2006, *Galileo's Instruments of Credit: Telescopes, Imagery, Secrecy*, Chicago, University of Chicago Press.

Boschiero Luciano, 2007, *Experiment and Natural Philosophy in Seventeenth-Century Tuscany: The History of the Accademia del Cimento*, Dordrecht, Springer.

Brunet Pierre, 1952, *La Vie et l'oeuvre de Clairaut (1713—1765)*, Paris, Presses universitaires de France.

Harth Erica L., 1992, *Cartesian Women: Versions and Subversions of Rational Discourse in the Old Regime*, Ithaca, Cornell University Press.

Heilbron John L., 2012, *Galileo*, Oxford, Oxford University Press.

Hunter Michael, 1989, *Establishing the New Science: The Experience of the Early Royal Society*, Woodbridge, Boydell & Brewer.

Johns Adrian, 2000, *The Nature of the Book: Print and Knowledge in the Making*, Chicago, University of Chicago Press.

Laeven A.H., 1990, *The "Acta eruditorum" under the Editorship of Otto Mencke (1644—1707): The History of an International Learned Journal between 1682 and 1707*, Amsterdam, APA-Holland University Press.

Lindberg David, 2008, *The Beginnings of Western Science: The European Scientific Tradition in Philosophical, Religious, and Institutional Context, Prehistory to A.D. 1450*, Chicago, University of Chicago Press, 2e éd.

Long Pamela O., 2003, *Openness, Secrecy, Authorship: Technical Arts and the Culture of Knowledge from Antiquity to the Renaissance*, Baltimore, Johns Hopkins University Press.

— 2011, *Artisan / Practitioners and the Rise of the New Sciences (1400—1600)*, Corvallis, Oregon State University Press.

Lynn Michael, 2006, *Popular Science and Public Opinion in Eighteenth-Century France*, Manchester, University of Manchester Press.

Mazzotti Massimo, 2007, *The World of Maria Gaetana Agnesi, Mathematician of God*, Baltimore, Johns Hopkins University Press.

Miller Peter N., 2000, *Peiresc's Europe: Learning and Virtue in the Seventeenth Century*, New Haven, Yale University Press.

Moran Bruce, 1991, *The Alchemical World of the German Court: Occult Philosophy and Chemical Medicine in the Circle of Moritz of Hessen (1572—1632)*, Stuttgart, Franz Steiner Verlag.

Nummedal Tara, 2007, *Alchemy and Authority in the Holy Roman Empire*, Chicago, University of Chicago Press.

O'Malley John W., 1995, *The First Jesuits*, Cambridge (Mass.), Harvard University Press.

Picon Antoine, 1992, *L'Invention de l'ingénieur moderne. L'École des ponts et chaussées (1747—1851)*, Paris, Presses de l'école nationale des ponts et chaussées.

Poovey Mary, 1998, *A History of the Modern Fact: Problems of Knowledge in the Sciences of Wealth and Society*, Chicago, University of Chicago Press.

Poullain de La Barre François, 1676, *De l'égalité des deux sexes. Discours physique et moral ou l'on voit l'importance de se défaire des préjugez*, Paris, J. Du Puis.

Sarasohn Lisa T., 1993, Nicolas-Claude Fabri de Peiresc and the Patronage of the New Science in the Seventeenth Century, *Isis*, vol. 84, n° 1, p. 70-90.

– 2010, *The Natural Philosophy of Margaret Cavendish: Reason and Fancy in the Scientific Revolution*, Baltimore, Johns Hopkins University Press.

Schiebinger Londa, 1991, *The Mind Has No Sex ? Women in the Origins of Modern Science*, Cambridge (Mass.), Harvard University Press.

Shank J.B., 2005, Neither Natural Philosophy, Nor Science, Nor Literature: Gender, Writing, and the Pursuit of Nature in Fontenelle's *Entretiens sur la pluralité des mondes habités*, in Judith Zinsser (dir.), *Men, Women, and the Birthing of Science*, DeKalb, Northern Illinois University Press.

– 2008, *The Newton Wars and the Beginning of the French Enlightenment*, Chicago, University of Chicago Press.

Shapin Steven, 1994, *A Social History of Truth: Civility and Science in Seventeenth-Century England*, Chicago, University of Chicago Press.

– 1996, *The Scientific Revolution*, Chicago, University of Chicago Press.

– 2008, *The Scientific Life: A Moral History of a Late Modern Vocation*, Chicago, University of Chicago Press.

Smith Pamela H., 1997, *The Business of Alchemy: Science and Culture in the Holy Roman*

Empire, Princeton, Princeton University Press.

— 2006, *The Body of the Artisan: Art and Experience in the Scientific Revolution*, Chicago, University of Chicago Press.

Stewart Larry, 1992, *The Rise of Public Science: Rhetoric, Technology, and Natural Philosophy in Newtonian Britain (1660—1750)*, Cambridge, Cambridge University Press.

Sutton Geoffrey, 1995, *Science for a Polite Society: Gender, Culture, and the Demonstration of Enlightenment*, Boulder, Westview Press.

Tribby Jay, 1994, Club Medici: Natural Experiment and the Imagineering of "Tuscany", *Configurations*, vol. 2, n° 2, p. 215–235.

Vérin Hélène, 1995, *La Gloire des ingénieurs. L'intelligence technique, du xvie au xviiie siecle*, Paris, Albin Michel.

Westman Robert S., 1980, The Astronomer's Role in the Sixteenth Century, *History of Science*, vol.18, p.105–47.

Wilson Curtis, 1993, Clairaut's Calculation of the Eighteenth-Century Return of Halley's Comet, *Journal of the History of Astronomy*, n° 24, p.1–15.

Zinsser Judith, 2007, *Émilie du Châtelet: Daring Genius of the Enlightenment*, New York, Penguin.

这幅油画创作于1768年,展示了无所不能的实验者唤起的近乎宗教般的狂热,一群观众在围观一项科学实验。——德比郡的约瑟夫·赖特(Joseph Wright of Derby),《气泵里的鸟实验》(*An Experiment on a Bird in an Air Pump*)(局部)。

第二章

实验文化

以人工实验为中心的文化实践的发展是 17 世纪科学的典型特征。这种新生的实验文化的社会场所尽管是多种多样的，但它们有一个共同点，即以认知和认识论原则为前提，根据这些原则，对特定真实事件的观察是任何自然哲学的根本。保障持续不断的实验性生产的社团网络由各类场所之间连接而成：炼金术士的私人实验室、王侯宫廷、教室、学者办公室和科学院；更笼统地说，它们把不同个体联系在一起，这些人往往把自己和他们的通信者视作超越国家界限甚至宗教信仰分歧的文人共和国的公民。

实验、技巧和知识

实验文化在实验者方面预设了特定目标，无论是认知目标还是实践目标。许多乍看之下似乎具有实验性质的活动实际上并不配得上这一称呼，因为很明显，对这些活动的产生所附加的想法和解释，显然使人们对它们的看法大相径庭。出现于 17 世纪的一种新型实验科学具有许多使其区别于其他以实验为基础的旧认识论的特征。

长期以来，在与亚里士多德（Aristote）著作相关联的拉丁语主流学术文化中，人们理所当然地认为，关于天然的或创造的世界的哲学认识是建立在感官的体验之上的：根据经院理论，"凡是在理智中的无不先存在于感觉中。"亚里士多德的这一格言在 17 世纪下半叶一直是约翰·洛克（John Locke）等思想家的经验主义认识论的试金石；但它本身远不能概括刚刚开始发展的实验实践的根本新特征。实验主义远非局限于对经验教训的执着。

科学仪器的制造者

从剑桥大学到欧洲大陆的莱顿、波兰大学，再到新英格兰的哈佛学院，仪器制造业逐渐形成，并且由于18世纪时科学精密文化保障了顶级工匠的社会声望而愈发兴盛。仪器的使用扩展到所有科学领域，促进了此空间的统一，而且其美学意义使其成为收藏的象征性符号。实验在科学院、哲学教育机构或沙龙中的发展为仪器设备创造了新地位，尤其是在力学、磁学、天文学、流体静力学、气体动力学、热学、电力学和化学等领域。

科学活动的具体化导致制造商的专业化。17世纪二三十年代，笛卡尔与让·费里埃（Jean Ferrier）的合作表明法国科学家需要找到能够执行他们所需订单的工匠，特别是巴黎的玻璃匠人。17世纪中叶，一位名叫肖雷（Chorez）的制造商被萨穆埃尔·哈特立布（Samuel Hartlib）评为巴黎最灵巧的工匠之一，可制造各种各样的数学仪器，包括望远镜、显微镜、时钟和自动机等。制造商在巴黎或伦敦等首都的凝聚力应归功于强大的家族关系，通常使技术得以从一个国家转移到另一个国家，并使手艺学习规范化。安东尼·特纳（Anthony Turner）历数了从1620年代的肖雷到18世纪末的艾蒂安·勒努瓦（Etienne Lenoir）等主要仪器制造商的技术演变关系。1679年，约瑟夫·莫克森（Joseph Moxon）出版了描述106种仪器的英语词典，尼古拉·比翁（Nicolas Bion）于1709年效仿他发表了《数学仪器的制造和主要用途专论》（*Traité de la construction et principaux usages des instrumens de mathématique*）。一些人从贵族收藏市场中获益，例如米夏埃尔·巴特菲尔德（Michael Butterfield）在圣日耳曼街区开设自己的仪器制造商店，承接来自卢浮宫和凡尔赛宫的订单。还有一些人从与法国科学院或伦敦皇家学会的联系中受益。然而，他们融入科学界的情况却不尽相同。在伦敦，工匠们可以成立仪器制造工厂，开辟广阔的市场；而在巴黎，他们仍然在小型作坊里工作。有些人因此发了财。尼古拉·比翁于1733年逝世，留下6.6万镑的收入，其作坊由他的第五个儿子让-巴蒂斯特·尼古拉·比翁（Jean-Baptiste Nicolas Bion）继承，一直营业到1770年。随着这些物品的商业化，贸易往来不断增强。科学家在访问伦敦时一定不会忘记到仪器店铺驻足流连。18世纪末，普鲁士国王的天文学家让·伯努利（Jean Bernoulli）（1774—1807）在其《天文学书信》（*Lettres astronomiques*）（1771年）中介绍了自己在路过英国首都时坚持要去搜罗新奇物件的经历。18世纪下半叶，巴黎因盛产精密仪器而著称，尤其是光学仪器。巴黎的望远镜生产商克洛德（Claude）与伦敦生产商斯嘉丽（Scarlett）之间的竞争尤为激烈。所有这些因素都证明了伦敦和巴黎这两座都城中人们对科学仪器的好奇心与日俱增。

斯特凡纳·范·达默

参考文献

Bennett Jim, 2001,《Shopping for Instruments in Paris and London》, in Pamela H. Smith et Paula Findlen (dir.), *Merchants and Marvels: Commerce, Science and Art in Early Modern Europe*, New York et Londres, Routledge, p. 370-395.

Biagioli Mario, 2006, *Galileo's Instruments of Credit: Telescopes, Images, Secrecy*, Chicago, University of Chicago Press.

Gauvin Jean-François, 2006,《Artisans, Machines and Descartes's Organon》, *History of Science*, vol. 44, p. 187-216.

Turner Anthony, 1998,《Mathematical Instrument-Making in Early Modern Paris》, in Anthony Turner et Robert Fox (dir.), *Luxury Trades and Consumerism in Ancien Régime Paris: Studies in the History of the Skilled Workforce*, Aldershot, Ashgate, p. 63-96.

Turner Gerard L'Estrange, 1990,《The London Trade in Scientific Instrument-Making in the Eighteenth Century》, in Gerard L'Estrange Turner, *Scientific Instruments and Experimental Philosophy (1550—1850)*, Londres, Variorum.

其特征之一是强调事件的认识论意义。学术上正统的亚里士多德主义认为，自然哲学以对自然现象的解释为研究对象，并用不同种类的原因进行表述，但是这些要解释的现象的存在本身并不是研究的对象。从自然界观察到的表现是既定事实；关于其表现形式的任何争议均被排除在自然哲学的范畴之外。因此，关于自然界的经验论论断，用亚里士多德的表述来说，总是采取描述事物"总是或通常"如何发生的形式，而不是描述在特定的时间和地点实际发生的事情。亚里士多德学派的实验几乎从不愿意描述具体事件的特殊性。相反，以实验为中心的新文化实践使人们有可能从对特定事件的描述中发展出关于自然界的普遍性论断，然后在此基础上发展自然哲学。①

这种演变的主要条件是，由此产生的知识可以被视作与自然哲学问题相关联，这是一个关键问题。在一个自然哲学的目标是为观察到的现象和行为寻找因果解释的文化宇宙中，这些原因中最重要原因［即最终原因（la cause finale）］的性质使得实验程序不可能同质地融入自然哲学的知识生产中。事实上，实验程序前提是刻意限制的装置和人工条件，结果通过人工设备观察到的现象恰恰反映了设计该设备的人类实验者的实验目标。自然哲学则相反，它寻求发现最终原因，也就是自然本身的目标或目的。因此，此类实验实践所产生的知识类型与自然哲学传统上所追求的知识类型是有区别的。

然而，17世纪之前的欧洲文化习俗绝不会排除使用挑衅性实验来揭示自然现象：在中世纪中叶和末期，炼金术士的著作中包含许多有关此类实验程序的详细描述，有时是以具体事件的报告形式出现。② 在这方面，对知识的追求类似于天文学程序，后者借助仪器来推进，实验过程中具体的观测数据为天文学的概括和建模提供了论据。③ 但由于两个相关领域的性质不同，后一种情况并不构成问题：自然哲学中的人为条件剥夺了实验的合法性，因为它们用人类的目标代替了自然的最终原因；而在天文学中，借助人为手段绝不是问题，因为和几何光学及其他部分科学一样，天文学不是自然哲学的一部分，而被认为是

---

① Dear 2006.

② Newman 1997.

③ 关于阿拉伯天文学和光学，以及约束性实验（l'expérience contrainte），还可参阅：Sabra 1994.

数学的一个分支。但是，对亚里士多德而言，这些并不涉及物理原因；它只是为了做出精确的描述性概括，例如通过建立天体运动的模型，将其以圆圈表示（请参见第47页"科学仪器的制造者"）。①

16世纪的化学实验主义寻求将工艺技能以正式配方的形式固定下来，或是保留下长期以来所追求的某种物质转化的成功记录。16世纪的"秘方汇编"（les recueils de secrets）（一种被广泛使用的文体，特别是但不限于德意志和意大利）所提供的配方缺乏17世纪实验性试验的探索性质，因为它们只是提供了重现已经知道的现象、特性或物质的必要方法说明。另一种方法是按照帕拉塞尔苏斯（Paracelse）传统框架进行研究的炼金术士特别采用的，包括在化学转化中添加精神体验的维度，以及使实验现象成为人与神相通的机会。②因此，实验结果更像是类似于圣餐变体之类的日常奇迹的集合，而不是要确定一种具有典型特征（因此可归纳）的自然现象。换句话说，它的认识论功能当时与亚里士多德的学派哲学经验概念大相径庭，深深地扎根于大学实践中。

技巧与数学科学

正是由于自然哲学与数学科学之间相互作用，实验性研究作为一种因果顺序的自然知识生产方式，才成为一种系统化和理论化的实践。这场演变的舞台主要是学校和大学，以及它们周边的其他各类场所。主要的机构场所是耶稣会学院，该学院在17世纪初就已经在整个天主教欧洲铺设了一个完善的网络。凭借其集中结构化的课程和对亚里士多德-托马斯主义的官方坚持，耶稣会学院成为一个大熔炉，其中关于所谓的"混合"数学科学（天文学、光学、力学和其他被视为典型的学科）的本质和正确实践的争论，促使一些耶稣会数学家制定出实践其科学的方法，作为以与自然哲学相同的名义发掘对自然界认知的合法手段。这一事业意味着反对哲学家的主张，对他们而言，数学证明并不

---

① Dear 2011.
② Weeks 1997 比较了帕拉塞尔苏斯和路德（Luther）关于转体（la transubstantiation）和自然过程。

具备真正的科学属性，因为它们没有涉及有关现象的原因（参照亚里士多德设定的标准之一），并且它们根据从天文观测中借用的实验研究技术仅仅基于几个特定的观察值就声称成功建立了通用知识。实验实践的人为性质并不需要被明确维护，因为它是在混合数学科学的框架下进行的，所以没有要求确定最终原因。17世纪二三十年代，耶稣会的各位数学家，例如欧拉齐奥·格拉西（Orazio Grassi）和奥诺雷·法布里（Honoré Fabri），都选择使用实验装置来帮助产生混合数学科学领域的新知识，这种做法也开始被非耶稣会士所采用，例如埃马纽埃尔·迈尼昂（Emanuel Maignan）和乔瓦尼·巴蒂斯塔·巴利亚尼（Giovanni Battista Baliani）。[①] 这些程序通常会形成实验报告，报告中列出情况的要点，特别是专属于既定实验的具体情况：地点、日期和时间、在场人员；在场人员的作用是能够证明实验报告的真实性。其目的在于使这些特殊的实验尝试成为普遍实验的替代品：例如，如果在某一场合观察到一个自由落体的物体按照与奇数序列相对应的比例随着时间增加穿越的距离，则有必要从这一事件中得出一个概括性的结论，以便能够确认自由落体的物体总是或"最经常地"以相同的方式表现出来。伽利略本人在所著的《关于两门新科学的对话》（*Discorsi*）（1638年）中，遵循了同样的方法来论述他的运动"新科学"：众所周知，他在这部著作中描述了一个具体实验：小球在倾斜平面上向下滚动，利用水流量装置进行计时。他通过无限复制该实验，表明无论重复多少次都会产生完全相同的结果，从而证明了其实验结果的普遍科学价值。[②] 其目的在于给人一种普遍有效的印象，这样如果有人未能重现所宣布的结果，则此失败可完全归咎于其实验尝试的特有缺陷。这就是实验事件成为亚里士多德定义的普遍经验的典型案例。

从17世纪中叶开始，这些耶稣会教育中偏爱的做法在混合数学科学中变得司空见惯。此外，由于耶稣会教师编写的教科书和学术论文广泛流传，上述做法也扩散到这个体系之外。在17世纪下半叶，他们在方法论上的有效性已

---

① Dear 1995 (chap. 2).
② Dear 2006.

不再受到严重质疑。

因此，在亚里士多德认识论中，混合数学科学的特殊知识培训使其特别有利于开拓新的实验程序。物理学所要描述的原因通常是目的论，而数学所要处理的是非目的论的描述性推论，两者之间的断然区别，使数学摆脱了禁止实验的传统。实验被人类设计的初衷是验证预设的目标，在物理学（亚里士多德学派）却行不通。然而，越来越繁多的实验所带来的问题范围越来越广，求助于社会上无可非议的证人和可信度高的信誉担保人已变得司空见惯，展现出在法律领域已经很普遍的做法。除数学科学外，与医学有关的科学是另一个领域，它既借助社会合法性证据，也使用自身手段来弥补人工实验所造成的具体问题。

解剖学研究

英国医生威廉·哈维（William Harvey）在1620年代写的文章中，把他对血液循环的研究定性为一种正确进行的视觉观察［或"剖验"（l'expérience autoptique）］方法①，符合当时解剖学领域的既定惯例。这展现了亚里士多德认识论学说的另一方面，即从最广义的角度，涉及对自然更直接的干预的实验，此次是在解剖学领域。诸如活体切除术之类的干预措施使动物受试者处于非自然和创伤状态，因此很容易被视作获取生物体自然机能知识的不合理手段。哈维在其关于血液循环的著作——《心血运动论》（De motu cordis）（1628年）中，采用了16世纪解剖学家常用的观点，例如他在帕多瓦的导师西罗尼姆斯·法布里休斯（Girolamo Fabrici），根据该观点，研究人员应努力提供有机体如何工作的直接视觉证据，而不是通过人工实验来确认或驳斥某种假设。哈维通过示范讲解的方式演示了他对血液循环的研究，通俗点说，就是他把它展示出来给大家看。对于哈维或其读者来说，这些特殊实验的普遍化并没有比同期其他普通解剖学知识受到的质疑更多。② 在1649年发表的为《心血运动论》

---

① Wear 1983 et 1995. 总体上的讨论，可参阅：Baroncini 1993（chap. 5: "Harvey e l'esperienza autoptica"）。
② Wear 1983, French 1994 (p. 316).

辩护的公开信（*Exercitatio anatomica*）中，哈维回应了对他心脏和血液研究工作的诸多批评；反对声浪之一是因活体解剖实验的非自然特性而质疑其合法性。① 哈维在回应中重申了自己的立场：

"有观点认为这些结果是在自然受到干扰和阻碍的情况下才被观察到，而当有机体行动自由时，情况就并非如此，因为在有害的和非自然的环境中所观察到的现象与机体完全健康时不同。因此有必要说明的是，即使在静脉被切断时，由于自然受到干扰，血液从最远端流出，可能显得不自然，但是无论自然是否受到干扰，解剖不会阻止血液从静脉的中心部分流出。"②

哈维的干预并未显著地干扰自然，因为它们没有"扰乱"作为其干预对象的具体现象；因此，他的实验实践仍然是合法的。

哈维明确引用了"科学"演绎论证的数学模型。

"任何人想要了解（无论是否是可见可感的现象），要么必须亲眼观察它们，要么信任专家；除此之外，他既不可能以更确定的方式学习，也无法通过其他任何方式接受更可靠的教导。"③

敏感实验的可靠性本身需要通过参考几何学来证明：

"如果我们的感官经验不是完全确定的，而且是由推理证实的（就像几何学家的测量一样），那么我们就不能承认任何事物为科学，因为几何学是涉及敏感物体的推理证明，但使用的却是非敏感物体。根据这个例子，如果我们依靠更明显的可见表征，我们的感官就更容易感受到那些潜在的、难以感知的事物。"④

像上述这样明确的论证强化了社会实践，这些社会实践不是通过纯粹而简单的权威论证，而是依托于日益扩张的社会关系网络，试图确定不寻常实验知

---

① French 1994 (p. 277).
② Harvey 1963 (p. 155).
③ 哈维对"专家"必要性的依赖还体现在他在《心血运动论》中致伦敦皇家内科医师学会（Royal College of Physicians）的献词上（*ibid.*, p. 5）。关于哈维在这篇献词中使用"我的视觉演示"（*my ocular demonstrations*）的表述，参阅：Hankins et Silverman 1995，尤其是第 39 页。Shapiro 2000（p. 172）注意到该词在英国宗教称颂中的使用。当然，这些术语也指的是第一手的视觉证据。
④ Harvey 1963 (p. 167); 同样可参阅：voir aussi French 1994 (p. 278).

识论断的真实性。这就是在《心血运动论》中致伦敦皇家内科医师学会的献词的真正作用：哈维在书中承认，"如果不先直观地展示并证实我的理论，回应你们的疑虑和反对意见，就得到你们尊敬的会长的支持意见"，那是不合适的。因此，哈维依靠伦敦皇家内科医师学会的权威，使他的理论有了受社会尊重的基础：质疑哈维在解剖演示中观察到的现象描述，就等于否认了这个领域最著名的医疗机构的信誉。相反，任何承认其合法性的人都不可能在不损害自身社会地位的情况下质疑威廉·哈维的主张：由此，一种实验性的文化被创造出来。

实验：公开还是私下？

在17世纪实验文化的形成过程中出现的一个关键问题是实验实践和从中获得的知识的社会定位。一言以蔽之，实验性的知识生产应该是一种私人的、保留的活动，只有少数选定的旁观者才能参与，还是应该公开地、在公共场合进行，至少在原则上向所有人开放？"公共"类别的模糊性使问题变得更加复杂：是否应该将这一概念理解为涵盖所有公共机构？还是说，除了少数内部人士外，科学的运作要对大众隐瞒？在实验哲学的形成过程中，所有这些问题都是公开的，并引起了广泛的争论。[1]

在17世纪初，经常有对炼金术士的批评，指责他们知识的可靠性值得怀疑，因为他们的知识是以非公开或秘密方式获取的，而不是为了大众利益而公开进行的。德意志化学家、教授安德烈亚斯·利巴菲乌斯（Andreas Libavius）坚定捍卫了这一立场，反对其竞争对手——帕拉塞尔苏斯派炼金术士的立场：他认为，将化学发展成一门科学的正确途径是让公众了解化学；简而言之，就是使化学可以被教授。[2] 在他看来，化学科学的发展是一项建立在实践和实验技术基础上的工程，但更关键的是，它也是一种公共财富，不应被隐藏，而应

---

[1] Shapin 1992 et 1994.
[2] Hannaway 1975 et 1986, Moran 2007. 该主题在如下著作中有深刻阐述：Christie et Golinski 1982.

该是公开的。

同一时期在英国，弗朗西斯·培根（Francis Bacon）向炼金术士发起了类似的批判，将他们对保密的偏好视作骄傲和贪婪之罪，并指责他们想把发现的成果留作私用。① 美洲医生兼炼金术士乔治·斯塔基（George Starkey）从17世纪中叶开始撰写的炼金术论著无疑在某种程度上构成利巴菲乌斯和培根所设想的私人实验主义的一个绝佳范例。② 众所周知，培根推崇的是一种实验哲学，他表现出向所有人开放自然研究领域的愿望；他"众生才智平等化"（levelling of men's wits）的理想是赋予每个人必要的技能，使他们以不同的方式为其庞大的项目作出贡献。这就是培根在《新大西岛》（Nouvelle Atlantide）（1626年）中编写的寓言故事的寓意：所罗门宫（la Maison de Salomon）中一个庞大的研究项目是通过等级复杂的社会结构来进行，学院有十二位"光的商人"（le Marchand de Lumière），他们周游世界，带回各种各样有关发现和发明的信息。这些信息收集起来后，便被纳入一个庞大的实验研究大厦中，各层级的执行者在三位"大自然的解说者"（l'interprète de la nature）的指导下开展工作。这一过程的结果是对自然现象的透彻认识，即所谓"公理"（l'axiome）。这些知识对公共利益的有用性得到了培根的认可，却遭到所罗门学宫之父在下列评论中的质疑：

"我们商议决定哪些发明和实验应该公开，哪些不应该公开；我们所有人都发誓不泄露我们认为应该保密的发明和实验；但其中有些秘密还是要透露给国家，而其他的则仍然保密。"③

在这里，国家被视为一个自治实体，或者至少与所罗门宫的管理不同。它能被认同为共同利益或是"人民"吗？文中没有明确回答该问题，但倾向于不能。因此，培根按照这种模式来设想实验哲学：必然受制于一种专制的等级制社会结构的权威，这种社会结构通过严格执行自己在《新工具》（Novum organum）中列举的科学研究方法，来保证其公理的真实性。

---

① Rossi 1968.
② Starkey 2005.
③ Bacon 1635（p. 45）；作者按照现在的标准重新标注了标点符号。

笛卡尔在考虑了有关实验生产知识的社会组织问题后，在《谈谈方法》（1637 年）中对集体或共同研究发表了明确的意见："这些研究对他来说既不可靠也无效率。他认为只能求助于工匠或他能付钱的人，对收益的期望，能使他们准确地完成需要做的一切事情，这是一种非常有效的手段。"在他看来，真正的合作很难实现，"因为志愿者助手必然会通过解释一些困难，或者至少通过恭维和无用的谈话来获得报酬，而这些都耗费了他的时间。"[①] 对笛卡尔而言，知识的产生只能是单一个体的作品；理解是单一个体在吸收了所有可用数据后的认知活动的结果。实验工作以及所获得的实验结果仅对那些了解它们的人有用，因为它可以验证执行者的能力和结果的可靠性。这就是为什么笛卡尔更希望让潜在的合作者给他寄来资金，使他能够付给助手报酬。很难想象一个知识体系在本质上更加极权。

此外，严格的专制控制也适合主张专制主义的政权，当时许多欧洲政权都是如此。不足为奇的是，在 1680 年左右，化学家约翰·约阿希姆·贝歇尔（Johann Joachim Becher）设计了一套炼金术知识（关于嬗变）的生产体系，遵循所罗门宫的主要路线：严格的专制主义和信息渠道的分离：左手必须不知道右手的动作。工人之间要互不相识，以免全面掌握实施过程的各个阶段；在某些情况下，文盲工人比其他人更受青睐，只有负责指导整个项目并就此向亲王汇报的"顾问"才能解释清楚将要进行的实验。[②]

实验共同体

17 世纪下半叶，通常在贵族成员的保护下，自然研究科学家学会的创立变得司空见惯。集体工作的优势似乎被认为是理所当然的，而不仅仅停留在理论基础上，最常见的模式是大学学院的模式。这些共同体中的成员进行了不同程度的合作，实验活动成为其知识意识形态的重要组成部分。在英国，这样的

[①] Descartes 1637, 6ᵉ partie. 同样可参阅：Garber 2001（chap. 5）。
[②] Smith 1994 (p. 237–239).

机构通常是由培根领导的。① 这种培根式的热忱在 1666 年代初达到顶峰，当时皇家学会在伦敦成立，其宣称的宗旨是"促进物理数学学科的实验学习"（physico-mathematicall experimental learning），这种明确诉诸实验的做法显然将培根作为参照。即使培根的方法论箴言的所有细节并未一丝不差地得到应用，然而诉诸实验的准则却普遍存在于上述机构的自我展示及其大多数集体活动中。在皇家学会创立后的几十年中，这种盛行的实验文化体现在将实验活动转化为已获知识的文字丰碑上。在这些实证研究之后起草的报告，被记录在皇家学会成员发表的著作中，并且从 1665 年开始，出现在皇家学会的期刊——《哲学学报》（Philosophical Transactions）上，经常描述出这些实验的详细情况，尤其是时间和地点，也经常包括在场见证人的名字。这种知识建设事业的社会结构依赖于上述特征赋予它的道德力量：一个哲学家和实验者组成的共同体，由植根于具体性和信任的共同实践所巩固。与法律界现行做法类似，并且按照英国绅士的理想行为标准，在这个绅士哲学家共同体中，其他成员的证词被认为足以证实事件的真实性。因此，赋予通过实验和观察证实的世界知识的这种信誉构成了一个积极的知识建设共同事业的基础，在这个框架内，一个集体能够获得的知识远远超过笛卡尔所描述的单个研究者所能获得的知识。②

在同一时期，这种"培根式"的实验主义理念在欧洲其他地方也很盛行。最杰出的自然哲学家之一克里斯蒂安·惠更斯（Christiaan Huygens）受科尔贝邀请，加入 1666 年底在路易十四赞助下成立的享誉盛名的王家科学院，他经常对培根的实验项目满口称赞。实际上，王家科学院的物理学科一开始主要是进行实验研究，而数学学科则将常用的人工演示方法纳入其实践中。但是科学院内部知识的政治组织与其说像皇家学会历史学家托马斯·斯普拉特（Thomas Sprat）所颂扬的正派人士的自由结社，不如说像是单为国王服务的哲学家和技术人员的学校。科学院的知识经济受到国王赞助的影响（如果不是直接被框定）：据了解，其成员的使命是通过提高王室的威望、增添其荣耀，为路易

---

① Webster 1976.
② Shapin et Schaffer 1985, Shapin 1994, Shapiro (B.J.) 1983 et 2000, Poovey 1998.

十四的专制计划作贡献。① 在 1699 年新规则出台之前,科学院发表的专著都是集体出版,而不是由作者个人署名;这一政策适用于被定义为"物理学"领域的所有研究,该术语包括自然志以及所有描述性的"事实"科学。相反,所有可能因不确定性被指摘的因素仍单独归因于其作者。以集体名义发表被认为是表明该作品已受到机构的正式出版许可:所提交的成果不是简单地由某一个作者提出,而是涉及由科学院本身担保的发现,科学院成了国家的一个部门,因此可以以国王的名义发表观点。相反,皇家学会成员发表的作品明确归功于确定的作者,这是其知识生产政策的一个基本要素,这是完全不同的:在这个科学家共同体中,只能根据作者的身份来评估一篇文章或报告中所包含的论断的可信度。

在同一时期,约 1660 年,另一组实验者发挥了相当大的作用:在佛罗伦萨的西芒托学院,由托斯卡纳大公斐迪南二世(le grand-duc Ferdinand II de Toscane)与其弟莱奥波尔多·德·美第奇(Léopold de Médicis)资助的一个封闭的自然哲学家圈子。西芒托学院成立于 1657 年,一直以零散的方式运作,直到 1667 年其学术成果集结在《自然实验评论》中为止。② 就像王家科学院在其成立的头几十年中出版的许多作品一样,《自然实验评论》是作为集体作品呈现的,无论是实验还是其描述都没有列明作者。但是,就像皇家学会成员撰写的记录一样,《自然实验评论》中的报告通常是非常详细的叙述。因此,由其成员社会地位担保的学院权威因对真实事件的具体、可信的描述而得到进一步巩固。③

尽管知识的验证方式各不相同,但这些知识经济体之间的互动是卓有成效的,这主要归功于学者们在这些不同机构组成的巨大通信网络中扮演了节点的角色。④ 在 17 世纪下半叶,除了已经提到的出版物外,许多通信会员也是如此,尤其是伦敦的亨利·奥尔登堡(Henry Oldenburg):他发起出版了《哲学

---

① Biagioli 1992 et 1995, Licoppe 1994 et 1996.
② Beretta et al. 2009, Boschiero 2007, Middleton 1971, Tribby 1991.
③ 可参阅 Shapin et Schaffer 1985(chap. 2);关于潜在的证词,参阅:Dear 1985。
④ Lux et Cook 1998, Harris 1996 et 2006.

学报》，并作为皇家学会成员和其他（主要在欧洲其他地区）学者的活动之间的纽带，这些学者向他通报了他们自己的活动和他们所参加的各种机构的活动。这些具有不同规则的知识经济之间的互动有时需要借助翻译和协商，但它们让非常多的研究人员有了对自然哲学共同事业的参与感。[1] 17世纪上半叶，马林·梅森（Marin Mersenne）和尼古拉-克洛德·法布里·德·佩雷斯克（Nicolas-Claude Fabri de Peiresc）也发挥了同样的作用，他们两人都位于整个欧洲甚至更远的地方的密切书信往来的中心，经常跨越不同信仰之间的鸿沟以及地理和政治边界。他们各自的努力与耶稣会士学者留下的丰富的书信档案相呼应，其中包括克里斯托弗·克拉维乌斯（Christophorus Clavius）和阿塔纳修斯·基歇尔（Athanasius Kircher）等杰出的科学人物以及之后科学院的通信会员的书信档案。这些通信网络使个人研究人员可以发起与各个科学机构的交流，或者在它们之间发挥中介作用。当时，一个有助于巩固这种关系网的概念——"文人共和国"在18世纪被更广泛地接受，成为启蒙时代的关键词之一。[2]

因此，所有这些形式的实验文化构成了实验团体的组成部分，这些团体有时是地方性的，有时是地理上分散的，它们并不具有完全相同的认知和实践标准。在18世纪初，该文化的一种特殊形式在皇家学会周围发展起来，通常被称作"实验哲学"（la philosophie expérimentale），尤其与罗伯特·波义耳（Robert Boyle）出版的作品有关。该术语后来被艾萨克·牛顿采用，在随后的几十年中其他人论及"牛顿主义"时被再次提起。[3] 在法国，启蒙时代的思想家们尤其将这种牛顿主义的实验哲学与经验主义认识论、约翰·洛克的关联主义认识论联系起来。关联主义认识论可以被认为是一种现象主义的自然哲学方法，牛顿本人公开宣布的关于引力产生原因的不可知论就是一个典型例子。[4]

在英国以外，实验研究在18世纪也很兴盛，有时与牛顿主义结合（例如

---

[1] Shapin 1994 (chap. 5).
[2] 关于17世纪的"文人共和国"，参阅：Daston 1991。
[3] Shapiro (A.E.)2004, Anstey 2005.
[4] Gaukroger 2010.

在荷兰），但通常情况是与牛顿主义脱钩。雅克·罗奥（Jacques Rohault）等人在 17 世纪下半叶捍卫了一种更具思辨性的笛卡尔自然哲学，该流派被证明是化学领域［尼古拉·莱默里（Nicolas Lémery）、纪尧姆·翁贝格（Guillaume Homberg）］以及新生的电学领域［夏尔－弗朗索瓦·德·西泰尔内·迪费（Charles-François de Cisternay Du Fay）］研究得非常灵活的信息来源，这里涉及的是在以太微小物质中施加作用力的各种形态的微粒和涡旋的问题。因此，此类实验研究是用非牛顿的物质和因果关系理论来指导和解释的；笛卡尔主义观点是只有通过接触才能传递机械力，这与牛顿主义者所主张的超距作用不同。然而，实验结果的现象性词汇与这些理论解释相脱离，使得整个欧洲自然哲学家之间的这种模仿和交流成为可能，而不论他们在自然哲学方面的倾向如何。在 18 世纪下半叶，通常与牛顿联系在一起的明确的现象主义词汇已被确定为"牛顿主义"的相当不同形式的实验性自然哲学，不论它们各自的物质理论的确切表述是什么。

彼得·迪尔（Peter Dear）撰；阿涅·穆勒（Agnès Muller）译

参考文献

Anstey Peter R., 2005, Experimental versus Speculative Natural Philosophy, *in* Peter R. Anstey et John A. Schuster (dir.), *The Science of Nature in the Seventeenth Century: Patterns of Change in Early Modern Natural Philosophy*, Dordrecht, Springer, p.215-242.

Bacon Francis, 1635, *The New Atlantis*, Londres.

Baroncini Gabriele, 1993, *Forme di esperianza e rivoluzione scientifica*, Florence, Olschki.

Beretta Marco, Clericuzio Antonio et Principe Lawrence M. (dir.), 2009, *The Accademia del Cimento and Its European Context*, Sagamore Beach (Mass.), Science History Publications.

Biagioli Mario, 1992, Scientific Revolution, Social Bricolage, and Etiquette, *in* Roy Porter et Mikulš? Teich (dir.), *The Scientific Revolution in National Context*, Cambridge, Cambridge University Press, p.11-54.

– 1995, Le prince et les savants. La civilité scientifique au xviie siècle, *Annales. Économies, sociétés, civilisations*, vol.50, p.1417—1453.

Boschiero Luciano, 2007, *Experiment and Natural Philosophy: The History of the Accademia del Cimento*, Dordrecht, Springer.

Christie John R.R. et Golinski J.V., 1982, The Spreading of the Word: New Directions in the Historiography of Chemistry (1600—1800), *History of Science*, vol.20, p.235-266.

Daston Lorraine J., 1991, The Ideal and Reality of the Republic of Letters in the Enlightenment, *Science in Context*, vol.4, p.367-386.

Dear Peter, 1985, *Totius in verba:* Rhetoric and Authority in the Early Royal Society, *Isis*, vol.76, p.145-161.

— 1995, *Discipline and Experience: The Mathematical Way in the Scientific Revolution*, Chicago, University of Chicago Press.

— 2006, The Meanings of Experience, *in* Katharine Park et Lorraine Daston (dir.), *The Cambridge History of Science*, t.3: *Early Modern Science*, Cambridge, Cambridge University Press, p.106-131.

— 2011, Mixed Mathematics, *in* Peter Harrison, Michael Shank et Ronald Numbers (dir.), *Wrestling with Nature: From Omens to Science*, Chicago, University of Chicago Press, p. 149-172.

Descartes René, 1637, *Discours de la méthode*, Leyde.

French Roger, 1994, *William Harvey's Natural Philosophy*, Cambridge, Cambridge University Press.

Garber Daniel, 2001, *Descartes Embodied: Reading Cartesian Philosophy through Cartesian Science*, Cambridge, Cambridge University Press.

Gaukroger Stephen, 2010, *The Collapse of Mechanism and the Rise of Sensibility: Science and the Shaping of Modernity (1680—1760)*, Oxford, Clarendon Press.

Hankins Thomas L. et Silverman Robert J., 1995, *Instruments and the Imagination*, Princeton, Princeton University Press.

Hannaway Owen, 1975, *The Chemists and the Word: The Didactic Origins of Chemistry*, Baltimore, Johns Hopkins University Press.

— 1986, Laboratory Design and the Aim of Science: Andreas Libavius versus Tycho Brahe, *Isis*, vol.77, p.585-610.

Harris Steven J., 1996, Confession-Building, Long-Distance Networks, and the Organization of Jesuit Science, *Early Science and Medicine*, n° 1, p.287-318.

— 2006, Networks of Travel, Correspondence, and Exchange, *in* Katharine Park et Lorraine Daston (dir.), *The Cambridge History of Science*, t.3: *Early Modern Science*, Cambridge, Cambridge University Press, p.341-360.

Harvey William, 1963, A Second Essay to Jean Riolan, *in* William Harvey (dir.), *The*

Circulation of the Blood and Other Writings, trad.par Kenneth J. Franklin, Londres, Dent/Everyman's Library.

Heilbron John L.,1979, *Electricity in the 17th and 18th Centuries: A Study of Early Modern Physics*, Berkeley, University of California Press.

Hellyer Marcus, 2005, *Catholic Physics: Jesuit Natural Philosophy in Early Modern Germany*, Notre Dame, University of Notre Dame Press.

Holmes Frederic L., 1989, *Eighteenth-Century Chemistry As an Investigative Enterprise*, Berkeley, Office for History of Science and Technology, University of California at Berkeley.

Kim Mi Gyung, 2003, *Affinity, That Elusive Dream: A Genealogy of the Chemical Revolution*, Cambridge (Mass.), MIT Press.

Licoppe Christian, 1994, The Crystallization of a New Narrative Form in Experimental Reports (1660—1690): Experimental Evidence As a Transaction between Philosophical Knowledge and Aristocratic Power, *Science in Context*, vol.7, p.205-244.

— 1996, *La Formation de la pratique scientifique. Le discours de l'expérience en France et en Angleterre (1630—1820)*, Paris, La Découverte.

Lux David S. et Cook Harold J., 1998, Closed Circles or Open Networks? Communicating at a Distance during the Scientific Revolution, *History of Science*, vol.36, p.179-211.

Middleton William E. Knowles, 1971, *The Experimenters: A Study of the Accademia del Cimento*, Baltimore, Johns Hopkins University Press.

Moran Bruce T.,2007, *Andreas Libavius and the Transformation of Alchemy: Separating Chemical Cultures with Polemical Fire*, Sagamore Beach (Mass.), Science History Publications.

Newman William R., 1997, Art, Nature, and Experiment among Some Aristotelian Alchemists, in Edith Sylla et Michael McVaugh (dir.), *Texts and Contexts in Ancient and Medieval Science: Studies on the Occasion of John E. Murdoch's Seventieth Birthday*, Leyde et New York, E.J. Brill, p.305-317.

Poovey Mary, 1998, *A History of the Modern Fact: Problems of Knowledge in the Sciences of Wealth and Society*, Chicago, University of Chicago Press.

Rossi Paolo, 1968, *Francis Bacon: From Magic to Science*, Chicago, University of Chicago Press.

Sabra Abdelhamid I., 1994, *Optics, Astronomy, and Logic: Studies in Arabic Science and Philosophy*, Aldershot, Ashgate, coll. Variorum.

Shapin Steven, 1984, Pump and Circumstance: Robert Boyle's Literary Technology, *Social Studies of Science*, n° 14, p.481-520.

— 1992, "The Mind Is Its Own Place": Science and Solitude in Seventeenth-Century England, *Science in Context*, vol.4, p.191−218.

— 1994, *A Social History of Truth: Civility and Science in Seventeenth-Century England*, Chicago, University of Chicago Press.

Shapin Steven et Schaffer Simon, 1993 [1985], *Léviathan et la pompe a air*, Paris, La Découverte.

Shapiro Alan E., 2004, Newton's "Experimental Philosophy", *Early Science and Medicine*, n° 9, p.185−217.

Shapiro Barbara J., 1983, *Probability and Certainty in Seventeenth-Century England: A Study of the Relationships between Natural Science, Religion, History, Law, and Literature*, Princeton, Princeton University Press.

— 2000, *A Culture of Fact: England (1550—1720)*, Ithaca, Cornell University Press.

Smith Pamela H., 1994, *The Business of Alchemy: Science and Culture in the Holy Roman Empire*, Princeton, Princeton University Press.

Starkey George, 2005, *Alchemical Laboratory Notebooks and Correspondence*, éd.par William R. Newman et Lawrence M. Principe, Chicago, University of Chicago Press.

Tribby Jay, 1991, Cooking (with) Clio and Cleo: Eloquence and Experiment in Seventeenth-Century Florence, *Journal of the History of Ideas*, n° 52, p.417−439.

Wear Andrew, 1983, William Harvey and the "Way of the Anatomists", *History of Science*, vol.21, p.223−249.

— 1995, Epistemology and Learned Medicine in Early Modern England, *in* Don Bates (dir.), *Knowledge and the Scholarly Medical Traditions*, Cambridge, Cambridge University Press, p.151−173.

Webster Charles, 1976, *The Great Instauration: Science, Medicine and Reform (1626—1660)*, Londres, Duckworth.

Weeks Andrew, 1997, *Paracelsus: Speculative Theory and the Crisis of the Early Reformation*, Albany, State University of New York Press.

论文是各学院用于宣传工作的新编辑体裁。这幅寓意画描绘的是赞助人的形象:由国王创建和资助的王家科学院在为国王的荣耀服务——《王家科学院和物理学论文的历史》(*Histoire de l'Académie royale des sciences avec les mémoires de physique*),巴黎,庞库克(Panckoucke),1699年。

第三章
"结成一体":旧科学制度下的学院(17—18世纪)

在科学史上,学院经常成为近代科学兴起故事的主角之一,这代表着与经院通用语言的彻底决裂。从科学革命的规范视角,面对大学体制的僵化,即在遵守宗教教义且受宗教威权控制的情况下复制书本知识,富有开创精神的哲学家转而投入学院的怀抱,通过实验对旧制度提出质疑。从17世纪末开始,学院先是由私人赞助后又得到王室支持,变得越来越专业化和职业化,成为科学工作的主要组织和传播形式。它们是西方科学在整个18世纪中发生的"组织革命"的载体。[1]

这种模式将经典科学史的很大一部分导向了学院,无论其起源于研究院还是大学,这对于认识了解这些机构而言都是十分宝贵的。[2]按照一直流行到1990年代的区分,它同时出现在"内史"和"外史"的作品中,但没有决定学院到底是特定背景下的现象,还是科学革命乃至近代科学的固有现象。

如今,新科学史不再把"科学"客体的身份视为理所当然,而是试图描述它的形成过程,在其推动下,传统问题(职业化、机构组织、积极成果)已黯

---

[1] McClellan 2003.

[2] 比如:Aucoc 1889, Harnack 1900, Lyons 1968.

然失色。一方面对诸如宫廷或收藏家办公室等知识生产场所（尤其是以前被认为是保守主义堡垒的大学）的研究，将学院置于"旧科学制度"的实践和制度的更密集的结构中，以自己的方式来考虑。"机构"的定义不再局限于正式组织，而是包括基于公认的秩序和共同的标准来组织信息的任何形式的社会关系。另一方面，社会性的概念使得阐明私人和公共之间的动态成为可能，而又不将其归结为社会和国家之间的固定对立，这对旧制度来说是不合时宜的。

因此，科学概念的碎片化、实践的转向以及从根本上说近代性范式的消失，要求对科学及其机构的发展进行较少的线性叙述。在我们看来，这意味着首先要在旧制度的背景下对学院进行分析，将其作为一种社会性的形式和定义经验并赋予合法性的"结合体"，并观察其各种表现形式和运行模式，而无须固定其分类法和预设其制度性的未来。鉴于此，我将在此尝试提出一些有关这一复杂现象的热点问题，而不是进行不可能的事实综述。

科学革命中的学院：一段多元化的历史

科学史学家们并没有将学院置于科学革命的核心，与中世纪的机构形成对比。恰恰相反，这是一个真正的创始神话，伴随并引导着学术现象。

早在文艺复兴时期，在科西莫·德·美第奇（Côme de Médicis）的保护下，聚集在费奇诺（Ficin）周围的人文主义者就选择"学院"这一术语，主张其相对于艺术行会组织的相异性。17世纪，渴望标新立异的自然主义者也采取了类似的立场。费代里科·切西（Federico Cesi）在谴责大学教学的重复性之后，当着伽利略的面，概述了猞猁学社研究"最被忽视、最缺失、最适合于满足天然的求知欲的领域，使我们更加了解自然"的方案。①

实际上，从文艺复兴时期开始，学院尽管是非正式的，却遵循行会逻辑，只有这样，个人才能在旧制度下的"完整"社会中存在。学院所采用的名称、口号和规定规范了其成员的入会和行为，并使其成为一个确定并因此可见的

---

① Cesi 1616 (p. 53).

"团体",即使与真正团体不同的是,学院院士仅因思想上的亲近感而联系在一起。因此,学院就像一种贝壳,长期寄居着承载新文化的行动者,并被其改造。

如果我们考虑到学院的社会模仿性,与新科学和传统年表的联系保持了其意义,并使1603年在罗马成立的猞猁学社居于首要地位。

猞猁学社在文艺复兴的悠久传统中绝对占有一席之地。从炼金术到自然魔法等主题的并存是众所周知的,并且最近的研究强调了奥拉托利会宗教启示(l'inspiration religieuse oratorienne)和新斯多葛主义伦理学(l'éthique néostoïque)、百科全书式研究方法和对形而上学思辨的倾向。① 但是,学院选择了"哲学和数学学说两大主要领域的研究计划,不乏语文学和诗学的装饰",标志着对传统知识秩序的打破。② 从1610年开始,在伽利略的《星际信使》(*Sidereus nuncius*)出版后,猞猁学社逐渐开始参与伽利略的事业;这导致其强化了行动主义,并突出了新科学及其方法、手段和目标与经院传统之间的反差,使其在伽利略被判刑的致命危机中损失惨重。

对自然哲学、实验的中心性和伽利略主义问题的关注,在典籍叙事前沿的另一所学院——佛罗伦萨西芒托学院中也能找到。严格说来,西芒托学院并不是一所学院,而是由斐迪南二世与其弟莱奥波尔多·德·美第奇从1657年开始为满足好奇心而召集在一起的一群博物学家兼朝臣:博雷利(G.A.Borelli)和维维亚尼(V.Viviani)等伽利略的学生(他们在实验的认识论意义上也有分歧)与近代化亚里士多德哲学的捍卫者在与赞助人商定实验方案的基本原则上争执不休。③ 作为公爵的"家庭"消遣,这所学院是美第奇家族战略的一部分,他们希望利用伽利略的遗产来主张托斯卡纳大公国(不存在)的自治权。1667年《自然实验评论》(*Saggi di naturali esperienze*)的出版追溯性地成立了西芒托学院,以主张意大利在该创举(在其他地方正在形成)方面的优先权。

---

① Olmi 1992, Ricci 1994, Clericuzio et De Renzi 1995, Battistini, De Angelis et Olmi 2007.
② Cesi 1616 (p. 54), Lynceographum 2001.
③ Middleton 1971, Galluzzi 1981, Beretta, Clericuzio et Principe 2009.

事实上，在从三十年战争中恢复过来的欧洲，出于对间歇性学术界新思想的兴趣，各国君主们积极回应了对自然抱有强烈好奇心的研究人员提出的赞助需求。科学因此整合了规模已发生变化的威望策略。1660年，当斯图亚特家族（les Stuarts）返回伦敦时，已经活跃在共和时代的自然学家绅士们，如波义耳、克朗（Croone）、雷恩（Wren）、鲁克（Rooke）、佩蒂（Petty）、戈达德（Goddard）、威尔金斯（Wilkins）和王室天文学家尼尔（Neile）正式成立了自然知识促进学会（Society for the Improvement of the Natural Knowledge），于1662年获得了王室的许可状。[①] 在巴黎，自1630年代起就已存在关于数学的国内学术机构，在路易十四和科尔贝掌权后，王家科学院随即于1666年成立，汇集了众多学者，例如卡尔卡维（Carcavi）、罗贝瓦尔（Roberval）、惠更斯（Huygens）、安佐（Anzout）、佩凯（Pecquet）、马略特（Mariotte）、佩罗（Perrault）、布尔德兰（Bourdelin）等。[②] 在柏林，经过无数方案后，由莱布尼茨（Leibniz）规划的柏林科学院（Societas Scientiarum）于1770年成立，在普鲁士转变为王国之后立即成为王家学会。[③] 在这个名单中，还可以加上1677年被授予御封的自然奇观学院（Academia Naturae Curiosorum），它将神圣罗马帝国境内的医生和博物学家联系起来。[④] 稍晚些时候，1724年和1728年，圣彼得堡科学院（l'académie de Saint-Pétersbourg）和乌普萨拉学院（l'académie d'Uppsala）相继成立。圣彼得堡科学院的建立是彼得大帝在俄国进行制度西化改革的一部分。

上述由宫廷支持的学术机构非常像。动力均来自活跃于宫廷或教育界的科学界人士，尤其是在文艺复兴时期的机构中，例如巴黎王家学院（le Collège royal à Paris）和格雷沙姆学院（Gresham College），那里的自然科学在大学课程中并不处于艺术的低等地位；但是，其与大学的联系很牢固（在乌普萨拉就是如此）。[⑤] 这些学界与宫廷和政府机关有着密切的关系，他们利用这些关系

---

① Hunter 1981.
② Taton 1966, McClaughin 1975.
③ Brather 1993, Joos 2012.
④ Winau 1977.
⑤ Frängsmyr 1974 et 1989.

来获得正式认可和特权地位。他们可以依靠从17世纪政治危机中摆脱出来的君主政体对强势机构的不信任以及希望借助其他依赖自己的人来制衡上述机构的意愿[①]，也可以依靠首都城市享有的政治和象征性投资。[②] 他们获得了君主最高权威的认可，具有"国家"（而非地方性）机构的法律地位。他们有直接或间接的补贴，可以给院士提供车马费甚至养老金。皇家学会尽管努力争取，却仍没有获得定期资助，但是它享受捐赠和特权。[③] 因与宫廷关系密切，它可以"应政府的要求"执行一些官方任务（尤其是评估新发明），但不能保护其免受危机的影响，它也因此必须周期性地重启。各国王家科学院的内部组织结构也是类似的，安排一些官员负责日常事务，并特设专家委员会。有一点不同的是，位于伦敦的皇家学会成员数量不设限，虽然其最初曾尝试修正该问题。[④]

随着时间的推移，各国王家科学院的相互模仿进一步强化了相似性。因此，在牛顿的领导下（1703—1727），皇家学会理事会掌握了日益膨胀的特权，而在巴黎，1699年的改革强化了王家科学院的行会特征并增加了其特权[⑤]，引入外省和外国的合作院士以扩大其影响力，与伦敦的宽松入会政策竞争。实际上，各学院，特别是受王室赞助的学院，始终处在与文人共和国既竞争又合作的紧张关系中。

无论如何，在17世纪初的伦敦和巴黎，围绕新科学的社会性热潮是巨大的，而学术现象依然是流动的、多态的。在意大利，学术社会性是城市性的标志，罗马、那不勒斯、梅西纳、博洛尼亚和锡耶纳等地的自然科学研究院也在形成。[⑥] 它们通常附属于大学，在日耳曼地区也是如此[⑦]，很少演变成常设机构。在博洛尼亚，外交家兼科学家路易吉·费迪南多·马尔西利（Luigi

---

① Cook 1986.
② Donato, Lilti et Van Damme 2009.
③ Hunter 1989.
④ 比如比亚焦利（Biagioli）1995年提出的英法两国"组织架构上的"区别——波旁王朝绝对君主制下的等级制和封闭式学院，斯图亚特王朝议会制下的开放和平等学会——至少就17世纪而言是通用的，但就行会组织而言，英国皇家学会可以被比作一家特许公司（chartered company），而非博士学院。
⑤ Hahn 1971, Demeulenaere-Douyère et Brian 2002.
⑥ Boehm et Raimondi 1981, Galluzzi et Torrini 1981, Donato 2000.
⑦ Evans 1977.

Ferdinando Marsigli）的遗赠以及教皇克雷芒十一世（Clément XI）的赞助使研究院（Investiganti）转变为科学院（Istituto delle Scienze）。[①] 在法国，卡昂的学院是王室赞助未能被保持的早期案例。[②] 在 18 世纪初，蒙彼利埃、波尔多、里昂、第戎等地的学院把自然科学列入其兴趣范围，开设仪器陈列室，养护自然（naturalia）和植物园的藏品，发布与科学主题相关的奖项等。[③]

如果我们保持一种选择性的制度视角，我们可以将这些城市里的学院视作一种学术生活组织模式的残余表现，它由于缺乏只有强大君主制才能提供的稳定性和手段，因王家机构的出现而变得过时。这种模式是借鉴了各大型学院的话语体系。第一批历史学家，例如，托马斯·斯普拉特（Tomas Sprat）或让-巴蒂斯特·迪阿梅尔（Jean-Baptiste Du Hamel），勾勒出新科学的谱系，以确定自己协会的位置，因此这是合法化和竞争战略的一个组成部分。叙事放大了王权支撑下的学术项目的连贯性：这一计划随后被传给启蒙运动的学院院士[④]，一直到下个世纪的制度史学家。

毋庸置疑，王家学院的门槛效应也是一种规模效应，使其迅速成为学术界的顶级。科学活动的持续性、部分院士的名望、仪器和其他基础设施（观测台、植物园）的配备、出版的作品和发行的期刊是它们的强项，而所有这些都或多或少地直接依赖于君主提供的资源。[⑤] 王室的支持赋予其非凡的合法性，同时确保其免受宗教信徒的批评。巴黎或伦敦的例子被科学界用在其他地方来吸引潜在的雇主，这毫不奇怪。

但是，强调大型机构与其他机构之间的差距，并不能公正地说明前者扎根并因此得到加强的动力。所有这些机构都拥有确保（或不确保）其存续的法律机制，并都处于受外界影响和机遇左右的不稳定状态中。它们全都在一个可变的范围内传达了关于自然科学尤其是实验和实证方法的有用性和道德性的论

[①] Cavazza 1990, Tega et Angelini 1986—1993.
[②] Lux 1989. 关于在同一时期活跃的都柏林哲学学会，可参阅：Hoppen 1970.
[③] 在法国，各省级学院也会获得特许执照，但是，这并不能等同于巴黎的学院。
[④] Fontenelle 1708, Birch 1756—1757, Targioni Tozzetti 1780.
[⑤] Stroup 1987, Frängsmyr 1990.

述，淡化了与传统权威的对比，颠覆了知识的等级。所有这些都让科学工作者有了知名度，并画出了他们的理想肖像。它们都加强了科学的传播，扩大了科学的受众面。

学院和科学革命的若干问题

一般而言，可以说，第一现代性的学院是一种"公开发布"的形式，因为它们可以占据社会空间，并发表"公共"话语。它们构成了交流的真实场所和象征性空间。因此，科学院通过不同的媒介（会议、书信、各类印刷品、期刊）迎合了不同的受众，它们促进产生的文化建构远比揭露的社会现实要多：城市和宫廷的社会名流、文人共和国的学者以及处于起步阶段的科学界专业人士。与文学界的趋同相比，科学界的使命是普及（这是其宣传潜力的来源）。此外，自然科学尽管有宗教上的利益牵扯，但根据威斯特伐利亚和约，它比博学，当然也比神学更能跨越教派的障碍。

专门史将科学家之间建立的国际交流网络视作学院对近代科学组织作出的重要贡献。

专门史在很多方面，来使新闻、书籍和仪器流通起来。这些学院仅仅是实行以前人文主义文人共和国的"文学贸易"（commercium literarium），院士们，特别是秘书们，建立起庞大的交流网络，名誉会员也可以发挥一定作用。成员交流和旅行仍然是重要的沟通手段。[①]

同时，在科学交流转向印刷品的过程中，学院发挥了显著的作用，因为它们的兴起与期刊的诞生同时发生，学院是期刊的使用者和推动者。早在1665年，亨利·奥尔登堡就在皇家学会的监督下出版了《哲学学报》；王家科学院苦苦寻找合适的方案，于1699年创立院刊《探究和论文》（Histoire et mémoires），后被柏林效仿［《柏林协会记》（Miscellanea Societatis Berolinensis）］；1670年，《自然奇观录》（Miscellanea naturae curiosorum）将学院的成员联合在一起。

---

① 在大量的参考书目中，可参阅：Boas Hall 1982, Rusnock 1999, Brioist 2007.

学术生活［以摘要（*Mémoires de Trévoux*）、信函（*Giornale de' letterati*）或报告（*Acta eruditorum*）的形式］在非专题性的学术期刊上进行，涉及宫廷生活的甚至发表在公报上。因此，学院推动形成了无比开放的科学宣传制度。

需要补充的是，尽管在很长时间里期刊的发行周期并不规律，但它完善了学术机构及其成员之间的联系。期刊通常的版式是论文和简短观察和实验报告的合集，在此基础上可以预见更完善的作品。虽然内部审查制度体现出集体性，但个性在这里占主导地位。与最初的集体出版物甚至是匿名出版物相比，期刊鼓励某种与发现相关的始创性形式，这种形式在18世纪将会盛行。

因此，我们来谈谈两个反复出现的问题，即实验议程和院士。

经典科学史认为，在实验实践的标志下，学院与科学革命之间有着不可分割的联系。[①] 在实验性新科学中，学院在使用昂贵仪器和验证实验结果方面提供了最佳条件。相反，新科学社会史的支持者则认为实验真理是行动者们谈判的结果，反映了权力、权威和地位问题，并将学院视为理论上比较薄弱的实验主义和事实文化所选择的空间，它能化解冲突甚至（至少在内战之后的英国）"为自由和强制的根本性政治问题提供了解决方案"。[②] 部分历史学家分析了旨在证实实验的可信度和担保机构的权威性的言辞技巧，坚持认为学院有可能作为统一的超主体（sujet unanime *super partes*）来行动。[③]

毫无疑问，17世纪的学院在社会将实验认可为科学活动不可或缺而非偶然为之的组成部分以及合法且适当的知识生产手段中发挥了重要作用。它们甚至以集体实验者自居。因此，猞猁学社"根据自己探求、实验和观察的永恒目标，发现事物的特性并指出其影响和原因"[④]；实验代表了西芒托学院的唯一可见方面［座右铭即为"尝试再尝试"（*Provando e riprovando*）］，也是巴黎王家科学院和伦敦皇家学会显露出的动机，其宣称的目标是"积累大量实验"（to

---

① 比如：Ornstein 1913.
② Ben-David 1971 的论断再次被 Shapin et Schaffer 1985 提及以强调政治和社会权力的平衡。本卷在第 8 章进行了论述。
③ Dear 1985, Licoppe 1996, Biagioli 1995.
④ Cesi 1616(p. 67).

heap up a mixt mass of experiments）。①

不应该误解各学院在实验方法上达成的共识。西芒托学院、伦敦皇家学会和巴黎王家科学院的理论预设、形而上学理念和认识论目标并不相同（更不用说在多个会社中都非常活跃的亚里士多德主义者和耶稣会士）；在每个机构内部，各种不同的理论并存，有时还会发生冲突，实验在其中并不一定显得突出。② 但是，分歧很少会被搬上台面，尤其是在印刷品中（对此存在内部或外部审查），这也是因为主体的统一性并不取决于它们的解决。17世纪的实验主义在很大程度上是一种不确定的方法，是一个多种选择逐渐积累却不见得协调一致的开放体系。如果说一般情况下是这样，那么对于学院来说更是如此，在学院内部接受规则并共享既定目标（科学的进步）甚至是共同的研究，也并不意味着需要真心同意哲学上的依附关系。此外，从文艺复兴时期开始，学术礼仪与学术争鸣（la *disputatio* scolastique）（当然还包括宫廷礼仪③）消除了过于激烈的争论。由于实验性实践可以独立存在，而无需对基本的形而上学体系进行阐释，因此它非常适合学术机构，而学术机构的存在自16世纪以来一直依赖于拒绝讨论宗教和政治。学术上的一致不仅是赞成同意，而是达成一致，它对近代科学的客观性只有间接的贡献，即使它推动将研究重点从现象的"为何"转移到"如何"上来。

尽管如此，实验物理学并不是打开17世纪学院科学文化的唯一钥匙。从猞猁学社开始（它想象自己身处一个配备有实验室、观测台、各类藏品、图书馆的"修道院"④——这也是培根在极具影响力的《新大西岛》中描绘的景象），各学院试图培养所有领域的所有自然知识技术，而不区分古典数学科学和广义物理学的归纳分支。⑤

例如，巴黎首批院士的共同工作包括化学分析、人体和动植物解剖、在

---

① Sprat 1667 (p. 35).
② Hunter 1989, Beretta, Clericuzio et Principe 2009.
③ Biagioli 1995.
④ *Lynceographum* 2001 (p. 91–93).
⑤ 根据 Kuhn 1976，学院只为最新的学科提供有利的环境。

显微镜下观察、输血等。① 实际上，自然志恢复了非常重要的地位。猞猁学社将共同研究重点放在了《新西班牙医学百科全书》(*Rerum medicarum Novae Hispaniae thesaurus*)（仅在 1651 年出版）上，王家科学院则专注于《动物自然志论文集》(*Mémoires pour servir à l'histoire naturelle des animaux*)（1671 年）和《植物志论文集》(*Mémoires pour servir à l'histoire des plantes*)（1676 年）；皇家学会发行的首批著作也同样致力于该领域。古物研究也被纳入科学事务之列，猞猁学社在这方面再次成为典范。② 最后且最重要的是医学：当然首先涉及解剖学（借助实验调查演变为生理学），但从 17 世纪末开始，同时也涵盖对不同地点和季节"疾病构成"的"希波克拉底式"观察（des observations "hippocratiques"）。

自然志、医学、古物学，简而言之，观察和历史的学科被理解为"有一定了解的撰写者对特定事实的叙述"。③ 因此，文艺复兴时期的经验主义与 17 世纪学院的科学文化就这样通过培根被直接结合起来。在接下来的一个世纪中，通过积累的案例数量④，它们促进了自然科学中正在兴起的、被赋予系统发育意义和规范价值的序列集合的认识论转变。

学科的多样性是否与学院院士的多样性相对应？

从社会角度看，学院具备相当的综合性，这并非微不足道。大部分是亚里士多德学派（在依赖其会士所缴会费的皇家学会尤其如此），再混入一些各种职业和职务的城市资产阶级，像皇家学会实验负责人（领取薪水）罗伯特·胡克（Robert Hooke）这样出身寒微的人比较少见。⑤ 教会的组成比较广泛，入修会的教士，特别是耶稣会士在天主教国家中得到很好的代表。在各地，数量极

---

① Salomon-Bayet 1978, Stroup 1990. 作为对比，可参阅：Boas Hall 1991. 在对西芒托学院的研究中，自然志一般被忽视，但从今往后，可参阅：Beretta, Clericuzio et Principe 2009.

② Freedberg 2002, Baldriga 2002.

③ *Mémoires 1671* 的序言继续论述通史与历史的区别："……虽然它只包含了部分内容，但作为构成历史主体的要素……它还是有优势的，只要作者是准确的、真诚的……就不会缺乏确定性和真理。"可参阅：Olmi 1992, Pomata et Siraisi 2005.

④ 例如，在畸胎学领域，可参阅：Da Costa 2009.

⑤ Hunter et Schaffer 1989.

多的医生在多个领域构成了传统但充满活力和决定性的"科学人士"。①

严格的历史社会学不允许将学院说成是科学工作者职业化雏形的动因或机构载体,即使学院为其发放津贴,并对少数纯科研岗位所在的机构(如观测站)进行监督。同样,业余爱好者和专家之间的差异也不是特别明显,因为按照行会逻辑,院士只不过是在同等人员中被选中的人②,即使等级制度确实默认存在,包括外在的级别和内在的学识声誉(请参见第76页"女性学者和学术界")。

但是,如果我们把学院理解为旧制度下的一个"结合体"(那里条件优先于职业),那么可以说,它使更多的普通人,尤其是定位不准确或不明确的人士受益,例如,科学工作者、中世纪艺术家的继承人和即使在大学里任职并在其领域中享有盛誉却未参加行会组织的个体。③ 在科学实践尚未获得尊严的时代,学院既代表着获得事业和荣誉甚至被封为贵族的机会的平台,也代表了超越现有社会角色(教师、神甫、食利者等)铸就科学家身份的场所。④

关于塑造科学人士新社会身份的德行和义务的说法,绝大部分是学术基质。遵循由文艺复兴和巴洛克时期的文学院编纂的经典颂词传统,赞美成为学术现实的结构性实践,无论是对内还是对外,科学会社都遵循这一传统。随着时间的推移,这些论述勾勒出一幅幅集高尚的道德情操与公民素质、激情与无私、天资与方法应用于一身的肖像。

谦虚和虔诚是永远不会缺少的,特别是神职人员,但世俗、礼节和交际能力在很早以前就胜过猞猁学社当时仍奉行的修道院戒律。简而言之,应该是一个时髦的绅士,但足够认真严肃,能够认识到他面前任务的艰巨性以及从中可获得的荣誉。⑤

---

① Hunter 1985, Sturdy 1995, Amburger 1950, Biermann et Dunken 1960.
② Roche 1978 (p. 102).
③ Westman 1980, Hufbauer 1982, Heilbron 1979.
④ Shapin 2003.
⑤ Paul 1980, Shapin 1991.

女性学者和学术界

如今,女性对知识生产领域的积极参与问题正在被重新评估。继中世纪和文艺复兴时期出现的零星几个女性科学家之后,实际上是从17世纪开始,关于女性科学家角色的辩论、论述和争议才真正开始成倍增加。这场"女性论战"中最激烈的一场是"伟大世纪"(le Grand Siècle)中叶在法国对"女才子"(la Précieuse)的批判。论战者认为"女才子"施加"支配性影响",这主要是他们感觉到了女性作家违抗性别规范所带来的威胁。更为普遍的是,这场女性论战消极地提出了知识分子自主性的可能性。在启蒙时代,沙龙人士仍然将矛头对准女性知识分子和哲学家之间的紧张关系,这种紧张关系在社会包容和学术排斥中被搬上舞台。这个例子强调了这些空间视为与其他任何地方一样的按照学院模式的知识和思想生产的场所,是多么危险。从沙特莱侯爵夫人(牛顿作品的法文译者)到拉瓦锡夫人,这些先锋人物揭露了将女性排斥在学术界之外的主流机制或"性别化"科学的定义,再或者女性被边缘化或只能获得次等表彰的做法。然而,保拉·芬德伦(Paula Findlen)最新的研究表明,女性并没有被排除在整个欧洲科学体制之外。在意大利,从1678年拥有贵族血统的埃琳娜·科尔纳罗·皮斯科皮亚(Elena Cornaro Piscopia)(1646—1684)在帕多瓦大学获得学位开始,个别代表人物的成功轨迹被大批复制。正是随着物理学家韦拉蒂·劳拉·鲍希(Veratti Laura Bassi)(1711—1778)在1776年成为博洛尼亚大学实验物理学教授兼博洛尼亚科学院荣誉院士,女性科学家开辟事业才成为可能。在她之后,牛顿主义者克里斯蒂娜·罗卡蒂(Cristina Roccati)(1734—1814)也成为教授。教宗本笃十四世(Benoît XIV)还邀请米兰人玛丽亚·加埃塔纳·阿涅西(Maria Gaetana Agnesi)担任数学教授,但被她拒绝了。和其他成员一样,她发表了多篇论文,证明了她作为科学家的真实活动。她因1748年出版的关于微积分的著作而闻名遐迩。与此前沙龙的情况一样，女性在科学领域的这种新的正面知名度与她们善于参与公开辩论有关，从而确保了对女性理性能力的辩护，而且也与她们参与对笛卡尔或牛顿等重要哲学家著作的翻译活动有关。无论是在意大利还是法国，这些女性科学家成为知识传播的推动者。

斯特凡纳·范·达默

参考文献

Findlen Paula, 1993, Science As a Career in Enlightenment Italy: The Strategies of Laura Bassi, *Isis*, vol. 84, p. 441-469.

— 1999, A Forgotten Newtonian: Women and Science in the Italian Provinces, *in* William Clark, Jan Golinski et Simon Schaffer (dir.), *The Sciences in Enlightened Europe*, Chicago, University of Chicago Press, p. 313-349.

Gargam Adeline et Bret Patrice (dir.), 2014, *Femmes de sciences de l'Antiquité au xixe siècle. Réalités et représentations*, Dijon, Éd. universitaires de Dijon.

Lilti Antoine, 2005, *Le Monde des salons. Sociabilité et mondanité à Paris au xviiie siècle*, Paris, Fayard.

Maître Myriam, 1999, *Les Précieuses. Naissance des femmes de lettres au xviie siècle*, Paris, Champion.

Messbarger Rebecca et Findlen Paula (dir.), 2005, *Maria Gaetana Agnesi et alia : The Contest for Knowledge*, Chicago, University of Chicago Press.

贵族和学识，当这两种特质汇集在同一个人身上，如波义耳或牛顿（1705年被封为贵族）、孔多塞（Cordorcet）或者班克斯，可以得到理想的院士和科学家的肖像。同时，科学家晋升贵族作为学术肖像的一个特征，随着时间的推移变得愈加显著，成为整个启蒙运动中激励人才的绝佳方式。

18 世纪的学院主义：启蒙运动的镜子或代理？

从 1740 年代开始，在人口和经济普遍增长且社会流动性增加的背景下，学术运动经历了真正的繁荣，这也极大地改变了其范围和内部划分。当时，（在柏林、乌普萨拉转移至斯德哥尔摩、博洛尼亚、圣彼得堡）现有机构的重振和改革与各国政府成立新的机构同步进行。从那不勒斯到哥本哈根，从慕尼黑到里斯本，无论是大国还是小国，在首都或在大学中心都出现了科学院，或者更常见的是在多学科机构中设立自然科学部门。

网络的密集化为科学活动和信息流通注入活力，而学院越来越多地成为媒介。大多数机构定期发布（和交流）会议记录和论文，后来由《学术合集》（Collection académique）（1755—1779 年出版）等期刊和专刊转发。在理论或应用问题上提供的报酬成倍上涨。[①] 学术界在大规模研究中开展竞争性合作，例如 1735—1737 年测量地球弧度，1753 年计算水星通过时间，1761 年和 1769 年计算金星通过时间，1783—1787 年在格林尼治天文台和巴黎天文台之间进行三角测量，抑或是不那么轰动、竞争性也不强的活动——收集气象数据。[②] 这些活动与国家领土勘察和自然资源探测同时进行。显然，与前一阶段相比，在启蒙时代的欧洲，新科学激起的宗教挑战被淡化了，其自主性、尊严性和实用性得到了提高和升华。

在此期间，在地方精英的推动下，省会和许多其他城市建立起旨在培养科学的学院和学会。绝大多数情况下，这些都是"文理学院"，它们传播关于科学实用性的论述，展示各种发现并普及实验物理学、植物学、地质学等重大理论。通过协作，它们扩大了启蒙时代科学主义对话者的范围，同时确定了科学主义与学术主义的原因。文学院、共济会、沙龙等也未能幸免于这场对科学的狂热。

[①] 巴黎王家科学院的奖项请参阅：Maindron 1881。根据 McClellan 1985 年（第 11 页），柏林的学院授予 45 个奖项，而哥本哈根的学院授予了 125 个奖项。

[②] Wolf 1959, Frängsmyr, Heilbron et Rider 1990, Terrall 1992, Alder 2002.

詹姆斯·麦克莱伦（James McClellan）用广义上的科学院的定义，清查了 1740—1770 年成立的包括美洲殖民地在内的 30 余家官方学会及差不多相同数量的私人学会，1770—1790 年官方和私人学会数量分别有 15 家和超过 20 家。① 虽然他提出的二者之间的区分对于古典时代来说是有问题的，但到 18 世纪下半叶，这种区分就变得更有意义了，即使这两种类型的机构之间的流通性很强，而且私人的倡议可能是官方组织的起源［例如，都灵私人学会（Società Privata de Turin）和布拉格私人学会（Privatgesellschaft de Prague）分别于 1783 年和 1791 年转变为官方学会］。② 随着行会秩序被逐渐侵蚀，个人之间可以在公共领域建立一个简单的联盟，即一个自由的"学会"③，获得执照的学院可以演变为提供教育服务的民间机构。

这场运动与经济和农艺学会的发展相结合，影响了从英国到那不勒斯王国、从西班牙到威尼斯共和国的所有欧洲国家。它们汇集了地方精英（许多地产业主和（或）视情况而定不同比例的企业家、开明的贵族和资产阶级爱国者）、显贵和中央政权的代表，以及博物学、农艺学和技术领域的专家。这些学会的特征具有明显的实践性，但它们代表了科学所附带的技术知识和进步价值观的载体。自然的奇观和技术的奇迹也是学院和大学博物馆、陈列室和展示厅里更多非正式社会性实践的核心内容。

事实上，在 18 世纪下半叶，各国政府在创建学院的同时，还进行了教育（所涉范围不一：将教学科目近代化、在大学课程中引入新的教学法、成立大学和专门机构）以及军事和民用技术服务的改革。④ 因此，我们可以将学院视为改革政策的一部分，前提是不要忘记它们享有有限的特权。促进学院发展似乎完全是一种象征性举措，旨在显示权力的开明性质；它们的主要功能似乎是为科学家的职业保驾护航，无论是否在教学岗位上，科学家的数量在急剧

---

① McClellan 1985 (p. 67), Hammermeyer 1976.
② Ferrone 1988, Kalousek 1885, Teich 1960.
③ Roche 1978, Reinalter 1993, Clark 2000.
④ 总体情况可参阅：Brockliss 2003, Guagnini 2004；法国的情况请参阅：Taton 1964, Picon 1992. 同样可参阅：Brianta 2007.

增加。

关于职业化，同样坚持学院化似乎并不合适，尽管院士的级别（和津贴）可以作为拒绝或离开教学的基准（比如欧拉就是如此）。院士仍然是一种特殊的类型，正如狄德罗撰写的《百科全书》中的"院士"词条："具有'学院'名称的学术团体成员，旨在就某些课题展开'研究与应用'"。然而，由于学院机构是自我生产的，它可以对渴望加入的人提出不断变化的标准：在18世纪，合格候选人的数量增加，选拔变得更加细致，院士的科学形象变得更加精确。

当然，这种发展在首都最著名的学院中最为明显。最初对外国人设置了限制，对他们来说压力较小，但必然同时会影响本国成员。[1] 其中一个限制是，在院士之间插入额外的区别，如在巴黎工作的助理、自由合伙人和通信会员或在博洛尼亚的本笃会学者（les *benedettini*）。同时出现了要求区分科学、"半知识"（demi-savoir）和虚假知识的主张[2]，这导致了诸如1784年巴黎王家科学院谴责动物磁气说（le mesmérisme）之类的行动。

专业化的过程强化了学院之间和院士之间的等级制度。在欧洲各地，一批有名望的精英科学家通过巧妙地调动学术资源（例如主要官方机构的奖项和会员资格）来提高声誉，从而巩固了他们在当地的地位。有时，尤其是在旅行中，他们不会拒绝小型学会的邀请，因为这在宣传上是一种双赢的关系[3]〔例如：天文学家杰罗姆·拉朗德（Jérôme de Lalande）在他的"大环行"中，成为曼托瓦的维吉利亚纳学会（la Virgiliana）、科尔托的纳伊特鲁里亚学会（les Étrusques）和罗马的阿卡迪亚学会（l'Arcadia）的成员〕。但大多数第二级学院形成了一个平行的闭环。尽管外围地区努力抵制中央的野心，但只在法国建立了以各省学院为基础、首都学院处于顶端的晋升体系（*cursus honorum*）。

通常来说，省级学会在研究主题和会员吸收方面一般不是很专业。其会

---

[1] 皇家学会在1727年、1761年、1765年设置了限制条件。而在巴黎，法国人于1753年与1762年设置了限制条件。
[2] 除其他外，Formey 1768明确指出了这种区别。
[3] Roche 1978 (p. 301).

员和公众都是世俗人士，并且随着各种形式的交际活动的普及，世俗化也越来越普遍。这种常常被科学史视为负担的包容倾向，对于文化史学家而言，却构成了学术运动的主要关注点，使其作为一个整体，成为科学启蒙运动传播的引擎。学院具有内在的共识性，是见证围绕科学的共识建立和逐渐扩大的主要舞台之一。对科学效用的论述离不开对提高它的人的功绩的论述，两者都有助于挑战传统秩序。

结语：近代科学中的学术主义和进步价值观念

"所有国家的知识分子和哲学家……都应将自己和他人视为唯一共和国的构成因素和成员……

他们的爱应该是普遍的，应该和他们所宣称追求的知识同样广泛，应该得到所有从各自所处位置通过努力发展和推进科学和知识而为人类整体遗产作出贡献的人们的认可，这是这样一个共和国的唯一利益和福祉。[①]

文学和学术的欧洲可以说是一个单一的社会，由一个共同目标统一起来，即科学与文学的进步。所有人都以同样的热忱工作，首要目的是实现普遍效用，其次才是增添他们国家或自己个人的荣耀。"[②]

因此，在18世纪中叶，学院院士们表达了指引他们的理想：普遍主义、合作、社群主义和无偿性。按照罗伯特·默顿（Robert Merton）的说法，近代科学精神的结构性价值使科学不是从真实性或有效性而是道义的公正性来判定[③]，这点被纳入证明学院制度合理性的论述中。最终的目标是知识的"进步"，这是显而易见的且被纳入公共福祉范畴，从17世纪的第一批学院一直到启蒙运动及以后都是如此，从无间断。由于科学进步的积累过程是一项集体协作的事业，因此构成了各学院从一开始就特别重视的另一个主题。但是，在科学革命之前，积累和进步的概念实际上并不真正属于科学的道德声明。

---

① Lord Macclesfield à la Royal Society 1753, in McClellan 1985 (p. 5).
② Argenson 1746 (p. 428).
③ Repris in Merton 1973.

最后，我想再次强调学院现象的意识形态和身份维度。对进步的信仰似乎是其在 17 世纪和 18 世纪之间真正的统一因素，而不仅仅是一项精确的阐释功能、一种特殊类型的实验实践或是一种特定形式的知识精英编制形式。这种意识形态隐藏和掩饰了紧张、矛盾和排斥，正如我们所见，它们构成了学院体制上的未来。学院是它所帮助创建的公共空间中"公开发布"的实践，是一种以身份和表象为基础的社会性形式，是旧制度下用于"做科学"并陈述其价值和规范的机构，因此也成为一种设计意识形态的特权框架，并不断超越和颠覆这一框架，朝着现代性演进。

玛丽亚·皮娅·多纳托（Maria Pia Donato）撰

参考文献

Alder Ken, 2002, *The Measure of All Things: The Seven-Year Odyssey and Hidden Error That Transformed the World*, New York, The Free Press.

Amburger Erik, 1950, *Die Mitglieder der deutschen Akademie der Wissenschaften zu Berlin (1700—1950)*, Berlin, Akademie Verlag.

Argenson marquis d',1746, Discours sur la nécessité d'admettre des étrangers dans les sociétés littéraires, in *Histoire de l'Académie royale des sciences et des belleslettres*, p.425-435.

Aucoc Léon, 1889, *L'Institut de France. Lois, statuts et reglements concernant les anciennes académies et l'Institut de 1635 a 1889*, Paris, Imprimerie nationale.

Baldriga Irene, 2002, *L'occhio della lince. I primi lincei tra arte, scienza e collezionismo(1603—1630)*, Rome, Accademia Nazionale dei Lincei.

Battistini Andrea, De Angelis Gilberto et Olmi Gilberto (dir.), 2007, *All'origine della scienza moderna. Federico Cesi e l'Accademia dei Lincei*, Bologne, Il Mulino.

Ben-David Joseph, 1971, *The Scientist's Role in Society: A Comparative Study*, Englewood Cliffs, Prentice Hall.

Beretta Marco, Clericuzio Antonio et Principe Lawrence M. (dir.), 2009, *The Accademia del Cimento and Its European Context*, Sagamore Beach (Mass.), Science History Publications.

Biagioli Mario, 1995, Dalla corte all'accademia. Spazi, autori, autorità nella scienza del Seicento, *in* Perry Anderson (dir.), *Storia d'Europa*, t.2: *L'eta moderna*, éd.par Maurice Aymard, Turin, Einaudi, p.383-432.

Biermann Kurt R. et Dunken Gerhard, 1960, *Biographischer Index der Mitglieder. Deutsche Akademie der Wissenschaften zu Berlin*, Berlin, Akademie Verlag.

Birch Thomas, 1756—1757, *The History of the Royal Society of London for Improving of Natural Knowledge*, Londres, Millar.

Boas Hall Marie, 1982, The Royal Society and Italy (1667—1795), *Notes and Records of the Royal Society of London*, vol.37, p.67-81.

— 1991, *Promoting Experimental Learning: Experiment and the Royal Society (1660—1727)*, Cambridge, Cambridge University Press.

Boehm Laetitia et Raimondi Ezio (dir.),1981, *Universita, accademie e societa scientifiche in Italia e in Germania dal Cinquecento al Settecento*, Bologne, Il Mulino.

Brather Hans-Stephan (dir.), 1993, *Leibniz und seine Akademie. Ausgewählte Quellen zur Geschichte der Berliner Sozietät der Wissenschaften (1697—1716)*, Berlin, Akademie Verlag.

Brianta Donata, 2007, *Europa mineraria. Circolazione delle élites e trasferimento tecnologico (secoli XVIII-XIX)*, Milan, F. Angeli.

Brioist Pascal, 2007, The Royal Society and the Académie des sciences in the First Half of the Eighteenth Century, *in* Christophe Charle, Julien Vincent et Jay Winter (dir.), *Anglo-French Attitudes: Comparisons and Transfers between English and French Intellectuals since the Eighteenth Century*, Manchester, Manchester University Press, p.63-77.

Brockliss Lawrence, 2003, Science, the University and Other Public Spaces: Teaching Science in Europe and the Americas, *in* Roy Porter (dir.), *The Cambridge History of Science*, t.4: *Eighteenth-Century Science*, Cambridge, Cambridge University Press, p.44-86.

Cavazza Marta, 1990, *Settecento inquieto. Alle origini dell'Istituto delle Scienze di Bologna*, Bologne, Il Mulino.

Cesi Federico, 1616, Del natural desiderio di sapere et institutione de'Lincei per adempimento di esso, *in* Maria Luisa Altieri Biagi et Bruno Basile (dir.), *Scienziati del Seicento*, Milan et Naples, Ricciardi, 1980, p.39-70.

Clark Peter, 2000, *British Clubs and Societies (1580—1800): The Origins of an Associational World*, Oxford, Oxford University Press.

Clericuzio Antonio et De Renzi Silvia, 1995, Arcanarum Sagacissimi Indagatores Scientiarum: Medicine, Chemistry and Alchemy in the Early Accademia dei Lincei, *in* David Chambers et François Quivigier (dir.), *Italian Academies of the Sixteenth Century*, Londres, Warburg Institute, p.175-194.

Cook Harold J., 1986, *The Decline of Old Medical Regime in Stuart London*, Ithaca et

Londres, Cornell University Press.

Da Costa Palmira Fontes, 2009, *The Singular and the Making of Knowledge at the Royal Society of London in the Eighteenth Century*, Newcastle, Cambridge Scholars Pub.

Dear Peter, 1985, *Totius in verba:* Rhetoric and Authority in the Early Royal Society, *Isis*, vol.76, p.145-161.

Demeulenaere-Douyère Christiane et Brian éric (dir.), 2002, *Reglement, usages et science dans la France de l'absolutisme. A l'occasion du troisieme centenaire du reglement instituant l'Académie royale des sciences, 26 janvier 1699*, actes du colloque international (Paris, 8-10 juin 1999), Paris, Tec&Doc Lavoisier.

Donato Maria Pia, 2000, *Accademie romane, una storia sociale (1671—1824)*, Naples, Edizione Scientifiche Italiane.

Donato Maria Pia, Lilti Antoine et Van Damme Stéphane, 2009, La sociabilité culturelle des capitales à l'age moderne: Paris, Londres, Rome (1650—1820), *in* Christophe Charle (dir.), *Le Temps des capitales culturelles (xviiie-xxe siecle)*, Seyssel, Champ Vallon, p. 27-63.

Du Hamel Jean-Baptiste, 1698, *Regiae Scientiarum Academiae Historia*, Paris, S. Michellet.

Evans Robert J.W., 1977, Learned Societies in Germany in the Seventeenth Century, *European Studies Review*, n° 7, p.129-151.

Ferrone Vincenzo, 1988, *La nuova Atlantide e i Lumi. Scienza e politica nel Piemonte di Vittorio Amedeo III*, Turin, Meynier.

Fontenelle Bernard de, 1708, *Histoire du renouvellement de l'Académie royale des sciences en MDCXCIX ; et les éloges historiques de tous les académiciens morts depuis ce renouvellement ; avec un discours préliminaire sur l'utilité des mathématiques et de la physique*, Paris, Boudot.

Formey Samuel, 1768, Considérations sur ce qu'on peut regarder aujourd'hui comme le but principal des académies. Second discours, *Mémoires de l'Académie royale des sciences et des belles lettres* [de Berlin], p. 357-366.

Frägsmyr Tore, 1974, Swedish Science in the Eighteenth Century, *History of Science*, vol.12, p.29-42.

– (dir.),1989, *Science in Sweden: The Royal Swedish Academy of Sciences (1739—1989)*, Canton (Mass.), Science History Publications.

– (dir.), 1990, *Solomon's House Revisited: The Organization and Institutionalization of Science*, Canton (Mass.), Science History Publications.

Frägsmyr Tore, Heilbron John L. et Rider Robin E.(dir.),1990, *The Quantifying Spirit in the Eighteenth Century*, Berkeley, University of California Press.

Freedberg David, 2002, *The Eye of the Lynx: Galileo, His Friends, and the Beginnings of Modern Natural History*, Chicago, University of Chicago Press.

Galluzzi Paolo, 1981, L'Accademia del Cimento:"gusti" del principe, filosofia e ideologia dell'esperimento, *Quaderni storici*, vol.16, p.788−844.

Galluzzi Paolo et Torrini Maurizio (dir.), 1981, dossier "Accademie scientifiche del '600'", *Quaderni storici*, vol.16.

Guagnini Anna, 2004, Technology, *in* Walter Rüegg (dir.), *A History of the University in Europe*, t.3: *Universities in the Nineteenth and Early Twentieth Centuries (1800—1945)*, Cambridge, Cambridge University Press, p.593−635.

Hahn Roger, 1971, *The Anatomy of a Scientific Institution: The Paris Academy of Sciences (1666—1803)*, Berkeley, University of California Press.

Hammermeyer Ludwig, 1976, Akademiebewegung und Wissenschaftsorganisation. Formen, Tendenzen und Wandel in Europa wärend der zweiten Häfte des 18. Jahrhunderts, *in* Erik Amburger et Lazlo Sziklay (dir.), *Wissenschaftspolitik in Mittel und Osteuropa. Wissenschaftliche Gesellschaften, Akademien und Hochschulen im 18. und beginnenden 19. Jahrhundert*, Berlin, Camen, p.1−84.

Harnack Arnold von, 1900, *Geschichte der königlich preussischen Akademie der Wissenschaften zu Berlin*, Berlin, Reichsdrukerei.

Heilbron John L., 1979, *Electricity in the Seventeenth and Eighteenth Centuries: A Study of Early Modern Physics*, Berkeley, University of California Press.

Hoppen Theodore K.,1970, *The Common Scientist in the Seventeenth Century: A Study of the Dublin Philosophical Society (1683—1708)*, Londres, Routledge&Kegan.

Hufbauer Karl, 1982, *The Formation of the German Chemical Community (1720—1795)*, Berkeley, University of California Press.

Hunter Michael, 1981, *Science and Society in Restauration England*, Cambridge, Cambridge University Press.

— 1985, *The Royal Society and Its Fellows (1660—1700): The Morphology of an Early Scientific Institution*, Chalfont St Giles, The British Society for the History of Science.

— 1989, *Establishing the New Science: The Experience of the Early Royal Society*, Woodbridge, The Boydell Press.

Hunter Michael et Schaffer Simon (dir.), 1989, *Robert Hooke: New Studies*, Woodbridge, The Boydell Press.

Joos Katrin, 2012, *Gelehrsamkeit und Machtanspruch um 1700. Die Gründung der Berliner*

Akademie der Wissenschaften im Spannungsfeld dynastischer, städtischer und wissenschaftlicher Interessen, Cologne, Bölau.

Kalousek Joseph, 1885, *Geschichte der kön. Böhmischen Gesellschaft der Wissenschaften sammt einer kritischen Übersicht ihrer Publicationen [...]*, Prague, Kön. Böhm. Gesellschaft der Wissenschaften.

Kuhn Thomas S., 1976, Mathematical vs. Experimental Traditions in the Development of Physical Science, *Journal of Interdisciplinary History*, n° 1, p.1–31.

Licoppe Christian, 1996, *La Formation de la pratique scientifique. Le discours de l'expérience en France et en Angleterre (1630—1820)*, Paris, La Découverte.

Lux David S.,1989, *Patronage and Royal Science in Seventeenth-Century France: The Académie de physique in Caen*, Ithaca et Londres, Cornell University Press.

Lynceographum, 2001: *Lynceographum quo norma studiosae vitae Lynceorum philosophorum exponitur*, éd. par Anna Nicolò, Rome, Accademia Nazionale dei Lincei.

Lyons Henry, 1968, *The Royal Society (1660—1940): A History of Its Administration under Its Charters*, New York, Greenwood Press.

Maindron Ernest, 1881, *Les Fondations de prix a l'Académie des sciences. Les lauréats de l'Académie (1715—1880)*, Paris.

McClaughin Trevor, 1975, Sur les rapports entre la Compagnie de Thévenot et l'Académie royale des sciences, *Revue d'histoire des sciences*, vol. 28, p. 235–242.

McClellan James E., 1985, *Science Reorganized: Scientific Societies in the Eighteenth Century*, New York, Columbia University Press.

– 2003, Scientific Institutions and the Organisation of Science, *in* Roy Porter (dir.), *The Cambridge History of Science*, t.4: *The Eighteenth Century*, Cambridge, Cambridge University Press, p.87–106.

Mémoires, 1671: *Mémoires pour servir a l'histoire naturelle des animaux*, Paris, Imprimerie royale.

Merton Robert K., 1973, *The Sociology of Science: Theoretical and Empirical Investigations*, Chicago, University of Chicago Press.

Middleton William E. Knowles, 1971, *The Experimenters: A Study of the Accademia del Cimento*, Baltimore et Londres, Johns Hopkins University Press.

Olmi Giuseppe, 1992, *L'inventario del mondo. Catalogazione della natura e luoghi del sapere nella prima eta moderna*, Bologne, Il Mulino.

Ornstein Martha, 1913, *The Role of Scientific Societies in the Seventeenth Century*, reprint

New York, Arno Press, 1975.

Paul Charles B., 1980, *Science and Immortality: The "Éloges" of the Paris Academy of Sciences (1699—1791)*, Berkeley, University of California Press.

Picon Antoine, 1992, *L'Invention de l'ingénieur moderne. L'École des ponts et chaussées (1747—1851)*, Paris, Presses de l'école nationale des ponts et chaussées.

Pomata Gianna et Siraisi Nancy G. (dir.), 2005, *Historia: Empiricism and Erudition in Early Modern Europe*, Cambridge (Mass.), MIT Press.

Reinalter Helmuth, 1993, *Aufklärungsgesellschaften*, Francfort, Lang.

Ricci Saverio, 1994, *Una filosofica milizia. Tre studi sull'Accademia dei Lincei*, Udine, Campanotto.

Roche Daniel, 1978, *Le Siecle des Lumieres en province. Académies et académiciens provinciaux (1680—1789)*, Paris, EHESS, et La Haye, Mouton.

Rusnock Andrea, 1999, Correspondence Networks and the Royal Society (1700—1750), *British Journal for the History of Science*, vol. 32, p. 155-169.

Salomon-Bayet Claire, 1978, *L'Institution de la science et l'expérience du vivant. Méthode et expérience a l'Académie royale des sciences (1666—1793)*, Paris, Flammarion.

Shapin Steven, 1991, ? A Scholar and a Gentleman: The Problematic Identity of the Scientific Practitioner in Early Modern England ?, *History of Science*, vol. 29, p. 279-327.

– 2003, The Image of the Man of Science, in Roy Porter (dir.), *The Cambridge History of Science*, t. 4: *The Eighteenth Century*, Cambridge, Cambridge University Press, p. 159-183.

Shapin Steven et Schaffer Simon, 1993 [1985], *Léviathan et la pompe a air*, Paris, La Découverte.

Sprat Thomas, 1667, *History of the Royal Society of London for the Improving of the Natural Knowledge*, Londres, Martyn.

Stroup Alice, 1987, *Royal Funding of the Parisian Académie royale des sciences during the 1690s*, Philadelphie, The American Philosophical Society.

– 1990, *A Company of Scientists: Botany, Patronage, and Community at the Seventeenth-Century Parisian Royal Academy of Sciences*, Berkeley, University of California Press.

Sturdy David, 1995, *Science and Social Status: The Members of the Académie des sciences (1666—1750)*, Woodbridge, The Boydell Press.

Targioni Tozzetti Giovanni, 1780, *Atti e memorie inedite dell'Accademia del Cimento e notizie aneddote dei progressi delle scienze in Toscana contenenti [...]*, Florence, Tofani.

Taton René (dir.), 1964, *Enseignement et diffusion des sciences en France au xviiie siecle,*

Paris, Hermann.

— 1966, *Les Origines de l'Académie royale des sciences*, Paris, Palais de la Découverte.

Tega Walter et Angelini Annarita (dir.), 1986—1993, *Anatomie accademiche*, t.1: *I Commentarii dell'Accademia delle Scienze di Bologna* ; t.2: *L'enciclopedia scientifica dell'Accademia delle Scienze di Bologna* ; t.3: *L'Istituto delle Scienze e l'Accademia. Cultura e vita civile nel Settecento*, Bologne, Il Mulino.

Teich Mikuláš, 1960, The Royal Bohemian Society of Science and the First Phase of Organized Scientific Advance in Bohemia, *Historica*, n° 2, p. 161–182.

Terrall Mary, 1992, *The Man Who Flattened the Earth: Maupertuis and the Sciences in the Enlightenment*, Chicago, University of Chicago Press.

Westman Robert S., 1980, The Astronomer's Role in the Sixteenth Century: A Preliminary Study, *History of Science*, vol.18, p.105–147.

Winau Rudolf, 1977, Zur frühgeschichte der Academia Curiosorum, *in* Rudolf Vierhaus et Friedrich Hartmann (dir.), 1977, *Der Akademiegedanke im 17. Und 18. Jahrhundert*, Brême, Jacobi, p.117–138.

Wolf Harry, 1959, *The Transit of Venus: A Study in Eighteenth-Century Science*, Princeton, Princeton University Press.

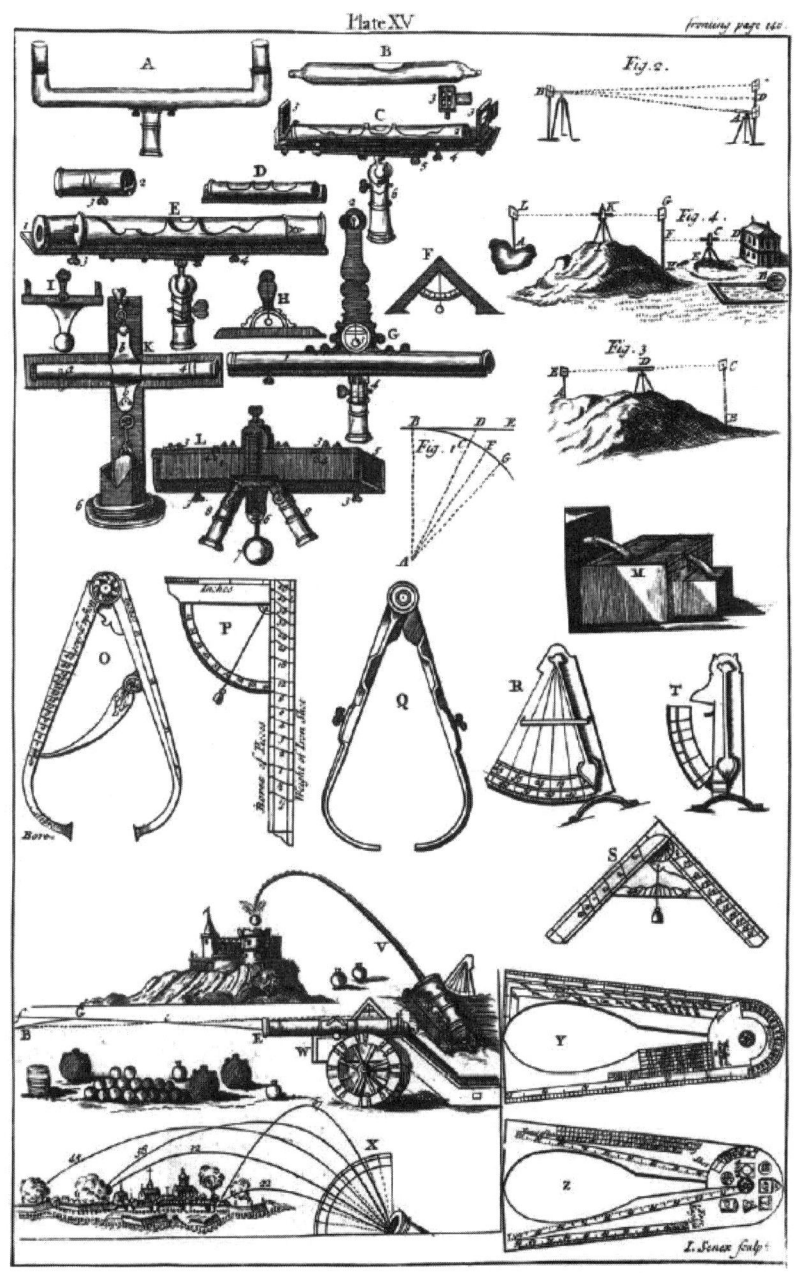

尼古拉·比翁（1652—1733）是一名工程师兼制图师，同时是巴黎著名的仪器制造商，在巴黎钟表堤岸开设了自己的工坊，是当时最受顾客青睐的工坊之一。该图是他展示的有关弹道学的仪器。——《数学仪器的结构和主要用途》（*The Construction and Principal Uses of Mathematical Instruments*），伦敦，理查森（J. Richardson），1758年。

第四章

文艺复兴时期的战争与科学

若想理解文艺复兴时期战争艺术的转变和科学在其中扮演的角色，没有什么比两个具有强烈反差的场景更能直观地反映出来。第一个是在邦当（Bontemps）为圣但尼大教堂墓穴制作的浅浮雕上，身着百合花图案盔甲的弗朗索瓦一世（François Ier）手持长矛猛刺瑞士人；第二个是科西莫一世·德·美第奇（Cosme Ier de Médicis）手里拿着罗盘，弯腰端详着面前的棱堡防御工事作战图，为夺取锡耶纳市做准备，这是瓦萨里（Vasari）设计的作品，用来装饰佛罗伦萨维琪奥宫的天花板藻井。所表现的两个事件（马里尼亚诺战役和1555年锡耶纳围城）仅相差30年，但二者的军事模式发生了很大的变化。从此，总指挥官虽然仍穿着胸甲，但学会借用数学计算发动战争。但是，科学不能单纯用数学来概括。实际上，物理、化学、医学和外科学对战争的参与程度不亚于算术和几何学。战争与科学之间的关系也引出双重疑问：科学如何改变了战争，战争又是如何改变了科学？这两个问题并不简单，因为它假定人们可以阐明某种技术（在这里是指军事技术）是如何成为科学的，并由此可以定义所谓的"科学"。[①] 尽管有些军事实践还停留在简单的配方应用领域，不能称得上是科学，但另外一些军事实践（例如火炮）促进了知识研究，无可否认地参与了"科学革命"。

---

① Mayr 1976, Walton 2005.

战术与数学

首先,在军事战术和战斗人员部署方面,数学在文艺复兴时期的战争中变得越来越不可或缺,因为当时战术的深度创新层出不穷。[1] 至少,在14世纪至16世纪之间发生的变革使得新颖的作战方法成为战斗的关键,使步兵发挥了前所未有的作用。长矛兵方阵能够抵挡任何骑兵单位,其规模实现了一定程度的扩大,而战争的规模也发生了巨大变化(西班牙皇室1470年有2万名士兵,1550年增至15万名)。[2] 此外,在1470—1520年,便携式火器的数量成倍增加。然而,由于精度低、在雨天无法使用、产生的烟雾会造成极大的混乱等问题,它们起初并不比弓箭更加有效,但对于肌肉不那么发达且经验不足的射手来说,便携式火器的使用更易于被掌握。射手基数的增加弥补了精确度低的问题,成为一道令人生畏的防线。这种战争的大规模化的结果是,人们坚信,只要充分运用算术来思考战术,数量就是胜利的保证。[3] 这一观点是如何得到普遍认可的呢?蒂莫西·雷西(Timothy J. Reiss)认为,对物理现象进行量化的信心源自中世纪,这与货币化贸易的增长和大学数学教育的加强同时出现。他解释说,中世纪的物理学本身,例如默顿学院(Merton College)的物理学,或者尼科尔·奥雷姆(Nicole Oresme)治下的索邦学院的物理学,都在很大程度上受到商业文献和实操手册的影响。[4] 由此产生"工具性行动"的概念,即可以借助自动机等其他工具。

几乎在军事艺术的所有应用领域都可以看到这种对数量的迷恋,在军械库中同样如此。击剑论著推荐的完美刺击,它们能在时间上服从神秘圈(le cercle mystérieux)、视线或时间的逻辑。理念始终如一:将复杂的动作简化为简单的元素,以便在最危险的情况下也可以机械、自动、自然地做出动作。要

---

[1] Eltis 1995, Rogers 1995, Chagniot 2001.

[2] Hale 1998 (p. 62–63).

[3] Cahill (p. 181–182).

[4] Crosby 1997.

想最终获得完美的刺击，必须首先训练出一个顺从的身体。[①]战术论著也遵循同样的逻辑，其基于的理念是若想实现军队的完美秩序，不仅需要将步兵简化为一个小单位（quanta），而且每名士兵的身体可以被分解成不同元素，可以像钟表装置一样被随意调整。"右转身四分之一圈""向后转""身体前倾""用肩抵住武器"，这些指令虽然不自然，但组合起来使用颇具杀伤力。早在拿骚的莫里斯（Maurice de Nassau）实行职业化军事训练之前就有这样的传统，在训练中，士兵的身体本身被分散化了。接到命令后，士兵必须按照事先确定的手势顺序，快速而准确地操作武器。因此，个人的动作与群体的动作完全协调一致，通过反复训练会形成机械动作。在战争中应用数学理论的最根本条件是忘记士兵的个体属性，首先是军官需要忘记，而且士兵自己也需要忘记。在指挥官们的心目中，毫无疑问，对人的生命的漠视把士兵转变成了机器，也就是抽象化。弗朗索瓦一世不就是将他的士兵比作可以随意牺牲的"树枝上的蚱蜢"吗？步兵在指挥官眼里的抽象化过程在战术图中清晰易读，士兵变成字母或符号[例如在英格兰，C表示队长，P表示长矛兵，D表示鼓手（drum）]。同样，在表格、计算和树状推理图中，士兵被完全物化，沦为单位概念，只有贵族军人逃过了这种物化。战役的记载和军事回忆录都证明了这一点。贵族总是用名字来标识，而士兵属于他所在的分队，营员属于他的军官（营员的招募和装备费用通常由军官承担）。从这可以引申出纪律、压制和意识形态等现象是如何控制人的恐惧的问题，这将是另一个课题。这里主要是研究数学如何为战争服务。首先，我们注意到，文艺复兴时期所有军事科学论著的作者都要求步兵军官具有较高的资质。例如，伊丽莎白时期的上尉罗伯特·巴雷特（Robert Barret）（1586—1607）指出战斗部署的关键人物——中士必须掌握的技能：

"他必须对某些方面的情况非常熟悉，要懂得读写与编号。由此他能够为自己的士兵安排合适的岗位，配备不同的武器。他能够通过与士兵住同一房间的战友（camaradas）的名字来认出他们。他清楚地知道有多少胸甲和长矛，多少支短兵器、火器、滑膛枪，并且能够立即将队伍按战斗顺序派遣至需要的

[①] Brioist 2008.

地方全身心投入战斗。"①

事实上，相关论著让我们了解到，军队内部的技能水平可能非常参差不齐，有些文章提出了非常先进的计算方法［迪格斯（Digges）、塔尔塔利亚（Tartaglia）或莱奥帕尔多（Leopardo）］，而另一些则满足于提供需要记忆的表格或建议制作小型记忆辅助工具［卡塔内奥（Cataneo）、巴雷特或奇科尼亚（Cicogna）］。1567年，维罗纳的上尉乔瓦尼·马泰奥·奇科尼亚（Giovanni Matteo Cicogna）提供了一些表格：

"这些表格易于背诵，特别适合不掌握算术技巧的上尉或中士，使他们不必每次在计算时都绞尽脑汁。因为许多士兵的确很英勇聪慧，但没有掌握算术技巧，因此每次都费尽脑筋，搞得筋疲力尽。"

他甚至补充说明，如果表格记不住，完全可以将它们缩减到几张纸上。② 相反，他的英国同事罗伯特·巴雷特却嘲讽那些没有登记簿就什么都做不了的老兵：

"现在想象一下，假设第二组的一名队长（数学不好）带着相同数量的士兵来到行军场上，将他们三乘三排成队列，但是走到每一行，他都会问助手，我的登记簿在哪儿？终于排好后，他会让他们骄傲地以军步行进。然后他让他们组成环形，自己处于中心。突然他觉得有些困惑，'长官，稍等一下，我需要看一下我的登记簿。'很快，漂亮的环形就散掉了。"③

印制的备忘录这一解决方案似乎得到了广泛应用，一个明证就是吉罗拉莫·卡塔内奥（Girolamo Cataneo）制定的《简表》（*Brèves Tables*）取得的巨大成功，这是一部真正的畅销作品，从1563年开始多次再版，并被翻译成多种语言。④ 它展示了如何组成士兵方阵、配有炮筒和号角的方阵，以及许多其他复杂形状的方阵，还展示了如何在这些方阵中放置一定比例的武装方式不同的士兵（例如，穿着能防住火枪弹胸甲的士兵）。这里的基本工具包括一个相

---

① Barret 1598 (p. 18).

② Cicogna 1567 (f° 2v°).

③ Barret 1598 (p. 6).

④ Cataneo 1567.

当复杂的表格，共十六栏，需要先阅读序言中的说明后使用。

我们还知道，在某些情况下，军官们会携带类似于伽利略军用量具的数学仪器上战场。它们或多或少都有一些复杂的计算规则，能够非常快速地为给定问题提供解决方案。比例规无疑是16世纪末最常见的工具，1598年英国人托马斯·胡德（Thomas Hood）和意大利人圭多巴尔多·德尔蒙特（Guidobaldo del Monte）均在各自作品中有所描述。[①] 比例规由围绕一个圆盘铰接的两把刻度尺组成，在每把尺上有一条刻度为方根的射面线，以及一条刻度从0至200的等距线。理念就是使用毕达哥拉斯定理，可以设置一个等式，三角形的其中一条边代表 ab 乘积的根，另两条边则代表分式 $(a+b)/2$ 和 $(a-b)/2$。然后，只需要将比例规打开形成直角，即可进行比例测量。确实，实际操作仍然相对复杂；因此部分军官宁愿坚持使用"小纸条"，甚至发现一些中士常用的官杖上面贴着方根表。此外，得益于数学家约翰·迪伊（John Dee）为欧几里得《几何原本》撰写的序言，我们了解到沃里克伯爵约翰·达德利（John Dudley）（1554年）在战场上脖子上戴着的金制表壳里面有"运算法则和说明"，给出了让他的部下按行军或战斗顺序排列的所有解决方案。[②]

但是，对于少校、上尉或中士或是为他们提供表格和建议的人来说，除了提取平方根外，究竟还需要哪些操作呢？

最简单的方法是咨询塔尔塔利亚（Tartaglia）本人，他在16世纪最后25年中似乎成为军事算术学中不可避免的参照对象。尼科洛·丰坦纳（Niccolò Fontana），（1499—1557），即塔尔塔利亚（意为口吃者），在他的著作《各种问题和发明》（Quesiti）中，以多位对话者之间交流的形式介绍了一系列军事知识。耶罗尼莫·德·皮亚尼亚诺（Hieronimo de Piagnano）伯爵与担任西班牙炮兵总长的加布里埃莱·塔迪诺（Gabriele Tadino）骑士之间的对话，提供了一部名副其实的军事算术宝典。耶罗尼莫伯爵首先问如何将步兵排成方阵，塔尔塔利亚回答需要求根（100的平方根），同时要区分人的平方和"土

[①] Camerota 2006, Camerota et Miniati 2008.
[②] Billingsley et Dee 1570（《数学的前言》(The Mathematical Preface)，该序言没有页码，这段描述在第11张纸上）。

地的平方"。对话继续进行，伯爵询问当要开根号的数字更复杂且会出现余数时（例如，200 的平方根是 14 余 4），该如何进行计算。算术大师回复如下：

"假设军队由 35 000 名步兵组成，您按照我教给您的方法求出 35 000 的平方根，您将会发现得到的数字是 187，还剩下 31 名士兵。由此您需要将横列和纵列均部署 187 名士兵，然后这支部队就变成方形阵式……至于剩余的 31 名士兵，中士将把他们安排在他想安排的任何地方，但是要我说，剩下的应该放在队列的后面。"[1]

如果没有十年后由同一作者出版的著述《论数字与度量》（*General trattato di numeri et misure*）（其中第二册专门论述级数和开根），那么上述所教方法是比较深奥难懂的，因为它没有出现在《各种问题和发明》中。[2] 我们发现，实际上，塔尔塔利亚采取的方式与其他军事专著［例如，托马斯·迪格斯（Thomas Digges）的《战略》（*Stratioticos*）（1578 年）］所展示的非常相似。此外，军官和士官还被建议使用分数指挥作战行动。因此，意大利人莱奥帕尔多断言，运算法则对士兵的作用不亚于对商人的作用。根据他的说法，首先有必要了解什么是运算法则："一个加起来不等于总数的数量"，然后学习相关的简单操作。然后，必须知道如何将 2/3 和 4/5 相加，如何从 7/8 中减去 2/4，如何将 2/5 和 3/4 相乘，如何将整数转换为分数，这样才能在作战中熟练应用。[3] 因此，这位资深数学家教他的读者如何运用十字相乘法。英国人托马斯·迪格斯的教学活动则更加先进，从计数和简单运算（加减乘除——借助毕达哥拉斯表格）开始，逐渐过渡到分数以及所有可以得到分数的运算。[4] 对于每种计算方法，作者都举了一个或多个具体示例。和莱奥帕尔多一样，托马斯·迪格斯随后花了一些时间来解释比例规则或黄金分割法则，意大利人一般称之为"三分法则"（*regola del tre*），因为"这是同时代人所认识的通用名"。[5] 毫无疑

---

[1] Tartaglia 1546 (p. 44).

[2] Tartaglia 1556.

[3] Leopardo v. 1570 (f°s 9v^o à 12r^o).

[4] Digges 1578 (chap. 13:《Of Reduction in Fractions》, p. 21) .

[5] *Ibid.* (p. 29), Leopardo v. 1570 (f° 5).

问，这是最宝贵的财富，不仅是因为如迪格斯所写，"它源于欧几里得《几何原本》第七章的第 19 条命题"。而且这位英国数学家补充说，如果想要证明算术对军队至关重要，其实不必介绍"声称的"或"虚位的"规则的细节，因为这在他看来是"毫无价值的"。他实际上更偏爱他完全精通的代数研究方法（也就是说，列出具有一个或多个未知数的一次方程）。托马斯·迪格斯的数学知识要归功于他的父亲伦纳德（Leonard）。[1] 后者特别发明了一系列高级数学书写所必需的符号（一次幂的符号是 x，二次幂 x^2，三次幂 x^3，四次幂 x^4，五次幂 x^5 等），而且解释了在求解和约简方程式之前，如何通过主要的运算（加减乘除和分数）进行处理。迪格斯对其父亲的方法抱有极度的热忱，他如此描述代数法则：

"将未知数设为 x，根据问题的形式和性质进行常规运算，直至获得方程式，然后就可以按照我曾经说过的方法进行约简；最后用方程式的一边除以仅包含一个代数数的另一边……假设有人问我哪个数字的 1/3 和 1/4 相加可得 14，按照法则，我会采用代数学家的说法，回答说是 x（即根数）。现在，所有诀窍就在于找到这个 x^1。"[2]

更进一步，迪格斯仍然使用其代数符号来解决涉及平方根的问题，甚至用于优化营地空间，在场地中央四周安排步兵和骑兵，同时保留放置弹药的空间。他每次都会举一些具体的例子，这表明他希望与尽可能多的人分享他的技术的有效性。

分数运算、三分法则和方程式有助于武器的分配。即使在一个长矛兵方阵中，也总是有必要区分那些装备精良（尤其是穿着盔甲）的人与那些装备较差的人。还应指出，在一个编队中，由强壮且经验丰富的老兵负责保护军旗和战鼓是从文艺复兴时期就开始的习惯，因为军旗和战鼓可以远程传递命令并由此进行编队部署。这些老兵被持戟或比长矛短的多用途武器（在近战中的效果已被证实）的士兵"团团围住"加以保护。迪格斯给出具体示例说明他的代数

---

[1] Digges 1578 (p. 50).
[2] *Ibid.* (p. 47).

方法，完全解答了设备不齐全的问题：

"有一队士兵，配备三种武器：长矛、戟和火枪。戟和火枪加在一起数量是长矛的两倍，而长矛和火枪加在一起的数量是戟的八倍。火枪数量比其他两种武器加起来多出 55 支。求这一队士兵的数量，以及每种武器的确切数量。"①

虽然专论中最经常使用简单的比例规则，但算术和代数则逐渐在武器行业中找到了自己的位置。

火炮、弹道学和实验

军事革命的第二个要素是在攻城和战场上都大量使用火炮。让我们先讲讲纯技术问题（炮身和炮弹的铸造、火药的调配、瞄准具的使用、用于计算火药成分主要配比和测定炮筒内径的算术），然后再集中精力研究弹道科学的出现。

在著作《各种问题和发明》中的一段话中，塔尔塔利亚暗示他的目光已对准这门科学：

"该发明的优势在于，无论是何种火炮，只要体验一次发射，任何人都可以画出这种火炮发射轨迹的示意图，即每一点、每一分钟炮弹的爬升高度：这张示意图应具有这样的属性，凡是拥有它的人，不仅可以知道如何射击，而且还能教授一个炮兵（即使他对此并没有天分）如何发射这些类型的火炮，无论目标距离几步远，只要不超出火炮的射程，都可以击中。而且教授射击的人如果没有这张示意图，就没法发现该发明的任何奥秘，因为它的秘密只有拥有示意图的人才会知道。"

当时，整个欧洲都对这位来自布雷西亚的大师的秘密非常好奇，在西班牙、意大利、德意志和英国，人人都在研究这位数学家的论著以及他的"射角 45° 以实现最大射程"的卓越理论。②

除了意大利人指出的实际目标外，这关系到当时整个亚里士多德主义性质

---

① *Ibid.* (p. 48).
② Brioist 2003 et 2010, Cossart 2013.

的物理学，因为炮弹的轨迹是自由落体（当时对重力加速度尚不了解）、炮膛内膛压急剧下降的推力以及初速度的多重作用结果。于是，火炮成为一种范式的实验场所，所有古代和中世纪的研究者都被召唤出来，催生了数学化科学。①

若想理解塔尔塔利亚参与时期的思想理论演变，首先需要回顾其同时代人已掌握的学说的发展情况。其中，亚里士多德的运动思想构成了这一课题的背景，实际上一直到伽利略时期才或多或少地出现了深刻变革。第二个重要的理论节点是发生在牛津大学"计算专家"（calculatore）和索邦学院学者之间对受迫运动（le mouvement violent）的逻辑批判。他们定义了"动量"（impetus）的关键概念，让人可以从数学角度思考加速度的概念。第三个节点是意大利人和伊比利亚人在1500年左右领会了这些概念。第四个节点是塔尔塔利亚将阿基米德（Archimède）的几何分析和平衡原理应用到对炮弹轨迹的分析中。最后一个阶段主要归功于托马斯·哈里奥特（Thomas Harriot）、莫莱蒂（Moletti）和伽利略的工作，即将"计算专家"和其他前辈的工作综合起来。

从哲学角度思考15世纪末和16世纪初对炮弹运动的研究，主要资料来自亚里士多德，伽利略之前的很多作者在火炮相关论文中都不断沿用亚里士多德的用词。实际上，被亚历山大大帝（Alexandre）的家庭教师称为地方运动问题的概念在中世纪大学里被讲授，并构成了主导性的范式。其要点在《物理学》（Physique）的第四卷和第七卷以及《论天》（Traité du ciel）的第二卷中都有介绍。②"在没有外力阻碍的情况下"，重物朝着地心直线运动，轻物朝着月球直线运动，亚里士多德称之为"自然运动"（le mouvement naturel）。根据亚里士多德的说法，自然运动的特征还在于，物体越接近其天然位置，它的速度就越快，但是亚里士多德没有说这种加速度是否是均匀的。此外，他进一步指出，物体的重量是影响其向天然位置移动速度的直接原因，物体越重，获得的速度就越快。他也考虑到了介质的阻力（《论天》，第一卷，第六章）。此外，他还解释了当物体进行与自然运动相反的运动时会发生什么。他想象物体具有来

---

① Henninger-Voss 1995.
② Grant 1995, Rommevaux et Biard 2008.

自自身内部（例如动物是来灵魂）或外部（例如有人抬、推、拉或扔该物体）的动力［原动力（le moteur）］。关于受迫运动，亚里士多德在考虑到介质阻力存在的前提下提出了一些规律。这些规律是从施动力、阻力、行进距离和持续时间而不是速度的角度来说明的。中世纪期间，亚里士多德理论中的许多矛盾之处（亚里士多德本人也明显意识到这一问题，按照他的理论，仅一个人就可以移动任何船，只要他进行得足够慢，而这与事实经验相反）促使经院哲学家们"改进"了大师的理论。他们给自己提出另一个问题：使物体能够继续运动的力量来源是什么？是什么让一块抛出的石头继续运动？

亚里士多德认为，外部介质（石块运动中的空气）是运动连续性的来源。原动力搅动起周围的空气，运动物体使空气涡流移位，然后空气涡流反过来将运动物体向后推并保持运动，直到连续的空气单位耗尽，从而使运动消失为止［反外因力理论（la théorie de l'antiperistase）］。他由此解释了运动的有限性，它随着介质的稠密度或稀薄度的增加而减少。14世纪，托马斯·布拉德沃丁（Thomas Bradwardine）和萨克森的阿尔伯特（Albert de Saxe）提出，两个体积和重量不同的均质物体在真空中下落的速度相同。该结论与亚里士多德物理学（认为物体从高空落下的快慢与其重量正相关）相矛盾。1328年，托马斯·布拉德沃丁（1290—1349）在他的著作《比例论》（*Tractatus de proportionibus*）中对亚里士多德的公式进行了修正，其中写道，如果一个运动的动力除以阻力的商是另一个运动的动力除以阻力的商的平方根，则它的速度是另一个的速度的一半。[①] 因此，动力在任何情况下都不能小于或等于阻力。如果想让一个运动的速度提高三倍，则需要将动力/阻力的值进行三次方运算，依此类推。尼科尔·奥雷姆（1325—1382）在《比例的比例》（*De proportionibus proportionum*）中呼应了布拉德沃丁和其他前辈的结论。他对亚里士多德关于动力因的主张（即"一切移动的东西都是被别的东西推动的"）不满意，对反外因力理论持怀疑态度，他与他的同事比里当（Buridan）提出，一定量的动能或动量会从施力物体传递给受力物体。此外，比里当认为，在动量耗尽和由

---

① Clagett 1959.

自然运动接续之间，存在某种形式的中间状态。比里当还将他的动量理论应用于对下落物体加速度的解释。比里当的学生萨克森的阿尔伯特继承了其导师的衣钵，深入分析了抛射物运动的各个阶段，尤其是自由落体运动。萨克森的阿尔伯特比他的前辈更进一步，他试图解释抛射物运行轨迹中受迫运动与自然运动之间存在的"中间停顿"（le repos intermédiaire），并寻求重物自由落体的加速规律。同样，其灵感来自布拉德沃丁（Bradwardine）以及他陈述的指数定律（移动物体的速度与动力除以阻力的商成正比）。① 然而由此产生关于增加运动和变化运动的难题（换句话说，即移动物体的速度变化和各部分之间的变化）。于是，哲学家开始思考整体运动和非整体运动、匀速运动和变速运动。② 整体运动是指物体所有部分都以相同的速度运动（例如，下落的石块，虽然它在靠近地面时会加速）。非整体运动是指物体的各部分并非都以相同的速度运动（例如，带有轮轴和轮毂的车轮）。此外，当物体在其路径的所有阶段均以相同的速度运动时，则称为匀速运动。而下落的石块这种运动就是变速运动。石块变速运动的特性还有待观察，因为正如亚里士多德所说，运动"越接近结束就越剧烈"，这意味着什么？速度是以算术级数还是几何级数增加？纳瓦拉学院（le collège de Navarre）的院长尼科尔·奥雷姆发明了一种新型工具，它可以演示移动物体在不同的运动中穿越的空间，从而他为这些思考作出了重要贡献。他以垂直向上的射线来表示强度连续变化的"质"（qualité）的增加，以长度或多或少的水平线来表示这种"质"的延伸。然后通过给定的"经度"（longitudo）和"纬度"（latitudo）所形成的顶点直线上的图形来描述"质"。然后，奥雷姆根据描绘出的图形对"质"进行了分类：直角三角形代表质是均匀变化的（uniformiter difformis），矩形代表质是无变化的（uniformis），等等。这些术语对我们来说很陌生，但它是 14 世纪索邦学院共同思考的结果，表明即使在导数和积分的概念被引入之前，我们就已经能够从数学角度对运动进行思考。利用这种矩形坐标，研究动量的连续变化变得更加容易。实际

---

① Duhem 1984 (p. 90–92 et 309–311).
② Albert de Saxe, *Quaestiones subtilissime in libros de celo et mundo*, 1492, 被引用于 Duhem 1984 (p. 306).

上，只需要在纵轴上标注运动强度（移动物体的瞬时速度），而在横轴上标注运动的持续时间（自物体受力开始运动经过的时间）。然后，在给定的时间间隔内，垂直线扫过的表面面积与移动物体行进的距离成正比。奥雷姆对与物体下落相对应的均匀变速运动尤其感兴趣，并提出了这样的观点：在相同的时间内，均匀变速运动的物体经过的路程与速度为前者平均速度的匀速运动经过的路程相等。这一规律是由牛津大学默顿学院的"计算专家"之一布莱德沃丁（Bradwardine）发现的，他从理论上提出了形式强度的最佳测量方法。[①] 从14世纪下半叶一直到16世纪初，"计算专家"、比里当、萨克森的阿尔伯特和奥雷姆的理论被他们的信徒广泛传播。这些理论最先于14世纪和15世纪之交在帕多瓦和博洛尼亚的大学中站稳脚跟，这得益于三个人物：帕尔马的布莱斯（Blaise de Parme）、威尼斯的保罗（Paul de Venise）和弗利的雅克（Jacques de Forli），然后在特耶内的圣嘉耶当（Gaetano de Thiene）、福松布罗内的安吉洛（Angelo de Fossombrone）、墨西拿的科德隆齐（Messino da Codronchi）以及佛罗伦萨的伯纳多·托尔尼（Bernardo Torni）（1452—1497）中得到更广泛地传播。在法国，来自里斯本的另一位大师阿尔瓦雷斯·托梅（Alvarez Thomè）对这些理论进行了综合。[②] 这位当时还很年轻的、聪明的葡萄牙人于1509年出版了《三重运动之书》（Liber de triplici motu），其明确的宗旨是评论三种类型的运动（上升运动、变化运动和局部运动），同时解释英国人的物理学计算。[③] 时间/速度曲线图的使用越来越系统化，可以对照各种运动类型，用在教学中非常清晰明了。将这些发现应用到重物运动中可以明确地推翻亚里士多德的反外因力理论，取而代之的是动量理论。在15世纪末和16世纪初，至少有两名军事事务的实践者接受了这些理论，分别是雇佣兵队长彼得罗·蒙特（Pietro Monte）和他的朋友列奥纳多·达·芬奇（Léonard de Vinci）。如果说一开始达·芬奇只是按照三分法则来研究火炮科学，那么随着时间的推移，他逐渐发

---

① 参阅：Duhem 1984 (p. 293-295)
② Leitão 2000, Sylla 1989.
③ 完整的标题为：*Liber de triplici motu proportionibus annexis magistri Alvari Thomae Ulixbonensis philosophicas Suiseth calculationes ex parte declarans*, Paris, 1509.

展了更多的理论知识。他首先吸收了亚里士多德的理论（尤其是反外因力理论），但最终又放弃了它们，并将其整合到他的经验思考和对动力概念的一系列解读［萨克森的阿尔伯特、帕尔马的布莱斯、斯温斯黑德（Swineshead）、福松布罗内的安吉洛和被他称作蒂斯伯（Tisber）的海特布瑞（Heytesbury）］。达·芬奇不懂拉丁语，所以无法直接阅读这些作者的作品，但他的米兰好友提供了帮助。他在 1495 年左右与彼得罗·蒙特往来密切，后者在火炮的弹道、噪音、自由落体等方面形成了独到的见解，因此引起了达·芬奇的兴趣。他在《关于唯一的真理》（De unius legis veritate）中写道：

"大块的石头不会比小块的下落更快。因为在同等重量的情况下，空气对大型物体的阻碍会比小型物体大。但是，大型物体往往重量也大于小型物体。如此看来，似乎石头越大，重量就越重，它从空中掉落到地面的速度就越快。对于从某座塔或某个特定高度坠落的物体，其重量越轻，在空中延迟的时间就越长。如果它既重且密度又大，它下落会更快。但是，不同物体从给定的高度落下，它们之间的速度并没有太大的差别。"

换句话说，达·芬奇的理论比伽利略著名的自由落体实验早了一个世纪。达·芬奇则从萨克森的阿尔伯特那里吸取灵感，得出物体从开始下落其速度与经过的时间成正比的想法。他甚至形成了自己的速度增长模式理论，即"金字塔型动力"（la puissance pyramidale）：每过一个时间段，移动物体都会增加一定程度的位移和一定程度的速度。[1]

四十多年后，塔尔塔利亚试图从 1537—1540 年间获得的其他理论基础出发，创立一门弹道科学：源于阿基米德、伪亚里士多德、约尔丹·德·内莫雷（Jordan de Némore）和伪阿基米德的重量学说。[2] 塔尔塔利亚揭示了重量和重心科学的所有定义和基本假设：物体下降时的倾斜度、两个物体的平衡位置等。这里的基本理念是，任何重量在离开平衡位置时都会变轻。塔尔塔利亚将这个理论应用到了火炮物理学。他认为，以火炮发射的炮弹为例，重量的衰减

---

[1] Institut de France, manuscrit M, f°s 44r^o et 44v^o.
[2] Drake et Drabkin 1969 (p. 25), Clagett 1959 et 1964.

与上升高度的正弦值成正比（杠杆臂的缩短原理）。从此之后，一切都只是算术问题，无论是在平原还是山丘上，火炮的目标距离可能不一样，但是只要掌握了规律，清楚增大与平衡位置距离的结果，就能计算出发射的效果。为了阐明他的观点，塔尔塔利亚选取了维罗纳的轻型长炮的例子，该炮直射距离200步，炮筒抬高45°后射程达到800步。利用这些数据，他调整山顶及平原上炮台与目标要塞之间的距离，并根据炮弹高度与潜在的最大射程的对比，推导出了这两门炮的效率。从几何学角度看，塔尔塔利亚起初在《新科学》(*Nova scientia*)中认为炮弹的轨迹分为三段：两个直线部分分别对应受迫运动和自然运动，中间部分呈曲线。他用两条相交直线与一个圆相切来绘制它。然而，几年后，在《各种问题和发明》中，他否定了这种构造，因为他从实验观察中发现炮弹的运动轨迹从一开始就是复合的。[①] 从1550年代开始，他的想法几乎被欧洲所有的炮兵学校欣然采纳，特别是在伊比利亚半岛。[②] 但是，由于他倾向于保守射程测定的秘密，所以1590年代的其他学者开始寻找隐藏的解决方案。其中比较活跃的是英国的托马斯·哈里奥特。[③] 他仔细研究当时可以找到的射击示意图，但更重要的是回到计算（*calculatore*）的基本原理。他将运动按时间单位分解，并在轨迹的每个点上测量面积，从而确定在特定时间内移动的空间比例。对其手稿的研究证明，他在两种结果之间犹豫不决：速度要么按照三角数规律增加（1，1+2，1+2+3，…），要么按照平方数规律增加（1，1+3，1+3+5，…）。他还使用塔尔塔利亚的阿基米德作图法来绘制曲线，并最终得出减速度与加速度之间的比率取决于射击角度的结论，这通过数学原理证明了与肉眼观察到的情况非常接近的一条曲线轨迹，即使在最高点方面与塔尔塔利亚的理论背道而驰。同一时期，伽利略基于同样的理论基础进行了思考，从圭多巴尔多·德尔蒙特和莫莱蒂对圆周运动的机械原理（根据伪亚里士多德）应用于物理现象的研究开始。伽利略接受了塔尔塔利亚关于炮弹轨迹分为三段的构想，但在《关于两门新科学的对话》(1638年)中指出，在整个轨

---

① Koyré 1966.

② Brioist 2010, Cossart 2013.

③ Shirley 1988, Fox 2000, Walton 1999, Brioist *in* Rommevaux et Biard 2008.

迹中，炮弹的运动实际是受自然运动和受迫运动影响的双重运动（类似塔尔塔利亚在《各种问题和发明》中的说法，不同之处在于伽利略可能在与盖多巴尔多讨论之后将轨迹描述为抛物线形）。它的论证基于英国"计算专家"使用的时间/速度图表以及欧几里得的斜面理论。他由此制作了射程表，验证了塔尔塔利亚"射角 45° 时射程最大"的观察结果。他就这样破解了塔尔塔利亚的谜题，确定了每门炮在不同射角时的射程。此外，他还解决了一些附加问题，例如，若想实现某种发射曲线达到某个射程最少需要在炮弹里添加多少火药。[①]

因此，伽利略的弹道学思想源自对前辈多元智慧的继承发扬。在亚里士多德学说、"计算专家"的数学工具、欧几里得学说、塔尔塔利亚学说、阿基米德的静力学、阿波罗尼奥斯的几何学和盖多巴尔多的实验学基础上，他得以推断出抛物线以及两根钉子之间拉紧的绳索与炮弹轨迹之间的关系。[②] 前经典力学将火炮作为关键研究对象，因此，它是各界交汇形成的一种混合体，是对非均匀时间性的反思的一部分。加农炮的使用还产生了其他科学后果，特别是防御工事的几何化构造。[③] 在 1520—1530 年，为了抵御火炮形成的新型破坏力，棱堡被发明出来，以满足城市和堡垒的防卫需求。[④] 应对强攻战术的策略是降低防御线，使其几乎与地面齐平，然后用巨大的土块加厚城墙，最后将防御火炮掩蔽在相互防守的堡垒群后面。然后，堡垒就成了巨大的多边形几何陷阱，火线的位置完全取决于欧几里得关于直角、锐角和钝角的论述。从兰特里（Lanteri）到让·埃拉尔（Jean Errard）（1595 年），有关堡垒论著的作者们经常以实用几何学课程开始他们的作品。[⑤] 反过来，进攻者必须掌握几何学的奥秘，才能精准消灭要塞。[⑥] 然而，如果说火炮促使物理学转变了观念，那么堡垒建造技术并没有推动几何学的发展，只是导致了测量仪器的制造，按照巴什拉的说法，"不过是定理（通常是最古老的定理，如毕达哥拉斯定理）被物

---

① Valleriani 2010.
② Drake et Drabkin 1980.
③ Henninger-Voss 1995, Renn et al. 2005.
④ Adams 1986, Cresti, Fara et Lamberini 1988, Crouy-Channel 2014.
⑤ Brioist 2009.
⑥ Bennett et Johnston 1992, Korey 2007, Walton 2005.

化而已"。然而，配备知名工具的军事测量师的高效表现帮助他们轻松地确立了社会地位。[①] 在军事医学领域，战争并未从根本上改变医学。虽然安布鲁瓦兹·帕雷（Ambroise Paré）在紧急手术或整形外科方面的做法完全颠覆前辈的传统做法（例如，用动脉结扎代替伤口烧灼，或放弃用沸油处理枪伤伤口），但是希波克拉底－盖伦医学观丝毫没有受到挑战。[②]

但是，在战场、攻城点、贵族学院、炮兵学校、宫廷甚至是工程师和仪器制造者的商店等各种场合中，身份迥异的人物的接触催生了实践和理论的融合，带来了显著成果。理论家的工作要同时面对需求和实践者的批评，选取了意想不到的方向。对物质不完美的考虑最终导致了理论模型的复杂化，例如，在弹道学中纳入空气阻力问题，或者在堡垒建造技术中纳入材料阻力问题（参见前文"伽利略关于模型使用限制"的论述）。在各行业人士（铸工、炮手、泥瓦匠、军士等）和科学家之间建立的对话逐渐使实验的概念合法化。在资料中可以找到大量关于发炮试验的内容，这不仅与操作火炮的人对相关知识的需求有关，也与"实验可以验证理论"这一理念受到越来越多人的认同有关。当达·芬奇在一羊皮袋水里射击以证实反外因力理论无效时，当圭多巴尔多·德尔蒙特沿着略微倾斜、覆盖着画布的平面抛出涂满颜料的球以绘制其轨迹时，他们的灵感来自行业的实践者。在这一实验领域，人们对测量仪器越来越强烈的信心来自它们在军事领域显示出的威力。军械行业的行家里手将数学置于其实践的核心位置，因为这是生死攸关的问题，非常严肃，他们为世人认可的"世界是由数学语言书写"的观点作出了贡献。

帕斯卡尔·布里瓦斯特（Pascal Brioist）撰

参考文献

Adams Nicholas, 1986, *Firearms and Fortification: Military Architecture and Siege Warfare in Sixteenth-Century Siena*, Chicago, University of Chicago Press.

---

① Biagioli 1989.
② Poirier 2005.

Barret Robert, 1598, *The Theorike and Practike of Moderne Warres*, Londres, William Ponsonby.

Bennett Jim A. et Johnston Stephen, 1992, *The Geometry of War*, catalogue d'exposition, Oxford, Museum of the History of Science.

Biagioli Mario, 1989, The Social Status of Italian Mathematicians (1450—1600), *History of Science*, Science History Publications, p.41–95.

Billingsley Henry et Dee John (trad. et éd.), 1570, *The "Elements of Geometrie" of the Most Auncient Author Euclide of Megara*, Londres, John Daye.

Brioist Pascal, 2003, L'artilleur entre théorie et pratique au xvie siècle, *in* Alfredo Perifano et Frank La Brasca (dir.), *La Transmission des savoirs au Moyen Âge et à la Renaissance*, t.2: *Au xvie siecle*, Besançon, Presses universitaires de Franche-Comté, p. 259–276.

— 2008, La réduction de l'escrime en art au xvie siècle, *in* Pascal Dubourg Glatigny et Hélène Vérin, *Réduire en art. La technologie de la Renaissance aux Lumieres*, Paris, éd. de la Maison des sciences de l'homme, p.293–316.

— 2009, Familiar Demonstrations in Geometry: French and Italian Engineers and Euclid in the Sixteenth Century, *History of Science*, vol.47, mars, p.1–26.

— 2010, *Les Mathématiques et la guerre au xvie siecle*, thèse d'habilitation de l'université Français-Rabelais, Tours.

— 2014, *Léonard de Vinci, homme de guerre*, Paris, Alma éditeur.

Brioist Pascal et Jean-Jacques, 2008, Thomas Harriot, lecteur d'Alvarus Thomas et de Niccolo Tartaglia, *in* Sabine Rommevaux et Joël Biard (dir.), *Mathématiques et théorie du mouvement (xive-xvie siecle)*, Lille, Presses universitaires du Septentrion.

Cahill Patricia, 2003, Killing by Computation: Military Mathematics, the Elizabethan Social Body and Marlowe's Tamburlaine, *in* David Glimp et Michelle Warren, *Arts of Calculation, Numerical Thought in Early Modern Europe*, Basingstoke, Palgrave Macmillan, p.166–186.

Camerota Filippo (dir.), 2004, *Galileo Galilei: Le operazioni del compasso geometrico e militare*, CD Rom, Oakland.

— 2006, Admirabilis Circinus / The Spread and Improvement of Fabrizio Mordente's Compass, *in* Bart Grob et Hans Hooijmaijers (dir.), *Who Needs Scientific Instruments ? Conference on Scientific Instruments and Their Users, Leyde,* Museum Boerhaave, p. 183–192.

Camerota Filippo et Miniati Mara, 2008, *I medici e le scienze: strumenti e macchine nelle collezioni Granducali*, Florence, Giunti.

Campillo Antonio, 1986, *La Fuerza de la razon: guerra, Estado y ciencia en los tratados militares del Renacimiento, de Maquiavelo a Galileo*, Murcie, Universidad de Murcia.

Cataneo Girolamo, 1567, *Tavole brevissime per sapere con prestezza quante file vanno a formare una giustissima battaglia*, Brescia, Thomaso Bozola.

Chagniot Jean, 2001, *Guerre et société a l'époque moderne*, Paris, Presses universitaires de France, coll. Nouvelle Clio.

Cicogna Giovanni Matteo, 1567, *Il primo libro del trattato militare*, Venise, Giovanni Bariletto.

Clagett Marshall, 1959, *The Science of Mechanics in the Middle Ages*, Madison, University of Wisconsin Press.

— 1964—1984, *Archimedes in the Middle Ages*, Madison et Philadelphie, 2 vol. Clagett Marshall et Moody Ernest, 1952, *The Medieval Science of Weights*, Madison, Wisconsin.

Cossart Brice, 2013, *Les Artilleurs et la monarchie catholique. Fondements technologiques et scientifiques de la monarchie espagnole au xvie siecle*, Florence, Institut universitaire européen.

Cresti Carlo, Fara Amelio et Lamberini Amelio (dir.), 1988, *Architettura militare nell'Europa del XVI secolo*, actes du congrès (Florence, 25-28 novembre 1986), Sienne, Periccioli.

Crosby Alfred W., 1997, *The Measure of Reality: Quantification and Western Society (1250—1600)*, Cambridge, Cambridge University Press.

Crouy-Channel Emmanuel, 2014, *Le Canon jusqu'au milieu du xvie siecle. France, Bretagne et Pays bas-bourguignon*, thèse de l'université de Paris-I Panthéon-Sorbonne.

Digges Thomas, 1578, *The Stratioticos*, at London, printed by Henry Bynneman.

Drake Stillman et Drabkin Israel Edward, 1969, *Mechanics in Sixteenth Century Italy: Selections from Tartaglia, Benedetti, Guidobaldo dal Monte and Galileo*, Madison et Londres, University of Wisconsin Press.

— 1980, Galileo's Theory of Projectile Motion, *Isis*, vol. 71, p.550-570.

Duhem Pierre, 1984 [1913], *Études sur Léonard de Vinci. Les précurseurs parisiens de Galilée*, Paris, éd. des Archives contemporaines.

Eltis David, 1995, *The Military Revolution in Sixteenth-Century Europe*, Londres, I.B. Tauris.

Fox Robert, 2000, *Thomas Harriot, an Elizabethan Man of Science*, Londres, Ashgate.

Giard Luce, 2008, L'ambiguïté? du mot "science" et sa source latine, *in* Antonella.

Romano (dir.), *Rome et la science moderne, entre Renaissance et Lumieres*, Rome, école française de Rome, p.45-62.

González de León Fernando, 1996, "Doctors of the Military Discipline": Technical Expertise and the Paradigm of the Spanish Soldier in the Early Modern Period, *Sixteenth Century Journal*, vol.27, n° 1, p.61-85.

Grant Edward, 1995, *La Physique au Moyen Âge (vi^e-xv^e siecle)*, Paris, Presses universitaires de France.

Hale John R.,1977, *Renaissance Fortification: Art or Engineering ?*, Londres, Thames&Hudson.

— 1998, *War and Society in Renaissance Europe (1450—1620)*, Londres, Sutton Publishings.

Hall Bert S., 1952, *Ballistics in the Seventeenth Century: A Study in the Relations of Science and War*, Cambridge, Cambridge University Press.

— 1997, *Weapons and Warfare in Renaissance Europe: Gunpowder, Technology and Tactics*, Baltimore, Johns Hopkins University Press.

Henninger-Voss Mary J., 1995, *Between the Cannon and the Book: Mathematicians and Military Culture in Sixteenth-Century Italy*, Ph.D., Baltimore, Johns Hopkins University Press.

Korey Michael, 2007, *The Geometry of Power: Mathematical Instruments and Princely Mechanical Devices from Around 1600*, Berlin, Deutscher Kunstverlag.

Koyré Alexandre, 1966, La dynamique de Niccolo Tartaglia, *Études d'histoire de la pensée scientifique*, Paris, Gallimard, coll. Tel.

Lamberini Daniela, 1987, Practice and Theory in Sixteenth-Century Fortifications, *Fort. The International Journal of Fortification and Military Architecture*, vol.15, p.5-20.

Leitão Henrique, 2000, Notes on the Life and Work of Alvaro Thomas, *Bulletin of the Centro Internacional de Matemática*, Coimbra, n° 9, décembre.

Leopardo Papinio, v.1570, *Compendio militare*, Bibliothèque nationale de Florence, manuscrit Maglia Bechiano classe XIX, codice 13.

Mayr Otto, 1976, The Science Technology Relationship As a Historiographic Problem, *Technology and Culture*, vol.17, n° 4, p.663-673.

Murdoch John et Sylla Edith D., 1978, The Science of Motion, *in* David C. Lindberg (dir.), *Science in the Middle Ages*, Chicago, University of Chicago Press.

Pepper Simon et Adams Nicholas, 1986, *Firearms and Fortifications: Military Architecture and Siege Warfare in Sixteenth-Century Siena*, Chicago, University of Chicago Press.

Poirier Jean-Pierre, 2005, *Ambroise Paré, un urgentiste au xvie siecle*, Paris, Pygmalion.

Reiss Timothy, 2003, Calculating Humans: Mathematics, War and the Colonial Calculus, *in* David Glimp et Michelle Warren (dir.), *Arts of Calculation: Numerical Thought in Early Modern Europe*, Londres, Palgrave Macmillan, p.137-163.

Renn Jürgen, Damerow Peter, Schemmel Matthias et Büttner Jochen, 2005, The Challenging Image of Artillery: Practical Knowledge and the Roots of the Scientific Revolution, *in* Wolfgang

Lefèvre, Jürgen Renn et Urs Schoepflin (dir.), *The Emergence of the Scientific Image (1500—1700)*, Bale, Birkhauser.

Rogers Clifford J., 1995, *The Military Revolution Debate*, Chicago, University of Chicago Press.

Rommevaux Sabine et Biard Joël(dir.), 2008, *Mathématiques et théorie du mouvement (xive-xvie siecle)*, Lille, Presses universitaires du Septentrion.

Shirley John W., 1983, *Thomas Harriot, a Biography*, Oxford, Clarendon Press.

Sylla Edith, 1989, Alvarus Thomas and the Role of Logic and Calculations in Sixteenth-Century Natural Philosophy, *in* Stefano Caroti (dir.), *Studies in Medieval Natural Philosophy*, Florence, Olschki, p.257-298.

Tartaglia (Niccolò Fontana, dit), 1546, *Quesiti et inventioni diverse*, Venise.

– *General trattato di numeri et misure*, 1556, Venise, appreso l'autore.

Valleriani Matteo, 2010, *Galileo Engineer*, Boston, Springer, coll. Boston Studies in the History and the Philosophy of Science.

Vérin Hélène et Dubourg-Glatigny Pascal (dir.), 2008, *Réduire en art. La technologie, de la Renaissance aux Lumieres*, Paris, éd. de la Maison des sciences de l'homme.

Walton Steven A., 2005, Mathematical Instruments and the Creation of the Scientific Military Gentleman, *in* Steven A. Walton (dir.), *Instrumental in War: Science, Research and Instruments between Knowledge and the World*, Leyde et Boston, Brill, p.17-47.

《里昂空中的热气球》(Aérostat de Lyon)。根据物理学实验专家皮拉特尔·德·罗齐耶（Pilâtre de Rozier）的画作印刷。1783年，他在巴黎上空进行了首次载人飞行。1784年1月19日，他再次升空热气球，但这次在里昂，载有6名乘客。——摘自王家科学院院长马东·德·拉库尔（Mathon de La Cour）先生的信，巴黎，1784年。

第五章

科学表演

　　自动机演示、焰火表演、电机和气泵的使用、水的分解、热气球的飞行、解剖图和外来动物的展览、数学娱乐活动，以多种方式将体现知识要素的物体或现象搬上舞台呈现给公众，远不是一种大众化的手段，而是体现了近代科学的一个构成维度。这些媒介既是构成实验科学的物质[1]、社会和知识空间的经验实践的核心，也是构建科学与社会之间关系的核心。[2] 17 世纪末以来，科学受众数量的上涨成为一个重大现象[3]，对这一现象的研究深刻革新了处理这些关系的历史方法，一方面强调了以展览过程中的互动（在生产者、操纵者、观看者之间）为特征的社会过程重新划定了科学界的边界，另一方面强调了新科技经济的出现彻底改变了知识的生产、合法化和流通方式，推动塑造了新的物质文化。[4] 然而，从文艺复兴晚期到启蒙运动之间，科学表演随着学术生产环境的不同而变化，占据了从学会的密室到城市的天空的多元舞台，其目的也是多种多样的，从娱乐、学习到示范讲解，不一而足。[5] 西蒙·沙费尔曾经指出，对

---

[1] Shapin et Schaffer 1993.
[2] Hankins et Silverman 1999.
[3] Stewart 1992, Golinski 1992.
[4] Van Damme 2005 (p. 125–143).
[5] Bensaude-Vincent et Blondel 2008.

自然界无形力量的捕捉和呈现蕴含着内生矛盾[1]：从神意的启示到奇迹的缓慢世俗化[2]，它们展现了人类在再现并改善自然的技术能力方面的创造力。科学表演构成了学术团体（工匠、科学家、工程师、业余爱好者[3]）与文化[4]（炫耀权力、上流或平民娱乐[5]）之间关系的主要动力，其中，在重新制定学术和好奇的实践中，新的理性表达和对奇观的持续追求所带来的张力得到了发挥。

从世界的剧场到自然的奇观

揭开自然界的奥秘，以发现尚未探索的维度，是整个近代时期建立起来的一个过程，借助外部装置，人们了解到现象的本质。珍奇屋（*Wunderkammern*）陈列各种收藏品（植物、化石、古董、仪器、矿石等），可以通过实验使人们理解知识组织的智力过程，也可以通过标本和思想的交换（参观和讨论）来理解其社会过程[6]（请参见第114页"好奇心，一个词汇的历史"）。珍奇屋作为贯穿整个近代时期的一个重要现象，成型于文艺复兴时期，从意大利到丹麦，还有德意志的王宫、鲁道夫二世（Rodolphe II）居住的著名的布拉格宫和珂雪（Kircher）神父任教的罗马学院（Collegio Romano），都风靡一时。这些知识的场所聚集了零星分散的自然"奇观"，通过将贝壳与自动机聚拢在一起来庆祝艺术的汇合，围绕好奇心编织了美学、博学和娱乐文化之间的联系，激起人文主义者圈子（大批发商、医生、旅行者、耶稣会士、朝臣）的兴趣，同时还广泛动员了为王侯宫廷服务的工匠、药剂师、书商和商人的专业知识网络。这些学术实践是如何与文艺复兴时期的赞助制紧密联系在一起[7]，如何改进古代知识，又如何发掘工匠的技能，如今已广为人知，例如，伽利略望远镜就是从

---

[1] Schaffer 1983.

[2] Daston 1991.

[3] Iliffe 1995.

[4] Cooter et Pumfrey 1994.

[5] Werrett 2010.

[6] Smith et Findlen 2001.

[7] 尤其可以参阅 Mario Biagioli, Paula Findlen 和 Bruce Moran 的著作。

科学演示者的工坊中积累的实践知识中诞生的。① 确实,宫廷环境有利于这种演示文化,例如,在大型焰火表演、修建需要建筑和计算艺术的临时建筑(如为教皇等重要人物通行而建造的凯旋门②),抑或是打造大型巴洛克式舞台装置,为工程师、物理学家和从业者团体之间的交流创造了机会。③ 第一现代性的工程师科学家、意大利城邦的火炮工程师或者所罗门·德·考斯(Salomon de Caus)(1576—1626)等之后几代的伟大人物,将自己的技能发挥到极致,为政治野心服务,极大地助长了城市、宫廷和国家之间的竞争,无论是涉及土地排水、军事要塞的问题,还是旨在表现权力之盛的庆祝活动和园林景观,例如,花园里的喷泉和假山,处处都呈现了欧几里得几何学④,通过可计算的联系展现模仿、驯化和征服自然的能力,就像展出的野生动物一样。

在继承秘密和工匠大师们的技艺的同时,一种巧妙而博学的文化⑤,通过齿轮、泵、管、切割过的玻璃,发明出一整套用于研究和了解自然现象的仪器。就像1654年奥托·冯·居里克(Otto von Guericke)在勃兰登堡选帝侯弗雷德里克-纪尧姆德(Frédéric-Guillaumede Brandebourg)的宫廷中进行的著名的马德堡半球实验,展示了巨大的大气压强,这种经验手段需要复杂的技术结构,并在高素养的观众面前进行宣传,以确保实验的有效性。对这些"看不见的"力量的感知和理解通过令人惊奇的演示被表现出来。正如史蒂文·夏平(Steven Shapin)和西蒙·沙费尔所表明的那样,17世纪下半叶初期,在伦敦皇家学会的波义耳和胡克周围,以及后来在托斯卡纳学院(l'académie de Toscane)等其他学院,同样的过程也指导着组织实验知识建构的物质和社会体系。⑥ 要确保所产生知识的可靠性和真实性,需要建立起对见证机制道德基础的信任,因为并不是每个人都有机会亲临实验现场。但是,演示实验的人、获准见证实验的人以及普罗大众之间的界限受到多重重构的影响,学术界通过这

---

① Renn et Valleriani 2001.
② Henninger-Voss 2000.
③ Tkaczyk 2010.
④ Schweizer 2008 (p. 11–28).
⑤ Eamon 1994.
⑥ Beretta 2000.

些重构来划定实验的构成和权威。① 诸如气泵之类的机器，由于其复杂性和庞大体积，迫使见证者走出私人宅邸，来到实验室这个新创造的空间②，这是唯一可以通过共同的感知体验建立客观事实的场所。这种体验有趣、稀奇且引人入迷。以合适的工具为媒介，不仅使人可以用肉眼观察到原本看不到的自然界层面，而且可以人为地创造条件使感知通常无法接近的空间成为可能。③

好奇心，一个词汇的历史

从中世纪早期开始，好奇心的品味就被教会的神父们视为一种精神恶习。它被认为是违禁的，指代隐秘的事物、自然界中奇妙或奇怪的东西，它是虚无缥缈的知识，是被禁止甚至是危险的科学。直到16世纪，它还部分保留了这种负面含义。和所有激情一样，它可能滋生混乱并引发忧虑，即使出现奇迹也被认为是神示的表现。虽然这种负面含义在占卜术、巫术、占星术或炼金术中持续存在，但16世纪末好奇心开始被重新定义。和弗朗西斯·培根一道，科学家们尝试改变这种道德观念，使好奇心成为进一步开展科学研究的积极动力。由于它是适当兴趣爱好人本主义实践的一部分，因此成为这些知识激情的构成要素。因此，好奇心得以"平反昭雪"是基于教育领域的抱负。从17世纪初开始，像培根这样的科学家就试图通过重新定义好奇心来减少负面含义。霍布斯（Hobbes）使好奇心与欲望和惊奇联系起来。对于霍布斯和笛卡尔来说，追求知识意味着对通常毫无章法的好奇心加以引导。外界的攻击促使人们进行规范性的反思，开展工作对好奇心进行约束，随着17世纪三四十年代反好奇心做法的盛行，这种反思更加强烈。好奇心在道德上的合理性扩大了对稀有物品的消费，并为收藏家开辟了市场，无论是贵族、药剂师、工匠、批发商还是书商。从此以后，它与关注和兴趣联系起来，

---

① Licoppe 1996.
② Shapin 1988.
③ Hankins et Silverman 1999.

逐渐和神奇、特殊等用语脱钩，而倾向于用规则、调查方法和说明来规范收藏实践以及收藏对象。好奇心被认为是一种合理的激情，有别于赞赏、惊叹和迷恋。惊诧被笛卡尔定义为一种过度的惊奇。从此，新世界构成了奇迹的宝库，不久却被与无知和迷信等同起来。

到了18世纪，虽然紧张态势仍然持续，但很显然，启蒙运动对迷信的抨击并没有放过"奇迹"，而是赞扬了"高贵的好奇心"。正如若古（Jaucourt）骑士在《百科全书》中所写的那样，"因此，那些很少使用注意力的人对思想性知识尤其无感：因为这种知识只能通过持续的应用才能获得，而大多数人几乎无法做到。只有有幸受过教育的人才能获得知识，或者是那些受到强烈好奇心驱使并深入思考的人能够发现知识，并清楚地掌握它们。但是，当他们到了这个地步，仍然有太多理由抱怨，因为大自然给我们的好奇心提供了这么大的空间，而我们的智力受到了如此狭隘的限制。"因此，由奇异事物引发的好奇心的古老观念与科学方法之间产生了区分。从此，好奇心得到缩减和规范，被视为科学调查的动力。

斯特凡纳·范·达默

参考文献

Benedict Barbara, 2001, *Curiosity: A Cultural History of Early Modern Enquiry*, Chicago, University of Chicago Press.

Daston Lorraine et Park Katherine, 2001, *Wonders and the Order of Nature (1150—1750)*, New York, Zone Books.

Evans R.J.W. et Marr Alexander (dir.), 2006, *Curiosity and Wonder from the Renaissance to the Enlightenment*, Aldershot, Ashgate.

Harrison Peter, 2001, Curiosity, Forbidden Knowledge, and the Reformation of Natural Philosophy in Early Modern England, *Isis*, vol. 92, no 2, p. 265-290.

Jacques-Chaquin Nicole et Houdard Sophie (dir.), 1998, *Curiosité et "Libido sciendi" de la Renaissance aux Lumières*, Paris, ENS Éditions.

Kenny Neil, 2004, *The Uses of Curiosity in Early Modern France and Germany*, Oxford, Oxford University Press.

科学剧场成为自文艺复兴时期以来所有关于世界的知识被获取和组织起来的基质，正如耶稣会士亚塔那修·珂雪（Athanasius Kircher）在学术知识和经验知识之间的思考，这使得它成为一个将自然界的多样性呈现且剖析出来的智力过程。[①] 这种认识论装置使对现象的处理方法更有条理，包括进行演示实践和表象的心理空间。[②] 这种以演示作为媒介的模式使好奇、惊叹和热情等情绪转变成各类知识，这些知识体系相互叠加，成为科学事实建构的一部分，在礼貌文明的空间中运行。"科学表演"采取与侯爵夫人对话的形式，丰特奈尔为其拉开多元世界的帷幕，以揭示背后的场景，操纵"世界剧场"与"自然奇观"之间的切换。18世纪，普吕什（Pluche）神父的同名畅销书延续了这一观点，也设想将自然的所有对象（包括农学和机械艺术）搬上舞台作为神意的表达，进一步夯实了随着牛顿科学蓬勃发展的自然哲学的基础。

科学公众的出现

自然哲学将视觉体验放在发展的核心位置，并通过对共同经验的认识论共识来打造一个证明的剧场。[③] 从17世纪下半叶开始成立的学院等学术机构对这种演示装置的使用进行了重新配置，形成了科学家团体，很大程度上整合了由贵族和王室赞助的博学者和知名业余爱好者的网络。[④] 相应地，译者和教师组织了知识的"传播"。[⑤] 这场运动在复辟时期的英国特别活跃，为真正的科学从业人员——示范表演者和教师开辟了新的职业领域。这些演讲者[⑥]知道如何吸引大批听众，使他们信奉牛顿知识革命的效力，从而产生对宇宙新的物质认识。在通常的贵族公众基础上，他们还面向批发商、金融家、工匠和教师，声称上帝所希望的繁荣取决于理解和使用其原则以改善现状的能力。在城市的中

[①] Findlen 1995.

[②] Bredekamp 2006.

[③] Stewart 1992 (p. xxxii).

[④] Sutton 1995.

[⑤] Brockliss 2003.

[⑥] 该问题更为人所知，因为 Millburn 1983 的研究，随后更新的研究可参阅：Stewart 1992。

心地带，公共庭院、小酒馆、咖啡馆（coffee-houses）和仪器制造商铺中的集会正在成倍增长，证明了一个真正的课程、仪器和作品市场在不断扩大且实现多样化，其中一个成功案例就是磁学被引导应用于满足航海的需要。① 弗朗西斯·霍克斯比（Francis Hauksbee）在他位于舰队街的商店里教授课程，德意志收藏家约翰·弗里德里希·冯·乌芬巴赫（Johann Friedrich von Uffenbach）在1710年访问伦敦时，亲眼看见了"卓越而神奇"的光学实验，倍感高兴。霍克斯比将理论和实际联系起来，开发出一种电机，使听众可以亲身参与实验操作，用手指按压住气囊再往里吹气。② 1713年霍克斯比去世后，约翰·西奥菲勒斯·德萨居利耶（John Theophilus Desaguliers）（1683—1744）接替他成为皇家学会牛顿学说的演示者。他应学会的要求，在大使们以及公共庭院的大批观众面前，一次次重现了棱镜和光学方面的一系列重要实验。德萨居利耶还与约翰·哈里斯（John Harris）和斯蒂芬·格雷（Stephen Gray）合作，尤其在电学领域，共同开发出一系列实验，大力宣传新的科学原理。这些人因演说能力强且博学多才而广为人知，为科学传播贡献了全部力量。在1730年代，格雷通过著名的"悬挂的男孩"（suspended boy）实验明确揭示了导体的问题，在该实验中，一个瘦小的男孩被悬挂在木架上并由丝绳固定，通电后他的身体吸引了一连串小纸片。

这些引起广泛交流的研究模式并不是英国自然哲学家独有的，而是欧洲学术界普遍共有的实践，其工作主要是组织一些旨在人为改造自然的实验，例如，莫腾斯·特里瓦尔德（Mårten Triewald）在斯德哥尔摩学院重现了北极光。③ 科学演示造就了启蒙运动精英们的科学文化，围绕它们所引起的好奇心产生了新的社交方式④，支持了科学物品和豪华仪器市场的蓬勃发展，这一点从诺莱神父在1735年开始的实验物理学课程和沙龙中获得的成功案例中得到了证明。⑤ 在贵族赞助人和科学家之间错综复杂的关系中，这些演示构建了学

---

① Fara 1995.
② Bennett 2001.
③ Lindqvist 1992.
④ Arminjon et Saule 2010.
⑤ Torlais 1959, Bertucci 2001.

术上的权威：通过新的仪器，例如，日光显微镜（某种在阳光下运转的魔术灯笼）或"莱顿瓶"［莱顿（Leyde）在法国推出的电容器，可以演示令人印象深刻的"人体链"，指导观众观察自己身体产生的电现象］，人们可以窥见自然的运行机制。当观众将脸颊靠近带电的物体时，他们感觉到脸上有轻微的放电，好像触摸了蜘蛛网并闻到了"尿液中的磷"的特有气味[①]，可能会沉迷于带电的亲吻中。通过调动所有的感官（不仅仅是视觉），身体的参与使演示更具说服力。"代理人"的存在不仅使自然可以被感知到，而且观众可以直接参与围绕其定义的研讨和争论，包括电的本质、电流理论、正负电荷的存在、医疗管的效率、电流和打雷之间的联系……[②] 诺莱神父的课程被成功编辑出版，他本人由此为实验物理学成为必不可少的教学学科之一作出了巨大贡献。不必依赖仪器或作品交易的其他途径也证明了视觉策略在建构学术权威地位方面的有效性，在启蒙时代的欧洲不同的背景下都是如此。例如，在博洛尼亚大学任教的第一位女性劳拉·鲍希就是这种情况，学校为她专门设立了实验物理学教席，她将传播牛顿哲学作为在城市的贵族观众中为自己创造一个良好生存环境的手段。[③] 又如在爱丁堡大学担任化学教席的威廉·卡伦（William Cullen），巧妙地将与上司的私人关系和他的化学课程的方向结合起来，以支持苏格兰绅士商人的通识教育。[④] 他根据受众调整了他教学中的功用主义修辞，证明了科学的经济甚至爱国主义目标的兴起。承载"改善理念"的自然哲学使人们对自然的支配和操控合法化，从而有助于形成一门公共科学。

到 18 世纪中叶，对科学的真正兴趣在欧洲社会根深蒂固，催生了公开课程和示范表演的热潮。在巴黎，由诺莱在 1753 年创立，后由西戈·德拉丰（Sigaud de La Fond）接任的实验物理学教席取得了巨大的成功；自 1742 年以来，王家花园（Jardin du roi）中的化学示范点——鲁埃勒（Rouelle）在 600 座露天剧场的公开课一直都座无虚席。这激发了人们对探究自然的兴趣，拥护了

---

① Bertucci 2001 (p. 45).
② Heilbron 1979.
③ Findlen 1993.
④ Golinski 1988.

启蒙运动的思想解放计划,作为它的常客之一的狄德罗就证明了这一点。通过将其演示课程戏剧化①,鲁埃勒凭借令人惊叹的实验以及从这些成果中可以隐约看见的新的"奇迹",成功将化学打造成新科学的旗舰学科。② 科学鼓励在揭秘过程中对学科进行分解并对实践知识进行改造,在涌现大量发明创造的背景下,科学因其带来的利好而处于公共空间的中心位置。见证这一新知识经济的观众群体规模无论是在地理还是社会层面都有所扩大,影响了整个欧洲的主要城市中心③;各个城市开始接待长期的或巡回性的公共课程或示范演出,在各种不同的场合举行④;自1770年代以来,受新的社会性运动(艺术或农业学会等)的频繁驱使,化学的流行催生了许多职业。⑤ 例如,在法国的朗格多克地区,蒙彼利埃开设的多门课程受到资助,比如富兰克林的竞争对手贝尔托隆(Bertholon)神父的课程。1785年初,波兰贵族莫申斯基(Moszyński)伯爵参加了贝尔托隆神父的课程,随后表示:"物理和化学是一种'流行病',影响了每一个人,女性也不例外。贝尔托隆神父的讲述清晰明了,但他不得不身处吵闹好动的听众之间,这些听众似乎只是去那里消磨时间。"⑥ 他清楚听众群体鱼龙混杂,在由批发商、多面手、贵族业余爱好者、神职人员、工程师、行政人员、商人资产阶级组成的城市特权阶层中,世俗的繁琐已经消散,贵族女性占有关键地位。1781年皮拉特尔·德·罗齐耶在巴黎创立的"先生博物馆"(le musée de Monsieur)也是如此。⑦ 这所繁荣的机构因其昂贵的入场券而成为一种精英主义,它提供符合多样化期待的教育和各类仪器以供使用,并在公开会议上进行引人注目的示范表演,例如,皮拉特尔吐出火焰引燃氢气,引起观众的赞叹。⑧

然而,在18世纪末,科学事业建立在示范技能上的情况变少了,因为它

---

① Roberts 2008.

② Mercier 1781 (chap. 43: L'air vicié).

③ Hochadel 2003, Bret 2004.

④ Blondel 1997.

⑤ Perkins 2004, Lehman 2008.

⑥ Moszyński 2011.

⑦ Lynn 1999.

⑧ Thébaud-Sorger 2011.

引起的热情有时会成为辩论甚至是冲突的主题。虽然这种公共传播的形式已经根深蒂固①，但某些巡回示范表演者②被贬低为"街头卖艺者"的情况并不罕见。这些示范表演者会围绕其实验进行学术性的讨论，例如亚当·沃克（Adam Walker）普及普里斯特利（Priestley）的实验③；或者弗朗索瓦·卞福汝（François Bienvenu）在法国大革命期间以巡回物理学家的身份旅行，并与拉瓦锡展开对话，在"只谈论化学"的威尼斯公众面前重现"水的分解和重组"的著名实验④；再或者爱丁堡大学的讲师（lecturer）詹姆斯·丁威迪（James Dinwiddie）陪同英国大使在中国停留一段时间后，又到印度继续其旅程和事业。⑤

处于赞叹和认知核心的显著实验

在18世纪，这些示范表演向散落在18世纪城市考古遗址中的多元实践敞开了大门：学术协会、公共庭院、临时机器展览、商店⑥、驯化外来植物和稀有品种的花园，甚至还有露天的公开实验，可以说，整个城市全方位参与，包括道路、河流、公园和建筑物以及天空。城市居民被邀请依次成为阅读者、行走者、倾听者和消费者，这反过来加快了有关对象知识的流通以及对惊人过程的理解。

魔术灯笼、电动机器、自动装置这些媒介不断地将愉悦、实验和有用联系在一起，实际上揭示了将手工艺、好奇的观众和实验室的实验研究方法连接在一起的过程。⑦这些研究对象在不同空间之间迁移，使多种知识形式并存。因此，雅克·沃康松（Jacques Vaucanson）设计的"长笛演奏者"（le joueur de flûte）于1738年2月在圣日耳曼博览会上展出，惊艳了巴黎的观众，然后搬到郎格维利公馆（l'hôtel de Longueville），估计吸引了5 000名参观者⑧，后成

---

① Millburn 1976.
② Schaffer 1993, Hochadel 2001.
③ Golinski 2008.
④ Bret 2004.
⑤ Dinwiddie 2010.
⑥ Hilaire-Pérez 2000.
⑦ Hankins et Silverman 1999.
⑧ Doyon et Liaigre 1966.

为德·拉普布兰尼埃（de La Pouplinière）先生沙龙展览的基础。公众只需要付 24 苏的入场费，就可以观看示范表演，不仅有精彩的娱乐活动，而且现场的发明人会揭露并解释自动机底座中的机械装置——以王家科学院的专业知识为后盾。与诺莱同时代的沃康松，除了参加学术活动外，还成为丝绸工厂的检查员[1]，从而巩固了他的信誉。后来他把他的自动机卖给了里昂的企业家，这些企业家在德萨居利耶的支持下，在欧洲（首先是在伦敦）举行示范表演。[2] 沃康松则继续机械研究，发明了"消化鸭"（le canard digérant），该自动装置在王家宫殿展出，从外部可以清晰看见内部的齿轮部件。[3] 其迷人之处不仅在于机械的神奇，还在于它是艺术与科学相结合的产物。这些起源于文艺复兴时期工匠作坊的巧妙构造，成为珍奇屋的主要展品[4]，促进了仪器的改进和对力学的思考，成为科学实验室中理论好奇心的源泉，后来成为交易会的原型。为了重现人体机能，启蒙运动时期的人形机器人揭示了人体生理结构研究的演变，尤其在血液循环和呼吸系统方面，呼应了解剖学的成功，后来展出了蜡制模型。[5] 无论在剧院、宫廷还是林荫大道，这股风潮持续不断地吸引人们的注意，例如雅克－德罗兹（Jaquet-Droz）设计的自动人偶"小画家"（le petit dessinateur）、詹姆斯·考克斯（James Cox）博物馆的豪华钟表作品[6]，甚至是假的自动机——冯·肯佩伦（Von Kempelen）男爵于 1784 年在欧洲大城市巡回展览的"土耳其行棋傀儡"（le joueur d'échecs）。这些有趣的作品提高了人们对技术的品位，也吸引了公众对基于实用目的的发明创造、新工艺和新机器的关注。在各种各样的示范表演中，公众需要具备专业知识才能就项目达成共识。这有助于将示范过程扩散到更大的空间中引发讨论。

因此，雅克－亚历山大－凯撒·夏尔（Jacques-Alexandre-Cesar Charles）是 1780 年代巴黎最熟练的实验物理学教师之一，他在精心挑选的观众面前，使

---

[1] Schaffer 1999.

[2] 附有一本解释性小册子：*Account of the Mecanism of an Automaton*, 1742。

[3] Riskin 2003.

[4] Marr 2006.

[5] Maerker 2011.

[6] Pointon 1999.

得装有氢气的小气囊全速飞行,爆炸声如雷。他自称是浮空器的发明者,而在1783年夏天,蒙特哥菲尔兄弟(les frères Montgolfier)在巴黎市中心放飞热气球才使这一发现真正激起了首都的热情。通过在城市中心(战神广场和杜乐丽花园)公开进行壮观的演示实验,在没有任何学术权威验证之前,就产生了竞争和比较。[1] 现场的人群和对首次热气球飞行(很快实现载人飞行)的热情催生出一个庞大的传单和版画市场。在许多城市开展的类似活动将省级的学术团体和科学受众凝聚在一起,而这项发明被降格为艺术并实现标准化,被纳入《新的物理和数学消遣》(Nouvelles Récréations physiques et mathématiques)系列,例如埃德姆－吉勒·居约(Edme-Gilles Guyot)就此取得巨大的成功。[2] 后来还催生出巡回热气球驾驶员的新职业。虽然后来被认为是表演,甚至是面向大众的表演[3],最初的飞行实际上是真正的实验,附有实验记录,使业余爱好者和公众能够参与围绕气体(特别是氢气[4])的识别和鉴定等高度专业化问题展开的辩论,同时促使公众赞同雅克－亨利·梅斯特尔(Jacques-Henri Meister)所说的"人类工业最伟大的奇迹之一"所体现的进步秩序。[5] 正如另一名演示化学家迪勒(Diller)的氢气焰火表演一样[6],这些实验表明,新型娱乐场所(例如,举行音乐会或舞会的公园)创造的对美学上非常新颖的表演的需求,为在化学家、企业家和制造商之间建立起牢固联系提供了机会,促进了前沿研究及其传播。

对科学表演及其轰动效应的批评

这些演示活动是理解过程的核心,但其轰动效应引发了许多问题。火花和荧光装饰着科学现象的媒介,对理解力造成了挑战。好奇心在被定性为阻碍之前,一直是知识的真正驱动力,有利于基于视觉刺激的有效启发性装置的上

---

[1] Thébaud-Sorger 2009.

[2] Chabaud 1997.

[3] Benedict 2001, Keen 2006.

[4] Kim 2006.

[5] *Correspondance littéraire* 1877—1882 (vol. 14, p. 12).

[6] Werrett 2007.

演。因此，继 18 世纪孔狄亚克（Condillac）的方法所证明的洛克经验主义之后，感觉构成了发现和理解的原则，理性的工作得以从这个原则中组织起来，通过记忆和比较，可以进行辨析。人造幻象也建立在这种模棱两可的基础上：首先让观众面对不可思议的事物，然后向他揭示被欺骗的原因①，使他沉迷于被效果征服的感觉。科学表演方法的使用本身的意义只在于它在寓言展开中的修辞刻画，在于各程序的时间顺序，在于它的评论手段和它与隐藏的或显示的东西的距离。从这个意义上说，娱乐消遣的辩证技术与化学或技术示范表演形成鲜明对比，其收获的赞美来自准备工作和产生效果之间的相关性。表演的精彩场面是支撑约瑟夫·普里斯特利（Joseph Priestley）在化学实验中使用的"卓越"技术或是夏尔创造的令人眼花缭乱的审美和思想体验的主要载体。② 据说富兰克林曾对夏尔表示："大自然似乎要服从于你。"它借助将准备工作和结果的美妙相结合的安排，"对观众产生了深远的影响"。③ 通过使相互矛盾的自然方法融合共存，对其神圣维度的揭示（尤其是用英国和德意志物理神学方法所形成的），也同时通过缔造"奇迹"促进了对人力控制因素的证明，这在普罗米修斯式的层面上参与了某种形式的科学世俗化。然而，表演精彩程度的升级似乎使观众在面对大量涌现的奇迹时辨别真伪的能力受到了质疑：它们所引起的情绪似乎与批判式理性的产生是矛盾的，并且，科学表演中哗众取宠的做法因被认为是异化观众而不是促进其解放，而逐渐地遭到歧视。无论是腐蚀还是提升了道德情操④，自然剧场成为位于启蒙运动带来的矛盾中心的敏感戏剧。

在与科学相关的娱乐方式的泛滥中⑤，在 1780 年代之初，对无形流体——电、氢和磁的发现掀开了新的一页，为万能液、动物磁气和医疗电等理论奠定了基础。与这些主题引起的争议相反，气球的发明似乎是对"航空哲学"（la

---

① Chabaud 1996.
② Golinski 2008.
③ Robertson 1985 (p. 61).
④ Riskin 2002.
⑤ Isherwood 1986.

philosophie aérienne）的共识性例证：空气静力学实验凭借其拓宽人类可能性范围的能力，参与了对自然力量和人类对自然力量的支配的赞美，人类以更伟大的形式从飞行的奇观中走出来。① 对于此次飞行的同时代人来说，这种演示借助其影响力，不仅阐明了理解飞行现象所必需的化学基本原理，还具备"将人们带入物理学的奥秘之中"的优点；作为启蒙运动反对蒙昧主义的关键，它使每个人都感受到"个体生命的尊严，附属于社会的益处"。② 此外，飞行通过它引起的各种猜测激发人们的想象力。③ 然而，与此同时，见证者不停强调无法摆脱飞行引发的热忱。飞行使人们的感官受到严峻考验，正如格扎维埃·德·迈斯特（Xavier de Maistre）所写，他们值得"狂热主义的荣誉，也许人类并不具备冷静看待它的能力"。④ 集体实验的共同时间性进一步强化了围绕这些节日般演示活动的团体之间的纽带，这可能导致聚集在一起的公众受到影响而成为弱势群体。在最终的逆转中，科学表演威胁到理性的胜利，为颠覆人们对自然神秘力量的迷恋奠定了基础，带来新的迷信⑤，且如罗伯特·达恩顿（Robert Darnton）所写，它重新激起了"大众对科学奇迹的信仰"。⑥ 从地震到火山喷发等自然无穷力量的表现形式的关注，提出了在更广泛的公众中对其进行控制的问题，而"公众"不再仅限于呼吁将科学成果合法化的专业人士抑或是受过良好教育的沙龙团体。具有革命精神的平民阶层的涌入进一步加剧了管控问题。

公众的培训教育以及情绪疏导问题一直存在：它们尤其证明了当代人面对这种普及时的慌乱不安。⑦ 比起被翻译成"官方科学"与"大众科学"之间的两极分化，这种配置更多的是揭示了受众的巨大分层以及贯穿其中的紧张关系，业余爱好者和精英们的地位被重新讨论，而学术赋权则为"证据制度与审

---

① Thébaud-Sorger 2009 (p. 233).

② Saunier 1783.

③ Gallingani 2002.

④ Maistre 1784 (p. 18).

⑤ Schaffer 1983.

⑥ Darnton 1984 (p. 37).

⑦ Crow 2000.

美、娱乐和思辨工作制度的剥离"背书。① 确切地说，人们发现，"轻信"并不是普通人的专属，同时也是浅薄的上流社会公众的特征，他们成为批评家们攻击的对象：这些上流社会的观众远离集市的露天舞台，却任由自己被"假的"自动机所折服，例如，肯佩伦发明的"土耳其行棋傀儡"，这位奥地利工程师兼行政长官实际上根本不像江湖骗子。伴随新的自然哲学消费形式的发展而出现的对招摇撞骗的指控，似乎多半是由于竞争的形势所致，这些指控往往是由那些希望维持对当地科学市场控制的人发起的。② 另一方面，应用尖端科学工艺的发明项目逐渐在多技多能的工匠和企业家界之间兴起，他们的边界更加松散③：他们通过多次试验和展览会来争取观众的关注和评判④，设计时考虑到实际的实用性，熟练精彩的示范表演保留了所有的合法性。

　　因此，近代的结束以一场科学重组运动为特征，该运动将实验室空间和业余爱好者实践、艺术和技术展览分割开来。接替近代演示实验的是在新制度框架下将科学家和公众的关系按类别划分的中介机构，包括博物馆，如佛罗伦萨解剖博物馆（le musée anatomique de Florence）以及因法国大革命后机构重组而创立的自然历史博物馆（le Muséum d'histoire naturelle）（那里有针对公众的自然教育活动）⑤，还有科普场所，例如，汉弗莱·戴维（Humphrey Davy）于1799年在伦敦创立的皇家研究院（Royal Institution）。正如大卫·布鲁斯特（David Brewster）爵士几十年后所写的那样，自然魔术的表演并没有被排除在外，它仍然是打击因民众无知而猖獗的诈骗体系的一个手段，同时充分考虑到人类天性喜爱奇妙的事物并通过自己的轻信来衡量对真理的探求这一事实。⑥ 目的是重新掌握关于自然的话语权、"教育"无知者以及支持科学和工业的进步，即使对奇闻轶事的好奇心在许多方面持续存在：对异国情调的兴趣、对秘

---

① Van Damme 2005 (p. 143).
② Fara 1995. Hochadel, 2003.
③ Roberts 2005.
④ Fox 2010 (p. 148-173).
⑤ Spary 1997.
⑥ Brewster 1832.

术的喜好①、游乐场技术表演②和工业展览会的成功。科学演示超越了继承的划分方式，邀请我们思考娱乐与学术创新、启蒙时代与工业化、美学与技术之间的衔接，并考虑这一媒介在构建公众的科学共识方面的持久作用。③

玛丽·泰博-索尔热（Marie Thébaud-Sorger）撰

参考文献

Arminjon Catherine et Saule Béatrice (dir.), 2010, *Sciences et curiosités à la cour de Versailles*, Paris, Réunion des Musées nationaux.

Benedict Barbara Maria, 2001, *Curiosity: A Cultural History of Early Modern Inquiry*, Chicago, University of Chicago Press.

Bennett Jim, 2001, Shopping for Instruments, *in* Pamela H. Smith et Paula Findlen (dir.), *Merchants and Marvels: Commerce, Science and Art in Early Modern Europe*, Londres et New York, Routledge.

Bensaude-Vincent Bernadette et Blondel Christine (dir.), 2008, *Science and Spectacle in the European Enlightenment*, Aldershot, Ashgate.

Beretta Marco, 2000, At the Source of Western Science: The Organization of Experimentalism at the Accademia del Cimento (1657—1667), *Notes and Records of the Royal Society of London*, vol. 54, n° 2, p. 131-151.

Bertucci Paola, 2001, The Electrical Body of Knowledge: Medical Electricity and Experimental Philosophy in the Mid Eighteenth Century, *in* Paola Bertucci et Giuliano Pancaldi (dir.), *Electric Bodies: Episode in the History of Medical Electricity*, Bologne, CIS, University of Bologna, p. 43-68.

Blondel Christine, 1997, Haüy et l'électricité: de la démonstration spectacle à la diffusion d'une science newtonienne, *Revue d'histoire des sciences*, vol. 50, n° 3, p. 265-282.

Bredekamp Horst, 2006, Kunstkammer, Spielpalast, Schattentheater: Drei Denkorte von G. von Leibniz, *in* Helmar Schramm, Ludger Schwarte et Jan Lazardzig (dir.), *Spektakuläre Experimente. Praktiken der Evidenzproduktion im 17. Jahrhundert*, Berlin et New York, Walter de

---

① Lachapelle 2009.

② *Terrain* 2006.

③ Pestre 2006, Rosental 2013.

Gruyter, coll. Theatrum Scientiarum, p. 265–281.

Bret Patrice, 2004, Un bateleur de la science: le "machiniste-physicien" François Bienvenu et la diffusion de Franklin et Lavoisier, *Annales historiques de la Révolution française*, vol. 338, p. 95–127.

Brewster David, 1832, *Letters on Natural Magic, Addressed to Sir Walter Scott*, Londres, John Murray.

Brockliss Laurence, 2003, Sciences, the Universities, and Other Public Spaces: Teaching Science in Europe and the America, *in* Roy Porter (dir.), *The Cambridge History of Science*, t. 4: *The Eighteenth Century*, Cambridge, Cambridge University Press, p. 44–86.

Chabaud Gilles, 1996, La physique amusante et les jeux expérimentaux en France au xviiie siècle, *Ludica*, n° 2, p. 61–73.

– 1997, Entre sciences et sociabilités: les expériences de l'illusion artificielle en France à la fin du xviiie siècle, *Bulletin de la SHMC*, n°ˢ 3–4, p. 36–43.

Cooter Roger et Pumfrey Steven, 1994, Separate Spheres and Public Places: Reflections on the History of Science Popularization and Science in Popular Culture, *History of Science*, vol.32, p. 237–267.

Correspondance littéraire, 1877—1882: *Correspondance littéraire, philosophique et critique, par Grimm, Diderot, Raynal, Meister, etc.*, éd. par Maurice Tourneux, Paris, Garnier.

Crow Thomas, 2000 [1985], *La Peinture et son public à Paris au xviiie siècle*, trad. par André Jacquesson, Paris, Macula. Darnton Robert, 1984, *La Fin des Lumières. Le mesmérisme et la Révolution*, Paris, Perrin.

Daston Lorraine, 1991, Marvelous Facts and Miraculous Evidence in Early Modern Europe, *Critical Inquiry*, vol. 18, n° 1, p. 93–124.

Dinwiddie James, 2010: *Biographical Memoir of James Dinwiddie, Astronomer in the British Embassy to China, 1792, '3, '4, Afterwards Professor of Natural Philosophy in the College of Fort William, Bengal*, éd. par William Jardine Proudfoot, Cambridge, Cambridge University Press.

Doyon André et Liaigre Lucien, 1966, *Jacques Vaucanson, mécanicien de génie*, Paris, Presses universitaires de France.

Eamon William, 1994, *Science and the Secrets of Nature: Books of Secrets in Medieval and Early Modern Culture*, Princeton, Princeton University Press.

Fara Patricia, 1995, "A Treasure of Hidden Vertues": The Attraction of Magnetic Marketing, *The British Journal for the History of Science*, vol. 28, n° 1, p. 5–35.

Findlen Paula, 1993, Science As a Career in Enlightenment Italy: The Strategies of Laura

Bassi, *Isis*, vol. 84, p. 441-469.

— 1995, Scientific Spectacle in Baroque Rome: Athanasius Kircher and the Roman College Museum, *Roma moderna e contemporanea*, n° 3, p. 625-665.

Fox Celina, 2010, *The Arts of Industry in the Age of Enlightenment*, Yale, Yale University Press.

Gallingani Daniela, 2002, *Mythe, machine, magie. Fictions littéraires et hypothèses scientifiques au siècle des Lumières*, Paris, Presses universitaires de France, coll. Perspectives littéraires.

Golinski Jan, 1988, Utility and Audience in Eighteenth-Century Chemistry: Case-Studies of William Cullen and Joseph Priestley, *The British Journal for the History of Science*, vol. 21, p. 1-31.

— 1992, *Science As Public Culture: Chemistry and Enlightenment in Britain (1760—1820)*, Cambridge, Cambridge University Press.

— 2008, Joseph Priestley and the Chemical Sublime in British Public Science, *in* Bernadette Bensaude-Vincent et Christine Blondel (dir.), *Science and Spectacle in the European Enlightenment*, Aldershot, Ashgate, p.117-128.

Hankins Thomas et Silverman Robert, 1999, *Instruments and the Imagination*, Princeton, Princeton University Press.

Heilbron John L., 1979, *Electricity in the Seventeenth and Eighteenth Centuries: A Study of Early Modern Physics*, Berkeley, University of California Press.

Henninger-Voss Mary J., 2000, Working Machines and Noble Mechanics: Guido baldo del Monte and the Translation of Knowledge, *Isis*, vol. 91, n° 2, p. 233-259.

Hilaire-Pérez Liliane, 2000, Les boutiques d'inventeurs à Londres et à Paris au xviiie siècle: jeux de l'enchantement et de la raison citoyenne, *in* Natacha Coquery (dir.), *La Boutique et la ville. Commerces, commerçants, espaces et clientèles (xvie-xxe siècle)*, Tours, Centre d'histoire de la ville moderne et contemporaine, p. 171-189.

Hochadel Oliver, 2001, A Shock to the Public: Itinerant Lecturers and Instruments *in* Paola Bertucci et Giuliano Pancaldi (dir.), *Electric Bodies: Episode in the History of Medical Electricity*, Bologne, CIS, University of Bologna.

— 2003, *Öffentliche Wissenschaft. Elektrizität in der deutschen Aufklärung*, Göttingen, Wallstein Verlag.

Iliffe Rob, 1995, Material Doubts: Hooke, Artisan Culture and the Exchange of Information in 1670s London, *The British Journal for the History of Science*, vol. 28, n° 3, p. 285-318.

Isherwood Robert M., 1986, *Farce and Fantasy: Popular Entertainment Eighteenth Century Paris*, Oxford, Oxford University Press.

Keen Paul, 2006, The "Balloonomania": Science and Spectacle in 1780 England, *Eighteenth-Century Studies*, vol. 39, n° 4, p. 507–535.

Kim Mi Gyung, 2006, "Public" Science: Hydrogen Balloons and Lavoisier's Decom position of Water, *Annals of Science*, vol. 63, n° 3, p. 291–318.

Lachapelle Sofie, 2009, Science on Stage: Recreational Physics, White Magic, and Scientific Wonder at the Nineteenth-Century French Theatre, *History of Science*, vol. 47, n° 157, p. 297–315.

Lehman Christine, 2008, Between Commerce and Philanthropy: Chemistry Courses in Eighteenth-Century Paris, *in* Bernadette Bensaude-Vincent et Christine Blondel (dir.), *Science and Spectacle in the European Enlightenment*, Aldershot, Ashgate, p. 103–116.

Licoppe Christian, 1996, *La Formation de la pratique scientifique. Le discours de l'expérience en France et en Angleterre (1630—1820)*, Paris, La Découverte.

Lindqvist Svante, 1992, The Spectacle of Science: An Experiment in 1744 Concerning the Aurora Borealis, *Configurations: A Journal of Literature, Science and Technology*, n° 1, p. 57–94.

Lynn Robert-Michael, 1999, Enlightenment and the Public Sphere: The Musée de Monsieur and Scientific Culture in Late Eighteenth-Century Paris, *Eighteenth Century Studies*, vol. 32, p. 463–476.

Maerker Anna, 2011, *Model Experts: Wax Anatomies and Enlightenment in Florence and Vienna (1775—1815)*, Manchester, Manchester University Press.

Maistre Xavier de, 1784, *Prospectus de l'expédition aérostatique de Chambéry*, Chambéry.

Marr Alexander, 2006, *Gentille curiosité:* Wonder-Working and the Culture of Automata in the Late Renaissance, *in* R.J.W. Evans et Alexander Marr (dir.), *Curiosity and Wonder from the Renaissance to the Enlightenment*, Aldershot, Ashgate, p. 149–170.

Mercier Louis-Sébastien, 1781, *Tableau de Paris*, Neuchâtel. Millburn John R., 1976, *Benjamin Martin, Author, Instrument-Maker, and "Country-Showman"*, Leyde, Noordhoff.

– 1983, The London Evening Courses of Benjamin Martin and James Ferguson, Eighteenth Century Lecturers on Experimental Philosophy, *Annals of Science*, vol. 40, p. 437–455.

Moszyński August Fryderyk, 2011, *Journal de voyage*, t. 1: *La France (1784—1785)*, manuscrit no 15367 de la bibliothèque des Princes-Czartoryski de Cracovie, Paris, CNRS Éditions / Alain Baudry et Cie, coll. République des lettres.

Perkins John, 2004, Creating Chemistry in Provincial France before the Revolution: The Examples of Nancy and Metz, *Ambix*, vol. 51, n° 1, p. 43−75.

Pestre Dominique, 2006, Funken sichtbar und öffentlich machen. Spectakel und Kontroversen um die historischen Experimente von Heinrich Hertz, *in* Helmar Schramm, Ludger Schwarte et Jan Lazardzig (dir.), *Spektakuläre Experimente. Praktiken der Evidenzproduktion im 17. Jahrhundert*, Berlin et New York, Walter de Gruyter, coll. Theatrum Scientiarum, p. 414−431.

Pointon Marcia, 1999, Dealer in Magic: James Cox's Jewelry Museum and the Economics of Luxurious Spectacle in Eighteenth-Century London, *in* Neil De Marchi et Craufurd D.W. Goodwin (dir.), *Economic Engagements with Art*, Durham, Londres, Duke University Press, p. 423−451.

Renn Jürgen et Valleriani Matteo, 2001, Galileo and the Challenge of the Arsenal, *Nuncius*, vol. 16, n° 2, p. 481−503.

Riskin Jessica, 2002, *Science in the Age of Sensibility: The Sentimental Empiricists of the French Enlightenment*, Chicago University of Chicago Press.

— 2003, Eighteenth-Century Wetware, *Representations*, vol. 83, p. 97−125.

Roberts Lissa, 2005, Devices without Borders: What an Eighteenth-Century Display Ofsteam Engines Can Teach Us about "Public" and "Popular" Science, *Science and Education*.

— 2008, Chemistry on Stage: Rouelle and the Theatricality of Eighteenth-Century Chemistry, *in* Bernadette Bensaude-Vincent et Christine Blondel (dir.), *Science and Spectacle in the European Enlightenment*, Aldershot, Ashgate, p. 129−139.

Robertson E.G., 1985, *Mémoires récréatifs, scientifiques et anecdotiques d'un physicien-aéronaute*, t. 1: *La Fantasmagorie*, Paris, Café Clima éditeur.

Rosental Claude, 2013, Toward a Sociology of Public Demonstrations, *Sociological Theory*, vol. 31, n° 4, p. 343−365.

Saunier Pierre-Maurice, 1783, *Le Triomphe de la machine aérostatique ou l'Anti-Balloniste converti par l'expérience. Dialogues entre un envieux et des amateurs de physique*, Paris, chez Cailleau.

Schaffer Simon, 1983, Natural Philosophy and Public Spectacle in the Eighteenth Century, *History of Science*, vol. 21, p. 1−43, reproduit *in* Simon Schaffer, *La Fabrique des sciences modernes*, Paris, Seuil, 2014.

— 1993, The Consuming Flame: Electrical Showmen and Public Spectacle in Eighteenth-Century England, *in* John Brewer et Roy Porter (dir.), *Consumption and the World of Goods*,

Londres, Routledge, p.489−526.

— 1999, Enlightened Automata, *in* William Clark, Jan Golinski et Simon Schaffer (dir.), *The Sciences in Enlightened Europe*, Chicago, University of Chicago Press, p. 126−165.

Schweizer Stefan, 2008, Die Einheit von Kunst, Wissenschaft und Technik in der Höfischen Gesellschaft um 1600, in *Wunder und Wissenschaft. Salomon de Caus und die Automatenkunst in Gärten um 1600*, catalogue d'exposition, Museum für Europäische Gartenkunst der Stiftung Schloss und Park Benrath (17 août−5 octobre 2008).

Science Lecturing in the Eighteenth Century, 1995, dossier thématique, *The British Journal for the History of Science*, vol. 28, n° 1.

Shapin Steven, 1988, The House of Experiment in Seventeenth-Century England, *Isis*, vol. 79, p. 373−404.

Shapin Steven et Schaffer Simon, 1993, *Léviathan et la pompe à air*, Paris, La Découverte, coll. Textes à l'appui.

Smith Pamela H. et Findlen Paula (dir.), 2001, *Merchants and Marvels: Commerce, Science, and Art in Early Modern Europe*, Londres, Routledge.

Spary Emma, 1997, Le spectacle de la nature: contrôle du public et vision républicaine dans le Muséum jacobin, *in* Claude Blanckaert *et al.* (dir.), *Le Muséum au premier siècle de son histoire*, Paris, Muséum national d'histoire naturelle, p. 457−479.

Stewart Larry, 1992, *The Rise of Public Science: Rhetoric, Technology, and Natural Philosophy in Newtonian Britain (1660—1750)*, Cambridge, Cambridge University Press.

Sutton Geoffrey V., 1995, *Science for a Polite Society: Gender, Culture and the Demonstration of Enlightenment*, Boulder, Westview Press.

Terrain, 2006: dossier "Effets spéciaux et artifices", *Terrain*, vol. 46.

Thébaud-Sorger Marie, 2009, *L'Aérostation au temps des Lumières*, Rennes, Presses universitaires de Rennes.

— 2011, Le musée scientifique autour de 1785. Entre curiosité et utilité: les usages d'un lieu, *in* Vincent Milliot, Philippe Minard et Michel Porret (dir.), *La Grande Chevauchée. Faire de l'histoire avec Daniel Roche*, Genève, Droz, p. 449−462.

Tkaczyk Viktoria, 2010, *Himmels-Falten. Zur Theatralität des Fliegens in der Frühen Neuzeit*, Munich, Wilhelm Fink Verlag.

Torlais Jean, 1959, *L'Abbé Nollet (1700—1770) et la physique expérimentale au xviiie siècle*, Paris, Palais de la Découverte.

Van Damme Stéphane, 2005, *Paris, capitale philosophique de la Fronde à la Révolution*, Paris, Odile Jacob.

Werrett Simon, 2007, From the Grand Whim to the Gasworks: Philosophical Fireworks in Georgian England, *in* Lissa Roberts, Peter Dear et Simon Schaffer(dir.), *The Mindful Hand: Inquiry and Invention from the Late Renaissance to Early Industrialisation*, Amsterdam, Edita / Chicago, University of Chicago Press.

– 2010, *Fireworks: Pyrotechnic Arts and Sciences in European History*, Chicago, University of Chicago Press.

第二部分

科学的场域

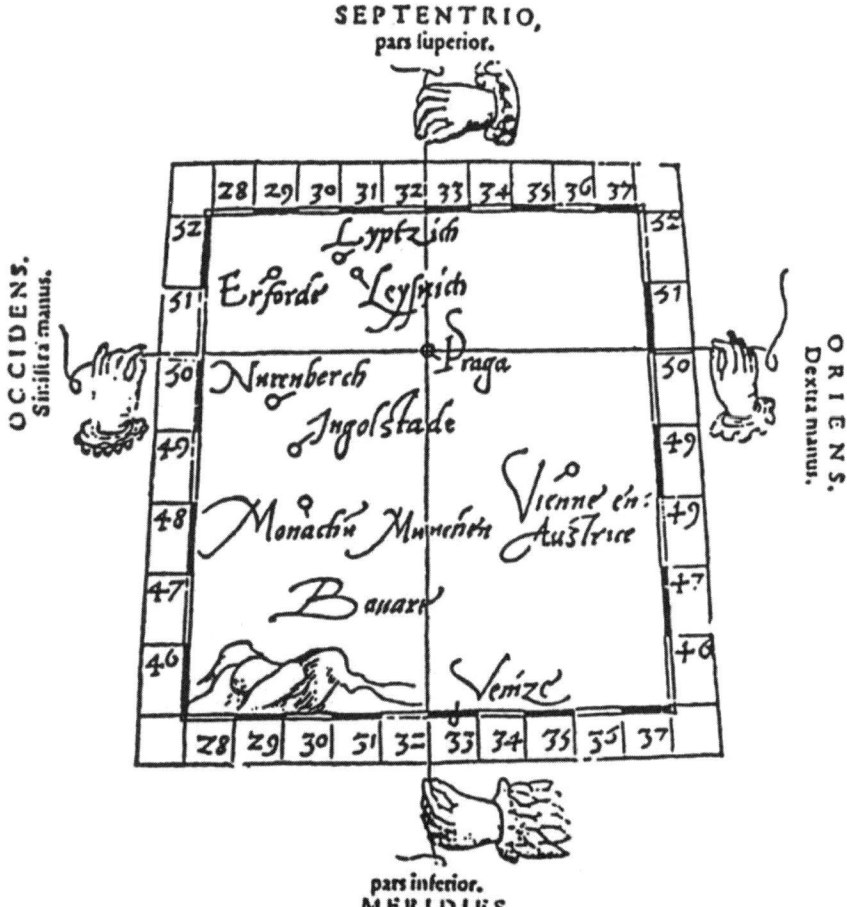

皮埃尔·阿皮亚（Pierre Apian）被认为是 16 世纪地理仪器和宇宙学的先驱之一，他于 1524 年基于托勒密（Ptolémée）的古代地理学著作出版了《宇宙志》（*Cosmographia*）。在书中，阿皮亚使用网格和图表系统来表示地球表面。由于杰玛·弗里修斯（Gemma Frisius）出色的编辑工作，这本书成为畅销书，并迅速被翻译成多种语言。——皮埃尔·阿皮亚和杰玛·弗里修斯，《宇宙志或世界四个部分的描述》（*Cosmographie ou Description des quatre parties du monde*），安特卫普，1581 年。

第六章
制图学和地球的大小：
欧洲地理学（16—18世纪）

新的地球地理概念

直到 16 世纪中叶，欧洲的宇宙学中，几种地球概念并存，却没有真正融合在一起。① 实际上，地球是一个天文学概念，同时也是物理学、神学以及地理学概念。换句话说，宇宙学中的地球同时是参与宇宙整体秩序的一个球体（本身是球形），是与火、空气和水共同构成世界一切可见事物的一种元素（因此成为物理学研究的对象），是上帝的创造物及神意的反映，最后是人类的居所，更确切地说是人类可居住的地方；上述模式并不完全重合。这些不同的意义，表达了不同的世界观念，甚至是不同的思维方法，文艺复兴时期的宇宙学试图将其表达出来，但并不总是成功。

然而，在 16 世纪，出现并建立了一种具体而统一的地球地理概念。② 这一新概念是两代地理学家和航海家共同努力的成果，具有两个基本且相关联的

---

① Grant 1996.
② Besse 2003.

特性。

一方面，一个独特的地球概念不可逆转地出现了，地理学家最初将其称为"水陆形成的球体"，自古典时代末期，正如我们刚刚回顾的那样，属于不同学科类型（物理学、天文学、宇宙学，还有神学）的多个异质概念并存（请参见第137页"地球仪、科学对象、奢侈品"）。

另一方面，地理大发现的远洋航行、对构成地球的物理元素（水和土）之间关系的分析、受托勒密启示的制图法的发展和广泛应用、对地球球体和这个球体中可供人类居住的部分各自大小的疑问以及对上帝创造的世界中人的地位的神学或精神上的反思，都给这种新的地球概念带来了积极的内容。16世纪的地理学发展出的新地球概念中，地球被认识、描述、想象和感知为一个普遍一致的地球，是一个到处都可以居住、可以无限穿越、向四周开放的表面。一个普遍一致的地球的地理概念从此与"地球上人类可以持续居住的部分"和"被认为是一个整体的陆地球体"等理念叠加在一起。从地理学历史的角度来看，决定性的问题在于地球被认为是普遍可居住的。由此，在16世纪，欧洲地理学教育的要素被确立，其最深层的意图是建立对人类世界这一新的伟大的认识。

从这个意义上讲，科学史不能把地球概念转变的问题简单归结为单纯的天文学知识范畴。地球也是另一门学科——地理学的主题，尽管它与天文学有关，但从16世纪开始逐渐从中脱离出来。地理学所采用的地球概念与天文学的并不完全一致，但由于不同的原因，它在16世纪也发生了变化。[①]

在后哥白尼天文学时代，文学史和地理史的发展方向似乎是相反的，至少在一定程度上如此。这涉及两个层面。哥白尼之后的天文学倾向于将地球视为宇宙系统的一个组成部分，地球被置于更大的行星群中，需要遵循共同的规则；而地理学通过统一和重组涉及地球的各种论述，倾向于将地球作为一个具体的物体加以识别和区分。近代天文学和物理学倾向于将现实的平面同质化；与之相反，地理学似乎规定了自己专有的现实秩序。天文学完全致力于将自身

---

① 参阅：Koyré 1962, Besse 2003.

从作为生存环境的地球中脱离出来,以便从外部将地球设想为太空中的移动物体;与之相反,地理学似乎倾向于征服地球,也就是将地球描述为人类赖以生存的广大领土。天文学与地球保持距离;而地理学则画出了地球的新轮廓,指明了人类面临的新可能性。

天文学和地理学同处一个时代,而且在很长一段时间内还因共同的命运而相互联系在一起,但它们研究的似乎并不完全是同一个地球。它们的研究对象、概念和方法都有所不同,因为它们实际上针对的并不是相同的问题。它们的时间性是不一样的,有人认为在近代科学史相同的宏大叙述中会将二者混淆,实际上那只是错觉。归根结底,其实就是在考虑到地理学史具体问题的研究基础上,重建和重新定义地理学史的时间范畴。

至少就地理学而言,似乎不可能从思考"科学革命"问题的角度将其理解为一种理论突然变换为另一种理论,而是有必要从科学运动中时间性的分化、"多时性"(polychronie)的角度来设想,换句话说就是要有多种节奏和方式,并根据它们来进行科学运动的各种对象化操作。在16世纪,天文学和地理学是相邻的学科,它们共享部分概念、词汇、方法和对象(尤其是最根本且主要的——地球),并且经常涉及相同的行动主体。但这两门学科还是可以区分开的。他们没有完全相同的历史,也没有相同的时间性。

地球仪、科学对象、奢侈品

早在文艺复兴时期,地球仪就成了科学好奇心的对象。1492年,马丁·贝海姆(Martin Behaïm)制作出最早的地球仪之一。这些地球仪使人们能够从视觉上直观地了解"关于世界的知识",它们的出现与整个16世纪宇宙学的蓬勃发展有关。彩绘的地球仪昂贵且享有盛名,主要在16世纪的荷兰或意大利生产,并在整个欧洲(主要在巴黎)广泛流传。威尼斯修道士温琴佐·科罗内利(Vincenzo Coronelli)在路易十四的鼓励下,对大型彩绘地球仪进行了缩减,以扩大受众面。因此,16个直径均为108厘米的地球仪和天球仪被保存下来,证明了这一商业策略的成功。凡尔赛宫的修建和奢侈品市场的扩张刺激了地球仪的生产。工程师尼古拉·比翁与王家科学院合作，发表了许多介绍地球仪及其制造和用途的小册子。1699 年，他发表了《根据不同世界体系，天球仪和地球仪的使用》（*L'Usage des globes célestes et terrestres et des sphères, suivant les différents systèmes du monde*），旨在促进天、地球仪和天、地球平面图的实践："人们在比翁先生于钟表堤岸开设的工坊里发现大小不一的天球仪和地球仪，都是根据王家科学院院士们在地球上各个地方进行的新的经度观测结果以及技巧最娴熟的天文学家、地理学家和旅行者的论文或回忆录最新制作的。除此之外，还有根据托勒密和哥白尼体系当时能制作出的最精确的天、地球平面图。人们在书中还发现各种各样近乎完美的数学仪器"。

到 18 世纪下半叶，地球仪变为更通俗普遍的物品。在巴黎，地理学家迪迪埃·罗伯特·德·沃贡德（Didier Robert de Vaugondy）（1723—1786）和路易-夏尔·德斯诺斯（Louis-Charles Desnos）（1725—1805）趁着探险旅行的热潮，开始制作大型地球仪。然而，该计划因预计耗资过于庞大而未能实现。

沃贡德在 1753 年发起认购，出售一种直径 45.5 厘米的印制地球仪。他在《学者报》（*Journal des savants*）上宣布，"简单安装"的地球仪售价 460 里弗尔，底座上饰有认购者纹章的地球仪售价 1 000 里弗尔。许多书商都承揽了这些制造商的业务，例如，朱兰（Julin）同时出售德斯诺斯和沃贡德的地球仪。便携式的地球仪也问世了，例如，"装在一个轧花革肥皂盒中"的 3 英寸小地球仪以 12 里弗尔的价格售出。未得到国王支持的路易-夏尔·德斯诺斯选择了不同的商业策略，主要依靠旅行相关的新型出版物（指南等）。他还与阿迪（Hardy）家族［雅克（Jacques）］和尼古拉（Nicolas）］等其他书商合作。声誉和宣传使这种手工制作的产品在书店和雕刻市场中得到了认同。

斯特凡纳·范·达默

参考文献

Lestringant Frank, 2012, L'archipel Coronelli, *in* Catherine Hofmann et Hélène Richard (dir.), *Les Globes de Louis XIV. Étude artistique, historique et matérielle*, Paris, Bibliothèque nationale de France.

Pastoureau Mireille, 1989, Hardy–père et fils–et Louis–Charles Desnos, "faiseurs de globes" à Paris au milieu du xviiie siècle, in *Études sur l'histoire des instruments scientifiques*, actes du 7e symposium de la Commission sur les instruments scientifiques de l'Académie internationale des sciences (1987), Londres.

Pedley Mary Sponberg, 1992, *Bel et utile : The Work of the Robert de Vaugondy Family of Mapmakers*, Tring, Map Collector Publications.

Pelletier Monique, 2001, *Cartographie de la France et du monde de la Renaissance au siècle des Lumières*, Paris, Bibliothèque nationale de France.

地理知识的层级

第一现代性的地理知识是空间化的，在不同的层级上。它们分为地方级、国家级和全球级。但是它们也在不断流通，组织成一个网络并分布在空间中。

虽然当时的欧洲地理学确实存在互动和流通，但地理知识可以在天然整体、统一和同质的空间内交流的观点必须得到限定。换句话说，尽管欧洲人的地理大发现和殖民事业取得了无可否认的进步，然而在16世纪地球世界的空间统一在很大程度上仍停留在想象或愿望中。[①] 无论是从实际出发，还是从表象出发，这种统一都是处于"待建"或"正建"的状态。宇宙学书籍、旅行游记以及世界地图册，正是构造地球统一性和普遍一致空间所必需的设备和工具。当代读者及其后人所认为的普遍一致的地球空间，不过是16—18世纪这段时期的地理学家在他们所绘制的地图、编写的书籍和地图册中，逐步重新安排构成对空间的认识和表述的类别的结果。地理空间并不是绝对的，即一个包罗万象的、中立的、同质的框架，所有的人类和自然现实都被置于其中。地理

---

① Boucheron 2009.

学家在其中工作并相互联系的"空间"不是一个抽象的空间,而是开展学术互动的具体空间实践和空间层级。政治和宗教影响、学术网络的结构、人际关系和与赞助人关系的限制以及个人的空间实践,都在地理知识的产生中起着决定性作用。一方面是个人实践,另一方面是将个人实践转化为宇宙学论著的表征,界定了地理学家工作的空间性制度,而他们的工作也对称地帮助建立了这种制度。

因此,有必要代入到第一现代性的地理学家们的角度,去了解他们真实的认知和思想视野,或者是他们因共享而获得或相互给予而形成的空间视野。需要提出的一个问题是:地理学家在编辑著作或绘制地图时,是如何考虑"近""远""可及""未知""想象"等概念的?在发现未知土地和批判性地重述古代知识的双重运动中,欧洲地理学借助图像(地图和其他视觉文件)和文字(描述、叙事),来重塑地球形象。它也重新定义了欧洲人此前一直通过其行为、思想,对世界以及对自己的感知来确定含义的"空间价值"。第一现代性的欧洲地理学在重新定义过于模式化的所谓"世界形象"的关键时刻发挥了作用,不仅阐述了新的"全世界"(*orbis terrarum*)概念,而且还从根本上重塑了欧洲人生活和思想空间的经验框架。

空间的地理经验受到这种转变的影响,表现在以下几个方面:首先,近与远的概念以及将它们统一起来的关系被重新审视,换句话说,就是构建空间扩展和地点分隔的体验的概念。发现新世界之后,对欧洲地理学家以及更广泛的欧洲文化来说,什么变得更近了?什么仍然很遥远?16世纪的知识分子使用的"这里"和"那里"这两个词的含义是什么?换句话说,它的范围、边界、外围和中心是什么?这些都是对空间质量价值敏感的地理知识历史应该提出的问题。

然后,相应地,有人居住且已知的人类空间的大小被认为受到欧洲人当时对未知海域和陆地的航行和旅行的深远影响。在16世纪的地理学和宇宙学专著中,对距离和面积测量方法的思考倍增,必然与新地理学中对地球规模和大小概念这一根本问题有关。

毫无疑问,地理空间的定位也是以矛盾和抵抗的方式得以重新评估。在

16—18世纪，地理空间不仅向罗盘的各个方向扩展，而且还改变了其构造趋势和基本方向。美洲的发现迫使欧洲宇宙学家们调整他们的视角，重新定义分级体系、中心位置和外围地区。此外，也不能确定地理空间是否已经完全向西调整。实际上，东方，或者更确切地说是近东（土耳其）和远东（印度、中国和日本），至少直到16世纪末期在地理空间方向的界定中占据重要地位，这一点从最早的大型欧洲地图册的构成中就可以看出。

最后，第一现代性的地理体验更新的特点在于，在被称为道德地理学重新构建的框架内，对身份和从属关系的疑问大量增加。遇见外表、语言、习俗、宗教完全陌生的人种，导致欧洲人开始发展或革新对一个空间、一门语言、一种文化的归属感问题。欧洲人是什么？基督徒是什么？意大利人、德意志人或是土耳其人又是什么？这些同与异的问题，贯穿了文艺复兴时期的所有地理描述。

在16—17世纪，肯定没有一种统一的方式来解释地理体验的各个维度（从近到远的距离、空间的大小和方向、归属感）：根据知识产生的地点、区域以及具体机构的不同，毫无疑问，对距离远近、世界的大小、其优先方向以及构成它的实体的定义也存在差异。是否有必要指出在威尼斯、果阿、罗马、墨西哥城和巴塞尔的人不会以相同的方式看待和思考世界？当然，在这些不同地方之间，正在发展的知识和常识通过各平台进行交流和传播，我们知道近代西方的努力恰恰包括这种在全球范围内将手段、思想和观点进行统一和标准化。①

地理知识的空间模式和知识实践

文艺复兴时期和第一现代性的欧洲地理学不是只停留在旅行家和航海家所报道的对远近新世界的记录和描述上。与其他形式的知识一样，地理学也是按照知识和图表模型，通过整理安排不同的信息素材来构成研究对象。

因此，如果不努力领会这一时期的地理学家在概念和图形方面为重新定义

---

① Bertrand 2011, Gruzinski 2008.

地球形象（或更确切地说，为地理理念的新空间尺度赋予意义和表征）进行的尝试的继承和发展，我们都将错过他们在知识层面实际产生的大部分成果。这一点可以从托勒密体系在欧洲制图学中的接受史[1]、斯特拉波的描述性模式在普遍宇宙学书籍中的复兴史［明斯特尔（Münster）的著作类型，在其与记忆的艺术、赞美的修辞和共同地点的方法的关系中］，或制作地图册的最初尝试［奥特柳斯（Ortelius）、拉弗雷利（Lafréry）、墨卡托（Mercator）］中看出。16世纪和随后的17世纪的地理学家表现出足够的精细（地理思想史家并不总是这样认为），发展出一定数量的空间格局和表现媒介，使他们能够构建一个合理的地球形象，而这个地球的大小、性质和内容在学术意识中已经发生了变化。[2]

16世纪和17世纪的地理学家根据物体、图形和言论（表格、地图、描述）中的心理空间，刻画了地球世界的形象。这些兼具概念和图形的空间的性质和逻辑，旨在产生并表现地理知识，或者更确切地说，是为了构造这些空间的模式，那么就有必要将这些空间揭示出来。更明确一点，每一次都是感知这些不同的"对象"所表达和发展的特定空间图式化的问题，无论是在其实现的逻辑形式层面，还是在记录方式或载体类型的物质层面。在学术实践、图形技法和思维过程层面的工作必须同时推进，并力求将引领和组织它们的空间规则展现出来。

因此，人们可以在16世纪和17世纪的学术地理学中识别出至少四种组织地理知识编写和展示的空间模式。这些模式可以在同一作品中并列，也可以叠加。但必须清楚的是，每次都是对所涉及空间的特定见解。

首先是托勒密的"几何方案"（le schème géométrique）（即大规模重新审视和修正后的托勒密学说）。借助投影法，尤其是坐标法，提出了一个"成比例""对称""统一"的空间，作为地理思想的载体及其工作框架。近代制图学空间后来成为学术地理学的标准。或者，更准确地说，是知识和图形方案使

---

[1] Gautier–Dalché 2009.

[2] Besse 2004.

人们能够将地球空间设想和表现为一个平面、一个坐标系或是一个网格。

当然，受托勒密主义启发的制图学，以其典范性和前瞻性的力量，构成一种使近代人可以思考他们的空间，以及表现和真正创造它的基本方案之一。但是，近代地理学同时应用其他空间模式，从而使其能够体现地球的现实情况。

因此，地理学家在托勒密体系中发现了另一种划分和构建地球空间的原则，该原则可以称为"数量级方案"（le schème des ordres de grandeur）。然后地理现实按照其考虑的空间尺度来呈现和思考，连续的尺度可以相互衔接：宇宙学、地理学、区域地图绘制学、地形测量学为地理学家同时确定了收集数据的范围和对该数据的分析方法。

然而，地理学家最愿意使用的空间方案之一是"描述性方案"（le schème descriptif），其程式在 15 世纪和 16 世纪逐渐发展起来，并且在塞巴斯蒂安·明斯特尔（Sebastian Münster）的《宇宙地理学》（*Cosmographie universelle*）中能找到典范表述。可以说，在当时试图将世界放进卡片夹和盒子的普遍运动中，人们的想法非常接近于编撰文集和百科全书。地理学在记忆的艺术、通俗的方法或赞美的修辞中找到了实施其描述的操作模式。在这种知识配置中，地理学既在别处（修辞学）寻找它的模式，又为其他空间思维提供了一种模式（百科全书）。

然而，在 16 世纪末，尤其是在 17 世纪，地理学内部发展出一种新的空间方案——"方法性方案"（le schème de la méthode），即从一般性到特殊性以树状进行二元区分，特别是某些新教百科全书学派［凯克尔曼（Keckermann）、阿尔斯塔德（Alsted）］力图使之与托勒密主义的数量级原则相吻合。地理学与区域地图绘制学之间的划分变成了"一般"地理学与"特殊"地理学之间的划分。伯恩哈德·瓦伦纽斯（Bernhard Varenius）推动诞生了一般地理学。

总之，近代初期的地理学呈现为一套非常多样化的图式和论述方案，可以用"表格""比例尺""方框""树形图"等词汇来概括，其中充分展现地球空间思想和表征的复杂性。研究地理知识的历史学家必须注意还原这种复杂性，并区分当时地理学思维和工作方式的差异性，这种差异性常常被忽视。通过坐标表或网格"观察"及思考地球空间，并不等同于将地球视为不同尺寸和比例的表面的拼接，就像把地理信息井井有条地排列在盒子中，甚至是罗列成一棵逻辑树。这些隐喻方向中的每一个都涉及一种特定的空间性类型，它们在近代地理文化中的认知和实践意义必须得到承认。换句话说，除了空间的地理表征历史之外，似乎有必要详细阐述一下地理知识中空间感及其转变的历史。

地理学在近代视觉文化史上的地位

视觉文化研究问题的迅猛发展直接影响了地理学历史的书写。众所周知，地理学是近代世界形象得以发展和传播的知识领域之一。除此之外，地理学一直是构建社会和领土想象的一个重要因素，这些想象同时为国家身份和地球整体空间的表征提供了支持。①

众所周知，地理学为绘制出世界的形象作出了贡献，人们仍须进一步了解的是图像、特别是地图图像在地理学中的地位。多年来，制图学历史一直是不断尝试重新定义其概念、调查方法、研究对象和写作模式的场所。

下面以 16 世纪至 17 世纪之间图标和标题栏在制图学中的地位为例。自 16 世纪以来，在欧洲，地图中（并扩展到地球仪上）标题栏的存在已经相当普遍：意大利、佛拉芒以及后来荷兰的地理学家和出版商已经习惯于在地图中添加各种装饰元素（小图标、人像饰框架、边饰、颜色等）。从实证主义历史角度来看，这些标题栏被视为是次要的。然而，从制图学的文化和社会历史中可以认识到它的多种功能。

标题栏首先是一种装饰元素，是属于建筑、雕塑和浮雕领域的一种装饰品。标题栏是制图学中的非制图元素，它以图画的形式呈现出一套关于地图所代表的地域的叙述、描述和符号：它明确了地图的主题，从而引导人们阅读地图。它介绍，它展示，它提醒，它警告：换句话说，它先验地确定（或至少试图确定）解读的框架。这种告诫功能有时会直接显示在标题栏中。

同时，标题栏也是一种容器、一个框架，总之是一处空白，可以在其中放

---

① Padron 2004, Pedley 2005, Woodward 2007.

置标题、箴言、题铭和徽章。读者甚至可以在其中找到以文字形式列明的地图的内容。

有时,标题栏中包含的内容不只是单纯的文字陈述(例如,这是意大利)。它介绍所绘制地区的历史背景,描述其风土景观,并提供测量单位。最后,它给出该地区的政治属性及其所有者。不应忘记的是,地图的标题也可以理解为对财产所有权的声明。从这个意义上讲,标题栏包含并反映了合法性和法律的问题。

但是,如果说标题栏存在的主要原因是为了便于对地图的阅读和理解,也就是要展现该地图所代表的领土,那么它的另一个作用是限定社会类型,筛选出该地图的受众。实际上,标题栏不仅包含地图的标题和内容,而且还包含另外两个信息,一方面是地图的作者和出版商,另一方面是受献辞者。

因此,地图上的标题栏展示了旧制度下的社会中作者/出版商与受献辞者之间典型关系:赞助。人们都知道献辞在赞助经济中至关重要,赞助人(受献辞者)需要承担提供保护、就业或报酬的义务,以换取专门题献、赠送给自己的书籍或地图。作者/出版商由此增添其赞助人的荣光。

荣耀和象征权力的修辞主要是面向君主表达的,但同样也适用于其他级别的掌权者:王储、大臣和高级官吏(总管)、教会人士以及市政当局。赞助关系的多样性并不意味着作者在向赞助人献辞时所采用的辞令有根本性的突破。无论地图被呈给何种级别的掌权者,它都被认为是反映了权限执行的积极效果,而不论执行的层级如何。

同一个标题栏可以同时蕴含多重含义。

第一层含义是权力,或者经常被写作对土地所有权的实际拥有或主张拥有。标题栏像是所有者在该地区的签名、标识或印记,及其意图的展示。

这种关于权力(或主张权力)的论述存在两个层级,有时二者是相互结合的,即名义上的掌握和实际的掌握。在这方面,标题栏运用多种策略:道德或政治寓言、文章、对传奇性创业或家业传承的记载、历史事件等。这些对地图所代表的领土的权力主张有时反映了权力的转移或冲突情况,正如美国独立战争期间绘制的地图上标题栏所体现的那样。

然而，制图学中对标题栏内容的丰富解读恰恰在于它变换和关联各含义的能力。

因此，人们在地球仪和地图上的标题栏中还发现了在视觉证据（evidentia）的修辞模式下发展起来的民族地理内容，即在标题栏中营造出一种存在或现实的效果，通过加入代表该国自然资源、动植物、人口、风俗、习惯、仪式甚至服饰的图案，来展示国家并赋予其视觉上的"真实"。

标题栏有时会承载地图中的第三层含义：艺术和文明。文化含义一般是以寓言、道德和哲学（四大元素、《圣经》、世界的四个部分）、科学仪器（更确切地说是地理和天文仪器）、肖像等形式来表达的。在大多数时候，它是要突出有序的地球和宇宙的形象。

总而言之，标题栏可以被认为是地图的"场所"之一，地图在其中阐述了它的认知范围（国家形象的严格图形构造）及其社会和文化层面。借助标题栏及其他"装饰"，地图在当时社会和文化价值的流通以及构建视觉文化的空间想象力中占有一席之地，它既是中转站又是催化剂。

地理知识的政治舞台

如果说地理学可以通过某些特定的对象成为城市体验的一个维度，那么我们可以对称地将城市本身视为一种制图法，也就是说，一个既能表现空间又能创造空间的地方。更具体地说，我们可以通过分析地理知识的"表现场景"，即置于城市空间中具有地理职能的所有符号、装饰、建筑或设备，来查看地理学在近代城市空间中的存在模式。通过这种媒介，我们可以展示地理学和制图学是如何积极参与了之前提到的视觉文化的建立，而且还积极参与了现代性公共文化的建立，特别是各种规模的地域想象的建立。

佛拉芒制图师亚伯拉罕·奥特琉斯（Abraham Ortelius）的《寰宇概观》（*Theatrum orbis terrarum*）的封面图以寓言的形式描绘了世界的五个部分，这种模式在后来得到进一步推广。在图中，在位于天地之间的亭台的顶部，欧洲坐在宝座上，头戴皇冠，手持权杖，她握住身旁地球仪顶端的十字架，使其免于倾覆。在她的脚下，亚洲立于左侧，似乎守卫欧洲并向其致敬，他携带着丰富的香料、香水和宝石，这是印度的标志。非洲立于右侧，其头冠上的火焰让人联想起炎热的气候。美洲坐在地面上，身旁的棍子、弓和箭表现出野性，手里提着的人头似乎是战利品，从镶满宝石的头饰和身上佩戴的珍贵珠宝中可以看出她的价值，她是世界的新成员。最后，在她的身旁，有一座麦哲伦（Magellan）半身像，以此强调如果不是麦哲伦对地球的探索，以及利用墨卡托的地图展示出来，人们对地球的大小还几乎一无所知。这个世界是有序的，地球是在掌控中的，场景是有导向的。

在一部重要作品的封面上出现这样的图像，在16世纪及以后并不罕见。在当时，此类封面图的目的很明确，就是用一种加密的语言来表达作者对他的书的想法、设立的目标以及应被读者接受的方式。这位安特卫普制图师把在书籍扉页上绘制融合建筑和寓言的画作形式扩展到所有知识领域，而后传播至整个欧洲，形成一种普遍运动。

通过使用寓言画作为其地图集的封面，奥特琉斯有效地将他的作品刻画成为整个欧洲业已普遍存在的仪式和装饰性做法。无论是在奖章、挂毯还是版画上，都常常以寓言人物的形式来表现世界的四个部分。此外，在16世纪，四大洲以及地区和城市都是王室阅兵、入城和游行的常见元素。诚然，在奥特琉斯的推动下，地理寓言首次出现在地图作品中。与此同时，在安特卫普的街道上偶尔也能看到它们的身影，它们随着花车走街串巷，或装饰在为迎接王室入城和庆祝盛大节日建造的凯旋门上，抑或是混杂在城市里所有重要行会参加的游行队伍中。可以说，地理寓言遍布整个欧洲。1565年，奥地利的让娜（Jeanne d'Autriche）与科西莫一世的儿子弗朗切斯科一世（Francesco Ier）联姻，当她被热烈而隆重地迎入佛罗伦萨之际，游行队伍穿过整个城市最终抵达维奇奥宫（Palazzo Vecchio），一路上通过了许多临时搭建的凯旋门。其中一些凯旋门上雕刻着地理寓言：神圣罗马帝国和托斯卡纳的人格化雕像以及对其主要城市、从第勒尼安海到新大陆的海上财产的描绘。然而，早在1539年7月6日，科西莫一世与埃莉诺·德·托莱多（Éléonore de Tolède）结婚之际，在美第奇宫的庭院里，就已经有一支游行队伍以代表佛罗伦萨统治下的城市、河流、山脉和其他领土元素的寓言人物的形式，展示了地区的地理面貌。在此之前的几天，人们可以看到普拉托门（Porta al Prato）上，查理五世被组成其帝国的国家的化身环绕，包括"新秘鲁"、非洲、多瑙河和大西洋。1541 年，米兰再次采用了这一模式：分别代表帕维亚、米兰、洛迪、克雷莫纳等的八座雕像矗立于坚固的城墙前的一座桥上，欢迎着他们的领主。1548 年 9 月，法国新国王亨利二世（Henri II）进入里昂，迎接他的是与"佛罗伦萨公国"相同的配置：比萨、沃尔泰拉、科尔托纳、阿雷佐等城市在这里都有代表。1549 年，在安特卫普，未来的腓力二世（Philippe II）进城之际，五个国家被塑造成了同样类型的亭台：西班牙人、热那亚人、佛罗伦萨人、英格兰人和德意志人。地理寓言或被绘画或被雕刻。但很多时候，凯旋门上面构筑一个呈现"生动场景"的舞台，在这个舞台上，四大洲都在向来访的王子致敬。因此，先后在 1564 年和 1566 年，在安特卫普出版的《世界概观》（*Theater des Weerelts*）中，欧洲、亚洲、非洲和美洲被人格化，以四位女皇的形象出现。1571 年 7 月 2 日，在威尼斯，威尼斯共和国、西班牙国王和教皇共同宣布组成抗击奥斯曼的联盟，然后在 1598 年 7 月 26 日，为庆祝《韦尔万和平条约》（la paix de Vervins）的签订，四个年轻女孩各自身着和佩戴四个大洲的典型服饰和配饰，分别代表世界的四个部分，她们站在花车上，游行穿过圣马可广场。1573 年，凯瑟琳·德·美第奇（Catherine de Médicis）在接待前来向亨利二世敬献波兰王冠的使节时，让十六位美女表演了一场"各省芭蕾舞"（un *ballet des Provinces*），她们每个人分别代表法国的一个省。

《寰宇概观》的封面图和"图示宣言"（内罗多［J.–P.Néraudeau］）比较类似，后者一般是在王公进入、穿过或定居在某座城市时，为象征性地表明对该地的占有而安排的。地图（和地球仪）可以被认为是公共对象和事件，会对出现的城市空间产生影响。换句话说，制图学对公民空间的发展起到了一定推动作用。之前提到的寓言地图就是这种情况，它们被用于展示政治权力。在其他私人和公共装饰设施中也是如此，例如，梵蒂冈宫里的地图廊，或是当时在欧洲几乎所有地方都可以找到的成套的地图装饰品。

亚伯拉罕·奥特琉斯的《寰宇概观》，于1570年5月20日在安特卫普吉勒·科庞（Gilles Coppens）出版社由作者自费出版发行。该作品内含53张地图，被献给西班牙国王，并取得了巨大成功。

结语

从16世纪到17世纪，地理学教育在欧洲的知识分子和政治精英中逐渐兴起并普及。这种地理文化促进了人们真正学习与了解空间的热潮，并同时在多个维度实现了大力发展：理念的创新、信息的流通和积累、旨在整理积累的数据图表的开发、复合图像学的发展（使得欧洲公众意识到自己只占据地球的一部分的制图学和图标学）、地理参照物对形成城市和公民经验的参与（这是欧洲公共领域构成的特点），等等。如果不借助这场地理文化中发展起来的知识、技术和象征性工具，19世纪欧洲进一步巩固和加强对世界的征服和殖民就无法想象。

让－马克·贝斯（Jean-Marc Besse）撰

参考文献

Bertrand Romain, 2011, *L'Histoire à parts égales. Récits d'une rencontre Orient-Occident (xvie-xviie siècle)*, Paris, Seuil.

Besse Jean-Marc, 2003, *Les Grandeurs de la Terre. Aspects du savoir géographique à la Renaissance*, Lyon, ENS Éditions.

— 2004, Le lieu en histoire des sciences. Hypothèses pour une approche spatiale du savoir géographique au xvie siècle, *Mélanges de l'École française de Rome. Italie et Méditerranée*, vol. 116, n° 2, p.401-422.

Boucheron Patrick (dir.), 2009, *Histoire du monde au xve siècle*, Paris, Fayard.

Dackerman Susan (dir.), 2011, *Prints and the Pursuit of Knowledge in Early Modern Europe*, New Haven et Londres, Yale University Press.

Gautier-Dalché Patrick, 2009, *La Géographie de Ptolémée en Occident (ive-xvie siècle)*, Turnhout, Brepols.

Grant Edward, 1996, *The Foundations of Modern Science in the Middle Ages: Their Religious, Institutional, and Intellectual Contexts*, Cambridge, Cambridge University Press.

Gruzinski Serge, 2008, *Quelle heure est-il là-bas ? Amérique et Islam à l'orée des temps modernes*, Paris, Seuil.

Koyré Alexandre, 1962, *Du monde clos à l'univers infini*, Paris, Presses universitaires de France.

Padron Ricardo, 2004, *The Spacious Word: Cartography, Literature, and Empire in Early Modern Spain*, Chicago, University of Chicago Press.

Pedley Mary, 2005, *The Commerce of Cartography: Making and Marketing Maps in Eighteenth-Century France and England*, Chicago, University of Chicago Press.

Woodward David (dir.), 2007, *The History of Cartography*, t. 3: *Cartography in the European Renaissance*, Chicago, University of Chicago Press.

描绘亚里士多德青少年时期的画作,临摹自蒙彼利埃医学图书馆(la Bibliothèque de médecine de Montpellier)的版画——《亚里士多德》(*Aristoteles*),木版画(局部)。

第七章
自然的哲学和自然哲学（1500—1750）

1500—1750 年，欧洲的自然观念在各个层面都发生了深刻变化：新的对象（从远东或新世界进口的外来动植物、最新发现的天体或血液循环）在新的地点（实验室、天文台、野外和宫廷）由新个体（科学院成员、工匠和药剂师）以新的方式（解剖、实验、蒸馏和收藏）被研究。部分旧学科之间的关系也发生了变化：天文学和光学，曾经按照中世纪的知识分类，传统和几何学及音乐理论归为一类，却转而向自然哲学靠拢，而自然哲学又与自然志合并，由此打破了以前对哲学（*philosophia*）（研究普遍原因）和探究（*historia*）（研究特殊情况）的区分。[①]"自然认知"（la connaissance naturelle）的定义不断演变，不再指代从日常经验中得出的必要结论，而改为指代在实验室中，在限定条件下或借助仪器（例如显微镜或望远镜，以及温度计和气压计），对观察到的现象进行验证的假说。这些仪器将观察的极限扩大到远远超出在没有仪器的情况下仅靠人的感知所能达到的限度。（请参见第 153 页"演示、实验和发现的逻辑"）。

这些深刻的变革与其他领域的发展密切相关，这一时期，欧洲出现的形形色色的新奇物件令人眼花缭乱。从 15 世纪末开始的以探险、贸易和征服为

---

① Aristote, *Poétique*, ix, 1451 b 5–7.

目的的航行、葡萄牙人沿着非洲海岸最后到达印度群岛的远征以及克里斯托弗·哥伦布（Christophe Colomb）在西班牙资助下在西半球的一系列发现，都重绘了已知世界的地图，并带回了陌生的标本和新商品，这两种类别有时很难区分：此前从未见过的植物物种被移植到从比萨到莱顿的欧洲植物园中；珍奇屋里陈列着各种各样的动物，例如，被制成标本的犰狳和极乐鸟。[1] 16—18世纪期间，贸易逐渐从威尼斯等地中海港口向阿姆斯特丹等北大西洋贸易港转移，也使植物学和动物学研究的重心发生了转移，通常从药理学角度出发进行研究：在17世纪末，莱顿大学以其解剖学教室和样本丰富的药用植物园而著称，吸引了来自欧洲各地的医学生，就像一个世纪前的帕多瓦大学一样。[2] 贸易路线变得越来越安全，便利了信件、标本、书籍和学者的流通和往来，强化了分散在世界各地的文人共和国成员之间的纽带，他们在交流中可以无差别地讨论研究语言学问题以及最新的植物学或天文学发现。[3]

演示、实验和发现的逻辑

亚里士多德文化在近代仍然很活跃，从1500—1650年，亚里士多德学说语料库中产生了6 000多条注释。尤其是在科学的定义方面，出现伽利略或林奈等很多不同的作者。亚里士多德的逻辑学因《后分析篇》（*Seconds Analytiques*）中描述的一般认识论达到顶峰。它在亚里士多德科学逐渐衰微后仍继续流传，从15世纪开始面对新的研究对象、行动者、场所和理论基础。文艺复兴时期对经院哲学逻辑的尖锐批判并没有造成深刻的危机或衰落，而是引发了变革。文艺复兴意味着在人文主义者的推动下，重新发现了亚里士多德学说内容和文字的丰富性，从15世纪初佛罗伦萨的科卢乔·萨卢塔蒂（Coluccio Salutati）学术团体开始，人们对《后分析篇》的兴趣显现出来，再不动摇。在其他地方，例如在德意

---

[1] Cook 2007.
[2] Bylebyl 1979, Egmond, Hoftijzer et Visser 2007, Lunsingh Scheurleer et Posthumus Meyjes 1975.
[3] Rochot 1966, Dear 1988, Miller 2000, Ogilvie 2006.

志或英国，它引起了传统逻辑学与最具影响力的新兴逻辑学［尤其是阿格里科拉（Agricola）和皮埃尔·德拉拉梅（Pierre de La Ramée）的逻辑学］之间的新学派综合。这种情况的发生主要是由于需要为改革后的大学提供新的逻辑学教科书，正如梅兰希通（Melanchthon）、凯撒利乌斯（Caesarius）和新拉米斯主义者所做的那样；另一个原因在于人文科学的兴起以及在新的知识欧洲中人们对教育的强烈关注，而非革新自然科学的一般认识论的特定愿望，导致新的方法论需求在很大程度上重新引起了对方法的强烈反思。

亚里士多德的逻辑学为中世纪时期提供了非常明确的科学、论证理论和发现逻辑。经院科学与亚里士多德式的科学实践不同。在亚里士多德式的科学实践中，观察和实验起着主要作用，它具有高度的思辨性、阐释性甚至"书面"性，在知识的世界里，科学知识的主要部分由在大学里被评注的亚里士多德自然哲学论文提供，哲学家、教堂神父和圣经各自秉持的真理的和谐共存成为优先事项。亚里士多德逻辑并不涉及通常被近代发现概念所涵盖的初始概念集、待证明命题或待解释事实的构成，而是涉及它们之间的相互关系，以期构成一个示范性的公理化知识。该集合不是"口头"产生的，而是根据每门科学特有的做事方法，通过观察、归纳和实验后获得的，其中大部分科学在亚里士多德时期就已经在形成过程中："每门科学都有很多特有的原理。因此，要靠实验来提供每个科目的相关原理……正是天文学实验提供了天文学科学的原理，因为只有当天体现象被正确理解时，天文学的论证才会被发现（inventa）……如果在我们的研究（historia）中没有遗漏事物的任何真实属性，那么我们就能在一切容许证明的事物中，发现（invenire）这个证明，并加以论证"［《前分析篇》（Premiers Analytiques），I, 30, 46a5-25］。亚里士多德的理论还编纂了比单纯的证明更多样的科学操作——属性列表、定义、描述、分类、分级、划分。三段论推理只是对科学过程的最后概括，只是借助示范性表述对这种过程进行验证，而这种方法并不总是实际存在，这一点在亚里士多德的自然哲学专著中表现得淋漓尽致，它们不包含任何三段论（Lennox 2000）。在亚里士多德的科学著作被纳入三段论的经院哲学时代，亚里士多德方法论的所有这些经验性的、非论证性的、非逻辑性的甚至非语言性的方面往往被人们所忽视。

这种背景强烈地影响了科学和发现的概念，而科学和发现逻辑被认为提供了方法。

古代和中世纪科学远非大部分已被证实的知识体系，而首先是一种话语类型，更是一种认知状态（*scientia aggregata / congregata*），由于这种话语的存在，人们能够科学地认识事物，而不是处于怀疑或判断状态。至于发现的概念，它在亚里士多德学说中占有一席之地，因为《后分析篇》第二卷几乎全篇都致力于寻求发现和论证的方法，但它也具有扎实的修辞和辨证基础，这是基于西塞罗的传统。在当时，发现（*inventio*）是为一个期望的结论提供丰富的前提和现成的论证方案的艺术。这两个维度在中世纪通常被融合在"从未知到已知"的公式中，这个公式借鉴自阿维森纳（Avicenne），并由大阿尔伯特（Albert le Grand）推广，其逻辑为我们带来了艺术和科学。然而，它们与近代的发现观念并不重合，即科学活动包括获得从未见过或听过的新知识、新事实的观念，即使这个层面并非不存在。这是对某一特定命题的认识从低级到高级的问题，人们最初接受这一命题时，认为它是有问题的，因为它容易受到矛盾的影响（世界的永恒性、原子论、物质的被动性等），或者干脆认为它是有疑问的，也就是说，要科学地重新确立一个一直存在的命题，但它的认识论地位发生了变化。

文艺复兴时期的亚里士多德主义者为了应对发现逻辑的新要求（从知识领域扩张的意义上来说），采取的策略是将发现过程重新归属到三段论的管辖范围。最明显的例子是回归论证理论，它根据分析和综合（从结果到原因，从原因到结果），在两个分论的组合中形成了发现某一现象原因的经验过程。这一理论由 16 世纪帕多瓦的逻辑学教授雅各布·扎巴瑞拉（Jacopo Zabarella）编写，被在比萨的青年伽利略所熟知（Wallace 1992），然后在 17 世纪借助逻辑学和自然哲学的学术教科书远播至伽桑狄（Gassendi）处（Fisher 2005），甚至后来传到了在剑桥的牛顿手中（Ducheyne 2012）。另一种方法是在《动物志》（*Histoire des animaux*）等著作中发现的对亚里士多德学派科学的经验层面的重新评价（Kessler 2001），与以《物理学》（*Physique*）为代表的形而上学层面形成对比。这种重新审视为打造一门自主的自然科学甚至近代植物学的开端提供了条件，例如，16 世纪中叶比萨植物园园长安德烈·齐萨尔平（André Cisalpin）就受到"动物之构造"（*Parties des animaux*）划分方法的强烈影响，为他整合当时发现的数千个新物种奠定了基础（Jensen 2001）。

朱莉·布伦贝格-肖蒙（Julie Brumberg-Chaumont）

参考文献

Biard Joël, 2012, *Science et nature. La théorie buridanienne du savoir*, Paris, Vrin.

Burnyeat Myles F., 1981, Aristotle on Understanding Knowledge, *in* Enrico Berti (dir.), *Aristotle on Science: The "Posterior Analytics"*, Padoue, Editrice Antenore, p. 97-139.

Ducheyne Steffen, 2012, *"The Main Business of Natural Philosophy": Isaac Newton's Natural-Philosophical Methodology*, Dordrecht, Springer.

Fisher Saul, 2005, *Pierre Gassendi's Philosophy and Science: Atomism for Empiricists*, Leyde et Boston, Brill.

Jensen Kristian, 2001, Description, Division, Definition: Caesalpinus and the Study of Plants As an Independent Discipline, *in* Marianne Pade (dir.), *Renaissance Readings of the Corpus Aristotelicum*, Copenhague, Museum Tusculanum Press, p. 185-206.

Kessler Eckhard, 2001, Metaphysics or Empirical Science? The Two Faces of Aristotelian Natural Philosophy in the Sixteenth Century, *in* Marianne Pade (dir.), *Renaissance Readings of the Corpus Aristotelicum*, Copenhague, Museum Tusculanum Press, p. 79-102.

Lennox James G., 2000, *Aristotle's Philosophy of Biology: Studies in the Origins of Life Science*, Cambridge, Cambridge University Press.

Wallace William A., 1992, *Galileo's Logic of Discovery and Proof: The Background, Content, and Use of his Appropriated Treatises on Aristotle's Posterior Analytics*, Dordrecht et Boston, Kluwer Academic Publications.

然而，学者的旅程并非总是一帆风顺：虽然"丹麦贵族"天文学家第谷·布拉赫（Tycho Brahe）可以选择居住在作为世界性学术研究和出版中心的巴塞尔，或是丹麦国王赠送给他的汶岛，再或者神圣罗马帝国皇帝鲁道夫二世宫廷所在的布拉格，而他的前助手约翰内斯·开普勒（Johannes Kepler）却被迫频繁地更换住所，并且通常没有预先通知，这是因为他的生命和生计受到宗教迫害的威胁。[①]1600年，开普勒为免于对新教徒的迫害，逃离天主教城市格拉茨到布拉格避难，给第谷·布拉赫当助手，因此接触到后者尚未发表的有关火星的观测资料，这为他发表著作《新天文学》（*Astronomia nova*）（1609年）奠定了基础。在1640年代，托马斯·霍布斯（Thomas Hobbes）为躲避英国内战，前往巴黎寻求庇护，在那里通过博学家兼米尼玛派教士马林·梅森的社交圈，发现了伽利略和笛卡尔的力学。[②]接连不断的战争和迫害也导致独立印刷厂的遍地开花。印刷厂最初集中在威尼斯和巴塞尔等早期的印刷和出版中心，后来逐步扩散到许多其他城市，从而增加了出版的可能性，包括在其他地方被禁的异端作品：伽利略的最后一部著作《关于两门新科学的对话和数学证明》（*Discorsi e dimostrazioni matematiche intorno à due nuove scienze*）（1638年）在意大利受到天主教教廷的禁止，因此被偷偷送往莱顿，由爱思唯尔出版社（Elzevir）出版。

在16世纪和17世纪的动荡时期，被宗教史学家称为欧洲的"教派化"（la confessionnalisation）也影响了自然哲学的内容和目标[③]。这些努力采取了多种形式，从阿塔纳修斯·基歇尔（Athanasius Kircher）和加斯帕尔·肖特（Gaspar Schott）等耶稣会士的"好奇物理学"（la physique curieuse），到梅兰希通·菲利普（Melanchthon Philipp）撰写的路德宗自然哲学节本，或由威廉·德尔汉（William Derham）、普吕什神父以及散布在欧洲各地的其他数十位作者所倡导的自然神学。[④]但是，在所有情况下，宗教与自然哲学的调和引起的新兴趣表

---

① Christianson 2000, Voelkel 2001.
② Brandt 1928.
③ Headley, Hillerbrand et Papalas 2004.
④ Kusukawa 1995, O'Malley, Bailey, et Harris 1999, Ehrard 1994.

明，这种情况与 15 世纪和 16 世纪初自然哲学家所享有的相对自由有很大不同。那时，尤其是在意大利的大学中，自然哲学家获得的追求自然解释的许可度非常高，无论这些解释最终会引向何种结论。因此帕多瓦教授彼得罗·蓬波纳齐（Pietro Pomponazzi）才得以大胆地解释奇迹。①

自然哲学也曾在字面意义上被用作武器。在 1500—1750 年，欧洲几乎一直处于战争状态，无论是在本土的陆地和海上，还是被觊觎为殖民地或用于开发自然资源的遥远地区。火器科学——特别是火炮学——尽管仍然主要由工程师和军械师主导，但也侵入了自然哲学领域：用于制造火药的"炼金术"②、用于建造防御工事的几何学，以及用于计算炮弹轨迹的力学。③ 同样，航海学和制图学这两门对于大型商业和军事探险必不可少的技艺，不仅引起了工程师和数学家的兴趣，也引起了伽利略和埃德蒙·哈雷（Edmond Halley）等自然哲学家的浓厚兴趣。所有的兴趣都汇集在同一处：王侯宫廷。例如，在佛罗伦萨，工程师、数学家和制图师在美第奇家族的鼓励和支持下，得以和寻求王侯赞助且对武器库、造船厂和战场上出现的最新技术创新感到好奇的自然哲学家会面。④

这些只是自然哲学对 1500—1750 年间整个欧洲新事物的大量涌入的部分反应方式，所谓新事物包括新发现的土地、陌生的动植物物种、新的宗教和技术、新的艺术和文学流派，当然还有新的思想。这就是科学史学家传统上所称的"科学革命"，但是最近对该领域的研究工作就该名称的每个术语，包括定冠词都提出了质疑。⑤ 毋庸置疑，在这一时期，欧洲与自然知识有关的一切都得到了根本性的重构：自然知识究竟是什么，用什么手段来获取自然知识，由

---

① Pomponazzi 1970, Pine 1986.
② 前近代的"炼金术"试图将人们后来区分开的"化学"和"炼金术"结合起来。参阅：Newman et Principe 1998。
③ Hall (B.S.) 1997.
④ 再次，伽利略的职业生涯是一个很好的例子，参阅：Biagioli 1993, Valleriani 2010. 但是，鲁道夫二世对炼金术士以及第谷·布拉赫和约翰内斯·开普勒等天文学家的赞助提供了其他引人注目的例子，参阅：Trunz 1992。
⑤ Shapin 1996, Osler 2000.

谁来寻求，在哪里寻求，目的是什么。本部分将简要地回顾每个问题项下发生的主要转变。在 18 世纪末期，自然本身似乎已经变成与两个世纪前完全不同的实体，随着新的自然哲学的出现，出现了借用自然名义的新形式的道德权威。

13 世纪初，自然哲学（philosophia naturalis，有时也用 physica 表示，来自希腊语 phusis，意为"自然"）作为大学学科成立，到 1500 年左右仍被认为是对物质世界的研究，特别是对转变过程的研究，这个范畴既包括生物体的产生、消亡和活动，也包括对灵魂的研究。这一概念涵盖营养性或植物性灵魂（负责生物体的进食和生长，是植物、动物和人类共有的）或感觉性灵魂（负责运动和感知，是动物和人类共有的）和思想性灵魂（负责高级的精神能力，是人类特有的）。自然本身的形态、材料、实质、空间、时间和性质也是自然哲学的一部分。自然哲学渴望获得和 scientia 一样的地位，scientia 的概念不应与对近代"科学"一词的通常理解相混淆，而是指可以用逻辑三段论证明的关于必然的和普遍的原因的系统知识。[①] 自然哲学研究的现象对应的是亚里士多德所说的"总是或经常发生的事情"，并且几乎总是可以在没有仪器的情况下直接观察到。

尽管在亚里士多德关于自然界著作中经验观察比比皆是，其中许多是第一手的观察结果，但在 1500 年左右于欧洲大学中普遍教授的亚里士多德自然哲学是以文本为基础，注重解释、分析和论证。[②] 虽然本科课程主要以"四艺"（算术、几何学、天文学和音乐）和"三艺"（语法、修辞和逻辑）学科为主，但以攻读硕士学位为目标的学生不能不涉及自然哲学，基本上是以拉丁文翻译亚里士多德关于自然学科的论著及其评注的形式进行：《物理学》（Physica）、《论天》（De caelo）、《气象学》（Meteorologia）、《论动物》（De anima）、《论生灭》（De generatione et corruptione）、《动物志》（Historia animalium）和《动物之构造》（De partibus animalium）。一些教授还让学生研究《自然诸短篇》

---

① Serene 1982.
② Murdoch 1982.

（*Parva naturalia*），这是一部有关各种主题的论文集，现在认为其中一些不是亚里士多德所写。① 医学院的学生尤其要系统地学习自然哲学课程。从 13—18 世纪，参加大学学习的医生在这一领域接受了深入培训，并从 16 世纪下半叶开始接受自然志的培训。

在 1500—1750 年间，自然哲学和自然的哲学在许多方面受到了冲击：人文主义者重新发现了当时鲜为人知的古代文献，并新近翻译了已知典籍，这些都使当时的人们得以接触到除传统上在大学教授的亚里士多德哲学以外的其他学术理论，例如，同样根植于古代的伊壁鸠鲁主义、新柏拉图主义或赫尔墨斯主义重新获得了合法性。事实证明，亚里士多德主义本身具有极大的灵活性和创造力，催生了亚里士多德自然哲学的全新版本。在应用数学方面，由于文艺复兴时期艺术家和工程师开始发表涉及透视法和力学等主题非常广泛的论文，加之新近对欧几里得和阿基米德等古代数学家著作的翻译，其理论威望及实践重要性显著提高。地理学、天文学、植物学和动物学等领域形形色色的各种新发现都增加了已知现象的数量总和，这考验着自然哲学家将其纳入解释体系的能力。与大学自然哲学紧密相关的医学也被颠覆了：希波克拉底著作的新译本对盖伦学说的权威性提出了质疑；梅毒等以前未知的疾病进入了欧洲，药典中增加了诸如"耶稣会草药"（l'herbe des jésuites）之类的新药。解剖学、草药学和后来的实验学被用于临床病例的系统收集研究中，孕育出一种新型的医学经验主义，而传统学说受到帕拉塞尔苏斯主义等新的反对学派的威胁。上述所有因素都促进了自然哲学的重新定义：已知典籍和现象的范围得到了扩展；传统理论和解释受到反例的挑战；机构的权威也因威望（和高收入）从大学转移到王侯宫廷而遭削弱。大学偏向于思辨而非实践知识的做法在王侯宫廷中被扭转，并且方法逐步多样化，既包括数学模型又包括系统的实证研究。

仅仅列举这些因素就表明，把它们都归纳在"科学革命"的标题下是有问题的，因为"科学革命"意味着一种独特的、一次性的、壮观的突破。相反，这些发展的数量太多，领域太多，步调差异又太大，因此很难被视作一个单一

---

① Blair 2006. 我感谢安·布莱尔（Ann Blair）的精彩总结。

的现象。只有经过回顾，以充分的目的论视角，才能把它们看作是一个单一的过程，并最终得出一个单一的结论。不管这个结论是什么，在 1750 年它都还与我们所谓的"近代科学"不同。① 我们很难在简要概述中对所有这些发展情况进行详细说明，更不用说它们之间复杂的相互作用。② 但是，把 1550 年代、1650 年代和 1750 年代前后的三幅自然哲学图景并置在一起，来说明上述发展情况给自然哲学领域带来的变化程度还是有可能的。

在 1543 年出版了两部著作，如今回顾看来，它们对于自然哲学具有决定性意义，但按照当时的定义，它们不属于这门学科的范畴：尼古拉·哥白尼（Nicolas Copernicus）的《天体运行论》（*De revolutionibus orbium coelestium*）是一部数学天文学著作，因此属于混合数学的范畴；而安德烈·维萨里（André Vésale）的《人体结构》（*De humani corporis fabrica*）是一部医学著作，但却具有大胆的创新性。16 世纪中叶的自然哲学家更加重视吉罗拉莫·卡尔达诺（Girolamo Cardano）、伯纳迪诺·泰莱西奥（Bernardino Telesio）、雅各布·扎巴瑞拉以及下一代的弗朗切斯科·帕特里齐（Francesco Patrizi）、乔尔丹诺·布鲁诺（Giordano Bruno）和托马索·康帕内拉（Tommaso Campanella）的新哲学，它们在当时饱受争议，有时还被视作异端。中世纪晚期和文艺复兴时期的自然哲学颇具活力③，但是意大利那些杰出的思想家们的大胆想法以各种方式破坏了亚里士多德哲学体系的基础，却声称忠于亚里士多德教诲的精神，即使不是忠实于其文字。④ 他们的思想并不符合任何单一的模式，而是反映了当时学术活动的百花齐放，这归功于旧典籍的新译本、新的宗教热潮以及亚里士多德及其追随者大多不知道的新现象的出现。

费拉拉大学的柏拉图哲学教授［该教学岗位的设立在很大程度上归功于 15 世纪末马尔西利·费奇诺（Marsile Ficin）对柏拉图著作的翻译⑤］帕特里齐

---

① Park et Daston 2006.
② 关于这些问题的文献很多。详见 Park et Daston 2006 的导言和参考书目。
③ Grant 1989, Mercer 1993.
④ 以下叙事是根据：Copenhaver et Schmitt 1992.
⑤ Hankins 2003—2004.

在他的《一般哲学新论》(Nova de universis philosophia)(1591年)中试图用基督宗教化的新柏拉图主义版本取代亚里士多德主义的自然哲学。泰莱西奥进一步追溯到苏格拉底之前的原始资料,在他的《物性论》(De rerum natura)(1563年)中提出了一种基于热和冷互相冲突引起物质运动的基本原理的自然哲学,以及物质具有意识的泛灵论思想。对于多明我会僧侣托马索·康帕内拉来说,泰莱西奥提出的泛灵论与上帝创世中的内在神性的存在相呼应;在《论物质的感觉和魔法》(De sensu rerum et magia)(1620年)中,他将整个世界描述为一个拥有感官知觉的生命有机体。尽管帕特里齐、泰莱西奥和康帕内拉将他们的作品视为对亚里士多德及其阿拉伯注释者的异教哲学的明确批判,但他们都与将这些创新视为异端的天主教廷发生了冲突。帕特里齐和泰莱西奥的自然哲学著作被列入禁书目录;康帕内拉在那不勒斯被判入狱并遭受酷刑;另一位多明我会成员乔尔丹诺·布鲁诺将哥白尼主义与物质无生命论、原子论、空间无限论和赫尔墨斯主义魔法调和在一起,最终在罗马被烧死在火刑柱上。[①]

在文艺复兴时期的宗教改革派人士中,影响力更大、最终更具颠覆性的人,例如,扎巴瑞拉和卡尔达诺,声称自己比亚里士多德本人更信奉亚里士多德主义。扎巴瑞拉是帕多瓦大学逻辑学和自然哲学教授,凭借出色的希腊语水平和对新近发现的古籍注释的掌握,他重建和发展了亚里士多德逻辑学,从而通过解析和构成程序来找到原因。卡尔达诺是一名数学家、宫廷医生和占星家(因推算耶稣的出生星位而被判入狱),偶尔还担任教授,在其自然哲学著作中,例如,《论事物之精妙》(De subtilitate rerum)(1550年)和《论事物之多样性》(De varietate rerum)(1559年),采用了更经验论、更诸说混合的方法。[②] 正如书名所示,这些作品依靠自然哲学为从化石到人体畸形等外来、罕见或奇特现象提供解释,而亚里士多德本人认为这些现象不属于自然哲学的范畴,因为它们不是日常经验的一部分。卡尔达诺是位对个体构成特点感兴趣的医生,也是一位社交名人,他经常流连于王侯宫廷、展览会和集市,去欣赏那

---

① 请参阅经典且仍有争议的研究:Yates 1964. 论炼金术的神秘学说及其对自然哲学影响的历史学问题,请参阅:Westman et McGuire 1977。
② Grafton 1999。

里展出的各种奇珍异宝，他将自然哲学的定义进一步扩展，涵盖对非自然（只在极少数情况下发生）以及自然（总是发生或惯常发生）现象的解释。这种更宽泛的自然哲学概念，通过对特殊性和自然差异的关注，更接近于自然志和医学，它同时注重对异常现象和新奇事物的解释，并喜欢以此来测试竞争对手的解释体系，从而造就了诸如弗朗西斯·培根和笛卡尔等17世纪初期改革派人士的雄心壮志。①

尽管他们可能是不同的，但到1650年，这些文艺复兴时期的自然哲学家已经被统称为"创新者"（*novatores*），这个词很少被用作褒义。贴有这一标签的作者列表一直在拉长。17世纪中叶，泰莱西奥、卡尔达诺、康帕内拉的名字经常和伽利略、培根、伽桑狄、笛卡尔的名字并驾齐驱，有时还会加上开普勒和威廉·吉尔伯特（William Gilbert）的名字。② 这些创新者研究的主题和采用的视角的多样性表明，自然哲学的轮廓在1650年已经变得不那么清晰，改革自然哲学已经变得多么迫切。至于伽利略和开普勒，他们在力学和天文学领域声名鹊起，而传统上这两个领域被纳入混合数学而非自然哲学范畴，而且二者都主张哥白尼主义。但是，他们两个人也都毫不犹豫地研究传统上被归入自然哲学范畴的课题，例如运动，无论是地球上物体的下落还是行星的运动；而且他们都依赖不适合任何公认大学学科的经验论研究。伽利略在《关于托勒密和哥白尼两大世界体系的对话》（*Dialogo sopra i due massimi sistemi del mondo*）（1632年）和《关于两门新科学的对话和数学证明》（1638年）中借鉴了军事工程师和船舶建造者的经验③，而开普勒在他的《新天文学》（1609年）中借鉴了吉尔伯特在磁学领域的研究。④ 另一方面，弗朗西斯·培根在他的《学术的进展》（*Advancement of Learning*）（1605年）和《新工具》（*Novum organum*）（1620年）中转而投向自然志，为改革后的自然哲学打下坚实的基础，并废除了哲学（*philosophia*）（对普遍性的研究）与探究（*historia*）（对特殊性的研

---

① Daston et Park 1998.

② Garber（已于2016年出版——译注）.

③ Valleriani 2010.

④ Stephenson 1987.

究）之间的传统区分，而且还颠覆了它们的先后顺序。① 除了同时代的作品外，这些自然哲学家还选择性地阅读 16 世纪前辈的作品，而且很少报以赞赏的眼光。他们一致认为，亚里士多德的自然哲学陷入了危机，已经无法挽回；他们自己的事业基本上已经发生在大学之外。但是他们在一个问题上仍然存在分歧：新的自然哲学应该是什么样？

在 1650 年前后，这个标题最有力的竞争者是笛卡尔的机械论哲学，尤其是在其著作《哲学原理》（*Principia philosophiae*）（1644 年）中的论述。尽管在笛卡尔的自然哲学著作中可以找到伽利略的力学、伽桑狄的原子论乃至培根对自然志包括实验的运用，但他的同时代人最为震惊的是他对其理论的系统阐述和有力解释，以及他与几乎所有亚里士多德形而上学理论的绝对决裂。② 在用作三篇科学论文的方法论导言的《谈谈方法》（1637 年）中，笛卡尔宣布他有意效仿城市规划师的做法，面对一个几乎成为废墟的城市，根据理性原则，宁愿将其夷为平地再进行重建。③ 笛卡尔的原理抛弃了亚里士多德的物质和形式的范畴，取而代之的是主体（被定义为几何的、完全被动的延伸）和精神（神和人，宇宙中一切活动的源泉）的范畴。因此，人类感官可以感知到的所有现象，都是由运动中物质的延伸、形式和数量［这三个特性后来被称为"主要性质"（les qualités premières），和颜色、味道、质地等与知觉相联系的次要性质相对比］所引发和解释的。运动中的物质以上帝为首要原因，受神圣不可侵犯的定律支配，即运动的持续性和运动的碰撞和守恒，笛卡尔所设想的定律既是由上帝制定的④，又是一种公理，根据天体运动、磁铁效应或消化作用，至少原则上可以从这些公理中推论出所观察到的宇宙。然而，笛卡尔承认，在实践中，为了确定许多现象的特殊性，有必要进行实验，但即使没有实验（他也为实验的成本、时间和工作量感到苦恼），他也毫不犹豫地提出各种假设来解

---

① Findlen 1997.
② 关于笛卡尔的文献浩如烟海，而且还在不断增加。我在这里依靠的是：Rodis-Lewis 1987, Garber 1992 et 2006。
③ Garber 2001.
④ Armogathe 2008.

释各类现象，从潮汐到文艺复兴时期关于自然魔法的论文的同情和反感。[①]

笛卡尔的自然哲学明确地寻求数学公理的证据和与数学证明同等程度的确定性。但是，尽管笛卡尔本人是一位出色的数学家（他对现在所谓的解析几何学和几何光学作出了重要贡献），而且他制定的自然法则在欧几里得几何学中被用作定理，然而他对自然哲学的解释中很少使用数学。他得出解释的推理从数学角度看也不够严谨。正如他在《哲学原理》的结论中所断言的那样，这些解释仅是高度可能的或"道德上确定的"。[②] 更确切的说法是，他的解释是"机械的"，基于物质世界如复杂钟表般运行的公理原则，人类无法通过感官了解其内部工作原理，但可以从表盘上显示的运动中推断出来。[③]

然而，尽管按照笛卡尔本人的标准来看存在这些不足，并且面临着伽利略的力学和伽森狄的微粒说等其他自然哲学的重大竞争，笛卡尔主义自然哲学还是影响了后来直到17世纪末（在法国直到1740年左右）提出的所有其他理论，即使有时只是作为对照。克里斯蒂安·惠更斯、罗伯特·波义耳、戈特弗里德·威廉·莱布尼茨（Gottfried Wilhelm Leibniz）、尼古拉·马勒伯朗士（Nicolas Malebranche）和艾萨克·牛顿最终都与笛卡尔主义决裂，无论是在基本问题还是次要问题方面，但他们在青年时代都受到笛卡尔主义观念的深刻影响，他们将其作为形而上学原理、可理解的解释和可接受的原因而接受（或不接受）的内容。笛卡尔主义自然哲学全方位地坚决摒弃了前人成果，无论是否属于亚里士多德主义，即使其部分要素并不像笛卡尔的修辞所暗示的那样完全新颖。笛卡尔的形而上学不仅放弃了将物质和形式、实质性和偶然性相对比的亚里士多德式隐喻，而且同样坚决地拒绝了16世纪意大利自然主义者所喜欢的活跃（因而更有可能是敏锐的）方式。笛卡尔主义尽管和伽森狄的伊壁鸠鲁主义相类似，尤其是经常将感官无法察觉到的粒子的主要性质作为解释可感知现象的基础，却并未采纳伽森狄主张的神恩主义（le provientialisme）和原子论。笛卡尔拒绝对神意的任何猜测，因此也拒绝对最终原因的任何猜测，而不

---

① Copenhaver 1998.
② Descartes 1982—1991 (vol. VIII-1, p. 232–238 et 314–315).
③ *Ibid.* (p. 325–329).

可分割的最小单位与物质作为无限可分的几何空间的概念是不相容的。然而，自然哲学将根本的作用归因于上帝，认为他是原始物质和被动物质组成的宇宙中一切运动的起源和支撑。宇宙的规律性源自上帝制定的、施加于同质物质上的规则或"定律"，而不是源自将每个物种或自然实体（如铜或鳟鱼）与所有其他物种区分开的特定性质。但是，对于笛卡尔来说，上帝的完美意味着这些规律一旦被神的旨意自由地确定，就保持不变，因此在创世的那一刻之后，当上帝使物质世界所有的齿轮运转起来，自然哲学就不再需要考虑神意干预的可能。

笛卡尔的解释是因果的，但是在一个非常有限的意义上：亚里士多德定义的四种类型的原因，即形式因、目的因、质料因和动力因，只有最后一种被笛卡尔保留下来，而且其形式被大大弱化，例如，关于运动中物质之间的相互碰撞。笛卡尔自然哲学的研究领域颇具雄心，因为它涵盖了整个物质世界，包括生命体世界和心理学的某些方面，例如，被认为与身体息息相关的感知和激情。但是，与亚里士多德主义不同的是，笛卡尔自然哲学放弃了对其他心理官能的研究，包括理性、判断力或理解力，而这些都是自然哲学的合法研究对象。笛卡尔主义的另一个特点是，除了其解释的确定性之外，还非常注重其可理解性，这是笛卡尔主义者定义为严格遵守物质的运动规律的基本美德。实际上，笛卡尔主义摒弃的不仅是亚里士多德的实质形式，还有物质的内在属性（例如质量、惯性或力）的假设，他们把这种假设定性为"隐性"（occulte）属性的回归。"隐性"的字面意思是"隐藏"（caché），单从这一术语的演变中我们就能够追溯自然哲学视角在 1550—1650 年之间的变化。这个词最初是一个技术性的学术术语，指的是某些物质（例如毒药）无法立即察觉的特性；到了 17 世纪中叶，它的意思是"难以理解的"，并经常被机械论哲学的拥护者用作贬义词，将其应用于丧失威信的赫耳墨斯主义文本以及牛顿的万有引力理论。[①] 为什么在 1650 年左右的自然哲学中，可理解性概念成为某种狭义的机械解释形式的代名词？对于科学史学家来说，这个问题仍然悬而未决，但是这

---

① Hutchinson 1982.

种发展的现实是无可争议的。①

一个世纪后的1750年，可理解性概念的含义已经演变，这主要是由于牛顿在《自然哲学的数学原理》（1687年的第一版和1713年、1726年的修订版）和《光学》（1704年）中阐述的理论得到越来越普遍地接受。对牛顿自然哲学的接受是缓慢且不稳定的，特别是万有引力定律。对于包括莱布尼兹在内的他的许多贬低者来说，它似乎是倒退回"隐性"属性，因为它假定存在超距力。牛顿的早期追随者[埃德蒙·哈雷（Edmond Halley）、约翰·洛克（John Locke）、大卫·格雷戈里（David Gregory）、罗杰·柯特斯（Roger Cotes）、亨利·彭伯顿（Henry Pemberton）]来自英国的皇家学会，但并不是他的所有崇拜者，包括洛克在内，都清楚地理解《自然哲学的数学原理》中晦涩的数学论据。② 很大程度上由于牛顿在幕后的精心策划，皇家学会宣布牛顿是无限极微积分真正的发明者③，斥责莱布尼兹的剽窃，这一裁决引起了英国整个学界的不满，并一方面引发了英国和欧洲其他国家自然哲学家的分庭抗礼，另一方面造成欧洲大陆上笛卡尔和莱布尼兹各自支持者之间的对立，他们在运动的定义问题方面存在分歧，史称"活力之争"（la querelle des forces vives）。④ 18世纪中叶，不管各个方面的自然哲学家们各自忠于何种学说（通常来说，皇家学会里主要是牛顿派；巴塞尔大学、几所德意志大学和圣彼得堡学院的伯努利信徒主要是莱布尼兹派；法国王家科学院里主要是笛卡尔派），他们都承认，只有通过高度复杂的数学计算（即牛顿版或莱布尼兹版的无限极微积分，以及伯努利和莱昂哈德·欧拉创立的分析学等）和精密测量才能解决，而仪器的改进和公共机构资助的昂贵探险活动则使之成为可能。⑤ 但是，这并不妨碍旨在上层社会广大公众间进行论战或普及。

在这种背景下，法国科学家皮埃尔·路易·莫佩尔蒂（Pierre-Louis Moreau

---

① Dear 2006.
② Cohen 1978.
③ Hall (A.) 1980, Bertoloni-Meli 1993.
④ Hankins 1965, Blay 1999.
⑤ Turner 2003.

de Maupertuis）的职业生涯颇能说明问题。①尽管数学天赋相当有限，但莫佩尔蒂雄心勃勃，见多识广，去巴塞尔师从约翰·伯努利，在那里他学习了莱布尼兹无限极微积分［然而，尽管伯努利坚决要求，他还是圆滑老练地拒绝前往王家科学院捍卫活力论（la cause des forces vives）］，并在伯努利的指导下，苦心钻研牛顿的《自然哲学的数学原理》。在18世纪中叶，牛顿派、莱布尼兹派和笛卡尔派在许多问题上仍存在分歧，尤其是时间和空间的形而上学、力学相互作用（les causes mécaniques）与超距作用（les causes agissant à distance）的冲突、空间的性质（实或空）、测量运动的正确方法以及运动守恒定律的地位等。但是，莫佩尔蒂专注于一个问题，即地球的形状，这似乎可以借助仔细的测量凭经验解决。②根据笛卡尔的计算，地球应该沿着地轴拉长；牛顿主义者则认为地球在两极区域应该是略扁的。王家天文学家雅克·卡西尼（Jacques Cassini）（卡西尼二世）在1718年和1733年进行的大地测量似乎支持拉长的形状，但是数学家亚历克西斯-克劳德·克莱罗（Alexis-Claude Clairaut）在提交给王家科学院的一份报告中，对卡西尼的计算所基于的假设提出了质疑。面对愈演愈烈的争议，法国王室的反应是资助了两次探险，一次是在1735年前往秘鲁测量赤道附近的经度，另一次是在莫佩尔蒂的倡议下前往拉普兰，在极点附近进行同样的测量。在瑞典天文学家安德斯·摄尔修斯（Anders Celsius）的帮助下，莫佩尔蒂从伦敦和巴黎最好的工匠处定制了数台价值不菲的仪器。尽管北极考察的结果证实地球在两极的扁平形状并非无可争议，但这在科学院内部给予了牛顿理论决定性的支持，在此之前科学院一直被认为是笛卡尔主义的堡垒。

但是这次考察产生了更深远的影响。莫佩尔蒂在伏尔泰和其他牛顿主义者的鼓励下，在科学院的公开会议上以及在专为巴黎沙龙设计的技术性较低的出版物中，更广泛地向欧洲文人共和国细心介绍了他的成果。在莫佩尔蒂的读者中，只有极少数人能够了解这两种相互对立的理论所依据的测量和数学计算的

---

① 我的叙述很大程度依赖于：Terrall 2002.
② Greenberg 1995, Passeron 1998.

细节，但是由于伏尔泰在《哲学通信》(Lettres philosophiques)(1734年)和《牛顿哲学原理》(Éléments de la philosophie de Newton)(1738年)中对牛顿理论的精彩辩护以及莫佩尔蒂讲述的探险队在北极经历的令人难以置信的冒险故事，关于更广泛的哲学问题的辩论吸引了公众的注意力。即使贝尔纳·德·丰特奈尔通过普及笛卡尔主义的著作《关于世界多样性的对话》(1686年)开创了沙龙自然哲学的新流派，这种好奇心并不是法国独有的现象。弗朗切斯科·阿尔加罗蒂(Francesco Algarotti)出版的《艾萨克·牛顿爵士的哲学——为女士使用而写》(Il newtonianismo per le dame)(1737年)及其诸多英文、法文、德文和荷兰文译本以及理查德·本特利(Richard Bentley)、威廉·德尔汉和塞缪尔·克拉克(Samuel Clarke)创办的广为流传的"波义耳讲座"(Boyle Lectures)，影响范围远远超出了巴黎和各省，自然哲学领域的最新发现吸引了从波罗的海到威尼托的广大男性和女性读者。①

鉴于17世纪末和18世纪初自然哲学的这种多元传播模式，因此很难对1750年前后占主导地位的正统学说做出概括。牛顿主义无疑在慢慢地"攻城略地"，尤其是在科学精英中，这导致科学精英们越来越坚定地赞同数学分析、精确测量以及诸如时间和空间、真空和万有引力定律的绝对存在等具体学说，但许多其他理论也在不断涌现。其中部分理论，例如，德尼·狄德罗(Denis Diderot)的著作《对自然的解释》(Pensées sur l'interprétation de la nature)(1753年)，表现出对自然哲学的数学原理的坚决敌视，却热情地采用了它的实验变体，特别是由莱顿大学的威廉斯·赫拉弗桑德(Willem's Gravesande)和彼得·范·穆森布罗克(Pieter van Musschenbroek)、英国的斯蒂芬·格雷和法国的夏尔·迪费和让-安托万·诺莱特神父开展电磁研究而发展出来的实验。② 在18世纪下半叶，由于对自然繁殖、肢体再生及物种的观察和实验，似乎对植物与动物、动物与人类之间的区别提出了质疑，对生命世界的猜测常常出现相当激进的转折，危险地接近唯物主义哲学和物种之间杂交的幻想。③ 如

---

① Fissell et Cooter 2003, Koerner 1999, Findlen 1999.
② Brunet 1926, Hankins (T.) 1987, Heilbron 1979.
③ Roger 1971, Quintili 2009.

果说在 18 世纪下半叶，自然哲学与牛顿的天体力学和地球力学的综合越来越紧密地联系在一起，在这个理论框架中，物体受到穿过真空超距地作用的力，那么自然哲学则侧重于对生命现象的研究，尤其着眼于生成物质基础的可能性，同时也着重于感知、意识和思维的研究。[1]

在 1750 年，自然哲学已经发生了不是一次而是几次深刻的变革：它的基础、它的学说、它的方法，以及实践它的社会范畴和场所都发生了好几次根本性的改变。从文艺复兴时期继承下来的自然主义与笛卡尔、莱布尼兹和牛顿各自的理论之间的差异，与这些体系整体和亚里士多德主义经院哲学之间的差异几乎一样大。1750 年的自然哲学是几种学说的混合体，而它们彼此之间并不总是和谐共存的：莱布尼兹的数学模型描述了牛顿的作用力；弗朗西斯·培根所珍视的自然志和实验与笛卡尔机制相结合；环球航行和探险获得实验室实验和书本知识的补充；由精英组成的科学院的闭门会议扩展至沙龙辩论和精彩的公开演示。只是回过头来看，这些非常不同的元素似乎汇聚成了一个单一的、整体的自然哲学版本。甚至亚里士多德主义中那些曾受到培根和笛卡尔等 17 世纪改革者最猛烈抨击的方面，也从后门再度出现：形式因出现在渐成说的辩论中[2]；目的因出现在无处不在的自然神学领域。[3] 但是，尽管有这些隐性的遗存，自然哲学的创新却是真实而壮观的：1750 年，自然哲学已经完全与自然志及混合数学或应用数学融为一体；从此，它的方法包含测量、系统观察和控制实验，这都是从测量师和航海家的混合数学中借鉴的新程序[4]、医学临床案例研究和人文主义者笔记本[5]、炼金术士和工匠各自的工场[6]；形而上学取代了内在本质的规律性，据此自然规律支配着被动的物质，废除了艺术与自然之间的区别[7]；最后，其认识论与亚里士多德的认识论相似，都是耸人听闻的，但却能让我们

---

[1] Riskin 2002.
[2] Ehrard 1994, Roe 1981, Yolton 1983.
[3] Clark 1999, Gevrey, Boch et Haquette 2013.
[4] Bennett 2006.
[5] Pomata 2011, Daston 2011.
[6] Smith 2004.
[7] Wilson 2008.

推断出人类的感官无法感知，甚至借助当时最高倍的放大镜也无法观察到的实体的存在。①

在这一时期，自然哲学的实践在以前从未涉足过的社会阶层和地点得到了传播。虽然在16世纪初期，自然哲学与大学紧密相关，但在16世纪和17世纪期间，自然哲学却脱离了大学，转而在宫廷、市场、军械库、私人住宅、咖啡屋和科学院广泛流传。② 虽然大学教授在自然哲学的实践中（尤其是在德语地区）继续发挥着主导作用，但是包括医生、药剂师、工匠、仪器制造者以及科学院成员在内的各种职业的人士越来越多地从事自然哲学的实践。虽然女性在很大程度上仍然被排斥在大学和学院之外（尽管有一些显著的例外，特别是在意大利，如数学家玛丽亚·阿涅西和物理学家劳拉·鲍希），但她们仍然活跃在科学殿堂，无论是作为天文学观察员 [例如，伊丽莎白·赫维留（Elisabeth Hevelius）和玛丽亚·温克尔曼（Maria Winckelmann）]，还是作为博物学家和科学插画家 [例如，玛丽亚·西碧拉·梅里安（Maria Sibylla Merian）和埃莱娜·德穆斯捷（Hélène Dumoustier）]。沙特莱侯爵夫人——埃米莉·德·布勒特伊和劳拉·鲍希分别在自然哲学的数学和实验原理方面作出了原创性的贡献。③ 自然哲学让男女业余爱好者乐此不疲，无论是以出版的学术团体的论文集的形式，如英国皇家学会的《自然科学会报》和法国科学院的《探究和论文》，还是以学术期刊的形式，如《博学通报》和《学者报》，抑或是以在沙龙或咖啡馆里的谈话或者在公开会议和演示中的百科全书式科普的形式。尤其是科普经常被搬上舞台，变成真正的演出，目的是在吸引、娱乐观众的同时对其进行教育。④ 到了18世纪中叶，对自然哲学的爱好在社交界已经成为一种时尚，尤其是在巴黎、伦敦和阿姆斯特丹等启蒙运动之都，而且越来越多地蔓延

---

① Wilson 1995.
② 关于近代科学传播的场所，可参阅：Park et Daston 2006（p. 206-362），McClellan III 2003 中 William Eamon, Alix Cooper, Anthony Grafton, Bruce T. Moran, Paula Findlen, Pamela H. Smith, Kelly Devries, Adrian Johns et Steven J. Harris 撰写的相关章节。
③ Schiebinger 2003 et 2006, Terrall 2014.
④ Schaffer 1983.

到从费城到马德里或杜布罗夫尼克的西方外围地区。①

如果说 18 世纪中叶的自然哲学与 16 世纪初已经大为不同,那么它与 19 世纪中叶更是相去甚远,后者已经初具近代科学雏形。尽管 18 世纪中叶的自然哲学多次庄严宣告其有用性,但它还没有成为具有经济意义的重要新技术的来源,即使王室会将科学院等国家资助的学术团体作为技术顾问来咨询各种项目和发明。②自然哲学包括形而上学、认识论,往往还包括神学,这一点还是不言而喻的。除了大学里的职位和科学院里少有的几个带薪岗位外,自然哲学研究只是一种消遣或有钱人专享的活动,而绝对不可能成为一项职业。尽管从原则上讲,相互竞争的假设是通过观察、实验和测量来最终评定的,而且从 1660 年代开始,猜想体系被贬低为纯粹的哲学虚构,但是对无形力量的猜测、有生命和无生命物质之间的微妙联系、被认为是光、电、引力以及也许还有感知和想象力的传播媒介的以太、将天使与最卑微的石头以不间断的序列连接起来的伟大存在之链(la grande chaîne de l'être),仍然是自然哲学不可或缺的合理组成部分。到了 1750 年,"新奇"(nouveauté)一词不再是侮辱,而变为一种称赞。数学家让·达朗贝尔(Jean d'Alembert)在他的《百科全书》的序言(1751 年)中,不仅试图展示近代自然哲学与古代自然哲学相比所取得的进步,而且要证明从笛卡尔到牛顿的近代哲学之间所取得的进步。当时,科学的发展被视为一个不断扩展的过程,在这个过程中,植物学、伦理学或化学等新领域被它们各自的牛顿相继征服;而不是被视为一种不规则的、锯齿状的发展过程,在 19 世纪中叶破坏了科学的稳定,因此新的理论非但没有建立在先前理论的基础之上,反而产生了摧毁它们的效果。更为根本的是,1750 年的自然界尚未被视为对人类事物不偏不倚,在政治、道德或美学方面也没有正式保持中立;它由自然哲学重新定义,被视为道德权威的参照物、真善美的仲裁者以及评估和判断教育、立法、艺术或经济等所有人类制度充分与否的标准。

洛兰·达斯顿(Lorraine Daston)撰;阿涅·穆勒译

---

① Stewart 1992, Terrall 2002, Van Damme 2005, Belhoste 2011, Gavroglu 1997.
② Hahn 1971.

参考文献

Armogathe Jean-Robert, 2008, Deus Legislator, *in* Lorraine Daston et Michael Stolleis (dir.), *Natural Laws and Laws of Nature in Early Modern Philosophy: Jurisprudence, Theology, Moral and Natural Philosophy*, Farnham, Ashgate, p. 265-278.

Belhoste Bruno, 2011, *Paris savant. Parcours et rencontres au temps des Lumières*, Paris, Armand Colin.

Bennett Jim, 2006, The Mechanical Arts, *in* Katharine Park et Lorraine Daston (dir.), *The Cambridge History of Science*, t. 3: *Early Modern Science*, Cambridge, Cambridge University Press, p. 673-695.

Bertoloni-Meli Domenico, 1993, *Equivalence and Priority: Newton versus Leibniz*, Oxford, Clarendon Press.

Biagioli Mario, 1993, *Galileo, Courtier: The Practice of Science in the Age of Absolutism*, Chicago, University of Chicago Press.

Blair Ann, 2006, Natural Philosophy, *in* Katharine Park et Lorraine Daston(dir.), *The Cambridge History of Science*, t. 3: *Early Modern Science*, Cambridge, Cambridge University Press, p. 365-406.

Blay Michel, 1999, *La Naissance de la science classique au xviie siècle*, Paris, Nathan.

Brandt Frithiof, 1928, *Hobbes' Mechanical Conception of Nature*, trad. par Vaughan Maxwell et Annie I. Fausbøll, Copenhague, Levin & Munksgaard.

Brunet Pierre, 1926, *Les Physiciens hollandais et la méthode expérimentale en France au xviiie siècle*, Paris, Albert Blanchard.

Bylebyl Jerome J., 1979, The School of Padua: Humanistic Medicine in the Sixteenth Century, *in* Charles Webster (dir.), *Health, Medicine, and Mortality in the Sixteenth Century*, Cambridge, Cambridge University Press, p. 335-370.

Christianson John Robert, 2000, *On Tycho's Island: Tycho Brahe and His Assistants (1570—1601)*, Cambridge, Cambridge University Press.

Clark William, 1999, The Death of Metaphysics in Enlightened Prussia *in* William Clark, Jan Golinski, et Simon Schaffer, (dir.), *The Sciences in Enlightenment Europe*, Chicago, University of Chicago Press, p. 423-473.

Cohen I. Bernard, 1978, *Introduction to Newton's "Principia"*, Cambridge (Mass.), Harvard University Press.

Cook Harold J., 2007, *Matters of Exchange: Commerce, Medicine, and Science in the Dutch*

Golden Age, New Haven, Yale University Press.

Copenhaver Brian, 1998, The Occultist Tradition and Its Critics in Seventeenth Century Philosophy, *in* Daniel Garber et Michael Ayers (dir.), *Cambridge History of Seventeenth-Century Philosophy*, Cambridge, Cambridge University Press, 2 vol., vol. 1, p. 454-512.

Copenhaver Brian et Schmitt Charles B., 1992, *Renaissance Philosophy*, Oxford, Oxford University Press.

Daston Lorraine, 2011, The Empire of Observation (1600—1800), *in* Lorraine Daston et Elizabeth Lunbeck (dir.), *Histories of Scientific Observation*, Chicago, University of Chicago Press, p. 81-113.

Daston Lorraine et Park Katharine, 1998, *Wonders and the Order of Nature (1150— 1750)*, New York, Zone Books.

Dear Peter N., 1988, *Mersenne and the Learning of the Schools*, Ithaca, Cornell University Press.

— 2006, *The Intelligibility of Nature: How Science Makes Sense of the World*, Chicago, University of Chicago Press.

Descartes René, 1982—1991, *Principia philosophiae*, in *Œuvres de Descartes*, éd. par Charles Adam et Paul Tannery, nouvelle présentation en 13 vol., Paris, Vrin et CNRS Éditions.

Egmond Florike, Hoftijzer Paul et Visser Robert (dir.), 2007, *Carolus Clusius: Towards a Cultural History of a Renaissance Naturalist*, Amsterdam, Royal Netherlands Academy of Arts and Sciences.

Ehrard Jean, 1994, *L'Idée de nature en France dans la première moitié du xviiie siècle*, Paris, Albin Michel.

Findlen Paula, 1997, Francis Bacon and the Reform of Natural History in the Seventeenth Century, *in* Donald Kelley (dir.), *History and the Disciplines: The Reclassification of Knowledge in Early Modern Europe*, Rochester, University of Rochester Press, p. 239-260.

— 1999, A Forgotten Newtonian: Women and Science in the Italian Provinces, *in* William Clark, Jan Golinski et Simon Schaffer (dir.), *The Sciences in Enlightened Europe*, Chicago, University of Chicago Press, p. 313-349.

Fissell Mary et Cooter Roger, 2003, Exploring Natural Knowledge: Science and the Popular, *in* Roy Porter (dir.), *The Cambridge History of Science*, t. 4: *The Eighteenth Century*, Cambridge, Cambridge University Press, p. 129-158.

Garber Daniel, 1992, *Descartes' Metaphysical Physics*, Chicago, University of Chicago Press.

— 2001, Descartes and Experiment in the *Discourse* and the *Essays*, *in* Daniel Garber,

Descartes Embodied: Reading Cartesian Philosophy through Cartesian Science, Cambridge, Cambridge University Press, p. 85−110.

— 2006, Physics and Foundations, *in* Katharine Park et Lorraine Daston (dir.), *The Cambridge History of Science*, t. 3: *Early Modern Science*, Cambridge, Cambridge University Press, p. 21−69.

— [à paraître], Why the Scientific Revolution Wasn't a Scientific Revolution, and Why It Matters, *in* Robert J. Richards et Lorraine Daston (dir.), *Fifty Years after Thomas Kuhn's "Structure of Scientific Revolutions"*.

Gavroglu Kostas (dir.), 1997, *The Sciences in the European Periphery during the Enlightenment*, Dordrecht, Springer, coll. Archimedes.

Gevrey Françoise, Julie Boch, et Jean-Louis Haquette, (dir.), 2013, *Écrire la nature au xviiie siècle: autour de l'abbé Pluche*, Paris, PUPS.

Grafton Anthony, 1999, *Cardano's Cosmos: The Worlds and Works of a Renaissance Astrologer*, Cambridge (Mass.), Harvard University Press.

Grant Edward, 1989, Medieval Departures from Aristotelian Natural Philosophy, *in* Stefano Caroti (dir.), *Studies in Medieval Natural Philosophy*, Florence, Olschki, p. 237−256.

Greenberg John, 1995, *The Problem of the Earth's Shape from Newton to Clairaut: The Rise of Mathematical Science in Eighteenth-Century Paris and the Fall of "Normal" Science*, Cambridge, Cambridge University Press.

Hahn Roger, 1971, *The Anatomy of a Scientific Institution: The Paris Academy of Sciences (1666—1803)*, Berkeley, University of California Press.

Hall A. Rupert, 1980, *Philosophers at War: The Quarrel between Newton and Leibniz*, Cambridge, Cambridge University Press.

Hall Bert S., 1997, *Weapons and Warfare in Renaissance Europe: Gunpowder, Technology, and Tactics*, Baltimore, Johns Hopkins University Press.

Hankins James, 2003—2004, *Humanism and Platonism in the Italian Renaissance*, Rome, Edizioni di Storia e Letteratura, 2 vol.

Hankins Thomas, 1965, Eighteenth-Century Attempts to Resolve the *Vis Viva* Controversy, *Isis*, vol. 56, p. 281−297.

— 1987, *Science and the Enlightenment*, New York, Cambridge University Press.

Headley John M., Hillerbrand Hans J. et Papalas Anthony J. (dir.), 2004, *Confessionalization in Europe (1555—1700): Essays in Honor and Memory of Bodo Nischan*, Aldershot, Ashgate.

Heilbron John L., 1979, *Electricity in the Seventeenth and Eighteenth Centuries: A Study of Early Modern Physics*, Berkeley, University of California Press.

Hutchinson Keith, 1982, Whatever Happened to Occult Qualities in the Scientific Revolution?, *Isis*, vol. 73, p. 233-253.

Joy Lynn Sumida, 1987, *Gassendi the Atomist, Advocate of History in an Age of Science*, Cambridge, Cambridge University Press.

Koerner Lisbet, 1999, Daedalus Hyperboreus: Baltic Natural History and Mineralogy in the Enlightenment, *in* William Clark, Jan Golinski et Simon Schaffer (dir.), *The Sciences in Enlightened Europe*, Chicago, University of Chicago Press, p. 389-422.

Kusukawa Sachiko, 1995, *The Transformation of Natural Philosophy: The Case of Philip Melancthon*, Cambridge, Cambridge University Press.

Lunsingh Scheurleer T.H. et Posthumus Meyjes G.H.M. (dir.), 1975, *Leiden University in the Seventeenth Century*, Leyde, E.J. Brill.

McClellan III James, 2003, Scientific Institutions and the Organization of Science, *in* Roy Porter (dir.), *The Cambridge History of Science*, t. 4: *The Eighteenth Century*, Cambridge, Cambridge University Press, p. 87-106.

Mercer Christia, 1993, The Vitality and Importance of Early Modern Aristotelianism, *in* Tom Sorrell (dir.), *The Rise of Modern Philosophy: The Tension between the New and Traditional Philosophies from Machiavelli to Leibniz*, Oxford, Clarendon Press, p. 33-67.

Miller Peter N., 2000, *Peiresc's Europe: Learning and Virtue in the Seventeenth Century*, New Haven, Yale University Press.

Murdoch John, 1982, The Analytical Character of Late Medieval Learning: Natural Philosophy without Nature, *in* Lawrence D. Roberts (dir.), *Approaches to Nature in the Middle Ages*, Binghamton, Center for Medieval and Renaissance Studies, p. 171-213.

Newman William R. et Principe Lawrence, 1998, Alchemy versus Chemistry: The Etymological Origins of a Historiographical Mistake, *Early Science and Medicine*, n° 3, p. 32-65.

Ogilvie Brian W., 2006, *The Science of Describing: Natural History in Renaissance Europe*, Chicago, University of Chicago Press.

O'Malley W. John, Bailey Gauvin Alexander et Harris Steven J., (dir.), 1999, *The Jesuits: Culture, Sciences, and the Arts*, 1540—1773, Toronto, University of Toronto Press.

Osler Margaret J., 2000, Rethinking the Canonical Imperative: Rethinking the Scientific Revolution, *in* Margaret J. Osler (dir.), *Rethinking the Scientific Revolution*, Cambridge, Cambridge University Press, p. 3-24.

Park Katharine et Daston Lorraine, 2006, Introduction: The Age of the New, *in* Katharine Park et Lorraine Daston (dir.), *The Cambridge History of Science*, t. 3: *Early Modern Science*,

Cambridge, Cambridge University Press, p. 1–17.

Passeron Irène, 1998, La forme de la Terre est-elle une preuve de la vérité du système newtonien?, in Danielle Lecoq et Antoine Chambard (dir.), *Terre à découvrir, terres à parcourir. Exploration et connaissance du monde (xiie-xixe siècle)*, Paris, L'Harmattan, p. 129–145.

Pine Martin L., 1986, *Pietro Pomponazzi: Radical Philosopher of the Renaissance*, Padoue, Editrice Antenore.

Pomata Gianna, 2011, Observation Rising: Birth of an Epistemic Genre (1500—1650), in Lorraine Daston et Elizabeth Lunbeck (dir.), *Histories of Scientific Observation*, Chicago, University of Chicago Press, p. 45–80.

Pomponazzi Pietro, 1970 [1567], *De naturalium effectum causis, sive De incantationibus*, Hildesheim, G. Olms.

Quintili Paolo, 2009, *Matérialismes et Lumières. Philosophies de la vie, autour de Diderot et de quelques autres (1706—1789)*, Paris, H. Champion.

Riskin Jessica, 2002, *Science in the Age of Sensibility: The Sentimental Empiricists of the French Enlightenment*, Chicago, University of Chicago Press.

Rochot Bernard, 1966, *La Correspondance scientifique du père Mersenne*, Paris, Palais de la Découverte.

Rodis-Lewis Geneviève, 1987, *La Science chez Descartes*, New York, Garland.

Roe Shirley, 1981, *Matter, Life, and Generation: Eighteenth-Century Embryology and the Haller-Wolff Debate*, Cambridge, Cambridge University Press.

Roger Jacques, 1971, *Les Sciences de la vie dans la pensée française au xviiie siècle*, Paris, Armand Colin, 2e éd.

Schaffer Simon, 1983, Natural Philosophy and Public Spectacle in the Eighteenth Century, *History of Science*, vol. 21, p. 1–43.

Schiebinger Londa, 2003, The Philosopher's Beard: Women and Gender in Science, *in* Roy Porter (dir.), *The Cambridge History of Science*, t. 4: *The Eighteenth Century*, Cambridge, Cambridge University Press, p. 184–210.

– 2006, Women of Natural Knowledge, *in* Katharine Park et Lorraine Daston (dir.), *The Cambridge History of Science*, t. 3: *Early Modern Science*, Cambridge, Cambridge University Press, p. 192–205.

Serene Eileen, 1982, Demonstrative Science, *in* Norman Kretzmann, Anthony Kenny et Jan Pinborg (dir.), *The Cambridge History of Later Medieval Philosophy: From the Rediscovery of Aristotle to the Disintegration of Scholasticism (1100—1600)*, Cambridge, Cambridge University

Press, p. 496-517.

Shapin Steven, 1996, *The Scientific Revolution*, Chicago, University of Chicago Press.

Smith Pamela H., 2004, *The Body of the Artisan: Art and Experience in the Scientific Revolution*, Chicago, University of Chicago Press.

Stephenson Bruce, 1987, *Kepler's Physical Astronomy*, Princeton, Princeton University Press.

Stewart Larry R., 1992, *The Rise of Public Science: Rhetoric, Technology, and Natural Philosophy in Newtonian Britain (1660—1750)*, Cambridge, Cambridge University Press.

Terrall Mary, 2002, *The Man Who Flattened the Earth: Maupertuis and the Sciences of the Enlightenment*, Chicago, University of Chicago Press.

— 2014, *Catching Nature in the Act: Réaumur and the Practice of Natural History in the Eighteenth Century*, Chicago, University of Chicago Press.

Trunz Erich, 1992, *Wissenschaft und Kunst im Kreise Rudolfs II (1567—1612)*, Neumünster, Wachholtz.

Turner Gerard L'Estrange, 2003, Eighteenth-Century Scientific Instruments and Their Makers, *in* Roy Porter (dir.), *The Cambridge History of Science*, t. 4: *The Eighteenth Century*, Cambridge, Cambridge University Press, p. 511-535.

Valleriani Matteo, 2010, *Galileo Engineer*, Dordrecht, Springer.

Van Damme Stéphane, 2005, *Paris, capitale philosophique. De la Fronde à la Révolution*, Paris, Odile Jacob.

Voelkel James R., 2001, *The Composition of Kepler's Astronomia Nova*, Princeton, Princeton University Press.

Westman Robert et McGuire J.E., 1977, *Hermeticism and the Scientific Revolution*, Los Angeles, Clark Memorial Library.

Wilson Catherine, 1995, *The Invisible World: Early Modern Philosophy and the Invention of the Microscope*, Princeton, Princeton University Press.

— 2008, From Limits to Laws: The Construction of the Nomological Image of Nature in Early Modern Philosophy, *in* Lorraine Daston et Michael Stolleis (dir.), *Natural Laws and Laws of Nature in Early Modern Philosophy: Jurisprudence, Theology, Moral and Philosophie naturelle*, Farnham, Ashgate, p. 13-28.

Yates Frances, 1964, *Giordano Bruno and the Hermetic Tradition*, Chicago, University of Chicago Press.

Yolton John W., 1983, *Thinking Matter: Materialism in Eighteenth-Century Britain*, Minneapolis, University of Minnesota Press.

这幅法国著名哲学家的肖像描绘了从印刷书籍到手稿的所有书面文化样本。它展现了学术作家的远见。——若阿内斯·坦根纳(Joannes Tangena),《勒内·笛卡尔的肖像》(*Portrait de René Descartes*),1650—1652 年。

第八章
科学书籍与书面文化

乍看之下，从文艺复兴到启蒙运动，印刷书籍在科学史上的作用和重要性似乎不言而喻。如果没有印刷书籍的发明，《自然哲学的数学原理》中的曲线和数字只有牛顿身边的几个密友才能看到；血液的循环只有那些亲眼看见哈维在伦敦皇家内科医师学会演示的人才能证明；莱昂哈特·福克斯（Leonhart Fuchs）植物标本集里的花根和花茎只有那些有幸参观位于图宾根的非凡的植物园的人才能看到。但是，最近对书籍历史和几个相关领域的研究表明，印刷术的出现并没有像人们曾经认为的那样深刻变革了科学世界。印刷品并没有使人们忘却之前的传播方式，手稿也没有完全失去影响阅读和理解印刷品的能力。在近代早期，和今天一样，"阅读"的做法千差万别，许多读者在自己的书上写满注释，使其变成了名副其实的"研究工作室"，并因印刷页上潦草的字迹而充满生命力。[①] 如果我们认真研究这段时期文本和其他形式的自然知识被阅读和理解的多种情况，那么很明显，这些知识往往是以印刷品以外的形式传播和保存的，特别是在主要表达形式不是印刷品，有时甚至不是文本的学术团体中。但是，这些学术团体常常被排除在科学传播研究之外，这要从更广泛的意义上来理解，而不是仅仅分析印刷书籍。但是，对更广泛的"书籍"文化（包括替代文学技能、书写文化、边注和列表编制实践以及物质对象作为科学

---

① Grafton et Jardine 1990.

记忆储藏器的阅读、流通和参与的历史所发挥的作用）的考虑，正促使科学史学家重新思考近代初期书籍文化在认识自然世界方面所处的地位。

换句话说，书本知识只应被视为"纪念"实验活动的一大批更广泛的文化传统和实践的一部分，此处的纪念是指近代初期具有的含义：使特定的事件或实践的记忆可以被查看和（或）被复制。从文艺复兴时期开始，对自然界规律的系统研究得到普遍强化，这导致旨在开发印刷品和其他形式的信息记录手段的多重努力并行发展，以便传播由更严格规定的实验实践所积累的知识。① 因此，记事本、航海日志以及研究人员现在称作的"纸张技术"已经成为新近重新定义的"书籍"历史的优先场所，引发人们对印刷文本的首要地位的质疑。尽管在近代初期的欧洲，研究人员在传统上将"自然新书"构想为"文学技术"与印刷文化的融合（两个领域之间并没有明确的界限），然而最近随着人们加深对书籍实践的理解，这也提醒我们，包括手稿和非文字文化在内的其他文化在向更广泛的公众传播科学方面也发挥了重要作用，即使这种公众与科学革命时期相关的公众截然不同。②

在许多情况下，列表编写和其他组织活动发挥了突出作用，这一点最近得到了更多的关注，因此，纸质媒介和书面文化在科学史的发展中扮演核心角色的观点最近得到了进一步加强。"信息管理"这个公认不合时宜的术语在近代早期得到了非常富有成效的应用，因为它在书籍实践与信息科学之间建立起一系列非常有启发性的联系，这构成了文艺复兴时期自然哲学和自然志的研究基础。百科全书、书目、参考文献和引文集全都为科学知识的分析和重组作出了贡献：科学知识可以作为新文本的基础，而新文本又会被注释和补充以通过经验获得的信息。③ 从苏美尔时代一直到今天，林奈对清单的狂热和更广泛的"科学清单"（*Listenwissenschaf*）的问题也提醒研究人员，自然哲学家和其他实验者的实验研究不仅针对他们在"实验室"中检查的对象，而且还涉及记录

---

① 关于科学"纪念"的概念，参阅：Safier 2008，导论。
② Lowood et Rider 1994 (p. 2–3).
③ Blair 2010.

实验进展的那些不亚于物质的具体做法。① 正如斯塔凡·米勒－维勒（Staffan Müller-Wille）所写，"林奈尝试了多种'纸张技术'……包括建立档案系统；在个人出版作品中插入附页，以及在生命的最后发明出一套索引系统"，这位瑞典博物学家创造出所谓的"纸盒"，他可以在其中存储实验期间获得各种信息。用索引卡将实验世界与永久性（或半永久性）登记的做法联系起来，似乎特别合适，因为用另一位学者的话说，"松散地相互连接的纸条扩大了交集，从而使可能的关系的连接性倍增"。② 先是超文本的连接，然后是书信，这些近代初期的纸张技术在18世纪以监测和控制系统的形式达到了顶峰，例如，法国警察吉约特（Guillauté）发明的一台拥有无数个文件夹、用来记录、分类和最终处理每个巴黎居民生活详细资料的机器。③

占据吉约特准科学政治实验室那张极具暗示性的地图，在他的《关于法国警务改革的论文》（*Mémoire sur la réformation de la police de France*）（1749年）中，与那台被称为"文件分类架"（la serre-papier）的著名机器出现在同一个房间里，它提醒我们，新的书籍地理学已迫使科学史学家对科学与其地理位置之间普遍存在的联系提出重要问题，包括印刷品和手稿的发行在知识传播中所起的作用，一方面在城市中心内，另一方面在更遥远的地理边界之外。④ 如何解释最重要的科学创新似乎与印刷厂所在的城市有关？如果说书籍的流传范围非常广泛，且印刷厂在向潜在的大量读者和从业人员传播科学方面发挥了作用，那么为什么其他地方并没有发挥与这些被列为科学研究"中心"的地方同样重要的作用呢？那么，科学发现与印刷技术之间的联系是什么？这种联系在德意志、中国或秘鲁是否相同？书籍在哪里流传，如何流传，为什么流传？配备印刷机的地点是否在科学知识的生产中享有特权？

对于地理书籍和地图来说，情况尤其如此，因为这些书籍和地图往往（而且莫名其妙地）被排除在最广义的科学文献领域之外。地图不仅越来越被视为

---

① Müller-Wille et Charmentier 2012, Müller-Wille et Delbourgo 2012.
② Krajewski 2011 (p. 52).
③ Kafka 2012, image p. 23.
④ Livingstone 2003, Van Damme 2005 (chap. 5), Ogborn et Withers 2010.

卓越的科学工具，而且还被视为文化的"连接组织"（le tissu conjonctif），它将印刷书籍的物质性与近代初期其他社会和文化交流领域联系起来。① 在文艺复兴时期，科学著作经常被用作两种文化之间的外交礼物，从而在赠予者的文化特征与对普及科学思想的愿望之间开辟了一个边缘地带。但是从某种意义上说，它们也是过渡性的对象，代表着不同的表达方式，与短暂的实践，特别是手稿实践密切相关，这不仅体现在旁注上，也体现在排版过程中尝试再现手稿的特有形式上。而且在具体实例中，书籍起到了"通过在因语言和文化差异而分隔却因共同的地理利益和共享的海域而拉近的社群之间创建共享空间，从而在地理上相距遥远的作者和读者之间建立起联系"的作用。② 这种现象可以从地理学书籍中观察到：在传统上被认为是科学革命顶峰之前的时期，这一特定类别的科学著作在科学革命的研究中往往遭到忽视，仅在研究地理学和文艺复兴时期人文主义之间的联系时才被考虑。如果说地图和更广泛的地理已经被视作与这一时期的科学研究有关，那么它们所代表的全球各区域，以及这些区域之间建立的关系和对科学演变的更广泛叙述，就应被视为科学史研究的一个新开辟的调查领域。③

对发展这些全球联系同样重要的是传播和评论知识的地方场所，无论这些知识是以印刷、手写还是口头作品的形式收集起来的。这些地方包括传统上用于交流的场所，例如，图书馆或花园，以及其他不易想到的地方，比如家里或市场。④ 这就给我们带来了最后一个问题，当我们审视印刷书籍对科学史的具体影响时，我们可能会问：我们说的是什么"科学"？在欧洲，16 世纪的科学书籍主要是天文学、描述新世界和医学论文：这些类别的主导地位在很大程度上是由当时改变了欧洲大陆许多主要首都的印刷市场的经济力量决定的。毫无疑问，这种现象至少可以部分回答一个更普遍的问题，即科学发现与印刷业之间的联系：在这类文本，尤其是年鉴、日历和小册子等短时文书存在活跃市

---

① Roberts 2013.
② *Ibid.* (p. 12).
③ Sivasundaram 2010.
④ Park et Daston 2006.

场的地区，人们对科学的兴趣也在以前所未有的速度增长。① 然后，从对社会环境中的印刷业的一般视角转向更具个性化的叙述，我们将看到，研究 17 世纪欧洲的历史学家广泛遵循科学革命的史学纲要，将研究重点主要放在科学与印刷品之间的联系上，尤其是观察某些科学文献的作者。他们得出的结论基本上是正确的，即文本所扮演的角色是"一种媒介，它通过在学术界赋予书籍在重视口头传播思想的社会中无法享受的地位，从而改变了知识的定义甚至内容"。② 然而，在过去的 20 多年里，其他处理这些问题的方法也在蓬勃发展，特别是在印刷品在科学传播中的作用及其与某些特定科学调查形式的相关性方面。1979 年，伊丽莎白·爱森斯坦（Elizabeth Eisenstein）的开创性著作《作为变革动因的印刷机：早期近代欧洲的传播与文化变革》（*La Révolution de l'imprimé à l'aube de l'Europe moderne*）出版后，确立了印刷术在巩固和延续文艺复兴末期科学发现方面的核心作用。阿德里安·约翰斯（Adrian Johns）在 1998 年发表非常透彻的著作《书的本性》（*The Nature of the Book*）作为回应，抨击伊丽莎白·爱森斯坦的论点以及她选择偏重于将印刷文本的固定特性作为评判其在传播科学知识中所起作用的标准。但是，约翰斯的这部著作虽然令人肃然起敬，但其侧重的时间和地域十分有限，强调的是英国科学，在一定程度上偏重欧洲大陆的科学，并重申了这样一个观点：在这段时期，在科学史上发挥了最重要作用的共同体位于欧洲北部，且主要在英语国家。根据约翰斯的说法，正是通过这些共同体，知识才得以被收集和留存，然后才以一种似乎不可阻挡的方式传播到欧洲其他地区。

近年来，这种老旧观点越来越受到争议，因为历史学家不仅研究了科学书籍的新地理，还回归到一个先决问题：什么样的自然知识可以被理解为科学知识？在界定科学时，最近的研究避免运用欧洲印刷书籍中出现的编纂类别或其中描述的经验，而更愿意考虑更广泛的知识实践，并将研究范围扩展到囊括来自不同背景的行动者。因此，科学史正处于被专家们重新定义为一项全球性

---

① Pettegree 2010.

② Nummedal et Findlen 2000 (p. 164).

事业的过程中，通常利用易于运输且短暂存在的物质载体来传播。在这一过程中，历史上被欧洲描述科学知识生产的叙述所抹杀的地方行动者的作用已经显现出来，他们甚至成为积累自然志材料和信息的关键主角，并作为向世界其他地区传播知识的中继点发挥着越来越不可或缺的作用。①

如果我们扩大近代早期科学的定义，那么科学工作的历史又会变成什么呢？本章的剩余部分旨在针对该问题提出一些合理的答案，但并不声称要详尽地阐述由科学史和书籍史之间的所有交集产生的众多可能的课题。关于这个主题以及相关领域已经存在非常广泛的参考书目。②

科学院及其（非）官方历史

让我们先来探究一下新生的科学机构与近代早期出版项目之间的紧密联系，这是科学写作史上的一个传统课题，最近又重新受到了热情关注。自1657年佛罗伦西芒托学院创立开始，书籍就成了自然世界研究方法的经典模式与弗朗西斯·培根和奉行其哲学理念的科学院所创立的新实验科学之间的优先媒介。从17世纪开始，从自然书籍到印刷书籍，各种各样的媒介被用来代表实验知识的传播。印刷书籍往往采取科学院年鉴或其他类型学术参考文献的形式，其中包括著名的皇家学会《自然科学会报》（1665年）、《学者报》（1665年）、《博学通报》（1682年）或皮埃尔·培尔（Pierre Bayle）编撰的《文人共和国新闻》（*Nouvelles de la république des lettres*）（1684年）。文人共和国与这些科学年鉴之间的联系一直非常密切。正如洛兰·达斯顿所写的那样，"这一时期的学术信件是介于私人和公共之间的一种非常特殊的混合体裁"，许多学术期刊，如《自然科学会报》，都受到私人信件风格的启发，即使有必要删去可能隐藏其中的个人言论。这就是为什么原本是手写的书信体形式仍然存在于科学期刊这一更广泛的体裁中，甚至存在于用来传达经验观察结果的印

---

① Sivasundaram 2010, Scott Parrish 2006.
② Frasca-Spada et Jardine 2000, Kusukawa 2012, Johns 1998, Pettegree 2010.

刷载体中。① 我们已经在其中看到科学界对印刷文化和手写文化之间关系的认识发生了变化。

为了了解这些知识传播的关联是通过什么样的媒介来表达的，我们可以看一下 1684 年在伦敦出版的洛伦佐·马加罗蒂（Lorenzo Magalotti）的《自然实验评论》（佛罗伦萨，1667 年）的英文译本，这是作者在西芒托学院的实验报告集。② 序言中向托斯卡纳大公斐迪南二世·德·美第奇（Ferdinand II de Médicis）的献辞强调，得益于印刷业的发展，两个重要场所——科学院和王家内宅——在纸上得以融合。这部著作的扉页上描绘了科学知识传播的理想化图景：代表皇家学会的一位坐着的女性正从另一位代表西芒托学院的站立的女性手中接过一本《自然实验评论》。在其右侧有两个人物：亚里士多德和代表天性的裸体女性，从亚里士多德在古代对自然的考察，一直到两个科学院之间的制度交流，都暗示着一种知识的无碍传播。反过来，这种互动又催化了《自然实验评论》本身的效果，它已经被翻译成英语，顺利传播到英语学术界。因此，皇家学会正是通过发布这些交流结果获得了权力和地位，但是要思考科学及科学出版之间的联系，必须先研究科学院内部因对话和书信交流（这二者不能被孤立地看作两个不同的领域）建立的关系。

正如 1667 年托马斯·斯普拉特在伦敦出版的《皇家学会史》（*History of the Royal Society*）所显示的那样，科学院、出版物和知识传播之间的这些紧密联系，不仅通过视觉图像，而且还通过建筑隐喻进行说明。这部作品是在皇家学会成立后不到五年的时间里完成的，它被认为提供了"科学机构"的轮廓，按照作者的说法，在实际创立之前，"最崇高的建筑最初也只是用几道阴影或以小模型的形式来表示"。③ 1667 年版本的封面画是查理二世的半身像，其右侧是弗朗西斯·培根，左侧是皇家学会第一任会长、数学家威廉·布朗克（William Brouncker）。画面左侧有一座图书馆，虽然规模很小，但似乎经常使

---

① Daston 1991.
② *Essays of Natural Experiments Made in the Academy del Cimento*, Londres, Alsop Press, 1684. 该卷是献给西芒托学院的。
③ Sprat 1667 (p. 2).

用，因此表明书籍作为科学工具的重要性，正如装饰在房间墙壁上或显眼处的其他仪器一样，包括天平、象限仪、世界地图和天文望远镜。虽然书架上的书名难以辨认，但它们在长椅上、在某种权杖下的非正式排列（在布朗克的右侧，他似乎能够轻松地够到所有这些摆放在触手可及地方的书卷），则雄辩地说明了它们的直接用处和这种新学术文化的务实取向，这反过来又凸显了在培根的时代，图书馆和书本知识被赋予的重要地位。

和法国王家科学院一样，英国皇家学会通常被认为是印刷业发展与体制化之间这种紧密联系的先驱。王家科学院还计划发行专门用于促进向其成员及圈外人士传播科学知识的出版物。王家科学院很早就决定每周三、周六在卢浮宫里的国王图书馆举行两次会议。尽管科尔贝对实验室和天文台的建设非常重视，但正如上文在谈到托马斯·斯普拉特的著作所指出的那样，科学院成员在卢浮宫图书馆开会的事实很好地说明了科学与书籍之间的重要联系。除此之外，科学院内部还同时制作专门的出版物，从1700—1793年间，相关工作是围绕着负责出版的书店委员会而展开的。科学院内部的这个常设委员会（仅有一个）不仅负责编辑出版《探究和论文》，而且还管理着其他次级出版物，这些出版物在整个18世纪对欧洲大陆和其他地方的大多数科学媒体都产生了重大影响。更重要的是，正如詹姆斯·麦克莱伦以令人信服的方式证明的那样，这个书业委员会（la comité de librairie）即使不是最早的机构，也是最早的机构之一，通过它，"科学机构和研究人员开始监督科学文献的出版和科学知识向公众的传播"，从而突出了他们不仅是科学知识的既有仲裁者，而且是新生的科学报刊的代言人，而科学报刊的首要使命是使取得的成果可供更广泛的公众使用。[①]

在18世纪的头几十年里，各种学术机构发表的学术论文的风格不断演变，以反映科学文献的这种转变。它不再是仅供内部人士阅读的深奥文件，也不只在科学院内部流传，而是成为一种更容易获得的工具，旨在教育公众，并向更广泛的识字读者传播。这种演变与科学院自身对其公共职能概念的拓宽不谋而合，1699年颁布的一项王家法令要求科学院编写一份关于其活动的年度报告，

[①] McClellan III 2003 (p. 3).

从而促成了这一变化。① 但是，王家科学院并没有一直将教育法国公众的素材局限于自身的作品。随着时间的推移，该机构逐渐将自身视为储存来自世界各地的科学观察资料的仓库，这使得 1753 年颁布了一项新法令，规定将外国的通信会员纳入科学院。② 这一运动"在 18 世纪初见证了学术文本的地位和用途的变化"，这对学术论文的作者和读者均产生了不容忽视的影响。③

事实上，《学者报》等平行出版物为科学院的各种活动提供了非官方的记录，至少在 18 世纪初王家科学院开始每年发行《探究和论文》之前便是如此。换句话说，《学者报》或《法兰西信使》（Mercure de France）等期刊并不是科学院的官方新闻机构，即使它们非正式地承担着传播科学新闻的作用。这些非官方期刊成为科学思想发展的沃土，发挥了重要作用，尤其是这段时期印刷品大量涌现，无论是洛伦佐·马加罗蒂写给其西芒托学院同事的信件，还是安东尼奥·阿尔萨特（Antonio Alzate）于 18 世纪下半叶出版的《墨西哥文学杂志》（Diario literario de México）。

作为非官方科学出版媒体之一，阿尔萨特的期刊值得关注，尤其是因为它是在墨西哥出版的，也就是说，在一个长期以来被认为是科学界外围的地方。《墨西哥文学杂志》在 1768—1795 年间不定期出版，是"信息交流的空间"，也是提供"描述新西班牙极为多样的自然现象非常庞大的通信会员网络"的手段。④ 这种向公众传播有关新世界中西班牙殖民地的自然界知识的做法与一个更大的知识和政治项目有关，该项目旨在统一新生的克里奥尔文化，这一目标已得到有效地实现。引用胡安·何塞·萨尔达尼亚（Juan José Saldaña）的话说，"在传播科学新闻时，科学出版物和杂志的双重目标是：创造科学文化和提升科学家的社会地位"。⑤ 阿尔萨特用《墨西哥文学杂志》的形式所做的努力，以在当时作为西班牙殖民地的墨西哥催生出一个与同期欧洲各国首都发

---

① Licoppe 1996, 尤其是 p. 89-94. "学术论文的重新定位"将实验结果的可复制性、稳定性和普遍性推到了前台。Licoppe 1996 (p. 95).
② Règlement pour les correspondants, Publications de l'Académie des sciences, tome 72, 28 mars 1753.
③ Licoppe 1996 (p. 90).
④ Achim 2012 (p. 27).
⑤ Saldaña 2006.

展相媲美的科学方案。对于像阿尔萨特、新格拉纳达的何塞·安东尼奥·卡尔达斯（José António Caldas）或不久之后秘鲁的伊波利托·乌纳努埃（Hipólito Unánue）等学者来说，科学出版物是在参与全球范围内有关自然知识实用性的更大范围辩论的同时，促进其自身政治议程的一种手段。

和他的许多同时代人一样，阿尔萨特不仅对植物学、医学、天文观测、气象学、地理学和自然志感兴趣，而且尤其偏好与土著知识有关的领域，因此他为《墨西哥文学杂志》撰写了多篇有关土著居民的建筑、医学实践或神话传说的文章。有关非欧洲地区和人口的文本，无论是在欧洲还是在美洲刊印的，都成为有关非欧洲环境自然知识的来源。这些作品往往采用欧洲印刷书籍的版式，但是它们保留了一些土著知识形式的痕迹，有趣的是，这些知识形式在同一文本的连续出版、有时是多次出版的过程中经历了各种变化。举一个起源于当时的西班牙殖民地秘鲁的最经典案例：1609 年在里斯本出版的加尔西拉索·德·拉·维加（Garcilaso de la Vega）著作《王家述评》（*Primera parte de los comentarios reales*）第一部分。这部印加帝国历史的讲述方式基本符合当时的叙事惯例，这是由于加尔西拉索所受的特殊教育：他有一半印加血统，一半西班牙血统，得益于对印加语言和文化的优先掌握，他能够对自己母系的遗产发表评论。但是，这部作品中的"科学"内容中有很大一部分一直隐藏在原始版本深处，如果不是因为王家花园的一群法国译者的热心，在一个多世纪之后，决定发布该作品的新版本，也许永远不会被发掘出来。因此，法国译者们将其分为单独的章节，以便在《印加、秘鲁诸王的历史》（*Histoire des Incas, rois du Pérou*）（巴黎，1744 年）中更好地突出印加人的科学知识，只有法国人能够做到这一点。这是对西班牙人蔑视土著人知识的一种相当不含蓄的攻击，而法国人出于某种原因，认为自己可以免于这种蔑视。这一切完全符合当时人们对百科全书的痴迷：原本被认为是混乱无序的文字，经过编辑的精心编排，形成了较为合理的版本。① 当地知识，无论是来自新西班牙的初始资源（例如阿尔扎特的杂志），还是来自混合资源（例如加尔西拉索的作品），都

---

① Safier 2004.

根据印刷文本的规范进行了固定和划界：这种转变使有关殖民地时期的知识比起仅靠严格的口头或手写形式得到更广泛的传播。

书面文化和科学文献

通过挖掘书面文化与科学知识之间的关系这一研究领域，人们有望在写作的具体实践与科学知识的获取和争论之间的联系方面取得重要发现。在原本纯白无瑕的印刷品页面上添加注释，尤其是珍本图书，这种现象曾遭致强烈的批判，而现在却受到欢迎，甚至是被积极地拥护，而且研究人员就此进行了热烈交流，就像以前对匿名印刷品的作者身份进行辩论一样，开始争论编注作者的身份。最近发生的此类争议涉及格哈德·墨卡托（Gerhard Mercator）于 1635 年在伦敦出版的《世界地图集》（Atlas）或《世界地理志》（A Geographicke Description of the World）。该作品属于罗德岛州普罗维登斯的约翰·卡特·布朗图书馆（John Carter Brown Library）的收藏。在这本书中，在描述新弗吉尼亚州的章节的最后一页，并扩展至描述新西班牙的章节的第一页上，有大量的墨迹，包括在文本空白处几幅视觉效果非常好的蚕茧图。历史学家贾妮丝·内里（Janice Neri）和丹妮尔·斯基恩（Danielle Skeehan）认为，这些注释很可能出自约翰·费拉尔（John Ferrar）和他的女儿弗吉尼亚（Virginia）之手，他们后来编写了一本名为《改良后的弗吉尼亚蚕》（The Reformed Virginian Silk-Worm）的小册子，这本小册子孕育了一个横跨大西洋的通信网络。① 虽然大卫·兰塞姆（David Ransome）驳斥了书页上部分字迹属于费拉尔女儿弗吉尼亚这一假设，然而印刷品（恰好是一本地图集，这强化了地理文献对于文艺复兴时期科学史非常重要的观点）被用作有关蚕的特性的手写辩论的载体这一事实，非常清楚地揭示了当时普遍存在的手写注释和所谓固定的，甚至是不可改变的印刷文本之间的流动性。就墨卡托的《世界地图集》而言，或是单就特定

---

① 关于贾妮丝·内里和丹妮尔·斯基恩的描述，请参阅以下链接：http://www.brown.edu/Facilities/John_Carter_Brown_Library/foundjcb/pages/2012august.html

的这一本而言，书页边缘处出现的大量墨迹使科学书籍的历史学家不得不承认在近代初期、在印刷术出现之前以及尤其是在印刷术出现之后，注释在知识的重新表述方面所起的核心作用。[1] 同样，汉斯·斯隆（Hans Sloane）在约翰·雷（John Ray）的专著《植物志》（*Historia plantarum*）（1686—1704）上添加的旁注中加入了在印度或加勒比海地区采集的标本作为参照，这很好地演示了博学的从业者是如何利用印刷的科学文本作为中间地带，在其中记录新的信息，同时重新评估以前的旧知识。[2]

纸是一种科学研究对象，人们对文字和书本文化的兴趣不可避免地引起了对它的关注，它提醒人们注意文本的物质性和与科学使用文字相关的不同类型的实践之间的重要交集。在近代早期，纸是一种稀缺商品，它为许多实践活动和智力活动提供了材料。例如，没有人会想到，西蒙·韦勒特（Simon Werrett）出色的烟火技术研究（至少在其俄罗斯变体中）与西班牙在拉丁美洲的殖民地的档案文件制作之间会有联系。但是，我们从秘鲁库斯科公证员胡安·包蒂斯塔·加马拉（Juan Bautista Gamarra）对其助手胡安·何塞·帕洛米诺（Juan José Palomino）提起的诉讼中得知，纸经常被用来制作烟花，帕洛米诺从他那里偷了纸，提供给一个印第安血统或混血的烟花制造商。[3] 因此，我们发现，某些形式的知识创造，无论是从殖民地档案中窃取的纸，还是土著烟花制造者的技术知识，与科学活动之间的交集都是意想不到的，尤其是在殖民地的背景下。正如约翰·查斯汀（John Chasteen）在安赫尔·拉马（Angel Rama）关于美国殖民地文学文化的经典著作《文字之城》（*The Lettered City*）的引言中所写的那样，"西班牙和葡萄牙的殖民帝国无论是意识形态还是组织结构都是围绕着书面文件（letrado）建立起来的；部分人因具备用帝国官方语言写作的能力而在获取权力方面享有特权。"[4] 这种获取权力的方式还延伸到科学领域，无

---

[1] 关于大卫·兰塞姆的反驳，参阅：http://blogs.brown.edu/jcbbooks/2013/11/11/they-found-it-at-the-jcb/

[2] Müller-Wille et Delbourgo 2012.

[3] Burns 2010 (p. 72).

[4] Rama 2010.

论是通过绘制城市地图和规划图，还是借助城市与最终由殖民机构管理和发展的周边地区自然特征之间的关系。

但是最近，研究者们意识到，有必要超越字母文字，了解其他形式的文字如何也有助于界定殖民动态的形式和功能。书面文本，通常是法律文件，无疑是殖民地生活的一个结构性要素，但正如历史学家最近所言，"如果认为识字限于生产和接受字母文字，那是错误的。"[①] 实际上，他们的研究凸显了视觉和字母能力之间的联系，以及与广义上的口语之间的联系，比以前认为的要密切得多。对地方、土著或混合艺术实践与土著自然志研究之间关系还有待进一步分析，以便在不引起任何损害的前提下与欧洲科学活动进行比较。科学史家们关注的是土著行动者参与获取和分析值得科学探究的对象，而历史学家们却迟迟不了解土著思想体系如何被用来取代欧洲思想体系。

从这个角度来看，印加结绳是一个有趣的工具，它在不同地理区域都可以找到，它的使用对欧洲中心主义的认识论提出了挑战。我们现在知道的是，结绳最早是安第斯山脉高地文化的特有产物，后来沿着道路逐渐传播到亚马逊平原，也许在这个过程中被赋予了不同性质的文化功能，而成为一种地理思维的形式，这可能与其原始功能相去甚远。[②]

在对识字前和非识字社会的研究中，重新关注交流之外的替代性认识论，可以揭示科学的世界认知模式。因此，在安第斯山脉，远早于西班牙殖民时代，各种形式的物质物品就被用来让人们了解当地社群与自然之间的联系。卡洛琳·迪安（Carolyn Dean）将这种前欧洲文明描述为"石头文化"，其中印加人与石头之间存在"对等"和"依存"关系，这模糊了西方对生命体和无生命物质之间的区分。[③] 人们认为，这些石头具有印加人就各类主题表达思想所必需的生命力。因此，安第斯山脉文化在农业和城市建筑之间协商的独特关系（特别是通过梯田和砖石等结构），标志着可食用作物的生产等人类关注问

[①] Rappaport et Cummins 2012.
[②] Safier 2009, Sivasundaram 2013。另一种重点介绍了当地文士参与建立庞大的殖民档案的情况，参阅：Raman 2012。
[③] Dean 2010.

题与可进行农业活动的自然环境之间存在着更深层次的关系。据卡洛琳·迪安分析，这种关系因植物材料的种植与石料结构的搭建之间的联系而得到进一步加强。[1] 最后，印加人对其帝国的城市中心（库斯科及周边地区）、被森林覆盖的低地［安蒂苏尤（antisuyu）］或卡洛琳·迪安所说的"高地想象力可以自由书写的空白页"以及坐拥神圣山脉和通常被等同于女性力量的难以驯服的力量的高海拔平原［普纳（puna）］）之间有更广泛的地理理解。

世界各地的科学与印刷业

这种强调理解替代性识字形式如何能够重塑科学实践与科学记忆形式之间的关系，也有助于研究知识如何跨越地理或语言的界限，从一个社群传播到另一个社群。这个问题使我们回到了近代早期科学印刷品最相关的物理特征之一：其易运输性。在17世纪后期和整个18世纪，随着由王室资助的探险航行次数的增加，书籍作为科学工具的重要性与日俱增。这些便携式印刷品随船携带，并为在欧洲大陆和新世界穿行的观察员提供指导，使遍布整个已知世界的新生通信会员网络得以参与类似于在更惯常地点进行的实验。传统上，印刷文本的固定性与学者收集或准备的短暂产品形成对比，但是便携式或野外图书馆以及书面科学说明构成是这两种依赖文字模式之间的桥梁。一本旅行书具有双重功能，既是知识的宝库，又是推动对自然界进行经验性认识的积极因素，往往通过手写或印刷的科学说明来加强。

自从最早的科学考察以来，由于帝国急于从派往国外的代理人处获利，代理人得到了有关如何观察所见事实的指示，即使这些指示并不总是以书面形式规定，印刷出来得更少。西班牙国王腓力二世（Philippe II）命令弗朗西斯科·埃尔南迪斯（Francisco Hernández）医生带领一支探险队前往新西班牙，这使我们得以了解到手写指令可以产生的效果。除了一般性的指示外，国王命令埃尔南迪斯收集关于在那里可以找到的具有治疗效果的各种植物、种子和草

---

[1] *Ibid.* (p. 68–70).

药的所有可能的信息，包括"它们在实践中的用途"，还敦促他咨询"所有医师、治疗师、草药师、印第安人和所有其他了解这些问题的人"，由此将人种学实地考察与自然志研究相结合，全面概述了大西洋彼岸这些新发现领土的科学价值。这些指示的另一个关键要素是必须编写一份书面文本，但没有明确规定其形式。指示中表明："关于您将书写的历史，我们将选择权留给您，让您根据自己的判断来确定其形式。"①

此次探险最终产生的不是一个而是多个文本，其中大部分仍以手稿的形式保存在大西洋两岸。一位多明我会僧侣弗朗西斯科·希梅内斯（Francisco Ximénez）收集了这些手稿并将其从拉丁语翻译成西班牙语，然后在墨西哥出版了《新西班牙药用植物和动物的特性和功效的四本书》（*Quatro libros de la naturaleza, y virtudes de las plantas, y animales que estan recevidos en el uso de la medicina en la Nueva España*）（墨西哥城，1615年）。这段历史最初由埃尔南德斯撰写，后来被当地的传教士重新整理，并以某种可以带回西班牙的形式在墨西哥出版，因为最初保存埃尔南迪斯的笔记手稿有它自己的故事，叙述这个故事会使我们离题太远。先是那不勒斯植物学家在欧洲手写说明和历史，然后发送至墨西哥，由旨在"为缺少能够治疗疾病的医师或植物学家的乡村和矿区的居民揭示这片土地上真正的医学"的多明我会僧侣阅读（拉丁语）并翻译成西班牙语，正是通过这种蜿蜒曲折的路径，这本关于新世界医学的科学论文最终以印刷形式出现。②

毫无疑问，这些指示是为了规范那些阅读和遵守这些指示的人的行为，但程度不同，手段也不同。一方面，这些指示为那些前往法律、物质或社会差异可能妨碍他们对观察和收集标本给予与本国同等程度关注的地区的人提供了一份来自宗主国的明确任务清单。这些指示往往坚持要求一定程度甚至准军事化的服从，服从帝国官僚机构代表国王施加的一系列约束。但是，反过来说，当地的情况常常使人无法完全遵守指示中规定的所有标准、规则和惯例。很多旅

---

① Varey 2000 (p. 46-47).
② Ximénez, Al lector, *in* Francisco Hernández, Quatro libros [...], Mexico, 1615.

行者解释称，实地体验后发现科学指示一般难以应用，甚至是轻率或危险的。一言以蔽之，这些指示构成一方面通常依附于帝国权力的科学机构的目标和雄心与另一方面收集资料的具体现实之间的一个中介因素。人们认为，强调物质性和报告实际效果的愿望会导致结果出现一定的趋同，而不管探险的目的地或旅行方向如何。这就是科学指示如此广泛地鼓励对文献和标本进行注释、包装和保存的原因。[①]

但是，欧洲的文字并不是能够使自然主义者和以科学为导向的思想家实地理解非欧洲世界的唯一渠道。在书籍史和科学史的交叉点上，最近的趋势是对这两个领域中的非欧洲语境给予了更多的关注，这是因为人们意识到，"科学"的定义较近代早期时有所拓宽，对这一时期印刷文化和印刷术的互动方式有了广泛的认识，这些必然会导致在全球范围内观察和研究"科学著作"的环境成倍增加。如果我们不局限于从欧洲传统的天文学或化学等学科的书籍印刷领域来看待科学传播，而是把它看作是世界任何地方不同的行为者探索其自身社会与自然世界之间关系的一种物质现象，我们就可以开始列入一个更长的媒介清单，并对"科学"与"印刷"之间联系问题采取非常不同的方法。与此同样相关的是地理学在科学书籍领域的重要性这一更广泛的问题：知识领域之间的等级制度是如何建立的？特定印刷书籍的起源如何影响其参与更广泛的知识生产地理学（la géographie plus vaste de la production du savoir）？

以日本为例。如果我们把城市信息收集的地方形式作为经验积累的主题，并与传统上被认为更"科学"的其他领域一起进行分析，就像玛丽·伊丽莎白·贝瑞（Mary Elizabeth Berry）在《印刷品中的日本》（*Japan in Print*）一书中所做的那样，很快就可以看出，就像文艺复兴时期的欧洲自然哲学家一样，日本近代早期的信息收集者也实行了一种经验主义，与欧洲传统实验室中发生的事情相类似。通过收集有关城市地图、商店和市场、文化和政治组织的详细信息，这些作者"摆脱了直接知识的限制和对地方的依附，并假定了边界的

---

① Carey 2009 (p. 167–185), Bossi et Greppi 2005.

延展性"。① 他们成了信息收集者，其实践有助于详尽地了解他们的城市环境，后者与其他社群联系在一起，而这些社群又与大城市以外的其他社群联系在一起，他们致力于研究那些与自然界息息相关的问题。如果我们把日本首批信息文本（包括自近代以来在京都以指南和公报形式发行的商业出版物）的作者和出版商视为原科学的行动者，那么对日本近代早期城市的研究就成为一个非常肥沃的领域，可以利用它来获取国内外关于科学书籍及其影响的新材料。

耶稣会数学家在中国

在中国的明朝（1368—1644）和清朝（1644—1911）时期，数学和天文学被认为是国家知识，是政治和宇宙学的一部分，代表着皇帝与人类世界和宇宙之间的关系。尽管此类知识处于边缘化状态，但帝国的发展需要数学技术来进行土地测量、公共工程乃至税收，因此早在隋朝（581—618）和唐朝（618—907），就刺激了数学培训的发展。正是在康熙皇帝统治时期（1662—1722），数学的作用得到了非常有利的发展，特别是在16世纪末来华的耶稣会传教士的影响下，他们成为为朝廷服务的天文学家，主要负责1644年颁布的历法改革。这些耶稣会士还担任皇帝的数学老师。他们的贡献还包括将数学纳入学问体系中，而以前更多的是将其视为一种技术性的技能。为了与文人精英取得联系，耶稣会士利用了自身的"天体研究"教授的身份。

詹嘉玲（Catherine Jami）对在科学领域存在西方"差异性"或中国"落后性"的解读持相反观点，她强调多条交流通道、相互作用和翻译的存在，以跳出基于欧洲轨迹的科学发展模型。然而，这并不意味着要用中国中心论取代欧洲中心论作为分析框架。因此，詹嘉玲记录了1685年路易十四派出的法国耶稣会士在双重中央集权项目的框架内所发挥的作用：从巴黎设想的是科学院对数据的全面化；在北京设想的是大清帝国的建设。1685年被派往中国的使团有六名成员，主要从事天文学领域，

---

① Berry 2006 (p. 35).

因为天文学在当时被认为是国家知识，可以纳入中国的古老机构——钦天监。直至1826年，耶稣会一直源源不断地派传教士前往钦天监工作。这使得耶稣会士成为中国天文学在欧洲的捍卫者，分别在北京和南京构成名副其实的"数学法庭"（Tribunal des mathématiques）。克莱蒙特学院数学教授洪若翰（Jean de Fontaney）（1643—1710）接到科尔贝的指示，被要求必须做出"大量观察"，但这相较于传教、外交或贸易活动来说仍居于次要地位。这些法国耶稣会士从王家科学院和天文台处获得了将其指定为国王数学家的诏书，以摆脱葡萄牙国王对在中国耶稣会士的传统掌控。

巴黎是这个信息收集和集中系统的中心。抵达中国后，他们中一部分人专攻天文学和地理学，另一部分人专门研究中国的自然志、医学或治理和风俗，最后研究中国古典文学。法国耶稣会士不得不与葡萄牙耶稣会士竞争，因为葡萄牙耶稣会士对充当法国科学院的中间人的想法怀有敌意。他们还利用耶稣会的全球网络资源，从秘鲁引进了奎宁。1702年洪若翰离开后，直到1722年宋君荣神父（Antoine Gaubil）到来后，天文学工作才完成。从此，在中国的耶稣会士们一直是不同国家的争夺对象，他们将观察结果发送给伦敦的皇家学会、圣彼得堡的科学院、里斯本的科学院或巴黎的王家科学院。但是他们的行动不仅仅只为欧洲收集信息，他们在中国还参与了科学的建设。1723年，针对皇帝的数学课程以《御制数理精蕴》（*Principes essentiels de mathématiques, de compositon impériale*）为题出版。正如詹嘉玲所说，"清朝首都参与了另一场在帝国内部进行的争夺知识中心地位的竞赛。"南京仍然是文人云集的重要中心。耶稣会士们的测绘技术也得到了利用。在1688—1698年间，宋君荣神父八次前往鞑靼利亚，为皇帝刚刚征服的领土绘制地图。随后，这项测绘工作在1708—1717年在整个帝国范围内展开。最终成果是于1718年完成的康熙《皇舆全览图》。

斯特凡纳·范·达默

参考文献

Hsia Florence, 2009, *Sojourners in a Strange Land : Jesuits and Their Scientific Missions in Late Imperial China,* Chicago, University of Chicago Press.

Jami Catherine, 2008, Pékin au début de la dynastie Qing: capitale des savoirs impériaux et relais de l'Académie royale des sciences de Paris, *Revue d'histoire moderne et contemporaine,* vol. 55, no 2, p. 43-69.

– 2010, Experts en sciences mathématiques et projets impériaux sous le règne de Kangxi, *Revue de synthèse,* t. 131, 6e série, no 2, p. 219-239.

– 2011, *The Emperor's New Mathematics: Western Learning and Imperial Authority during the Kangxi Reign*（1662—1722）, Oxford, Oxford University Press.

同样，在中国，科学著作的范畴其实有非常广泛的延伸，跨越了地域的界限，对认为书籍和科学知识同时传播的西方传统观念提出了质疑。

薛凤（Dagmar Schäfer）所研究的宋应星的《天工开物》就是如此：这部涵盖了极其广泛的自然志主题的专著似乎广为流传，尽管在藏书家经常用作资料来源的书籍和其他文献清单中并未提及。但是该著作历次的版本都表明，在明代，印刷商非常注重既定文本的商业回报潜力，即使这方面似乎不是作者最关心的问题。因此，科学作品是更广泛的经济和社会框架的一部分，必须在科学院无法触及的遥远水域航行，才能使更广泛的受众群体听到他们的观点（请参见第196页"耶稣会数学家在中国"）。①

至于中医李时珍，他的科学巨著《本草纲目》是一本关于自然志的手稿，他耗尽大半生编写，但在他生前却未得以出版，然而在他生命结束后的情况颇具揭示意义：它表明，此类科学论著能否发表往往取决于各种行动者的干预；它还说明，通过使用摘录、缩略或注释的版本，这部作品是如何帮助延续近代早期一位明代医生对中国医药文化性质的思考的记忆（虽然是节本）。李时珍把书留给了一位王姓印刷商，本应作序后出版，但是一直等到他的儿子和孙子才终于决定付印。该作品在首次印刷时被描述为"一个相当拙劣的产品"，并

---

① Schäfer 2011 (p. 258-262).

且在 1596 年最终出版时引起的兴趣也是寥寥。① 后来一直到 18 世纪都在修订、校正和再版；与此同时，欧洲人对其进行了大规模摘录，尤其是法国耶稣会士杜赫德（Jean-Baptiste Du Halde）在他的《中华帝国全志》(*Description de la Chine*)（1736 年）中加以采用，为这部本来在很大程度上一直被西方科学忽略的论著注入了新的活力。

结语

本章的目的是要表明，科学工作的概念可以从非常宽泛的意义上理解，它是多种多样的自然知识的简单组合，借用一种媒介能够从一个群体或社群有效地传播到另一个群体或社群。虽然传统上认为，传播这种知识的最有效形式是印制在牛皮或纸上的、被汇编成典籍的文本，但我们也越来越多地看到，考虑到自然知识的传播形式极为多样，我们需要扩大对知识传播方式的定义，而不是过分偏重于文献资料，而贬低其他来源。不可否认的是，传统意义上的书籍在科学知识的传播中起着至关重要的作用，尤其是当我们把科学知识理解为近代早期狭义但基础领域的先驱学科，如天文学、物理学、航海学等时。然而，科学革命的范式受到彻底挑战，必须展示出知识获取和传播路径的多样性和复杂性。这种评定对于以印刷这样的标准形式出现的科学知识是有效的，而对于诉诸书面文字的非标准形式以及尚未进行过深入研究的科学认识论而言，则更有成效。本章试图就印刷文本的性质及其模糊、隐藏和揭示的能力展开探讨，目的在于最终成功打开来源于长期封存的非传统资料的"卷宗"，并确保广大研究人员和公众都能阅读和理解这些资料，无论他们是不是读者。

尼尔 · 萨菲尔（Neil Safier）撰；阿涅 · 穆勒翻译

---

① Nappi 2009 (p. 19).

参考文献

Achim Miruna (éd.), 2012, *José Antonio Alzate: Observaciones útiles para el futuro de México. Selección de artículos (1768—1795)*, Mexico, Consejo Nacional para la Cultura y las Artes, coll. Cien de México.

Berry Mary Elizabeth, 2006, *Japan in Print: Information and Nation in the Early Modern Period*, Berkeley, University of California Press.

Blair Ann, 2010, *Too Much to Know: Managing Scholarly Information before the Modern Age*, New Haven, Yale University Press.

Bossi Maurizio et Greppi Claudio, 2005, *Viaggi e scienza: le istruzioni scientifiche per i viaggiatori nei secoli XVII-XIX*, Florence, Olschki.

Burns Kathryn, 2010, *Into the Archive: Writing and Power in Colonial Peru*, Durham, Duke University Press.

Carey Daniel, 2009, Hakluyt's Instructions: *The Principal Navigations* and Sixteenth Century Travel Advice, *Studies in Travel Writing*, vol. 13, n° 2, juin, p. 167–185.

Chartier Roger, 1996, *Culture écrite et société. L'ordre des livres (xive-xviiie siècle)*, Paris, Albin Michel.

– 2005, *Inscrire et effacer. Culture écrite et littérature (xie-xviiie siècle)*, Paris, Gallimard et Seuil, coll. Hautes Études.

Daston Lorraine, 1991, The Ideal and Reality of the Republic of Letters in the Enlightenment, *Science in Context*, vol. 4, n° 2, automne, p. 367–386.

Dean Carolyn, 2010, *A Culture of Stone: Inka Perspectives on Rock*, Durham, Duke University Press.

Frasca-Spada Marina et Jardine Nicholas (dir.), 2000, *Books and the Sciences in History*, Cambridge, Cambridge University Press.

Grafton Anthony et Jardine Lisa, 1990, Studied for Action: How Gabriel Harvey Read His Livy, *Past and Present*, vol. 129, n° 1, p. 30–78.

Johns Adrian, 1998, *The Nature of the Book: Print and Knowledge in the Making*, Chicago, University of Chicago Press.

Kafka Ben, 2012, *The Demon of Writing: Powers and Failures of Paperwork*, Brooklyn, Zone Books.

Krajewski Markus, 2011, *Paper Machines: About Cards and Catalogs (1548—1929)*,

Cambridge (Mass.), MIT Press.

Kusukawa Sachiko, 2012, *Picturing the Book of Nature: Image, Text, and Argument in Sixteenth-Century Human Anatomy and Medical Botany*, Chicago, University of Chicago Press.

Licoppe Christian, 1996, *La Formation de la pratique scientifique. Le discours de l'expérience en France et en Angleterre (1630—1820)*, Paris, La Découverte.

Livingstone David N., 2003, *Putting Science in Its Place: Geographies of Scientific Knowledge*, Chicago, University of Chicago Press.

Lowood Henry E. et Rider Robin E., 1994, Literary Technology and Typographic Culture: The Instrument of Print in Early Modern Science, *Perspectives on Science*, vol. 2, n° 1, p. 1–37.

McClellan III James E., 2003, *Specialist Control: The Publications Committee of the Académie royale des sciences (Paris) (1700—1793)*, Philadelphie, American Philosophical Society.

Müller-Wille Staffan et Charmentier Isabelle, 2012, Lists As Research Technologies, *in* dossier Listmania, *Isis*, vol. 103, n° 4, décembre, p. 743–752.

Müller-Wille Staffan et Delbourgo James, 2012, Introduction, *in* dossier Listmania, *Isis*, vol. 103, n° 4, décembre, p. 710–715.

Nappi Carla, 2009, *The Monkey and the Inkpot: Natural History and Its Transformations in Early Modern China*, Cambridge (Mass.), Harvard University Press.

Nummedal Tara et Findlen Paula, 2000, Words of Nature: Scientific Books in the Seventeenth Century, *in* Andrew Hunter (dir.), *Thornton and Tully's Scientific Books, Libraries, and Collectors: A Study of Bibliography and the Book Trade in Relation to the History of Science*, Aldershot, Ashgate.

Ogborn Miles et Withers Charles W.J. (dir.), 2010, *Geographies of the Book*, Farnham, Ashgate.

Park Katharine et Daston Lorraine (dir.), 2006, *The Cambridge History of Science*, t. 3: *Early Modern Science*, Cambridge, Cambridge University Press.

Pettegree Andrew, 2010, *The Book in the Renaissance*, New Haven, Yale University Press.

Rama Angel, 2010, *The Lettered City*, trad. par John Charles Chasteen, Durham, Duke University Press.

Raman Bhavani, 2012, *Document Raj: Writing and Scribes in Early Colonial South India*, Chicago, University of Chicago Press.

Rappaport Joanne et Cummins Charles W.J. (dir.), 2012, *Beyond the Lettered City: Indigenous Literacies in the Andes*, Durham, Duke University Press.

Roberts Sean, 2013, *Printing a Mediterranean World: Florence, Constantinople, and the

Renaissance of Geography, Cambridge (Mass.), Harvard University Press.

Safier Neil, 2004, "To Collect and Abridge ... without Changing Anything Essential": Rewriting Incan History at the Parisian Jardin du Roi, *Book History*, n° 7, p. 63-96.

– 2008, *Measuring the New World: Enlightenment Science and South America*, Chicago, University of Chicago Press.

– 2009, The Confines of the Colony, *in* James Akerman (dir.), *The Imperial Map: Cartography and the Mastery of Empire*, Chicago, University of Chicago Press, p. 133-184.

Saldaña Juan José, 2006, Science and Public Happiness during the Latin American Enlightenment, *in* Juan José Saldaña (dir.), *Science in Latin American: A History*, Austin, University of Texas Press.

Schäfer Dagmar, 2011, *The Crafting of the 10000 Things: Knowledge and Technology in Seventeenth-Century China*, Chicago, University of Chicago Press.

Scott Parrish Susan, 2006, *American Curiosity: Cultures of Natural History in the Colonial British Atlantic World*, Chapel Hill, University of North Carolina Press.

Sivasundaram Sujit *et al.*, 2010, Global Histories of Science, *Isis*, vol. 101.

– 2013, *Islanded: Britain, Sri Lanka, and the Bounds of an Indian Ocean Colony*, Chicago, University of Chicago Press.

Sprat Thomas, 1667, *The History of the Royal Society of London, for the Improving of Natural Knowledge*, Londres, J. Martyn.

Van Damme Stéphane, 2005, *Paris, capitale philosophique, de la Fronde à la Révolution*, Paris, Odile Jacob.

Varey Simon, 2000, The Instructions of Philip II to Dr. Francisco Hernández, *in* Simon Varey (dir.), *The Mexican Treasury: The Writings of Dr. Francisco Hernández,* Stanford, Stanford University Press.

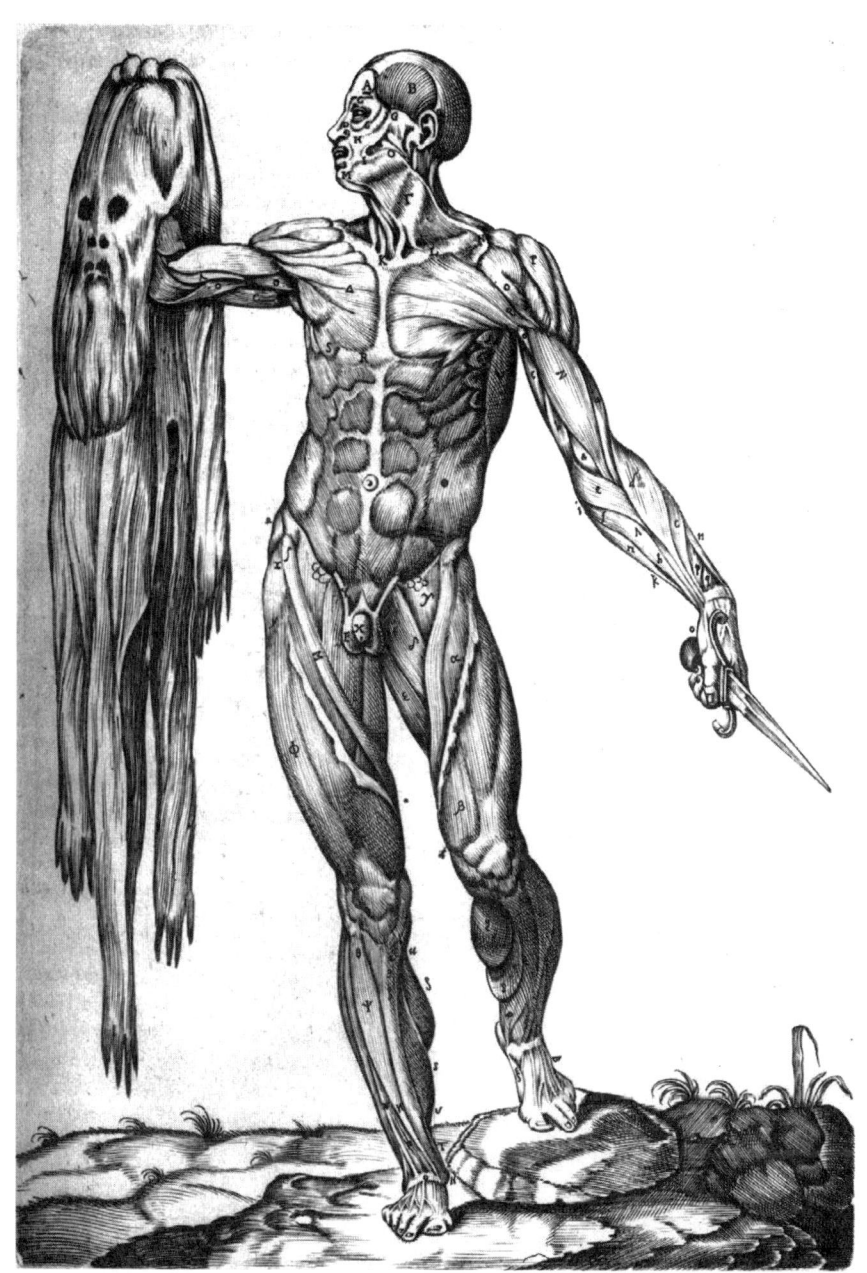

西班牙医学解剖学家巴尔韦德·德·阿穆斯科（Valverde de Amusco）在帕多瓦接受培训后出版了多部解剖学著作，其中的部分插图是从安德烈·维萨里那里"借来"的。——《人体解剖》(*Anatomia del corpo humano*)，罗马，1559年。

第九章

科学观察：科学的视觉文化

"我不想印刷任何图像"，1539 年，巴黎医生雅克·迪布瓦（Jacques Dubois）（1478—1555）在对盖伦《论骨骼》（*Sur les os*）一书的评论中写道。他补充说，骨头必须"在天然状态下观察，以便可以随时观察、衡量、判断和检查，而不是以最愚蠢、最费力的方式，通过一些比例失调且被厚厚的明暗对比模糊的素描图来学习。"[1] 按照迪布瓦的说法，图像不仅无用，而且有害，因为它们可能诱使学生放弃对自然的直接观察（在这种情况下为人体），而满足于单纯地查看那些不可靠、只能提供不完善、不完整信息的图形。他先后于 1541 年和 1551 年发表抨击文章，猛烈批判他的前学生安德烈·维萨里（1514—1564）[2] 的划时代巨著《人体结构》是"毫无价值"（*Farrago sumptuosa*）的，并且是"平庸"的（*futilem vanamque*）。[3] 维萨里在这部著作中批评了盖伦的解剖学，还收录了几百幅木版画，他在序言中对这一选择作了解释和辩护："这使我想到了一些人的意见，他们强烈谴责我们关于通过图像研究自然事物的建议，无论这些植物或人体部位的图像绘制得多么精良"。然而，《人体结构》中的"逼真"插图绝非旨在鼓励读者满足于此从而绕开解剖，而是完全相反的，意图敦促他们专心于解剖或至少参与其中。此外，"图像在多大程度上有助于对

---

[1] Dubois 1556 (p. 4).
[2] Dubois 1551.
[3] Dubois 1561 (fo 7vo).

学说的理解……没有人在几何学和其他数学学科中有过类似的体验"。①

如果要问迪布瓦和维萨里中到底谁最能表达16世纪科学的视觉文化，答案似乎是显而易见的：年纪大的王室医生代表着过去、教条式的固执和对一切新奇事物的愤怒，这通常是第一现代性的巴黎医学界的普遍现象；与之相反，年轻的佛拉芒解剖学家则是进步的先驱之一，有时会大量使用图形资源，从那时起，这逐渐成为印刷的学术作品的主流。但是，这样的结论过于笼统，无法完全赞同。需要将其适度中和。实际上，"旧时"与"近代"之间的划分并不像迪布瓦和维萨里的对立那样泾渭分明。维萨里在其著作序言中影射了那些谴责使用植物"素描图"的人。他很可能知道图宾根大学医学系教授莱昂哈特·福克斯（Leonhart Fuchs）（1501—1566）②的著作《对植物志的著名评论》（*De historia stirpium commentarii insignes*）所招致的反对，其中最大的批评声音来自德意志人文主义者兼医生贾纳斯·科尔那留斯（Janus Cornarius）（1500—1558）。③ 在当时，对印刷图像的犹疑甚至是排斥都并不罕见。这种犹疑和排斥直至17世纪仍然存在，例如另一位医生小让·里奥兰（Jean Riolan fils）（1580—1657）仍对使用图形心存蔑视：用他的说法即"欺人之图"（*pictura fallax*），虽然许多人乐在其中，但它们既不能再现色彩的细微差别，也无法准确传达形状的微妙，而只能用来"激起粗鄙无知之人的钦佩"。④ 和杜波一样，被大规模列为最纯粹和最狭义的教义保守主义的主要代表之一里奥兰，势必可以强化"印刷图像向着历史的（好）方向发展"的想法。然而，里奥兰在历史学上的声誉欠佳主要归因于他对威廉·哈维（1578—1657）的血液循环理论的挑战。而哈维是科学史上的英雄人物，他也不赞成在书籍中插入图像。⑤

---

① Vésale 1543 (Préface, n.p.).
② Fuchs 1542.
③ 关于这些批评，更广泛地讲，是关于书中的图像，请参阅：Kusukawa 2012（p. 125–130）；Kusukawa 2000 (p. 105–107)。
④ Riolan fils 1626 (p. 89).
⑤ 在巴黎的"解剖学王子"和在帕多瓦受训的英国医生之间的争论趋于白热化的同时，后者在伦敦出版了他的主要作品之一《动物的生殖》(*Exercitationes de generatione animalium*)［伦敦，迪加尔（Dugard），1651年］，他在书中表现出对该问题的保留态度：正如那些通过雕刻和绘画中虚假的形象来观察遥远的土地和城市或人体内部的人那样（*Quemadmodum iis usu venit, qui in sculptis pictisque tabulis, longinquas terras, atque urbes, vel corporis humani partes interiores, sub falsa imagine intuentur.*）（Préface, n.p.）。

这显然并不是一场简单的明知必败仍然投入的战斗，而是更为复杂和有趣的挑战之一，人们为方便起见继续称之为"科学的视觉文化"。作为一种自愿的、明确论证的态度，拒绝把图形纳入科学书籍，完全属于这个范围。此外，当没有图像是由于书籍制造成本和（或）目标读者等原因而导致时，也同样属于这种情况。1539 年，希罗尼穆斯·博克（Hieronymus Bock）(1498—1554) 在斯特拉斯堡出版植物学著作《新草药志》(*New Kreütter Buch*) 时，他因书中包含插图向他的印刷商文德尔·里埃尔（Wendel Rihel）道歉，因为这有可能超出贫困学生的承受能力。① 但不只是书籍是这样。为给这个问题增加另一个维度，让我们暂时回到雅克·杜波的案例上：他在巴黎特雷吉耶尔学院开设的解剖课上，参加课程的诺埃尔·杜法伊（Noël Du Fail）于 1591 年写道，当他"解释我们所谓的羞耻部位时，没有用'英俊的弗朗索瓦'的名字和绰号来称呼任何地方，他加入图形和肖像，以丰富其课程。"② 虽然迪布瓦反对将图像引入书籍，但他仍将其用于教育目的。因此，他的立场和他参与的辩论应从另一角度看待：人们所质疑的并不是图像在普遍意义上的有用性或合理性，而是它们在印刷书籍这一特定使用环境中是否恰当。

"学术画作"和说服力

从上述情况看，我们要保留几个重要方面。"视觉文化"这一表达至少需要使用复数形式，因为图像被赋予的认知地位及其使用所带来的好处是多种多样的，有时甚至是大相径庭的。这些视觉文化并没有将书籍作为唯一的媒介，即使在所有科学文献中，书籍从数量和质量来看仍然是基础。在这方面，活页纸与图像格外相关，特别是在医学、解剖学和外科领域。③ 在印刷品的框架内，无论它们是什么，图像都不能脱离文本；反过来，图像必须在它们与文字的共同作用中、在它们的相互衔接中进行分析。最终，科学图像是编辑项目的一部

---

① Kusukawa 2000 (p. 97).
② Du Fail 1587 (p. 291–292).
③ Carlino 1994 et 1999.

分；绘图师、版画雕刻师、印刷商、书商和读者等众多行动者以各种身份参与生产以印刷品为载体的知识体系。

这是定义了研究素材问题的一些基本要素，即使仅仅局限于印刷品图像，规模仍然是巨大的。它的历史涉及认知、技术、文化三方面的传统①，在很大程度上是连续性的历史。插图画家往往通过美学处理来限定印刷品的学术意义，他们并不总是在意原创性，而是会承接现有的图形来进行再创作、再加工或是简单地复制。印刷商经常购买、出售和交换他们拥有的图像。从这个意义上说，重复使用、引用、批量生产、翻印、简单的抄袭只会加强图像通过累积知识所产生的凝聚力。然而，这种连续性的历史也同样是一种流传的历史，它遵循的轨迹超出了科学知识的范畴：科学知识并不垄断其图像，它可以在其他地方找到，并在其他学术和社会可见性领域被传播。

有人说，近代科学图像的资料库是巨大的；然而，它只是更大规模研究素材中的一部分，即整个印刷图像的资料库。毋庸讳言，科学图像固然有其特定的用途和意义，但归根结底首先是图像，必须从这方面加以考虑，既不抹杀它们的独特之处，也不强加任何不属于它们的东西：图形的选择、技术解决方案以及印刷文字的空间中的插图被赋予的认知和商业功能，使植物学、动物学、宇宙学、解剖学或天文学书籍类似于徽志集、教育学或建筑学甚至是印刷术的论文集。在所有这些领域中，说服、赞成、示范是调动图形资源的核心，物质载体所提供的可能性与通过鼓励"眼睛的旅行"以寻求知识为目的运用物质载体的最佳手段相结合。

被里昂耶稣会会士克洛德-弗朗索瓦·梅内特里耶（Claude-François Ménestrier）（1631—1705）称作"学术画作"（les peintures sçavantes）的产生，主要是基于"看"与"知"之间存在特殊关联的信念。之所以特殊，是因为牢固，但也因为它的理论基准单一而精确。的确，图像被赋予的力量在很大程度上基于官能（辨别力、想象力、理解力、记忆力）及其各自的作用，因此具有教育性、说服性甚至感化性的优点。②"视觉优先于听觉、眼睛优先

---

① Mandressi 2011.

② 参阅：Mandressi 2005 et 2009。

于耳朵"的观念也是如此,这也是非常广泛的共识。古罗马帝国诗人贺拉斯(Horace)的《诗艺》(Art poétique)中对感官的分级成为最常被引用的内容之一。① 受此启发,夸美纽斯(Comenius)(1592—1670)在他的《图画中可见的世界》(Orbis sensualium pictus)(1658年)中实施了一种教学方法,即图像与文字相互竞争来指代物体。在突出徽志类书籍的趣味性和性质时,该文体的理论家更注重说服力;因此,梅内特里耶认为,"没有任何事物能在不经过感官和想象的情况下以自然的方式进入头脑,感官和想象的适当功能是接收物体的图像,并将其呈现给大脑,以便了解和检查它们"。② 梅内特里耶对"接收"的用词很准确,因为这种知识理论以"进入说"(l'intromission)为前提,也就是说,物体的图像"进入"眼球中,而不是眼球发出射线或精神,当接触到物体时会产生视觉。在评论亨利四世(Henri IV)的医生安德烈·杜洛朗斯(André Du Laurens)(1558—1609)③ 的著作《论视觉的保持》(Discours de la conservation de la veue)(1594年)时,卡尔·阿维兰热(Carl Havelange)概述道,"在'看'这种操作中,是世界走向我们还是我们走向世界?是我们向世界发出了某种东西,还是从世界处接收了某种东西?"

不管怎样,说服的艺术是图像的功能以及提供图像的人的意图的一部分,为了使说服作用得以持久,提取记忆至关重要。图形资源的运用为感觉的产生提供了支撑,感觉则与旨在论证的说服意愿紧密相关,图形资源在印刷品实现方面的预期和结果也具有显著的共同特征。我们将重点关注其中两点:一是文字和图像的联合,二是插图的美学质感。关于第一个,它是确定徽志形式的基础,徽志将标题、图像和文字组合在一起;它也定义了它们的功能,因为徽志

---

① *Segnius irritant animos demissa per aurem, Quàm quae sunt oculis subiecta fidelibus* (Horace, Opera omnia, Francfort, Christian Egenolff, 1544, p. 200).
② Ménestrier 1684 (p. 12). 同样可参阅:Ménestrier 1682—1683。
③ Havelange 1998 (p. 150). 杜洛朗斯在"进入说"和"发射说"(l'extramission)之间犹豫了很长时间,最终选择了第一种立场,这依赖了亚里士多德、阿维森纳、海什木(Alhazen)、伊本·路世德(Averroes)的权威。后来也被达芬奇及之后的开普勒采纳,可参阅:Du Laurens 1597 (chap. 10:《Comme la veüe se faict; si c'est par emission ou par reception》, f°s 48r°–61r°). 关于开普勒之前的视觉理论可参阅:Lindberg 1976。

的效果（目的是从具体的内容中汲取与人有关的抽象教义）是由上述元素之间的联系而产生，这种联系在页面的空间里将这两个意义的来源紧密地结合在一起，使它们相互之间有了额外的联系。文字引导视线，并提供解读的关键；图像传达教育内容，并"论证"文字。为了诱导和促进记忆，人们引入了"某些有助于减缓阅读速度的诡计……最常见的是将图像放置在两个文本之间，通过意义的碎片化建构，迫使读者返回查看；徽志也迫使读者反复观察图像，我们知道其特殊效用在于固定注意力。"[1]

但是，在修辞学传统中，教育并非没有乐趣：图像令人愉悦的特征不仅伴随而且服务于教学目的。在安德烈亚·阿尔恰蒂（Andrea Alciati）（1492—1550）著作《徽志集》（*Emblematum liber*）（1531年）——该类型的开山之作——的法译本的献词中，巴泰勒米·阿诺（Barthélemy Aneau）（1561年）明确解释称：

"看着图像及文字说明能让您的眼睛愉悦，有利于理解徽志的文字和含义。首先，您花些许时间愉快地凝视漂亮的图画。之后，您尝试理解一些好的词句和有益的示例。……一通百通。理解了文字就容易看懂图像；反过来，图像生动清楚地阐明了文字的含义。"[2]

吉勒·克罗泽（Gilles Corrozet）（1510—1568）在其著作《对古代和近代一百个人物和历史的描述，包含若干谚语、警句和格言》（*Hécatomgraphie*）卷首的献诗中写道："为使大脑满意，为使眼睛愉悦，每个故事都有图片说明，这可以更清楚地展示，并使其更加真实。"[3] 简而言之，图像要想很好地或更好地发挥作用，必须具有吸引力，必须为眼睛提供愉悦感，才能鼓励大脑接受它。

艺术与文字

翻开科学书籍中的印刷图像，我们既发现了将图片与文字交织在一起的努力，又发现了让图片令人愉悦的希望。对于第二点，艺术的作用至关重要，

---

[1] Paultre 1991 (p. 8–16, cit. p. 8 et 16).
[2] Alciati 1549 (p. 4).
[3] Corrozet 1543 (f° A3v°).

因为它必须使其能够满足图案的美学质感和版画制作中技术品质的要求。从16世纪开始，文本的作者和负责制作图像的艺术家之间建立了密切的关系。由此，汉斯·布克迈尔（Hans Burgkmair）（1473—1531）的学生、雕刻家汉斯·魏德利兹（Hans Weiditz）为德意志医生、神学家和植物学家奥托·布伦费尔斯（Otto Brunfels）的三卷《活植物图谱》（*Herbarum vivae eicones ad naturae*）（1534年）制作了135张木版画。① 莱昂哈特·福克斯在著作《对植物志的著名评论》（*De historia stirpium*）的序言中，盛赞维特·鲁道夫·斯贝克（Veit Rudolf Speckle）为"迄今为止最好的木版画雕刻家"（*sculptor Argentoracensis longe optimus*），感谢其创作的511幅木版画，并在书的最后补充了他及画师阿尔布雷希特·迈耶（Albrecht Meyer）和海因里希·富尔默尔（Heinrich Füllmaurer）的肖像。皮埃尔·贝隆（Pierre Belon）（1518—1564）在出版了《奇特的海洋鱼类的种类志》（*L'Histoire naturelle des estranges poissons marins*）（1551年）和《水生生物》（*De aquatilibus libri duo*）（1553年）这两本插图作品后，于1555年推出《鸟类习性志》（*Histoire de la nature des oyseaux*），并在其中提醒读者：

"整部作品中没有任何鸟的画像，无论是自然状态下还是画家眼中的：无论是意大利、英国还是弗兰德斯，没有任何画家在这方面帮助过我们。但是我们不想隐瞒那些帮了我们大忙的人的名字，他们使用了巴黎真正的绘画大师皮埃尔·古戴（Pierre Goudet）的技艺。"② 有几位"画家"为康拉德·格斯纳（Conrad Gesner）的巨著《动物志》（*Historia animalium*）提供了图像，该著作于1551—1558年间在苏黎世出版，共四卷，对开本。据格斯纳在第一卷序言中所说，大量插图是由他自己创作的，而其他插图则是由可信赖的朋友提供的，或者是由艺术家绘制的，其中仅提到斯特拉斯堡的卢卡斯·尚（Lucas Schan）的名字，再或者从其他印刷书籍，甚至手稿和地图复制而来。③ 蒙彼利埃医生纪尧姆·龙德莱（Guillaume Rondelet）（1507—1566）的《海鱼志》（*De piscibus*

---

① Brunfels 1530—1536.
② Belon 1555（《Au lecteur》, f° aiiij r°）. 可参阅：Belon 1551 et 1553. 参阅：Glardon 2011.
③ Gesner 1551—1558. 关于《动物志》的图片，可参阅：Kusukawa 2010, Pinon 2005.

marinis)（1554年）和罗马实用医学教授兼教皇尤利乌斯三世（Jules III）御医伊波利托·萨尔维亚尼（Ippolito Salviani）（1514—1572）的《水生动物志》（*Aquatilium animalium historiae*）（1554年）均在差不多年份出版。① 这几本关于植物学和动物学的插图书籍的例子足以展现丰富的图像在烘托学术论述方面所起的作用；它们还反映了借助昂贵的出版事业为视觉提供自然对象"生动"图示的意愿，即使这些图像并不一定源自对这些对象的直接观察。

康拉德·格斯纳（1516—1565），瑞士新教医生、博物学家，被誉为"瑞士的普林尼"（Pline suisse）。他于1551年开始出版了《动物志》。这是一部超过3 500页的巨著。他收集了1 500幅版画，构成其作品的初始元素。这是一幅鹰的图像。——《动物志》，苏黎世，1551—1553年。

---

① Rondelet 1554, Salviani 1554（卷首语的日期是1557年10月）。

解剖图像也是如此。博洛尼亚外科学教授雅各布·贝伦加里奥·达·卡尔皮（Jacopo Berengario da Carpi）（1530 年）是解剖图像的首批坚定拥趸之一，他于 1521 年就中世纪解剖学家蒙迪诺·德·卢齐（Mondino de'Liuzzi, 1326 年）的著作《人体解剖》（Anatomie）撰写了厚厚一本《人体解剖注解》（Commentaria），其中所配部分插图来自贝伦加里奥自己的艺术作品集。[①] 这些插图以风景为背景，展示了活的骷髅骨架或是剥皮的人体，他们用自己的手掀开腹部或胸部的皮以展示内部构造，还有撕裂腹部的女性在展示其生殖器官。维萨里《人体结构》中的木版画很可能出自提香（Titien）（1576 年）身边的艺术家之手，尤其是弗拉芒画家扬·斯蒂芬·范·卡尔卡（Jan Stefan van Calcar）。夏尔·艾蒂安（Charles Estienne）（1504—1564）的《人体局部解剖学》（De dissectione partium corporis humani）（1545 年）中的许多插图再现了意大利艺术家的作品，例如，佩里诺·德尔瓦加（Perino del Vaga）（1547 年）和罗索·菲奥伦蒂诺（Rosso Fiorentino）（1494—1540）[②]，尤其是雅各布·卡拉利奥（Jacopo Caraglio）（1565 年）雕刻的《众神之爱》（Amours des dieux）系列。罗索也是与普里马蒂乔（le Primatice）（1504—1570）和弗朗西斯科·萨尔维亚蒂（Francesco Salviati）（1563 年）一起为圭多·圭迪（Guido Guidi）（1509—1569）在 1544 年出版的希波克拉底外科著作的拉丁语译本绘制了插图。[③] 1627 年，德意志医生丹尼尔·林德弗莱施（Daniel Rindfleisch）在威尼斯出版了一本内含 77 幅版画的合集，这些版画本来是帕多瓦教授朱利奥·卡塞里奥（Giulio Casserio）（1616 年）为自己的一篇名为《解剖学描述》（Theatrum anatomicum）的论文找人刻制的，但该论文最终未能完成。该合集第八本书的第十五张版画援引自《众神之爱》系列的《维纳斯惊讶于墨丘利的到来》（Vénus surprise par Mercure），描绘了男性的阴茎和肛门肌肉的解剖结构。1684 年，这幅图被约翰·布朗（John Browne）再次用于《新的肌动描记法》（Myographia nova）（约 1702 年）。

---

① Berengario da Carpi 1521. 关于这本书和其中的插图，可参阅：Rafael Mandressi 2005.
② 参阅：Kellett 1955 et 1957.
③ Guidi 1544.

在视觉层面上,解剖学书籍与植物学或动物学书籍一样,都是经由艺术精心加工而成的。这里的艺术是指艺术家为提高视觉愉悦感而在学术印刷品中使用的图形材料。至于文本和图像之间的衔接,解剖学领域的研究和解决方案无疑比其他任何方面都更先进。1521 年,贝伦加里奥·达·卡尔皮仅限于在每幅木版画旁边提供 1~2 个解释性段落。大约 30 年后,相互参照系统展现出全新的复杂性,并且已经成为相当精细的机制,从而确保了文字和插图更加紧密地交织在一起。让我们选取两个能说明问题的案例,研究一下 16 世纪中叶解剖学书籍的情况:西班牙人巴尔韦德·德·阿穆斯科(1588 年)的《人体构造志》(*Historia de la composición del cuerpo humano*)(1556 年)和巴托罗梅奥·埃乌斯塔基奥(Bartolomeo Eustachi)(1574 年)的《论解剖》(*Opuscula anatomica*)(1564 年)。

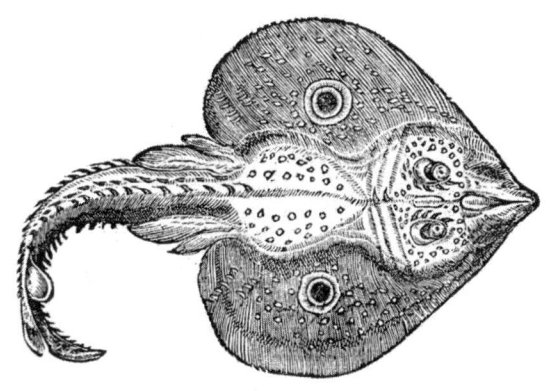

正是这部关于鱼类的著作奠定了蒙彼利埃学院医学教授纪尧姆·龙德莱巨大声望的基础。他在书中描述了 244 种地中海鱼类。这些配图是在其解剖实践的基础上绘制的。——《海鱼志》,里昂,1554 年。

巴尔韦德的《人体构造志》第一版是以卡斯蒂利亚语在罗马出版,这本书乍看之下原创性并不高,因为其配图大部分都是根据维萨里《人体结构》一书中的图像重新设计和改编的。① 巴尔韦德就此向读者解释称:"虽然我的一些

---

① 253 件作品中只有约 15 件是西班牙艺术家加斯帕·贝塞拉(Gaspar Becerra)(1520—1570)明确为该书绘制的。关于巴尔韦德的专论,可参阅:Carlino 2002 et Guerra 1967.

朋友认为我应该绘制新的插图，而不是沿用维萨里的配图，但我不想这样做，以避免可能引起的混乱，因为这样别人不容易弄清楚我到底哪些方面同意或不同意他的观点。"[1] 因此，每当有值得指出的分歧时，从第一张图片开始，就会配上解释性文字来明确这一点："我只想提醒读者，第一幅图和维萨里的不同，因为他的那张绘制得不好。"[2] 巴尔韦德借图像来提出批评，他坚信解剖学知识随着评价前人的论断而不断发展，这既可以通过图形也可以通过文字来实现。《人体构造志》的读者还可以通过索引查询巴尔韦德认为维萨里出现的错误或遗漏。其中一条是："维萨里在鼻子里加了两块实际上不存在的肌肉"，巴尔韦德不仅在文字段落中列明观察结果，而且在页边空白处添加注释予以补充。其目的在于让读者去查找对应的图像，观察文本中描述的那几块鼻肌。一旦找到所需的图像，读者会发现一个身体各部位的列表，每个部位对应一个字母，标记在图像的相应位置上。查看和研究图像后，人们可以从任何其他位置（图形、索引、正文）重新开始阅读。对书籍的阅读轨迹可以是多种多样的，从文字或图像到图像和（或）文字。

1564 年，巴托罗梅奥·埃乌斯塔基奥实施了一个非常不同的体系。他在《论解剖》中，用一对坐标（一个"经度"和一个"纬度"）表示交叉引用，每个图像周围都标有刻度。埃乌斯塔基奥在卷首中声明，使用图像必须配备一把纸直尺，其长度与插图的短边相等，其刻度也与插图的相同；只要将这把尺子在长边上移动，直至找到坐标中标明的"经度"，就可以在尺子本身上定位其"纬度"，从而找到所需的位置。[3] 该装置的设计灵感来自托勒密坐标系，既可以去除图形上任何叠加的文字符号，又可以至少在理论上更精确地定位要引起注意的细节。[4] 自贝伦加里奥·达·卡尔皮在其《人体解剖注解》中将文字和图像联合以来，形势又取得了一些进展。图形越来越多地穿插在文本中

---

[1] Valverde de Amusco 1556, Al Letor [sic]（这段是笔者自己翻译的）。
[2] *Ibid.*, Declar. delas fig. del Lib. i, 没有页码（这段是笔者自己翻译的）。
[3] Eustachi 1564 (f° *1)。
[4] 关于这一制度及其知识的作用，参阅：Andretta 2009；关于分析制图系统和解剖学表示系统之间的关系，参阅：Mandressi 2014, Mandressi 2005.

间，框定了其可读性，从而强化了它们作为论据的作用。借助环绕着的图像，文字论述证明了它们与所表现现实的一致性，并奠定了它们作为外科医生、植物学家和科学家的眼睛的表达或延伸的可信度。

测量、比例、透视

在 1440 年代后期撰写的《罗马城记》(*Descriptio urbis Romae*) 中，莱昂·巴蒂斯塔·阿尔伯蒂（Leon Battista Alberti）(1404—1472) 描述了一种绘制城市平面图的方法，即借助由刻度盘和中心连接一根标有刻度的枢转臂组成的仪器——"水平仪"（un horizon），测量重要点的坐标。该枢转臂以卡皮托利山为中心，通过在水平放置的圆盘上绕其轴线旋转，瞄准要测定的点。这样，通过测量这个方向与北形成的夹角度数，就可以得到目标点的方向。借助枢转臂的刻度单位与阿尔伯蒂本人在卡皮托利山和测定点之间计算的间距之间的比例关系，可以得出平面图上测定点相对于中心的位置。① 所有这些数据都被录入到 16 个字母数字表格中，然后可以由此绘制出图像——平面图，按照让-马克·贝斯的表述，"可以说，这是一个数字图像"。

"人们注意到，阿尔伯蒂绘制罗马平面图的方法与托勒密在《地理学》中推荐的制图法之间有许多相似之处：在两种情况下，位置都是由一对坐标确定的，阿尔伯蒂使用的'半径'对应托勒密介绍简单圆锥投影时描述的标尺，最重要的是，在某种意义上与托勒密相同（请注意，《地理学》最初是没有地图的），阿尔伯蒂不提供地图，而是仅提供坐标表以及将这些数字转换为图像的方法。"②

让我们注意一下阿尔伯蒂用来记录罗马数字地形数据的装置与 1564 年巴托罗梅奥·埃乌斯塔基奥在绘制《论解剖》中插图而描述的定位身体部位的工具之间的相似性，即使不相同。

---

① Alberti 2000.

② Besse 2003 (p. 132).

但是，关于身体的具象画，《罗马城记》与阿尔伯蒂的另一本著作《论雕塑》(*De statua*)中介绍的原理和工具不只是类似。《论雕塑》介绍了一种用于再现人体三维形状的方法。① 所用的仪器［阿尔伯蒂称为"三维测量仪"（*finitorium*）］也由"水平仪"和"半径"组成，并在其中添加了第三部分或"构件"——垂线（*perpendiculum*），以测量在不同高度的圆点的距离。② 与罗马平面图中的城市地形一样，在《论雕塑》中，身体被划分为一组点，并由它们来定义，这些点被置于三维坐标中，而坐标本身是以表格的形式排列的。"在人体表面其图像以及分析它的数字表格之间，建立起知识的同质性"。③ 阿尔伯蒂还在《论雕塑》中引入"比例尺"（*exempeda*），这是他通过吸纳维特鲁威（Vitruve）的论断，即人脚的长度是身高的六分之一，而创建的一种比例测量体系。一脚的长度又进一步被分为十个拇指（*unceolae*）的长度和一百小单位（*minuta*）的长度，其结果是，从活人身上采集的测量数据可以被记录下来，并以表格的形式分组。阿尔伯蒂指出，雕刻家必须观察并很好地理解身体各部分的结构及其比例：包括其本征、和其他肢体的关系以及相对于整个身体的关系。

我们知道，比例问题在从莱昂纳多·达·芬奇和阿尔布雷希特·丢勒（Albrecht Dürer）(1471—1528)到文森佐·丹蒂（Vincenzo Danti）(1530—1576)等文艺复兴时期的学者和艺术家心目中一直占据核心地位。它是空间、其中物体及二者相互关系的可见性理论形式化网络的一部分。托勒密坐标网格以及画家"合理构建"图像的"法则"（*regola*）亦是如此，后者同样被认为是阿尔伯蒂的发明，因为他在《论绘画》(*De pictura*)中首次对其进行了系统化阐述，后来，皮耶罗·德拉·弗朗切斯卡（Piero Della Francesca）(1492 年)将其命名为"人工透视"（*perspectiva artificialis*）。这里不是赘述透视法及其变体的技术内容的地方④；只需援引阿尔伯蒂对绘画的定义："根据给定的距离、

---

① Alberti 1972.
② 关于《论雕塑》中测量仪器的详细研究，参阅：Scaglia 1993.
③ Besse 2003 (p. 138). 也可参阅：Carpo 1998.
④ 关于这个问题的研究甚多，以至于在这里无法给出最新的主要参考资料，所以我们参考了 Camerota 2006 里的综述。

确定的中心和固定的光线而形成的视觉金字塔的一部分。"① 换句话说，就是视觉射线的投影，在垂直于中心射线的平面上，形成一个以视点为顶点、以要表现的物体为底点的金字塔。让我们回顾一下透视和比例问题与坐标网格之间的密切联系。关于这个问题，需要提到他建议画家"完美地"获得"轮廓线"的过程：由他发明使用的"交叉切割"，即"用非常细的线横向松散编织成一块纱网，再由较粗的线纵向切分成任意多的方块条，并在框架上拉紧"。将框架放置在"要描绘的身体和眼睛之间，以使视觉金字塔穿过纱网的孔隙"，由此形成的"经度"和"纬度"网格可以对其框定的图像的各种元素之间进行精确的定位并确定其固定关系，然后将其移植到待绘制的表面，无论比例如何。② 最后，需要记住的是，透视首先是一个投影系统，因此，透视远非艺术家的特权，还涉及在平面上表现出三维效果的各种图像的制作，例如绘制地图。

阿尔伯蒂的"交叉切割"法（l'intersecteur）是一个理论对象，当然可以落实在实物上，来具体应用于图像的形成，但是画家也可以免去这一步骤，只需"在脑海中想象出一条水平线与一条垂直线相交而形成的网格系统"。③ 无论是理论上的还是实物的网格，都会引导人们的视线，按照某些特定原理，把看见的物体几何化处理。这种几何化的结果是，成像对象的某些属性随着视点的变化而变得自主。物体内部以及将物体之间及与物体所处空间联结起来的度量对应系统是稳定的，而它们的可见形态会根据在空间中及相对于观察者的位置发生变化。换句话说，透视图将物体的形状与视点联系起来，并通过这种相对性，设定在自然界中的比例。这种通过物体的内在几何形状来稳定物体，大大改变了这些物体的图像可以承载的信息类型。这些信息仅属于该物体，并且在理论上独立于传递它们的图像。由此，图像构成的陈述原则上仅与该物体有关，而与自身无关。由于物体与描绘物体的图像之间的这种相互剥离，图像总体上趋于客观化。印刷术带来的机械复制性促进了这一客观化过程。通过相同

---

① Alberti 1992 (p. 103).
② *Ibid.* (p. 147–149).
③ *Ibid.* (p. 151).

的、几乎无限的、没有地域限制的传播，这些陈述性图像在自然缺席的情况下，以一种视觉合理化的语言，诉说着自身关于自然的故事。

对人体及其各部位的比例进行深入研究属于这一框架。毋庸赘述，只需看一下非常著名的丢勒的四卷本《人体比例研究》（*Quatre livres sur les proportions humaines*），以及在此之前，皮耶罗·德拉·弗朗切斯卡的《论绘画中的透视》（*De prospectiva pingendi*）（约 1480 年），例如，后者在书中阐述了绘制人类头部投影的复杂程序。① 非常高产的埃哈德·舍恩（Erhard Schön）（1542 年）为 100 多本书绘制了约 1200 幅插图，他于 1538 年撰写的《论人的比例和透视精度》（*Underweissung der proportzion unnd stellung der possen*）就是受丢勒的启发。在前人的成果基础上，并根据他自己对人体几何结构和立体结构的研究，舍恩打算证明人体的每个部分都可以归结为欧几里得实体，从而"可以按照《几何原本》和《光学》中的所有命题进行量化"。② 1560 年，画家让·古尚（Jean Cousin）在巴黎出版了《论透视》（*Livre de perspective*）一书，在给读者的致词中，宣布即将出版的"第二部作品中将包含身体、人物、树木和风景的各种图像，其形状和大小随着场景的不同而变化。"古尚没来得及履行诺言，但他准备的部分材料在 35 年后被用在他儿子撰写的《论肖像》（*Livre de pourtraicture*）（1595 年）中。小让·古尚（约 1594 年）的作品完全致力于"人体各个部位的平面和立体图：涵盖各种比例、大小的男人、女人和小孩的正面、侧面和背面图。上述图形中的部分尺寸可能因艺术效果而缩短"。③

流通传播

测量、比例、透视：《论肖像》一书将身体客观化。就像丢勒和舍恩等人的作品一样，但更强调的是这些几何化程序所允许的最具有代表性和示范性的

---

① Piero Della Francesca 2005；参阅：Field 2005.
② Edgerton 1991 (p. 178).
③ Cousin (le père) 1560, Cousin (le fils) 1595.

自然界中人体形象的绘制练习：（按照透视法的）缩短。让·古尚的作品展示了投影和比例的相互作用，不仅指导如何操作，而且还演示这些操作如何针对不变的对象产生多变的视觉效果。从保罗·乌切洛（Paolo Uccello）（1397—1475）的《圣罗马诺之战》（*La Bataille de San Romano*）（约 1456 年）到安德烈亚·曼特尼亚（Andrea Mantegna）（1431—1506）的《死去的基督》（*Christ mort*）（约 1500 年），人们在绘画中还有解剖图中都可以发现这种应用。上文中提到的夏尔·艾蒂安的《人体局部解剖学》中的插图展示男性阴茎和肛门肌肉的解剖结构，其灵感来自于雅各布·卡拉利奥雕刻的木版画，后来又在朱利奥·卡塞里奥的《解剖场景》和约翰·布朗的《新的肌动描记法》中重复出现，并做了适度修改。解剖学图像中最著名的示例来自维萨里在《人体结构》书名页上正在被解剖的女性尸体。然而，在绘画、关于透视的书及医学、外科学和解剖学书籍中，人体图像的交叉发生在各个层面。曼特尼亚描绘的死去的基督几乎赤身裸体地躺在坚硬的表面上，不免让人联想到一具准备解剖的尸体。汉斯·弗雷德曼·德·弗里斯（Hans Vredeman de Vries）（约 1606 年）在莱顿担任人体结构学教职时创作的《透视学》（*Perspective*）（1604—1605）中的人体图像也是同样如此，虽然更简略一些。在伦勃朗（Rembrandt）（1606—1669）的成名作《尼古拉·特尔普教授的解剖课》（*La Leçon d'anatomie du docteur Deyman*）（1656 年）中，尸体脚掌置于前景中供围观者观察，由此，这种暗示不复存在，而且变得清晰明了。

这样一来，人体学术图像的流通就开始了，它们从一种媒介转移到另一种媒介，并在印刷品中从医学著作迁移到属于不同知识体系的文本。在让·古尚的《论肖像》中，剥皮的人体这种画法承袭于雅各布·贝伦加里奥·达·卡尔皮的首创，其中一些复制自维萨里《人体结构》、夏尔·埃蒂尔《人体局部解剖学》和巴尔韦德《人体构造志》中的插图。一张单独描绘下肢的木版画会让人联想起乔瓦尼·巴蒂斯塔·卡纳诺（Giovanni Battista Canano）（1515—1579）《人体肌肉解剖图》（*Musculorum humani corporis picturata dissectio*）中由吉罗拉莫·达·卡尔皮（Girolamo da Carpi）（1501—1556）刻在铜板上的上肢的插图。这些图片也如意料中的那样，不停地在医学出版物本身内部继续流传。由于《人体结构》中的插图取得了非凡的成功，因此最常被借鉴、复制甚至印成合集，有时还会附上简短的评论。人们会提及巴尔韦德对它们的使用；还会在借用名单中加上贝尔纳迪诺·蒙塔尼亚·德·蒙塞拉特（Bernardino Montaña de Monserrate）（1558年）《人体解剖之书》（Libro de la anathomia del hombre）（1551年）中15幅插图中的大部分、安布鲁瓦兹·帕雷（Ambroise Paré）（1561年）《人体的通用解剖》（Anatomie universelle du corps humain）中的49幅插图和费利克斯·普拉特（Félix Platter）（1536—1614）《人体的结构和功能》（De corporis humani structura et usu）中包含的50幅插图。普拉特的书中，并非出自《人体结构》的三幅版画，其中一幅是从荷兰医生兼博物学家福尔赫·科伊特（Volcher Coiter），（1534—1576）的著作《人体的外部和内部原理》（Externarum et internarum principalium humani corporis）复制而来。而福尔赫·科伊特把维萨里的骨骼图稍作修改，用在自己的作品中。巴塞尔医生兼植物学家加斯帕尔·鲍欣（Gaspard Bauhin）（1560—1624）则兼容并蓄，不仅从维萨里处，还从巴尔韦德、埃蒂尔、帕雷、科伊特和普拉特的作品中复制插图，用在自己的作品《解剖学描述》（Theatrum anatomicum）（1605年）中。1641年，《人体结构》中的版画再次在卡斯珀·巴托林（Caspar Bartholin）（1585—1629）的《人体解剖学》（Institutiones anatomicae）中重现，这一版本是被他的儿子、哥本哈根数学和解剖学教授托马斯（Thomas）（1616—1680）修改、扩充并在莱顿出版的。

经过多次流通，由巴尔韦德校阅的维萨里的插图远播至日本。1774年，一部名为《解体新书》（Kaitai shinsho）的专著在东京横空出世，被认为是日本第一部用日语出版的欧洲书籍。实际上，该书译自德意志医学家约翰·亚当·库尔姆斯（Johann Adam Kulmus）（1689—1745）所著《解剖图谱》（Ontleedkundige Tafelen）的荷兰语译本。为了给自己的著作配图，但泽的医学教授库尔姆斯受到菲利普·费尔海恩（Philippe Verheyen）（1648—1711）《人体解剖》（Corporis humani anatomia）（1693年）中图像的强烈启发，而这些图像亦很大程度上借鉴自维萨里。1771年，当日本医生前野良泽（Maeno Ryōtaku）（1733—1803）和杉田玄白（Genpaku Sugita）（1738—1818）成功获得了荷兰语版的库尔姆斯著作并开始翻译时,他们决定插入一些其他插图,其中部分取自巴尔韦德,四幅关于手脚肌腱的图像来自解剖学家戈瓦德·彼得罗(Govard Bidloo)(1649—1713)和画家杰拉德·德·莱瑞斯(Gérard de Lairesse)(1640—1711)合作的解剖图集《人体结构解剖》(*Anatomia humani corporis*)(1685年)的荷兰语译本。①

在翻印和借鉴在别处发表的图像的实践中,并非所有情况都是原封不动地抄袭,而是或多或少都会视情况而掩饰,甚至改动印版,这尤其证明了特定作品的影响力和重要性。除了抄袭或灵感非常接近原始作品外,科学图像集还存在着主题和图案的循环,插画家经常以自己的方式对图像中的共同点施加变化。就解剖学而言,剥皮的人体模型和骷髅骨架是最常见的。这里具有决定性影响的是维萨里的《人体结构》。无可争议的是,1733年,威廉·切泽尔登(William Cheselden)(1688—1752)创作的《骨论》(*Osteographia*)中的骨骼模型就是传承自维萨里。另一种经常出现的形象是站立的正面像,腹部是敞开的,就像贝伦加里奥·达·卡尔皮绘制的插图一样,他们自己掀开皮肤来展示内里的构造,或是亲手打开腹部,以便让读者看到他们的肌肉或内脏。此外,这些形象中的大多数都具有一些可以追溯到贝伦加里奥处的共同点:它们都是动态的、风格化的,摆着考究的姿势。

这几个例子,特别是从医学和解剖学出版物中提取的例子,表明科学图像由于不断的流通,往往比它们作为插图所配的作品传播范围更广。更重要的是,这些流通表明,无论是从视觉文化实践,还是从图像制作过程中涉及的资源(图形、知识、材料)方面来看,科学的可视化空间都远非封闭的。

最后一个方面关乎迄今为止提出的大多数问题,如果从制作插图的人的活动和身份角度考虑一下,哪怕是简单的考虑,它会变得更加清晰。他们中的一些人已经被提及,从为莱昂哈特·福克斯《对植物志的著名评论》绘制和雕刻印版的那些人,到巴尔韦德《人体构造志》的插画家加斯帕·贝塞拉(Gaspar Becerra)。虽然贝塞拉是巴尔韦德书中图像的设计者,但其中一些图像是由

---

① 关于《解体新书》,请参阅: Lukacs 2008.

洛林人尼古拉斯·比阿特丽泽特（Nicolas Béatrizet）约于 1589 年雕刻在铜板上的。比阿特丽泽特还雕刻了伊波利托·萨尔维亚尼《水生动物志》98 张对开印版画中的若干幅，这些版画很可能是由洛林人安托万·拉弗里（Antoine Lafréry）（1512—1577）绘制的，他从 1544 年起以印刷商的身份活跃在罗马。① 比阿特丽泽特先是为西班牙印刷商安东尼奥·德·萨拉曼卡（Antonio de Salamanca）（1562 年）工作，然后从 1547 年开始为拉弗里工作，最后在 1553 年这两位印刷商成为合伙人后为他们工作。萨拉曼卡和拉弗里在罗马的印刷市场上占主导地位，他们还出版地图、版画集和书籍，包括巴尔韦德《人体构造志》的前三版，分别为 1556 年卡斯蒂利亚语版和 1559 年及 1560 年的意大利语版。② 1559 年，拉弗里在不配文字的情况下重印了《水生动物志》。至于版画的制作，萨拉曼卡和拉弗里专注于印刷描绘古罗马雕塑、纪念碑和遗址等古代文物以及与希腊、罗马历史和神话主题的版画。两位印刷商利用这种对古代文物的品位，重新印制了巴尔韦德《人体构造志》及其插图。例如，在第三卷的第二章中，腹腔的解剖发生在身着罗马铠甲的躯干中；这借鉴于埃内亚·维科（Enea Vico）（1523—1567）《各类（军事）战利品之书——古代摘要》（*Libro de diversi trophei*（*militari*）—*cavati da gli Antichi*）中的 16 幅版画，后者是在 1550—1553 年根据波利多罗·达·卡拉瓦乔（Polidoro da Caravaggio）的图纸制作的，并由拉弗里出版。《人体构造志》第三卷第四章的图二十一是复制自维萨里的《人体结构》，是对著名的"贝尔维德雷躯干"（*Torse du Belvédère*）的解剖。

视觉知识

欧洲第一现代性中的科学图像，除了其特殊性之外，还属于更广泛的印刷图像范畴，受到共同的理论原理、制造工艺和使用范围的灌溉。如果说在这个

---

① 关于拉弗里，参阅：Roland 1911.
② 萨拉曼卡和拉弗里合作的具体细节，可参阅：Mandressi 2014 (p. 219 sq.)。关于拉弗里的地图制图工作和他参与的地图编辑形式的出现，可参阅：Besse 2010.

范畴内，排版装置、技术和视觉主题是流通的，那么参与制作图像的人同样在动物学、制图学、医学、百科全书、图解教育书、徽记集、版画和建筑书之间流动。同样，科学的可视化操作不能脱离实现它们的出版项目，因此还需要考虑商业层面的问题，包括印刷商的社会和知识身份、其事业规模以及相互之间的关系：竞争、联合、从属或转包。最后，如果说考虑科学书籍作者与印刷商之间的关系很重要，那么同样，在图像的具体制作过程中，他们与绘图师、雕刻师之间建立的关系也必须仔细研究。

另一方面，探询图像作为知识工具的地位，需要将图像的功能立足于视觉、想象和记忆等学术理论赋予它的力量上。近代欧洲学术文化中的可视化实践，在上游包含关于"看"的知识；在下游则产生其他知识，规范"看"的形式，组织和实现复合论述的技巧，图像和文字交织在一起，以更好地论证其主张。视觉及其特性是欧洲第一现代性建立的真理制度的核心，其影响远远超出了单纯的印刷图像问题的范畴，但后者是对其进行阐述和检验的优先领域之一。因此，它们也成为历史上质疑围绕所谓的科学和知识的视觉秩序而建立的合理性的有利基础，该视觉秩序从15世纪末开始在西欧建立，并随着时间的推移而扎根。但是，如果考虑到前文所强调的传播，印刷图像会使人们以一种本不属于欧洲第一现代性的明确态度，重新审视更根本的划分方法，特别是将科学知识与非科学知识区分开来。通过印刷载体上的视觉作品形成的历史轨迹，也许无法回答近代科学是什么的问题，但至少试图以不同的方式提出了该问题。

拉斐尔·曼德雷西（Rafael Mandressi）撰

参考文献

Sources imprimées

Alberti Leon Battista, 1972, "*On Painting*" and "*On Sculpture*": *The Latin Texts of "De pictura" and "De statua"*, éd. par Cecil Grayson, Londres, Phaidon.

– 1992 [1435], *De la peinture – De pictura*, préface, traduction et notes par Jean-Louis Schefer, introduction par Sylvie Deswarte-Rosa, Paris, Macula.

— 2000, *Descriptio urbis Romae*, édition critique, traduction et commentaire par Martine Furno et Mario Carpo, Genève, Droz.

Alciati Andrea, 1549, *Emblemes d'Alciat, de nouveau translatez en françois, vers pour vers, jouxte les latins, ordonnez en lieux communs avec briefves expositions et figures nouvelles appropriées aux derniers emblemes*, Lyon, G. Roville, impr. par M. Bonhomme.

Belon Pierre, 1551, *L'Histoire naturelle des estranges poissons marins, avec la vraie peincture et description du daulphin, et de plusieurs autres de son espèce*, Paris, R. Chaudière.

— 1553, *De aquatilibus, libri duo: cum eiconibus ad vivam ipsorum effigiem, quoad ejus fieri potuit, expressis*, Paris, Charles Estienne.

— 1555, *L'Histoire de la nature des oyseaux, avec leurs descriptions et naifs portraicts retirez du naturel, escrite en sept livres*, Paris, Gilles Corrozet.

Berengario da Carpi Jacopo, 1521, *Carpi Commentaria, cum amplissimis additionibus super "Anatomia Mundini", una cum textu ejusdem in pristinum et verum nitorem redacto*, Bologne, Girolamo Benedetti.

— 1522, *Isagogae breves perlucidae ac uberrimae in anatomiam humani corporis*, Bologne, Benedetto Ettore.

Bernard Auguste, 1857, *Geofroy* [sic] *Tory, peintre et graveur, premier imprimeur royal, réformateur de l'orthographe et de la typographie sous François Ier*, Paris, E. Tross.

Brunfels Otto, 1530—1536, *Herbarum vivae eicones ad naturae imitationem, summacum diligentia & artificio effigiatae, una cum effectibus earundem, in gratiam veteris illius, & iamiam renascentis Herbariae Medicinae. [...] Quibus adjecta ad calcem, appendix isagogica de usu & administratione simplicium*, Strasbourg, Johann Schott (3 tomes en 1 volume in-folio).

Corrozet Gilles, 1543, *Hécatomgraphie, c'est-à-dire les descriptions de cent figures et hystoires, contenantes plusieurs appophtegmes, proverbes, sentences et dictz, tant des anciens que des modernes*, Paris, D. Janot.

Cousin Jean (le père), 1560, *Livre de perspective*, Paris, Jean Le Royer.

Cousin Jean (le fils), 1595, *Livre de pourtraiture*, Paris, Jean Le Clerc.

Dubois Jacques, 1551, *Vaesani cujusdam calumniarum in Hippocratis Galenique rem anatomicam depulsio*, Paris, Catherine Barbé Veuve Jacques Gazeau.

— 1556, *Commentarius in Claudii Galeni "De ossibus" ad tyrones libellum, erroribus quamplurimis tam Graecis quam Latinis ab eodem purgatum*, Paris, Jean Hulpeau.

— 1561, *Ordo et ordinis ratio in legendis Hippocratis et Galeni libris*, Paris, Gilles Gourbin.

Du Fail Noël, 1587, *Les Contes et discours d'Eutrapel, reveue & augm. par le feu seigneur de *la Herissaye*, Anvers, Jean Natoire.

Du Laurens André, 1597, *Discours de la conservation de la veue, des maladies melancholiques, des catarrhes, et de la vieillesse*, Paris, Jamet Mettayer.

Estienne Charles, 1545, *De dissectione partium corporis humani*, Paris, Simon de Colines.

Eustachi Bartolomeo, 1564, *Opuscula anatomica*, Venise, Vincenzo Luchini.

Fuchs Leonhart, 1542, *De Historia stirpium commentarii insignes, maximis impensis et vigiliis elaborati, adjectis earundem vivis plusquam quingentis imaginibus nunquam antea, ad naturae imitationem artificiosius effictis et expressis*, Bâle, Isingrin.

Gesner Conrad, 1551—1558, *Conradi Gesneri [...] Historiae animalium*, Zurich, Christoph Froschauer, 4 vol.

Guidi Guido, 1544, *Chirurgia, e Graeco in Latinum conversa*, Paris, Pierre Gautier.

Ménestrier Claude-François, 1682—1683, *La Philosophie des images, composée d'un ample recueil de devises, et du jugement de tous les ouvrages qui ont été faits sur cette matière*, Paris, R.-J.-B. de La Caille, 2 tomes.

– 1684, *L'Art des emblèmes, où s'enseigne la morale par les figures de la fable, de l'histoire et de la nature*, Paris, R.-J.-B. de La Caille.

Piero Della Francesca, 2005, *De prospectiva pingendi*, éd. par Giusta Nicco Fasola, Florence, Le Lettere.

Riolan fils Jean, 1626, *Anthropographia et osteologia, omnia recognita, triplo auctiora et emendatiora*, Paris, Denys Moreau.

Rondelet Guillaume, 1554, *Libri de piscibus marinis, in quibus verae piscium effigies expressae sunt*, Lyon, Matthias Bonhomme.

Salviani Ippolito, 1554, *Aquatilium animalium historiae, liber primus, cum eorumdem formis, aere excusis*, Rome, Ippolito Salviani [le colophon est daté d'octobre 1557].

Tory Geoffroy, 1529, *Champ fleury, au quel est contenu lart et science de la deue et vraye proportion des lettres attiques, quon dit autrement lettres antiques et vulgairement lettres romaines, proportionnees selon le corps et visage humain*, Paris, Geoffroy Tory et Giles Gourmont.

Valverde de Amusco Juan, 1556, *Historia de la composición del cuerpo humano*, Rome, Antonio Salamanca et Antoine Lafréry.

Vésale André, 1543, *De humani corporis fabrica libri septem*, Bâle, Johann Herbst.

Études

Andretta Elisa, 2009, Bartolomeo Eustachi, il compasso e la cartografia del corpo umano, *Quaderni storici*, vol. 130, p. 93-124.

Besse Jean-Marc, 2003, *Les Grandeurs de la Terre. Aspects du savoir géographique à la Renaissance*, Lyon, ENS Éditions.

— 2010, The Birth of the Modern Atlas: Rome, Lafreri, Ortelius, *in* Maria Pia Donato et Jill Kraye (dir.), *Conflicting Duties: Science, Medicine and Religion in Rome (1550—1750)*, Warburg Institute Series, Londres, p. 63-85.

Camerota Filippo, 2006, *La prospettiva del Rinascimento: arte, architettura, scienza*, Milan, Mondadori Electa.

Carlino Andrea, 1994, Fogli volanti e diffusione della conoscenza anatomica nell'Europa moderna, *Physis*, vol. 31, 1994, p. 731-769.

— 1999, *Paper Bodies: A Catalogue of Anatomical Fugitive Sheets (1538—1687)*, Londres, Wellcome Institute for the History of Medicine.

— 2002, Tre piste per l'*Anatomia* di Juan de Valverde: logiche d'edizione, solidarietà nazionali e cultura artistica a Roma nel Rinascimento, *Mélanges de l'École française de Rome*, vol. 114, p. 513-541.

Carpo Mario, 1998, *Descriptio urbis Romae:* ekphrasis geografica e cultura visuale all'alba della rivoluzione tipografica, *Albertiana*, n° 1, p. 111-132.

Edgerton Jr. Samuel Y., 1991, *The Heritage of Giotto's Geometry: Art and Science on the Eve of the Scientific Revolution*, Ithaca, Cornell University Press.

Field Judith V., 2005, *Piero Della Francesca: A Mathematician's Art*, New Haven, Yale University Press.

Glardon Philippe, 2011 [1555], *L'Histoire naturelle au xvie siècle. Introduction, étude et édition critique de "La Nature et diversité des poissons" de Pierre Belon*, Genève, Droz.

Guerra Francisco, 1967, Juan de Valverde de Amusco, *Clio Medica*, n° 2, p. 339-362.

Havelange Carl, 1998, *De l'œil et du monde. Une histoire du regard au seuil de la modernité*, Paris, Fayard.

Horace, 1544, *Opera omnia*, Francfort, Christian Egenolff.

Kellett Charles Ernest, 1955, Perino del Vaga et les illustrations pour l'anatomie d'Estienne, *Aesculape*, n° 37, p. 74-89.

— 1957, A Note on Rosso and the Illustrations to Charles Estienne *De dissectione*, *Journal of the History of Medicine*, n° 12, p. 325-336.

Kusukawa Sachiko, 2000, Illustrating Nature, *in* Marina Frasca-Spada et Nick Jardine (dir.), *Books and the Science in History*, Cambridge, Cambridge University Press, p. 105-107.

— 2010, The Sources of Gessner's Pictures for the *Historia animalium*, *Annals of Science*, vol.

67, no 3, p. 303-328.

— 2012, *Picturing the Book of Nature: Image, Text and Argument in Sixteenth-Century Human Anatomy and Medical Botany*, Chicago et Londres, University of Chicago Press.

Lindberg David C., 1976, *Theories of Vision from Al-Kindi to Kepler*, Chicago, University of Chicago Press.

Lukacs Gabor, 2008, *Kaitai shinsho, the Single Most Famous Japanese Book of Medicine, and Geka Sōden, an Early Very Important Manuscript on Surgery*, Utrecht, Hes et De Graaf.

Mandressi Rafael, 2005, Métamorphoses du commentaire: projets éditoriaux et formation du savoir anatomique au xvie siècle, *Gesnerus. Revue suisse d'histoire de la médecine et des sciences naturelles*, vol. 62, n°s 3-4, p. 165-185.

— 2009, De l'œil et du texte. Preuve, expérience et témoignage dans les "sciences du corps" à l'époque moderne, *in* Rafael Mandressi (dir.), dossier Figures de la preuve, *Communications*, n° 84, Paris, Seuil, p. 103-118.

— 2011, Images, imagination et imagerie médicales, *in* Christian Jacob (dir.), *Lieux de savoir*, t. 2: *Les Mains de l'intellect*, Paris, Albin Michel, p. 649-670.

— 2014, Livres du corps et livres du monde: chirurgiens, cartographes et imprimeurs (xve-xvie siècle), *in* Christine Bénévent, Isabelle Diu et Chiara Lastraioli (dir.), *Passeurs de textes. Gens du livre et gens de lettres à la Renaissance*, Turnhout, Brepols, p. 209-230.

Paultre Roger, 1991, *Les Images du livre. Emblèmes et devises*, préface de Louis Marin, Paris, Hermann.

Pinon Laurent, 2005, Conrad Gessner and the Historical Depth of Renaissance Natural History, *in* Gianna Pomata et Nancy Siraisi (dir.), *Historia: Empiricism and Erudition in Early Modern Europe*, Cambridge (Mass.), MIT Press, p. 241-267.

Roland François, 1911, *Un Franc-Comtois éditeur et marchand d'estampes à Rome au xvie siècle, Antoine Lafrery (1512—1577). Notice historique*, Besançon, Dodivers (extrait des *Mémoires de la Société d'émulation du Doubs*, 8e série, t. V, 1910, p. 320-378).

Scaglia Gustina, 1993, Instruments Perfected for Measurements of Man and Statues Illustrated in Leon Battista Alberti's *De statua*, *Nuncius*, n° 8, p. 555-596.

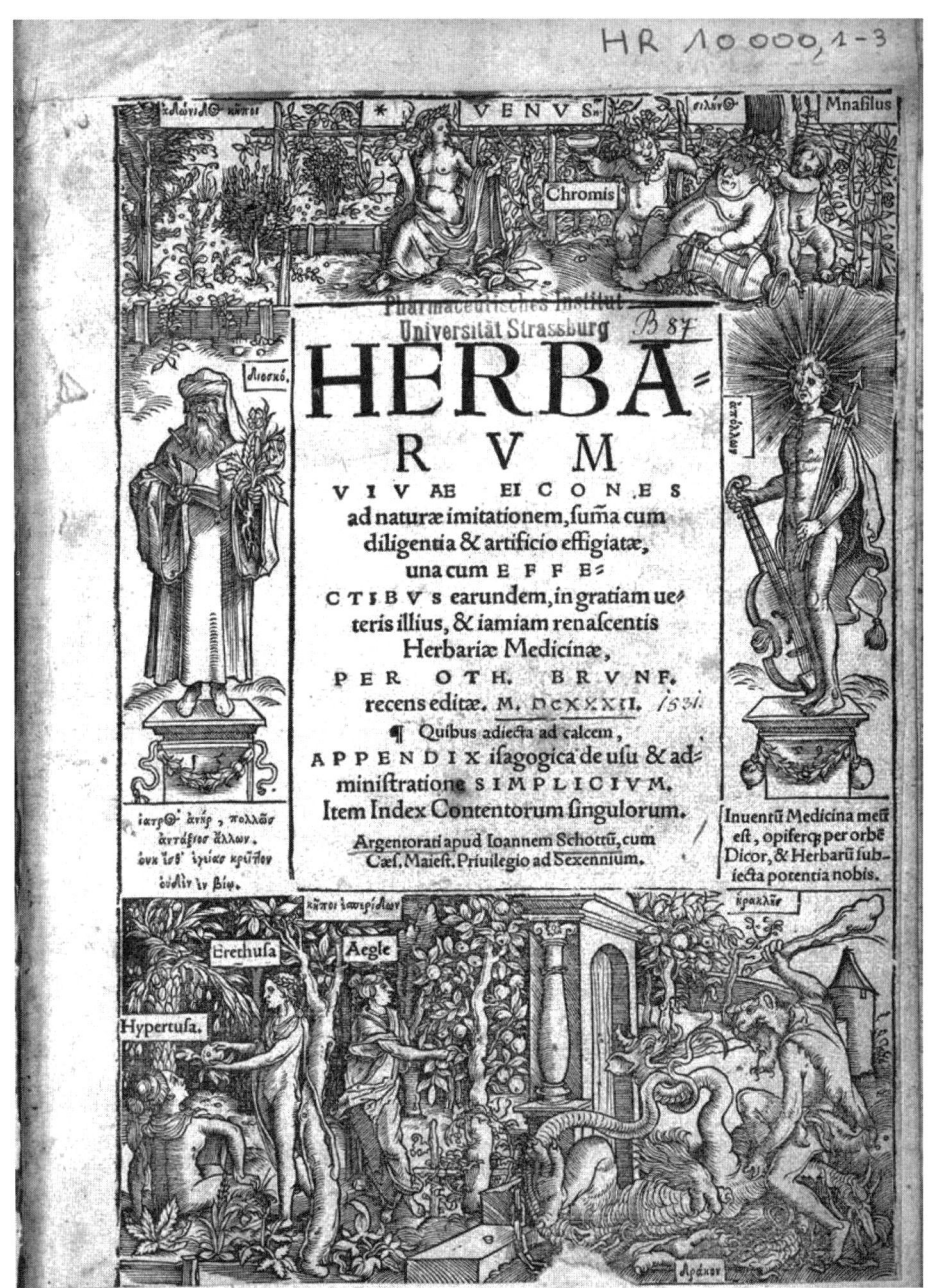

代表伊甸园首卷插图。装帧的威严表明了中世纪的手稿风格。虽然文字是以迪奥斯科里季斯（Dioscoride）的为基础，但雕刻是基于对植物的仔细观察，而不是以前的图形表示。奥托·布伦费尔斯和汉斯·魏德利兹，《活植物图谱》（*Herbarum vivae eicones*），斯特拉斯堡，1530—1536 年。

第十章

自然志界：欧洲（1530—1802）

直到 1990 年代初，科学史一直偏重于天文学和实验物理学，而忽视自然志。这种长期的轻视源于"数学知识优于经验知识、实验实践优于观察实践"的理念。然而，在 16—18 世纪之间，自然志是一个在社会和文化层面占主导地位的知识体系，而且在通常与"科学革命"相关的经验实践的发展中发挥了重要的早期作用。[1] 自然志是由一个对象（研究自然的三个领域——矿物界、植物界和动物界）和一种基于观察、描述和比较的知识过程定义的。如同邻近的"世俗志"一词一样，在"自然志"这一表述中，"志"是指调查、描述。因此，莱昂哈特·福克斯从古希腊哲学家和科学家泰奥弗拉斯托斯（Théophraste）处只汲取了《自然志》（*Histoire naturelle*），而摒弃了《植物志》（*De causis plantarum*），只注重观察而放弃寻找哲学根源。[2]

为了描述近代自然志的特征，有两个年代上的里程碑可以作为基准。1530 年，当人文主义项目仍然是将自然知识归入古代设定的范畴时，奥托·布伦费尔斯发表《活植物图谱》，在书中创建了一个新类别——"裸子植物"（herbes nues），以容纳不为古代人所知的植物。[3] 在这一时期末，1802 年"生物学"一词的首次出现——在法国是拉马克（Lamarck），在德意志是罗斯（Roose）

---

[1] Mornet 2001 (partie I, chap. 1, et partie III), Daston 1988.
[2] Pomata et Siraisi 2005 (p. 4–8), Ogilvie 2005 (p. 80).
[3] Ogilvie 2003 (p. 30–31).

和特雷维拉努斯（Treviranus）——随着生命概念的提出，标志着"生命体与非生命体之间的割裂"，以及古典自然志的终结。①

在上述两个日期之间，多个进程促进了自然志的重塑。首先是已知世界的扩大，从古代人的地中海地区扩展到全球的规模。1558年，康拉德·格斯纳的《动物志》中介绍的物种有9%来自"新世界"：从那时开始，博物学家面临的挑战是如何安排这个充满"无名之物"（les choses sans nom）②的世界。然后，从17世纪开始，随着新技术的发展以及实验文化的兴起，显微镜等仪器的使用改变了观察实践。③最终，在18世纪，人们对自然界时间性的逐步认识，开启了自然界研究的新时代。

自然志场域的形成

16世纪，自然志作为一个知识领域，正是在大学医学的框架下形成的。1533年，帕多瓦大学设立了一个研究简单、有用的药用植物的教席；次年，博洛尼亚也开设了类似的教席；在1540年代，图宾根医学教授福克斯将古罗马时期的希腊医生与药理学家迪奥斯科里季斯的代表作《药物论》（materia medica）引入大学课程。④然而，从16世纪末开始，自然志趋向于从医学中脱离出来：部分陈列馆馆长职位被提供给医学院以外的博物学家，许多植物学家没有在其著作中提及植物的药用特性。⑤但是，自然志和医学之间的联系在整个近代时期一直持续着，18世纪以前，大多数博物学家都接受过医学培训。在法国，直到1732年，才有一位非医生担任王家花园的总管，他就是物理学家迪费。⑥

在引用古代文献时，也可以看到类似的脱离过程。这种引用在第一现代

---

① Foucault 1966 (p. 174), Rey 1994.
② George 1980 (p. 87), Findlen 2006 (p. 448–454).
③ Terrall 2014.
④ Findlen 2006 (p. 443–445).
⑤ Ogilvie 2003 (p. 37), Findlen 2006 (p. 459–460).
⑥ Pomata et Siraisi 2005 (p. 22), Laissus 1986 (p. 292–293).

性的博物学家中无处不在，这从 1650 年以前博物学著作的书名页中可见端倪，其中经常将迪奥斯科里季斯和泰奥弗拉斯托斯介绍为植物的"奠基之父"，如在 1633 年约翰·杰勒德（John Gerard）出版的《草本植物》（*The Herball*）中；将亚里士多德和普林尼视为动物的"奠基之父"，如在 1599 年阿尔德罗万迪（Aldrovandi）出版的《鸟类学，鸟类志 12 卷》（*Ornithologiae, hoc est de avibus historia libri XII*）中。在此之后，此类书名页就变得很少见了。书目清单的构成也面临同样的状况：1550 年前后，格斯纳对植物学著作进行了清点，用了 19 页的篇幅介绍古代文献，主要是希腊文，而只有 8 页介绍近代作家作品；而半个世纪后的 1606 年，阿德里安·范·德·斯皮格尔（Adriaan van de Spiegel）出版的植物学教科书中包含了 8 位古代作家、2 位阿拉伯作家和 16 位近代作家的精选书目。[1]

然而，古代知识并没有从博物学家的知识视野中消失，而是权威关系被逆转了：近代人不再依靠古代典籍来解读自然，而是基于他们自己对自然界的认识来解释古代知识。18 世纪末，矿物学家尼古拉·德马雷（Nicolas Desmarets）对"普林尼的玄武岩"（le basalte de Pline）的研究、德奥达·德·多洛米厄（Déodat de Dolomieu）对"古代岩性学"（la lithologie ancienne）的研究以及古生物学家奥班－路易·米林（Aubin-Louis Millin）在《荷马矿物学》（*Minéralogie homérique*）中将旧类别调整归入近代目录，都证明了这一点。[2]

除自然志之外，多个专业领域也在研究自然界，例如从 16 世纪开始的药学和解剖学，从 18 世纪开始的化学和生理学（请参见第 232 页"化学家的工作坊"）。1782 年，道本顿（Daubenton）在《百科全书》中，试图通过对比各自的方法步骤，在自然志和上述知识领域之间建立"分界点"：化学家、冶金学家、农民、洗染工、药剂师、解剖学家或医生"破坏了矿物的结构，或改变了动植物的组织"；而博物学家研究的是"自然界生物的不同状态，并不在自然的运行中施加任何艺术手段"。[3]

---

[1] Ogilvie 2003 (p. 34–35).

[2] Bourguet 2004 (p. 45–47), Montègre 2006.

[3] Daubenton 1782 (p. i).

化学家的工作坊

18世纪，与物理学相比，化学征服了科学的称号，成为人类掌握自然的象征。在17世纪初，这种知识还被人看不起，认为它不够思辨，而是受实际考虑的驱动。1718年，在牛顿创新理论的基础上，克洛德·约瑟夫·若弗鲁瓦（Claude-Joseph Geoffroy）在他的《不同物质之间观察到的各种关系的目录》（*Table des différents rapports observés entre différentes substances*）中，提出"变相"引进物体的引力理论。这种牛顿式的化学实践，旨在通过物体的超距作用来理解反应（一种物体取代另一种与第三种结合），最终是在若弗鲁瓦的转述中找到了社会化的词汇。正如伊莎贝尔·斯滕格（Isabelle Stengers）所说："对于牛顿而言，使两种化合物发生反应的溶媒是一种中间体；在第三方的调解下，'难以相处'的粒子变得'易于交往'。"用亲合性的概念来限定这些化合作用的性质（化学的目的是建立亲合性目录），虽然存在争议，却将知识、哲学和政治统一起来。《百科全书》中"化学"词条只会证实这种关联，将新学科的范围限定为观察粒子之间的相互作用，这些相互作用取决于内在性质。化学已从17世纪的关系科学变为聚合科学。在分析作用的基础上，化学是新产品的生产者，因此也是观察转化的场所。从1789年起，吉东·德·莫尔沃（Guyton de Morveau）和拉瓦锡（Lavoisier）出版的《化学年鉴或化学及其相关技艺的论文集》（*Annales de chimie ou Recueil de mémoires concernant la chimie et les arts qui en dépendent*）在巴黎和伦敦同时发售，标志着拉瓦锡的化学革命的圆满成功。

从尼古拉·莱默里（Nicolas Lémery）（1675年）的《化学教程》（*Cours de chimie*），到马凯（Macquer）的《化学词典》（*Dictionnaire de chymie*）中提出的"化学实验室"（Laboratoire de chymie）词条，中间还有安托万·博梅（Antoine Baumé）和诺莱神父，一个新的工作空间被

详细地描述出来。这一转变有几个特征要素需要注意。首先，上述作者们描述了一个完全致力于化学的功能空间。这是一个宽敞明亮的工作空间，正如博梅所描述的那样："如果在光线昏暗的实验室中进行化学操作，那么许多操作中发生的大量不明显现象很可能会被漏掉，即使点再多的蜡烛，也无法替代自然光。"巴尔莱（Barlet）和格洛贝（Glaubet）两位实验员提出了新形式的"哲学炉"（les fours philosophiques）、蒸馏和冷凝装置。实验室设备包括容器（瓶器或空心皿）。它们性质不同，形状各异：蒸馏器、圆底烧瓶、长颈烧瓶、夹持器、梨形器。它们被用于蒸馏、熔炼或玻璃化。在17世纪下半叶和18世纪，炼金术士常用的"器皿"仍在使用：夹持器、储罐和一般容器。在18世纪末，又引入小型设备：玻璃移液器、玻璃虹吸管、接管。18世纪下半叶，随着卡文迪什（Cavendish）、布莱克（Black）、普里斯特利（Priestley）、谢勒（Scheele）和拉瓦锡等人的工作，气体化学的发展导致了新机器的出现：真空发生器、钟形罩、带阀烧瓶等。更重要的是，天平的使用首次出现在化学家的世界中。人们开始效仿药剂师，精确称量用于化学反应的原材料。从1775年，也就是被任命为王家火药局局长（le régisseur des Poudres）之日起，一直到1792年在烟草农场（la ferme des Tabacs），拉瓦锡在名副其实的科学中心——巴黎军火库实验室（le laboratoire de l'Arsenal）工作。他让从刀剪匠到制镜师再到陶艺师等70多家不同行业的制造商为他在那里建造了各类工具。如果说称重天平成为拉瓦锡"化学革命"的卓越仪器，那么他的实验室中还有温度计、气压计、气体燃化计、气体比重计、气量计、高温计、量热计。这些设备都根据被称量物体的数量级进行调整。化学课程成为时尚，1781年巴黎有3 130多名学生参加，与此同时，公开讲座在各省市也遍地开花。

斯特凡纳·范·达默

> **参考文献**
>
> Bensaude-Vincent Bernadette et Stengers Isabelle, 2001, *Histoire de la chimie*, Paris, La Découverte.
>
> Beretta Marco, 2014, Between the Workshop and the Laboratory: Lavoisier's Network of Instrument Makers, *Osiris*, no 29, p. 197-214.
>
> Bret Patrice, 2002, *L'État, l'armée, la science. L'invention de la recherche publique en France*(1763—1830), Rennes, Presses universitaires de Rennes.
>
> Perkins John, 2010, Chemistry Courses, the Parisian Chemical World and the Chemical Revolution(1770—1790), *Ambix*, no 57, p. 27-47.
>
> Stengers Isabelle, 1989, L'affinité ambiguë : le rêve newtonien de la chimie du xviiie siècle, *in* Michel Serres(dir.), *Éléments d'histoire des sciences*, Paris, Bordas, p. 297-321.
>
> Werrett Simon, 2014, Matter and Facts: Material Culture and the History of Science, *in* Alison Wylie et Robert Chapman(dir.), *Material Evidence: Learning from Archaeological Practice*, New York et Londres, Routledge.

还有另一种知识也停留在自然志的边缘，即关于自然的实践知识。对于林奈或卢梭（Rousseau）而言，植物学家研究的科学，即植物的知识，不同于园丁或花卉爱好者所掌握的技能。[1] 林奈认为："种和属一直是自然的产物，而品种常常是文化的产物"。[2] 因此，植物学家根据属和种进行分类，而园丁和花匠区分的是蔬菜或郁金香的不同品种。同样，当道本顿作为博物学家给在王家陈列馆中的四足动物归类时，他在朗布依埃农场针对来自西班牙的美利奴绵羊品种进行了多次实验。此外，当矿物学家定义石英属水晶种时，珠宝商将红宝石和黄玉品种区分开来。直到19世纪初，尤其是在拉马克的主张下，随着生物的连续性这一概念的提出，物种和品种之间的认识论鸿沟逐渐被消除了。

---

[1] Drouin 2008 (p. 136-137).

[2] Linné 1788 (§ 162).

观察自然

在文艺复兴时期，阿尔德罗万迪及其同僚将基于感官证据的"敏感的"自然志与阅读古代文献所产成的传统区分开来。① 在前辈言论和亲身体验之间，究竟哪个更为可信呢？在看到的事物与读到的事物发生权威性冲突的情况下，新的认识论价值层次被揭示出来。一个关于鱼类的案例显示了可读和可见之间的这种紧张关系：1555 年，龙德莱在他的《世界水生动物志》（*Histoire universelle des animaux aquatiques*）中，像古人一样，将呼吸孔（即鲸类动物排出吸入的空气所通过的头骨上的开口）归入锯鳐科。1686 年，约翰·雷在《鱼类志》（*Historia piscium*）中，不再费笔墨描述想象中的动物，而是完全依靠自己的观察并参考了前人的成果。②

从人文主义角度来看，阅读也能促使人们去旅行，由此去辨认古人所描述的植物。从皮埃尔·贝隆到图内福尔（Tournefort），旅行者随身带着迪奥斯科里季斯的著作前往东方，以使古代文献经受"解剖"的考验，这正是这位希腊植物学家所倡导的"眼见为实"。这样一来，旅行就成了验证所有前辈而非只是古代学者理念的方式：罗伯特·波义耳的问卷调查，在 1715 年被让·弗雷德里克·贝纳尔（Jean-Frederic Bernard）在其《有效旅行的说明》（*Essai d'instructions pour voyager*）中再次采用，邀请旅行者通过不断重复"知道是否真的……"这一公式，自行考证古代以及近代作家的作品。③

正如福柯所写，"观察，就是满足于看"。④ 近代见证了感官经济革命：从 16 世纪末开始，视觉的主导地位确立，而构成文艺复兴时期感官世界的"气味、味道和声音"地位则不可避免地下滑。⑤ 虽然无法确定这两种现象之间

---

① Findlen 1994 (p. 202).
② Pinon 1995 (p. 133).
③ Bourguet 1997 (p. 168).
④ Foucault 1966 (p. 146).
⑤ Febvre 2003 (p. 393–404), Mandrou 1998 (p. 81).

的因果关系，但 16 世纪自然主义观察的演变，将"视觉专制"（le tyrannie du regard）置于其他感官之上，与这种感觉的变化相呼应。这一变化是相当普遍的：约 1600 年，植物学描述中对气味和味道的关注程度总体比 16 世纪中叶有所下降；与此同时，对植物的研究基本上不再是本草学的一个分支，而在本草学中味觉和嗅觉两个感官经常被调动。①

既然眼睛居首位，那么博物学家都看些什么？他们选择性地查看线条、图案和形状，而不是颜色。16 世纪末，约阿希姆·容（Joachim Jung）拒绝以颜色作为植物分类的标准，而到了 18 世纪，卡尔·林奈更加激进，将所有非几何特征排除在自然主义方法之外：博物学家是指"通过目测分辨自然物体的各个部分，根据数量、形状、位置和比例适当地描述它们，并为它们命名"的人。② 这并不妨碍他们"偷偷地"重新引入某些非几何特征，例如植物的习性。

对林奈来说，观察基本上是用肉眼来完成的：植物学家不仅用自己的眼睛去看，有时还要辅以低倍放大镜。种类的确定基于对外部特征的观察，显微镜是不必要的。显微镜这一仪器于 17 世纪初问世，尤其在伦敦制造商的推动下，从 1660—1670 年开始广泛流传。③ 实际上，主要是为了观察林奈所说的"隐花植物"（*more geometrico*）（即生殖器官"隐藏起来"、肉眼不可见的植物物种，如菌类和苔藓），自然志才会动用显微镜。④ 早在 1620 年代，猞猁学院的创始人费代里科·切西就使用该仪器观察产自意大利的蘑菇；18 世纪彼得罗·安东尼奥·米凯利（Pietro Antonio Micheli）用它来研究某些苔藓；后来让·赫德维希（Jean Hedwig）又用它辨认"隐花植物"的性器官。

形成收藏

从采集到珍奇屋，自然志是一门收藏的科学。在很长一段时间里，这种

---

① Ogilvie 2003 (p. 35-36), Ogilvie 2006 (p. 207).
② Linné 1756 (p. 215).
③ Findlen 2006 (p. 465), Turner 2003 (p. 525-531).
④ Lamy 2008 (p. 148).

收藏几乎没有什么规范,也未成体系,带入欧洲的样品几易其手,没有任何来源标识,有时还会混在一起或残缺不全,例如,极乐鸟被贩卖奇珍异宝的商人切断了爪子,长期以来被认为是"无足目"。[1] 从 17 世纪末开始,王家珍奇屋的博物学家努力规范旅行者在野外的做法。1759 年,林奈在《旅行说明》(Instructio peregrinatoris)中提供了范例,随后一系列针对商人、海员、外交官、殖民地管理者和冒险家编写的指示相继出台,他们的货物对欧洲收藏品的供应至关重要。

在 18 世纪末,中央机构对收藏实践进行了更多的远程控制,尤其是在大型探险中。[2] 在上游,由王家珍奇屋的学者或博物学家学会撰写说明,声称要规范旅行者的行为,指明如何采集标本,如何在运输过程中保存标本,如何将标本带回宗主国。在下游,他们向旅行者许诺奖励、酬金或头衔。在现实中,自然主义中心的控制往往是不完善的,殖民时期的植物园有时会退化成菜园。[3] 自然主义活动两极的区分,也意味着收藏家和陈列馆学者之间的分工,以及前者对后者的从属关系,例如,居维叶(Cuvier)的情况就是如此。[4]

实地收集的物品通过交换进行再分配,进入科学界学者和机构之间的一般经济关系。这种做法取决于其发生的社会和体制框架。1553 年,当年轻的阿尔德罗万迪捐出他藏品的复本时,他期待得到其他博物学家的回馈以及潜在赞助人的保护。[5] 17 世纪,阿塔纳修斯·基歇尔(Athanasius Kircher)利用他在罗马学院的职位,借助耶稣会士网络,建立起自己的收藏;法国旧制度结束后,图安(Thouin)不以私人收藏家身份,而是以王家花园的公职身份行事。[6]

---

[1] Ogilvie 2006 (p. 248-252).

[2] Bourguet 1997.

[3] Spary 2005 (p. 111-112 et 125).

[4] Cuvier 1856 (vol. 1, p. 185).

[5] Findlen 1991 (p. 11).

[6] McClellan III 2003.

1787年，阿什顿·利弗爵士（Sir Ashton Lever）的自然志珍奇屋的景象，它由一个画廊和一个展示笼中鸟的客厅组成。该陈列室向公众部分开放。版画的戏剧性强调了藏品的舞台效果，旨在吸引好奇者。

根据物品的性质、数量或易碎程度，对托运物品的实际管理有很大差异：移养的动物因严苛的保存要求和高昂的运输成本而很难交换；与此相反，种子或风干植物的托运是通过信件邮寄的。由此，信件中经常夹带小袋种子，例如，图安在王家植物园（Jardin des plantes）组织起频繁的大规模运输：面对通讯会员人数的不断上涨（1786 年超过 400 位），他开发了一个编号抽屉系统，每个抽屉都装有不同种类的种子，以便合理分配。①

　　自然志的研究对象在长途迁徙后，进入植物园和博物陈列馆。约 16 世纪中叶，意大利植物学家卢卡·吉尼（Luca Ghini）分别在比萨和佛罗伦萨创办了植物园；帕多瓦的植物园也是在同期建立的。在欧洲，主要在意大利半岛、神圣罗马帝国和尼德兰联省共和国，植物园如雨后春笋般涌现。在法国，除了蒙彼利埃（1593 年）和巴黎（1635 年）以外，轰轰烈烈的植物园创建运动可以追溯到 17 世纪的最后二十五年和 18 世纪。② 原本用于种植"药草"的植物园逐渐摆脱这一职能，例如，"王家药草园"（Jardin royal des herbes médicinales）于 1718 年更名为"王家植物园"（Jardin royal des plantes）。

　　风干的收藏品被摆放在陈列馆中，首要形式是于 16 世纪末在欧洲出现的珍奇屋。在文艺复兴和启蒙运动之间这段时期，好奇心不再被视作"骄傲之罪"，也不是理性的缺陷。第一批藏品不断积累，从地板堆到天花板，涵盖天然成品和人工制品，古代藏品或近代创造，本土产品或舶来品。收藏的自然珍品要么非常稀有，要么令人啧啧称奇，或者是物种界限具有迷惑性，例如，珊瑚、"佛罗伦萨宝石"（des pierres de Florence）以及其他"自然的戏法"（des jeux de la nature）。③ 正如洛兰·达斯顿指出的那样，在这些混杂的组合中寻求有意义的装置是徒劳无益的：相反，通过将此类对象带入探究领域，好奇心赋予了科学革命"事实感性"。④

　　从培根到马里利斯（Marsili），再到笛卡尔、胡克和莱布尼兹，新科学逐

---

① Spary 2005 (p. 86 et 106).

② Lacour 2014 (p. 449).

③ Findlen 1990.

④ Daston 1988.

渐与无规则的好奇心形成对立。在珍奇屋里，奇形怪状的物体变得越来越少，普通物件则越发丰富：早在 1681 年，博物学家尼赫迈亚·格鲁（Nehemiah Grew）就宣称，英国皇家学会的自然志陈列室必须"不仅包含奇特和罕见的东西，而且还要包含我们最熟悉和最普通的东西"。在法国，这种转变发生在 18 世纪上半叶。[①] 大约在 1740 年，在博尼耶·德·拉蒙森（Bonnier de La Mosson）的陈列室中，天花板和地板都是空的，物品被放置在大橱柜中，并分组陈列，既能满足对称规则，又能符合自然主义的分类。[②] 在启蒙运动时期，随着文化成为时尚，自然志陈列室在欧洲蓬勃发展。1780 年，德扎耶·达尔让维尔（Dezallier d'Argenville）的最新版《贝类学》（*Conchyliologie*）中列出了 695 家现存陈列室，主要分布在英格兰、尼德兰联省共和国、神圣罗马帝国、法国和意大利北部的城市中。

物品登记

在启蒙时代，面对大量涌入的自然主义物品，如何改善后勤保障，包括物质和文字的保存、追溯和分类，成为人们关注的焦点。1767 年，年轻的拉瓦锡前往法国东部进行了一次矿物学之旅，这是一次乏味的经历，他在给姨妈的信中写道："您不会相信，发送这些物品是多么不便。首先需要去取回物品并运送到旅馆。然后要打造货物箱，制作物品目录，给每件物品贴上标签、打包，写信给帕朗（Parrent）先生（部长秘书），通知他货物箱已发运，最后把目录复制一份寄给部长"。[③]

博物学家的任务远非仅限于观察自然，而是一种非常具体的实践，由收集、准备、登记、整理等例行活动构成，自然志运用盒子和标签、日志和登记簿等技术，换句话说是对物品进行登记。[④]

---

① Lacour 2012 (p. 116–117).

② Pelletier 2012 (p. 67).

③ Lavoisier *in* Van Damme 2005 (p. 177–178).

④ Latour 1985, Jacob 2011, Gardey 2008.

事实上，文字存在于自然主义实践的各个阶段："没有一天不写字"（*Nulla dies sine linea*），这是林奈在将他的"使徒"们派往世界之前给他们开具的"处方"。第一项说明文字写在贴在物品上的标签上；标签是将自然志的两极——旅行者勘察的现场与博物学家的陈列室连接起来的"交换器"。① 以植物学为例。在指示说明中，图安坚持要求收集者在写标签时要格外小心："种子晒干后，将每个物种分别单独放在纸袋中，上面写上该植物在该国居民中的名称、用途以及它特别影响生长的地方。"② 如果没有这种追踪体系或没有文字说明，标本的价值就会大打折扣：图安认为混杂或标签不明的种子"毫无用处"，他在栽培日记中将其指定为"未知"，同时等待花园中可能出现的开花以便能识别它们。③ 贴好标签的标本还需要分类整理。对于干燥的植物，通常的做法是将它们放置在装订好的植物标本集中，但是这使得加入新植物及其分类变得困难。林奈从 1740 年代开始采用的方法具有更大的灵活性，他将标本连同其描述一起保存在彼此独立的纸套或文件夹中，并按属分装在不同的盒子中，然后放在专门为此制造的柜子的隔间中。④ 他发明了活页植物标本集。

　　面对层出不穷的物品，博物学家有时会将物品的排列及其学术分类分开，整理的不再是物品，而是它的说明文字。在 18 世纪末，植物学家多米尼克·维拉尔（Dominique Villars）将写日记的做法和订立登记簿结合起来，他日复一日地在日记中记录着他在阿尔卑斯山采集植物标本过程中的观察结果，回到办公室后，他将有关发现的描述誊写在登记簿上，并按字母顺序将他遇到的物种分散记录在一个带拇指索引的目录中，该目录使科学家能够迅速找到某种植物的位置，从而通过实地收集的数据进行循环。⑤ 从 1770 年代开始，为了管理数量激增的植物描述，林奈摆脱装订本的一系列限制，改用活页纸，上面标明有关标本来源及其植物学标识的所有必要信息，而且他可以根据自己的意愿添加、

---

① Drouin 1989 (p. 327).
② Archives nationales F10201.
③ Spary 2005 (p. 102–105).
④ Müller-Wille 2006.
⑤ Bourguet 2010.

移动或重新分类:这是活页归档系统的雏形,后来被用在图书馆目录索引中。①

从简单的列表到标签、目录和分类的巧妙结合,技术变得日益成熟,博物学家的纸张技术旨在既可以管理藏品,又可以针对构成藏品的物质开展认知工作。这种逻辑的最终结果也许是维克·达吉尔(Vicq d'Azyr)在 1794 年撰写的《指示》(*Instruction*)中的疯狂梦想:为了处理革命缴获的数以百万计的物品,这位解剖学家指示所有代理人根据具有多个变量的网格对物品进行编码,然后将其插入一个大型管理机器装置中,后者既可以追踪物品从一个收藏集合到另一个收藏集合的迁移,又可以以新的分类方式重新分配它们。②

用文字和图像描述

在文艺复兴时期,描述是自然志的标志。③ 1543 年,福克斯阐明:"志,它是生长的名称、形式、地点和时间,(植物的)性质、能量及其效果",特别是其医疗用途。④ 17 世纪初,克卢修斯(Clusius)采用一种常规的描述方式,从主干(或茎)和枝条开始,接着是叶、花,然后是根,最后是关于植物气味和味道的说明。这种描述在后来很长时间一直被奉为圭臬。

对于动物区系,格斯纳在 1551 年的《动物志》中采用了百科全书式的描述方式,分为八个标题:同义词、栖息地和形态特征、生理状况、习性行为、功用、食物用途、药物用途以及涵盖所有其他内容的类别,包括词源、寓言和谚语。直到 17 世纪中叶,才逐渐出现了被简化为只有同义词这一标题的描述方式,即不同博物学家对同一物种所起的不同名称以及同一物种的不同形态,并以此分类。

自文艺复兴时期以来,伴随着印刷术革命,图像一直是自然主义描述的一种优先模式。⑤ 从 1580 年代开始,尽管铜版画的价格要高得多,但它仍逐渐取

---

① Charmantier et Müller-Wille 2012 (p. 9–11).
② Lacour 2011 (p. 248–249).
③ Ogilvie 2006.
④ Ogilvie 2005 (p. 80).
⑤ Kusukawa 2012.

代了木版画，其结果是更好地还原了细节，且版画与文字的关系有了更高的自主性。版画遵循经济原则，最大限度地传递信息：1542 年，福克斯的版画描绘了植物的整个生长周期；19 世纪初，拉塞佩德（Lacépède）找人雕刻了蛇，同时显示出其腹部和背部。①

至于图像的参照系，在文艺复兴时期还没有确定。这种不确定性体现在多个层面。一方面，尽管"基于自然"的理念通过"最新图像"（vivae eicones）、"真实图像"（vera effigies）或"真实肖像"（vrais portraicts）之类的表达传播开来，但作者们仍然经常借鉴已有的图形或文字传统：格斯纳的版画是从龙德莱等博物学家和丢勒等艺术家甚至宇宙学家那里复制而来的。② 另一方面，对于"真实"图像到底应该显示什么尚无共识：物种？品种？甚至标本？例如为布伦费尔斯绘制插图的版画家魏德利兹曾画出枝条折断的植物。③ 最后，由于作为印刷商、书商财产的版画的重复使用，同一幅图像可能以不同的名称表示不同的物种，因此造成了混淆，或者如约翰·雷所说，"物种的繁复，让人想起《圣经》语言的混乱"。④

17 世纪，雕刻的版画似乎一时之间比较稀少。但在接下来的一个世纪里，它们又重新丰富起来，而"基于自然"的概念也在不断地演变：虽然图像描绘的是被选定为示例的单个标本，人们却往往认为它参照的是根据恒定特征制造的原始型，也就是同一物种所有个体共有的特征。⑤ 根据洛兰·达斯顿和彼得·加里森（Peter Gaspard）的说法，大约在 1800 年，"忠实于自然"的自然主义版画描绘的是该物种的理想形象，而不是某个特定的标本。因此，从根据经验了解到的既定个体的多样性出发，图像虚构出的类型也决定了物种的唯一性。形式造就标准。此外，在 18 世纪，与文艺复兴时期不同的是，版画上雕刻的说明段落确保了物种名称及其图像的吻合，从而实现了"物种的稳定和同类参考语料库的构成"，并避免名称的繁杂和张冠李戴。⑥

---

① Ogilvie 2006 (p. 196), Lacour 2013.
② Tongiorgi Tomasi 1993 (p. 38), Pinon 1995 (p. 26–27).
③ Kusukawa 2006 (p. 80 et 92).
④ *Ibid.* (p. 96).
⑤ Daston et Galison 2012 (chap. 2).
⑥ Hoquet 2005 (p. 273).

自然志直到 17 世纪和 18 世纪才真正成为分类学。[1] 人们进一步重视名称，更严谨地表述古典时期博物学家提出的物种概念。正如福柯所说，因为物种和其他类别不同：它位于两个阈值之间，高于认识论阈值，科学知识可以由此开始（在此之下，品种不在正统知识研究范围内）；低于本体论阈值，博物学家提出的分组由此不再被认为是"真实的"或自然的，而是人为的（在此之上，属有时也被认为是自然的）。[2]

在 16 世纪，新物种的命名是从已知物种的旧名称中衍生出来的，并在其上附加了特征性的修饰语或代用语。[3] 在 17 世纪，加斯帕尔·鲍欣提出了名称短语的物种命名法，由属名和物种描述组成：这使得名称难以操作，因为一旦出现与已经用单个特征描述过的物种不同的物种，则必须重新命名两者才能区分它们。[4] 为绕开这一难题，鲍欣通过他的《植物描述绘图》(*Pinax*)（1623 年），为植物学文献提供了精确的参考，邀请读者回归初始的描述。

在 18 世纪，被阿尔布雷希特·冯·哈勒（Albrecht von Haller）戏称为"第二个亚当"的林奈，发起了一场命名法的革命。他将用于命名的"普通名称"（le nom trivial）（或双名）与用于描述的"特定名称"（le nom spécifique）（或特性简述）区分开来。双名（第一个名字是属名；第二个名字随意选取，用于形容该物种的特性）很短，与特性简述不同；而最重要的是稳定，与名称短语命名法不同。卢梭盛赞林奈为自然法则制定者，"为植物学形成了一种新的语言，避免了在以往描述中看到的冗长的词语循环"。[5] 到 18 世纪末，林奈命名法几乎被各地采用，远远超出了林奈所在的圈子。命名法的标准化是产生可累积和可传播知识的条件之一，这使"分散在时间和空间中的孤立的观察者成为一个集体，确立自己的认识主体地位"。[6]

---

[1] Ogilvie 2003 (p. 30).
[2] Foucault 1970 (p. 64–65).
[3] Ogilvie 2003 (p. 33).
[4] Drouin 2008 (p. 72–76).
[5] Rousseau 1781 (p. 1207).
[6] Drouin 2008 (p. 85).

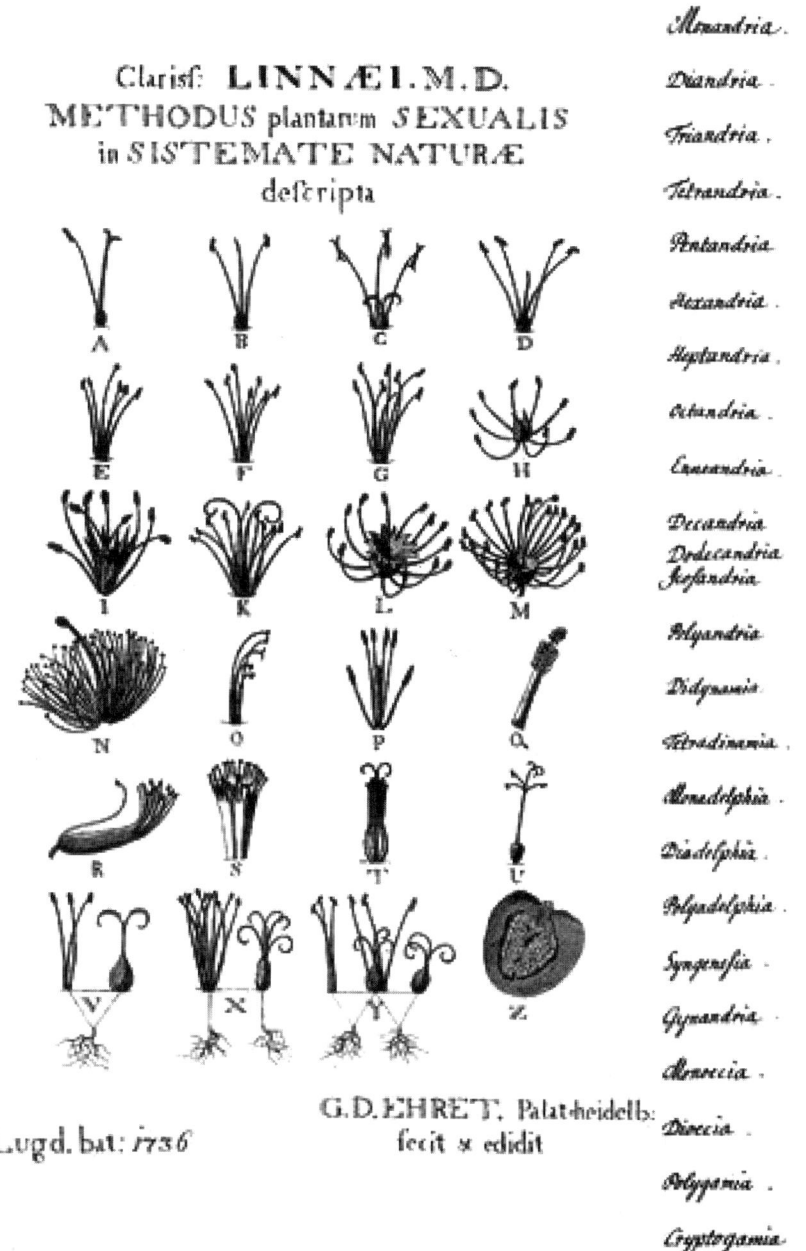

该版画描述了林奈于1735年在《自然系统》(*Systema naturae*) 中介绍的植物24纲体系。格奥尔格·狄奥尼修斯·埃雷特（Georg Dionysius Ehret），《植物繁殖方法》(*Methodus Plantarum Sexualis in sistemate naturae descripta*)，莱顿，1736年。

整理自然

如果物种数量超过 500 这一阈值，分类认知技术对记忆是必不可少的。[①] 然而，就植物知识而言，该阈值早在文艺复兴末期就已被超过，记录的物种数量从迪奥斯科里季斯的 600 种，增加到 1560 年鲍欣的 5 200 种，到 1688 年图内福尔的 10 200 种，再到更晚的 1805 年佩尔松（Persoon）的 20 000 种。[②] 实际上，在近代自然主义分类的历史中，最重要的部分是植物分类学。相反，在 18 世纪中叶，布丰（Buffon）却对分类系统嗤之以鼻，他的《自然志》(*Histoire naturelle*) 只列出有限的群体，例如，约有 200 种的四足动物。

从泰奥弗拉斯托斯开始一直到 17 世纪末，植物界通常分为乔木、灌木、藤类和草本几大类。在这种初期划分中，文艺复兴后期的分类有时是异质的，根据不统一的、非排他性的标准形成类别。但是，在 16 世纪末，出现了第一个同质分类法，每种分类都基于一个特定的特征：叶子的形状［洛贝尔（Lobel），1576 年］、果实的形状［切萨尔皮诺（Cesalpino），1583 年］、植物的外观［克卢修斯（Clusius），1601 年］、属的果实和类的花朵（图内福尔，1694 年），甚至子叶（雷，1686—1704）。[③]

不同的系统和方法根据分类中考虑的特征数目来区分：人工系统基于单个标准的选择，自然方法则结合了多个标准。根据让 - 马克·德鲁安（Jean-Marc Drouin）的观点，很多系统的弱点恰恰在于它们想要实现两种不兼容的功能。

"一方面，它们应该使得人们在经过一系列有限的简单操作回答多项选择题和列举之后，能够找到任何物种；另一方面，它们表现为根据亲缘关系将生物进行分组的一种手段。第一个功能假定物种的各性状易于识别且易于组合；第二个功能假定物种的各性状对生物体结构起着决定性作用；而这两者不一定相同。"[④]

---

① Ogilvie 2006 (p. 208).
② Cailleux 1953.
③ Drouin 2008 (p. 47).
④ Drouin 1989 (p. 330-331), 以及 Drouin 2008 (chap. 4).

在近代发展起来的各种分类系统中，林奈的分类系统获得了空前的成功，尤其是他的植物分类系统。按照这位瑞典博物学家的说法，"该系统对植物学来说就是阿里阿德涅之线，没有它将造成混乱"。[1] 林奈分类系统将植物的性器官——雌蕊和雄蕊作为分类基础，形成23纲开花植物。然而，它因人文主义遭受到猛烈批评，例如，将虞美人和椴花相提并论，两种植物具有相似的性器官，但大多数其他特征完全不同。

18世纪下半叶，博物学家们试图克服系统的人为因素，要么像布丰那样彻底否定一切分类；要么以贝纳尔·德·朱西厄（Bernard de Jussieu）的方式提出大胆的方法寻找自然秩序。[2] 1763年，米歇尔·阿当松（Michel Adanson）确定了65项不同的标准，这些标准加在一起就可以从统计学上确定所属的科，但是高度原创性和计算工具的不足，使人们无法在当时那个年代见识到这一理论创新的威力。从1773年起，安托万-洛朗·德·朱西厄（Antoine-Laurent de Jussieu）继承其叔叔的衣钵，基于所有植物学家都认可的7个科，凭经验确立了特征从属原则。由此，他创立了100个科，并将每个科的特性都分成了若干等级。最重要的是，1778年，拉马克在他的《法国植物志》（*Flore française*）中提出了二分法，该方法基于人工分类，可以很容易地确定植物的种类。通过区分测定的操作和分类的操作，他使旨在更好地说明"将植物结合在一起的所有特殊关系的分级"的自然方法的成功成为可能。于是，在分类中，他摒弃了旧系统的"嵌套逻辑"，转而采用"相似性的量化"，用数学比例的形式表示。这导致了生命构造概念的提出，福柯将其解释为从自然志向生物学过渡的关键时刻。[3]

启蒙运动的新方向

博物学家一直关注植物的栽培：1550年，格斯纳在他的花园里栽种了从美

---

[1] Linné 1788 (§ 156).
[2] 关于随后的发展，请参阅：Drouin 2008（p. 49 et 118–123）。
[3] Foucault 1966 (p. 242–244).

洲引进的烟草和西红柿①；17世纪初，让·科尔蒂（Jean Cornuti）医生描述了巴黎罗宾花园（le jardin parisien des Robin）中存在的约40种"加拿大"植物；林奈尝试在温室里种植茶树，希望它们能"适应"瑞典的气候。②18世纪，对栽培及驯化植物的重视甚至体现在知识的组织上：在1785年的改革中，王家科学院将植物学部门改组为"植物学与农业"；1793年，自然历史博物馆创立，图安被任命为"栽培教授"（professeur de culture），负责引进外来植物。

为了弥补殖民地的缺乏或丧失或是缓解贸易赤字，启蒙运动的植物学家们通常依托苗圃市场试图驯化外来物种。③无论是在约瑟夫·班克斯的英国、安内-罗贝尔-雅克·杜尔哥（Anne-Robert-Jacques Turgot）和图安的法国，还是在林奈的瑞典，都是以同样的重商主义的资源不平等分配观念作为植物政策的基础。④此类政策建立在以各种形式调动植物的基础之上：一是学术任务，例如植物学家约瑟夫·东贝（Joseph Dombey）赴南美，安德烈·米肖（André Michaux）赴北美，负责带回可能使本国植物资源多样化的种子和植物；二是针对敌对帝国的间谍和秘密远征，例如，在马斯克林群岛中引进丁香树和肉豆蔻树，或在西印度群岛引入仙人掌胭脂虫。⑤即使在法国大革命期间失去了产糖岛屿，也没有打消这一念头，而是引发了将水稻或蔗糖等农作物带回到宗主国地区生产（主要在法国南部）的乌托邦计划，其借口是数据显示热带地区和法国南部地中海地区之间的气候具有连续性，但却没有得到经验证实。⑥

除了停留在对植物进行形态学考察的分类植物学以外，18世纪发展出了另一种研究植物界的方法，即围绕植物作为有机生命体这一事实。博物学家们拿起手术刀和显微镜，运用物理和化学实验方法，仔细观察植物的生命机制：汁液循环、营养物质吸收、发芽、繁殖，这些后来被称为"植物物理学"。直到世纪之交，系统植物学与植物生理学之间才开始出现融合：奥古斯丁-彼

---

① Findlen 2006 (p. 451).
② Juhé-Beaulaton 1999, Bonneuil et Bourguet 1999.
③ Easterby-Smith 2009.
④ Miller et Reill 1996, Schiebinger et Swan 2005, Lacour 2014, Spary 2005, Koerner 1999.
⑤ Kellman 2010, Grove 1995, Bonneuil et Bourguet 1999, MacClellan III et Regourd 2011.
⑥ Bourguet 2005, Lacour 2010.

拉姆斯·德堪多（Augustin-Pyramus de Candolle）最初在日内瓦从事植物生理学研究，师从珍妮·瑟讷比埃（Jean Senebier），于 1798 年来到巴黎，与博物馆的科学家一起完善他在描述性植物学方面的训练，他在《植物学基本理论》（*Principes élémentaires de botanique et de physique végétale*）中强调了对植物构造和生长方式的研究与根据朱西厄自然方法对植物进行分类之间的互补性。①

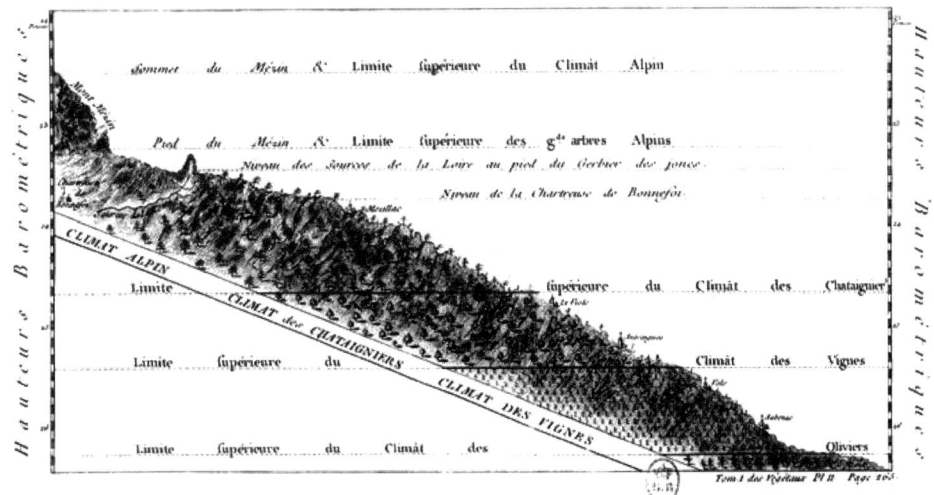

《法国南部的自然志》（*Histoire naturelle de la France méridionale*）。第二部分：植物。第一卷包含植物界的自然地理学原理、植物气候的论述，并配以表现其界限的地图。

这种对植物生命的兴趣还体现在对环境的关注上。虽然当地植物区系的传统（即简单盘点在省或城市及其周边地区收集到的植物）仍在继续②，但 18 世纪末叶的博物学家将"地形"确立为知识的操纵者，使他们能够观察物理环境与生命形式之间的关系。在 1770 年代，吉劳德-绍拉维（Giraud-Soulavie）"手持气压计和温度计"旅行，报告了他观察到的随着温度和海拔高度变化的

---

① Candolle 1805 (p. 3-4), Drouin 2008 (p. 53-57), Bungener 2010.
② Van Damme 2012 (p. 47-53).

植物差异性。① 1802 年 6 月，亚历山大·冯·洪堡（Alexander von Humboldt）在艾梅·邦普朗（Aimé Bonpland）的陪同下，攀登了钦博拉索山，他对那里的植物分层现象进行了多角度的观察，然后绘制出剖面图，并在理论上首次提出了植物地理学，后来他将其定义为"根据不同气候下的当地群丛关系来考虑植物"的科学。② 然后，他提出了一种将物理和历史因素融合的整体方法，来解释植物群（例如热带森林）的分布和"面貌"。

在动物研究领域，无论旅行者和博物学家对生活方式、食物、栖息地或环境的描述如何丰富，这些基本知识在很长一段时间内都没有任何分类效用，与分类学无关。乔治·居维叶（Georges Cuvier）在 18 世纪末期揭示了某些器官的形状（例如牙齿）与它们在动物机体中的功能（该情况下为进食方式）之间的联系，并表明在一个既定有机体中，一个器官的形状足以推断出所有其他器官的形状，他后来将其表述为"形状相关法则"。为了重建已灭绝动物的骨骼，居维叶使用简单的骨头碎片、图画和描述。因此，比较解剖学这门新兴学科的诞生正是因为借鉴了将古代建筑物遗迹作为线索的考古学模式。③

1777 年，康德（Kant）区分了"自然描述"（*Naturbeschreibung*）和"自然史"（*Naturgeschichte*），即在历史发展的意义上，考虑地球的过去。"地球理论"是安德烈·德吕克（André Deluc）在 1778 年称为"地质学"的一种学术文体，它通过从地球的现状追溯到过去，寻找地球结构的自然原因，甚至是一种普遍规律，最常见的是神意。④ 这种"理论"与实证观测实践非常脱节，与旨在描述土壤地层组织的地名学方法相对立，这对矿工特别有用。地球的历史是建立在加布里埃尔·戈奥（Gabriel Gohau）所说的双重归档基础上的：档案结构即地层，档案索引即化石遗迹。⑤ 化石，长期以来被认为是自然的戏法，从此被描述为地球的纪念碑。按照布丰的说法，"化石是过去的勋章"；吉劳

---

① Bourguet 2002 (p. 105).
② Humboldt 1805 (p. 14).
③ Cohen 2011.
④ Rudwick 1997 (p. 5–6).
⑤ Gohau 1986.

德-绍拉维则认为它们是"过去的温度计"。①1798 年，德吕克指出："这些纪念碑涉及两个附带的历史，即地层的历史和有机体的历史。"②

在 19 世纪的头几年，解剖学家居维叶和矿物学家亚历山大·布龙尼亚（Alexandre Brongniart）在《巴黎周围地区的地质学描述》（*Description géologique des environs de Paris*）中调和了这两个历史。③

自然志诞生于文艺复兴时期，处于重新发现古代文献、发现新大陆、大学医学传统和印刷术革命的十字路口。三个世纪后，也就是 1800 年左右，在观察家的眼中，巴黎的国家自然历史博物馆的一切"繁荣了起来"，其藏品已变得非常丰富，而圆形剧场也是人满为患。④ 正如约瑟夫·胡克（Joseph Hooker）在伦敦邱园的例子所展现的那样，甚至在整个 19 世纪，基于旅行、观察、收集、通信和分类的自然主义实践体系仍在流传。⑤ 然而，由于受到生命科学——生物学发展的竞争，自然主义知识日薄西山。在新的知识场所面前，自然志陈列馆逐渐失去价值：实验室是对生物进行实验的地方；田野是观察生态变化的地方；动物园是研究动物行为的地方。⑥ 达尔文的进化论于 1830 年代提出，这是生命科学形成过程中的一个决定性时刻，其卓越之处在于它将 1800 年前后发展起来的三条线索拧成一股：物种和品种之间认识论鸿沟的消失，"生物"作为功能连续体概念的提出，以及生物物种根据地理条件的分布。

玛丽-诺埃尔·布尔热（Marie-Noëlle Bourguet），
皮埃尔-伊夫·拉库尔（Pierre-Yves Lacour）撰

---

① Bourguet 2002 (p. 108).
② Deluc 1798 (p. 383).
③ Rudwick 2005 (p. 471-484).
④ Lacour 2014 (p. 541).
⑤ Endersby 2008.
⑥ Salomon-Bayet 2008, Drouin 1991, Burkhardt 1997.

参考文献

Candolle Augustin-Pyramus de, 1805, *Principes élémentaires de botanique et de physique végétale. Extrait de la 3e édition de la "Flore française"*, Paris, [s.n.].

Cuvier Georges, 1856, Mémoires pour servir à celui qui fera mon éloge, écrits au crayon dans ma voiture pendant mes courses en 1822 et 1823; cependant les dates sont prises sur des pièces authentiques, *in* Pierre Flourens, *Recueil des éloges historiques lus dans les séances publiques de l'Académie des sciences*, Paris, Garnier Frères.

Daubenton Louis Jean Marie, 1782, Introduction à l'histoire naturelle, in *Encyclopédie méthodique. Histoire naturelle des animaux*, Paris, Panckoucke et Liège, Plomteux, vol. 1, p. 1-10.

Deluc Jean-André de, 1798, *Lettres sur l'histoire physique de la Terre adressées à M. le Professeur Blumenbach, renfermant de nouvelles preuves géologiques et historiques de la mission divine de Moyse*, Paris, Nyon Aîné.

Humboldt Alexandre de, 1805, *Essai sur la géographie des plantes, accompagné d'un tableau physique des régions équinoxiales*, Paris, Levrault & Schoell.

Linné Carl von, 1756 [1735], *Systema naturae [...]*, Leyde, Theodorum Haak, 9e éd.

– 1788 [1751], *Philosophie botanique de Charles Linné*, Paris, Cailleau, et Rouen, Leboucher.

Rousseau Jean-Jacques, 1781, Fragments pour un dictionnaire des termes d'usage en botanique, in *Œuvres complètes*, t. 4: *Émile, éducation, morale, botanique*, Paris, Gallimard, coll. Bibliothèque de la Pléiade, 1969, p. 1199—1247.

Thouin André, Mémoire abrégé sur la manière de faire parvenir en Europe des graines et des plantes en nature des pays chauds (AN, F10 201).

Travaux

Bonneuil Christophe et Bourguet Marie-Noëlle, 1999, De l'inventaire du monde à la "mise en valeur" du globe: botanique et colonisation (fin xviie -début xxe siècle). Présentation du dossier thématique, *Revue française d'histoire d'outre-mer*, vol. 322-323, p. 9-38.

Bourguet Marie-Noëlle, 1997, La collecte du monde: voyages et histoire naturelle (fin xviie -début xixe siècle), *in* Claude Blanckaert (dir.), *Le Muséum au premier siècle de son histoire*, Paris, Muséum national d'histoire naturelle, p. 163-196.

– 2002, Landscape with Numbers: Natural History, Travel and Instruments, Mid-18th—Early 19th Centuries. Instruments, *in* Marie-Noëlle Bourguet, Christian Licoppe et H. Otto Sibum, *Travel, and Science: The Itineraries of Precision from the Seventeenth to the Twentieth Century*, Londres, Routledge, p. 96-125.

— 2004, *Écriture du voyage et construction savante du monde. Le carnet d'Italie d'Alexander von Humboldt*, Berlin, Max-Planck-Institut für Wissenschafts geschichte, preprint n° 266.

— 2005, Measurable Difference: Botany, Climate and the Gardener's Thermometer in Eighteenth-Century France, *in* Londa Schiebinger et Claudia Swan (dir.), *Colonial Botany: Science, Commerce, and Politics in the Early Modern World*, Philadelphie, University of Pennsylvania Press, p. 270-286.

— 2010, A Portable World: The Notebooks of European Travellers (Eighteenth to Nineteenth Centuries, *Intellectual History Review*, vol. 20, n° 3, p. 377-400.

Bungener Patrick, 2010, Regards sur Jean Senebier, au travers de sa correspondance avec Augustin-Pyramus de Candolle, *Archives des sciences*, n° 63, p. 81-92.

Burkhardt Jr. Richard W., 1997, La ménagerie et la vie au Muséum, *in* Claude Blanckaert *et al.* (dir.), *Le Muséum au premier siècle de son histoire*, Paris, Muséum national d'histoire naturelle, p. 481-508.

Cailleux André, 1953, Progression du nombre d'espèces de plantes décrites, de 1500 à nos jours, *Revue d'histoire des sciences et de leurs applications*, vol. 6, n° 1, p. 42-49.

Charmantier Isabelle et Müller-Wille Staffan, 2012, Natural History and Information Overload: The Case of Linnaeus, *Studies in History and Philosophy of Biological and Biomedical Sciences*, vol. 43, n° 1, p. 4-15.

Cohen Claudine, 2011, *La Méthode de Zadig. La trace, le fossile, la preuve*, Paris, Seuil.

Daston Lorraine, 1988, The Factual Sensibility, *Isis*, vol. 79, septembre, p. 452-467.

Daston Lorraine et Galison Peter, 2012 [2007], *Objectivité*, Paris, Les Presses du Réel.

Drouin Jean-Marc, 1989, De Linné à Darwin. Les voyageurs naturalistes, *in* Michel Serres (dir.), *Éléments d'histoire des sciences*, Paris, Bordas, p. 321-335.

— 1991, *Réinventer la nature. L'écologie et son histoire*, Paris, Desclée de Brouwer.

— 2008, *L'Herbier des philosophes*, Paris, Seuil.

Easterby-Smith Sarah, 2009, *Cultivating Commerce: Connoisseurship, Botany and the Plant Trade in London and Paris (ca. 1760—ca. 1815)*, thèse sous la dir. de Maxime Berg, Warwick, University of Warwick.

Endersby Jim, 2008, *Imperial Nature: Joseph Hooker and the Practices of Victorian Science*, Chicago, University of Chicago Press.

Febvre Lucien, 2003 [1942], *Le Problème de l'incroyance au xvie siècle. La religion de Rabelais*, Paris, Albin Michel.

Findlen Paula, 1990, Jokes of Nature and Jokes of Knowledge: The Playfulness of Scientific

Discourse in Early Modern Europe, *Renaissance Quarterly*, vol. 43, n° 2, juillet, p. 292-331.

– 1991, The Economy of Scientific Exchange in Early Modern Italy, *in* Bruce T. Moran (dir.), *Patronage and Institutions: Sciences, Technology, and Medicine at the European Court (1500—1750)*, Rochester, Boydell Press, p. 5-24.

– 1994, *Possessing Nature: Museums, Collecting, and Scientific Culture in Early Modern Italy*, Berkeley, Los Angeles et Londres, University of California Press.

– 2006, Natural History, *in* Katharine Park et Lorraine Daston (dir.), *The Cambridge History of Science*, t. 3: *Early Modern Science*, Cambridge et New York, Cambridge University Press, p. 435-468.

Foucault Michel, 1966, *Les Mots et les choses*, Paris, Gallimard.

– 1970, La situation de Cuvier dans l'histoire de la biologie. Exposé et discussion, *Revue d'histoire des sciences et de leurs applications*, vol. 23, n° 1, p. 63-92.

Gardey Delphine, 2008, *Écrire, calculer, classer. Comment une révolution de papier a transformé les sociétés contemporaines (1800—1940)*, Paris, La Découverte.

George Wilma, 1980, Sources and Background to Discoveries of New Animals in the Sixteenth and Seventeenth Centuries, *History of Science*, vol. 18, p. 79-104.

Gohau Gabriel, 1986, La naissance de la géologie historique: les "Archives de la Nature", *Travaux du Comité français d'histoire de la géologie*, 2e série, vol. 4, p. 57-65.

Grove Richard H., 1995, *Green Imperialism: Colonial Expansion, Tropical Islands Edens and the Origins of Environmentalism (1600—1860)*, Cambridge, Cambridge University Press.

Hoquet Thierry, 2005, *Buffon: histoire naturelle et philosophie*, Paris, Honoré Champion.

Jacob Christian (dir.), 2011, *Lieux de savoir*, t. 2: *Les Mains de l'intellect*, Paris, Albin Michel.

Juhé-Beaulaton Dominique, 1999, Du Jardin royal des plantes médicinales de Paris aux jardins coloniaux: développement de l'agronomie tropicale française, *in* Jean-Louis Fischer, *Le Jardin entre science et représentation*, Paris, Comité des travaux historiques et scientifiques, p. 267-284. Kellman Jordan, 2010, Nature, Networks, and Expert Testimony in the Colonial Atlantic: The Case of Cochineal, *in* Neil Safier (dir.), dossier Itineraries of Atlantic Science: New Questions, New Approaches, New Directions, *Atlantic Studies*, vol. 7, no 4, p. 373-395.

Koerner Lisbet, 1999, *Linnaeus: Nature and Nation*, Cambridge (Mass.) et Londres, Harvard University Press.

Kusukawa Sachiko, 2006, The Uses of Pictures in the Formation of Learned Knowledge: The Case of Leonhard Fuchs and Andreas Vesalius, *in* Sachiko Kusukawa et Ian Maclean (dir.), *Transmitting Knowledge: Words, Images, and Instruments in Early Modern Europe*, Oxford et New

York, Oxford University Press, p. 73-96.

— 2012, *Picturing the Book of Nature: Image, Text, and Argument in Sixteenth-Century Human Anatomy and Medical Botany*, Chicago, University of Chicago Press.

Lacour Pierre-Yves, 2010, La place des colonies dans les collections d'histoire naturelle (1789—1804), *in* Anja Bandau, Marcel Dorigny et Rebekka von Mallinckrodt (dir.), *Les Mondes coloniaux à Paris au xviiie siècle. Circulation et enchevêtrement des savoirs*, Paris, Karthala, p. 49-73.

— 2011, L'administration des choses naturelles: le Muséum et ses collections autour de 1800, *in* Christian Jacob (dir.), *Lieux de savoir*, t. 2: *Les Mains de l'intellect*, Paris, Albin Michel, p. 246-262.

— 2012, Histoire naturelle, *in* Anne Lafont (dir.), *1740, un abrégé du monde. Savoirs et collections autour de Dezallier d'Argenville*, Lyon, Fage, p. 112-120.

— 2013, Picturing Nature in a Natural History Museum: The Engravings of the *Annales du Muséum d'histoire naturelle* (1802—1813), *in* Sue Ann Prince (dir.), *Of Pictures and Specimens: French Natural History (1790—1830)*, Philadelphie, American Philosophical Society, p. 117-127.

— 2014, *La République naturaliste. Collections d'histoire naturelle et Révolution française (1789—1804)*, Paris, Muséum national d'histoire naturelle, coll. Archives.

Laissus Yves, 1986, Le Jardin du Roi, *in* René Taton (dir.), *Enseignement et diffusion des sciences au xviiie siècle*, Paris, Hermann, p. 287-341.

Lamy Denis, 2008, Le dessin botanique dans la transmission des connaissances, in *Passions botaniques. Naturalistes voyageurs au temps des grandes découvertes*, Rennes, Éd. Ouest-France, p. 139-155.

Latour Bruno, 1985, Les "vues" de l'esprit. Une introduction à l'anthropologie des sciences et des techniques, *Culture technique*, n° 14, p. 4-29.280 marie-noëlle bourguet et pierre-yves lacour Mandrou Robert, 1998 [1961], *Introduction à la France moderne. Essai de psychologie historique*, Paris, Albin Michel.

McClellan III James E., 2003, Patronage versus Institutions. Review Work: *Utopia's Garden: French Natural History from Old Regime to Revolution* by E.C. Spary, *Isis*, vol. 94, n° 2, p. 324-329.

McClellan III James E. et Regourd François, 2011, *The Colonial Machine: French Science and Overseas Expansion in the Old Regime*, Turnhout, Brepols.

Miller David Philip et Reill Peter Hanns (dir.), 1996, *Visions of Empire: Voyages, Botany and Representations of Nature*, Cambridge, Cambridge University Press.

Montègre Gilles, 2006, L'expertise artistique entre science et politique. Échanges et controverses autour de l'origine des marbres antiques entre Rome et Paris (1773—1818), *Genèses*, n° 65, p. 28-49.

Mornet Daniel, 2001 [1911], *Les Sciences de la nature en France au xviiie siècle. Un chapitre* *de l'histoire des idées*, Genève, Slatkine Reprints.

Müller-Wille Staffan, 2006, Linnaeus' Herbarium Cabinet: A Piece of Furniture and Its Function, *Endeavour*, vol. 30, no 2, juin, p. 60-64.

Ogilvie Brian W., 2003, The Many Books of Nature: Renaissance Naturalists and Information Overload, *Journal of the History of Ideas*, vol. 64, n° 1, janvier, p. 29-40.

– 2005, Natural History, Ethics and Physico-Theology, *in* Gianna Pomata et Nancy G. Siraisi (dir.), *Historia: Empiricism and Erudition in Early Modern Europe*, Cambridge (Mass.), MIT Press, p. 75-103.

– 2006, *The Science of Describing: Natural History in Renaissance Europe*, Chicago, University of Chicago Press.

Pelletier Aline, 2012, Cabinet, *in* Anne Lafont (dir.), *1740, un abrégé du monde. Savoirs et collections autour de Dezallier d'Argenville*, Lyon, Fage, p. 60-74.

Pinon Laurent, 1995, *Livres de zoologie de la Renaissance. Une anthologie (1450—1700)*, Paris, Klincksieck.

Pomata Gianna et Siraisi Nancy G., 2005, Introduction, *in* Gianna Pomata et Nancy G. Siraisi, *Historia: Empiricism and Erudition in Early Modern Europe*, Cambridge (Mass.), MIT Press, p. 1-38.

Rey Roselyne, 1994, Naissance de la biologie et redistribution des savoirs, *Revue de synthèse*, vol. 115, nos 1-2, janvier, p. 167-197.

Rudwick Martin J.S., 1997, *Georges Cuvier, Fossil Bones, and Geological Catastrophes: New Translations and Interpretations of the Primary Texts*, Chicago, University of Chicago Press.

– 2005, *Bursting the Limits of Time: The Reconstruction of Geohistory in the Age of Revolution*, Chicago, University of Chicago Press.

Salomon-Bayet Claire, 2008 [1978], *L'Institution de la science et l'expérience du vivant. Méthode et expérience à l'Académie royale des sciences (1666—1793)*, Paris, Flammarion.

Schiebinger Londa et Swan Claudia (dir.), 2005, *Colonial Botany: Science, Commerce, and Politics in the Early Modern World*, Philadelphie, University of Pennsylvania Press.

Spary Emma C., 2005, *Le Jardin d'utopie. L'histoire naturelle en France, de l'Ancien Régime à la Révolution*, Paris, Muséum national d'histoire naturelle, coll. Archives.

Terrall Mary, 2014, *Catching Nature in the Act: Réaumur and the Practice of Natural History in the Eighteenth Century*, Chicago, University of Chicago Press.

Tongiorgi Tomasi Lucia, 1993, Ulisse Aldrovandi e l'immagine naturalistica, *in* Giuseppe Olmi, Enzo Crea et Gianfranco Folena (dir.), *De piscibus: la bottega artistica di Ulisse Aldrovandi e l'immagine naturalistica*, Rome, Edizioni dell' Elefante, p. 33-63.

Turner Gerard L'Estrange, 2003, Eighteenth-Century Scientific Instruments and Their Makers, *in* Roy Porter (dir.), *The Cambridge History of Science*, t. 4: *The Eighteenth Century*, Cambridge et New York, Cambridge University Press, p. 511-535.

Van Damme Stéphane, 2005, *Paris, capitale philosophique. De la Fronde à la Révolution*, Paris, Odile Jacob.

– 2012, *Métropoles de papier. Naissance de l'archéologie urbaine, à Paris et à Londres (xviie-xxe siècle)*, Paris, Les Belles Lettres.

约瑟夫－弗朗索瓦·拉菲托（Joseph-François Lafitau）于1711年被耶稣会派遣至新法兰西，

他初步学会易洛魁族语,并证实印第安人的风俗习惯与欧洲古代时期相类似。在这幅铜版画中,印第安人身着同系列服饰,所做的动作是当时的肖像规范——《美洲野蛮人风俗与远古风俗之比较》(*Mœurs des sauvages américains, comparées aux mœurs des premiers temps*),巴黎,1724年。

第十一章

其他人的知识？种族问题的出现

导语：年代学的史学挑战

在一本专门介绍科学知识史的书中出现关于种族类别的章节似乎令人惊讶。从文艺复兴到启蒙运动时期，被认为区别于主流标准的人的知识不断产生和积累。这些探究和思考的对象，既可以是遥远世界，尤其是殖民地的居民，也可以是被欧洲社会判定为存在相异性的阶层。从种族类别的政治应用角度探讨这些问题，可以在大量信息中筛选出那些基于自然事实与社会政治、宗教和社会文化现象之间因果推论的判断和解读。诉诸自然的解释需要一种特殊的处理方式，并不是因为它比诉诸神学或文明的分化更"科学"，而是因为它将相异性现象划归为永恒存在，甚至是有非同寻常的稳定性。实际上，将差异归咎于一种独特且可遗传的自然体质，常常伴随着隔离手段，肯定了相异性标签存在集体的、不可磨灭的，并因此具有持久性的特点。正因如此，我们认为通过西欧及其近代殖民地种族类别的形成的历史来理解描述人类社会多元性的过程是合理和有益的。

自1945年以来，种族思想在道德和政治上的失格已经非常深刻，以至于除了以"伪科学"的反讽和戏谑形式出现外，它似乎很难被纳入科学史的视野。[1] 然而，其他各种理论也同样不合格，至少在它们与实验科学的关系上是

---

[1] Zuniga 1999, Stolcke 2008, Müller–Wille et Rheinberger 2007.

如此。但是，将它们重新纳入知识史中真正的历史概念是本套图书的挑战之一。为此，只要种族理论与生物学和社会科学知识水平之间的差距仍然很明显，读者就不应该对将种族问题列入本卷中探讨感到惊讶。年代学问题，即选择一个历史时期，从这个时期开始，人们认为欧洲社会开始有了种族类别，引起了对这一现象几种解释方式之间的冲突对立。

事实上，专家们对于基于种族理论对个人和群体的早期歧视手段到底是从何时开始的这一问题并没有形成统一意见。有断言称，种族类别是在启蒙运动晚期形成并开始执行的，而这一时期正是构成本卷最后的时间界限。这种解释的依据是，自然志作为一门知识性学科，只有达到一定的成熟度，才有可能将某些社会特征的传递归于生物学因果关系。因此，只有当这种类型的因果关系强大到足以消除描述个人和群体的任何其他参数时，人们才会处理种族思想。然而，即使在当代，也就是针对种族主义立法的时代，种族身份与历史、语言、宗教或民族等其他特征组合起来，共同形成对个人和群体的描述。① 因此，本章旨在为读者提供另外一种思路，区别于当前占主导地位的观点，即种族类别的历史只存在较短时间，从 18 世纪末叶到德意志第三帝国的瓦解、美国的民权运动和南非种族隔离的结束。其目的是揭示种族相异性理论的中世纪尤其是近代根源。

相反，人们在古希腊和古罗马遗留下来的著作中，发现了对某些种群身体的先天劣势的政治阐述。亚里士多德无疑对此进行了最完整的传达。按照希波克拉底的训诫，在希腊城邦中，没有能力参加公民生活，也就是说无法获得公民荣誉，主要原因在于器官、隔膜或体液的某种禀赋。② 罗马法将奴隶视为良好的契约主体，为奴隶通过生育渠道将劣势地位传递给子女提供了规范框架。但是，当希腊公民和罗马法学家创造出基于人的身体禀赋或生殖的歧视，他们所面对的政治进程与中世纪晚期社会所经历的政治进程截然不同。确实，在我们关注的时期中，对个人谱系的研究旨在家庭之间存在姻亲或混同机制时做出

---

① Olender 2009.
② Isaac 2006, Eliav-Feldon, Isaac et Ziegler 2009.

区分，从而实现主导群体所希望的差别化。在公民与奴隶之间的歧视制度下，在赋予亚里士多德思想意义的政治框架中，情况并非如此。从非常不同的社会政治情况出发，西方种族类别形成的第一个和最后一个驱动力在于希望阻止对先前彼此不同的种群之间的区分逐渐削弱的进程。

近代知识，中世纪的继承者

种族类别的出现构成知识历史的一个问题，因为在某种程度上，这一解释工具比既模糊又笼统的排外言论更加精确。为了确定一个难以把握的对象，必须从形式上的简单定义入手。有一种推理涉及种族类别，它认为个人的道德和社会特征通过身体的组织和体液代代相传。种族思想因此施行两个操作：首先确定属于某个群体的人的特征，然后断言这些特征是通过生育遗传的。这种分析方式在近代逐步建立起来，直至后来产生了人种图表或分类框架。无论是文化特征的肉体遗传，还是群体之间等级制的发展，在这两种情况下，都涉及处于政治动态中的知识。实际上，两种长期存在的社会政治和社会经济现象催生出种族意识形态。[①] 第一种是基于宗教、文化和社会歧视的迫害，作为一种统治手段和一种社会秩序的产生方式。[②] 第二种是将主流经济体系要求奴役的种群驱逐出普通人的行列。在这两种情况下，调动种族类别旨在在同一地域内，即在敏感的邻近地区实现差异化，而不是对仍与日常经验格格不入的社群进行污名化。对不同种族混居或通婚的担忧充分证明了以下事实：种族思想首先适用于一个社群对自身的看法。

自中世纪中期以来，在欧洲社会中，迫害手段造成的歧视早于奴隶天然低劣的理论。在大西洋奴隶贸易成为西方社会的核心特征之前，犹太人、穆斯林、异教徒、麻风患者、盖尔人以及许多其他少数族裔或战败群体都是被歧视的对象，助长了种族主义推论。[③] 但是，没有人会忘记，将奴隶定义为天然比

---

① Moore 1991, Prosperi 2011.
② Fields 1990, Boulle 2006.
③ Bartlett 2001, Hespanha 2010.

起主人低劣等,其根源可以追溯到古典希腊城邦的组织和罗马法的规范传统。[1] 就近代而言,在欧洲人帝国主义和殖民扩张运动中,种族类别形成的两个政治根源,即对少数族裔的迫害和对奴隶的排斥,是相互促进的。

在中世纪末期的医学思想中,疾病的传播以及儿童与父母之间的相似性问题占据着重要位置。[2] 围绕这些问题的争论超出了病理观察的范畴,激发了人们对面相学的思考,并促进了自然差异及其遗传描述框架的形成。直到当代,身份认同和歧视运动以三个矛盾为标志。首先是差异的可见性。犹太人,更不必说皈依犹太教人的后裔,就属于构建出的自然相异性,很难一目了然地识别出歧视对象。在沉痛的经历中,由于犹太人和大多数人之间并没有什么明显的差别,导致专属于受歧视群体的可识别标志被制造出来,并强制他们佩戴,有的是圆形织物,有的是红色帽子。[3] 与之相反,被贩卖至美洲的非洲人和美洲大陆的原住民大规模沦为奴隶,这类族群可以根据身体特征立即辨认出来。非洲人的黑色皮肤、美洲印第安人的铜色皮肤[林奈在《自然系统》(1735年)中将其分类为红色]以及在很大程度上处于全裸或半裸状态,都是显著的记号。[4] 因此,种族类别的形成同时在看不见和看得见的差异的基础上进行。种族思想的第二个矛盾基于种群特征的永久性与异变之间的冲突。实际上,种族化的政治进程剥夺了目标群体改变的权利和能力,但这一进程又因主流群体对不稳定性的担心而加剧。第三个矛盾是,允许排斥某些个人和群体的理由,与在同一社会中其他个人或群体光荣地脱颖而出的理由相同。确实,贵族美德自然传承的观念,例如"蓝血"概念,与宗教信仰不忠或从事不光彩职业等卑鄙行径世代相传的想法没有什么不同。[5] 历史语义学证明了这种双重性。在15世纪各种欧洲语言的最初用法中,"种"一词用于狗和马的饲养,指的是"纯正血统",换句话说,它针对的是狩猎伙伴,这是贵族成员的一项独特活动。[6]

---

[1] McKeown 2002.

[2] Van der Lugt et Miramon 2008.

[3] Hughes 1986.

[4] Vaughan 1982.

[5] Jouanna 1976, Devyver 1996, Aubert 2004.

[6] Miramon 2009.

这一术语被用于贬义发生在近代，最早出现在伊比利亚社会中，但是并未抹掉其最初含义。因此，在本章所涉及的时期，种族思想是在差异的可见性和不可见性、树立优秀典型和隔离可鄙群体之间的冲突中构建的。这是一个既动态又脆弱的语义领域，在任何时候都不能脱离组织起社会和政治生活的迫害、区分、隔离和竞争手段的技术。

知识和专门技能的社会政治动员

宗教裁判所的法官及其线人的专门技能依赖隶属于某项鉴定科学的调查和观察实践。他们的目标是揭露被认定为犯罪嫌疑人个体和宗族的隐藏属性。对家庭习俗进行人种学观察，通过在人的原籍地进行问询来重建家谱，对偏差信仰进行神学鉴定：这些方法往往结合使用，证明了这种认定工作方法的合理性。这种做法是在过错遗传及基因隐瞒（有时甚至被告自己也不知情）而永续的理论基础上执行的。[1] 在这样的体系中，宗教错误和原始过错的宗族继承，并不是一个抉择的两个分支。相反，异端乃至秘密叛教的推定，是建立在以一个或多个祖先改宗为标志的家族传承历史基础上的。[2] 因此，种族轨迹是存在的，但总是与其他根源和其他因果关系组合作用，例如在家庭的亲密关系中有意识地或无意识地重复异端行为和信仰。[3]

在所有程序中，家谱调查都起着至关重要的作用，因为祖辈出现过改宗情况是被调查者可疑的标志。一旦发现了家谱中的这种污点，后代的离经叛道被认为是很有可能的，甚至是不可避免的。此外，治安法官还可以揭露僭用现象，例如，改宗者的后代获得法规所禁止的公职和爵位。甚至可以说，在长达三个世纪的时间里，宗教裁判所的主要社会政治职能之一是驱逐违反法定禁令的人。[4] 因为，在西班牙和葡萄牙帝国，大多数拥有特权和职权的社会团体和

---

[1] Feitler 2003.

[2] Nirenberg 2000, Martínez 2008.

[3] Wachtel 2001 et 2009.

[4] Contreras 1997.

社会地位，从市政当局到大学，从教堂分会到军队序列，以及许多其他机构，都明确规定不接受改宗者的后代。① 这些经常被违反的规定是在社会和政治层面长期存在的宗族血统歧视（因此，基于道德过失的世袭性）的法律和规章制度的体现。②

大西洋群岛、加勒比海和美洲大陆的第一批征服者——西班牙人和葡萄牙人在面对非洲和美洲原住民时，拥有了新的歧视模式：血统纯度。伊比利亚社会中的这种分离机制是否已成为新兴殖民社会中将欧洲人与其他人区分开的一种手段？例如，在美洲大陆，从处理这些案件的审讯法庭产生的资料来看，这个问题的答案只能是肯定的。③ 欧洲的描述方法和调查手段在非洲、美洲甚至亚洲都得到了应用，在亚洲，著名的果阿宗教裁判所正在全力开展工作。④ 通过来自海外省和欧洲内陆的传教士，以及与鲜少了解的种群接触较多的领航员和商人，宗教裁判所的法官因此积累了一些应对受害者的能力。他们深陷于血统纯正的政治意识形态，因提出基于人的神学观的分类技术，为提供受欧洲扩张影响的各个社会的知识作出了巨大贡献。然而，上述分类技术遭到了欧洲与世界其他地区之间关系的其他方面的质疑。

发现世界和人类的多样性：寻找新模式

随着不仅仅局限于新大陆的世界被发现⑤，欧洲人面临着人类多样性的延伸。这样的发现本身并没有伴随着歧视性的目光。然而，它为比较主义的行为开辟了道路，它一方面孕育了从蒙田（Montaigne）到孟德斯鸠（Montesquieu）等欧洲学者批判欧洲中心主义的怀疑哲学，另一方面也催生出分类和等级制度将差异转化为种族歧视的进步哲学。在整个近代时期，种族类别的产生既不是

---

① Sicroff 1960.
② Hering Torres 2011.
③ Méchoulan 1979, Silverblatt 2000, Martínez 2007.
④ Amiel et Lima 1997, Xavier 2011.
⑤ 详见本卷中让－马克·贝斯和安东内拉·罗马诺的章节。

必然的，也不是欧洲与其内部或外部其他实体建立的唯一关系。正是在学术手段和权力关系的情境衔接中，人们可以找到隔离的做法和歧视的理论，尽管是不连续的。

从文艺复兴开始，不同的行动者观察到了人类外形的多样性，他们利用所掌握的工具进行了描述说明。穿行于世界各地寻求冒险或异域奇珍带回给赞助人的各种旅行者、新兴跨洋贸易公司的商人、士兵或传教士都通过回顾古代的哲学或医学观念、气候理论或体液理论来描述这些多样性。印刷革命为它们的复兴创造了条件，因为它使古老的语料库和低质量的文字和视觉作品都可以得到利用，从而促进了关于他者的知识向学术圈和城市空间之外传播。

然而，这些文本和图像保留了多义性和功能的多元性，这一点从它们对种族概念的不同和往往不明确的使用中可以看出。基于宗族血统的歧视一直持续到启蒙运动盛期甚至之后，除此之外，还增加了一些不同于神学理由的其他歧视类型，从而在医学或地理学领域开辟了不同的战线，可以据此思考并将身体的差异本质化。

从16世纪初开始，关于美洲印第安人本性的争论深刻颠覆了文人（literati）和统治者的认知，并就人类的起源及其多样性提出了前所未有的问题。它在人类和同祖论者之间划清了界限。同祖论者相信《圣经》的教导，即所有人类都是第一对夫妇的后代；多地起源论认为人类的种族具有不同的起源。因此，这条鸿沟似乎是人类分类的用途和利害关系的一个很好的观察点，直到林奈和布丰一道将问题转移到人类的边界问题上，从而出现了分类学巨大的认识论转折点。

很长一段时间以来，部分历史学从第一次接触开始就将重点放在殖民背景下性别话语的象征层面。在《历史书写》（L'Écriture de l'histoire）第二版的前言中，米歇尔·德·塞尔托（Michel de Certeau）通过评论一幅图像，开启了对随着文艺复兴和新世界的发现而发展起来的新的历史书写认识论中所调动的权力关系的研究。这张图像，表现的是全身赤裸的美洲土著与穿着衣服、拿着征服武器的欧洲白人亚美利哥·韦斯普奇（Amerigo Vespucci）首次面对面的场景，是从扬·范·德·施特雷特（Jan Van der Straet）（1619年）那里借来的，基于特奥多尔·加勒（Theodor Galle）（约1580年）的雕刻作品。它描述了欧洲男性探险家作为主体，在到达已知世界的边缘时，对作为客体的印第安女性裸体所施加的支配关系。这种支配表现为对裸体的利用，这是一张空白页或处女页，欧洲发现者准备在上面书写自己的历史，而不会遇到任何反对：由于原住民缺少成文文献，这为征服者书写历史创造了条件，这种征服性的写作在殖民关系的框架内进行征服，而这种关系从一开始也被设想为一种性别关系。正是在该图像所传达的内容以及它作为一种寓言式的解读所暗示的内容中，塞尔托将人种学和人类学话语的起源，也就是相异性的起源置于其中。[1]

欧洲对美洲原住民的看法，首先来自《圣经》和古典作家的资料。这些都为刻画"现成"的历史提供了框架，否定了被发现的民族历史的原创性，即使是赤裸裸的、已经顺从的民族。[2] 在1550—1551年的巴利阿多里德争议中，两位西班牙神学家巴托洛梅·德拉斯·卡萨斯（Bartoloméde Las Casas）和胡安·希内斯·德塞普尔韦达（Juan Ginés de Sepúlveda）重新从亚里士多德"天生的奴隶"理论及理性是文明人特征的观点出发，将其应用于美洲印第安人。[3] 除了重要性之外，这场争论并没有为思考多样性增加新的概念或工具，相反，它推动证实了亚里士多德的认识论在面对新事物时日益严重的不足。这场辩论只是间接影响《圣经》的年表和圣史可靠性的漫长系列中的第一场。正是从《圣经》的年表和圣史中得出了人类物种的唯一性原则，然而同样，也是它们通过亚伯和该隐、诺亚之子以及巴别塔等章节阐明了人类物种的多样化。[4] 但是美洲人的起源问题，以及将他们插入《旧约》叙述的困难引起了所有人的注意。此外，美洲大陆上只有人类才是新种群，而植物学家和博物学家则在不同大陆的动植物群中寻求对等的系统。[5] 这种矛盾就人类及其历史问题产生了各种不同的答案，后来逐渐发展出荷兰法学家胡果·格劳秀斯（Hugo Grotius）

---

[1] Certeau 1980 et 2005, Montrose 1991.

[2] Elliott 1970 et 1976, Todorov 1982.

[3] Pagden 1982 et 1993, Hanke 1959.

[4] Hodgen 1971, Gliozzi 2000.

[5] Olmi 1992, Findlen 1994.

《论美洲人的起源》（*De origine gentium Americanarum*）（1642 年）等著作。要想放大多地起源论者的声音，必须首先打破《圣经》的框架。随着天主教内部教派对立的激化以及天主教徒和新教徒之间分裂的形成，这种破裂成为反对既定秩序的标志。

  16 世纪末期，在乔尔丹诺·布鲁诺的哲学中，多地起源论假说伴随着世界多元性的假说，这导致他在反对宗教改革的罗马被烧死在火刑柱上。他的论点在 17 世纪的自由主义和怀疑论界被采纳。艾萨克·德·拉佩雷尔（Isaac de La Peyrère）从对《圣经》的激进解读出发，支持比犹太人更古老的民族的存在，即相信亚当以前人类存在说（les préadamites），从而使亚当丧失了人类之父的地位。《亚当以前人类存在说》（*Praeadamitae*）的英译本及其在欧洲地区的广泛接受，归因于无神论运动的重要地位，其存在可以追溯到伊丽莎白时代和英国著名冒险家沃尔特·雷利（Walter Raleigh）所在的圈子。① 更普遍来说，拉佩雷尔受到了多地起源论话语的动员，而伏尔泰是 18 世纪中期这种话语的代言人。在伏尔泰的推动下，多地起源论从一个神学问题演变成一个历史问题：1769 年，伏尔泰在关于多地起源论的《历史哲学》（*Philosophie de l'histoire*）基础上，创立了他的通用历史——《风俗论》（*Essai sur les mœurs*）（1756 年第一版）。《历史哲学》除了针对摩西的论战之外，旨在阐明人类进步的意义。②

  从外在表象上看，无论在天主教界中，还是在新教界中，对《圣经》的模式和人类同祖论的质疑逐渐在持不同政见的政治群体中扎根，至少在宗教层面上如此。这些立场最终不一定会助长排斥、污名化或隔离他人的意识形态，尤其是在法国和英国在 17 世纪和 18 世纪下半叶建立的帝国框架中。这种立场的法律和经济利害关系在大西洋地区得到了典型的体现，被打上奴隶贸易制度和

---

① Bruno 1958 (p. 797–799), La Peyrère 1655. 可参阅: Gliozzi 2000 (p. 427–511), Popkin 1987, Livingstone 2008.
② 在成为《风俗论》的导言之前，《历史哲学》曾于 1765 年作为独立著作出版。从 1730 年代开始，多源主义论点贯穿伏尔泰的几部作品。关于它在启蒙运动辩论中的重要性，请参阅: Duchet 1985 (p. 53–63) et 1995.

复杂社会（异族通婚的产物）的深刻烙印。欧洲人、非洲人、美洲人和亚洲人混杂在一起，引起了一些法律、政治或象征性层面的尝试，以确保这种交集有序进行，例如，在造型艺术方面，1700—1760年间兴起的种姓绘画流派（les pinturas de castas）可以说明这一点。①

这些交集发生在帝国社会强加的不对称关系中。当这种不对称的认识论基础成为启蒙运动哲学家们的一个中心问题时，民族的种族化问题就成为知识界辩论的核心，并作为大西洋地区各社会政府的一个重要操作者出现。

自然志中记载的人类

启蒙运动的人类学转折点在于两项主要操作：它把民族的多样性与人类进步的不同阶段联系在一起，也与大的自然分类联系在一起。这种知识的综合是以前几个世纪的文献为基础的，从神学专论到旅行记述，从医学文献到哲学著作，但它并不能解决所有矛盾。它是欧洲殖民主义征服阶段和奴隶制社会兴起的一部分。通过以普遍原则的地位赋予一系列历史特征，它开启了种族意识形态发展的第二个时刻。

如果说18世纪的欧洲以其对百科知识的关注而著称，那么，在因发现大洋洲而实现的扩大视野和丰富多样性的阶段，这样一项计划的实现要归功于世界大分类。② 狄德罗和达朗贝尔（1751—1772）在法国出版的《百科全书》就是其中的一项工作。随着白令海峡的发现及语言知识的增加，人们对太平洋和西伯利亚进行了系统的勘测，与此同时，在统计和财政学发展的框架内，对欧洲及其自然和人力资源的衡量逐渐深化。探险家兼哲学家格奥尔格·福斯特（Georg Forster）在跟随库克船长进行第二次环球航行时，证明了这种知识的拓宽，这对人类种族的分类非常关键。在《世界环航中的观察》（*Voyage Round the World*）（1777年）中，他详细描述了太平洋岛屿上"黄褐色皮肤"的居民。

---

① Katzew 2004, Zuniga 2013.

② Foucault 1969.

在后来的工作中，它对欧洲内部及其周边地区的居民也进行了同样的操作。①

在启蒙运动期间，以林奈和布丰为标志，人们以对立的模式重新思考了人类多样性的问题，并因此开辟了新的视角，从而脱离了《圣经》的框架。②林奈的《自然系统》（1735年第一版）标志着人类进入动物界：首先因乳房被列入哺乳动物类，然后因牙齿被列入灵长类动物类。从1758年第10版起，随着"智人"一词的发明，理性失去了核心地位，仅成为人类的众多属性之一。因此，这是对笛卡尔和莱布尼兹理性主义的彻底质疑，后者将理性的普遍性作为人类的定义及区别于动物的实质性和普遍性特征。林奈的分类法将人类分为两种：一种是智人，根据肤色分为四个品种（欧洲白种人、美洲红种人、亚洲黄种人和非洲黑种人），再加上未开化人（Homo ferus）和畸形人（Homo monstruosus）；另一种是穴居人（Troglodyte），其典型是猩猩。③这种分类法的主要特征是基于对外表差异的观察，这不仅应用于智人与穴居人之间的区分，而且也应用于智人不同品种之间的区分。同时，比较解剖学，特别是涉及对比人和猿的解剖学，成为博物学家林奈的参考，也是阅读和批评其作品引发争论的资料来源。

启蒙时代人类学的另一座丰碑——布丰的著作，采用了相同的比较视角。布丰在1749—1788年间出版的36卷本的不朽巨著《自然志》（Histoire naturelle）中，解释了比较方法论的有用性，甚至是认识论上的必要性。④布丰正是在该著作中将人类纳入了动物界，并将其融入自然志中。⑤然而，根据布丰的说法，人之所以不同于动物，是因为他的可完善性，因而具有塑造自身历史的能力。从此，人类被划分为具有偶然性和可逆性的"种族"，与之相对的是根据创造具有稳定特征的可育后代的能力所界定的"物种"。那么，布丰的著作提出的核心问题就变成：现有的差异是天生的，还是取决于气候和环境原

---

① Forster 1777 et 1791; 参阅：Bödeker 1999.
② Sloan 1976.
③ Linné 1766—1768 (t. 1, p. 28-33); 参阅：Koerner 1999.
④ Buffon 1753 (p. 3); 参阅：Hoquet 2005.
⑤ Duchet 1971.

因，抑或是取决于道德和历史原因。由此，比较成为启蒙运动时期新兴的人类学研究的核心方法。

女性因素在这一论述中起着重要作用，因为女性被赋予了塑造各种"种族"的身体、骨骼和头骨的能力。例如，布丰和德意志人类学家布卢门巴赫（Blumenbach）指出，黑人的塌鼻梁是妇女在劳作期间把孩子背在背上并母乳喂养的习惯的结果。更为普遍的是，女性会人为地塑造某些特质，以适应所在社会的审美标准：鞑靼人以美为名，把新生儿的眼睛压扁，耳朵拉长到肩膀；在印度，人们会人为地扩大额头；在中国，女性的两只脚会被裹成三寸金莲[1]，等等。

与其挨个了解从伏尔泰到大卫·休谟（David Hume）、从康德到布卢门巴赫或到卢梭等欧洲启蒙运动主要作家所制定的各种对策，还不如停下来研究一下18世纪下半叶的一场论战，这场论战对于种族问题论述的近代结构至关重要，因为它动员了广泛的知识。人类被纳入自然志范畴，使得关于种族的论述得以建立在一个新的领域上，即动物性，这主要是通过猩猩（或按照当前分类的黑猩猩）及其类人特征引起的兴趣。这就是17世纪末皇家学会和皇家内科医师学会会员、英国医师爱德华·泰森（Edward Tyson）解剖猩猩的主要原因。[2] 在接下来的几十年中，当林奈和布丰将人纳入动物界，并且当奴隶制达到顶峰时，按照泰森的提议，人们把猩猩/黑猩猩与人类的身体进行了仔细的比较，并且得出二者具有许多相似之处的结论，这导致白人、黑人和类人猿被并列对比。黑人的兽性也源于比较，人们基于各个方面和做法的相似性，提出黑人的非人谱系。[3] 在欧洲，然后在1780年代新生的美国，这些理论得到发展，并遭到医生、哲学家和传统知识生产界的反对，以回答已涉及经济和法律层面的问题：奴隶制的有效性和合理性，以及"黑奴"作为商品地位的必然结果；或是"黑奴"的公民权利与生而为人的平等。[4]

---

[1] 参阅：Schiebinger 1990, Morgan 1997.
[2] Tyson 1699; 参阅：Gould 1985.
[3] Sebastiani 2013.
[4] 在丰富的材料中，可参阅如下的经典研究：Jordan 1968, Barker 1978, Davis 1966 et 1999.

正是对 1772 年在英格兰［萨默塞特案（le cas Somerset）］和 1778 年在苏格兰［骑士案（le cas Knight）］通过的第一部反奴隶制法律的反应，1757—1769 年间担任牙买加代理总督兼海军中将与法院法官的英国种植园主爱德华·朗（Edward Long）和爱丁堡高等民事法院法官蒙博多（Monboddo）勋爵——詹姆斯·伯内特（James Burnett）通过制作一系列性质各异的文本参加了辩论，但试图将政治立场建立在知识分子的合法性上。蒙博多勋爵是出席导致苏格兰立法向废奴主义方向修正的审判的法官之一，他在罗马法的基础上发展出奴隶制的法律合法性这一主题。按照这位治安法官的说法，奴隶制不是自然权利，而是像政府或财产一样的"人类人权"（jus gentium）。① 他不仅是处于苏格兰启蒙运动边缘地带的一位作家，他还是文人共和国中一位博学多才的哲学家和出色的语言学家②，他利用在语言方面的学术研究，证实了人的兽性起源。继孟德斯鸠和布丰之后，苏格兰启蒙运动的代表人物们将社交能力、语言、身体形态和直立姿势视为人类的独特特征，而蒙博多勋爵则继承了卢梭在《论人类不平等的起源和基础》（Discours sur l'origine et les fondements de l'inégalité parmi les hommes）（1755 年）中发展的论点，即猩猩属于人科，是人类在原始野蛮状态下的一个例子。③ 如果说蒙博多勋爵将分析的重点放在了野人这个问题上，那么爱德华·朗（Edward Long）直接将黑奴与猿类联系起来。针对萨默塞特案的判决，他发表一篇抨击文章，呼吁英国法系（Common Law）确认黑人的法律地位为"商品"，且奴隶制是英国宪法本身的一个组成部分。④ 他的主要著作《牙买加史》（History of Jamaica）（1774 年）以大英帝国的经济繁荣为名，抨击了废奴主义者"错误地"颂扬黑人能力的"空洞的慈善事业"。他援引之前的医学和哲学文献，包括马尔比基（Malpighi）、泰森、布丰或休谟，以证明非洲人是人属中的一个例外，是唯一

---

① Cairn 2012.
② 詹姆斯·伯内特，即蒙博多勋爵，创作了两部划时代巨著，每部均由 6 卷构成，并对照编写。参阅：Monboddo 1773—1792 et 1779—1799.
③ Wokler 1988, Nash 2003.
④ Long 1772.

不具备可完善性能力的人种。很明显，他借用了蒙博多勋爵的语言学方法，使他能够使猩猩人性化，并使霍屯督人这一"畸形人"（按照林奈的分类）动物化。①

这两个阵营没有划定严格的界限，二者的科学理论和政治立场是系统一致的：在美洲，托马斯·杰斐逊（Thomas Jefferson）在美国成立之初就主张解放黑奴，与此同时，他在《弗吉尼亚笔记》（Notes on the State of Virginia）中将白人血统被污染视作人类历史上的新问题。与罗马世界不同的是，释放的黑奴必须被禁止与白人通婚。这种推理的必然结果是，白人和黑人之间的差异是固定在"本性"之中的。②然而，黑人天生低劣等的论断并没有机械地转化为对奴隶制的支持，无论是对杰斐逊而言，还是对从伏尔泰到休谟的无数多地起源论倡导者而言，都是如此。

在大西洋两岸，任何哲学、医学或自然主义体系都没有否认的一个生理歧视标准仍然是性别标准。雄性猩猩从黑人女性身上感觉到的所谓的性吸引——这是当时旅行文学中反复出现的主题——成为二者近似关系的证据。因此，霍屯督女性被表现为性别对象，而不是性对象，因为她的生殖器外形只会引起欧洲男人的厌恶。这样的分类在人属中建立了难以跨越的鸿沟，因为对同类的自然吸引力因此受到损害。寡廉鲜耻、对贞操不屑一顾、滥交、实行一夫多妻制，黑人的动物性形象也助长了性交过度的看法，这与欧洲的爱情升华理想背道而驰。

启蒙运动历史中女性受到的关注度越来越高，她们作为知识和文明生产者所扮演的主要角色也越来越多，却丝毫无法打破这一界限。③确实，人体重新受到关注，并且以对性别差异的认识为标志。女人不再仅仅被视为男人的反面，根据古兰经的传统，她是另一个他。④在这种由医生、哲学家或博物学家

---

① Linné 1766—1768（t. 1, p. 29）. 关于启蒙运动中的黑人图像，尤其与法国的情境有关的研究，可参阅：Curran 2011. 关于休谟在苏格兰启蒙运动的情境下的种族观点，可参阅：Sebastiani 2013（chap. 2）.
② Jefferson 1955 (questions IV et XVIV).
③ Knott et Taylor 2005 (1re partie), Sebastiani 2013 (chap. 5).
④ Laqueur 1990, Jordanova 1989.

进行的操作中，性别和种族是一起构建的，反之亦然，被认为"低等"的人以其不正常的性特征来区分。性别之间的区别，在主流社会被认为是明确的，但在某些劣势社会中却被认为是不确定的；因此，有传言称犹太男人来月经，或者美洲印第安人身体无毛且退化，能够确保泌乳。① 另一方面，欧洲白人女性为衡量文明程度提供了标准。根据自文艺复兴以来流传的文学常识，欧洲白人女性是唯一能够脸红的女性，但这一点随着英国外科医生查尔斯·怀特（Charles White）的质疑变为了医学争论。②

因此，当新古典主义艺术将"观景殿的阿波罗"（*Apollon du Belvédère*）推崇为人类美的完美代表时，根据格罗宁根医生彼得勒斯·坎珀（Petrus Camper）（一位狂热的基督徒）制定的规程，对面部角度的测量将对人与人之间差异的观察从审美学上升到了人类学的层面。这种人类学基于一种新的证据建立方式，即通过可见的和可测量的物体和图像来建立证据，这使布丰所写的自然志和文字志失去了信誉。坎珀根据新的解剖成果否认了猩猩与人类器官的一致性，为18世纪的辩论提供了医学上的解决方案。③ 他在一系列素描图中，将一条条下降的、渐进的、连续的面部角度的线条风格化，从古希腊人，或格鲁吉亚人，渐变为黑人和猩猩。正是这种视觉方案赋予了他的自然主义陈列室以科学的组织原则，即使他将其解释为仅仅是出于美学考虑。④ 另一方面，德意志格丁根大学教授约翰·弗里德里希·布卢门巴赫（Johann Friedrich Blumenbach）在《人种的自然起源》（*De generis humani varietate nativa*）（1775年第一版，1790年第三版）第三版中，将人类划分为五个人种：高加索人种、蒙古人种、埃塞俄比亚人种、亚美利加人种、马来人种。这一分类完全是基于对形态类型的观察，不掺杂任何道德层面的解读。但是即使按照此种方法，根

---

① Schiebinger 1994, Dorlin 2006, Savy 2007.

② White 1799.

③ Camper 1779.

④ Camper 1791 (p. 49)："很奇怪地看到一连串骷髅头，就像我有的那些头颅一样，有猴子的，有猩猩的，有黑人的，有霍屯督人的，有马达加斯加人的，有苏拉威西岛人的，有蒙古人的，有卡尔梅克人的，还有各种欧洲人的，他们都放在同一个架子上，一个挨着一个，一目了然，提供了我提到的所有品种。"参阅：Meijer 1999, Blankaert 1987, Bindman 2002, Lafont 2010.

据"头骨的形状"判断，高加索人也被视为最优雅、最和谐的生物。[1]

在整个近代时期，种族类别的形成助长了以社会政治层面对待"相异性"的方式为中心焦点的意识形态。这些机制被那些设想和动员他们的人视为人类多样性基础上的知识运作。在欧洲第一现代性时期，它们伴随着四种类型的核心进程：将社会构造为由其与人类同胞繁衍的能力所定义的社会群体，而不与属于其他社会群体的个人混杂在一起；在终身的基督徒和改宗者的后代之间建立起永久的屏障；推广殖民扩张和将美洲土著置于监护之下；扩展奴隶经济和大西洋奴隶贸易。在本章的时间跨度内，分类过程的构成因素是以一种看似违背直觉的顺序出现的。第一阶段以谱系原因的产生为主导，即根据宗族血统界定个体归属的群体，并将体液指定为这种遗传的物质载体。第二阶段与第一阶段相连，且没有连续性中断，在观察可见差异的基础上建立类别、绘制表型、描述颜色的渐变。在所考虑的年代弧线中，种族类别的形成汲取了神学家、医生、行政人员、法学家、商人、博物学家，甚至画家的知识。在遗传学重大革新的前夕，经历了从生殖学到面相学的转变过程。

让－弗雷德里克·绍布（Jean-Frédéric Schaub），

西尔维娅·塞巴斯蒂亚尼（Silvia Sebastiani）撰

参考文献

Amiel Charles et Lima Anne (dir.), 1997 [1687], *L'Inquisition de Goa. La relation de Charles Dellon*, Paris, Chandeigne.

Aubert Guillaume, 2004, "The Blood of France": Race and Purity of Blood in the French Atlantic World, *The William and Mary Quarterly*, 3e série, vol. 61, n° 3, p. 439-478.

Barker Anthony J., 1978, *The African Link: British Attitudes to the Negro in the Era of the Atlantic Slave Trade (1550—1807)*, Londres, Frank Cass.

Bartlett Robert, 2001, Medieval and Modern Concepts of Race and Ethnicity, *Journal of Medieval and Early Modern Studies*, vol. 31, n° 1, p.39-56.

Bindman David, 2002, *Ape to Apollo: Aesthetics and the Idea of Race in the Eighteenth

---

[1] Blumenbach 1798; 参阅：Bödeker 2010.

Century, Londres, Cornell University Press.

Blanckaert Claude, 1987, Les vicissitudes de l'angle facial et les débuts de la craniométrie (1765—1875), *Revue de synthèse*, vol. 108, n°s 3-4, p. 417-453.

Blumenbach Johannn F., 1798, *Über die natürlichen Verschiedenheiten im Menschengeschlechte*, Leipzig, Bey Breitkopf & Härtel.

Bödeker Hans Eric, 1999, Aufklärerische ethnologische Praxis: Johann Reinhold Forster und Georg Forster, *in* Hans Eric Bödeker, Peter Hanns Reill et Jürgen Schlumbohm (dir.), *Wissenschaft als kulturelle Praxis (1750—1900)*, Göttingen, Vandenhoeck & Ruprecht, p. 227-254.

– et al. (dir.), 2010 [2008], *Göttingen vers 1800. L'Europe des sciences de l'homme*, Paris, Éd. du Cerf.

Boulle Pierre H., 2006, *Race et esclavage dans la France de l'Ancien Régime*, Paris, Perrin.

Bruno Giordano, 1958, *Spaccio de la bestia trionfante* [1584], *in* Giovanni Gentile et Maria Gabriella Aquilecchia (dir.), *Dialoghi Italiani*, Florence, Sansoni.

Buffon, 1749—1789, *Histoire naturelle générale et particulière*, Paris, Imprimerie royale, 36 vol.

– 1753, Discours sur la nature des animaux, *in* Buffon, *Histoire naturelle générale et particulière*, Paris, Imprimerie royale, vol. 4.

Cairn John W., 2012, The Definition of Slavery in Eighteenth-Century Thinking: Not the True Roman Slavery, *in* Jean Allain (dir.), *The Legal Understanding of Slavery: From the Historical to the Contemporary*, Oxford, Oxford University Press, p. 61-84.

Camper Petrus, 1779, Account of the Organs of Speech of the Orang Outang, *Philosophical Transactions*, vol. 69, p.139-159.

– 1791, *Dissertation sur les variétés naturelles qui caractérisent la physionomie des hommes des divers climats et des différents âges; suivie de réflexions sur la beauté, particulièrement sur celle de la tête ; avec une manière nouvelle de dessiner toute sorte de têtes avec la plus grande exactitude*, Paris, H.J. Jansen, et La Haye, J. Van Cleef.

Certeau Michel de, 1980, *L'Écriture de l'histoire*, Paris, Gallimard.

– 2005, *Le Lieu de l'autre. Histoire religieuse et mystique*, Paris, Gallimard et Seuil, coll. Hautes Études.

Contreras Jaime, 1997, *Pouvoir et Inquisition en Espagne au xvie siècle. Soto contre Riquelme*, Paris, Aubier.

Curran Andrew S., 2011, *The Anatomy of Blackness: Science and Slavery in an Age of Enlightenment*, Baltimore, Johns Hopkins University Press.

Davis David Brion, 1966, *The Problem of Slavery in Western Culture*, Ithaca, Cornell

University Press.

— 1999, *The Problem of Slavery in the Age of Revolution (1770—1823)*, Ithaca et Oxford, Oxford University Press.

Devyver André, 1996 [1973], *Le Sang épuré. Les préjugés de race chez les gentilshommes français de l'Ancien Régime (1560—1720)*, Bruxelles, université de Bruxelles.

Dorlin Elsa, 2006, *La Matrice de la race. Généalogie sexuelle et coloniale de la nation française*, Paris, La Découverte.

Duchet Michèle, 1971, L'anthropologie de Buffon, *in* Buffon, *De l'homme*, Paris, Maspero, p. 7-36.

— 1985, *Le Partage des savoirs. Discours historique, discours ethnologique*, Paris, La Découverte.

— 1995 [1971], *Anthropologie et histoire au siècle des Lumières*, postface de Claude Blanckaert, Paris, Albin Michel.

Eliav-Feldon Miriam, Isaac Benjamin et Ziegler Joseph (dir.), 2009, *The Origins of Racism in the West*, Cambridge, Cambridge University Press.

Elliott John H., 1970, *The Old World and the New (1492—1650)*, Cambridge, Cambridge University Press.

— 1976, Renaissance Europe and America: A Blunted Impact?, *in* Fredi Chiappelli (dir.), *First Images of America: The Impact of the New World on the Old*, 2 vol., Berkeley, University of California Press, vol. 1, p. 11-23.

Feitler Bruno, 2003, *Inquisition, juifs et nouveaux chrétiens au Brésil. Le Nordeste (xviie et xviiie siècle)*, Louvain, Leuven University Press.

Fields Barbara Jeanne, 1990, Slavery, Race and Ideology in the United States of America, *New Left Review*, vol. 181, p. 95-118.

Findlen Paula, 1994, *Possessing Nature: Museums, Collecting, and Scientific Culture in Early Modern Italy*, Berkeley, University of California Press.

Forster Georg, 1777, *A Voyage Round the World in His Britannic Majesty's Sloop, Resolution, Commanded by Capt. James Cook, during the Years 1772, 3, 4 and 5*, 2 vol., Londres, B. White.

— 1791, *Ansichten vom Niederrhein, von Brabant, Flandern, Holland, England und Frankreich, im April, Mai und Junius 1790*, Berlin, Vossische Buchhandlung. Foucault Michel, 1969, *L'Archéologie du savoir*, Paris, Gallimard.

Gliozzi Giuliano, 2000 [1977], *Adam et le Nouveau Monde. La naissance de l'anthropologie comme idéologie coloniale: des généalogies bibliques aux théories raciales (1500—1700)*, trad. par

A. Estève et P. Gabellone, Paris, Théétète.

Gould Stephen Jay, [1988] 1985, Le montreur de singe, *in* Stephen Jay Gould, *Le Sourire du flamand rose*, Paris, Seuil, p. 283-302.

Hanke Lewis, 1959, *Aristotle and the American Indians: A Study in Race Prejudice in the Modern World*, Londres, Hollis & Carter.

Hering Torres Max S., 2011, Limpieza de sangre en España. Un modelo de interpretación, *in* Nikolaus Böttcher, Bernd Hausberger et Max S. Hering Torres (dir.), *El peso de la sangre. Limpios, mestizos y nobles en el mundo hispánico*, Mexico, El Colegio de México, p. 29-62.

Hespanha António Manuel, 2010, *Imbecillitas: as bem-aventuranças da inferioridade nas sociedades de Antigo Regime*, São Paulo, Annablume Editora.

Hodgen Margaret, 1971 [1966], *Early Anthropology in the Sixteenth and Seventeenth Centuries*, Philadelphie, University of Pennsylvania Press.

Hoquet Thierry, 2005, *Buffon: histoire naturelle et philosophie*, Paris, Honoré Champion.

Hughes Diane O., 1986, Distinguishing Signs: Ear-Rings, Jews and Franciscan Rhetoric in the Italian Renaissance City, *Past and Present*, vol. 112, p. 3-59.

Isaac Benjamin H., 2006, *The Invention of Racism in Classical Antiquity*, Princeton, Princeton University Press.

Jefferson Thomas, 1955, *Notes on the State of Virginia, Written in the Year 1781, Somewhat Corrected and Enlarged in the Winter of 1782, for the Use of a Foreigner of Distinction, in Answer to Certain Queries Proposed by Him*, sous la dir. de William Peden, Chapel Hill, University of North Carolina Press.

Jordan Winthrop D., 1968, *White over Black: American Attitudes toward the Negro (1550—1812)*, Chapel Hill, University of North Carolina Press.

Jordanova Ludmilla, 1989, *Sexual Visions: Images of Gender in Science*, Madison, University of Wisconsin Press.

Jouanna Arlette, 1976, *L'Idée de race en France au xvie siècle (1498—1614)*, 3 vol., Lille/Paris.

Katzew Ilona, 2004, *Casta Painting: Images of Race in Eighteenth-Century Mexico*, New Haven, Yale University Press.

Knott Sarah et Taylor Barbara (dir.), 2005, *Women, Gender and Enlightenment*, Londres et New York, Palgrave Macmillan.

Koerner Lisbet, 1999, *Linnaeus: Nature and Nation*, Cambridge (Mass.), Harvard University Press.

Lafont Anne, 2010, Histoire de l'art et représentation des Noirs: la double occurrence, *Lumières*, vol. 10, n° 1, p. 115-132.

La Peyrère Isaac de, 1655, *Praeadamitae, sive Exercitatio super Versibus duodecimo, decimotertio, & decimoquarto, capitis quinti Epistolae D. Pauli ad Romanos. Quibus inducuntur Primi Homines ante Adamum conditi*, Amsterdam, Louis et Daniel Elzevier.

Laqueur Thomas, 1990, *Making Sex, Body and Gender from the Greeks to Freud*, Cambridge, Harvard University Press.

Linné Carl von, 1766—1768 [1735], *Systema naturae*, Holmiae, Impensis direct. Laurentii Salvii, 12e éd., 3 vol.

Livingstone David N., 2008, *Adam's Ancestors: Race, Religion, and the Politics of Human Origins*, Baltimore, Johns Hopkins University Press.

Long Edward, 1772, *Candid Reflections upon the Judgement Lately Awarded by the Court of King's Bench, in What Is Commonly Called The Negroe Cause, by a Planter*, Londres, T. Lowndes.

— 1774, *The History of Jamaica, or, General Survey of the Ancient and Modern State of That Island: With Reflections on Its Situation, Settlements, Inhabitants, Climate, Products, Commerce, Laws, and Government*, Londres, T. Lowndes, 3 vol.

Martínez María Elena, 2007, Interrogating Blood Lines: "Purity of Blood", the Inquisition, and Casta Categories, *in* Susan Schroeder et Stafford Poole (dir.), *Religion in New Spain*, Albuquerque, University of New Mexico Press, p. 196-217.

— 2008, *Genealogical Fictions: Limpieza de Sangre, Religion, and Gender in Colonial Mexico*, Stanford, Stanford University Press.

McKeown Niall, 2002, Seeing Things: Examining the Body of the Slave in Greek Medicine, *Slavery and Abolition*, vol. 23, n° 2, p. 29-40.

Méchoulan Henry, 1979, *Le Sang de l'autre ou l'Honneur de Dieu. Indiens, juifs et morisques au Siècle d'or*, Paris, Fayard.

Meijer Miriam C., 1999, *Race and Aesthetics in the Anthropology of Petrus Camper (1722—1789)*, Amsterdam, Rodopi.

Miramon Charles de, 2009, Noble Dogs, Noble Blood: The Invention of the Concept of Race in the Late Middle Ages, *in* Miriam Eliav-Feldon, Benjamin Isaac et Joseph Ziegler (dir.), *The Origins of Racism in the West (1492—1650)*, Cambridge, Cambridge University Press, p. 200-216.

Monboddo Lord (James Burnett), 1773—1792, *Of the Origin and Progress of Language*, Édimbourg, Balfour, et Londres, Cadell, 6 vol.

— 1779—1799, *Antient Metaphysics, or, The Science of Universals*, Édimbourg, Bell & Bradfute, et Londres, Cadell, 6 vol.

Montrose Louis, 1991, The Work of Gender in the Discourse of Discovery, *in* dossier The New

World, *Representations*, vol. 33, p. 1-41.

Moore Robert I., 1991, *La Persécution. Sa formation en Europe (xe-xiiie siècle)*, Paris, Les Belles Lettres.

Morgan Jennifer L., 1997, "Some Could Suckle over Their Shoulder": Male Travelers, Female Bodies, and the Gendering of Racial Ideology (1500—1770), *The William and Mary Quarterly*, 3e série, vol. 14, p. 167-192.

Müller-Wille Staffan et Rheinberger Hans-Jörg (dir.), 2007, *Heredity Produced: At the Crossroads of Biology, Politics, and Culture (1500—1870)*, Cambridge (Mass.), MIT Press.

Nash Richard, 2003, *Wild Enlightenment: The Borders of Human Identity in the Eighteenth Century*, Charlottesville et Londres, University of Virginia Press.

Nirenberg David, 2000, El concepto de raza en el estudio del antijudaísmo ibérico médiéval, *Edad Media. Revista de Historia*, n° 3, p. 39-60.

Olender Maurice, 1994, *Les Langues du paradis. Aryens et Sémites: un couple providentiel*, Paris, Gallimard et Seuil.

– 2009, *Race sans histoire*, Paris, Seuil. Olmi Giuseppe, 1992, *L'inventario del mondo. Catalogazione della natura e luoghi del sapere nella prima età moderna*, Bologne, Il Mulino.

Pagden Anthony, 1982, *The Fall of Natural Man: The American Indian and the Origins of Comparative Ethnology*, Cambridge, Cambridge University Press.

– 1993, *European Encounters with the New World: From Renaissance to Romanticism*, New Haven et Londres, Yale University Press.

Popkin Richard H., 1987, *Isaac La Peyrère (1596—1676): His Life, Work and Influence*, Leyde, Brill.

Prosperi Adriano, 2011, *Il seme dell'intolleranza. Ebrei, eretici, selvaggi: Granada 1492*, Rome et Bari, Laterza.

Savy Pierre, 2007, "Les juifs ont une queue": sur un thème mineur de la construction de l'altérité juive, *Revue des études juives*, vol. 166, n°s 1-2, p. 175-208.

Schiebinger Londa, 1990, The Anatomy of Difference: Race and Sex in Eighteenth Century Science, *Eighteenth-Century Studies*, vol. 23, p. 387-396.

– 1994, *Nature's Body: Gender in the Making of Modern Science*, Boston, Beacon Press.

Sebastiani Silvia, 2013, L'orang-outang, l'esclave et l'humain: une querelle des corps en régime colonial, *L'Atelier du Centre de recherches historiques*, vol. 11, < http://acrh.revues.org/5265 >.

– 2013, *The Scottish Enlightenment: Race, Gender, and the Limits of Progress*, New York,

Palgrave et Macmillan.

Sicroff Albert, 1960, *Les Controverses des statuts de "pureté de sang" en Espagne, du xve au xviie siècle*, Paris, Didier.

Silverblatt Irene, 2000, New Christians and World Fears in Seventeenth-Century Peru, *Comparative Studies in Society and History*, vol. 42, n° 3, p. 524-546.

Sloan Philip R., 1976, The Buffon-Linnaeus Controversy, *Isis*, vol. 67, p. 356-375.

Stolcke Verena, 2008, Los mestizos no nacen se hacen, in Verena Stolcke et Alexandre Coello de la Rosa (dir.), *Identidades ambivalentes en América Latina (siglo XVI-XXI)*, Barcelone, Bellaterra Ediciones, p. 19-58.

Todorov Tzvetan, 1982, *La Conquête de l'Amérique. La question de l'autre*, Paris, Seuil.

Tyson Edward, 1699, *Orang-Outang, sive Homo Sylvestris: or, The Anatomy of a Pygmie Compared with That of a Monkey, an Ape, and a Man*, Londres, Bennet.

Van der Lugt Maaike et Miramon Charles de, 2008, Penser l'hérédité au Moyen Âge. Une introduction, *in* Maaike Van der Lugt et Charles de Miramon (dir.), *L'Hérédité entre Moyen Âge et époque moderne. Perspectives historiques*, Florence, Sismel, coll. Micrologus, p. 3-37.

Vaughan Alden T., 1982, From White Man to Redskin: Changing Anglo-American Perceptions of the American Indian, *The American Historical Review*, vol. 87, n° 4, p. 917-953.

Wachtel Nathan, 2001, *La Foi du souvenir. Labyrinthes marranes*, Paris, Seuil.

– 2009, *La Logique des bûchers*, Paris, Seuil.

White Charles, 1799, *An Account of the Regular Gradation in Man, and in Different Animals and Vegetables. [...] Read to the Literary and Philosophical Society of Manchester, at Different Meetings, in the Year 1795*, Londres, C. Dilly.

Wokler Robert, 1988, Apes and Races in the Scottish Enlightenment: Monboddo and Kames on the Nature of Man, *in* Peter Jones (dir.), *Philosophy and Science in the Scottish Enlightenment*, Édimbourg, John Donald, p. 145-168.

Xavier Ângela Barreto, 2011, "O lustre do seu sangue": bramanismo e tópicas de distinção no contexto português, *Tempo*, vol. 16, n° 30, p. 71-99.

Zuniga Jean-Paul, 1999, La voix du sang. Du "métis" à l'idée de "métissage" en Amérique espagnole, *Annales. Histoire, sciences sociales*, vol. 54, n° 2, p. 425-452.

– 2013, "Muchos negros, mulatos y otros colores". Culture visuelle et savoirs coloniaux au xviiie siècle, *Annales. Histoire, sciences sociales*, vol. 68, n° 1, p. 45-76.

第三部分

科学和知识的全球化

多彩的城市景观图。科伦坡是亚洲主要的港口城市之一。在荷兰的统治下,它由荷兰东印度公司管控,后于 1796 年由英国东印度公司接管。——贝格米勒(Bergmüller)的铜版画,奥格斯堡,1750 年(局部)。

第十二章

贸易知识：亚洲的案例

随着1492年克里斯托弗·哥伦布（Christopher Columbus）抵达伊斯帕尼奥拉岛，然后1498年瓦斯科·达·伽马（Vasco da Gama）抵达卡利卡特，欧洲进入了一个漫长的"印度世纪"，从知识史的角度来看，称之为"印度世纪"也许并不夸张，这个世纪大约在17世纪中叶以荷兰人和英国人在印度和东南亚建立永久定居点而结束。当然，这里的"印度"是复数形式，因为不仅涉及西印度，即16世纪中叶总督制的西班牙美洲，而且涵盖东印度，即葡萄牙在亚洲的所有筑有防御工事的贸易站，这些贸易站在果阿总督的领导下形成了"印度国"（Estado da India）。从哥伦布概述其"发现"的信件被欧洲收到并流传开始，特别是随着埃尔南·科尔特斯（Hernán Cortés）对墨西哥古城特诺奇提特兰的描述，一个由能够建造大型城市的"印第安人"所居住的"新世界"的存在在欧洲学界中引发了诸多问题和讨论：关于人类"亚伯拉罕诸教源头"（la souche abrahamique）的唯一性[①]，关于美洲土著似乎脱离常规《圣经》律法的"巨人症"（le gigantisme）和"生命力"（la vitalité）等。

在这些学术辩论之下或与之相伴的是实用和技术知识的出现，包括远洋航行、绘制世界地图、对自然界事物进行描述和分类等，由此引发激烈的商业和政治竞争的主题。正如黄金时代之初尼德兰七省联合共和国的优秀范例所证明

[①] Duvernay-Bolens 1995.

的那样，贸易和知识的世界远未分离，而是相互交织在一起，使这种知识能够按照新的方式大规模地发展和传播。对"事实"的"好奇心"勾勒出一种新的工具性"客观性"原则的轮廓，东印度群岛是其出生地之一，阿姆斯特丹是其受洗地之一。①

领航员技艺和航海工具的贸易

在连接塞维利亚到韦拉克鲁斯、里斯本到果阿和科钦的跨洋航线——"印度新航线"稳定下来之后，大量有识之士，无论是世俗还是宗教人士，加入了由第一批葡萄牙和西班牙殖民者和征服者所征服或建造的新城市。学者借助书信和编年史，通过重演自中世纪早期以来反复发生的关于现实体验和权威文献之间的冲突，为打破旧的知识秩序作出了贡献。当在美洲或亚洲居留期间获得的经验真理似乎与托勒密的地理教程或普林尼的自然志教程相矛盾时，该怎么办？贡萨洛·费尔南德斯·德·奥维耶多·伊·巴尔德斯（Gonzalo Fernández de Oviedo y Valdés）曾在费尔南多和伊莎贝拉宫廷接受教育，于1523年被任命为印度群岛学家，他在1535年出版的《印度总志与自然志》（*Historia general y natural de las Indias*）一书中确认，他所知道并讲到的关于征服的幸与不幸"无论是在萨拉曼卡、博洛尼亚或巴黎都无法了解，只有在船尾甲板的讲台上，手持象限仪，才能掌握"。② 对于那些想了解新世界真实情况的人来说，唯一值得一读的大学是武装商船的甲板。

由于航海旅途充满艰难险阻，在航海术领域，对熟练技巧的赞美取代了古代文献的光泽。1560年代，路易·德·贾梅士（Luís de Camões）旅居果阿，他在1572年完成的史诗《葡国魂》（*Lusiades*）中赞扬了"粗犷的水手，他们的情妇是他们的长期经验"，这与"那些仅通过科学和纯粹的推理来探究

---

① Cook 2007 (p.16–17), Shapin 2008.
② Fernández de Oviedo y Valdés 1959 (II, 9).

世界的隐秘的人"① 形成鲜明对比。正如蒂欧格·都·科托（Diogo do Couto）的《务实的士兵》（*Soldado Prático*）（1573年）第三段对话中士兵对果阿总督直言的那样，领航员是通过"阅读"藻类和鱼类而非学者的论文来获得地点和方向的概念："（领航员的）经验是陆地、海洋、鸟类、马尾藻、喇叭鱼、海豹等鲜活的知识，而不是书本上的知识（*um saber vivo, e nao pintado conhecimento*）。"②

越洋航行的严格技术要求也刺激了特定测量仪器的发展。当时确定经度是领航员的重大挑战。他们诉诸临时措施，例如，"月球距离表"，可以大致计算出从一个地方穿越到另一个地方的时间。③ 1599年，西蒙·斯蒂文（Simon Stevin）着手解决这个难题，但也只提出了另一个权宜之计，即逐个港口测量磁偏角的变化。④ 这一问题重要性如此之大，以至于1601年，尼德兰七省联合共和国各省通过决议，悬赏150英镑，奖励任何能够通过"六位船长"的证词证明自己已经开发出这种仪器的人。⑤ 另一个主要问题是海上时间的测量，这对计算行进距离，从而对于"估计"方位至关重要。1665年，数学家克里斯蒂安·惠更斯（Christiaan Huygens）发布一本操作手册，介绍了"海上计时钟表"的运行原理，但遗憾的是，它们在恶劣的天气下无法正常工作。⑥

16世纪末是社会对领航员技能赞赏的过渡时期，他们必须越来越多地表现出对航海技术手段的掌握。然而，帕布鲁·佩雷斯-马利莱纳（Pablo E. Pérez-Mallaina）总结到，对于"印度新航线"上的塞维利亚领航员们来说，"在整个世纪过程中，传统知识的提包（比科学的工具袋）仍然更重一些。"⑦ 因为即使新西班牙舰队的领航员必须通过西印度交易所（la Casa de

---

① Camões 1974（V, 17）. 这种将经验赞美成宇宙学知识主要基础的论调此前已经由《阿尔梅达地理学》（*Esmeraldo de situ orbis*）的作者——杜阿尔特·帕谢科·佩雷拉（Duarte Pacheco Pereira）（1455—1530）提出（Almeida 2009）。

② Couto 2011 (p. 375-376).

③ Randles 1955.

④ Stevin 1599.

⑤ Karel de Jonge 1862 (vol. 1, p. 88-89).

⑥ Dekker 2008 (p. 132-133).

⑦ Pérez-Mallaina 1998 (p. 81).

Contratatión）的考试，水手和船长们仍继续根据"目测"的可靠性，而不是操作六分仪的能力来评判他们。

于是，围绕着航海仪器的贸易，首次出现了一个将"贸易"和"知识"结合在一起的世界。在阿姆斯特丹，新桥附近突然涌现出大量专门的摊位，船长和领航员可以在那里买到"雅各布杆"、六分仪、星象仪以及航海术论著和"海员"纲要。① 这些专业文献在为荷兰东印度公司（Vereenigde Oost-Indische Compagnie）（创建于 1602 年）服务的"海员"中非常受欢迎。在 1630 年代，在航行到东印度群岛的荷兰和泽兰水手的遗物中，经常会发现卢卡斯·扬松·瓦格赫纳（Lucas Jansz Wagenaar）的《航海宝鉴》（*Miroir de la navigation*）（1584 年）和威廉·扬松·布劳（Willem Jansz Blaeu）的《航海火炬》（*Flambeau de la navigation*）（1608 年），它们描述了欧洲大西洋沿岸的整个海岸线。② 专业化的出版网络繁盛起来，将知名宇宙学家、领航员、出版商和雕刻师联合在一起。③

异域奇珍的收集及"描述性科学"的兴起④

17 世纪初，"印度航线"将大量新近发现或重新发现的世界碎片带到了欧洲。一些"奇珍异宝"证明了神奇的造物者呈现出的五彩缤纷的大千世界，引发阿姆斯特丹、巴黎或伦敦的学者和药剂师们的竞相争夺，他们有时甚至为此一掷千金。号称能够解百毒的"牛黄石"⑤、变色龙、极乐鸟的羽毛、闪色球果，在"奇迹危机"和医学与神学分道扬镳的背景下⑥，来自印度的"异域奇珍"

---

① Fokkens 1662 (p. 59-61).
② Ketting 2005 (p. 148).
③ 瓦格赫纳的制图作品取得的巨大成功在很大程度上应归功于约翰内斯·范·杜特卡姆（Johannes van Doetechum）雕刻的版画，请参阅：Jacobs 1986.
④ Ogilvie 2006.
⑤ Bernand 2007.
⑥ Céard 1996, Evans et Marr 2006.

引发了人们对动物、矿物和植物界之间游移不定的边界的强烈反思。①

此外，异域奇珍的贸易还勾勒出"贸易"与"知识"之间的第二个长期重叠领域的轮廓。来自印度的"稀罕物"很快在尼德兰七省联合共和国找到了买家。诗人康斯坦丁·惠更斯（Constantijn Huygens）和人文主义者卡斯帕·巴莱乌斯（Caspar Barlaeus）是荷兰"文人共和国"的领军人物，也是热衷于异域奇珍的收藏家。②植物学家伯纳德斯·帕鲁达努斯（Bernardus Paludanus）同样如此，他不仅为简·哈伊吉思·冯·林索登（Jan Huyghen van Linschoten）的《旅行日记》（*Itinerario*）（1596年）做了注释，而且还从后者手中获取了众多珍贵的印度植物标本。第一次东印度航海（1595—1597）的幸存者之一弗兰克·范·德·杜斯（Frank van der Does）把一只霍屯督长矛转让给帕鲁达努斯，这是1596年8月船队在开普敦短暂停留期间他从科内利斯·德·豪特曼（Cornelis de Houtman）手中得到的。③那时，帕鲁达努斯的珍奇屋在欧洲学者的小圈子中闻名遐迩。④根据1630年的一份清单，访客可以在这里欣赏到一艘"俾格米人的船"、几具木乃伊、若干古钱币、一条印头鱼或领航鱼、一条鳄鱼、"所多玛与蛾摩拉的城市残骸"以及一只"仅以空气为食"的变色龙。⑤根据帕鲁达努斯自己保存的目录，在此基础上还要加上珊瑚、来自新几内亚的极乐鸟、来自锡兰的象牙小雕像以及许多昆虫和爬行动物。⑥从1592年恩克赫伊与范林斯霍滕的会面直到1633年去世，在近半个世纪的时间里，帕鲁达努斯积累了数量可观的东印度自然珍宝。

其他知名学者也同样热衷于成为印度"奇珍异宝"的优先接收者。⑦因此，

---

① Schnapper 2012.
② Jorink 2006 (p. 267), Jardine, Secord et Spary 1996, Cook 2008.
③ Cook 2007 (p. 121-126 et 129), Gelder 1998.
④ Holtz 2008.
⑤《弗里西奥-荷兰行程》（*Itinerarium Frisio-Hollandicum*）中海格尼提乌斯（Hegenitius）的清单，被引用于 Burger et Hunger 1934 (vol. III, p. 261-262)。
⑥ *Ibid.* (p. 262)．关于帕鲁达努斯的展品目录（1617—1618），可参阅：Schepelern 1981.
⑦ 关于荷兰"黄金世纪"早期的陈列室（*kunstkammern*），可参阅：Veen 1997, Bergvelt et Kistemaker 1992. 关于东南亚的奇珍异宝在该世纪下半叶收藏中的地位，可参阅：Walter 1982, Veen 1982, Parker Brienen 2007.

1599 年，莱顿大学植物园的创始人、草药学家夏尔·德·莱克吕斯（Charles de L'Écluse），又名克卢修斯（Clusius）和他的同事解剖学家彼得·波夫（Pieter Pauw）敦促他们机构的馆长向第四次东印度航海的船东提出请求，以便在前往摩鹿加群岛的旅途中为他们收集当地植物的种子和干叶。荷兰旧西印度公司（Oude Compagnie）的董事们答应了他们的要求，并委托雅各布·维尔肯斯（Jacob Wilkens）船上的一位名为尼古拉斯·库尔曼（Nicolaes Coolmans）的外科医生兼理发师进行收集。这位尼古拉斯·库尔曼在旅行期间去世，但他的个人物品中包含的植物标本于 1601 年被妥善地转交给了两位学者。克卢修斯据此为 1605 年出版的《异域录》（Exoticorum Libri）绘制了多幅标本图。[①] 同时，他还写信给荷兰东印度公司董事会成员，即十七绅士（Heren XVII），要求向所有赴印度航行的药剂师和外科医生发出一份特别指示，他提供了一份草案，要求他们必须将包括肉豆蔻、桲果、山竹和各种胡椒在内的一系列植物的"枝条，如可能加上花朵、果实和叶子，夹在书页之间带回"。

在克卢修斯心中，对东南亚自然事物的盘点具有系统性。任何"奇特"的植物都必须仔细测量和绘制，此外，还必须"向当地人询问（给它的）名字"，因为"必须知道所有这些事情，才能做出好的描述"。"小灌木"和"怪鱼"也不应该被遗忘：只要它们的大小合理，允许将它们储存在船舱中，就应该毫不犹豫地把它们带回来。[②] 克卢修斯在米德尔堡还享受了一位专业"奇珍异宝"供应商——药剂师威廉·贾斯珀斯·帕杜恩（Willem Jasperse Parduyn）提供的服务。帕杜恩利用他担任市议员和大商贾的兄弟所掌握的伊比利亚和法国的贸易网络，为他的客户供货。然而他也会从印度返回的船只刚一入港时，毫不犹豫地亲自登上甲板，以便以最优惠的价格买下贝壳、鸟类和植物根茎，他会亲手查看山药球茎、热带风信子和巨嘴鸟。[③] 与克卢修斯保持定期通信联系的药剂师克里斯蒂安·波雷（Christiaen Porret）拥有一间规模庞大的"珍奇屋"（kunstkammer），里面陈列了"来自印度各地的奇珍异宝"，其中包括"一对

---

① Berkel 1973, Olgivie 2006 (p. 254–255).
② 克卢修斯的信，被引用于 Berkel 1998 (p. 137).
③ Egmond 2010 (p. 143–145).

印度鸟的喙""一株花椰菜形状的海洋植物"（扇形珊瑚）和数百枚贝壳。①

这么多学识渊博的人物痴迷于异域奇珍，这可能令人惊讶，但如果我们知道药剂师或草药师的信誉密切取决于他们掌握稀奇古怪事物（他们将其加工为药水和药膏，供给客户）话语权的能力，那一切都解释得通了。用克劳迪娅·斯旺（Claudia Swan）的话说，帕鲁达努斯或克卢修斯担任莱顿大学植物园园长一职的资格可以通过用作教学目的的化石、矿物和其他标本的形式进行量化和转移，这使得在学术界内部出现了"通过收集实现合法化"的现象。② 凡是炫耀自己揭露了自然奥秘（无论是诗意的还是几何的）的人，都必须证明他有才能对动植物特性进行准确的描述。此外，代尔夫特或莱顿的市民（burgher）把菊石、海星、水晶、鲨鱼牙齿和穿山甲尾巴尽可能和谐地排列在搁物架上，不仅是出于炫耀，还是一种特殊的对博学的虔诚。长久地凝视"上帝造物之奇迹"（wonderen van Gods Schepping）是一种崇敬，能够吸引无视传统观念的加尔文主义者。

对于16世纪末叶的人文主义者，尤其是古籍知识的拥护者来说，一系列值得称道的"奇珍异宝"除了天然物品（naturalia）外，还必须包含人工制品（artificialia）：古钱币和奖章、希腊罗马雕像、器皿和工具、自动机。但是，自从出现在有关"珍奇屋"③布置的首篇重要论文中，"来自印度的异域奇珍"这一类别往往模糊了天然产品与人工制品之间的分界线，因为它不仅适用于美洲印第安人或亚洲人的手工艺品，还囊括矿物和植物制品。在人文主义知识计划的核心④，"异域奇珍"（exotica）作为真正打开通往欧洲以外世界的大门，通过拓展收藏空间，在"人类"与"自然"之间搭起一块浮板。

此外，由于这些"异域奇珍"隐含的年代表并不稳定，"珍奇屋"历史化的工作变得异常复杂。一枚新法兰西印第安人制作的骨镞，是应该和古代的石

---

① Swan 2008.
② Ibid. (p. 204).
③ 塞缪尔·奎切伯格（Samuel Quiccheberg）曾在《最杰出剧院的铭文或名称，包括个体材料和宇宙的优秀图像》（Inscriptiones vel tituli theatri amplissimi, complectentis rerum universitatis singulas materias et imagines eximias）（慕尼黑，1565年）第四册中提及"异域奇珍"。
④ Bredekamp 1993 (p. 34–36).

器遗迹摆放在一起，还是考虑其同时代性，放在最新一代的机器中间？是否应该冒着破坏古代风格统一的风险，将锡兰象牙小雕像插在一系列罗马大理石中间？此外，在神学层面上，对人造物进行分类的标准问题是极其敏感的。承认僧伽罗佛教小雕像与古代耶稣受难像具有相同的地位和功能——而这很简单，只需将二者存放在珍奇屋中同一搁板架上——可以被视作偶像崇拜行为。因此，宗教审查制度（包括天主教和加尔文主义新教）的威胁迫使低地国家的许多学者公开嘲弄自己的分类原则，哪怕在私人信件对此深表痛心。[1]

最后，在 17 世纪前四分之一的欧洲知识界，印度"奇珍异宝"的交易利润如此丰厚，以至于娴熟的造假者着手制作最令人垂涎的"异域奇珍"，并展开独创性竞争，例如，用鳐鱼皮创造出水蛇和蛇怪。以乌利塞·阿尔德罗万迪（Ulisse Aldrovandi）为首的"自然科学"小圈子中的领军人物们被呼吁站出来鉴定争议物件的真伪，于是开始通过复制这些欺骗手段揭示其中的窍门：这就出现了一个明显的悖论，人们用技术手段来决定海外天然物品或多或少的"天然"特征。[2] 在植物学家和药剂师之间愈演愈烈的竞争的推动下，欧洲"描述科学"（la science de la description）的蓬勃发展因此具有明显的"印度"色彩。如果说"珍奇屋"构成人文主义艺术和知识重构的场所或基体之一，那么印度"异域奇珍"的出现给它带来的影响不亚于一个世纪以前新世界的"发现"给有识之士的宇宙学想象力带来的严重冲击。[3]

对印度奇珍异宝的收集、保存和贸易也极大地促进了自然描述技术的完善。荷兰东印度公司一位在摩鹿加群岛定居的商人格奥尔格·艾伯赫·郎弗安斯（Georg Eberhard Rumphius）（1627—1702）在 1660—1670 年代对安汶岛的特有物种（或至少在当时被认为是这样）进行了百科全书式的合理描述。在他去世后出版的《安汶岛珍奇屋》（Amboinsche rariteitkamer）（1705 年）和《安汶岛植物》（Amboinsche kruid-boek）（1741—1750）两部著作充分显示出他不仅有意愿参与对世界进行编目的事业，而且希望推动通过速写对物种进行现场

---

[1] Johnson 2008 (p. 236–238).

[2] Findlen 2001.

[3] Grafton, Shelford et Siraisi 1992.

观察，并呼吁人们根据当地知识确定植物或动物分泌物的疗效。因此，郎弗安斯在著作中丝毫不吝对他的摩鹿加原住民助手和翻译们的植物学知识（ars botanica）的赞美。① 同样，荷兰驻印度马拉巴尔贸易站的总督亨德里克·阿德里亚·范·里德·托·德拉肯斯坦（Hendrik Adriaan van Reede tot Drakenstein）（1636—1691）也正是由于动员了庞大的原住民收藏家网络，成功收集了大量药用植物（materia medica），并在《马拉巴尔植物园》（Hortus Malabaricus）（1678—1693 年间出版）中进行了详细描述。②

此外，在远洋船上以及在印度群岛狭窄据点上生存的艰苦经历也促进了创新实验医学的发展③，例如，在 1628 年和 1629 年爪哇军队围攻巴达维亚期间，正在巴达维亚执行任务的雅各布·德·邦特（Jakob de Bondt）（1591—1631），又称邦蒂乌斯（Bontius）就是最勇敢的实践者之一。他的著作《印度医学》（De medicina indorum）出版于 1642 年，既包含热带疾病的症状学，也包含在解剖和手术过程中收集的一系列观察结果。④

"远方"知识的中介和载体

然而，"对印度的描述"不仅限于学术评论。在 17 世纪初，它也以当时相对新颖的"旅行叙事"的形式进行。第三个世界，即书商和专业出版社的世界，就这样把"贸易"和"知识"统一在印度的标题下。由于其目录范围非常宽泛，部分出版商［例如阿姆斯特丹的科内利斯·克拉斯（Cornelis Claesz）和里斯本的克雷斯贝克（Craesbeeck）家族］为建立该文体的规范作出了重要贡献⑤，该文体在"描述真实情况"和"讲述奇闻轶事"之间摇摆不定。此外，编辑过程中的调解在选择雕刻师和求助真正的"黑人"时也可以感受到。

---

① Cook 2007 (p. 329-332), Leuker 2010.
② Heniger 1986. 关于这些植物学知识"转让"的历史沿革，可参阅：Grove 1991.
③ Bruijn 2009.
④ Cook 2007 (p. 191-194 et 209).
⑤ Moes 1896 (vol. 1, p. 197-209), Bernstein 1987.

例如，克拉斯几乎只与荷兰雕刻师巴普蒂斯塔·冯·杜特卡姆（Baptista van Doetechum）合作；皮埃尔·贝热龙（Pierre Bergeron）"修饰"了让·莫凯（Jean Mocquet）、弗朗索瓦·皮亚德·德·拉瓦尔（François Pyrard de Laval）和文森特·勒勃朗（Vincent Le Blanc）的东印度旅行记录。当然，这些"中间人"绝不是简单的传动带。皮埃尔·贝热龙是荷兰文学鉴赏家佩雷斯克（Pereisc）的通信好友，他是一位"殖民的颂扬者"[1]，他毫不犹豫地在自己的署名作品中诉诸维多利亚"以正义之名"（les justes titres）的论点，并传播当时担任荷兰东印度公司法律顾问的格劳秀斯的《海洋自由论》（*Mare liberum*）（1609年）。[2]

专业化语言知识的发展也并非完全脱离商业交易的范畴。由相继为荷兰东印度公司和英国东印度公司（East India Company）服务，并在暹罗和马来世界游历多年的彼得·威廉姆斯·弗洛里斯·范·埃尔宾克（Peter Willemsz Floris van Elbinck），又名彼得·弗洛里斯（Peter Floris）收集的一系列马来语和爪哇语手稿被著名的莱顿大学东方学家托马斯·范·埃尔普（Thomas van Erpe）获得，然后于1624年被白金汉公爵（le duc de Buckingham）从后者的遗孀手中购得。在1632年公爵遇刺几年后，它们最终被出让给剑桥大学图书馆。[3] 在这些直到20世纪才出版的综合手稿中，颇有一些稀世珍品，例如，已知最长的波斯语版马来史诗《穆罕默德·阿里·哈纳菲亚传》（*Hikayat Muhammad Hanafiyyah*）。[4] 1627年，一位来自纽波特（怀特岛）的商人安德鲁·詹姆斯（Andrew James）——他的兄弟托马斯（Thomas）曾在博德利图书馆工作（Bodleian），他的儿子理查德（Richard）成为科顿图书馆（Cotton Library）的第一位馆长[5]——向著名的牛津图书馆捐赠了一份苏丹（西爪哇）文字的手稿，其中记载了一位王子变成苦行僧的经历的长途旅行叙事诗——《布姜加·马尼

---

[1] Holtz 2011.

[2] Ittersum 2010.

[3] Ronkel 1896 (p. 5–6), Oates 1974.

[4] Brakel 1977.

[5] Noorduyn 1985.

克》(*Bujangga Manik*),并详细介绍了伊斯兰教传入之前爪哇的精神地名。[1] 和"异域奇珍"一样,"印度手稿"既是知识的要素,也是贸易的对象。

然而,贸易语言的学习——尤其是马来语的学习,从印度洋到摩鹿加群岛的"香料之路"的一端到另一端都可以用到——更多的是在与当地社会实际接触过程中"实地"进行的,而非在大学里。1603年,首册马来语入门教材《马来语和马达加斯加语的语音和单词》(*Spraeck ende Woord-boeck in de Maleysche ende Madagaskarsche talen*)出现在阿姆斯特丹。[2] 但是,它并非出自大学教授之手,而是一位纯粹的商人——弗雷德里克·德·豪特曼(Frederik de Houtman)的劳动成果。他是从1599—1601年在北苏门答腊亚齐苏丹国被囚期间学会的马来语。[3] 在此后的几十年中,随着1619年荷兰东印度公司占领雅加达(更名为巴达维亚),从而在爪哇站稳脚跟后,阿尔伯特·鲁伊尔(Albert Ruyll)等公司职员,以及卡斯帕·维尔滕(Caspar Wiltens)和塞巴斯蒂安·丹卡特(Sebastiaen Danckaerts)等加尔文宗的普通牧师,首次将《信经》(*Credo*)和福音书翻译成马来语,其目的在于使葡属印度的天主教徒和安汶岛原住民皈依。[4]

因此,获得专门的语言技能——在这种情况下,是对语法简化后的马来语会话形式的掌握——最初发生在学术语言学界之外。在17世纪头几十年,也没有形成大规模、系统性地跨帝国知识传播:尽管第一次东印度航海的荷兰人从定居在爪哇和马六甲的葡萄牙殖民者那里搜集了大量关于当地社会的信息,但还是坚持靠自己学习当地语言。经历的实际情况再次成为有关印度知识的主要记录。直到17世纪下半叶,荷兰东印度公司稳定了从开普敦到巴达维亚的贸易站网络,通过建立集中收集"印度回流信息"(l'information retour des Indes)的系统[5],完成了"官僚式"的转型,葡萄牙人掌握的印度知识——16

---

[1] Noorduyn et Teeuw 2006 (p. 240-276).

[2] Houtman 1603.

[3] 对于这段被囚禁经历的自述,可参阅:Unger 1948(p. 64-111)。

[4] Leupe 1859, Boetzelaer van Asperen en Dubbeldam 1941. 丹卡特和维尔滕的译本在1623年出现,鲁伊尔的《马来语鉴赏》(*Spieghel vande Maleische tale*)则在1630年出现。

[5] Slot, Hoof et Lequin 1992.

世纪的"天主教东方主义"(l'orientalisme catholique),以耶稣会士决疑论和与南印度婆罗门精英进行的长期宣教对话为特征①——才被荷兰作家获得,后者固执地拒绝承认自己欠前者的人情。

特许公司(荷兰东印度公司、英国东印度公司、丹麦东印度公司等)和传教网络(耶稣会士、多明我会教士、奥古斯丁派修士等)在协同和竞争中发挥强大的功能,成为使学术信息沿越洋网络的流动体制化的机构。商行、贸易站和传教所不仅充当"存储中心",还充当发明了猎奇混合制度(一部分是欧洲,一部分是欧洲以外的)以及收集和处理直接观察得来的数据的复合格式第三方空间。加尔各答、马六甲、巴达维亚和德西玛是许多"中间人"(go-between)的所在地,这些中间人除了是当地经济和司法活动的关键齿轮外,还是积极的知识传播者。②

流通渠道和限制因素

然而,在与亚洲社会"接触"过程中产生或传播的知识长期流通并不是随机的,也不是没有障碍的。它借用渠道的数量有限,还受到世俗和教会权力警惕但存在缺陷的审查。宗教裁判所分别于1560年和1580年代在果阿和马尼拉(在墨西哥城的托管下)成立,其任务是监督神职人员和移殖民的正统观念,并尽可能严格地控制印刷品的流通。当地原住民的正统观念不由宗教裁判所而是由普通主教管辖。因此,无论是从韦拉克鲁斯出发还是抵达马尼拉时,"中国船"(nao de China)的货物都要接受教廷圣职部的公证员或"亲信"进行例行检查。③ 在17世纪之初,从尤卡坦半岛到摩鹿加群岛,英国和荷兰私掠船的袭击行动激增,这更加深了人们对路德宗和加尔文宗"异端"在西班牙殖民地上加速渗透的恐惧:新教徒的每一次"复归仪式"都伴随着其友谊和同谋网络

---

① Županov 1999 et 2010.
② Huigen, Jong et Kolfin 2010, Roberts 2009, Raj 2007.
③ Leonard 2006 (p. 309).

的摧毁，以及所有财产，特别是对书籍的没收。①

宗教裁判所还试图限制在殖民地定居点范围内传播被教会谴责的知识。1617年，在马尼拉，教士埃尔南多·德洛斯·雷奥斯·科罗纳尔（Hernando de los Ríos Coronel）和奥古斯丁派修士罗德里戈·莫里兹·德·圣米格尔（Rodrigo Morriz de San Miguel）不得不在教廷圣职部特派员弗朗西斯科·德·埃雷拉（Francisco de Herrera）面前详细解释他们的"审判占星术"和其他"被禁的占卜学"的做法。②士兵和警察对当地"巫术和迷信"的使用也同样受到追捕和镇压。那些咨询甚至有时雇用"巫师"以寻求药物、毒药或护身符的人，将受到沉重的惩罚，包括羞辱性的公开忏悔和支付巨额罚款。在听证会的帮助下，但有时也会非常直接地反对他们，宗教裁判所竭力阻止欧洲移殖民社会对当地无形知识的灌溉。

最后，地方当局对欧洲人的政策对知识的生产、传播和接受方式具有重大影响。一些亚洲掌权者将学术竞争的游戏玩得淋漓尽致。莫卧儿王朝统治者阿克巴（Akbar）（在位时间1556—1605）赞助了在法泰赫普尔西克里的敬拜堂（Ibadat Khana）举行的婆罗门僧侣和耶稣会士参加的复杂神学辩论。③在1660年代，康熙皇帝组织了名副其实的天文预测比赛，甚至将钦天监的管理工作委托给耶稣会士南怀仁（Ferdinand Verbiest）。④在马来世界的公国和苏丹国，如当时正与葡萄牙人开战的亚齐和柔佛等，与欧洲知识的关系通常在单纯的好奇心和无条件的否定之间摇摆。然而，这一规则有一个明显的例外。从法国耶稣会传教士亚历山大·德·罗德（Alexandre de Rhodes）口中可以得知，他未能说服望加锡亲王卡拉恩·帕塔格隆（Karaeng Pattingalloang）（在位时间1641—1654）改信天主教。帕塔格隆能够说流利的葡萄牙语和西班牙语，并阅读了多

---

① Greenleaf 2012 (p. 203–221).
② Archivo General de la Nacion (Mexico), Inq. vol. 320, fo 293 sq. 关于这件事，可参阅：Avalos Flores 2009 et Crossley 2011 (p. 147–148).
③ 这种联系也是在莫卧儿帝国皇帝的倡议下建立的。莫卧儿帝国皇帝于1578年派遣大使到霍尔木兹，在那儿找到了"两个受过教育的神父"，能够向他解释"戒律和福音书的主要内容"。这引起了印度诸王极大的反感。参阅：Didier 2008.
④ Jami 2011, Romano 2004.

明我会修士路易斯·德·格拉纳达（Luis de Granada）的著作。他甚至于1644年从巴达维亚订购了两个地球仪、一张世界地图、两个望远镜、一个放大镜和若干衍射晶体棱镜。其中一个地球仪由荷兰东印度公司官方水文地理学家琼·布劳（Joan Blaeu）在阿姆斯特丹制作，于1651年被运送到望加锡。①

然而，这个东南亚原住民对荷兰"自然科学"表现出浓厚兴趣的罕见例子不应该成为一叶障目的借口。如果说马来世界的强国通常对来自欧洲的知识和技术表现出毫不妥协的冷漠，那是因为它们长期以来一直是密集的跨地区学术交流网络的一部分，这个交流网络从伊斯坦布尔延伸到中国海，途经圣地和古吉拉特邦。在他们眼中，欧洲人所携带的知识通常只是滋养它们，同时也由他们进一步丰富印度、中国、波斯和阿拉伯穆斯林世界观的知识。《王之花园》（Bustan al-Salatin）有力地证明了这一点，这是一部庞大的伊斯兰世界史纲要，由名为努尔丁·拉尼里（Nuruddin al-Raniri）的乌理玛首领谢赫于1640年左右在亚齐撰写。② 知识贸易时而受到欧洲或亚洲当权者的阻止，时而又受到他们的鼓励，它在东印度群岛的路线十分复杂，不能简单归结为任何二元关系或单向关系。

罗曼·贝特朗（Romain Bertrand）撰

参考文献

Almeida Onésimo, 2009, Science during the Portuguese Maritime Discoveries: A Telling Case of Interaction between Experimenters and Theoreticians, in Daniela Bleichmar *et al.*, *Science in the Spanish and Portuguese Empires (1500—1800)*, Stanford, Stanford University Press, p. 78-92.

Avalos Flores Ana Cecilia, 2009, Cosmografia y astrologia en Manila: una red intelectual en el mundo colonial ibérico, *Memoria y Sociedad* (Bogota), vol. 13, nº 27, p. 27-40.

Bergvelt Ellinoor et Kistemaker Renée (dir.), 1992, *De wereld binnen handbereik: Nederlandse kunst- en rariteitenverzamelingen (1585—1735). Catalogus*, Waanders, Zwolle.

Berkel Klaas van, 1973, De eerste Nederlandse wetenschappelijke reis naar Oost-Indië

---

① Lombard 1990 (vol. 1, p. 107-109), Keuning 1935, Reid 1981.
② Wormser 2012.

(1599—1601), *Jaarboekje voor Geschiedenis en Oudheidkunde van Leiden en Omstreken*, vol. 65, p. 27-49.

Citaten uit het boek der natuur. Opstellen over Nederlandse wetenschapsgeschiedenis, Amsterdam, B. Bakker.

Bernand Carmen, 2007, La pierre bezoard: passages opaques d'un objet merveilleux, *in* Eddy Stols, Werner Thomas et Johann Verberckmoes (dir.), *Naturalia, mirabilia & monstrosa en los Imperios ibéricos*, Louvain, Leuven University Press, p. 213-222.

Bernstein, Harry, 1987, *Pedro Craesbeeck and Sons: Seventeenth-Century Publishers to Portugal and Brazil*, Amsterdam, A.M. Hakkert.

Boetzelaer van Asperen en Dubbeldam Carel Wessel T., baron van, 1941, De geschiedenis van de Maleische Bijbelvertaling in Nederlandsch-Indië, *Bijdragen tot de Taal-, Land- en Volkenkunde van Nederlandsch-Indië*, vol. 100, n° 1, p. 27-48.

Bolzoni Lina, 2005 [1995], *La Chambre de la mémoire. Modèles littéraires et iconographiques à l'âge de l'imprimerie*, Paris, Droz.

Brakel Lode Frank (dir.), 1977, *The Story of Muhammad Hanafiyyah, a Medieval Muslim Romance*, La Haye, Martinus Nijhoff.

Bredekamp Horst, 1993, *The Lure of Antiquity and the Cult of the Machine*, Princeton, Markus Wiener Publishers.

Bruijn Iris, 2009, *Ship's Surgeons of the Dutch East India Company: Commerce and the Progress of Medicine in the Eighteenth Century*, Leyde, Leiden University Press.

Burger Combertus P. et Hunger Friedrich W.T. (dir.), 1934, *Itinerario, voyage ofte schipvaert van Jan Huygen van Linschoten naer Oost ofte Portugaels Indien (1579—1592)*, La Haye, Martinus Nijhoff.

Camões Luís de, 1974, *Os Lusiadas. Introdução, fixação do texto, notas e glossario por Vitor Ramos, da Universidude de S. Paulo*, Sao Paulo, Cultric.

Céard Jean, 1996 [1977], *La Nature et les prodiges. L'insolite au xvie siècle*, Paris, Droz.

Cook Harold, 2007, *Matters of Exchange: Commerce, Medicine, and Science in the Dutch Golden Age*, New Haven, Yale University Press.

Amsterdam, entrepôt des savoirs au xviie siècle, *Revue d'histoire moderne et contemporaine*, vol. 55, n° 2, p. 19-42.

Couto Diogo do, 2011 [1573], *O Primeiro Soldado Prático*, introduit et édité par António Coimbra-Martins, Lisbonne, CNCDP.

Crossley John N., 2011, *Hernando de los Rios Coronel and the Spanish Philippines in the*

Golden Age, Londres, Ashgate.

Dekker Rudolf, 2008, Watches, Diary Writing, and the Search for Self-Knowledge in the Seventeenth Century, *in* Pamela H. Smith et Benjamin Schmidt (dir.), *Making Knowledge in Early Modern Europe: Practices, Objects, and Texts (1400—1800)*, Chicago, University of Chicago Press, p. 127-142.

Didier Hugues, 2008, Ormuz, point d'appui de la mission des jésuites auprès du roi Akbar (années 1580—1605), *in* Dejanirah Couto et Rui Manuel Loureiro (dir.), *Revisiting Ormuz: Portuguese Interactions in the Persian Gulf Region in the Early,* Fondation Calouste Gulbenkian, Wiesbaden, Harrassowitz Verlag, p. 163-176.

Duvernay-Bolens Jacqueline, 1995, *Les Géants patagons. Voyage aux origines de l'homme*, Paris, Michalon.

Egmond Florike, 2010, *The World of Carolus Clusius: Natural History in the Making (1550—1610)*, Londres, Pickering & Chatto.

Evans R.J.W. et Marr Alexander (dir.), 2006, *Curiosity and Wonder from the Renaissance to the Enlightenment*, Aldershot, Ashgate.

Fernández de Oviedo y Valdés Gonzalo, 1959 [1535], *Historia general y natural de las Indias*, Madrid, Atlas.

Findlen Paula, 2001, Inventing Nature: Commerce, Art, and Science in the Early Modern Cabinet of Curiosities, *in* Pamela H. Smith et Paula Findlen (dir.), *Merchants and Marvels: Commerce, Science and Art in Early Modern Europe*, New York et Londres, Routledge, p. 297-323.

Fokkens Melchior, 1662, *Beschryvinge der Wijdt-Vermaerde Koop-stadt Amstelredam*, Amsterdam, Marcus Willemsz Doornik.

Gelder Roelof van, 1998, Paradijsvogels in Enkhuizen. De relatie tussen Van Linschoten en Bernardus Paludanus, *in* Roelof van Gelder, Jan Parmentier et Vibeke D. Roeper (dir.), *Souffrir pour parvenir. De wereld van Jan Huygen van Linschoten*, Haarlem, Arcadia, p. 30-50.

Grafton Anthony, Shelford April et Siraisi Nancy, 1992, *New Worlds, Ancient Texts: The Power of Tradition and the Shock of Discovery*, Cambridge (Mass.), Belknap Press of Harvard University Press.

Greenleaf Richard E., 2012 [1969], *La Inquisición en Nueva España, siglo XVI*, S.P. Fondo de Cultura Economica.

Grove Richard, 1991, The Transfer of Botanical Knowledge between Asia and Europe (1498—1800), *Journal of the Japan-Netherlands Institute*, n° 3, p. 160-176.

Heniger Johannes, 1986, *Hendrik Adriaan van Reede tot Drakenstein (1636—1691) and "Hortus Malabaricus" : A Contribution to the History of Dutch Colonial Botany*, Rotterdam, A.A. Balkema.

Holtz Grégoire, 2008, L'appropriation des plantes indiennes chez les naturalistes du xvie siècle, *in* Frank Lestringant (dir.), *Le Théâtre de la curiosité*, Paris, Presses de l'université Paris-Sorbonne, coll. Cahiers V.L. Saulnier, n° 25, p. 117-119.

— 2011, *L'Ombre de l'auteur. Pierre Bergeron et l'écriture du voyage à la fin de la Renaissance*, Genève, Droz.

Houtman (van Gouda) Fredrick de, 1603, *Spraeck ende woord-boeck, Inde Maleysche ende Madagaskarische Talen/met vele Arabische ende Turcsche woorden [...]*, Amsterdam, Jan Evertz Cloppenburch, Boeckvercooper, op't Water, inden grooten Bybel.

Huigen Siegfried, Jong Jan L. de et Kolfin Elmer (dir.), 2010, *The Dutch Trading Companies As Knowledge Networks*, Leyde, Brill.

Ittersum Martine van, 2010, The Long Goodbye: Hugo Grotius and the Justification of the Dutch Expansion Overseas (1604—1645), *History of European Ideas*, vol. 36, p. 386-411.

Jacobs Els, 1986, Lucas Jansz Waghenaer van Enckhuysen (1533/4-1606): His Impact on Maritime Cartography, *Bulletin de la Ligue des bibliothèques européennes de recherche*, vol. 28, p.66-68.

Jami Catherine, 2011, *The Emperor's New Mathematics: Western Learning and Imperial Authority during the Kangxi Reign (1662—1722)*, Oxford, Oxford University Press.

Jardine Nicholas, Secord James A. et Spary Emma (dir.), 1996, *Cultures of Natural History*, Cambridge, Cambridge University Press.

Johnson Carina, 2008, Stone Gods and Counter-Reformation Knowledges, *in* Pamela H. Smith et Benjamin Schmidt (dir.), *Making Knowledge in Early Modern Europe: Practices, Objects, and Texts (1400—1800)*, Chicago, University of Chicago Press, p. 233-247.

Jorink Eric, 2006, *Het "Boeck der Natuere". Nederlandse geleerden en de wonderen van Gods Schepping (1575—1715)*, Leyde, Primavera.

Karel de Jonge Jan (dir.), 1862, *De Opkomst van het Nederlandsch gezag in Oost-Indië. Verzameling van onuitgegeven stukken uit het Oud-Koloniaal Archief*, La Haye, Martinus Nijhoff.

Ketting Herman, 2005, *Leven, werk en rebellie aan boord van de Oost-Indiëvaarders (1595—1650)*, Amsterdam, Spinhuis.

Keuning Johannes, 1935, Een reusachtige aardglobe van Joan Blaeu uit het midden der zeventiende eeuw, *Tijdschrift van het Koninklijk Nederlandsch Aardrijkskundig Genootschap*, vol.

52, p. 525-538.

Leonard Irving A., 2006, *Los libros del conquistador*, Mexico, Fondo de Cultura Economica.

Leuker Maria-Theresia, 2010, Knowledge Transfer and Cultural Appropriation: Georg Everhard Rumphius's *D'Amboinsche Rariteitkamer* (1705), *in* Siegfried Huigen, Jan L. de Jong et Elmer Kolfin (dir.), *The Dutch Trading Companies As Knowledge Networks*, Leyde, Brill, p. 145-170.

Leupe Pieter A., 1859, Albert Ruyll. Maleische taalkundige (1630), *Bijdragen tot de Taal-, Land- en Volkenkunde van Nederlandsch-Indië*, vol. 5, n° 1, p. 102-106.

Lombard Denys, 1990, *Le Carrefour javanais. Essai d'histoire globale*, Paris, Éd. de l'EHESS.

Moes Ernst Wilhelm, 1896, *De Amsterdamsche Boekdrukkers en Uitgevers in de zestiende eeuw*, Amsterdam, C.L. van Langenhuysen. Noorduyn Jacobus, 1985, The Three Palm-Leaf MSS from Java in the Bodleian Library and Their Donors, *Journal of the Royal Asiatic Society of Great Britain and Ireland*, vol. 117, no 1, p. 58-64.

Noorduyn Jacobus et Teeuw Andries (dir.), 2006, *Three Old Sundanese Poems*, Leyde, KITLV.

Oates John C.T., 1974, *The Manuscripts of Thomas Erpenius*, Melbourne, Bibliographical Society of Australia and New Zealand.

Ogilvie Brian, 2006, *The Science of Describing: Natural History in Renaissance Europe*, Chicago, University of Chicago Press.

Parker Brienen Rebecca, 2007, Nicolas Witsen and His Circle: Globalization, Art Patronage, and Collecting in Amsterdam circa 1700, *in* Nigel Worden (dir.), *Contingent Lives: Social Identity and Material Culture in the VOC World*, Rondebosch, University of Cape Town, p. 439-449.

Pérez-Mallaina Pablo E., 1998 [1992], *Spain's Men of the Sea: Daily Life on the Indies Fleets in the Sixteenth Century*, Baltimore, Johns Hopkins University Press.

Raj Kapil, 2007, *Relocating Modern Science: Circulation and the Construction of Knowledge in South Asia and Europe (1650—1900)*, Basingstoke, Palgrave Macmillan.

Randles William G.L., 1955, Portuguese and Spanish Attempts to Measure Longitude in the XVIth Century, *Mariner's Mirror*, vol. 81, n° 4, p. 402-408.

Reid Anthony, 1981, A Great Seventeenth-Century Indonesian Family: Matoaya and Pattingalloang of Makassar, *Masyarakat Indonesia*, vol. 8, n° 1, p. 1-28.

Roberts Lissa (dir.), 2009, Situating Science in Global History: Local Exchanges and Networks of Circulation, *Itinerario*, vol. 33, n° 1.

Romano Antonella, 2004, Observer, vénérer, servir. Une polémique jésuite autour du Tribunal des mathématiques de Pékin, *Annales. Histoire, sciences sociales*, vol. 59, n° 4, p. 729-756.

Ronkel Philippus S. van, 1896, Account of Six Malay Manuscripts of the Cambridge University Library, *Bijdragen tot de Taal-, Land- en Volkenkunde van Nederlandsch-Indië*, vol. 46, n° 1, p. 5-6.

Schepelern Henrik Ditlev, 1981, Naturalienkabinet oder Kunstkammer. Der Sammler Bernhard Paludanus und seine Katalogmanuskript in der Königlichen Bibliothek in Kopenhagen, *Nordelbingen. Beiträge zur Kunst- und Kulturgeschichte*, vol. 50, p. 157-182.

Schnapper Antoine, 2012 [1993], *Le Géant, la licorne et la tulipe. Les cabinets de curiosités en France au xviie siècle*, Paris, Flammarion.

Seelig Lorenz, 1985, The Munich Kunstkammer (1565—1807), *in* Oliver Impey et Arthur Mac Gregor (dir.), *The Origins of Museums: The Cabinet of Curiosities in Sixteenth- and Seventeenth-Century Europe*, Oxford, Oxford University Press, p. 76-89.

Shapin Steven, 2008, Floating Medicine Chests, *London Review of Books*, vol. 30, n° 3, p. 30-31.

Slot Bernardus J., Hoof M.C.J.C. van et Lequin Frank, 1992, Notes on the Use of the VOC archives, *in* Marie Antoinette Petronella Meilink-Roelofsz, Remco Raben, Henri Spijkerman et F. Simon Gaastra (dir.), *De Archieven van de VOC (1602—1795)*, La Haye, Algemeen Rijksarchief, p. 47-70.

Stevin Simon, 1599, *De Havenvinding*, Leyde, In de Drukerije van Plantijn, By Christoffel van Ravelenghien.

Swan Claudia, 2008, Making Sense of Medical Collections in Early Modern Holland: The Uses of Wonders, *in* Pamela H. Smith et Benjamin Schmidt (dir.), *Making Knowledge in Early Modern Europe: Practices, Objects, and Texts (1400—1800)*, Chicago, University of Chicago Press, p. 199-213.

Unger Willem S., 1948, *De Oudste Reizen van de Zeeuwen naar Oost-Indië (1598—1604)*, La Haye, Martinus Nijhoff.

Veen Jaap van der, 1982, Het naturaliënkabinet van Jan Jacobsz Swammerdam, *in* Frouke Wieringa (dir.), *De VOC in Amsterdam. Verslag van de werkgroep*, Amsterdam, Universiteit van Amsterdam, p. 189-222.

De verzamelaar en zijn kamer. Zeventiende-eeuwse privé-collecties in de Republiek, *in* Huub de Jonge (dir.), *Ons soort mensen. Levensstijlen in Nederland*, Nijmegen, SUN, p. 128-158.

Walter Willem, 1982, De VOC en de verzamelaars, *in* Frouke Wieringa (dir.), *De VOC in Amsterdam. Verslag van de werkgroep*, Amsterdam, Universiteit van Amsterdam.

Wormser Paul, 2012, Le *"Bustan al-Salatin"* de Nuruddin ar-Raniri. Réflexions sur le rôle *culturel d'un étranger dans le monde malais au xviie siècle*, Paris, EHESS-Association Archipel.

Županov Ines, 1999, *Disputed Mission: Jesuit Experiments and Brahmanical Knowledge in Seventeenth-Century India*, New Delhi, Oxford University Press.

Jesuit Orientalism. Correspondence between Tomas Pereira and Fernão de Queiros, *in* Luis F. Barreto (dir.), *Tomás Pereira, S.J. (1646—1708): Life, Work, and World*, Lisbonne, Centro Cultural e Cientifico de Macau, p. 43-74.

这篇《描述》(Description)出版于 1732 年,是法国人让·巴尔博(Jean Barbot)的作品。他是一名逃亡的胡格诺派信徒,在 1678—1682 年之间受雇于王家非洲公司(la Compagnie royale africaine),旅居几内亚。——简·基普(Jan Kip),《南北几内亚海岸描述》(*A Description of the Coasts of North and South Guinea*),1758 年。

第十三章

科学的地方性和中心性：大西洋世界（16—18世纪）

"先生，我向您保证，在殖民地以外的任何地方推行这一计划都没有什么好处，但是这需要双倍的勇气，尤其是当一个人看到自己像我们一样远离政府中心，也远离维持一个社会工作热情和活力的恩惠和鼓励的影响时。科学是一种尚未扎根于此的外来植物；人们还不知道如何在那里种植它，我认为它很难在那里归化。"①

以上内容出自王室医生查尔斯·阿尔托（Charles Arthaud）给他在巴黎王家医学会（la Société royale de médecine de Paris）的著名同僚写的信。他当时身在圣多明各，在信中指出，在他看来，海洋的辽阔和宗主国的偏远都很可能阻碍具有象征意义的欧洲"科学"在殖民地的发展。此外，在很长一段时间里，史学也推动保持了针对海外科学史的这种顽固的帝国主义和"扩散主义"观念，这种观念在欧洲征服殖民地过程中自然而然地高举文明的旗帜：从这个角度看，欧洲人，无论是传教士、医生、行政管理人员还是探险家，都凭借自身价值和经济项目，将优越性及普适性无可争议的科学和技术技能及知识引进

---

① 出自查理·阿尔托写给维克·达吉尔的信，1785年9月10日书于开普敦（巴黎医学院图书馆）。

到"野蛮人"居住的原始空间腹地。①

然而，最近的许多研究却对这种知识和政治虚构的所谓"证据"提出了严肃的质疑，以便更加客观地书写一部更复杂细致、不以欧洲为中心的历史。②由此，近代大西洋世界的知识历史就在三大洲，甚至四大洲——欧洲、非洲、美洲和参与程度较低的亚洲——的交叉口形成了一系列相互交织、开放、多样和混合的叙述。此外，与此同时，"大西洋的历史"（Atlantic History）从未停止过从最多样的历史学、社会学或人类学等各种角度（"伊比利亚大西洋""黑奴大西洋""精英大西洋""新教徒大西洋"等），在对抗与合作、排斥与征服、政治进程与知识建构之间探索大西洋世界的多样性。③

因此，从中心性和地方性的角度来思考大西洋世界的科学和知识史，自然会邀请我们研究帝国力量和动力的作用，但也要从以"中心/外围"模式为基础、过于纯粹的制度性和以欧洲为中心的分析方式的反面，来探索边界和接触区，改变分析的尺度，挑战某些过于明显的边界和类别。④ 因此，我们希望在这里就参与其中的各种力量提出一个平衡的观点，介绍其背后的行动主体和驱动力，并强调在一个前所未有的地理开放背景下构建和推动科学和知识史的政治、商业、社会和知识过程。

伊比利亚的开放和新知识框架

早在 15 世纪之前，对无论是迦太基人、斯堪的纳维亚人还是热那亚人来说，大西洋就是欧洲人要征服的天涯。直到 15 世纪中叶，在葡萄牙航海家亨利亲王（Henri le Navigateur）（1394—1460）的推动下，对大西洋（"北海"或"西海"）的探索才有了新的进展。亨利亲王身边环绕着数学家、制图师和经验

---

① 关于这些问题的重要性，可参阅：Basalla 1967, Elena et al. 1993。
② 比如：Ophir et Shapin 1991, Elena, Lafuente et Ortega 1993, Wade Chambers et Gillespie 2000, Safier 2008, Dew et Delbourgo 2008, Bleichmar et al. 2009, Terral et Raj 2010, Van Damme 2014.
③ 在众多讨论这一主题的著述中，可参阅：Zuniga 2007, Dew et Delbourgo 2008。
④ 可参阅：Kublick et Kohler 1996, Shapin 1998, Wade Chambers et Gillespie 2000, Roberts 2009, Terral et Raj 2010.

丰富的水手，因此收集了大批地图和手稿，并且随着远征向非洲南部推进，藏品由航海日志持续不断地丰富充实。1415年攻占休达后开始对非洲海岸的快速勘察显然得益于这种累积和集中的过程。亨利亲王去世后，这种勘察一直持续到1487年巴尔托洛梅乌·迪亚士（Bartolomeu Dias）绕过好望角，从此打通了葡萄牙通往东印度群岛的航线，这比克里斯托弗·哥伦布发现新大陆及西班牙吹响征服美洲的号角早了5年。

在向南拓展的同时，大西洋向西扩张，发现了一个意想不到的大陆边界，却很快被麦哲伦绕开。指南针、星盘、船尾舵、测程仪，还有克拉克帆船和快帆船也在这次冒险中发挥了作用，人们对风向、洋流和海岸线的了解也在不断精进。因此，从一开始，在对新发现的潜力越来越产生浓厚兴趣的商人眼中，水手、造船师、仪器制造者、数学家、天文学家和制图师所创造和交流的实用、技术和理论知识就成了欧洲向大西洋扩张的关键因素。

在这一背景下，15世纪末和16世纪初的葡萄牙航海家，例如杜阿尔特·帕谢科·佩雷拉（Duarte Pacheco Pereira）或杜尔特·若昂·德·卡斯特罗（Duarte João de Castro）等，编写了大量航海手册和专著，其科学内容，无论是理论还是实践，都对西方科学的基础产生了重大影响。他们带着探索的铁器，在此前一直被认为不适合居住的炎热地区进行探险，事实上建立了与古代和中世纪说法相矛盾的新真理。因此，帕谢科在1506年写道："然而，我们可以非常清楚地发现，他们［庞波尼乌斯·梅拉（Pomponius Mela）和萨克罗博斯科（Sacrobosco）］所说的是错误的，因为正如我们已经看到和实践的那样，在这条等高线之下，有许多种群。既然经验是万物之母，那么通过它，我们就能知道全部的真相。"[①] 80年后，耶稣会士何塞·德·阿科斯塔（José de Acosta）描述了对欧洲而言很新奇的菠萝或鳄梨，来展现美洲的地理、自然和人文，他与其他人一道，证实了经由对大西洋和新大陆的探索所带来的这一基本观察。亚里士多德、普林尼和其他古代大师让位给水手、旅行家和传教士，后者基于

---

① Duarte Pacheco Pereira, *Esmeraldo de Situ Orbis*, Ms 1506，被引用于 Besse 2003 (p. 70–71), Contente Domingues 2007.

各自的发现,在培根写出《新工具》(1620 年)很久之前,就为基于经验、观察和证词的知识奠定了基础,事实上,他们在殖民化阴影下定义了一种新的知识体系。① 随着珍奇屋与图书馆和大学产生共鸣,欧洲港口成为新的权力和知识中心,从大西洋航行的经验中汲取了力量和合法性。

根据 15 世纪的积累实践,伊比利亚半岛上的君主们成立了政府和贸易机构,这些机构在组织和控制海洋和帝国知识方面发挥了重要作用:在里斯本,葡萄牙王室仓库(昔日的几内亚交易所,后更名为印度交易所)配备了一个宇宙学家团队,持续收集来自东印度、非洲和巴西的商业和制图知识。② 很大程度上受到这种模式的启发,西班牙的西印度交易所于 1503 年在塞维利亚成立,然后早在 1523 年就配备了一名宇宙学家。西班牙大西洋帝国的这一重要环节负责管理美洲的贸易和航行,通过收集船长们的所有观察结果,从一开始就为累积、比较和批判性地处理来自美洲的信息创造了条件。③ 同时,负责管理美洲总督府的印度议会(1524 年)建立了事实上的首都马德里,作为一个重要的中心,无数关于新世界矿产、农业或药用植物的行政和技术介绍都流向这里。费尔南德斯·德·奥维耶多(Fernández de Oviedo)从安的列斯群岛归来后就以"印度群岛编年史作者"的身份在此工作,随后利用这些可观的原始资料完成了他的《印度自然志》(*Histoire naturelle des Indes*),该书在 1535—1557 年间部分出版。几十年后,在胡安·洛佩斯·德·贝拉斯科(Juan López de Velasco)(1598 年)的指挥下,也正是在那里起草了针对美洲行政人员的详细问卷。然而,对问卷的答复[著名的"地理关系"(*Relaciones geográficas*)]集中储存在档案里,很少使用,很久之后才传播到狭小的权力圈子之外。观测月食的指令也以相同的模式下达,以精确测定西班牙美洲各主要驻点的经度。1570 年被派往新西班牙的医生弗朗西斯科·埃尔南德斯(Francisco Hernández),在画家、雕刻师和宇宙学家的陪同下,将 2 000 多幅

---

① Grafton 1992 (p. 1–5), Contente Domingues 2007 (p. 461 *sq*.).
② Barrera-Osorio 2006 (p. 64).
③ *Ibid.* (p. 29 *sq*.), Portuondo 2009 (p. 60 *sq*.).

素描图和 30 卷手稿带回马德里。① 另外，为了培养合格的观察员，研究与经度测定相关的问题，并制造尽可能精确的航海仪器，菲利普二世于 1582 年在马德里成立了数学学院。②

除了这些王家机构外，与此同时，私人收藏和驯化非洲及美洲植物的花园如雨后春笋般涌现。比起马德里，塞维利亚港更是一扇通往大西洋财富的门户。例如，著名的医生莫纳德斯（Monardes）能够在那里咨询水手、药剂师、传教士和商人，这些人是他的著作《从西印度群岛带回的医学志》(*Historia medicinal de las cosas que se traen de nuestras Indias Occidentales*)（1565—1574）素材的主要提供者。③ 在 16 世纪末，塞维利亚、里斯本和马德里因此构成了收集、验证和传播美洲知识第一梯队的三极中心，然而，它们的重要性长期以来一直被更偏向欧洲北部的竞争性大国的史学低估了。④

帝国动力、世界城市和科学集中化

从 16 世纪末开始，随着在海洋及其边缘地区建立的商业、政治和军事力量对比的变化，其他知识积累和专业技能集中的中心逐渐建立起来，与伊比利亚中心竞争。

勒阿弗尔、迪耶普、鲁昂、布劳奇或拉罗谢尔等法国港口致力于面向美洲海岸的深海捕鱼、勘探或冒险贸易，数十年来一直是活跃的知识中心，产生手稿、原始地图和战略知识，为大量水手、宇宙学家和船东所共享。⑤ 阿姆斯特丹港则更加辉煌，它是 17 世纪欧洲的亚洲和美洲产品贸易的重要枢纽，随着东印度和西印度公司的繁荣发展，它在世纪之交成了名副其实的"知识仓

---

① 如今，西班牙档案馆里还保存着 200 多份印度"地理关系"问卷，以及对各类问卷的无数答复。Portuondo 2009 (p. 69–72), Barrera-Osorio 2006 (p. 86–88 et 97), Pimentel 2000 (p. 21–22), Brendecke 2012 (p. 376–411).

② Pimentel 2000 (p. 21), Portuondo 2009 (p. 74–75), Brendecke 2012 (p. 202 *sq.*).

③ Barrera-Osorio 2006 (p. 228–229), Boumediene 2013 (p. 66–87).

④ Cañizares-Esguerra 2006, Goodman 2009, Boumediene 2013 (p. 147–204).

⑤ Regourd 2000 (p. 104–112).

库"：在很长一段时间里，这里集中了欧洲最流行的地图、最著名的药剂师植物园和最迷人的自然奇珍藏品，例如，扬·雅各布斯·斯瓦默丹（Jan Jacobsz Swammerdam）的珍奇屋。[1] 如此丰厚的财富自然引发了来自欧洲各地的业余爱好者和科学家的好奇心，珍奇屋和植物园都成为事实上的研究和参考场所，科学家们可以在其中检验自己的知识，衡量世界的多样性，从而为当地如火如荼的学术活动创造了条件。[2]

虽然商业功能显然在16世纪和17世纪大西洋知识空间的极化过程中起到了决定性的作用，但它并不是解释的唯一关键：罗马作为卓越的"世界城市"，位于天特会议之后宣教网络的核心，在整个旧制度中，也是一个主要的标本、物品、手稿、奇珍和地图的积累中心，它向大西洋广泛开放，甚至向整个世界开放。贵族、宗教团体、学者以及接受过各种科学训练并参与殖民活动的传教士（尤其但不仅限于耶稣会士）的高度聚集，促进了知识的宗主国化（la métropolisation），这些知识凝结在由修道院和贵族创办的学院、图书馆、植物园、天文台或珍奇屋组成的名副其实的"具有普遍使命的科学综合体"中。[3]

同时，新的停泊点和新的军事、行政和商业力量在海洋上显现，逐步组织和构建了一个主要由18世纪西欧殖民大国所界定和控制的大西洋知识空间。因此，法国和英国在激烈争夺大西洋主导权的同时，也在科学生产和创新领域展开竞争。

17世纪，得益于活跃的学术界及繁荣的印刷业和制图业提供的沃土，王家科学院和天文台分别于1666年和1667年在巴黎成立。[4] 再加上王家花园（始建于1635年，并于1671年改建）的建立，在18世纪初，法国首都和君主制配备了强大而有声望的学术机构，服务于国王的荣耀和国家的扩张政策。巴黎（从17世纪末开始与凡尔赛一道）作为内阁和王室权力的所在地，成了名副其实的"殖民机器"的中心，在整个18世纪中，它借助王朝的行政和学术

---

[1] Cook 2008 (p. 34-37). 更多细节可参阅：Cook 2007.
[2] Impey et MacGregor 1985, Daston 1988, Daston et Park 1998.
[3] Romano 2008 (p. 108-109), Pizzorusso 2011.
[4] Regourd 2000 (p. 218-230 et 258-270), Van Damme 2005 (p. 39-49), Regourd 2008 (p. 124-139).

网络，实现了来自法国殖民地的科学信息和数据的频繁而密集的流通。这尤其依赖于二十多个学术和技术机构的正式和临时通信会员，他们被分批部署在世界各地，尤其是在大西洋地区。作为一个收集、构建、验证和传播科学知识的多极中心，"殖民机器"还培训观察员，向旅行家分发可能鼓励收集更精确和更具可比性信息的指示、调查表和工具。当时，西班牙的官僚模式显然已经过时，巴黎尽管地理位置远离海岸，但仍成为科学极化和辐射影响的主要中心之一——一个面向大西洋的名副其实的世界城市。[①]

伦敦，基于其强大的海军力量以及无论是在加勒比海地区还是在北美东部海岸众多的定居点，在许多方面都有着相似的命运。成立于1660年的皇家学会在18世纪享有很高的威望，汉斯·斯隆和约瑟夫·班克斯等人物进一步夯实了其地位。因此，皇家学会收到来自通信会员和旅行家的数不清的情况汇报，他们渴望增添荣光，而作为回报收获一些社会声望。海军部也收集制图和地理信息以供皇家海军使用，而经度委员会（1714年）鼓励寻找新的方法来确定海上经度。仿照法国模式成立于1759年的邱园迅速成为收集、保存、驯化、再分配和研究美洲和非洲植物的主要中心。[②] 除了这种制度上的发展之外，英国药剂师的私人创举〔例如，他们早在1673年就创立了切尔西药用植物园（Chelsea Physic Garden）〕或伦敦小酒馆中的激烈辩论，无疑在大西洋知识经济中发挥了比法国更重要的作用，在此过程中效用原则得到利润原则的支持。[③] 近代这种由位于欧洲港口和首都的集中化机构所引导和推动的"知识资本化"，被近几十年的科学社会学建立模型，在历史学家中引发了大量研究和思考。从这个角度来看，珍奇屋、图书馆、植物园、科学院、制图工坊和天文台都或多或少地与政治权力联系在一起，形成欧洲知识空间宗主国化的驱动力，它们也奠定了欧洲知识空间的方法、价值和规范。在上游，这些"计算中心"生成由庞大的信息提供者和收集者网络驱动的信息流；而在下游组织文本、地图、分类法、课程和印刷材料的传播，提供了经专家验证的标准化知识库，社会和知

[①] McClellan III et Regourd 2011, Spary 2000, Van Damme 2005, Regourd 2008.
[②] Harrison 2005, Gascoigne 1998, Drayton 1998 (p. 244–245), Drayton 2000 (p. 42–128).
[③] Drayton 1998 (p. 236–249), Stewart 1999, Drayton 2000 (p. 35–37), Van Damme 2014 (p. 130–131).

识认可度不断提高。①

在这种模式下,其他规模小得多的欧洲中心也逐渐发展起来,加入大西洋的角逐中,例如,爱丁堡或乌普萨拉②;里斯本和马德里则通过增加海外探险活动的次数,并建立起著名机构,例如,马德里(1755年)和里斯本的植物园(1768年)或葡萄牙王家科学院(l'Academia Real das Ciências portugaise)(1779年),巩固了各自的地位。在18世纪大西洋沿岸的欧洲,帝国科学的思想,在它们来自宗主国最雄心勃勃的运动中得到控制和激励,到处都大获成功。③

美洲中心性和科学地方性的挑战

调整一下比例尺,将分析的目光转移到美洲殖民地上,使我们能够考虑这段复杂历史中的其他问题。那些质疑科学地方化动态的作品,或者那些试图从活跃于近代欧洲首都的社会、制度和文化实践的角度来思考科学的中心性的作品,都暗含着邀请我们将那些在美洲可能构成原创性科学实践的温床、产生社会、政治和身份差异化过程的因素放在一起。④ 实际上,在17世纪和18世纪,逐渐有许多美洲中心对欧洲殖民首都在大西洋科学领域的合法性提出质疑,它们在模仿和常规合作之间进行了微妙的博弈,往往还伴随着身份认同问题,甚至是争夺和不信任。

西班牙方面,古老的印刷厂、宗教团体开办的学院和西班牙新世界主要城市(1538年在圣多明各,1551年在墨西哥城和利马等)建立的大学,很早就为促进克里奥尔精英阶层各种科学实践的存在和发展作出了贡献。植物学、天文学、地质学、化学或医学在享有盛名的讲堂上被教授激发了大量的研究,其

---

① Latour 1983 et 1987, Romano et Van Damme 2008 (p. 7–18).
② Sörlin 2000 (p. 53 et 61–64).
③ Da Costa et Leitão 2009 (p. 46–47), Pimentel 2000, McCook 2002, Cañizares-Esguerra 2006, Bleichmar 2008 (p. 225–226).
④ Ophir et Shapin 1991, Turnbull 1997, Livingstone 2003, Romano et Van Damme 2008 (p. 8–11).

成果在当地展示和辩论，尤其是在拥有政治权威和许多当地专家的总督府。墨西哥城、利马、波哥大等城市远不只是按照马德里或塞维利亚的命令简单地进行信息和数据收集，而是在 17 世纪确认并在 18 世纪进一步巩固了自身作为大西洋知识经济重要中心的地位。早在 16 世纪，在新西班牙总督的赞助下，墨西哥城已经开展了许多实验，以改进银与汞的混合方法，或者测试本地染料的效率[1]；两个世纪后，这一趋势得到了证实。特别是在 18 世纪下半叶，在总督的直接赞助下发起并支持了无数的本地创议，以识别和确定肉桂、胡椒或丁香标本的产地位置、开发新的药方或绘制更精确的地图。[2] 本着同样的精神，1788 年墨西哥城建立了一个植物园，在那里，来自美洲和西班牙各地的植物被驯化、研究并在公共课程中展示，正如欧洲植物园的做法那样。最后，虽然部分考察活动确实是由马德里组织，并伴有宗主国发布的确切指示，而且大量标本和药方被送往马德里王家植物园或王家药剂师学院（Real Colegio de Boticarios de Madrid）（成立于 1737 年）进行鉴定，但是仍有许多科学事业青睐于本地创议，并以合作的名义主要转向支持克里奥尔人的利益，例如，1783 年由医生兼植物学家何塞·塞莱斯蒂诺·穆蒂斯（José Célestino Mutis）率领的新格拉纳达考察队。这位知名专家经常受到总督和遍布整个西班牙美洲的重要植物学家网络的咨询，凭借他在当地的名望和合法性，毫不犹豫地参加各种跨大西洋的论战，例如，关于奎宁的辩论，这使他与马德里王家药剂师学院的主要人物卡西米罗·戈麦斯 – 奥尔特加（Casimiro Gómez-Ortega）站在了对立面上。[3]

像里约这样的城市也见证了集中化地方学术机构的创建，特别是在医学领域，即 1772 年成立的医学、外科学、植物学、制药学学院（Academia Fluviense, Médica, Cirúrgica, Botânica e Farmaceûtica），负责在城里建立一个植物园等。不过，与许多美洲城市一样，那里的身份反应现象远没有那么

---

[1] Barrera-Osorio 2006 (p. 27 et 65–72).

[2] Bleichmar 2008 (p. 229–230 et 240–241).

[3] Gerbi 1973 (p. 183–233), Bleichmar 2008 (p. 239–245), Lafuente 2000 (p. 166–171), Pimentel 2000 (p. 28).

明显。①

另一方面，再往北，在许多方面相较于西班牙美洲首都更为年轻的英国殖民地的某些中心城市也参与了这场科学中心向美洲转移的不可忽视的运动。早在1683年，成立不久的波士顿哲学协会（Boston Philosophical Society）就已经致力于发掘新英格兰的自然财富，在全部13个殖民地中，许多有文化或精通科学的人都成为英国皇家学会非常活跃的通信会员。与西班牙美洲一样，7所大学的存在为当地科学活动的发展奠定了有利基础。特别是费城，以及在较小范围内纽约［1764年成立的纽约促进艺术、农业和经济学会（Society for Promoting Arts, Agriculture, and Oeconomy of New York）的所在地］，又成为大西洋世界的主要科学活动中心。费城的哲学协会（Philosophical Society）成立于1743年，然后在1767—1769年改组为美洲哲学协会（American Philosophical Society），由本杰明·富兰克林（Benjamin Franklin）担任主席，进行的活动主要以地方关注事项为导向，解除了与皇家学会的从属关系。博物学家和制图师们在当地积累了有关美洲气候、植物、人口和地域的丰富知识，其不可思议的独创性被人们反复提及，与此同时，本杰明·富兰克林在电力研究方面取得的成就及其在大西洋地区的影响力无疑是这种威望日益增长的最鲜明的标志。②

甚至在加勒比海地区，巴巴多斯自然志与实用艺术学会（Society for the Encouragement of Natural History and of Useful Arts of Barbados）（1784年）、法兰西角费拉德尔菲斯会（Cercle des philadelphes du Cap-Français）（1784年）或格林纳达物理医学学会（Physico-Medical Society of Grenada）（1791年）也充分展示了18世纪下半叶规模较小的地方团体的活力，它们既希望得到国际认可，又要保留部分地方特色。③

---

① Cañizares-Esguerra 2006 (p. 47), Da Costa et Leitão 2009 (p. 36 *sq.* et 51–52).
② Drayton 1998 (p. 241–243), Delbourgo 2006, Scott Parrish 2006 (p. 103–135), Van Damme 2014 (p. 213 *sq.*).
③ McClellan III 1992, Drayton 1998 (p. 242), Regourd 2000 (p. 510–533), Delbourgo 2006 (p. 3–49).

从北美洲到南美洲，克里奥尔科学家们在扎根于当地的机构和群体内部，为在当地产生或转化的知识的真正流通创造了条件，他们出版在欧洲和整个美洲广泛流传的论文，颁发时有欧洲人荣膺的奖项，维持着面向欧洲以及美洲世界其他地区的外国通信会员网络。因此，他们的雄心遵循辐射逻辑同时着眼于美洲和欧洲，原先的欧洲和国家中心性逐渐让位给自主的吸引力逻辑。因此这些具有地方活力的学术实践为一些正在进行中的作品努力描述的"美洲化进程"创造了条件，为在亚洲、非洲、印第安美洲和欧洲世界交汇处的混合社会中产生的知识、法律或经济和文化规则和现象的全球传播做准备。①

同时，在美洲和欧洲所有的城市中心，在有能力参与科学领域辩论的人群的基础上，新的传播形式和学术社会性正在对围绕着机构的国际动态作出反应。圣多明各的《美洲海报》（*Les Affiches américaines*）、何塞·阿尔萨特（José A. Alzate）的《墨西哥文学杂志》（*Gacetas de Literatura de México*）或伊波利托·乌纳努埃（Hipólito Unanue）的《秘鲁信使报》（*Mercurio Peruano*）引发了克里奥尔圈子中对有关医学、方圆或林奈分类法以及化学和金属汞齐方法等问题的辩论，必要时甚至反对来自欧洲的理论、分类和命名。② 同时，沙龙、书店、小酒馆、医院、工坊、印刷厂、私人收藏馆或共济会分会等体制化、控制化的科学知识场所逐渐被分解。这些分散的往往是比较非正式的学术实践，日复一日地为提高在当地构建、讨论、接受和传播的知识的社会合法性作出了贡献，事实上增强了地方性在文人共和国中的力量和价值。

在其他美洲城市的混杂社会中，或者说至少每天面对非欧洲血统人群的社会中，当地人渴望维护自己的克里奥尔人身份，在挖掘和增强当地潜力的基础上，将一种新的话语体系、一种不同的视角和众多新颖的社会、哲学和科学实践合法化。就像同时代的欧洲一样，即巴黎、伦敦或爱丁堡的精英们从他们的历史、考古遗迹和环境中找到了在文人共和国中确立征服者身份的关键，克里

---

① 请参阅 Éditions Le Manuscrit 出版社出版的《世界工厂》（*Fabrica Mundi*）丛书，以及贝纳－塔绍（Bénat-Tachot）、格鲁津斯基（Gruzinski）和让娜（Jeanne）在 2012—2013 年之间的出版物。
② Mc Clellan III 1992, Regourd 2000 (p. 514-515), Pimentel 2000 (p. 29-30), Lafuente 2000 (p. 160-166), Clark 2009.

奥尔的精英阶层从他们的历史、混杂的人口和土地中汲取了合法性的条件。无论是衡量非洲和美洲原住民药方的功效,还是评估宾夕法尼亚平原上雷电的威力,抑或是追踪印第安部落历史上"野蛮的智慧"(les sagesses barbares)的痕迹,其利害关系不仅是地方性的,同样也是区域性的,甚至是全球性的。[1]

因此,无论是在美洲还是欧洲,旧制度下的城市都构建了知识性的大西洋,同时促进了当地对新形式的知识合法性的肯定,这体现在多种形式的学术实践中。

离开城市:接触区、联系和流动

但是,跨出城市之门,远离政治机关和学术机构、植物园和专家团体、沙龙和图书馆或医院,可以使我们进一步完善对这一现实的认识。实际上,在近代的大西洋世界中,在海岸上、森林里、堡垒边、种植园里、沼泽地或河流边,都能看到许多其他认识论的身影。在那里,出现了更多令人惊奇的空间和知识逻辑,更多非正式的往往是难以捉摸的、激动人心的交流、谈判、转变和原创性的、短暂的或持久的创造,使这些地方变得活跃起来。

---

[1] Gerbi 1973 (chap. 6 et 7), Scott Parrish 2006 (p. 128-135), Delbourgo 2006 (p. 50 *sq.*), Van Damme 2014 (chap. 7).

这幅版画描绘了可可李树,这是安的列斯群岛的植物。《美洲安的列斯群岛的自然和道德志,并被其中描述的最稀有的珍奇异兽所丰富》(*Histoire naturelle et morale des Îles Antilles de l'Amérique, enrichie de plusieurs belles figures des raretés les plus considérables qui y sont décrites*),夏尔·德·罗什福尔(Charles de Rochefort)和雷蒙德·布雷顿(Raymond Breton),鹿特丹,1658 年。

"接触区"（la zone de contact）的概念邀请人们解读原本在地理和历史上被分隔开的人群之间的相遇和最初的交流，更有甚者，"中间地带"（middleground）模式具体探讨了在这些空间中起作用的文化适应战略的社会和政治条件，这都促使人们结合背景思考大西洋世界中边缘地区发展起来的科学实践问题，该世界的特点是在欧洲、非洲和印第安美洲人群之间建立可持续的交流区。[①] 实际上，无数的领域有待分析，并有助于将地方性的交流和传播情况公之于世，从而揭示出通常被排除在欧美学术机构和印刷厂所产生的叙述和形式之外的行动者。

　　例如，福音传教团可以看作是宗教网络的地方支柱，既面向地方首都，又面向罗马及各有关传教士所属的国家网络，是互动的主要场所。词汇和语法、关系、地图和图画的产生揭示了日常的交流实践，使人们能够掌握由期望、信任、建议、经验分享、言语和手势组成的智力过程，但也包括失望、不信任和相互误解。正在建设中的真正的知识考古学由此成为可能：植物名称伴随着当地人口耳相传的功效或毒性；对动物的描述往往要求提及狩猎和捕鱼技术，显示出技术的流传和诀窍的交流；天文学论述引起了新的形而上学的思考，有时也引发无法类比的观察，例如，18世纪初耶稣会士勒布雷东（Le Breton）在圣文森特岛执行任务期间指出："除了加勒比人之外，每个人都知道算术几乎是掌握星象知识的第一步……他们满足于在木板上做些记号，以帮助他们在旅途中识别方向。必须是加勒比人才了解这门学问。"人们无法更好地表达某些地方性的知识从根本上能在多大程度上摆脱西方科学的集中基质以及大多数欧洲学者与"相异性"接触的心理框架。[②]

　　建立在奴役非洲劳动力基础上的蔗糖、烟草、靛蓝、棉花或水稻种植园同时也是知识交流、构建、转化和传播的主要场所。正是在种植园中，以及在西非奴隶贸易站的边缘，非洲人口充分参与了这段历史：不仅在医学领域（魔法和植物疗法、毒药和解药知识等），而且在严格意义上的农业领域。例如，最

---

① White 1991, Pratt 1992.
② Regourd 2000（p. 150–159），Schiebinger 2004 (p. 82–90)，Castelnau–L'Estoile et al. 2011, Boumediene 2013（p. 369–509）.勒布雷东的论述被引用于 Regourd 2000 (p. 158).

近的研究工作帮助我们了解了美国南部的水稻种植等许多方面归功于非洲人，以及从农奴人口角度研究的跨大西洋知识和技能流动。①

例子可以举出很多：贸易站、新兴城镇、棕色皮肤的奴隶和深入印第安族地区的猎人的临时营地、由印第安人做向导的欧洲探险家的独木舟或对中间人和俘虏进行长时间盘问的船只甲板以及在较小程度上欧洲、美洲和加勒比海沿岸的码头和小酒馆等。在所有领域，这些各式各样的接触区实际上是构建和传播地理、物理、植物学、医学或哲学知识的移动空间，活跃着非洲人、美洲人和欧洲人之间的往来和交流的日常现实。在各个阶段都进行了交流实践和效果反馈，改进了技术和理论知识，有时很难将识别出的众多适应和演变归因于这个或那个群体，因为"联系"和混居是密切、多态和持续的，而且日常言论和技术举动也仍然无法很好地融入知识资本化的全球流动，历史学家很难把握。

从这个角度来看，最近被重新评估和揭露的"中间人"的形象至关重要：这些知识的"传递者"是两个世界之间的媒介，无论是翻译、医者、园丁、农民、商人、传教士、向导还是划船者，他们在这些接触区发挥了重要作用，他们根据文化背景和有时混合的血统，调整各种形式的地理、自然、技术、机械、医学或宗教知识，来满足观察者和科学家的期望。因此，近代大西洋世界的地图、药典、农业或手工业实践，几乎没有一个不是这段像沙尘暴一样难以把握和描述的历史的直接或间接产物。②

作为接触区交流的典型特征，行动者的流动性和边界的不稳定进一步破坏了从帝国史学继承下来的大西洋世界过度结构化和理想化的视野。相较于在欧洲，行动者的流动性更多地主导着近代大西洋这个建设中的世界。只需提及那些前往发现新大陆的船只的危险路线、横跨大西洋船队的频繁往来穿梭、海盗的闪电式袭击或投机水手的暗中交易，就能令人信服这一点。此外，参与大西

---

① Carney 2001, Scott Parrish 2006 (p. 259-306), Scott Parrish 2008 et 2011 (p. 470 *sq.*), Weaver 2006, Regourd 2008, Carney et Rosomoff 2009, McClellan III et Regourd 2011 (p. 269-270 et 293 *sq.*), Boumediene 2013 (p. 500-508).

② Subrahmanyam 2007, Safier 2008, Ferreira Furtado 2008, Schaffer et *al.* 2009 (introduction et contributions), Scott Parrish 2011.

洋学术流动的人物是无限的：探险家、寻找新标本的医生或博物学家、穿梭于城镇或岛屿之间展示电机或物理仪器柜的科学演示者、种植园周边为治疗和引诱黑奴的治疗师、为上帝"开疆拓土"的传教士、深入印第安族地区的猎人、印第安人向导或替殖民政府寻找蚁巢或橡胶树的奴隶……最终，以上所有群体都滋养和质疑了美洲世界中科学的中心性和地方性的概念。这种人员和知识的流动实际上也促进了边界、文化和知识秩序之间的巨大渗透性：在医学、催眠术和伏都教之间；在植物学、宗教和萨满教之间；在占星术、天文学和宇宙论之间；在通灵术、巫术和电流之间……最后，大西洋上的流动弥合了欧洲人与"他者"在科学和知识领域的"巨大鸿沟"[①]。随着交流的逐渐密切，模糊了某些地理、社会、文化或种族界限，建立和发展起原创性的科学生产和流通的逻辑，当然是局部的、定位的，但同时也是移动的、相互连接和成片的。

结语

在本章的最后描绘了一幅图景，展示了从 16 世纪到 18 世纪在三大洲甚至四大洲的交汇处出现的一个富有成果且不断发展的学术空间，它由众多互补的、有时是相互矛盾的动力所活跃。通过勾勒出自近代以来美洲从北到南的学术中心在其中发挥作用的知识——大西洋的轮廓、支点和力线，这种总体方法有力地细化了长期以来被设想为由全知全能的欧洲宗主国严格指导和组织的政治和文化帝国主义的明显知识表现得单调的大西洋科学的图景。在早期的科学知识宗主国化有利于分散在大西洋两岸的大小不一的城市中心形成极化的地理认知的背景下，某些"旁门左道"也使我们有可能在城市世界的边缘，在跨大西洋网络和当地居民生活空间的交汇处，把握刻在不同社会历史情境下的其他空间：研究接触和互动的区域，无论是种植园、传教团、某些贸易站还是被控制程度不一的广大地区（非正式且有时出现短暂对抗和交流的空间），都有可能揭示以传播、交流、适应、翻译、混居、身份和流动等概念为主导的学术实

[①] Latour 1983 (p. 226–231).

践和原创性的科技发展框架。

在革命之初，虽然欧洲仍是一个典范和主导性的参照物，但大西洋帝国的时代就要接近尾声，人们渴望新的政治、社会和知识的组织形式，以推动科学领域的组织和参考框架以及全球范围内知识的地位和形式的变革。

弗朗索瓦·勒占尔（François Regourd）撰

参考文献

Barrera-Osorio Antonio, 2006, *Experiencing Nature: The Spanish American Empire and the Early Scientific Revolution*, Austin, University of Texas Press.

Basalla George, 1967, The Spread of Western Science, *Science*, vol. 156, n° 3775, p. 611-622.

Bénat-Tachot Louise, Gruzinski Serge et Jeanne Boris (dir.), 2012—2013, *Les Processus d'américanisation*, Paris, Le Manuscrit, coll. Fabrica Mundi, 2 vol.

Besse Jean-Marc, 2003, *Les Grandeurs de la Terre. Aspects du savoir géographique à la Renaissance*, Paris, ENS éditions.

Bleichmar Daniela, 2008, Atlantic Competitions: Botany in the Eighteenth Century Spanish Empire, *in* Nicholas Dew et James Delbourgo (dir.), *Science and Empire in the Atlantic World*, New York, Routledge, p. 225-252.

Bleichmar Daniela, De Vos Paula, Huffine Kristin et Sheehan Kevin (dir.), 2009, *Science in the Spanish and Portuguese Empires (1500—1800)*, Stanford, Stanford University Press.

Boumediene Samir, 2013, Avoir et savoir. L'appropriation des plantes médicinales américaines par les Européens (1570—1750), doctorat, université de Lorraine.

Brendecke Arndt, 2012, *Imperio e informacion. Funciones del saber en el dominiocolonial espanol*, Madrid, Iberoamericana.

Cañizares-Esguerra Jorge, 2006, *Nature, Empire, and Nation: Explorations of the History of Science in the Iberian World*, Stanford, Stanford University Press.

Carney Judith A., 2001, *The African Origins of Rice Cultivation in the Americas*, Cambridge (Mass.), Harvard University Press.

Carney Judith A. et Rosomoff Richard N., 2009, *Africa's Botanical Legacy in the Atlantic World*, Berkeley, University of California Press.

Castelnau-L'Estoile Charlotte de, Copete Marie-Luce, Maldavsky Aliocha et Županov Ines G. (dir.), 2011, *Missions d'évangélisation et circulation des savoirs (xvie-xviiie siecle)*, Madrid, Casa de

Velázquez.

Clark Fiona, 2009, "Read All about It": Science, Translation, Adaptation and Confrontation in the *Gazeta de Literatura de México* (1788—1795), *in* Daniela Bleichmar *et al.* (dir.), *Science in the Spanish and Portuguese Empires (1500—1800)*, Stanford, Stanford University Press, p. 147-177.

Contente Domingues Francesco, 2007, Science and Technology in Portuguese Navigation: The Idea of Experience in the Sixteenth Century, *in* Francisco Bethencourt et Diogo Ramada Curto (dir.), *Portuguese Oceanic Expansion (1400—1800)*, Cambridge, Cambridge University Press, p. 460-479.

Cook Harold J., 2007, *Matters of Exchange: Commerce, Medicine, and Science in the Dutch Golden Age*, New Haven et Londres, Yale University Press.

– 2008, Amsterdam, entrepôt des savoirs au xviie siècle, *in* Antonella Romano et Stéphane Van Damme (dir.), dossier Sciences et villes-mondes(xvie-xviiie siècle), *Revue d'histoire moderne et contemporaine*, vol. 55, n° 2, p. 19-42.

Da Costa Palmira Fontes et Leitão Henrique, 2009, Portuguese Imperial Science(1450—1800): A Historiographical Review, *in* Daniela Bleichmar *et al.* (dir.), *Science in the Spanish and Portuguese Empires (1500—1800)*, Stanford, Stanford University Press, p. 35-53.

Daston Lorraine, 1988, The Factual Sensibility, *Isis*, vol. 79, p. 452-470.

Daston Lorraine et Park Katharine (dir.), 1998, *Wonders and the Order of Nature (1150—1750)*, New York, Zone Books.

Delbourgo James, 2006, *A Most Amazing Scene of Wonders: Electricity and Enlightenment in Early America*, Cambridge (Mass.), Harvard University Press.

Dew Nicholas et Delbourgo James (dir.), 2008, *Science and Empire in the Atlantic World*, New York, Routledge.

Drayton Richard H., 1998, Knowledge and Empire, *in* Peter James Marshall(dir.), *The Oxford History of the British Empire, t. 2: The Eighteenth Century*, Oxford, Oxford University Press, p. 231-252.

– 2000, *Nature's Government: Science, Imperial Britain, and the Modern World*, New Heaven, Yale University Press.

Elena Alberto, Lafuente Antonio et Ortega María Luisa (dir.), 1993, *Mundialización de la ciencia y cultura nacional*, Madrid, Doce Calles.

Ferreira Furtado Junia, 2008, Tropical Empiricism: Making Medical Knowledge in Colonial Brazil, *in* Nicholas Dew et James Delbourgo (dir.), *Science and Empire in the Atlantic World*, New York, Routledge, p. 127-151.

Gascoigne John, 1998, *Science in the Service of Empire: Joseph Banks, the British State and the Uses of Science in the Age of Revolution*, Cambridge, Cambridge University Press.

Gerbi Antonello, 1973, *The Dispute of the New World: The History of a Polemic (1750—1900)*, Pittsburgh, University of Pittsburgh Press.

Goodman David, 2009, Science, Medicine, and Technology in Colonial Spanish America: New Interpretations, New Approaches, in Daniela Bleichmar et al.(dir.), *Science in the Spanish and Portuguese Empires (1500—1800)*, Stanford, Stanford University Press, p. 9-34.

Grafton Anthony, 1992, *New Worlds, Ancient Texts: The Power of Tradition and the Shock of Discovery*, Cambridge (Mass.), Harvard University Press.

Harrison Mark, 2005, Science and the British Empire, *Isis*, vol. 96, p. 56-63.

Impey Oliver et MacGregor Arthur (dir.), 1985, *The Origins of Museums: The Cabinet of Curiosities in Sixteenth- and Seventeenth-Century Europe*, Oxford, Oxford University Press.

Kublick Henrika et Kohler Robert (dir.), 1996, dossier Science in the Field, *Osiris*, vol. 11.

Lafuente Antonio, 2000, Enlightenment in an Imperial Context: Local Science in the Late-Eighteenth-Century Hispanic World, *Osiris*, vol. 15, p. 155-173.

Latour Bruno, 1983, Comment redistribuer le Grand Partage?, *Revue de synthese*, n° 110, p. 203-236.

– 1987, *Science in Action*, Cambridge (Mass.), Harvard University Press.

Livingstone David, 2003, *Putting Science in Its Place: Geographies of Scientific Knowledge*, Chicago, University of Chicago Press.

McClellan III James E., 1992, *Colonialism and Science: Saint-Domingue in the Old Regime*, Baltimore, Johns Hopkins University Press.

McClellan III James E. et Regourd François, 2011, *The Colonial Machine: French Science and Overseas Expansion in the Old Regime*, Turnhout, Brepols.

McCook Stuart George, 2002, *States of Nature: Science, Agriculture, and Environment in the Spanish Caribbean (1760—1940)*, Austin, University of Texas Press.

Ophir Adi et Shapin Steven, 1991, The Place of Knowledge: A Methodological Survey, *Science in Context*, vol. 4, n° 1, p. 3-21.

Pimentel Juan, 2000, The Iberian Vision: Science and Empire in the Framework of a Universal Monarchy (1500—1800), *Osiris*, n° 15, p. 17-30.

Pizzorusso Giovanni, 2011, La congrégation *De Propaganda Fide* à Rome: centre d'accumulation et de production de "savoirs missionnaires" (xviie-début xixe siècle, in Castelnau-L'Estoile Charlotte de et al. (dir.), *Missions d'évangélisation et circulation des savoirs (xvie-xviiie siecle)*,

Madrid, Casa de Velázquez, p. 25-40.

Portuondo María M., 2009, Cosmography at the *Casa*, Consejo, and *Corte* during the Century of Discovery, *in* Daniela Bleichmar *et al.* (dir.), *Science in the Spanish and Portuguese Empires (1500—1800)*, Stanford, Stanford University Press, p. 57-77.

Pratt Mary Louise, 1992, *Imperial Eyes: Travel Writing and Transculturation*, Londres, Routledge.

Regourd Français, 2000, *Sciences et colonialisation sous l'Ancien Régime. Le cas de la Guyane et des Antilles françaises (xviie-xviiie siecle)*, Lille, Atelier national de reproduction des thèses.

— 2008, Capitale savante, capitale coloniale. Sciences et savoirs coloniaux à Paris aux xvie et xviiie siècles, *in* Antonella Romano et Stéphane Van Damme (dir.), dossier Sciences et villes-mondes (xvie-xviiie siècle), *Revue d'histoire moderne et contemporaine*, vol. 55, n° 2, p. 121-151.

Roberts Lissa, 2009, Situating Science in Global History: Local Exchanges and Networks of Circulation, *Itinerario*, vol. 33, n° 1, p. 9-30.

Romano Antonella, 2008, Rome, un chantier pour les savoirs de la catholicité post-tridentine, *in* Antonella Romano et Stéphane Van Damme (dir.), dossier Sciences et villes-mondes (xvie-xviiie siècle), *Revue d'histoire moderne et contemporaine*, vol. 55, n° 2, p. 101-120.

Romano Antonella et Van Damme Stéphane (dir.), 2008, dossier Sciences et villesmondes (xvie-xviiie siècle), *Revue d'histoire moderne et contemporaine*, vol. 55, n° 2, p. 7-181.

Safier Neil, 2008, *Measuring the New World: Enlightenment Science and South America*, Chicago, University of Chicago Press.

Schaffer Simon, Roberts Lissa, Raj Kapil et Delbourgo James (dir.), 2009, *The Brokered World: Go-Betweens and Global Intelligence (1770—1820)*, Sagamore Beach (Mass.), Science History Publications.

Schiebinger Londa, 2004, *Plants and Empire: Colonial Bioprospective in the Atlantic World*, Cambridge (Mass.), Harvard University Press.

Scott Parrish Susan, 2006, *American Curiosity: Cultures of Natural History in the Colonial British Atlantic World*, Chapel Hill, University of North Carolina Press.

— 2008, Diasporic African Sources of Enlightenment Knowledge, *in* Nicholas Dew et James Delbourgo (dir.), *Science and Empire in the Atlantic World*, New York, Routledge, p. 281-310.

— 2011, Science, Nature, Race, *in* Nicholas Canny et Morgan Philip (dir.), *The Oxford Handbook of the Atlantic World (ca. 1450— ca. 1850)*, Oxford, Oxford University Press, p. 463-478.

Shapin Steven, 1998, Placing the View from Nowhere: Historical and Sociological Problems in the Location of Science, *Transactions of the Institute of British Geographers*, vol. 23, p. 5-12.

Sörlin Sverker, 2000, Ordering the World for Europe: Science As Intelligence and Information As Seen from the Northern Periphery, *Osiris*, vol. 15, p. 51-69.

Spary Emma C., 2000, *Utopia's Garden: French Natural History from Old Regime to Revolution*, Chicago, University of Chicago Press.

Stewart Larry, 1999, Other Centres of Calculation, or, Where the Royal Society didn't Count: Commerce, Coffee-Houses, and Natural Philosophy in Early Modern London, *The British Journal for the History of Science*, vol. 32, p. 133-153.

Subrahmanyam Sanjay, 2007, Par-delà l'incommensurabilité. Pour une histoire connectée des empires aux temps modernes, *Revue d'histoire moderne et contemporaine*, vol. 5, n°54-4 bis, p. 34-53.

Terral Mary et Raj Kapil (dir.), 2010, dossier Circulation and Locality in Early Modern Science, *The British Journal for the History of Science*, vol. 43.

Turnbull David, 1997, Reframing Science and Other Local Knowledge Traditions, *Futures*, vol. 29, n°6, p. 551-562.

Van Damme Stéphane, 2005, *Paris, capitale philosophique, de la Fronde à la Révolution*, Paris, Odile Jacob.

– 2014, *A toutes voiles vers la vérité. Une autre histoire de la philosophie au temps des Lumieres*, Paris, Seuil.

Wade Chambers David et Gillespie Richard, 2000, Locality in the History of Science: Colonial Science, Technoscience, and Indigenous Knowledge, *Osiris*, vol. 15, p. 221-240.

Weaver Karol K., 2006, *Medical Revolutionaries: The Enslaved Healers of Eighteenth Century Saint Domingue*, Champaign, University of Illinois Press.

White Richard, 1991, *The Middle Ground: Indians, Empires, and Republics in the Great Lakes Region (1650—1815)*, Cambridge, Cambridge University Press.

Zuniga Jean-Paul, 2007, L'histoire impériale à l'heure de l'"histoire globale". Une perspective atlantique, *Revue d'histoire moderne et contemporaine*, vol. 54-4 *bis*, p. 54-68.

描绘耶稣会普遍使命的著名扉画,在献给总会长让－保罗·奥利瓦(Jean-Paul Oliva)的献词中也有说明。——阿塔纳修斯·基歇尔,《中国图说》(*China monumentis qua sacris qua profanis, nec non variis naturae et artis spectaculis*),1667 年。

第十四章

传教团的知识

在伊比利亚半岛上的君主国进行殖民扩张的世纪里，教会与殖民者并肩作战，不仅符合上帝信徒陪王伴驾的逻辑，而且与中世纪好的君主的理念一脉相承。确实，西班牙和葡萄牙人的任务中包括对统治下领土传播福音，特别是根据基督宗教收复失地的动态情况，实行大规模驱逐伊比利亚半岛上的犹太人和穆斯林或迫使其改宗的政策。然而，向东印度的扩张和对西印度的发现也是与罗马教廷协商执行的，罗马教廷本身在基督宗教分裂时期，致力于重新定义世俗和宗教权力。天主教国家使教会服从于葡萄牙和西班牙的赞助人制度（*patronado*），二者的影响范围由《托尔德西里亚斯条约》(le traité de Tordesillas)(1494 年) 和两个海上强国在全球范围内的势力划分所决定。① 修会教士和在俗教士在前往东西印度传教时也带去了他们的知识传统，这种传统长期以来一直是构建关于自然界和人类知识的认识论基础，其中神学一直是卓越的科学。

当科学史和知识史的专家们对近代科学、科学革命和欧洲现代性的宏大叙事提出质疑，将他们的调查转向近代早期的欧洲与世界的关系时，新的行动者不断涌现。② 传教士们通过引导人们在新的层面上考虑科学与宗教之间的关系

---

① Lach 1965 (p. 230–245).
② 关于科学革命，可参阅：Cohen 1994, Shapin 1998.

或重新思考知识生产的背景性质来展开调查研究，从而为更新研究的来源、空间和对象提供了可能性。他们与殖民管理者、旅行者、学者等其他行动者一道，为建立长途路线作出了贡献，得益于此，在15—18世纪之间，区域交流变得更加密集，向外视野更加开阔。了解受殖民统治的土地和人民是对世界知识的需求背后的驱动力之一，这种需求既来自世俗王侯，也来自罗马教廷，其节奏、议程和手段各不相同，但它将伊比利亚半岛置于更新欧洲掌握的世界基本原理进程的核心，首要渠道是地图。葡萄牙和西班牙君主国能够生产和掌控制图知识，以及更广泛的宇宙学知识及医学、博物学或人种学知识，幸运的是，这一事实在今天已经无须证明。[1] 长达两个多世纪里，这一趋势逐渐从葡萄牙和西班牙向外围扩展，一方面在黑奴贸易框架内，另一方面通过对近代科学的诞生进行实证主义分析，越来越多的工作成果使地中海世界有可能恢复其作为一些历史学家毫不犹豫地描述为第一次全球化的计算中心之一的地位。[2] 这项研究的核心是分析传教士在其中扮演的角色以及宣教事业构建的知识的认识论轮廓，它把宣教事业与促进将世界知识拓展到全球各处的平行、互补或竞争的事业区分开来，这是借用了16世纪末乔万尼·博特罗（Giovanni Botero）（1544—1617）著作中为人所熟知的说法。[3]

托钵修会的伊比利亚世纪

早在1520年代，葡萄牙语圈的基督宗教空间里就充斥着异域和远方的名字、民族和地方，这构成了天特会议之后天主教传播的土壤，后者在世俗上由腓力二世的帝国代表，在宗教上由梵蒂冈教廷代表，在16世纪末以持续不断且广受欢迎的方式开展全球调查。[4] 费尔南·洛佩斯·德·卡斯塔涅达

---

[1] Boxer 1963, Cañizares-Esguerra 2006, Bleichmar, De Vos, Huffine et Sheehan 2009, Portuondo 2009, Saraiva et Jami 2008, Günergun et Raina 2011.
[2] Gruzinski 2004.
[3] 《乔万尼·博特罗分为四个部分的普世关系》(*Relationi universali di Giovanni Botero Benese divise in quattro parti*) 在1591—1598之间出版。
[4] Oliveira 2003.

（Fernão Lopes de Castanheda）（1500—1559）撰写的《葡萄牙人发现和征服印度的历史（1551—1561）》(*Historia do descobrimento e conquista da India pelos Portugueses*)为此开辟了道路。随着当时被类比为蒂托-李维（Tite-Live）的历史学家若昂·德·巴罗斯（João de Barros）（1496—1570）发表了著作《亚洲旬年史（1552—1563）》(*Décadas da Ásia*)，1550年代的葡萄牙明确地确立了自己作为世界交融的伟大组织者的地位。[1] 历史学家、编年史家、诗人或史官也都是为王室服务的伟大旅行者，这也解释了在伊比利亚人文主义文化背景下人们对经验和新颖性的重视。

随着葡属印度（*Estado da India*）的崛起，东印度由此大规模进入欧洲的视野。[2] 它们并没有系统地产生一种全球视野，但使人们熟悉了连接欧洲、非洲、亚洲、美洲、地中海世界和印度洋的洲际联系，从而促成了欧洲在东印度和西印度之间建立起一种全球划分，这种划分被两个不同的现象放大了：《托尔德西里亚斯条约》不仅使西班牙和葡萄牙瓜分了世界物质和精神层面的势力范围，而且将书写世界历史的任务交给这两个不同的整体，东西印度的每个地方都有自己的历史学家；由于两个帝国势力面对不同的世界发展，对东方的迷恋也造成了近代欧洲在东西印度形成的不对称关系。大部分关于东西印度的作品都来自牧师，通常是传教士。因此，就16世纪下半叶而言，在对帝国网络进行推理时，人们有可能将那些描述不符合历史写作期望的资料排除在外，特别被视为科学革命和知识进步感带来的进入现代性的伟大叙事的科学史。葡萄牙语在这方面提供了一个有趣的例子：正是通过它，东印度，尤其是中国，才开始进入欧洲政治、经济和科学的议程。正因如此，人们重新反思了16世纪包括全球在内的一整套尺度中配置的现代性的轮廓。

从这个角度，必须提及来自埃武拉的西班牙印刷商安德烈斯·德·布尔戈斯（Andrés de Burgos）1570年的创举。正是他在欧洲首次出版了一篇完全专门针对中国的文本——加斯帕·达·克鲁兹（Gaspar da Cruz）（？—1570）所

---

[1] Boxer 1981.

[2] Woodward 2007 (article de N. Safier et I. Mendes dos Santos, p. 461-468; article de M.F. Alegria, S. Daveau, J.C. Garcia et F. Relaño, p. 975-1068).

著的《中国情况论》(*Tratado das Coisas da China*)。① 此书是这位多明我会传教士在印度和中国长达 21 年漫长旅程的成果，被献给葡萄牙国王唐·塞巴斯蒂安（Dom Sebastien）。加斯帕·达·克鲁兹返回里斯本后感染了当地肆虐的鼠疫，因此没来得及看到他的文字被编辑出版，就于 1570 年 2 月 5 日去世。随后，费尔南·门德斯·平托（Fernão Mendes Pinto）(1509—1583) 决定将其重新编辑，纳入他的《远游记》(*Peregrinação*) 第 4 卷中出版。②

尽管欧洲在建立对中国现实的认知方面不一定与葡萄牙有关，然而事实仍然是，这部首创作品抛开材料的简单性不谈，具有双重过渡意义：一方面开启了致力于描述中国情况的规模宏大而悠久的传统③；另一方面拉开了欧洲进驻中国的序幕，虽然其存在是不稳固的、从未完全获得保障的，且建立在彼此的一系列误解之上。关于第二点，我们必须着重指出加斯帕·达·克鲁兹的通透练达，他在传教笔记的序言中，对天主教在亚洲的进展进行了盘点。在这寥寥数页的篇幅中，它以非常简单的风格，优先考虑事实层面，并对不同宗教派别在东方国家的分布进行了说明。当抵达地球的另一端时，他明确指出："葡萄牙人在孟加拉国、勃固、爪哇、中国甚至自己的领地上都实力不济。在所有这些地方，都没有为基督教徒准备的宗教机构。"④ 因此，有必要将重点放在中国，而非上述其他地区。人们会注意到，在这里，扩张和传福音是如何以同一行为出现的。他写道："由于中国无论在人口数量、国家规模、治安管理的优越性还是物产的丰富性及财富的总量（既包括诸如黄金和宝石之类的贵重物品，也包括主要用于满足人类需求的资源、设施和农场）都远远超过了我提到的所有民族，并且这个民族有很多事情值得去了解，因此我决定对中国的事物进行一个总体的概述。"⑤

---

① Cruz 1997.
② Loureiro 2000 (p. 647–673).
③ Loureiro 2004.
④ Cruz 1997 (p. 65).
⑤ *Ibid.* (p. 66).

这位多明我会传教士讲述的选择中国的理由并不全面。确实，中国的魅力有待根据他描述的元素去体会，然而其地缘政治背景也不应被忽略，这绝对也是他选择中国的理由之一。1557 年，葡萄牙人在澳门建立稳定立足点无疑深刻改变了亚洲的局势，也激起葡萄牙国王对中国的兴趣，这个国家的形象因马可波罗（Marco Polo）的游记在伊比利亚半岛的广泛流传而生动起来。[1]

《中国情况论》共分为二十九章，每章仅两到三页，主要是加斯帕·达·克鲁兹的旅行成果，而实际上作者对中国内陆地区的了解非常有限，甚至可以说是几乎没有，因为他和许多其他欧洲人一样，活动范围仅限于广州地区。因此，他的文字是建立在欧洲现有的书面知识、其他也有机会在中国待过的欧洲人的证词以及中国的一些原始资料基础之上的。他从一开始就指出："因此，我传达的不仅是我的所见所闻，还有我在一本由一位被监禁在内陆地区的贵族所写的书中读到以及从值得信赖的人口中听到的内容。"[2]

就在加斯帕·达·克鲁兹介绍中国的风土人情，塞维利亚的档案馆开始将这个国家的新地图记录在西印度交易所的档案中时，葡萄牙人获取的有关巴西的信息，再加上荷兰和法国取得的信息，源源不断地传到里斯本。[3]

史学正确地认识到西班牙君主政体在新世界自然主义和人类知识的组织上以及在较小的程度上在法律和神学知识的重新配置上的重要性，这与巴利亚多利德争议以及传教士兼神学家巴托洛梅·德·拉斯·卡萨斯（Bartolomé de Las Casas）（1484—1566）在那里发挥的作用直接相关。[4] 西班牙的殖民活动主要基于移民定居和武力占领广大地区，与葡萄牙平行发展的帝国模式不同的是，传教士的参与不仅更加系统化，而且被视为殖民主义事业的一个组成部分，主要以改变印第安人的信仰为中心。从这个意义上讲，传教团工作所需的信息和知识工具具有特定形式：描述这个新世界的性质和叙述其历史的任务主要被分

---

[1] Barreto 2009.
[2] Cruz 1997 (p. 66).
[3] 1998 年，《巴西耶稣会传教士》(Mission jésuite du Brésil) 展览目录中的中国地图：特别是参阅第 20–23 页关于 16 世纪的整个巴西文本的内容。
[4] Pagden 1986 (p. 119–145).

配给殖民管理部门的特定人物，即王家天文学家或宇宙学家。① 此外，传教士的思想工作似乎可以作为补充，无论提供给他们的分析的质量如何：无论是多明我会修士拉斯·卡萨斯和他的《印第安人志》(*Histoire des Indes*)②，还是方济各会修士贝尔纳迪诺·德·萨阿贡（Bernardino de Sahagún）(1500—1590)和他的《新西班牙事物通志》(*Histoire générale des choses de la Nouvelle-Espagne*)③，托钵修会的学术贡献都是首要的。除了新世界之外，他还关注了处于新大陆太平洋一侧的美洲门户：非洲和亚洲。从这个角度来看，西班牙对菲律宾的征服为有关太平洋和亚洲知识和描述的西班牙作品的产生铺平了道路。④

最后，罗马是分析这段传教团构建欧洲对世界认识的历史的第三极。在这里，我们不回溯15—16世纪之间宗教改革的漫长起源，但需要提及的是，传福音活动的恢复构成了发现美洲新大陆激发的要素之一。针对这样的外部形势，最早的反响之一出现在《致利奥十世的一封信》(*Libellus ad Leonem X*)中，它于1513年由来自威尼斯的两位嘉玛道理会修士保罗·朱斯蒂尼亚尼（Paolo Giustiniani）(1476—1528)和温琴佐·奎里尼（Vincenzo Quirini）(1479—1514)撰写，目的在于提请新教皇注意考虑16世纪初影响世界的各项变化，这仅仅发生在"罗马之劫"（le sac de Rome）的数年前。在他们的倡议下，制定一个强有力的传福音计划以加强对新旧世界的认知，以及在毫不含糊地揭露所有问题的基础上发起教会内部的深刻改革，都被罗马教廷正式提上议事日程。⑤ 在伴随和滋养天特会议的大规模神学及哲学辩论的框架下，这一思想被系统地采纳。它随着"传信部"（la congrégation pour la Propagation de la foi）的成立而落到实处。传信部的多语种图书馆和印刷厂与罗马学院和梵蒂冈图书馆的学术综合体并驾齐驱，使罗马成为第一现代性的世界城市之一。⑥

---

① Carrillo Castillo 2004, Coello de la Rosa 2012, Portuondo 2009.
② 法语版，Paris, Seuil, 2002.
③ 法语版：D. Jourdanet et R. Siméon, Paris, La Découverte, 1991.
④ Ollé 2002, Romano 2013.
⑤ Modène, Artioli Editore, 1995；特别是第21-28页关于"新大陆偶像崇拜者必要的皈依"，以及第85-121页关于教会改革的方案。
⑥ Metzler 1967—1968, Pizzorusso 2011, Romano 2008.

因此，在 1570 年代初，当教皇保罗三世命人布置位于维泰博省卡普拉罗拉市的一座雄伟的夏宫时，他在那里开辟了一间"宇宙学室"（la salle de la cosmographie），在其中一面墙壁上绘制了一幅世界地图（至今仍清晰可见），并在天花板上绘制了一幅天体图。这不仅与梵蒂冈的地图长廊相呼应，而且也反映了一种延伸到四大洲的世界观，与前面提到的乔万尼·博泰罗的《普世关系》（Relazioni universali）相呼应。①

耶稣会士和另一端的印度人

因此，深入了解一个地方以统治当地人民，是王侯和传福音者的共同要求，这也是由罗马教廷为组织世界各地传教活动而成立的"传信部"的首任秘书长弗朗西斯科·英戈里（Francesco Ingoli）（1578—1649）的主要任务，耶稣会的文献也充分证明了这一要求。② 正如 1940 年代弗朗索瓦·德·丹维尔（François de Dainville）所强调的那样，"在传教的各地，无论是在黎凡特、亚洲、非洲还是美洲，依纳爵的信徒们都以明智的洞察力进行了成千上万次的调查，他还明确地补充道③："耶稣会士的榜样没有被其他教派所效仿。"④ 这些资料复杂而丰富，对耶稣会档案建设非常重要，这一点没有逃过科学史专家的注意。⑤ 因此，在将欧洲与东西印度联系起来的知识生产链中，在收集和组织之后（这也产生了第一套用途，特别是在派遣宣教人员的战略方面）⑥，耶稣会的成员还组织了知识的再分配。

关于前两个方面，即收集和组织，应当指出，除了由罗马教廷或区域中心直接发起的调查外，许多调查是以个人名义展开的，有时仍以手稿的形式保

---

① Quinlan-McGrath 1997, en particulier p. 1087—1088.
② 关于罗马教廷的全球政策，可参阅：Visceglia 2013.
③ Pizzorusso 2000, Friedrich 2008.
④ Dainville 1940 (p. 114).
⑤ Millones Figueroa et Ledezma 2005.
⑥ Fabre et Vincent 2007, Maldavsky 2012.

留在地方或中央档案馆。① 那么，应该按照什么方式来出版这些在实地积累的巨大信息和知识积淀呢？这个问题有些许不同，但正是它促使我们把这些收集到的印刷资料看作是更新科学史问卷和对象的新的直接来源，因为它使传统的"科学革命"史学并没有考虑到的知识生产机制得以显现。在这里，丹维尔的工作又是开创性的："耶稣会士的传教报告内容并不限于向上级汇报所居住或穿越的国家的地理情况，他们还定期互相介绍各类新闻，叙述整个宣教生活……简而言之，依纳爵信徒之间建立起强大的兄弟联盟，他们对天主教的虔诚和传教精神都对耶稣会的发展至关重要……神甫们习惯于将所见所闻展示给朋友，并获得了朋友们的欣赏热爱。人们在葡萄牙宫廷阅读这些见闻，西西里摄政王和波希米亚国王强烈要求获得它们。很多人听不懂拉丁语，所以这些材料被翻译成意大利语、卡斯蒂利亚语和法语。由于印刷品对欧洲的知识界和宗教生活产生了越来越大的影响，依纳爵预感到可以利用它为传教思想服务。复印本逐渐被 12 开的小型开本所替代。"②

因此，从 1560 年代开始，来自亚洲的第一批教化信（les lettres édifiantes）出版物就构成了关于世界上这一地区的主要信息宝库之一。举例来说，有《耶稣会在印度和东方其他地区的父母兄弟姐妹从 1557—1661 年写给其在葡萄牙的会内同仁的一些信件的副本》[*Copia de algunas cartas que los padres y hermanos de la compania de IESUS, que andan en la india, y otras partes orientales, escrivieron a los de la misma compania de Portugal. Desde el año M.D.LVII hasta el de LXI. Trasladadas de Portugues en Castellano. Impressas en Coimbra por Ioan Barrera*（1562, in-4o）]（由葡萄牙语翻译成西班牙语，1562 年出版于科英布拉，4 开本）或者《自 1549 年开始，耶稣会在印度和日本游历的神甫和修士写给其在欧洲的会内同仁的信件》（*Cartas dos padres e irmaos da Companhia de Iesus, que andao na India nos Rivas do Japao dos da mesma Companhia em Europa, des do anno de 1549*）（1570 年出版于科英布拉，12 开本，被献给科英布拉主教）。

---

① Carolino 2002, Sebastiani 2012, Baldini et Brizzi 2010.
② Dainville 1940 (p. 122-123).

这两个例子并列放在一起，揭示了这一时期的一个深刻变化：一方面通过异域信息的本地化，另一方面通过日常生活用品，精英阶层以外的广大读者熟悉了从此与旧世界相连的远方的存在。①他们让人了解到大规模研究所开启的问题的丰富性。首先是行动者的问题：是谁将此类材料投放到了印刷市场上？因为如果将这种发行操作理解为完全由耶稣会执行和控制的政策的结果，不管是中央、省级还是地方，那就太想当然了。第二个问题涉及这些文本的改写：包括对原始资料的干预，以及翻译的准确度。第三个问题涉及这些文本传播的广泛性，特别是因其低成本是否可以考虑将这种类型的文献视为16世纪末欧洲不同城市阶层的日常消费品？这个问题至关重要，因为它涉及衡量这些文本所引发的全球空间观念的转变。以下节选中提到的地方，可以追溯到什么样的熟悉因素？主要针对哪些社会群体？对本土化的过程有什么影响？

前往未知地域的传教士在每年的信件中说明了远方的存在：这些信件像松散的纸片一样在城市各界中流传，经常被耶稣会士的亲属们大声朗读，而且影响范围不仅限于此。②因此，罗马天主教在16世纪末拥有了测量地球大小的新工具。在每年的信件之后，众多的出版物出现在欧洲各个角落，并通过耶稣会学院的网络或是频繁且未加管控的翻译实践广泛传播，这些都证明了学术生产的另一个层次。在这里简要举一个耶稣会士成为传播政策的专家并大获成功的颇具代表性的例子，即何塞·德·阿科斯塔（José de Acosta）（1540—1600）所著的《西印度自然和精神志》（Historia natural y moral de las Indias）。这位西班牙耶稣会士12岁入会，从初修期开始接受内部教育，经常参加西班牙主要大学机构的培训，之后开始参与早期宣教，并走上一线从事外交活动。1572年，他登船前往秘鲁，不仅代表耶稣会作为总督府的访客，而且凭借他在安第斯山脉地区、后来又在墨西哥的丰富经验，以神学家身份参加了利马第三次宗教评议会（1582年8月5日至1583年10月18日）。③他在1587年返回西班牙，并于次年在罗马逗留，然后在1593—1594年期间参与耶稣会第五届总会，

---

① Gasch 2014.
② *Lettere* 1575.
③ Tineo 1990, Borges 1992, MacCormack 1991.

正是上述履历赋予了他作为西印度专家的权威。① 这种权威不仅限于耶稣会内部，它在西班牙的赞助人框架内也得到充分行使。因此，通过参与对美洲的实地考察，他的分析和神学及政治行动的空间建立在与罗马和马德里这两个天主教主要极点的直接经验和或多或少的密切对话之上，并在很大程度上取决于政治环境。作为一名既实地考察又在工作室研究的历史学家兼神学家，他在阿奎维瓦（Claudio Acquaviva）担任总会长期间②，为耶稣会提供了一套参考体系，以自己的方式反映了近代世界中的具体定位。

无论是在实践还是著作中，阿科斯塔都明确希望将美洲纳入基督宗教的世界，使其成为基督宗教世界的四个部分之一，他引用了前文已经提到的弗朗西斯科·英戈里的贴切表述，而这一表述后来又被伟大的墨西哥历史学家埃德蒙多·奥戈尔曼（Edmundo O'Gorman）再次借用。③ 这就是《西印度自然和精神志》的主要目标，这部作品在整个近代被反复发行和评论，但仍然经常脱离其产生背景，即作者以多重身份长年累月地驻扎在美洲。该书的初版于 1590 年在塞维利亚出版，即耶稣会会刊《日本使者的关系》(*Relation des ambassadeurs du Japon*) 在澳门出版的同一年。《日本使者的关系》描述了由在日本的耶稣会士派往欧洲以促进日本宣教的四名日本年轻社会精英之间的对话；除了文学虚构之外，该书中确实存在一种从其他印度群岛角度构建世界自然志的愿望。当然，在当时，阿科斯塔享有他作为利马第三次宗教评议会（1582—1583）主要启发者所获得的权威，此次会议是天特会议之后美洲教会的转折点。法令和政令的起草，部分于 1584 年、1585 年在利马以拉丁语、盖丘亚语和艾马拉语出版的关于牧师（教理讲授、布道）等方面材料的收集主要都应归功于他。从 1586 年起他启程返回欧洲，中途在墨西哥长时间停留，这使他得以巩固和丰富了秘鲁经验的成果。他在罗马向教皇汇报了利马宗教评议会的结果，并向耶稣会总会长报告了他对新世界的两个主要宣教领地的了解，随后他前往马德里，向腓力二世报告了美洲的情况。不过，他的话并没有和他

---

① Lopetegui 1942.
② Broggio, Cantù, Fabre et Romano 2007.
③ O'Gorman 1978.

在亚洲的教友享有同样的权威，至少在当时还没有。但是，他的作品应根据他所处的中间位置来阅读：教权和王权、宗教世界和世俗世界以及美洲和欧洲形成一个不稳定的三角形，其顶点分别是利马、马德里和罗马。结果是，这些不同的文本积累了对世界不同地区的阅读、观察、测量或比较，它们一旦被带回欧洲，后来又被详细说明，便为塑造近代科学出了一份力。

阅读、观察、测量、比较，书籍与自然之间的关系

在许多文本中，作者对他们制定的翻译方法进行了说明：对于那些试图分析翻译项目程序的人来说，借助办公室里的科学家和现场的实验者之间的对立并不是恰当的工具。这是1570年加斯帕·达·克鲁兹在描写中国情况时所说的话，而这并不仅仅涉及多明我会修士的作品。一般来说，在整个近代，拥有"直接"知识的作者在与书面资料（无论是否来源于当地）、视觉材料（地图或其他）、物质痕迹（无论是实地还是工作室所见）的对照，或者通过与殖民社会的密切接触，不断地修改自己的经验，这构成了他们的日常。像这样平淡无奇的观察结果促使人们以不同的术语来编写关于观察、客观性、书面来源和证词的科学史调查表。它还将一种集体类型的工作置于分析的核心，传教士们彼此之间处于一种不对称的关系中，成为世界的可理解性和创造性集体行动的代言人，有时甚至是主导者。传教士的知识是在受约束下工作的结果，其写作往往抹去了多重痕迹：包括殖民当局或民政当局的组成；强迫原住民皈依的手段；成功的责任；与其他传教士的竞争以及不同公众群体的信仰。

中国之博大，梦想见识她的人通常比亲身经历的人更多，这就特别考验实地和工作室内之间的史学对立：对空间的掌握通常经过勘测，而传教士努力解释所勘测空间与所描述空间之间的差距。另外，这也是耶稣会士对近代欧洲永久性地重构世界基本原理的贡献之一，来自实地的信息不断地被重新整合到欧洲学者的著作中。最著名的案例当属17世纪下半叶的阿塔纳修斯·基歇尔（1601—1680）。但是，除从事哲学的耶稣会士或天主教徒群体之外，启蒙运动哲学家也是如此，其作品都明里或暗里、接受或批判性地参考了传教

士的作品以及庞大的《耶稣会传教士感化人的珍奇书简》(*Lettres édifiantes et curieuses*),该系列的34卷由耶稣会士杜赫德(Jean-Baptiste Du Halde)(1674—1743)编辑,从1703年起在巴黎出版。①

除了针对工作室内研究和实地考察之间相互渗透的边界以及对传教士知识在宣教世界之外的反复再利用的一般性评论外,应该设法确定传教士产生的知识类型的特点,无论他们是否是学者。在这一点上,夏多布里昂(Chateaubriand)主要基于中国案例提出的针对天文学家传教士的部分看法在今天必须进行严格的细化。此外,从简单的实际需要出发,我们必须充分考虑语言问题,即改宗的思想需要通过语言的学习来实现,这在传教背景下并不是什么新鲜事,无论是耶稣会还是其他参与征服全球精神世界的宗教团体都是如此。但即使仅凭其为新生的东方主义奠定基础的能力,各宗教团体对近代知识秩序的影响也是根本性的。毫无疑问,美洲一直是此类实验的热门地区之一,从16世纪中叶开始,印第安语法就在欧洲和美洲的图书市场上占有一席之地。②在走进中国以及印度的长期工作中,在语言方面的投入可以看作是前期各种宗教团体和耶稣会之间的分界线。这对应于对两个不同于美洲世界的现实的考虑:一方面,从欧洲古代史可以看出,亚洲世界是建立在古老文明基础上的;另一方面,由于亚洲语言都是非字母文字,难度比较大。因此,从耶稣会进驻亚洲的头几年就可以看出对语言的这种关注。③在随后的几年里,这种争论不断地重复着,其标志是使用翻译和寻找有关中国的信息,但总是难以获得。④直到1580年代初,通往中国的门户——澳门才显得不可或缺,尤其是因为它为语言学习提供的资源。在这里暂且不回溯耶稣会士在中国安家落户的阶段⑤,只回顾一下1580年代两名意大利籍耶稣会士罗明坚(Michele Ruggieri)

---

① Findlen 2004.
② 有一批关于这个问题的研究可参阅:Castelnau-L'Estoile, Copete, Maldavsky et Županov 2011,以及 Wilde 2012. 关于语言与传信部,可参阅上面所引用的 Pizzorusso 的众多研究成果。关于阿拉伯问题,可参阅:Girard 2015.
③ Witeck et Sebes 2002 (vol. 1, p. 245).
④ *Ibid.*, lettre de Cochin à ceux d'Europe, 10 janvier 1558 (vol. 1, p. 302).
⑤ Bernard-Maître 1935, Peixoto de Araujo 2000, Po-Chia Hsia 2010 (p. 51-77).

（1543—1607）和利玛窦（1552—1612）在澳门共同学习语言的过程。① 从这两位传教士寄给同会教友的信中可以看出，在该地区的传教士都认同这种学习过程的可能性和相关性。他们也得到了这一语言学习策略的发起人范礼安（Alessandro Valignano）（1539—1606）的支持。范礼安清楚地知道，在没有一批能够掌握汉语的核心人员之前，试图改变这个国家是不可能的，也是没有意义的。②

利玛窦在学习中遇到了和罗明坚同样的困难，因此与他们的语言老师一起制定出一种方法。罗明坚对此方法进行了零碎的描述："他必须借助绘画来教我字母和语言，例如，他想教我"马"字怎么发音以及如何书写，于是就先画一匹马，然后在上面画出代表"马"的汉字，并告诉我它的读音是'ma'"。③

相较于衡量第一批传教士对汉语的了解程度，强调以下两点更为重要：一是教会层面决定让部分人学习汉语；二是即使是最优秀一批人，也很难掌握汉语。实际上，汉语从传教士们发回的第一封信就开始出现，他们不仅解释汉语结构的基本原理，并指明如何进行学习。但罗明坚和利玛窦很快就意识到摆脱翻译的必要性，到1585年10月，利玛窦就在信中写道，他可以独立完成读和写，尽管并不熟练。④

汉语的复杂性使掌握了这门语言的人成为一流的中间人。他们不仅是翻译家形象的代表，将一种语言转换成另一种语言（罗明坚和利玛窦很快不仅将欧洲文献翻译成汉语，也将汉语文献翻译成欧洲语言），而且也成为文化传播的使者。除了语言之外，它还涉及对另一种文化的理解和表达。例如，理解中国天文学不仅是从一种天文系统转变为另一种的问题，而是在于从一种世界观转变为另一种世界观，其标志是在人类统治下赋予解读自然信息的地位。利玛窦在绘制地图和计算时间过程中逐渐体验到这一点。⑤

---

① Standaert 2000.
② D'Elia 1942 (p. lxxxix).
③ *Ibid.* (p. xcix).
④ *Ibid.* (p. 103).
⑤ Burke et Po-Chia Hsia 2007, Schaffer, Roberts, Raj et Delbourgo 2009.

这也是为什么他们的语言技能被调动以从事欧洲文人世界的语文学工作，参与到对古代遗产特别是《圣经》的文本的批判事业中，超越了天主教和新教关系趋于稳定的教派边界。① 在荷兰的约瑟夫·于斯特斯·斯卡利杰尔（Joseph Justus Scaliger）（1540—1609）和法国的法布里·德·佩雷斯克（N.-C. Fabri de Peiresc）（1580—1635）的推动下，象形文字的问题，然后是汉语的问题，成为语文学革命的核心，与同时代的天文学和解剖学革命相比，语文学革命迄今为止被认为是独立、独特的，并且较少涉及认识论问题。② 另外，当赴中国传教的耶稣会士卫匡国（Martino Martini）（1614—1661）于1654年抵达荷兰时，荷兰和德意志的新教徒学术团体对他的语言和制图知识都充满期待。③ 得益于这些技能，他编辑出版了中国历史的第一部分，其中正面描述了有关《圣经》纪年学的争论，从而让人对语言争论中涉及的知识问题有了更准确的认识：在英国殖民界学术团体发展起来之前，作为传教士知识投资的一部分，新生的东方主义也是欧洲社会世俗化的温床之一。与有关遥远地区文化的知识一脉相承，同样的评论也适用于宗教研究的出现。贝纳尔·皮卡尔（Bernard Picard）（1673—1733）和弗朗索瓦·约瑟夫·拉菲托（François-Joseph Lafiteau）（1681—1746）的作品通过在印刷品上改变实地传教士的比较行为，将宗教研究刻在启蒙运动欧洲的成果中。④

但是，将实地直接体验和工作室获得的经验相结合，使人们在制图知识中发现了另一个偏爱的领域。在这里需要区分不同的空间，特别是因为帝国在制图生产中配备有合格的人员。同样，在这里，中国是一个例外，因为它是一个封闭的空间，并且只有极少数的欧洲"观察员"访问过。传教团的使命主要在于"丈量主的葡萄园"（arpenter les vignes du Seigneur），因此测绘有时会成为传播福音事业的工具。这正是利玛窦表述的含义："借助地图和其他类似手段，我们成功赢得信誉，等待上帝为我们开辟道路，以采取更重大的行动，尽管我

---

① Hamilton et Richard 2004.
② Stolzenberg 2013.
③ Romano 2015.
④ Hunt, Jacob et Mijnhardt 2010.

们在这些事情中引入了许多和上帝及圣律有关的元素。"①

罗明坚的《中国地图集》(Atlas)无疑是1588年他在欧洲逗留期间随他一起传到罗马的，它的有趣之处远不止一个：它揭示了一种地面上的制图工作，以一种非科学的行为刻画，代表了一种日常注释工作。这种行为的原因，它在一种或另一种逻辑中的刻画，都是尚待讨论的，但毫无疑问，它与一开始就被耶稣会和史学界所颂扬的作品截然不同。②虽然罗明坚绘制的地图不如利玛窦的壮观，但它在建立欧洲关于中国的地图学和空间知识谱系方面发挥的重要性毫不逊色。它们与其他文件一道，使利玛窦的成果更加具体化，并兼顾了这些作品所对应受众的多样性。显然，它们形成一幅欧洲人或多或少熟悉的、构成中国领土的各省份及其边界的最新地图，提交给耶稣会高层甚至教宗。继17世纪中叶利玛窦绘制了首张以中国为中心的世界地图之后，卫匡国再次与欧洲主要的地图出版商荷兰人约翰内斯·布劳（Johannes Blaeu）(1596—1673) 合作，发行了《中国地图集》里的17幅地图，并附有长篇文字，对这些地图不能显示的一切进行了评论。

面对这一作品取得的如此巨大的声望和权威，我们不应该忘记提及阿隆索·德·奥瓦列（Alonso de Ovalle）(1603—1651) 描述智利的著作《智利王国历史叙述》(Histórica relación del Reyno de Chile)（1646年）以及另一位耶稣会士欧塞维奥·基诺（Eusebio Kino）(1645—1711) 写给在德意志地区的上级关于下加利福尼亚半岛的作品，从而提供了新西班牙这一地区非半岛特征的第一个视觉和制图证据，这在当时还鲜为殖民者所知。③

最后，除地理之外，历史，无论是自然志还是人文志，都是传教士对世界秩序重建作出重大贡献的首选领域。此前我们已经提到何塞·德·阿科斯塔的作品所取得的成功。在这里重新提及它，是为了表明它对17世纪和18世纪传教士写作所起到的基质作用。这种基质的功能主要是由于建立了一个新的属种，能够适应基督宗教的认识论，至少在启蒙运动的自然志兴起之前，根据新

---

① 被引用于 D'Elia 1938（p. 18）。
② Lo Sardo 1933。
③ Bolton 1927。

的林奈范式，建立在物种分类的原则之上，将人类纳入动物王国。

从这个意义上讲，传教团是传教士构建的实验空间，是双重大共享的空间，这是近代知识新图谱的基础：一方面是从他们探索的新世界不断传回的自然和文化知识，另一方面是根据不同的地点和对话者就科学与迷信之间的对立不断重新协商的实验知识（请参见第 196 页"耶稣会数学家在中国"）。从他们作为天文学家或民族学家的立场来看，在了解无论是中美洲还是亚洲的其他民族的知识和宇宙观的情况下，他们面临着不同的认识论，都和与神的关系有关。他们的首要任务是宣教，只能将这些认识论归结为信仰，从而滋生迷信，而不是归结为科学，从而带来真理。

安东内拉·罗马诺（Antonella Romano）撰

参考文献

Baldini Ugo et Brizzi Gian Paolo (dir.), 2010, *La presenza in Italia del gesuiti iberici espulsi*, Bologne, Clueb.

Barreto Luís Filipe (dir.), 2009, *Macau during the Ming Dynasty*, Lisbonne, Centro Científico e Cultural de Macau.

Barros João de, 1552—1563, *Décadas da Ásia*, Lisbonne, Germao Galharde.

Bernard-Maître Henri, 1935, *L'Apport scientifique du pere Matthieu Ricci a la Chine*, Tientsin, mission de Sienshien.

Bleichmar Daniela, De Vos Paula, Huffine Kristin et Sheehan Kevin (dir.), 2009, *Science in the Spanish and Portuguese Empires (1500—1800)*, Stanford, Stanford University Press.

Bolton Herbert Eugene, 1927, *Rim of Christendom: A Biography of Eusebio Francisco Kino, Pacific Coast Pioneer*, Berkeley, University of California Press.

Borges Pedro, 1992, *Historia de la Iglesia en Hispanoamérica y Filipinas (siglos XV-XIX)*, Madrid, Biblioteca de Autores Cristianos.

Boxer Charles Ralph, 1963, *Two Pioneers of Tropical Medicine: Garcia d'Orta and Nicolás Monardes*, Londres, Wellcome Historical Medical Library.

– 1981, *Joao de Barros, Portuguese Humanist and Historian of Asia*, New Dehli, Concept.

Broggio Paolo, Cantù Francesca, Fabre Pierre-Antoine et Romano Antonella(dir.), 2007,

I gesuiti ai tempi di Claudio Acquaviva. Strategie politiche, religiose e culturali tra Cinque e Seicento, Brescia, Morcelliana.

Burke Peter et Po-Chia Hsia Ronnie (dir.), 2007, *Cultural Translation in Early Modern Europe*, Cambridge, Cambridge University Press.

Cañzares-Esguerra Jorge, 2006, *Nature, Empire, and Nation: Explorations of the History of Science in the Iberian World*, Stanford, Stanford University Press.

Carolino Luís Miguel, 2002, "Lux ex Occidente": un regard européen sur l'Inde au xviie siècle. Athanase Kircher et les récits des missionnaires jésuites sur science et religion indiennes, *Archives internationales d'histoire des sciences*, vol. 52, n° 148, p. 102-121.

Carrillo Castillo Jesús M., 2004, *Naturaleza e imperio. La representación del mundo natural en la "Historia general y natural de las Indias" de Gonzalo Fernández de Oviedo*, Madrid, Doce Calle.

Castanheda Fernão Lopes de, 1554, *Historia do descubrimiento e conquista da India pelos Portugueses*, Anvers, Martinus Nutius.

Castelnau-L'Estoile Charlotte de, Copete Marie-Lucie, Maldavsky Aliocha et Županov Ines G. (dir.), 2011, *Missions d'évangélisation et circulation des savoirs (xvie-xviiie siecle)*, Madrid, Casa de Velázquez.

Coello de la Rosa Alexandre, 2012, *Historia y ficción. La escritura de la "Historia general y natural de las Indias" de Gonzalo Fernández de Oviedo y Valdés (1478—1557)*, Valence, Publicacions Universitat de València.

Cohen H. Floris, 1994, *The Scientific Revolution: A Historiographical Inquiry*, Chicago, University of Chicago Press.

Cruz Gaspar da, 1997, *Tratado das coisas da China (Évora, 1569—1570)*, éd. Moderne par R.M. Loureiro, Lisbonne, Cotovia.

Dainville Français de, 1940, *La Géographie des humanistes*, Paris, Beauchesne.

D'Elia Pasquale M. (dir.), 1938, *Il mappamondo cinese del P. Matteo Ricci S.I. conservato presso la Biblioteca Vaticana. Commentato, tradotto e annotato dal P. Pasquale M. D'Elia S.I. Con XXX tavole geografiche e 16 illustrazioni fuori testo (3^a edizione, Pechino 1602)*, Cité du Vatican, Biblioteca Apostolica Vaticana.

— 1942, *Fonti Ricciane, t. 1: Storia dell'introduzione del Cristianesimo in Cina*, Rome, Libreria dello Stato.

Fabre Pierre-Antoine et Vincent Bernard (dir.), 2007, *Missions religieuses modernes. "Notre lieu est le monde*", Rome, école française de Rome.

Findlen Paula (dir.), 2004, *Athanasius Kircher: The Last Man Who Knew Everything*, New York et Londres, Routledge.

Friedrich Markus, 2008, Government and Information-Management in Early Modern Europe: The Case of the Society of Jesus (1540—1773), *Journal of Early Modern History*, vol. 12, n° 6, p.539-563.

Gasch José Luis, 2014, Asian Silk, Porcelain and Material Culture in the Definition of Mexican and Andalusian Elites (*ca.* 1565—1630), *in* Bartolomé Yun Casalilla et Bethany Aram (dir.), *Global Goods and the Spanish Empire (1492—1824): Circulation, Resistance and Diversity*, Londres et New York, Palgrave Macmillan, p. 153-173.

Girard Aurélien, 2015, *Le Christianisme oriental (xviie-xviiie siecle). Essor de l'orientalisme catholique et construction des identités confessionnelles au Proche-Orient*, Rome, école française de Rome.

Gruzinski Serge, 2004, *Les Quatre Parties du monde. Histoire d'une mondialisation*, Paris, La Martinière.

Günergun Feza et Raina Dhruv (dir.), 2011, *Science between Europe and Asia: Historical Studies on the Transmission, Adoption and Adaptation of Knowledge*, Dordrecht et New York, Springer.

Hamilton Alastair et Richard Francis, 2004, *André du Ryer and Oriental Studies in Seventeenth Century France*, Londres et Oxford, Arcadian Library & Oxford University Press.

Hunt Lynn A., Jacob Margaret C. et Mijnhardt Wijnand W. (dir.), 2010, *Bernard Picart and the First Global Vision of Religion*, Los Angeles, Getty Publications.

Lach Donald F., 1965, *Asia in the Making of Europe*, t. 1/1: *The Century of Discovery*, Chicago, University of Chicago Press.

Las Casas Bartolomé de, 2002, *Histoire des Indes*, éd. française, Paris, Seuil.

Lettere, 1575: *Lettere del Giapone degli anni 74, 75 & 76, scritte dalli reverendi padri della Compagnia di Giesu, e di porthoghese tradotte nel volgare italiano*, Rome, Zanetti.

Lopetegui León, 1942, *El Padre José de Acosta y las misiones*, Madrid, CSIC, Instituto Gonzalo Fernández de Oviedo.

Lo Sardo Eugenio, 1993, *Atlante della Cina di Michele Ruggieri S.J.*, Rome, Istituto Poligrafico e Zecca dello Stato, Libreria dello Stato.

Loureiro Rui Manuel, 2000, *Fidalgos, missionários e mandarins. Portugal e a China no século*

XVI, Lisbonne, Fundação Oriente.

— 2004, News from China in Sixteenth Century Europe: The Portuguese Connection, *in* Luís Saraiva (dir.), *History of Mathematical Sciences: Portugal and East Asia*, t. 2: *Scientific Practices and the Portuguese Expansion in Asia (1498—1759)*, Singapour, World of Scientific, p.99–112.

MacCormack Sabine, 1991, *Religion in the Andes: Vision and Imagination in Early Colonial Peru*, Princeton, Princeton University Press.

Maldavsky Aliocha, 2012, Idiomas indígenas, motivación por la misión y personal misionero en el Perú colonial (siglos XVI–XVII), *in* Alexandre Coello de la Rosa, Javier Burrieza et Doris Moreno (dir.), *Jesuitas e imperios de ultramar (siglos XVI-XIX)*, Madrid, Sílex, p. 161–179.

Metzler Joseph, 1967—1968, Mezzi e modi per l'evangelizzazione dei popoli secondo Francesco Ingoli, *Pontificia Universitas Urbaniana. Annales*, vol. 341, p. 38–50.

Millones Figueroa Luis et Ledezma Domingo (dir.), 2005, *El saber de los jesuitas. Historias naturales y el Nuevo Mundo*, Francfort et Madrid, Vervuert & Iberoamericana.

La Mission jésuite du Brésil. Lettres et autres documents (1549—1570), 1998, éd. et trad.par Jean-Claude Laborie, en collaboration avec Anne Lima, Paris, Chandeigne.

O'Gorman Edmundo, 1978 [1958], *La invención de America. Investigación acerca de la estructura historica del Nuevo Mundo y del sentido de su devenir*, Mexico, Fondo de cultura económica.

Oliveira Francisco Roque de, 2003, *A construçao do conhecimento europeu sobre a China (ca. 1500—ca. 1630). Impressos e manuscritos que revelaram o mundo chines a Europa culta*, thèse du département de géographie de l'université autonome de Barcelone.

Ollé Manuel, 2002, *La empresa de China. De la Armada invencible al Galeón de Manila*, Barcelone, Acantilado.

Pagden Anthony, 1986 [1982], *The Fall of Natural Man: The American Indians and the Origins of Comparative Anthropology*, Cambridge, Cambridge University Press.

Peixoto de Araujo Horário, 2000, *Os Jesuitas no Imperio da China. O primeiro século (1582—1680)*, Macao, Instituo Português do Oriente.

Pizzorusso Giovanni, 2000, Agli antipodi di Babele: *Propaganda Fide* tra immagine cosmopolita e orizzonti romani (XVII–XIX secolo), *in* Luigi Fiorani et Adriano Prosperi (dir.), *Storia d'Italia*, Annali 16: *Roma, la citta del papa. Vita civile e religiosa dal giubileo di Bonifacio VIII al giubileo di papa Wojtila*, Turin, Einaudi, p. 477–518.

— 2011, La congrégation *De Propaganda Fide* à Rome: centre d'accumulation et de production de "savoirs missionnaires" (xviie–début xixe siècle), *in* Charlotte de Castelnau–L'Estoile, Marie-Lucie Copete, Aliocha Maldavsky et Ines G. Županov (dir.), *Missions d'évangélisation et circulation des savoirs (xvie-xviiie siecle)*, Madrid, Casa de Velázquez, p. 25–40.

Po-Chia Hsia Ronnie, 2010, *A Jesuit in the Forbidden City: Matteo Ricci (1552—1610)*, New York, Oxford University Press.

Portuondo María, 2009, *Secret Science: Spanish Cosmography and the New World*, Chicago, University of Chicago Press.

Quinlan-McGrath Mary, 1997, Caprarola's Sala della Cosmografia, *Renaissance Quarterly*, vol. 50, no 4, p. 1045—1100.

Romano Antonella (dir.), 2008, *Rome et la science moderne, entre Renaissance et Lumieres*, Rome, école française de Rome.

– 2013, La prima storia della Cina: Juan Gonzalez de Mendoza fra l'Impero spagnolo e Roma, *Quaderni storici*, vol. 142, n° 1, p. 89–116.

– 2015, *Rome et la Chine. L'Europe moderne et la découverte du monde*, Paris, Fayard.

Sahagún Bernardino de, 1991, *Histoire générale des choses de la Nouvelle-Espagne*, trad. de l'espagnol par D. Jourdanet et R. Siméon, Paris, La Découverte.

Saraiva Luís et Jami Catherine (dir.), 2008, *History of Mathematical Sciences: Portugal and East Asia*, t. 3: *The Jesuits, the Padroado and East Asian Science (1552—1773)*, Singapour, World of Scientific.

Schaffer Simon, Roberts Lissa, Raj Kapil et Delbourgo James (dir.), 2009, *The Brokered World: Go-Betweens and Global Intelligence (1770—1820)*, Sagamore Beach (Mass.), Science History Publications.

Sebastiani Silvia, 2012, L'Amérique des Lumières et la hiérarchie des races.Disputes sur l'écriture de l'histoire dans l'*Encyclopaedia Britannica* (1768—1788), *Annales. Histoire, sciences sociales*, vol. 67, n° 2, p. 327–361.

Shapin Steven, 1998, *La Révolution scientifique*, Paris, Flammarion.Standaert Nicolas (dir.), 2000, *Handbook of Christianity in China*, t. 1: *635-1800*, Leyde, Brill.

Stolzenberg Daniel, 2013, *Egyptian Oedipus: Athanasius Kircher and the Secrets of Antiquity*, Chicago et Londres, University of Chicago Press.

Tineo Primitivo, 1990, *Los concilios limenses y la evangelización latino-americana*, Pamplune, Ediciones Universidad de Navarra.

Visceglia Maria Antonietta, 2013, The International Policy of the Papacy: Critical Approches to the Concept of Universalism and Italianità, Peace and War, *in* Maria Antonietta Visceglia (dir.), *Il papato e la politica internazionale*, Rome, Viella, p. 17−62.

Wilde Guillermo (dir.), 2012, *Saberes de la conversión. Jesuitas indígenas, e imperios coloniales en las fronteras de la cristiandad*, Buenos Aires, Editorial SB.

Witeck John W. et Sebes Joseph S. (dir.), 2002, *Monumenta Sinica I (1546—1562)*, Rome, Institutum Historicum Societatis Iesu.

Woodward David (dir.), 2007, *The History of Cartography*, t. 3: *Cartography in the European Renaissance*, Chicago, University of Chicago Press.

科学和知识的全球化 | 第三部分 | 347

中国北京紫禁城内景,约1750年,印刷品,范·布兰卡特(P. van Blanckaert)。

第十五章

18世纪清代中国的历史知识王朝[①]

18世纪中叶到18世纪末,清朝国力达到鼎盛。乾隆皇帝(1736—1795)命耶稣会艺术家以绘画的形式记录他最近在新疆取得的军事胜利,这片位于中亚的广袤地区刚刚被纳入清王朝版图。由此产生的16幅画作描绘了战斗场景和胜利庆典,被陈列在北京中心的一个阁楼中,该阁楼经过专门修复用于展览军事纪念品并接待外国要人。通过耶稣会士,皇帝安排将这些画作的副本通过欧洲商船运送至巴黎,由巴黎最好的工匠据此蚀刻多套铜版画。它们以及描绘其他战功的版画被运回中国后,被悬挂在皇宫殿宇的墙壁上、赏赐给忠臣良将或是在全国各地的公共建筑中展出,就像英国君主的肖像画曾经在所有殖民地屡见不鲜一样。部分版画被(违反合同规定)保留在法国,在欧洲的各类收藏中被发现,并经常出现在伦敦或纽约的艺术品市场上。

乾隆在海外及王朝内部尽心竭力宣传清朝的军事实力,充分表明他在政治上对艺术和文化展示的重视,在这种情况下,这是他更广泛地利用历史为王朝服务的一个组成部分。他将这些战争画寄送到法国有两个原因。第一个是出于实用目的:皇帝正在寻找最好的展示手段。中国艺术家不知道如何制作铜版画,直到后来在经常出入宫廷的耶稣会士的教授下才掌握了这门艺术。第二个更紧迫也更重要的原因是,皇帝希望向法国人表明,庞大的清王

---

① 本章有部分删减。

朝有能力发动并赢得大规模的战争，这一愿望表明他已经意识到欧洲的扩张野心。

本章将介绍清朝（1616—1911）鼎盛时期政策的一些突出方面。这里主要讨论处于顶峰的清朝国力所依赖以及其他一切事物所围绕的三个主要因素：第一是军事力量；第二是对艺术和文化展示的效用及其突出甚至创造现实的能力的深刻理解；第三是皇帝把过去、现在和未来的历史作为一种共同的线索，把所有的东西联系在一起，这一技艺涉及一种惊人的能力，既能唤起过去，又能从传统中脱颖而出。由于乾隆皇帝在位时间长且体现了清王朝权力的顶峰，我将重点介绍其统治时期（1736—1795）的情况。

近年来，我们对清朝的认识发生了变化。此前，学者们认为，清王朝之所以能在近三个世纪的时间里成功地治理中国广阔的领土和人民，一方面是因为他们全盘接受了中原的文化和制度。如果按照这种观点，到1800年，清朝——换句话说，王朝及其统治者——几乎完全为中原人的生活方式所同化。另一方面，中国后来遭受的屈辱被归咎于清王朝的天生无能，再加上王朝维护满族利益势头的明显回升与他们本应承担地从欧洲和日本帝国主义手中解救中国的责任相冲突。因此，某种传统观点把中国在19世纪和20世纪遭受的所有不幸都归咎于清王朝以及外国帝国主义列强。同样的观点还认为，那段时期清王朝展现出的软弱和明显缺乏先进性的特点贯穿了整个统治时期。

这些看问题的方式已经被更细致的判断取代。自20世纪80年代以来，汉语和满语档案以及罕见文献的获取和开放阅览，为鼎盛时期的清政府政策的微妙性提供了新的证据。从此人们才知道，在19世纪之前，清朝历任皇帝都是精明强悍的统治者。更重要的是，人们了解到，对于清廷来说，中原地区与其说是其国家的中心，不如说是重要组成部分，因为当时国家的疆域是北京统治下清王朝有史以来最辽阔的。

这种新的观点对满族与汉族融合的旧观念提出了质疑。大多数研究人员都否定了曾经认为清朝的成功主要在于满族采取了汉族生活方式的观点，而是更倾向于将其归因于清朝特有的做法，它们在某些方面符合汉族传统，但在另一些方面与之相背离。① 由于有了中国人的身份认同，"大清王朝"不再被认为区别于同时代其他民族和政治复杂的大型帝国。相反，人们认为它们之间具有许多共同的特点。② 基于这样的背景，我们现在可以考察清朝时期的历史和"王朝"。

军事力量和尚武精神

军事力量和与之相伴的尚武精神对清王朝展现的形象起着至关重要的作用，清王朝在 18 世纪全盛时期是世界上最强大的国家之一。实际上，清王朝对军务的重视是它区别于中国帝制时代其他朝代的特点之一，因为后者通常将军务放在从属于民务的次要位置。在 17 世纪和 18 世纪，一系列战争带来了国家前所未有也是此后无与伦比的扩张。伴随着这些战争的是清王朝在使军事胜利和作为其基础的尚武价值观成为臣民关注焦点方面付出的巨大努力。根据清王朝的一项主要原则，这一方案一方面基于道德和精神上的普遍主义，另一方面寻求更实际的普遍控制，旨在使国家扩张和军事力量存在于生活的各个领域。

清朝皇帝从历史传统中汲取合法性，尤其是同时以两种截然不同的传统（一种是中华传统，另一种是内亚传统）的继承者身份自居。在第一种情况下，清朝是想与唐朝（618—907）的辉煌相提并论，甚至超越唐朝。唐朝通常被认为是中国最伟大的王朝之一，尤其是因为它将国家疆域扩展到了中亚地区。然而，虽然唐朝统治者出于合法性目的表示自己完全是"中原人"，但他们同时宣称自己的祖先是曾在一个多世纪以前统治中原的鲜卑人（turco-mongol）（即非汉族）。那时，鲜卑人以说自己的语言而非汉语并保持自己的风俗习惯为荣。因此，主张与唐朝类比是明智之举，清朝认为将自己与唐朝相比较会对其臣民、包括但不限于汉族百姓产生积极影响，这并非没有道理。因此，清朝的资料中充斥着他们已经超过唐朝的说法，以至于到 18 世纪末，这样的论断实

---

① 对于新清史的前几个阶段的总结和围绕新清史的争论，可参阅：Waley-Cohen 2004，以及 Millward, Dunnell, Elliott et Forêt 2004。
② Hostetler 2001。

际上已成为一种被广泛接受的论调。

另外，清朝在援引唐朝的同时，还宣称继承了元朝（1276—1368）成吉思汗的衣钵。举例来说，因为它也支持藏传佛教，即藏族和蒙古族臣民信奉的宗教。清政府这样做是在模仿欧亚大陆的其他国家，与中原传统的关系不大。这种对双重遗产的援引有无数的影响，我们将在后面进一步讨论。[1]

中国的政治文化一直认为有必要在文治和武功之间保持平衡。"文"字意味着"文明"，意思是受过良好教育的男人（在某种程度上也包括女人）所共享的文化，它与中国人自我认定的形象密切相关。然而，清王朝统治者采取了些许不同的方法。从一开始，他们就表达了保持自己的军武素质免受中原文化潜移默化影响的愿望，然而实际上，这更多是一种理想，而非现实。换句话说，清朝明确将"武"置于"文"之上。虽然存在这样的倾向性，但他们并不要求将民务和军务完全分开，也不是绝对地重"武"轻"文"，而是力求在加强"武"的同时，将"文"置于"武"的支配之下。[2] 这种做法再次借鉴了唐朝历史，一方面是因为中国的知识分子认为7世纪的伟大君主唐太宗是将"文""武"价值融合的完美化身，而另一方面，清朝的领导者们把武力价值作为自身身份的标志。因此，清朝皇帝常常身着不同服饰，命人为其作画。以乾隆为例，他有时会打扮成一位有学问的儒家大师，体现民事价值（文）；有时又会装扮成身着礼服的战士，体现军事价值（武）。[3]

强烈的尚武倾向在很大程度上是由于皇帝武断地认为，他们的满族祖先——女真人正是在吸收汉族生活方式（以"文"为象征）的过程中，本民族的尚武价值观被削弱，才最终导致了垮台。在12世纪，金人曾将庞大的宋朝赶出了中原，直到一个世纪后被元朝廷推翻。鉴于清朝的野心，加之对蒙古的力量心有余悸，这一先例非常引人注目。因此，反复的警醒促使满族人不惜

---

[1] 关于清朝作为在当时中亚地区众多再帝国化的一种体现，可参阅：Millward 2004a.
[2] 关于中国历史上军民之间的互动，参阅：Waley-Cohen 2006b. 另可参阅 Di Cosmo 2009, Civil-Military Relations in Imperial China 2000, Johnston 1995. 关于文、武与性别之间的博弈，可参阅：Waley-Cohen 2006a，Louie 2002（p.17–21）.
[3] 关于康熙、雍正、乾隆的画像，它们各自扮演着不同的角色，请参阅：Rawski et Rawson 2005.

一切代价保留他们的战争艺术和简朴的生活方式，因为这些是他们应该一直贯彻和保持的。皇太极（1592—1636）于 1636 年宣布改国号为"清"，当时他就定下基调："朕思金太祖、太宗，法度详明，可垂久远，至熙宗合喇及完颜亮之世尽废之，耽于酒色，盘乐无度，效汉人之陋习。"① 后来的皇帝们继续表达了同样的忧虑，大肆宣扬军事训练的好处，称其"不可荒废一日"，他们着眼于军事战略的经典典籍，认为这是维护天下太平的最有效手段。1752 年，乾隆皇帝比以往任何时候都担心皇太极的预言会成为现实，因此下令将其格言刻在石碑上，放置在所有军事训练场。②

通过以优先地位赋予军事价值，皇帝表现出创造一种清朝特有的新文化的终极愿望。基于被认为是满族独有的尚武理想，这种新文化试图将庞大国家的臣民汇集在一起，而不完全依靠中华文明的统一力量。相反，清朝皇帝希望通过创造一个以军事力量和王朝扩张为中心的共同历史与共同的文化遗产，来团结和领导其多民族和多元文化的帝国。

实现这一目标的主要手段之一是首先同化，然后重新配置艺术和知识生产，以便将这些主题推向前台。这让人联想到我们这个时代的批量翻印。几乎所有这些文化产品都以多种形式出现和再出现，这反映出人们对重复的不可抗拒的力量有深刻的理解。

18 世纪末，清朝国力达到顶峰。继 17 世纪巩固了皇权之后，清朝发起一系列雄心勃勃的征伐，最终成功消灭主要竞争对手，并控制了直到中亚的大片领土。清朝皇帝扩展疆域有几个原因：一是效仿之前的唐朝；二是为迅速增长的人口提供新的居住地区，因为在 17 世纪遭到瘟疫和战争毁灭性打击的人口数量在 18 世纪翻了一番；三是在中原和西域之间创建一个既可以用作信息收集基地又可以用作缓冲地带的空间；最后尤其是为了彻底拔除蒙古人的势力，从其主要竞争对手——准噶尔部手中夺取对新疆等地方的控制权。到了 18 世

---

① Elliott 2001（p. 276），引自《旧满洲档》，10.5195（崇德 1/11/13）。
② 比如，可参阅《清朝通志》，十通，7013，康熙二十四年（1684）。关于清朝的秩序，可参阅：Elliott, *Manchu Way*, 11，其引用了《清实录》。

纪中叶，准噶尔部被有效地消灭了。①

在这样一系列征伐结束后，乾隆皇帝开始积极宣传这些军事胜利是他统治时期的标志和核心成就这一理念。在随后的几十年中，他的军队又参与了几次战争，尽管成功的程度不一，但都宣称取得了胜利。最终，在执政近60年后的1792年，他开始以"十全老人"自居。

随着清朝在发动扩张战争方面越来越得心应手，皇帝们对历史的敏锐洞察力使他们掌握了我们今天所说的"旋转艺术"（l'art du spin）。他们自诩有权控制公共事件，从而既能"推销"当前的国家及其军事实力，又能控制流传后世的历史叙事。②

纪念战争和其他胜利

这种趋势最明显的表现之一就是建造纪念碑作为彰显朝廷威权的标志。这些纪念碑的每一面——有时是两面，有时是四面——都镌刻着每次用一种不同的语言书写的有关战争的故事。所使用的语言取决于特定情况。几乎所有的纪念碑上都刻有汉文和满文的铭文，但也经常有蒙古文和藏文或其他符合情境的语言文字。它们被竖立在北京、承德避暑山庄、战场上和叛乱地区，以提醒人们清朝对不同语言所代表的不同"族群"（constituencies）的统治。③

这些铭文真的被读过吗？撇开阅读能力的问题不谈，这些石碑的巨大体积（通常高达数米）意味着几乎不可能阅读上面的文字。

但这并不是它们的目标。竖立这些纪念碑与汉化完全相反：它们代表中华文化走向军事化的尝试，因为按照皇帝的说法，中华文化过分强调民事文化，不适合像清朝这样疆域辽阔而强大的王朝。铭文使用多种语言这种做法可以追溯到几个世纪以前，旨在公开体现清政府对所代表的各个群体的掌控力，这一

---

① 参阅：Perdue 2005, Waley-Cohen 1991, Millward 1998, Mosca 2013, Mosca 2010.
② 对于乾隆"十全武功"中最值得商榷的是18世纪清朝在西藏边境进行的战争。对此有一个出彩的分析，可详见：Dai 2009.
③ "族群"的概念借用自：Crossley 1999.

目标从朝廷支持编撰大量多语言词典和其他礼仪著作中可见端倪。①

有时，人们会给本来庆祝非军事事件的纪念碑重新赋予本质上的军事意义，有些甚至被明确地比作军事胜利。这一趋势从 1771—1772 年土尔扈特部的回归中可以清楚地看到。在这一事件中，成千上万人更倾向于奉清朝而非哥萨克人政权为宗主国，而集体回归。乾隆皇帝庆祝了此次和平回归，但他无法像庆祝军事胜利的成果那样炫耀自己的功绩。因此，他在承德避暑山庄竖立了一对石碑，就在纪念他在位期间真正战争的石碑旁边，以纪念土尔扈特部回归。和其他纪念碑一样，据称由皇帝亲自题写的四种语言的铭文宣称，这一事件是清朝在内亚地区取得的最大胜利。②

建筑与帝国

承德避暑山庄主要是康熙和乾隆皇帝于 1703—1754 年间在承德特意修建的。那里的纪念碑让人联想到散落在境内其他地方的纪念碑，是在避暑山庄附近重建微型王国整体项目的一部分。为此，皇帝命人建造的寺庙几乎是散布在整个王国各地的名胜古迹的完美复制品，并进行了部分修改，以重申其至高无上的地位。因此，承德避暑山庄中建有多座藏传佛教寺庙，尤其有一座经过部分改造以彰显朝廷管辖的拉萨布达拉宫的复制品，以及位于其他地方的重要宗教机构的复制品，例如原型坐落在长江下游的金山寺、杭州著名的六和塔等。同样，皇帝命人对承德的地势起伏进行了改动，创造出一个人工景观，模仿其管辖的不同地区，例如，蒙古的草原。因此，景观不仅显示了清朝的主权，同时也抓住了其模仿的典范的部分神韵。它为政治和文化权力提供了一种可见的表达方式。③ 同时，这种王朝的"主题公园"（le parc à thème）的建立也是清朝宣称自己在过去、现在和未来的历史中作为兼具其他传统元素的中华奠基者

---

① Waley-Cohen 2006b（p. 23-47），Rawski 1998（尤其是 p. 36-39）. 清政府的部门通过语言来区分他们负责的是哪类人群，参阅：Crossley 2008（p. 604）.
② 关于土尔扈特部的问题，可参阅：Millward 2004b，Berger 2003（p. 14-22）.
③ Forêt 2000.

地位的另一种方式。

承德常设展览的观众有哪些呢？这里是王公贵族来表达对天朝上国敬意的地方，也是皇室、朝臣和其他官员度过一年中最热的几个月的地方。承德还被展示给实施所有这些重大工程所必需的大批工匠。鉴于前近代社会口耳相传的能力，对宫殿的描述会传播给更远的家庭成员和周围的人。

清朝的承德避暑山庄可能是利用建筑来表现王朝霸业的最著名例子，但它并不是唯一的例子。例如，被英法联军焚毁的圆明园，它结合了欧洲和中国的建筑技艺和装饰。因此，中式风格的琉璃瓦屋顶和鲜艳的色彩与巴洛克式的挑檐和壁柱融为一体。室内装饰着由各国大使捐赠或通过广州商人购得的欧式油画、版画、挂毯和墙纸。部分宫殿被用来展览乾隆收藏的大量欧洲科学仪器和装饰艺术品，配备有欧洲风格的家具，可能是中国工匠根据耶稣会士带回的版画制作的。花园将中式风格的假山和花坛与欧式风格的喷泉和造型树混合在一起。

圆明园颇具特色的混搭风格是清朝通过适当的调整吸收潜在竞争对手的文化的典型方式。显然，乾隆已明确感受到欧洲的威胁，从1793年他对英国特使马戛尔尼（Macartney）表现出的蔑视就可见一斑。他同时也意识到欧洲殖民者在东南亚的稳步推进，在那里中国移民越来越频繁地成为袭击的受害者。他还将战争画作寄送到巴黎，我们在本章开始时已经提到过。最后，在不止一幅无疑取材于现实的绘画作品中，穿着外国使节服装的欧洲人在向清朝致敬，我们将稍后展开叙述。我并不是说乾隆有任何征服欧洲的意图，单纯是圆明园符合一种以景观作为权力表达的占有模式。[①]

宗教与清朝

由于欧洲传教士参与了圆明园的设计，圆明园至少以一种间接的方式展现

[①] 关于这个现象的另一个例子，请参阅：Onuma 2009. 关于帝国与景观的关系，请参阅：Waley-Cohen 2006b（p. 89-105）.关于马戛尔尼，请参阅：Waley-Cohen 1993, Hevia 1995.

了清王朝与各种外国宗教的关系。事实上，以多种语言书写的纪念碑文和景观的建设来展现清朝的权力，旨在强调其对领土和精神的普遍统治。清王朝统治者把自己视作杰出先辈的继承者和竞争对手，并希望同时以皇帝、大汗和佛教菩萨的方式进行治理天下。随着时间的推移，这些不同层面之间的联系不断变得越来越紧密。如果不考虑这些因素，就无法理解 18 世纪末的皇权。

对藏传佛教的继承直接源于乾隆将自己视为两位深孚众望的先辈的继承人这一事实：一是伟大的征服者成吉思汗（1162—1227），他当时对欧亚地区的统治毋庸置喙；二是他的孙子——可汗兼皇帝忽必烈（1215—1294）。两者不仅是军事上的巨人，而且从佛教的角度来说，还曾经是一个时代的化身，他们转动时间之轮带来救赎的时代。①

忽必烈是一位特别强大的先祖。正是他与西藏宗教领袖建立了复杂的关系，使他能够在不诉诸武力的情况下在政治上治理西藏，同时使这些西藏宗教领袖在与信众的关系中享有一定的自主权。这种安排使喇嘛得以保留对西藏的宗教控制权，同时承认忽必烈是普度众生的佛教领袖，也是文殊菩萨转世、三怙主的第三位成员。从清朝皇帝的角度来看，这种模式非常具有吸引力，尤其是因为明朝早期的一位皇帝也采用了这种模式，这使得满族通过结合世俗统治和宗教统治，似乎同时继承了蒙古族和汉族的遗产。

与藏传佛教建立这种积极联系具有重要的政治原因。清朝皇帝试图通过宣称继承成吉思汗和忽必烈的宗教遗产来使自己合法化，其目的在于朝廷与西藏重新建立特殊关系。②

清朝皇帝究竟是真心信奉藏传佛教，还是只是犬儒主义的操纵者已经无从知晓。但是，乾隆对该宗教的入教仪式和礼仪表现出切实的兴趣，他还慷慨地拨款在五台山上为文殊菩萨修建人间居所，这似乎远远超出了严格的政治目的。他很可能既是一位真诚的信徒，又是一位精明的政治领袖，他一边宣扬自己对藏传佛教的虔诚，一边设法限制其势力。

---

① 参阅：Crossley 1992。
② 关于蒙古人和其他佛教徒融入的细致分析，可参阅：Elverskog 2006. 论清代佛教造像为帝王服务的问题，可参阅：Berger 2003. 关于五台山，可参阅：Tuttle et Elverskog 2011.

其他外来宗教没有像藏传佛教那样适应汉地水土，也没有产生同样的历史影响。相较于明朝，清朝统治者对伊斯兰教的戒心更大。

南巡

清朝的康熙（1662—1722）和乾隆皇帝通过组织到南方地区的帝王之旅，在不同的地方展示了军事力量。此类巡游显然是常年居住在北方宫廷内苑的皇帝与生活在经济和文化非常发达的长江下游地区的臣民"保持联系"的一种方式。然而，实际上，南巡追求的是一个更为重要的目的，具体参考了内亚地区的军事方略。巡游需要大规模多层面的后勤部署，这和行军打仗很相像。皇帝、随从、护卫、朝臣等数量庞大的人远距离旅行，在营地里过夜，都是在故意模拟军队露营的情况。乾隆并没有让他的臣民进行此类对比，而是在南巡期间发表的正式讲话中非常清楚地表明了这一点，明确赋予南巡和军事胜利相同的价值，即作为其统治的功绩。①

视觉和文字记录

这些南巡的官方记录只是众多旨在用文字记载清朝成就的汇编中的一个例子。

在这些记载中，最重要的是一个专门为确立清朝在王朝建设史上的地位而设立的衙门所收集的一系列军事战役（方略）的记载（故事）。这些军事战役记载作为一种文体，是在已有的（明代）基础上发展起来的，但变得更加复杂，创造出令人印象深刻的文字丰碑，确保清朝开疆拓土的丰功伟绩永久流传在文学传统中。这些汇编和其他文献一道，促进了军事题材在文学中的传播，以呼应王朝的扩张。其目的在于使这些征服行动和伴随着他们的功绩比实际情况更加令人印象深刻。②

---

① 《御制南巡记》，载于《钦定南巡盛典》，萨载，1, 1b。参阅：Chang 2007。
② 关于方略的历史和为编纂它们而设立的机构，可参阅：Perdue 2005（p. 463-481）。

人们已经明白，在这种提升国家威望的愿望中，文字文化和视觉文化不断地相互呼应。送往巴黎的战争画作是这种现象的典型例子，宫廷画院的艺术家们无论是单独还是合作创作的大量其他军事题材的画作也是如此。这些艺术家，包括一些来自欧洲的耶稣会士，他们的工作有点像我们今天的官方摄影师，他们是大量绘画作品的来源。这种现象在中国并不新鲜。这类政治绘画早在王朝开始时就已广为人知，但在18世纪规模空前，而且其权威性因据说是皇帝亲笔题字的书法而得到加强。因此，在画作本身没有任何复制品的情况下，它们隐含的信息通常转译为文字反复出现，从而确保人们永远不会停止对军事主题的铭记。1760年在紫禁城午门前为纪念新疆战争结束而举办的极其复杂的典礼，就是对这一现象的最好说明。这场典礼在寄往巴黎的16幅绘画中有所体现，宫廷画家徐扬也单独绘制了这一场景。这个版本是御用画集的一部分，在画集的目录中可以找到详细的描述。这幅作品之所以特别有意思，是因为它不仅描画出在场的众多军官，而且"见证"了举着本国国旗来表达敬意的各种各样的来访者。这些来访者不仅包括邻国的代表，而且根据目录中的描述，还包括法国、荷兰和英国的使者。耶稣会士撰写的针对同一事件的报告中并没有提及除他们自己外任何其他欧洲人的存在；事实上，尽管传教士们声称自己与法国王室关系密切，但他们无权以官方代表身份行事，并在这种场合"表示敬意"。除了这些耶稣会士外，没有任何其他欧洲人的出席被报告。因此很难不联想到，乾隆下令润色这段记载，是为了满足自己美化皇权的愿望。在18世纪末出版的几卷关于北京及其公共建筑的描述中，也提及了同一事件。其中有许多与战争情节有关的绘画，或纪念所述事件并完整再现乾隆文字的石碑拓本。这些成套的作品和复制品在各类载体上彰显王朝的辉煌及其军事实力，几乎具有后现代特征。①

---

① 参阅：Zhang, Liang et al. 1969—1971（vol. 2, p. 788）。另一次，宫廷画家描述了一系列外国"进贡者"出现在皇室庆典上的情况：《藩属国和外国的使节向皇帝进贡图》（Envoyés des États vassaux et des pays étrangers présentant leurs tributs à l'empereur）。这是一幅佚名和无日期的画卷。该图被用在 Rawski et Rawson 2005（p. 180, fig. 54）。

这些艺术作品中所描绘的部分军事题材在现代人眼中是无法辨认的，但对军事的影射绝不会为清朝廷有学问的臣民所忽略。最著名的例子当属耶稣会士郎世宁（Giuseppe Castiglione，1688—1766）创作的一系列描绘骏马的画作。马匹象征着军事力量，因为它们在战场上发挥核心作用，同时也象征内亚地区，因为它们大都来自该地区，清朝的军事功绩也与这一地区紧密相连。这些对于皇帝想打动的中国精英们来说，肯定是显而易见的。与战争有关的其他作品包括军队指挥官和军官的系列肖像画，每场战争约有100幅，他们个个出类拔萃，尽管在战场上不一定如此。这些肖像画在北京被挂在战争画旁边。其他纪实绘画包括描绘皇家狩猎的卷轴。一年一度的皇家狩猎有多个目的：不仅在于进行军事训练和战争演习，而且在于威吓被要求参加的领主藩王。和南巡一样，北狩是对北部领土的巡游，此类活动以及描绘它们的卷轴在现实生活和艺术表现领域都发挥了军事作用。① 而且，从17世纪末开始，景德镇御窑中制作的瓷器越来越多地以军事场景作为装饰。这种演变可能既来源于清王朝统治者鼓励武力才能的愿望，又与他们在各类臣民中更加深入人心有关。②

与朝廷威权或直接与军事实力紧密相关的艺术生产领域包括制图学和民族学。在皇帝的主持下，中国和耶稣会的制图师结合欧洲最新的制图技术，为整个18世纪不断扩张的帝国绘制了详细地图。每次新的征服都会有增补标记；反复提及清王朝的疆域范围超过唐王朝的事实变得司空见惯。尽管描绘边境地区的地图通常或多或少被视为国家机密，但其中至少有一部分被复制收藏在文集或百科全书中，在当时的有识之士中间流传。皇帝想要面向的受众不只是自己和周围的人。另外，欧洲制图技术的使用兼具修辞性和实用性，因为皇帝能够由此以一种普遍可读的语言来传达信息。即使不懂汉语的人也能理解这些地图所代表的内容：既主张领土权利，又展示帝国实力。③

---

① 在乾隆皇帝统治时期，描述战争和帝国威权的艺术资料规模达到顶峰。乾隆可能是通过宫廷雇用的耶稣会士的所见所闻从而受到了欧洲惯例的影响。

② Hay 2004 (p. 319).

③ Hostetler 2000, Hostetler et Deal 2006.

实际上，几乎在这些大型地形测绘开展的同时，宫廷艺术家们创作了大量人种志图册，描绘朝廷的臣民以及包括欧洲人在内的更遥远的民族（例如，贸易伙伴）。每个民族通常以一男一女为代表，并附有双语说明文字（汉语和满语），描述该民族的居住地、风俗习惯、服饰和生活方式。用图画识别战败民族或其他群体，与在地图上标注新确定的边界一样，都是旨在提升王朝权力的更大的知识生产项目的一部分。

为王朝服务的文化生产很大程度上与文化的军事化有关，但同时也与中国精英阶层的文化利益受到更直接的干涉有关。尤其是乾隆皇帝采取干预措施，对以前享有一定自主权的各种文化和思想倾向加以全面管控。这种干涉是为了防止文化精英将他们的技能和利益用于服务其他势力，而不是国家。

作为一个艺术品收藏家，乾隆效法古代统治者，认为青铜器、玉器、书籍、书法和绘画等古董收藏品可以展示其文化和美德，从而增强其执政合法性。乾隆大量收藏艺术品的过程，既满足了自己对艺术无可置疑的热情，又承担起传承文化遗产的责任，并孜孜不倦地追求超越前人的目标。其中，祭祀用的青铜器代表古代；在新疆地区开采的玉石象征着对远方的治理；文献典籍反映的则是中华文明。精神、领土和时间三者都有所代表。

乾隆非常明白文字的力量。他并不满足于收集艺术品，还撰写散文和诗词对作品进行评论和赞美。他经常在书画上盖章或题字，留下自己的印记，因此被认为是以权力之名损毁杰作的无知之人。之所以留下自己的印记，其目的至少有一部分是要承担他作为中国几千年传统的最新守护者的职责，因为根据这一传统，在艺术品上添加题字会增加其价值。由于有了皇室的印记，一件艺术品就进入了官方文化的范畴。

另一方面，乾隆赞助编修了汇集中国最优秀著作的大型丛书——《四库全书》。它收录大约3 500种图书，共抄写7份。其中，4份分贮于皇家宫殿（紫禁城、圆明园、旧都沈阳的皇宫、承德避暑山庄）专门建造的阁楼中珍藏，剩下的3份则分别保存在扬州、镇江和杭州。扬州、镇江和杭州3座城市都是伟大中华文化传统的象征，位于长江下游地区的中心地带。大批中国学者竭力收集、整理和复制手稿，并按照中国的4个传统类别对它们进行分类：经、史、子、集。按照中国的传统，他们还准备了一个大型目录，上面充满详细的注释，证明了"国家利益与学术信仰的复杂交织"[①]。这个项目的目的并不只是要将清朝皇帝乾隆确立为中国文字传统的首要守护者，并缔造文学史。它还鼓励中国学者为朝廷服务，参与一项最重要的文化事业。这个项目也是一个绝佳的机会，通过检查如此之多的文本，不仅可以根据王朝特性对手稿进行分类，而且可以识别和消除那些对政权持批评态度的作者。直至今天，《四库全书》仍然是中国文献的主要参考书目来源之一。

礼仪与帝国

长期以来，清朝统治者一直对长江下游地区的中国学术和知识精英持怀疑态度，而这一地区因物质丰富和文化繁荣被视为中华文化精髓之所在。因此，他们试图将这些精英分子吸引到清王朝的轨道上，以限制他们在为皇帝工作之外的能力，无论涉及何种领域。中国学者参与《四库全书》编修项目只是这种现象的其中一个例子。

礼仪研究则是另一个例子。它成为清朝所有知识分子关注的对象。自一个世纪以前王朝更替以来，无数知识分子试图寻回旧日礼仪典籍，作为表达反清意愿的手段之一。到了乾隆时期，这一切发生了变化，在朝廷的支持下，饱学之士出版了三部关于礼制的奠基之作。这种赞助为皇权的干涉铺平了道路。在这项工作过程中，每一个文本都遭到巧妙地修改，以突出王朝的目标。这些文本涵盖大量不同的礼仪，但在这里我只讨论军事礼仪。它们是在乾隆时期提出的，目的是强调其对皇权的重要性。每个人都引经据典，追本溯源，以便掌握当下的礼仪。例如，第一本书调整了惯常的等级制度，将军事礼仪从第四位移至第三位，声称这与旧有的做法一致。卷首开宗明义地宣称，按照既定标准，清朝的军事功绩远远超过了过去。第二本书声称重建了自古以来的军事制度，实际上却将重点放在诸如狩猎之类的题材上，这类题材尽管在中国古代礼仪典

[①] Guy 1987 (p. 121).

籍中有所出现，但通常不属于中国传统中的主流。然而众所周知，狩猎是清朝人最喜爱的活动之一，这与他们在内亚地区的战功有直接关系。第三本书是描绘礼器的图像集，其中包括一个专门介绍军械和武器的详细章节。这一出人意料的新增内容有两个明确的理由，一是这些物品对政府治理的内在重要性，二是对中国古代做法的沿袭。其中有些武器确实是要用于战斗和祭祀的。所有这些变化都是将军事维度引入中华文化的更大运动的一部分；换句话说，乾隆利用中华传统的礼学来为清王朝的目标服务。和《四库全书》的例子一样，在这之后，任何知识事业都再没有摆脱政府干预的希望。在清朝统治者看来，不应有任何类似于私人学术研究（private scholarship）的东西，甚至连古代传统都应重新解读，以服务于清朝政治。同时，清朝修订典籍，在与过去接轨的同时，也旨在为未来树立典范。[①]

结语

清王朝治理天下这项工程的核心是敏锐的历史意识。尤其是这种历史意识构筑起王朝在一般文化和军事文化方面的规划。正如战争的目的是为了巩固皇权一样，军事文化的目的是为了在王朝的不同臣民之间建立一种团结的意识。这种团结意识可以随着王朝一起传承给子孙后代。这种理念在乾隆为纪念其统治期间取得的军事胜利而创作的大量诗文中最为明显。他明确指出，这是"指导和教化后代，为将来做准备"。他在战争纪念碑、书画文稿、来自国家各个角落的艺术藏品、宗教建筑和圣像上都留下了自己的印记，并将其大量复制，流传后世，仿佛是各方面达到顶峰的国家的化身。他并不知道他为超越之前帝王的功绩以及向域内各族人民传达一种共同体意识（这种意识主要源于对扩张和军事实力的自豪感）所做的努力很快就会付诸东流。从18世纪末开始，清朝逐渐走向终结，那种对军事力量和帝国威望的崇拜随之开始衰退。清王朝连连受挫，内部遭受内战和叛乱，外部遭受军事和经济袭击，因此18世纪的

---

① Waley-Cohen 2006b (p. 66–88).

时代强者成为 19 世纪时代强者的受害者。

卫周安（Joanna Waley-Cohen）撰；布鲁诺·蓬沙哈尔译

参考文献

Benite Zvi Ben-Dor, 2005, *The Dao of Muhammad: A Cultural History of Muslims in Late Imperial China*, Cambridge (Mass.), Harvard University Press.

– 2007, Zhu Yuanzhang and the Chinese Muslims, *in* Sarah Schneewind (dir.), *Long Live the Emperor: Uses of the Ming Founder across Six Centuries of East Asian History*, Minneapolis, Society for Ming Studies, p. 275-308.

Berger Patricia, 2003, *Empire of Emptiness: Buddhist Art and Political Authority in Qing China*, Honolulu, University of Hawaii Press.

Chang Michael G., 2007, *A Court on Horseback: Imperial Touring and the Construction of Qing Rule (1680—1785)*, Cambridge (Mass.), Harvard University Press.

Civil-Military Relations in Imperial China, 2000, dossier thématique, *War and Society*, vol. 18, n° 2, octobre, p. 1-91.

Crossley Pamela Kyle, 1990, Thinking about Ethnicity in Early Modern China, *Late Imperial China*, n° 11, p. 1-35.

– 1992, The Rulerships of China, *American Historical Review*, vol. 97, n° 5, p. 1468—1484.

– 1999, *A Translucent Mirror: History and Identity in Qing Imperial Ideology*, Berkeley, University of California Press.

– 2008, Pluralité impériale et identités subjectives dans la Chine des Qing, *Annales. Histoire, sciences sociales*, 63ᵉ année, n° 3, p. 597-621.

Crossley Pamela Kyle, Siu Helen F. et Sutton Donald S. (dir.), 2006, *Empire at the Margins: Culture, Ethnicity and Frontier in Early Modern China*, Berkeley, University of California Press.

Dai Yingcong, 2009, *The Sichuan Frontier and Tibet: Imperial Strategy in the Early Qing*, Seattle, University of Washington Press.

Di Cosmo Nicola (dir.), 2009, *Military Culture in Chinese History*, Cambridge (Mass.), Harvard University Press.

Dunnell Ruth W., Elliott Mark C., Forêt Philippe et Millward James A., 2004, *New Qing Imperial History: The Making of Inner Asian Empire at Qing Chengde*, Londres, Routledge.

Elliott Mark C., 2001, *The Manchu Way: The Eight Banners and Ethnic Identity in Late*

Imperial China, Stanford, Stanford University Press.

Elverskog Johan, 2006, *Our Great Qing: The Mongols, Buddhism, and the State in Late Imperial China*, Honolulu, University of Hawaii Press.

Forêt Philippe, 2000, *Mapping Chengde: The Qing Landscape Enterprise*, Honolulu, University of Hawaii Press.

Guy R. Kent, 1987, *The Emperor's Four Treasuries: Scholars and the State in the Late Ch'ien-lung Era*, Cambridge (Mass.), Harvard University Press.

Hay Jonathan S., 2001, *Shitao: Painting and Modernity in Early Qing China*, Cambridge, Cambridge University Press.

– 2004, The Diachronics of Early Qing Visual and Material Culture, *in* Lynn A. Struve (dir.), *The Qing Formation in World Historical Time*, Cambridge (Mass.), Harvard University Press, p. 303-334.

Hevia James L., 1995, *Cherishing Men from Afar: Qing Guest Ritual and the Macartney Embassy of 1793*, Durham, Duke University Press.

Ho Ping-ti, 1967, The Significance of the Ch'ing Period in Chinese History, *Journal of Asian Studies*, vol. 26, n° 2, p. 189-195.

– 1998, In Defense of Sinicization: A Rebuttal of Evelyn Rawski's *Reenvisioning the Qing*, *Journal of Asian Studies*, vol. 57, n° 1, p. 123-155.

Hostetler Laura, 2000, Qing Connections to the Early Modern World: Ethnography and Cartography in Eighteenth-Century China, *Modern Asian Studies*, vol. 34, no 3, juillet, p. 623-662.

– 2001, *Qing Colonial Enterprise: Ethnography and Cartography in Early Modern China*, Chicago, University of Chicago Press.

Hostetler Laura et Deal David, 2006, trad. de *The Art of Ethnography: A Chinese "Miao Album"*, Seattle, University of Washington Press.

Johnston Alastair Iain, 1995, *Cultural Realism: Strategic Culture and Grand Strategy in Chinese History*, Princeton, Princeton University Press.

– 2002, Who Were the Manchus: A Review Essay, *Journal of Asian Studies*, vol. 61, n° 2, p. 151-164.

Lipman Jonathan, 2006, A Fierce and Brutal People: Muslims and Islam in Qing Law, *in* Pamela Kyle Crossley, Helen F. Siu et Donald S. Sutton (dir.), *Empire at the Margins: Culture, Ethnicity and Frontier in Early Modern China*, Berkeley, University of California Press, p. 83-112.

Louie Kam, 2002, *Theorizing Chinese Masculinity: Society and Gender in China*, Cambridge,

Cambridge University Press.

Millward James A., 1998, *Beyond the Pass: Economy, Ethnicity, and Empire in Qing Central Asia (1759—1864)*, Stanford, Stanford University Press.

– 2004*a*, The Qing Formation, the Mongol Legacy, and the "End of History" in Early Modern Eurasia, *in* Lynn A. Struve (dir.), *The Qing Formation in World-Historical Time*, Cambridge (Mass.), Harvard University Press, p. 92–120.

– 2004*b*, Qing Inner Asian Empire and the Return of the Torghuts, *in* James A. Millward, Ruth W. Dunnell, Mark C. Elliott et Philippe Forêt (dir.), *New Qing Imperial History*, Londres, Routledge, p. 91–106.

Millward James A., Dunnell Ruth W., Elliott Mark C. et Forêt Philippe (dir.), 2004, *New Qing Imperial History*, Londres, Routledge.

Mosca Matthew, 2010, Empire and the Circulation of Frontier Intelligence: Qing Conceptions of the Ottomans, *Harvard Journal of Asiatic Studies*, vol. 70, n° 1, juin, p. 147–207.

– 2013, *From Frontier Policy to Foreign Policy: The Question of India and the Transformation of Geopolitics in Qing China*, Stanford, Stanford University Press.

Onuma Takahiro, 2009, *250 Years History of the Turkic-Muslim Camp in Beijing*, Tokyo Islamic Area Studies Central Eurasian Research Series No. 2, National Institutes for the Humanities Program Islamic Area Studies, Tokyo.

Perdue Peter C., 2005, *China Marches West: The Qing Conquest of Central Eurasia*, Cambridge (Mass.), Belknap Press of Harvard University Press.

Qingchao Tongzhi (Comprehensive Annals of the Qing), 1935—1936, Shitong édition, Shanghai, Shanghai Yinwu.

Rawski Evelyn S., 1996, Presidential Address: Reenvisioning the Qing: The Significance of the Qing Period in Chinese History, *Journal of Asian Studies*, vol. 55, n° 4, p. 829–850.

– 1998, *The Last Emperors: A Social History of Qing Imperial Institutions*, Berkeley, University of California Press.

Rawski Evelyn S. et Rawson Jessica (dir.), 2005, *China: The Three Emperors (1662—1795)*, catalogue d'exposition, Londres, Royal Academy of Arts.

Rhoads Edward, 2000, *Manchus and Han: Ethnic Relations and Political Power in Late Qing and Early Republican China (1861—1928)*, Seattle, University of Washington Press.

Sazai (comp.), [1784], Yuzhi nanxun ji (Récits de voyages impériaux dans le Sud), in *Qinding nanxun shengdian* (Récit officiel des tournées impériales dans le Sud), *Siku quanshu zhenben* (Livres complets des éditions rares des Quatre Trésors), vol. 11, reprint, Taibei, Shangwu yinshuguan, n.d.

Struve Lynn A. (dir.), 2004, *The Qing Formation in World Historical Time*, Cambridge (Mass.), Harvard University Press.

Tuttle Gray et Elverskog Johan (dir.), 2011, Wutai Shan and Qing Culture, *Journal of the International Association of Tibetan Studies*, n° 6, décembre.

Waley-Cohen Joanna, 1991, *Exile in Mid-Qing China: Banishment to Xinjiang (1758—1820)*, New Haven, Yale University Press.

– 1993, China and Western Technology in the Late Eighteenth Century, *American Historical Review*, vol. 98, n° 5, décembre, p. 1525—1544.

– 2004, The New Qing History, *Radical History Review*, no 88, hiver, p. 193-206 ; trad. en chinois in *Qingshi Yanjiu*, 2008, n° 1, p. 109-116.

– 2006a, On the Militarization of Culture in the Eighteenth-Century Qing Empire, *Common Knowledge*, vol. 12, n° 1, hiver, p. 96-106.

– 2006b, *The Culture of War in China: Empire and the Military under the Qing Dynasty*, Londres, I.B. Tauris.

Zhang Zhao, Liang Shizheng *et al.* (comp.), 1969—1971 [1793], *Shiqu Baoji Xubian* (Imperial Paintings Catalogue, First Supplement), reprint, Taibei, National Palace Museum.

在阿姆斯特丹避难的著名胡德诺派雕刻家贝纳尔·皮卡尔在这里描绘了世界的主要宗教。书籍的目的在于编写宗教对比的哲学史，谴责谬误和迷信。——《世界各民族宗教仪式和习俗版画集》(*Cérémonies et coutumes religieuses de tous les peuples du monde*)，阿姆斯特丹，1723 年。

第十六章

知识的跨国动态和流散族群传播

在伦敦从事丝绸和制表业的胡格诺派教徒、在突尼斯从事树木种植和园艺业的摩尔人、在马赛从事印花棉布业的亚美尼亚人……在16—18世纪，从欠发达地区流入或引入欧洲的流散族群的案例屡见不鲜。[①] 除这些技术转移外，少数群体（民族、宗教、政治等）在知识流通中发挥的作用得到史学界的公认。然而，随着对其扩散模式的批判和在解释知识和调整适应当地情况时对文化中介的强调，传统上赋予他们的地位被重新审视。[②] 在这些群体中，流散族群[③] 以其数量庞大性、地域流动性、与原籍地和不同定居点之间联系的保持、基于贸易、宗教和家庭网络的组织化和凝聚力程度以及由此对东道国社会的影响力而脱颖而出。这些人中又以胡格诺派教徒、摩尔人、西班牙系犹太人、希腊人、亚美尼亚人和英国天主教徒还有詹姆斯党成员（詹姆斯二世的流亡支持者）为主。在"中间人"的理想化和技能的"民族化"以及考虑到与当地居民及少数群体之间在传播方式、空间和程度方面的协同作用之间，16—18世纪流散文化中的知识动态仍有待衡量。[④] 人员流动、家族分裂、在东道国社会中地位的脆弱性和在职业领域的专业化似乎促进了知识的转移，掌握知识有助于

[①] Luu 2008, Scoville 1952, Latham 1973, Raveux 2008.
[②] Pérez et Verna 2009.
[③] 对于这一概念所带来的认识论问题，尤其请参阅：Dufoix 2012，Muchnik 2009。
[④] 尤其请参阅：Höfele et Koppenfels 2005（p. 1–14），Schaffer, Roberts, Raj et Delbourgo 2009（尤其是 p. xiv–xxv）。

在不同层次上凝聚和构建群体的身份。但是，经常出入和联络的空间也发挥了决定性作用，尤以城市为主，通常是港口城市，它们本身就是世界性的，是各种来源的知识和专有技术的汇集地和动员中心。① 然而，由于他们从事的活动、社会隶属关系和技能差异所形成的条件多种多样，同一群体的各成员参与知识形成和传播的程度也不一而足。但是，可以看到，所有人都从流散群体拥有或声称拥有的专业知识中受益。

优先的知识"摆渡人"

流散族群的流亡经历是独特的，因为它具有集体性和重复性的特点。他们一生中不断更换定居点，偶尔也会返回原籍地。而且，其宗教信仰同样不稳定，改宗和恢复信仰旧教现象频繁发生。宗教信仰的转变并不一定意味着与家族和社群的决裂。保持对商业网络的积极参与是必不可少的，无论是改信天主教或另一个教派（英国圣公会、路德派）的胡格诺派信徒，还是名义上信奉基督宗教的犹太人。社群从属于根据个体情况的变化，涵盖从"核心"到极端疏远的广泛范围，从而模糊了群体的界限。然而，四散的夫妻和兄弟姐妹通过书信往来以及人员、资金和信息的流动保持联络，在宗教交往以及16—18世纪贸易的双重作用下，家庭网络被调动起来，趋于活跃。信件是必不可少的信息载体，无论是产品和市场行情或可能影响价格和交易的社会政治事件，还是例如有关来自殖民地的新植物用途的知识。② 流散群体在传播知识和专有技能方面的主要优势之一正是在于跨国家庭网络的多层面动员和在东道国与原籍国之间以及家庭之间的高密度流动；尽管流动是不连续的和分割的。这也恰恰是他们与定居在一片土地上并基本上只与亲戚保持联系且持续一两代的移民所不同的地方。应该指出的是，近代流散族群以对帝国空间的开放态度而著称，这一点在这里并非没有意义。实际上，他们在与非欧洲世界紧密联系的城市中落

---

① 可参阅：Romano et Van Damme 2008.
② Aslanian 2008, Trivellato 2007.

脚，形成小型社群，与相同群体至少保持通信联系：北美殖民地的胡格诺派教徒、葡萄牙亚洲贸易站和西班牙美洲总督府的西班牙系犹太人等。在这个框架下，他们有时会在以前毫无来往的空间之间建立起联系。

更宽泛地说，散居国外的少数群体利用其网络和语言能力，充当起专业知识的"摆渡人"。胡格诺派教徒的翻译和新闻工作就是这种情况。例如，皮埃尔·科斯特（Pierre Coste）(1668—1747)，在法王路易十四废除南特敕令后流亡英国，期间翻译了约翰·洛克的著作和牛顿的《光学》。还有，皮埃尔·培尔和他的《文人共和国新闻》(1684—1687，后改由其他人编撰直至1718年)、让·勒克莱尔（Jean Le Clerc）和他的《通用和历史图书馆》(*Bibliothèque universelle et historique*)(1686—1693)，不仅使人们有机会了解不同欧洲国家以不同欧洲语言发表的作品，而且还公开了科学实验、医学观察或数学问题的结果。① 这种"世界性"的特点在贸易商身上得到了证实，对于年轻人来说，参加贸易商培训通常意味着前往在欧洲主要城市建立的家族企业的亲戚和代理商那里学习语言、经商方法和宗教习俗。② 这些旅程针对每个群体是特有的，但其步骤对部分行业来说在既定时期内是重叠的，它的形式类似于学徒培训或外国游学（peregrinatio academica），其特殊性在于强大的职业专业化、亲戚和信奉同一宗教的教友发挥的作用以及系统的宗教文化特征的结合。此外，这些巡回路线建立并标示了流散群体聚集区域，一方面是方便旅行者和所访问的团体，另一方面是服务于留在原籍国的亲属。此类做法可以从贸易商本身以及在18世纪巡游欧洲的希腊学者身上找到：他们出人意料地放弃了埃及和英国或法国的城市，几乎只光顾希腊移民定居点的核心地带，构建起一种超越政治边界的"准国家知识空间"。③

---

① Bots et Vet 2002, Berkvens-Stevelinck, Bots et Häseler 2005.
② Angiolini et Roche 1995 (p. 157–397), Roche 2003 (p. 288–290).
③ Patiniotis 2003 (p. 51).

如果说 16—18 世纪大量流散族群在许多方面都符合"商贸型流散族群"（trading/trade diasporas）的模式①，那么部分群体则以密切的知识交流为特征，例如胡格诺派教徒和英国天主教徒，还有詹姆斯党这样的政治团体。从皮埃尔·培尔到皮埃尔·朱里厄（Pierre Jurieu），还有雅克·巴纳热（Jacques Basnage）、拉博梅勒（La Beaumelle）和皮埃尔·科斯特，出国避难的重要人物之间频繁密切的书信来往就可以证明这一点。② 在这些书信中，事实信息、政治和宗教的思考以及学术界新闻混杂在一起。就胡格诺派教徒及英国天主教徒而言，由于建立了遍布欧洲的神学院网络，流散族群的文化维度更为突出。这些神学院作为培养未来传教士（终将返回原籍地）的机构，成为其他流散族群聚集地的知识生产和传播中心。特别是往往由耶稣会士开办的英国的神学院，同时也是出版的场所（例如杜埃神学院译制的英文版《圣经》③），助力了耶稣会在文人共和国中的优势地位。从自然主义哲学家、数学家托马斯·康普顿·卡尔顿（Thomas Compton Carleton）（1591—1666）的著作中就可见一斑。④ 他曾在圣奥梅尔神学院（le collège de Saint-Omer）和巴利亚多利德神学院（le collège de Valladolid）学习，在那里结识了罗德里戈·德·阿里亚加（Rodrigo de Arriaga）。他在著作《宇宙哲学》（Philosophia universa）（安特卫普，1649 年）中假设存在一个无限的三维虚构空间，被确定为神圣的无垠。⑤

但是，即使没有专门的机构，其他流散的少数群体也得益于其高度的地理流动性、"异乡客"的身份、制度方面的"行动自由"和格奥尔格·齐美尔（Georg Simmel）归为"特殊参与类型"（un type particulier de participation）的

---

① Cohen 1971, Curtin 1984.

② Beaurepaire 2002 (p. 43-106), Beaurepaire, Häseler et McKenna 2006 (p. 89-133, 251-269 et 279-299).

③ *The New Testament of Jesus Christ, Translated Faithfully into English, out of the Authentical Latin and for Cleering the Controversies in Religion, of These Daies*, Reims, 1582; *The Holie Bible Faithfully Translated into English, out of the Authentical Latin. Diligently Conferred with the Hebrew, Greeke, and Other Editions in Divers Languages*, Douai, 1609—1610.

④ 可参阅本卷中安东内拉·罗马诺的章节。此外，还可参阅：O'Malley, Bailey, Harris et Kennedy 1999 et 2006, Feingold 2003.

⑤ Grant 2003 (p. 146), Grant 1994 (p. 169-185).

"客观性",从而在东道国社会中发挥科学发展引擎的作用。[1] 西班牙系犹太医生阿马图斯·路西塔努斯(Amatus Lusitanus),又名若昂·罗德里格斯·德·卡斯特洛·布兰科(João Rodrigues de Castelo Branco)(1511—1568)就是例证:他出生于葡萄牙,在萨拉曼卡求学,后来逃离宗教裁判所,先后定居安特卫普和费拉拉,并在那里发现静脉瓣膜的功能,然后搬去拉古萨和萨洛尼卡。[2] 他们在商业、手工艺或科学与艺术领域形成的庞大网络以及对行业的偏好,使这些群体成为欧洲各国统治者竞相争抢的客人。通过向他们提供资金、豁免和特权,欧洲统治者们希望鼓励他们向本国国民转移技术。因此,在南特敕令被废除之后,由塞巴斯蒂安·勒普雷斯特·德·沃邦(Sébastien Le Prestre de Vauban)教授军事技术的胡格诺派工程师受到路易十四反对者的竭力追捧。例如,查尔斯·勒古隆(Charles Le Goulon)从1685年开始先后在尼德兰七省联合共和国、英格兰和神圣罗马帝国任职,并在那里获得军队大元帅的头衔;让·托马斯(Jean Thomas)在接受沃邦的十年训练后,于1695年着手在英国和荷兰军队占领的要塞修筑防御工事,后来定居伦敦,并将本领传授给英国军官。[3] 这样一来,一种职业专业化的形式得以巩固甚至创造出来,促进了协同作用以及新知识和专门技术的调动或涌现。

实际上,流散人口并不只是简单的媒介:他们根据自己的需要解释所传播的知识,并进行调整使之适应所融入环境的要求和可能发生的情况。事实证明,他们定居国外的条件既有限制性又有激励性,例如,行会制度的关系。流亡者从与东道国社会的互动中受益,无论是与当地居民还是与其他少数群体。因为此类关系不能只从对抗或竞争的角度来解读,它们也促成了富有成效的交流和密切合作。

---

[1] Hayward 2003 (p. 107), Shapin 1994, Simmel 1979 (p. 55–56).
[2] 请参阅 Gutwirth 2004 的参考文献。
[3] Blanchard 1973 (p. 31–32), Virol 2010.

创造性的作用

众所周知，知识和技术的发明（发现）、创新（应用）和传播（模仿）过程很难区分。① 流散族群以及更广泛的移民证明了这些类别的局限性。17世纪，被西班牙驱逐出境的摩尔人大规模定居北非就是这种情况。在突尼斯或阿尔及尔的近郊地区，以及因冲突和瘟疫而荒废的卡本半岛和迈杰尔达河附近的村庄中，"安达卢西亚人"使所在地区的经济发生巨大变革。② 一方面，得益于在灌溉、修剪和嫁接方面的经验，他们重新激活了自中世纪起就被抛弃的做法，例如，葡萄栽培、水稻种植和橄榄种植。尽管这些做法伴随着在西班牙开发的技术知识，这与其说是创新，不如说是再进口。另一方面，他们引进了新的农作物，特别是16世纪在西班牙驯化的美洲蔬菜：玉米、番茄、辣椒、马铃薯等。药用植物及其用途也是如此：催泄的墨西哥根茎"药喇叭根"（mecoquan/ mechoacan）、治疗头痛的"卡拉尼奥"（caragno）和帮助伤口愈合的"枫香树"。③ 除技术的转让和植物的移植外，人们认为更重要在于筛选和适应突尼斯的社会经济和气候条件。

这些群体作为传播的优先媒介，首先必须在与东道国社会的互动中重塑引入的做法和产品。因此，如果没有城内扑克牌制造商的倡议，17世纪下半叶亚美尼亚人在马赛对印花棉布生产的贡献就无从谈起。事实上，1648年，在奥斯曼印花棉布短缺的时期（马赛市是主要的进口地），其中一名扑克牌制造商与雕刻工联手印制棉布。这些棉布着色差并且在洗后会变形。但是，在东方率先使用茜草染料和媒染（用金属盐着色）生产红棉布的亚美尼亚人弥补了这一缺陷。亚美尼亚人的知识与当地技能之间的这种结合也依赖当局给予的有利条

---

① Scoville 1951 (p. 347−348), Schilling 1983.
② 摩尔人是马格里布地区现代化的推动者这一点是值得商榷的，因为原始资料来源和长期以来历史学的偏颇性，往往将他们视作欧洲化甚至文明的载体。比如，可参阅西班牙圣三会修士弗朗西斯科·希梅内斯（Francisco Ximenez）的《突尼斯日记》（*Diario de Túnez*），他于1720—1735年期间在突尼斯逗留。
③ Latham 1973 (p. 49−56), Latham 1983 (p. 170−175), Cardaillac 1976 (p. 285).

件。科尔贝鼓励亚美尼亚人在马赛定居，马赛于 1669 年成为自由港，允许建立一个以丝绸贸易为重点的小型聚居地，迎来大量的印花棉布生产商。[①]

少数群体（或只是移民群体）与东道国社会之间的这种协同作用也可以观察到，尽管出于竞争的原因，流散族群之间的协同作用可能程度较低：这些群体有时会受益于那些处于类似地位的人的经验，或同时被纳入几个具有相似性质的社会性网络，这些网络彼此之间不会发生冲突，反而相互衔接。共济会就是这种情况。[②] 共济会在很多方面都类似于一个流散族群，其中詹姆斯党和胡格诺派表现得非常活跃，尤其在法国分会里，还有的在英国和德意志分会里。[③] 让·泰奥菲勒·德萨居利耶（Jean-Théophile Désaguliers）（1683—1744）的职业生涯就说明了这些密切的联系及其学术意义，尽管这个胡格诺派出身的人后来成为英国圣公会的牧师。作为一位流亡英国的胡格诺派牧师的儿子，他加入皇家学会，给艾萨克·牛顿做助手，并传播其思想。他本人在力学和物理学领域取得重要发现，而且作为英国共济会总会的总会长，他参与了新章程的起草和等级的更新。德萨居利耶因此身处相互组合的三个网状结构中，分别是皇家学会、共济会和胡格诺派。[④] 应当指出的是，某些流散族群，包括胡格诺派教徒和詹姆斯党成员，持续加入 18 世纪如雨后春笋般涌现且其网络涵盖整个大陆和各帝国的各类学术团体，从中可以发现与共济会的联系。从 1718 年起，在约翰·劳（John Law）的倡议下法国培养了一批英国创新型技术人员，部分为詹姆斯党成员，其中包括制表师威廉·布莱基（William Blakey）和亨利·苏利（Henry Sully）（出身胡格诺派），分别是航海钟的发明者和 1726 年巴黎艺术学会的创始人。[⑤]

---

① Raveux 2008. 亚美尼亚农学家让·阿特森（Jean Althen）于 1736 年抵达法国。正是他将在小亚细亚被囚禁期间学会的种植茜草的"东方方法"引进沃奈桑伯爵（Comtat Venaissin）的领地。Fukasawa 1987（p. 49 et 66）。
② Pérez et Verna 2009（p. 48-49）特别强调了这种混合的隶属关系。
③ Beaurepaire 2003. 应该指出的是，各分会（除联合省外）往往反对非基督徒进入，Beaurepaire 1999（p. 122-125）。
④ Boutin 1999 (p. 129-154), Wigelsworth 2010 (p. 149-174).
⑤ Hilaire-Pérez 1997 (p. 549-554), Harris 1998 (p. 7-31).

流散族群的这种创造性功能证明了新的思想潮流在这些人群中的出现，或至少是受到了他们的青睐。事实上，在这些边界不断变化的群体中，例如阿姆斯特丹的西班牙系犹太人或伦敦的胡格诺派教徒中，人们观察到，一个与核心呈微妙关系的边缘世界。这些人被宗教审判庭污蔑为异端，仍然坚持留在社群中，仅仅是因为地方当局给予的特权与这一宗教文化标签有关，而且旧制度下学会的行会主义性质使其变得必要。这种紧张关系为少数群体地位所提供的新思想和新经验提供了沃土。在西欧的西班牙系犹太人的教会（Nação）中，使"加密"犹太人（crypto-judaïsant）（或马拉诺人）皈依犹太教的案例表明了这一点。① 有些人，例如乌列尔·达·科斯塔（Uriel da Costa）（1583—1640）和胡安·德·普拉多（Juan de Prado）（1612—1669），二人都出生在伊比利亚半岛上，分别学习教会法和医学，后来加入阿姆斯特丹的犹太教会，批评犹太教教规并抨击一神教的本质（灵魂的不朽、冥世的存在……），提出一种自然神论或自然主义。② 在1650年代—1660年代与犹太教决裂时，普拉多博士经常与年轻的巴鲁赫·斯宾诺莎（Baruch Spinoza）来往，这一点并非无足轻重。③

　　由于频繁的流动性以及宗教和身份归属的不稳定性，流散人口趋于分化，他们不仅仅是知识和专有技术的"摆渡者"，在这方面的创造性也得到广泛认可。但是，并非所有人都对这一势头做出同等贡献，而是取决于当地的参考因素，无论是在其社群还是东道国社会层面上。他们的科学和技术贡献往往局限于他们是专家的某些领域，因此从事的活动奠定了处于不同阶层的同一群体的身份基础。

---

① 在英国，继默顿1936年（第1—30页）和1970年（第1—30页）的著作之后，异议（尤其是贵格会的异议）与科学技术发展之间的联系问题一直是广泛的史学辩论的主题。参阅：Wood 2004, Cantor 2005.

② Muchnik 2005, Osier 1983, Révah 1962 et 1967—1968.

③ Gebhardt 2000.

规模差异

如果说将近代欧洲的流散群体同质化是错误的，正如历史学有时倾向于通过强调某些联系要素所做的那样，那么将他们对知识传播的贡献统一化也同样是大错特错。这些动态根据个体情况调整，而个体的差异性非常大；或者随着家庭情况的改变，而家庭情况又与特定环境密不可分。并非所有的摩尔人都是阿尔及尔和突尼斯地区山谷和沿海平原的创新型农民；其中许多人，尤其在摩洛哥的摩尔人，选择了参军或从事俘房贸易。① 同样，17世纪阿姆斯特丹港口的活力和定居在此的西班牙系犹太人的自由度，与法国西南部的小城镇所提供的可能性也不可同日而语。② 在阿姆斯特丹有大量由西班牙系犹太人开设的出版社，发行西班牙语和葡萄牙语的宗教作品，但不仅限于此，主要服务本社群和同胞。部分印刷商同时也创作文学和哲学作品，这些作品远在犹太世界之外流传。③ 例如，出身马德拉岛的阿姆斯特丹犹太教教士梅纳西·本·以色列［Menasseh ben Israel，（1604—1657）］与福西厄斯（Vossius）、胡果·格劳秀斯、罗伯特·波义耳、安东尼奥·维埃拉（Antonio Vieira）和胡格诺派教徒彼得勒斯·塞尔鲁里耶（Petrus Serrarius）都保持通信来往。因此，在大多数流散族群中都可以看到经济、宗教、政治和知识层面占主导地位的极点的出现。例如，西班牙系犹太人在阿姆斯特丹、里窝那、海牙和伦敦，摩尔人在突尼斯和拉巴特-萨累，或者詹姆斯党成员在伦敦、圣日耳曼昂莱和巴黎就是这种情况。

人员流动随着时间和空间变化。它们并不表现为线性和确定的运动：当1687年塞涅莱禁止亚美尼亚人开展丝绸贸易时，整个聚居地就都消失了；但确实，印花棉布的工艺秘密已经传给了马赛工匠。④ 相反，在16世纪下半叶

---

① Epalza 1992.
② Nahon 1993.
③ Boer 1996, Roth 1945, Kaplan, Méchoulan et Popkin 1989.
④ Raveux 2008 (p. 10).

的伦敦，专门从事丝织业的瓦隆人和胡格诺派教徒则一度成功地限制了他们的技术转让，尽管地方当局一再鼓励招收本地学徒或雇佣本地佣工。因此，创新似乎沦为"飞地"，尽管只是暂时的。① 这种趋势有时会因各种形式的种族隔离（意大利的犹太人聚居区）或至少是因聚集的做法而加剧，这种做法与保持原有语言相结合，减少了与当地居民的接触。例如，来自西班牙北部的讲西班牙语的摩尔人因阿拉伯语能力很差而居住在被废弃的荒芜村庄，或者瓦隆人和胡格诺派教徒居住在伦敦斯皮塔佛德区，都是这样的情况。在某种程度上，遍布整个欧洲大陆的英国神学院都符合这种地理、文化、身份和职业的飞地模式。因为他们的直接目的是在不列颠群岛发展新教徒。但是，鉴于与其他流亡英国人和当地学者的社会交往，这种表面上的孤立被相对化：牧师成为来自英国世界的创新的"摆渡者"，这种创新在 18 世纪的法国引起了强烈反响。②

尽管难以评估流散族群在技术和科学方面的贡献，但最终看来，创新，或至少是对创新的主张，构成了地方和跨国层级社群的一个创始要素。无论是群体本身及其成员，还是东道国社会，甚至是历史学家，都认可这一点。大多数流散族群是某些领域的专家或被呼吁成为专家，他们因专业知识和与之相伴的文化甚至民族创造力而享誉盛名。应该从这个意义上理解地方或国家当局给予他们的特权。1685 年 10 月 29 日，在南特敕令被废除不到 15 天后，勃兰登堡选帝侯兼普鲁士国王腓特烈·威廉一世（Frédéric-Guillaume Ier）颁布《波茨坦法令》（L'édit de Potsdam），专门为了胡格诺派教徒的利益，赋予他们进入公司和建立工厂的便利条件。③ 因此，第八条针对"那些希望从事任何制造和生产的人，无论是床单、布料、帽子还是自己选择的任何其他品类的商品"，向他们承诺豁免权、资金支持和原材料。确实，流亡者在勃兰登堡－普鲁士建

---

① Luu 2008（p. 40-42），Luu 1999. 但是，这种保留态度必须结合针对外国人的限制性措施来解读；例如，1563 年英国颁布《工匠学徒法》（Statute of Artificers），强制要求 7 年的学徒期——然而，部分行业接受海外学徒的"证据"，Luu 2005（p. 156-162）.

② Chaussinand-Nogaret 1973 (p. 1118), Genet-Rouffiac 2007.

③ Weiss 1853 (t. 2, p. 408).

立起在此之前尚不存在的产业，即使其中很多没能长久维持。①

由于认为移民在某些方面具有专长，地方当局赋予他们一系列便利措施，因此促使他们投身于这些活动中，更广义地说，是呼应相应群体的典型社会学特征。就丝绸加工而言，众所周知，许多来自欧洲大陆的流亡者在抵达伦敦后才利用这一行业提供的机会以及同胞和（或）信奉同一宗教的教友传授的专业知识转而投身该行业，如人们所见，后者不愿意在当地工匠中传播这些知识。②流散族群不断丰富经验，夯实技术诀窍的声誉，以确保在面对来自本地人以及（尤其是）来自外国社群的竞争中的地位和优势。因此，这种专门知识构成在欧洲及其他国家和地区的流散族群相互联系的一个要素：它保持了书信的流通，并引起移民的聚集，特别是正在接受培训的年轻人或者熟练的工匠。因此，它参与了流散族群身份的建构，跨国社群坚持在各个定居点中保持这种声誉，并通过代名词效应从其他家庭的成功中受益匪浅。从这个意义上讲，犹太医生的案例颇能说明问题，它虽然具有独特性，但长期存在，更多地在于个人选择而不是集体策略。犹太医生所拥有的知识和技艺介于科学和魔法之间，是在与希腊人和阿拉伯人的接触过程中获得的，在社会规定的范围内（犹太人被禁止从事许多职业），凸显了这一职业在整个流散犹太群体（西班牙系、日耳曼系犹太人等）中的地位。索瓦尔（Sauval）报告的一则轶事能证明这一点，据称，弗朗索瓦一世苦不堪言，立即以查理五世（Charles Quint）改信基督宗教为借口，辞退了应他要求派来的犹太医生。然后，他从君士坦丁堡招来一名犹太医生，用驴奶治愈了他，这种疗法后来被广泛普及，尤其是用于治疗肺部疾病。③

1723年，由胡格诺派书商兼作家让·弗雷德里克·贝纳尔（Jean-Frédéric Bernard）（1683—1744）和改信加尔文主义的法国天主教徒雕刻家贝纳尔·皮卡尔（Bernard Picard）（1673—1733）合作编辑的七卷本《世界各民族宗教

---

① Mittenzwei 1987.

② Luu 2008 (p. 38-39).

③ Sauval 1724 (t. 2), p. 526. 诚然，希波克拉底和老普林尼已经将该处方用于多种治疗用途。

仪式和习俗版画集》(*Cérémonies et coutumes religieuses de tous les peuples du monde*)中的第一卷在阿姆斯特丹出版。这即使不算是宗教宽容，也至少是宗教开放的一种形式，如果不考虑他们遭受的迫害考验及其作为外国人的地位，那么就无法理解他们的事业。[①] 身处避难所的边缘地带促使他们以不同的方式考虑非欧洲人在欧洲的经验所构成的知识，并建立对宗教进行合理和非护教论的比较的前提。贝纳尔和皮卡尔见证了流亡释放的创造力和外国人身份带来的知识自由；西班牙系犹太裔、摩尔族、詹姆斯党、胡格诺派、希腊或亚美尼亚商人和工匠的旅行都体现了这种行动中的自由。无论社会经济地位和宗教文化行为具备何种多样性，所有人都可以调动其流散族群的庞大网络，以服务于科学或技术创新，从而使他们在东道国社会获得合法性和优势。即使不是所有人都这样做，他们也仍然会从隶属群体的声誉中受益，无论这一群体是被"分配"给他们的，还是他们或多或少自由选择与之认同的。

纳塔利娅·穆奇尼克（Natalia Muchnik）撰

参考文献

Abdulwahab Hassan H., 1970 [1917], Coup d'œil général sur les apports ethniques étrangers en Tunisie, *Les Cahiers de Tunisie*, n°s 69-70, p. 151-169.

Angiolini Franco et Roche Daniel (dir.), 1995, *Cultures et formations négociantes dans l'Europe moderne*, Paris, Éd. de l'EHESS.

Aslanian Sebouh, 2008, "The Salt in a Merchant's Letter": The Culture of Julfan Correspondence in the Indian Ocean and the Mediterranean, *Journal of World History*, n° 19, p. 127-188.

Beaurepaire Pierre-Yves, 1999, *La République universelle des francs-maçons. De Newton à Metternich*, Rennes, Éd. Ouest-France.

– (dir.), 2002, *La Plume et la toile. Pouvoirs et réseaux de correspondance dans l'Europe des Lumières*, Arras, Artois Presses Université.

– 2003, *L'Espace des francs-maçons. Une sociabilité européenne au xviiie siècle*, Rennes,

---

[①] Hunt, Jacob et Mijnhardt 2010 (p. 8).

Presses universitaires de Rennes.

Beaurepaire Pierre-Yves, Häseler Jens et McKenna Antony (dir.), 2006, *Réseaux de correspondance à l'âge classique (xvie-xviiie siècle)*, Saint-Étienne, Publications de l'université de Saint-Étienne.

Berkvens-Stevelinck Christiane, Bots Hans et Häseler Jens (dir.), 2005, *Les Grands Intermédiaires culturels de la république des lettres. Études de réseaux de correspondances, du xvie au xviiie siècle*, Paris, Honoré Champion.

Blanchard Anne, 1973, "Ingénieurs de Sa Majesté Très Chrétienne à l'étranger" ou l'école française de fortification, *Revue d'histoire moderne et contemporaine*, n° 20, p. 25-36.

Boer Harm den, 1996, *La literatura sefardí de Ámsterdam*, Alcala de Henares, Universidad de Alcalá de Henares.

Bots Hans et Vet Jan de (dir.), 2002, *Stratégies journalistiques de l'Ancien Régime. Les préfaces des "journaux de Hollande" (1684—1764)*, Amsterdam et Utrecht, APA-Holland University Press.

Boutin Pierre, 1999, *Jean-Théophile Desaguliers, un huguenot, philosophe et juriste, en politique*, traduction et commentaires de *The Newtonian System of the World, the Best Model of Government*, Paris, Honoré Champion.

Cantor Geoffrey, 2005, *Quakers, Jews, and Science: Religious Responses to Modernity and the Sciences in Britain (1650—1900)*, Oxford, Oxford University Press.

Cardaillac Louis, 1976, Le problème morisque en Amérique, *Mélanges de la Casa de Velázquez*, n° 12, p. 283-306.

Chaussinand-Nogaret Guy, 1973, Une élite insulaire au service de l'Europe: les jacobites au xviie siècle, *Annales. Économies, sociétés, civilisations*, vol. 28, n° 5, p. 1097—1122.

Cohen Abner, 1971, Cultural Strategies in the Organization of Trading Diaspora, *in* Claude Meillassoux (dir.), *The Development of Indigenous Trade and Markets in West Africa*, Oxford, Oxford University Press, p. 266-281.

Curtin Philip D., 1984, *Cross-Cultural Trade in World History*, Cambridge, Cambridge University Press.

Dufoix Stéphane, 2012, *La Dispersion. Une histoire des usages du mot "diaspora"*, Paris, Éd. Amsterdam.

Epalza Mikel de, 1992, *Los moriscos antes y después de la expulsión*, Madrid, Mapfre.

Feingold Mordechai (dir.), 2003, *Jesuit Science and the Republic of Letters*, Cambridge (Mass.) et Londres, MIT Press.

Fukasawa Katsumi, 1987, *Toilerie et commerce du Levant, d'Alep à Marseille*, Paris, CNRS Éditions.

Gebhardt Carl, 2000, *Spinoza, judaïsme et baroque*, éd. par Saverio Ansaldi, Paris, Presses universitaires Paris-Sorbonne.

Genet-Rouffiac Nathalie, 2007, *Le Grand Exil. Les jacobites en France (1688—1715)*, Paris, Service historique de la défense.

Grant Edward, 1994, *Planets, Stars, and Orbs. The Medieval Cosmos (1200—1687)*, Cambridge, Cambridge University Press.

— 2003, The Partial Transformation of Medieval Cosmology by Jesuits in the Sixteenth and Seventeenth Centuries, in Mordechai Feingold (dir.), *Jesuit Science and the Republic of Letters*, Cambridge (Mass.) et Londres, MIT Press, p. 127-155.

Gutwirth Eleazar, 2004, Amatus Lusitanus and the Location of Sixteenth-Century Cultures, *in* David B. Ruderman et Giuseppe Veltri (dir.), *Cultural Intermediaries: Jewish Intellectuals in Early Modern Italy*, Philadelphie, University of Pennsylvania Press, p. 216-238.

Harris John, 1998, *Industrial Espionage and Technology Transfer: Britain and France in the Eighteenth Century*, Aldershot, Ashgate.

Hayward Rhodri, 2003, Emmanuel Mendes da Costa (1717—1791): A Case Study in Scientific Reputation, *in* Ana Simões, Ana Carneiro et Maria Paula Diogo(dir.), *Travels of Learning: A Geography of Science in Europe*, Dordrecht, Kluwer Academic Publishers, p. 101-114.

Hilaire-Pérez Liliane, 1997, Transferts technologiques, droit et territoire: le cas franco-anglais au xviiie siècle, *Revue d'histoire moderne et contemporaine*, n° 44, p. 547-580.

Höfele Andreas et Koppenfels Werner von (dir.), 2005, *Renaissance Go-Betweens: Cultural Exchange in Early Modern Europe*, Berlin, Walter de Gruyter.

Hunt Lynn, Jacob Margaret C. et Mijnhardt Wijnand, 2010, *The Book That Changed Europe: Picart and Bernard's Religious Ceremonies of the World*, Cambridge (Mass.) et Londres, Harvard University Press.

Kaplan Yosef, Méchoulan Henry et Popkin Richard (dir.), 1989, *Menasseh ben Israel and His World*, Leyde, E.J. Brill.

Latham John D., 1973 [1957], Contribution à l'étude des immigrations andalouses et leur place dans l'histoire de la Tunisie, *in* Mikel de Epalza et Ramón Petit (dir.), *Recueil d'études sur les moriscos andalous de Tunisie*, Madrid et Tunis, Instituto Hispano-Árabe de Cultura et Centre d'études hispano-andalouses, p. 21- 63.

— 1983 [1977], Muçt'afa de Cardenas et l'apport des "morisques" à la société tunisienne du xviie siècle, in Slimane M. Zbiss et al. (dir.), *Études sur les morisques andalous*, Tunis, Institut d'archéologie et d'art, p. 157−178.

Luu Lien B., 1999, Ségrégation spatiale, enclaves d'activités professionnelles et diffusion des techniques. Les artisans étrangers et l'économie londonienne (1550—1600), in Jacques Bottin et Donatella Calabi (dir.), *Les Étrangers dans la ville. Minorités et espace urbain, du bas Moyen Âge à l'époque moderne*, Paris, Éd. de la Maison des sciences de l'homme, p. 453−464.

— 2005, *Immigrants and the Industries of London (1500—1700)*, Aldershot, Ashgate.

— 2008, Immigrants and the Diffusion of Skills in Early Modern London: The Case of Silk Weaving, *Documents pour l'histoire des techniques*, vol. 15, p. 32−42.

Merton Robert, 1936, Puritanism, Pietism and Science, *Sociological Review*, n° 28, p. 1−30.

— 1970, *Science, Technology and Society in Seventeenth-Century England*, New York, Fertig.

Mittenzwei Ingrid, 1987, Die Hugenotten in der gewerblichen Wirtschaft Brandenburg-Preussens, in Ingrid Mittenzwei (dir.), *Hugenotten in Brandenburg-Preussen*, Leipzig, Akademie der Wissenschaften der DDR, p. 112−168.

Muchnik Natalia, 2005, *Une vie marrane. Les pérégrinations de Juan de Prado dans l'Europe du xviie siècle*, Paris, Honoré Champion.

— 2009, Les diasporas soumises aux persécutions (xvie−xviiie siècle): perspectives de recherche, *Diasporas. Histoire et sociétés*, n° 13, p. 20−31.

Nahon Gérard, 1993, *Métropoles et périphéries séfarades d'Occident. Kairouan, Amsterdam, Bayonne, Bordeaux, Jérusalem*, Paris, Éd. du Cerf.

O'Malley John W., Bailey Gauvin Alexander, Harris Steven J. et Kennedy T. Frank (dir.), 1999 et 2006, *The Jesuits: Cultures, Sciences, and the Arts (1540—1773)*, Toronto, University of Toronto Press, 2 vol.

Osier Jean-Pierre, 1983, *D'Uriel da Costa à Spinoza*, Paris, Berg International.

Patiniotis Manolis, 2003, Scientific Travels of the Greek Scholars in the Eighteenth Century, in Ana Simões, Ana Carneiro et Maria Paula Diogo (dir.), *Travels of Learning: A Geography of Science in Europe*, Dordrecht, Kluwer Academic Publishers, p. 47−75.

Pérez Liliane et Verna Catherine, 2009, La circulation des savoirs techniques du Moyen Âge à l'époque moderne. Nouvelles approches et enjeux méthodologiques, *Tracés. Revue de sciences humaines* [en ligne], n° 16, p. 25−61.

Raveux Olivier, 2008, "À la façon du Levant et de Perse". Marseille et la naissance de l'indiennage européen (1648−1689), *Rives nord-méditerranéennes*, n° 29, p. 37−60.

Révah Israël S., 1962, La religion d'Uriel da Costa, marrane de Porto, *Revue d'histoire des religions*, n° 161, p. 45−76.

— 1967—1968, Du marranisme au judaïsme et au déisme, *Annuaire du Collège de France*, p. 515−526.

Roche Daniel, 2003, *Les Circulations dans l'Europe moderne (xviie-xviiie siècle)*, Paris, Fayard, coll. Pluriel.

Romano Antonella et Van Damme Stéphane (dir.), 2008, dossier "Sciences et villesmondes (xvie−xviiie siècle)", *Revue d'histoire moderne et contemporaine*, vol. 55, n° 2.

Roth Cecil, 1945, *A Life of Menasseh ben Israël, Rabbi, Printer and Diplomat*, Philadelphie, The Jewish Publication Society of America.

Sauval Henri, 1724, *Histoire et recherches des antiquités de la ville de Paris*, Paris, Charles Moette & Jacques Chardon.

Schaffer Simon, Roberts Lissa, Raj Kapil et Delbourgo James (dir.), 2009, *The Brokered World: Go-Betweens and Global Intelligence (1770—1820)*, Sagamore Beach (Mass.), Science History Publications.

Schilling Heinz, 1983, Innovation through Migration: The Settlements of Calvinist Netherlanders in Sixteenth- and Seventeenth-Century Central and Western Europe, *Histoire sociale / Social History*, n° 16, p. 7−33.

Scoville Warren C., 1951, Minority Migrations and the Diffusion of Technology, *The Journal of Economic History*, n° 11, p. 347−360.

— 1952, The Huguenot and the Diffusion of Technology, *The Journal of Political Economy*, n° 60, p. 294−311 et 392−411.

Shapin Steven, 1994, *A Social History of Truth: Civility and Science in Seventeenth Century England*, Chicago, University of Chicago Press.

Simmel Georg, 1979 [1908], Digressions sur l'étranger, *in* Yves Grafmeyer et Isaac Joseph (dir.), *L'École de Chicago. Naissance de l'écologie urbaine*, Paris, Éd. du Champ urbain, p. 53−59.

Trivellato Francesca, 2007, Merchant's Letters across Geographical and Social Boundaries, *in* Francisco Bethencourt et Florike Egmond (dir.), *Cultural Exchange in Early Modern Europe*, t. 3: *Correspondence and Cultural Exchange in Europe (1400—1700)*, Cambridge, Cambridge University Press, p. 80−103.

Virol Michèle, 2010, Savoirs d'ingénieur acquis auprès de Vauban, savoirs prisés par les Anglais?, *Documents pour l'histoire des techniques* [en ligne], n° 19.

Weiss Charles, 1853, *Histoire des réfugiés protestants de France depuis la révocation de l'édit de Nantes*, Paris, Charpentier, 2 vol.

Wigelsworth Jeffrey R., 2010, *Selling Science in the Age of Newton: Advertising and the Commoditization of Knowledge*, Farnham, Ashgate.

Wood Paul (dir.), 2004, *Science and Dissent in England (1688—1945) Aldershot*, Ashgate.

第四部分
科学与对世界的治理

在 1732—1734 年间出版的这些版画中,画家威廉·霍加斯(William Hogarth)化身伦理学家。他谴责纵欲、放荡和赌博。他还围绕不同社会类型的人(如这里是学徒)描述了城市的生活场景。——《勤与惰》(*Industry and Idleness*),蚀刻版画,《浪子生涯》(*The Rake's Progress*),伦敦。

第十七章
近代欧洲的国家、科学和企业

自中世纪晚期以来，欧洲国家通过雇佣有能力、有文化、有学问、有实践经验的人员服务，加强了对其领土、资源和人口的控制。这些人一方面要为行政部门的中央集权工作服务，另一方面作为当局的代表或能够管理复杂项目的专家，协调政府在地方层面的行动，包括防御工事、军械库、设备制造、采矿和冶金等重型和创新型产业，即对战争和增加货币储备具有战略意义的领域。[1] 一位女性历史学家将16世纪发展起来的知识与权力之间的关系与当代"大科学"相提并论，这就需要我们谈三点看法。[2]

一方面，科学被理解为专门的知识，旨在"研究自然界并以生产和盈利为目的进行开发利用（*manipulation*）"，无论是实用炼金术、葡萄栽培还是采矿技术。[3] 因此，科学涵盖了专家的技能，在理解现象和解决问题方面，更多地依靠智慧，而非既有经验，简而言之，就是技巧（*skill*）或天分（*ingenium*）。[4] 这种专家知识既不是理论性的，也不仅仅是实践性的[5]，它颠覆了纯科学和应用科学之间的公认划分，有利于面向行动的知识，被用来为实现私人或公共利益

---

[1] Vérin 1993, Ash 2004, Brioist 2013, Smith 1994.
[2] Harkness 2007 (chap. 4).
[3] *Ibid.*, A Note about "Science".
[4] Ash 2004.
[5] Rabier 2007 (p. 2).

服务。[1] 因此，这更多的是技术问题，因为文艺复兴时期的王公贵族们最感兴趣的是专家设计出减少制约因素异质性并使之成为成文的解决方案的能力[2]，这与减少巧计的潮流相呼应，通过利用所有知识为行动服务，并广泛动员行动者来应对国家日益增长的需求，尤其是军事方面的需求。[3] 如果说专家的法律意识确立得较晚，但从近代初期开始，政治层对技术方面的精深知识及其正式化的兴趣是显而易见的。

第二方面，这种征集专家知识的做法不足以增加国家的利益。个人在减少进口、增加收入、开发居民点、供应军需品和确保广泛就业等方面开展盈利业务的能力，才是国家实力的保证。行业公会、为私人和公共利益服务的强大经济监管结构是不够的。奢侈品制造、农村出口产业、矿产、冶炼、船舶制造、大宗商品贸易、发明的应用、整治工程都属于脱离行会框架的企业家的势力范围。所有这些经营活动都以特许权的方式纳入政府政策，即"政府当局临时分配给某一行动者（个人或集体）在经济领域的行动空间"[4]，并在此基础上加上发放津贴、授予职务或佣金、建立国家与公司之间的契约化制度。[5] 在现金短缺、难以获取原材料和合格劳动力造成不确定性局面的情况下，政府当局通过这种对企业的投资，使它们合法化，并唤起合作伙伴、投资者和用户的信心。[6] 随着创新型经济的发展，其他期望也逐渐显现。

第三方面，文艺复兴时期，创新问题在学术和行政系统中占据核心地位。从中世纪晚期开始，各政府设立特许权，允许垄断经营，首先在获得合法地位的意大利北部城市。（威尼斯，1474年）开始。在专家对发明进行审查后，威尼斯法律授予发明人十年的专有开发权，条件是发明要被利用[7]——在"知识不是公共事物"的世界中，即赞助制度至高无上，发明的秘密诀窍和专营权被

---

[1] Van Damme 2007 (p. xv).
[2] Vérin 1993.
[3] Vérin et Dubourg-Glatigny 2008.
[4] Margairaz 2011, Garner（于2016年出版——译注）
[5] Hahn 1971, Hilaire-Pérez 2000, Yamamoto 2009.
[6] Grenier 1996.
[7] Long 2001.

预留给赞助人，这无疑是一项创新。① 随着工匠的迁徙，加之王公贵族对经济事业日益浓厚的兴趣，这项权利在欧洲传播开来。在流传过程中，这项权利根据地区而调整。在法国，特许权由效用审查来决定，逐渐由学术科学投入，直到法国大革命之前，特许权已成为该制度的支柱。在英国，发明专利（patents for invention）的授予无需审查，申请人需缴纳高额费用。② 然而在18世纪初，企业家经常请求皇家学会会士提供帮助，英国科学界因此在控制经营风险中发挥了关键作用。但是，这是否有助于发展国家在技术和工业领域的知识？我们的首要问题是确定英国模式的特征，然后与18世纪法国发展的制度进行比较。

科学与商业，从培根到牛顿：国家知识

16世纪，专家们在政府决策中的权重居于伊丽莎白女王时代英国工作的核心，特别是在1558—1598年任女王的首席国务大臣威廉·塞西尔（William Cecil）[伯利男爵（Lord Burghley）]掌权期间。他在引进外国制造术、支持具有相当规模的企业（大型工程、采矿）以及强化军事和航海能力的基础上促进经济增长，是伊丽莎白女王时代"大科学"的主要行动者之一。③ 她身边环绕着一个在英国和海外进行经济调查的线人网络，例如，亚历山大·金（Alexander King）调研南部诸郡菘蓝的种植；阿马吉尔·瓦德（Armagil Waad）被派遣至霍尔斯坦商谈商业合同；威廉·赫尔（William Herle）负责汇报制盐行业的情况。

通过经济调查建立起为政治行动服务的国家知识，如发布旨在保护生产或市场的公告或王室法令，甚至授予垄断经营权作为调节经济活动的手段。琼·瑟斯克（Joan Thirsk）提到用大麦和啤酒花酿制醋和蒸馏酒的案例，这是荷兰人在英国大规模开发的产品，他们很快被怀疑欺诈。1593年，塞西尔下令让伦敦市政官（alderman）安东尼·拉德克利夫（Anthony Radclyff）就醋

---

① Brioist 1993.
② MacLeod 1988 (chap. 3).
③ Thirsk 1978, Ash 2004, Harkness 2007, Heal et Holmes 2002.

产业展开调查，调研蒸馏酒产业，并将专营权授予理查德·德雷克（Richard Drake），从而导致对被指控掺假的小厂商的大量查禁，此举激起了人们对垄断的反对。①

但是，很难明确专利权授予程序是否符合规定，严格基于信息提供者开展的效用审查和调研。作者同意克里斯汀·麦克劳德（Christine MacLeod）的观点，即在伊丽莎白一世时代，发明专利的获得很大程度上取决于威廉·塞西尔的意见，尤其是在可能与现有制造业存在利益冲突的情况下，然而，这导致其要求由具有实用性降低为没有妨害。② 枢密院（Privy Council）的专家参与实施重大工程，例如，在数学家兼制图师托马斯·迪格斯（Thomas Digges）③ 的主持下整修多佛港，似乎更加引人注目。

这些程序应与欧洲大陆制定的程序进行准确的比较，特别是在1602—1610年由巴泰勒米·德·拉夫马斯（Barthélemy de Laffemas）领导、12名成员（巴黎市长等官僚贵族和商人）组成的委员会。委员会下令进行效用审查，动员各行会以向技术发明者和进口商授予特许权，同时进行调研（养蚕业、种畜场），起草经济政策，例如，结合佛拉芒工人的加入和行会规章制度的扩展，制定呢绒业的政策。④ 奥雷利安·吕埃莱（Aurélien Ruellet）的研究表明，这种类型的委员会不仅在1610年后重新出现，而且被动员的专家的形象在整个世纪中都存在于提交给国王委员会的案件⑤。"因此，正在设立专门的工作人员，即使其职能仍显得不稳定。"⑥

但是，尽管国家求助于专家和政府委员会在17世纪已经常态化，但这一时期的原创性在于学术界的组织及体制化，从而改变了专业知识的形式，少了个体性而多了集体性，并将技术、工业和更广泛的经济活动合法化，成为公共行动领域。

---

① Thirsk 1978 (p. 93–96).
② MacLeod 1988 (p. 12).
③ Ash 2004 (chap. 2).
④ Delrue 2012.
⑤ Ruellet 2013.
⑥ Ruellet.（于2016年出版——译注）

正如伦敦皇家学会的第一批成员（1660年）所宣称的那样，科学专业化的动力是培根式的灵感，它倡导实用科学、集体调查和国家保护。埃里克·阿什（Eric H. Ash）指出，这与其说是与伊丽莎白女王时代的专家的决裂，不如说是承袭于此。弗朗西斯·培根（1561—1626）沉浸在一个将专业知识（对王室有用的知识）、王室赞助和公民人文主义联系在一起的环境中。① 作为政府成员，他还努力管理那些交织着国家利益和企业商利益的项目，尤其是通过授予专营权（通常给朝臣）的。② 随着针对王室特权的反对，声浪愈演愈烈〔最终导致1624年颁布《垄断法》（Statut des Monopoles）〕，培根成功将"项目发起者"（projector）塑造成公众利益的敌人。③ 培根所希望的"学术的伟大复兴"（Grande Instauration）或知识改革具有谴责垄断项目的性质，只有为枢密院服务的专家科学才能规范。

然而，在英格兰空位期（1649—1660年），培根的理想在团结在移居英国的德裔加尔文主义者塞缪尔·哈特立伯（Samuel Hartlib）周围的清教徒学术圈中得到应用。早在1641年，《玛卡里亚王国录》（*A Description of the Famous Kingdome of Macaria*）就已问世，献给长期议会，其主要作者是发明家、农业技术专家加布里埃尔·普拉特斯（Gabriel Plattes）。在玛卡里亚王国，就像《新大西岛》中的"本撒冷"（Bensalem）乌托邦一样，国王得到经济委员会和经验学会的协助，该学会奖励与人类健康或富裕有关的发现。④ 随后，哈特立伯的改革派圈子推动了一系列创新项目，他们的口号是信息自由流通、为公共利益服务，1647年在通信地址部（Office of Address for Communications）进行了有效的尝试，哈特立伯希望为此获得国家资助，尽管徒劳无功。⑤ 偏重的领域是农业和生计——这一关注重点构成英国改革计划和学术交往的持久基础。山本浩司（Koji Yamamoto）研究了提交给哈特立伯团队的农业项目。他

---

① Ash 2004 (chap. 5).

② Yamamoto 2009 (p. 36).

③ Bacon 1983 [1627].

④ Yamamoto 2009 (p. 102).

⑤ Webster 1975 (p. 374–376).

认为作为恢复经济项目信誉的战略,知识的开放起着核心作用。①

但正是随着斯图亚特王朝复辟,这些尝试才得以体制化。议会经济作用的加强[成倍增加对"私人法案"(private acts)的许可,例如,开发河流]、查理二世(Charles II)创建的贸易委员会(Board of Trade)以及1660年皇家学会的成立都有助于促进改良(improvement)并使之合法化。②皇家学会设有委员会,应政府的要求进行调查,例如,为皇家海军编写的关于如何改善木材供应的报告,最终促使约翰·伊夫林(John Evelyn)发表《森林志》(又名《林木论》)(Sylva, or A Discourse of Forest-Trees)。而与尼德兰七省联合共和国的冲突引发对火炮和造船业的大规模研究。③但是,皇家学会对提交给政府或议会的项目和事业没有仲裁职能。该机构的信誉不是建立在政府服务的基础上,而是基于其成员之间交易的强度,可以对经验进行集体验证。④

手工艺、行业与创新:开放技术

在对集体发明进行研究的框架内,"开放技术"(open technology)的概念属于知识经济,即分析行动者之间的协议和基于专业人员和用户网络中诞生的发明的汇集和即时流通的体制安排。该提法建立在与皇家学会内部交流有关的"开放科学"(open science)概念的基础上,旨在通过强调集体占有的形式来展示专利制度之外的替代可能性。

知识的开放性概念涉及人类社会固有的常规局部机构的研究。问题在于了解在这些群体中如何保证对探索研究的激励,因为知道它不可能来自通过垄断收益获得的私人回报。推广["社会回报"(rendement social)]是这些制度的核心,集体信用、融资和荣誉有利于新知识的产生。

该模式是否仅限于以学术形式鼓励发明?从业者、手工业和商业界

---

① Yamamoto 2009 (chap. 2).

② *Ibid.* (chap. 3).

③ Hunter 1992 (chap. 4).

④ Biagioli 1995 (p. 1414—1453), Shapin et Schaffer 1995.

被排除在外了吗？有一项研究案例证明了相反的情况，那就是法国旧制度下的里昂丝绸业。它证明了分散型生产方式的活力，即远离禁锢在行会枷锁中的封闭型手工业界的陈旧惯例。这一微观经济层面恢复了"市镇主义"系统中协议的密集程度，使包括手工业行会在内的多种地方机构相互关联，这些机构不再被视为是过时的遗存，而是几个世纪以来不断发展的可塑、持久的形式。

里昂丝绸业的案例突显了长期参与技术转让的行会——大型工厂（Grande Fabrique）的关键作用。在18世纪，正如丹尼尔·罗奇（Daniel Roche）所展示的那样，与向科学技术开放的省级学术环境的现代性相呼应，里昂成为开明君主制的实验室，后者渴望通过结合学院和培根模式、社区资源和自由主义理想来限制特权并促进知识传播。一套复杂的管理程序被制定出来，并配套实行市政奖励制度，以鼓励技术的优化、模仿和转移。诞生于以集体提供技术知识为前提的社区使用，一项制度性标准正在建立，即以行为者的协调能力为基础的发明遗产化。

尽管史学强调了与行业和企业文化有关的保密和封闭行为，将其与协作和普及的学术规范对立起来，但从业人员已成为技术知识流通中的行动者，一方面规范知识开放的制度，另一方面就竞争对手获得信息的机会进行谈判，并在他们从中受益时创建语言社区。这种开放能力似乎是工匠类似、比较和替代能力的关键。简而言之，开放技术这一源于"开放科学"的概念，为更新对手工技艺的研究以及反思普通综合思维形式开辟了道路。

利利亚纳·伊莱尔-佩雷斯

参考文献

Allen Robert, 1983, Collective invention, *Journal of Economic Behavior and Organization*, no 4, p. 1–24.

David Paul A., 1998, Common Agency Contracting and the "Emergence" of "Open Science" Institutions, *American History Review*, vol. 88, no 2, p. 15–21.

Foray Dominique et Hilaire-Pérez Liliane, 2005, The Economics of Open Technology: Collective Organization and Individual Claims in the "fabrique lyonnaise" during the Old Regime, in C. Antonelli, D. Foray, B.H. Hall et W.E. Steinmueller (dir.), *Frontiers in the Economics of Innovation and New Technology. Essays in Honour of Paul A. David*, Cheltenham, Edward Elgar, p. 239-254.

Hilaire-Pérez Liliane, 2008, Inventing in a World of Guilds: The Case of the Silk Industry in Lyon in the Eighteenth Century, in S.R. Epstein et Maarten Prak (dir.), *Guilds and Innovation in Europe (1500—1800)*, Cambridge, Cambridge University Press, p. 232-263.

Hilaire-Pérez Liliane, MacLeod Christine et Nuvolari Alessandro (dir.), 2013, dossier Innovation without Patents, *Revue économique*, no 1, p. 5-163.

Nuvolari Alessandro, 2004, *The Making of Steam Power Technology: A Study of Technical Change during the British Industrial Revolution*, Eindhoven, Technische Universiteit Eindhoven.

更普遍的是,与世纪初情况不同的是,企业与王室的利益关联变少,这一点从涉及与财政部分享利润的专利数量很少中可以得到证明。[①] 趋势是与政府脱钩。企业越来越依靠自身的能力来唤起公众的兴趣,特别是吸引投资者和合作伙伴,这表现为合股公司的激增,例如以认购和媒体上抽签形式发行(请参见第 392 页"手工艺、行业与创新:开放技术")。

但是如果由此得出"学术科学已沦为背景"的结论,那就大错特错了。一方面,皇家学会会士对正在组建的新公司寄予厚望,例如,药剂师、杂货商兼股票经纪人约翰·霍顿(John Houghton)推出一份集技术调查、广告、食品价格信息、资本高度密集的新冶金公司股票销售或为伦敦的水力设备募集资金为一体的期刊,这些都是 1690 年代"项目发起者"感兴趣的领域。[②] 报刊的兴起加速了信息流通,公众对发明的兴趣因公开会议和以传播牛顿科学为特征的科学仪器市场为媒介而与日俱增。在此背景下,商业主义的兴起与实施复杂发

[①] Yamamoto 2009 (p. 190), MacLeod 1988 (p. 20-21).

[②] Hilaire-Pérez et Thébaud-Sorger 2008.

明动员众多投资者是分不开的。①

另一方面，这种不稳定的投机经济（专利数量成倍增加，造成企业资本膨胀，存在误导投资者的风险）促使部分企业家转向皇家学会②，以巩固项目并确保其信誉。1697 年，曾遭某项专利骗取钱财的丹尼尔·笛福（Daniel Defoe）在论著《计划论》（An Essay upon Projects）中表达了对专利所承载的发明的不满，他认为，这些发明提供的股份是"无意义的新东西"（in a New-Nothing），而不是诚实的发明，"就像世界上所有学术院和皇家学会在'自然的作品'（Œuvre de la Nature）中的所有发现"。③虽然在英国，科学与权力的关系并没有导致皇家学会拥有如此权威，然而正如拉里·斯图尔特（Larry Stewart）所表明的那样，科学家对企业家事业的参与仍然是牛顿主义者的特征。④

公众讲座市场上流通着被认为有助于揭示牛顿物理学的工具和机器，它既构成牛顿科学的讲坛，又是这些"科学企业家"的收入来源，同时还是仪器制造商的销路。罗伯特·波义耳、弗朗西斯·霍克斯比（Francis Hauksbee）、本杰明·马丁（Benjamin Martin,）和约翰·西奥菲勒斯·德萨居利耶（John Theophilus Desaguliers）都因此享有盛誉。德萨居利耶还赋予他们一项公民使命：关键在于让公众有办法驳斥项目发起人利用发明带来的惊奇和专利带来的致富希望营造的骗局。学术科学似乎是令支出和投资符合道德规范的一种手段。对于正在寻找有利可图的技术项目并希望确保投资安全的地产或矿产主而言，依靠德萨居利耶和其他皇家学会会士的专业知识成为一项创业策略。钱多斯公爵（Duke of Chandos）和商人凯斯·比林斯利（Case Billingsley）的情况就是如此，二人的利益由合股公司网络捆绑在一起，尤其是约克建筑公司（York Buildings Company）开展的从泰晤士河中抽水的业务受益于德萨居利耶的液压技术，涉及管道、蓄水池和纽科门蒸汽机。当赞助关系逐渐衰弱、市场

---

① Stewart 1992, Jacob et Stewart 2001.
② MacLeod 1986.
③ Defoe 1969 [1697].
④ Stewart 1992.

蓬勃发展时，牛顿学说的信奉者通过提供专家建议这种新兴形式为企业家提供了新的保障。[①]

然而，这种逻辑并不能反映整个学术体系。地方机构和学会如雨后春笋般涌现，例如1710年成立的爱尔兰亚麻委员会（Linen Board）、1727年成立的苏格兰制造业托管会（Board of Trustees for Manufacture）、从都柏林议会获得经费的都柏林协会（Dublin Society）（1731年），以及受到苏格兰议会支持的爱丁堡学会（Edimbourg Society）（1723年）等，都是调查制造、用奖金和奖章奖励发明、制定经济政策、补偿政府投资少和皇家学会服务私有化的机构。位于伦敦的皇家艺术协会（1754年）是最活跃的私人协会之一，它是在贸易委员会主席哈利法克斯勋爵（Lord Halifax）的建议下成立的。[②] 在18世纪末，它作为技术顾问与贸易管理部门合作，或将新的法律付诸实施[③]，这一主题在历史学中很少涉及。与工作相关的疾病和事故、有关童工和高危行业的法规、设备上的抗风险装置也是这些精英所讨论主题的一部分，他们利用自身的动员能力和影响力，为在立法行动领域确定这些问题作出贡献。

如果说18世纪初的英国科学通过强化了经济行动者责任的专业技术市场成为企业的一项资源，那么其他制度机制仍然是技术和企业集体合法化的保障。这是法国正在坚持的另一条道路，学术模式的特点是能够整合行政部门的工作。

"政治技术"时代下的学术科学

我们已经看到，向专家求助在17世纪的法国已经成为一种常态。然而，审查的正规化到18世纪才得以确立，即在1699年条例之后，科学院成为服务于君主政体的机构，而不再是服务于君主。[④] 与此相关的是，审查的利害关系

---

① *Ibid.* (p. 251).
② Hilaire-Pérez 2000.
③ Allan 1971.
④ Brian et Demeulenaere-Douyère 2002.

发生了变化。在 17 世纪，"审查的关键在于王室行政人员要确保特许权的授予不与先前发布的权利相冲突且不损害王国的管理"①；然而，18 世纪，在事前和事后的技术鉴定、性能观察、可行性评估和效益评价方面，效用标准逐渐受到广泛认可，审查因此也增加了针对用户的核实、走访和调查。王家科学院院士们并不是唯一参与这一演变的人，实际上，各行业专家被广泛动员起来（他们之间不乏紧张关系），并参与了新职能的体制化，例如，视察工厂②，但是，专制主义国家和学术科学的相互合法化使后者置于该体系的核心。科学家就这样被纳入官僚机构，例如亨利-路易·迪阿梅尔·杜蒙索（Henri-Louis Duhamel Du Monceau）（1700—1782），1728 年成为科学院院士，1739 年开始担任海军监察长（inspecteur général de la Marine）。部分院士还从 1722 年成立的商务局（le Bureau du commerce）领取薪水。对称地，王家科学院也迎来行政管理人员，例如，雅克·德·沃康松（Jacques Vaucanson）（1709—1782）在 1741 年任命为"法国纺织业检验员"（inspecteur des manufactures en soie），1746 年成为科学院的成员，从事机械学研究。

一个为"技术行政"（l'administration technicienne）③ 服务的阶层逐渐形成，在 18 世纪，王家科学院院士是其中的中流砥柱。他们单独或集体参与君主政体的经济政策，通常通过以下几种形式：实地调查；加入王家制造工厂［例如埃洛（Hellot）加入塞夫尔工厂］；向行政部门介绍发明和创业专业知识；开展服务于国家的研究活动，特别是在军事领域④；与国家技术部门（负责制造、工程、路桥、矿山的监察）合作，发起技术或工业竞赛⑤，并使某些部门的生产合理化。

查尔斯·吉利斯皮（Charles C. Gillispie）⑥ 的基础性研究在许多方面得到了

---

① Ruellet.（于 2016 年出版——译注）
② Minard 1998.
③ Antoine 1985.
④ Bret 2002.
⑤ Demeulenaere-Douyère 1996. 1782 年，一个奖项涉及棉纤维的特性和改进纺纱工艺的方法（Minard 2002, p. 313）。
⑥ Gillispie 1981.

延伸，证实了科学院院士在把经济活动构建成"管理对象"过程中发挥的作用。① 因此，从 1716—1718 年，在奥尔良公爵菲利普二世（Philippe d'Orléans）（1674—1723）、让-保罗·比尼翁神父（Jean-Paul Bignon）（1662—1743）和勒内-安托万·费尔绍·德·雷奥米尔（René-Antoine Ferchault de Réaumur）（1683—1757）的主持下进行的"摄政王调查"档案（les archives de l'enquête du Régent）的出版揭示了分支机构体系的建立，以期对王国资源进行系统的普查②，首先是矿产资源。按照雷奥米尔试图实现标准化的程序，该调查广泛动员总督和总督代理人的网络，以在整个领土范围内产生国家技术知识。这些知识立即被雷奥米尔利用和开发，他在调查研究和大量观察的基础上，于 1722 年提出了一项创新理论，将钢定义为铁的渗碳状态。③ 应该指出的是，自 1711 年以来，他还负责重新启动"工艺美术描述"（*Description des arts et métiers*）项目④，旨在汇集并规范手工艺做法。在这项事业之后，巴黎艺术学会（la Société des arts de Paris）（1718—1730）成立，开启开放的社交活动，欢迎科学家和手工艺人，特别是钟表匠和外科医生、仪器制造商，以鼓励技术转让，这是创造能力的来源。随后打破不同活动和知识之间的壁垒、"建立生产关系"⑤、收集信息和重塑社会职业隶属关系的时机到来了，目标是对经济活动实践进行合理化改革。

王家科学院院士们进行的其他调查则延续了一个世纪。1731 年，海军和王室大臣（主管科学院）莫尔帕伯爵（Comte de Maurepas）（1701—1781）要求科学院成立一个委员会，负责研究建造船舶所需木材的供应和保存问题。⑥ 迪阿梅尔·杜蒙索就是委员会成员之一，于是开始巡视港口，并注意到不同堆栈之间贮藏技术的差异性。这位科学家兼技术专家成为海军监察长（由莫尔帕伯爵专门创建的职位）后，于 1747 年出版《船舶索具制造，或完善制绳工艺专

---

① Margairaz 2009.
② Demeulenaere-Douyère et Sturdy 2008.
③ Réaumur 1722, Belhoste 2011.
④ Pinault-Sorensen 1984.
⑤ Cohen 2001.
⑥ Gillispie 1981.

论》(Traité de la fabrique des manœuvres pour les vaisseaux, ou l'Art de la corderie perfectionné)，这是他与一队军官共同研究所有缆绳制作技术长达十年的工作成果，目的是提出新的绞绳方法，以减轻帆缆索具的重量。迪阿梅尔当着一众军官的面，在军械库内组织了数百次公开实验。此后在 1740 年创立了海军初级学校，以基于课程《船舶工程基础知识》(Éléments d'architecture navale)，也称为《船舶建造实用专论》(Traité pratique de la construction des vaisseaux)（1752 年）为中心的集中教学来取代知识的本地和手工传授。他负责并最终完成"工艺美术描述"项目，在 1761—1782 年间出版了 74 篇论文（其中 20 卷出自他本人之手），圆满完成了作为一名科学家为开明专制国家的技术和工业政策服务的职业生涯。

王家科学院院士和行政管理人员对技术的兴趣与日益增长的需求相辅相成，这些需求包括在全国范围内清查资源、整合专有技术、材料和产品以及评估创新的公共效益等。让我们回顾一下埃莱娜·韦兰（Hélène Vérin）的分析。在 17 世纪，"技术空间"仍然局限于军事工程、防御工事及其布置，而在 18 世纪，技术机构的价值可以从它们提供给国家或"人类社会"（la société d'hommes）[①] 的"经济手段"中解读。权力机关言论中无所不在的公共利益需求，显露出一种"效益评估危机"（une crise de l'évaluation des avantages）："今后对效益的评估必须既比较产量、产品和支出，还要考虑对地方和国家的好处……"效率不仅仅表现在性能上，还体现在实施成本、对象的稳固性、功能性和持续性等方面。这些优势关系到王国的经济和社会主体，它们促进了新奇事物的使用，确定了技术进步。

该逻辑证明了 18 世纪发明审查的复杂性。鉴于科学家拥有评估经济流通环节中各类技术的能力，因此他们的证明背书信誉良好。后果是双重的。一方面，审查基于权威的判断，公开事实的真相，整合行动主体的阅历、品位和选择，强制要求对比不同证言，进行矛盾测试，让从业人员越来越多地参与规程制定和事后调查，有时证明了为技术推广提供奖金的合理性，例如，在里昂这

[①] Vérin 1993 (p. 379–382).

个名副其实的效用证明实验室。① 在此过程中，学术证据的合法性受到其他专家和其他学术机构的挑战，例如1776年的英国皇家医学会，对化妆品给予默认许可。② 但是，学术专长丝毫没有受到威胁，在拉瓦锡化学框架内进行的物质分析检查就表明了这一点，在面对某些产品的毒性风险时，将科学的判断提供给消费者作为选择的保障。另一位科学院院士、数学家亚历山大·泰奥菲勒·范德蒙德（Alexandre-Théophile Vandermonde）（1735—1796），与对工场的监察关系紧密③，负责发明的初步管理，于1782年在位于夏隆街的莫尔塔涅大楼里沃康松（Vaucanson）的工坊设立了第一家发明仓库，这是法国国立工艺学院（1794年）收藏的雏形。

另一方面，政府内部自由主义论调的兴起奠定了发明作为"社会无限进步"和经济总体改革的引擎的关键地位。④ 根据历史学家史蒂文·卡普兰（Steven L. Kaplan）的说法⑤，它们是"技术的政治化"及"政治技术"的一部分，这一趋势尤其受到从1749年起担任商业管理部门负责人的达尼埃尔·特吕代纳（Daniel Trudaine）（1703—1769）的推动。比如，政府的一系列项目都是以"经济磨粉"为基础的，希望以此实现利益的良性循环，改善民生，实现粮食面粉市场的合理化———一项"绝对的改革"。在棉花、丝绸、军械和造船领域，统制经济计划也在18世纪中叶崭露头角。它们为材料符合功能要求、零部件符合成套机械结构要求铺平了道路，并主张加工方式的标准化。这些改革的关键在于通过资源的倍增来预测需求的能力，也就是说，通过合格原材料、常规零配件和标准化制造，方便组件的维修。"工业源于修补"，⑥ 从这个意义上说，行政部门及其专家通过制造和质量的标准化来建设工业领域。

广大国家公务人员为这一工业技术官僚制的建立作出了贡献，且过程中不乏冲突，无论是格里博瓦尔（Gribeauval）在圣埃蒂安军械库中试图赶走中间

---

① Hilaire-Pérez 2000 (chap. 2).

② Lanoë 2008.

③ Minard 1998 (p. 313).

④ Meyssonnier 1989 (p. 65).

⑤ Kaplan 1986 (p. 94-95).

⑥ Vérin 1993 (p. 396).

商,让制造商直接听命于炮兵部队①,还是在沃康松和享有特权的创新企业家的支持下合理安排大型丝绸企业的缫丝和拈丝。科学家以及越来越多加入国家学术机构中的工程师,从操作和技术角度助力了对工作的理解。②

在近代的英吉利海峡两岸,国家、科学与企业之间关系的特点是巩固不确定的商业活动,这些活动被视作控制和保卫领土、开发资源、促进就业和维持生计以及增加王室收入的关键。动员可能被纳入国家机构的专家是为确保企业的可靠性而实施的手段之一,国家将行动能力委托给这些企业,以增加公共利益。当局因此成为技术和经济性质的国家知识的生产者。整个时期都设立了技术管理机构,如16世纪威廉·塞西尔(William Cecil)领导下的枢密院,或者18世纪达尼埃尔·特吕代纳领导下的商务局。

这幅出自《百科全书》的版画是表现机械艺术的作品之一,此处描绘的是屋顶工的劳作。狄德罗和达朗贝尔,《百科全书,或科学、艺术和工艺详解词典》(*Encyclopédie ou Dictionnaire raisonné des sciences, des arts et des métiers*),日内瓦,1779年。

---

① Alder 1997, Bret 2002 (chap. 4).

② Picon 1992 (p. 77–79, 293–295 et 387).

然而，这些由专家参与推动的合议制行政做法并不遵循相同的时间性。在英国，中央政府在 17 世纪从这些程序中脱离出来（由议会接管），而在法国，中央行政部门则通过专家知识把这种政府性提到了最高水平。学界精英参与经济和工业活动正说明了这一脱节。如果说英国皇家学会通过资本主义企业家的参与巩固了经济行动，那么法国王家科学院则将经济确立为"管理对象"，并从这一功能中汲取自己的功劳。在法国大革命和第一帝国期间[1]，学术机构的力量不断增强，甚至引起了与政府的紧张和对立。[2] 它支撑了法国国家知识和行政领域长期构成的技术主义特征的发展。

不过，如果强行划线，那就不对了。英国议会与经济行动者和学术界的互动过程仍鲜有探讨。一个例子：18 世纪末，议会找到因技术论著闻名的皇家学会会士、钟表匠亚历山大·卡明（Alexander Cumming），要求他研究汽车车轮的最佳形状，以便立法根据道路老化程度对汽车征税。虽然这种模式与法国开发的模式有根本的不同，但在英国，科学已经能够构成公共行动的资源，但在协商型关系模式上，继承了科学家和企业家之间的交易，从而保证了政治上的自主性。

利利亚纳·伊莱尔-佩雷斯（Liliane Hilaire-Pérez）撰

参考文献

Alder Ken, 1997, *Engineering the Revolution: Arms and Enlightenment in France (1763—1815)*, Princeton, Princeton University Press.

Allan David Guy, 1971, The Society of Arts and the Committee of the Privy Council for Trade, 1786—1815 (IV), *Journal of the Royal Society of Arts*, avril, p. 979-980.

Antoine Michel, 1985, Colbert et la révolution de 1661, *in* Roland Mousnier (dir.), *Un nouveau Colbert*, Paris, SEDES, p. 99-106.

Ash Eric H., 2004, *Power, Knowledge, and Expertise in Elizabethan England*, Baltimore, Johns Hopkins University Press.

---

[1] Bret 2002.

[2] Graber 2009.

Bacon Francis, 1983 [1627], *La Nouvelle Atlantide*, Paris, Payot.

Belhoste Jean-François, 2011, La question de l'acier en France au xviiie siècle: l'histoire d'un rendez-vous manqué entre science et industrie, in Liliane Hilaire Pérez, Philippe Dillmann et Catherine Verna (dir.), *L'Acier en Europe avant Bessemer*, Toulouse, CNRS Éditions, p. 127-143.

Biagioli Mario, 1995, Le prince et les savants: la civilité scientifique au xviie siècle, *Annales. Histoire, sciences sociales*, n° 6, p. 1414—1453.

Bret Patrice, 2002, *L'État, l'armée, la science. L'invention de la recherche publique en France (1763—1830)*, Rennes, Presses universitaires de Rennes.

Brian Éric et Demeulenaere-Douyère Christiane (dir.), 2002, *Règlement, usages et science dans la France de l'absolutisme*, Paris, Tec & Doc Lavoisier.

Brioist Pascal, 1993, Les cercles intellectuels de Londres (xvie-xviie siècle), thèse de doctorat de l'Institut universitaire européen, Florence.

– 2013, *Léonard de Vinci, homme de guerre*, Paris, Alma éditeur. Cohen Yves, 2001, *Organiser à l'aube du taylorisme. La pratique d'Ernest Mattern chez Peugeot (1906—1919)*, Besançon, Presses universitaires de Franche-Comté.

Cumming Alexander, 1797, *Observations on the Effects Which Carriage Wheels, with Rims of Different Shapes, Have on the Roads Respectfully Offered to the Consideration of the Legislature*, Londres.

Defoe Daniel, 1969 [1697], *An Essay upon Projects*, Menston, Scholar Press.

Delrue Adeline, 2012, Le registre de délibération de la commission Laffemas: monopoles, privilèges et minorités flamandes et italiennes à Paris (1602—1604), mémoire de master 1 Histoire et civilisations comparées, université Paris-VII Denis-Diderot.

Demeulenaere-Douyère Christiane, 1996, Les sources documentaires conservées à l'Académie des sciences, in Éric Brian et Christiane Demeulenaere-Douyère(dir.), *Histoire et mémoire de l'Académie des sciences. Guide de recherches*, Paris, Tec & Doc Lavoisier, p. 43-106.

Demeulenaere-Douyère Christiane et Sturdy David J., 2008, *L'Enquête du Régent (1716—1718). Sciences, techniques et politique dans la France préindustrielle*, Turnhout, Brépols.

Garner Guillaume [à paraître], Introduction: l'économie du privilège. Réflexions sur les privilèges économiques en Europe occidentale, in Dominique Margairaz et al. (dir.), *L'Économie du privilège. Europe occidentale (xvie-xixe siècle)*.

Gillispie Charles Coulston, 1981, *Science and Polity in France at the End of the Old Regime*, Princeton, Princeton University Press.

Graber Frédéric, 2009, *Paris a besoin d'eau. Projet, dispute et délibération technique dans la*

France napoléonienne, Paris, CNRS Éditions.

Grenier Jean-Yves, 1996, *L'Économie d'Ancien Régime. Un monde de l'échange et de l'incertitude*, Paris, Albin Michel.

Hahn Roger, 1971, *The Anatomy of a Scientific Institution: The Paris Academy of Sciences (1666—1803)*, Berkeley, University of California Press.

Harkness Deborah, 2007, *The Jewel House: Elizabethan London and the Scientific Revolution*, New Haven, Yale University Press.

Heal Felicity et Holmes Clive, 2002, The Economic Patronage of William Cecil, *in* Pauline Croft (dir.), *Patronage, Culture and Power: The Early Cecils*, New Haven, Yale University Press, p. 199-229.

Hilaire-Pérez Liliane, 2000, *L'Invention technique au siècle des Lumières*, Paris, Albin Michel.

Hilaire-Pérez Liliane et Thébaud-Sorger Marie, 2008, Les techniques dans la presse d'annonces au xviiie siècle en France et en Angleterre: réseaux d'information et logiques participatives, *in* Patrice Bret, Konstantinos Chatzis et Liliane Hilaire-Pérez (dir.), *La Presse et les périodiques techniques en Europe (1750—1950)*, Paris, L'Harmattan, p. 7-38.

Hunter Michael, 1992, *Science and Society in Restoration England*, Aldershot, Gregg Revivals.

Jacob Margaret C. et Stewart Larry, 2001, *Practical Matter: Newton's Science in the Service of Industry and Empire (1687—1851)*, Cambridge (Mass.), Harvard University Press.

Kaplan Steven L., 1986, *Le Pain, le peuple et le roi. La bataille du libéralisme sous Louis XV*, Paris, Perrin.

Laboulais Isabelle, 2012, *La Maison des mines. La genèse d'un corps d'ingénieurs civils (1794—1814)*, Rennes, Presses universitaires de Rennes.

Lanoë Catherine, 2008, *La Poudre et le fard. Une histoire des cosmétiques, de la Renaissance aux Lumières*, Seyssel, Champ Vallon.

Long Pamela O., 2001, *Openness, Secrecy, Authorship: Technical Arts and the Culture of Knowledge fom Antiquity to the Renaissance*, Baltimore, Johns Hopkins University Press.

MacLeod Christine, 1986, The 1690s Patents Boom: Invention or Stock-Jobbing?, *Economic History Review*, vol. 39, n° 4, p. 549-571.

– 1988, *Inventing the Industrial Revolution: The English Patent System (1660—1800)*, Cambridge, Cambridge University Press.

Margairaz Dominique, 2009, L'invention d'une catégorie administrative: la navigation intérieure (xviiie–xixe siècle), *in* Bruno Delmas, Dominique Margairaz et Denise Ogilvie (dir.), *De l'Ancien Régime à l'Empire. Mutations de l'État, avatars des archives*, Paris, Bibliothèque de l'École des chartes, vol. 166, p. 119–144.

— 2011, Les privilèges économiques en Europe (xve–xixe siècle). Étude quantitative et comparative, document de soumission du projet ANR "privilèges", 2011—2013, université Paris–I Panthéon–Sorbonne.

Meyssonnier Simone, 1989, *La Balance et l'horloge. La genèse de la pensée libérale en France au xviiie siècle*, Montreuil, Éd. de la Passion.

Minard Philippe, 1998, *La Fortune du colbertisme. État et industrie dans la France des Lumières*, Paris, Fayard.

— 2002, Les savants et l'expertise manufacturière au xviiie siècle, *in* Éric Brian et Christiane Demeulenaere–Douyère (dir.), *Règlement, usages et science dans la France de l'absolutisme*, Paris, Tec & Doc Lavoisier, p. 311–318.

Picon Antoine, 1992, *L'Invention de l'ingénieur moderne. L'École des ponts et chaussées (1747—1851)*, Paris, Presses de l'ENPC.

Pinault–Sorensen Madeleine, 1984, Aux sources de l'*Encyclopédie:* la *Description des arts et métiers*, mémoire de l'EPHE.

Rabier Christelle, 2007, Introduction: Expertise in Historical Perspectives, *in* Christelle Rabier (dir.), *Fields of Expertise: A Comparative History of Expert Procedures in Paris and London (1600 to Present)*, Cambridge, Cambridge Scholars Publishing, p. 1–15.

Réaumur René–Antoine Ferchault de, 1722, *L'Art de convertir le fer forgé en acier et l'art d'adoucir le fer fondu*, Paris, Michel Brunet.

Ruellet Aurélien, 2013, Les "machines à remonter les bateaux" en France au xviie siècle, *Artefact. Techniques, histoire et sciences humaines*, n° 1, p. 201–217.

— [à paraître], Privilège d'invention et entreprises en France (ca. 1620—ca. 1660), *in* Dominique Margairaz *et al.* (dir.), *L'Économie du privilège. Europe occidentale (xvie-xixe siècle)*.

Shapin Steven et Schaffer Simon, 1995, *Léviathan et la pompe à air*, Paris, La Découverte.

Smith Pamela H., 1994, *The Business of Alchemy: Science and Culture in the Holy Roman Empire*, Princeton, Princeton University Press.

Stewart Larry, 1992, *The Rise of Public Science: Rhetoric, Technology, and Natural Philosophy in Newtonian Britain (1660—1750)*, Cambridge, Cambridge University Press.

Thirsk Joan, 1978, *Economic Policy and Projects: The Development of a Consumer Society in Early Modern England*, Oxford, Clarendon Paperbacks.

Van Damme Stéphane, 2007, Foreword: Expertise in Capitals Cities, *in* Christelle Rabier (dir.), *Fields of Expertise: A Comparative History of Expert Procedures in Paris and London (1600 to Present)*, Cambridge, Cambridge Scholars Publishing, p. xi-xviii.

Vérin Hélène, 1993, *La Gloire des ingénieurs. L'intelligence technique, du xvie au xviiie siècle*, Paris, Albin Michel.

Vérin Hélène et Dubourg-Glatigny Pascal (dir.), 2008, *Réduire en art. La technologie, de la Renaissance aux Lumières*, Paris, Éd. de la Maison des sciences de l'homme.

Webster Charles, 1975, *The Great Instauration: Science, Medicine and Reform (1620—1660)*, Londres, Duckworth.

Yamamoto Koji, 2009, Distrust, Innovations, and Public Service: "Projecting" in Seventeenth- and Early Eighteenth-Century England, thèse de Ph.D., université de York.

该版画描绘了国王访问王家科学院的虚构场景。这是一场真正的宣示所有权的仪式,在王公到访或外国君主访问巴黎时定期发生。——塞巴斯蒂安·勒克莱尔(Sébastien Le Clerc)。

第十八章

科学的科尔贝主义

1670年2月，常驻巴黎的英国外交官弗朗西斯·弗农（Francis Vernon）拜访了以王家科学院院士身份定居于此的荷兰数学家克里斯蒂安·惠更斯。在与另一位院士发生争吵之后，惠更斯当时正处于严重的抑郁发作的痛苦中。弗农在寄往伦敦的信中报告了他们的谈话，在谈话中，惠更斯预言了科学院的"解散"："因为它充斥着嫉妒，因为它是基于对利益的假设，因为它只取决于王公的心情和大臣的宠爱。如果其中一个或另一个的激情冷却下来，这个组织的整个结构和项目都将毁于一旦。"①

在同一封信的先前段落中，弗农讲述了与另一位受邀在王家科学院任职的头面人物——意大利天文学家乔凡尼·多美尼科·卡西尼（Gian Domenico Cassini）的交流。按照后者的说法，他的一切活动"都取决于科尔贝先生的命令和决定，科学院的一切动作都必须据此计算出来，因为时间尺度是由他来规定的"。②

弗农的这封信揭示了在首次会议后仅四年时间里，在两位收入最高的成员（卡西尼和惠更斯）心目中，科学院与创建它的大臣让－巴蒂斯特·科尔贝

---

① 弗朗西斯·弗农至亨利·奥尔登堡（Henry Oldenburg）的信，1670年2月25日（新风格），in Huygens 1888—1950, t. 7, p. 7–13 [被引用段落在 p. 12]（这封信也收录）在 Oldenburg 1965—1986, t. 6, p. 501–507（被引用段落在 p. 505）]。
② Huygens 1888—1950, t. 7, p. 9（t. 6, p. 502, in Oldenburg 1965—1986）.

（Jean-Baptiste Colbert）的个人意愿有着怎样千丝万缕的联系。1683年9月，当科尔贝临终时，科学院对这位大臣的认同也丝毫没有失去效力，正如学者亨利·朱斯特尔（Henri Justel）在给一位英国朋友的信中所指出的那样："我从上次的信中得知科尔贝先生的病情，非常难过，我们对此感到绝望。他热爱、保护、回报所有为研究而努力、付出的人，文人共和国将蒙受巨大损失……如果我们失去了他，艺术学院（l'Academie des arts）将持续不了多久，因为国王既不关心实验也不在乎天文学。比起天文学家，他更喜欢军人。"①

朱斯特尔是巴黎学术界的杰出人物，他显然认为"艺术学院"（上下文无疑表明是指科学院）将随着科尔贝一起消亡。实际上，朱斯特尔和惠更斯的担心被证明是没有根据的，因为科尔贝去世后王家科学院继续留存，但这两个信息来源清楚地表明，这个相对非正式的新科学院在很大程度上被视为科尔贝的个人项目。

朱斯特尔的话颇有道理，尽管国王不感兴趣，科尔贝成功建立了一个利益共同体，使巴黎实验哲学家小团体的需求与热衷于通过赞助加强对权力控制的年轻国王的需求相吻合。尽管王公贵族对艺术或"文人"的保护本身并不新鲜，但科尔贝处理王室赞助计划的方式是独创的。支持科学和工程项目只是王室对艺术保护进行全面改革的一个方面。同期，由王室资助创建了一系列学院，其中许多一直保留到今天，既有机构也受到王室更严密的监督。虽然这些新学院的建立是按照预先确定的方案进行的，但相当一部分最初规划的机构从未问世，新的制度格局直到科尔贝去世后才稳定下来，这得益于1699年由比尼翁神父发起的改革。②

也许是因为围绕着他个人建立起来的神话，对科尔贝的历史研究在过去的几十年中进展缓慢，但最近关于他对学术、科学和技术施加保护的研究揭示了他发起的问题的演变。在20世纪的大部分时间里，历史学家们都试图找出科尔贝的思想选择动机：他是一个"重商主义者"吗？他是"笛卡尔主义

---

① 亨利·朱斯特尔至托马斯·史密斯的信，1683年9月9日，Bodleian Library, Oxford, ms Smith 46, p. 323.
② 关于比尼翁的改革，可参阅：Tits-Dieuaide 1998, Demeulenaere-Douyère et Brian 2002.

者""理性主义者",还是"冉森派"?① 在最近的研究中,视角发生了变化,相较于科尔贝的思想,他的实践和操作方式(*modi operandi*)引起的关注度更高,有两个例子足以说明问题。历史学家雅各布·索尔(Jacob Soll)受书籍历史和写作的历史社会学的启发,将科尔贝视作一位"信息大师"(un maître de l'information)。据索尔描述,科尔贝认为,远比任何哲学或宗教承诺更重要的是从早期人文主义者那里继承下来的对管理文件集合的关注。对科尔贝以及同世纪的任何政治家而言,图书馆和档案馆都是政府的管理工具:对权力和特权的要求往往以历史文件为依据,这种现象在国内政治事务以及外交和教会事务中都是如此。② 钱德拉·慕克吉(Chandra Mukerji)在科学技术社会学传统的另一种框架内,研究了建设国家与掌握自然环境之间的关系,并提出路易十四最引人注目的两个重大工程项目作为案例研究,即凡尔赛花园和米迪运河。在慕克吉的刻画中,科尔贝把操控自然视作显示王室权威的手段,但在从巴黎或凡尔赛宫远程指挥专家方面存在困难。③ 索尔和慕克吉各自的方法尽管存在重大差异,但都侧重于实践而非思想。两者都提出了对科尔贝的看法,具有讽刺意味的是,这种看法与对路易十四时期法国行政史的最新研究相吻合,即揭示了在地方精英不断提出权力要求的情况下,需要怎样艰难地谈判来维护王室的权威。④ 索尔和慕克吉都强调了总监在执行项目时必须依靠的代理人网络;两人都指出,科尔贝以及为他工作的人所进行的项目只有在克服了一些障碍之后才能成功。"科尔贝主义"并没有什么必然性。

科尔贝的文件收集策略和他的大型基础设施工程表明,他的执政艺术在很大程度上与调动分散的专业知识网络密切相关。⑤ 同样,1666年成立王家科学院,从1667年开始修建巴黎天文台,并将惠更斯、卡西尼等国际知名学者请到巴黎的决定,都不应该孤立地考虑。所有这些措施都是艺术保护总体政策的

---

① 关于理性主义推动下的整个科尔贝制度的论证,参阅:King 1949.
② Soll 2009.
③ Mukerji 2009 et 1997.
④ Beik 2005.
⑤ 关于这一主题,请参阅:Ash 2010.

组成部分，都由被称为国王内廷（Bâtiments du roi）的行政机构管理。科尔贝在 1650 年代曾在儒勒·马萨林（Jules Mazarin）手下任职，从 1661 年开始积累众多职位于一身，尤其是利用了尼古拉·富凯（Nicolas Fouquet）的失宠：1661 年，他被任命为财政总管，1665 年又被任命为财政审计长兼国王内廷总监。虽然他直到 1669 年 2 月才成为国务大臣（被任命为海军大臣），但很明显，早在 1663 年，甚至更早的时候，科尔贝就已经是国王最青睐的艺术保护事务代理人。① 作为国王内廷总监，他负责保护艺术、科学和博学，并执行君主委托的工程。② 在 1660 年代初期，他非正式地设立了私人委员会，就艺术、建筑和学术问题征求建议。这些规模极小的非正式委员会，私下被称为"小理事会"（le petit conseil）或"小学院"（la petite académie），并以此名为历史学家所熟知。这原本并不是官方机构。例如，在文学方面成立的"小学院"由四位学者组成，他们都已是 1635 年成立的法兰西学术院（l'Académie française）的成员：让·沙普兰（Jean Chapelain）、弗朗索瓦·夏庞蒂埃（François Charpentier）、卡萨涅（Cassagne）和布尔泽（Bourzeis）神父。这个"小学院"负责设计装饰王室建筑、雕像、挂毯、奖章和凯旋门的装饰品和铭文，以及举办王室庆典活动，如 1662 年的卡鲁塞尔王家仪式，并监督描绘所有这些事件的版画的创作。③

科尔贝在其他行政领域采用与作为艺术保护者相同的工作原理，更高效的信息集中化和集中监管的意愿。例如，在 1667 年，巴黎的授权印刷商数量大幅减少，目的很明显，就是为了更好地监督出版界。④ 同年，科尔贝发起一项关于教育的调查，他希望将教育现代化。⑤ 从 1671 年开始，他将影响力扩展到王家学院（Collège royal），并试图加强其与王家科学院和国王图书馆（la

---

① 研究科尔贝赞助的主要资料仍是 Clément 1861—1882, vol. 5, p. 233-650；另请参阅 1983 年展览目录 p. 363-482。
② 关于建筑，请参阅：Berger 1993. 关于艺术，请参阅：Bettag 1998.
③ Apostolidès 1981（尤其是 p. 23-40），Burke 1992.
④ Chartier et Martin 1990 (p. 74).
⑤ Dainville 1978 (p. 134-141).

Bibliothèque du roi）之间的联系。① 次年，长期担任法兰西学术院保护人的首席大法官皮埃尔·塞吉埃（Pierre Séguier）去世，科尔贝于1667年任命自己为法兰西学术院院士，并安排君主本人担任新的法兰西学术院保护人，之后，会议在卢浮宫召开，此举确保了他对法兰西学术院的掌控。

国王内廷总监一职又赋予科尔贝另一个领域的控制权：为君主的图书馆、花园和收藏品收集作品和标本。从他的信件中，我们可以追溯到他用来为凡尔赛花园和洞穴收集植物和岩石、为君主的动物园收集异国动物、为国王图书馆收集手稿以及为王家花园收集植物标本的代理人网络的活动。② 为了让宫廷以外的人也能看到这些辉煌的景象，科尔贝于1667年12月颁布了一项法令，命令制作一系列雕刻版画，描绘君主拥有的建筑、绘画和雕塑，以及丰富了王室的花园和动物园的外来动植物。这些版画，后来被称为国王陈列馆系列（la série du Cabinet du roi），被装订成册，有时作为外交礼品赠送给外国政要。③

巴黎的国王图书馆（区别于君主的私人图书馆）在1661年时规模较小，一直没有固定的场所。科尔贝将它转移到维维安街，在他设有个人图书馆的私人宅邸旁边的一栋新建筑里，而且规模不断扩大。他对已经变得很不规范的法定存放做法进行了调整；对藏书进行了编目，并组织了旨在丰富手稿藏品的新任务。他还买下许多要出售的私人图书馆，并派出代理人网络，在图书馆、档案馆和各省宪章库中搜寻与王权有关的文件，并为科尔贝的书店带回副本。④ 受这位大臣保护的各种文人学者团体，不是聚集在他的私人图书馆，就是在毗邻的国王图书馆，这绝非偶然，因为这些文献只有在被学者解读后才有效用，因此必须让学者能够接触到它们。其他学者则被派往国外，特别是整个奥斯曼帝国，在手稿、古董和钱币市场上大肆采购。⑤ 负责收集的代理人自然会遭受旅途中的灾难和危险：货舱中的书籍有时会被海盗抢走，或在海难中遗失。另

---

① Saunders 1985.
② 参阅：*Collections de Louis XIV* 1977, Schnapper 1988—1994.
③ Jammes 1965, Sauvy 1973, Pognon 1973, Grivel 1985.
④ Balayé 1988 (p. 84−99), Saunders 1991, Pomian 1972, Soll 2008.
⑤ Omont 1902.

一个困难是，一旦这些代理人远离法国，如何保持对他们的控制，叛逃的收藏家让－米歇尔·万斯雷本（Jean-Michel Wansleben）的案例就说明了这一点。①

科尔贝在1660年代中期采取的举措无疑促进了王室在文化领域影响力的扩张，但如果认为这一影响是无限的，那就大错特错了：这是将王室崇拜的言论与现实相混淆。在"伟大世纪"（le Grand Siècle）后半期，法国的文化生活仍然在很大程度上归功于其他大人物的保护："名门望族"，例如，孔代（Condé）家族和龙内兹（Ronnez）家族②；各种宗教修会和团体；以及担任法律职务的城市精英，这一类人中包括许多"科学界"的成员，例如，亨利－路易·阿尔贝·德·蒙莫尔（Henri-Louis Habert de Montmor）和梅尔基塞代克·泰弗诺（Melchisedech Thévenot）等。此外，科尔贝并不是一个人做出与王室艺术保护有关的决定：这些决定是总监与其顾问，如沙普兰、布尔泽，或图书管理员，如卡卡维（Carcavi）和巴吕兹（Baluze），以及其他宫廷重要人物，如负责王储教育的小圈子，其中包括蒙托西耶（Montausier）公爵、博须埃（Bossuet）和于奥（Huet）主教之间协商的结果。但最重要的是，科尔贝远没有实现他所计划的一切：许多项目只是部分实现，或者在面对顽固的反对时被重新制定。此类谈判过程可以用两个例子来说明：一是科尔贝以国王名义管理的授予外国学者的"津贴"制度；二是建立一个囊括所有文理学科的"大学院"（une grande académie）项目。

1662年，科尔贝要求让·沙普兰拟定一份"文人"名单，以使他能够从中选出值得他保护的人。③ 于是，国王以"津贴"的方式保护法国和整个欧洲作家的制度开始发展，津贴名单每年更新。作为回报，被选中的作者或艺术家应在其作品中加入对太阳王伟大荣耀的颂词。④ 路易十四能够吸引意大利雕塑家吉安·洛伦佐·贝尔尼尼（Gian Lorenzo Bernini）（1665年来自罗马）、天

---

① Sur Wansleben（Vansleb），参阅：Dew 2009（p. 29-30）.
② 例如，关于孔代家族和其知识共享，参阅：Béguin 1999（p. 356-386）. 关于龙内兹，参阅：Mesnard 1965.
③ Chapelain 1936 (p. 341-364).
④ Couton 1977, Roger 1982, Maber 1985, Voss 1981.

文学家卡西尼（1669 年离开当时属于教皇国的博洛尼亚）和荷兰数学家惠更斯（来自尼德兰七省联合共和国，1666—1681 年居住在巴黎）等杰出人才为他服务，这代表了法国王室的象征性胜利。但如果认为这些大人物来到巴黎是自然的或必然的，那就大错特错了，情况恰恰相反。事实上，上述后面几个例子相当例外：为了说服卡西尼或惠更斯来到法国，必须给他们慷慨的报酬。[1] 因此，科尔贝为从托斯卡纳召回法国东方学家巴泰勒米·德·埃贝洛（Barthélemy d'Herbelot）颇费周折，因为后者曾受到欧洲各王室首脑的保护。[2] 最后，某些外国学者出现了同时为多个君主效忠的问题。沙普兰在给荷兰学者兼外交家尼古拉斯·海因修斯（Nicolaas Heinsius）的信中提出，他可以"以学者身份"而不是作为国家的仆人接受路易十四给他的"津贴"："这些掌权的高官非常了解，您有双重身份，首先是一个文人，然后才是政治家和大臣……他们在所处行业中享有声望，陛下以慷慨的恩惠寻找并找到了这些才华横溢的臣民，这与公共事务完全无关。"[3]

因此，沙普兰的说理将"文学"与"公事"区分开来，仿佛它们是两个互不相干的范畴。另一个例子是梵蒂冈图书馆馆长莱昂内·阿拉奇（Leone Allacci），沙普兰在 1663 年向他提供一笔津贴，但由于教皇亚历山大七世和路易十四的外交关系紧张，他不得不拒绝。[4] 沙普兰在向科尔贝解释问题时补充说，给阿拉奇的这一报价在整个意大利引起了强烈反响。[5] 沙普兰由此推断，如果科尔贝想接近托斯卡纳宫廷的学者，比如曾是伽利略学生的数学家温琴佐·维维亚尼（Vincenzo Viviani），那么这条路很畅通。1665 年，当路易十四提出给维维亚尼提供"津贴"时，这个提议在佛罗伦萨宫廷"引起轰动"，斐

---

[1] 卡西尼的津贴（9 000 里弗尔）比除了惠更斯以外的其他文人要高得多；请参阅：Guiffrey 1881—1901.
[2] 请参阅：Dew 2009（chap. 1, p. 41—80）。
[3] 沙普兰给海因修斯的信，1663 年 9 月 21 日，in Chapelain 1880—1883（vol. 2, p. 327—328）. 两年后，海因修斯被荷兰联省禁止接受津贴。
[4] Lettre de Chapelain（vol. 2, p. 305, 328, 336 et 344），Guiffrey 1881—1901（vol. 1, col. 62），Pintard 1943（p. 112）.
[5] 沙普兰给科尔贝的信，1664 年 1 月 8 日，in Chapelain 1880—1883（vol. 2, p. 344）；同样可参阅：Clément 1861—1882（vol. 5, p. 595）。

迪南二世大公和他的兄弟们引以为荣。① 维维亚尼写信给沙普兰，提议给路易十四寄去他以前的老师伽利略的传记和半身像。国王没有接受这份礼物，伽利略的生平没有出版，其半身像被用来装饰维维亚尼用自己的"津贴"给自己建造的宫殿。②

同一时期，在进行这些谈判的同时，科尔贝还在筹划创建一个总的王家学院，一个涵盖所有科学和艺术学科的"大学院"。该项目从未实施，但它揭示了王家科学院的创建背景。③ 19 世纪初，丰特奈尔指出，科尔贝原本希望"建立一个由所有各类文学领域最资深的人组成的学院……历史学者、文法学家、数学家、哲学家、诗人、演说家"。④ 不同院系在每周的特定日期开会，每个月的第一个星期四召开学院全体大会——"文学联邦"（les États Généraux de la Littérature），在此期间，每个院系的工作将由其他院系进行审查。夏尔·佩罗（Charles Perrault）1666 年写的一份笔记证实了丰特奈尔的这段描述，当时这个学院项目还只是一份草图。⑤ 他设想将总的学院分为四个院系（文学、历史、哲学和数学），每一个院系又分别进一步细分：文学系（les belles-lettres）下设语法学、修辞学和诗歌学；历史系下设年代学、地理学和历史学；哲学系下设化学、解剖学和实验物理学；数学系下设几何学、天文学和代数学。在沙普兰的一封信中发现了同样的四部分结构，根据这封信，科尔贝曾设想一个由四个院系组成的学院项目，分别是物理学和实验科学、天文学、文学，最后是历史学和政治理论。⑥

但在这个为"大学院"设想的四个院系中，真正实现的只有两个。1666

---

① 沙普兰给科尔贝的信，1665 年 3 月 26 日，in Chapelain 1880—1883（vol. 2, p. 390-391）；同样可参阅 1666 年的两封信（p. 434 et 436-437）。
② Lettre de Chapelain 1880—1883 (vol. 2, p. 492 n. 1, 493 et 530)。
③ Lux 1990, Brown 1934（p. 147-149），George 1938b（p. 395-396）。关于建立科学院的总体情况，可参阅：Taton 1966, Hahn 1971（p. 11-14 et 52-53），Stroup 1990（p. 3-63）。
④ [B. de Fontenelle], Histoire de l'Académie royale des sciences 1729—1733 (vol. 1, p. 5-6)。
⑤ Note de Charles Perrault à Colbert pour l'établissement d'une Académie générale, in Clément 1861—1882（vol. 5, p. 512-513）。克莱芒（Clément）将这张纸条的日期定为 1666 年，但没有比这更精确的日期。
⑥ 沙普兰给卡洛·达蒂（Carlo Dati）的信，1666 年 11 月 12 日，被引用于 George 1938a（p. 235, n. 106）（这封信并没有在 Chapelain 1880—1883 中）。

年夏季，数学和天文学系，以及"哲学"或"物理学"系（该术语在这里的用法中包含了生命科学和化学），开始按计划在每周三和周六在国王图书馆举行会议：这些集会成为我们今天所熟知的"王家科学院"。其他两个院系之所以失败，是因为它们被认为与其他既有机构雷同而多余，而且会侵蚀行会的特权。"文学"系的失败实际上是因为它是法兰西学术院的翻版，首先是在其主管领域，无疑也是在招收成员方面。因此，科尔贝没有再建立多余的机构，而是满足于确保法兰西学术院处于王室的严格控制之下，正如我们所看到的那样。

该学院的历史系对应的是一个学者圈子，从1667年3月起，他们在阿马布勒·德·布尔泽神父（Amable de Bourzeis）的领导下，每周在国王图书馆举行会议，专注于教会历史和《圣经》的注释。[①] 有几份证词表明，由于有人向科尔贝提出投诉，指控这些会议具有神学上的非正统性，这些会议惨遭取消，尽管这些指控的始作俑者及其确切动机尚不清楚。[②] 例如，夏尔·佩罗在《回忆录》（*Mémoires*）中讲到，巴黎大学神学院派代表团前往科尔贝处抱怨这些"神学会议"，科尔贝被迫承认，赋予"个人"对宗教事务进行判断的权力太危险。

"神学会议只持续了很短的时间，因为索邦学院对此感到不安，派代表来向科尔贝先生抱怨，科尔贝先生则去提出告诫，因为他不能否认，把争论宗教问题的权力交给个人是有危险的，这一权力应该掌握在为处理这些问题而专门设立的神学院的手中。同时决定，在负责科学的学院中，不应讨论有争议或政治性的问题……此外还规定天文学家不得介入司法占星术，化学家不得参与哲学工作，这两件事都被认为是非常无聊和非常有害的。"[③]

知名学者们应科尔贝本人的邀请在国王图书馆集会，却被认为是"个

[①] 朱斯特尔给于奥的信，巴黎，1667年3月30日，*in* Brown 1934（p. 278-279）. 朱斯特尔给于奥的信，巴黎，1667年12月10日，被引用于 Abdel-Halim 1964（p. 167）. 同样可参阅：Lux 1990（p. 188, n. 24），Brown 1934（p. 73 et 149）.

[②] Du Hamel 1701（p. 3），Fontenelle 1733（p. 5-6）. 关于布尔泽这个方面的讨论，可参阅：Dew 2009（p. 52-61）.

[③] Perrault 1993（p. 141-142）.

人", 这说明"王家学院"作为一个独特的公共机构的概念还多么得不牢固。科尔贝准备屈服于压力, 打压聚集在布尔泽周围的圈子("大学院"的历史系), 无疑是因为他需要在其他领域取得神学院的合作。佩罗的描述揭示了学科界限的建立, 这些界限后来使科学院的自治成为可能。就像教会史被排除在"大学院"的范围之外一样(事实上, 这也终结了后者的原则), 数学和物理学院系的目标也被严格划定。天文学被定义为不包括占星术; 化学被定义为不包括炼金术。这些区别的重要性往往被认为是"理所当然"的, 但这种看法其实不合时宜: 在 1660 年代, 占星术和天文学, 炼金术和化学, 都还处于相互区别的过程中。①

王室向文人提供津贴的开始和"大学院"的计划清楚地表明, 在 1660 年代的知识和制度格局中, 科尔贝创立的这些新的王家机构占据了一个最暧昧的位置, 甚至充满争议。多年来, 科学院发展出新的做法和程序, 但它们只是被缓慢而逐步地采用。因此, 在接下来的一个世纪里, 该学院的主要研究领域之一是制图学②, 尤其是大地测量学, 这个项目以科尔贝 1667 年建立的巴黎天文台为中心。最初, 巴黎天文台被设计为一个容纳科学院的多功能场所, 颇类似于弗朗西斯·培根在《新大西岛》中设想的理想哲学社会"所罗门学院"。③但是, 天文台一经建成, 就与最初的设想格格不入; 更糟糕的是, 它引发了论战, 被质疑根本不符合天文学实践。尽管如此, 天文台在科学院一些最著名成就取得的过程中发挥了核心作用。从 1670 年开始, 科尔贝得以利用他在海军和贸易方面的掌控力, 帮助科学院开展对阿卡迪亚、卡宴、戈雷和安的列斯群岛等地的殖民贸易战的远征考察。这些考察以天文观测或制图测量为首要目的, 但也使自然志标本收集和气象观测成为可能。但是, 呈现在我们面前的文件再次显示, 科尔贝远非全能。即使有总监的支持, 让科学院的工程师登上前往殖民地的商船也构成后勤方面的挑战, 而且当时科学院并没有真正掌握派遣

---

① Drevillon 1996.
② Konvitz 1987, Gallois 1909.
③ 参阅: 朱斯特尔给奥尔登堡的信, 1668 年 7 月 7 日, in Oldenburg 1965—1986(vol. 4, p. 477–479).

人员的目的地。①18世纪王家科学院的另一个主要职能是审查技术发明，例如，按照 18 世纪中叶学者看重的功利主义标准，对大量解决经度问题的提议进行研究。然而，在成立之初，科学院对科学研究的技术应用仅表现出不规律的兴趣；直到 18 世纪最后十年，它才开始遵守研究计划。②

历史学家通常认为科尔贝的创新彻底打破了既有的艺术和科学保护模式。他创建的王家学院最终成为一种新的机构，并在下一个世纪的公共知识领域的发展中发挥重要作用，但艺术的公共保护制度相对于私人赞助模式的胜利既不是立竿见影的，也不是绝对的。而且，我们可以认为，这些新的学院直到1700年左右，在比尼翁的领导下，也就是说在科尔贝去世很久之后，才找到最终的形式。科尔贝创立的科学院确实在许多方面与在贵族保护人家里私下聚集的王公"圈子"有所不同，例如，在 1650—1660 年间，在佛罗伦萨的西芒托学院。③在这种较早的模式中，贵族中的某位成员（在本例中是红衣主教莱奥波尔多·德·美第奇，他是大公家族的成员，但本人并不执政），仅出于个人的好奇心，邀请文人学者到属于他的私人场所，资助或鼓励他们的工作，并与他们保持亲近的联系。在这种赞助模式下，学者们被迫根据保护人心血来潮的想法开展工作，并遵守宫廷礼节，其中往往包括不发表任何东西的倾向。他们还面临着宫廷生活中固有的所有陷阱，例如，保护人的死亡或竞争对手的嫉妒。在"王家学院"的新模式中，如英国的皇家学会或法国科尔贝创建的学院，官方保护人——君主与他的院士们的活动保持距离（一方面是由于缺乏兴趣，例如，查理二世和路易十四的情况，另一方面也是出于宫廷礼仪的原因）。具有决定性意义的是，路易十四倾向于将艺术和科学的保护工作交给科尔贝；科尔贝则极力避免重蹈他的前任尼古拉斯·富凯的覆辙，后者在保护艺术方面实行私人赞助，与国王竞争。科尔贝创立的巴黎各学院不是在属于君主的私人场所开会，而是在被认为是"公共"的空间（首先是国王图书馆，然后是卢浮宫），即使会议的出入仍然受到严格控制。上文提到的弗农的信中叙述了惠更

---

① Dew 2010. 更多信息请参阅：McClellan et Regourd 2011.

② Briggs 1991, Stroup 1991.

③ 参阅：Biagioli 1995.

斯在这方面的顾虑，他将王家科学院描述为"完全取决于王公的心情和大臣的宠爱"，这一顾虑似乎很奇怪，但清楚地揭示了这种公共领域机构的重组是极其缓慢的。① 惠更斯在1670年生病时提出的，以及朱斯特尔在1683年担心的，都是当时对新生学院的传统看法：对他们同时代的人来说，发生的一切都仿佛科学院仍然是一个围绕着科尔贝形成的封闭圈子。也许无论是1670年的惠更斯，还是1683年的贾斯特尔，都不会有任何合理的理由不这么看：这只能再次向我们强调，在科尔贝生前，这些新学院的机构身份还没有被明确界定。科尔贝的创新远没有给科学组织架构带来一场迅速或合理的革命，而是以一种更为零散的方式通过无数复杂的谈判来完成。

尼古拉斯·迪尤（Nicholas Dew）撰；阿涅·穆勒译

参考文献

Chapelain Jean, 1880—1883, *Lettres de Jean Chapelain*, éd. par J.-P. Tamizey de Larroque, Paris, Imprimerie nationale.

– 1936, Liste de quelques gens de lettres français vivant en 1662, in *Opuscules critiques de Chapelain*, éd. par A.C. Hunter, Paris.

Clément Pierre (éd.), 1861—1882, *Lettres, instructions et mémoires de Colbert*, Paris, 10 vol.

Du Hamel Jean-Baptiste, 1701, *Regiae Scientiarum Academiae Historia*, Paris, 2ᵉ éd.

Fontenelle Bernard de, 1733, *Histoire de l'Académie royale des sciences*, formant les vol. 1 et 2 de *Histoire et mémoires de l'Académie royale des sciences depuis 1666 jusqu'à 1699*, 1729—1733, Paris, 11 vol.

Guiffrey Jules (dir.), 1881—1901, *Comptes des Bâtiments du roi sous le règne de Louis XIV*, Paris, 5 vol.

Histoire et mémoires de l'Académie royale des sciences, depuis 1666 jusqu'à 1699, 1729—1733, Paris, 11 vol.

Huygens Christiaan, 1888—1950, *Œuvres complètes*, éd. par D. Bierens de Haan et J.

---

① 按照哈贝马斯（Habermas）的术语，科贝尔的学院始终是宫廷代表范围（räpresentative Öffentlichkeit）的一部分。参阅：Habermas 1978（p. 17–37）。

Bosscha, La Haye, Martinus Nijhoff, 22 vol.

Oldenburg Henry, 1965—1986, *Correspondence*, éd. par A. Rupert Hall et Marie Boas Hall, Madison, University of Wisconsin Press.

Perrault Charles, 1993 [1669], *Mémoires de ma vie*, Paris, Macula.

Sources secondaires

Abdel-Halim Mohamed, 1964, *Antoine Galland: sa vie et son œuvre*, Paris, Nizet.

Apostolidès Jean-Marie, 1981, *Le Roi-machine. Spectacle et politique au temps de Louis XIV*, Paris, Minuit.

Ash Eric H. (dir.), 2010, dossier "Expertise: Practical Knowledge and the Early Modern State", *Osiris*, 2e série, vol. 25, Chicago, University of Chicago Press.

Balayé Simone, 1988, *La Bibliothèque nationale, des origines à 1800*, Genève, Droz.

Béguin Katia, 1999, *Les Princes de Condé: rebelles, courtisans et mécènes dans la France du Grand Siècle*, Seyssel, Champ Vallon.

Beik William, 2005, The Absolutism of Louis XIV As Social Collaboration, *Past and Present*, vol. 188, p. 195–224.

Berger Robert W., 1993, *The Palace of the Sun: The Louvre of Louis XIV*, University Park, Pennsylvania State University Press.

Bettag Alexandra, 1998, *Die Kunstpolitik Jean-Baptiste Colberts. Unter besonderer Berücksichtigung der Académie royale de peinture et de sculpture*, Weimar, Verlag und Datenbank für Geisteswissenschaften.

Biagioli Mario, 1995, Le prince et les savants: la civilité scientifique au xviie siècle, *Annales. Histoire, sciences sociales*, vol. 50, n° 6, p. 1417—1453.

Briggs Robin, 1991, The Académie royale des sciences and the Pursuit of Utility, *Past and Present*, vol. 131, p. 38–88.

Brown Harcourt, 1934, *Scientific Organizations in Seventeenth-Century France (1620—1680)*, Baltimore, Williams & Wilkins.

Burke Peter, 1992, *The Fabrication of Louis XIV*, New Haven, Yale University Press.

Chartier Roger et Martin Henri-Jean (dir.), 1990, *Histoire de l'édition française*, t. 2: *Le Livre triomphant (1660—1830)*, Paris, Fayard, 2e éd.

[Catalogue d'exposition] 1983, *Colbert (1619—1683)*, Paris, Hôtel de la Monnaie.

Collections de Louis XIV: dessins, albums, manuscrits, 1977, Paris, Éd. des Musées nationaux.

Couton George, 1977, Effort publicitaire et organisation de la recherche: les gratifications aux gens de lettres sous Louis XIV, in *Le XVIIe siècle et la recherche*, Marseille, Centre méridional de rencontres sur le xviie siècle, p. 41−55.

Dainville François de, 1978, *L'Éducation des jésuites (xvie-xviiie siècle)*, Paris, Minuit.

Demeulenaere-Douyère Christiane et Brian Éric (dir.), 2002, *Règlement, usages et science dans la France de l'absolutisme*, Paris, Tec & Doc Lavoisier.

Dew Nicholas, 2009, *Orientalism in Louis XIV's France*, Oxford, Oxford University Press.

− 2010, Scientific Travel in the Atlantic World: The French Expedition to Gorée and the Antilles (1681—1683), *The British Journal for the History of Science*, vol. 43, n° 1, p. 1−17.

Drevillon Hervé, 1996, *Lire et écrire l'avenir. L'astrologie dans la France du Grand Siècle (1610—1715)*, Seyssel, Champ Vallon.

Gallois Léon, 1909, L'Académie des sciences et les origines de la carte de Cassini, *Annales de géographie*, 18e année, nos 99−100, p. 193−204 et 289−310.

George Albert Joseph, 1938*a*, A Seventeenth-Century Amateur of Science: Jean Chapelain, *Annals of Science*, n° 3, p. 217−236.

− 1938*b*, The Genesis of the Académie des sciences, *Annals of Science*, n° 3, p. 372−401.

Grivel Marianne, 1985, Le Cabinet du roi, *Revue de la Bibliothèque nationale*, n° 18, p. 36−57.

Habermas Jürgen, 1978 [1962], *L'Espace public*, trad. par Marc B. de Launay, Paris, Payot.

Hahn Roger, 1971, *The Anatomy of a Scientific Institution: The Paris Academy of Sciences (1666—1803)*, Berkeley, University of California Press.

Jammes André, 1965, Louis XIV, sa bibliothèque et le Cabinet du roi, *The Library*, 5e série, n° 20, p. 1−12.

King James E., 1949, *Science and Rationalism in the Government of Louis XIV (1661—1683)*, Baltimore, Johns Hopkins University Press.

Konvitz Josef W., 1987, *Cartography in France (1660—1848): Science, Engineering, and Statecraft*, Chicago, University of Chicago Press.

Lux David S., 1990, Colbert's Plan for the *Grande Académie:* Royal Policy toward Science (1663—1667), *Seventeenth-Century French Studies*, n° 12, p.177−188.

Maber Richard, 1985, Colbert and the Scholars: Ménage, Huet and the Royal Pensions of 1663, *Seventeenth-Century French Studies*, n° 7, p.106−114.

McClellan James E. et Regourd François, 2011, *The Colonial Machine: French Science and Overseas Expansion in the Old Regime*, Turnhout, Brepols.

Mesnard Jean, 1965, *Pascal et les Roannez*, Paris, Desclée de Brouwer, 2 vol.

Mukerji Chandra, 1997, *Territorial Ambitions and the Gardens of Versailles*, Cambridge, Cambridge University Press.

— 2009, *Impossible Engineering: Technology and Territoriality on the canal du Midi*, Princeton, Princeton University Press.

Omont Henri, 1902, *Missions archéologiques françaises en Orient aux xviie et xviiie siècles*, Paris, Imprimerie nationale, 2 vol.

Pintard René, 1943, *Le Libertinage érudit dans la première moitié du xviie siècle*, Paris, Boivin.

Pognon Edmond, 1973, Une nouvelle séduction: les livres de fêtes et la propagande officielle, in *L'Art du livre à l'Imprimerie nationale. Cinq siècles de typographie*, Paris, Imprimerie nationale, p. 142–161.

Pomian Krysztof, 1972, Les historiens et les archives dans la France du xviie siècle, *Acta Poloniae Historica*, n° 26, p. 109–125.

Roger Jacques, 1982, La politique intellectuelle de Colbert et l'installation de C. Huygens à Paris, *in* René Taton (dir.), *Huygens et la France*, Paris, Vrin, p. 41–48.

Saunders E. Stewart, 1985, Politics and Scholarship in Seventeenth-Century France: The Library of Nicolas Fouquet and the Collège royal, *Journal of Library History*, n° 20, p. 1–24.

— 1991, Public Administration and the Library of Jean-Baptiste Colbert, *Libraries and Culture*, n° 26, p. 283–300.

Sauvy Anne, 1973, L'illustration d'un règne: le Cabinet du roi et les projets encyclopédiques de Colbert, in *L'Art du livre à l'Imprimerie nationale. Cinq siècles de typographie*, Paris, Imprimerie nationale, p. 102–127.

Schnapper Antoine, 1988—1994, *Collections et collectionneurs dans la France du xviie siècle*, Paris, Flammarion, 2 vol.

Soll Jacob S., 2008, The Antiquary and the Information State: Colbert's Archives, Secret Histories, and the Affair of the *Régale* (1663—1682), *French Historical Studies*, n° 31, p. 3–28.

— 2009, *The Information Master: Jean-Baptiste Colbert's Secret State Intelligence System*, Ann Arbor, University of Michigan Press.

Stroup Alice, 1990, *A Company of Scientists: Botany, Patronage and Community at the Seventeenth-Century Parisian Royal Academy of Sciences*, Berkeley, University of California Press.

— 1991, The Political Theory and Practice of Technology under Louis XIV, *in* Bruce T. Moran (dir.), *Patronage and Institutions: Science, Technology and Medicine at the European Court (1500—1750)*, Woodbridge, Boydell Press, p. 211–234.

Taton Roger, 1966, *Les Origines de l'Académie royale des sciences*, Paris, Presses universitaires de France / Palais de la Découverte.

Tits-Dieuaide Marie-Jeanne, 1998, Les savants, la société et l'État: à propos du"renouvellement" de l'Académie royale des sciences (1699), *Journal des savants*, n° 1, p. 79-114.

Voss J., 1981, Mäzenatentum und Ansätze systematischer Kulturpolitik im Frankreich Ludwigs XIV, *in* August Buck *et al.* (dir.), *Europäische Hofkultur im 16. und 17. Jahrhundert,* Hambourg, Ernst Hauswedell, t. 2, p. 123-132.

第十九章

行政知识的产生

政治经济学、统计学、人口学、官房学、政治算术是与国家行动最直接相关的科学,不仅因为它们是公共机构活动的结果,而且因为它们"揭示了国家隐含的意识形态并使之合法化"。① 近年来,沿着米歇尔·福柯(Michel Foucault)关于政府性的课程所开辟的道路和科学社会史所提供的视角,行政知识史走的是不同于以往探索的,尤其是思想史倡导者所走的另一条道路。因此,具体的行政工作方法试图阐明"臣民和民众政府据以运作的行动"。② 这一视角涉及中央或地方政府办公室如何收集、组织、存储和传播有关人员、财产和领土的信息。③ 对收集、筛选、保存和传播显示社会状态的资料的实质和形式机制的研究,致使历史学家关注办公室日常工作中产生的文件,这些文件往往是匿名的。这类资料库汇集了信件、表格、报告,其中包括人口统计概要、资源清单、价格变动或货物流动的记录。所有这些文件中包含信息的汇总构成行政知识的实质内容。

---

① Bourdieu, Christin et Will 2000(p. 6). 可参阅:Woolf 1989.
② Foucault 2004. 关于历史学家对治理术(la gouvernementalité)概念的使用,请参见《历史与社会科学年鉴》(*Annales, Histoire, sciences sociales*),2007 年,第 5 期。在保罗·纳波利(Paolo Napoli)对这份文献的介绍中,他指出,治理术是"福柯从所考察的历史对象中建构出来的一种启发式工具",它不是"可识别的事实,而是赋予异质事实以意义的一种方式",可参阅:Napoli 2007(p. 1124).
③ Buton 2008.

通过考察构成"治理工具"①的收集、整理和分类等操作来了解其历史，使我们能够重新审视近代国家建设的历史，并阐明官僚制国家出现的缘由。②这部行政知识史为领会一种新的政治理性形式（而非一门科学）的构成提供了一个合适的观察平台，这种新的政治理性形式在17世纪展开，并在18世纪较为完善的成型。它的特点是有意愿产生、激发和组织民众，以使其能够开发所有产业。③这一愿望促使各国建立起统计观察系统。在18世纪中叶，百科全书式的描述性调查大量涌现，数字开始在政治和行政管理中发挥新的作用。④这一时期，了解领地已不再仅仅是王公教育过程中调动的教学手段；由行政知识构成的有关社会世界的实效知识成为"公共决策合理化"的工具。⑤

统计史学史经常将两种模式进行对比：一种是英国模式，即收集与单个对象有关的数值信息，以期获得系列数据；另一种是德意志模式，其特点是在领土范围内组织全面调查。这两种模式传达出不同的时间性：按照英国模式开展的调查会力求对领土管理问题做出快速反应，而德意志的统计则会收集详尽的长篇描述，而且是长期进行。这两种模式不仅方法相反，而且目标也相反：一种是由政治行动和决策的需要决定的；另一种是出于增加知识的努力。经过仔细检查，人们似乎发现18世纪在德意志领土上进行的调查丝毫没有遵循所谓的"德意志模式"。"德意志模式"更多的是一种学术实践，尤其是在大学框架内部署，其特点是三种论说共存。⑥第一种是严格意义上的"大学统计学"，18世纪下半叶，在阿亨瓦尔（Achenwall）及其学生的领导下，尤其在哥廷根发展起来。⑦这门学科试图通过描述，向未来的管理者展示国家力量的图景。第二种主

---

① Desrosières 2008.
② Bourdieu 2012. "官僚制国家"的概念借用自 Bourdieu 1997。
③ Lascoumes 2004. 该著作指出："对米歇尔·福柯来说，专注于研究治理术的工具化，就是让自己有办法更好地理解公共行动力图引导政治社会（通过行政管理人员）和公民社会（通过被管理的臣民）之间的关系，也包括臣民本身之间的关系。"
④ 在这一时期，"行政管理"指的是"国家机器，被理解为为公共利益服务的全部代理人、办公室、程序和目的"。可参阅：Minard 2000（p. 65）。
⑤ Margairaz 2008.
⑥ Garner 2008.
⑦ Perrot 1977 (p. 7).

要受到克罗默（Crome）的支持。他主张使用定量数据来衡量一个领土的人口和面积；他把这些数据作为国家实力的指标，并注重这两个要素之间的关系。第三种是政治算术，在日耳曼人空间里，以聚塞米尔希（Süssmilch）的作品为代表，他通过计算来阐述定量数据。[①] 这三种论说并存，它们之间没有严格的分界线，例如，比兴（Büsching）的"政治地理学"就结合了描述性统计和定量表格统计的方法。[②] 在18世纪，"统计问题"[③]并不是国家的专利；相反，它以许多不同的方式得到参与，并引发无数辩论，证明它在社会和思想生活中有着深厚的根基。

当然，行政知识的来源是做事的方法和在国家机器之外收集的信息。在某些情况下，它们的联系是如此密切，以至于很难区分究竟是属于这些领域中的哪一个。[④] 从事实地收集到数据的正式化，行政知识的产生被证明不仅密切依赖于国家机制，而且还依赖于社会世界，社会世界既是被认识的对象，又是必不可少的对话者。然而，18世纪设计的调查机制的规模决定了对只有国家才有能力动员的后勤保障越来越需要。

调查：建立经验性知识的方法

对行政机构的代理，人们进行的调查大多仍以清单模式为基础，旨在收集基于观察的信息。尽管在18世纪社会各个阶层为构建旅行者视角做出了可观的努力，但中央政府并没有规范其收集程序。不得不说，当时中央政府没有专门负责调查工作的代理人。诚然，各国正在动员越来越多的工作人员来收集经验性知识，但尽管行政部门雇用的人数在增加，却没有专门负责收集观察结果的工作人员。然而，某些群体执行的不一定是主要任务，但仍为这项调查工作作出了贡献。在法国，以监督为首要任务的工厂检查员就是这种情况。在巡

[①] Garner 2005 (p. 265).

[②] Hoock 1977 (p. 480-481). 我们在 Garner 2006 中也能看到类似的论述。

[③] Bourguet 2001 (p. 34).

[④] Brian 1997 (p. 38).

视过程中，这 60 多名检查员和副检查员要学会观察。他们必须向主计长（le Contrôle général）提供工厂活动的介绍，说明所生产产品的性质、商业渠道、所用技术的状况和经济发展前景。巡视结束后，他们会撰写会议记录，汇报他们所看到的一切。这些都是根据描述性统计的用途建立的长篇简报。在 18 世纪上半叶，这些文件被认为符合百科全书式的理想，然后从 1740 年代开始，会议记录重新集中在行业知识上。针对每一个地方，巡视报告都要明确其地理位置、人员、业务性质、生产结构、原材料产地、劳动力特点、设备和销售市场等。除了这种描述性的贡献外，检查员们还制定"工厂清单"，填写大型表格，以制定所标记部件的半年报表。虽然这个机构不是作为一个调查员团体而设计的，但由于其成员在行政部门中担任的职务，它成为 18 世纪法国政府调查的主要贡献者之一。[1] 18 世纪下半叶委托给矿业检查员的任务是旨在进行巡视为公众事业服务的同一项目的一部分。[2]

18 世纪，在下萨克森州的利珀县，地方官员负责对其辖区进行勘察巡游。这些访问使他们有机会收集有关国家的信息，并与各村显贵就实际问题和改革计划交换意见。考察结束后，收集到的信息被整理成文件，呈交给政府。为了弥补调查人员的不足，满足寻找可能有助于增进对社会事实了解的迫切需要，登记程序实现了对实地检查的补充。因此，在 18 世纪下半叶，利珀县臣民的行为越来越多地被系统地记录在行政文书中：注册、协议、居住和迁移声明、证书和授权。[3] 这体现了让·克洛德·佩罗（Jean-Claude Perrot）强调的对统计调查"透明度的追求"。[4]

18 世纪中叶出现的使社会世界成为认识对象的特别强劲的动力，超出了行政管理的范畴。一些政府官员编制了调查表，以使数据记录正规化。从 17 世纪末开始，沃邦设计了多份此类文件，其中包括题为"指导人口调查和国家描述"（pour faire l'instruction du dénombrement des peuples et la description des

---

[1] Minard 1998 (p. 183–203).

[2] Laboulais 2015.

[3] Behrisch 2011 (p. 513–514).

[4] Perrot 1977 (p. 5).

pays）的议程。他自己将这一问题清单应用于韦兹莱镇的选举，以检验其有效性。① 沃邦等公务人员努力制定问卷，通常是通过个人举措对其进行测试。在1770年代，米尼耶（Munier）又是另外一个例子。作为一名桥梁和道路工程检查员（Inspecteur des Ponts et Chaussées），他撰写了一本《观察集》（*Recueil d'observations*），应用于奥古莫瓦地区，并于1779年发表了观察结果，将这本属于学术范畴的出版物与他的职业活动脱钩。② 这类工具为更统一的空间认识提供了不可或缺的阅读框架。但是，它并没有被中央政府推广使用。学术的社交性似乎为实施此类问卷调查提供一个更有利的框架。1758年，弗朗索瓦·魁奈（François Quesnay）的著作《关于人口、农业与商业饶有兴趣的提问》（*Questions intéressantes sur la population, l'agriculture et le commerce*）正是针对这个圈子，他认为它们最适合支持政府收集信息。③ 在部分地区，某些学会产生了强大的协同作用。从1754年开始，在英国，皇家艺术、制造和商业协会成为贸易委员会行动的重要中继站。④ 该协会以组织有奖竞赛的方式鼓励活动开展，使调查成为发展经济的一种手段；它也频繁地动员以促进制图生产。在法国，医疗、犯罪或人口统计领域出现了同类型的其他动态。这充分证明，由于民众所经历的困难，人们越来越渴望增进对社会的了解。

正是出于这种关注，鲁昂医生勒佩克·德·拉克洛特（Lépecq de La Clôture）于1778年出版了他的《疾病和流行病构成的观察资料集》（*Collection d'observations sur les maladies et constitutions épidémiques*）。这部著作汇集了大约15年的观察结果，为法兰西王国第一批重要的医学测绘提供了材料。为了收集研究数据，拉克洛特建立了一个主要生活在法国西部的通信员网络。同年，维克·达吉尔向

---

① Virol 2003 (p. 132-133 et 145-150).
② Perrot 1977 (p. 11).
③ 标题的其余部分明确指出，这些问题是"向各省的科学院和其他学术团体提出的"，可参阅：Quesnay 2005（p. 331-388）。他提醒指出："众所周知，行政管理虽然需要非常广泛的知识，而且远远超出个人的能力范围，它既不能太过简单，也不能过于不讲究细节；但必须利用简化权力的时间来思考公共事业，获得指示，使之普惠于民众"（p.336）。魁奈的调查问卷开头是关于气候、领土地理和农业的问题，接着是人口、各种生产类型问题，最后是销售市场问题。
④ Hilaire-Pérez 2000（p. 190-209）.

王家医学会提出了一个颇为类似的调查项目,只不过他把这个项目推广到了全国。除了调动学术网络或职业团体的积极性外,这些调查是按照考察和阐释的思路设计的。① 它不再仅限于收集观察结果,而是在观察到的现象之间建立联系,解释征兆的起源并进行剖析评估。这样的调查证明,一种最早应用于自然界的可知性制度开始被应用于社会。② 它们还有助于增进行政部门对社会的了解并拓宽政府合理行动的范围。对人类生态学的观察确实促进了构建与公共卫生和环境健康有关的项目,瘴气理论赋予了这些项目理论上的合法性。③

如果说描述性清查项目仍然与政府希望了解社会的意愿相关联,那么在18世纪末实施的调查中,包括在国家范围之外,行动和干预的视角就变得越来越重要。

计数、测量和计算:行政代理人采取新做法

在18世纪,量化在领土管理和政府实施合理政策的愿望中发挥了越来越大的作用。大规模的计量,甚至计算,在17世纪已经很普遍。约翰·格朗特(John Graunt)、威廉·佩蒂(William Petty)以及格雷戈里·金(Gregory King)在人口方面的工作成果都证明了这一点。他们从17世纪初以来的死亡率报告出发,试图得出关于人口规模和流动的定量数据。查尔斯·戴夫南特(Charles Davenant)遵循同样的方法,研究贸易和国家收入问题。虽然他们所有人的动机都是希望在国家的状况和资源方面给行政当局和公众舆论以启迪,但他们的小圈子仍然外在行政管理范围之外。④ 然而,他们对行政实践的影响似乎是显而易见的,特别是在18世纪,当数字的地位发生变化时,无论在行政实践方

---

① 巴黎王家医学会(la Société royale de médecine)的调查主要涉及土壤、地理坐标、海拔高度、风向、水文、气候、农作物、食物、房屋类型、服装、工厂位置、仪器、工人行为和职业病。这套知识体系被认为可以生产社会知识,并通过类比推理,建议政府采取行动来补救社会的难题。
② Kalifa 2010.
③ Bourguet 1994 (p. 477).
④ Hecht 1977;特别是在英国政治算术方面,可参阅第59—61页。在Martin 2003中我们也能看到近似的观点。

面①，还是在对领土的认识方面，测量成为新的关键要素——地形测量事业和地籍调查业务都证明了这一点。②

在18世纪，行政部门越来越努力地向政府提供与价格和人口流动有关的系列数据。例如，在普鲁士，腓特烈·威廉一世统治期间实施的行政统计将人口普查列为优先事项，同时也涉及收成和农业生产。在腓特烈二世（Frédéric II）统治期间，统计调查范围扩展到手工业和制造业，其目的是"更精确地了解国家的生产能力"。③这些调查建立在整理行政文件中所含的数据和编制统计表的基础上。④最常见的做法是使用表格，命令相关人士填写，然后把在省一级收集的数字汇总到总表中。使用这些新工具并非一帆风顺。例如，在巴伐利亚州，1770年代进行的人口普查由于同时使用三种不同的表格而被打乱，导致数据难以使用。⑤

数字在行政知识建构中的出现，迫使行政人员学会如何抽象地处理它们，有时甚至要把描述性调查转化为统计运算表，因为这些数字一旦集中起来，就必须作为普遍信息和预测的基础。⑥这种转变需要一些文员学会如何处理量化数据。拉尔斯·贝尔里施（Lars Behrisch）根据他对利珀县的案例研究，估计总督们花了20年的时间来综合这些数字，并对其进行合理的解读。这涉及比较一段时间内的量化数据，提出定量报告⑦，从测量进阶到计算。菲利普·米纳德（Philippe Minard）还展示了工厂检查员如何熟悉计算技术的使用，特别是学习如何使用乘数来评估劳动力或活跃行业的数量。18世纪下半叶，平均值和加权估计的概念也为他们所熟知。这些产生了认识社会世界新模式的"政治计算"被应用于了解整个社会和领土。

在18世纪期间，主计长们的调查试图建立国家的经济状况就证明了这一

---

① Brian 1994.
② Touzery 2007.
③ Garner 2008 (p. 292).
④ *Ibid.* (p. 293–294).
⑤ Behrisch et Fieseler 2007 (p. 7).
⑥ Behrisch 2011 (p. 511).
⑦ *Ibid.* (p. 518–519).

点。越来越多的问题需要量化的答案。因此，在 1730 年奥里（Orry）发起的调查中，主计长要求总督们不仅要指出居民的数量，还要说明原材料和劳动力价格、车间数量、产量等。① 除了这些一般性调查外，18 世纪还增加了对采矿（1741 年、1742 年、1764 年和 1783 年）、冶金（1772 年、1774 年和 1788 年）和制革业（1733 年、1745 年、1759 年和 1788 年）的专门调查。尽管这些调查将描述性要素与定量数据混合在一起，但从 1740 年代起，它们见证了工业统计这门实用科学的正规化，其构思模式相当接近于算术家开发的人口统计模式。②

当时，人们试图通过数字来理解的是社会整体。蒙蒂翁（Montyon）对道德统计学的贡献就证明了这一点。③ 旧制度结束时，国务委员决定研究巴黎的犯罪问题，因此，他在巴黎议会的会议记录中记录了 1775—1786 年间在该辖区司法管辖范围内被定罪的人数。所清查的 10 021 起案件按性别、年龄、被定罪人身份、犯罪性质和地点以及定罪类型进行了分类。在这一定量研究结果的基础上，蒙蒂翁在 1786—1789 年撰写了《法国道德观察》（Observations sur la moralité en France），其中指出血腥犯罪逐渐减少，侵害财产罪的比重相当大，"平民阶层"滋生了危险分子，而城市是犯罪的温床。④ 在行政管理者的世界里，数学知识和推理已经成为常见且合理的属性。它们见证了当时学术领域与行政领域之间的交流。⑤ 在这方面，试图整理经验知识的调查实践与试图产生系列数据的计算技术之间似乎存在某种同源性。此外，虽然计算方法构成一种与产生经验知识的累积调查大相径庭的社会可知性模式，且功用主义的系列数据的构成与乌托邦式的领土详尽图表截然不同，然而对其应用条件的审查则要求人们不要做过于激进的区分。例如，埃里克·布莱恩（Éric Brian）指出，"在可能的情况下，对不同行政区提供的数字进行比较，往往会给人一种印象，

---

① Gille 1980 (p. 34–42).
② Minard 2000 (p. 62).
③ Lecuir 1974.
④ Perrot (M.) 1977 (p. 126).
⑤ Minard 2000 (p. 70).

即那些默默无闻的清点员和算术师是以同样的方式在工作，但规模不同，当他们没有找到更可靠的早期来源时，就会对自己的估计进行合理的修补，而且往往是诚实的。"①

这就是玛丽-诺埃尔·布尔热所强调的疑难之一，她指出，在1800年，法国还没有足够成体系的登记程序，可以"提供准确的事实，以进行计算"。②

数据的正规化

在18世纪，不仅数据收集工作日趋增多，而且其处理方式也发生了变化。行政知识已经不再概括为能自我说明问题的事实总和，而是必须赋予这些集合成果以意义。这一必要的步骤包括将数据正规化，这就引发了行政管理走向专业化的问题。

处理收集到的数据为各行政机构引入了新的任务。数据集中后，描述性信息将被分类整理和汇编。摘录的做法就是这样普及开来的：文员们把信件或简报的片段抄下来，有时一抄就是好几份，然后归入专题档案。对于制造业生产等自然资源方面，行政机构进行双重存档。他们将每份报告的数据同时记录在产品档案和地理档案中，并根据生产地点对信息进行分类。法国大革命期间，先后在工程处和矿务委员会，行政办公室的职员根据工程师送来的信件和简报制作汇总卡片。每张卡片都是专门针对某一特定矿山的信息概要。这一载体同时实现了复制信息的综合化和标准化。大多数卡片具有相同的结构：标明矿山的位置（区名和市镇名），还提供显示该矿山的卡西尼地图的编号；然后是每个矿井的具体数据（建立日期、工人数量、使用的原材料、使用的燃料及其消耗量、产品和销售市场）。最后，在每张卡片的底部，都注明了信息提供者的姓名以及提供信息的日期。③并非所有条目都总是被填写。根据信息来源的不

---

① Brian 1997.
② Bourguet 1993（p. 48）.
③ 例如，在国家档案馆编号F 14 4234 的档案中，可以找到一系列这样的卡片。可参阅：Laboulais 2012.

同，各要素的精确度或高或低。部分卡片可能标明"待检查"或"待验证"；卡片末尾有时会出现"意见"条目，往往包含对经营质量的评估。这些工具对于判断开采条件、制定或至少提出合理的政策变得至关重要。

行政部门很快就对档案的管理感到力不从心，不得不寻找办法解决数据集中化带来的问题：即纸张的实际管理。1784 年，雅克·内克尔（Jacques Necker）在论文《论法国的财政管理》（*De l'administration des finances*）中提出了一个官方数据机构的项目，让·克洛德·佩罗对此描述如下：

"该机构应从各主管部门收集即时和历时性信息，通过比较来纠正错误，并每年公布一份总结报告。它汇集预算、财政和商业账目，以及生产和人口统计（救济、死亡率）数据，通过比较基本事实，以便计算出比率（如种子/土地产量比率）。"①

在内克尔看来，这个行政知识场所必须"抑制想象力，功用型知识将思维限定在现实对象范围内。"② 这种类型的机构专门负责集中和处理这些信息，并根据要求将其传送给行政部门，这让人联想到"全景观察站"，多米尼克·马尔盖拉兹（Dominique Margairaz）将它与弗朗索瓦·德·纳沙托（François de Neufchâteau）的内政部联系在一起。③

在 18 世纪，人们设想使用其他的纸质载体来超越积累阶段，并赋予所收集的信息以意义。最初的汇总表大得不成比例——在巴伐利亚州，1770 年人口普查后，由于计数工作产生了一张几米长的表格④——最后有时甚至无法使用。行政人员需要时间来熟悉这些新工具，为文员编写说明，这也是引入新做法的另一个标志。

在将数据正规化的各种尝试中，对某些人来说，空间即使不构成一条叙事线索，至少也是组织从调查中得出的要素的一种手段。从 17 世纪末开始，为

---

① Perrot (J.-C.) 1992 (p. 133).

② Necker 1784, in *ibid.* (p. 133).

③ Margairaz 2005（p. 257）."试图令一切一目了然的综合工作并不是指一个百科全书式的项目，而是一种普遍化的'等效'官僚主义要求，在上游得到庞大的登记和编纂工作的支持，以达到合理化行政管理和提高政治效率的目的"，可参阅：*ibid.*（p. 276）。

④ Behrisch et Fieseler 2007 (p. 7).

了让年轻的勃艮第公爵发现法国各省的多样性，在博维利耶尔公爵调查工作框架下制作的部分简报附有位置图。① 几十年后，省级设计的几个调查规划都坚持要求在简报后附上地图，以确定描述的相关空间的位置。② 在奥尔良财政区省议会召开之际，拉瓦锡强调了绘制矿物学地图的有用性，可作为财政区地图的补充。拉瓦锡指出，该地图本应提供"您所在地区的情况"，但同时可以补充"一些有助于行政部门运作的特定细节"。这些细节涉及人口、农业、植被和"该省的矿产资源，至少与艺术和社会需求有关"。拉瓦锡在他的项目中提到，了解土壤和石头的性质对于领土整治是有用的，也要了解铁矿和可能的煤矿，他将其笼统称为"王国怀抱中的矿产"。③

在18世纪下半叶，地图被行政管理者赋予了新的作用：它从一种图像转变为一种工具。大多数情况下，行政管理者会使用地形调查或土地丈量工作中产生的地图来记录他们的意见。④ 这些印刷的或手写的地图使他们能够将发送给中央政府的简报、更多的是表格中包含的意见列入其辖区空间。第一张专题地图就是这样出现的。从图形的角度来看，它们并不是很有创意，而是将简报和表格中包含的信息简单地转化为地图空间。⑤ 这些赋予地图的新功能是18世纪下半叶行政知识"地域化"（la territorialisation）特征的表现之一。⑥ 作为一种为能够代表调查数据而设计的工具，地图随后成为服务于行动的工具。⑦

文件、表格和地图证实了丹尼尔·罗奇的看法："行政智慧把科学目的、社会愿望、情况诊断与有识之士的问题结合在一起。"⑧ 斯特凡纳·范·达默以18、19世纪之交塞纳河涨水的累积数据为重点，表明"与塞纳河行政管理制

---

① Perrot (J.-C.) 1977 (p. 10).
② 1746年，克马代克（Kermadec）撰写的《布列塔尼省地理、经济和历史描述》（*Projet d'une description géographique, économique et historique de la province de Bretagne*）就是这种情况。除了包含几十年前编写的调查表中所缺少的对象外，作者还建议绘制一张精确的地图。可参阅：Perrot（J.-C.）1977（p. 10）。
③ Lavoisier 1893 (p. 252-253).
④ Laboulais 2008.
⑤ Palsky 1996 (p. 46-51).
⑥ Margairaz 2006.
⑦ Lascoumes 2007 (p. 3).
⑧ Roche 1994 (p. 38).

度有关的摘录、简报和法令副本的积累",促成了"巴黎市所在地的地形和历史研究"的写作。① 行政知识的产生表明,在18世纪末,君主制国家成为一个拥有程序、标准和规则的技术性行政机构②,必须配备具备分析评估能力的专业人员。

结语

撰写一部务实的行政知识史,需要研究地方层级和接近政府中心的行政人员及其文员的办事方式。③ 这就要求花费新的精力来处理办公机构制作的档案,不再只是提取事实,而是还要研究其形式。从科学史的角度来看,这种方法使它有可能超越从一开始就倾向于反对统计学和政治算术的方法,也避免了国家统计实践模式的统一化——英国的政治算术与德意志的描述性统计。

然而,研究这种"实用科学"④产生的条件留给政治家们如何使用它的问题。如果行政知识是为了给"能够指导行政行为的技术知识"提供实质内容⑤,则应将其使用中产生的痕迹纳入决策程序。

伊莎贝尔·拉布莱(Isabelle Laboulais)撰

参考文献

Behrisch Lars, 2011, "Des chiffres politiques". La statistique, dispositif politique et activité pratique au xviiie siècle, *in* Pascale Laborier, Frédéric Audren, Paolo Napoli et Jakob Vogel (dir.), *Les Sciences camérales. Activités pratiques et histoire des dispositifs publics*, Paris, Presses universitaires de France, p. 509-537.

---

① Van Damme 2012 (p. 34).
② Minard 2000(p. 65). 在 Graber 2009 中, 我们也能看到近似的观点。
③ 斯特凡纳·范·达默展示了这一务实的历史是如何在过去十年社会科学的重新接触中发展起来的,可参阅: Van Damme 2013.
④ Bourdieu, Christin et Will 2000 (p. 7).
⑤ Hoock 1989(p. 44). 在 Brian 1998 中, 我们也能看到近似的观点。

Behrisch Lars et Fieseler Christian, 2007, Les cartes chiffrées: l'argument de la superficie à la fin de l'Ancien Régime en Allemagne, *Genèses*, n° 68, p. 4-24.

Bourdieu Pierre, 1997, De la Maison du roi à la raison d'État. Un modèle de la genèse du champ bureaucratique, *Actes de la recherche en sciences sociales*, vol. 118, n° 1, p. 55-68.

— 2012, *Sur l'État. Cours au Collège de France (1989—1992)*, Paris, Seuil, coll. Raisons d'agir.

Bourdieu Pierre, Christin Olivier et Will Pierre-Étienne, 2000, Sur la science de l'État, *Actes de la recherche en sciences sociales*, vol. 133, n° 1, p. 3-11.

Bourguet Marie-Noëlle, 1993, Voyage, statistique, histoire naturelle. L'inventaire du monde au xviiie siècle, rapport de synthèse présenté pour l'habilitation à diriger des recherches, université de Paris-I.

— 1994, De la population à la science sociale: l'anthropologie de Moheau, *in* M. Moheau, *Recherches et considérations sur la population de la France* (1778), rééd. par Éric Vilquin (dir.), Paris, Éd. de l'INED, p. 469-491.

— 2001 [1989], *Déchiffrer la France. La statistique départementale à l'époque napoléonienne*, Paris, Éd. des Archives contemporaines.

Brian Éric, 1994, *La Mesure de l'État. Administrateurs et géomètres au xviiie siècle*, Paris, Albin Michel.

— 1997, Légitimité et établissement d'un chiffre de population. Notes sur les nombres et les réformes à la fin du xviiie siècle en France, *in* Robert Descimon, Jean-Frédéric Schaub et Bernard Vincent (dir.), *Les Figures de l'administrateur. Institutions, réseaux, pouvoirs en Espagne, en France et au Portugal (xvie-xixe siècle)*, Paris, Éd. de l'EHESS, p. 29-42.

— 1998, Mathematics, Administrative Reform and Social Sciences in France at the End of the Eighteenth Century, *in* Johan Heilbron (dir.), *The Rise of the Social Sciences and the Formation of Modernity: Conceptual Change in Context (1750—1850)*, Dordrecht et Boston, Kluwer Academic Publications, p. 207-224.

Buton François, 2008, L'observation historique du travail administratif, *Genèses*, n° 72, p. 2-3.

Desrosières Alain, 2008, *Pour une sociologie historique de la quantification*, t. 1: *L'Argument statistique*, Paris, Presses de l'École des mines.

Foucault Michel, 2004, *Naissance de la biopolitique. Cours au Collège de France (1978—1979)*, éd. par M. Senellart sous la dir. de F. Ewald et A. Fontana, Paris, Gallimard et Seuil.

Garner Guillaume, 2005, *État, économie, territoire en Allemagne. L'espace dans le caméralisme et l'économie politique (1740—1820)*, Paris, Éd. de l'EHESS.

— 2006, La représentation de l'espace dans les discours économique et géographique en

Allemagne au xviiie siècle, *in* Hélène Blais et Isabelle Laboulais (dir.), *Géographies plurielles. Les sciences géographiques au moment de l'émergence des sciences humaines (1750—1850)*, Paris, L'Harmattan, p. 217−233.

— 2008, État et information économique en Allemagne à la fin du xviiie et au début du xixe siècle, *in* Dominique Margairaz et Philippe Minard (dir.), *L'Information économique (xvie-xixe siècle). Journées d'études du 21 juin 2004 et du 25 avril 2006*, Paris, Comité pour l'histoire économique et financière de la France, p. 291−309.

Gille Bertrand, 1980 [1964], *Les Sources statistiques de l'histoire de France*, Paris et Genève, Droz.

Graber Frédéric, 2009, *Paris a besoin d'eau. Projet, dispute et délibération technique dans la France napoléonienne*, Paris, CNRS Éditions.

Hecht Jacqueline, 1977, L'idée de dénombrement jusqu'à la Révolution, *in* INSEE, *Pour une histoire de la statistique*, t. 1: *Contributions*, Paris, Éd. de l'INSEE, p. 21−81.

Hilaire-Pérez Liliane, 2000, *L'Invention technique au siècle des Lumières*, Paris, Albin Michel.

Hoock Jochen, 1977, D'Aristote à Adam Smith: quelques étapes de la statistique allemande entre le xviie et le xixe siècle, *in* INSEE, *Pour une histoire de la statistique*, t. 1: *Contributions*, Paris, Éd. de l'INSEE, p. 477−483.

— 1989, Économie politique, statistique et réforme administrative en France et en Allemagne dans la deuxième moitié du xviiie siècle, *Jahrbuch für Europaïsche Verwaltungsgeschichte*, n° 1, p. 33−45.

Kalifa Dominique, 2010, Enquête et "culture de l'enquête" au xixe siècle, *Romantisme*, no 149, p. 3−23.

Laboulais Isabelle (dir.), 2008, *Les Usages des cartes (xviie-xixe siècle). Pour une approche pragmatique des productions cartographiques*, Strasbourg, Presses universitaires de Strasbourg.

— 2012, *La Maison des mines. La genèse révolutionnaire d'un corps d'ingénieurs civils (1794—1814)*, Rennes, Presses universitaires de Rennes.

— 2015, Le terrain des ingénieurs des Mines français au tournant du xviiie et du xixe siècle, *in* Hélène Blais, Claire Fredj et Isabelle Surun (dir.), *Histoires d'espaces. Autour de Daniel Nordman*, Rennes, Presses universitaires de Rennes.

Lascoumes Pierre, 2004, La gouvernementalité: de la critique de l'État aux technologies du pouvoir, *Le Portique*, nos 13−14, < http://leportique.revues.org/index625.html > .

— 2007, Gouverner par les cartes, *Genèses*, n° 3, p. 2−3.

Lavoisier Antoine-Laurent, 1893, Projet de la carte minéralogique de la généralité d'Orléans, in *Œuvres de Lavoisier, publiées par les soins de son excellence le ministre de l'Instruction publique et des Cultes*, Paris, Imprimerie nationale, vol. 6, p. 252-255.

Lecuir Jean, 1974, Criminalité et "moralité": Montyon, statisticien du parlement de Paris, *Revue d'histoire moderne et contemporaine*, n° 21, p. 445-493.

Margairaz Dominique, 2005, *François de Neufchâteau: biographie intellectuelle*, Paris, Publications de la Sorbonne.

— 2006, La géographie des administrateurs, in Hélène Blais et Isabelle Laboulais (dir.), *Géographies plurielles. Les sciences géographiques au moment de l'émergence des sciences humaines (1750—1850)*, Paris, L'Harmattan, coll. Histoire des sciences humaines, p. 185-215.

— 2008, Introduction. De Colbert à la statistique générale de la France, in Dominique Margairaz et Philippe Minard (dir.), *L'Information économique (xvie-xixe siècle). Journées d'études du 21 juin 2004 et du 25 avril 2006*, Paris, Comité pour l'histoire économique et financière de la France, p. 143-153.

Martin Thierry (dir.), 2003, *Arithmétique politique dans la France du xviiie siècle*, Paris, Éd. de l'INED.

Minard Philippe, 1998, *La Fortune du colbertisme. État et industrie dans la France des Lumières*, Paris, Fayard.

— 2000, Volonté de savoir et emprise d'État. Aux origines de la statistique industrielle dans la France d'Ancien Régime, *Actes de la recherche en sciences sociales*, vol. 133, n° 1, p. 62-71.

Napoli Paolo, 2007, Foucault. Présentation, *Annales. Histoire, sciences sociales*, n° 5, p. 1123—1128.

Necker Jacques, 1784, Idée sur l'établissement d'un bureau général de recherches et de renseignements, *De l'administration des finances*, Paris.

Paslky Gilles, 1996, *Des chiffres et des cartes. La cartographie quantitative au xixe siècle*, Paris, Comité des travaux historiques et scientifiques.

Perrot Michèle, 1977, Premières mesures des faits sociaux: les débuts de la statistique criminelle en France (1780—1830), in INSEE, *Pour une histoire de la statistique*, t. 1: *Contributions*, Paris, Éd. de l'INSEE, p. 125-137.

Perrot Jean-Claude, 1977, *L'Âge d'or de la statistique régionale française (an IV-1804)*, Paris, Société des études robespierristes.

— 1992, *Une histoire intellectuelle de l'économie politique (xviie-xviiie siècle)*, Paris, Éd. de l'EHESS.

Quesnay François, 2005, *Œuvres économiques complètes et autres textes*, éd. par C. Théré, L. Charles et J.-C. Perrot, Paris, Éd. de l'INED, vol. 1.

Roche Daniel, 1994, *La France des Lumières*, Paris, Fayard.

Touzery Mireille (dir.), 2007, *De l'estime au cadastre en Europe. L'époque moderne.*

Actes du colloque des 4 et 5 décembre 2003, Paris, Comité pour l'histoire économique et financière de la France.

Van Damme Stéphane, 2012, *Métropoles de papier. Naissance de l'archéologie urbaine à Paris et à Londres (xviie-xxe siècle)*, Paris, Les Belles Lettres.

– 2013, Histoire et sciences sociales: nouveaux cousinages, *in* Christophe Granger (dir.), *À quoi pensent les historiens ? Faire de l'histoire au xxie siècle*,

Paris, Autrement, coll. L'Atelier de l'histoire, p. 48–62.

Virol Michèle, 2003, *Vauban. De la gloire du roi au service de l'État*, Seyssel, Champ Vallon.

Woolf Stuart, 1989, Statistics and the Modern State, Comparative Studies, *Society and History*, n° 31, p.588–604.

1755 年的里斯本大地震被认为是整个欧洲的事件。在此之后,对自然灾害,特别是地震的描绘变得非常重要。——《被 1783 年 2 月 5 日的可怕地震摧毁的墨西拿城及其周边地区的景观》(*Vue de la Ville de Regio dil Messinae et ces alentour detruite par le terrible tremblement de Terre arrivée le Cinq Fevrier de l'année 1783*),版画,1790 年。

第二十章

环境及其知识

在近代,"环境"(environnement)一词的含义与我们今天所理解的不同。在中世纪法语中,它指的是周围的东西、围栏、围墙,进而可以指代围绕这一动作。① 这个词的使用范围并不广,1920年代的地理学家和历史学家认为这是一个英语名词,相当于法语的 milieu,具有更多决定论的涵义。② 然而,这个英语名词实际上来自法语,是诺曼人在12世纪引进的,正是在这种语言中,它才逐渐有了当代含义:在19世纪,它指的是影响生活形式的物质情境,只有到20世纪上半叶,才指的是人类社会之外的物质或自然世界。③

环境对近代科学史构成的问题在这语言两极之间展开。一方面,它是人类为了协商与周围事物的关系而设置的一系列藩篱,广义上的所有文化产物以此名义出现;另一方面,它是一种普遍且可客观化的物理现实,它并非由人类创造,但受到其行动的影响。这种在环境诞生之前就处于环境中的悖论构成了本章的核心,这不是一部关于环境科学及其组织人类与生态系统关系的方式的详

---

① 国家文字和词汇资源中心(Centre national de ressources textuelles et lexicales),可参阅:http://www.cnrtl.fr/etymologie/environnement(于2012年12月10日浏览)。
② 维达尔·白兰士(Vidal de La Blache)认为"milieu 和 environnement 这两个词的含义是根据英语来理解的"。Vidal de La Blache 1922(p. 7);Febvre 1970(p. 131)。
③ Environment, *Oxford English Dictionary*. 甚至在1864年,乔治·珀金斯·马什(George Perkins Marsh)在撰写著作《人与自然》(*Man and Nature*)或《人类行为改变的自然地理学》(*Physical Geography As Modified by Human Action*)(New York, Scribner, 1864)时,根本没有用到"环境"一词。

尽历史。

置于环境过程的假设为后续环境问题的形成开辟了道路，这引申出三个问题。第一个问题与构建这种外部性和拉开距离的方法有关。更新后的科学史要求人们不仅要研究知识，还要研究实践、工具、规范、社会性和制度。第二点是关于通过划分人与环境之间的连续性和非连续性而产生自然与文化之间对立的场所和行动者。诚然，实验室起着核心作用，但王宫、矿产、山脉、殖民地也同样如此。最后一个要素涉及自然描述的类别，以及它们与法律、政治经济和哲学类别的关系。自然的治理远非边缘领域，而被证明是科学与政治之间关系的实验室。

"大划分"与环境科学

起初，赋予近代的转折作用并非来自这一时期人数很少的环境史学家，而是来自"大划分"（le grand partage）的理论家。这种史学上的命运是模棱两可的，因为无论是科学社会学家布鲁诺·拉图尔（Bruno Latour）还是人类学家菲利普·德斯科拉（Philippe Descola），尽管偶尔会依赖历史分析，但都没有将自然与文化的分离设想为历史上的分水岭，而是将其视为西方本体论的标志。继史蒂文·夏平、西蒙·沙费尔对普满论者、真空论者霍布斯（Hobbes）和波义耳围绕气动泵实验的争论进行分析后，布鲁诺·拉图尔依托 17 世纪实验室的发明，提出了事实（*matters of fact*）与关切（*matters of concern*）、科学与社会、功绩与价值的分离。[1] 生态女性主义历史学家卡洛琳·麦茜特（Carolyn Merchant）的《自然之死》（*The Death of Nature*）也就此做了阐释。[2] 她从环境史的角度重新解读培根式的科学革命，认为它是与自然关系的一个重要转折点：自然不再是一个活生生的整体，而是被划分、切割成无生命的无数部分，以便被认识和支配。[3] 她还追溯了科学革命和工业社会之间的关系，前者为后

---

[1] Latour 1997（p. 26–50），Shapin et Schaffer 1993. 他还提到了洛兰·达斯顿 1988 年的研究。

[2] Latour 2004 (p. 80 et 315).

[3] Merchant 1980.

者对自然界的侵占和利用提供了必要的文化基础。

在《超越自然与文化》(*Par-delà nature et culture*)一书中，菲利普·德斯科拉似乎更进一步地将自然与文化的划分以及向近代的转变进行了历史化的探讨。① 第一个论点基于景观的自主性，即把主观事物客观化的方式，15 世纪上半叶透视法的发明使通过观察者的眼睛对物体进行真实呈现成为可能，它在拉开人与世界之间距离的同时，也使人前所未有地掌握了这种新形式的外部性。② 第二个论点强化了第一个论点，即 17 世纪的科学革命把世界变成了一个有规律的机器，其各种要素通过可数学化和可普遍化的因果关系联系起来。另一方面，社会概念直到 19 世纪才作为一个有机整体出现，而人类科学的出现则结束了这一"大分化"。相较于列维-斯特劳斯（Lévi-Strauss）对卢梭和民族学诞生的分析，米歇尔·福柯的《词与物》(*Mots et les choses*)更胜一筹。③ 因此，18 世纪似乎还没有出现环境问题，即把与环境的关系构建成一个公共问题：对自然元素的理解和管理被分别交给知识主体和行为主体，即工程师和护林员，但他们不是从有组织的人类集体的角度来解释的，无论是整个社会还是特定群体。④

然而，环境科学史使我们能够赋予"大划分"以更精确、更细致的历史内容，这一启发式工具不应该被移植到一个线性的、同质的时间中去。此外，在布鲁诺·拉图尔看来，近代理念其实从来就没那么新颖，也从未屈服于自然与文化之间的彻底割裂：当科学技术活动导致自然与文化的混合体成倍增加时，"大分化"的作用在于通过掩盖其发生的条件来使这种产生成为可能，而非在于描述环境实践。⑤ 如果说实验室进行规整和净化，在地球表面上越来越广泛的观察网络造成混合体的倍增。牛顿革命和世界数学化的成功不应掩盖当代环境科学的飞速发展，即论述物理环境和有机环境的科学，从地理学到地质学，

---

① Descola 2005 (p. 91-131).
② Panofsky 1975 (p. 126-180), Alain 1997.
③ Lévi-Strauss 1973 (p. 45-56), Foucault 1966 (p. 65).
④ Descola 2005 (p. 108).
⑤ Latour 1997.

还有生态学和进化论。① 然而，在这一领域，无论是化石的起源，还是水成论与火成论的争论，无论是将近代概念与旧有类别相结合的自然志，还是对西北航道和子午线的存在仍犹豫不决地对地球的探索，系统的精神远未占据上风，不确定性依然存在。

西方的环境独特性是经历了多次中断而建立起来的，这个长期过程细化了西方自然与文化二元论的历史性，有利于对通过实践、场所和行为主体掌握的环境类别和知识进行更复杂的摸索。因此，欧洲知识和非欧洲知识不可通约的论点因对二者交汇的本地化研究和力图更加对称的历史而受到削弱。尼尔·萨菲尔所描述的亚马逊不仅展示了一个在欧洲人到来之前与环境的关系一直处于变动状态的土著世界，而且还展示了一幅相互关联的轨迹的马赛克，在这里，旅行者通过与土著信息提供者的互动获得信息，然后转化为叙述形式（清单、目录），传达帝国对自然的认知。② 因此，这种对叙述形式的考虑，自下而上地揭示了"殖民机器"的运行，特别是法国的情况，它借助负责热带医学、分类学和植物学调查的一系列机构（王家科学院、王家海军学院、王家天文台、王家花园、王家农业协会、印度公司），为开发别国的自然提供了决定性的专业知识。③

景观作为"大分化"的论据之一，本身就与认知意愿和自然治理联系在一起，其特点是描述、清查和绘图等实践。④ 研究山地的历史学家们已经表明，这一地理对象被推到前台，归功于医生和浴疗学所推崇的治疗作用，归功于旅行实践，归功于精英们对山区社会的判断以及在科学家指挥下所做的整顿。⑤ 当新希波克拉底主义和卫生主义在不健康的自然和健康、良好、生产性的自然之间建立了一种对立关系，这一原则被运用到城市和健康上时，对景观的感知与环境政策是分不开的。⑥ 更准确地说，希波克拉底主义具有多重性，因为虽

---

① Bowler 1992.
② Safier 2008.
③ McClellan III et Regourd 2011.
④ Cosgrove 1985.
⑤ Briffaud 1994.
⑥ Robic 1992.

然在理论创立之前患者观察原则已被广泛传播，但对病因的确定存在多种体系，也都与环境有关：[取自笛卡尔的人体机械论、帕拉塞尔苏斯（Paracelsus）的医疗化学系统以及取自斯托尔（Stahl）的万物有灵论观点]。需要补充的是，这些理论与温度计和气压计的广泛使用共存，在私人日记和书信中可以找到关于精确度的言论，承认气候对人民的健康和繁荣有实质性影响。[1] 这种与环境的日常关系伴随着较短的时间性，有助于重新分配人与自然之间的不连续性。

自然灾害与风险

17世纪到18世纪之间，当见证上帝之怒的瘟疫让位于物理现象，天降灾难让位于自然灾害，史学将自然灾害列为自然主义外化的优先象征之一。[2] 因此，基于神圣天意秩序的自然观被一个可测量、可预测的体系所取代。灾难成为正常现象达到高潮的一个过程，是一连串物质因果关系的简单结果，可以从理性和逻辑上加以解释。这种通过环境数学化实现的世俗化表现为"近现代和当代对自然界的征服"，成为"自然的主人和拥有者"的雄心壮志得以实现从16世纪"现代性的好奇心"到19世纪具备"摆脱自然束缚"能力的过渡。[3] 让我们来检验一下论点。

在16世纪，灾难处于不同类型的论说和学术文化对象的交叉点。天才是文艺复兴时期思想的核心人物，把罕见的、不寻常的现象汇集在一起，这些现象体现了多样性，是自然观念的关键。他们产生了三种方法：医学和科学（得益于形式类型学）、以护教论为目的的阐释学（为了对超验的因果性提出质疑）、理性主义（通过简化为非常规方法）。[4] 占星家试图揭开预示人类命运的征兆的秘密，认真思索行星运动、彗星和所有不寻常事件。[5] 神的启示被认

---

[1] Golinski 2007.
[2] Nières 1987, Peronnet 1993.
[3] Delort et Walter 2001.
[4] Céard 1996 (p. 4–6).
[5] Drévillon 1996.

为数不胜数，从简单的神迹到预言，这些都是给上帝选民的启发。[1] 因此，天才揭示了自然界的永恒活动，他们之间形成一个相似和类比的完整网络，把宏观世界和微观世界统一起来。

在 17 世纪，这些方法并没有消失，而是继续在家庭日记账的页面上和教区登记册的空白处传达出地方的观念。[2] 然而，多项变化正在发生，导致微观世界和宏观世界之间的联系被切断，从而使灾难外部化。首先是神意理念的衰落，但在极端和破坏性事件中，例如，1654 年的彗星或 1717 年的风暴中，神意角度的解读会强势回归。[3] 二是保险业和新的风险计算形式的兴起。[4] 虽然早在 14 世纪就有了最早的海上保险公司，但 1686 年劳合社（Lloyd）的成立标志着模式的转变，其特点是日耳曼地区城市保险的激增。[5] 第三，早在 1698 年就在伦敦提出的人寿保险揭示了概率演算的影响，在皮埃尔·德·费马（Pierre de Fermat）和布莱兹·帕斯卡（Blaise Pascal）研究工作的基础上，约翰·格朗特和随后的克里斯蒂安·惠更斯在 17 世纪下半叶将概率演算应用于死亡率表。[6] 通过评估一种现象发生的理论可能性，计算为自然治理、政治经济和统计工作开辟了新的途径。

自 17 世纪末以来，自然神学对解读自然的影响越来越大。它运用了笛卡尔的机械论哲学，后者把宇宙类比为一个钟表式机械装置。如果像某些神学家所言，上帝是一位伟大的钟表匠，那么异常或致命的现象就是宇宙范围内的规律。牛顿体系提出了一个现象组织的普遍原理——引力，这被认为是上帝预设的规律。通过实施终极因论原则，对生命体研究的发展与这一天文神学相吻合。这些思想在 17 世纪末的英国催生出一种新的宗教流派——物理神学。对于塞缪尔·克拉克或威廉·德勒姆（William Derham）来说，科学是为宗教的

---

[1] Dompnier et Demerson 1993 (p. 7–10).

[2] Quenet 2005 (chap. 7).

[3] Labrousse 1974, Jakubowski-Tiessen 1992.

[4] Walter 2008 (p. 68–73).

[5] Zwierlein 2011, Boiteux 1968, Tranchant 2008.

[6] Pressat 2001, Daston 1988.

胜利服务的,也是对《圣经》的字面解读,上帝在和谐的宇宙中治理万物。①

今天,历史学家们以更平衡的视角看待这幅科学行动的图景,提出一种不那么线性的叙述方式,重新评估 1770 年代大转折之前近代所处的位置。② 长期以来,人们认为,在商业和保险技术领域之外,风险的概念在历史上是没有操作性的,特别是对于中世纪和近代早期直到 18 世纪中叶。③ 然而实际上,风险的概念早在中世纪末就开始发挥作用,但仅限于能够将不确定性理论化的领域:为了界定责任,决疑论和中世纪的经院哲学研究犯罪的可能性。④ 帕斯卡之前的整个概率史就此开启,即在概率的数学理论提出之前,就已经出现了研究事件发生概率的做法。⑤

地震在法国被确立为科学和辩论的对象,这证明了社会、文化、政治和象征层面在这一过程中的重要性,它将一个新对象的确立和公众的构成联系在一起。⑥ 当村子里发生灾害的时候,只要有一群人知道会出现危险就足够了,这是从中世纪以来就因洪水等常见现象而建立的经验,但效果局限在规模较小的地区,尤其是在发生地震时,例如,1564 年和 1610 年事件后的维苏比。这些地方性的做法,运用了从事件记忆中衍生出来的技术文化,经过例行修改后实行,并不属于科学知识和合理性的高贵历史。第二步是在与受损社群并无关联的信息提供者的帮助下建立起间接受影响的公众。这是通过过程和行动者的融合来实现的:地方精英在财政国家兴起后,从 18 世纪起越来越频繁地申请灾后减税,这些故事在书信和期刊上广为流传;人员和信息的流通普遍加快,王家科学院从中受益;修缮房屋的诉讼案件增多,法律也越来越进步。第三步在于制度层面的建设,其标志是国家的介入,国家依靠结合流传的观察和实践经验形式提出了新理论的学者们,编纂和统一了处理地震的程序。1755 年 11 月 1 日的里斯本大地震就这样把一个允许已经构成的公众进行干预和提出要求的

---

① Vénard 1997 (p. 1116—1119), Oldroyd 1996 (p. 44–50), Roger 1963 (p. 224–249).

② 关于 1770 年之后的情况,可参阅:Fressoz 2012.

③ Guerreau 1997.

④ Piron 2004.

⑤ Franklin 2001.

⑥ Quenet 2010.

公共空间具体化。灾害与风险远不是以线性方式相继发生的两种范式,而是共同建构地,促进了近代社会生活中对周围事物的疏远与包容。

资源和事物的治理

资源的概念似乎最早出现在日耳曼地区,是在三十年战争结束后的几年里(请参见第450页"科学与采矿")。必须将分析范围扩大到其他生态空间,来细化在该案例中涉及的官房学派和重商主义之间的对立。事实上,王公们对其领地资源的利用,催生出两种研究角度所共有的改造自然的理念。这就是改进的词汇在17世纪的英国变得流行的原因。[①] 安德烈·韦克菲尔德(André Wakefield)指出了这种流行效应的局限性,正如档案所显示的那样,它在实地遭遇了失败,并被官房学派谴责不诚实和无能,包括其最著名的代表,1765—1771年普鲁士的约翰·海因里希·哥特洛布·冯·尤斯蒂(Johann Heinrich Gottlob von Justi)。[②] 后来,林奈的工作印证了官房学派和国际贸易的结合,使他得以实施许多奇特的项目,如在北极冻土区种植茶叶、藏红花和水稻,然后在北欧重现殖民地经济等。[③] 其他类型的资源,例如,尼德兰七省联合共和国的泥炭,显示出财政问题的重要性,矛盾的是,这些问题导致当局限制这些资源的开采,以保持其收入。实际上,由于牧场变成湖泊,以及因荒原和沙地的扩张造成生态退化,这一切都受到了威胁。乌得勒支省于1592年开征泥炭税,并于1694年和1696年将其分别翻了一番,以此解决了资源的流失问题。该收入既用于资助针对路易十四的战争,解决生态环境恶化造成的财政问题,也用于资助修建圩田、湖泊排水和植树造林。[④]

---

① Schaffer 1997.
② Wakefield 2009.
③ Koerner 2001, Müller-Wille 2005.
④ Verstegen 2005.

资源类别的出现和扩散，促进了自然界的使用价值向交易价值的转变。这种商品化潜在地引发了新类型的社会冲突，这些冲突可能被定性为环境冲突，并由于利害关系的公开化导致环境问题的出现。1842年，卡尔·马克思（Karl Marx）在《莱茵报》（Rheinische Zeitung）上发表了一篇关于盗木贼的早期文章，分析了资本主义在圈定公有财产的同时，禁止在私人森林中收集枯木，造成边缘社会群体的自然异化。通过市场定价，资本主义国家打破了人与自然之间的直接关系，该关系从此受到私有财产制度的掣肘。① 卡尔·波兰尼（Karl Polanyi）在《大转型》（La Grande Transformation）里的一个著名章节中，说明了圈地现象如何促成了土地和劳动力自由市场的建立，该市场使人与土地分离，对世界进行经济还原，切断了与社会组织、信仰和仪式的联系，以创造一个普遍的元历史实体，铭刻在事物的自然秩序中。② 最近的历史研究倾向于更细微地看待这一正面对立的过程。1599年4月8日的法令为法国的沼泽地排水奠定了基础，它无疑将国家的利益（因新土地的征用而从新的税收资源中获益）和精英阶层的利益捆绑在一起。从1640年代开始，精英阶层首先是新教徒投资者，然后才是法国人。然而，17世纪的排水者对当地民众祖祖辈辈开发利用沼泽地的传统表现出一定的宽容，并采取谈判的方式，直到下个世纪利益冲突才增加。③ 撇开以资本主义的排水操作为特征的国家不谈，从中世纪到近代的很长一段时间内，欧洲的水资源冲突显示出王权的作用越来越大，特别是在十四五世纪开始的气候恶化之后。然而，这种干预并没有改变基于集体设施管理来考虑的水资源治理结构：在意大利的城市（如加泰罗尼亚），当局扮演着仲裁者的角色。④

---

① Foster 2000 (p. 66–68).

② Polanyi 1983 (chap. 15: La nature et le marché, p. 238–253).

③ Morera 2011.

④ Lavaud et Fournier 2011.

科学与采矿

矿物学和动力地质学的发展,很大程度上得益于与矿工实践知识的交流。特别是德意志矿冶学家格奥尔格·阿格里科拉(Georgius Agricola)(1494—1555)在《论矿冶》(*De re metallica*)中传播了撒克逊人的矿业科学,该科学源自从波希米亚到哈尔茨的欧洲主要矿区。他在《论地下之物的起源和原因》(*De ortu*)中解释说,引起火山喷发和地震的地下火是由煤、硫黄和沥青在深层燃烧产生的,构成其原因的热量本身来自地球中所含气团的搅动。这种经验性的知识融合了古代和中世纪关于地下火的遗留理论,基于观察和实验的化石分类比亚里士多德、普林尼、阿维森纳和大阿尔伯特(Albert le Grand)的化石分类更为复杂。当时,"化石"指的是一切取自地面的东西(拉丁文 *fossilis* 意为"来自大地",*fossa* 意为"地沟"),也指地球内部的恐怖表现。

在三十年战争结束后的几年里,日耳曼地区的采矿业对资源概念的诞生也起到了重要作用。事实上,地方矿物学与地方自然志一样,都是对一个地区的所有自然层面进行描述,但与地方自然志不同的是,它引入了一个新的概念,即自然财富的概念。如果说自中世纪以来,对金银等贵金属的兴趣一直是矿业文献的核心,那么这些新论文与此前不同的是,它考虑到了一个地区的所有矿物产品,赋予有用性尚未被认识到的矿物以价值,而这些宝藏被列在一本同名书中,例如,布鲁克曼(Brückmann)的辞典。这种对矿产价值等级的重新定义,是以领土的自给自足和支持王室政策为名义进行的。

因此,这种资源概念与德意志和斯堪的纳维亚地区的官房学派相联系,与殖民列强(英国、法国、尼德兰七省联合共和国)以国际贸易为中心的重商主义相脱离。这些做法不仅重新定义了自然的价值,也重新定义了不同场所及周围景观的使用,例如,曾经在矿业文献中被认为是危险和邪恶的洞穴探险的兴起就是明证。

矿工的知识、基础性的地方经验科学和地质理论之间这种卓有成效的交流一直持续到1770年代，特别是在德意志。这种混合在18世纪中叶的莱曼（Lehmann）那里达到了顶峰，然后是维尔纳（Werner），而布丰发展的概念地质学则与他的矿业文化关系不大。目前的矿物学体系自17世纪中叶开始实行，仅使用相当概括性的化学类别，一般分为四类（盐类、岩石、硫黄或火成材料、金属物质）。维尔纳于1774年推出的系统旨在为现场人员和工程师提供简单的原则。正是化学的兴起，以及生物学的兴起，使这门古老的自然志重新焕发光彩，将其分为三个谱系化和连续的类别（矿物界、植物界和动物界），并将建立在复杂的内部结构基础上的矿物学与经验知识分离开来，加入被视为历史科学的地质学档案。

格雷戈里·凯内

参考文献

Cooper Alix, 2003, "The Possibilities of the Land": The Inventory of "Natural Riches" in the Early Modern German Territories, History of Political Economy, no 35, p. 129-153.

Ellenberger François, 1988, Histoire de la géologie, t. 1 : Des Anciens à la première moitié du xviie siècle, Paris, Tec & Doc Lavoisier.

Gohau Gabriel, 1990, Les Sciences de la Terre aux xviie et xviiie siècles, Paris, Albin Michel.

资源引发的冲突在殖民地达到了最激烈的程度。[①] 事实上，17世纪发现新英格兰的旅行者和定居者都被当地贫穷的居民和丰富的自然之间的强烈对比所震撼。他们通过列举并孤立地看其生态系统的要素，从便利性角度来描述国家。与印第安人的冲突不仅是生态上的，也是文化上的，因为两种自然观念相互对立：殖民者的自然观念建立在利用《圣经》对所做工作进行的辩护、英国国王的主权保障的个人财产、以资本积累为目的的货币转换的基础之上。在《政府论》（*Deux traités du gouvernement*）中，约翰·洛克从理论上论证了对

---

① Cooper 2007.

印第安人的这一胜利，印第安人一直穷困潦倒，因为印第安人不能拥有比他们能使用的更多的东西。① 英国人用来描述待开发殖民地的策略在弗吉尼亚州得到了验证，弗吉尼亚州从 1580 年代开始就有关于反抗爱尔兰的描述，然后在 1622 年印第安人暴动后，其话术中又增加了对原住民本性（被认为没有生产力）的负面判断。② 自然主义者、政治经济学和法律将环境构造为有用的东西，这反映了功利主义观点的影响，但这是当代不那么还原论的研究方法。

自然保护的诞生

近代人对环境的看法更加全面，而且在不断发生变化。18 世纪下半叶的希波克拉底医学学说的复兴在构成方式中得到体现，这些文本描述了给定地点在固定时期的天气状况以及那里发生的疾病。③ 这种实用而有效的希波克拉底主义，指的是英国医生西德纳姆（Sydenham）(1624—1689)，主要从 1770 年代，随着医学科学院着手统计流行病和科特（Cotte）神父的著作出版，开始产生效果。④

尽管周围事物对人类影响的考虑具有实用价值，但是土地规划利用的愿望并不是基于对自然采取行动的前景。自然规律的意识仍然很强，表现为对城市发展的不信任。医学观以自然决定论为指导，用地形图来表现，因为认为人口的习俗、道德和经济状况是由环境决定的。重农主义者提倡尊重以地球为基础的自然秩序。因此，局部的整治（排水和灌溉、修建运河和道路）与其说是为了控制和改造自然，不如说是基于促进自然机制的实施、尽量减少障碍的需要。⑤ "自然既是思想的动力泵，也是思想的制动器"，因为自然不可改变的观念只能构想出有限的期望。⑥

---

① Cronon 1991.
② Pluymers 2011.
③ Hannaway 1993.
④ Le Roy Ladurie, Meyer, Muller et Peter 1972.
⑤ Roncayolo 1989.
⑥ Ehrard 1994 (p. 786). 关于领土整治项目的论题，可参阅：Mukerji 1997.

然而，这种平衡的改变为环境思考提供了一条途径。从 14 世纪开始，在城墙周围水体停滞和纺织业变化的共同作用下，城市水体退化，使城市环境变得污浊潮湿，因此从 17 世纪开始催生了新的行动方式：逐步拆除城墙；大力发展排泄物引流渠；覆盖露天运河网络；减少以腐烂作用为基础的手工工艺；制定城市法规，将健康人群与不健康人群分开。① 这种对瘴气的恐惧并没有立即产生污染的概念，因为近代化学的初期研究，即普林格尔（Pringle）和皮埃尔·约瑟夫·马凯（Pierre Joseph Macquer）在 1750 年代和 1760 年代的作品，将腐烂视作永恒的自然现象，并且是实现平衡的必要条件，它尚未被认为具有破坏性，也还没有导致形成风险的专业知识，将工程师、医生和行政管理者围绕着一个统一的愿景联系起来。②

除了旧制度下这种倾向于促进稳定的原则之外，还出现了通常与我们当代社会相关联的另一种做法：自然的管理和保护。这段历史至今仍知之甚少，它结合了环境的变化和知识的演进。以鱼为例，深海捕鱼是 16 世纪的新生事物，得益于中世纪晒干和盐渍等保存技术的进步，鱼肉因此成为饮食的重要补充。资源的压力很早就出现了，早在十五六世纪，英国、汉萨同盟和斯堪的纳维亚国王之间就为争夺资源发生了冲突，后来由于有了更坚固的船只，北大西洋的鳕鱼种群被开发利用，这些冲突才得到了缓解。捕捞规模在 18 世纪中叶每年约为 20 万吨，在随后的几十年里翻了一番，导致部分物种的存量减少、采集到的标本尺寸下降，但直到几个世纪之后，人们才明显意识到这种资源的脆弱性：捕鱼区的扩大和国家间对捕鱼区控制权的竞争，使人们失去了保护的愿望。③

其他领域也出现了演变，例如木材。实际上，欧洲面临着因森林砍伐引起的生态危机，其时间和程度因国家而异：1789 年，法国的森林覆盖率下降到 16%（16 世纪中叶为 33%）；1800 年，丹麦的森林覆盖率下降到 4%（1500 年为 20%~25%）；1850 年前后，意大利、西班牙、荷兰和英国的森林覆盖率下降到 5%~10%，这导致木材价格急剧上涨，例如，在丹麦，1700—1759 年期

---

① Guillerme 1988 (p. 175-223).

② Fournier 2007, Barles 1999.

③ Richards 2003.

间价格上涨了 5 倍。① 实施的森林保护措施包括严格对用途进行管制，例如，1669 年法国颁布的《森林与水法令》（l'ordonnance des Eaux et Forêts），这证明人们的认识在不断提高，但还没有导致林业知识的任何更新，其唯一目的是为造船和燃料提供足够数量的木材。即使在地方层面，也很难谈得上忧虑生态问题，因为人们认为当地人的滥用造成了自然的退化，而不是枯竭。因此，不能把对资源的理性管理等同于超时代的对生态问题的关心。② 其范式仍然是旧制度下的治安管理方式，而环境是法学家的工作，他们规范和控制人们使用物理性疾病外因（circumfusa）的方式。③ 气候类别的更新将重新安排这些联系的结构。

气候与自然的脆弱性

对全球环境变化的最初认识很早就出现了。④ 古代作者们根据经验观察，最先注意到人类对环境的影响。后来，基督宗教神学家讨论了地球的自然退化，他们将其与原罪和洪水联系起来。这种讨论考虑到了气候的演变和地貌的形成，其发展背景却与更普遍的哲学和宗教理论问题有关。因此，这些往往处于边缘地位的立场不能被认为是气候变化争议的开始。⑤

从 1750 年代在欧洲殖民地出现并在宗主国反复进行的辩论，情况就大不相同了。从对大面积砍伐森林的恐惧中，一种新的气候论说正在出现，它不再是目的论，而是历史性：砍伐森林被认为是全球荒漠化和气候变化的原因。正是在殖民地，特别是在热带岛屿上，欧洲人才第一次意识到人类对环境的破坏。⑥ 经自然开发的殖民地情况引起了科学家们的极大兴趣，他们将气候变化与森林砍伐联系起来。从 1750 年起，欧洲宗主国的多个学术团体（英国的皇

---

① Pomeranz 2010 (p. 337), Kjaergaard 1994.

② Warde 2006 et 2002. 同样可参阅：Appuhn 2009.

③ Fressoz 2009.

④ Glacken 2002 [1967].

⑤ Meyer 2009.

⑥ Grove 1997.

家学会、皇家艺术学会、皇家地理学会，以及法国的王家科学院）开始传播这些关于森林砍伐、土地干旱化和气候变化的观点，这些观点后来成为大规模森林保护的基础。

土地干旱化理论最早来自伦敦的约翰·伍德沃德（John Woodward），他于1699年确立了蒸腾原理；斯蒂芬·黑尔斯（Stephen Hales）于1726年将其应用于植物。由布丰翻译的《植物静力学》（*Vegetable Staticks*）一书影响了杜哈默尔·杜蒙索（Duhamel Du Monceau），后者在《树木及作物的播种和种植》（*Des semis et des plantations des arbres et de leurs cultures*，1760年）中提出了树木与气候之间的联系。这些想法随后在伦敦的皇家艺术学会和在巴黎的王家科学院被采纳，并在殖民地传播。殖民为全球规模的环境"计算中心"提供了基础，特别是通过植物园（圣文森特、圣赫勒拿、开普敦、毛里求斯、加尔各答）和植物迁移。

随着1763年《巴黎条约》（le traité de Paris）的签订，圣文森特岛、圣卢西亚岛、格林纳达岛和多巴哥岛被英国统治，英国决定将大片山地改造成森林保护区，以"涵养雨水"，防止气候变化。规模最大的在多巴哥岛的西北部山区，留存至今。1769年，殖民地专员皮埃尔·普瓦夫尔（Pierre Poivre）在毛里求斯建立了类似的保护区。圣文森特的立法，即1791年的《国王山林法》（King's Hill Forest Act），后来被圣赫勒拿和印度仿效。这场气候论战是全球范围内的首次，在19世纪引起了许多国家计划的实施，特别是在英国和法国殖民地，后来在美国西部边境及其殖民地。同时，气候把受人类行为影响的自然因素联系起来，这种新的环境保护程度在随后的几十年里体现为以气候管理人类的政治计划。

格雷戈里·凯内（Grégory Quenet）撰

参考文献

Alain Roger, 1997, *Court traité du paysage*, Paris, Gallimard.Appuhn Karl, 2009, *A Forest on the Sea: Environmental Expertise in Renaissance Venice*, Baltimore, Johns Hopkins University Press.

Barles Sabine, 1999, *La Ville délétère. Médecins et ingénieurs dans l'espace urbain (xviiie-xixe siècle)*, Seyssel, Champ Vallon.

Boiteux Louis-Augustin, 1968, *La Fortune de mer. Le besoin de sécurité et les débuts de l'assurance maritime*, Paris, SEVPEN.

Bowler Peter J., 1992, *The Fontana History of the Environmental Sciences*, Londres, Fontana Press.

Briffaud Serge, 1994, *Naissance d'un paysage. La montagne pyrénéenne à la croisée des regards (xvie-xixe siècle)*, Tarbes et Toulouse.

Céard Jean, 1996 [1977], *La Nature et les prodiges. L'insolite au xvie siècle*, Genève, Droz.

Cooper Alix, 2007, *Inventing the Indigeneous: Local Knowledge and Natural History in Early Modern Europe*, Cambridge et New York, Cambridge University Press.

Cosgrove Denis, 1985, Perspective and Evolution of the Landscape Idea, *Transactions for the Institute of British Geographers*, nouv. série, vol. 10, n° 1, p. 45-62.

Cronon William, 1991 [1983], *Changes in the Land: Indians, Colonists and the Ecology of New England*, New York, Hill & Wang.

Daston Lorraine, 1988, *Classical Probability in the Enlightenment*, Princeton, Princeton University Press.

Daston Lorraine et Park Katharine, 1998, *Wonders and the Order of Nature (1150—1750)*, New York, Zone Books.

Delort Robert et Walter François, 2001, *Histoire de l'environnement européen*, Paris, Presses universitaires de France.

Descola Philippe, 2005, *Par-delà nature et culture*, Paris, Gallimard.

Dompnier Bernard et Geneviève Demerson (dir.), 1993, *Les Signes de Dieu aux xvie et xviie siècles*, Clermont-Ferrand, Publications de la Faculté des lettres.

Drévillon Hervé, 1996, *Lire et écrire l'avenir. L'astrologie dans la France du Grand Siècle (1610—1715)*, Seyssel, Champ Vallon.

Ehrard Jean, 1994 [1963], *L'Idée de nature en France dans la première moitié du xviiie siècle*, Paris, Albin Michel.

Febvre Lucien, 1970 [1922], *La Terre et l'évolution humaine*, Paris, Albin Michel.

Foster John Bellamy, 2000, *Marx's Ecology: Materialism and Nature*, New York, Monthly Review Press.

Foucault Michel, 1966, *Les Mots et les choses. Une archéologie des sciences humaines*, Paris, Gallimard.

Fournier Patrick, 2007, Les pollutions de l'eau: l'expertise du risque du xvie au xixe siècle, *in* Christèle Ballut et Patrick Fournier (dir.), *L'Eau et le risque, de l'Antiquité à nos jours*, Clermont-Ferrand, Presses universitaires Blaise-Pascal, p. 39-44.

Franklin James, 2001, *The Science of Conjecture: Evidence and Probability before Pascal*, Baltimore et Londres, Johns Hopkins University Press.

Fressoz Jean-Baptiste, 2009, Circonvenir les *circumfusa*: la chimie, l'hygiénisme et la libéralisation des choses environnantes (1750—1850), *Revue d'histoire moderne et contemporaine*, n° 4, p. 39-76.

— 2012, *L'Apocalypse joyeuse*, Paris, Seuil.

Fressoz Jean-Baptiste et Locher Fabien, 2012, The Frail Climate of Modernity: A Climate History of Environmental Reflexivity, *Critical Inquiry*, vol. 38, n° 3, p. 579-598.

Glacken Clarence J., 2002 [1967], *Traces on the Rhodian Shore*, Berkeley, University of California Press.

Golinski Jan, 2007, *British Weather and the Climate of Enlightenment*, Chicago, University of Chicago Press.

Grove Richard H., 1997, *Ecology, Climate and Empire: Colonialism and Global Environmental History (1400—1940)*, Cambridge, White Horse Press.

Guerreau Alain, 1997, L'Europe médiévale: une civilisation sans la notion de risque, *Risques*, n° 31, p. 11-18.

Guillerme André, 1988, *The Age of Water: The Urban Environment in the North of France (A.D. 300-1800)*, College Station, Texas A & M University Press.

Hannaway Caroline, 1993, Environment and Miasmata, *in* William F. Bynum et Roy Porter (dir.), *Companion Encyclopedia of the History of Medicine*, Londres et New York, Routledge, p. 292-308.

Jakubowski-Tiessen Manfred J., 1992, *Sturmflut 1717. Die Bewältigung einer Naturkatastrophe in der Frühen Neuzeit*, Munich, Oldenbourg.

Kjaergaard Thorkild, 1994, *The Danish Revolution (1500—1800): An Ecohistorical Interpretation*, Cambridge et New York, Cambridge University Press.

Koerner Lisbet, 2001, *Linnaeus: Nature and Nation*, Cambridge (Mass.), Harvard University Press.

Labrousse Élisabeth, 1974, *L'Entrée de Saturne au Lion. L'éclipse de soleil du 12 août 1654*, La Haye, Martinus Nijhoff.

Latour Bruno, 1997 [1991], *Nous n'avons jamais été modernes. Essai d'anthropologie symétrique*, Paris, La Découverte.

– 2004 [1999], *Politiques de la nature. Comment faire entrer les sciences en démocratie*, Paris, La Découverte.

Lavaud Sandrine et Fournier Patrick (dir.), 2011, *Eaux et conflits dans l'Europe médiévale et moderne. Actes des 32es Journées d'histoire de Flaran*, Toulouse, Presses universitaires du Mirail.

Le Roy Ladurie Emmanuel, Meyer Jean, Muller Otto et Peter Jean-Pierre, 1972, *Médecins, climat et épidémies à la fin du xviiie siècle*, Paris et La Haye, Mouton.

Lévi-Strauss Claude, 1973, Jean-Jacques Rousseau, fondateur des sciences de l'homme, *in* Claude Lévi-Strauss, *Anthropologie structurale deux*, Paris, Plon.

McClellan III James et Regourd François, 2011, *The Colonial Machine: French Science and Overseas Expansion in the Old Regime*, Turnhout, Brepols.

Merchant Carolyn, 1980, *The Death of Nature: Women, Ecology and Scientific Revolution*, San Francisco, Harper & Row.

Meyer William B., 2009, Global Change History, *in* David Cuff et Andrew Goudie(dir.), *The Oxford Companion to Global Change*, Oxford University Press.

Morera Raphaël, 2011, *L'Assèchement des marais en France au xviie siècle*, Rennes, Presses universitaires de Rennes.

Mukerji Chandra, 1997, *Territorial Ambitions and the Gardens of Versailles*, Cambridge, Cambridge University Press.

Müller-Wille Staffan, 2005, Walnut-Trees at Hudson Bay, Coral Reefs in Gotland: Linnaean Botany and Its Relation to Colonialism, *in* Londa Schiebinger et Claudia Swan (dir.), *Colonial Botany: Science, Commerce, and Politics in the Early Modern World*, Philadelphie, University of Pennsylvania Press, p. 34-48.

Nières Claude, 1987, Au regard de la nature et de l'histoire, *in* Jean Delumeau et Yves Lequin (dir.), *Les Malheurs des temps. Histoire des fléaux et des calamités en France*, Paris, Larousse, p. 370-399.

Oldroyd David R., 1996, *Thinking about the Earth: A History of Ideas in Geology*, Cambridge (Mass.), Harvard University Press.

Panofsky Erwin, 1975, *La Perspective comme forme symbolique*, Paris, Minuit.

Peronnet Michel, 1993, Châtiments divins et catastrophes naturelles, *in* Anne Blanchard, Henri Michel et Élie Pelaquier (dir.), *Météorologie et catastrophes naturelles dans la France méridionale à l'époque moderne*, Montpellier, Publications de l'université Paul-Valéry, p. 260-281.

Piron Sylvain, 2004, L'apparition du *resicum* en Méditerranée occidentale (xiie-xiiie siècle), *in* Emmanuelle Collas-Heddeland *et al.* (dir.), *Pour une histoire culturelle du risque. Genèse, évolution, actualité du concept dans les sociétés occidentales*, Strasbourg, Éd. Histoire et Anthropologie, p. 59-76.

Pluymers Keith, 2011, Taming the Wilderness in Sixteenth and Seventeenth Century Ireland and Virginia, *Environmental History*, n° 16, octobre, p. 610-632.

Polanyi Karl, 1983 [1944], *La Grande Transformation*, Paris, Gallimard.

Pomeranz Kenneth, 2010, *Une grande divergence. La Chine, l'Europe et la construction de l'économie mondiale*, Paris, Albin Michel.

Pressat Roland, 2001, Christian Huygens et la table de mortalité de Graunt, *Mathématiques et sciences humaines*, 39e année, n° 153, p. 29-36.

Quenet Grégory, 2005, *La Naissance d'un risque. Les tremblements de terre en France (xviie-xviiie siècle)*, Seyssel, Champ Vallon.

– 2010, Fléaux de Dieu ou catastrophes naturelles? Les tremblements de terre à l'époque moderne, *Terrain*, n° 54, mars, p. 10-25.

Richards John F., 2003, *The Unending Frontier: An Environmental History of the Early Modern World*, Berkeley, University of California Press.

Robic Marie-Claire (dir.), 1992, *Du milieu à l'environnement. Pratiques et représentations du rapport homme-nature depuis la Renaissance*, Paris, Economica.

Roger Jacques, 1963, *Les Sciences de la vie dans la pensée française au xviiie siècle*, Paris, Armand Colin.

Roncayolo Marcel, 1989, L'aménagement du territoire (xviiie-xixe siècle), *in* André Bruguière et Jacques Revel (dir.), *Histoire de la France*, t. 1: *L'Espace français*, Paris, Seuil, p. 511-522.

Safier Neil, 2008, *Measuring the New World: Enlightenment Science and South America*, Chicago, University of Chicago Press.

Schaffer Simon, 1997, The Earth's Fertility As a Social Fact in Early Modern Britain, *in* Mikuláš Teich, Roy Porter et Bo Gustafsson (dir.), *Nature and Society in Historical Context*, Cambridge, Cambridge University Press, p. 124-147.

Shapin Steven et Schaffer Simon, 1993 [1985], *Léviathan et la pompe à air*, Paris, La Découverte.

Tranchant Mathias, 2008, La culture du risque chez les populations usagères des mers et littoraux du Ponant (xie-xvie siècle). Première approche d'une histoire à construire, *Revue d'histoire maritime*, n° 9, p. 9-35.

Vénard Marc (dir.), 1997, *Histoire du christianisme, des origines à nos jours*, t. 9: *L'Âge de raison (1620/1630—1750)*, Paris, Desclée de Brouwer.

Verstegen Wybren, 2005, Cas Studies: Fuel Resources and Wastelands in the Netherlands around 1800, in Tamara L. Whited *et al* (dir.)., *Northern Europe: An Environmental History*, Santa Barbara, ABC Clio, p. 165-175.

Vidal de La Blache, Paul, 1922, *Principes de géographie humaine*, éd. par Emmanuel de Martonne, Paris, Armand Colin.

Wakefield André, 2009, *The Disordered Police State: German Cameralism As Science and Practice*, Chicago, University of Chicago Press.

Walter François, 2008, *Catastrophes. Une histoire culturelle (xvie-xxie siècle)*, Paris, Seuil.

Warde Paul, 2002, Forests, Energy and Politics in the Early Modern German States, *in* Simonetta Cavaciocchi (dir.), *Economia e energia secc. XIII-XVIII*, Prato, Istituto Internazionale di Storia Economica "F. Datini".

– 2006, *Ecology, Economy and State Formation in Early Modern Germany*, Cambridge, Cambridge University Press.

Zwierlein Cornel, 2011, *Der gezähmte Prometheus. Feuer und Sicherheit zwischen Früher Neuzeit und Moderne,* Göttingen, Vandenhoeck & Ruprecht.

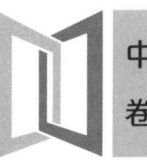

科学与知识的历史

中卷

科 技 史 经 典 译 丛

[法]多米尼克·佩斯特（Dominique Pestre） 总主编

[法]卡皮尔·拉杰（Kapil Raj）
[德]奥托·赛本（H. Otto Sibum） 分卷主编

李云逸 译

山东科学技术出版社
·济南·

Histoire des sciences et des savoirs
Tome 2. Modernité et globalisation
Tome dirigé par Kapil Raj et H. Otto Sibum
© Éditions du Seuil. 2015
Simplified Chinese translation edition © 2023 by Shandong Science and
Technology Press Co., Ltd.

版权登记号：图字 15-2021-351

中卷：现代性与全球化

分卷目录

461/ 全球化、科学与现代性：从七年战争到第一次世界大战

第一部分　科学、文化、社会

483/ 第一章　对革命的分析和现代主义概述

- 484　1800 年前后
- 485　第一现代性欧洲中实用知识的三位一体
- 487　分析的革命
- 488　法国的情况
- 489　英国工业中的分析
- 491　一种浪漫主义的分析
- 493　19 世纪后期的加强
- 495　合成与现代主义

501/ 第二章　天文台：空间性制度与知识的迁移

- 502　科学和空间性制度的场所
- 505　数量范围的扩展（1780—1830）
- 508　天文台空间的重构（1830—1870）
- 510　天文学的分裂（1870—1920）
- 512　结论

第三章 | 博物馆、展览会和城市的与境 —— 519

- 520　起源
- 522　国家科学博物馆和工业展览会的发展（1750—1815）
- 525　19世纪上半叶的调整（1815—1849）
- 529　展览会、博物馆以及新的城市协同作用（1849—1914）

第四章 | 政治知识的分裂：文学 vs 科学，精神科学 vs 自然科学 —— 538

- 540　反对科学的文学：升华的内战
- 541　科学 vs 文学：已成为体制的反对法国大革命的意见
- 546　自然科学 vs 精神科学：一场局部冲突，还是一场世界大战？
- 546　局部冲突与跨区域冲突
- 549　理解（verstehen）vs 解释（erklären）：在耶拿的冲突
- 550　世界大战

第五章 | 现代性和计量学 —— 560

- 561　计量学的商品化
- 565　作为机器制造的计量学
- 569　作为帝国主义的计量学
- 573　作为学科的计量学
- 577　作为价值观的计量学

第六章 | 其他性质：19世纪科学的异托邦 —— 586

- 586　单一性，或悬突的观点
- 589　铁的稻草人
- 593　连结点和异托邦

596　艺术的崇拜

597　通灵仪式

599　从人类动物园到本体论的相对主义

601　多元主义的架构，或走廊的观点

第二部分　科学的场域

611/ 第七章　清查与盘点地球

611　一个名为洪堡的气球

612　先驱

613　绘制地球

614　地球的另一种景象

615　"磁学远征"

618　探索海底

619　合作与竞争

621　地球：应用科学的对象

627/ 第八章　世界如何运作

627　永恒世界中的动态平衡

630　动态生成和时间的发现

633　发动机

635　摩擦力

636　动态统计：从印刷的雪崩式发展到统计对象

639　统计的因果关系

641　结论

646/ 第九章 | 数学的形象

    646   在黑暗中摸索

    649   人类精神的荣耀

    653   严格性的领地

    655   一无所有的新世界

    658   浪漫主义的数学

665/ 第十章 | 微生物与人类

    668   微生物与卫生

    670   微生物与流行病的预防

    671   微生物和疫苗接种

    674   微生物与经济

    676   微生物与殖民地

    678   希望的技术

683/ 第十一章 | 全球化、进化与种族科学

    683   全球化

    689   进化

    693   结论

第三部分　相异性的产生

705/ 第十二章 | 劳动中的布歇·德·彼尔特

    705   序幕：史前的现代性

708　环境与积极性：对当代劳动的思考

712　交叉阅读：原始工业和原始工具

717　结论：所有的劳动者

718　尾声：呈现劳动

723/ **第十三章** | 科学与传统知识

725　实验物理学（*physica experimentalis*）

729　手工艺者（*Handwerk Gelehrte*）/ 博学的工匠

732　事物的现代秩序

736　结论

742/ **第十四章** | 帝国霸权还是建设性互动？ 19世纪的印度殖民地

745　作为一种政治理论的语言学

747　绕过英国地图绘制术的印度

751　对中亚的测量

753　科学与印度精英的出现

755　结论：本地人的回归

763/ **第十五章** | 美国的殖民认识论

765　一些背景情况

767　科学和国家

772　科学和人文差异

775　之后呢？

783/ **第十六章** | 明治维新中的"西方"科学：是模仿还是知识的适应？

        783   导言

        785   先决条件

        788   "黑船"：贸易、战争、流行病和科学

        790   "交战区"和知识

        793   明治维新

        795   第一次世界大战与研究在日本的兴起

        796   结论

第四部分　科学与对世界的治理

805/ **第十七章** | 经济世界（*Mundus œconomicus*）：在1800年后彻底改变工业并重塑世界

        806   "工业革命"的发明

        809   保证资本环境

        812   形象化的人类本质

        813   形象化的自然本质

        816   制造责任感

        818   化石能源资本主义的无尽世界

        820   经济世界

825/ 第十八章 | 长19世纪的遗传、种族和优生学

- 826 优生学的现象
- 828 种族与人体测量学
- 833 家谱和亲属关系的分析
- 836 结论

844/ 第十九章 | 社会统计的探索

- 846 建立统计学的基础设施
- 849 统计学的国际化
- 852 统计的社会生活：学术社会和公众辩论
- 856 保留意见和反对：对统计学的批评
- 858 结语和结论

867/ 第二十章 | 气候变化、人类行为与殖民活动

全球化、科学与现代性：
从七年战争到第一次世界大战

从18世纪后半叶到第一次世界大战开始的这段时间可以看作是19世纪的历史。这是一个让人感到惊奇的年代。首先，我们会惊讶于神圣的18世纪所发生的各种不同寻常的历史变动。例如，这段历史会被认为是启蒙时代，并一直延续到法国大革命。然后，从学术角度上来说，这个年代打算涵盖的时间也长得令人惊讶。大多数历史学家和一些杰出的现代主义学者都将这一年代划分为数个较小的部分进行研究，或者选择只关注其中的一部分。

马克思主义历史学家艾瑞克·霍布斯鲍姆（Eric Hobsbawm）认为法国大革命是19世纪的开端，而第一次世界大战的开始则意味着19世纪的终结。然后，他通过三个截然不同的时间段来看待这一时期：革命时代（1789—1848）、资本时代（1848—1875）和帝国时代（1875—1914）。① 最近，作为杰出的欧洲与德国史学者，大卫·布莱克本（David Blackbourn）撰写的著作《长19世纪：德意志史（1780—1918）》[The Long Nineteenth Century: A History of Germany（1780—1918）] 也遵循了类似的时段划分："革命时代（1789—1848）""进步时代（1849—1880）"和"现代时代（1880—1914）。"② 另一方面，概念史（Begriffsgeschichte）的先驱理论家赖因哈特·科塞雷克（Reinhart Koselleck）则认为1750—1850年是前现代与现代之间的转折点。这一时期

---

① Hobsbawm 1970 [1962], 1977 [1975] et 1989 [1987].
② Blackbourn 1997.

以社会政治化、民主化和意识形态化为特征。科塞雷克称其为"鞍型期"（Sattelzeit）。时间概念史即诞生于这一时期。[①] 法国现代史专家之一的厄让·韦伯（Eugen Weber）将他的"门槛时间"（le temps-seuil）确定为法普战争与第一次世界大战之间的半个世纪。他认为，正是在此期间，在许多诸如学校系统、军队、教堂、道路、铁路和市场经济等新力量的推动下，法国由一个各种各样的文化和语言所组成的农业社会转变为了一个现代的统一国家。[②] 而像卡尔·休斯克（Carl Schorske）这样的文化史学家，虽然其研究重点是19世纪的最后几十年，但将其分析扩展到了1920年代。[③] 最后，跟随亚历山大·格申克龙（Alexander Gerschenkron）观点的经济史学家都是反马克思主义者和反罗斯托主义者。他们则试图重新评估欧洲在19世纪下半叶到第一次世界大战期间的技术、劳动、经济、政治和工业之间的联系与转变。[④]

上述著作是以欧洲历史为中心的论述。在此之外，我们也应该注意到，特别是最近两部以全球史视角解释19世纪的作品：克里斯托弗·贝利（Christopher Bayly）的《现代世界的诞生（1780—1914）》[*The Birth of the Modern World (1780—1914): Global Connections and Comparisons*]和于尔根·奥斯特哈默（Jürgen Osterhammel）的《世界的演变：19世纪史》（*Die Verwandlung der Welt: Eine Geschichte des 19. Jahrhunderts*）。这两本书都是按主题划分，每个主题都按时间顺序划分。而一个主题的时间线又偶尔与其他主题的时间线重叠。这两本著作都是反映一种动荡和重塑。这一动荡和重塑的时代被贝利描述为在"革命时代的开始"和"第一次世界大战开始"之间的时代，并"完全摧毁了当代的国家和帝国体系"。[⑤] 而奥斯特哈默则将研究年限放置于"具有全球影响力的重大象征性事件"（从"美国革命"到1914年世界大战的爆发）之间。[⑥]

---

① Koselleck et *al.* 1975.
② Weber 1983 [1976], Fox 2012.
③ Schorske 1983 [1980].
④ 参阅：Gerschenkron 1962.
⑤ Bayly 2004 (p. 1).
⑥ Osterhammel 2009 (p. 87).

在科学史学家方面，如果有人将19世纪描述为"科学的时代"[①]，他们宁愿按照思想史的传统对其进行研究。[②] 大多数人也不愿将这一时期视为一个整体，而宁愿集中精力研究这一时代的前期和后期。在这一时代的前期，他们主要关注1800年左右的十年时间，这被托马斯·库恩（Thomas Kuhn）定义为"第二次科学革命"。他们认为这是一个加速变化的时期，其中包括新技术和新学科的出现、新形式的科学组织（国家的、经济的和军事的）、新的培养模式以及公共空间的新联系。自然哲学和自然志的传统实践被各种形式的探究、科学分析、交流和积累的新模式所取代。学者基于这些变化的规模和范围提出了一个论点，即这是现代科学出现的转折点。[③] 在这一时代的后期，则引起了物理史学家的注意。他们专注于现代物理学的诞生。[④] 这两个时期之间的中间阶段，学者则主要对19世纪出现的不同学科，譬如，数学和能源科学、进化与地球科学进行微观研究。[⑤] 当然，这样划分的史学研究也有例外。其中最引人注目的就是罗伯特·福克斯（Robert Fox）。然而，他的研究仅限于法国。他认为，从波旁王朝复辟（1815年）到第一次世界大战开始，"科学在法国社会和文化中占据着中心位置……科学和受科学启发的思维方式在法国很重要，而在其他地方可能没有同等的地位"。[⑥] 另一个值得注意的是伯纳德·莱特曼（Bernard Lightman）出版的有关维多利亚时期科学的著作集。尽管，正如其标题所暗示的那样，它也仅限于一个国家。[⑦]

　　因此，很明显，不同类型的历史——经济、社会、政治、文化、知识等——以及历史学家自己的目标，都涉及特定的年代。对历史时段的划分基本上取决于历史学家提出的问题以及他试图涵盖的地理空间。这就是为什么我们

---

① Knight 1986.
② 比如，Merz 1896-1914 (vol. 1 et 2), Bernal 1969 (vol. 2), Ben-David 1971, Cahan 2003. 但是，他们的观点与 Brush 1988 相反。
③ Kuhn 1977 (p. 218–222). 关于革命年代与科学产生的关系，详见：Cunningham et Williams 1993.
④ Agar 2012.
⑤ Bowler et Morus 2005, Knight 2009.
⑥ Fox 2012 (p. 1).
⑦ Lightman 1997.

也决定让我们自己的研究问题来决定我们对所选择的历史分期方式的原因。因此，从本卷的主题出发，让我们用几句话来解释我们的目标及其原因。

值得记住的是，现代世界的诞生以及随之而来的历史和科学作为专业和学术实践的兴起恰恰发生在18世纪后半叶到1914年第一次世界大战爆发之间。在我们可以称之为19世纪的很长的一段时期内，他们都宣称自己在学科领域实现了自治，拥有了自己的研究主题和规则，不再是宗教、文学、哲学或法律的分支。例如，在18世纪，各种各样的术语描述了对存在的自然的各种形式的考察和实践：从"自然哲学"和"自然志"到实验科学（scientia experimentalis）（或"实验哲学"）和"混合数学"。直到18世纪中叶，大学只教授医学、数学、神学和古代语言，但在此之后，出现了许多学科：比如现在可以获得的大学学位的历史学、物理学、化学或生物学。正如科学史学家威廉·克拉克（William Clark）所阐述的那样，这一时期是"大学"向"机构"的转变，其目的是产生新的"学术人"（homo academicus），以通过原创和出版研究成果获得名誉。[①] 而且，正如奥班（Aubin）和莱文（Levin）在本卷中向大家所展示的那样，在此期间，天文台、博物馆和万国博览会也作为产生新知识的场所而出现，并在知识普及中起着决定性的作用。20世纪初，这些学科以及越来越多的其他学科的学位，为其持有者提供了在各自学术领域从事研究工作的机会。当然，这使他们在世界主要语言中获得了新的称谓："科学家"（例如，英语：scientist，德语：Wissenschaftler，法语：scienctifique）。[②]

在专业化的过程中，科学的概念也从多元向单一演变，从众多的本地知识（每种都有其自己的方法、手段和措施）演变成一种被普遍认为是"科学"的东西。标准化和被普遍接受的度量单位［例如沙费尔（Schaffer）在本卷中所展示的］、知识再生产的方法和新的大学的出现。皮克斯通（Pickstone）在本卷的开篇就强调了这一时期是知识世界的重构，并解释了知识世界是如何由自然哲学、自然志和混合数学形成的异质世界发展到我们所熟悉的世界的，即由

---

① Clark 2006.
② 尽管"科学家"一词是威廉·惠威尔（William Whewell）于1833年提出的，但直到20世纪前几十年才在英语圈流行。法语和德语对科学家的定义则紧随其后。

科学、技术和医学组成的世界。在进行这种转换的同时,历史学也发生了重大变化,从一种定义和方法都因地而异的学科变为了一个共享资料和方法论的学科。如果按照科塞雷克的论述,则是关于"历史时间"概念的认识论的普及。这个概念将历史的"临时性"指定为时间感的偏移。将历史的概念作为场景,在这个场景中世界的所有(小)历史都产生了赋予自身动力的力量。[1] 正如怀斯(Wise)在本卷中所论证的那样,就像在一组反射镜中,科学也是从19世纪中叶开始,将时间包含在迄今永恒的自然的概念及其规律之中。

这种新的历史观念的出现与现代性是分不开的。这些现代性被认为是基于对永恒的"进步"的信念的一系列社会文化规范和实践。确实,"'进步'一词使得迄今为止和将来之间的区别实现了概念化。它产生了第一个真正的历史时间的定义,而时间的定义并没有从世界其他地区衍生出来,比如像神学或神话般的先知的经历。只有当人们开始反思历史本身时,才能发现'进步'。这是一个反思性的概念。实际上,这意味着只有人们希望并计划'进步','进步'才会发生。未来不仅是对几天,几周甚至几年的等待期,还是对长期变化的预期,都是渐进的历史时间的一部分"。[2] 这种"等待的前景"(l'horizon d'attente)的物质基础,以及因此而取得的进步,是由提供给普通人民越来越多的各种工业产品来实现的。科塞雷克指出,"技术进步和工业以不同的方式同时影响了所有人。它成了一般经验的公理。这为进一步的进步留出了空间,而又无法事先进行评估。"[3] 米尔扎·阿布·塔利布·汗·伊斯法哈尼(Mirza Abu Talib Khan Isfahani)(1752—1806)是一位博学多才的印度行政管理人员,他在1799—1802年访问了欧洲。他的游记在1810年被翻译成英文。在他的游记中,我们发现,他关注到了这种进步、现代性和时间:"富人不仅被迫每年改变衣服的风格,而且还要改变家里的所有家具。连续两年以相同的方式布置起居室的人会被认为是没有品位。"他指出,这种需求带来财富。因为"这种需求可以鼓励去创造,也鼓励了各种各样的制造商。这种需求也允许中下阶层

---

[1] Koselleck 1990 [1979] (p. 263-305).
[2] Koselleck 2002 (p. 115-130 et p. 118-120). 关于法国的现代性问题,参阅:Charle 2011.
[3] Koselleck 1985 [1990] (p. 321).

通过购买老式物品来廉价地维持自己的生活"。

最后，进步与科学知识之间的关系也未能逃脱我们这位细心的观察者："英国人对所谓的完美有非常独特的想法。他们声称这只是一种理想的品质，完全取决于相互之间的比较。人类已从野蛮的状态上升到伟大的哲学家牛顿（Newton）的崇高尊严。但是，在远未达到完美的世纪之前，哲学家们可能会对牛顿的科学不屑一顾，就像今天我们看待野蛮人中最原始的艺术一样。"①

确实，在英国，完美的想法在当时非常普遍。其最热心的支持者之一，约瑟夫·普里斯特利（Joseph Priestley）（1732—1804）在1767年就曾写道："牛顿和他的同时代人的荣耀可能被投机领域中新的哲学家们所掩盖。"② 他已经意识到科学与历史之间的紧密联系，并敦促人们研究科学史以"激励我们努力向前走得更远"："尽管我们在自然科学领域已经达到很高的位置，但事实上，我们是从非常低的位置起步的。我们的上升速度是非常缓慢的。在所视范围内，山仍然在上升着，由于我们实际上还处在山脚的位置，所以我们需要知道如何能到达山顶。这将会刺激我们提出方法和寻找资源来帮助我们继续向前迈进"。③

在这里，我们必须强调，科学通过宣传新发现，特别是通过科学博物馆和工业展览，在现代公共空间的出现和将"进步"确立为一项基础目的论的原则方面发挥了至关重要的作用。从而我们将科学与早期和遥远的，被称为"传统"的社会区别开来。当时，现代历史和实证主义哲学的著作，特别是孔德（Comte）、密尔（Mill）、马克思（Marx）、恩格斯（Engels）、斯宾塞（Spencer）等学者出版了最新的研究成果。科学与技术在欧洲的主要中心城市以及孟买和加尔各答的博物馆展出，以便让人民大众为之惊叹，并将其与进步的动力和物质产品联系在一起。

50万人出席了位于伦敦水晶宫的万国博览会（*Great Exhibition*）的开幕式。在万国博览会举办的5个半月里，约有600万人（几乎占英国人口的1/3）

---

① Stewart 1810 (trad.)(vol. 2, p. 58-59 et 61).

② Priestley 1771 [1767] (p. xxi-xxii).

③ Priestley 1769 (p. iv-v). 同样可参阅：Heilbron 1977 et McEvoy 1979.

参观了展览。万国博览会被设计成对世界各国的百科全书式的介绍：它们的文化、资源、产业和产品。组委会主席阿尔伯特亲王（Albert）在描述万国博览会的目的和意义时，明确将科学、技术、发展与历史的新理念联系起来："科学发现了这些权力、运动和转化的规律，工业将它们应用于地球为我们提供丰富的原材料。但只有通过知识才能让其获得应有的价值。艺术教导我们美和对称的不变规律，并赋予我们把它们制作成合适的形制。1851年的万国博览会给我们提供一个真正的考验，给我们提供一幅全人类迄今为止在这一伟大任务中所获成果的生动画面，以及给我们提供一个新起点来指导各国继续努力。"[1]

尽管这些协会具有独创性，但万国博览会在历史上并不是一个孤立的事件。相反，它是在一个较长的历史进程中，将科学和现代性推入同一离心运动的新体现。作为该展览会的全称，"万国工业博览会"以及水晶宫的别称"大沙利玛"（沙利玛，Shalimar，是莫卧儿语，译为"露天花园"，本身来源于阿拉伯语 shah al-imarat，意思是"建筑之王"），[2] 这一盛事成为加速全球化进程的一个象征与庆典。[3] 在开幕式上，维多利亚女王出现在她的王位上，世界各国大使们站在她的脚下，被所有国家的财富所包围。这一全球性帝国的象征意义也是清晰可见。

换言之，我们的目标是使读者能够从这一时期日益全球化的视角中去感知科学、历史和现代性共同出现所带来的影响。由于已有大量关于历史与现代之间关系的文献，我们希望以科学为切入点，并探讨这一历史进程是如何发生的。同时，我们也将探讨科学如何被视为一系列普遍接受的实践和规则，以及如何被视作权威和行动合法化的主要来源。

正是通过寻求将历史概念作为一个过程，我们才能脱离传统观念和对科学史的不连续性的认知，即从一个革命过渡到另一个革命。我们不想专注于改变

---

[1] Royal Commission 1851 (vol. 1, partie I, p. 4). 关于墨西哥自我表述与民族身份建构之间的联系，可参阅：Tenorio-Trillo 1996.

[2] Suvorova 2011 (p. 91).

[3] Auerbach et Hoffenberg 2008，Young 2009. 在 Robertson 1992（p. 8）之后，我们从"世界的压缩和世界整体意识的增强"的极简主义上理解"全球化"。

规则的重要事件，而是关注随着时间推移而实现的缓慢和不均衡的现象，赋予"历史""现代性"和"科学"它们相互交织的观念。① 从这个意义上说，我们的概念与科塞雷克的概念有相似之处，因为它试图从一个较长的历史时段来考虑问题。在这个时段中，出现了为产生历史话语的可能性提供条件的语言概念。但是，无论是在地理范围还是在研究的对象和材料上，我们的概念和科塞雷克的概念在许多方面又是不同的。科塞雷克着重讨论了鞍形期欧洲德语地区的社会和政治语言中发生的概念性转变。而本卷的目标是观察"历史""现代性"和"科学"三者之间的相互依存关系以及知识生产的空间、物质、现实、体制和象征意义的变化。

如果将研究重点放在这个过程而不是将重点放在科技革命上，我们就需要研究一个相当长的时期，并反思空间和时间限制。科学史学家需要公正地对待这一时期，并认识到万国博览会中已经存在的全球联系。这一点越来越多地受到最近历史研究的关注。② 以前的研究以欧洲为中心，用传播主义的观点来解释科学在全球范围内的传播。③ 具有讽刺意味的是，尽管在 1970 年代和 1980 年代，科学史在构建一个极其多产的跨学科研究领域上发挥了开创性作用，但科学史自那之后就一直相当沉默，不愿使用全球史的研究方法。相反，它坚持用欧洲中心主义来研究西方科学，充其量只是增加了一些"非西方"的观点④（现在更正确的说法是"发展中国家"或"全球发展中国家"，这借用了冷战后出现的国际关系词汇⑤），而不是因为接触和互动的逐渐加强而去研究不同知识文化之间的联系。

另一方面，文化、政治和经济史学家已经考虑到了许多现象的出现是具有

---

① 这种对历史的过程概念是受 Hayami 1992 et De Vries 1994 所揭示的对历史的长期动态视野的启发。他们对工业革命有不同的看法。
② Subrahmanyam 1997 et 2005, Bayly 2004.
③ 这种方法在 Heilbron 2003 的序言中得到了很好的说明，他解释说："我们的书报告了科学和科学家从传统中心到世界其他地方的扩展。太空传播与科学专业的平行发展……传播和发展是'伴随'的主要概念。"
④ Selin 1997, Allchin et DeKosky 1999.
⑤ Reuveny et Thompson 2007.

全球相互关联性质的。当然，这些现象的出现依然与西欧有关。① 例如，正如克里斯托弗·贝利所指出的那样，"英国工业化是对世界其他地区，尤其是法国和印度的纺织品手工生产的一种回应"。② 最近的研究还表明，现代民族国家的身份、经济和社会制度不仅是西欧社会的内在产物，也是为了适应他们所殖民的非西方社会的组织模式的产物。简而言之，现代西欧及其帝国是在同一运动中形成的。③ 确实，值得我们注意的是，直到 18 世纪初，欧洲与世界其他地区并没有很大的不同。而 19 世纪欧洲的优越性必须要有一种解释，而不是将此作为一种预设。因此，科学史学家不能再以科学的特殊地位为名，宣称自己仍是旁观者，否则就有可能损害科学研究的主要成就之一，即科学是人类文化活动的一个组成部分。④

对知识文化的全球联系的研究比去歌颂欧洲在历史与现代之间特有的那种田园诗般的关系变得更加紧迫。这种田园诗般的关系事实上已被逐渐动摇。⑤ 最近，对全球史学科的大量研究表明，世界各地的其他文化对全球史的研究一部分是受到自身动力的驱动，而另一部分则是在世界联系日益紧密的背景下，发展一种融合模式的历史书写。⑥ 同样，在其他政治和社会活动中也发现了在科学界观察到的许多趋同现象，例如测量标准。⑦ 因此，我们的挑战是要了解科学的全球兴起与这种现代历史意识之间的联系。⑧

如果我们需要明确研究的主要内容及其在时空中的位置，我们就要回到时限与历史分期的问题。首先应该指出的是，将人类历史按世纪来划分也是 19 世纪的发明。以前的历史学家更喜欢"时代"一词。这种历史分期可以给定一个时间段，并在这个时间段结束后允许一个新的开始，而不必注意之前或之后

---

① Dussel 1993，Tavakoli-Targhi 2001.
② Bayly 2004 (p. 174).
③ Washbrook 1997.
④ Pestre 1995.
⑤ 参阅：Andaya 1997，Zurndorfer 1997.
⑥ Iggers，Wang et Mukherjee 2008，Sachsenmaier 2011，Woolf 2011.
⑦ Bayly 2004，Mazower 2012.
⑧ 这项研究已经开展，例如在 Fan 2004，Cook 2007 et Raj 2007 中。更广泛的研究，请参阅：Conrad 2012.

的时期。① 正是在这种"时代"的意义下，我们才能理解"19 世纪"。尽管由于不同的历史分期会导致不同的历史结论，但我们必须设置一个时限。

如果我们同意第一次世界大战的开始标志着一个时代的结束，那么我们对历史分期的起点就需要做一些解释，因为它与通常的基准没有任何可以对应的地方。1789 年，一个历史性的分野。通常认为这个象征性的日期是所有其他革命的开始，特别是第二次科技革命。简而言之，这个日期代表着的是现代性的开始。② 此外，由于其所指对象如果不是单纯指法国人，那么就是指欧洲人，这个日期并不适合我们的目标。因为，在全球科学领域，它只能满足以欧洲中心主义以及随之而来的扩张主义。

为了公正地看待当时正在发展中的全球化进程，我们便需要更有意义的年份。这必须是一次全球性事件，可能表明世界不同地区之间的联系正在加速。我们记得七年战争（1756—1763）的结束。这场战争确实是第一次真正的全球性事件，囊括了从菲律宾到印度洋、到孟加拉国、塞内加尔，再到巴西、阿根廷和加拿大的军事行动，更不用说整个欧洲和俄罗斯了。1760 年代，世界大国之间的领土和联盟进行了大范围的领土变动。法国损失了在北美的殖民地、英国在印度的领土征服、欧洲对非洲的新一轮投入和奴隶贸易以及对太平洋的勘探和开发的推动，等等，都表明了这一点。再加上在很大程度上独立的但又与七年战争在全球范围内有关联的事件：莫卧儿帝国的崩溃、1750 年代伊朗的内战、奥斯曼帝国和俄国之间的长期战争及其所导致的奥斯曼帝国的衰弱，再或是几年后日本、俄罗斯和英国之间的紧张关系。这些对后来的历史产生了决定性的影响。

七年战争的结束引发了由欧洲和非欧洲大国为主导的世界各个地区或迅速或逐步的融合。这一进程仅在随后的几十年加速了。其中，全球性的知识动力发挥了关键作用。③ 以两次世界性战争为界的分期的选择也与人文科学和自然科学之间的冲突中认识论对立的出现相呼应，甚至在使用词汇时也是如此：福

---

① Koselleck 2002 (p. 154 *sq.*).
② Charle 2011.
③ Schaffer *et al.* 2009.

伊尔哈恩（Feuerhahn）在他的章节中指出，从 19 世纪初开始，这种对立甚至用"科学与文学之间的战争"来描述。

在综合考虑了所有因素之后，我们认为 18 世纪后半叶似乎是我们本卷所涉及的时间段的良好起点。此外，这种选择也符合"第二次科学革命"中所发生的现象：科学活动的复兴和加剧。这导致了新的令人感兴趣的领域出现，如电、力学和化学，以及标准（量化①和精度②等）。让我们回顾一下，贝托莱（Berthollet）、富兰克林（Franklin）、拉瓦锡（Lavoisier）、拉格朗日（Lagrange）、拉普拉斯（Laplace）或普里斯特利（Priestley）的伟大作品都是在 18 世纪后半叶完成的。

随之而来的变化和重组并没有立即发生，也没有在一个国家发生。因此，尽管在 18 世纪中叶发现了新的动力，但是知识和科学并不是统一的，并且没有相同的动力或节奏。这就是为何如果我们使用托洛茨基（Trotski）在他著名的"联合发展与不平等发展"的模型中所唤起的印象将可以更好地描述我们的方法。③ 正是这种"不平等"解释了为什么本卷中的所有章节都不能涵盖近 150 年的整个时期。勒维（Löwy）所撰写的章节仅涵盖了 50 年的时间。因为在这段时期里，对她而言，发生了生命科学领域中最具决定性的变化。施兰格（Schlanger）基本上集中在 1830—1860 年的 30 年中。其他人（如赛本）则关注科学理论和实验工作之间的界限的转移，或莱文致力于博物馆和展览会在科学与现代结合上的历史，这始于 1770 年之前，几乎涵盖了整个 19 世纪。

但是，我们应当指出，即使是欧洲地区也由相当不同的知识共同体所组成的。而且它们具有各自不同的关注点和研究动力。例如，在 1870 年代，美国物理学家亨利·罗兰（Henry Rowland）在游历了欧洲后指出，欧洲的科学研究存在明显的异质性和不统一性。赛本的文章突出了法国、德国和英国之间的这些差异，同时他也探讨了在长 19 世纪里实验物理学中智力活动和手工活动

---

① Frängsmyr, Heilbron et Rider 1990.
② 关于精度的问题，请参阅：Wise 1997.
③ Trotski 1967 [1930] (p. 15).

之间关系的变化。正如亚历山大（Alexander）在他的文章中所强调的那样，法国和德国知识分子之间的紧张关系导致了数学方法的分歧，并且确实提供了理解这一极端变化的必要背景。

与其他两卷一样，我们也选择不单独考察每门科学，而是强调各领域和问题。这些领域和问题不仅有效地重新定义了对自然世界的认识，而且还重新定义了现代社会与全球化的秩序。因此，怀斯在本卷中强调了蒸汽机的核心作用以及政治经济学思想在应用一种独特的世界解释模型的核心作用。该模型使能源成为物理学、社会秩序和全球化动力的中心概念。赫勒尔（Höhler）通过民族主义与帝国国际主义之间的紧张关系，强调了地球和航空科学的兴起和形成。也就是说，民族国家的逻辑与考察共同空间（海洋层、国际标准化大会等）的必要性导致了竞争与合作。勒维则描绘了奇迹般的微生物革命。因为它在第一次世界大战之前有着诱人的前景。在《劳动中的布歇·德·彼尔特——19世纪的工业化与史前史》一章中，施兰格重温了"人类远古时代"的历史。该文通过评价跨历史的劳动观念来说明布歇·德·彼尔特（Boucher de Perthe）是如何将原始人扎根于环境资本主义的：他所描绘的原始工业基于价值观念。该观念奖励的是努力而不是继承。

弗雷索（Fressoz）和沙费尔研究了具有政治和经济秩序的科技的衔接。弗雷索指出，19世纪的"放任"只有通过积极主动地确定技术形式以及工业资本的法律和社会保障才有可能实现。人类的傲慢总是不断出现，所以安全标准是揭示科学和技术如何保护大规模生产的主要要素。沙弗尔从互补的角度看待这一问题，并着重探讨了在国家和市场的需求下，标准化的规定、措施、设备和商品是如何产生的。他的章节也探讨了作为一门科学、一种帝国主义、一门学科和一种价值观的计量学，以及成功的"保持"这些标准所需的大量社会工作。标准化问题也是贝利韦（Berlivet）所撰写的章节的核心。他认为，19世纪初的社会世界的多元性促成了统计的出现，进而促成了全球发展，使长期处于学术界边缘的学术实践及其学科通过创建系统分类、思维模式和智力标准（如平均值的计算），其贡献比任何其他学科都要多。这就带来新的现实：社会。他指出，19世纪"印刷出版物的数量具有雪崩的特征"。米勒－维勒

（Müller-Wille）也是如此认为。在科学、卫生和人口学、医学实践与人口控制之间的讨论中，该章节体现了知识在当代生物政治学秩序的出现中所产生的作用。他描述了统计学［以凯特勒（Quetelet）、高尔顿（Galton）和皮尔逊（Pearson）为代表］和体质人类学如何制造"遗传"和"人种"的概念。"人种"和"种族学"（或现代种族科学）是道格拉斯（Douglas）的章节讨论的核心。她分析了如何通过对自然志的动员，在比较解剖学、生物学、制图学、民族学和人类学的19世纪建立起基于进步能力的人类等级观念。这一观念将非白人人口降到社会底层，使对他们的统治和奴役合法化，并最终使优生学合法化。

虽然我们迄今讨论的主题主要涉及欧洲，但一些知识的实践在世界其他地区在不同人类的社会之间的联系迅速发展的背景下已经形成。然而，正如克里斯托弗·贝利所观察到的："这些联系同样可以强化属于不同社会的人们之间的差别，甚至对立，尤其是精英之间的对立。例如，日本人、印度人和美国人越来越依赖这样一种观念，即他们继承了民族、宗教或文化特性，因为他们面临着包括欧洲帝国主义在内的新的全球经济带来的严峻挑战"。①

事实上，本卷有三章涉及贝利提到的国家。这些文章正是通过生产和包容性的视角才能探讨这些地区的科学发展。②

沙普兰（Chaplin）的文章展示了在美国，科学是如何培育和使种族主义的社会观合法化。同时，他们与欧洲的科学的对话，从富兰克林所处的时期到19世纪末的学者和科研机构，都深刻地影响了旧大陆的思维和实践［从浪漫主义到生物和社会进化论、华莱士（Wallace）、达尔文（Darwin）和斯宾塞］。我在这里必须提醒广大读者，无论当代世界的地缘政治是何种状态，在当时，美国并不是"西方"或"西方科学"的一部分。即使到1919年，马克斯·韦伯（Max Weber）在他的著名论文《学术作为一种志业》（*Le métier et la vocation du savant*）中指出，德国和美国的高等教育制度存在着根本性的差异，即使后

---

① Bayly 2004 (p.1).
② 参阅：Raj 2010 et 2013, Cohen 2010.

者是按照前者的模式去设计的。① 就伊藤（Ito）而言，他用"交战区"（Zone de Combat）作为比喻，对手之间的竞争推动了各方对敌方知识的获取以此解释日本在1853年"黑船事件"之后增加了进入"科学"世界的动力。至于印度，拉杰（Raj）认为在七年战争之后，在英国殖民化的背景下，南亚和欧洲的知识界之间开始了文化上的接触。他通过展现循环和相互沟通过程之间的密切互动以及看似矛盾和对立的态度——科学史学家迈克尔·戈尔丁（Michael Gordin）称之为"敌意适应"（l'appropriation hostile）②——来表明在19世纪帝国主义鼎盛时期科学知识的重要部分是如何被构建和被适应的。

虽然19世纪是科学占有主导地位的时代，但人们对这个基于自然知识的新概念所带来的后果是恐惧和担忧的。1815年，坦博拉火山在印度尼西亚松巴瓦岛喷发，这是两千年来最强的火山喷发，并将大量的火山灰送进大气层。第二年春天，欧洲和北美的天空变得异常灰暗，1816年故而被称为"无夏天的一年"。玛丽·沃斯通克拉夫特（Mary Wollstonecraft）在日内瓦湖畔与拜伦勋爵（Bryon）及其未来丈夫诗人珀西·比希·雪莱（Percy Bysshe Shelley）被迫花大部分时间待在壁炉前。在那里，她写了《科学怪人》（Frankenstein）。这也许是世界上第一部科幻小说。她在小说中警告疯狂的科学所带来的危险。③ 虽然激励玛丽·雪莱写作的不同寻常的时期是由一种自然现象造成的，但人类行动对全球环境的影响已成为18世纪最后几十年科学调查的对象。④ 洛谢（Locher）回顾了当代人如何看待人类活动和殖民扩张对气候的影响。它挑战了基于社会和自然之间"大分化"的历史主义概念，表明迫切需要一种"新的历史主义"以恢复人、地方、政治和环境的不可分割性。

如果对一个无灵魂的未来——由科学支配的，且有时是无法控制的未来——浪漫主义的痛苦无疑掩盖了当时普遍的乐观情绪，那么人们还坚信科学本身可以把事情做好。作为20世纪初的畅销书之一，布莱姆·斯托克（Bram

---

① Weber 2003 [1919] (p. 67-71).

② Gordin.

③ Shelley 1818.

④ Grove 1995 (chap. 7).

Stoker）将神话中的德古拉重新塑造成一个变种的怪物，它违背了达尔文的进化法则，并威胁到英国。[①] 只有通过根据船只和火车时刻表进行细致的计算，追捕他的人才能赶上他，并最终摧毁他。[②] 特雷斯克（Tresch）减轻了这种对科学的乌托邦信念，即认为科学是一种力量，可以通过计算能力来克服反常的形式。与洛谢的分析相呼应，他所撰写的章节表明，科学的现代性所采用的自然主义的宇宙论，在全球经济秩序及其对世界的统一与分类的追求的支持下，受到了许多其他宇宙论的挑战。特雷斯克告诉我们，拒绝强加给我们的"归化"（les naturalisations）在今天和那个时代都显现得非常重要。

鸣谢：我们感谢吕克·贝利韦（Luc Berlivet）、夏洛特·比格（Charlotte Bigg）、卡罗琳·福特（Caroline Ford）、弗兰克·莱蒙德（Franck Lemonde）、多米尼克·佩斯特（Dominique Pestre）、西蒙·沙费尔（Simon Schaffer）、桑贾伊·苏布拉尼亚姆（Sanjay Subrahmanyam）和雅各布·沃格尔（Jakob Vogel）的批评和宝贵建议。此序言还在很大程度上归功于参加法国高等社会研究院（EHESS）"科学与知识之间的流动边界（18—20世纪）"（Les frontières mouvantes entre sciences et savoirs（xviiie-xxe siècle））研讨会的成员。他们从一开始就致力于这一研究。最后，我们要感谢索菲·吕利耶（Sophie Lhuillier）和塞伊出版社（Éditions du Seuil）的让－克洛德·巴耶（Jean-Claude Baillieul）在本书的制作过程中所展现的高效与友善。

卡皮尔·拉杰（Kapil Raj），奥托·赛本（H. Otto Sibum）撰；

弗兰克·莱蒙德译

---

① Stoker 1897.
② Richards 1993 (p. 45-72).

参考文献

Agar Jon, 2012, *Science in the Twentieth Century and Beyond*, Cambridge, Polity Press.

Allchin Douglas et DeKosky Robert (dir.), 1999, *An Introduction to the History of Science in Non-Western Traditions*, Seattle (WA), History of Science Society.

Andaya Barbara Watson, 1997, *Historicising "Modernity" in Southeast Asia*, Journal of Economic and Social History of the Orient, n° 40, p. 391-409.

Auerbach Jeffrey A. et Hoffenberg Peter H. (dir.), 2008, *Britain, the Empire, and the World at the Great Exhibition of 1851*, Aldershot, Ashgate.

Basalla George, 1967, *The Spread of Western Science*, Science, vol. 156, n° 3775, p. 611-622.

Bayly Christopher A., 2004, *The Birth of the Modern World (1780—1914): Global Connections and Comparisons*, Oxford, Blackwell.

Ben-David Joseph, 1971, *The Scientist's Role in Society*, Englewood Cliffs (NJ), Prentice Hall.

Bernal John Desmond, 1969 [1954], *Science in History*, Londres, C.A. Watts & Co., 4 vol.

Blackbourn David, 1997, *The Long Nineteenth Century: A History of Germany (1780—1918)*, New York, Oxford University Press.

Blaut James Morris, 1993, *The Colonizer's Model of the World: Geographical Diffusionism and Eurocentric History*, New York, Guilford Press.

Bourguet Marie-Noëlle, Licoppe Christian et Sibum H. Otto (dir.), 2002, *Instruments, Travel and Science: Itineraries of Precision from the Seventeenth to the Twentieth Century*, Londres, Routledge.

Bowler Peter J. et Morus Iwan Rhys, 2005, *Making Modern Science: A Historical Survey*, Chicago (IL), University of Chicago Press.

Brush Stephen G., 1988, *The History of Modern Science: A Guide to the Second Scientific Revolution*, Ames (IA), Iowa State University Press.

Cahan David (dir.), 2003, *From Natural Philosophy to the Sciences: Writing the History of Nineteenth-Century Science*, Chicago (IL), University of Chicago Press.

Charle Christophe, 2011, *Discordance des temps. Une brève histoire de la modernité*, Paris, Armand Colin.

Clark William, 2006, *Charisma and the Origins of the Research University*, Chicago (IL), University of Chicago Press.

Cohen Yves, 2010, Circulatory Localities: The Example of Stalinism in the 1930s, *Kritika:*

Explorations in Russian and Eurasian History, vol. 11, n° 1, p. 11-45.

Conrad Sebastian, 2012, Enlightenment in Global History: A Historiographical Critique, *American Historical Review*, vol. 17, no 4, p. 999-1027.

Cook Harold J., 2007, *Matters of Exchange: Commerce, Medicine, and Science in the Dutch Golden Age*, New Haven (CT), Yale University Press.

Cunningham Andrew et Williams Perry, 1993, De-Centring the "Big Picture": The Origins of Modern Science and the Modern Origins of Science, *British Journal for the History of Science*, no 26, p. 407-432.

De Vries Jan, 1994, The Industrial Revolution and the Industrious Revolution, *Journal of Economic History*, no 54, p. 249-270.

Dussel Enrique, 1993, Eurocentrism and Modernity, *Boundary 2*, vol. 20, n° 3, p. 65-76.

Fan Fa-ti, 2004, *British Naturalists in Qing China: Science, Empire and Cultural Encounter*, Cambridge (MA), Harvard University Press.

Fox Robert, 2012, *The Savant and the State: Science and Cultural Politics in Nineteenth-Century France*, Baltimore (MD), Johns Hopkins University Press.

Frängsmyr Tore, Heilbron John L. et Rider Robin E. (dir.), 1990, *The Quantifying Spirit in the Eighteenth Century*, Berkeley (CA), University of California Press.

Gerschenkron Alexander, 1962, *Economic Backwardness in Historical Perspective: A Book of Essays*, Cambridge (MA), The Belknap Press of Harvard University Press.

Gordin Michael, [à paraître], "What a Go-A-Head People They Are !": The Hostile Appropriation of Herbert Spencer in Imperial Russia, *in* Bernard Lightman (dir.), *Global Spencerism*, Leyde, Brill.

Grove Richard, 1995, *Green Imperialism: Colonial Expansion, Tropical Island Edens and the Origins of Environmentalism (1600—1860)*, Cambridge, Cambridge University Press.

Hayami Akira, 1992, The Industrious Revolution, *Look Japan*, n° 38, p. 38-43.

Heilbron John L., 1977, Franklin, Haller, and Franklinist History, *Isis*, vol. 68, n° 4, p. 539-549.

– (dir.), 2003, *The Oxford Companion to the History of Modern Science*, Oxford, Oxford University Press.

Hobsbawm Eric J., 1970 [1962], *L'Ère des révolutions (1789—1848)*, Paris, Fayard.

– 1977 [1975], *L'Ère du capital (1848—1875)*, Paris, Fayard.

– 1989 [1987], *L'Ère des empires (1875—1914)*, Paris, Fayard.

Iggers Georg G., Wang Q. Edward et Mukherjee Supriya, 2008, *A Global History of Modern*

Historiography, Harlow, Pearson Education.

Knight David, 1986, *The Age of Science: The Scientific World-View in the Nineteenth Century*, Oxford, Blackwell.

– 2009, *The Making of Modern Science: Science, Technology, Medicine and Modernity*, Cambridge, Polity Press.

Koselleck Reinhart, 1990 [1979], *Le Futur passé. Contribution à la sémantique des temps historiques*, Paris, Éd. de l'EHESS, 1990.

– 2002, *The Practice of Conceptual History: Timing History, Spacing Concepts*, Stanford (CA), Stanford University Press.

Koselleck Reinhart *et al.*, 1975, Geschichte, Historie, *in* Otto Brunner, Werner Conze et Reinhart Koselleck (dir.), *Geschichtliche Grundbegriffe: Historisches Lexikon zur politisch-sozialen Sprache in Deutschland*, Stuttgart, Klett-Cotta, vol. 2 (E-G), p. 593-717.

Kuhn Thomas S., 1977, The Function of Measurement in Modern Physical Science, *in* Thomas S. Kuhn, *The Essential Tension: Selected Studies in Scientific Tradition and Change*, Chicago (IL), University of Chicago Press, p. 178-224.

Lightman Bernard (dir.), 1997, *Victorian Science in Context*, Chicago (IL), University of Chicago Press.

Mazower Mark, 2012, *Governing the World: The History of an Idea*, Londres, Allen Lane.

McEvoy John G., 1979, History, Knowledge, and the Nature of Progress in Priestley's Thought, *The British Journal for the History of Science*, vol. 12, no 1, p. 1-30.

Merz John Theodore, 1896—1914, *A History of European Thought in the Nineteenth Century*, Édimbourg, Blackwood & Sons, 4 vol.

Osterhammel Jürgen, 2009, *Die Verwandlung der Welt. Eine Geschichte des 19. Jahrhunderts*, Munich, Beck.

Pestre Dominique, 1995, Pour une histoire sociale et culturelle des sciences. Nouvelles définitions, nouveaux objets, nouvelles pratiques, *Annales. Histoire, sciencessociales*, vol. 50, n° 3, p. 487-522.

Priestley Joseph, 1769, *The History and Present State of Electricity*, 2e éd., Londres.

– 1771 [1767], *L'Histoire de l'électricité*, Paris.

Raj Kapil, 2007, *Relocating Modern Science: Circulation and the Construction of Knowledge in South Asia and Europe (1650—1900)*, Basingstoke, Palgrave Macmillan.

– 2010, Introduction: Circulation and Locality in Early Modern Science, *British Journal for the History of Science*, vol. 43, n° 4, p. 513-517.

– 2013, Beyond Postcolonialism… and Postpositivism: Circulation and the Global History of Science, *Isis*, vol. 104, n° 2, p. 337-347.

Ramirez III Enrique Gualberto, 2013, *Airs of Modernity (1881—1914)*, thèse de Ph.D., Princeton, School of Architecture, Princeton University.

Reuveny Rafael X. et Thompson William R., 2007, The North-South Divide and International Studies: A Symposium, *International Studies Review*, vol. 9, n° 4, p. 556-564.

Richards Thomas, 1993, *The Imperial Archive: Knowledge and the Fantasy of Empire*, Londres, Verso.

Robertson Roland, 1992, *Globalization: Social Theory and Global Culture*, Londres, Sage.

Royal Commission, 1851, *Official Descriptive and Illustrated Catalogue of the Works of Industry of All Nations*, Londres.

Sachsenmaier Dominic, 2011, *Global Perspectives on Global History: Theories and Approaches in a Connected World*, Cambridge, Cambridge University Press.

Schaffer Simon, Roberts Lissa, Raj Kapil et Delbourgo James (dir.), 2009, *The Brokered World: Go-Betweens and Global Intelligence (1770—1820)*, Sagamore Beach (MA), Science History Publications.

Schorske Carl, 1983 [1980], *Vienne fin de siècle. Politique et culture*, Paris, Seuil.

Selin Helaine (dir.), 1997, *Encyclopaedia of the History of Science, Technology, and Medicine in Non-Western Cultures*, Dordrecht, Londres et Boston, Kluwer Academic Publishers.

Shelley Mary Wollstonecraft, 1818, *Frankenstein, or the Modern Prometheus*, Londres.

Stewart Charles, 1810 (trad.), *The Travels of Mirza Abu Talib Khan in Asia, Africa and Europe during the Years 1799, 1800, 1801, 1802 and 1803. Written by himself in the Persian language. Translated by Charles Stewart*, Londres, 2 vol.

Stoker Bram, 1897, *Dracula*, Westminster, A. Constable & Co.

Subrahmanyam Sanjay, 1997, Connected Histories: Notes towards a Reconfiguration of Early Modern Eurasia, *Modern Asian Studies*, vol. 31, n° 3, p. 735-762.

– 2005, *Explorations in Connected History*, t. 1: *Mughals and Franks*; t. 2: *From the Tagus to the Ganges*, Oxford, Oxford University Press.

Suvorova Anna, 2011, *Lahore: Topophilia of Space and Place*, Karachi, Oxford University Press.

Tavakoli-Targhi Mohamad, 2001, *Refashioning Iran: Orientalism, Occidentalism and Historiography*, Basingstoke, Palgrave.

Tenorio-Trillo Mauricio, 1996, *Mexico at the World's Fairs: Crafting a Modern Nation*,

Berkeley (CA), University of California Press.

Trotski Léon, 1967 [1930], *Histoire de la Révolution russe*, t. 1: *La Révolution de Février*, Paris, Seuil.

Washbrook David, 1997, From Comparative Sociology to Global History: Britain and India in the Prehistory of Modernity, *Journal of Economic and Social History of the Orient*, n° 40, p. 410–443.

Weber Eugen, 1983 [1976], *La Fin des terroirs. La modernisation de la France rurale (1870—1914)*, Paris, Fayard.

Weber Max, 2003 [1919], Le métier et la vocation du savant, *in* Max Weber, *Le Savant et le politique. Une nouvelle traduction*, trad. par Catherine Colliot-Thélène, Paris, La Découverte, p. 67–110.

Wise M. Norton (dir.), 1997, *The Values of Precision*, Princeton, Princeton University Press.

Woolf Daniel, 2011, *A Global History of History*, Cambridge, Cambridge University Press.

Young Paul, 2009, *Globalization and Great Exhibition: The Victorian New World Order*, Basingstoke, Palgrave Macmillan.

Zurndorfer Harriet T., 1997, China and "Modernity": The Uses of the Study of Chinese History in the Past and the Present, *Journal of Economic and Social History of the Orient*, vol. 40, n° 4, p.461–485.

第一部分

科学、文化、社会

约翰·道尔顿（John Dalton）在 1835 年向曼彻斯特力学研究所（Manchester Mechanics's Institute）展示的原子。该表假定可以对所有物质进行分析，而物质被认为是由不可分解的元素组成的。

第一章
对革命的分析和现代主义概述

科学史在"二战后"学术界的发展与科学哲学密切相关。该学科的核心是对现代科学起源的反思,这不可避免地要探讨 18 世纪的科学革命。物理学、世界的数学化、实验的发展或科学社会的出现都是这一反思的重要部分。在现在的经典文献中,英国著名历史学家和哲学家赫伯特·巴特菲尔德(Herbert Butterfield)(1900—1979)甚至提议将科学革命的上限提前到 18 世纪末,然后把下限延长到 19 世纪中叶,以囊括现代化学和达尔文进化生物学的出现。[①]

此后,历史学家们扩大了他们的关注点。早先,学者们注重创造、传播和执行科学知识的实践,而现在,他们更加注重公共知识,同时注重专业人员以及精英和知识之间的关系。他们越是拓宽自己的视野,科学、技术和医学在历史上似乎就越难以分离。此外,人们开始认识到,它们之间的区别还不及不同历史时刻行动者之间协商的结果所界定的区别大。因此,学术领域被重新界定为科学、技术和医学史,然后在许多方面与社会、政治和经济历史相融合,使我们能够将历史视角扩展到所有学术实践,包括社会科学和人文科学以及美术(les beaux-arts)。

这种新观点对我们的基本年表有何影响?我们的概述能否始终支持"18 世纪的科学革命"这一观点?是否有其他框架将科学、技术、医学和艺术(les

---

① Butterfield 1937.

arts）的历史分期与其他的历史分期联系起来，同时充分保留学术实践的动态结构以便它们能够跨越时间和地点进行比较？我们的年表能否捕捉日常实践的连续性以及知识的变化？在拙著《认识方式》（*Way of Knowing*）和本章中，我试图通过关注 1800 年左右的这段革命时代来回答这些问题。然而，拙文还将展示 18 世纪的科学革命如何在新的概述中找到它的位置，这也使我们能够以新角度来看待 19 世纪末的变化。

1800 年前后

虽然现代技术的历史仍然很大程度与工业革命相关联，但医学史仍然依赖于在法国大革命数年后诊所的诞生。正如这些学科所要求的严密性一样，这两场革命同时也是政治革命时代的一部分（1776—1848）。尤其是在德意志地区，哲学上升到学术学科的等级，以及美术/艺术和七种自由之艺的分离和重组也是如此。最后，更引人注目的是，科学的这些变化也是如此，有时，这种变化被称为第二次科学革命。[①] 虽然许多科学史学家都集中于研究这场科学革命，至少研究他们所偏爱的科学学科，但很少有人试图关注各种学科革命之间的关系或归纳这些革命所引起的动荡的特征。在拙著《认识方式》中，我试图以一种将科学与技术和医学相结合的方式来描述这些转变，并将它们与政治和经济动态联系起来。[②] 在本章中，我将考察这些转变与其他知识领域在当代的变化的关系，包括美术/艺术与自由七艺的分离。

我认为，科学、技术和医学是一套多样化的"实用知识"，每个知识都有它自己的焦点和历史。更简单地说，科学、技术和医学从根本上涉及意义、类型、元素（数学的和实体性的）和概况（数学的和实体性的）。这些不同类型的"实用知识"随着时间的推移而结合与积累，同时在各方面不断变化。虽然这种知识的积累有一定的逻辑——最新的知识总是依赖于前者，例如，在这个历史中是不存在自主性的。事实上，新的实践方法的出现及其演变或它们采取

---

① 比如，Kuhn 1976.
② Pickstone 2000, 2007 et 2011.

的形式总是取决于它们发生的背景。在这个模型中,"革命"可以以新的实用知识的出现（例如在 1800 年左右）或旧实用知识的根本性变化（例如 20 世纪相对论和量子力学的出现）来标记。

1800 年左右影响科学、技术和医学的所有转折点的共同特征似乎是新的学术实践的出现和深入人心。这些实践可以描述为"实质性的分析实践"。这些是从旧的实践形式发展起来的，包括数学分析、自然志和手工艺。因此，尽管数学分析早在古典时期就已出现，但直到 18 世纪末，数学分析才更多地使用在地质地层、身体组织、静电电荷或机械效力等实体性元素方面。许多案例的模型是拉瓦锡（Lavoisier）进行的新化学改革中所出现的"实用主义"元素。在当时，人们尚未对这些元素加以分析。

这些实体性元素中有许多是新的，每组元素都可以成为新科学的开端。它们是知识世界剧变的组成部分。因此，直到 19 世纪 30 年代，"科学"一词才出现在当代意义中，这似乎代表了新的"科学联盟"的关键的物化。随后，这一转折点与艺术和科学之间出现的分化有关。而且，由于它们各自声称在应用科学（包括医学）和应用艺术中确立了自己是"应用"的基础。[1]

这种对第二次科学革命的解释以及医学和技术的相关变化，使得"分析"一词对于所有这些重构来说是一个有用且经济的术语。然而，要欣赏这些创新和分析的转变，特别是关于本研究的历史分期，必须把握 1800 年前和 19 世纪末的情况，并考虑到"第二次工业革命"和现代艺术的综合阶段。

让我们先勾勒出 16—18 世纪第一次现代性中实用知识的应用。

第一现代性欧洲中实用知识的三位一体

如果独特的"科学"是 19 世纪的创造，那么过去实践的名称应该是什么呢？当时一些打算具体说明其实践目的的行动者使用"自然知识"一词。然而，当时三个更具体和共同的术语能够更好地描述行动者本身的设想：自然哲

---

[1] Pickstone 2005.

学作为一个基本设想,由其两个潜在的竞争对手辅助,即自然志和混合数学,也称为自然数学,而不是纯数学。大多数历史学家似乎都同意他们的组合所扮演的核心角色,即使他们自己也不敢如此去表述。

这三个术语使得"自然"流派在最广义的知识等级中的位置凸显出来。自然哲学,一般服从于道德哲学,是哲学的问题,就像自然神学(当与道德哲学分离时)是神学。哲学通常涉及用早先的原则来描述上帝、上帝所创造的人类和上帝创造的其他生命形式之间的关系,例如亚里士多德哲学和后来的笛卡尔哲学。就其而言,自然志的任务是对世界进行"分类"。自文艺复兴以来,它属于产生历史(案例研究)的一系列"记忆科学",其中包括培根(Bacon)的"历史实验"以及各种分类形式,包括参考书目。[①]

混合数学首先在行星天文学中,然后是在力学中得到应用。人们利用它来将复杂的运动简化为简单的数学关系。天文学对于计算时间特别有用,同时在算命、医学和辅助医学、占星术领域也非常有用。其他艺术,例如,作为艺术科学的化学或绘画,每个都有自己特色的知识体系。它们通常拥有包括对成分、工艺和产品案例研究的数据。一门艺术科学经常涉及哲学,有时还涉及一些数学概念。这种模式对我们来说似乎很熟悉,因为它或多或少在今天一直在起作用:以管理科学为例,其包括案例研究、计算和管理理念。

在知识的等级体系以及在由社会秩序构建的世界中,案例研究、分类学和秘诀技巧被用于哲学和混合数学。药剂师、外科医生,有时甚至是占星家,都被归于"医学"(即医生的知识)之下。使用数学计算来绘制风景和花朵或建筑物的能力受神学或古典神话学的欣赏。通过这些神学或神话学,"历史"绘画传达出重要的信息。但是,一些数学家开始以越来越大的热情挑战哲学家,并且一些医生从哲学知识转向实用知识。[②] 从属学科,尤其是由世俗的资助者或资产阶级的消费所支持的艺术和科学逐渐地实现了一种自治。然后,我们看到,权力的格局也在发生变化。首先是意大利地区的城邦,然后是阿姆斯特丹的黄金时代,以及英格兰和苏格兰的启蒙运动。风景和肖像作品蓬勃发展。医

---

① Blair 2010.

② Park et Daston 2006.

生也被要求增加对植物、化学物质和解剖学的了解。这些医生有时在莱顿、蒙彼利埃、哥廷根或爱丁堡的所谓"现代"大学中接受过培训。这些大学开发出了医学方面的培训，使化学和外科手术达到与医学哲学相同的水平。

如果这个由自然哲学、历史学和数学形成的组合在1500—1750年处于中心地位，那数学传统与17世纪的培根经验主义之间是否相互影响呢？在"第一次科学革命"，特别是在牛顿（Newton）的光学实验中是否也显示出中心地位呢？[①] 就学术实践而言，大概在18世纪末之前，我们就可以发现数学传统和培根的实验传统之间的相互作用。这与牛顿的光学实验的情况差不多。也许我们应该将光学视为"第二次科学革命"的许多新的物理学的先驱。尽管，这是一个在时间上离得比较远的先驱。在这些新的物理学科中，将出现对几种"元素"的最新的量化，例如，静电荷、热、磁和电流。在19世纪初，一些自然哲学家将大量数学分析的出现视为牛顿物理学的延伸，而另一些自然哲学家则关注这些新老物理元素之间的关系。一种新的化学由此开始崭露头角。[②]

分析的革命

正如我们所看到的，化学长期以来是由手工艺、自然志和自然哲学相结合而构成的。它们建立在四个古代元素（空气、水、火、土）或其他现代才被命名，但在当时仍以相同的原理使用的元素之上。而动植物的化学成分仍主要基于自然志。然而，在18世纪初，由于与酸和碱亲和性有关的实践规则的发现，人们对盐的研究变得系统化了。在18世纪末，这种"成分"的观点扩展到了对空气的研究，因此，空气被重新解释为特定气体的混合物，而不是可以被改变的单一元素。

然后，所有的物质都可能在分析后被认为由元素组成，而这些元素又被定

[①] Schuster 1990，帕斯卡（Pascal）在流体静力学方面的研究是一个可比较的案例；参阅：Chalmers 2012.
[②] Cohen 2007. 参阅第723页，关于18世纪将自然哲学、自然志和数学被如何区分的论述。

义为不可分解的物质。因此，化学成为将化学元素按数学比例组合的科学，并且可分解物质可以根据其基本组成进行分类。[①] 其他科学模仿这种策略，例如，在比沙（Bichat）对解剖的认识中指出人体由组织构成。然后，化学作为创建新科学的模型被建立起来。这带来对结构和功能的新理解，并附带新的分析分类的资源。

一些例子说明了这种发展。通过研究患病身体的组织，我们可以重建以前基于症状的疾病分类。[②] 对比较解剖学的深入研究，允许重新考虑动物的分类。对岩石，更确切地说是对化石的形成的精确研究，为描述地质地层的特点提供了可能性。这成了新的地层学的起源。通过研究机器的基本部件，我们可以为工程师创建一个可比较的解剖结构。这些原则中的大多数——寻找元素并对结构进行比较（有时是功能）——以这种方式创建一门新科学来改进分类——仍然适用于语言的比较解剖学[③]、教会的建筑学或人种分类。

然后，这些新科学之间的相似之处使其有可能在思想和政治上将它们融合在一起。同时，对科学进行分类和对科学方法进行反思的尝试也促进了新学科之间的团结。人们还希望通过发现新的基本元素来统一这些相邻的学科。[④] 这一雄心壮志在这个世纪晚些时候得以实现，这要归功于发现了热与机械作用之间的等价关系，然后发现了一个新的基本元素——能量。[⑤] 但是，这些新的分析科学在何处以及为何被创造和发展呢？

法国的情况

在法国，特别是在巴黎，博物馆是从自然志的分支，如动物学、植物学、地质学或矿物学发展起来的新的分析科学的重要场所。法国大革命之后，这些

---

① Chang 2011.
② Rudwick 2005.
③ Karstens 2012, Amsterdamska 1987.
④ Yeo 1986; Laudan 1981，我同意该著作的观点，尤其是在第 2 章和第 11 章，作者认为人们通过强调实质性元素的出现，即科学家对假设方法给予的哲学上的尊重在 18 世纪末成功引入了假设实体。
⑤ Pickstone 2007.

博物馆由教授而不是策展人组成，因此新员工有权分解和解剖标本，如巴黎医院改革之后的医生。在所有这些地方，如与革命后巴黎的新技术学校一样，终身教授都是由国家资助，并根据其所具备的卓越的知识任命的。他们提供编排过的课程，并为其编写教科书。这些活动基本上是新的。革命摧毁了旧的制度形式，并产生了新的力量和新的动力。在"描述性"自然志留下的广泛空间中，或在将培根经验主义与"一般"数学所区分开的空间中，人们有了发展实体性的原理来解释一组给定的现象的可能。分类学和比较解剖学之间的联系允许对非常自然的，甚至可预测的步骤进行描述和分类。如今，研究实验室研究性实践的科学史学家认为博物馆所做的只是保存和展示，而往往忽视了19世纪人们对比较科学的热情。事实上，这种热情在很大程度上定义了那个时代，特别是那个时代与法国政治变革的关系。①

然而，那个时代也以工业为标志，例如在英国。同时，也以文化为标志，例如德意志地区的唯心主义哲学、美学和美术。我们所描绘的有关法国博物馆和教育专业化的分析与工业和文化有什么关系呢？

英国工业中的分析

法国对英国和德意志地区都产生了很大的影响。这是因为文本和翻译的流传以及拿破仑战争后学生和专家对巴黎的访问。英国参考了法国的科学、技术和医学机构，例如，英国的地质调查局（Geological Survey）和地质博物馆，但由于英国与法国相比，并非是强势政府，因此受到了诸多限制。对地质学的支持的重要性反映了这一户外研究领域的普及以及国家对采矿业的关注。但是，无论是从当时的背景，还是从技术含量上来说，大多数的英国科学发明仍然与工业的主导地位紧密相关。

由业余爱好者创建的科学社团在许多英国城市如雨后春笋般涌现，而这在拿破仑战争之前数量稀少。战争期间，曼彻斯特文学和哲学学会（Manchester

---

① Pickstone 1994.

Literary and Philosophical Society）购置了一栋房子，并在其中设有实验室。约翰·道尔顿教授（1766—1844）在这里研究一些新的元素并认为它们由原子组成。

作为改善穷人生活条件的计划的一部分，位于伦敦的皇家科学研究所（Royal Institution）于1799年成立。但是，它很快变成了上流人事社交的场所。汉弗里·戴维（Humphry Davy）（1778—1829）在他的实验室中发现了新元素，后来他的学生迈克尔·法拉第（Michael Faraday）（1791—1867）发现了电流与化学反应之间的关系。这些从未在大学机构中学习或工作过的英国名流与学术界没有任何联系。拿破仑战争结束后，公民社会获得重生，出现了包括许多专业社团和不少博物馆的新机构。这些机构是一种有趣的宗教和政治理性的混合体，不过，他们始终秉持政教分离的原则。在经济和政治发展的不稳定时期，大多数新机构都参加了工人教育计划。因此，所有社会阶层都受到了自然法则及其与政治经济学联系的启蒙，而宗教和持怀疑态度的团体则被提醒：地球是由上帝创造的，旨在造福人类，尤其是为了英国的繁荣。

这些社团，无论是地方政府还是国家机构，都像国家机构和相关出版物一样，致力于促进收集和分类以服务于工业和农业。而且，正如我们刚刚指出的，它们还允许专业研究人员（即使他们没有高等教育文凭）也可以分析物理和化学元素并研究它们之间的相互关系。[①]

因此，在新的人文科学中，骨相学能够向中产阶级和自学成才的工人解释一个人的性格与其解剖结构之间的关系，从而在公民社会中蓬勃发展。政治经济学作为苏格兰大学中一门分析科学而建立起来的学科。而这门学科也成了有关农业进步、人口增长、机械化和城市健康的公开讨论的主题。在针对军队或英国东印度公司的高等教育以及1820年代创建的伦敦大学学院中，不少教职员工是政治经济学和工程学的鼓吹者。

然后，分析科学喜欢将新技术作为科学产品来展示。这一点在今天仍然很流行。但是，一些19世纪的评论家以及优秀的技术史学家都知道，工业化在很大一部分上取决于对手工知识和技术关系的衔接（例如，发动机的动力），

[①] Edgerton et Pickstone（已于2020年出版——译注）。

而不是基于严格的应用科学。① 正如科学史学家唐纳德·卡德韦尔（Donald Cardwell）所展现的有关工业革命期间的能源学说②，这种衔接进一步促进了科学的发展。因此，我们最好注意科学与技术领域的分析工作以及它们之间的关系。

一种浪漫主义的分析

在德意志地区，大学是所有这些新旧科学的发源地，而不是大型的国家博物馆、职业培训机构或公民社会。实际上，与法国的情况不同，法国的职业学校鼓励开设新学科，而德意志地区的新学科则在具备新的伦理学的大学中得到发展。这些大学希望学术人员通过研究提高知识水平，而学生必须通过自学与教育（*Bildung*）在知识中实现自我——不再仅仅作为专业的学徒。这种新的大学模式是法国在耶拿战役中获胜和神圣罗马帝国解体后建立的。特别是在普鲁士，国家正在根据包括大学和技术学院在内的新机构和通过考试建立新的专业资格体系，以期迅速实现现代化。更笼统地说，德意志各邦赞扬启蒙运动的价值观，将这些机构联系在一起并赋予它们普遍的任务——文化，其中，以康德（Kant）和黑格尔（Hegel）的哲学为旗帜，歌德（Goethe）和席勒（Schiller）的文学为旗帜。

这些新大学中最有名的是威廉·冯·洪堡（Wilhelm von Humboldt）于1810年左右在柏林创立的洪堡大学。尽管政治条件很快发生了变化，但这种新的知识生产体系被证明是持久而强大的。通过将教育（*Bildung*）与研究联系起来，每所大学每年都会培养数百名研究人员。德意志大学的历史学家一致认为，化学、解剖学、生理学、动物学、植物学、历史学和语言学等学科的设计应独立于专业培训。③

但是，如果我们想了解德意志地区学科的特殊性，特别是新科学与（美

---

① Wegenroth 2003.
② Cardwell 1989.
③ Olesko（已于2020年出版——译注），Turner 1987.

术）艺术之间现代关系的出现，我们还必须关注新哲学的形成作用——康德革命、理想主义和浪漫主义。在我提出的实践知识模型中，三点至关重要。首先，出现了一种新型的分析方法，它不再基于基本元素的减少，而是基于复杂结构的主要形式的发现——这是生物学各个分支以及许多样式的重要方法历史研究。[①] 其次，探索所谓的"主观性"，以及内省性分析心理学的可能性，以及实验心理学的扩展。这与分析文本（有时是实践）的新方法并驾齐驱——一种称为"理解"（Verstehen）的方法，其开发目的是区分精神科学（Geisteswissenschaften）和自然科学（Naturwissenschaften）。[②] 第三，强化新的美术观念不再被认为是基于一套经典规则的客观概括的表达方式（technè），而是艺术家通过记录对作品的主观反应与灵感的结果。[③] 因此，这种艺术观念补充了科学的新观念，将其与分析学科相结合，从而作为客观知识。这三项来自德意志地区的创新紧密相连：对"观看方式"的普遍兴趣将浪漫主义艺术与德意志自然科学和精神科学的新实践联系起来。

这种对"观察方式"的重视伴随着科学家（一种对新角色的新词汇）和艺术家（一种新近划定的分类）的自我意识和自我促进的增强。与此同时，自然志本身以及古代艺术也受到了关注。某些缺乏声望和知识兴趣，有时又被归类为美术的简单应用的实践便从属于它们。其他的学科则受到分析性分工与机械化的破坏，此外，它们产生的知识被认为是应用科学家已知的一般原理的这种假设也对这些学科产生了不良影响。因此，新形式的知识在管理实践方面享有盛誉。

但是，这种叙述往往会忽略旧的史学传统，从而掩盖了本质上的紧张关系。这些"新"艺术家和科学家的理论在内部都是存在争议的。像今天一样，博物学家和工匠、医生、工程师、建筑师、艺术评论家、社会改革者和教师继续以实践和案例研究为基础。因此，历史学家需要更好的工具来讲述这段历史。也许，我们应该注意实践知识积累的复杂性以及现有意识形态的延续性。

---

① Cunningham et Jardine 1990, Richards 2002.
② Smith 1997.
③ Shiner 2001, Abrams 1953.

19 世纪后期的加强

我将本章的主要内容集中在革命时代，即 19 世纪初期的转型上。现在让我们简单地谈谈 1848—1914 年这段时期，对于艾瑞克·霍布斯鲍姆（Eric Hobsbawm）来说，这是资本时代，然后是帝国时代。① 霍布斯鲍姆指出，许多国家的帝国和工业资本的增长与科学、技术和医学直接相关。科学史学家通常并不十分关注经济，但是，如果我们看一下德国、法国、英国和美国的科学机构，则可以看到 1870—1914 年间，在博物馆和实验室中对不动产的投资规模。当然，我们也可以将技术学院、工业实验室和殖民地科学机构加入其中。在这一时期，工业发展与科学发展之间可以说存在着许多直接的联系。②

在德意志，特别是在 1870 年后的第二帝国时期，工业化和高等教育是公共政策所关注的问题。理想主义和浪漫主义的传统在此时已经消退。尽管由于集体研究的实践，科学在德国的发展要好得多，但是，德国科学的意识形态与其他国家基本保持一致。大学正在着手建设新一代实验室，而技术学院也在大幅扩张。到 19 世纪末，新的研究中心应运而生，并由威廉皇帝学会（Kaiser-Wilhelm Gesellschaft）和国家进行资助。而已经意识到实验室对工业生产有所帮助的工业家也慷慨解囊。科学专业，尤其是医学和工程学，也受益于这种扩展，同时，它们也利用了长期和昂贵的教育所提供的地位和排他性。

人文与社会科学也在发展，例如，语言学、历史学、考古学或心理学。尽管自然科学在这个科学的时代占据着主导地位，但人文社科可以声称自己具有分析性和描述性，尤其是心理学。这门学科似乎威胁着人文学科和哲学。其提出了一种以实验方式接近美学的精神科学，并将对感觉的研究转移到实验室，例如，明确某些绘画具有吸引力的原因。作为回应，德国历史学家和哲学家努力强调自然科学与他们所说的精神科学之间的差异，即上文提到的精神科学（Geisteswissenschaften）。这种反对的核心在于，历史学家理解文本的能力，不是通过简单的"移情"，而是通过对文本和语境的广泛了解。

---

① Hobsbawm 1977 [1975] et 1989 [1987].
② 关于对当时法国、德国和英国之间所进行的信息丰富的比较，可参阅：Merz 1896 (vol. 1).

欧洲各地众多的科学家和知识分子将目光转向德国。这些知识分子经常受到德国老师的训练——或至少对德国很熟悉。他们纷纷前往德国访问。而一些会德语的人开始将德语著作翻译成英文或法文以增加收入。精通企业家精神并具有足够科学经验的研究人员与实业家合作，共同创建，培养人员和发展教育机构。这是英国和美国的主要发展模式，其中包括历史学家，他们很高兴以实验室研究人员相同的方式成为"科学家"。从 19 世纪下半叶开始，主要是在英国，之后国家干预被降至最低程度，由于地方政府的扩张，专业人员从工业城市的发展中受益。工业和港口城市也有针对画廊、管弦乐队或新学院的文化发展计划，特别是当这些举措与知识的实用性和进步联系在一起时。而在一些天主教国家中，在实证主义理论的影响下，科学被视为反对教权的工具。在英国和美国，这种冲突是较为模糊的，不过，大多数科学的倡导者，例如，托马斯·亨利·赫胥黎（Thomas Henry Huxley），都具有自由派政治倾向，在实验室工作时优先考虑经验，而不是传统权威。

从 1870 年开始，欧洲大国支持科学、技术和医学的意愿变得越来越迫切，因为德国增加了在这方面的投资。法国试图通过在各省发展大学来消除普法战争失败所带来的影响。英国意识到德国在其工业和帝国主义霸权方面所面临的日益严峻的挑战。这种意识在德国军队日益壮大的实力所构成的威胁下变得越来越重。欧洲主要大国之间的竞争气氛使得国家开始大量投资于社会援助和培训。这使科学界特别是与帝国主义计划有关的专业得到了极大的满足。

美国在 19 世纪初仍然只是一个"小国"，但与德国同时进行了工业化并引入了德国大学模式，并进行了一些修改。在令人心碎的内战之后，走出战争阴霾的美国，其专业精神的理想成为融合的动力，这使得接纳越来越多的非英语移民成为可能，并帮助其超越了政治和宗教背景等传统。对于所有的活动领域，无论是管道工、图书馆员、外科医生还是语言学家，我们现在都可以依靠在大学及其学科的科学原理上受过训练的专家。①

这里与我对革命后的法国的介绍相呼应，我称之为实践原则，它指导自然

---

① Ben-David 1971，该著作也将美国纳入比较范围。

科学和社会科学,但也包括那些基于务实关系的工程学。实际上,就实践知识而言,这些是基于对天然材料和技术产品的广泛了解而进行的分析与合理化。我们还可以察觉到分析在我们所谓的现代艺术中的影响力,特别是在法国,从1870年代开始,法国的前卫艺术家就抓住了城市、家庭中的物品,或花园作为探索和表达色彩、节奏或表面结构的一种手段——例如塞尚(Cézanne)。从印象派到分析立体派的这些绘画运动都与生理或几何分析的各种特定形式相关联。当我们不将艺术和科学进行实体化,而是通过它们所发挥的分析的方法让彼此靠拢,就可以发现,科学与艺术之间的深层联系是可能的。

在这个日益发展的工业世界中,大约在1870年代,基于分析的新型科学出现,以生产合成的物质。我将着眼于此主题,以与上述内容进行对比并阐述一些观点。但是请读者注意,在1914年之前,"合成"仍处于起步阶段。

合成与现代主义

正如化学是进行实质性分析的关键学科一样,合成化学是新科学形式的典范。从1870年代开始,与德国的染色工业有关(巴黎的学术精英也是如此),化学家开始将他们的工作视为以分析的知识为基础来合成物质。然后,化学使人类获得了创建自然界中不存在的化合物的手段。在巴黎,克洛德·贝托莱(Claude Berthollet)(1748—1822)完成了与拉瓦锡进行的化学分析相同的合成工作。

这种新的化学概念与当今的技术史学家所说的"第二次科学革命"保持着紧密的联系,因为"第二次科学革命"是围绕精细化学和电气技术所开展的。化学和电气行业主要关注德国和美国,而不是对它们的崛起作出了重要贡献的英国。化学和电气行业十分依赖于科学研究。尽管电气工程是否真的基于科学是令人怀疑的,因为发明的传统与大学学习已经存在了很长的时间。可以说,在化学领域,天然染料的传统贸易在很大程度上被大学实验室以及后来的工业实验室(配备了在大学供职的专业化学家)所生产的合成染料所取代。新的专利法和偶氮染料的发现有利于并鼓励人们用少量基本单元去系统地合成更多的染料。这种生产系统为大型工业提供了巨大的优势。在1900年之前,德国控制了世界化学染料市场的绝大部分份额。

在新的电气系统的发明中，尤其是在1870—1880年期间的爱迪生（Edison）的工厂，也出现了这种相同的合成方法。在某种程度上，这样的合成呼应了可互换零件的制造和精密工程技术的出现所带来的机械发明。人们还可以通过合成的方式来考虑某些形式的建筑，特别是以1851年伦敦水晶宫为蓝本建造由预制件组成的建筑物，有时甚至是容纳国际展览的临时建筑物。从更广泛的角度来看，我们可以注意到，这种模式也将贯穿整个20世纪。首先是在电子领域，其次是数字计算机由于使用了二进制而拥有了实现无限计算能力的可能。同样，分子生物学的分析成功使基因的靶向替换和原始的人工生物合成成为可能。分析和合成的辩证法最早是在1870年左右的化学领域中发现的，它已成为许多当代研究领域的规范，不仅是工业的一种延展，也是研究中不可或缺的部分。[1]

然而，应当指出的是，在19世纪和20世纪之交，电学研究及其对气体的影响的分析研究结果有助于X射线和镭的发现以及对原子和原子核结构的分析。这些分析反过来改变了我们对时间、空间和能量的理解，从而动摇了牛顿的学说在现代物理学中的核心地位。这些观念上的转变使得对科学的假设性和可犯错性深入人心。因此，这防止了新出现的科学声称自己可通过不可辩驳的归纳法来诉诸真理。[2]

众所周知，前卫艺术家受到了来自X射线和阿尔伯特·爱因斯坦（Albert Einstein）的极大刺激。他们不一定了解爱因斯坦的物理学原理，但必须掌握一种明白易懂的框架。最后，我想谈一谈第一次世界大战之前的艺术，尤其是视觉艺术，它在一战前产量颇高。与科学一样，我们可以提出这样的假设：艺术家被引导去超越分析框架而达到一种合成。当毕加索（Picasso）和布拉克（Braque）将分析立体主义发挥到极致时，他们改变了风格以采用拼贴画的形式进行创作。当然，虽然改动不大，但仍然是一种革命性的图像制作技术。康

---

[1] Pickstone 2007.

[2] Laudan 1981 (chap. 11).

定斯基（Kandinsky）是抽象作品的先驱，他进一步通过使用简单的线条和颜色进行实验，以发现它们的美学价值，然后将其用于他的绘画中。未来主义者和建构主义者明确地受到技术合成的启发，而马列维奇（Malevitch）试图通过认为无用但永恒的美学来表达这些技术构造的美学价值。在许多这类合成艺术形式中，包括现代文学中，都提到了所谓的心理或形而上学元素的存在，以及作为合成抽象模型的联觉和音乐。如果文化史学家描述的大多数现代艺术都适用于这种表征，那么使用我们对科学和技术领域的分析－合成关系的概念来开发更通用的艺术与科学之间的关系的方法将是有益的。①

最后，我想强调，分析对于我们来说是19世纪科学、技术、医学以及艺术的共同特征。合作则是在稍早于1914年的时候被添加进这个过程的。但是，我们决不能忘记，实践知识的历史不是简单继承这些历史的历史，而是具有张力和有争议的积累的历史。确实，很少有实践会随着时间的流逝而完全消失，而付诸实施的技术所涉及的内容远远超出了分析要求所建议的范围。实践知识的构成过去是，将来也是既复杂又取决于其所存在的背景。如果这种分析与自然科学和技术相关，那么对于被我们一般描述为社会和文化的知识和实践来说就更是如此了。

鸣谢：感谢我的同事，乔恩·霍华德（Jon Howard）对本章的宝贵批评。

约翰·皮克斯通（John V. Pickstone）撰；
西蒙·迪马·普林博拉（Simon Dumas Primbault）译

参考文献

Abrams Meyer Howard, 1953, *The Mirror and the Lamp: Romantic Theory and the Critical Tradition*, Oxford, Oxford University Press.

Amsterdamska Olga, 1987, *Schools of Thought: The Development of Linguistics from Bopp to Saussure*, Dordrecht, D. Reidel.

---

① Brain 2015. 示例和图片，可参阅 Dickerman 2012.

Ben-David Joseph, 1971, *The Scientist's Role in Society*, Englewood Cliffs (NJ), Prentice Hall.

Blair Ann, 2010, *Too Much to Know: Managing Scholarly Information before the Modern Age*, New Haven (CT), Yale University Press.

Brain Robert, 2015, *The Pulse of Modernism: Physiological Aesthetics in Fin-de-Siècle Europe*, Seattle (WA), University of Washington Press.

Butterfield Herbert, 1937, *The Origins of Modern Science (1300—1800)*, Londres, Macmillan.

Cardwell Donald S.L., 1989, *James Joule: A Biography*, Manchester, Manchester University Press.

– 1994, *The Fontana History of Technology*, Londres, Harper Collins.

Chalmers Alan, 2012, Intermediate Causes and Explanations: The Key to Understanding the Scientific Revolution, *Studies in the History and Philosophy of Science, Part A*, vol. 43, n° 4, p. 551-562.

Chang Hasok, 2011, Compositionism as a Dominant Way of Knowing in Modern Chemistry, *in* John Pickstone (dir.), Natural Histories, Analysis and Experimentation: Dissecting the Working Knowledges of Chemistry, Medicine and Biology since 1750, numéro spécial de *History of Science*, vol. 49, n° 3, p. 247-268.

Cohen Floris, 2007, *How Modern Science Came into the World*, Amsterdam, Amsterdam University Press.

Cunningham Andrew et Jardine Nicholas (dir.), 1990, *Romanticism and the Sciences*, Cambridge, Cambridge University Press.

Daston Lorraine et Galison Peter, 2007, *Objectivity*, New York, Zone Books.

Daston Lorraine et Lunbeck Elizabeth (dir.), 2011, *Histories of Scientific Observations*, Chicago (IL), University of Chicago Press.

Dickerman Leah (dir.), 2012, *Inventing Abstraction (1910—1925): How a Radical Idea Changed Modern Art*, New York, Thames & Hudson et MOMA.

Edgerton David, 1999, From Innovation to Use: Ten Eclectic Theses on the Historiography of Technology, *History and Technology*, vol. 16, n° 2, p. 111-136.

Edgerton David et Pickstone John V., [à paraître], Science, Technology and Medicine in the United Kingdom (1750—2000), in *The Cambridge History of Science*, t. 8: Ron Numbers (dir.), *Modern Science in National and International Context*, Cambridge, Cambridge University Press.

Goldman Lawrence, 2005, Victorian Social Science: From Singular to Plural, *in* Martin Daunton (dir.), *The Organisation of Knowledge in Victorian England*, Oxford, Oxford University

Press for the British Academy, p. 87-114.

Hobsbawm Eric, 1977 [1975], *L'Ère du capital (1848—1875)*, Paris, Fayard.

– 1989 [1987], *L'Ère des empires (1875—1914)*, Paris, Fayard.

Karstens Bart, 2012, Bopp the Builder. Discipline Formation and Hybridisation: The Case of Comparative Linguistics, *in* Rens Bod, Jaap Maat et Thijs Wetsteijn (dir.), *The Making of the Humanities*, t. 2: *From Early Modern to Modern Disciplines*, Amsterdam, Amsterdam University Press, p. 103-130.

Kuhn Thomas S., 1976, Mathematical vs. Experimental Traditions in the Development of Physical Science, *The Journal of Interdisciplinary History*, vol. 7, n° 1, p. 1-31.

Laudan Larry, 1981, *Science and Hypothesis: Historical Essays on Scientific Methodology*, Dordrecht, D. Reidel.

Merz John Theodore, 1896—1912, *A History of European Thought in the Nineteenth Century*, Édimbourg, William Blackwood & Sons, 4 vol., notamment les vol. 1 et 2 sur la pensée scientifique.

Olesko Kathryn M., [à paraître], Science in Germanic Europe, in *The Cambridge History of Science*, t. 8: Ron Numbers (dir.), *Modern Science in National and International Context*, Cambridge, Cambridge University Press.

Park Katharine et Daston Lorraine (dir.), 2006, *The Cambridge History of Science*, t. 3: *Early Modern Science*, New York, Cambridge University Press.

Pickstone John V., 1994, Museological Science ? The Place of the Analytical / Comparative in Nineteenth-Century Science, Technology and Medicine, *History of Science*, vol. 32, p. 111-138.

– 2000, *Ways of Knowing: A New History of Science, Technology and Medicine*, Manchester, University of Manchester Press.

2005, Science in Nineteenth Century England: Plural Configurations and Singular Politics, *in* Martin Daunton (dir.), *The Organisation of Knowledge in Victorian England*, Londres, Oxford University Press for the British Academy, p. 61-86.

– 2007, Working Knowledges before and after circa 1800, *Isis*, vol. 98, no 3, p. 489-516.

– (dir.), 2011, Natural Histories, Analysis and Experimentation: Dissecting the Working Knowledges of Chemistry, Medicine and Biology since 1750, numéro spécial de *History of Science*, vol. 49, n° 3, p. 349-374.

Richards Robert J., 2002, *The Romantic Conception of Life: Science and Philosophy in the Age of Goethe*, Chicago (IL), University of Chicago Press.

Rudwick Martin J.S., 2005, *Bursting the Limits of Time: The Reconstruction of Geology and* the Age of Revolution, Chicago (IL), University of Chicago Press.

Schuster John A., 1990, The Scientific Revolution, in Robert C. Olby et al. (dir.), Companion to the History of Modern Science, Londres, Routledge, p. 217-242.

Shiner Larry, 2001, The Invention of Art: A Cultural History, Chicago (IL), University of Chicago Press.

Smith Roger, 1997, The Fontana History of the Human Sciences, Londres, HarperCollins.

Turner R. Steven, 1987, The Great Transition and Social Patterns in German Science, Minerva, vol. 25, n°s 1-2, p. 56-76.

Wegenroth Ulrich, 2003, Science, Technology and Industry, in David Cahan (dir.), From Natural Philosophy to the Sciences, Chicago (IL), University of Chicago Press, p. 221-253.

Yeo Richard R., 1986, Scientific Method and the Rhetoric of Science in Britain (1830—1917), in John A. Schuster et Richard R. Yeo, The Politics and Rhetoric of Scientific Method: Historical Studies, Dordrecht, D. Reidel, p. 259-297.

第二章

天文台：空间性制度与知识的迁移

在 18 世纪 80 年代，有人质疑在高山上建立天文台的可行性。然而，在较低的大气层中，观测将受到污染的干扰，而在大型城市的中心，不间断的干扰会使望远镜振动。最终，天文台位置的变更，使得天文学和与其合作至少 30 年的气象学都从中受益。在那里，越来越强大的望远镜让观测到的天体空间更为纯净。这就是美国人爱德华·查尔斯·皮克林（Edward Charles Pickering）（1846—1919）的想法。哈佛大学的天文学家以对双星光谱的研究而闻名。皮克林本人是登山爱好者。他是 1876 年阿巴拉契亚山脉俱乐部（Appalachian Mountain Club）的联合创始人，他清楚地认识到将天文观测点建立在高海拔位置的意义。① 但是，他略带调侃地认为，"几乎总是会由于政治或个人原因而在不考虑最佳气候条件的情况下决定架设大型望远镜的位置"。②

在 19 世纪，科学空间（l'espace scientifique）的观念发生了根本性的变化。皮克林的表述证明了当时指导选择科学场所的思想：几十年来，专门为科学实践而设计的场所——耗资巨大的大型实验室［例如 1874 年在剑桥大学成立的著名的卡文迪许（Cavendish）实验室］，在西方世界的城市中铺展开来，并向乡村、山区、殖民地等其他地方传播。这些空间完全致力于追求科学目标的体

---

① Bigg, Aubin et Felsch 2009.
② Pickering 1883 (p. 288).

系结构。这首先是功能性的，并且要根据在什么地方开展工作来进行考量。即使在野外，科学工作者也不再会随意决定研究的地点，并尽可能地控制环境。与此同时，作为学者们（数学家、物理学家、大地测量学家、地理学家乃至哲学家）研究对象的空间，其本质也发生了深刻的变化。

天文台及其科学家处于这些变化的十字路口。法国大革命时期建立的新计量学以"米"为基础。这为卡西尼（Cassini）家族的大地测量和巴黎天文台的实践提供了有效的帮助。[①] 哥廷根天文台台长卡尔·弗里德里希·高斯（Carl Friedrich Gauss）（1777—1855），以及俄罗斯喀山天文台的尼古拉·伊万诺维奇·洛巴切夫斯基（Nikolai Ivanovich Lobachevsky）（1792—1856），他们在革新数学家研究领域时，动用了大地测量学和天文学方面的知识。这很快将被称为"非欧几里得几何"。因此，天文台，这个自17世纪末以来在欧洲出现的世俗的和经久不衰的机构，已成为广为人知的拥有技术专长的场所。它确定了测量标准，正如同它长期以来是时间和空间的参考系统。[②] 它也伴随着科学在工业社会中的地位的变化而改变。如果说天文台是19世纪初完全献给科学的少数空间之一，那么随着时间的推移，这些古老的机构越来越无法履行人们对它们所期望的，有关科学与技术的专门知识的任务。这就是为什么人们在此期间一直关注着天文台的改建与搬迁，对此重新思考，将其专业化，并最终冷落它，然后在其他地方进行投资的原因。

科学和空间性制度的场所

"主席先生，我已经看到了金星，我对自己的观察感到非常满意。这就是我所能告诉您的……不过，我想告诉您的是，这是我在亲爱的库尔唐沃克斯侯爵（le Marquis de Courtenvaux）（1718—1781）位于白鸽城的家中观察到的。

[①] Alder 2005.
[②] 直到最近，除了致力于天文学史的普通著作之外，关于天文台历史的研究依然很少。在近期的作品中，我们将参考 Udías 2003、Boistel 2005、Hutchins 2008 和 Aubin, Bigg et Sibum 2010。此外，还有一些专门针对特定天文台的专著，例如 Lamy 2007 和 Dick 2002。

我很高兴能认识他……我必须向您描述这座我所能看到的最好的天文台。"①

在1768年他寄给普鲁士国王的信中，天文学家约翰三世·伯努利（Jean Ⅲ Bernoulli）(1743—1807)描述了他在整个欧洲访问过的天文台。上述段落特别有趣，因为它混合了当时天文学家对宇宙空间的两种关注。一方面，伯努利说他参加了对金星凌日的观察。这是一项工作量巨大的工作，其观察者遍布半个地球，他们同时观测太阳上的黑点，目标是提供尽可能精确地对地球轨道半径进行测量。另一方面，正如伯努利的信所展现的那样，对当地观测条件的描述有时优先于这些更为科学的方面。随后，他又对为测量精确度有些许价值的要素进行了介绍："这座建筑由一个直径约18英尺的圆形塔楼和两层楼组成，每层楼都装有一个转塔……大塔的屋顶是由五个或六个双百叶窗或两扇门组成的……在二楼，我们享有更自由的视野，可以找到许多仪器设备，我将为您提供列表。"② 伯努利详细介绍了他在那里看到的仪器：贝尔图（Berthoud）和勒波特（Lepaute）的天文钟、两个短望远镜、一台多隆德（Dollond）望远镜等。在天文文献中，没有比这对观测地点及其仪器的详细描述更为琐碎的了。也许更令人惊讶的是，这位年轻的天文学家忽略了他观测的科学对象——金星凌日。这是因为太阳系空间尺度的测量与当地观测条件的控制密不可分，只有通过仪器、观测场所和天体空间之间的成功衔接，天文学家才能进行测量以获得有用的信息。最终，天文台是一个特殊的地方，它位于空间中，参与了场所与空间之间关系的构建。

几十年来，就像过去的天文学家一样，科学史学家已经摆脱了过于注重理论而忽略了对以下三个方面的关注：仪器（instruments）、场所（lieux）和空间（espace）。这个教训非常明确：所有科学知识都建立在特定场所和特定情况下的本土化之上。对科学发生的局部环境进行分析，开辟了广阔的知识的视野。传统上，"真理，可以说一直是'无处'不在"。③ 为了克服这种偏见，

---

① Bernoulli 1771 (p. 157).

② *Ibid.* (p. 158–159).

③ Shapin 1998 (p. 5).

通过实践的场所接近科学史，有人称之为"空间转向"（tournant spatial）①，事实证明这一方法是富有成效的。

产生的新的"科学地理学"从非常不同的角度分析了科学实践的空间性（la spatialité）以及空间性的科学实践。一个专门从事科学活动场所的空间组织在一定程度上反映了在那里工作或生活的人的价值观。这种方法对于摆脱受学科控制的科学编史学特别有用。② 科学工作空间的组织以及它们在特定环境中的融入都可能对在那里产生的知识类型以及在那里发生的活动的性质产生影响。这种思维方式产生了"现场科学"（les sciences de terrain）和"实验室科学"（les sciences de laboratoire）的准认识论，并使得人们能够详细研究该场所的占有者所共有的实践。因此，对科学场所的研究满足了对当地科学实践研究的要求——因为关注"本地"首先要关注"场所"。

因此，要将天文台作为一个场所，我们可以按照地理学家约翰·阿格纽（John Agnew）的建议，从三个基本方面进行分析。③ 我们首先根据传统的参考系统，通过经度和纬度在空间中定位一个场所。然后以物质环境和在那里生活和工作的人们的社会习惯为特征。最后，某些情感和认识论的价值也附着于此。显然，天文台的独特性和基本特征，就是这个场所专门设计用来定义参考系统，并以此来定位它自己。我们可以很好地理解，经常光顾天文台的人们至少在三个层次上密切关注空间问题：建筑物的结构和建筑物内部的测量仪器的布置、它与当时环境的关系、对它的描述以及它所附着的地理和抽象空间的本质。

为了探讨 18 世纪末至 20 世纪初之间天文台的场所和空间的演变，在这里我们将区分三种"空间性制度"。这种表述当然是建立在弗朗索瓦·哈尔托赫

---

① 我们经常把这个词的作者归于 Soja 1989。该研究是基于法国的人类学家列斐伏尔（Lefebvre）在 1974 的著作。列斐伏尔认为空间永远是政治性的。对于科学史领域的最新讨论，参阅：Withers 2009.
② 此外，还可以参阅的经典研究有：Hannaway 1986, Shapin 1988, Shackelford 1993, 以及那些科学史领域的合著：Ophir et Shapin 1991, Galison et Thompson 1999, Smith et Agar 1998. 在法国，雅各布（Jacob）在 2007—2011 年间雄心勃勃的研究想从更广泛的角度去看待知识的场所。相反，在这里，我们将不涉及描述知识动态的空间隐喻，参阅：Livingstone 2003.
③ Agnew 1987.

（François Hartog）提出的"历史性制度"（les régimes d'historicité）的模型的基础之上。① 根据我的研究，空间性制度可以定义为一种理解场所与空间之间关系的方式，正如哈尔托赫没有讨论时间的哲学基础一样，没有必要去关注康德和爱因斯坦之间空间概念的演化。而让我们感兴趣的是，科学家在其天文台内外执行的"空间秩序"（l'ordre spatial）是如何变化的。

数量范围的扩展（1780—1830）

著名的航海家詹姆斯·库克（James Cook）（1728—1779）写道："我们到达后的第二天，在法属波利尼西亚的莱阿提岛（Raiatea）考察。1777年11月4日，我回到了奥力奥国王（Oreo）的岛屿。前一天我在他那里访问。我给了他亚麻衣服、衬衫、配有红色羽毛的汤加塔布（Tongatapu）（汤加王国的一个小岛）帽子，以及其他不那么有价值的东西。我把他和他的一些朋友一起带回来共进晚餐。6日，我们建立了天文台，并将天文学仪器带到了岸上。"②

因此，在启蒙时代，天文台确实是西方探险家在遥远的土地上建立的第一个"场所"。③ 但是库克在莱阿提岛建立的简易天文台和在格林尼治或巴黎已存在了一个多世纪的大型天文台有什么共同点呢？在有关这次探险的记述中鲜有说明建立这座天文台及其营地的实际意义的文字。但库克的记述告诉了我们该营地的特征：天文台首先是安装天文仪器的地方。库克并未指出安装它们的目的是为了在全球的陆地空间中定位该地点的位置。这项操作主要是通过天文台产生的两个数字来完成的：其纬度和经度是相对于格林尼治或巴黎给出的子午线的参考定义而确定的。

在18世纪末，天文台是数量的领域。相反，除了力学和光学之外，物理学的数学化还比较差，成了"混合数学"的分支。另一方面，在天文台，一

---

① Hartog 2003.
② La Harpe 1786 (vol. 23, p. 2).
③ 历史学家们研究了土著居民与天文学家之间在这种类型的相遇中所涉及的世界观的冲突。关于太平洋岛屿的情况，可参阅：Dening 1988. 南美洲的情况，可参阅：Safier 2008.

系列高精度仪器依靠精密的机械装置和精细的刻度来产生大量数值。正如皮埃尔－西蒙·拉普拉斯（Pierre-Simon Laplace）（1749—1827）提醒我们的那样："在天体空间中，力学定律的观测最为精确；如此多的情况使它们在地球上的结果变得复杂，以至于难以理清它们，甚至更难对它们进行计算。"[1] 如果启蒙运动末期的"量化精神"开始广泛传播[2]，那么天文台就一直被要求产生高精度数值量。

在这种空间性制度下，天文台的任务是产生地球和天空的数字化视觉。天文表可实际应用于导航。[3] 如果1752年的托比亚斯·迈耶（Tobias Mayer）（1723—1762）的月球表因其精确的数值而受到赞誉，但又保留了一些经验主义，那么拉普拉斯的工作旨在将计算表的工作简化为万有引力定律的发展分析。在牛顿定律占统治地位的欧几里得的宇宙世界中，事实仍然是亚历克西·布瓦尔（Alexis Bouvard）（1767—1843）为拉普拉斯计算的结果最终证明了他的理论。为了发展一种合理的分析观测误差的方法，人们引入了拉普拉斯－高斯定律。[4] 巴黎天文台未来的台长于尔班·勒威耶（Urbain Le Verrier）（1811—1877）进一步发展了这些理论。他这种对计算的信心最终使他在1846年发现了天王星。

追求数值的精确度对天文台内部空间的组织以及设立天文台的位置都会产生影响。在18世纪和19世纪之交的文献提供了有关如何理想地规划未来天文台的有价值的分析。因此，"新天文台的工程和描述"提出了"必须指导建筑师建造和分配用于天文观测的建筑物的原则"。这些原则的设立者是天文学家让－多米尼克·卡西尼四世（Jean-Dominique Cassini IV）（1748—1845）。在1792年前，他是巴黎天文台的台长，该天文台是由路易十四时代著名的建筑师克洛德·佩罗（Claude Perrault）（1613—1688）所设计建造的。但是，一个多世纪以来，这个设计引起了天文学家们的愤怒，因为他们认为该建筑不适合他

---

[1] Laplace 1796 (t. 2, p. 6).

[2] Frängsmyr et al. 1990.

[3] Boistel 2001.

[4] Desrosières 1993.

们的活动。卡西尼就此严厉地批评道："就算是最熟练的建筑师，如果他没有实践过天文学，就永远不会知道如何建造一个好的天文台。"① 只有天文学家才能根据自己的实践提出要求："一个合适的天文台不是也不应该是纪念碑式的建筑，只有在不以任何方式损害主体的情况下才允许使用装饰……必须采用该原则，即为仪器和设备的坚固性不遗余力，同时在其他所有方面节省成本。"②

因此，卡西尼心中理想的天文台仅仅只是安放仪器，以方便其使用的场所。经络玻璃必须定向在南北平面上，但最重要的是，这个玻璃必须被放置在坚固且稳固的柱子上。望远镜所在的房间必须南北通透，并且如有必要，必须使用舱盖关闭此开口。为了使舱口易于处理，这个房间不必太大，天花板也不能拱起，但也不要太窄，这样有利于空气流通。为了容纳赤道式望远镜，天文学家需要一个装有旋转屋顶的房间，以便观察天空中的任何地方。

在哥廷根大学，建筑师格奥尔格·海因里希·博尔海克（Georg Heinrich Borheck）（1751—1834）被要求为高斯不久将进驻的新天文台制定计划，并为此发表了一篇详尽的论文。③ 他咨询了天文学家弗朗兹-克萨韦尔·冯·察赫（Franz-Xaver von Zach）（1754—1832），他承认天空的任何部分对天文学家的价值都是相同的，并且，如果实践的限制导致有必要在大学城附近建造天文台，那则必须能够方便使用。即使有了观测的理想场所，天文学家并不总能安心观测，因为他们还有其他职能：教学、参加科学院会议或城市的公共和政治生活……之所以如此，是因为天文台通过掌握现代国家所钟爱的数量、空间和时间技术将自己化身为代表这一百年里工业化、殖民化和官僚化进程的辅助性角色。④

因此，远离世俗和参与公共生活之间的辩证关系加强了天文台周围边界的功能。这不再仅仅是一个防止民众侵入以避免对任何形式的贵族生活造成威胁的问题，而是将一个在社会上越来越积极发挥作用的机构引导向被人们合法关

---

① Cassini 1810 (p. 63).
② *Ibid.* (p. 64).
③ Borheck 2005.
④ Schaffer 2010.

注的问题。这一发展将导致天文台空间的深刻重构。

天文台空间的重构（1830—1870）

"我们很遗憾未能将罗宾带来的那些跃动的画面呈现在读者的面前，无法让他们以这些简短的概念去重现那无限的奇观，就像亲临庙宇大街上的剧院去欣赏它们一样。"①

1864年，在巴黎，戏剧家亨利·罗宾（Henri Robin）（1811—1874）呈现了一场演出。演出中不仅包含了天体力学的主要概念，而且还展示了如何通过望远镜进行观测。②在布景的左侧，在行星围绕燃气点燃的太阳的场景中，一台机器将法国社会的工业化可视化了。因此，剧场中，罗宾呈现的天体空间依赖于使其运动的机器以及产生视觉效果的光学设备。天文学在这一阶段绝非仅仅是一组戏剧，而是表明天文台空间性制度中或多或少地出现了可感知的变化。

天文台的工业化不仅受到科学史学家评论，也受到了同时代人的广泛评论。③一位访客告诉我们格林尼治天文台是如何将天文观测机械化的："当预期的恒星经过（镜头）的第一根线之后，观测者将手指按在连接到仪器的象牙键上，并启动一个磁流。该磁流必须在另一个称为计时室的房间中进行追踪"。④那位访问者继续写道："在本世纪的商业活动、蒸汽动力和社会运动中，人们认识到时间就是金钱（time is money）。"⑤格林尼治天文台是一台复杂的机器，位于技术和经济变革的中心，代表了时代的特征。该天文台旨在成为工业社会和现代国家的有益辅助。作为回报，新技术和政治经济学的新原理正在改变天文台所体现的空间性制度。

---

① Robin 1864.
② 我要感谢内莱·韦南茨（Nele Wynants）和屈特·瓦努特（Kurt Vanhoutte）让我注意到了有关这场演出和罗宾的相关描述。
③ Schaffer 1988, Smith 1989 et Aubin 2003.
④ Esquiros 1866 (p. 825).
⑤ *Ibid.* (p. 843).

任务的严格划分，明确地构造了越来越多的天文台科学家的实践，从而产生了这种工作空间的新概念，在该工作空间中，每个房间都经过合理安排，以实现自己的目的。很快，象征着新制度的俄罗斯普尔科沃天文台出现了。[1] 让·巴蒂斯特·毕奥（Jean Baptiste Biot）（1774—1862）在一系列文章中庆祝"主权国家的观点和学者的愿望之间实现了亲密、开明、有效的结合"。[2] 他认为这个是目前设计和建造的最好的天文台。在台长的指挥下，一个巨大的天文台，其高贵而庞大的建筑能满足所有的科学需求。[3] 天文台的纪律适用于天文学家及其周围的环境。在普尔科沃半径一千米内禁止建造任何建筑物。对于毕奥而言，天文台所扮演的社会角色是显而易见的："我认为，王子和臣民正在完成一项有关自由与自信的全面竞赛。这场竞赛涉及致力于使智慧得到进步的国家工作。我觉得，这是一个很好的例子，可以说是良好的法律与文明。"[4] 在这种新的空间性制度中，场所与空间之间的关系被颠倒了：环境的偶然性将原本未指定的地点（格林尼治或莱阿提岛）转换为用于构建表现地面空间数值的节点，现在人们对物理空间以及政治和经济概念都给予了充分的肯定，这些概念决定了新天文台的位置和结构。

同时，现代技术（尤其是电报机）改变了科学家观察天体空间的感知，并使得一项新的行动成为可能：改进经度差的测量、快速传播天文和气象数据或向港口广播时间。正如从1840年代开始，为了对地磁进行研究，人们动员了全球数十个天文台参与进来。这些天文台比以往任何时候都更是一个跨学科的场所。在科学的多个分支中，足够复杂的数字测量技术可以将在不同位置和不同时间收集的数据相互比较。[5] 地磁的研究者之一，阿道夫·凯特勒（Adolphe Quetelet）（1796—1874）设想了一项研究计划，其中将包括从行星旋转到人类自杀率的所有现象。这位布鲁塞尔天文台的台长将天文台技术与统计学的论

---

[1] Werrett 2010.
[2] Biot 1847 (p. 533).
[3] *Ibid.* (p. 612).
[4] *Ibid.* (p. 533).
[5] 关于这项科研活动在法国的进行情况以及法国的气象学，参阅：Locher 2008.

证相提并论,梦想着"'科学之眼'不断地向地球表面上发生的一切事物敞开"。①

这些日益密集和迅速反应的网络遍布全球,天文台在其中扮演着特殊的角色,导致人们对空间有了新的认识。但是,试图证明这项关于时间和空间的工作是直接导致一些天文学家随后开始探索非欧几里得几何图形的原因,那便是一种错觉。不过,如果我们跟随彼得·加里森(Peter Galison)②,我们将看到发生在19世纪中叶的这些新的实践和新的物质环境:物理空间重新概念化的基本要素之一,它将因阿尔伯特·爱因斯坦(1879—1955)的相对论达到一个新的高度。

我们仍然需要强调新的科学实践的重要性。这些科学实践当时是在天文台内出现的,并且深刻地改变了天文学家的工作。我特别想谈一谈有关视觉的光学技术。它在天文台中逐渐获得与迄今为止所强调的数字技术同样重要的地位。如果天文台中始终存在光学和视觉呈现(以地图的形式),那么威廉·赫歇尔(William Herschel)则是个例外,它将天文学带入了自然志的领域。③ 随着1860年代光谱分析的成功,天体物理学很快普及了与过去截然不同的实践。实际上,旧的天体力学和新的天体物理学之间的分歧是如此之大,是因为他们抓住了物理学和化学技术(不仅是光谱仪,而且还使用了照相机、光度计和辐射热计)。这些创新将是天文台文化出现分裂的原因之一。

天文学的分裂(1870—1920)

"带有铁棍、斧头、锤子的黑人进入到四个圆顶之中。钣金板在杠杆的压力下被扭曲与撕裂。木制框架被敲碎了。厨房、磁馆(le pavillon magnétique)、被用作第一个天文台的木制小屋以及防风雨棚都被迅速地推

---

① Quetelet 1867 (p. 23).

② Galison 2003.

③ Schaffer 1980.

倒了。"①

当马达加斯加人在腊纳瓦洛娜三世女王（Ranavalona Ⅲ）（1861—1917）的命令下摧毁位于安波希米多波纳（Ambohidempona）的法国耶稣会教堂的天文台时，天文台与殖民力量之间的联系便显现了出来。②但是，对于上述文字的作者而言，这首先显示出他的政府还没有准备好接受现代文明。我们知道，毕奥将天文台作为现代文明的一个象征。天文台并没有阻止马达加斯加岛获得独立，因此，他们将重建安波希米多波纳的设施以研究热带气候。

在欧洲帝国主义的巅峰时刻，天文台的科学研究不再是通过建造连接全球网络的临时场所进行，而是在许多小型天文台中进行。高山天文台是在曾经"科学之眼"看不见的地方建立永久观测点的另一种方法。有时，就像1893年成立的勃朗峰天文台一样，天文台的基础设施无法完好地被运输到极端或遥远的环境中。最终，人们意识到，需要具备三个基本要素才能将天文台的成功变为可能：观测必须定期进行，而且最好是连续进行；仪器必须永久安装，必须进行校准，进行仔细研究并且要比便携式仪器的功能更为强大；最后，这些天文台必须成为观测站点网络的一部分，这些站点所产生的数据可以相互比较。由于未能满足这些条件，勃朗峰天文台于1909年被取消。③

这些天文台在地表（甚至在气球上方）所建立的最新的空间性制度发生了分裂，并预示了现实地理中多个空间的重组。④当拥有了自己的实验室空间之后，物理学不再需要天文台所提供的设施了。离开他们的多学科职业，物理学的研究者越来越专注于自己感兴趣的科学领域（气象学、地震学、天体物理学、海洋学等）。人们见证了众多观测站的建立，它们根据围绕各种设备和自己的逻辑组织起来。尽管可比较的数字数据的产生仍然是主要的实践工作，但

---

① Colin 1897 (p. 314).
② 关于安波希米多波纳的天文台，可参阅：Combeau-Mari 2011. 关于耶稣会天文台的总体情况，可参阅：Udías 2003.
③ Le Gars et Aubin 2009.
④ Piper 2002.

它们建立的空间网络的重叠与交集已经越来越少。①

为了说明最后一点，我以 19 世纪末期兴起的西欧大都市为例。和所有大学城与城市一样，柏林的天文台已存在了很长一段时间。1830 年，天文学家约翰·弗朗兹·恩克（Johann Franz Encke）（1791—1865）在近郊的克罗伊茨山地区建立了一个新的现代天文台。就是在那里，1846 年 9 月 23 日，约翰·戈特弗里德·伽勒（Johann Gottfried Galle）（1812—1910）将在勒威耶所指示的位置发现海王星。但是，在恩克的继任者，威廉·弗尔斯特（Wilhelm Förster）（1832—1921）的领导下，柏林天文台的各项职能被分散到几个不同的地点。1874 年，弗尔斯特在波茨坦的特利格拉芬山上建立了专门研究天体物理学的天文台，并在那里建立了从事大地测量的研究所。1888 年，那里还设置了地磁和气象观测站。② 然后，旧的天文台也移至波茨坦。但是，在柏林的研究者并不就此示弱：对光谱仪和辐射热测定器的物理研究于 1887 年在夏洛滕堡的国家物理工程研究所（Physikalisch-Technische Reichsanstalt，PTR）进行。③ 公众的注意力也因此转向了 1888 年柏林乌拉尼娅协会（Urania）的创办和 1896 年阿兴霍尔德（Archenbold）天文台的建立。

结论

天文学家查尔斯·诺德曼（Charles Nordmann）（1881—1940）写道："令人惊讶的是，天文台的数量在第一次世界大战期间成倍增长，尤其是沿着我们称之为前线（le front）的这条细线。"④ 除了具有讽刺意味之外，诺德曼还谈到了更深层次的内容。不仅是"天文台"一词变得司空见惯，而且还出现了使用光学仪器进行的目视观测，对数据进行量化和计算以及精确绘制的地图等。通

---

① 由于 19 世纪前建立的观测网络的多样性，可以理解气候学家在 20 世纪末开发综合模型时遇到的困难，该问题可参阅本书第三卷。
② 1919—1922 年间，特利格拉芬山上还建起了著名的"爱因斯坦塔"，用于研究太阳和广义相对论。
③ Cahan 1989.
④ Nordmann 1917 (p. 86).

过广泛的传播，天文台的做法失去了使它们能够确定其特定场所的连贯性的特殊性。因此，尽管我们根据天文台科学家开发的技术越来越了解整体的空间，但这个场所又以有时相互矛盾的含义再次出现。

从科学史学家的观点来看，我们将得出这样的结论：观察科学家对空间的持续关注为解决科学普遍性问题提供了一种特殊的解决方案。因为，如果展现科学知识的过程具有突出的地方性是令人信服的，那事实仍然是充满矛盾的。地方性的知识如何具有普遍性？学者已经提出了几种解决该矛盾的方案。在流通标准的产生使人们可以将普遍性视为社会协商的产物的情况下，网络中的技性科学概念（la conception des technosciences）往往会引起网络参与者之间的互动与共识。[①] 通过关注科学领域，历史学家可以更巧妙地掌握针对每个领域的知识迁移的状态。通过"田野"研究，亨里克·库克利克（Henrika Kuklick）和罗伯特·科勒（Robert Kohler）认为，知识的迁移随其产生的地点和时间的不同而不同。[②] 因此，在18世纪和19世纪的科学工作中发挥了如此重要作用的"田野"适应了实验室的出现。最近，社会学家托马斯·吉恩（Thomas Gieryn）提出了"无地方性"（placelessness）的概念，以了解实验室模型在当代科学中的成功。[③] 在他的分析中，这种非地方化是一种社会建构，它使得在特定地方产生的知识出现迁移。[④]

从这个意义上讲，本文讨论的天文台无疑提供了一种知识迁移的模式。该模式不同于田野和实验室的实践，而是与之互动与共建的。[⑤] 天文台的知识迁移模型基于对生产场所的深入了解以及对空间本身的主动重构。因此，天文台

---

① Latour 1989.
② Kuklick et Kohler 1996.
③ Gieryn 2002.
④ 在介绍无地方性概念的研究中，地理学家雷尔夫（Relph）(1976)分析了场所与空间之间的关系。根据作者的说法，人类对空间的体验是由我们所居住的场所构成的，而后者由于其空间环境而具有意义，可同样参阅：Tuan 1977. "非地方化"的概念首先被认为是对全球化经济中空间标准化的后现代主义批评，参阅：Augé 1992. 这些分析在某种意义上与塞尔托（Certeau）的"空间是一个实践的场所"相吻合，在某种意义上，正是空间的居民通过其实践（迁移、行动等）将其转变为一个始终需要转变的空间，参阅：Certeau 1990（p. 172）.
⑤ Aubin 2002, Le Gars et Aubin 2009.

的空间和对其环境和空间性本质的了解是与天文台所宣称的产生普遍知识的方式密不可分的。

大卫·奥班（David Aubin）撰

参考文献

Agnew John, 1987, *Place and Politics: The Geographical Mediation of State and Society*, Boston et Londres, Allen & Unwin.

Alder Ken, 2005 [2002], *Mesurer le monde. 1792—1799, l'incroyable histoire de l'invention du mètre*, trad. par M. Devillers-Argouarc'h, Paris, Flammarion.

Ashworth William J., 1998, John Herschel, George Airy, and the Roaming Eye of the State, *History of Science*, vol. 36, p. 151–178.

Aubin David, 2002, Orchestrating Observatory, Laboratory, and Field: Jules Janssen, the Spectroscope, and Travel, *Nuncius*, vol. 17, n° 2, p. 615–633.

– 2003, The Fading Star of the Paris Observatory in the Nineteenth Century: Astronomers' Urban Culture of Circulation and Observation, *Osiris*, n° 18, p. 79–100.

Aubin David, Bigg Charlotte et Sibum H. Otto (dir.), 2010, *The Heavens on Earth: Observatories and Astronomy in Nineteenth-Century Science and Culture*, Durham (NC), Duke University Press.

Augé Marc, 1992, *Non-lieux. Introduction à une anthropologie de la surmodernité*, Paris, Seuil.

Bernoulli Jean, 1771, *Lettres astronomiques où l'on donne une idée de l'état actuel de l'astronomie pratique dans plusieurs villes de l'Europe*, Berlin, chez l'auteur.

Bigg Charlotte, Aubin David et Felsch Philipp, 2009, The Laboratory of Nature-Science in the Mountains, *Science in Context*, vol. 22, n° 3, p. 311–321.

Biot Jean-Baptiste, 1847, Compte rendu de la *Description de l'observatoire astronomique de Poulkova*, par F.G.W. Struve, *Journal des savants*, (septembre) p. 513–533 et 610–620.

Boistel Guy, 2001, *L'Astronomie nautique au xviiie siècle. Tables de la Lune et longitudes en mer*, thèse de l'université de Nantes.

– (dir.), 2005, *Observatoires et patrimoine astronomique français*, Paris, ENS Éditions.

Borheck Georg Heinrich, 2005, *Grundsätze über die Anlage neuer Sterwarten mit Beziehung auf die Sternwarte der Universität Göttingen*, éd. par Klaus Beuermann, Göttingen,

Universitätsverlag.

Cahan David, 1989, *An Institute for an Empire: The Physikalisch-Technische Reichanstalt (1871—1918)*, Cambridge, Cambridge University Press.

Cassini Jean-Dominique, 1810, *Mémoires pour servir à l'histoire des sciences et à celle de l'Observatoire de Paris*, Paris, Bleuet.

Certeau Michel de, 1990, *L'Invention du quotidien*, Paris, Gallimard.

Colin E., 1897, L'observatoire français de Madagascar, *Études*, n° 71, p. 308-331.

Combeau-Mari Évelyne, 2011, L'observatoire d'Ambohidempona à Madagascar (1888—1923). Pouvoir jésuite et science coloniale, *French Colonial History*, vol. 12, p. 103-121.

Dening Greg, 1988, *History's Anthropology: The Death of William Gooch*, Lanham (MD), University Press of America.

Desrosières Alain, 1993, *La politique des grands nombres. Histoire de la raison statistique*, Paris, La Découverte.

Dick Steven J., 2002, *Sky and Ocean Joined: The US Naval Observatory (1830—2000)*, New York, Cambridge University Press.

Esquiros Alphonse, 1866, L'Angleterre et la vie anglaise, XXXI. La Marine britannique, I. - L'observatoire de Greenwich, *Revue des Deux Mondes*, vol. 65, p. 810-851.

Frängsmyr Tore, Heilbron John L. et Rider Robin E. (dir.), 1990, *The Quantifying Spirit in the Eighteenth Century*, Berkeley (CA), University of California Press.

Galison Peter, 2003, *L'Empire du temps. Les horloges d'Einstein et les cartes de Poincaré*, Paris, Robert Laffont.

Galison Peter et Thompson Emily (dir.), 1999, *The Architecture of Science*, Cambridge (MA), MIT Press.

Gieryn Thomas F., 2002, Three Truth-Spots, *Journal of the History of the Behavioral Sciences*, vol. 38, n° 2, p. 113-132.

Hannaway Owen, 1986, Laboratory Design and the Aim of Science: Andreas Libavius Versus Tycho Brahe, *Isis*, vol. 77, n° 4, p. 585-610.

Hartog François, 2003, *Régimes d'historicité. Présentisme et expériences du temps*, Paris, Seuil.

Hutchins Roger, 2008, *British University Observatories (1772—1939)*, Aldershot, Ashgate.

Jacob Christian (dir.), 2007—2011, *Lieux de savoir*, Paris, Albin Michel, 2 tomes. Kohler Robert E., 2002, *Landscapes and Labscapes: Exploring the Lab-Field Border in Biology*, Chicago (IL), University of Chicago Press.

Kuklick Henrika et Kohler Robert E. (dir.), 1996, Science in the Field, *Osiris*, n° 11, p. 1-14.

La Harpe Jean-François de, 1786, *Abrégé de l'histoire générale des voyages*, Paris, Laporte.

Lamy Jérôme, 2007, *L'Observatoire de Toulouse aux xviiie et xixe siècles. Archéologie d'un espace savant*, Rennes, Presses universitaires de Rennes.

Laplace Pierre-Simon, 1796, *Exposition du système du monde*, Paris, Le Cercle social.

Latour Bruno, 1989, *La Science en action*, Paris, La Découverte.

Lefebvre Henri, 1974, *La Production de l'espace*, Paris, Anthropos.

Le Gars Stéphane et Aubin David, 2009, The Elusive Placelessness of the Mont-Blanc Observatory (1893—1909): The Social Underpinnings of High-Altitude Observation, *Science in Context*, vol. 22, n° 3, p. 509-531.

Livingstone David N., 2003, *Putting Science in Its Place: Geographies of Scientific Knowledge*, Chicago (IL), University of Chicago Press.

Locher Fabien, 2008, *Le Savant et la tempête. Étudier l'atmosphère et prévoir le temps au xixe siècle*, Rennes, Presses universitaires de Rennes, coll. Carnot.

Nordmann Charles, 1917, *À coups de canon. Notes d'un combattant*, Paris, Perrin.

Ophir Adi et Shapin Steven, 1991, The Place of Knowledge: A MethodologicalSurvey, *Science in Context*, vol. 4, n° 1, p. 3-21.

Pickering Edward C., 1883, Mountain Observatories, *The Observatory*, vol. 6, p. 287-293.

Piper Karen L., 2002, *Cartographic Fictions: Race, Maps, and Identity*, New Brunswick (NJ), Rutgers University Press.

Quetelet Adolphe, 1867, *Sciences mathématiques et physiques au commencement du xixe siècle*, Bruxelles, Hayez.

Relph Edward C., 1976, *Place and Placelessness*, Londres, Pion.

Robin Henri, 1864, *L'Almanach illustré le Cagliostro. Histoire des spectres, vivants et impalpables. Secrets de la physique amusante dévoilés*, Paris.

Safier Neil, 2008, *Measuring the New World: Enlightenment Science and South America*, Chicago (IL), University of Chicago Press.

Schaffer Simon, 1980, Herschel in Bedlam: Natural History and Stellar Astronomy, *British Journal for the History of Science*, vol. 13, n° 3, p. 211-239.

— 1988, Astronomers Mark Time: Discipline and the Personal Equation, *Science in Context*, vol. 2, n° 1, p. 115-146.

— 2010, Keeping the Books at Paramatta Observatory, *in* D. Aubin, C. Bigg et H.O. Sibum (dir.), *op. cit.*, p. 118-147.

Shackelford Jole, 1993, Tycho Brahe, Laboratory Design, and the Aim of Science: Reading Plans in Context, *Isis*, vol. 84, n° 2, p. 211-230.

Shapin Steven, 1988, The House of Experiment in Seventeenth-Century England, *Isis*, vol. 79, p. 373-404.

– 1998, Placing the View from Nowhere: Historical and Sociological Problems in the Location of Science, *Transactions of the Institute of British Geographers*, nouv.série, vol. 23, p. 5-12.

Smith Crosbie et Agar Jon (dir.), 1998, *Making Space for Science*, Londres, Macmillan.

Smith Robert W., 1989, The Cambridge Network in Action: The Discovery of Neptune, *Isis*, vol. 80, n° 3, p. 395-422.

Soja Edward, 1989, *Postmodern Geographies: The Reassertion of Space in Critical Social Theory*, Londres, Verso Press.

Tuan Yi-Fu, 1977, *Space and Place: The Perspective of Experience*, Minneapolis (MN), University of Minnesota Press.

Udías Augustín, 2003, *Searching the Heavens and the Earth: The History of Jesuit Observatories*, Dordrecht, Kluwer.

Werrett Simon, 2010, The Astronomical Capital of the World: Pulkovo Observatory in the Russia of Tsar Nicolas I, *in* D. Aubin, C. Bigg et H.O. Sibum (dir.), *op. cit.*, p. 33-57.

Withers Charles W.J., 2009, Place and the "Spatial Turn" in Geography and in History, *Journal of the History of Ideas,* vol. 70, n° 4, p. 637-658.

1900年,巴黎万国博览会全景图,凸显了与科学技术有关联的街区。

第三章

博物馆、展览会和城市的与境

正是在长 19 世纪中，科学活动不仅成了城市工业文化的一个组成部分，甚至是一个决定性因素。[①] 国家、私人或地方上的博物馆、展览会尤其是工业展览会、大学、科学协会和技术院校都是这种转变的承载者。在欧洲三个主要国家的首都（巴黎、伦敦以及后来的柏林）构建所谓现代民族国家原型的过程中，上述因素尤其明显。这些国家的精英们利用集中在首都的资源和社会网络，逐步组织起由国家赞助的、对人造和自然物的收藏。为此，他们追求的目标是多重的，有时甚至是相互矛盾的：国家威望、经济增长、通识教育、创新、进步（社会和道德）……这些精英由博物学家、官僚、富商、公职人员和工程师组成。他们的思想是相互模仿和竞争的产物。因此，在 1914 年，国家博物馆和工业展览会促进了城市科学文化的建立，特别是在巴黎和伦敦，两者相辅相成。另一方面，在柏林，它们共存于商业利益与普鲁士国家利益并不一致的环境当中。

本章将分析在这三个重要城市中国家科学博物馆和工业展览会的这种动态共生的关系，而这恰恰是在国家建设与民主情感同时被确立的时期。"博物馆"一词是指在独立的机构建筑物内系统地组织收藏和展览。而"科学博物馆"的空间，将自然志的对象、仪器、机器、人工制品或人种学对象的集合汇聚在一

[①] 对于这一研究的史学综述，可参阅：Dierig et al. 2003, Levin 1992 et 2010.

起，并进行系统的研究、展览或功利主义的用途。"工业展览会"是指通常在竞争中进行具有针对性的周期性展览或定期展览。"国家的"一词适用于由国家赞助的博物馆和展览，并且基于现代国家的国家利益与工业社会利益的一种相互吻合的思想。[1]

本章将特别关注伦敦和巴黎的博物馆和展览会的发展。的确，那时这些城市是知识活动的主要中心，并将在19世纪导致将科学定义为了解物质世界并加以利用的一种特殊方法。本章将较少讨论柏林的情况，部分原因是直到19世纪末才能在那里看到实现机构自治的科学博物馆。此外，当威廉皇帝拒绝赞助工业展览会时，将普鲁士的科学博物馆认定为"国家的"是有问题的。[2]

本章首先要简要解释这种发展的起源，尤其是人们对1750年以后出现的天然和人造的知识、经济和社会效率产生兴趣的理由。第二部分将涉及1750—1815年的这段时期。在此期间，功利主义意识形态和对进步的信仰使精英人士发明了现代国家博物馆和工业展览会。第三部分将讨论拿破仑战争结束到1848年革命、拿破仑三世（Napoléon Ⅲ）上台这段历史时期中博物馆和工业展览会的发展。第四部分以1851年万国工业博览会的筹备作为新动力出现的转折点，这种动力一直持续到1914年。在整个过程中，本章也将注意这两种带来丰富的人造制品的城市现象之间日益增强的联系，以及其体制化所带来的几个意想不到的后果。

起源

致力于科学和工业展览的国家博物馆各自有着不同的文化根源，但都具备一个重要特征：它们是通过整合拥有经济潜力的人造物而存在的。这种博物馆的起源可以在追溯到16世纪的私人珍奇屋中找到（这种陈列室在某些情况下也被称为"博物馆"）。珍奇屋的创办可以说是基于大航海时代的无节制掠夺。

---

[1] Llobera 1994 (p. 177-193), Gunther 1979 (p. 207 et 212).
[2] Levin et al. 2010 (p. 173 et 180-190).

在18世纪中叶，存在着各种类型的藏品，这些藏品的分类和组织自称是系统的：私人收藏，例如，汉斯·斯隆（Hans Sloane）收藏的自然志和人种志标本和沃康松（Vaucanson）收藏的机器；由自愿组成的协会持有的藏品，例如，皇家学会所藏的仪器。牛津大学的阿什莫林博物馆（Ashmolean Museum）所藏的私人捐赠，并且与自然志学院（l'École d'histoire naturelle）以及罗伯特·普洛特（Robert Plot）的独立化学研究与教学实验室（le laboratoire indépendant de recherche et d'enseignement en chimie）位于同一地点。这三个机构都可以说是私人收藏的变体。而王室的收藏更像国家现代科学博物馆，既可以是私人所有，也可以是作为国家元首的国王所持有，是收集、研究和追求应用的场所：这适用于巴黎的王家花园（Jardin du roi）的陈列室以及法国其他的王室植物园，当然还有伦敦附近的邱园（Kew）的陈列室。尽管这些地方访问者众多，但它们向广大公众的开放却要在之后的几十年中才得以实现。

工业展览会的创新之处在于：通过将科学作为控制工具并以价格作为激励措施，将各国首都一年一度的学术艺术展览的高层次文化与当地贸易和农业展览会的流行文化相融合。在资本主义经济繁荣发展的英国，政府对北安普敦和都柏林举行的年展览会上具有市场价值的发明进行奖励。这有助于指导当地的生产和农业的发展。在法国，这个由行会和国内关税调节贸易和创新的国家里，交易变得十分重要的。卢浮宫的美术沙龙也是这种发展的体现［伦敦皇家艺术研究院（Royal Academy）的展览也同样如此］。[1]

在这两种情况下，人们对收集自然物或人造物的兴趣都可以通过一种特定的心理状态来解释。这种心理状态是在不断革新的时代逐渐形成的。这种新精神可以从多邦东（Daubenton）所著的《百科全书》（Encyclopédie）（1752年）第2卷中关于"自然志陈列室"的词条以及汉斯·斯隆的遗嘱中找到。它们将被收藏的物品视为有用知识的试金石，科学方法因此可以从中获得并得以实施。[2] 在博物馆和展览会中，物理的人造物将原材料世界、看不见的统治力量

---

[1] Mitchell 2007, Fox 2003 (p. 63), Le Normand et Moléon 1824 (vol. 1, p. 42-43).
[2] Diderot et al. 1751-1780 (vol. 2, p. 489-491), Gunther 1979 (p. 208).

与文明世界联系在一起,从而传达出一种理智的、政治的和在道德上有益的秩序感。至于机器和仪器的收藏,它们成了物理定律和或多或少的完美制造工艺的展示。它们还提供了尝试最新制造方法的机会,因此,它们成为培养产业工人的一种手段,这是增加国家实力所必须要做的。工业展览会有可能通过竞争和模仿展品来刺激贸易和制造业。因此,1750年以后,人们齐心协力在各个首都建立了国家科学博物馆和举办工业展览会。

国家科学博物馆和工业展览会的发展(1750—1815)

在18世纪,法国和英国的工业化仍处于起步阶段,人们可以自由地想象科学为推进社会现代化所采用的方式。在这两个国家,对科技的收藏逐渐被看作是国家进步的工具,就像在柏林,普鲁士国王也认识到科学收藏对于国家的重要性。精英们致力于在可公开访问的机构和工业展览会上增加富人的、学术社团的和王室的不同收藏的价值。1753年,在英国,汉斯·斯隆捐赠给不列颠民族的遗产使创建第一个展示科学产品的国家博物馆成为可能。斯隆的遗嘱明确表示希望出于宗教和现实原因,将他的遗产归为一类,并存放在公众可进入的地方:为了"造福人类",我们必须庆祝"上帝荣耀的显现"。[1] 博物馆的位置选定在新的布卢姆斯伯里外围街区。那里的人口主要由富有的中产阶级组成,这也有助于让科学能享有受人崇敬的地位。

但是,一些问题却阻碍了斯隆的进步观念。首先,人们必须将机构的资源分配给新博物馆的所有部门,而不仅仅是自然志的收藏。然后,大多数博物馆策展人以精英主义的方式构思藏品的组成,而展览仅对最富有的社会阶层开放,从而脱离了斯隆的初衷。[2] 此外,布卢姆斯伯里的地理位置使该博物馆将河岸街附近的科学协会和俱乐部以及伦敦的其他私人收藏家隔离开来。结果,大英博物馆科学部门的成员发现很难与邻近的机构建立广泛的合作。法国的巴

---

[1] 被引用于 Gunther 1979(p. 207-208 et note 8)。
[2] Wilson 2002 (p. 52-53).

黎植物园则避免了这样的问题。

在巴黎，法国大革命通过意识形态政策、世俗政策和民族政策，实施了"百科全书"派提出的一部分启蒙计划。立法机构力图建立一个以巴黎为中心的现代国家。在这一过程中，人们对王家花园进行了改革，并将其更名为植物园（Jardin des plantes），在其中建立了国家自然历史博物馆（Muséum national d'histoire naturelle）。立法机构还在国立工艺学院（Conservatoire national des arts et métiers，CNAM）内建立了一个工业博物馆，将沃康松的收藏囊括其中。规模较小的收藏品则都被整合进新的国家研究和教育机构中，这些机构在中央政府的支持下获得了公共资助。

位于塞纳河左岸的国家自然历史博物馆成为了一所集科研、培养、报告会为一体的国立自然志与化学大学。博物馆里的教授和其他学术人员也是距离博物馆地理位置较近的其他国家机构的成员［其中包括医学院、挂毯织造厂（la manufacture des Gobelins）和萨尔佩特里尔（Salpêtrière）医院］，从而使在博物馆内进行的研究能够得到应用，并对法国的医疗实践、奢侈品贸易和化学品生产进行改善。①

国立工艺学院及其技术博物馆位于圣马丁门附近。这是塞纳河右岸的商业和工业区。这所新学校从一开始就特别注意改善法国的制造业生产和刺激贸易的发展，力求建立一支经过科学训练的、合格的巴黎和外省籍劳动力队伍。博物馆是国立工艺学院特色教学的核心。然而，尽管政府对机器、模型、制图和样品的研究寄予了厚望，但私营部门的实践并没有发生根本的改变。国立工艺学院的第一批毕业生主要在国家机关中担任技术工人、工头、经理、技术员或在军队中担任士官等工作。②

在柏林，普鲁士国王将人口视为国家资源，他支持普鲁士矿业学院（l'Acadmie miniè re de Prusse）的建立（1770年）。该学院的毕业生将使用矿物学博物馆进行研究。这座博物馆绝非是自治的，其藏品将被转移到新的柏林

---

① Outram 1980 (p. 29-30), Dierig et al. 2003 (p. 14-15).
② Fox 2012 (p. 31-33), Edmonson 1987 (p. 48-94 et 530-538).

大学的洪堡博物馆。而柏林大学是在工业时代来临之初由王室赞助，并于1810年成立的。

英国人推出的工业展览会更多是由独立协会的努力而不是政府努力的结果。皇家艺术、制造和商业促进学会（Royal Society for the Encouragement of the Arts，Manufactures and Commerce，RSA）的创始人和成员来自英国皇家学会（Royal Society）、皇家医师学院（Royal College of Physicians）、大英博物馆、英格兰银行（Bank of England）、东印度公司（British East India Company）以及同行的成员。该学会起源于1754年在伦敦举办的首届工业展览会。[①] 随后，该学会定期组织全国性比赛以突出英国的贸易和工业，并对在社会和文化上将科学与生产联系起来的发明和发现给予奖励。[②] 通过这些年的发展，该学会在博物馆的功利功能和工业展览会之间建立了重要的联系。实际上，"有可能为国家带来巨大利益"的获奖作品已被添加到该学会的收藏中，并在其场所向公众展示。这种方法将在接下来的一个世纪中取得成果。政府决定选择南肯辛顿作为1851年万国博览会的举办地。[③]

法国大革命接近尾声之时，法国官方开始对博览会产生兴趣，并在1798年组织了第一届该类型的活动。随后，在拿破仑一世（Napoléon Ier）的倡导下，又分别于1801年、1802年和1806年举办了博览会。法国政府将集市——在旧制度下是法律授权的开放市场——转变为根据官方要求在已经自由化的市场指导生产和消费的手段。为了配合从共和国到帝国的转变，这些集市离开了在战神广场上临时搭建的棚屋，转移到市中心的卢浮宫内，这里也是一年一度的美术沙龙的举办地。[④] 这些展览会是更广泛的发展政策的一部分，其中包括国立工艺学院博物馆的收藏。[⑤] 与英国皇家艺术、制造和商业促进学会降低奖励金额和提高获奖作品数量不同，法国政府专门对产品质量的提高进行奖励，

---

① Fox 2003 (p. 62-65), Chambers 2007 (p. 314).
② Chambers 2007 (p. 313-314), Hudson et Luckhurst 1954 (p. 5).
③ Hobhouse 2002 (p. 1).
④ Hafter 1984 (p. 317-318).
⑤ Fontanon 1992 (p. 18-20).

这被认为是法国的主要竞争优势。①

19世纪上半叶的调整（1815—1849）

那些在巴黎和伦敦参观过博物馆和参加过展览会的人发现，他们的项目很难适应拿破仑战争的背景。得益于公众对科学的支持以及人们对技术变革的普遍接受，科学家可以为他们的职业雄心加入爱国主义色彩。这种支持要求他们开发新的方法来教育中产阶级和工人阶级。在柏林以外的地区，艺术博物馆而不是自然历史博物馆主导着博物馆的新发展，迅速的技术变革要求对现有博物馆和展览馆进行改革：这些必须成为控制和整合工业化的手段。在1840年代中期，随着经济和社会持续的不景气，精英们转向工业展览会，并逐渐把工业展览会视为最灵活的方式，因为这种活动能将所有这些因素聚集在一起形成新的配置。方向的改变发生在1844年的巴黎工业博览会上，随后是伦敦，皇家艺术、制造和商业促进学会在阿尔伯特亲王的支持下进行了创新，并于1851年举办了万国博览会。

自由主义的七月王朝为法国国家自然历史博物馆的一栋巨大的新建筑提供了资金支持，这是法国为重振国家威望和繁荣所做的努力的一部分。罗奥·德·弗勒里（Rohault de Fleury）设计的新建筑结构成为社会和自然联合秩序的意识形态的象征。② 在博物馆内部，教授们继续进行理论和实践工作，从乔治·居维叶（Georges Cuvier）和若弗鲁瓦·圣伊莱尔（Geoffroy Saint-Hilaire）对进化以及政治秩序的研究，再到化学家米歇尔·欧仁·谢弗勒尔（Michel-Eugène Chevreul）及其关于改善法国工业产品和制造工艺的研究。国家自然历史博物馆的工作人员首先致力于培养法国的专业科学家阶层。同时，博物馆还向邻近的医学和药学高等学校的学生提供课程。妇女还可以从科学插图课程中受益。此外，最著名的科学家们还投入大量资源旨在让公众了解法国

---

① Le Normand et Moléon 1824 (vol. 1, p. 34–41).
② Outram 1980 (p. 27–43), Burkhardt 2007 (p. 675–694).

的科学。这是通过面向巴黎富裕或中产阶级和外国游客的大型会议达成的。①

然而，事实证明在国家自然历史博物馆内让科学普及化是困难的。尽管对公共教育做出了原则性的承诺，但从1820年代开始，工作人员便担心博物馆的花园将受到越来越多来自中下阶层和工人阶级的闲散游客的威胁。横跨塞纳河的两座桥梁将博物馆与右岸工人阶级所处的地区连接起来，而马类交易市场和附近红酒交易市场的常客们都喜欢在博物馆的花园中停留。从凡尔赛宫迁到博物馆中的动物园尤其受到欢迎。而居维叶正是为了恢复这里的声誉开始了对动物生理学的研究。②

在塞纳河的另一边，国立工艺学院的领导层试图应对由于不断的技术变革而带来的昂贵且又经常令人沮丧的职业教育。他们力图改变博物馆藏品的用途。1819年，夏尔·迪潘（Charles Dupin）（1784—1873）主持的改革使国立工艺学院脱离了基于馆藏的职业培训，从而转向以数学和教学为基础的研究，利用模型和插图而不是真人大小的机器来研究动力学规律、热交换和其他化学过程。迪潘痴迷于英国的工业化进程。他曾是综合理工学院（École polytechnique）的学生，接受过蒙日（Monge）的数学训练，因此他在国立工艺学院推广工程学校的方法来进行研究和教学。这种变化往往会忽略学院的博物馆，但会继续利用其藏品。③

除专业教育外，迪潘还试图通过在免费的公开讲座中使用模型的方式吸引更多的听众。这些灵感来自苏格兰学者和东方学学者约翰·安德森（John Anderson）（1726—1796）为大学设计的教学方法。他在去世后把这套方法遗赠给了格拉斯哥市。④ 随着1830年代如火如荼的巴黎市区改造的展开，这些课程取得了巨大的成功，吸引了全城的中产阶级以及综合理工学院有抱负的学生前来参加。在国立工艺学院所在街区成长起来的工人阶级也参加了这些活动。

---

① Fox 2012 (p. 17–24 et 148–249).
② Burkhardt 2007 (p. 688–690).
③ Fox 1974 (p. 23–38).
④ Boutry et al. 1970 (p. 19–35), Edmonson 1987 (p. 59), Christen et Vatin 2009 (p. 104–105).

在巴黎的动荡时期（尤其是在这个街区），为了响应附近新建立的巴黎中央理工学院（École centrale des arts et manufactures），迪潘试图振兴博物馆并为产业工人提供实践培训。然而，直到1848年革命的爆发和在巴黎全国工作坊的建立（以克服接连不断的失业危机），新的共和国总统路易·波拿巴（Louis Bonaparte）才决定重组博物馆并使其藏品恢复活力。在迪潘的帮助下，在这个市场、制造业和社会本身都在快速变化的世界里，他建立起科学与工业教育之间的合作。[①]

在伦敦，我们也看到了大英博物馆努力使科学更具社会包容性的努力，尽管当时在这个分散与分化的社会中进行改革是十分困难的。科学家在寻求有影响力的外部支持的同时，必须挑战大英博物馆内的管理机制。站在他们对立面的是策展委员会。该委员会赞成一种业余性质的藏品布置。此外，阻力也来自图书馆馆长安东尼·帕尼齐（Anthony Panizzi）。[②]

在1827—1857年，在布鲁姆斯伯里原址上建成的大英博物馆的新建筑展现了科学家所面临的困难。它的经典外观使我们想起，不列颠直接起源于伟大的古代文明，因此保留全人类的普遍知识是毫无争议的，但是科学收藏在这里被边缘化了。该建筑主要由图书馆、阅览室和古董组成，二楼只有两个侧翼专门用于自然志。

在1830年代末，对法国国家自然历史博物馆十分了解的罗伯特·埃德蒙·格兰特（Robert Edmund Grant）正在大英博物馆寻求研究上的支持，其目的是希望将有关自然志的藏品转移到自己的博物馆中。其他人则提倡创建期刊，并建议对自然志的收藏进行分类，并出版库存清单和展览指南。尽管在1854年，议会对博物馆的整体利益进行了调查，但由此产生的立法却未能实现格兰特的预期目标。

博物馆应如何为国家利益和公众服务？在这个问题上，人们尚未达成共识。在这30年中，巴黎和伦敦努力使不断增长的博物馆藏品对专家和公众有

---

① Fox 1974 (p. 34).

② Robertson 2004 (p. 3-4 et 12).

用。但这种努力并不均衡,也不连续。在巴黎,专业兴趣和公共教育得到了官方的支持,但博物馆与工业界的研究和收藏、技术培训之间的联系仍然是不完整和零星的。在缺乏这种官方支持的环境中,英国的博物馆在推动研究和国民教育方面的作用是有限的。而柏林的情况则更为糟糕。

此外,巴黎和伦敦一样,工业展览会能比博物馆更有效地聚集物品以鼓励科学创新和公共教育。事实上,他们的组织者成功地在城市环境中建立了科学、工业和商业之间的紧密联系。法国商业部部长通过中央委员会建立了这些网络,从 1819 年起每五年在巴黎举办一次全国性的工业展览会。[①] 由各部门的行政人员、地方官员、工商业者和学者组成的次级委员会的体系,负责推荐具有获奖潜质的人。迪潘是 19 世纪 20—40 年代负责这些展览的总专员,在制定一般类别和选择标准方面有很大的影响,并与他在国立工艺学院实施的政策保持一致。组织者们继续强调发展工业活动,包括支持有前途的科学研究。他们特别鼓励在蒸汽机的制造和使用、制瓷化学、染料、漂白和编织、应用艺术设计等方面的创新。获奖的模型、机器、设计、计划和研究论文最终必须成为国立工艺学院收藏的一部分。工人的参与虽然寥寥无几,也没有出现在展商名单中,但能获得奖牌。

这些每五年举办一次的展览会被证明是越来越有效的变革的载体。这些活动为锻造中产阶级对科学进步的认知产生了巨大的影响。同时,参展与参与需求的增长成为组织方寻找更好的场地的前提。主办方首先将展览活动移至卢浮宫,再搬到协和广场。最后,1844 年的工业展览会在香榭丽舍大街上的一栋建筑(当时与杜伊勒里花园融为一体)中举行,该建筑为这次展览专门进行了扩建和改造,明确地将展览的成功与城市环境的现代化相结合。

与后第一帝国时代的巴黎不同,皇家艺术、制造和商业促进学会在伦敦举行的年度展览的机会在不断减少。只有在重大的社会和技术变革出现时举办展览才成为可能。这迫使其成员对该学会进行了重组。当市场随着自由主义的改革而开放,有影响力的人物(包括皇家学会、议会和东印度公司的成员、地

---

① Le Normand et Moléon 1824 (vol. 1, p. ii–iii).

主、科学家和政府官员）赋予皇家艺术、制造和商业促进学会新的活力，并将爱国主义加入其举办展览会的计划。从 1839 年开始，奖项数量和奖金的增加鼓励了机械、节省劳力的系统和人工制品方面的创新。根据从法国复制的模式，皇家艺术、制造和商业促进学会对提交的内容进行了公开和分类。[1]

1843 年，当选为学会主席的亲王妃带来了必要的资金、地位和政治支持，从而使展览会真正得到了推动。在亲王的支持下，发明家亨利·科尔（Henry Cole）、房地产经纪人弗朗西斯·富勒（Francis Fuller）和工程师约翰·斯科特·罗素（John Scott Russell）这些深感来自法国竞争压力的人，开始着手大力振兴展览会。随着皇家艺术、制造和商业促进学会举办的展览的成功（1847 年的展览吸引了 20 000 名参观者）和 1850 年《皇家宪章》（Charte royale）的颁布，学会开始计划以法国为样板，由政府资助，在 1851 年举办一次大型的国家级展览会。[2]

展览会、博物馆以及新的城市协同作用（1849—1914）

1848 年对于国家科学和展览会来说是至关重要的一年。在法国的革命和伦敦的示威游行使工人阶级登上了国家的政治舞台。展览会的组织者进行了重新思考，以便在社会包容和国际基础上重新组织进步的理念。他们将 18 世纪的繁荣愿景与 19 世纪的精神和民族主义愿望相结合。他们还利用展览会进行机构、行政和城市的发展，将科学融入社会生活。

转折点出现在 1849 年的法国全国工业展览会上。这次展览会是 1851 年在伦敦举行的万国工业博览会的原型。法国首届全国工业展览会在时任第二共和国总统的路易 - 拿破仑（Louis-Napoleon）的主持下举行。这届展览会实现了他的目的：将法国的工业力量纳入一个以巴黎为中心、包括工人阶级在内的巨大的全球网络。它还反映了法国扩大科学活动范围的新计划、新同盟和新愿景。其奖项的数量显著增加，农业被列为工业生产和科研的一个特别项。另

---

[1] Hobhouse 2002 (p. 1-4).

[2] *Ibid.*(p.3-4.).

外，适度的入场费用也惠及了工人阶级。用于展示阿尔及利亚（此时刚成为法国的海外省）的大型空间证明了第二共和国将其现代化的范围拓展到欧陆以外地区的雄心。展览场地就在香榭丽舍大街旁边，这成了巴黎市发展的动力。此外，该展览是一项公共工程项目，旨在刺激巴黎的建筑业并为最近的革命参与者提供谋生之处。① 同时，路易－拿破仑承诺对国立工艺学院进行改革，以激励科学活动并促进社会包容。他并不满足于最终被国立工艺学院博物馆收藏的获奖发明和创意，下令对馆藏进行检查，并出版了新的目录。

在法国，科学获得了更为崇高的意义，然而，正如在城市中心的司法宫和圣礼拜堂同时举行的开幕式所表明的那样，科学仍然引起争议。在司法宫，迪潘代表国家强调科学发现对法国工业的积极影响，而总统的演说则告知所有人，包括工人在内，现在都可以从自己的创新中受益。相比之下，在圣礼拜堂，巴黎教区主教的布道则向人们宣称耶稣是对人类进步所做出奉献的工人的祖先。他把科学伟大的起源追溯到中世纪的僧侣。他颂扬道德的灵感而非物质上的进步。②

同年，亨利·科尔和皇家艺术、制造和商业促进学会的其他重要成员访问巴黎，希望为他们的第一次全国性活动找到思路，并开始模仿和与法国人竞争以策划大型展览计划。该计划将被用在1851年海德公园举行的万国工业博览会上。③ 该博览会将被最终安排进了水晶宫，这个当时预制件建筑工程的奇迹是反映英国的科学技术发现及其国际地位的标志。这是有史以来规模最大的工业展览会，展示了英国及其殖民地、属地以及44个参展国的发明成果。毫无疑问，主办方的灵感来源于国立工艺学院的博物馆，将运动的机器也包含了进来。科学仪器在第十类（一般指定为"哲学仪器和根据其用途的工艺"）中得到了特别的认可，尤其是电报机、显微镜、气泵、气压计、时钟设备和外科仪器。④

---

① Exposition 1849 (vol. I, p. xli–xlii).
② *Ibid.* (vol. I, p. xxxvi–xxxvii).
③ Hobhouse 2002 (p. 3–4).
④ Forgan 1980.

向公众开放的万国博览会标志着数百万参观者的精神。而且就像在巴黎一样，主办方赋予它民族主义和宗教上的意义。但是，巴黎和伦敦之间仍然存在显著差异，首先是世俗与宗教是站在一起的。阿尔伯特亲王、维多利亚女王和坎特伯雷大主教共同出席了在水晶宫的开幕仪式，因此甚至有人认为水晶宫是一座大教堂。大主教神圣化了万国博览会的资本主义使命，他说，这开启了一个新的时代，在这个时代，辛勤劳动的人们将得到尊重和回报。从英国国教会的角度来看，上帝并没有像在巴黎那样带领个人进行创新，而是激发"人的能量"，使他们"发现了新的自然及其产物，以造福所有人"。[1]

1851 年的万国博览会还提高了公众对科学博物馆的热情，并帮助积累了无数的艺术品、产品和信息，为博物馆的收藏提供了便利。因此，英国议会建立了一个国家级别的科学、工业和自然历史博物馆的协调机制，以接收研究和利用它们的藏品。[2] 因此，自然历史博物馆开始接收在大英博物馆中那些不受重视的藏品。在接下来的几十年中，在南肯辛顿区的博物馆群为海德公园区的发展作出了贡献，打开了当时被低估的伦敦西区的投资空间。更具体地说，这个位置将极大地推动了科学的发展。当 1907 年帝国理工学院（Imperial College）（进行科技高等教育的大机构）在临近的地区建成后，各博物馆能够方便地与其展开合作。随之而来的是，各种科学社团逐渐从昂贵的东区迁移出去。1862 年万国博览会之后，伦敦地铁开通，使这里的交通更加便利。万国博览会还刺激了伦敦东南部的发展。1854 年，通过来自私人的投资，人们将水晶宫迁至西德汉姆（有地铁站），同时决定将其改建为商业博物馆和学校，以让科学的受众更为广泛。

法国人从英国的万国博览会中汲取了经验，并在接下来的 60 年里组织了 5 次这种级别的展览会。[3] 它们中的每一个规模都比前一个更大，具有专门为展览会设计的具有象征意义和功利主义的建筑。所有的建筑都比伦敦万国博览会的展馆要大。他们系统化了工业展览会与博物馆和巴黎的城市发展之间

---

[1] Strutt 2011 (p. 24 et 26).

[2] Levin *et al.* 2010 (p. 99-102), Physick 1982 (passim), Yanni 2000 (p. 93-95 et 113-117).

[3] Walton 1992.

的长期关系。

在1850年代和1860年代，拿破仑三世把科学技术作为巴黎新角色的基础：法国首都要成为一个现代国家乃至现代世界的中心。行政人员、工程师和银行家分享了圣西门（Saint-Simon）关于技术官僚化和工业化体系的构想。在他们的帮助下，拿破仑三世于1855年和1867年在巴黎举办了万国博览会，而在皇帝和奥斯曼（Haussmann）男爵主持下，这座城市经历了转变。同时，皇帝也支持新的博物馆的建设，并翻新旧的博物馆。尽管拿破仑三世与天主教会之间达成的浮士德式的契约阻碍了教育系统的现代化，但他的教育部长维克多·杜卢伊（Victor Duruy）进行了世俗化的集中改革，旨在改善基础设施和科学技术教学与研究的课程大纲。[1]

在1871年巴黎公社和法兰西第二帝国被普法战争摧毁之后，从1878—1914年的这段时间里，第三共和国的大人物们利用城市发展、展览会和博物馆为他们的民主和世俗的进步观提供了实质内容。他们真正的神来之笔是找到了万国博览会和博物馆之间的协同作用，同时着手进行城市的发展。1878年、1889年和1900年的活动既是对公众开展教育的地方，也是与科技进步有关的国际交流的场所。它们产生了藏品，确定了专门的知识。而新的建筑随后成为博物馆和对公众展示科学实验的场所。这些活动在城市中占据的空间也变得越来越大。[2]

特罗加德罗人种志博物馆（Musée d'Ethnographie du Trocadéro）的历史清楚地表现了展览会与科学家的学科和研究目标之间的协同作用。[3] 它的第一任馆长埃内斯特·阿米（Ernest Hamy）（1842—1908），是人类学教授和国家自然历史博物馆人类学相关藏品的主管，收集了1878年万国博览会期间在特罗加德罗宫参展的人种志物品。[4] 展会结束之后，这种机会主义使他能够在特罗加德罗宫的东翼建立一个与国家自然历史博物馆合办的人种志博物馆。阿米强

---

[1] Levin et al. 2010 (p. 16–17).
[2] Ibid. (p. 17 et 38–55).
[3] Ibid. (p. 30 et 54–55).
[4] Dias 1991.

调展现人类生产的渐进式发展，帮助传播积极的工作和工人观，并将发明作为变革的措施和动力。通过1889年和1900年的万国博览会，他得以再次丰富自己的藏品，而他的博物馆则刺激了巴黎帕西区域的发展。[1]

至于国立工艺学院，它整合了一个科技研究和教育机构网络，将培养出共和国的一代科学家、工程师、技术人员和技术工人。拿破仑三世改变对教会的态度后，政府在研究所和高中建立了新的实验室和教室，并翻新了旧的实验室。国立工艺学院尤其受益于针对公共和私人客户的新的测试实验室。[2] 得益于万国博览会和从其他地方获得的藏品，它的博物馆继续发展。这些藏品以小型展览和演示的形式呈现，除实验室使用外，它们还可以培训技术工人和工头。同时，这家博物馆也成了一个非常受人们欢迎的地方，例如，大型管道、蒸汽机甚至还有克莱门芒·阿代尔（Clément Ader）的飞行器。

自1871年以来，在德意志第二帝国的首都柏林，普鲁士的文化事务大臣对科学博物馆的热情不断增强，1889年，他在大学附近建立了新的自然历史博物馆（Museum für Naturkunde）。此外，在鲁道夫·菲尔绍（Rudolph Virchow）（1821—1902）的领导下，病理博物馆（le musée de la Pathologie）将研究和公共教育与慈善事业相结合。但是，皇帝坚决拒绝政府对任何国际展览会提供支持，从而使发展和展览会落在了商业和工业利益集团的手中。[3]

除柏林外，1849年在巴黎举行的全国农业和制造业产品展览会和1851年在伦敦举行的万国博览会标志着英吉利海峡两岸社会工业化的转折点。在接下来的50年中，这些展览会将有助于动员产业变革以促进社会凝聚力，使科学成为文化的有机组成部分，在经济发展与对科学博物馆的支持之间建立起等价关系，并带动城市的发展，从而使科学在两个城市中都有更大的物质和文化影响。[4]

米里娅姆·莱文（Miriam R. Levin）撰；阿琼·拉杰（Arjoun Raj）译

---

[1] *Ibid.* (p. 105-109).
[2] Levin 2010 (p. 182-190 et 195).
[3] *Ibid.* (p. 182-190 et 195).
[4] Yanni 2000.

参考文献

Boutry Albert *et al.*, 1970, *Cent cinquante ans de haut enseignement technique au Conservatoire national des arts et métiers*, Paris, Conservatoire national des arts et métiers.

Burkhardt Richard W., Jr., 2007, The Leopard in the Garden: Life in Close Quarters at the Muséum d'histoire naturelle, *Isis*, vol. 98, n° 4, p. 675-694.

Chambers Neil A., 2007, The Society of Arts and Joseph Banks: A First Step in London Learned Society, *Notes and Records of the Royal Society*, vol. 61, n° 3, p. 313-325.

Christen Carole et Vatin François, 2009, *Charles Dupin (1784—1873), ingénieur, savant, économiste, pédagogue et parlementaire du Premier au Second Empire*, Rennes, Presses universitaires de Rennes.

Costaz Louis, 1819, *Rapport du Jury central sur les produits de l'industrie française présenté à S.E.M. le comte Decazes*, Paris, Imprimerie royale.

Day Charles R., 1987, *Education for the Industrial World: The École d'arts et métiers and the Rise of French Industrial Engineering*, Cambridge (MA), MIT Press.

Dias Nelia, 1991, *Le Musée d'ethnographie du Trocadéro (1878—1908). Anthropologie et muséologie en France*, Paris, Éd. du CNRS.

Diderot Denis, Alembert Jean Le Rond d' et Mouchon Pierre, 1751—1780, *Encyclopédie, ou Dictionnaire raisonné des sciences, des arts et des métiers*, Paris, Briasson, 28 vol.

Dierig Sven, Lachmund Jens et Mendelsohn Andrew (dir.), 2003, Science and the City, dossier thématique d'*Osiris*, vol. 18, Chicago (IL), University of Chicago Press.

Edmonson James M., 1987, *From "Mécanicien" to "Ingénieur": Technical Education and the Machine Building Industry in Nineteenth-Century France*, New York, Garland.

Exposition nationale des produits de l'industrie agricole et manufacturière (1849). Catalogue officiel, 1849, Paris, P. Dupont.

Fontanon Claudine, 1992, Les origines du Conservatoire national des arts et métiers et son fonctionnement à l'époque révolutionnaire (1750—1815), *Les Cahiers d'histoire du CNAM*, n° 1, p. 17-44.

Forgan Sophie, 1980, A Compendium of Victorian Culture, *Nature*, vol. 403, n° 6770, p. 596.

— 1994, The Architecture of Display: Museums, Universities and Objects in Nineteenth-Century Britain, *History of Science*, vol. 32, n° 96, p. 139-162.

Fox Celina, 2003, *Utile et Dulce:* Applying Knowledge at the Society for the Encouragement of Arts, Manufactures and Commerce, *in* Robert Anderson, Marjorie L. Caygill, Arthur G. MacGregor et Luke Syson (dir.), *Enlightening the British*, Londres, British Museum Press, p. 62-67.

Fox Robert, 1974, Education for a New Age: The Conservatoire des arts et métiers (1815—1830), *in* Donald Stephen Cardwell, *Artisan to Graduate: Essays to Commemorate the Foundation in 1824 of the Manchester Mechanics' Institution*, Manchester, Manchester University Press, p. 23-38.

— 2012, *The Savant and the State: Science and Cultural Politics in Nineteenth-Century France*, Baltimore (MD), Johns Hopkins University Press.

Gunther Albert Edward, 1979, The Royal Society and the Foundation of the British Museum (1753—1781), *Notes and Records of the Royal Society of London*, vol. 33, n° 2, p. 207-216.

Hafter Daryl M., 1984, The Business of Invention in the Paris Industrial Exposition of 1806, *Business History Review*, vol. 58, n° 3, p. 317-335.

Hamy Ernest-Théodore, 1890, *Les Origines du musée d'Ethnographie*, Paris, Leroux.

Hobhouse Hermione, 2002, *A History of the Royal Commission for the Exhibition of 1851*, Londres et New York, Athlone Press.

Hudson Derek et Luckhurst Kenneth W., 1954, *The Royal Society of Arts (1754—1945)*, Londres, John Murray.

Knight David, 2006, *Public Understanding of Science: A History of Communicating Scientific Ideas*, Londres et New York, Routledge.

Lee Paula Young, 2007, The Social Architect and the Myopic Mason: The Spatial Politics of the Muséum d'histoire naturelle in Nineteenth-Century Paris, *Science in Context*, vol. 20, n° 4, p. 601-625.

Le Normand Louis-Sébastien et Moléon Jean-Gabriel Victor de, 1824, *Description des Expositions des produits de l'industrie française, faites à Paris depuis leur origine jusqu'à celle de 1819 inclusivement*, Paris, Bachelier, 4 vol.

Levin Miriam R., 1992, The City as a Museum of Technology, *in* Brigitte Schroeder-Gudehus (dir.), *Industrial Society and Its Museums (1890—1990): Social Aspirations and Cultural Politics*, Philadelphie (PA), Harwood Academic Press, p. 27-36.

— et al., 2010, *Urban Modernity: Cultural Innovation in the Second Industrial Revolution*, Cambridge (MA), MIT Press.

Llobera Josep R., 1994, *The God of Modernity: The Development of Nationalism in Western Europe*, Oxford, Berg.

Mitchell Ian, 2007, The Changing Role of Fairs in the Long Eighteenth Century: Evidence from the North Midlands, *The Economic History Review*, vol. 60, n° 3, p. 545−573.

Outram Dorinda, 1980, Politics and Vocation: French Science (1793—1830), *The British Journal for the History of Science*, vol. 13, n° 1, p. 27−43.

Physick John, 1982, *The Victoria and Albert Museum: The History of Its Building*, Oxford, Phaidon-Christie's. Picard Alfred, 1891, *Exposition universelle internationale de 1889 à Paris*, Paris, Imprimerie nationale, 10 vol.

−1906, *Le Bilan d'un siècle*, Paris, H. Le Soudier. Robertson Bruce, 2004, The South Kensington Museum in Context, *Museum and Society*, vol. 2, n° 1, p. 1−14.

Strutt Jacob George (dir.), 2011, *History and Description of the Crystal Palace and Exhibition of the World's Industries in 1851*, Cambridge, Cambridge University Press, reprint, vol. 1.

Walton Whitney, 1992, *France at the Crystal Palace: Bourgeois Taste and Artisan Manufacture in the Nineteenth Century*, Berkeley (CA), University of California Press.

Wilson David M., 2002, *The British Museum: A History*, Londres, British Museum Press.

Yanni Carla, 2000, *Nature's Museums: Victorian Science and the Architecture of Display*, Baltimore (MD), Johns Hopkins University Press.

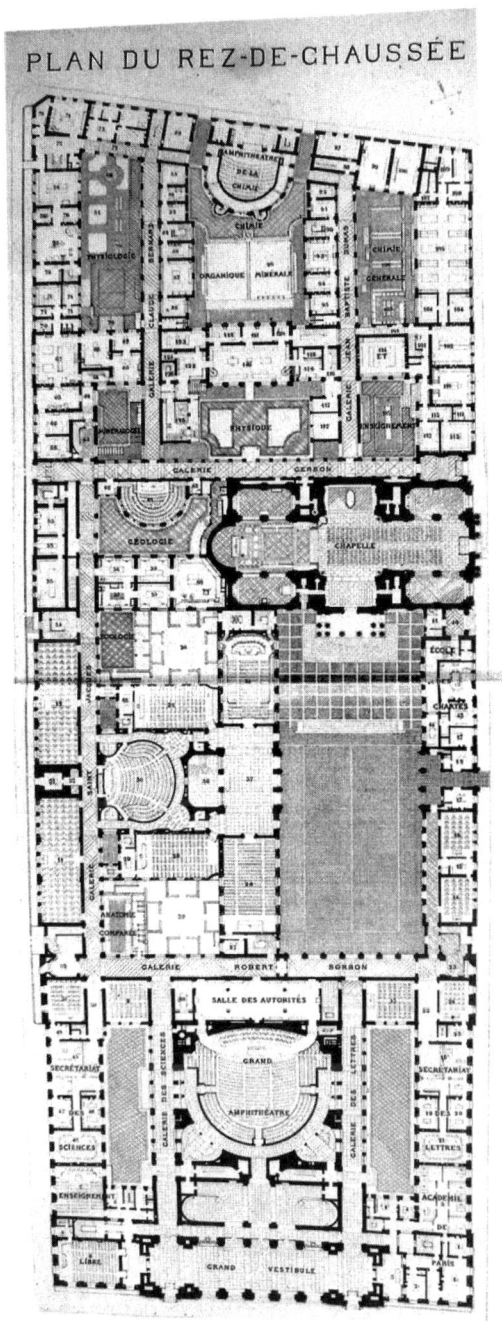

新建的索邦大学一楼的平面图。主立面上有三角楣,并由两座雕塑组成:一座代表科学,由雕塑家安东宁·梅西耶(Antonin Mercié)(1845—1916)制作;右边是代表文学,由雕塑家亨利·刹普(Henri Chapu)(1833—1891)制作。

第四章

政治知识的分裂：
文学 vs 科学，精神科学 vs 自然科学

历史学家被夹在两个时代之间，一个是他所属的时代，另一个是他希望叙述和解释的时代。当一场古老的争论能呼应最近的事实时，就会引起历史学家们的好奇心。今天，那些浏览过路易·德·博纳尔德（Louis de Bonald）在 1819 年发表的《文学、政治和哲学的混合》(*Mélanges littéraires, politiques et philosophiques*) 的人们经历着这种时代的一致性。博纳尔德在一篇题为《科学与文学之战》(*Sur la guerre des sciences et des lettres*) 的文章中将知识之间的关系描述为一个真正的战场。在 21 世纪初，这种表达使人联想到著名的《社会文本》(*Social Text*) 杂志在 1996 年的一期的主题：《科学大战》(Science Wars)。该期是由美国杜克大学文化研究（cultural studies）的倡导者根据生物学家保罗·格罗斯（Paul R. Gross）和数学家诺曼·莱维特（Norman Levitt）的书构思的。格罗斯和莱维特的书题为《高级迷信：学术左派及其关于科学的争论》(*Higher Superstition: The Academic Left and Its Quarrels with Science*)（1994年），指责一系列大学学者牺牲了科学的严谨性和对客观性的追求，而投入到支持左派的政治承诺和反对种族主义和性别歧视的斗争。但是，如果《科学大战》这一期仍然很出名，那是因为物理学家艾伦·索卡尔（Alan Sokal）成功地在那里发表了一篇题为《超越界线：走向量子引力的超形式的解释学》

(*Transgressing the Boundaries: Toward a Transformative Hermeneutics of Quantum Gravity*)的诈文来展示物理学为后现代科学的解放在近期取得的丰硕成果。他想以此作为掩护来讽刺当代文化和科学研究的荒谬性。对这个骗局的多重反应催生了"索卡尔事件"(Affaire Sokal)。在这里，从博纳尔德到索卡尔划出一条连续的谱系并不是问题，它会粉碎环境的独特之处，并否认存在反二元论的设想，但是要注意，知识分裂的这些问题至少在政治上和认识论上都是一样重要的。

甚至在这场争议之前，历史学家和科学社会学家沃尔夫·勒佩尼斯(Wolf Lepenies)都使用博纳尔德的表述来描述知识的顺序。这些知识将刻画自此两个世纪以来的特征。① 他的观察是文学与科学之间长期的分离(*Entliterarisierung*)。据他的研究，两者之间的竞争以学科的形式出现。② 在这种情况下，勒佩尼斯支持物理学家和作家查尔斯·珀西·斯诺(Charles Percy Snow)于1956年做出的判断。根据这种判断，当代知识世界的特征是科学家文化和文学知识分子文化，即"两种文化"之间存在敌对。③ 这种敌对是这两个世纪历史的一个标志。勒佩尼斯据此又提出，社会学是使介于科学和文学之间的第三种文化，从而使该模型变得复杂。④

他呈现的全景图被德国的当代政治历史所困扰，更普遍的是被极权主义的幽灵所困扰。像批评国家共产主义的批评家一样，沃尔夫·勒佩尼斯拒绝"以傲慢的理性的名义驱逐社会科学中的情感"，并认为博纳尔德是"头脑清醒"的。⑤ 相反，他谴责自己的过分行为，并更普遍地抨击那些批评启蒙运动的法西斯主义者的"非理性崇拜"。因此，他将自己定义为"适度的启蒙运动"的发起者。⑥ 勒佩尼斯的历史研究证明了本地类别的史学史运用，以及证明了历

---

① Lepenies 1986 et 1987.
② 对于19世纪"学科"的详尽讨论，参阅：Blanckaert 2006, Blanckaert 2012。
③ Snow 1959 (p. 4). 关于Lepenies将最初的讨论语境化，以及之后F.R. Leavis的争议，参阅：Lepenies 1997 (p. 151–154)。
④ Lepenies 1990.
⑤ Lepenies 1987 (p. 16–17). 也可参阅：Lepenies 2007。
⑥ Lepenies 1987 (p. 17).

史学家的记载与他所研究的行动者的记载之间总是存在可能的转变。最重要的是，他认为，就像后来他的研究材料的来源——博纳尔德、斯诺——和索卡尔一样，知识分裂的问题与认识论和政治是密不可分的。但是，这一点几乎从未被解释过。大多数情况下，这被简化为纯粹的认识论问题。相反，本章的目的是回顾这些问题与非常确定的有政治选择之间的紧密联系。我们将不着眼于完整性，而将重点放在两个关键时刻——在说法语和说德语的土地上。二元论的口号以体制的形式明确化，因而其使用时间很长。此外，对它们的动员远远超出了它们出现的环境，它们从而在更大范围内发挥了作用。

反对科学的文学：升华的内战

简短的文本，带有冲击力强的标题，而其描述是有结论性的。在《科学与文学之战》中，博纳尔德描绘了这样一幅图景：思想领域各自为政，敌对情绪空前高涨：

"一段时间以来，我们注意到科学共和国（la république des sciences）与文学共和国（la république des lettres）之间存在不和睦的情况。

这两个长期联合并接壤的大国如今开始分裂。人们不再害怕无知，每个人都有学识或识得文字。科学指责文学嫉妒他们的进步，而文学谴责科学傲慢自大。

长期以来统领科学和文学的伦理学尽管是和平的朋友，却也无济于事，因为哲学已经入侵或破坏了它们最美丽的领域：政治学和神学，而且她每天都奔走于道德之上。她被精确的科学所排斥，被轻浮的文学所鄙视，所以，她无法进行调解或保持中立，并会遭受获胜者所订立的法律的制约。但是，由于她们有一切来自科学的恐惧、艰辛和自大，她们的秘密愿望将是一个更加人性化和更加宽厚的文学。文学不会忘记自己与伦理学古老而紧密的联系。

如果战争爆发，文学将以自古以来的辉煌记忆所激发的自豪感进入战场，而科学则是以最近取得的成功所带来的信心。在过去的几年中，科学集中于广阔的化学和生理学领域。这两个领域好战的心情强烈，并且渴望发出信号。文学的军事形势并没有那么有利。悲剧和高级喜剧是他们的主力，但最近它们经历了严重的失败。史诗已沦为散文，历史学几乎未出现在我们文学大军的前列。位于两国边界上的艺术，他们的人民是温和的，将根据他们的意愿和利益来选择支持哪一方。自由之艺选择了文学一方。机械之艺、手工艺已经在百科全书中与科学融为一体。他们将在科学的旗帜下前进。因此，一切都宣布了即将来临的文学共和国的陷落，以及精密科学和自然科学的普遍统治。"[1]

该描述表现了文学的失败，如同一种历史性的决裂。有百年历史的科学与文学为对抗愚昧而结盟，其最终结果是科学在所有领域的胜利，甚至神学或伦理学领域都无法抗拒。即使是想要让他同时代的人进行抵抗，博纳尔德在这里也只采用了预言的语气。但是，从口号的提出到认识论对立的体制化，必须回顾使其成为可能的条件。

科学 vs 文学：已成为体制的反对法国大革命的意见

博纳尔德肯定是在1807年5月发表于《法兰西信使》(Mercure de France)的文章(《科学、文学与艺术》(Des sciences, des lettres et des arts))的基础上于1819年又撰写了上述文字。在《法兰西信使》这本杂志上发表文章并不容易。《法兰西信使》是《辩论报》(Journal des débats)的一部分，是在"雾月十八"政变(le coup d'État du 18 Brumaire)发生后，由反对法国大革命的流亡贵族创立的。[2] 从最初的几期开始，路易·德·丰塔纳(Louis de Fontanes)和夏多布里昂(Chateaubriand)就谴责大革命对科学和技术崇拜，并且更普遍地谴责任何有关进步的思想。以人类永恒的激情为基础的道德、艺术和政治不能因科学地位的升高而失去了价值。为了依照他们的言辞，不违反灵魂的奥秘或使内心的冲动枯竭，他们重新定义了与科学相对的文学。[3] 自该杂志发行就一直与其保持积极合作的路易·德·博纳尔德采用了一种反复思考

---

[1] Bonald 1819b (p. 305–310)（原文）.
[2] 可参阅：Gengembre in Bonald 2010 (p. 8, n. 5).
[3] Heilbron 2006 (p. 212–213). 可同样参阅：Schandeler 2008, Sigrist 2008.

的方案。在和解协议（Concordat）（1801年）签订之后，在夏多布里昂的畅销书《基督教真谛》(*Génie du christianisme*)（1802年）中，博纳尔德亦采取这一方式。最终，博纳尔德的风格吸引了不少读者。

博纳尔德将18世纪人格化。他憎恨18世纪，因为那个年代将"科学"简化为"物理学"并逆转了知识等级。①

他想反对这种趋势："如果我们把单词的真实含义还给人们，如果我们区分在伦理学和物理学上的所有知识，所有的不确定性就会消失，有理智的人就不会对由于伦理学产生的偏好而犹豫不决。"② 这是很谨慎的。被"封闭在基督宗教科学中"的"伦理学和文学古老而紧密的联盟"③，被认为是一种可以恢复的理想。这一点更加紧迫，因为这是"社会保护"的问题，因此"我们不会陷入道德和政治上的混乱。我们的革命给了我们这个想法，并树立了榜样"。④

因此，知识之树具有政治根源。对博纳尔德而言，肯定科学的地位高于文学无异于维持无政府状态，一种自1789年以来一直统治着法国的状态。只有文学与伦理学之间的新的联盟才能终结法国大革命。通过进一步将"伦理学"变为复数形式，他将神学、伦理学、政治学、法学和历史学进行了重新分组⑤，博纳尔德是反对"人的科学"（la science de l'homme）的，尤其是与"观念学"（Idéologie）的捍卫者——德斯蒂·德·特拉西（Destutt de Tracy）和卡巴尼斯（Cabanis）做斗争。⑥

德斯蒂·德·特拉西的《关于思考能力的论文》(*Mémoire sur la faculté de penser*) 于1796年发表并于1798年出版。⑦ 在这一研究中，为了避免假定寻

---

① Bonald 2010 (p. 239). 关于那个时代的人格化问题，可参阅：Chappey 2002，Zékian 2011 et 2012.
② Bonald 2010 (p. 246).
③ Bonald 1819b (p. 306).
④ Bonald 2010 (p. 253).
⑤ *Ibid.* (p. 240).
⑥ 关于"人的科学"，请参阅：Chappey 2006. 关于博纳尔德对"人的科学"的反对，请参阅：Zékian 2013（p. 60）. 关于这一术语的跨国历史语义学，参阅：Feuerhahn 2015b.
⑦ Destutt de Tracy 1798 (p. 322-325).

找本原或灵魂存在的"形而上学"和"心理学","观念学"一词是指专门用于分析感觉和观念的科学。① 其鼓吹者和倡导者宣称:"观念学是动物学的一部分②";即使人比动物更擅长于运用他的智力,事实仍然是"肉体和精神在源头融合"。③ 最重要的是,观念学不仅是知识理论,而且还是政治哲学。雅各布专政结束之后,其捍卫者希望改革社会,并为希望学者和科学能在这方面发挥核心作用。他们的计划被比喻为"活着的百科全书",强调科学的统一性。④ 这成了共和国法律的一部分。该法律从1795年开始实施,成立了昙花一现的师范学校,即共和历三年师范学校(École normale de l'an Ⅲ),该校专门用于培养教师。同时,法国还出现了负责指导12—18岁学生的中央中学(l'école centrale)。新成立的国立科学与艺术学院(Institut national des sciences et des arts)取代了旧制度下的学院机构。其中,伦理学和政治学课程中占据着中心位置。

尽管他们支持拿破仑的"雾月十八"政变,但他们很快成为拿破仑政策的受害者。在公共教育委员会中,德斯蒂·德·特拉西试图捍卫中央中学的课程,他认为这与人的本性相吻合,并反对那些希望恢复拉丁文和文学占主导地位的人,同时,他也反对服从于教会的权威。但是,由于委员会于1800年底被解散,他没能获得成功。观念学的倡导者对拿破仑而言似乎是对其权威的威胁。国民议会于1802年3月18日换届时,拿破仑将他们排除在外。1802年5月1日,学校法废除了中央中学,取而代之的是高中和初中。作为该法案的一位推事,观念学的反对者皮埃尔·路易·勒德黑(Pierre Louis Roederer)毫不掩饰地表达了用一种学校理念代替另一种学术理念的问题:

"在共和历四年,为给我们建立中央中学的公共教育体系所做的事情是与事物的本质相反的。在这个系统中,几乎没有文学教学,到处都是科学。一方面,中央中学几乎没有古代语言的学习课程,而古代语言是所有自由教育的第

---

① . Dierse 1982 (p. 133, n. 19), Chappey 2001 (p. 73, n. 43).

② Destutt de Tracy 1801 (p. 1).

③ Cabanis 1802 (t. 1, p. 93).

④ Chappey 1999.

一个基础。另一方面，他们似乎承诺要用活着的百科全书来填充法国。在旧的大学体系中更多的智慧，教学的基础是古代语言的研究，即用散文表达思想。"①

因而，"文学至上"（le primat accordé aux lettres）被首次体制化了。②

由于博纳尔德还未被边缘化，因此他在1807年表达了自己的立场。这种立场自执政府成立就得到许多人的捍卫。而这一立场最终被执政府所接纳。他的朋友，《法兰西信使》杂志的主编丰塔纳，也将为帝国大学（Université impériale）中科学与文学之间的对立奉献自己的力量。③ 1802年，丰塔纳作为德塞夫勒的代表加入立法团（Corps législatif），并在1804年被任命为主席。他参与了法律的拟定（1806年5月10日）和建立帝国大学的帝国法令的草拟工作（1808年3月17日）。该大学根据科学与文学的区别组织了从初级学校（l'école primaire）到学院的各个层次的教学。④ 它有五个学院（神学、法律、医学、数学和物理学、文学）。⑤ 理学院和文学院负责授予理学或文学学士学位，获得学位者可被允许在所有五个学院中申请学士学位和博士学位。⑥ 最为重要的是，帝国的法令规定："只有获得文学学士的学位后，才能在理学院获得学士学位。"⑦ 因此，这不仅确定了科学/文学之间的区别，而且首先确定了文学相对于科学的重要性。实际上，由于文学学士学位足以让其获得者前往其他的院系，因此直到1820年，理学院每年仅颁发约15个文凭。⑧ 法令颁布后的第二天，丰塔纳就被任命为大学的总管（Grand Maitre），并立即晋升为大学理事会（Conseil de l'Université）成员⑨，《法兰西信使》三位活跃的合作者，包

---

① Roederer 1814 (p. 256).
② Dhombres 1989 (p. 613-615).
③ 关于丰塔纳在帝国大学建立中的作用，以及他的反观念学倾向，参阅：Cotten 1992 (p. 68, n. 46). 该著作也引用了 Moravia 1968 (p. 512).
④ Dhombres 1989 (p. 611).
⑤ Décret impérial portant organisation de l'Université du 17 mars 1808, titre II, art. 6. 4. Id., titre III.
⑥ Id., titre III.
⑦ Art. 22 (Piobetta 1937, p. 73).
⑧ Piobetta 1937 (p. 73).
⑨ 关于大学理事会的组织与运作，参阅：le décret de 1808, art. 69-84.

括路易·德·博纳尔德，被列为"终身顾问。"① 因此，科学与文学的对立已经从反对法国大革命观点的地位转变为国家的信条。这种体制化和匿名化的过程将这种二分法变得显而易见，也将其变为一种无意识教育。② 直到今天，我们的讨论仍集中在一种知识相对于另一种知识的优先地位上（长期以来是文学高于科学，从1960年代以来，是科学高于文学）。这种对立致使彻底的改革无法出现。

1852年建立的"分科"制度所引起的争执就体现了这种迹象。这项改革是由路易-拿破仑·波拿巴（Louis-Napoléon Bonaparte）发动政变（1851年12月2日）后由公共教育部长伊波利特·福托尔（Hippolyte Fortoul）提出的。福托尔深信文学精神会过度增强青年人的激情③，他从三年级开始便加强了科学与文学之间的教育划分。他认为这是法国发展应用科学从而获得现代性的方式。④ 他的对手，尤其是维克多·迪吕伊（Victor Duruy）（自1863年以来一直担任这一职务）对这种过早的"分科"提出了质疑，但他并不反对分科制度。相反，迪吕伊的主要目标之一是防止人们规避因分科而被强化的文学学士学位，并重新强调了哲学教学的作用。⑤

---

① 另外两个人是约瑟夫·茹贝尔（Joseph Joubert）和安布鲁瓦兹·朗迪（Ambroise Rendu）。他们只是普通顾问，任期1年．
② 这并不意味着对这种分裂的抵抗力不强，不少事例可参阅：Blanckaert 2012，p. 12-14.
③ 福托尔明显受到了1848年革命的影响。他描绘了一幅非理性的青年人的肖像：学生们会被"青年人的激情所控制"。这是一个如何保护他们免受"包围着他们的诱惑"所影响的问题。这也是一个如何让他们避免因"大城市中普遍存在的散漫习气"而导致失败的问题（*Nouveau plan d'études des lycées* 1852, p. 124）．
④ 根据 *Nouveau plan d'études des lycées* 1852, p. 121 的记述："科学为他们打开了广阔的实际应用领域。科学将引导着青年人的智慧，以达到对社会有用目的；他们将不仅为以精神为骄傲的学术类职业做准备，而且还将为作为现代活动最基本形式的行政、商业和工业做准备。"参阅：Hulin-Jung 1989.
⑤ Poucet 1999 (p. 41-42).

自然科学 vs 精神科学：一场局部冲突，还是一场世界大战？

许多 19 世纪的参与者往往有这样的论点：如果有一块土地上盛行科学方法的二元性，那不是法国，而是德意志。这并不是完全错误的，但通常伴随着这样的观点：即如果考虑到物理学模式，法国本是一个科学统一的国家。然而，1863 年在图宾根，将自然科学从哲学中分离出来的人们，建立了第一个自然科学系。他们明确提到了外国的模式，特别是法国将科学与文学分开的模式。他们认为这种分离象征着一种进步。①

问题的历史（Problemgeschichte）的方法强调，尽管所使用的表达方式多种多样，但围绕当今的科学哲学家所谓的"认识二元论"，基本上还是有一个汇合点的。然而，重要的是要认真对待派别的多样性［科学/文学、自然科学（Naturwissenschaften）/精神科学（Geisteswissenschaften）］以及它们提供的划分不是先验可叠加的事实。② 因此，如果我们允许自己从法语与境转移到德语与境，那是因为参与者进行了这些比较。这并不意味着我们将其视为一件稀松平常的事。与之相反，我们的目标是研究这些在非常独特的环境下进行的比较。

局部冲突与跨区域冲突

邀请函（翻译稿）

根据 8 月 4 日国王的决定，建立了一个自然科学专门系，该系将于 10 月 29 日正式建立。根据传统，代表校长和学术参议院，该大学的所有成员和朋友都将被邀请参加在大学大楼主厅举行的这一学术仪式。雨果·冯·莫尔（Hugo von Mohl）教授将就自然科学系的建设发表演说。

植物学家雨果·冯·莫尔在 1863 年 10 月 29 日在为新系的成立典礼

---

① 关于该演说的全文，参阅：Engelhardt et Decker-Hauff 1963 (p. 194).
② Feuerhahn 2015b.

致辞中，将此成就称之为"胜利"，是"奋斗"的结果。^① 他的演说中不乏激昂的言语，同时，一种界限的划分也被清晰地显现出来：自然科学（*Naturwissenschaften*）和人文研究（*humanistische Studien*）。作为后者的艺术系，其面貌是陈旧的（在德语语境中哲学系被称为艺术系）。在图宾根大学，艺术系包含物理学、天文学、数学、矿物学、地质学和古生物学。它们各有三个教席："自然科学系（naturwissenschaftliche Facultät）的建立代表了对中世纪观念的突破。根据该观念，这种教育（*Bildung*）仅存在于人文研究中（*humanistischen Studien*）。在此基础上，我们认识到自然科学已达到与其他科学相同的规模，并且它们必须以独特的方式实现其特定的目标。最后，我们保证它们可以为实现这一目标而努力，而不受来自外界的影响。"^②

莫尔在讲话中明确指出，普鲁士不应该被冠以"智慧之国"（*Staat der Intelligenz*）的称号^③，因为它将自然科学局限于从属角色。莫尔还谴责当时普鲁士的骄傲——高级中学（*Gymnasium*）。普鲁士希望该机构向世界证明，如果德意志人没有一个民族国家，那么他们将在文化领域占统治地位，并继承古希腊均衡训练的理想。对于莫尔来说，恰恰是这些中学学习的单一性特征，即完全致力于古典学习，导致了普鲁士人对自然科学的热情不高，而且普鲁士对医生的培养也不足。^④

在普鲁士试图统一德意志地区时，这些针对学校和大学模式的批评至少在政治上和科学上都是一样的。莫尔来自符腾堡王国的一个自由家庭，对普鲁士的统治意志怀有敌意，因此在主张地方特殊性和区域间紧张关系的背景下，他将自然科学与精神科学之间的划分体制化。而在议会进行了四年的激烈辩论之后，最终决定在图宾根创建自然科学系的第二天，普鲁士杰出自然科学家的代表——物理学家赫尔曼·冯·亥姆霍兹（Hermann von Helmholtz）

---

① Engelhardt et Decker-Hauff 1963 (p. 193).
② *Ibid.* (p. 208).
③ *Ibid.* (p. 206). 黑格尔在海德堡大学（28.10.1816）的就职演说中创造的这一表达，很快成了流行语。
④ *Ibid.* (p. 207).

在附近的海德堡大学发表了一个至今仍然十分著名的演说,以捍卫哲学系的统一性。① 自从亥姆霍兹将自然科学(*Naturwissenschaften*)和精神科学(*Geisteswissenschaften*)区分开以来,这种话语更加揭示了政治问题的普遍性。对他来说,他们提出了一种方法上的差异,第一种是"逻辑归纳",第二种是"艺术归纳"。② 但是,亥姆霍兹并没有推进哲学系的分裂。更为重要的是,他反对将英国学者巴克尔(H.T. Buckle)和密尔(J.S. Mill)的作品被引入德意志地区。因为,他们在英国被视为精神科学与自然科学相结合的推动者。亥姆霍兹特别提出了普鲁士的"精神学系的良好的平衡"的理想,以捍卫哲学系的统一。

一年后,莫尔在新系建立的典礼上间接回应了亥姆霍兹(1863年10月29日)。他质疑了自然科学从业者中占主导地位的"归纳路径"与哲学家的"思辨路径"之间的经常性对立。③ 对他来说,"自然科学研究"(*Naturforschung*)和"哲学"之间的"深层鸿沟"是由于"哲学""确信其结论绝无差错"。莫尔在这里使用了自黑格尔死后(1831年)以来许多自然科学教授提出的观点。④ 像他们一样,在哲学系内,它也不以语言学和历史学为目标,而是以教条主义和占支配地位的哲学为目标。因此,他嘲笑了浪漫主义和黑格尔的自然哲学的畸变,因为他们声称自己超越了自然科学的盲目经验主义。

因此,科学之间关系的表述,无论是以莫尔式的还是亥姆霍兹式的,都是由于非常具体的局部环境所导致的。但是,在所有情况下,知识体系都与政治选择相关。

---

① 该大学的参议院于1862年11月13日投票决定成立自然科学系。亥姆霍兹则在11月22日发表了演说。有关此问题的详细分析,参阅:Feuerhahn 2015a.
② Helmholtz 1896.
③ Engelhardt et Decker-Hauff 1963 (p. 202).
④ *Ibid.* (p. 204 et 202).

理解（verstehen）vs 解释（erklären）：在耶拿的冲突

在知识领域之间发生冲突的历史中，另一种反对意见来自历史学（通过理解）和自然科学（通过解释）的独特而对立的方法有关。同样，必须在背景中理解这种对立的起源。在耶拿大学当选为历史学教授的约翰·古斯塔夫·德罗伊森（Johann Gustav Droysen）在致历史学家海因里希·冯·济贝尔（Heinrich von Sybel）的信中展现了自己的决定。1852年，他决定用地缘政治学去准备历史学方法论的课程："在当前形势下，一切都在腐烂，我们也是如此。尚无人相信理想的力量，拿破仑的综合理工学院正在影响着德意志的科学。为了在这种主导趋势面前树立威望——我们向耶拿最聪明的人们已经表示，只有显微镜和天平才是科学，他们的唯物主义方法将是卓越的方法，就像过去黑格尔的学生对哲学所做的一样，直到哲学陷入困境之时。在夏天，我还将开设一门关于"方法论和历史学百科全书"的课程。"①

在随后的几年中，他准备了这门课程，直到1857年他才第一次开始授课。在此期间，德罗伊森不停地抨击耶拿的"激进唯物主义"取向，这是由于"无能的巴黎综合理工学院让法国自1789年就开始腐烂了"，这是"大众想要得到的"。② 然后，生理学的发展与1848年的政治事件密切相关。第一个生理学实验室由卡尔·福格特（Carl Vogt）创立。他是尤斯图斯·李比希（Justus Liebig）的学生之一，属于法兰克福议会的民主激进派。他的无政府主义诉求是基于对动物和人类国家形态之间的连续性分析[《关于动物状态的研究》（*Untersuchungenüber Thierstaaten*），1851年]。他明确捍卫"唯物主义"，并对德意志学者进行了猛烈的抨击[《野生动物图》（*Bilder aus dem Tierleben*），1852年]。对他来说，心理功能对大脑功能的依赖性能够用于追求唯物主义的真理。在耶拿，细胞理论的发起人马蒂亚斯·施莱登（Matthias Schleiden）当然没有政治参与，但毫不犹豫地嘲笑自然哲学（*Naturphilosophie*）。③ 作为哲

---

① Droysen 1967 (p. 54–55)(lettre du 13 février 1852).
② *Ibid.* (p. 119: 17 juillet 1852; p. 182: 19 octobre 1853).
③ Gerber 2009 (p. 108–109).

学系的一员，他很可能是德罗伊森的目标之一。无论如何，就在 1854 年夏天，第 31 届德意志博物学家大会（la 31e assemblée des naturalistes allemands）之后，唯物主义之争（Materialismusstreit）出现了。德罗伊森首次提出了"对历史的理解（Verstehen）使我们感到，现代方法的智慧多么悲惨，它愿意将一切机械化，将一切减少到物质的新陈代谢和永恒。"[1] 方法之间的对立面还依然不清楚。之后，它将以他的课程概论 [在 1858 年，以《历史学大纲》（Grundriss der Historik）的标题发行] 的形式出现。这个概论以历史研究的理解性方法（verstehen）与解释性方法（erklären）之间的对立来制定。它以推理的方式进行推论，并拥有了自然科学的特征。[2] 这本著作已成为一个象征。它象征了历史学相较于自然科学所具有的不可还原性，因而有助于使二者在认识论上的区别成为现实。

世界大战

即使双方都使用了来自海外的参考，但莫尔或德罗伊森所针对的主要目标都是地方性的：前者是普鲁士及其古典精神科学的优先地位，后者是耶拿和唯物主义思想占主导地位。哲学家威廉·狄尔泰（Wilhelm Dilthey）是精神科学（Geisteswissenschaften）与自然科学（Naturwissenschaften）之间对立的捍卫者，他为这些冲突提供了国际视野。德国的统一和 1870 年的普法战争似乎使他将精神科学视为德国的特质方面发挥了重要作用。在阿尔萨斯被吞并之后，普鲁士当局考虑在斯特拉斯堡建立一个在国际上展现德国科学的平台。[3] 狄尔泰被要求为该如何建设一个新的帝国大学提供建议。[4] 他在其报告中提出了两个观点：首先是对所有人有效的一般原则，并据此认为"不是自然科学提升了人们

---

[1] Droysen 1967, p. 282-283 (30 septembre 1854). 同样可参阅：p. 424 (29 juillet 1856), p. 442 (20 mars 1857), p. 450 (8 mai 1857).

[2] Droysen 1977 (p. 403).

[3] 参阅：Voir Craig 1984 (p. 38).

[4] Dilthey 1941, Dilthey 2011 (p. 605), 关于他的评论，可参阅：Feuerhahn 2015a.

的道德和政治观念。法国为何在其精确科学的鼎盛时期出现衰弱？对此进行分析后所得出的结论是令人惊讶的。正是在历史学和哲学中，才有可能提出民族性和严格的道德规范。"①

在这里被称之为"历史的和哲学的"（historisch-philosophisch）科学在政治和道德上的优越性显然是毋庸置疑的，革命性的法国以其对科学的优越性作为证明。但是狄尔泰并没有捍卫普遍主义的观点。相反，他认为精神科学的发展是德国的独到之处："它们是同时存有德国科学卓越性的科学。"②

狄尔泰因此使用了历史法学家弗里德里希·卡尔·冯·萨维尼（Friedrich von Savigny）在1815年建立的欧洲思想地图。后者不支持在德意志地区实施拿破仑民法典，反对德意志的"历史法学派"，并希望关注不同民族的独特性。他反对以法兰西帝国权力推动的"无历史学派"（l'école anhistorique）、理性主义和国际主义。他认为，法国以理性的普遍性为借口将其特定的立法强加给所有人。对于所有遵循历史法学的人，无论是经济学、语言、艺术还是其他任何以人民精神为代表的民族精神（Volksgeist）来说，德意志地区应该成为反对法英历史主义的历史科学的旗手。③ 狄尔泰在关于斯特拉斯堡大学的报告中，反对建立一个独立的自然科学系，并主张将其在普鲁士划为较不激进和更为常见的"专业"。④ 在《精神科学导论》（Introduction aux sciences de l'esprit）中，他"试图在哲学上证明历史学派的本原和社会的独特的科学研究是正当的。而这些研究目前完全由精神科学来决定"。⑤

早在1875年，狄尔泰就指出了对精神科学及其未来历史的实证主义研究

---

① Dilthey 1941 (p. 82).

② Ibid. (p. 82).

③ 英国与法国的协会起源于对亚当·斯密（Adam Smith）怀有敌意的经济学家的思想，例如，亚当·米勒（Adam Müller）在他的《国家艺术的要素》（Elemente der Staatskunst）中提出的思想（1805）。

④ 在这一点上，我没有使用以下两本著作的观点：John Craig 1984（p. 45）和 Reinhard Riese 1977（p. 84）。在这两本著作中，作者都声称狄尔泰还主张对哲学系进行划分。但是，狄尔泰在1879年反对了这种划分，参阅：致谢勒（W. Scherer）的信，Dilthey 2011（p. 821）.

⑤ Dilthey 1990a（p. xvii）. 导言的前两页说明了历史和社会科学出现的来龙去脉。这两门学科的出现使德国成为面对自然、抽象的法律、宗教和经济学理论时的解放的力量。而这些理论是拿破仑所带来的，并成为摧毁德意志千年帝国的力量（Dilthey 1990a, p. xv）。

方法，无论它来自孔德（Comte）还是被"英国研究人员"修改过，都"完全偏离了德国人所从事的研究的深度"。① 对他来说，自然科学是法英两国启蒙运动的抽象理性主义的当代版本，它们不能成为伦理学的典范：

"在我看来，孔德和实证主义者，斯图亚特·密尔和经验主义者对这些问题的回答似乎不是历史事实的全貌。他们这样做是为了使其适应自然科学的概念和方法。"②

在普鲁士的支持下捍卫团结的他称赞俾斯麦的政策。③ 他赞扬语文学训练作为其教学体系核心的优点。在他看来严谨的语文学解释了法英理性主义与德国发展的历史精神之间的差距："这些实证主义者充满了鲁莽的科学构建欲望。现在这些人在英国和法国占据主导地位，并且仅仅通过几年的活动中特殊的研究就剥夺了历史现实的亲密感。这些实证主义者并没有找到他们工作的确切起点，而正是他们连接着不同的科学的原则。"④

这种认识论的地缘政治在国家一级或德语世界中并不一致⑤，但它在应对当时的政治挑战时，从 19 世纪 90 年代开始，获得了越来越多的人的支持。⑥

在 19 世纪，科学已经成为一种民族的自豪感、一种权力的标准。经常与它有联系的万国博览会和国际大会是各国代表团之间竞争的机会。⑦ 认识论的地缘政治越来越转向讽刺、夸张与扭曲。在德国，这种想法是，只有德国科学才能捍卫精神科学对自然科学的不可还原性，从而尊重历史和民族的特殊性。而在莱茵河的另一边，许多人把法国看作科学、理性世界主义和人文主义的保证方。

---

① Dilthey 1990b (p. 54), trad. française: Dilthey 1992 (p. 67).
② Dilthey 1990a (p. xvi–xvii).
③ Thielen 1999 (p. 442).
④ Dilthey 1990a (p. 23–24).
⑤ Feuerhahn 2015a. 维也纳语文学家特奥多尔·贡珀茨（Theodor Gomperz）是哈布斯堡王朝自由主义的捍卫者，他在斯图亚特·密尔的全部著作译本的序言中批评了狄尔泰。他嘲讽法国和大不列颠经验主义的代表者，并将其与之相关的怀疑论视为"最强大和始终如一的敌人"，而用德国哲学和基督宗教与之对抗的结果则是自然和科学将失去它们的灵魂（Mill 1872, p. vi）。
⑥ Ringer 1990, Feuerhahn 2015b.
⑦ Feuerhahn et Rabault-Feuerhahn 2010.

1895 年，意大利一家杂志邀请埃米尔·涂尔干（Émile Durkheim）介绍"法国社会学研究的现状"，他描绘了一幅对比鲜明的法国和德国"精神"的肖像画："如果德国精神比我们更敏感于社会事物的复杂，那另一方面，因为它是平庸的分析，所以他们似乎很难将一个复杂的现实完全付诸于科学分析；因此，德国"社会主义者"声称，社会只能是半科学、伪科学的对象，在严格意义上没有规则，只有近似的一般性，并受到各种例外的制约。相反，法国精神虽然接受了我们谈论的新思想，但它仍然是一贯的、深刻的理性主义。然而，我们仍然忠实于笛卡尔定律，根据该定律，可理解的宇宙可以完全转化为科学符号。这就是为什么我们相信法国处于最有利的条件，以促进社会学的进步。"①

19 世纪 80 年代，埃米尔·涂尔干亲自在德国调查了他所谓的"道德积极的科学"（la science positive de la morale），并在其中对被称为"讲坛社会主义者"（les socialistes de la chaire）的经济史学家进行了排名。有趣的是，他在这里使用了他从这门科学中学到的一个特殊词汇——民族精神（Volksgeist）②，并将一个看似自相矛盾的特殊性作为对法国的描述：体现普遍理性。这一新的社会学引起了各国之间的竞争，涂尔干以德国历史经济学派的重要信息提供者的身份，在国际社会学舞台上占据了主导地位。为此，他只是把这一学派捍卫的精神科学的概念排除在科学界之外，并把它作为文学文化的遗存。③ 因此，德国被认为更接近于他在法国所反对的东西，即文学地位高于科学。

但是，坚持科学的统一并不能保证国际的和平与科学实践的多样性。在莱茵河两岸，大多数学者都是冲突的原因。④ 因此，德国的特殊主义与法国普世主义的对立将长期成为意识形态话语中被长期讨论的问题，并渗透到人

---

① Durkheim 1975 (p. 106).
② 他在 1915 年写的小册子中再次赞扬了这项成就，该小册子试图通过对民族主义历史学家海因里希·冯·特赖奇克（H. von Treitschke）的著作进行分析来刻画德国人的"思想"：Durkheim 1915（p. 27），关于涂尔干对德国著名人士的研究，可参阅：Feuerhahn 2014.
③ Durkheim 1975 (p. 34)(《la sociologie et son domaine scientifique》, *Rivista italiana di sociologia*, 1900).
④ Mommsen 1996, Prochasson et Rasmussen 1996.

们心中。

"文学"和"科学"、"解释（erklären）"和"理解（verstehen）"、"精神科学（Geisteswissenschaften）"和"自然科学（Naturwissenschaften）"之间的对比常常被解释为纯粹的认识论和方法论的辩论，其中，我们仅限于讨论它们在哲学上的预设，但是，它们实际上与政治性的争论是分不开的。当实验科学主张它们的自主性时，政治精英们在大肆吹捧进步以及与工业的联系，工程师的身影在工业中显现出来，人文学科作为学术界核心价值观的地位似乎被动摇了。然后，一些学者认为对知识的分割是挽救一种培养模式和他们认为受到威胁的职业风气的一种方法。

沃尔夫·福伊尔哈恩（Wolf Feuerhahn）撰

参考文献

Blanckaert Claude, 2006, La discipline en perspective. Le système des sciences à l'heure du spécialisme (xixe–xxe siècle), *in* Jean Boutier, Jean-Claude Passeron et Jacques Revel (dir.), *Qu'est-ce qu'une discipline ?*, Paris, Éd. de l'EHESS, p. 117–148.

– 2012, L'équation disciplinaire des sciences humaines. Paradigme ou problème pour une épistémologie vraiment historique ? , *in* Jean-Louis Chis, Dan Savatovsky, Danielle Candel et Jacqueline Léon (dir.), *La Disciplinarisation des savoirs linguistiques. Histoire et épistémologie*, Paris, SHESL (Les dossiers de HEL, n° 5), p. 1–21.

[supplément électronique à la revue *Histoire. Épistémologie. Langage*, disponible sur Internet: < http://htl.linguist.univ-paris-diderot.fr/num5/num5.html >].

Bonald Louis de, 1807, Des sciences, des lettres et des arts , *Mercure de France*, t. 28; n° ccciii, p. 247–249, 9 mai 1807; n° ccciv, p. 295–310, 16 mai 1807.

– 1819a, Des sciences, des lettres et des arts , *in* Louis de Bonald, *Mélanges littéraires, politiques et philosophiques*, Paris, Le Clere, t. 2, p. 108–164.

– 1819b, Sur la guerre des sciences et des lettres, in *ibid.*, p. 305–310.

– 2010, *Œuvres choisies*, t. 1: *Écrits sur la littérature*, éd. par Gérard Gengembre et Jean-Yves Pranchère, Paris, Classiques Garnier.

Cabanis Pierre-Jean-Georges, 1802, *Rapport du physique et du moral de l'homme*, Paris, Crapart, Caille & Ravier.

Chappey Jean-Luc, 1999, Usages et enjeux politiques d'une métaphorisation de l'espace savant en Révolution. L'"Encyclopédie vivante", de la République thermidorienne à l'Empire, *Politix*, n° 48, p. 37-69.

— 2001, Les Idéologues face au coup d'État du 18 brumaire an VIII: des illusions aux désillusions, *Politix*, n° 56, p. 55-75.

— 2002, Le xviie siècle comme enjeu philosophique et littéraire au début du xixe siècle, *Cahiers du Centre de recherches historiques*, nos 28-29, p. 101-115.

— 2006, De la science de l'homme aux sciences humaines: enjeux politiques d'une configuration de savoir (1770—1808), *Revue d'histoire des sciences humaines*, n° 15, p. 43-68.

Cotten Jean-Pierre, 1992, *Autour de Victor Cousin: une politique de la philosophie*, Paris, Les Belles Lettres.

Craig John E., 1984, *Scholarship and Nation Building : The Universities of Strasbourg and Alsatian Society (1870—1939)*, Chicago (IL), University of Chicago Press.

Destutt de Tracy Antoine, 1798, Mémoire sur la faculté de penser, *Mémoires de l'Institut national*, t. 1, p. 282-328.

— 1801, *Projet d'éléments d'Idéologie à l'usage des écoles centrales de la République française*, Paris, Didot.

Dhombres Nicole et Jean, 1989, *Naissance d'un nouveau pouvoir. Sciences et savants en France (1793—1824)*, Paris, Payot.

Dierse Ulrich, 1982, Ideologie, *in* Otto Brunner, Werner Conze et Reinhart Koselleck (dir.), *Geschichtliche Grundbegriffe. Historisches Lexikon zur politischsozialen Sprache in Deutschland*, Stuttgart, Klett-Cotta, vol. 3, p. 131-169.

Dilthey Wilhelm, 1941, Entwurf zu einem Gutachten über die Gründung der Universität Straßburg. Aus dem handschriftlichen Nachlaß mitgeteilt, *Die Erziehung*, n° 16, p. 81-85.

— 1990a, *Gesammelte Schriften*, t. 1: *Einleitung in die Geisteswissenschaften*, Stuttgart, Teubner et Göttingen, Vandenhoeck & Ruprecht.

— 1990b, *Gesammelte Schriften*, t. 5: *Die geistige Welt*, Stuttgart, Teubner et Göttingen, Vandenhoeck & Ruprecht.

— 1992, *Œuvres*, t. 1: *Critique de la raison historique*, présentation, traduction et notes par S. Mesure, Paris, Cerf.

— 2011, *Briefwechsel*, t. 1: *1852—1882*, éd. par Gudrun Kühne-Bertram et Hans-Ulrich Lessing, Göttingen, Vandenhoeck & Ruprecht.

Droysen Johann Gustav, 1967, *Briefwechsel*, éd. par Rudolf Hübner, réimpr. de l'éd. de 1929,

Osnabrück, Biblio Verlag.

– 1977, *Historik*, éd. critique par Peter Leyh et Horst Walter Blanke, Stuttgart-Bad Cannstatt, F. Frommann-G. Holzboog.

Durkheim Émile, 1915, *L'Allemagne au-dessus de tout*, Paris, Armand Colin.

– 1975, *Textes*, t. 1: *Éléments d'une théorie sociale*, Paris, Minuit.

Engelhardt Wolf Freiherr von et Decker-Hauff Hansmartin, 1963, *Quellen zur Gründungsgeschichte der Naturwissenschaftlichen Fakultät in Tübingen (1859—1863)*, Tübingen, Mohr.

Feuerhahn Wolf, 2014, Zwischen Individualismus und Sozialismus: Durkheims Soziologie und ihr deutsches Pantheon , *in* Gangolf Hübinger (dir.), *Europäische Wissenschaftskulturen und politische Ordnungen in der Moderne (1890—1970)*, Munich, R. Oldenbourg Verlag, p. 79-98.

– 2015a, Sciences de la nature *versus* sciences de l'esprit. Un conflit allemand des facultés, *in* Vincent Bourdeau, Stéphane Haber et Arnaud Macé (dir.), *Le XIXe siècle par-delà nature et société*, Besançon, Presses universitaires de Franche-Comté.

– 2015b, "Sciences humaines" (xixe siècle), *in* Olivier Christin et Marion Deschamp (dir.), *Dictionnaire des concepts nomades en sciences humaines*, Paris, Métailié, vol. 2.

Feuerhahn Wolf et Rabault-Feuerhahn Pascale (dir.), 2010, *La fabrique internationale de la science. Les congrès scientifiques internationaux (1865—1945)*, dossier de la *Revue germanique internationale*, n° 12.

Gerber Stefan, 2009, Die Universität Jena (1850—1918), *in* Senatskommission zur Aufarbeitung der Jenaer Universitätsgeschichte im 20. Jahrhundert (dir.), *Traditionen, Brüche, Wandlungen. Die Universität Jena (1850—1995)*, Cologne, Weimar et Vienne, Böhlau, p. 23-269.

Heilbron Johan, 2006, *Naissance de la sociologie*, Marseille, Agone.

Helmholtz Hermann von, 1896, Über das Verhältnis der Naturwissenschaften zur Gesammtheit der Wissenschaften, *in* Hermann von Helmholtz, *Vorträge und Reden*, Braunschweig, Vieweg, vol. 1.112 wolf feuerhahn

Hulin-Jung Nicole, 1989, *L'Organisation de l'enseignement des sciences*, Paris, Éd. du CTHS.

Lepenies Wolf, 1986, "Über den Krieg der Wissenschaften und der Literatur" . Der Status der Soziologie seit der Aufklärung , *Merkur. Deutsche Zeitschrift für europäisches Denken*, vol. 40, n° 6, p. 482-494.

– 1987, Sur la guerre des sciences et des belles-lettres à partir du xviiie siècle , *MSH Informations*, no 54, p. 8-17.

— 1990, *Les Trois Cultures. Entre science et littérature, l'avènement de la sociologie*, Paris, MSH Éditions.

— 2007, *Qu'est-ce qu'un intellectuel européen? Les intellectuels et la politique de l'esprit dans l'histoire européenne. Chaire européenne du Collège de France (1991—1992)*, Paris, Seuil.

Mill John Stuart, 1872 [1843], *System der deductiven und inductiven Logik. Eine Darlegung der Grundsätze der Beweislehre und der Methoden wissenschaftlicher Forschung*, vol. 1 des *John Stuart Mill's Gesammelte Werke*, t. 2, autoris. Uebers. unter Red.von Th. Gomperz, Leipzig, Fues.

Mommsen Wolfgang (dir.), 1996, *Kultur und Krieg : die Rolle der Intellektuellen, Künstler und Schriftsteller im Ersten Weltkrieg*, Munich, R. Oldenbourg Verlag.

Moravia Sergio, 1968, *Il tramonto dell'illuminismo. Filosofia e politica nella società francese (1770—1810)*, Bari, G. Laterza.

Nouveau plan d'études des lycées , 1852, *Recueil des lois et actes de l'instruction publique*, Paris, Delalain, p. 120–127.

Piobetta Jean-Baptiste, 1937, *Le Baccalauréat de l'enseignement secondaire*, Paris, Baillière.

Poucet Bruno, 1999, *Enseigner la philosophie. Histoire d'une discipline scolaire (1860—1990)*, Paris, CNRS Éditions.

Prochasson Christophe et Rasmussen Anne, 1996, *Au nom de la patrie. Les intellectuels et la Première Guerre mondiale (1910—1919)*, Paris, La Découverte.

Riese Reinhard, 1977, *Die Hochschule auf dem Wege zum wissenschaftlichen Grossbetrieb*, Stuttgart, Klett.

Ringer Fritz, 1990, *The Decline of the German Mandarins: The German Academic Community (1890—1933)*, Hanovre et Londres, Wesleyan University Press.

Roederer Pierre-Louis, 1814, Discours prononcé au Corps législatif par Roederer, orateur du gouvernement, sur le projet de loi relatif à l'instruction publique (14 mai 1802) , in *Recueils de lois et règlemens concernant l'instruction publique*, 1re série, t. 2, Paris, Brunot-Labbe, p. 250–265.

Schandeler Jean-Pierre, 2008, République des sciences ou fractures de la république des lettres, *Dix-huitième siècle*, n° 40, p. 315–332.

Sigrist René, 2008, La "république des sciences" . Essai d'analyse sémantique, *Dix-huitième siècle*, n° 40, p. 333–357.

Snow Charles Percy, 1959, *The Two Cultures and the Scientific Revolution (The Rede Lecture 1959)*, New York, Cambridge University Press.

Thielen Joachim, 1999, *Wilhelm Dilthey und die Entwicklung des geschichtlichen Denkens in Deutschland im ausgehenden 19. Jahrhundert*, Wurzbourg, Königshausen & Neumann.

Zékian Stéphane, 2011, Siècle des lettres contre siècle des sciences: décisions mémorielles et choix épistémologiques au début du xixe siècle , *Fabula-LhT*, n° 8, Le partage des disciplines, mai 2011, < http://www.fabula.org/lht/8/index. php?id=234 > (page consultée le 13 octobre 2014).

— 2012, *L'Invention des classiques. Le siècle de Louis XIV existe-t-il ?*, Paris, CNRS Éditions.

— 2013, Les enjeux littéraires de la science de l'homme : Bonald et Cabanis dans la "guerre des sciences et des lettres" , in Yves Citton et Lise Dumasy (dir.), *Le Moment idéologique. Littérature et sciences de l'homme*, Lyon, ENS Éditions, p. 47-67.

瑞利勋爵(Lord Rayleigh)使用的镜式检流计,以确定电阻标准。这是剑桥科学仪器公司(Cambridge Scientific Instruments Company)制造的首批仪器之一。

第五章

现代性和计量学

> 有一件事，我们不能说它长 1 米，也不能说它不到 1 米。这就是巴黎的标准米。但是，在说这话时，我们自然没有给标准仪表指定任何令人惊讶的属性，我们只是通过分级规则来描述它在测量方法中的特殊作用。
>
> ——路德维希·维特根斯坦（Ludwig Wittgenstein），《哲学研究》（*Recherches philosophiques*），§ 50[①]

标准化度测量的产生是一个轻而易举的事，因此，我们在罗伯特·穆齐尔（Robert Musil）的《没有个性的人》（*Der Mann ohne Eigenschaften*）（1930 年）中可以看到这迷人而令人沮丧的工作：

"大西洋上空有一个低压槽。等温线和等夏温线对此负有责任。空气温度与年平均温度，与最冷月份和最热月份的温度以及与周期不定的月气温变动处于一种有序的关系之中。太阳、月亮的升起和下落，月亮、金星、土星环的亮度变化以及许多别的重要现象都与天文年鉴里的预言相吻合。空气里的水蒸气达到最高膨胀力，空气的湿度是低的。一句话，这句话颇能说明实际情况，尽

[①] Wittgenstein 2004 [1953] (p. 55).

管有些过时：这是 1918 年 8 月里的一个天气不错的日子。"①

作为当代的"维特根斯坦"、军事工程师、马赫（Mach）心理学的信奉者以及公务员，罗伯特·穆齐尔完全有能力理解这种惊人的系统远程行动能力，并将过时的习俗转化为精确测量的有趣悖论。计量系统让人们可以治理广袤的区域，但其有效性取决于这种治理的力度。计量学家渴望从不可预测的社会利益和自然行为的力量中获得自主权。他们声称可以控制和指挥这些力量。因此，以一些超验性原则的语言来分析标准化过程就变得很简单，这恰恰是因为这些原则的力量和实在性被构建成了该过程的一部分。本文将解释现代性的一个主要组成部分，并通过有关"标准化"的历史与政治经济学展现整体化与自主权之间的关系。

计量学的商品化

我们要通过这段历史来详细分析计量机构的空间化，并解释其自主权。这意味着我们要重新思考价值观地理的政治经济学（l'économie politique de la géographie des valeurs）以及国家在这些价值观权力中的作用。亨利·勒费弗尔（Henri Lefebvre）提醒我们："没有它们使用的工具的空间，就无法构想国家的框架和作为框架的国家。每一个新的国家和政治权力形式都带来了空间的划分和对有关空间以及空间中的事物与人的论说的行政分类。"勒费弗尔的做法极具影响力［这被米歇尔·福柯（Michel Foucault）和大卫·哈维（David Harvey）继承］，旨在结束国家自由派和专制派之间的表面对立，或者从计量学上讲，是作为地方创造或集中决策的标准之间的对立。我们需要按时间顺序进行重新定位，以理解与帝国主义全球化标准相关的现代主义困境往往和现代早期欧洲国家的形成与商品生产之间的冲突有关。②

巴洛克式社会刻意培养计量学、机械、法律和金融之间的互动。约翰·布

---

① Musil 1956 [1930] (p. 9).
② Lefebvre 2000 (p. 324). 可参阅：Foucault 2001（p. 1089–1104），Harvey 1990（p. 254–259）进行比较。

鲁尔（John Brewer）最近对"军事－财政国家"的描述动摇了对 18 世纪英国政府软弱而权力分散的传统表述，不仅凸显了国家筹集巨额资金维持长期战争状态的能力，而且存在一个与标准的定义有关的间接税网络。它以大量税务人员、"衡量、计算和计数"专家为基础，从而将政府的政治手段与贸易手段联系起来。计量学在这些社会中的地位与通过计算和"信息政策"（la politique de l'information）来减少混乱的愿望有关。这种政策反映了"广泛希望推动深奥、晦涩和私密的知识进入公共空间的意愿"。[①] 在 1670 年代，物理学家罗伯特·波义耳（Robert Boyle）设计了一种他所谓的流体静力学的测试装置用于检验硬币，他说："不需要有精确的尺度，不需要对流体静力学的熟识度，也不需要算术知识，真正的几尼和伪造物之间的区别将会是显而易见的。"当 60 度在 1688 年成为酒精含量的一个指标后，1690 年代，这些技术由艾萨克·牛顿在伦敦一家改革后的皇家造币厂（Royal Mint）采用，成为税收管理的核心。1725 年，伦敦海关办公室的一位白兰地计量师约翰·克拉克（John Clarke）将波义耳的仪器改为液体比重计，以规范这些措施，并通过牛顿的皇家学会将其呈现给海关员工。在 18 世纪后期的出口法（Export Acts）中，克拉克的这种操作成为法律。关于其可靠性的激烈争论在 18 世纪末爆发。皇家学会再次充当了仲裁者的角色，以寻找更可靠的仪器。这不仅导致了 1816 年新的比重计量方案，还导致了一系列糖分仪和标准化蒸馏器的出现，并最终在 1842 年形成了集中化的测试实验室。这些合法的实验室糖分仪是由罗伯特·贝特（Robert Bate）制造的，他也设计了机床的螺丝标准，以及从 1824 年开始用于监狱的脚踏轧机的计算器，这使因犯的工作在所有监狱中几乎实现了统一化。改革者主张监狱工作和烟草质量的标准化，而批评者则认为，任何法律都不应"削弱个人为了自身安全而必须表现出的自信"。他们提到众所周知的对酒类和烟草等商品纯度评估标准的随意性。国家开始有计划地统一计量标准，并集中控制这些市场。国家在全国各地建立了化学观察站：烟草落于显微镜之下；酒精成为实验室产品。特殊的措施不仅对这些商品的市场进行规训和评估，而且也针

[①] Brewer 1989 (p. 230) et 1994 (p. 61).

对分析员本身，他们会被严格地审查和集中监测。他们是在英国接受培训的第一批专业实验室科学家。像法拉第这样的学者也参与了这个过程。制造60度的酒精和质量良好的烟草的历史是系统生产的历史，而且往往是具有争议的，同时，这也是计量技术的可认知空间及其人员的历史。①

作为这些标准化商品的"自然哲学"（la philosophie naturelle）影响的一个例子，我们可以引用1729年仪器制造商丹尼尔·华伦海特（Daniel Fahrenheit）和他的老板赫尔曼·布尔哈弗（Herman Boerhaave）教授之间的交流。华伦海特说，"到目前为止，还没有人观察到一种玻璃比另一种玻璃膨胀得更厉害。最初导致我发现这一点的是这样一件事：当我到达阿姆斯特丹时，我不得不用阿默斯福特的玻璃代替德意志的或波茨坦的玻璃来制作温度计。"

布尔哈弗和其他客户抱怨说，华伦海特的仪器不可靠。他承认了这个问题："记得在荷兰这里出售的所有汞都来自同一个矿山，因此与在德意志地区购买的汞相同，我无法想象汞也许是造成这种差异的原因，因此我得出结论，这种差异必然是由于玻璃的膨胀造成的。为了搞清楚这些问题，我几次请出售波希米亚玻璃的流动商贩给我带玻璃管。他们答应了，但没有遵守他们的承诺。他们告诉我，在长途旅行中打破管子的风险太大了。他们卖啤酒杯就没有那么大的风险，而且还能赚得更多。"

当阿姆斯特丹一家新的玻璃工厂开业时，华伦海特观察到用这种玻璃制成的温度计也各不相同。"我完全确信，结果的差异纯粹是由于玻璃膨胀程度的不同所导致的。因为就在这时，我偶然得到了一小根图林根玻璃管。"

他主要关注的是玻璃生产、质量和标准之间的不确定关系。他必须在成为一名玻璃业的行家里手之后才能成为一名计量学家。

"我还接触过阿姆斯特丹的玻璃（我不是谈论在那里制造的镜面玻璃，因为我还没有接触过那种玻璃）并不总是软化或融化到相同的程度，我也发现其膨胀的差异，因为这个玻璃厂经常易手，玻璃的组成同样频繁的变化。它的膨

---

① Boyle 1675 (p. 331), Clarke 1729 (p. 277–279), Hammond et Egan 1992 (p. 2–32). 关于贝特的监狱的机器，请参阅：Morton et Wess 1993（p. 552–553）. 关于量规和数学，请参阅：Grabiner 1998. 对于当时的消费税和试验的整体演变，请参阅：Ashworth 2001.

胀，正如我已经看到的许多次，使我感到非常沮丧、悲伤和懊恼。"①

在玻璃工厂、码头、啤酒厂和农场，计量技术也发生在18世纪市场的其他地方。威廉·雷迪（William Reddy）对1789年左右法国面料营销变化的精彩论述在这方面是令人称赞的。他对比了18世纪海关监察员萨瓦里·德·布勒隆（Savary de Brélons）撰写的贸易词典，以及一本由银行家们在七月王朝时期出版的字典。旧制度的文本假定织物购买者是业内行家以及织物地理学精干的鉴赏者，并熟知成分、编织和谷物的分类方法。19世纪的文本则更关注生产、重量、技术。空间的差异不再根据织物不可名状的品质呈现出来，而是由产生它们的工厂来展现。雷迪认为，这种变化不仅是技术进步的结果，而且是货物含义完全重构的结果。这是以新的标准和评估技术为基础的变化。② 这些商品质量的标准价值也是科学中的决定性因素。例如，18世纪初电学实验者之间关于织物质量差异的激烈争论，在这种争论中，关于染料、丝绸和羊毛的真正知识是有效特性和再生产性所必需的，因此，弗朗西斯·霍克斯比（Francis Hauksbee）、斯蒂芬·格雷（Stephen Gray）和夏尔·迪费（Charles Dufay）也是染料和织物贸易领域的专家便不足为奇了。格雷著名的"技巧"——让丝绸带电，直接来自他作为染洗工的手工技能。而迪费则负责运行巴黎哥布林地区的国有化手工作坊。此外，我们还可以看到，18世纪中叶，哈布斯堡王朝的仆从们在意大利和神圣罗马帝国使用的空气质量测量技术，一系列气体测定仪器和进行的实地考察，旨在以计量学支持社会经济改革，推翻神职人员，并帮助托斯卡纳大公（le grand-duc de Toscane）在滨海沼泽地（la Maremme）种植烟草。当然，这些活动是困难重重的。这些测试测量了不同空气样品中燃素的含量。污浊的空气则成为计量学和气象学的事实。在服务于彼得罗·莱奥波尔多（Pietro Leopoldo）的政治专家的微妙的伦理学解释中，人们可以看到空气的腐败与社会的腐败是有联系的。③

社会秩序的建立需要有组织的网络进行商品交换。这种网络反过来将有助

---

① 华伦海特致布尔哈弗，1729年3月30日，Van der Star 1983（p. 145-149）。
② Reddy 1986.
③ Schaffer 1997a et 1990.

于加强该秩序。而这个秩序将尽可能地产生既可靠又便于运输的技术和结果。朱利安·霍皮特（Julian Hoppit）最近对18世纪英国计量学的分析强调了地方利益与标准化的好处，以及重塑文化地方主义的政治意愿，并证实了计量学与商品地位的相关性。烟叶的商品状态取决于政府对烟草桶体积的严格规定，并在弗吉尼亚州的种植园以及伦敦和格拉斯哥的码头上推行与维持。由于19世纪初海关实验室的严格要求，烟叶终于成为一种可靠的商品。这种烟叶还成为法国包税商贸易体系的一部分。该体系垄断了格拉斯哥从弗吉尼亚的进口业务。因此，这也成为18世纪重要的税务专业人员的商业资本，例如，拉瓦锡，他检查烟草进口，控制进入首都的物品的海关，监督商品从城门的进出，并帮助建立了国家的弹药工业。正如查尔斯·吉利斯皮（Charles Gillispie）所说，对于拉瓦锡而言，这是将"会计学精神推向了工程学"。但是，安德斯·隆格伦（Anders Lundgren）提醒我们，会计学可以发挥观念学的作用："拉瓦锡依靠数字进行巧辩。""当他捍卫自己的新化学时，他充分利用天平来进行雄辩。"这是因为"无法理想化的化学实在（la réalité chimique）的复杂性可能损害这种辩术"。如果不保护这些计量学免受社会网络习俗的污染，就无法实现通过该网络延展其能力。①

作为机器制造的计量学

毫无疑问，《测量与人类》（Les Mesures et les hommes）是维托尔德·库拉（Witold Kula）关于计量学的社会意义的经典研究。该书在《年鉴》杂志（Annales ESC）的主持下于1984年被翻译。库拉对欧洲文化从传统测量和身体测量到抽象和通用测量系统的转变进行了详细的分析，追溯了非人性化趋势到客观性的演变，并在法国大革命中找到了这种转变的关键时刻。库拉认为："'米'已将人类对人类的不人道手段转变为对人类的理解与合作。为使'米'

---

① Hoppit 1993. 关于格拉斯哥和巴黎之间的烟草贸易，可参阅：Devine 1975（p. 34-48 et 62-68）. 关于拉瓦锡，可参阅：Gillispie 1980 (p. 58-65), Lundgren 1990 (p. 259-260)。

获得最终的胜利,必须满足两个条件:法律面前人人平等和货物的异化。"

政策当然是要被承认的。库拉以"致敬省长们的附言"结束了他的研究。针对夏多布里昂在法国大革命后对提倡米制的雅各宾派"平庸的暴政"的猛烈抨击,库拉赞扬了采用统一测量标准的国家的优点:"省长们将试图并且将成功地统一被其管理的人的思想。直到有一天我们彼此了解得如此之深,以至于我们无话可说。"① 当然,这种乌托邦的计量学的静止状态尚未完全实现。

库拉的研究以省长们的"米"作为结束。他是否认为计量学将永远得到保证?也许不是,尽管这是计量学家的梦想,尤其是在他向之致敬的革命文化中。因此,莫娜·奥祖夫(Mona Ozouf)对革命性节日的审视唤起了一个没有质量的开放空间的乌托邦计划,这是一种象征性的释放,让适合的价值观得以扩散而没有被改变。其面临的挑战是,在人为管理的地点中,其本地的位置不再清晰,显露的动词是"管理"。② 库拉详细探讨了商品交换的抽象作用,但他在机器制造上没有进行太多的讨论,并且发现了"奇怪之处",例如,在1789年夏天诺曼底地区准备陈情书的同时要求"镇压包税商和取缔棉纺机械,并下令全省只能采取一种测量方式作为基准"。③ 税收、纺织机器和测量方式的巧妙结合无疑是后法国革命社会政治、科学和军事结合的征兆。标准化既是技术上的困扰,又是道德和政治问题。1785 年,托马斯·杰斐逊(Thomas Jefferson)作为美国大使在巴黎驻留期间,参观了一个已中止的军械库项目。该项目实行了可互换零件的原则。同年,他写了一本著名的小册子,声称新生的美国作为"上帝的选民"应"抛弃他们在欧洲的作坊",以免遭受技术的侵蚀。在 1790 年代,埃利·惠特尼(Eli Whitney)设计了轧棉机和机械化的武器存放系统,但在这批早期项目中,互换性和批量生产技术的发展花费了数十年的时间。这些技术也支持了南部各州的奴隶制经济、兰开夏郡的棉花生产商和新英格兰武器工业。在 1790 年代末,马克·布律内尔(Marc Brunel)一从美国回来,就开始与边沁(Bentham)和精密机械工程师亨利·莫兹利(Henry

---

① Kula 1984 (p. 275). 可与 Alder 1995 进行对比。

② Ozouf 1976 (p. 205–259).

③ Kula 1984 (p. 206).

Maudslay)合作,在朴茨茅斯建立了一套完整的批量生产系统,用于标准化皮带轮架。欧洲的主要反法力量英国皇家海军,利用威廉·皮特(William Pitt)的海关系统所产生的收入,在军事纪律和计量学控制的结合下,摧毁了造船厂世界的整个传统木材文化。但是对船厂的严格军事控制阻止了这类产品在朴茨茅斯以外的地区的应用。①

在19世纪初,标准化制造既无可争议也无可抗拒,但这种新文化是重构科学计量学的基础。在伦敦南部,莫兹利的自动系统车间中出现了工业标准,从克莱蒙(Clement)、会特沃尔(Withworth)和内史密斯(Nasmyth)这样的工程师那里学到了东西,然后用车床、精密螺丝和平面开展自己的工作。一个例子是内史密斯在1841年开发的螺丝标准,涉及等级和尺寸。这些手工作坊也是标准化在公开场合可视化的直接来源,例如,伦敦数学家查尔斯·巴贝奇(Charles Babbage)的计算器成了展现机械性能和无产阶级的新的全景式符号,以及促成了《自然和艺术常数通用表》(tables universelles des constantes de la nature et de l'art)这本小册子的出版。② 没有机床的政治经济学及其军事和工业应用,就无法理解19世纪的计量学。戴维·兰德斯(David Landes)认为,瑞士制表商在19世纪初期取得了全球市场的霸权,部分原因是通过在日内瓦和纳沙泰尔进行的仔细的计时观察,以挑战格林尼治天文台网络的力量。沿格林尼治电报线启动的时间分布的电力系统在时间的标准化和性质变化方面没有比瑞士的天文台和手工作坊系统更重要。正如埃里克·布罗泽(Eric Brose)的研究所展现的,在普鲁士,在陆军科学技术委员会(la Commission de l'armée pour la science et la technologie)领导下,军方致力于获得生产过程的控制权。这一点在从1840年开始的德莱赛(Dreyse)的试验和随后的击针枪大规模生产中表现得尤为明显。与此同时,利用相同的旋转车床和精密螺丝技术系统,仪器制造商为普鲁士的天文学家[如弗里德里希·贝塞尔(Friedrich Bessel)]提供了微米级的规程,从而对天体和地球现象的数据生成标准提出了新的要

---

① Rolt 1986 (p. 96-97 et 148-151);关于惠特尼,参阅:Smith 1981 (p. 45-61);关于杰斐逊,参阅:Kasson 1977 (p. 16);关于朴茨茅斯,参阅:Linebaugh 1991 (p. 371-401)。
② Rolt 1986 (p. 99-129), Musson 1975, Schaffer 1994 (p. 203-227), Ashworth 1996 (p. 629-653)。

求。例如，由此产生了法国和德国在大地测量、天文学和地形学等方面非常不同的精度标准系统。这些技术选择伴随着规训和控制技术的重大变化，无论是在军营中进行的训练还是在数学研讨会中分析错误。团结一致是至关重要的，并且通过兼容性得以维持。玛丽-弗朗索瓦丝·若佐（Marie-Françoise Jozeau）谈到贝塞尔的技术时说："（这些测量）旨在引起科学家之间的共识，这比获得被测物体的真实价值更为重要。"①

除了实行严格标准化的军工混合体之外，人们还对价值观的流动范围给予了新的关注。由于考虑到标准化技术系统的空间分布，根据安德烈·吉耶尔姆（André Guillerme）的研究，波旁王朝复辟时期的法国军事专家发展了"一种新的思想类别——网络"。该类别的一个关键方面是，它定义了一个已知的、可控制的领域，如果没有痛苦、冲突、危机或战争，就很难轻易扩展它。计量学也存在社会的限制。布罗泽引用普鲁士军事理论家关于如何将经典的英雄战争模式与军事生产体系的约束相结合的研究。解决的办法是依照普鲁士军人所携带的武器的精度来使对他们的规训符合道德标准。这些19世纪的计量学传播了道德和地理系统，就像它们所依赖的一样。它们帮助制造了我们用来解释其含义的工具。②这些工具中最强大的当然是自然本身。在一系列有趣而精巧的辩论中，19世纪的物理学家们确定自然是由标准化元素构成的，这些元素与他们在军队和工厂中所看到的相当。然后他们诉诸这一事实，根据工业和帝国主义的需要来证明使用这些自然元素是合理的。罗伯特·布雷恩（Robert Brain）和诺顿·怀斯（Norton Wise）最近证明了一个引人注目的例子，有关1840年代亥姆霍兹及其年轻的同事们在柏林对工程学方法用于分析肌肉和机械系统的争论。他们清楚地展示了人类肌肉能量的军事工业计量学的威力，并且还展示了这些项目与普鲁士的社会团体如何发生冲突，因为他们对机器、金钱和人类价值观之间的联系漠不关心。③在维多利亚时代的英国也出现了类似的问题。在最有影响力的方法论教材中，英国最主要的贝塞尔崇拜者，天文学家

---

① Landes 1983 (p. 290-291), Brose 1993 (p. 171-181), Olesko 1991 (p. 66-74), Jozeau 1994 (p. 106).

② Guillerme 1992 (p. 163), Brose 1993 (p. 182-187).

③ Brain et Wise 1994.

赫歇尔辩称，精确度的测量揭示了所有同一类型的微小之物都是绝对可以实现互换的。"一排织机，或一群穿着完全相同的服装，做出完全相同的动作的士兵，没有给我们独立存在的想法：我们必须看到他们在整体之外的活动，以便能够相信他们有自己的意志和独立的属性。"

工厂和军营是控制的有效标志，而混乱则是反复无常的自主权的标志。因此，赫歇尔总结说，由于微小之物的世界到处都是相同的，因此微小之物"同时具有制成品和从属于主体的基本特征"。手工作坊的统一性的价值在于提供了现代科学精确测量的价值。①

作为帝国主义的计量学

那么，从什么意义上说，我们应该理解这些科学的"国际主义"呢？勒古（Lecourt）的研究将我们带回到了 19 世纪末，他说："一个知识完全沸腾的欧洲所发展出的词汇超出了自身的边界"：一个马赫、玻尔兹曼（Boltzmann）、赫兹（Hertz）、麦克斯韦（Maxwell）、汤姆森（Thomson）和庞加莱（Poincaré）的欧洲。这些人设计实验室的目的是就机械、热和电磁等新科学的研究对他们的团队进行培训。准确测量和管理机器已成为许多实验室工作人员的必备技能。人们在拥有新的规章制度的实验物理和工程实验室中建立了热和电阻的功当量标准。但是，这些共同体以自身所排斥的东西来界定他们的团结。无论是格拉斯哥的工作室、阿根廷的铁路网络还是苏伊士的电报站，都需要将宗主国与其他抵抗、变化和变革的场所并置。物理学在其世界范围内的力量要求为这样复杂的实践建立一个广泛而多样的帝国。②

夸大这些技术帝国的集中制和同质性很方便。正如阿芒·马特拉（Armand Mattelard）最近关于欧洲时间分布系统和电缆电报的讨论："随着人们远离系统核心，对外国工程师和操作员的技术依赖具有不同的含义。有关这些通信系

---

① Herschel 1830 (p. 38).
② Lecourt 1993；关于新的科学的工作，可参阅：Smith 1998 et Nye 1996.

统功能性的例子不应该使我们忘记另一段历史：在依赖或不依赖的情况下，每个国家在建立和使用网络时都走过弯路。"①

与其将注意力集中在巴黎、柏林或布拉格，不如放在会议室、实验室和展览上，在其他地方去找寻是同样重要的。埃及是19世纪帝国、殖民和技术竞争的战略要地。在这里，库拉笔下的计量官员的作用显而易见。1803年，法国主要地理学家之一，康拉德·马尔特-布戎（Conrad Malte-Brun）总结了拿破仑努力使埃及标准化的后果。"开罗向法国投降了。这座城市丝毫没有遭受征服者的折磨。其古迹、习俗和宗教也得到了尊重。"但是，这位地理学家继续说道："有必要铲除所有政治和宗教区别，使不同宗教的人习惯于遵循相同的法律并改变财产的性质。"埃及在19世纪的前60年接受了波拿巴主义者，随后是边沁主义者的教育和管理，接受了理性主义的城市规划，并通过生产用于兰开夏郡工厂的棉花，以大规模取代其多样化的经济。而1869年苏伊士运河开通后，旅游业务被托马斯·库克（Thomas Cook）良好地组织起来。它仍然是一个测试欧洲科学帝国的地方，与之形成对比的是异域的、奇怪的和他国的模式。对于埃及的棉花，蒂姆·米切尔（Tim Mitchell）写道："在19世纪，世界上没有其他地方发生过大规模的转变，服务于单一行业的生产。"因此，让我们考虑一下欧洲在转变控制、技术和强加价值观方面一系列（鲜有成功的）举措。②

1859年4月，一支由英国和德国专家组成的团队来到亚历山大里亚，开始在红海和苏伊士之间铺设水下电报电缆。两年前，由于印度士兵的起义，英国政府鼓励采取紧急措施，以与"帝国的瑰宝"建立通信联系。一家新公司被创立，用来铺设横跨地中海以及从埃及到卡拉奇的电缆。被派往埃及的小组包括许多电报专家，其中包括欧洲最重要的电报专家。在亚历山大港的码头上，著名的伯肯黑德铜线公司的老板罗伯特·纽沃尔（Robert Newall）负责铺设电缆。当然，他们中还有格拉斯哥物理学家威廉·汤姆森（William Thomson）的

---

① Mattelart 1994 (p. 192 et 197).
② 关于马尔特·布伦，可参阅：Godlewska 1994 (p. 45)；关于埃及的情况，可参阅：Mitchell 1991 (p. 15–21)et Cole 1993 (p. 23–83)。

亲密战友：年轻的工程师弗里明·詹金（Freeming Jenkin），以及纽沃尔的合伙人前格拉斯哥大学工程学教授路易斯·戈登（Lewis Gordon）。此外，他们还聘请了电子技术专家西门子（Werner Siemens）提供电报设备并检查电缆故障。作为装备精良的游客，该团体花了一些时间参观金字塔。作为装备精良的物理学家和工程师，他们在那里度过了整个夏天，沿着红海铺设电缆，在9月返回埃及的途中，躲过了海难。不过，电缆的命运却并不好。1859年底，它崩溃了，没有发出丝毫信号，给英国政府造成了80万英镑的损失。[①]

六年后的1864年11月，一支花费不高但装备精良的探险队从英国前往埃及。它的领导者是苏格兰的皇家天文学家查尔斯·皮亚齐·史密斯（Charles Piazzi Smyth）。史密斯是一位业余摄影师，也是在天体物理学和光谱学中使用精密测量仪器的世界级权威。他用来自爱丁堡的最精确的经纬仪和斜度仪以前所未有的精度观测大金字塔。他选择金字塔中最深的坟墓进行了历史上的第一场闪光灯摄影，并选择一个外部坟墓来建立临时的设备储藏点。史密斯的野心是证明金字塔的尺寸与太阳系和宇宙的尺寸相称，从而证明金字塔是受上帝启发的"计量学纪念碑"。在吉萨工作了一年之后，史密斯不仅坚信建筑的神圣起源，而且认为建造者们使用的单位恰好是大英帝国的1码。因此，英国的测量体系的道德地位受到了保护，以免受到外国对手，尤其是法国人和无神论者的攻击。此外，一种历史性的惊人逆转发生了，人们认为埃及是英国价值观的原始发祥地，不幸地被外来的阿拉伯入侵者所掩盖和篡夺。史密斯还赢得了有影响力的盟友的支持，例如，曼彻斯特物理学家詹姆斯·普雷斯科特·焦耳（James Prescott Joule）和威廉·皮特里（William Petrie），后者是新教徒、电气专家和铁路工程师，他在开罗帮助埃及人建立新的英式铁路网。他们认识到，金字塔"雄伟、简约且古老。甚至在当今时代，它也是人类从距离太阳很远的地方以丰富、费力且非常昂贵的方式所生产的一切的独特代表"。史密斯的研究结果招致了激烈的批评，首先是由英国高层在1869年派出的一个绘制基督宗教圣地地图的小组，然后是史密斯的第一位合作者的儿子，年轻的埃及

[①] Siemens 1966 (p. 130–145), Headrick 1988 (p. 100).

学家弗林德斯·皮特里（Flinders Petrie）。尽管在回到英国后，他举行了很多人参与的会议，得到了美国铁路工程界的大力支持，并普遍反对按公制计算所带来的弊端，但史密斯从未能说服足够多的同仁去相信 1 码是埋在古埃及文化中的神圣遗物。①

对史密斯提出最大质疑的是皇家天文学家乔治·艾里（George Airy）。他与前者关系密切。1874 年 12 月，艾里派出一支英国军官团前往埃及，观察金星经过太阳圈轮，以此来估计从太阳到地球的距离。史密斯和皮特里估计该距离正好是金字塔高度的 10 亿倍。其他天文学家需要一个可靠的值来固定天文单位。他们得益于埃及总督伊斯梅尔（Ismail）的积极合作。伊斯梅尔手下的天文学家穆罕默德·贝（Mahmoud Bey）（曾在阿巴西耶工作）观察了行星似乎离开太阳圈轮的那一刻。据艾里说，"总督提供了所有的服务"。英国观测人员及其脆弱的仪器受到了军警的保护。电报线是从卢克索天文台到亚历山大港，再从那到英国，是世界上最长的海底线路。这项由曼彻斯特电报专卖商约翰·潘德（John Pender）管理的富有成果的尝试，于 1869 年成功地接替了十年前那条灾难性的红海电缆。

"皇家天文学家认识到探险队对东方电报公司（Eastern Telegraph Company）的慷慨协助是承担着义务的。他们用极其精确和便捷的方法确定了主要电报站的经度。"到 1877 年底，艾里收集了这些观测结果。这些观测结果是从好望角到墨尔本的全球英国基地进行的。他们测出的地球到太阳的距离约为 9 100 万英里，大大低于 18 世纪以来的 9 500 万英里。但是结果被一致认为是错误的。金星的大气造成大约 30 秒的观测差异。其距离的不确定性高达 150 万英里。一位当代观察家评论说，这场伟大的运动并没有带来任何结果。②

1882 年 6 月，另一批英国士兵来到埃及进行一场较大规模的军事行动。当时，伊斯梅尔为其欧洲债权人承担了不可接受的债务。他被他的儿子杜菲

---

① Smyth 1867 (vol. 1, p. xii)et 1877 (p. 54), Brück et Brück 1988 (p. 95-134), Schaffer 1997b.
② 关于金字塔的高度，可参阅：Smyth 1877（p. 51-52）。关于这次远征，可参阅：Lockyer 1877（p. 1-3）, Clerke 1908（p. 235-237）；关于这个结论，可参阅：Smyth 1877（p. 56-57）。

克（Tufik）废黜，但是，杜菲克迅速失去了负债累累的埃及人民的支持，并于1881年秋天被迫任命一名具有民族主义思想的大臣。在开罗和其他城市出现反欧洲人的抗议活动之后，格拉德斯通（Gladstone）政府决定派出军队。经过十小时的海上炮击，亚历山大港变成了一堆瓦砾。英国人成立了一家新的铁路工程公司，同时，他们从沿海地区到内陆城市都铺设了电报线。1882年8月，在新的诺登菲尔德机枪的加持下，在加内特·沃尔斯利（Garnet Wolsely）的指挥下，20 000名士兵在泰勒凯比尔摧毁了埃及军队，并在全国范围内实施了管制。英国战争部的官方历史学家评论说："很难想象，一支小规模军队在很短的时间内就决定了埃及的命运。然而，比这支军队和武器库的部署更为重要的目标是震撼东方人。"

再次，蒂姆·米切尔以这些事件为例，告诉我们："全球殖民主义不仅作为一种维持当地秩序的手段出现，也力图对个人的思想和身体采取行动，而且这一过程正在不断进行。叙述、想象和代表自己，以及积极的计量学既是这一过程的线索，也是动机。"[1]

作为学科的计量学

这些连续的埃及探险的传统故事之间几乎没有联系。但是，如果没有可靠的水下电报标准，就无法确保天文学家的临时观测所的经度，也无法保证英军的通信网络。这些电缆的可靠性取决于汤姆森在英国或西门子在德国新建的物理和工程实验室中建立的电气计量学的值。[2] 然而，物理学实验室确立的值与建立帝国主义的值之间的关系更加紧密。19世纪末期的科学家加入了一个网络。在这个网络中分布了世界各地的标准机器、值和实践。帝国主义、大规模生产和计量学主导着他们的世界。哲学家将真正的局部成功投射到假定的全球有效性上的问题被称为"归纳问题"。欧洲物理学家和19世纪末的政治家

---

[1] Mitchell 1991 (p. 128−130), Cole 1993 (p. 235−241).
[2] Schaffer 1999 (p. 457−478), Hunt 1997.

将其视为远程控制帝国和商业的问题。1870年代初期，剑桥物理学教授詹姆斯·克莱克·麦克斯韦（James Clerk Maxwell）建立了科学标准与地缘政治空间之间的关系。他强调，"买卖缺乏统一感。统一的目的是使所有涉及数量的合同和其他声明变得精准和易于理解。明智的政府一直关心的是提供国家标准并对其他标准的使用进行处罚。商人以正义之名要求这些标准，科学家以真理之名要求这些标准。但这要由国家来决定我们的测量是否统一"。①

麦克斯韦总结了在19世纪后期物理学中出现的一个普遍现象："国家的作用、商业地理的意义以及普遍价值观的崇高都是这种文化的基本组成部分。为了确保自己的国内技术可以在其他地方应用，这种文化的成员必须为其工人设计新的工作程序和新技术，其功能要强大到足以在他们的直接控制的范围之外传播。"沃尔夫冈·希弗尔布施（Wolfgang Schivelbusch）对现代铁路系统的杰出研究中，其题为《19世纪空间与时间的工业化》（*L'industrialisation du temps et de l'espace au xixe siècle*）的著作强调了铁路在标准值、燃料、螺丝、量规、酒店、冷冻食品、时间表、风景和乘客的分配和规训等方面所起的决定性作用。用非常相似的术语，奥托·赛本（Otto Sibum）表明了对纯劳动力的价值进行认真标准化的预估与机器和有纪律的劳动力的大规模分布之间的关系。希弗尔布施和赛本都提到了齿轨系统。这在很长一段时间以来一直被工程师所青睐，并作为运行铁路机车的手段。他们引用了德国工程师弗朗兹·勒洛（Franz Reuleaux）（1878年）的构想，认为齿轨的系统性衰弱以及铁路作为单一机器复合体的不可避免的整合是现代文明进程的本质：机器将自然现象的宇宙自由转化为一般外力无法干扰的秩序和定律。"②当然，铁路的反对者认为机械的规训使文化与自然隔绝了，但是他们的推论用不真实的价值代替了真实的价值。因此，查尔斯·狄更斯（Charles Dickens）在1848年巧妙地在标准化的文化与铁路系统的影响之间游移："（附近）的呢绒店里有"铁路"模型，书店前面

---

① 关于麦克斯韦的这段话，可参阅：《Dimensions of Physical Quantities》，Cambridge University Library MSS ADD 7655 V h.4. 该文献应晚于1867年，可能早于1873年。可以比亥姆霍兹所说与其十分相近的话，对亥姆霍兹的话的引用，可参阅：Cahan 1994（p. 575-576）。
② Schivelbusch 1986 (p. 19-20 et 169), Sibum 2002.

有关于铁路的报纸，有旅馆、办公室、卫戍区、铁路的膳宿公寓；有平面图、地图、景观、信封、瓶子、三明治盒、铁路时刻表；有火车车厢和出租马车站；有公车、道路和属于铁路的建筑物、铁路的旁观者和食客以及铁路的无数奉承者。铁路上甚至每个小时都有钟声，仿佛太阳本身已经让路了。满怀钦佩之情的议员们，在20年前嘲笑着工程师们疯狂的铁路理论，而现在他们戴着手表，并用电报宣布他们的到来。白天和黑夜，具有征服之力的机器正慢慢接近旅程的终点，滑入挖到厘米深度的凹槽中，像被驯服的巨龙一样滑行。它们仍然在那里沸腾着、颤抖着，仿佛对自己身上仍被未预料到的伟大力量和仍未实现的伟大计划的秘密知识感到自豪。"①

出色的设计是计量学的目标。理性行为应该受到保护，免受不可预测的自然力量和价值观判断的影响。

赛本对19世纪劳动科学的深入分析表明，如果要保证准确和可转移的知识的自给自足，则需要依赖于复杂的身体习惯和实践的非形式技能。标准和公差之间的平衡体现了工业文明的价值观。欧洲物理学家收集的数据的完整性基于观察者所接受的明示和暗示的规训，以及他们所熟知的技术和设备。在1874年12月金星通过之前，艾里将天文台改造成可以与军事营地相媲美的场所。在所有位于欧洲的总部，每个观察员都必须根据人造的模型进行测试，以测量其特定的反应时间或"个人的公式"（l'équation personnelle）。一位维多利亚时代的天文学家认为，"每个观察者都贴上了自己个人公式的标签，他们的感知是在一种严格纪律中行事，他们的才能尽可能地被世界性的观察机器所吸收"。观测的相对失败表明了这一纪律的脆弱性，而这种脆弱性是在关于光物理学和太阳系力学的争论中发现的。② 维持电报系统的连贯性以及物理学家在电磁实验室实验和深海海底电缆技术之间转移的权威性，都与世界性的机械化完全相同。电缆的物理学并不是将实验和理论简单地应用于世界级工程的建造。实际上，在1850年代快速发展的竞争性的电磁模型的准确性和远程电报

---

① Dickens 1956 (p. 253).
② Perry 1876 (p. 39-66 et 52), Clerke 1908 (p. 235).

系统的可行性是同时确立的。[①] 但是，总是很难说失败是由于理论、设计、恶劣的天气还是粗心等特定问题造成的。一整套设备，其中大部分是由汤姆森和西门子设计的，围绕着电报电缆来控制和调节其性能。这种设备还需要新的电报员和在欧洲实验室和工程学校接受过培训的工程师。麦克斯韦在《电磁通论》(*Traité d'électricité et de magnétisme*)（1873 年）的开头就总结了这个问题："通过为精密的电学测量赋予一种商业价值，并通过让电学家们能比普通实验室中的实践更大规模地使用仪器，故而，电磁学在电报中的重要应用对科学本身产生了影响。"[②] 为了使该设备能够大规模用作电磁理论的检验，物理学家必须确保对船舶、电缆厂和电报站进行足够的检查。为了使帝国的工程师和组织者相信物理学家的故事，他们必须确保在大城市中的实验室里能够正常工作的东西也可以在海底运行。工程师们很容易将电磁配方视为"学校里的杜撰"。[③] 相互信任只能通过顺序系统的转换来保证。物理学家和企业家立即意识到需要一个"哲学助手和一个实践的人"，以及一个他们值得信赖的人从欧洲乘船来铺设电缆。这就是像詹金这样的人被派去参加这些探险活动的原因。他们将实地验证不同的物理理论，并更好地保证其技术能够获得成功。但是，正如西门子本人回忆的那样，在 1850 年代后期大西洋和印度电缆发生了严重的故障之后，工程师们指责理论家是"科学的江湖骗子"，而物理学家则指责技术人员和商人缺乏纪律。"有效的领导和行政管理"是创建物理帝国的条件。不管它是纽沃尔的电缆厂还是埃及财政部，只要其空间脱离了指导，就很容易被表述为毫无纪律的管理。[④]

在所谓的可靠的仪器和科学助手的精确行为与对外国文化的敌视，不理解或厌恶之间形成鲜明对比的是计量学帝国的价值观。现代价值观的布道教会了人们这种吸引人和自我满足的对比的力量。1882 年埃及的英国行政官克罗默勋爵（Lord Cromer）观察到："欧洲人是一个确切的推理者"。"他的表情没有

---

① Morus 1991 (p. 22).

② Headrick 1988 (p. 102–103), Scott 1958 (p. 33–42), Maxwell 1885.

③ Hunt 1991 (p. 10).

④ Smith et Wise 1989 (p. 664–667 et 678), Siemens 1966 (p. 120 et 128), Olesko 1996.

丝毫含糊，他受过锻炼的智力就像机制的一部分一样起作用"。与此相反，克罗默说："东方人的精神，就像风景如画的街道，显然是不平衡的。他的推理时常被忽略。"东方学学者将欣赏史密斯所说的"开罗及其狭窄的街道、穿着破旧衣服的人和拥挤的集市"。但是在1860年代，他们看到了"对于一个资源有限，但需要在有限时间内完成明确任务的人"的阻碍。这标志着其对英国最好的精密仪器的精通与阿拉伯人对这些仪器的不信任和无能为力之间形成了鲜明的对比。欧洲的仪器"在他们眼中证明，欧洲人如果不通过某些奇怪而复杂的装置就无法开展工作，而阿拉伯人只是用肉眼直接去观察某些东西就能理解它是如何工作的。"欧洲的仪器和物理学中体现的所谓的价值观的普遍性，意味着可以通过是否认同和接受它们来对其他国家做出判断。毫无疑问，正如迈克尔·阿达斯（Michael Adas）最近所证明的那样，这些独创性技术在地球上其他地方并未产生，所以当时的人们认为这是发明它们的文化具有先天性优势的标志。[①]

作为价值观的计量学

这是一个悲观的结论。计量学体现并散布着相互竞争的价值观，它们往往与军事化息息相关，而且很少独立于与阶级之间和国家之间斗争有关的利益。正如英国维多利亚时代首席计量学家乔治·艾里那简洁的表述："当不再有常规的秩序时，我认为政府的权威变弱了。"[②]他想表达的意思是，国家的科研机构永远无法正当地创新或促进发现：它们只能产生一致性。但他还相信，国家机构仍然可以在任何地方产生这种秩序。这正是由计量学机构体现了勇敢的变化与平凡的统一之间的张力。因此，穆齐尔观察到："例如，对于红鼻子，为什么人们仅限于对红色的模糊确认，而不去关心它有什么特殊的色调呢？然而，当它可以用波长精确地以微米为单位来表达时，以及处在无限复杂的情境

[①] Smyth 1867 (vol. 1, p. 20 et 299–300), Adas 1989；克罗默勋爵的论述被引用于 Said 1978（p. 38）.
[②] Airy，被引用于 *Royal Commission on Scientific Instruction and the Advancement of Science* 1871–1875, q. 10492.

下时，情形就不一样了，例如，人们偶然置身于一座城市，人们总是想要确切地知道它是哪个城市。这的确是一件令人感到有意思的事。"① 计量学史家在现代性危机的当代分析（维特根斯坦主义和韦伯主义）中发现了如此宝贵的资源，这被认为是法制官僚主义中的去魅化。当然，这并不会令人感到惊讶。

西奥多·波特（Theodore Porter）最近在成本和利润分析或预期寿命方法领域中对客观性、标准化和评估进行了研究。他的首选领域是人们一生中的财务价值估计。他相信标准化措施的扩展应该减少在公共责任约束的压力下任意决定的可能性。标准的价值是中立而不是真理。波特说："量化的言论在民主与中央官僚机构同时成长的环境中蓬勃发展。"在这种情况下，价值观的解放在文化中蓬勃发展，这些文化深信某些价值观的道德价值。波特证明，自由工业国家政策与普遍标准化测量技术的发展之间有着深厚的联系。② 替代性和补充性版本对社会秩序中计量学的情况提出的问题较少，而是将计量学系统本身视为社会秩序的形式。布鲁诺·拉图尔（Bruno Latour）辩称，"要进行科学扩展而不是去产生科学。这必须付出更多的努力"，并且，他将计量学定义为"这项宏伟的事业，包括在外部创造一个内部世界、事实和机器可以在其中继续存在"。需要注意的是，这个世界不是为资本主义国家的公民生存而设计的，而是为机器的生存而设计的。③ 按照拉图尔的建议，约瑟夫·奥康奈尔（Joseph O'Connell）最近考察了卫生、电气工程以及现代军事工业中的计量学系统。奥康奈尔认为这些网络像许多公司一样由技术人员、实业家、科学家和官僚们辛劳地管理着，并捍卫了"伏特"等新的社会历史实体："一个分布式的集体，通过结构化的、不断更新的交流和权威关系被连接起来。"在这里，标准技术不是效果，而是社会关系的体现。④

奥康奈尔研究了人造标准的迁移，例如，在1870年代和1880年代由英国物理学家的实验室中的劳动力设立的标准，他们正在寻找能够自信地代表内在

---

① 穆齐尔在柏林的实验工作包括开发标准化的计时器。
② Porter 1994 (p. 227).
③ Latour 1989 (p. 609 et 607).
④ O'Connell 1993 (p. 166). 作为比较，可参阅：Barry 1993.

标准中电阻统一性的客体。自 1990 年以来，必须通过对霍尔效应的量子进行局部测量来重建欧姆（原则上可以在每个相关实验室中进行测试）。人造标准到内在标准的转换与集中的文献和分散的体现是相辅相成的。奥康奈尔认为这次迁移是一次真正的计量学改革——对标准的组织被消除了，这将允许所有通信者直接使用欧姆。地方的欧姆不被认为会被讹用与曲解，因此绝对欧姆与其地方代表之间无需进行进一步的定期研究。这些绝对的明确的神圣化被更自然的信心所取代。这种信心存在于每个通信实验室的能力之中。因此，这两种说法都认为标准的分配与去魅化有关，即使在不同的模式下也是如此。对于波特来说，计量学的历史完善了韦伯所说的"不管什么人都根据计算的规则执行业务"。对于奥康奈尔而言，这个故事在所有信仰者的共同体中倡导一种普遍的禁欲主义。① 两种说法都引用了韦伯在 1905 年强烈表达的现代秩序："现代经济秩序取决于机械和机械生产的技术和经济条件。在当今，其压倒性的束缚决定了在它的组成部分中所诞生的所有个人的生活方式——而不仅仅是直接从事经济活动的人——它会决定这一切并直到最后一桶化石燃料被消耗完为止。"② 该系统的决定性方面体现在，它将自然和道德秩序的明显退出与支配和重建它们的坚定意图联系在一起。在最近对欧洲一体化进程的研究中，威廉·华莱士（William Wallace）强调了价值观系统作为维持想象的共同体完整性的动态资源是十分重要的。但这也使正式和非正式的一体化、法律或政治法规的不连续发展与持续发展中更复杂的相互作用网络之间被明显地区分开来。③ 我们已经看到，这也许是一种并不十分出色的区分。计量学的历史表明，它的制度调节也正是一种价值观系统。在体制的隔离与越来越大的空间整合之间，计量学的要求看似是矛盾的，因为其起源和表现是存在于现代社会秩序的政治和经济冲突中的。

鸣谢：感谢威尔·阿什沃思（Will Ashworth）、鲍勃·布雷恩（Bob Brain）、阿恩·黑森布鲁赫（Arne Hessenbruch）、奥托·赛本和理查德·斯特

---

① O'Connell 1993 (p. 154), Gerth et Mills 1948 (p. 215).
② 被引用于 Scaff 1989（p. 88）。可参阅：Weber 2000（p. 300–301）.
④ Wallace 1990 (p. 9 et 17).

利（Richard Staley）对本章所涉及的主题提供的慷慨帮助和建议。

西蒙·沙费尔（Simon Schaffer）撰；弗兰克·莱蒙德（Franck Lemonde）译

参考文献

Adas Michael, 1989, *Machines as the Measure of Men*, Ithaca (NY), Cornell University Press.

Alder Ken, 1995, A Revolution to Measure: The Political Economy of the Metric System in France, *in* M. Norton Wise (dir.), *The Values of Precision*, Princeton (NJ), Princeton University Press, p. 39-70.

Ashworth William J., 1996, Memory, Efficiency and Symbolic Analysis: Charles Babbage, John Herschel and the Industrial Mind, *Isis*, vol. 87, n° 4, p. 629-653.

– 2001, Between the Trader and the Public: British Alcohol Standards and the Proof of Good Governance, *Technology and Culture*, vol. 42, n° 1, p. 27-50.

Barry Andrew, 1993, The History of Measurement and the Engineers of Space, *British Journal for the History of Science*, n° 26, p. 459-468.

Boyle Robert, 1675, A New Essay-Instrument, *Philosophical Transactions*, n° 10, p. 329-348.

Brain Robert et Wise M. Norton, 1994, Muscles and Engines, *in* Lorenz Kruger (dir.), *Universalgenie Helmholtz: Rückblick nach 100 Jahren*, Berlin, Akademie Verlag, p. 124-145.

Brewer John, 1989, *The Sinews of Power*, Londres, Unwin Hyman.

– 1994, The Eighteenth-Century British State, *in* Lawrence Stone (dir.), *An Imperial State at War*, Londres, Routledge, p. 52-71.

Brose Eric, 1993, *The Politics of Technological Change in Prussia*, Princeton (NJ), Princeton University Press.

Brück Hermann Alexander et Brück Mary T., 1988, *The Peripatetic Astronomer: The Life of Charles Piazzi Smyth*, Bristol, Adam Hilger.

Cahan David, 1994, Helmholtz and the Civilizing Power of Science, *in* David Cahan (dir.), *Helmholtz and the Foundations of Nineteenth Century Science*, Los Angeles (CA), California University Press, p. 559-601.

Clarke John, 1729, A New Kind of Hydrometer, *Philosophical Transactions*, n° 36, p. 277-279.

Clerke Agnes, 1908, *Popular History of Astronomy in the Nineteenth Century*, Londres, Black.

Cole Juan, 1993, *Colonialism and Revolution in the Middle East*, Princeton (NJ), Princeton

University Press.

Devine Thomas Martin, 1975, *The Tobacco Lords*, Édimbourg, Donald.

Dickens Charles, 1956 [1846—1848], *Dossier de la maison Dombey et fils*, Paris, Gallimard, coll. Bibliothèque de la Pléiade.

Foucault Michel, 2001 [1984], Espace, savoir et pouvoir, trad. par F. Durand Bogaert, *in* Michel Foucault, *Dits et écrits*, vol. 2, Paris, Gallimard, coll. Quarto.

Gerth H.H. et Mills C. Wright, 1948, *From Max Weber*, Londres, Routledge.

Gillispie Charles C., 1980, *Science and Polity in France at the End of the Old Regime*, Princeton, Princeton University Press.

Godlewska Anne, 1994, Napoleon's Geographers, *in* Anne Godlewska et Neil Smith (dir.), *Geography and Empire*, Oxford, Blackwell, p. 31-53.

Grabiner Judith V., 1998, Some Disputes of Consequence: Maclaurin among the Molasses Barrels, *Social Studies of Science*, vol. 28, no 1, p. 139-168.

Guillerme André, 1992, Network: Birth of a Category in Engineering Thought during the French Restoration, *History and Technology*, no 8, p. 151-166.

Hammond P.W. et Egan Harold, 1992, *Weighed in the Balance: A History of the Laboratory of the Government Chemist*, Londres, Her Majesty's Stationery Office.

Harvey David, 1990, *The Condition of Postmodernity*, Blackwell, Oxford.

Headrick Daniel, 1988, *Tentacles of Progress*, Oxford, Oxford University Press.

Herschel John, 1830, *Preliminary Discourse on the Study of Natural Philosophy*, Londres.

Hoppit Julian, 1993, Reforming Britain's Weights and Measures (1660—1824), *English Historical Review*, vol. 108, n° 426, p. 82-104.

Hunt Bruce, 1991, Michael Faraday, Cable Telegraphy and the Rise of Field Theory, *History of Technology*, vol. 13, n° 1, p. 1-19.

— 1997, Doing Science in a Global Empire: Cable Telegraphy and Electrical Physics in Victorian Britain, *in* Bernard Lightman (dir.), *Victorian Science in Context*, Chicago (IL), University of Chicago Press, p. 312-333.

Jozeau Marie-Françoise, 1994, La mesure de la Terre au xixe siècle, *in* Jean-Claude Beaune (dir.), *La Mesure. Instruments et philosophies*, Paris, Champ Vallon, p. 95-113.

Kasson John, 1977, *Civilizing the Machine*, Harmondsworth, Penguin.

Kula Witold, 1984 [1970], *Les Mesures et les hommes*, trad. de Joanna Ritt revue par Krzysztof Pomian et Jacques Revel, Paris, Éd. de la Maison des sciences de l'homme.

Landes David, 1983, *Revolution in Time*, Cambridge (MA), Bellknap Press.

Latour Bruno, 1989 [1987], *La Science en action*, trad. par M. Biezunski, Paris, La Découverte.

Lecourt Dominique, 1993, Repenser la science, *Le Monde diplomatique*, février, p. 25.

Lefebvre Henri, 2000, *La Production de l'espace*, 4e éd., Paris, Anthropos.

Lightman Bernard (dir.), 1997, *Victorian Science in Context*, Chicago (IL), University of Chicago Press.

Linebaugh Peter, 1991, *The London Hanged*, Harmondsworth, Penguin.

Lockyer Norman, 1877, The Sun's Distance, *Nature*, n° 17 (1er novembre), p. 1-3.

Lundgren Anders, 1990, The Changing Role of Numbers in 18th Century Chemistry, *in* Tore Frängsmyr, John L. Heilbron et Robin E. Rider (dir.), *The Quantifying*

Spirit in the Eighteenth Century, Los Angeles (CA), University of California Press, p. 245-266.

Mattelart Armand, 1994, *L'Invention de la communication*, Paris, La Découverte.

Maxwell James Clerk, s.d., Dimensions of Physical Quantities, Cambridge University Library MSS ADD 7655 V h.4.

— 1885 [1873], *Traité d'électricité et de magnétisme*, trad. par G. Seligmann-Lui, Paris, Gauthier-Villars.

Mitchell Timothy, 1991, *Colonising Egypt*, Los Angeles (CA), University of California Press.

Morton Alan et Wess Jane, 1993, *Public and Private Science*, Londres, Science Museum.

Morus Iwan Rhys, 1991, Telegraphy and the Technology of Display, *History of Technology*, vol. 13, n° 1, p. 20-40.

Musil Robert, 1956 [1930], *L'Homme sans qualités*, t. 1, trad. par Philippe Jaccottet, Paris, Seuil.

Musson A.E., 1975, Joseph Whitworth and the Growth of Mass-Production Engineering, *Business History*, vol. 17, n° 2, p. 109-149.

Nye Mary Jo, 1996, *Before Big Science*, New York, Twayne.

O'Connell Joseph, 1993, Metrology: The Creation of Universality by the Circulation of Particulars, *Social Studies of Science*, vol. 23, n° 1, p. 129-173.

Olesko Kathryn, 1991, *Physics as a Calling*, Ithaca (NY), Cornell University Press.

— 1996, Precision, Tolerance and Consensus: Local Cultures in German and British Resistance Standards, *in* Jed Buchwald (dir.), *Scientific Credibility and Technical Standards in 19th and Early 20th Century Germany and Britain*, Dordrecht, Kluwer, p. 117-156.

Ozouf Mona, 1976, *La Fête révolutionnaire (1789—1799)*, Paris, Gallimard.

Perry S.J., 1876, The Methods Employed and the Results Obtained in the Late Transit of Venus Expedition, in *South Kensington Museum Free Evening Lectures*, Londres, Chapman & Hall, p. 39-66.

Porter Theodore M., 1994, Objectivity as Standardization: The Rhetoric of Impersonality in Measurement, Statistics and Cost-Benefit Analysis, *in* Allan Megill (dir.), *Rethinking Objectivity*, Durham (NC), Duke University Press, p. 197-238.

Reddy William, 1986, The Structure of a Cultural Crisis: Thinking about Cloth in France before and after the Revolution, *in* Arjun Appadurai (dir.), *The Social Life of Things*, Cambridge, Cambridge University Press, p. 261-284.

Rolt L.T.C., 1986, *Tools for the Job*, Londres, Science Museum.

Royal Commission on Scientific Instruction and the Advancement of Science, 1871—1875, *Report of the Royal Commission on Scientific Instruction and the Advancement of Science*.

Said Edward, 1978, *Orientalism*, New York, Vintage Books.

Scaff Lawrence, 1989, *Fleeing the Iron Cage: Culture, Politics and Modernity in the Thought of Max Weber*, Los Angeles (CA), California University Press.

Schaffer Simon, 1990, Measuring Virtue, *in* Andrew Cunningham et Roger French (dir.), *The Medical Enlightenment of the Eighteenth Century*, Cambridge, Cambridge University Press, p. 281-318.

– 1994, Babbage's Intelligence: Calculating Engines and the Factory System, *Critical Inquiry*, vol. 21, n° 1, p. 203-227.

– 1997*a*, Experimenters' Techniques, Dyers' Hands and the Electric Planetarium, *Isis*, vol. 88, p. 456-483.

– 1997*b*, Metrology, Metrication and Victorian Values, *in* Bernard Lightman (dir.), *Victorian Science in Context*, Chicago (IL), University of Chicago Press, p. 438-474.

– 1999, Late Victorian Metrology and Its Instrumentation: A Manufactory of Ohms, *in* Mario Biagioli (dir.), *The Science Studies Reader*, Londres, Routledge, p. 457-478.

Schivelbusch Wolfgang, 1986, *The Railway Journey*, Los Angeles (CA), University of California Press.

Scott John D., 1958, *Siemens Brothers*, Londres, Weidenfeld & Nicholson.

Sibum H. Otto, 2002, Exploring the Margins of Precision, *in* Marie-Noëlle Bourguet, Christian Licoppe et H. Otto Sibum (dir.), *Instruments, Travel and Science: Itineraries of Precision from the Seventeenth to the Twentieth Century*, Londres, Routledge, p. 216-242.

Siemens Werner, 1966, *Inventor and Entrepreneur: Recollections*, trad. angl. par W.C.

Coupland, 2ᵉ éd., Londres et Munich, Lund Humphries.

Smith Crosbie, 1998, *The Science of Energy*, Londres, Athlone.

Smith Crosbie et Wise Norton, 1989, *Energy and Empire*, Cambridge, Cambridge University Press.

Smith Merrit Roe, 1981, Eli Whitney and the American System of Manufacture, *in* Carroll W. Pursell (dir.), *Technology in America*, Cambridge (MA), MIT Press, p. 45-61.

Smyth Charles Piazzi, 1867, *Life and Work at the Great Pyramid*, Glasgow, Edmonston & Douglas, 3 vol.

– 1877, *Our Inheritance in the Great Pyramid*, 3ᵉ éd., Londres, Isbister.

Van der Star Pieter (dir.), 1983, *Fahrenheit's Letters to Leibniz and Boerhaave*, Amsterdam, Rodopi.

Wallace William, 1990, Introduction, *in* William Wallace (dir.), *The Dynamics of European Integration*, Londres, Pinter.

Weber Max, 2000 [1904—1905], *L'Éthique protestante et l'esprit du capitalisme*, trad. par I. Kalinowski, Paris, Flammarion.

Wittgenstein Ludwig, 2004 [1953], *Recherches philosophiques*, trad. par Françoise Dastur *et al.*, Paris, Gallimard.

一个理性主义标志的梦幻庆典。乔治·加伦（Georges Garen）于 1889 年万国博览会期间绘制的题为《1889 年万国博览会期间灯火璀璨的埃菲尔铁塔》（*Embrasement de la tour Eiffel pendant l'Exposition universelle de 1889*）。

第六章

其他性质：19世纪科学的异托邦

"世界是1！"该公式可能会成为一种邪典式的符号。诚然，"3"和"7"被认为是神圣的数字。但是，如果抽象地看，为什么"1"比"43"或"2000010"更好呢？

——威廉·詹姆斯（William James）[①]

"我离开了巴黎，甚至离开了法国，因为埃菲尔铁塔最终让我倍感无聊。我们不仅到处都能看到它，而且到处都可以找到它，它是用所有已知的材料制成的，暴露在所有的窗户下，是不可避免的折磨和噩梦。"

——盖·德·莫帕桑（Guy de Maupassant），
《流浪汉》（La Vie errante）[②]

单一性，或悬突的观点

大自然只是一种事物吗？它的各个部分都一样吗？只有一种知识配得上"科学"之名吗？在19世纪，大多数西方科学家、工程师、哲学家和教育家们

[①] James 1967 (p. 496).
[②] Maupassant 1890 (p. 1).

给予了肯定的回答。他们在各自的科学工作和科普著作中宣称科学的统一与自然的一体性。19 世纪的大型展览会反映并放大了这种强有力的回答，使人们聚集在一起体验技术力量和科学知识的进步，并突出了来自各个领域和国家的普遍和谐。

以为 1889 年万国博览会而建造的埃菲尔铁塔为例，这是机械和工程学的壮举。埃菲尔铁塔不仅仅是一座纪念碑和全景式的地标，而且还是用于气象学、广播和宇宙射线测量的大型科学仪器。从其顶端可以看到城市和自然景观的融合与统一：一个独一无二的可辨识的空间。各条道路在眼前被缩小，并以直线和几何图形展开，可供人们分析、复制和掌握。

统一的科学世界将自己呈现为可以被实现的乌托邦———一个逐渐形成的理想之地。这也是一个单一性的话题：一个统一的、同质的空间，到处都遵循相同的规律。这种统一的宇宙与统一的科学的概念并驾齐驱——相同的方法、相同的知识体系和相同的价值观。借助埃菲尔铁塔和其他类似的装置，对规范统一的宇宙学进行了总结，在自然和知识环境中进行构造，并为大众提供了切实而令人印象深刻的体验。

但是，一些 19 世纪的哲学家敢于挑战科学与自然在各个方面都是统一、可测和同构的思想。不仅像基尔凯郭尔（Kierkegaard）和尼采（Nietzsche）这样的存在主义先驱，而且逻辑学家查尔斯·皮尔士（Charles S. Peirce）都在宇宙中发现了偶然性和机遇性。[①] 皮尔士的实用主义同伴威廉·詹姆斯（William James）认为：世界仍然是不完美的统一，也许仍然注定要保持如此，这是一个必须"真诚考虑"的假设。[②] 像实用主义者一样，实证主义的创始人奥古斯特·孔德（Auguste Comte）抛开了"形而上学"的问题，即在我们与世界互动的方式之外，世界可能是什么。知识始终取决于人类的意图、活动和极限。此外，他认为世界的不同地区需要不同的概念和方法：不能用物理学的机械解释来理解生物。对孔德而言，尽管后来有了"实证主义"一词的涵义，但科学

---

① Peirce 1998.
② James 1967 (p. 417).

的大厦充其量是一个人为的、零碎的整体。它不是通过自然或单一的方法来统一的,而是因为人们需要了解和组织他们所处的环境。

这样的构想预见了之后的历史。在这些历史中,科学及其所发现的自然似乎天生就不完整:就像用各种思想、方法、机构和实践拼凑而成。尽管如此,今天的科学仍然产生了与其所描述的自然相一致的强大的统一性和同构性的印象——至少在预测可被证明和技术可被实践的情况下,例如,在登陆月球、核爆炸或埃菲尔铁塔等。因此,要了解现代科学的发展和影响,我们既要看到它的统一性,也要看到它背后的多元性。在过去的 30 年中,这一直是科学史的主要目标。

埃菲尔铁塔是一个典型的对象,用于反思统一性和 19 世纪科学的碎片化。但是,我们可以进一步讨论"一个和多个"的问题。现代科学的表面出现了裂缝,在某些地方出现了奇怪且几乎无法识别的"植被"。与埃菲尔铁塔所投射的"主要"科学形象相反,另类理论和不合常理的认识方法蜂拥而至。文化人类学家当然会解释说,世界其他地区的情况就是如此,那里悠久的传统和不同的生活方式蓬勃发展,其中,有些对欧洲完全漠不关心,而其他则在被征服中自我重塑。但是在欧洲本身,其他宇宙学,自然界的另类秩序业已形成,从埃菲尔铁塔等纪念碑所投射的主导形式中分离出来。

像"主要"形式一样,这些"次要"形式是局部的和不完整的。然而,他们中的许多人也试图将宇宙作为一个整体,成为完整的世界。为此,他们不仅仅使用了思想和表征。在具体的空间中,他们实践着有规律的经验和稳定的表象,有反复出现的对象和行动的装置,以及一起实践的共同体。与科学的单一性相比,这些其他性质出现的空间是异托邦:独立的位置,与主导的和规范的秩序相抵触。将这些主要和次要空间的并列可以使我们将西方科学视为世界政治的一种形式,这是在多个前沿上发起的,旨在于宇宙中建立秩序的运动,部分是通过和不同观念的交锋。其中一些交锋导致拒绝或相互不理解,而另一些则产生了有趣的混合共处,而许多却通过暴力来解决。[1]

---

[1] Stengers 1997.

著名的埃菲尔铁塔体现了西方"单一性"在全球和整个宇宙上沉积和扩散的不同层次。但是除此之外，其他性质仍然存在并声称具有普遍性。为了从 19 世纪科学本身的角度并通过全球和历史背景对其进行说明，我们需要研究贯穿现代科学看似单一的性质的断层线，以及它与其他内外性质之间的对话关系。①

铁的稻草人

"科学是了解自然世界的最佳方式"，这一想法虽然在今天似乎是路人皆知，但它的形成和深入人心已经花费了几个世纪的时间。此外，历史学家和人类学家已经证明，过去和现在都有其他合理和严密的方式来统一世界。人类学家菲利普·德科拉（Philippe Descola）最近将"自然主义"（他以现代科学所代表的宇宙学）构建为四种可能的"本体论路径"之一。这是根据它们在人类和非人类的内在和外在现实之间建立的联系来划分的。在亚马逊民族里观察到的万物有灵论中，非人类具有与人类不同的身体，但具有相同的内在主体性。鹦鹉和美洲虎将自己理解为人类，而对它们来说，人类则作为其他动物出现。在澳大利亚和奥吉布瓦人中实践的图腾主义认识到人类与某些非人类（他们所认同的动物或植物）之间的内在和外在本质特征。在中国古代和欧洲文艺复兴时期都观察到类比法，涉及对内部和外部各个层面之间万物差异的感知。为避免混乱，秩序被强加在这些差异上，其形式是领域之间的广泛类比——地与天之间、政府与自然之间、微观与宏观之间。②

现代西方在很大程度上将作为第四条道路的自然主义视为理所当然。自然是人类与其他实体共享的外在的、物理的和物质的独特实体，而人类拥有区别于其他一切生物的内在灵魂或精神。自然主义坚持二元世界，即划分出思想实体与延伸实体、精神与物质、主体与客体。假定物质是可以根据可量化的"原

---

① Bakhtine 1982. 巴赫金的对话性话语概念与一元化的"权威性话语"——例如，军事命令或科学声明——形成了有用的对比，它们试图限制任何模糊的可能性。
② Descola 2005.

始质量"来分析的,包括质量、尺寸、位置、运动和机械原因。相比之下,思想是感觉、记忆和意义的领域。自然主义与较旧的世界组织模式的融合,可以追溯到柏拉图和基督宗教的二元论,这使其对西方思想产生了吸引力。德科拉的论述(在此处简单概括)令人信服,他拒绝将宇宙的非自然主义经验简化为对科学所掌握的唯一客观现实的"版本"或"解释"。相反,他将现代科学的本体论作为组织人与非人之间关系的"蓝图"提了出来,并且他大力展现了其他有活力的替代方案(les alternatives)。

宇宙学存在于无数的小动作、态度和表情、零散的习惯和直觉中。德科拉不可避免地对世界上所有文化的宇宙学进行了总结,包括简化和概括。但是,不仅人类学家和历史学家必须使用概括和简化来呈现宇宙学,他们研究的人类也是如此。在某些时候,出于不同的原因,人们试图通过创建宇宙图(les cosmogrammes)来阐明他们对宇宙的概念及其在宇宙中的位置——具体且可见的地图、展览、史诗或纪念碑,用于记录自然和人为秩序。这些公共化的普遍行为对于研究宇宙学的人们来说是宝贵的资源。它们显然无法涵盖所有群体的经验结构的所有方面,但事实是它们突出了某些优先事项和态度。[①]

对于 19 世纪后期的自然主义,很难想象比埃菲尔铁塔更合适的宇宙图了。[②] 当然没有比这更雄伟的东西了:它是地球上最高的人造建筑。埃菲尔说:"这不仅是现代工程师的艺术,也是工业和科学的世纪……这是由 18 世纪的伟大科学运动和 1789 年的革命所带来的,这座纪念碑将为之而建。"[③] 像没有肉的金属骨架一样,铁塔展现出粗犷的工程美学。几何形状和结构动势从三维建筑图中被突兀地传递出来。铁塔残酷地用阳刚之美去证明人类对过去的征服:埃菲尔铁塔与金字塔被人们相提并论。在对当时的装饰形式的否定中,它代表了可互换零件的国际基础设施的出现,以及通信、运输、交流和信息的交织。

---

① Tresch 2015.
② 埃菲尔铁塔的形象出现在两本科学研究作品的封面上:Golinski 2008 和 Latour,Hermant et Shannon 1998. 建造了一半的铁塔照片(Golinski 2008)突出了建造的过程,而拉图尔等人著作的封面上那微型的埃菲尔铁塔则突出了比例和多重性。
③ Loyrette 1985 (p. 116), Barthes et Martin 1989, Gaillard 2002, L'Exposition de 1889 et la tour Eiffel d'après les documents officiels 1889.

它展示了技术实力：以 1 弧度秒的微观尺度制作了 1 000 多个通用草图和 3 000 多个特制零件的草图；它的构造也有大量文献记载。这证明自然主义和理性主义对分析、比例、还原和机制的坚持，已经从乌托邦式的渴望发展为铁的现实。

当然，宇宙学不仅仅是一种表现形式，而且是一种令人印象深刻的形式。埃菲尔铁塔是 19 世纪知识前行的象征和物理的组成部分。物理学的进步——理性力学、热力学、麦克斯韦的统一方程式——与建造桥梁、运河和电能基础设施的工程师们的工作并驾齐驱。精密度、比例和技术的掌握还表征了在新型工业复合体和门捷列夫元素体系中的化学。从居维叶的功能分类到地质学家的长期发现，达尔文使自然选择成为调节变异和改善物种的机制。社会科学确定了进步规律和统计标准。在所有领域中，人们越来越意识到一种通用方法的存在——通过远程观察物理实在来确定规律性和潜在的机械定律——以及一个能够被分析的独特世界。① 埃菲尔铁塔讲述了这种新兴的通用语言。它是由这种语言制成的。

它还讲述了向上进步的历史。科学技术已成为文明的标志。到 19 世纪，17 世纪物理学家的普遍概念已成为有效的现实。就像可互换的零件有利于该行业的发展一样，科学家也着迷于创建用于校准它们的标准单位和标准。乌托邦主义者、改革派和革命家通过地籍调查、标准化的度量衡、国家新闻界和教育系统，将领土设想为统一的空间。② 他们组成了不同的地区和实体，以使它们适用于相同的法律和行政程序——星星、树木和玉米以及细菌、细胞和人。③ 协调有序的技术实践将实验室与近和远的空间相联结。④ 欧洲在亚洲、美洲和非洲的扩张在"文明使命"的意识形态的刺激和支持下，通过运输船、电报信号、无线电波和文明将全球空间结合到一起。一种单一的本质逐渐被映射、盘

---

① Gillispie 1960, Cahan 2003.

② Scott 1998, Porter 1996.

③ Cronon 1992, Alder 2010, Wise 1995.

④ Schaffer 1992, O'Connell 1993, Smith et Wise 1989.

点、收集和整理。①

一个词可以使这些网络具有连贯性："科学"。普鲁士和德意志的统一伴随着理科（Wissenschaft）和新的教育与研究机构的声望不断提高。在英国，包括巴贝奇、赫歇尔和惠威尔（Whewell）在内的一群改革者以归纳法推广了科学统一的思想。在法国，"科学"成为19世纪下半叶教育改革组织者的口号，而学者们则让自己的工作变成了国家不可或缺的东西。在美国，一个人数不多但力量强大的活动家团体试图同时创造公众对科学的兴趣和能够承载科学的机构。②

埃菲尔铁塔叠加了自然主义的各个层面——概念、技术、意识形态、体制性——并给予了它们普遍的认可。从地面上看，它体现了由机械集成和可更换部件组成的自然主义的本质。从平台的顶部看地面，参观者会体验到一种几乎神圣的视角，但这种视角是人为的，并具有制图师、分类师、工程师的客观性。尽管它并没有融合时代文化或科学的所有方面，但埃菲尔铁塔浓缩了最突出的方面。它是共鸣的中心，是曼陀罗或虚拟图（un diagramme virtuel）的中心，连接着不同但同构的场所、实践、对象和经验模式：一个统一宇宙的向心轨道。③

但是，如果埃菲尔铁塔及其所体现的宇宙学看起来很坚固——由铁制成，锚定在地下十米处——那么新近的科学史学家认为，它是一个稻草做的人，一个稻草人。他们指出了随着博览会及其"科学家"意识形态所鼓吹的科学及其世界的平稳与整合模式的缺陷。历史学家没有列出重大发现，而是研究争议，不仅强调对现象的理论和解释的分歧，而且强调认识论价值、知识与国家和公众的关系、科学和社会的适当秩序，以及仍在发挥作用的宗教分歧。他们研究了不同研究计划和机构所体现的不同理性，科学实践从一种技术和政治体制向另一种体制的微妙转变，以及将结果从一种框架复制到另一种框架时遇到的困

---

① Williams 2013.
② Morrell et Thackray 1981, Cahan 2004, Carnino 2015, Fox 2012, Daniels 1994.
③ Deleuze et Guattari 1980.

难。① 通过关注人类规模的框架，科学成为一种局部的实现、一种调节的理想、一种抽象的统一。它的普遍性不是世界统一性的结果，而是标准化工具、术语和实践的流通和协调。②

从这个角度来看，"科学"具有马赛克的性质，即从固定的整体单元变为移动的多个单元。③ 但是，自然与科学统一的想法是建立在令人信服的经验之上的，就像收到横跨大西洋发送的电报时那种满足感一样，以及如同参观埃菲尔铁塔的兴奋的游客。因为，他们能看到上一代人都没有见过的东西。这种在统一性印象与实现和维持统一性的巨大困难之间的摇摆，使科学的历史研究颇具魅力。它还强化了人类学的信念，即其他宇宙秩序很可能是组织世界的同样合理和严密的模式，即使它们是局部的。

连结点和异托邦

1887年，一群艺术家——盖·德·莫帕桑、小仲马（Alexandre Dumas fils）、夏尔·加尼耶（Charles Garnier）、勒孔特·德·利勒（Leconte de Lisle）等人发表了抗议，反对这座在他们眼中代表新巴别塔的建筑："真是荒谬，这主宰了巴黎，也代表着一个黑色的巨大的工厂烟囱。"建造完成后，莫帕桑去了位于铁塔底层的餐厅用餐：这是巴黎唯一一个不会看见它的地方。④ 反对狂妄的科学唯物主义，前卫艺术家部落在纯诗歌和艺术崇拜的口号之下找到了自我。在支配性自然的象征下——可以说是沦落为地下——潜伏着另一套原则，以组织思想、实践、社会性和自然本身。

对埃菲尔铁塔的空间的这种使用和转移呼应了被视为统一的整体或多元马赛克的科学之间的二元性。让我们再举一个例子。法兰西科学院从一开始就是一个与国家保持一致的规范性场所，在那里追溯和捍卫了"自然"的合法轮

---

① Livingstone et Withers 2011, Galison et Stump 1996, Gieryn 2002, Kohler 2002.
② Bourguet, Licoppe et Sibum 2004, Biagioli 1999.
③ Pickering 1992, Pestre 1995, Dear 2012, Golinski 2012.
④ "Protestation contre la tour de M. Eiffel" 1887, Barthes 1997.

廊：1784 年的委员会谴责梅斯梅尔（Mesmer）就是一个著名的例子。[1] 1830 年，天文学家兼科学院终身秘书弗朗索瓦·阿拉果（François Arago）向媒体开放了他的课程。阿拉果是一个由科学家、哲学家、艺术家和工程师组成的开放网络的一部分——像若弗鲁瓦·圣伊莱尔、巴尔扎克（Balzac）和圣西门主义者一样，他们在 1848 年之前的 30 年间倡导了新的宇宙论。他们的"机械浪漫主义"偏爱审美经验，注重各个领域之间的整体互动以及通过技术重塑自然和社会组织的乌托邦理想。在 1830 年革命前的几个月，通过改变科学院的辩论和可见度规则，阿拉果使科学院从与既定权力结合的空间转变为鼓励改良主义政策和将积极的、可变的且紧密交织的性质融入人的意图的空间。[2]

科学院从规范性场所的地位转变为异托邦的场所，这是福柯所赋予的术语，指的是分隔开并标记为特殊的空间，与传递社会主流价值、预设和规范的空间相矛盾。[3] 他以监狱、医院、妓院、船、儿童小屋、文学、飞毯和夏令营为例。福柯并没有赘述他们所反对的规范空间，但是我们可以想到政府和司法大楼、国家档案馆、学校，以及埃菲尔铁塔等纪念性场所，强化了标准的时间、空间和主体性概念。在中世纪早期，大教堂扮演着这个角色。当大教堂展示了一张虚拟图，将神学文本、大学和学术实践（例如争论）联系在一起时，埃菲尔铁塔与 19 世纪的大型公共工程、技术基础设施、工程学校和物理教科书产生了共鸣。[4]

福柯将规训和监督场所，例如精神病院和医院包括在内，这表明了一种耐人寻味的不稳定性：即使是规范性场所也可以被视为异托邦。这完全取决于用途。大教堂和埃菲尔铁塔将其社会中占主导地位的价值观和预设凝结为可以立即感知的形式，但它们也带来了不同于正常生活和日常生活的独特经验：头昏眼花、神力或国家权力的感觉、朝圣者或游客的欢愉。换句话说，它们处于单一性和异托邦的十字路口。

---

[1] Darnton 1984.
[2] Levitt 2009, Tresch 2012.
[3] Foucault 2004, Johnson 2006.
[4] Panofsky 1976.

当我们考虑在 19 世纪对自然进行调查的空间，比如，实验室、天文台、大学、图书馆和博物馆以及山峰、船、农场和热气球时，这种矛盾性是很重要的。它们都是异托邦：特殊的空间，以各种方式与日常事务分隔开来，并具有特殊的访问规则。他们与"外部"接触：实验室和车站的研究人员制作了新的对象，而博物馆和图书馆中的访客和研究人员则遇到了最遥远时空的标本和历史。但是，这些相遇是严格的纪律程序、结构严密的机构和既定标准的一部分。在这些连结点（可以称为科学的异托邦）上，可以产生新的知识和经验，但是必须将它们与现有的知识和价值相结合：技术的确定性、科学的真理性、历史的进步。这些连结点与现有的秩序只是在最终的再次确认上有所不同。19 世纪，西方的一个显著事实是其在全球范围内具有像孢子一样扩散的能力，异托邦遇到了新颖性，从而增强了对单一性的印象。① 但是，不仅如此，任何外部因素都可以很容易地被归结为现有的秩序。异托邦不仅可以质疑标准，还可以设定新的标准。它可以提供一个完全不同的性质占主导的空间。这些连结点不仅仅只是在主要的自然主义空间中偶尔发生干扰或不和谐；它们可以包含自己的持久的宇宙论。有些是通过改变理性规范或通过改变位于中心的科学场所的存在方式而形成的，例如，在殖民地的混合形式中，或者在 19 世纪 30—40 年代阿拉果及其盟友的机械浪漫主义中，它简要地重新定义了知识和发现的条件。② 而其他的连结点则出现在新的地方，处于统治秩序的裂缝或边界的另一侧。

让我们以 19 世纪三个这样的异托邦为例：艺术崇拜的场所、通灵仪式、人种学的相遇。有时，这些空间产生了有趣的摩擦、挑衅的讽刺或针对主导性的令人不安的差异。在其他时候，它们建立了连贯而坚实的替代性方案，提出并展现了不和谐的世界。

正如我们在自然主义的空间中寻求完全确定性或统一性会感到失望一样，我们不应该期望这些异托邦所掩盖的性质能提供完美的连贯性。但是，与"主

---

① Raj 2007.
② Mitchell 2000.

要"性质对称的是，这些"次要"宇宙学构成了技术和验证的程序，作为秩序和稳固性的标准发挥作用。这些世界性的实验室渴望扭转少数与多数的关系，并让其成为普遍现象。

艺术的崇拜

19世纪始于浪漫主义。这种哲学、艺术和文学运动的首要基本主题之一是对拿破仑统治下的机械专制主义（l'absolutisme mécaniste）的抵制。浪漫主义表达了一个慷慨激昂的拒绝和否定之词。它用语言表达了个体和有机体、碎片和世界、潜伏的和明显的语言。在追求绝对和崇高的过程中，它指出了人类能力的局限性以及超越范围的可怕的不可知性。对于浪漫主义来说，诗歌和艺术是真理的特权模式，它使想象力、意志和情感置于计算理性之上；它们揭示了在思想、感官和行动上创造世界的力量。[1]

但是，尽管浪漫主义充满了理想主义，但它的异托邦却建立于具体的基础之上：印刷文字、沙龙、新的大众娱乐空间。从规范的空间向其他规律支配的世界之间的过渡是幻想文学中反复出现的主题——由霍夫曼（E.T.A. Hoffmann）在德意志创造，并由戈蒂耶（Gautier）、奈瓦尔（Nerval）、坡（Poe）、霍桑（Hawthorne）和果戈理（Gogol）传播开来。通常情况下，通道是由似乎栩栩如生的惰性物提供的；机器或自动机，它们并没有像人们期望的那样具有确定性。19世纪的文学艺术为公众提供了将普通自然主义的世界运送到另一个世界的奇异经历。诗歌引起了令人惊喜的超越。观众通过怪异的戏剧体验在梦幻般的空间中旅行，例如，达盖尔（Daguerre）的透景画。而巴黎歌剧院的新传统则通过梅耶贝尔（Meyerbeer）的《恶魔罗勃》（Robert le Diable）的视觉和声音特效让观众难以忘怀。在奇幻艺术开辟的空间中，自然主义的期望被万物有灵论的经验所取代。[2]

---

[1] Nancy et Lacoue-Labarthe 1978, Richards 2002, Abrams 1971.
[2] Dolan et Tresch 2011.

到19世纪末,出现了三种家喻户晓的文学体裁,每种文学体裁都与自然主义有着不同的异质关系。现实主义小说反映了一个标准的共识现实:在佐拉(Zola)的作品中,生理学和历史科学的观点加强了对跨代痛苦的描述的合理性。被儒勒·凡尔纳(Jules Verne)完善的科幻小说也维持了"自然主义"的现实定律,并对未来和极端地区(月亮、海床和南极)进行了预测。波德莱尔(Baudelaire)、勒孔特·德·利勒、魏尔伦(Verlaine)、里莫(Rimaud)、奥迪隆·雷东(Odilon Redon)和古斯塔夫·莫罗(Gustave Moreau)的象征主义诗歌和绘画作品发挥了文字和色彩的短暂音乐性,以香水、声音、振动和理想形式建立起秘密的和谐。他们提出了表面的、物质的世界和精神实质的隐藏世界之间的微妙对应关系。在艺术领域——在思维、画布和印刷品之间——类比宇宙论与现代性产生了共鸣。①

象征主义的类比和万物有灵论的舞台机械在集体仪式中结合,超越了整个艺术作品:比如,梅耶贝尔、威尔第(Verdi)和瓦格纳(Wagner)的歌剧。随着电影院的"运动图像",新的万物有灵技术带来了通往其他世界的旅程。作为一种既可以通过逼真的表现再现世界又可以通过奇妙的特效对其进行修改的技术,19世纪末的电影院普及了对艺术的崇拜,使其成为制作其他世界的公共实验室。②

通灵仪式

其他挑战自然主义的异托邦是通过"动物磁气说"(le mesmérisme)和"通灵论"展开的。从1820年代到1840年代,新一代的动物磁气疗法的实施者,例如,皮伊赛居尔(Puységur)、马蒂厄(Mathieu)和伯特兰德(Bertrand),在萨尔佩特里尔医院和其他医院进行了公开实验和临床研究。③在19世纪中叶,由福克斯姐妹(Fox)带来的通灵论风靡一时。尽管动物磁气

---

① Valtat 2009.

② Schroeder 2002.

③ Méheust 1998.

说的追随者自称可以感知到隔壁房间里或公众脑海中发生的事，但通灵论者却宣称能从隐藏在其背后的另一个世界带回信息。

通灵仪式包括在可控的空间中对物体、人员和行为进行定期安排：房间陷入黑暗中，一圈追随者手拉手围着一张桌子，而媒介则是来自另一个世界的活人灵魂的通道。当桌子转过来，听到神秘的敲门声时，本体论的框架摇摇欲坠。这些仪式引发了非二元论的认识论。该媒介并没有加强与物体的距离，而是被对象所侵占。为了解释超自然现象，人们发展了宇宙学系统，将生物、多重世界、难以渗透的流体、微妙的以太融入其中。灵魂是微妙的物质，物质是凝结的灵魂，两者之间的媒介是以太。神学把这些理论与吠陀的宇宙学联系起来。加之史威登堡（Swedenborg）——18 世纪的神秘主义者和自然主义者——宣称存在着看不见的世界以及动物、植物和矿物王国之间的对应关系，许多此前自然主义的拥护者开始支持万物有灵论和类比法的变体。①

开尔文勋爵（Lord Kelvin）于 1900 年宣布，除了黑体辐射和发光以太等小问题，物理学已近乎完成。但是 19 世纪晚期，物理学中关于分解和辐射的异常现象为自然主义的标准方法带来了新的难题，一些物理学家提出了具有隐藏维度和能量、物质和灵魂特征的理论。这包括奥利弗·洛奇（Oliver Lodge）、威廉·克鲁克斯（William Crookes）、卡米尔·弗拉马里翁（Camille Flammarion）和夏尔·里歇（Charles Richet）在内的一些人都深入地研究了灵魂现象。有些人诉诸实验方法来检验那些关于灵魂的主张，而另一些人则将灵魂的概念引入到物理学理论中。在 19 世纪末，灵学研究学会（Society for Psychic Research）重构了其研究的领域，将更严格的规程引入到灵魂的实践中，从而控制了最疯狂的认识论和本体论的竞争形式。在被牛津大学、剑桥大学和哈佛大学的教授采用之后，通灵论衰落了，人们开始采取其他形式并到达了其他的场所。这也许不是巧合。②

---

① Lachapelle 2011.
② Noakes 2008, Natale 2011, Staley 2008, Bensaude-Vincent et Blondel 2002, Stolow, 2016.

从人类动物园到本体论的相对主义

帝国主义在整个世纪中愈演愈烈，在此期间，欧洲以越来越强大的力量瓜分着世界。旅行者、商人、官员和行政人员带着越来越多关于奇怪信仰和习俗的故事返回欧洲。科学着手解释为什么征服地球大部分地区是如此的容易。人们认为应从生理和智力上寻找答案。种族科学，包括颅骨测量术和颅相学的变种，是巴黎人种学学会（la Société d'ethnographie）历史悠久的研究议题之一。塞缪尔·莫顿（Samuel Morton）和约西亚·诺特（Josiah Nott）提出的"人类被分别创造"的多基因论点被用来捍卫奴隶制；在19世纪末，在统计学和社会达尔文主义的帮助下，科学优生学出现了。[1] 从智力上讲，英国人类学家对其他信仰体系进行了排名，将巫术、宗教和科学与野蛮和文明联系起来。在人类学寻求宗教的"基本形式"的过程中，对"拜物教"（对非西方人、天主教徒和受骗消费者的侮辱性称呼）的迷恋在蔓延，无论是图腾主义［如鄂吉布瓦人（Ojibwa）］或美拉尼西亚人称为"神力"的普遍精神力量的理论。所有这些方法都系统地否定了土著知识或文明的价值，这就如麦考利（Macaulay）在他著名的《印度教育报告》（Rapport sur l'éducation indienne）中所展现出的傲慢一样。

对人类进化的分类是基于动物界的进化概念。正如创造动物园的先驱卡尔·哈根贝克（Carl Hagenbeck）所理解的，这两个都是公众所感兴趣的主题。受到巴纳姆（P.T. Barnum）怪胎秀（freak shows）的启发，哈根贝克将捕获的动物和人类一起放进他的动物园里展出：先是努比亚人，然后是因纽特人。[2] 1877年，巴黎动植物驯化园接替了哈根贝克的动物园的职能。在1889年万国博览会时，在战神广场的展馆后面再现了佛塔、吴哥窟的浮雕和其他殖民地的特产，同时，还有黑人村庄。在那里，殖民地居民被置于公众的注视之下。还有来自加纳、安哥拉、塞内加尔、印度支那、加蓬、塔希提岛和火地岛的400人被展示。而火地岛人被关在笼子里，并被标示为食人族。

---

[1] Gould 1983, Staum 2003.

[2] Qureshi 2011, Rothfels 2002, Baratay 2004.

1889年在万国博览会期间于巴黎战神广场举办人类动物园的海报

在这个展区中,参观者可以看到人们是如何开展工作的:一对穿着动物皮的人敲打燧石取火,还有中国的瓷器作坊、埃及的织布工、美索不达米亚的抄写人以及希腊的陶工。但是第一个展位是一个房间,里面有一个展示人体解剖结构的雕像。其肤色较浅,并被放置在展示柜的后面,其下方是两只已经去皮的大猩猩。房间的入口处是"伊舍,霍屯督人(Esther the Hottentot)"和"比利,澳大利亚人"(Billy l'Australien)的肖像。两幅肖像与早期人类骨头一起被放在展示柜上方。如此呈现的结果便是非洲人和澳大利亚原住民与前人类动物在视觉上的混淆。

这些展览并不是真正的"其他性质":它们是欧洲霸权下流的和不人道的表现,体现了等级制度、种族和文明压迫的暴力意识形态。为了牟利和煽情,人类动物园对活着的人类进行了"自然主义者"的客观化。在埃菲尔铁塔的脚下,它们揭示了西方的单一性,在将其强加给其他人的同时,剥夺了他们的生活方式和基本尊严。

但是,从同一装置中出现了一种新的可能性,这给日后带来了谨慎而又不可否认的影响。据说弗朗兹·博厄斯(Franz Boas)是第一个解构人类学的种族主义和等级化前提的人。他在职业生涯的早期就与博物馆管理者发生冲突，他声称人类学展览应该将单一文化群体的各种手工艺品融合在一起，而不是将各种来源的工具或文物进行分组。他认为，不同文化的整体统一才是人类学的真正对象，而不是所谓的"文明的阶段"。博厄斯在1892年[①]的芝加哥万国博览会上再次捍卫了他的观点。被他实地研究过的印第安夸丘特尔人（Kwakiutl）部落的14名成员参加了万国博览会。他要求他们进行复杂的手工艺展示，并执行他们部落特有的任务和仪式，而不是让他们静静地坐在好奇的目光下。博厄斯后来写道："就像过去所有种族都以一种或另一种方式为文化进步作出贡献一样，如果我们愿意给他们真正的机会，它们将能够促进人类的利益。"[②] 在博厄斯的带领下，对人类的展览非常谨慎地从自然主义的客体化和非人性化的生理学转向参与性欣赏和根本不同的宇宙学秩序。这是对参观者的一种有形的呼吁，以让他们通过感情的带入来实现换位的思考和行动模式——在后来的文化人类学的研究工作中，绝对平等的观念被反复强调。[③]

多元主义的架构，或走廊的观点

1900年巴黎万国博览会的成功举办所带来的胜利，只花了一点力气就使它化为乌有。1901年在纽约布法罗举行的另一场泛美博览会上，被爱玛·戈德曼（Emma Goldmann）的无政府主义演说感动的利昂·乔尔戈斯（Leo Szoglosz）枪杀了美国总统威廉·麦金莱（William McKinley）。作为一项安全措施，巴黎万国博览会最终被永久关闭。麦金莱以将美国的势力范围扩展到菲律宾、古巴、夏威夷，捍卫金融家珍惜的金本位以及其保护主义政策而闻名。无政府主义者的子弹是为了解决垄断资本家导致的日益严重的财富两极分化问题。它预示了随后数十年的不和谐与暴力冲突。

单一性绝非无懈可击，但这也不只是一种偶然。如果我们在绝对秩序和完

[①] 应为1893年——译注。
[②] Boas 1921 (p. 278).
[③] Boas 1989, Buettner-Janusch 1957, Penny 2013.

全无政府状态的极端之间寻找——既要"公平地统一，也要公平地放任"——我们就会看到缺陷、不完整性、持久的地方主义和脆弱性，它们颠覆了19世纪的愿望和欧洲主导的无瑕的统一的承诺。① 通过这些裂缝，出现了多套局部和新的历史观，并融入了社会和技术协调的实践中。这些其他性质有的很容易与自然主义的一元化概念相吻合；有的则在重要的地方有所不同；还有一些提供了截然不同的性质。这些其他性质与欧洲有据可查且始终在进行的旨在施加其单一性的新尝试之间不断开展着对话。

19世纪的许多人都充分意识到了这一点。关于"一个与多个"的长期哲学讨论是在混凝土空间内进行的：像埃菲尔铁塔这样的单一性的纪念碑与多元主义架构形成对比。这里有两个例子：奥古斯特·孔德的实证主义常常被误解为均质化、还原化和合理化。然而，他不仅提出了倡导科学研究的多元认识论：在他后期的著作中，他认为结束战争和经济竞争需要回到较早的知识阶段。他想到了通过重申万物有灵论来重新组织社会和科学，将人类表示为"伟大的存在"，将地球表示为"伟大的物神"，并要求细心和虔诚。这种新的信仰在里约热内卢建造的"人类殿堂"（le temple de l'Humanité）的异托邦中得到了总结。这个异托邦带领其成员经历了人类、科学领域、世界各民族的各个阶段，将这些世界部分地联系在一起，成为一个人为的、必要的、零散的整体，是一种"主观的综合"。②

但是，尽管孔德的体系内部存在异质性，但也许这个体系仍然过于严格，过于单一。让我们考虑一下悬浮在伊舍画像中间空间里的另一个建筑，该建筑是混凝土的、虚构的和神话般的。威廉·詹姆斯——1899年美国反帝国主义联盟的创始人之一——借用他的朋友，帕皮尼（Papini）的比喻来总结他们的共同哲学。威廉·詹姆斯写道，实用主义的方法"处于我们理论的中间，就像旅馆的走廊一样。它通向无数个房间。在第一个房间，您可以找到一个写无神论者作品的人。接下来，一个跪着的人为信仰和力量而祈祷；在第三个房间中，

---

① James 1967 (p. 197).
② Comte 1856.

化学家在研究人体的特性；第四个房间中，人们正在设计理想主义的形而上学体系。而第五个房间中的人又证明了形而上学的不可能。但是他们所有人都可以进入走廊，并且如果他们想进入或离开各自的房间，则都必须穿过这条走廊。"①

在 21 世纪初，我们被迫意识到自然主义对人类与环境之间的根本差异的肯定所产生的影响：消费、竞争、破坏。在科学、民族主义和资本主义单一性狂热的刺激下，自然主义的单一性颠覆了人类与环境之间的平衡。自然主义者的自然现在看来是不自然的。由人类学传播的历史保留下来的其他宇宙学方向，也许在摩天大楼的阴影下，可能为让我们在这个变迁而不再是毫无生气的地球上的生活提供更好的指导。

约翰·特雷斯克（John Tresch）撰；弗兰克·莱蒙德译

参考文献

Abrams Meyer H., 1971, *The Mirror and the Lamp: Romantic Theory and the Critical Tradition*, Oxford, Oxford University Press.

Alder Ken, 2010, *Engineering the Revolution: Arms and Enlightenment in France (1763—1815)*, Chicago (IL), University of Chicago Press.

[Anonyme], 1889, *Exposition de 1889 et la tour Eiffel, d'après les documents officiels, par un ingénieur [L']*, 1889, Paris, Gombault & Singier.

Bakhtine Mikhaïl M., 1982, *The Dialogic Imagination*, Austin (TX), University of Texas Press.

Baratay Éric, 2004, Le frisson sauvage: les zoos comme mise en scène de la curiosité, *Zoos humains. Au temps des exhibitions humaines*, Paris, La Découverte, p. 31-37.

Barthes Roland, 1997, *The Eiffel Tower and Other Mythologies*, Berkeley (CA), University of California Press.

Barthes Roland et Martin André, 1989, *La Tour Eiffel*, Paris, Seuil.

Bensaude-Vincent Bernadette et Blondel Christine (dir.), 2002, *Des savants face à l'occulte (1870—1940)*, Paris, La Découverte.

---

① James 1967 (p. 380) Bordogna 2008, Madelrieux 2008.

Biagioli Mario (dir.), 1999, *The Science Studies Reader*, New York, Routledge.

Boas Franz, 1921, *The Mind of Primitive Man*, New York, Macmillan.

– 1989, *A Franz Boas Reader: The Shaping of American Anthropology (1883—1911)*, Chicago (IL), University of Chicago Press.

Bordogna Francesca, 2008, *William James at the Boundaries: Philosophy, Science, and the Geography of Knowledge*, Chicago, (IL), University of Chivago Press.

Bourguet Marie-Noëlle, Licoppe Christian et Sibum H. Otto (dir.), 2004, *Instruments, Travel and Science: Itineraries of Precision from the Seventeenth to the Twentieth Century*, Londres, Routledge.

Buettner-Janusch John, 1957, Boas and Mason: Particularism versus Generalization, *American Anthropologist*, vol. 59, n° 2, p. 318-324.

Cahan David (dir.), 2003, *From Natural Philosophy to the Sciences: Writing the History of Nineteenth-Century Science*, Chicago (IL), University of Chicago Press.

– 2004, *An Institute for an Empire: The Physikalisch-Technische Reichsanstalt (1871—1918)*, Cambridge, Cambridge University Press.

Carnino Guillaume, 2015, *L'Invention de la science. La nouvelle religion de l'âge industriel*, Paris, Seuil.

Comte Auguste, 1856, *Synthèse subjective, ou système universel des conceptions propres à l'état normal de l'humanité*, Paris, Dalmont.

Cronon William, 1992, *Nature's Metropolis: Chicago and the Great West*, New York, Norton.

Daniels George, 1994, *American Science in the Age of Jackson*, Tuscaloosa (AL), University of Alabama Press.

Darnton Robert, 1984, *La Fin des Lumières. Le mesmérisme et la Révolution*, Paris, Perrin.

Dear Peter, 2012, Science Is Dead; Long Live Science, *Osiris*, vol. 27, n° 1, p. 37-55.

Deleuze Gilles et Guattari Félix, 1980, *Capitalisme et schizophrénie*, t. 2: *Mille plateaux*, Paris, Minuit.

Descola Philippe, 2005, *Par-delà nature et culture*, Paris, Gallimard.

Dolan Emily I. et Tresch John, 2011, A Sublime Invasion: Meyerbeer, Balzac, and the Opera Machine, *Opera Quarterly*, vol. 27, n° 1, p. 4-31.

Foucault Michel, 2004, Des espaces autres, *Empan*, n° 2, p. 12-19.

Fox Robert, 2012, *The Savant and the State: Science and Cultural Politics in Nineteenth-Century France*, Baltimore (MD), Johns Hopkins University Press.

Gaillard Marc, 2002, *La Tour Eiffel*, Paris, Flammarion.

Galison Peter L. et Stump David J. (dir.), 1996, *The Disunity of Science: Boundaries, Contexts and Power*, Stanford (CA), Stanford University Press.

Gieryn Tom F., 2002, Three Truth Spots, *Journal of the History of the Behavioral Sciences*, vol. 38, n° 2, p. 113-132.

Gillispie Charles C., 1960, *The Edge of Objectivity: An Essay in the History of Scientific Ideas*, Princeton, Princeton University Press.

Golinski Jan, 2008, *Making Natural Knowledge: Constructivism and the History of Science*, Chicago (IL), University of Chicago Press.

– 2012, Is It Time to Forget Science ?, *Osiris*, vol. 27, n° 1, p. 19-36.

Gould Stephen Jay, 1983 [1981], *La Mal-Mesure de l'homme*, Paris, Ramsay.

James William, 1967, *The Writings of William James: A Comprehensive Edition*, New York, Random House.

Johnson Peter, 2006, Unravelling Foucault's "Different Spaces", *History of the Human Sciences*, vol. 19, no 4, p. 75-90.

Kohler Robert E., 2002, *Landscapes and Labscapes: Exploring the Lab-Field Border in Biology*, Chicago (IL), University of Chicago Press.

Lachapelle Sofie, 2011, *Investigating the Supernatural: From Spiritism and Occultism to Psychical Research and Metapsychics in France (1853—1931)*, Baltimore (MD), Johns Hopkins University Press.

Latour Bruno, Hermant Émilie et Shannon Susanna, 1998, *Paris, ville invisible*, Paris, Les Empêcheurs de penser en rond et La Découverte.

Levitt Theresa, 2009, *The Shadow of Enlightenment: Optical and Political Transparency in France (1789—1848)*, Oxford, Oxford University Press.

Livingstone David et Withers Charles (dir.), 2011, *Geographies of Nineteenth-Century Science*, Chicago (IL), University of Chicago Press.

Loyrette Henri, 1985, *Gustave Eiffel*, New York, Rizzoli.

Madelrieux Stéphane, 2009, *William Jones. L'attitude empiriste*, Paris, PUF.

Maupassant Guy de, 1890, *La Vie errante*, Paris, Paul Ollendorff.

Maupassant Guy de, *et al.*, 1887, Protestation contre la tour de M. Eiffel, *Le Temps*, 14 février.

Méheust Bertrand, 1998, *Somnambulisme et médiumnité (1784—1930). Le défi du magnétisme animal*, vol. 1, Paris, Les Empêcheurs de penser en rond.

Mitchell Timothy (dir.), 2000, *Questions of Modernity*, Minneapolis (MN), University of Minnesota Press.

Morrell Jack et Thackray Arnold, 1981, *Gentlemen of Science*, Oxford, Clarendon Press.

Nancy Jean-Luc et Lacoue-Labarthe Philippe, 1978, *L'Absolu littéraire. Théorie de la littérature du romantisme allemand*, Paris, Seuil.

Natale Simone, 2011, The Medium on the Stage: Trance and Performance in Nineteenth-Century Spiritualism, *Early Popular Visual Culture*, vol. 9, n° 3, p. 239-255.

Noakes Richard, 2008, The "World of the Infinitely Little": Connecting Physical and Psychical Realities circa 1900, *Studies in History and Philosophy of Science, Part A*, vol. 39, n° 3, p. 323-334.

O'Connell Joseph, 1993, Metrology: The Creation of Universality by the Circulation of Particulars, *Social Studies of Science*, vol. 23, n° 1, p. 129-173.

Panofsky Erwin, 1976, *Gothic Architecture and Scholasticism: An Enquiry into the Analogy of the Arts, Philosophy, and Religion in the Middle Ages*, New York, New American Library.

Peirce Charles S., 1998, *Chance, Love and Logic: Philosophical Essays*, Lincoln (NE), University of Nebraska Press.

Penny Glenn, 2013, *Kindred by Choice: Germans and American Indians since 1800*, Chapel Hill (NC), University of North Carolina Press.

Pestre Dominique, 1995, Pour une histoire sociale et culturelle des sciences. Nouvelles définitions, nouveaux objets, nouvelles pratiques, *Annales. Histoire, sciences sociales*, vol. 50, n° 3, p. 487-522.

Pickering Andrew, 1992, *Science as Practice and Culture*, Chicago (IL), University of Chicago Press.

Porter Theodore M., 1996, *Trust in Numbers: The Pursuit of Objectivity in Science and Public Life*, Princeton, Princeton University Press.

Qureshi Sadiah, 2011, *Peoples on Parade: Exhibitions, Empire, and Anthropology in Nineteenth-Century Britain*, Chicago (IL), University of Chicago Press.

Raj Kapil, 2007, *Relocating Modern Science: Circulation and the Construction of Knowledge in South Asia and Europe (1650—1900)*, Basingstoke, Palgrave Macmillan.

Richards Robert J., 2002, *The Romantic Conception of Life: Science and Philosophy in the Age of Goethe*, Chicago (IL), University of Chicago Press.

Rothfels Nigel, 2002, *Savages and Beasts: The Birth of the Modern Zoo*, Baltimore (MD), Johns Hopkins University Press.

Schaffer Simon, 1992, Late Victorian Metrology and Its Instrumentation: A Manufactory of Ohms, in Robert Bud et Susan Cozzens (dir.), *Invisible Connections: Instruments, Institutions, and*

Science, Bellingham (WA), SPIE, 23-56.

Schroeder David P., 2002, *Cinema's Illusions, Opera's Allure: The Operatic Impulse in Film*, New York, Continuum.

Scott James C., 1998, *Seeing Like a State: How Certain Schemes to Improve the Human Condition Have Failed*, New Haven (CT), Yale University Press.

Smith Crosbie et Wise M. Norton, 1989, *Energy and Empire: A Biographical Study of Lord Kelvin*, Cambridge, Cambridge University Press.

Staley Richard, 2008, Worldviews and Physicists' Experience of Disciplinary Change: On the Uses of "Classical" Physics, *Studies in History and Philosophy of Science, Part A*, vol. 39, n° 3, p. 298-311.

Staum Martin S., 2003, *Labeling People: French Scholars on Society, Race, and Empire (1815—1848)*, Montréal et Kingston, McGill-Queen's University Press.

Stengers Isabelle, 1997, *Cosmopolitiques*, Paris, La Découverte et Les Empêcheurs de penser en rond.

Stolow Jeremy, [à paraître], Mediumnic Lights, Xx Rays, and the Spirit who Photographed Herself, *Critical Inquiry*.

Tresch John, 2012, *The Romantic Machine: Utopian Science and Technology after Napoleon*, Chicago (IL), University of Chicago Press.

– 2015, Choses cosmiques et cosmogrammes de la technique, *Gradhiva, Revue d'anthropologie et d'histoire des arts*, n° 22, p. 23-44.

Valtat Jean-Christophe, 2009, Reproduction, simulation, performance. *L'Ève future* de Villiers de L'Isle-Adam, *Tracés*, n° 1, p. 151-164.

Williams Rosalind, 2013, *The Triumph of Human Empire*, Chicago (IL), University of Chicago Press.

Wise M. Norton (dir.), 1995, *The Values of Precision*, Princeton, Princeton University Press.

第二部分
科学的场域

在高层大气中的亚历山大·冯·洪堡（Alexandre von Humboldt）。1893年，柏林航空协会的两名气象学家和一名军官乘坐"洪堡"号气球进行观测。

第七章

清查与盘点地球

一个名为洪堡的气球

在一张版画中，3名航空员正在全神贯注地阅读仪器和记录测量结果。这幅画有一段说明文字："在'洪堡'号（Humboldt）气球的吊篮中，在距什切青5 000米的高空。"这幅版画让人们回想起一个特定的事件：1893年3月，在德国皇帝与皇后的注视下，一个名为"洪堡"的热气球从柏林夏洛滕堡宫升起，向东北朝着什切青潟湖的方向飞去。①

航空，引起了人们极大的热情。资产阶级、军人和气象学家使用浮空器的原因有很多，例如休闲、运动竞赛、侦察演习和大气测量。1893年，德国皇帝在德国航空协会（Deutscher Verein zur Förderungder Luftschiffahrt）成立十二周年时，在柏林为其捐赠了50 000帝国马克。这笔款项的目的是用于"提升科学"。该协会包括柏林著名学者和工程师，例如赫尔曼·冯·亥姆霍兹和维尔纳·冯·西门子。

但这幅版画中的人物是谁？在中间的是协会主席里夏德·阿斯曼（Richard Assmann），以及他的同事维克托·克雷姆泽尔（Victor Kremser）。两者都在

---

① Linke 1909 (p. 240-241).

柏林的皇家普鲁士气象学院（l'Institut royal prussien de météorologie）工作。穿制服的军官是汉斯·格罗斯（Hans Gross），他是普鲁士航空部（Preussische Luftschifferabteilung）的上尉。有时，他也是版画家，他在作品底部的签名证明了这一点。①

这幅作品展现了在狭窄的吊篮里的气球驾驶者和他们的仪器，就像是一个高空观测站一样。我们看到了地图、指南针、双筒望远镜、秒表、照相机以及温度计和温变记录器、气压计以及由阿斯曼本人开发的用于测量相对湿度的"干湿计"。这些由详细的图片与说明文字展现的物体构成了科学气球飞行的基本设备。② 人物刻板的手势通过有条不紊的研究使自然界被重新认识。③

但是，版画没有提供任何其他显著的迹象。不过，一旦将其置于19世纪地球科学技术的兴起中，它便具有了意义。这些研究项目追求双重目标：认识论和政治。的确，西方帝国主义得益于这些发现。殖民扩张产生、传播和转化了知识。代表年轻的欧洲民族国家，科学家们冒险进入未知的世界，探索极端的空间和区域，例如两极、深海、火山、沙漠和冰川。气象和地理学孕育了海洋学、地震学和气候学。这些为国家服务的学科将各种地球现象视为同一物理实体的各个方面。在19世纪很长的一段时间里，科学网络的扩展及其合作为我们现代世界的诞生作出了贡献。

先驱

通过将气球命名为洪堡，柏林的气球飞行员们声称自己是科学发展的一部分。而这种科学发展已使自然哲学家和接受过良好教育的公众受益匪浅。1802年，配备了气压计和笔记本的德国博物学家亚历山大·冯·洪堡（Alexander von Humboldt）（1769—1859）着手攀登厄瓜多尔的钦博拉索（Chimborazo）火山。钦博拉索山的海拔约5 900米，超过了许多山峰和任何生命形式的自然极

---

① Assmann 1900 (p. 61 *sq.*).
② *Ibid.* (p. 5–32).
③ Höhler 2001，Daston 1995, Daston et Galison 2007, Daston et Lunbeck 2011.

限。格罗斯的画则暗示着他们快要超过这个记录了。①

洪堡的名字通过他的超凡能力表达了浪漫的理想。进入最危险的地方的博物学家成了英雄。他的旅行日记、他的收藏品和受伤的身体无可否认地证明了他对远方的征服。他对地球现象的观察和工作的经验范围因严谨而著称，正如他的著作《宇宙：对世界的简要物理描述》(Kosmos, Entwurf einer physischen Weltbeschreibung)[在1846—1848年之间该书被翻译成法语，标题为《宇宙，一种对世界描述的尝试》(Cosmos. Essai d'une description du monde)]。②他没有遗漏任何细节，但声称自己要与"悲惨的自然界的档案工作者"区分开来，这些18世纪的博物学家仅以百科全书的方式描述了世界。③它象征着地球科学的新概念，越来越多的数据从普遍规律中被提取出来。一百年后，德国浮空器的驾驶者们将用洪堡的名字来命名气球，以纪念其先驱在行星尺度上引入大气测量，包括空气成分、温度、压力和湿度。洪堡当时所谓的"世界物理学"，意在发现"'气海'的规律性起伏"④，而这些热气球的驾驶者们创立了"大气物理学"，并于1906年成为"高空气象学"。⑤

绘制地球

洪堡和他年轻的法国同事艾梅·邦普朗（Aimé Bonpland）(1773—1858)在美国探险期间，自己携带设备，没有使用当地的搬运工或驮畜。他们追寻着18世纪的旅行者。这些旅行者带着自己的钱或受到宫廷授权，为发现新的地平线而努力奋斗。其中最著名的无疑是詹姆斯·库克（James Cook）船长（1728—1779）。他在1768—1779年之间探索了太平洋。当时，地理学家、制图师、天

---

① Humboldt et Lubrich 2006 [1853].

② Humboldt 1845-1862.

③ Humboldt en 1794，出现在给席乐（Schiller）的信里，被引用于 Godlewska 1999（p. 244）。

④ Humboldt en 1806，被引用于 Dettelbach 1996（p. 289）。对于"洪堡式科学"（la science humboldtienne）的概念，可参阅：Cannon 1978.

⑤ 在1890年左右，威廉·冯·贝措尔德（Wilhelm von Bezold）提出了大气物理学（Physik der Atmosphäre）。在1906年，高空气象学代替了航空气象学（aeronautische Meteorologie）。

文学家和植物学家为那些当时还未触及的地区命名：有海峡、岛屿和海洋，甚至整个大洲。他们是为了国家的利益，当然还有科学。① 探险会产生一些著名的地图，然后由商业公司持有或由君主作为其伟大的象征向外展示。他们确实以与宫廷收藏和植物园相同的方式赋予持有者以象征性的权力。它们并不代表整个世界，但提供了经过选择和明智组合元素的视觉上的综合。它们包含图例和符号，但对它们的来源保持沉默；这样，它们逐渐成为不言而喻的形象，仿佛是无中生有。它们创造了被称为民族国家和殖民地的抽象场所。② 总而言之，这些地图无论其准确性如何，都具有社会和文化功能。然而，作为这些地图的延伸，为了收集其构成所必需的数据，当时对改进的光学设备和精密计时器的使用逐渐变得普遍起来。从18世纪中叶开始，大型地形测量项目诞生了。一份根据传统的天文学方法以解决殖民地边界争端的报告在1760年代被提交到英国的宫廷。与此同时，印度大三角测量局（Great Trigonometrical Survey of India）于19世纪初启动了一项绘制印度地图的庞大计划，并从一开始就使用了现代经纬仪和三角测量仪。"制图学"正是在"重塑地理学"期间作为一门自主学科而创建的。③ 组织和划定领土的欧洲民族国家和土木工程机构在同一运动中同时得到发展。地籍图对于国家和殖民政府的管理变得至关重要。④

地球的另一种景象

在19世纪，研究朝着新的方向发展。如果局限在国家范围内，科学就无法观察到大气、海洋和地质构造，例如，风暴、地震或火山喷发。这种能力的丧失部分解释了自19世纪中叶以来，越来越多的国际科学组织的出现。为了了解区域性事件的总体范围并将远距离的观测结果和清晰与确定的起源联系起来，有必要建立跨边界的研究网络，并在可能的情况下覆盖整个地球。这些组

---

① Miller et Reill 1996, Safier 2008, Smethurst 2012.
② Cosgrove 1999, Pickles 2004.
③ Schröder 2011.
④ Scott 1998 (chap. 1).

织致力于协调一致的数据收集,并参与通用的测量和标准化的设备。① 现代通信技术和运输手段的进步有利于信息的交换和传输。②

当时的三项科学举措都是探索上的一小步：1840年左右进行的"磁学远征"（la croisade magnétique）建立并运行了第一个观测网络；1870年代搭乘"挑战者"（Challenger）号的远征队通过探测和测深图象征性地占有了海底；国际极地年（1882—1883）则建立了一种研究合作关系。

"磁学远征"

当洪堡在为普遍的真理收集自然元素并对其进行分类时,他已成为启蒙哲学的一部分。同时,他以归纳性和解释性来体现从自然哲学到经验主义和实证科学的过渡。无论选择哪种观点,他的概念、方法和工具都会对1800年以后的地球科学的实践和组织产生影响。1830年代末和1840年代初的"磁学远征"就是其中的一个例子。

这个科学计划在当时是英国有史以来在全球范围内最大的计划。其目的是测量地球磁场的强度和变化,这些知识对于此时全球实力第一的英帝国能准确地航行和控制世界海洋是至关重要的。人们在英国殖民地、马尔维纳斯群岛、塔斯马尼亚以及圣赫勒拿岛、好望角、多伦多、新加坡、西姆拉和马德拉斯等地建立了观测站网络,收集了大量的资料。

该计划由对大地测量学充满热情的地球物理学家和天文学家爱德华·赛宾爵士（Edward Sabine）（1788—1883）指导。在他的身边,几位著名的英国学者帮助筹集了资金,特别是天文学家约翰·赫歇尔（John Herschel）（1792—1871）、博学者胡威立（William Whewell）（1794—1866）和物理学家汉弗莱·劳埃德（Humphrey Lloyd）（1800—1881）。这个团体被称为"磁学游说团"（le lobby magnétique）,并争取政府的批准和英国科学促进会（BAAS）的

---

① 参阅沙费尔在本卷中的章节。
② Edwards 2003.

支持。① 这项庞大的研究计划于 1838 年被提出。赛宾表示，它将不仅促进数学和物理学的发展，而且还将通过向皇家海军提供航海信息来巩固英国的霸权地位。通过测量磁场，赛宾还希望提供用于计算公海经度的解决方案。②

英国与欧洲大陆的同类努力既是伙伴又是对手。1799—1804 年洪堡在美洲赤道地区旅行期间，对磁学进行了广泛的研究。后来，他与巴黎天文台台长、经纬局（le Bureau des longitudes）成员、科学院终身秘书弗朗索瓦·阿拉果（1786—1853）联手，在 19 世纪 30 年代初成功建立了一个由约 20 个测量站组成的网络：从北京经俄罗斯和南美洲到巴黎，目的是收集每日的地磁信息，并将其送往巴黎、柏林和圣彼得堡。在洪堡的建议下，卡尔·弗里德里希·高斯（Carl Friedrich Gauss）（1777—1855）和物理学家威廉·爱德华·韦伯（Wilhelm Eduard Weber）（1804—1891）确保了以哥廷根磁学协会（Göttingen Magnetischer Verein）的名义继续该网络的发展，这无疑是第一个真正的国际科学组织。1836 年，洪堡劝说皇家学会主席将沿着帝国边界、热带地区、加拿大和亚洲的观测网扩展到整个国家。由于德意志人无法单独维护收集网络或利用成果，英国人从 1840 年开始收集并解释日常记录。③ 因此，这项研究超越了最初的计划，现在囊括了洪堡、阿拉果和高斯建立的合作。④

他们使用了在加拿大、南非、塔斯马尼亚、印度和其他所有地区的站点。帝国的殖民机构、东印度公司的上层对其进行管理，并与在俄罗斯、中国、法国、比利时、奥地利和德意志地区的天文台进行合作。在头三年中，大约有 30 个站点同时记录信息。根据通用模型，每个月记录 1 次。他们采用哥廷根平均时间来同步测量。配备磁力计的临时观察员也参加了此次行动，并将结果发送给在莱比锡的魏德曼书店（Weidmannsche Buchhandlung）的发行人、在哥廷根的高斯或在伦敦的皇家学会。⑤

---

① Cawood 1979 (p. 498).
② Malin et Barraclough 1991.
③ *Ibid.* (p. 287 *sq.*).
④ Cawood 1979, Locher 2007, Larson 2011.
⑤ Holger 1840 (p. 137-138).

1839年，英国科学促进会在詹姆斯·克拉克·罗斯（James Clark Ross）（1800—1862）的指挥下，率领一支探险队前往南部地区，詹姆斯·克拉克·罗斯在对北冰洋的探险中表现出色。由于在对南极洲的研究上美国人和法国人之间竞争激烈，因此这支探险队的准备是仓促的。尽管提到了合作，但磁学研究仍然是国家之间有争议的领域。

高斯在1830年代末捍卫了磁场的一般理论和数学模型，而赛宾则遵循洪堡的经验主义计划。他从在许多地方收集的数据来推论宇宙的定律。但是，自相矛盾的是，非常丰富的信息引起了人们的恐惧，因为人们无法在同一理论下收集信息。①

"磁学远征"的亮点不是为了提高人们的认知，而是证明了这样一项国际合作的事业是可以成功进行的。② 主要依靠个人主动性的研究后来成为各国的特权。实验室的标准适用于对自然地点的调查。③ 要将世界转变成实验室，并能够长期、远距离地收集数据，需要全球网络、统计学和可视工具的完美协调。统计学和概率论使得将不同的观测和测量结果转化为平均值、相关性和周期性变化成为可能。从洪堡以其集体经验真理的观点上来说，观测点的倍增使得有可能消除错误并确定自然模式和"规律"。

布鲁塞尔天文台台长、统计学家阿道夫·凯特勒（1796—1874）于1835年参加了洪堡和高斯的地磁学计划，并在1840年后继续协调世界各地同时进行的观测工作。④ 而洪堡则负责数据的图形化表达，他根据同一数值的测量形成等高线，将陆地现象连接起来。按等温线和等压线排列，温度和压力变化显示了广泛的气候区。类似地，有关磁数据的分类是根据倾角［等斜线（lignes isoclines）］、磁偏角［等偏线（lignes isogoniques）］和强度［等磁力线（lignes isodynamiques）］图进行的。此过程具有协同阅读的优势。在随后的几十年中，洪堡关于通过用一条线连接相同测量结果的思想扩展到地球环境的各个方面。

---

① Gauss 1838-1839, Cawood 1979 (p. 514).
② Cawood 1979 (p. 516).
③ Bigg, Aubin et Felsch 2009.
④ Locher 2007 (p. 494).

探索海底

在"磁学远征"30年后,皇家学会率先开展了一项勘探计划。该计划再次引起了国际关注。1872年,皇家海军"挑战者"号起锚出发以绘制世界海洋地图。这是首次专门从事深水研究的探险。它由苏格兰海洋生态学专家查尔斯·威维尔·汤姆森(Charles Wyville Thomson)(1830—1882)指导,旨在研究海洋生物学并确定海洋深处生命的存在,尤其是通过化学和水文测量。这次远征标志着历史性的转折点,其中包括大量的测量和样本的收集。根据美国天文学家和海洋学家马修·莫里(Matthew F. Maury)(1806—1873)的说法,"挑战者"号发现了海洋的"隐藏世界"。这位美国海军海图和仪器库的负责人表示:"'挑战者'号从海洋中汲取的知识和教训对人类十分有益。"①

精密的仪器和地图成为导航和航道选择的重要辅助手段,以利于日益增长的国际贸易。此外,电报的发展有赖于对海洋深度的精确测量。在纽芬兰与不列颠诸岛之间的海脊上铺设穿过电报台架的海底电缆推动了探测技术的改进。在19世纪中叶,测深学、地形学和采样技术蓬勃发展。1853年,莫里将最具影响力的海洋国家联合起来,在布鲁塞尔举办了第一届国际代表大会,制定了一套通用的风向和洋流观测系统。

在70 000海里(130 000千米)的航行之后,"挑战者"号找到了约4 000种新物种,记录了近400个测深值,并绘制了约40张海图。苏格兰博物学家和海洋学家约翰·默里(John Murray)(1841—1914)编辑的50卷书记录了这次考察的成果,以测深图的形式展示了在深海收集到的知识。② 它们使用了洪堡的等值线代表海洋的深度以及大气层和磁场。

"挑战者"号的探险标志着科学史的转折点。紧随自然志之后的是自然科学,它们采用了物理学和生物学形式化和标准化的语言。在19世纪末,各国指导海洋学研究的国家委员会纷纷成立。他们以表格和详细地图的形式总结结

---

① Maury 1858 (p. 114), Höhler 2002.
② Thomson et Murray 1880–1895.

果。1899 年，国际地理大会委托对海盆进行总体性研究，并对有关深海的学术术语进行标准化。①

合作与竞争

其他地球科学也经历着相同的发展：气象学、地磁学、地质学、天文学，此外，还有地震学和气候学这两个新学科。在 19 世纪下半叶，这些科学通过建立国家观测站而发展起来，而观测站之间经常共享观测结果。国家服务机构则负责长期记录和汇编数据，国际组织则负责协调和规范各个国家工作。国家服务机构具有三重功能：它们提供信息，提供预测并在必要时发出危险警告。1875 年，几乎所有欧洲国家都设有气象部门。②

地球科学采用从数值模型推断理论，并通过统计数据进行预测的方法。新的观测制度也催生了新的治理结构。③ 首先，国际谈判成为获得可靠和有利结果的前提。然后，各国必须具有最低技术水平才能加入"国际体系"，这是合作研究的基础。④ 科学和技术基础设施的建立也遵循运输和通信路线的发展。这是每个国家军事和经济实力的直接体现。因此，由此产生的知识拓扑结构绝不是全球性的：它是有选择性的，取决于政治力量。

国际极地年是一项研究极地地区的地球物理和气候现象的国际合作，第一届始于 1882 年 8 月，持续到 1883 年。这是那个年代国家间合作的高潮。1876 年在伦敦举行的第一届国际气象大会审议了奥匈帝国官员兼探险家卡尔·魏普雷希特（Karl Weyprecht）（1838—1881）的建议，以合作研究北极地区的气象和磁学。该建议要求建立一个为期一年的固定观测网。德国水文学家格奥尔格·冯·诺伊迈尔（Georg von Neumayer）（1826—1909）此前曾在南极进行过类似的勘测。在这些科学家的倡议下，1879 年在罗马举行的第二届气象大会提

---

① Rozwadowski 2002.
② Nebeker 1995 (p. 21).
③ Locher 2007 (p. 492).
④ Geyer et Paulmann 2001.

出进行极地研究。由诺伊迈尔主持的国际极地委员会决定建立 12 个北部和 2 个南部基地。该计划汇集了 12 个国家，其中大多数已经在北极地区进行过研究任务：美国、加拿大、俄罗斯、英国、丹麦、瑞典、挪威、芬兰、荷兰、奥地利、德国和法国。① 这些国家在北极建立了环极地观测基地。

科学兴趣不能单独解释欧洲和北美国家对"首次协调的国际气象实验"的参与，② 研究被用作进行领土诉求的借口。因此，德国远征南乔治亚皇家海湾和法国远征霍恩角附近的奥兰治湾宣誓了这些国家在南大洋的存在。这为他们占有这些处女地奠定了基础。热带非洲和极地地区构成了最后的未被开拓的领域。欧洲和北美派往那里的使团为在这些地区宣示主权和瓜分领土铺平道路。③

同样的，协调与合作不一定并存。④ 除了固定的极地站外，研究团队、商船和致力于气象和磁学研究的基地还进行了其他观测（天文、大气和水文学）。它们是连续进行的，尤其是每个月的第 1 天和第 15 天，并根据哥廷根的平均时间进行同步。与观察结果的扩展相比，结果的传播仍然有限。国际极地委员会将这些数据存档于圣彼得堡的中央物理天文台，然后将它们绘制在区域或更大尺度的气象和气候图上，但他们从未在全球一级进行绘制。⑤

国际极地年的国际协调观测系统于 1883 年 8 月在印度尼西亚的卡拉卡托（Krakatoa）火山的爆发时揭示了真实的范围。不同于 1815 年的坦博拉（Tambora）火山的爆发（这也是印度尼西亚历史上最严重的灾难之一，但全球影响被忽略了），卡拉卡托火山的爆发立即被认为是行星尺度的灾难。它造成 160 个村庄被破坏，36 000 人死亡。爆发后数小时和数天，大气和海洋的波动在全球范围内被记录。即使在最远的港口，人们也通过水位的波动对海啸进行了评估。冲击波遍布几乎所有大洲的 46 个观测站和天文台的气压计测量。火山灰的投射导致了北半球壮观的日落。⑥ 有关卡拉卡托的信息以前所未有的速

---

① Lüdecke 2004 (p. 55-64), Launius, Fleming et DeVorkin 2010.
② Lüdecke 2004 (p. 58).
③ Tilley 2011.
④ Elzinga 2010 (p. 117).
⑤ *Ibid.* (p. 125).
⑥ Dörries 2005.

度传播。电报的发展速度与大英帝国的扩张同步进行。现在,一条通信线路通过地中海、红海、印度和印度尼西亚将欧洲与澳大利亚连接起来,从而确保了来自曾经偏远地区的新闻能迅速传播。它还促进了从目击者和业余的信息提供者那里收集数据。在国际极地年的倡议下,1883 年 8 月,合作者们被要求将他们的记录发送给皇家学会,由该学会负责对其进行分析和评估。[1] 因此,当时的学者称卡拉卡托火山喷发为"最伟大的经历"(la plus grande expérience),展现了一种国际合作,并让人们像在一个实验室里一样来分析一种行星现象。[2]

地球:应用科学的对象

在 20 世纪初,研究地球并利用自然力量的野心不再是虚无缥缈的。同时,我们开始对高层大气产生兴趣。1900 年的巴黎国际会议确定了每个月的第一个星期四为热气球日。从同年 11 月开始,载人热气球和探测器从天文台、船只和殖民地设置的站点起飞。这些气球装有相同的仪器,可收集根据相同原理进行测量而得到的结果。然后,国际航空科学理事会(la Commission internationale pour la science aéronautique)收集、分析和发布数据。[3] 在 1902 年,按照这一倡议,阿斯曼和法国气象学家莱昂 - 菲利普·泰瑟朗·德博尔(Léon-Philippe Teisserenc de Bort)各自展示了对流层顶的存在,即在对流层上方约 10 千米的高度存在着的大气层。相似地,他们也探测到了一个较高的等温层:平流层。

1903 年,柏林气象学家弗朗茨·林克(Franz Linke)认为:"热气球飞行不是手工艺或艺术,而是一门应用科学。"[4] 这些再次揭示了地球科学的统一性。这是由于在 19 世纪漫长的气象学、地磁学、地理学或海洋学方面对地球进行"清查工作"而做出的努力,其中最重要的协议是 1875 年的米制公约或

---

[1] Symons 1888, Lahiri-Choudhury 2010.
[2] Dörries 2005 (p. 55).
[3] Hergesell 1903–1917.
[4] Linke 1903 (p. 52).

1884年的世界时。然而，所有这些成就并没有带来更统一的、更公平产生的或被更好共享的知识。①

扎比内·赫勒尔（Sabine Höhler）撰；
马克西姆·拉德里埃（Maxime Ladrière）译

参考文献

Assmann Richard (dir.), 1900, *Beiträge zur Erforschung der Atmosphäre mittels des Luftballons*, Berlin, Mayer & Müller.

Bigg Charlotte, Aubin David et Felsch Philipp (dir.), 2009, The Laboratory of Nature: Science in the Mountains, numéro spécial de *Science in Context*, vol. 22, n° 3, p. 311–321.

Bourguet Marie-Noelle, Licoppe Christian et Sibum H. Otto (dir.), 2002, *Instruments, Travel and Science: Itineraries of Precision from the Seventeenth to the Twentieth Century*, Londres, Routledge.

Cannon Susan Faye, 1978, *Science in Culture: The Early Victorian Period*, New York, Dawson.

Cawood John, 1979, The Magnetic Crusade: Science and Politics in Early Victorian Britain, *Isis*, vol. 70, n° 4, p. 492–518.

Cosgrove Denis E. (dir.), 1999, *Mappings*, Londres, Reaktion Books.

Daston Lorraine, 1995, The Moral Economy of Science, *in* Arnold Thackray (dir.), Constructing Knowledge in the History of Science, dossier thématique d'*Osiris*, vol. 10, Chicago (IL), University of Chicago Press, p. 3–24.

Daston Lorraine et Galison Peter, 2007, *Objectivity*, Cambridge (MA) et New York, MIT Press et Zone Books.

Daston Lorraine et Lunbeck Elisabeth (dir.), 2011, *Histories of Scientific Observation*, Chicago (IL), University of Chicago Press.

Dettelbach Michael, 1996, Humboldtian Science, *in* Nicholas Jardine, James A. Secord et Emma Spary (dir.), *Cultures of Natural History*, Cambridge, Cambridge University Press, p. 287–304.

— 1999, The Face of Nature: Precise Measurement, Mapping, and Sensibility in the Work

---

① Galison 2004 (p. 84–107).

of Alexander von Humboldt, *Studies in History and Philosophy of Biological and Biomedical Sciences*, vol. 30, n° 4, p. 473-504.

Dörries Matthias, 2005, Krakatau 1883. Die Welt als Labor und Erfahrungsraum, in Iris Schröder et Sabine Höhler (dir.), *Welt-Räume: Geschichte, Geographie und Globalisierung seit 1900*, Francfort et New York, Campus, p. 51-73.

Edwards Paul N., 2003, Infrastructure and Modernity: Force, Time, and Social Organization in the History of Sociotechnical Systems, *in* Thomas J. Misa, Philip Brey et Andrew Feenberg (dir.), *Modernity and Technology*, Cambridge (MA), MIT Press, p. 185-225.

Elzinga Aant, 2010, An Evaluation of the Achievements of the First International Polar Year, *in* Susan Barr et Cornelia Lüdecke (dir.), *The History of the International Polar Years (IPYs)*, Heidelberg, Springer, p. 109-126.

Galison Peter, 2004, *Einstein's Clocks, Poincaré's Maps: Empires of Time*, Londres, Sceptre.

Gauss Carl Friedrich, 1838—1839, Allgemeine Theorie des Erdmagnetismus, *in* Carl Friedrich Gauss, *Werke*, Göttingen, vol. 5 (1867), p. 119-193.

Geyer Martin H. et Paulmann Johannes (dir.), 2001, *The Mechanics of Internationalism: Culture, Society and Politics from the 1840s to the First World War*, Oxford, Oxford University Press.

Godlewska Anne Marie Claire, 1999, *Geography Unbound: French Geographic Science From Cassini to Humboldt*, Chicago (IL), University of Chicago Press.

Hergesell Hugo (dir.), 1903—1917, *Beobachtungen mit bemannten, unbemannten Ballons und Drachen sowie auf Berg-und Wolkenstationen*, Strasbourg, Dumont Schauberg, coll. (Veröffentlichungen der Internationalen Kommission für wissenschaftliche Luftschiffahrt).

Höhler Sabine, 2001, *Luftfahrtforschung und Luftfahrtmythos: Wissenschaftliche Ballonfahrt in Deutschland (1880—1910)*, Francfort et New York, Campus.

– 2002, Depth Records and Ocean Volumes: Ocean Profiling by Sounding Technology (1850—1930), *History and Technology*, vol. 18, n° 2, p. 119-154.

Holger Philipp Ritter von (dir.), 1840, *Zeitschrift für Physik und verwandte Wissenschaften*, Vienne, vol. 6.

Humboldt Alexander von, 1845—1862, *Kosmos. Entwurf einer physischen Weltbeschreibung*, Stuttgart, Cotta, 5 vol.

Humboldt Alexander von et Lubrich Oliver (dir.), 2006 [1853], *Ueber einen Versuch den Gipfel des Chimborazo zu ersteigen*, Francfort, Eichborn.

Lahiri-Choudhury Deep Kanta, 2010, *Telegraphic Imperialism: Crisis and Panic in the Indian*

Empire (*ca. 1830—1920*), Basingstoke, Palgrave Macmillan.

Larson Edward J., 2011, Public Science for a Global Empire: The British Quest for the South Magnetic Pole, *Isis*, vol. 102, n° 1, p. 34-59.

Launius Roger D., Fleming James Rodger et DeVorkin David H. (dir.), 2010, *Globalizing Polar Science: Reconsidering the International Polar and Geophysical Years*, New York, Palgrave Macmillan.

Linke Franz, 1903, *Moderne Luftschiffahrt*, Berlin, A. Schall.

– 1909, *Die Luftschiffahrt von Montgolfier bis Graf Zeppelin*, Berlin, A. Schall.

Locher Fabien, 2007, The Observatory, the Land-Based Ship and the Crusades: Earth Sciences in European Context (1830—1850), *British Journal for the History of Science*, vol. 40, n° 4, p. 491-504.

Lüdecke Cornelia, 2004, The First International Polar Year (1882—1883): A Big Science Experiment with Small Science Equipment, *Proceedings of the International Commission on History of Meteorology*, vol. 1, n° 1, p. 55-64.

Malin Stuart et Barraclough David, 1991, Humboldt and the Earth's Magnetic Field, *Quarterly Journal of the Royal Astronomical Society*, vol. 32, n° 3, p. 279-293.

Maury Matthew Fontaine, 1858, *Explanations and Sailing Directions to Accompany the Wind and Current Charts*, Washington, vol. 1.

Miller David Philip et Reill Peter Hanns (dir.), 1996, *Visions of Empire: Voyages, Botany, and Representations of Nature*, Cambridge, Cambridge University Press.

Nebeker Frederik, 1995, *Calculating the Weather: Meteorology in the 20th Century*, San Diego (CA), Academic Press.

Outram Dorinda, 1996, New Spaces in Natural History, *in* Nicholas Jardine, James A. Secord et Emma Spary (dir.), *Cultures of Natural History*, Cambridge, Cambridge University Press, p. 249-265.

Pickles John, 2004, *A History of Spaces: Cartographic Reason, Mapping and the Geo-Coded World*, Londres, Routledge.

Rozwadowski Helen M., 2002, *The Sea Knows No Boundaries: A Century of Marine Science under ICES*, Seattle (WA), University of Washington Press.

Safier Neil, 2008, *Measuring the New World: Enlightenment Science and South America*, Chicago (IL), University of Chicago Press.

Schröder Iris, 2011, *Das Wissen von der ganzen Welt. Globale Geographien und räumliche Ordnungen Afrikas und Europas* (*1790—1870*), Paderborn, Schöningh.

Scott James C., 1998, *Seeing Like a State*: *How Certain Schemes to Improve the Human Condition Have Failed*, New Haven (CT), Yale University Press.

Smethurst Paul, 2012, *Travel Writing and the Natural World (1768—1840)*, Basingstoke, Palgrave Macmillan.

Symons George James (dir.), 1888, *The Eruption of Krakatoa and Subsequent Phenomena. Report of the Krakatoa Committee of the Royal Society*, Londres, Trübner.

Thomson Charles Wyville et Murray John, 1880—1895, *Report on the Scientific Results of the Voyage of "HMS Challenger" during the Years 1873—1876*, Édimbourg, Her Majesty's Stationery Office, 50 vol.

Tilley Helen, 2011, *Africa as a Living Laboratory*: *Empire, Development, and the Problem of Scientific Knowledge (1870—1950)* Chicago (IL), University of Chicago Press.

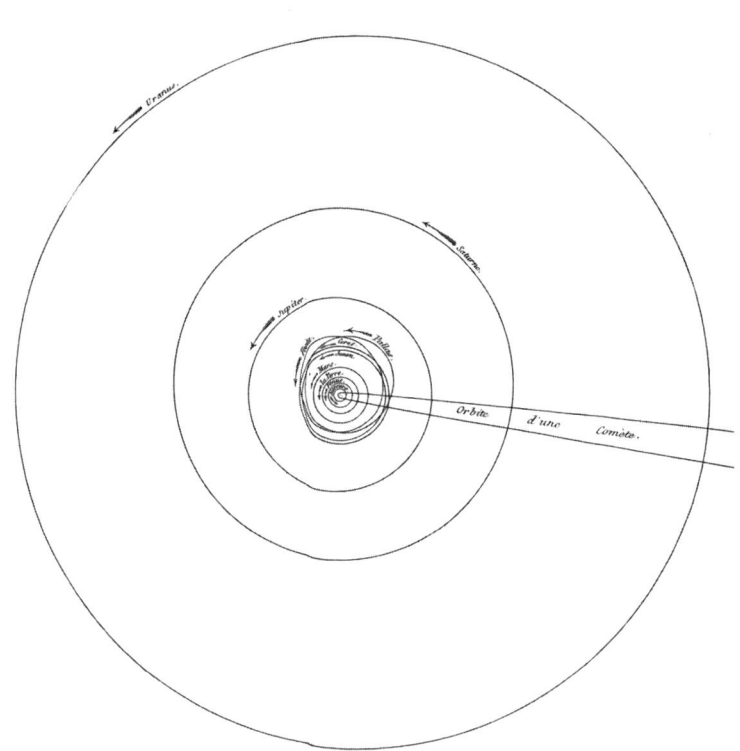

拉普拉斯的"宇宙体系"(le système du monde)是启蒙运动所珍视的自然平衡状态的标志。

第八章

世界如何运作

本章将对19世纪欧洲物理科学的发展进行回顾。我的基本观点是：从18世纪末到20世纪初，可以确定三个连续的"世界如何运作"的概念，并且这些通常不会引起争议。有趣的是，这些理解模式与用于定义和实施它们的工具联系紧密，并且它们也与不断变化的政治经济学观念息息相关。

永恒世界中的动态平衡

拉瓦锡和拉普拉斯的量热计、魁奈（Quesnay）的"经济表"（*Tableau économique*）和断头台有什么共同点？他们当然都有"机器"这个名称，但这是为什么呢？这个术语有什么含义呢？我认为，三者都是从平衡，或者说是从自然界的平衡的角度来构思的——这就是杠杆，最简单的标准机器的作用所在。[①] 因此，量热计测量的是氧气（氧气＋热量）与碳之间的平衡反应过程中释放的"热量"——一种基于现已过时的热量理论的无质量气体。这个过程的产物等于反应物（氧气＋碳＝碳酸＋热量）。另外，热量测量是基于量热计中的熔融水的重量，再由分析平衡确定。同样，魁奈使用"经济表"作为政治或经济的机器来表明，当优化农业或制造业的生产和分配时，政府支出的总和将

---

① Wise 1992 提供了工具平衡作为理论和事物之间媒介的视角。同样可参阅：Wise 1989–1990。

与净农业生产保持平衡（制造业产出为 0 时）。最后，断头台是一台机器：首先，它消除了主观性，无论是"专业"刽子手的主观性，还是被处决者的主观性。其次，它建立了一种激进的阶级平等，就像法国大革命中泥瓦工作为平等的象征。

这些装置中的每一个都表达了这样一种愿景：世界上的所有状态，无论是物理状态还是社会政治状态，都是平衡状态。科学的目的是揭示这些状态的不同形式，而上述三个例子绝非孤例。我们可以添加许多其他内容：在孔狄亚克（Condillac）的《逻辑》（Logique）中，理性本身起着心灵杠杆的作用，而对于思想而言，除了权衡、平衡和比较之外，别无他用；拉格朗日（Lagrange）的《分析力学》（Mécanique analytique），其变化的计算概括了平衡原理，甚至包括加速运动的状态。孔多塞（Condorcet）的计算概率的方法，它展现选举中、法庭上以及社会中其他地方的辨别力不仅仅是平衡证据的问题，也是理性的平衡；库仑（Coulomb）的电和磁实验，使用平衡工作的仪器来揭示 $1/r^2$ 的力定律。[①] 此外，拉普拉斯的《宇宙体系论》（Exposition du système du monde）以自然状态为平衡状态的概念为代表，广泛描述了太阳系是向心力和离心力之间、重力与惯性之间永恒稳定的平衡。

像拉普拉斯这样的动态平衡的典型示例，假设一个系统受两个相反的力（也称为自然、恒定、法向、固定或统一的原因）控制，它们相互补偿，直到达到平衡点。但是静态平衡在自然系统中很少（如果有的话）能够保持。相反，由于各种相互作用而被干扰或移动，这些自然原因在其平衡状态附近像钟摆或弹簧一样振荡，后者是由振荡的平均值引起的。因此，拉普拉斯在谈到行星的扰动运动时说，"它们的长期不等是周期性的，并围绕着一个平均状态，从未偏离过一个非常小的量"。[②]

正如拉普拉斯对"平均值"一词的使用所显示的那样，由恒定原因控制的规则振荡也要求对平均值进行更为一般的理解：这是对由偶然原因（也称为

[①] Sibum 2012.
[②] Laplace 1796 (vol. 2, p. 44).

暂时性、干扰或非常规原因）产生的不规则波动或变化求平均的问题。这种异常似乎对社会系统的影响比对物理系统的影响更大。例如，市场中买卖双方提供的价格差异很大，因为它们取决于当地和个人情况，因此这些变化不太可能是规律的。但是，如果我们能够了解市场中所有行动者行为的稳定原因，那么他们的个体差异很可能会平均地达到一种均衡水平。这是亚当·斯密（Adam Smith）（1723—1790）在1776年的《国富论》（Richesse des nations）中提出的著名概念。持续的原因是市场上的供求关系，其相反的影响将决定任何商品的价格，并使其趋向于自然价格。"可以说，自然价格是……所有商品价格不断趋向的中心价格。不同的偶然情况有时可能会使它们在一段时间内保持较高的状态，有时会迫使它们略低于此价格。但是，无论有什么障碍阻止它们沉迷于这种静止和持久的中心，它们都会趋向于它。"①

这种分析模式将在整个古典政治经济学的历史中以更加标准化的方式引起共鸣。正如英国经济学家大卫·李嘉图（David Ricardo）（1772—1823）在1821年引用斯密的研究时所说的那样："……充分认识到可能是偶然原因产生的暂时影响……当我们处理调节自然价格、自然工资和自然利润的法律时，我们对这些偶然原因的完全独立的影响不会产生任何兴趣。"②

该方案中的"自然价值"基于劳动价值理论，根据该理论，商品价值是生产商品所花费的劳动价值。

拉普拉斯在1796年撰写《宇宙体系论》时，这种假设很普遍，以至于把不规则波动的行为视为有规律的振荡是理所当然的。而且，这就是他在《概率分析理论》（Essai philosophique sur les probabilités）（1814年）中所做的，将这一规则应用于天文观测、赌博、政治经济学和气象学等各种学科。著名的英国经济学家托马斯·马尔萨斯（Thomas Malthus）（1766—1834）在1798年发表的《人口学原理》（Essai sur le principe de population）也是这种动态平衡概念的典型代表。马尔萨斯强调两性之间对食物和激情的需求是"我们的固有定

---

① Smith 1881 [1776] (p. 55-56).
② Ricardo 1951 [1821] (vol. 1, p. 91 *sq*.).

律"。他坚称，穷苦的劳动者注定要围绕着温饱平衡永恒地摇摆。"从历史上最早的时期以来，不可避免的振荡就已经发生了，而且这种振荡必定会带来痛苦的周期性回报，正如我们所说的那样，它在各个地方持续产生震荡。"①

为了理解作为启蒙运动思想的核心要素的平衡和均衡为何如此明显、令人信服和富有成效，我们有必要将它们视为嵌套在特定社会文化框架中的人、工具和概念网络。我还要补充一点，在这里，我没有考虑到这种永恒的自然观引起的争议和紧张，例如，布丰（Buffon）和莫佩图伊斯（Maupertuis）。我从这样一个假设开始：在工业化带来的巨大变化的背景下，"时间性"直到19世纪才能真正找到自己的力量。

动态生成和时间的发现

在 1820 年代和 1830 年代，在许多情况下，人们已指出了应用于自然界的平衡模型的不足之处。② 柏林天文学家约翰·弗朗茨·恩克（Johann Franz Encke）（1791—1865）观测到一颗彗星（现在以他的名字命名）正在失去动力，从而使人们开始质疑拉普拉斯体系的稳定性。1823 年，恩克声称这种减速是由于抗性介质或以太引起的。但是，如果这种减速得以证实，那么它也必定会影响行星本身。它们与以太的摩擦尽管弱且缓慢，但因此将不可避免地导致太阳系的重力崩溃。虽然这个结论是逐渐被认可的，不过，在 1832 年恩克的分析被翻译和重新出版之后却在英国迅速传播开来。③

突然，世界体系变成了以摩擦力为主要特征的时间展开的体系。捍卫永恒的拉普拉斯概念的自然哲学家现在必须为一个随时间变化的世界让路。在英国，这些哲学家通常是辉格党，他们提出了由法律管辖的稳定自然世界的概念，并为社会政治团体的治理提供了一种模式。正如苏格兰哲学家和数学家约翰·普莱费尔（John Playfair）（1748—1819）在 1808 年所说的那样："（太

---

① Malthus 1852 [1798] (p. 321).
② 关于更为完整的讨论，可参阅：Wise 1989（2e partie）.
③ Encke 1832.

阳）系中的所有均差都是周期性的，因此，我们的系统可以避免自然衰退。在众多令人不安的原因中，秩序和规律得以保留；无政府状态和混乱被永远地禁止了。"

英国的数学家和天文学家约翰·赫歇尔（1792—1871）直到1831年都持有相似的观点，格拉斯哥大学数学教授，威廉·汤姆森（William Thomson）（开尔文勋爵）的父亲詹姆斯·汤姆森（James Thomson）也是如此。①

挑战是由托利党的保守派阵营发起的，由剑桥哲学家和科学史学家威廉·惠威尔（William Whewell）（1794—1866）以《布里奇沃特专论》（Traités de Bridgewater）（1833年）的形式出版，与其他7本著作一样致力于自然神学。惠威尔宣称："任何考虑过普世造物主和救世主的人都无法逃避这样一个不可否认的信念：即我们的空间是一个点，我们的时间是一瞬，我们的千百万人是一小撮，我们的永恒是迅速的衰弱。"②

此后不久，自由派意识形态重新被调动起来。其中，最受欢迎的作品之一是约翰·普林格尔·尼科尔（John Pringle Nichol）（1804—1849）完成的。他是激进的自由派和格拉斯哥大学的天文学教授，他借鉴了恩克的结论为太阳系提供了进化论的解释。他于1830年代初期与约翰·斯图亚特·密尔（1806—1873）合作，为自然和社会的发展树立了新的视野。他在1837年出版的《关于天堂建筑的观点》（Views of the Architecture of the Heavens）以一种新的"星云假说"（l'hypothèse nébuleuse）的形式对此进行了解释，即万有引力定律一直在演化，太阳系是从气态星云发展而来的，必须以其在太阳上的坍塌为结束。但是尼科尔向他的读者保证，这仅仅是一个时代的终结，注定要被一个更令人兴奋的状态所取代。"我们周围没有可见的永久性，这种变化仅表明，在未来的无穷无尽的基质中，尚未出现的奇迹正在等待着我们。"③

正是尼科尔的这部著作激发了罗伯特·钱伯斯（Robert Chambers）（1802—1871）在1844年创作的《自然创造史的痕迹》（Vestiges of the Natural History

---

① Playfair 1808 (p. 277–279), Smith et Wise 1989 (p. 89–91).
② Whewell 1834 [1833] (p. 203–204).
③ Nichol 1837 (p. 154–155), Schaffer 1989 (p. 131–164), Smith et Wise 1989 (p. 91–98).

of Creation），这是一个非常流行的进化论推测，它追溯了地球的星云起源，发展了冷却面的地质历史，并探讨了生命的起源、物种的进化与人类的出现。[1] 对于钱伯斯和尼科尔来说，新的自然法则必须是一条规则，表明世界上变化的状态如何在受规律约束的时期内彼此接替，就像以前为平衡状态所设想的那样严格。

值得注意的是，这些变化发生在广泛的知识领域，其中大部分最初与恩克的彗星毫无关系。以政治经济学为例，从斯密到李嘉图的古典理论，始终与似乎对经济增长构成限制的东西背道而驰，即所谓的稳定状态。早在1820年代，惠威尔和其他保守派就坚持认为，从发展的角度来看，政治经济学才有意义。但恰恰是查尔斯·巴贝奇（1792—1871）1832年出版的《论机器与制造业的经济》(Traité sur l'économie des machines et des manufactures) 中，他首先宣称机械艺术创新的经济影响是无限的。该书次年推出了法文版。他还提出了广泛的分工概念，即"智力分工"的分层模型——从下面的家庭工人到高层的经理和所有者——其中必须用自动化机器替代底层的工人，最后将整个社会提升到更高的文明水平，在他看来这是他对政治经济学的最为新颖的贡献。[2]

1843年，阿尔伯特亲王在伦敦国王学院乔治三世国王博物馆（King George Ⅲ Museum）开幕时，参观了巴贝奇的机器（差分机1号）。

---

[1] Chambers 1994 [1844], Secord 2000.
[2] Babbage 1989a [1835] (p. 135–143), Berg 1980 (p. 43–110).

"智力分工"思想激发了巴贝奇的"计算机器"构想:开始时,差分机(difference engine)旨在计算和累积生成对数和三角函数的数组所需的不同项。如果更进一步的话,分析机必须具有进行复杂计算和"预测"的能力,才能更改自己的计算方案。巴贝奇在他的《第九布里奇沃特专论》(Neuvième Traité de Bridgewater)中采用了这个想法,并指出真正的全知全能的上帝不需要奇迹。在预见必须改变只有在有限的头脑中才显得不可改变的规律之后,他将成为历史上的目的论者。物种所经历的改变为他提供了最好的证明。① 正是在这里,巴贝奇的机器(能够进行连续更改)加入了恩克的彗星的行列。这项工作最终为钱伯斯提供了一个类比,以发展一种受规律支配的进化机制,这是他在《自然创造史的痕迹》中提出的唯一一种支持物种进化论观点的机制。

发动机

尽管巴贝奇对无限进步的乐观设想忽略了工人的资格丧失和社会的动荡,但他提倡这样一种观念:社会正在发生重大的变革。他给出了有关城市增长和农民人数相对减少的数字。推动这种转变的标志性力量当然是蒸汽机,通常被认为是动力的来源,并被运用在工厂中。这种工厂里充斥着低技能水平的工人,例如妇女、男子和儿童,以及由他们负责操作的机器。巴贝奇在工厂模式推广中的竞争对手安德鲁·尤尔(Andrew Ure)特别生动地展示了这种大型自动装置:"在我们宽敞的工房中,蒸汽的亲和力使它周围聚集了无数愿意为之服务的仆人,每个人都被分配了一项固定的任务,它用自己巨大臂膀的能量来代替痛苦的肌肉劳动,而它只要求人们提供必要的注意力和灵活性,以纠正偶然发生在它的工作质量上的几个小错误。"②

尤尔对机器拟人化的描写是一个有力的隐喻。确实,它提供了一种构想新世界的方法,重新制定了统治新世界的规律,用动态生成取代了动态平衡的规

---

① Babbage 1989b [1837] (p. 4–11).
② Ure 1863 [1847] (vol. 1, p. 108–109).

律，并用发动机代替了平衡，而最令人信服的例子是机械。①

法国工程师——克洛德-路易·纳维耶（Claude-Louis Navier）、加斯帕尔-古斯塔夫·科里奥利（Gaspard-Gustave Coriolis）、夏尔·迪潘、让-维克多·彭赛利（Jean-Victor Poncelet）——使用了"工业力学"（la mécanique industrielle）一词［与拉格朗日和拉普拉斯的"理性力学"（la mécanique rationnelle）相对］，从而统一了工程学和政治经济学。"功的传递原理"是其关键概念：其目的是描述任何来源（蒸汽机、水轮、传送带）产生的动力如何通过生产商品的机器在整个工厂中分配和部署（例如，一卷布的生产）。功，被定义为在一段距离上施加的力，因此成为生产、分配和消费数量的衡量标准。或者用纳维耶（1785—1836）的话来说，功构成了一种"力学货币"（la monnaie mécanique）。② 工厂用功的循环来表示，即从能量的来源到对原料的劳动，通过一系列的轴、齿轮、皮带轮和机器来完成。换句话说，在工厂生产商品所完成的功现在可以用来量化该商品的价值，从而给"劳动价值"的概念带来新的变化。

法国将机械功作为工业经济中价值来源的概念很快被英国和德国引入，以至于从1840年起，"运转中的发动机"（Le moteur en action）开始象征在一种工业政治经济学中财富是如何产生的，并解释任何机器是如何工作的。"运转中的发动机"（Le moteur en action）成为所有物理系统运作的体现，现在任何物理系统的动力都被看作是来自它做功的能力，无论是机械功、电功还是热功。这一发展促进了物理学向能量物理学的转变，其中用系统做功的多少去衡量它的能量。詹姆斯·焦耳（James Joule）（1818—1889）和赫尔曼·冯·亥姆霍兹（1821—1894）的名字与这个主题紧密相关，因为他们阐明了所有形式能量的守恒和相互转化的一般原理，特别是热和功。③ 在这种情况下，威廉·汤姆森（William Thomson）（1824—1907）将力学的基本理论重新设计为能量物理学。力的概念是牛顿力学的基石，现在正成为能量不平衡的一种衍生形

---

① Vatin 1993.
② Navier 1819 (p. 376).
③ 关于这一部分更为完整的论述，可参阅：Sibum 1998, Brain et Wise 1994.

式。同样，牛顿运动定律现在也是从支配能量函数的非常普遍的原理中推导出来的。①

从 1845—1865 年的 20 年中，能量物理学取代了牛顿力的物理学，这表明参与这一转变的所有人物的工作与他们个人的行业发展经验有关。在物理学家、工业界、机器和新能源之间缺乏这种联系的情况下，很难想象这样的转变可能会在如此大的空间中如此迅速地发生。

摩擦力

到目前为止，我仅介绍了发动机及其相关机械问题的两个方面之一。如果商品的经济价值是通过所做的功来衡量的，那么任何对功的浪费都会直接导致财富的损失。这种损耗的主要来源是摩擦力，而库仑是第一个系统和定量研究摩擦力的人。法国数学工程师的后代像英国和德国同行一样关心这些损失，因此在功的传递原理中加入了明确的术语，即考虑到为减少这些摩擦力所做的努力。

像发动机一样，摩擦力也具有隐喻性的含义，这远远超出技术的作用。例如，巴贝奇通过将政治经济学视为具有发动机的工厂，从而认为对货币交易征税相当于摩擦力（它们降低了作为经济发动机的资本使功运转起来的能力）。在《布里奇沃特专论》中，威廉·惠威尔甚至将摩擦力定义为人类活动（步行、奔跑、建造房屋和桥梁）赋予物质的一种特殊属性，但要求人类行使自己的意志来实施计划。现在，通过恩克的彗星所反映的事实，我们可以看出这种运动是通过摩擦力不断耗散能量的状态。永恒的稳定一直是"我们自己的想象的幻象，天堂本身并未免于普遍的衰退定律；……就像岩石和山脉一样，太阳和月亮本身也被贴上了'即将死去'的标签。"②

太阳系的崩溃仍然是"普遍的衰退定律"的最典型例子，但它并没有解决

---

① Smith et Wise 1989 (chap. 11).
② Whewell 1834 [1833] (p. 202).

如何保存能量的问题。这成为热力学领域的核心问题，并伴随着威廉·汤姆森和鲁道夫·克劳修斯（Rudolf Clausius）（1822—1888）等人的研究。热力学在其第一定律中假定能量守恒，现在则在第二定律中指出，在蒸汽机中任何产生功的能量消耗和任何热能转化为功的过程都会涉及不可恢复的能量损失。尽管有第一定律，但能源世界已经成为一个不可逆转的过程、不可避免的衰退的世界。

更普遍地说，在19世纪中叶，即使在最严格的物理学定律中，世界也从本质上成了时间和历史的世界，充满着变化和进化。发动机（the engine）作为物理和经济过程的模型和隐喻，产生了进步所必需的功，但同时又将摩擦力作为不可避免的浪费。因此，一种新型的支配工业社会进步的动态定律取代了启蒙运动的动态平衡。

动态统计：从印刷的雪崩式发展到统计对象

1874年，尼采讽刺道："什么？统计数据证明历史有规律？有定律？是的，他们证明了大众是多么卑鄙和令人作呕的统一……至于历史中定律的存在，定律一文不值，历史一文不值。"[1] 在这里，尼采回应了他认为是英国功利主义、民主和社会主义令人无法忍受的平庸。尽管他是刻板而清醒的，但他还是漏掉了一次重大变革：在他的时代，凯特勒的平均统计数据，人类的平均数值以及亨利·托马斯·巴克尔（Henry Thomas Buckle）（1821—1862）的"历史规律"已被对分布、离散和概率的统计所取代。这种发展被称为"概率革命"。[2] 其结果就是一种世界观，其中单个事物的动态被集合的动态所取代，并且其中许多实体的属性变为统计属性。我将在这里尝试捕捉这一运动的一些历史迹象。

后者起源于1830年代，伴随着"印刷的雪崩式发展"（l'avalanche de

---

[1] Nietzsche（1874），被引用于 Porter 1986（p. 148）。

[2] Krüger et al. 1987.

nombres imprimés），这使用的是伊恩·哈金（Ian Hacking）的表达方式，暗示数字表的惊人增长。这些表格是根据人们的出生、死亡、疾病、工作类型、婚姻、孩子、人们的犯罪以及许多其他类别进行分类的。① 而政府机构、议会委员会、保险公司、慈善协会等则沉迷于统计之中。

统计运动在欧洲和北美迅速传播，并催生了许多协会，而阿道夫·凯特勒（1796—1874）是这一运动中的卓越代表。这位比利时天文学家和统计学家将高斯和拉普拉斯开发的误差曲线改编为社会统计学，以从天文观测的分布中提取正确的数值。凯特勒在其 1835 年的《论人》(Sur l'homme) 一书中用著名的曲线来表达"平均人"（l'homme moyen）的概念。它从统计上确定许多人类行为都属于钟形曲线（后称"正态曲线"），并得出结论，可以用平均值来表征社会。他的"平均人"是一种"何蒙库鲁"（homoncule）②，被认为具有平均的特征并且按照所谓的一般社会的规律行事。这正是我们在第一部分中看到的平衡模型的类型。之后，凯特勒有了一个新的工具——误差曲线，他可以以此定位社会的平衡点，就像行星的质心遵循由重力和惯性控制的轨迹一样。他重申了这样一种假设："所有事情都会按照社会获得的平均结果来发生。"③

以凯特勒为旗手，社会统计学的真正信徒宣称统计的规律是社会各个领域的法则：不仅犯罪、疾病和自杀，而且还包括法律、税收、工资和警察。而对于历史来说，根据巴克尔非常受欢迎的书《英格兰文明史》(History of Civilization in England)（在 1857—1861 年共出版了两卷），必须被写成根据自然规律行事的社会史。

凯特勒的误差曲线所带来的可能性已经蔓延到物理科学中，但这也许并不让人感到惊讶。这种联系在气体动力学理论中特别直接，它是通过大量自由和独立移动的分子来解释气体性质的尝试。在热力学的第一和第二定律之后，这种尝试在 1850 年代获得了很大的发展势头，其思想是热量对应于机械运动。

---

① Hacking 1982.
② 炼金术里炼制一个人形生命体的法术——译注。
③ Quetelet 1836 [1835] (vol. 1, p. 21). 对于凯特勒所作工作的研究，以及统计运动的总体情况，可参阅：Porter 1986 (p. 41–56)。

统计力学新领域的两位创始人詹姆斯·克拉克·麦克斯韦（1831—1879）和路德维希·玻尔兹曼（Ludwig Boltzmann）(1844—1906)受凯特勒和巴克尔的启发。但是，以时间的推移为特征的热力学不能完全基于平均值，而平均值随后将气体的分子"社会"视为可以由平均分子表示。因此，即使对于平衡条件，也需要动力学理论来解释在分子以所有可能的速度运动的环境中什么是平衡。

关于气体理论的假设如何建立平衡分布的问题，从而能和克劳修斯的文章相呼应，麦克斯韦改编了约翰·赫歇尔在另一种情况下给出的证明，以表明该分布将是凯特勒误差曲线的三维形式。① 这个著名的函数，即玻尔兹曼独立获得的函数，今天被称为麦克斯韦——玻尔兹曼分布。麦克斯韦在1860—1866年撰写的一系列文章将气体的基本模型扩展到动态过程，包括摩擦、扩散和传导。②

然而，麦克斯韦没有做的是基于动态气体理论以提供热力学第二个定律的一般证明。他也没有暗示这仅仅是基于统计（或概率）法则的定律，很可能以有限的概率被自然系统所违背。仅仅在此之后，这种解释就有了不同的来源。麦克斯韦声称基于分子之间作用的力给出了"力学解释"。③ 玻尔兹曼沿用了相同的方法，当时他在1872年做了著名的实验，以证明气体中分子的任何机械系统都必须接近麦克斯韦分布作为平衡状态，而后者必须能够根据最大熵来做出解释。④

只是出于对他的证据的原则性反对，玻尔兹曼于1877年改变了对第二定律的解释，采用了一个可以从概率考量中得出的定律，从而得出气体中的任何分子系统都会从概率较小的状态发展到概率较大的状态，而熵的增加就是这种概率增加的表现。在接下来的20年中，玻尔兹曼为支持该观点的论点采取了各种形式，并一直存在争议。最重要的是，即使他和其他机械师使用概率方

---

① Porter 1986 (p. 116-125).
② Maxwell 1860 (p. 86-87).
③ *Ibid*. (p. 50). 麦克斯韦更倾向于旋转原子的连续性理论，而不是离散的分子，他和汤姆森一样，认为第二定律是绝对的。
④ 在这里和下面，我依靠 Uffink 2008 中的研究。

法，他们也从未想到分子世界从根本上是概率性的，而不是确定性的。

统计的因果关系

同时，概率思维的实践和概念来源也在增加，特别是在欧洲的统计局的工作中。哲学家伊恩·哈金列举了普鲁士统计局（le Bureau statistique prussien）的例子，该机构由恩斯特·恩格尔（Ernst Engel）（1821—1896）于 1860—1882 年领导。哈金认为，恩格尔以整体的角度来构想社会的统计数据：它们在一个有机的整体中衡量大众现象（*Massenerscheinungen*）。它们代表的不是个人的行为，而是一个整体中的全部。根据恩格尔的说法，统计学的实践并不意味着统计规律的概念，当然也并不隐含着凯特勒意义上的规范个人的法律，就好像它们具有"平均人"的特征一样。他的整个社会统计工作旨在描述一切。因此，恩格尔本人也不会产生概率概念，即使恩格尔帮助向与他有密切联系的人们提供"产生概率概念的物质条件"。①

哈金的分析为中欧地区明确的"统计因果关系"的起源提供了支持。在那里古典的英法自由主义很难拥有市场，而从 1860 年代开始，凯特勒的"平均人"的概念受到攻击。② 这种批评在 1872 年著名的社会政策学会（Verein für Sozialpolitik）中得到了具体体现，恩格尔是学会的创始成员。另一位成员是经济学家威廉·莱克西斯（Wilhelm Lexis）（1837—1914），他是物理学的叛逆者，他在 1877 年自己的著作《大众现象》（*Massenerscheinungen*）中提出了第一个"分散"或统计分布范围的度量单位。

莱克西斯使用这种新工具来表明，比正常情况更广泛的分散代表了社会必须期待的"无穷无尽的人类生活的财富"。他和其他人开始根据人类行为的"心理"或"性质"的因果关系进行思考，并将其与由定量的定律控制的身体或生理行为区分开来。试图区分这些地区的尝试通常是从社会政治角度来进行

---

① Hacking 1987 (p. 378).
② 在此以及下文中的论述，我在 Wise 1987 (p. 395-425) 中做了实质性的总结。

的，在 1887 年由斐迪南·滕尼斯（Ferdinand Tönnies）(1855—1936)撰写的《共同体与社会》(*Gemeinschaft und Gesellschaft*)中找到了规范的形式："共同体（Gemeinschaft）是经久不衰的，真正的生活在一起，社会（Gesellschaft）只是短暂而假装的。因此，将共同体理解为活的有机体，将社会理解为机械的集合体和机器结构是合适的。"[①] 凯特勒的统计学定律应用于共同体中个体的总和是很容易理解的，但是恩格尔的统计和莱克西斯在社会中的分散性又如何呢？威廉·冯特（Wilhelm Wundt）会用心理学来回答这个问题。

冯特是德国实验心理学的教父级人物，在 1875—1919 年在莱比锡的实验室中培养了 186 名博士生。他比其他任何人都更了解因果关系和心理能量的概念，并用它们来描述心理状态及其随时间的发展，包括目标和创造力。在这个概念中，个体是唯一的，无法用统计定律来理解——"因为统计使用了大量的数字，并不是为了消除任何个体观察中固有的偏差……而是因为规律仅对大众中的现象有效"。[②] 这句话表明了统计规律的一个新概念，它把大众的行为当作一个综合单位来管理。在这个共同体中，个人只在整体中实现自己的个性，而不被整体所决定。历史学家卡尔·兰普雷希特（Karl Lamprecht）(1856—1915) 再次利用他的同事冯特的结论，试图根据历史发展的规律来撰写文化史，同时避免巴克尔的个人主义和决定论。

为此，兰普雷希特将个人视为"物种的标本"，而将共同体视为"物种的概念"。但是，它们的种类都是统计对象。个人可以表现出非常多变的特征，他们的多样性对于历史发展的动态很重要。从前被认为是物种进化的文化历史，并不遵循达尔文主义的过程，而是表达了社会组织内在的各种力量：经济、语言，尤其是艺术。兰普雷特将这种因果关系的形式称为"统计的因果关系"。[③]

我详细介绍了这一时期，因为它表明了为什么概率思维对于试图从个人主义社会观念中解释统计数据的人来说是不自然的发展（或者，物理性质的机械

[①] Tönnies 1920 [1887] (p. 4).

[②] Wundt 1895 [1887] (vol. 2, 2e partie, p. 474).

[③] Lamprecht 1974 [1897] (p. 332).

原子观）。也就是说，从整体角度将"科学定律"类型的分析引入人文科学将导致完全不同的统计学定律的概念。在这个概念中维护了整体的统一性和个体之间的多样性。这就是当莱克西斯、冯特和兰普雷希特想知道心理过程与物理过程有何不同时，他们试图制定的议程。

当他们试图用旧的量子理论阐明统计的因果关系的概念时，他们在心理学上的担忧使他们重新回到物理学领域，他们无疑会感到惊讶。这个故事与尼耳斯·玻尔（Niels Bohr）寻求了解在氢原子中经历跃迁的电子的奇怪的概率行为有关。它还包括玻尔在哥本哈根与哲学家哈格尔德·霍夫丁（Harold Høffding）（1843—1931）的关系，滕尼斯为第二版《共同体与社会》（1912年）撰写了序言，并非常全面地提出了精神因果关系的整体主义版本。在这里，我不会尝试总结这种发展。[1] 尽管出现了新的量子力学，无论是在海森堡（Heisenberg）的矩阵形式中还是在薛定谔（Schrödinger）的波动力学中，概率论仍然是世界的基本方面。此外，电子仍然是统计对象，因为它的经验行为只能通过统计的方式得知，并且只能以概率形式表示。

历史学家已经提出了物理学中概率思维的其他历史途径。德博拉·库恩（Deborah Coen）将埃克斯纳（Exner）家族及其在维也纳的"同事"（包括薛定谔和其他对量子理论作出贡献的人）作为一个特别严谨和带有启发性的例子。其历史涵盖了社会、政治、美学和自然志问题的广阔全景，基本上涵盖了有关不确定性的问题及其在所有自然和社会过程中的基本特征问题。[2] 我们再一次提到了这样一个事实，即对"世界如何运转"问题的这些新回应。正如我们已经说过的，在非常广泛的经验领域中，要依靠交叉借鉴与协助。

结论

在长 19 世纪中，科学对现代性的构成越来越多。在这个过程中，它们投

---

[1] 参阅：Wise 1987.
[2] Coen 2007.

射出一个以自然状态为特征的世界的愿景,而自然状态本身是由动态定律支配的。在一个世纪中,它们至少经历了三个不同的概念:动态平衡、动态生成和动态统计。从某种意义上说,每个概念都包含前一个概念,但它们导致了世界上的不同概念。我想强调,这些不同的程序是建立在不同的工具和技术上的:度量衡、发动机和统计技术。因此,技术提供了思考的工具。但是,更重要的是,特定科学领域中的技术概念绝不会具有独立性。它们的感官、可行性和创造潜力与其他知识领域相互联系,在不同利益的驱动下,在不同地方占据着其他行动者。从这个意义上说,社会和自然已经一起跨入了现代。

诺顿·怀斯(M. Norton Wise)撰;阿尔琼·拉杰(Arjoun Raj)译

参考文献

Babbage Charles, 1989a [1835], *On the Economy of Machinery and Manufactures*, 4ᵉ éd., in *The Works of Charles Babbage*, éd. par Martin Campbell-Kelly, New York, New York University Press, vol. 8.

– 1989b [1837], *The Ninth Bridgewater Treatise: A Fragment*, 2e éd., in *The Works of Charles Babbage*, éd. par Martin Campbell-Kelly, New York, New York University Press, vol. 9.

Berg Maxine, 1980, *The Machinery Question and the Making of Political Economy (1815—1848)*, Cambridge, Cambridge University Press.

Brain Robert M. et Wise M. Norton, 1994, Muscles and Engines: Indicator Diagrams in Helmholtz's Physiology, in *Universalgenie Helmholtz. Ruckblick nach 100 Jahren*, éd. par Lorenz Krüger, Berlin, Akademie Verlag, p. 124-145; réimpr. *in* Mario Biagioli (dir.), *The Science Studies Reader*, New York, Routledge, 1999, p. 51-66.

[Chambers Robert], 1994 [1844], *Vestiges of the Natural History of Creation and Other Evolutionary Writings*, éd. par James A. Secord, Chicago (IL), University of Chicago Press.

Coen Deborah, 2007, *Vienna in the Age of Uncertainty: Science, Liberalism, and Private Life*, Chicago (IL), University of Chicago Press.

Encke Johann Franz, 1832, *Encke's Comet*, trad. angl. par G.B. Airy, Cambridge, Smith.

Hacking Ian, 1982, Biopower and the Avalanche of Printed Numbers, *Humanities in Society*, n° 5, p. 279-295.

– 1987, Prussian Numbers (1860—1882), *in* L. Krüger, L. Daston et M. Heidelberger (dir.), *op.*

cit., t. 1: *Ideas in History*, p. 377-394.

Krüger Lorenz, Daston Lorraine J. et Heidelberger Michael (dir.), 1987, *The Probabilistic Revolution*, Cambridge (MA), MIT Press, 2 vol.

Lamprecht Karl, 1974 [1897], Individualität, Idee und sozialpsychische Kraft in der Geschichte, *Jahrbücher für Nationalökonomie und Statistik*, vol. 3F, n° 13, in *Ausgewählte Schriften zur Wirtschafts-und Kulturgeschichte und zur Theorie der Geschichtswissenschaft*, Aalen, Scientia Verlag.

Laplace Pierre-Simon de, 1796, *Exposition du système du monde*, Paris.

Malthus Thomas Robert, 1852 [1798], *Essai sur le principe de population*, trad. par P. et G. Prévost, Paris, Guillaumin.

Maxwell James Clerk, 1860, On the Dynamical Theory of Gases, *Philosophical Transactions of the Royal Society of London*, vol. 157, p. 49-88.

Navier Claude-Louis, 1819, *Sur les principes du calcul et de l'établissement des machines et sur les moteurs*, un ajout à la réédition par Navier de Bernard Forest de Belidor, *Architecture hydraulique, ou l'Art de conduire, d'élever et de ménager les eaux pour les différents besoins de la vie*, Paris, Didot.

Nichol John Pringle, 1837, *Views of the Architecture of the Heavens: In a Series of Letters to a Lady*, Édimbourg, Tait.

[Playfair John], 1808, La Place, *Traité de mécanique céleste* (compte rendu), *Edinburgh Review*, n° 22, p. 249-284.

Porter Theodore M., 1986, *The Rise of Statistical Thinking (1820—1900)*, Princeton (NJ), Princeton University Press.

Quetelet Adolphe, 1836 [1835], *Sur l'homme et le développement de ses facultés, ou Essai de physique sociale*, Bruxelles, 2 vol.

Ricardo David, 1951 [1821], *On the Principles of Political Economy, and Taxation*, 3e éd., in *The Works and Correspondence of David Ricardo*, éd. par P. Sraffa, Cambridge, Cambridge University Press.

Schaffer Simon, 1989, The Nebular Hypothesis and the Science of Progress, *in* James Richard Moore (dir.), *History, Humanity and Evolution: Essays for John C. Greene*, Cambridge, Cambridge University Press, p. 131-164.

Secord James A., 2000, *Victorian Sensation: The Extraordinary Publication, Reception and Secret Authorship of "Vestiges of the Natural History of Creation"*, Chicago (IL), University of Chicago Press.

Sibum H. Otto, 1998, Les gestes de la mesure. Joule, les pratiques de la brasserie et la science, *Annales. Histoire, sciences sociales*, vol. 53, nos 4-5, p. 745-774.

— 2012, Inventing Coulomb's Law: "Une balance électrique" or the Material Culture of French Enlightened Rationality (en russe), *in* Olga Stoliarova (dir.), *Ontologies of Artifacts: An Interrelation between "Natural" and "Artificial" Components of the Lifeworld*, Moscou, Académie présidentielle russe de l'économie nationale et de l'administration publique, p. 397-416.

Smith Adam, 1881 [1776], *Recherches sur la nature et les causes de la richesse des nations*, trad. par Germain Garnier, Paris.

Smith Crosbie et Wise M. Norton, 1989, *Energy and Empire*: *A Biographical Study of Lord Kelvin*, Cambridge, Cambridge University Press.

Tönnies Ferdinand, 1920 [1887], *Gemeinschaft und Gesellschaft: Grundbegriffe der reinen Soziologie*, 3e éd., Berlin, Curtius.

Uffink Jos, 2008, Boltzmann's Work in Statistical Physics, *in* Edward N. Zalta (dir.), *The Stanford Encyclopedia of Philosophy*, < http://plato.stanford.edu/archives/ win2008/entries/ statphys-Boltzmann/>.

Ure Andrew 1863 [1847], *A Dictionary of Arts, Manufactures, and Mines; Containing a Clear Exposition of Their Principles and Practice*, New York, Appleton, 2 vol.

Vatin François, 1993, *Le travail. Économie et physique (1780—1830)*, Paris, PUF.

Whewell William, 1834 [1833], *The Bridgewater Treatises on the Power, Wisdom, and Goodness of God as Manifested in the Creation*, traité Ⅲ : *On Astronomy and General Physics Considered with Reference to Natural Theology*, 4e éd., Londres, Pickering.

Wise M. Norton, 1987, How Do Sums Count? On the Cultural Origins of Statistical Causality, *in* L. Krüger, L. Daston et M. Heidelberger (dir.), *op. cit.*, t. 1: *Ideas in History*, p. 395-425.

— 1989—1990, Work and Waste: Political Economy and Natural Philosophy in Nineteenth-Century Britain, *History of Science*, no 27 (1989), 1re partie, p. 263-301, et 2^e partie, p. 391-449; n° 28 (1990), 3^e partie, p. 221-261.

— 1992, Mediations: Enlightenment Balancing Acts, or The Technologies of Rationalism, *in* Paul Horwich (dir.), *World Changes: Thomas Kuhn and the Nature of Science*, Cambridge (MA), MIT Press, p. 207-256.

Wundt Wilhelm, 1895 [1887], *Logik. Eine Untersuchung der Prinzipien der Erkenntnis und der Methoden wissenschaftlicher Forschung*, 2e éd., Stuttgart, Enke, 2 vol.

数学的变化。让·达朗贝尔(Jean d'Alembert)(1717—1783),一个从容而自信的启蒙运动者,此时正值他的巅峰时期;埃瓦里斯特·伽罗瓦(Évariste Galois)(1811—1832),一个陷入沉思,目光炯炯有神的青年。

第九章

数学的形象

在黑暗中摸索

　　1781 年，约瑟夫·路易·拉格朗日（1736—1813）成为欧洲最伟大的几何学家。那时他才 45 岁。在拉格朗日在柏林科学院数学系接替里昂哈德·欧拉（Leonhard Euler）（1707—1783）成为系主任的 15 年之前，他已在当时几乎所有的数学领域都作出了革命性的贡献，证明了自己能与他杰出的前辈为伍。拉格朗日是无可争议的分析学大师。在那个时代作为数学界领头人的拉格朗日，使数学达到了最高的完善性和概括性，改进了方差的计算，并开启了对等式理论的现代研究。在天体力学领域获得了无数奖项后，他以巨著《分析力学》(Mecanique analitique) 总结了他的研究工作。这项工作将牛顿的力学（一种基于特定几何构造的力学理论）转化为一系列抽象且通用的微分方程。1781 年，约瑟夫·路易斯·拉格朗日提供了有力的证据以证明数学是理性的最纯粹的体现，是了解和理解世界的关键。

　　但是，拉格朗日本人并不确定。同年 9 月 21 日，他沮丧地写信给他的导师让·勒朗·达朗贝尔（Jean Le Rond d'Alembert）（1717—1783），他说："我开始感到自己的惰性正在逐渐增加。"关于数学，拉格朗日继续说："在我看来，这片矿藏似乎已经挖掘得太深了，除非发现新的矿脉，否则迟早必须放弃。"①

从日后的发展来看,这种过于悲观的看法并没有成为现实。在整个 18 世纪,测量学家们把牛顿和莱布尼茨的计算领域扩展到更广泛、更强大的分析领域,研究了越来越复杂的几何曲线的特征,远远超出了牛顿对行星、彗星和其他天体运动的解释,并且还描述了物体在阻力介质中的运动,甚至是振动弦的高度复杂运动。他们建立了精密的解微分方程的方法,在 18 世纪末,拉格朗日本人也把力学作为分析的一个分支。数学正在上升到前所未有的高度,他显然没有理由怀疑数学将继续扩大并主导科学的宇宙。

那么,拉格朗日为何在当时会对他如此富有前景的研究领域产生这般悲观的看法呢?

为了回答这个问题,让我们离开拉格朗日,把注意力集中在他写信联系的那位此时已经年迈的达朗贝尔身上。他比同时代的任何一个人都更能促进数学力量的发展。达朗贝尔很早就获得了杰出的几何学家的声誉。之后,他便转向其他知识活动。他成为法国科学院终身秘书和哲学家领袖,主要是因为他作为《百科全书》的合编者,特别是他为该书作的"序言"(Discours préliminaire)而得到认可。该序言出现在 1751 年的《百科全书》第一卷中。② 他在文中坚持认为数学在科学的核心位置具有特殊的地位,并且对于验证世界上人类的任何研究都是至关重要的。

根据达朗贝尔的说法,数学只是对抽象中考虑的物理对象进行描述,而没有它们的物质属性。物理物体具有多种非数学特征,例如颜色、纹理和不可渗透性(即"这种力使每个物体从其所占据的空间中排除任何其他物体")。几何 - 数学抽象的第一级是这些物体的科学,被剥夺了所有这些物质属性,并作为纯"扩展"进行研究。然后,需要比较许多几何对象来产生算术,最后,代数是算术的一种概括,"以通用方式表达这些关系",而与具体数无关。每个数学领域——几何、算术和代数——在前一个领域中都增加了一个附加的抽象

---

① 拉格朗日给达朗贝尔的信,1781 年 9 月 21 日,Lagrange 1882 (p. 368)。
② D'Alembert 1751 (p. 16–29)。

层次，与实体对象的具体世界越来越远。在 18 世纪初，数学家对无穷小微积分的能力称赞不已，并用它来解决来自物理学世界的直接问题：吊链的形状是什么？风帆的横截面是多少？但是，到 18 世纪末，分析已远离几何根源。欧拉（Euler），然后是拉格朗日都坚持认为，分析必须从所有几何表示中解放出来，并且必须完全是代数形式。在没有图形的代数中，抽象过程达到了达朗贝尔所称的"最遥远的术语"（le terme le plus éloigné），启蒙运动的数学家们再也不想冒险了：换句话说，它是"最遥远的术语，其中对物质特性的沉思可以引导我们，如果不完全离开物质宇宙，我们将无法前进"。[①] 而且"放弃物质宇宙"并不是可实现的：数学是现实世界中物理对象的科学；放弃它将会清空其内容，将其转变为一个空洞的逻辑关系游戏。

此外，从物理本体进行抽象并成为代数并不是目的。达朗贝尔坚持认为，一旦我们到达了抽象的顶峰，我们就必须转身并追溯我们的步骤。我们——剥离了对象的属性——不可渗透性、颜色、纹理等——必须还原，直到找到最初的对象。回到物理对象的世界时，始终保持在抽象的最深处建立的一般数学关系至关重要。这就是我们最终获得世界的数学科学的方式，其中复杂的数学关系在物理实在中得以体现。因此，物理学和数学不是分开的领域。前者构成了数学的分支之一。[②]

启蒙运动时期的几何学家总体上可能并不完全同意达朗贝尔的观点，但很显然，18 世纪数学发展的总体轨迹非常接近其推理的路线：对于这个时代的数学家来说，数学代表着抽象的物理世界，反之，物理世界体现着数学。

但是，即使达朗贝尔自豪地宣称着抽象数学的力量，其他人也开始表示怀疑。由于高等数学似乎正在迈向抽象的高度，因此他们想知道是否仍然有可能真正找到回到现实世界的道路。

例如，根据布丰伯爵（1707—1788）的观点，数学家们将自己锁定在他们自己创造的抽象泡沫中，注定要以更加复杂的形式永恒地重复他们自己最初的

[①] *Ibid.* (p. 20).
[②] *Ibid.* (p. 21).

假设。① 狄德罗（Denis Diderot）（1713—1784）的态度无疑是最令达朗贝尔感到不安的，他在 1753 年写道，数学家"看起来像是站在山顶的人。山顶消失于云端：平原的物体在他面前消失了；他所剩下的只是他思想的奇观"。② 如此，他的朋友和《百科全书》的编纂者讽刺地在狄德罗的《论盲人书信集》（*Lettre sur les aveugles*）（1749 年）中保留了他对数学本质的最详尽的讨论，就绝非偶然了。③ 对于达朗贝尔来说，数学家比其他人看得更远，而对于狄德罗来说，数学家无法逃脱自己的思维极限，所以是一个盲人。

谁才是真正的启蒙时代的数学家？他是通过抽象世界而能够超越世界并掌握其隐藏结构的人吗？还是一个盲人在脑海中建造复杂的建筑却无法超越它们？这个问题困扰着数学家。随着他们的学科发展到更高的通用性和抽象性水平，与现实失去联系的风险变得越来越强。

没有人会比拉格朗日更强烈地感觉到这种悖论，因为人们担心数学尽管具有强大的力量和美感，却正在成为一种聪明却微不足道的逻辑游戏，并与赋予其意义的现实脱节了。达朗贝尔对抽象高度的宏伟愿景对他来说是一个险恶而晦涩的矿井。18 世纪末，数学误入歧途。

人类精神的荣耀

但是，约瑟夫·路易斯·拉格朗日的绝望预言并未实现。19 世纪的前几十年是数学创新的黄金时代，伴随着拉格朗日和他的同时代人无法想象的许多新领域的出现。引用数学史学家杰里米·格雷（Jeremy Gray）的话来说，复分析、群论、非欧几里得几何学和集合论是这个时代的一些新研究领域，"数学正在重新开始"。④

数学，这个研究领域显然处于知识破产的边缘，是如何在 19 世纪初以这

---

① Buffon 1749.
② Diderot 1754 (p. 107).
③ Diderot 1749.
④ Gray 2004 (p. 24).

种方式恢复的？让我们集中讨论这个世纪最伟大的两位数学家，法国人约瑟夫·傅里叶（Joseph Fourier）（1768—1830），著名的"傅里叶级数"便是以他的名字命名的，因为是从他的热扩散理论中发展出来的。其次，德国人卡尔·古斯塔夫·雅可比（Carl Gustav Jacobi）（1804—1851），是这个数学复兴时代中的佼佼者。

傅里叶是启蒙运动传统的真正继承者。在他的《热的解析理论》（*Théorie analytique de la chaleur*）（1822年）的导言中，他坚持认为数学是物理实在的代表，任何数学问题实际上都是与世界结构有关的问题。他警告说，数学家如果偏离物理实在太远，那就"只会发生无用的变换"。[1] 此外，1828年，科学院让他汇报雅可比和尼尔斯·亨利克·阿贝尔（Niels Henrik Abel）（1802—1829）在椭圆函数方面的工作时，傅里叶批评他们的目光过于集中在纯数学上。不过，他认为，两人的研究结果具有美感，但是，他们必须让有资格的人将他们的研究方向转向解决自然科学提出的问题，而自然科学是人类智慧进步的最终指标。[2]

雅可比完全不同意这一观点。当他得知傅里叶在1830年的讲话时，傅里叶已经去世了，但这并没有阻止雅可比向老院士阿德利昂·玛利·勒让德（Adrien-Marie Legendre）（1752—1833）抱怨：傅里叶认为数学的主要目标是公共事业和对自然现象的解释，但是，像他这样的哲学家应该知道，科学的唯一目的是人类精神的荣耀。"[3]

因此，在这里，我们处于争执的中心。对于傅里叶以及他的前辈——达朗贝尔、欧拉和拉格朗日来说，数学从根本上是对物理世界的研究，而数学公式是外部实在的表达。对于雅可比和许多与他同时代的人而言，真正的数学恰恰相反，它并没有外部的参照：它们是关于自身的，并且它们的真相不是通过对真实世界的忠实描述，而是通过内部的数学的一致性来判断的。虽然，雅可比本人在力学领域作出了重要贡献——但他仍然坚持认为，它们的数学价值必须

---

[1] Fourier 1822 (p. xii).
[2] Pieper 1998 (p. 46).
[3] *Ibid*.

完全由纯数学的严格标准来判断。

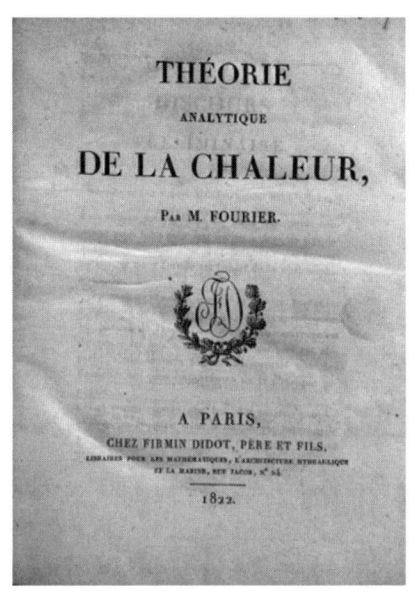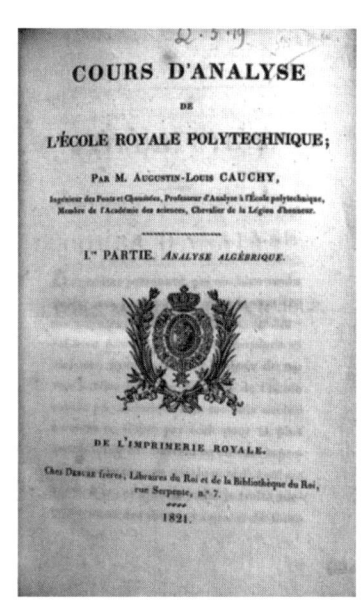

分裂：傅里叶的《热的解析理论》和柯西（Cauchy）的《分析教程》（Cours d'analyse）几乎在巴黎同时出版，代表了两种截然不同的数学观。

随着雅可比的出现，困扰上个世纪"伟大的几何学家们"的噩梦变成了现实。狄德罗等批评家抨击了他们，声称数学是一种虚无逻辑的练习。但是，"几何学家们"始终认为数学是物理世界的代表。雅可比的宣言对他们来说纯属异端。然而，仅仅过了一个世纪，在巴黎以东约 800 千米处，这一宣言的确是由一位最杰出的数学家提出的。

不只是雅可比支持这个立场。他的柏林同乡奥古斯特·利奥波德·克雷尔（August Leopold Crelle）（1780—1855），是 19 世纪上半叶真正的"数学实业家"，是当时伟大的数学家们的朋友和"通信员"，也是期刊《纯粹与应用数学》（Journal für die reine und angewandte Mathematik）的创办人和编辑，这本期刊很快成为欧洲数学的主要期刊，并且更广为人知的名字是"克雷尔期刊"。克雷尔无疑是数学有用性的坚定捍卫者，但是，就数学的性质和目的而言，他大力支持雅可比。其他著名的伟大数学家，包括阿贝尔（克雷尔的朋友）和奥古斯丁·路易·柯西（Augustin-Louis Cauchy），也持有相同的观点。

这是数学家对待学科的方式的根本改变。同时，拉格朗日的所有困境都消失了。确实，如果数学是一个独立的系统，根据克雷尔的说法，它是在真空中发展的，那么就不再有理由担心数学与外界之间的关系了。[①] 拉格朗日和他的同时代人在发展越来越抽象的技术的同时，总是回头看向数学概念的物质根源，并越来越担心数学前沿与其物理基础之间不断扩大的鸿沟。另一方面，雅可比和克雷尔可以继续前进并跟随他们的想象力，以实现不断增长的抽象和创新的数学创造，而这些创造与任何外部标准均无关系。

这种变化是值得赞扬还是令人沮丧的发展，是激烈争执的主题，而且意见或多或少地因地域产生分歧。巴黎是启蒙运动中的数学的首都，在19世纪的法国数学家身上，那个时代的"物理主义"传统是非常浓厚的：加斯帕尔·蒙日（Gaspard Monge）（1748—1818）、皮埃尔·西蒙·拉普拉斯（1749—1827）、德尼·泊松（Denis Poisson）（1781—1840），让·维克多·彭赛列（Jean-Victor Poncelet）（1788—1867），当然，傅里叶是最杰出的数学家之一，他们仍然忠于拉格朗日和达朗贝尔的教学，并隶属于巴黎综合理工学院，该学院于法国大革命时期的1794年在巴黎成立，旨在培养数学工程师，致力于建造道路、桥梁、运河和矿山的实际挑战的学生们不被赞成按自己的兴趣研究数学。[②]

但是，在1830年代，法国数学传统的衰落证实了拉格朗日的后验的恐惧。当然，一些杰出的法国数学家扩展了分析的范围，并开发了投射几何的新的直观领域，不过，当时欧洲的数学创新中心转移到了德国。与法国同行不同，德国数学家热烈拥护雅可比的观点。这种方法提供的自由，特别是创建反现制的数学宇宙的自由，使德国成了第一次世界大战爆发之前的数学研究中心。

[①] Schubring 1993 (p. 31).
[②] Daston 1986.

严格性的领地

这种新的数学视野崛起的最早的，也许最惊人的影响之一就是对"严格性"的重视。人们强调，必须对所有术语进行清楚、准确地定义，并且推理中的每个步骤必须保持一致，也不能存在歧义的余地。自从欧几里得时代起，几何学家就一直以其严格的工作环境而自豪，这使他们根据自己的经验与其他领域区别开来，并使测量结果绝对可靠。但是，18世纪的几何学家对严格的价值表示了怀疑，而是相信数学的最终考验是他们是否准确地描绘了现实。例如，只有当世界表现得像该理论所预测的那样时，达朗贝尔通过阻力介质的运动的理论才是正确的。达朗贝尔在他的计算中没有精确定义某些数学概念或某些阶段，这对于他的理论的准确性并不重要。

但是，一旦数学与世界隔离开来，这种对严格性的拒绝就变得武断且无法自辩。由于我们不再用外部的实在来衡量它们，因此数学现在完全依赖严格的逻辑和程序上的严格性，以确保正确地得出结果。严格性已成为防止这种孤立的数学世界崩溃的黏合剂，没有它，就无法将真与假区分开。

路易·柯西（1789—1857）（无疑是19世纪上半叶最有影响力的数学家）是最早意识到这些新数学的重要性的人之一。柯西在巴黎综合理工学院一直被认为是"入侵者"。尽管他的大多数同事都是大革命的资深人士，但柯西却是极端保守的，他是个热心的保皇派和虔诚的天主教徒。1815年，复辟的波旁王朝政府将他任命为巴黎综合理工的分析学教授。而当他第二年接受政府任命的科学院的职位时，情况进一步恶化，因为他所取代的是由于共和党倾向而被开除的蒙日。

然而，不仅仅是他的政治观点导致了柯西与同事之间的疏远，他还有意愿摧毁科学院神圣的自主权，他甚至还不尊重广受爱戴的蒙日。这也是他的数学方法。与几乎所有巴黎综合理工的老师仍然坚信数学在实际应用中是正确的不同，柯西认为数学必须根据自己的内部标准进行评估。在他最著名的作品《分析教程》（1821年）的导言中，柯西解释说，这要求符合数学严格性的最严谨的标准，并承诺在自己的著作中，他将"删除所有不确定性"。①

《分析教程》重新定义了在新的和严格的基础之上的分析学领域。直到今天，这仍在继续向数学系学生教授。面对来自巴黎综合理工学院的同事和学生发现他的复杂方法不适合培养为国家工作的工程师，故而越来越反对这种方法，但柯西依然坚持自己的观点。尽管人们多次尝试给他的教学制造阻碍，但他仍继续教授他的严格性的方法，而他的上级对此也无能为力。作为复辟政府的保护对象，柯西的地位是不可动摇的。直到1830年的革命席卷赋予他权力的"老板"时，巴黎综合理工学院才终于成功摆脱了这位叛逆的教授。② 柯西提出的改革的核心在于对"极限"的创新定义，这是一个至关重要的分析概念，但与分析相关的所有领域都存在根本性的疑问。③ 极限是无限序列收敛的数。比如，1，1/2，1/4，1/8 收敛到 0。但是这个序列是否达到了极限？对于启蒙运动的几何学家来说，答案似乎是肯定的。否则，分析将仅是外部实在的近似，总是包含一个误差，虽然很小，但却是无法克服的。④ 如果数列中的每一项始终与极限保持一定距离，那么如何越过这个距离并达到"最后一项"呢？这是困扰任何解决方案的问题。因此，对于达朗贝尔和他的许多同事来说，这是一个专在琐事上纠缠不清的问题，不值得"伟大的几何学家"关注。

但是，对于柯西，这种模棱两可的做法是不能容忍的。为了绕开这场辩论，他只是将限制定义为无限序列接近任何给定幅度的数量。这样的解决方案是作为"物理主义"的数学家永远不会接受的：只要在数学和物理世界之间建立了对应关系，无限序列就是空间或时间上一系列点的表达，并且该序列达到或未达到极限。柯西突然中断了数学与物理现实之间的联系。对他而言，限制只是满足特定条件的数字：该序列尽可能接近我们想要的数量。这是一个干净而严格的数学定义，它没有反映在物理世界中也没关系。

---

① Cauchy 1821 (p. iij), Alexander 2010 (p. 184).
② Alexander 2010 (chap. 5), Belhoste 1985.
③ Grabiner 2011.
④ 乔治·贝克莱（George Berkeley）主教是批评分析的人之一，因为它总是包含一个错误；Berkeley 1734。

尽管柯西的方法没有得到他的同事们的坚持，但他的观点得到了法国数学家主流之外的年轻数学家的支持。其中一位是杰出的数学家，挪威的阿贝尔，也是雅可比的对手，他 26 岁就去世了。在 1826 年访问巴黎期间，他写信给在克里斯蒂安尼亚（今天的奥斯陆）的朋友伯恩特·霍尔姆伯（Bernt Holmboe）（1795—1850），他抱怨说："泊松、傅里叶、安培（Ampère）等人只涉及磁和其他物理问题"，并且对纯数学完全不感兴趣。他认为这对数学是一个很大的错误，尤其是对于未经严格处理的分析。阿贝尔认为法国数学家相当平庸，但其中有一个例外："尽管柯西很疯狂，而且没有找到与他相处的方法，但他目前是唯一知道如何处理数学的数学家。"[①]

另一位热情地相信数学本身就是目的的数学家，年轻的埃瓦里斯特·伽罗瓦（Évariste Galois）（1811—1832）为后来的群论乃至现代代数奠定了基础，并建立了确定给定方程是否可以用根，即通过一系列标准代数运算（包括根提取）求解的方法。[②]

我们今天所知道的"伽罗瓦理论"深入地介绍了复杂的方程式架构，远远超出了之前所做的工作。但他自己承认他的方法对求解方程是无用的。他写道，给定一个等式，"我无能为力，只是向您指出回答问题的方法，而不想给自己或其他人造成负担"。他总结道："总之，计算不便。"[③]

但是，对于伽罗瓦来说，他的方法毫无用处的事实绝对不会使其无效，而是"使这一理论变得美丽的一切"。[④] 对于他来说，对于雅可比来说，不便不是缺点，而是一种自豪。真正的数学并不局限于数值结果，它会自我研究。

一无所有的新世界

数学与具体世界之间的突破最壮观的例子无疑是非欧几里得几何学的发

[①] Størmer 1902.
[②] 最简单的方程根式解的例子是二次方程的解题公式：$x_{1,2} = \dfrac{-b \pm \sqrt{b^2-4ac}}{2a}$。
[③] Galois 1962 [1831] (p. 39–41).
[④] *Ibid.*, p. 41.

明。自公元前 300 年的欧几里得时代以来，几何学就被认为是唯一一门真正的空间科学。它完美地描述了空间物体之间的真实关系，任何正常人都无法反驳它定理的真实性。但是，在 19 世纪初，两千多年来看似显而易见的事情突然被质疑，当时大量的数学家开始尝试使用另类几何学的概念。如果卡尔·弗里德里希·高斯（1777—1855）公开支持如此有争议的事情，但由于担心"粗鄙之人的喧闹声"而保持低调，但不太知名且不羞怯的其他人有时会发表其研究结果，尤其是为了使他们的工作让"数学王子"（高斯的别名）感兴趣。非欧几里得几何学的两个最完整和最杰出的版本是在 1830 年左右由欧洲数学界的人提出的：俄罗斯的尼古拉·洛巴切夫斯基（Nikolaï Lobatchevski）（1792—1856），他是喀山大学数学教授。以及年轻的匈牙利人亚诺什·鲍耶（János Bolyai）（1802—1860），他是陆军军官。即使这两个系统彼此独立设计，但它们是在同一时期开发的，并且出现了令人惊讶的重合。

洛巴切夫斯基和鲍耶都从释放欧几里得著名的"平行公设"的假设开始。他们试图从那里推论出传统上由该公理得出的定理。他们没有遇到矛盾（这表明欧几里得几何是唯一可行的几何形式），而是开始构建另一个完全连贯的几何，就像欧几里得几何一样的逻辑，但是描述了与我们截然不同的世界。例如，在这个另类的世界中，三角形的角度总和始终小于 180 度，并且图形的形状取决于其大小。年轻的鲍耶清楚地意识到，21 岁的他正在为自己的伟大发现收紧了绞索，这势在必行。"我创造了一个新世界，一个空无一人的世界，"他兴奋地写信给他的父亲，他的父亲也是数学家，而且是高斯的朋友。[①] 那就是他所做的：对于他们这一代的数学家来说，这个非欧几里得几何学的陌生世界变得和我们所生活的这个熟悉的欧几里得世界一样真实。

对于启蒙数学家来说，一种另类的几何学（une géométrie alternative）的概念是荒谬的。但是在雅可比、柯西和伽罗瓦的时代，数学是根据其内部规则进行判断的，因此，鲍耶的"新世界"与欧几里得的旧世界一样"真实"。鲍耶的感叹让整个一代的数学家都能表达自己的想法。

[①] 亚诺什·鲍耶致弗兰卡·鲍耶的信，1832 年 11 月 3 日，被引用于 Alexander 2010 (p. 237)。

在 19 世纪，数学脱离了物理现实，形成了一个孤岛和一个自治的世界。在法国，"物理主义"传统仍然很强，而在英国，几何学的方法占主导地位，毫无疑问，在德国，人们建立了新的数学并定义了整个欧洲的标准。通过分析，卡尔·魏尔施特拉斯（Karl Weierstrass）（1815—1897）继续并扩展了柯西的工作，最终将这一领域转变为一个自治且严格的数学系统。理查德·戴德金（Richard Dedekind）（1831—1916）和利奥波德·克罗内克（Leopold Kronecker）（1823—1891）的著作将伽罗瓦的结果扩展到群论的一般领域，最终成为现代代数。格奥尔格·康托尔（Georg Cantor）（1845—1918）在 1870 年代发展集合论时，便寻求严格性的基础，这一领域将成为所有数学的逻辑基础。

然后，非欧几里得几何学的存在代表着数学与物理世界之间这些经典联系的打破，而其自身又发生了变化。在 1860 年代，伯恩哈德·黎曼（Bernhard Riemann）（1826—1866 年）表明，几何空间只是无穷无尽的三元组，具有定义其间"距离"的特定的度量衡。由于存在无限数量的可能度量，因此也存在无限数量的可能几何。并且，在 1899 年，戴维·希尔伯特（David Hilbert）（1862—1943）出版了《几何基础》（*Grundlagen der Geometrie*），对几何学进行了彻底的重新定义：它只涉及其内部的连贯性，点、线和平面只有简单的不确定对象，脱离了我们从经验和空间直觉中知道的概念。正如他稍后解释的那样，他可以轻松地使用"桌子、椅子和啤酒杯"。有了希尔伯特，与生活经验或空间直觉的所有联系最终都被消除了。几何学，即"卓越的空间科学"，又被纯粹的数学、抽象数学的无形世界所吸收。①

从外部现实中解放出来的 19 世纪数学在科学中并不是没有用的，但不一定在物理世界中表现出来。即使在某些情况下，并且正如所有数学家都承认的那样，它们可以被"应用"到物理世界中并因此产生恢宏的成果。

例如，几十年来，在黎曼（Riemann）无法想象的情形下，他的纯粹的空

---

① Gray 1992. 对希尔伯特的引用是在第 240 页。关于非欧几里得几何的发展，可参阅：Richards 2003.

间曲率数学理论成为了爱因斯坦广义相对论的基石。在社会科学领域，统计学的先驱阿道夫·凯特勒（1796—1874年）坚信，他可以在数据收集中找到数学规律。① 这个想法最终成为该领域的一个死胡同，但是最终它的方法被弗朗西斯·高尔顿（Francis Galton）(1822—1911)和卡尔·皮尔逊（Karl Pearson）(1857—1936)的复杂构造所取代，在某些情况下，可以谨慎地将其应用于数据。②

矛盾的是，数学与物理学之间联系的最初破裂给了这两个领域更多的自由，最终使人们构建了数学与科学之间新的富有成果的关系。

浪漫主义的数学

伽罗瓦死于1832年5月31日，他的胃部被子弹击中。这是他短暂而动荡的生活以暴力的形式终结。这是他的不幸。伽罗瓦出生于一个良好的资产阶级家庭，在伽罗瓦17岁时，他的父亲，当时皇后镇（Bourg-la-Reine）的镇长，自杀了，这对他来说是一次深刻的打击。他两次报考巴黎综合理工均未通过，但最终在1829年考入巴黎高师（École Normale supérieure），然后享有了声望和影响力。但是他不会在那里待太久。在1830年7月的示威游行期间，学校的校长监禁了学生。作为一位热心的共和党人，他无比愤怒。在对校长的一系列匿名攻击之后，人们发现这都是他干的。于是，伽罗瓦被学校开除了。

在巴黎，他加入了一个共和党协会，并因手里拿着匕首，举起酒杯向路易斯·菲利普国王致敬而被捕。第二次逮捕是在1831年攻占巴士底狱的周年纪念日，他被判入狱数月，但由于巴黎的霍乱疫情，他被假释并安置在疗养院中。在那里，他遇到了该机构所有者的女儿斯蒂芬妮（Stéphanie du Motel），并爱上了她。年轻的伽罗瓦和没有经验的人一样充满热情，从而冒犯到了这位年轻的女子，她叫来了两个朋友来捍卫自己的荣誉。如果调解尝试失败，那么

---

① Porter 1986 (chap. 2 et 4).
② Porter 1986 (p. 311–314) et 1995 (p. 20).

将在 1832 年 5 月 30 日进行决斗。

然而，在所有这些痛苦的旅程中，伽罗瓦仍然是一名数学家。他继续发展他的创新理论，并一再尝试使他那个时代的伟大数学家对其感兴趣。再一次，失败和挫折等待着他。他给柯西的数学论文神秘地丢失了。当他的作品参与科学院的大奖赛的评比时，负责阅读他著作的傅里叶院士意外去世，从而导致伽罗瓦丧失了参赛资格。当德尼·泊松要求伽罗瓦提供其工作摘要时，结果并没有好转：他无法理解伽罗瓦那"难以理解"的研究，只能以要求澄清的方式来回应。

他的政治活动使他入狱，数学上的伟大梦想撞上了一堵墙，他爱的人拒绝了他，伽罗瓦当时正要面对手枪的枪口：他感到自己将无法生存。决斗的前一天晚上，他疯狂地写了他的数学遗嘱。早晨，他的预言成真，他的肚子被子弹打中，然后，他被抛弃在大街上，血流成河。一名路人带他去了医院，第二天他在弟弟阿尔弗雷德（Alfred）的怀抱中去世。"别哭了。"伽罗瓦对他的兄弟叹了口气，"我需要所有的勇气在二十岁时死去。"[1]

这是伽罗瓦的终结，而不是历史的终结。在随后的几年中，伽罗瓦的兄弟以及他的革命战友们不懈地尝试使伟大的数学家关注到他的数学遗嘱。最后，约瑟夫·刘维尔（Joseph Liouville）院士（1809—1882）同意阅读伽罗瓦留下的论文，并于 1846 年在他的创办的《纯粹与应用数学杂志》(*Journal de matématiques pures et appliquées*) 上发表。在刘维尔的支持下，伽罗瓦终于得到了他生前从未有过的知名度。他的声誉不断提高，几十年后，他被公认为 19 世纪最伟大的数学大才之一。随着他的数学名气的增长，他的传奇故事也随之增长。倾向于冲突的年轻人伽罗瓦变成了被误解的天才伽罗瓦，他对这个世界来说太善良又太纯洁。一个被边缘化的人成为殉道者。

这是伽罗瓦的传奇故事，尽管事实上，从广义上讲这确实是关于伽罗瓦的历史，但有许多重要的细节至少是值得怀疑的。例如，柯西很可能并没有搞丢伽罗瓦的论文，而是向他伸出援手并鼓励了他，而刘维尔对伽罗瓦的工作的评

---

[1] Alexander 2010 (chap. 3).

价肯定不仅仅基于对其人生最后一晚的作品的热情总结，还基于他发表的几篇文章、已寄给学院的论文以及一些未发表但精心撰写的专论。然而，伽罗瓦的故事是小说的素材，是永恒的传奇。

从各个角度来看，伽罗瓦作为殉道者的历史虽然具有戏剧性，但从当时的角度来看，却是浪漫主义的高潮。例如，拜伦勋爵（1788—1824）在对抗奥斯曼，捍卫希腊人的自由中牺牲了自己的生命，享年36岁。浪漫的哲学家诺瓦利斯（Novalis）（1772—1801）享年28岁，而著名作曲家弗朗兹·舒伯特（Franz Schubert）（1797—1828）则因结核病去世，享年31岁。这些只是那个时代的浪漫主义英雄的一些例子：在当时最杰出的艺术家、诗人和音乐家的传记中，动荡而饱受折磨的生活，紧随而来的灾难和英年早逝或多或少是一个必要条件。伽罗瓦的故事完全符合这种类型。①

在数学家中，另一个例子是阿贝尔，他从未在他的故乡挪威获得大学教职。据传，1826年，阿贝尔在巴黎被傲慢的法国院士冷落，无视和遗失了他的论文，从而导致阿贝尔过于劳累、染病，最终身故。但实际上，阿贝尔是当时国际数学界的巨星之一，他因患上结核病而在26岁时去世，此时，他正走向事业的巅峰。不过，这并不重要：在数学家和公众的眼中，阿贝尔成为伽罗瓦精神上的同胞兄弟，也是一个被忽视的天才。他在黑暗中挣扎，并因僵化而无情的既定秩序而死去。黎曼、鲍耶和拉马努金（Ramanujan）只是另外几个例子，还有许多与现代数学家相关的悲惨故事，包括乔治·康托尔、库尔特·哥德尔（Kurt Gödel）、艾伦·图灵（Alan Turing）和史蒂夫·纳什（Steve Nash）。

因此，悲剧性数学家的神话仍然存在，并且无疑是19世纪初浪漫主义时代的创造。确实，在伽罗瓦和阿贝尔之前的几代数学家中都没有这种形象的痕迹。达朗贝尔、欧拉和拉格朗日等开明主义者是成功的商人，国王和皇帝的朋友及通信员是国家的文化领袖。如果用一个共同点去描述这些人的时代，那就是自然状态下成长的孩子，是卢梭的爱弥儿。很难想象，在几十年后的故事

---

① 伽罗瓦所写的文章收入于：Galois 1962。

中，快乐和繁荣的启蒙运动的几何学家与他们的继任者们的黑暗而疏远的性格之间存在着如此鲜明的反差。

怎样解释 18 世纪和 19 世纪之间数学家文化地位的这种明显转变？一种假设是，这与数学本质上的变化相对应：从 18 世纪的"自然人"到 19 世纪的"悲剧英雄"的转变与实践的变化和我们已经描述的领域的含义的变化密切相关，表明了文化形象和数学家地位的根本转变。

当数学与自然世界发生冲突并转变为另一种自主的实在时，数学家便打破了与自然世界的特权关系。他们成了稀有的人物，具有了渗透到这些虚构的宇宙中并获得对它们雄伟结构的深入了解的天赋。他们是天才，或者也许是先知，他们试图将数学的神圣之美传递给他们的同胞。他们因此会对尘世的存在越来越感到沮丧吗？我们可以这么怀疑。伽罗瓦、阿贝尔和鲍耶生活在一个完美的数学世界中。在充满错误的世界里过着自己的生活，如果受到谴责，那简直是一场悲剧，就像柏拉图寓言中的囚犯一样，他在自己发现的外部新世界和他以前在山洞里的生活之间出现了撕裂。[①]

从更深层次上讲，这种转变是从启蒙时代到浪漫主义的更大的文化转变的一部分。这是一次文化的大地震，艺术、音乐、文学和诗歌都被波及，数学领域也是如此。然而，浪漫主义并不是导致数学发生转变的原因。可以说，它仅为艺术家和数学家所做的选择提供了背景和意义，用一种有趣的方式将它们联系起来，并将它们置于特定的历史时刻，以此来"解释"这种转变。

阿米尔·亚历山大（Amir Alexander）撰；阿纳苏亚·拉杰（Anasuya Raj）译

参考文献

Alembert Jean Le Rond d', 1751, Discours préliminaire de l'*Encyclopédie*, in *Encyclopédie, ou Dictionnaire raisonné des sciences, des arts et des métiers*, Paris, vol. 1, p. 16–29.

Alexander Amir, 2010, *Duel at Dawn: Heroes, Martyrs and the Rise of Modern Mathematics*, Cambridge (MA), Harvard University Press.

---

① Platon 1934.

Belhoste Bruno, 1985, *Cauchy (1789—1857). Un mathématicien légitimiste au xixe siècle*, Paris, Belin.

Berkeley George, 1734, *The Analyst; or A Discourse Addressed to an Infidel Mathematician*, Londres, J. Tonson.

Buffon Georges-Louis Leclerc, 1749, Premier discours. De la manière d'étudier et de traiter l'histoire naturelle, in Buffon, *Histoire naturelle, générale et particulière*, Paris, Imprimerie royale, t. 1, p. 3-62.

Cauchy Augustin-Louis, 1821, Introduction, *Cours d'analyse de l'École royale polytechnique*, Paris, Imprimerie royale.

Daston Lorraine, 1986, The Physicalist Tradition in Early Nineteenth-Century French Geometry, *Studies in History and Philosophy of Science*, vol. 17, p. 269-295.

Diderot Denis, 1749, *Lettre sur les aveugles à l'usage de ceux qui voyent*, Londres.

– 1754, *Pensées sur l'interprétation de la Nature*, Paris.

Fourier Joseph, 1822, *Théorie analytique de la chaleur*, Paris, Firmin Didot.

Galois Évariste, 1962 [1831], *Écrits et mémoires mathématiques*, éd. par Robert Bourgne et Jean-Pierre Azra, Paris, Gauthier-Villars.

Grabiner Judith, 2011, *The Origins of Cauchy's Rigorous Calculus*, New York, Dover.

Gray Jeremy, 1992, The Nineteenth-Century Revolution in Mathematical Ontology, in Donald Gillies (dir.), *Revolutions in Mathematics*, Oxford, Clarendon Press, p. 226-248.

– 2004, Anxiety and Abstraction in Nineteenth-Century Mathematics, *Science in Context*, vol. 17, p. 23-47.

Lagrange Joseph-Louis, 1882, *Œuvres de Lagrange*, t. 13: *Correspondance inédite de Lagrange et d'Alembert*, Paris, Gauthier-Villars.

Pieper Herbert, 1998, Carl Gustav Jacob Jacobi, in Heinrich Begehr, Helmut Koch, Jürg Kramer, Norbert Schappacher et Ernst-Jochen Thiele (dir.), *Mathematics in Berlin*, Berlin, Birkhäuser, p. 41-48.

Platon, 1934, *La République*, livres IV-VII, trad. par Émile Chambry, Paris, Les Belles Lettres.

Porter Theodore M., 1986, *The Rise of Statistical Thinking*, Princeton, Princeton University Press.

– 1995, *Trust in Numbers*, Princeton, Princeton University Press.

Richards Joan L., 2003, The Geometrical Tradition: Mathematics, Space, and Reason in the Nineteenth Century, in *The Cambridge History of Science*, t. 5: Mary Jo Nye (dir.), *The Modern*

Physical and Mathematical Sciences, Cambridge, Cambridge University Press, p. 447-467.

Schubring Gert, 1993, The German Mathematical Community, *in* John Fauvel, Raymond Flood et Robin Wilson (dir.), *Möbius and His Band: Mathematics and Astronomy in Nineteenth-Century Germany*, Oxford, Oxford University Press, p. 21-33.

Størmer Carl, 1902, *Niels Henrik Abel.* Mémorial publié à l'occasion du centenaire de sa naissance, Kristiania, J. Dybwad..

使用阿尼奥斯牌(Anios)消毒剂对付微生物。泰尔-迈松(G. de Trye-Maison)的彩色石印画,约1910年。

第十章

微生物与人类

它们无处不在
在地面、河流、空气中,
在燃烧的沙漠中,
在山上,在海里,
在我们的家中和城市中,
被海浪和风携带
隐藏的活菌,
微妙而动人的原子
隐藏在我们脆弱的外表下!
它们无处不在:顺便说一句,
在我们的衣服、手上
围绕着穷人
从他们的强烈的腐烂中!
永远年轻,永远坚强,
它们入侵了所有身体,
那些活着的和死去的,
它们是自然之王。

> 每个手势，每个步骤
>
> 这些看不见的敌人，
>
> 感染游戏、爱情、美食，
>
> 从它们可怕而黑暗的生活中：
>
> 还有微小的弧菌
>
> 数以百万计向我们袭来。
>
> 它们是无形的军团，
>
> 它们有巨大的数量。
>
> ——夏尔·里歇（Charles Richet）《巴斯德的荣耀》
>
> （*La Gloire de Pasteur*）[①]

如果回顾有关19世纪科学的历史叙述，我们可以认为微生物学的出现带来了根本性的突破：在此之前，人类不知道自己与大量肉眼看不见的生物一起生活在同一个世界。当然，它们的存在是早为我们所知的：在17世纪，一些显微技术的先驱者，例如，罗伯特·胡克（Robert Hooke）或安东尼·范·列文虎克（Antoine van Leeuwenhoek），就已经描述了这些簇拥在肮脏的水滴或干草浸液中微小的生物。随后，许多科学家以及业余显微镜学家都观察到了这种微生物。1830年左右，复合显微镜降低了镜片的球面像差，并促进了对这些微小生物的观察。所以，在1870年代之前，微生物就已经存在于人们的认知之中，不过，它们并没有引起科学研究的重视。然而，到19世纪末，它们获得了改变世界的力量。

夏尔·里歇（Charles Richet）的诗《巴斯德的荣耀》说明了发现人类和微生物之间共享着宇宙的重要性。里歇是医生、生理学家、业余作家，还是1913年诺贝尔奖获得者。1914年，他获得了法国科学院奖，以表彰其专门研究路易·巴斯德（Louis Pasteur）工作的最佳成果。以上这首诗是对一个独特主题的一系列衍生：发现无限小事物的无限强大的力量。在巴斯德之前，"愚昧无知、阴沉而寒冷的海洋"；在他之后，一切都得到了解释："在他讲话之前，

[①] Richet 1914 (p. 2–3).

我们什么都不懂。"①

里歇为一位伟大的科学家的荣耀写了一个故事。在 20 世纪下半叶，历史学家用更加细微而复杂的科学研究视角取代了这种类型的圣徒传记式的叙事。然而，直到最近，对微生物学历史的研究仍然集中在该学科的三个开创者的工作上，即路易·巴斯德、约瑟夫·李斯特（Joseph Lister）和罗伯特·科赫（Robert Koch）。这些研究经常通过几个关键的年份来概括：1861 年，普歇（Pouchet）和巴斯德之间关于自然发生说的辩论；1867 年，约瑟夫·李斯特关于无菌手术的备忘录；1876 年，罗伯特·科赫分离出炭疽杆菌；1881 年，巴斯德炭疽疫苗的疗效被公开；1882 年，科赫对结核病的微生物进行了描述；1885 年，巴斯德狂犬病疫苗在人类中的应用；1885 年，科赫描述了霍乱杆菌。

自 1990 年代以来，科学和医学史学家一直在质疑这种微生物学发展的描述，认为这是对过去研究的一种彻底的割裂。对卫生学家、医生、农民和实业家的实践的研究确实揭示了重要的连续性。微生物学的问世无疑使科学、医学、农业和日常生活的许多领域感到了震动，但历史学家的任务是研究重要的连续性和中断的确切位置。用科学史学家史蒂文·夏平（Steven Shapin）的话来说，可以说微生物革命没有发生，而本章内容的目的是描述其范围。②

最优的马桶形式，英国，1870（Modèle de cuvette de WC "Optimus", Angleterre, 1870）。

---

① *Ibid.* (p. 2). 里歇甚至没有提到科赫的研究。
② Shapin 1996 (p. 1).

微生物与卫生

早在微生物科学发展之前，污垢就与疾病息息相关。同时，我们将其与道德败坏联系在一起。诸如"污秽""腐烂"或"害虫"之类的有极大的情感冲动的词语。在19世纪进行的卫生运动便是基于这些多重性、实践性和象征性的含义以及对净化的渴望。因此，污垢与无形生命体的存在有关的观点，被嫁接到了肉体污垢与道德污秽的关联上。

在19世纪，医生提出了"酶促疾病"的概念，据此，有机物腐烂带来的有毒烟雾产生了有利于病理发展的条件。在克里米亚战争期间，英国护士弗洛伦斯·南丁格尔（Florence Nightingale）发起了一项护理改革，此后又在英国境内推广。当时，护士通常是下层阶级的妇女，被认为是无知、粗鲁且有道德问题的妇女。相比之下，弗洛伦斯·南丁格尔是一个富裕家庭中受过教育的妇女。这使她被医生和医院管理人员接受为合法联系人。她拥有巨大的精力和相当大的政治才能，说服医院官员需要对护理专业进行彻底的改革，并同时对机构进行重组，推广清洁和卫生的新规则。这项改革旨在保护患者的健康，同时也保护他们免受污垢的有害影响。①

弗洛伦斯·南丁格尔的成功之处在于她能够阐明酶促疾病的实质性和象征性。1847年，在维也纳工作的匈牙利医生伊格纳克·塞梅尔维斯（Ignác Semmelweis）发表了一篇文章，解释了由于尸体来源的酶解物质的传播而引起的产褥期高死亡率。塞梅尔维斯指出，这种高死亡率往往出现在医院的病房里，因为在那里，医生直接从解剖室转到产房。因此，在对产妇进行任何检查之前，他试图对医生进行仔细的手部消毒。他遇到了许多阻力，与上级发生了冲突，并最终被免职。

塞梅尔维斯的方法的失败通常被归因于其困难性、他自身缺乏政治才能、维也纳医疗专业组织的特殊性，还归因于难以证明其新的清洁度规则的有效性。在一些妇产医院，强加这些规则可以减少产褥热的发生，但是在其他机构

---

① Rosenberg 1992.

中，采用消毒剂进行系统性的手部消毒并没有产生效果。① 塞梅尔维斯的失败与约瑟夫·李斯特的成功形成了鲜明的对比。30年后的李斯特要求外科医师遵循防腐的原则。这两位医生之间的主要区别在于，李斯特基于路易·巴斯德关于伤口感染源自细菌以及消毒在杀灭细菌方面的有效性研究。这项工作使李斯特的治疗方式合法化，并有助于解释某些偶尔出现的败血症而导致方法失效的情况。当微生物变成活的生物体时，更容易承认它们有时可以抵抗消毒物质。②

微生物理论在巩固卫生规则方面的重要性并不仅限于医院的环境。从1880年代开始，在大众媒体和女性杂志上的文章都强调了与这些隐形微生物的存在所导致的相关危险。在家庭领域，将身体和道德上的污秽结合在一起，或将紊乱、难闻的气味、疾病和危险等级联系起来的信念被翻译成微生物学的语言。由此，一幅经典的图像出现了：女仆在去了声名狼藉的地区之后，其衣服夹带着细菌回来了，而这些细菌危害了她雇主的家庭。

对无处可见和危险生物无处不在的认知是房屋建筑和室内装饰发生重大变化的根源：窗帘的沉重帷幕以及华丽的家具被视为微生物的巢穴。简化室内设计并改用朴实的家具——薄纱窗和简化的厨房设备（采用简洁的线条）——反映了艺术和建筑领域的变化，同时也反映了将微生物危害降至最低的愿望。最重要的变化发生在了厨房和浴室。限制微生物潜在繁殖的场所并使其更易于保持清洁的愿望带来了许多创新，例如，安装锌或经过处理的木材表面、瓷砖的应用、建造通风壁橱或使用制冰机。这种微生物学进入家庭空间的最具标志性的对象之一是白瓷马桶。③

---

① 现在专家认为，产褥热的诱因有两种：一种是来自外界的病菌，另一种是产褥者身体上本来就有的细菌，在分娩过程中它们会进入血液。
② Bynum 1994 (p. 132-137).
③ Tomes 1998.

微生物与流行病的预防

面对流行病，自古典时代起，人们就发展了对患者的躲避和隔离的实践，然后人们将其纳入微生物理论中。这种做法至少以扩散的方式预设了疾病的无形病菌和传播邪恶的物质实体的存在。在19世纪，有关这种无形实体潜在作用的争论在传染理论与感染理论支持者们之间的争议中浮出水面。传染理论认为疾病传播是通过与患者直接接触，而感染理论认为疾病传播是通过"被污染的空气"达成的。传染性疾病的典型例子是天花，这种疾病如果不直接与患者接触就无法传播，而作为感染性疾病的疟疾，通常在没有患者与患者接触的情况下就会得病。"传染病学家"和"感染病学家"之间的辩论具有重大的实际性后果，认为传播疾病需要与患者（或其个人物品）直接接触的专家赞成隔离。另一方面，那些坚持认为大量疾病是通过空气传播的人则断言隔离制度——这种随19世纪海事贸易量的增加而复兴的古老制度——阻碍了贸易，但没有阻止流行病的传播。①

关于在所谓的"亚洲"霍乱流行期间，即1831年、1848—1854和1869—1871年期间，人们对隔离制度的有效性进行了深刻的辩论。这些流行病在塑造欧洲和美国对传染病的态度方面起着关键作用。他们还促使英国医生约翰·斯诺（John Snow）进行调查，结果表明霍乱传播的主要来源之一是饮用水。②斯诺因其对宽街水泵采取的行动而闻名。由于怀疑该泵提供的水遭到了污水的渗透，他便拆下了泵上的曲柄，附近的患者数量就减少了。

尽管效果拔群，但该行动并未提供霍乱与水污染之间联系的决定性证据，因为斯诺并未排除伦敦霍乱的流行在其干预之前就开始下降的可能性。但斯诺制作的流行病学地图对专业人士来说是颇具说服力的，它表明给定社区的饮用水源与霍乱病例数之间存在相关性。

---

① 关于使这两种观点的支持者相互对立的争论，可参阅：Ackerknecht 1967 (p. 149–163), Delaporte 1990.
② Rosenberg 1962, Hamlin 1988.

斯诺制作的地图说服了当局：霍乱是由水传播的。但是他们没有证明危险元素是活的微生物。部分专家持有这一立场，但其他许多专家则强调了分解有机物产生的"酶解毒物"的作用。但是，这两种理论的追随者都同意有必要通过分解物质和处理人类及动物的排泄物来防止饮用水污染，并对水质进行检测，但不一定要明确什么是"安全饮用水"。微生物理论的出现并未改变限制水污染的努力的性质。然而，它用一种客观的方法来代替对水质气味、颜色、味道的主观评估：这带来了减少细菌的可能性。然而，采用定量方法并不能免除专家的义务，即设定细菌污染阈值来告知大众哪些水是无法饮用的，因此也不会结束专家之间的争吵。[①]

细菌理论的出现也并未从根本上改变旨在限制流行病传播的做法：消除垃圾，促进污水处理，与"害虫"作斗争，确保饮用水的纯净，禁止销售状况不佳的食品，监测医院的清洁度，限制与病人的接触，等等，这些仍然是核心。最重大的变化与控制手段有关。尽管微生物学使许多以前的卫生习惯合法化，但它也加剧了对公共场所以及食品生产及其分配的监视。寻找病原微生物使量化危险性和监测干预措施的有效性成为可能。因此，在20世纪初，实验室成为市政管理的中心场所。[②]

微生物和疫苗接种

卫生学家们致力于保护集体，但是微生物学也使得通过疫苗保护个人成为可能。这是由于对病原微生物的"驯化"和使用改动过的微生物菌株以产生特异性免疫所带来的结果。[③] 但是，疫苗接种可追溯到微生物学问世的60年前，并且在中世纪甚至更早的时期就发展出了类似的做法。

"疫苗"（vaccin）的名称来自"牛痘"（vaccine）（盎格鲁-撒克逊人中

[①] Bynum 1994 (p. 55–91), Hamlin 1988. 关于这个问题的争议受经济因素的影响很大：市政当局为确保"可被接受的"水质所需付出的成本。

[②] Sturdy et Cooter 1998.

[③] Richet 1914 (p. 6).

的 vaccinia 一词），一种保护人类免于天花感染的母牛的疾病。在 18 世纪末，英国医生爱德华·詹纳（Edward Jenner）观察到，负责挤牛奶的女性农民很少会出现被天花摧残的面容——而天花这种病在欧洲很常见。他得出的结论是，这些经常患有"牛痘"（类似于天花的良性疾病）的妇女随后受到了免于天花侵害的能力。1796 年，他在一个小男孩身上做了实验，然后在大约二十个人身上对这个假设进行了测试，并在 1798 年发表了他的实验结果。① 詹纳的方法随后迅速传播开来。在 19 世纪初，许多政府开展了牛痘的接种。

接种牛痘是对一种旧有方法的改进，即人痘接种——从所谓的轻度天花病例中提取脓疱液接种，以防止将来再患上更严重的疾病。这种在许多东方国家里使用的方法由一名英国外交官的夫人玛丽·蒙塔古（Mary Montagu）于 1721 年引入英国。② 这是一种不安全的方法：一些患有天花的儿童在接种疫苗后死亡——随后发生的辩论被转嫁到了当时最著名的争议之一：概率计算在政策上的作用。1760 年，在法国科学院，达朗贝尔与瑞士数学家丹尼尔·伯努利（Daniel Bernoulli）对此展开了辩论。而后者通过概率计算证明了人痘接种是一件好事，因为它的危险性小于自然疾病的危险性。因此，负责任的父亲必须给孩子们进行疫苗注射，以避免成年后患上更严重的疾病。达朗贝尔则认为，这样的论点不适用于父亲担心会为自己孩子的死亡负责的推理。他还坚持认为，即使这些行为可以促进共同利益，国家也不能强迫公民采取违背其信念的行为（天花人数的增加限制了流行病的传播）。③

随着牛痘接种疫苗的发展和对此做法的抵制，关于国家有权采取旨在改善人口健康的干预措施的辩论重新变得激烈起来。这绝不是一种非理性的抵抗力，因为疫苗接种本身就是一种危险的做法。从理论上讲，接种疫苗和静脉注射相比没有那么危险。但是，在 19 世纪，人们手臂与手臂之间的接种方式可能导致梅毒等其他传染病的传播。在 19 世纪末，人们转向小母牛的髓免疫接种，随后开发了一种在甘油中保存疫苗接种材料的方法，减轻了对疫苗接种的

---

① Jenner 1798.

② Moulin et Chauvin 1981 (p. 65–87).

③ Marks 2005.

抵触并促进了该方法的进一步扩展。

用巴氏方法制备的疫苗的普及基于天花疫苗接种的长期经验。出于策略上的考量，巴斯德声称自己继承了詹纳的实践。他故意模糊了他的疫苗和天花疫苗之间的根本区别。① 巴斯德的疫苗接种是基于微生物革命的主要原理之一，即对传染病特殊性质的认识：每种传染病都是由被定义为该病必要原因的独特微生物诱发的。因此，人们可以与伤寒杆菌接触而不会得相同名称的疾病，但是在任何情况下，如果没有这种特定的杆菌，就不会发生伤寒。区分疾病的原则——我们不再谈论"发烧"，而是谈论"结核病"和"伤寒"，也不再谈论"腹泻"，而是"痢疾"和"霍乱"，这是微生物学自1880年代开始作为一门独特科学学科发展的核心。这也是制备特定疫苗的起源，这归功于实验室在可控范围内对病原细菌的改良。

然而，对微生物的驯化仍然是一项具有风险的工作，使巴斯德闻名的狂犬病疫苗的故事说明了这样的困难。官方的说法与我们所知的疫苗生产和实施情况完全不同，正如巴斯德及其合作者在实验记录中所看到的那样。② 此外，以爱德华·鲁耶（Édouard Rouyer）为例，该名儿童于1887年秋以新的、未经测试的方案接种狂犬病疫苗，并于数周后死亡。我们有充分的理由相信，巴斯德的合作者卢（Roux）和布鲁阿代尔（Brouardel）伪造了实验结果以免除自己的责任。③ 他们可能采取这种行动，是因为担心丑闻会扼杀年轻的微生物学的发展，并可能在与传染病的斗争中带来灾难性的后果。

---

① Moulin 1996.
② Geison 1995.
③ Caddedu 1996. 这一看法是根据巴斯德的侄子和助手阿德里安·卢瓦尔（Adrien Loir）的证词。

巴斯德实验室中的狂犬病疫苗接种——医生及其部分患者——木刻版画，1886年。

巴氏疫苗的接种生动地证明了特定微生物产生特定疾病的原理。此后，将疾病原因的特异性原则扩展到非传染性病理。诊断在医疗救治的组织中的核心作用在很大程度上源于微生物学的成功。① 每种传染性疾病都是由特定微生物诱发。这一观察结果为通过疫苗接种进行有针对性的预防开辟了道路，然后在某些疾病（例如白喉）中，通过特异性抗血清进行了有针对性的治疗。在国家的大力支持下，作为欧洲两个主要的医学微生物学发展和教学中心，巴斯德研究所和科赫研究所得以发展。②

微生物与经济

用特殊疗法治愈疾病的希望为细菌学成果的经济开发开辟了道路。罗伯特·科赫最初对现在所谓的"科研成果转化"不感兴趣，直到1890年才转向这条路线。在德国，他被视为微生物学之父，他在该年八月的一次医学大会上宣布，他已经开发出一种非常有希望能对抗结核病的疗法。当时，结核病是成

---

① Rosenberg 2002.
② 科赫研究所是由普鲁士直接资助的。巴斯德研究所则是一个私人基金会，但实际上，它的发展得益于法国大量的国家财政支持。Weindling 1992, Löwy 1994.

年人中最致命的传染病。科赫称他的制剂为"结核菌素",并拒绝透露其成分。这个消息很快被世界各地的新闻媒体报道。德国卫生部迅速拨出大量资金给科赫,以发展其创新事业。不幸的是,用科赫的结核菌素治疗结核病很快被证明是无效的,甚至是危险的。尽管大多数医生感到不满,但结核菌素并没有完全停止使用。在1900年代初期,它获得了适度的普及,然后在结核菌感染的皮肤测试中发现了另一种应用。但是,它将永远不会恢复其在药物中奇迹般的地位。[①]

结核菌素是科赫唯一的商业项目,而德国的其他微生物学的先驱者,埃米尔·贝林(Emil Behring)和保罗·埃利希(Paul Ehrlich)则在发展与制药行业的紧密联系。他们遵循了德国化学家的传统,经常将学术和工业生涯结合在一起。贝林成为成功的企业家,他在马堡建立的公司"贝林工厂"(Behringwerke)如今仍然存在。尽管埃利希自己并未生产药物,但他仍然与制药行业保持着众多合作,特别是与拜尔(Bayer)和赫斯特(Hoechst)两家公司。他最重要的工作,例如,抗白喉血清标准化,以及后来开发的抗梅毒药物撒尔佛散(Salvarsan),都是这些合作的直接成果。[②]

科赫的职业生涯始于全科医生,而受过化学培训的路易·巴斯德则迅速转向应用科学,并因在植物和蚕病、微生物在葡萄酒和啤酒生产中的作用以及家畜疾病的研究而闻名。巴斯德不反对将他的研究进行经济上的利用:他为改善啤酒生产的方法申请了专利,这种方法引起了人们对他的批评(他从公共资金资助的研究中获取个人利益)。后来,巴斯德积极参与了炭疽疫苗的营销,并希望他在1888年成立的研究所可以通过出售疫苗和血清而获利。

巴斯德研究所迅速成为重要的生产中心。位于加尔舍的巴斯德研究所分支机构专门生产白喉血清。这种生产很快就变得有利可图:1903年,这种血清的销售使研究所获得41 000法郎的利润。另一方面,巴斯德反对研究所开展工业发酵方面的研究,他希望研究所能专门致力于与传染病作斗争。

---

① Gradmann 2009 (p. 89−114).
② Baümler 1984.

不过，他的继任者埃米尔·迪克洛（Émile Duclaux）对此毫无顾虑。他协调了巴斯德研究所内化学研究所的建设，该研究所专门从事发酵研究。其成员研究了食品生产的流程（化学研究所的一名研究人员负责开发巴氏杀菌的卡门培尔奶酪），还进行了工业发酵——由细菌生产的丙酮用于制造合成橡胶，这具有重要的战略价值。[1]

微生物与殖民地

受温暖气候影响的疾病是在某些地区开展殖民活动的主要障碍。术语"热带疾病"首先表示热带和温带气候之间的空间差别。这种空间划分也反映了欧洲和北美的所谓"文明"人与"非文明"的土著人之间的划分。热带地区被描述为一个极端的世界，在这里，大自然的茂盛增长变成了无序和退化。热带地区动植物的数量过多，正如热带气候的极端性，与温带地区耕种所需的温和性形成鲜明对比。因此，将"热带"作为一个单独的实体进行构建，巩固了对西方文化和社会来说感到陌生的实体的定义，并突显了空间和文化边界之间的重合。西方的专家强调，热带病原体的毒性是人与自然之间，人与人之间暴力关系的反映。因此，殖民暴力是自然规律的一部分，它表现为合理化和规范热带地区混乱无序的世界所采取的必要的恶。同样，与热带疾病作斗争成为西方"文明使命"的重要组成部分。

直到19世纪末，对热带疾病的了解仍以对疾病有关的气候视角（疾病与其直接的自然环境相关联）为主导。根据这一视角，使热带地区适合白人居住的唯一真正有效的方法是使移民逐渐适应环境，但其过程缓慢且结果具有不确定性。同时，殖民势力采取卫生措施，以限制热带疾病造成的破坏。这些措施的灵感来自疾病的酶促视角，并相信热带地区的湿度和热量以及某些地区的人口密度导致了有害烟雾的集中。结果，殖民势力建议在喝水之前先将水烧开，清理垃圾，抵抗昆虫的"侵扰"，使住所通风，隔离生病的人并保持他们的清

---

[1] Bud 1993, Löwy 1994.

洁，将四分之一的殖民者和军营安置在以纯净和新鲜的空气著称的山区，最后尽可能地保持殖民者和当地人之间的物理距离。①

在19世纪末，微生物理论推翻了对殖民者的身体与热带气候之间根本不相容的悲观看法。在炎热地区，这些理论与对无脊椎动物媒介在热带疾病传播中的作用的理解相结合。由于这些理论，可以分离"热带"和"热带疾病"这两个实体，并开发更有效的健康干预措施。1898—1900年，驻古巴的美军试图通过常规卫生方法制止哈瓦那黄热病的流行，但没有成功：净化水、消除浪费、消灭"害虫"。在1900—1902年，研究人员证明了这种疾病是通过埃及伊蚊传播的。因此，可采取具体的预防措施——消除这些蚊子和它们的幼虫——从而结束这种疾病在哈瓦那的流行。随后，通过采取消灭埃及伊蚊的措施让殖民者可以建造巴拿马运河。② 同样，对按蚊在疟疾传播中的作用的描述也倾向于采取特殊的干预措施（消灭蚊子和使用蚊帐），这些措施限制了疾病的传播。③

微生物科学的发展导致了国际卫生大会运作的转折点的出现。这些会议的起源（始于1851年）是人们对控制霍乱流行的愿望。直到19世纪末，这些会议仅起到咨询作用。代表们辩论了监测海上贸易的方式，但在预防措施的有效性方面存在非常大的分歧，使他们无法达成共识。对引起特定疾病的微生物的描述有助于集中讨论能够阻止这些微生物传播的特定方法。1885年在罗马举行的国际卫生大会的代表们就刚分离出的霍乱杆菌的特性进行了详尽的辩论。在随后的1892年威尼斯会议上，代表们首次成功地让所有与会者批准了一项国际卫生公约。该公约通过监视船只，隔离患者和对船只及其货物进行消毒来代替检疫。对蚊子在黄热病传播中作用的描述在美国监督下于1903年成立泛美卫生组织（PAHO）的过程中也产生了重要影响，该组织有助于加强北美对拉丁美洲的控制。④ 因此，微生物学不仅是通过其他方式进行政治活动的一种方

---

① Curtin 1989.
② Espinosa 2009.
③ Curtin 1985.
④ Jones 1975.

式，而且还是政治干预的一种特殊形式。

希望的技术

"微生物革命"的主要特征之一是其高可见度。微生物学遵循着新科学领域的惯常轨迹：创新研究方法的开发、专门的培训课程、大学教席、专业期刊、国际会议。但是，这是一门科学，从一开始就具有重大的实践效果和巨大的公众知名度。它和应用科学的紧密联系是与化学等其他科学学科共同有的特点。另一方面，微生物学在大众媒体和想象力中的强大存在是一种独特的现象。[1]

微生物学之父巴斯德和科赫拥有非常有效的沟通策略。普伊莱福尔（Pouilly-le-Fort）公开展示炭疽疫苗的作用；对年轻的约瑟夫·迈斯特（Joseph Meister）进行狂犬病疫苗接种的报道（之后，来自世界各地的人们都在巴斯德实验室接受疫苗接种）；对科赫的结核菌素的巨大宣传；费加罗报（Le Figaro）为推广抗白喉血清所组织的认购活动。所有这些都极大地促进了"微生物学奇迹"的普及。[2]

到 19 世纪末，"微生物"已深入到社会的方方面面。受教育程度最高的班级开始阅读有关新科学发展的书籍，学童在进食前学会洗手，资产阶级妇女对厨房和浴室进行翻新并购买消毒剂——同时还要强迫女佣改变习惯。小报的读者们乐于阅读有关神奇疗效的文章，从而参与到新知识的传播过程中。我们的日常活动，如卧室的通风，保持身体的清洁，更好地准备食物——永久地提醒我们微生物无处不在。[3]

但是，术语"微生物革命"通常不是指家庭空间或健康教育的转变，而是指预防和治疗传染病的能力发生了决定性的变化。在 20 世纪初，人们对这种变化的认识更多地取决于微生物学发展所带来的希望，而不是其成就。当然，微生物科学对控制动物和人类疾病具有实际的影响。它促进了患者隔离的普遍

---

[1] Latour 1984.
[2] Morange (dir.) 1991.
[3] Tomes 1998.

性以及防腐剂的传播。这样可以减少术后感染的发生率,更好地监测饮用水和食物,从而减少肠道病菌的扩散。但是这些做法很大程度上是基于卫生学家在微生物学问世之前就提出的建议。①

另一方面,如果没有微生物科学,接种和血清疗法这种方法是不可能实现的,最初的实用价值也是有限的。狂犬病疫苗的重要性首先是具有象征意义,因为狂犬病是一种罕见的疾病。首次霍乱疫苗接种尚无定论;抗白喉血清可能是有效的,但它是很难校准的产品,通常会产生严重的不良反应;为其他传染病开发血清的尝试未能成功;如前文所述,科赫的结核菌素是失败的。1898年,波兰医学哲学家别尔纳茨基(Biernacki)强调了在有关传染病成因的知识迅速增长的同时,治疗这些疾病的方法的发展却是极其缓慢的。②

在 20 世纪初,微生物科学首先是希望的技术。这是一个诱人的诺言:驯服无形的生物,使它们为人类服务,制止邪恶力量和所造成的痛苦。里歇在 1914 年春天写道:

但是让我们看看敌人,

它在那里,在这些玻璃小瓶中,

害羞,听话,安静,困倦……

因此,手握可以摧枯拉朽的邪恶,

人类终于是主人了!人类不再是受害者了!③

这些文字写在第一次世界大战期间由伤寒、斑疹伤寒和战壕热,然后是"西班牙流感"(自黑死病以来最致命的大流行)所产生的大量死亡的前夕,反映了长 19 世纪的科学乐观主义和技术唯意志论。

伊兰·勒维(Ilana Löwy)撰

---

① Murard et Zylberman 1986.
② Biernacki 1990 [1898] (p. 56). 别尔纳茨基没有预见到,在 20 世纪,研究人员会开发出能够选择性杀灭微生物而不破坏宿主细胞的药物。
③ Richet 1914 (p. 5).

参考文献

Ackerknecht Erwin Heinz, 1967, *Medicine at the Paris Hospital (1794—1848)*, Baltimore(MD), Johns Hopkins University Press.

Baümler Ernst, 1984, *Paul Ehrlich, Scientist for Life*, New York, Holmes & Meier.

Biernacki Edmund, 1990 [1898], L'essence et les limites du savoir médical, reproduit *in* Ilana Löwy (dir.), *The Polish School of Philosophy of Medicine*, Dordrecht, Kluwer, p. 49-67.

Bud Robert, 1993, *The Uses of Life: A History of Biotechnology*, Cambridge, Cambridge University Press.

Bynum William, 1994, *Science and Practice of Medicine in the Nineteenth Century*, Cambridge, Cambridge University Press.

Caddedu Antonio, 1996, Aux origines de la vaccination pasteurienne, *in* Anne-Marie Moulin (dir.), *L'Aventure de la vaccination*, Paris, Fayard, p. 168-184.

Curtin Philip D., 1985, Medical Knowledge and Urban Planning in Tropical Africa, *The American Historical Review*, vol. 90, n° 3, p. 594-613.

– 1989, *Death by Migration: Europe's Encounter with the Tropical World in the Nineteenth Century*, Cambridge, Cambridge University Press.

Delaporte François, 1990, *Le Savoir de la maladie. Essai sur le choléra de 1832 à Paris*, Paris, PUF.

Espinosa Mariola, 2009, *Epidemic Invasions: Yellow Fever and the Limits of Cuban Independence (1878—1930)*, Chicago (IL), University of Chicago Press.

Geison Gerald, 1995, *The Private Science of Louis Pasteur*, Princeton, Princeton University Press.

Gradmann Christoph, 2009, *Laboratory Disease: Robert Koch's Medical Bacteriology*, Baltimore (MD), Johns Hopkins University Press.

Hamlin Christopher, 1988, Politics and Germ Theories in Victorian Britain: The Metropolitan Water Commissions of 1867—1869 and 1892—1893, *in* Roy MacLeod (dir.), *Government and Expertise: Specialists, Administrators and Professionals (1860— 1919)*, Cambridge, Cambridge University Press, p. 110-127.

Jenner Eduard, 1798, *An Inquiry into the Causes and Effects of the Variole Vaccine*, Londres, Samson Low.

Jones Norman Howard, 1975, *Les Bases scientifiques des conférences sanitaires internationales*, Genève, OMS.

Latour Bruno, 1984, *Les Microbes: guerre et paix*, Paris, Anne-Marie Métailié.

Löwy Ilana, 1994, On Hybridization, Networks and New Disciplines: The Pasteur Institute and the Development of Microbiology in France, *Studies in History and Philosophy of Sciences*, vol. 25, n° 5, p. 655-688.

Marks Harry M., 2005, When the State Counts Lives: Eighteenth-Century Quarrels over Inoculation, *in* Gérard Jorland, Annick Opinel et George Weisz (dir.), *Body Counts: Medical Quantification in Historical and Sociological Perspectives*, Montréal, McGill-Queen's University Press, p. 51-64.

Mendelsohn Andrew J., 1996, *Cultures of Bacteriology: Formation and Transformation of a Science in France and Germany (1870—1914)*, thèse de doctorat, université de Princeton.

Morange Michel (dir.), 1991, *L'Institut Pasteur. Contributions à son histoire*, Paris, La Découverte.

Moulin Anne-Marie, 1996, La métaphore vaccine, *in* Anne-Marie Moulin (dir.), *L'Aventure de la vaccination*, Paris, Fayard, p. 125-142.

Moulin Anne-Marie et Chauvin Pierre, 1981, *L'Islam au péril des femmes. Une Anglaise en Turquie au xviie siècle*, Paris, Maspero.

Murard Lion et Zylberman Patrick, 1986, *L'Hygiène dans la République. La santé publique en France ou l'utopie contrariée (1870—1918)*, Paris, Fayard.

Porter Dorothy, 1999, *Health, Civilization and the State: A History of Public Health from Ancient to Modern Times*, Londres, Routledge.

Porter Roy, 1999, *The Greatest Benefit to Mankind*, Londres, Fontana Press.

Richet Charles, 1914, *La Gloire de Pasteur*, Paris, Académie des sciences.

Rosenberg Charles, 1962, *The Cholera Years: The United States in 1832, 1849 and 1866*, Chicago (IL), University of Chicago Press.

– 1992, Florence Nightingale on Contagion: The Hospital as a Moral Universe, *in* Charles E. Rosenberg, *Explaining Epidemics and Other Studies in the History of Medicine*, New York, Cambridge University Press, p. 90-108.

– 2002, The Tyrany of Diagnosis: Specific Entities and Individual Experience, *The Milbank Quarterly*, vol. 80, n° 2, p. 237-260.

Shapin Steven, 1996, *The Scientific Revolution*, Chicago (IL), University of Chicago Press.

Sturdy Steve et Cooter Roger, 1998, Science, Scientific Management, and the Transformation of Medicine in Britain (*ca.* 1870—1950), *History of Science*, vol. 36, p. 421-466.

Tomes Nancy, 1998, *The Gospel of Germs: Men, Women and the Microbe in American Life*, Cambridge (MA), Harvard University Press.

Weindling Paul, 1992, Scientific Elites and Laboratory Organization in fin de siècle Paris and Berlin: The Pasteur Institute and Robert Koch's Institute for Infectious Diseases Compared, *in* Andrew Cunningham et Perry William (dir.), *The Laboratory Revolution in Medicine*, Cambridge, Cambridge University Press, p. 170-188.

第十一章

全球化、进化与种族科学

本章致力于现代种族科学或"种族学"的历史,将围绕两个主题展开。第一个涉及"全球化"及其影响,以表明这种现象如何将欧洲人和非欧洲人聚在一起并加强了跨国科学家的网络,从而在同一运动中促进全球其他地区的殖民化和种族化的发展。第二个更概念化的主题则将分析进化概念的发展,这里的进化概念被理解为在地质、生理、解剖、社会和人类学知识的强劲增长的影响下与发展和转变有关的思想谱系。这里使用的示例主要是法国、英国和德国。

全球化

罗伯逊（Robertson）将全球化定义为"世界的压缩和自身作为世界意识的增强";这个想法通常被理解为20世纪历史的结果,但实际上构成了一个已经进行了两千多年的过程。[①] 全球化大致可以分为四个阶段。我们将关注第二和第三阶段,这些阶段具有共同的地理知识扩展和欧洲的人与人之间差异的思想变化,最后是种族概念。

在第一阶段中,随着15世纪伊比利亚地区的大航海远赴旧欧洲之外,新的空间地标出现了。在第二阶段（从1750年开始）,科学和商业考察逐渐将

---

① Robertson 1992 (p. 6–8).

全球大部分地区进行了测绘。第三阶段始于 1850 年，其标志是强烈的帝国主义和殖民主义对立以及欧洲国家、美国和日本对领土的大规模吞并。而第二次世界大战之后的第四阶段，即后殖民时代，这不是本章探讨的主题。从制图史开始，并与更广泛的全球化进程相联系，我将展现第二阶段中知识和种族化的发展，以及在第三阶段中的殖民扩张。

在第一阶段，与美洲印第安人和撒哈拉以南非洲人的相遇使人们开始质疑欧洲关于人类普遍性的旧范式。① 直到 18 世纪末，身体差异通常被认为是个人情绪以及气候、生活方式或宗教对单一个体或一个种族的影响的肤浅产物（即使这些人的文明程度不同）。② 然而，从 16 世纪下半叶开始，欧洲人越来越多地参与西非的奴隶贸易，导致伊比利亚的形容词"negro"贬义化。这个词成为"非洲人"名称的泛欧洲同义词，从此以后就暗示了异教、落后、丑陋、自卑和被他人统治的观念。③

从全球化的第二阶段开始，到 1750 年，伟大的博物学家布丰系统化了气候决定人类身体特征的旧观念。对他来说，"人类物种的多样性"的出现是由于"退化"的过程所致，而这个过程是气候、饮食和环境对一个迁徙物种带来的影响。因此，形态和气质的差异只是外部的和暂时的。④ 1764 年，贝林（Bellin）所绘制的世界地图（不完美地）代表了欧洲人当时所熟知的世界沿海地区。它是地理学性质而非是人种学性质的地图。在这张地图上，太平洋处于一个几乎空旷的空间，周围是稀疏的海岸线，而南部则处于一个绝对真空的状态，那时的人们对那块区域依然未知，对于赤道南部的陆地（"未知的南方土地"）长久以来人们都在想象，并一直找寻。对壮阔的河流的表现无法掩盖欧洲人对亚洲、非洲和美洲内陆状况近乎一无所知的状态。⑤

30 年间，启蒙时代的伟大科学探险在很大程度上填补了太平洋岛屿和极地

---

① Pagden 1982.
② Douglas 2014 (chap. 1 et 2), Wheeler 2000 (p. 2–38).
③ Boxer 1963 (p. 40), OUP 2013 (《Negro》).
④ Buffon 1749 (p. 447–448), 1766 (p. 311 et 313), 1777 (p. 478).
⑤ Bellin 1764.

以外沿海地区的地图空白。这些发现的经验遗产对气候理论提出了双重挑战。一方面,无论气候区域如何,具有"铜红色"皮肤和"长直发"的美洲人看起来是一致的,这让人们怀疑肤色是被气候影响的观点。① 另一方面,在南海诸岛的各种气候中,人们观察到"巴布亚种族的黑人"和"黄色的马来人"之间的同居,则得出了相同的结论。② 布丰的"环境"因果关系使地理和文明程度成为人类多样性的主要驱动力,而康德则将"种族"这个——在当时还是无足轻重的——谱系学术语重新解释为一个分类学范畴,标志着属于"单一祖先"的动物之间稳定而不可逆转的"遗传"差异。③ 布鲁门巴哈(Blumenbach)最初将人类分为四个或五个"品种",主要由气候和生活方式决定,然后推广康德关于"不可避免和必要的"遗传的标准,将他的五个品种重新定义为"主要人种"。④

从 18 世纪末开始,关于人类相似性的假设被种族不平等的观念所推翻。这是由法国自然主义者为主体进行推动的。⑤ 因此,他们的领导者居维叶认为不平等是内部身体组织(尤其是大脑大小)的不可变和可衡量的产物。他写道:"残酷的定律似乎已将头骨凹陷和扁平的种族划为永恒的低人一等。"在此基础上,他根据的"相貌"将人类区分为三个"非常不同"的种族:"我们所属的高加索人种的特点是其头部形成了椭圆形";"蒙古人种……可以通过其平坦的脸,窄而斜的眼睛来识别。"最后,"埃塞俄比亚"种族的特征是"黑色"的皮肤、"扁平的头骨""扁平的鼻子"和"大嘴唇","显然使其更接近猴子"。⑥ 通过这种三段论和"种族优越感"进行的推理是新兴种族学的典型特征。

在人类多元性学说(这在当时是异端邪说)的支持者和反对者之间迅速产生了一场冲突,1850 年代被称为"人类多地起源论者"与"人类同祖论者"

---

① White 1799 (p. 106-109).
② Virey 1817 (p. 263).
③ Kant 1777 (p. 128-129).
④ Blumenbach 1776 (p. 41-43), 1779 (p. 63-64), 1797 (p. 23 et 60-63).
⑤ Blanckaert 2003, Douglas 2008.
⑥ Cuvier 1817a (vol. 1, p. 94-100), 1817b (p. 273).

之间的争论。① 布丰、康德和布鲁门巴哈都曾尝试在捍卫人类统一性的正统原则免受哲学挑战的同时，科学地解答人类多样性的问题。大约 1800 年，一些解剖学家和动物学家公开争辩说，人类最初被细分为形态不同的物种。② 在法国，有影响力的分类法促进了多种人类并存的学说，这些分类通常根据其"被创造的中心"进行划分，并于 1820 年代中期公开发表。③ 人类多地起源论通常与严重的种族主义有关。相反，一些人类同祖论科学家反对使用"种族"一词，包括普里查德（Prichard）和亚历山大·冯·洪堡，这两个人分别以福音派的影响和无数次旅行的经历为标志。④ 但是，共同语言无法逃脱人类之间存在本质差异的范式的发展，而大多数人类同祖论自然主义者本身，一方面混合了人类统一性的信念，但另一方面，却对颅骨学、种族的持久性和不平等性情有独钟。⑤ 1850 年，"种族"作为一种生物类别在西欧、美洲以及欧洲的殖民地对人类的表述中得到了牢固与确立。集体和遗传差异的生理标志都是种族之间永久等级制的所谓证据。同时，"种族"一词也成为一个抽象概念，是引入全球思想体系的语义捷径，正如诺克斯（Knox）所言："种族就是一切。"⑥

种族学的出现和随后的规范化是在复杂的历史背景下发展起来的。关于"非白人"民族的信息蔓延到了生物学和人类学等新学科，从而将对待人类像对待任何自然物一样。在公共空间，反复提到土著人对欧洲人的暴力行为，营造了一种恐惧和排斥这些"野蛮人"的氛围。关于奴隶制的辩论以各种方式反对有关"黑人"人性的道德观点。殖民主义意识形态正在寻找新的哲学论据，以对土著人进行镇压或统治。在政治上，法国大革命在国内外掀起了一股"惧怕野蛮人"的浪潮，而其反动的尾声则是将内部矛盾描绘成"高卢人"与"法兰克人"之间的种族对立。诺克斯观察到（不幸的是，普里查德给了他理由），1848 年前后在欧洲大陆和爱尔兰发生的战争使得"种族战争"一词成

---

① Gliddon 1857 (p. 402 et 428-431).
② Virey 1800, White 1799.
③ Bory de Saint-Vincent 1825, Desmoulins 1826 (p. 335).
④ Humboldt 1845 (p. 378-386), Prichard 1833, Stocking 1973.
⑤ Douglas 2008 (p. 44-58).
⑥ Knox 1850 (p. 7).

为日常用语。①

一些种族志地图出现于 1760 年代，但从 1820 年代末开始，这些地图成倍增加，"种族"成为欧美制图学中的关键要素。因此，在对太平洋岛屿进行新的地理分类时，航海家和自然学家迪蒙·迪维尔（Dumont d'Urville）创造了"美拉尼西亚"（Mélanésie）[来自希腊语"黑色"（melas）] 的新词来明确种族，以便指定西南地区"是大洋洲黑人的故乡"。这些贬损的种族涵义在他对大洋洲的"美拉尼西亚人"的描述中体现得十分明显：他们没有政府、法律或宗教，在外表上是"愚蠢的"，对于征服者而言，他们是"次于""黄色或铜色种族"。但是，在由他提出的全球种族的等级制度中，迪蒙·迪维尔将所有太平洋岛民定为"黑色"或"黄色"人种，其地位远远低于"白人"种族。根据他的说法，由各个种族"智力"的"有机差异"而产生的"自然法则"非常简单地规定了"黑人必须服从黄色人种或者消失"，而白人则"必须占主导地位，即使在人数上较少"。② 在欧洲殖民地全面扩张的背景下，这一说法越来越受欢迎，并为将来向尚未殖民的地区扩展奠定了基础。

从 1850 年到全球化的第三阶段，在欧洲的制图学中出现了一种新的划分世界的方式：那些突出全球殖民竞争的人开始吸收地理种族分类。我举两个例子，非洲和大洋洲（被定义为"种族的混合"），是 1880 年以来欧洲进行殖民的主要目标，在比较了安德里沃-古戎（Andriveau-Goujon）制作的地图和之后欧洲人做的地图上关于大洋洲的形象后，我们可以发现，人们所取得的进展是显而易见的。从 1835—1850 年，彩色的切割线划分了迪蒙·迪维尔发明的种族区域，而说明文字则总结了他关于"大洋洲按民族划分"的思想，包括他的"地方"与"种族"的混合体，以及他所宣称的，美拉尼西亚的居民是"悲惨、凶猛和愚蠢的人民"。具有讽刺意味的是，因为殖民地的范围仍然很小，对大洋洲的这种傲慢的种族化证实了其仍然由土著人所控制。③ 但是，该地图在 1854 年被另一个版本取代，该版本减少了名称和种族的边界，并以关于"欧

---

① Knox 1850 (p. 13), Prichard 1850 (p. 147).

② Dumont d'Urville 1832.

③ Andriveau-Goujon 1835 et 1850 (cliché 36).

洲殖民地"的说明代替了有关种族的图例。①

　　从全球的角度来看，1850 年的安德里沃－古戎的地图集所包含的世界地图将地球分为五个地理区域，但没有按种族细分。② 1856 年《德意志地图集》（*Allgemeiner Handatlas*）中的一幅相似的地图用图例的方式解释了这一过程，而没有提及欧洲的殖民地。但是，《德意志地图集》中包含一张大洋洲地图，该地图将"欧洲的属地和殖民地"与未被殖民化的"土著居民"并列，并由三个种族的"祖先"组成。③ 到 19 世纪中叶，空间、种族和殖民地之间的这种平衡并没有持续。在十年中，欧洲的殖民主义活动主导了世界和世界地图。齐格勒（Ziegler）的《地理图集》（*Geographischer Atlas*）以其"殖民地和商业地图"为基础，严格划分了"欧洲的属地"、（在美洲的）"前欧洲的属地"和数量正在减少的"非欧洲国家"。他的非洲地图没有任何注释，也没有提及种族，并且只用细薄的彩带指定了少数交易地点和欧洲人或土耳其人的属地。对于大洋洲，种族和殖民地是分离的：一方面，绿色和棕色条纹表示土著人分为"黄褐色的种族"和"黑色的种族"；另一方面，沿海地区则标明了被认为具有种族优势和执政权的移民的属地。④

　　1914 年，很容易从象征着帝国统治的巨大单色色块中推断出欧美对全球大部分地区的殖民统治权，即使在实际的领土控制方面它被大大高估了。安德烈（Andree）的《德意志地图集》展示了一张详细的《世界交通、殖民地和商船队》地图，周围环绕着 44 个国家（几乎都是欧美国家）的旗帜、殖民帝国和航运公司。一张图表显示，世界上超过一半的土地是"殖民属地"，其中一半是英国人的，几乎没有日本人的。该地图集将世界上的"民族"放在一张很小的地图上。非洲的政治版图与齐格勒的政治版图有很大的不同，因为除撒哈拉沙漠外，非洲现在几乎完全变成了帝国的"拼图"。对于包括澳大利亚在内的

---

① Andriveau-Goujon 1854.
② Andriveau-Goujon 1850 (cliché 13).
③ Kiepert 1856.
④ Ziegler 1864.

大洋洲与太平洋的岛屿也是同样的景象。①

全球化的每个阶段无疑是帝国主义活动的产物。但是，即使在最激烈的殖民化形势下，面对存在巨大优势的军事和科学力量，土著人也不能仅仅扮演被动受害者的角色。因此，许多地方领导人与殖民当局合作。后者经常在能够与当地群众保持联络、执行警察或行政任务的地方中介机构的帮助下行使权力。欧洲人允许——经常是强制性的——土著人作为奴隶、向导、水手、商人、传教士、主妇、工人、士兵或学生到世界各地旅行。在五个多世纪的时间里，跨国网络的扩展促进了人类学信息和收藏品的获取和交换，而与非欧洲人的交流则鼓励学者们将人类之间的差异概念化。在19世纪，这一思想浸入到"种族"思想中，从而为殖民主义以及帝国和殖民身份的形成提供了模糊的意识形态基础。②

进化

上一节显示了人类学和地理知识的生产及其地图制作所表现的全球化，强调了宗主国以外的联系与交往在经验上的重要意义。从18世纪中叶开始，随着"社会发展"和"进化"观念的出现，科学与全球化之间的知识联系也日渐突出。在这里，我将集中讨论两个相互交织的思潮，每个思潮都涉及"种族学"。首先，公民和经济阶段性进步的哲学理论，后来被称为社会或文化进化；然后是物种演变的生物学理论，最终将被称为进化论。海外经验的重要性至关重要，因为达尔文学说的主要捍卫者（达尔文本人，还有华莱士、赫胥黎和胡克）在经验上和概念上都受到南美和大洋洲旅行的影响。

从1750年开始，法国的动荡局势和苏格兰的迅速变化促使"民间"理论家寻找社会的起源。这些普遍性体现了孟德斯鸠在生存实践和"法典"的复杂性之间的相关性，这形成了从"基本"到"文明"的进步尺度。反过来，通

---

① Andree 1906.
② Ballantyne 2002, Staum 2003, Stoler et Cooper 1997, Thomas 1994.

过"猎人""牧师"和"农民",朝着"商业时代"的"不同的连续人类状态"使这一过程具有历史意义。① 这一理论在随后的阶段特别强调了农业,这对公民社会的出现至关重要。但是,以种族为中心将文明与特定的农业实践联系在一起,也导致否认不同生活方式的土著人的历史。②"种族"和"文明"这两个词在 1800 年左右就具有了现代含义。这些词的动荡的历史关系清楚地表明了范式的变化,即人们从普遍相信所有人都能进步(甚至包括"粗野与野蛮的人")到对某些种族的进步甚至生存能力愈发悲观。③ 通过运用阶段理论或进化概念,种族学巩固了殖民地和种族等级制度,从而剥夺了大多数非欧洲种族达到欧洲文明水平的能力。术语"进化"被孔德称为是"社会进化",被斯宾塞称为"社会有机体的进化"。④ 一个世纪以前,表观遗传学家和预成论者都使用相同的词来对胚胎发育进行各种解释。贝尔(Baer)最终证实了表观遗传学的观点,贝尔的胚胎学进化意味着该结构的日益复杂化。⑤ 这种胚胎学用途一直是该词的主要用法,直到 1860 年斯宾塞将胚胎发育和物种进化区分开来,达尔文称之为"自然选择改变的后代"。⑥

物种的概念是物理现象和有机现象的起源和转化的目的论观点、超自然观点和自然观点的主战场。物种的现代定义可以归因于雷(Ray),他将物种描述为原始创造及其后续繁衍的稳定产物。⑦ 从雷到达尔文以及其他学者,物种的科学定义在固定性、发展性、创造性和变化性原理之间波动。在法国,布丰宣称物种是原始的和永恒的传统观念,因此强调新物种的形成"对自然来说是不可能的"。但是,他后来承认,动物物种"可以减少到数量很少的主要科或种,不可能所有其他科或种都来自于此。"⑧ 就拉马克(Lamark)的变化论(le

---

① Ferguson 1767 (p. 2), Montesquieu 1749 (vol. 2, p. 90), Smith 1978 (p. 14), Turgot 1808 (p. 172-182).
② Ferguson 1767 (p. 122-124), Fabian 1983.
③ Brosses 1756 (vol. 2, p. 347), Stocking 1968 (p. 35-36), Williams 1985 (p. 57-60 et 248-250).
④ Comte 1839 (en particulier p. 623-736), [Spencer] 1857 (p. 456).
⑤ Baer 1828-1837, Bowler 1975, Canguilhem et al. 2003.
⑥ Darwin 1859 (p. 459), Spencer 1864 (p. 133).
⑦ Ray 1686 (p. 40) et 1691 (p. 221).
⑧ Buffon 1753 (p. 377-390) et 1766 (p. 358).

transformisme）而言，其使物种成为自发生成的不稳定产物：根据动物从"简单"到"更完美"的"进步"，而"相继形成"。物种在漫长的地质时期适应了环境。两条"自然法则"解释了"每个动物品种所处环境"的任何改变是如何引起"新的需求，并由此产生新的习性"，而这反过来又能改变它们的形态：第一条定律假设器官因使用（或不使用）而加强或削弱；第二条则是特性的获得或个体对其的丢失是代代相传的。① 若弗鲁瓦·圣伊莱尔赞赏拉马克的研究，但不接受渐进复杂化的概念，并指出"环境"仍然是触发可遗传的胚胎演变的主要因素。② 这种"哲学的"变化论给居维叶及其实证主义对"事实"的坚持带来了严重的问题，从而威胁到"从事物的起源"出发的物种固定性理论的基础。该论点的推论是，过去反复发生的全球性灾难已造成物种的大规模灭绝。拉马克强烈反对这一主张，而若弗鲁瓦则宣称，现有的动物来自"大洪水之前的失落动物"。③ 居维叶强烈谴责拉马克，称他为投机唯物主义者，并于1830年与若弗鲁瓦·圣伊莱尔进行了激烈的公开辩论，且使固定论的概念成为主流观点，而演变主义在数十年内，在人类同祖论者和人类多地起源论者中被边缘化了。④

在设计和特殊创造目的论广泛存在的英国，斯宾塞、达尔文和华莱士在1852—1859年之间公开发表了自己的意见之后，但正如他们发表意见之前，（争议最多的）变化论原则遭到拒绝。普理查德捍卫物种的固定性，将"人和蟾蜍源于同一个祖先"形容为"荒谬"的演化论思想。⑤ 查尔斯·赖尔（Charles Lyell）对"人类尊严"同样关注。赖尔充满挑衅地解读了拉马克的研究。这表现了他对"有机生命体渐进发展"论断的拒绝，即使在自然神学所接受的意义上。赖尔驳斥了拉马克的变化论，声称"自然世界的体系从一开始就是统一的"。除了对人类的特殊创造外，所有物种都是通过确定的"属性和组

---

① Lamarck 1809 (vol. 1, p. 62–75, 132–133, 233–240 et 266–271; vol. 2, p. 61–90).
② Geoffroy Saint-Hilaire 1828 et 1833.
③ Cuvier 1812 et 1817a (vol. 1, p. xx–xxi et 19–20), Geoffroy Saint-Hilaire 1828 et 1833 (p. 74), Lamarck 1809 (vol. 1, p. 75–81).
④ Appel 1987 (p. 202–237), Rudwick 1997 (p. 82–83, 99, 168 et 179).
⑤ Prichard 1829 (p. 227).

织"同时创造的。矛盾的是，赖尔将人类起源的目的论解释与启发达尔文和华莱士的无机世界的自然主义描述联系起来。① 与这些意见相反，斯宾塞在1852年的两篇匿名文章中确认了自己支持变化论的立场。他的第一篇文章拒绝了所有特殊形式的创造，同时，赞成了"拉马克理论"，而这在1858年被改名为"进化论"。斯宾塞的"发育假说"将胚胎的进化和特定的变化归结为"具有相同的遗传学特点"，仅具有"持续时间和复杂性"上的不同。他的第二篇文章重塑了马尔萨斯的人口悲观主义，并支持乌托邦式的论点，即"人口压力"最终会刺激"更高形式的人类"的出现。这份研究首次考虑了拉马克关于人类的自然选择的思想：为了抵抗人口压力而进行的"不断锻炼自身能力"，而失败者则走向"死亡"——这两种机制可以"不断提高人的天赋、智力和自我调节的水平"。②

总而言之，通过这些论述，我是想说明在达尔文提出革命性的通过"保存和积累一些连续的有利变化"的"可突变性"概念之前的一个世纪中，物种的固定论或变化论的立场范围。③ 达尔文在乘坐皇家海军"小猎犬"号（1831—1836）的旅途中，观察到来自美国和大洋洲的化石和新物种，其适应性特征否定了赖尔在迁徙与灭绝之间的物种选择。④ 在阅读了马尔萨斯的《人口论》(*Easy on Population*)之后，达尔文于1838年开始了对自然选择思想的长期酝酿。⑤ 华莱士本人也受到了马尔萨斯和赖尔的影响，这迫使达尔文在20年后出版了《物种的起源》(*On the Origin of Species*)一书。达尔文在马来西亚群岛得到了一个令他兴奋不已的启示："在为了生存的斗争中"，"最合适"的物种能够存活下来，而"最弱的、组织能力较差的物种"只能屈服。⑥

法国人对变化论的矛盾一直持续到1860年代，特别是强调人体测量的人类多地起源说的人类学，其领导者是白洛嘉（Broca）。在长期坚持物种具有

---

① Lyell 1830-1833 (vol. 1, p. 144-166; vol. 2, p. 18-65); 参阅: Bartholomew 1973.
② [Spencer] 1852*a* et 1852*b* (p. 498-501), Spencer 1858 (p. 389).
③ Darwin 1859 (p. 480).
④ Darwin 1859, Lyell 1830-1833 (vol. 2, p. 23 et 173-175).
⑤ Malthus 1826.
⑥ Darwin et Wallace 1858 (p. 56-57).

固定性之后，他于1870年正式地反过来赞成"有机形式的进化"原则，但由于偏见，他称其为"人类多地起源说的变化论"，坚持认为生物具有"多重起源……生物的最初形式存在多样性"。① 像大多数法国学者一样，白洛嘉希望强调法国达尔文主义的悠久历史，其历史至少可以追溯到拉马克。他的门徒托皮纳尔（Topinard）是一位坚定的变化论者，他认为"物竞天择，适用于拉马克的变化论"。② 即使在英国，学者们也注意到了拉马克主义对达尔文的贡献及其在这一问题上的疏漏。赖尔在1868年勉强接受了关于物种蜕变的论点，并认为达尔文证明了拉马克"可能是正确的"。③ 斯宾塞同样赞扬自然选择在"进化的总体学说"中是"显而易见的真理"，但他指出，达尔文低估了"功能上获得的改变"（也就是拉马克所说的器官的"使用或不使用的产物"），而这些改变对于复杂有机体的变化至关重要，例如人类。④ 达尔文主义受到德国作家海克尔（Haeckel）的欢迎（他非常高产，并且其作品被广泛翻译），他综合了达尔文、拉马克和若弗鲁瓦的思想，尤其是在种系发生的个体发育回溯理论中。因此，海克尔的变化论将人类分为10个或12个物种，分布在两个"系列"中：一个是"毛茸茸"，"更接近猴子"，所有人类都从该物种中分离出来；而另一个属于"非常低级的发展阶段"，其特征是"直发"。⑤

结论

在1850年代左右，以"阶段"为单位的种族和发展思想深入人心。这种推理为"低等"种族的惨淡未来奠定了基础，这在慈善家、种族主义者、人类同祖论者和人类多地起源论者之间，在大众以及宗教或科学话语中都是如此。普里查德认为种族"破坏"是"简单的"部落与"文明程度更高的农业国家"

---

① Broca 1858–1859 (p. 434–441) et 1870 (p. 170 et 190–193, italiques originales).
② Broca 1870 (p. 170–185 et 218–239), Quatrefages 1870 (p. 19–74), Topinard 1876 (p. 547–564, italiques originales).
③ Lyell 1868 (p. 492).
④ Spencer 1864 (p. 445, 449, 455 et 457)；同样可参阅：Lamarck 1809 (vol. 1, p. 239).
⑤ Haeckel 1866 (vol. 2, p. 148–170 et 300), 1868 (p. 511–520) et 1870 (p. 603–617).

之间会晤的必然结果。诺克斯认为,"黑人"由于其生理上和心理上的"自卑"而应被"毁灭和灭绝",因为他们仍然无法"变得文明"。白洛嘉说,毫无疑问,美洲的一些种族以及大洋洲的"所有黑色人种"都将很快消失。①

这些先验和经验性的预测似乎已通过将达尔文理论应用于人类而得到了科学的验证,该理论使某些特定的人口的下降成为普遍定律。② 华莱士最初预测,达尔文的"无情的定律"将意味着欧洲、美洲处在"优秀"种族对立面的"弱势和智力落后的种族"的"必然灭绝"。③ 达尔文从经验和理论上都认为,为生存而进行的斗争会导致"劣等种族"的退场。达尔文讲述了1839年在新南威尔士州与一群"黑人原住民"会面的故事,这使他诅咒"神秘力量":"无论欧洲人走到哪里,原住民的死亡似乎就在继续""强者总是消灭弱者"。在《人类的由来》(*The Descent of Man*)(1871年)中,达尔文将这一思想系统化为"进化原则",根据该原则,"野蛮的种族"的定位更接近"人形猴子",而不是"文明的种族",前者会被后者"消灭与取代"。④

海克尔基于"传统"推理,于1868年提出"最发达的文明民族",即"高加索人种"的"印度-德意志白种人分支",通过"巨大而不断的进步"超越了其他所有民族。他添加了一条达尔文式的结尾,肯定了占统治地位的种族必须在生存斗争的框架内"迟早征服并取代"大多数其他人种:美洲人、波利尼西亚人和大洋洲西南部的阿尔富鲁人(Alfurus)正在接近"最终的灭绝"。两年后,海克尔进一步巩固了自己的思想:"印德种族"凭借其"更发达的大脑",超越了所有其他种族和人种,并将其"统治力扩展到了全球"。他将巴布亚人(Papuans)和霍屯督人(Hottentots)添加到即将灭绝的人种清单中。⑤

斯宾塞在他所属的那个时代非常受欢迎,但是从20世纪中叶起就被抨击为"社会达尔文主义"的倡导者。这是一个将达尔文生物学定律运用于人类、

---

① Broca 1859-1860 (p. 612, note 1), Knox 1850 (p. 145-191), Prichard 1839 (p. 497).
② Brantlinger 2003, McGregor 1997.
③ Wallace 1864 (p. clxiv-clxv).
④ Darwin 1839 (p. 519-520)et 1871 (vol. 1, p. 169, 200-201 et 238-240).
⑤ Haeckel 1868 (p. 520), 1870 (p. 618).

经济和社会事务中的术语，尤其是在此背景下诞生的优生学和纳粹主义。① 然后，斯宾塞被指责将"进化""有机进步"和自由放任原则扩展到宇宙学、生物学以及社会、政府、工厂、商业、语言、文学、科学和艺术的各个领域。② 尽管达尔文本人将自然选择应用于人类，但他偏爱自由放任的意识形态，并为英国殖民地"对未来世界的历史重要性"做辩护③，他狭隘的生物观在很大程度上使他无法摆脱这一问题。相反，斯宾塞对人类未来的乌托邦式愿景（达尔文并不认同）不能使他免于自己的罪过：发明"适者生存"一词，这是自然选择的代名词。然而，斯宾塞在人类的智力和美学上的影响比达尔文更大。④ 此外，达尔文和赖尔本人后来也采纳了斯宾塞的概念。⑤

达尔文对优生学的启发是显而易见的，特别是在其表弟高尔顿（Galton）的开创性贡献中，以及将选择性育种的原则应用于人类运动的理论地位里。⑥ 在19世纪末法国和苏格兰的阶段主义（stadialiste）的继承者们提出的社会文化进化理论中，生物进化的重要性远没有那么明显。社会学家或人类学家，从孔德和斯宾塞到卢伯克（Lubbock）、泰勒（Tylor）、摩根（Morgan）或弗雷泽（Frazer），提出了一系列理论，假设社会、文化和技术方面的进步和单向发展过程，直接带来了他们所认知的西方文明。人们对活生生的"野蛮人"的态度各不相同，但在殖民时代，人们通常把他们降到进化阶梯的最底层作为人类进步早期阶段的实例。⑦

本章展示了若干科学——自然科学、比较解剖学、生物学、地理学、制图学、民族学、人类学——在将人类种族化和等级化的努力中所建立的共谋关系。作为种族学的基石，这项工作几乎将所有世界人口都放置于劣等地位，如果他们不是注定要在上层种族手中灭绝的话，就应当被奴役、剥削和殖民统

---

① Hodgson 2004, Weikart 2009.

② [Spencer] 1857 (p. 446).

③ Darwin 1885.

④ Spencer 1864 (vol. 2, p. 444–445).

⑤ Darwin 1868 (vol. 1, p. 6), Lyell 1868 (p. 491).

⑥ Paul 2003.

⑦ Stocking 1968 (p. 69–132).

治。种族学作为客观科学的资格一直与先验的假设、似是而非的分类、主观的逻辑以及支持它的政治和经济利益相矛盾。它的方法从根本上说是有问题的，这体现在种族的人体测量所采用的奇怪技术或手段上：从颅相学到颅骨测量学，从面部角度到头颅指数，从弯曲的量规到颅骨描记器。其他话语——社会的、政治的、流行的以及宗教的——与种族学交织在一起，但是正是由于科学上的主张，才使种族的概念具有了一种真理的光环，时至今日也未完全消失。

布朗温·道格拉斯（Bronwen Douglas）撰；

皮埃尔·迪布谢（Pierre Dubouchet）译

参考文献

Andree Richard, 1906, Völker, "Religionen, Volksdichte und Wirtschaftsformen, Weltverkehr, Kolonien und Handelsflotten", "Afrika, politische Übersicht" et "Die Inseln des Groszen Ozeans", in *Andrees Allgemeiner Handatlas*, éd. par Albert Scobel, 5e éd., Bielefeld et Leipzig, Velhagen & Klasing; clichés 19-20, 21-22, 161-162 et 206-207, David Rumsey Map Collection, < http://www.davidrumsey.com/luna/ servlet/view/search?q=Andrees + Allgemeiner + Handatlas & sort > (consulté le 2 avril 2013).

Andriveau-Goujon J., 1835 [1832], Carte de l'Océanie d'après les dernières découvertes, in *Atlas classique et universel de géographie ancienne et moderne*, Paris, J. Andriveau-Goujon; cliché 26, National Library of Australia, < http://nla.gov.au/ nla.map-t44 > (consulté le 7 avril 2013).

— 1850, "La Terre suivant la projection de Mercator" et "Carte de l'Océanie d'après les dernières découvertes", in *Atlas classique et universel de géographie ancienne et moderne*, nouv. éd., Paris, J. Andriveau-Goujon; clichés 13 et 36, David Rumsey Map Collection, < http://www.davidrumsey.com/luna/servlet/detail/ RUMSEY~8~1~26325~1100385 > et < http://www.davidrumsey.com/luna/servlet/ detail/RUMSEY~8~1~26347~1100407 > (consultés le 8 avril 2013).

— 1854, Océanie, in *Atlas classique et universel de géographie ancienne et moderne*, Paris, J. Andriveau-Goujon; cliché 36, National Library of Australia, < http://nla. gov.au/nla.map-t47 > (consulté le 8 avril 2013).

Appel Toby A., 1987, *The Cuvier-Geoffroy Debate: French Biology in the Decades before Darwin*, Oxford, Oxford University Press.

Baer Karl Ernst von, 1828—1837, *Uber Entwickelungsgeschichte der Thiere*, Königsberg, Gebrüdern Bornträger, 2 vol.

Ballantyne Tony, 2002, *Orientalism and Race: Aryanism in the British Empire*, Basingstoke, Palgrave.

Bartholomew Michael, 1973, Lyell and Evolution: An Account of Lyell's Response to the Prospect of an Evolutionary Ancestry for Man, *British Journal for the History of Science*, vol. 6, n° 3, p. 261-303.

Bellin Jacques-Nicolas, 1764, Carte réduite du globe terrestre, in *Le Petit Atlas maritime*, [Paris], s.n., vol. 1: cliché 1, David Rumsey Map Collection, < http://www. davidrumsey.com/luna/servlet/detail/RUMSEY~8~1~232594~5509294 > (consulté le 31 mars 2013).

Blanckaert Claude, 2003, Les conditions d'émergence de la science des races au début du xixe siècle, *in* Sarga Moussa (dir.), *L'Idée de "race" dans les sciences humaines et la littérature (xviiie et xixe siècle)*, Paris, L'Harmattan, p. 133-149.

Blumenbach Johann Friedrich, 1776, *De generis humani varietate nativa*, Göttingen, A. Vandenhoeck.

– 1779, *Handbuch der Naturgeschichte*, Göttingen, J.C. Dieterich, vol. 1.

– 1797 [1779], *Handbuch der Naturgeschichte*, 5e éd., Göttingen, J.C. Dieterich.

Bory de Saint-Vincent Jean-Baptiste, 1825, Homme, *in* Jean-Baptiste Bory de Saint-Vincent *et al.*, *Dictionnaire classique d'histoire naturelle*, Paris, Rey & Gravier et Baudouin frères, vol. 8, p. 269-346.

Bowler Peter J., 1975, The Changing Meaning of "Evolution", *Journal of the History of Ideas*, vol. 36, n° 1, p. 95-114.

Boxer Charles Ralph, 1963, *Race Relations in the Portuguese Colonial Empire (1415—1825)*, Oxford, Clarendon Press.

Brantlinger Patrick, 2003, *Dark Vanishings: Discourse on the Extinction of Primitive Races (1800—1930)*, Ithaca (NY), Cornell University Press.

Broca Paul, 1858—1859, Mémoire sur l'hybridité en général, sur la distinction des espèces animales et sur les métis obtenus par le croisement du lièvre et du lapin, *Journal de la physiologie de l'homme et des animaux*, no 1, p. 433-471 et 684-729; n° 2, p. 218-258 et 345-396.

– 1859—1860, Des phénomènes d'hybridité dans le genre humain, *Journal de la physiologie de l'homme et des animaux*, no 2, p. 601-625; n° 3, p. 392-439.

— 1870, Sur le transformisme, *Bulletins de la Société d'anthropologie de Paris*, 2ᵉ série, nº 5, p. 168-239.

Brosses Charles de, 1756, *Histoire des navigations aux terres australes*, Paris, Durand, 2 vol.

Buffon Georges-Louis Leclerc, comte de, 1749, Histoire naturelle de l'homme: variétés dans l'espèce humaine, *in* Buffon, *Histoire naturelle, générale et particulière*, Paris, Imprimerie royale, vol. 3, p. 371-530.

— 1753, L'asne, *in* Buffon, *Histoire naturelle, générale et particulière*, Paris, Imprimerie royale, vol. 4, p. 377-403.

— 1766, De la dégénération des animaux, *in* Buffon, *Histoire naturelle, générale et particulière*, Paris, Imprimerie royale, vol. 14, p. 311-374.

— 1777, *Histoire naturelle, générale et particulière: supplément*, vol. 4, *Servant de suite à l'histoire naturelle de l'homme*, Paris, Imprimerie royale.

Canguilhem Georges *et al.*, 2003 [1962], *Du développement à l'évolution au xixᵉ siècle*, Paris, PUF, coll. Quadrige.

Comte Auguste, 1839, *Cours de philosophie positive*, Paris, Bachelier, vol. 4.

Cuvier Georges, 1812, Discours préliminaire, *in* Georges Cuvier, *Recherches sur les ossements fossiles de quadrupèdes*, Paris, Deterville, vol. 1, p. 1-116.

— 1817*a*, *Le Règne animal distribué d'après son organisation*, Paris, Deterville, 4 vol.

— 1817*b*, Extrait d'observations faites sur le cadavre d'une femme connue à Paris et à Londres sous le nom de Vénus hottentotte, *Mémoires du Muséum d'histoire naturelle*, vol. 3, p. 259-274.

Darwin Charles, 1839, *Narrative of the Surveying Voyages of His Majesty's Ships "Adventure" and "Beagle"*, t. 3: *Journal and Remarks (1832—1836)*, Londres, H. Colburn.

— 1859, *On the Origin of Species by Means of Natural Selection, or the Preservation of Favoured Races in the Struggle for Life*, Londres, J. Murray.

— 1868, *The Variation of Animals and Plants under Domestication*, Londres, J. Murray, 2 vol.

— 1871, *The Descent of Man, and Selection in Relation to Sex*, Londres, J. Murray, 2 vol.

— 1885, Charles Darwin to G.A. Gaskell, 15 novembre 1878, *in* Jane Hume Clapperton, *Scientific Meliorism and the Evolution of Happiness*, Londres, Kegan Paul, Trench & Co., p. 340-341.

Darwin Charles et Wallace Alfred Russel, 1858, On the Tendency of Species to Form Varieties; and on the Perpetuation of Varieties and Species by Natural Means of Selection, *Journal of the Proceedings of the Linnean Society of London: Zoology*, vol. 3, p. 45-62.

Desmoulins Louis-Antoine, 1826, *Histoire naturelle des races humaines*, Paris, Méquignon-

Marvis.

Douglas Bronwen, 2008, Climate to Crania: Science and the Racialization of Human Difference, in Bronwen Douglas et Chris Ballard (dir.), *Foreign Bodies: Oceania and the Science of Race (1750—1940)*, Canberra, ANU E Press, p. 33-96, < http:// epress.anu.edu.au/foreign_bodies/ pdf/ch01.pdf >.

— 2014, *Science, Voyages, and Encounters in Oceania (1511—1850)*, Basingstoke, Palgrave Macmillan.

Dumont d'Urville Jules, 1832, Sur les îles du grand Océan, *Bulletin de la Société de géographie*, vol. 17, p. 1-21.

Fabian Johannes, 1983, *Time and the Other: How Anthropology Makes Its Object*, New York, Columbia University Press.

Ferguson Adam, 1767, *An Essay on the History of Civil Society*, Édimbourg, A. Millar & T. Cadell.

Geoffroy Saint-Hilaire Étienne, 1828, Mémoire où l'on se propose de rechercher dans quels rapports de structure organique et de parenté sont entre eux les animaux des âges historiques, et vivant actuellement, et les espèces antédiluviennes et perdues, *Mémoires du Muséum d'histoire naturelle*, vol. 17, p. 211-229.

— 1833, Quatrième mémoire [...] sur le degré d'influence du monde ambiant pour modifier les formes animales, *Mémoires de l'Académie royale des sciences de l'Institut de France*, vol. 12, p. 63-92.

Gliddon George Robins, 1857, The Monogenists and the Polygenists: Being an Exposition of the Doctrines of Schools Professing to Sustain Dogmatically the Unity or the Diversity of Human Races, in Josiah C. Nott et George R. Gliddon (dir.), *Indigenous Races of the Earth*, Philadelphie (PA), J.B. Lippincott, p. 402-602.

Guyot Arnold Henri, 1884, Johnson's World, Showing the Distribution of the Principal Races of Man, in Alvin J. Johnson, *Johnson's New Illustrated Family Atlas of the World*, New York, A.J. Johnson; cliché 8 (IV), David Rumsey Map Collection, < http://www.davidrumsey.com/luna/ servlet/detail/RUMSEY~8~1~207059~300312 > (consulté le 11 mars 2015).

Haeckel Ernst, 1866, *Generelle Morphologie der Organismen. Allgemeine Grundzüge der organischen Formen-Wissenschaft, mechanisch begründet durch die von Charles Darwin reformirte Descendenz-Theorie*, Berlin, G. Reimer, 2 vol.

— 1868, *Natürliche Schöpfungsgeschichte*, Berlin, G. Reimer.

— 1870, *Natürliche Schöpfungsgeschichte*, 2e éd., Berlin, G. Reimer.

Hodgson Geoffrey M., 2004, Social Darwinism in Anglophone Academic Journals: A Contribution to the History of the Term, *Journal of Historical Sociology*, vol. 17, n° 4, p. 428-463.

Humboldt Alexander von, 1845, *Kosmos. Entwurf einer physischen Weltbeschreibung*, Stuttgart et Tübingen, J.G. Cottascher Verlag, vol. 1.

Kant Immanuel, 1777, Von den verschiedenen Racen der Menschen, *in* Johann Jakob Engel (dir.), *Der Philosoph für die Welt*, Leipzig, Dyk, vol. 2, p. 125-164.

Kiepert Heinrich, 1856, "Erdkarte in Mercators Projection" et "Australien", in *Allgemeiner Handatlas der Erde und des Himmels*, Weimar, Geographisches Institut; David Rumsey Map Collection, < http://www.davidrumsey.com/luna/servlet/detail/ RUMSEY~8~1~24733~940066 > et < http://www.davidrumsey.com/luna/servlet/ detail/RUMSEY~8~1~24797~960008 > (consultés le 9 avril 2013).

Knox Robert, 1850, *The Races of Men: A Fragment*, Philadelphie (PA), Lea & Blanchard.

Lamarck Jean-Baptiste de Monet de, 1809, *Philosophie zoologique*, Paris, Dentu et l'Auteur, 2 vol.

Lyell Charles, 1830—1833, *Principles of Geology*, Londres, J. Murray, 3 vol.

— 1868, *Principles of Geology*, 10e éd., Londres, J. Murray, vol. 2.

Malthus Thomas Robert, 1826 [1798], *An Essay on the Principle of Population*, 6ᵉ éd., Londres, J. Murray, 2 vol.

McGregor Russell, 1997, *Imagined Destinies: Aboriginal Australians and the Doomed Race Theory (1880—1939)*, Carlton, Melbourne University Press.

Montesquieu Charles-Louis de Secondat, baron de, 1749, *De l'esprit des loix*, Genève, Barrillot & Fils, 3 vol.

Oxford University Press (OUP), 2013, *Oxford English Dictionary*, 3ᵉ éd., Oxford, Oxford University Press, < http://www.oed.com/ >.

Pagden Anthony, 1982, *The Fall of Natural Man*, Cambridge, Cambridge University Press.

Paul Diane B., 2003, Darwin, Social Darwinism and Eugenics, *in* Jonathan Hodge et Gregory Radick (dir.), *The Cambridge Companion to Darwin*, Cambridge, Cambridge University Press, p. 214-239.

Prichard James Cowles, 1829, *A Review of the Doctrine of a Vital Principle, as Maintained by Some Writers on Physiology*, Londres, J. & A. Arch.

— 1833, Abstract of a Comparative Review of Philological and Physical Researches as Applied to the History of the Human Species, in *Report of the First and Second Meetings of the British Association for the Advancement of Science*, Londres, J. Murray, p. 529-544.

— 1839, On the Extinction of Human Races, *Monthly Chronicle*, vol. 4, p. 495-497.

— 1850, Anniversary Address for 1848 on the Recent Progress of Ethnology, *Journal of the Ethnological Society of London*, vol. 2, p. 119-149.

Quatrefages Armand de, 1870, *Darwin et ses précurseurs français. Étude sur le transformisme*, Paris, G. Baillière.

Ray John, 1686, *Historia plantarum species hactenus editas aliasque insuper multas noviter inventas & descriptas complectens*, Londini, M. Clark, vol. 1.

— 1691, *The Wisdom of God Manifested in the Works of the Creation*, Londres, S. Smith.

Robertson Roland, 1992, *Globalization: Social Theory and Global Culture*, Londres, Sage.

Rudwick Martin J.S., 1997, *Georges Cuvier, Fossil Bones, and Geological Catastrophes*, Chicago (IL), University of Chicago Press.

Smith Adam, 1978, Report of 1762—1763, *in* Ronald L. Meek *et al.* (dir.), *Lectures on Jurisprudence*, Oxford, Clarendon Press, p. 1-394.

[Spencer Herbert], 1852*a*, The Haythorne Papers, No. II: The Development Hypothesis, *Leader*, vol. 3, n° 104, p. 280-281.

— 1852*b*, A Theory of Population, Deduced from the General Law of Animal Fertility, *Westminster Review*, vol. 57, n° 112, p. 468-501.

— 1857, Progress: Its Law and Cause, *Westminster Review*, vol. 76, n° 132, p. 445-485.

Spencer Herbert, 1858, *Essays: Scientific, Political, and Speculative*, Londres, Longman *et al.*

— 1864, *The Principles of Biology*, Londres, Williams & Norgate, vol. 1.

Staum Martin S., 2003, *Labeling People: French Scholars on Society, Race, and Empire (1815—1848)*, Montréal et Kingston, McGill-Queen's University Press.

Stocking George W., Jr., 1968, *Race, Culture and Evolution: Essays in the History of Anthropology*, New York, Free Press.

— 1973, From Chronology to Ethnology: James Cowles Prichard and British Anthropology 1800—1850, *in* George W. Stocking Jr. (dir.), *Researches into the Physical History of Man*, Chicago (IL), University of Chicago Press, p. ix-cx.

Stoler Ann Laura et Cooper Frederick, 1997, Between Metropole and Colony: Rethinking a Research Agenda, *in* Frederick Cooper et Ann Laura Stoler (dir.), *Tensions of Empire*, Berkeley (CA), University of California Press, p. 1-56.

Thomas Nicholas, 1994, *Colonialism's Culture: Anthropology, Travel and Government*, Carlton, Melbourne University Press.

Topinard Paul, 1876, *L'Anthropologie*, Paris, C. Reinwald.

Turgot Anne-Robert-Jacques, 1808, Sur la géographie politique, in *Œuvres de Mr. Turgot*, Paris, Imprimerie de Delance, vol. 2, p. 166-208.

Virey Julien-Joseph, 1800, *Histoire naturelle du genre humain*, Paris, F. Dufart, 2 vol.

— 1817, Homme, *in* Nicolas-Philibert Adelon *et al.*, *Dictionaire des sciences médicales*, Paris, C.L.F. Panckoucke, vol. 21, p. 191-344.

Wallace Alfred Russel, 1864, The Origin of Human Races and the Antiquity of Man Deduced from the Theory of "Natural Selection", *Journal of the Anthropological Society of London*, vol. 2, p. clviii-clxxxvii.

Weikart Richard, 2009, Was Darwin or Spencer the Father of Laissez-faire Social Darwinism?, *Journal of Economic Behavior and Organization*, vol. 71, p. 20-28.

Wheeler Roxann, 2000, *The Complexion of Race: Categories of Difference in Eighteenth-Century British Culture*, Philadelphie (PA), University of Pennsylvania Press.

White Charles, 1799, *An Account of the Regular Gradation in Man, and in Different Animals and Vegetable*, Londres, C. Dilly.

Williams Raymond, 1985 [1976], *Keywords: A Vocabulary of Culture and Society*, 2e éd., New York, Oxford University Press.

Ziegler Jakob Melchior, 1864, "Handels und Colonial-Karte", "Afrika" et "Oceanien", in *Geographischer Atlas über alle Theile der Erde*, Winterthur, J. Wurster; clichés [1a], 4 et 7, David Rumsey Map Collection, < http://www.davidrumsey.com/luna/servlet/view/search?QuickSearchA= QuickSearchA & q = Geographischer + Atlas +% C3% BCber + alle + Theile + der + Erde & sort > (consulté le 9 avril 2013).

第三部分

相异性的产生

"工人指着插在鹅卵石群中的石斧。圣阿舍利(Saint-Acheul),在采石场发现的第一把真石斧185[9]。"——皮纳尔(C. Pinsard),为约瑟夫·普雷斯特维奇(Joseph Prestwich)拍摄的照片,1859年4月27日。

第十二章

劳动中的布歇·德·彼尔特

——19 世纪的工业化与史前史

> 这个试验无论多么粗略，都不要轻视，而这个工人在原始时代既是第一位艺术家，也是第一位实业家。我们研究的正是这个行业的原始阶段。
>
> ——布歇·德·彼尔特（Boucher de Perthes）[①]

序幕：史前的现代性

章首页的照片能很好地说明 19 世纪以前史前人类作为科学研究对象的出现。这张照片比大多数经常回顾性和理想化地看待这一重大发展的叙述要好得多。我们所讨论的这张照片使我们能够将人类上古时代的认知固定在其被发现的现代性中。因此，除了从人类化石体现的古老的和血统的生物年代学上进行考虑，以及在行为或文明的进化方面与野蛮人进行比较之外，可以将史前人类的发明与当前的人类联系起来，更确切地说，与当代工人联系起来。

其中，占主导地位的是一名叫布歇·德·彼尔特（1788—1868）的传奇人物。这位公认的"史前史之父"（即使之后我们发现这样称呼他可能并不明

[①] Boucher de Perthes 1847, p. 14.

智）在 1840 年代声称可以在阿布维尔和亚眠周围的地层中找到"斧子"和极其古老的石材切割工具，以及已经消失的动物物种的骨骼。在努力研究原始的、大洪水之前的人类时代的过程中，这位省级学者在其著作里结合了对地层"沉积"的早期考古发现，并围绕人类的创造、自然的本能或早期的象形文字进行了大胆的推测。这些不同的声明并没有真正说服学术界的权威们，但是从长远来看，这引起了包括第四纪地质专家约瑟夫·普雷斯特维奇（Joseph Prestwich）在内的一些英国学者的关注。在他的同事古董商和货币学家约翰·埃文斯（John Evans）的陪同下，普雷斯特维奇于 1859 年春对阿比维尔进行了一次调查访问。

这项著名的探险将导致对上古时代人类的官方重视，也是我们这张照片的起源。建筑师夏尔·皮纳尔（Charles Pinsard）记录道："普雷斯特维奇先生仍然很怀疑，并认为石斧并非是从地下被挖掘出来的。他想实地去看一看。如果工人在洪积层中找到一个，他们将停止工作，我将发一个电报给普雷斯特维奇先生，他本计划在阿比维尔布歇·德·彼尔特先生那里返回伦敦。"同一天，工人们告诉皮纳尔，在壕沟里他们确实看到了一个石斧。"我立即给普雷斯特维奇先生发了电报，他乘坐第一班火车来到了现场，看到了我电报中所说的斧子。经过商定，一方面，一个人会拍摄壕沟和在更大的空间里的石斧。此操作已完成；我在另一边拍了照片，上面显示了采石场的裂口，工人们把手指放在被淹没于洪积层的石斧上。然后，普雷斯特维奇先生小心地、毫不怀疑地给石斧清淤。"[①]

在可以吸取的所有教训中[②]，这张照片以其几乎不受约束的劳动和工业价值让我们对史前人类在环境的资本主义中的构成的根源有了独特认识。首先这是由技术决定的。众所周知，早在 19 世纪 40 年代，在考古作业的照片中就对达盖尔银版法和卡罗法进行了改进：1859 年，即使存在有争议的事实，在现场

[①] Pinsard 1999，(p. 252-254)。
[②] 当然，这里有很多关于观察的科学中"机械客观性"的出现，尤其是在早期，这张照片在皇家学会和巴黎人类学会（la Société d'anthropologie de Paris）面前所发挥的文献和示范作用。同样可参阅：Gamble et Kruszynski 2009, Hurel et Coye 2011, Schlanger 2010, Lewuillon 2008.

拍摄照片也成了可能，而且曝光时间非常短。此外，整个事件通过新的通信手段，以惊人的速度发生着：穿越英吉利海峡可靠的和定期的蒸汽船、连接伦敦和巴黎的铁路（还有布洛涅、阿贝维尔和亚眠），以及才向公众开放不久的电磁网络沿线那闪电般的电报收发。[1]

随着距离和时间的急剧缩短，我们的照片还捕捉了当时政治、经济的各个方面，这些对"史前"的诞生和承认同样重要。因此，来自英国的访客更愿意来评估布歇·德·彼尔特的建议，因为他们已经在现场拥有了商业利益：普雷斯特维奇仍然经营着波尔多的家庭葡萄酒贸易业务，直到他得到了牛津大学地质学教授的职位，而埃文斯则试图在法国购买能提供给他（未来的）岳父信封厂的布浆纸。因此，双方都觉得如下做法是非常适合的：对这个有争议的前大洪水时代的现实进行真正的"审计"（引用其报告中的词汇）；实施会计的逻辑；"进行调查"；在提交审查之前，精心积累"道德的和附带的证词"，例如，科学真理的"预付"的证据，并带着这张照片，来到伦敦和巴黎这些有学问的精英们面前。

企业家的逻辑补充了商人的这种洞察力，他鼓励我们注意知识生产的成本和约束。普雷斯特维奇关于我们的这张照片，事先许诺工人（他们会找到一个石斧，等待其到来时将其留在原处），"如果他们不能在（采石场）的另一地点上挖石头，则可以补偿他们所浪费的时间。"[2] 就埃文斯而言，在发现每块石器之后，他就会给予他的同事以奖励，并将以前那些微不足道的矿物碎片转化为收藏品，此外，还能进行交换、贸易、造假和欺诈。因此，我们对"采掘工人"产生了兴趣。他们用砾石填充手推车，用于建设铁路的基础设施，从而使得布歇·德·彼尔特在访问工地时，那些他日后能定期收集石器的通道得以暴露出来。在我看来，正是这种亲密的关系，让我想在本章中强调：今天的工人在工作时挖出的石斧，正是过去工人的工具。

---

[1] 关于这一主题，可参阅：Schivelbusch 1986, Gras 1993.

[2] Pinsard 1999, (p. 252–254).

环境与积极性：对当代劳动的思考

因此，我们回到关键人物布歇·德·彼尔特。如果说自19世纪60年代开始，人们普遍认识到人类上古时期的存在，从而开启了旧石器时代的考古学研究①——那么，作为学者或博物学家，布歇·德·彼尔特并没有发挥决定性的影响。当然，他坚持认为遗迹所处的地层学位置应当作为其远古性的证明。但是，直到1841年他的同事卡奇米尔·皮卡尔（Casimir Picard）医生早逝之后，他才慢慢地转向人类化石的问题——一个乔治·居维叶及其灾变论的继任者长期以来拒绝讨论的问题。布歇·德·彼尔特既不是博物学家也不是博学多才的人，他是一位多产的文学家，他创作了大量戏剧、回忆录、讽刺诗、诗歌和散文诗。尽管这样令人印象深刻的多重角色使布歇·德·彼尔特完全沉浸于浪漫主义的潮流之中，但他还是一位贴心的散文家、一位折中主义思想家，受到让-巴蒂斯特·赛（Jean-Baptiste Say）、亨利·德·圣西门（Henri de Saint Simon）、夏尔·傅里叶（Charles Fourier）和米歇尔·奈特（Michel Knight）的影响，他也是自由主义社会哲学的追随者，他关心人民的疾苦，鼓励互帮互助和做慈善，同时，他从根本上将进步、自由、自由贸易等看作社会进步的手段和人类价值。我坚持认为，正是布歇·德·彼尔特的这些兴趣激发了他对史前人类发明的思考并使之易于理解。布歇·德·彼尔特对社会和经济道德的思考是从1825年开始发展的，那时，他顺从于外省人的命运，来到阿布维尔，像他父亲一样，成为海关的负责人。② 作为一名公务员，这个阿登地区小贵族的后裔与当地文学和科学界交流频繁。作为地区的负责人，他每天处

---

① 虽然从丹麦科学家汤姆森（C.J.Thomsen）和后来的沃索（J.J.Worsaae）的工作开始，石器时代（之后是青铜器和铁器时代）就得到了学界的承认，但古石器时代（旧石器时代）和近石器时代（新石器时代）的划分是约翰·卢布克（John Lubbock）在1862年正式确定的（参阅：Rowley-Conwy 2007, Eskildsen 2012）。从总体上探讨史前史的"诞生"的著作有：Grayson 1983, Coye 1997, Richard 2008, Hurel et Coye 2011 以及 Schlanger 2014。
② 在目前的研究中，布歇·德·彼尔特的经济社会思想至今没有与他对史前史的学科和理论贡献联系起来。关于布歇·德·彼尔特的研究，可参阅：Turpin de Sansay 1868, Aufrère 1936, 1940 et 2007, Cohen et Hublin 1989。

理生产、商品、禁令、关税和封锁问题。因此，在过去的几十年中，他可以洞悉从拿破仑一世到拿破仑三世历届政权实施的各种政策在贸易和就业方面的实际影响。他的一些政治著作，如《克里斯托弗先生关于禁止和自由贸易的意见》（Opinion de M. Cristophe sur les prohibitions et la liberté du commerce）（第1卷，1831年），或《小的词汇汇编，一些财务词汇的翻译、行政惯例草稿》（Petit Glossaire, traduction de quelques mots financiers. Esquisses de mœurs administratives）（第1卷，1835年）就证明了这一点。通过行政手段和热衷于上流生活的意愿，他与该地区的大工业家们走得很近，尤其是陪同查理十世和路易·菲利普参观了著名的兰斯呢绒布料手工工场。这些手工工场是在科尔贝（Colbert）的鼓动下于1665年由范·罗拜斯家族（les Van Robais）建立的。除了这些资产阶级王朝以及最近融入商会的企业家外，布歇·德·彼尔特还参与了各种地方上首创性的项目。除了为该地区的拥有良好的品行、对劳动的热爱和节制的工人设立奖项外，彼尔特还发起了"阿比维尔区工业产品的公开展览"项目：他主张将经验普遍化，并将展览迁至巴黎。最重要的是，通过吸纳来自英国、比利时和德国制造商的产品（和外观）来使该展览具有国际性。这位自由贸易的追随者反对贸易保护主义和未经授权的仿制。他肯定竞争的好处，以鼓励比较、改进和进步。

知识世界和工业世界之间的这些联系主要是在阿比维尔竞争学会（la Société d'émulation d'Abbeville）的框架内形成的：该学会由他的父亲于1797年创立。彼尔特从1828年起使该学会重新拥有了活力，并成为其后几十年的主要组织者。这种作为交流的场所使得这些学术和文学学会在19世纪科学的发展中发挥了关键作用——将知识的产生和定期传播（通过会议和出版物）与针对遭受不幸的阶级的慈善行动结合到一起。此外，在1830年代，学会的成员之一，路易-勒内·维莱姆（Louis-René Villerm）博士的《棉花、羊毛和丝绸工厂工人的身心健康状况表》（Tableau de l'état physique et moral des ouvriers employés dans les manufactures de coton, de laine et de soie）（1840年）将成为人们缓慢认识到工业革命对人类、医学和社会方面最有害影响的一个里程碑。①

但是，在没有进行此类社会调查的情况下，彼尔特也对苦难的根源及其补救的方法感兴趣。1839 年，他在题为《苦难》（De la misère）的演说中囊括了无节制、不良的慈善行为和游手好闲。他还通过一项特别具有启发性的分析指出，"制造业最多的国家也是人口最贫穷的国家"。但是，对于彼尔特来说，问题不在于工厂本身，也就是说，不在于集中化和机械化的工厂。如果工厂工人最悲惨，那就是"与农村短工相比，他通常更无知、更勤奋、更节俭。打短工者几乎每天都在改变他的职位或工作地点、邻里、房屋。他们与其他地方的其他人接触，因此拥有更多的社会经验，随后便有更多的精力去面对机遇和痛苦。而工厂工人只能看到他工作的车间。他从小就与它相遇，并且直到死亡也接触不到其他的地点和工作。与他一样的无知的工人始终无时无刻地包围着他。像他这样的工人从未测量过比他们所在的木板和编织的线还要多的东西，没有办法进行比较和感受。即使他做到了，他也没有一个小时的孤独，因此他没有思考，也没有为未来或智慧奉献任何东西。总是做同一件事而又不需要思考也不需要有计算的习惯。这种狭窄的圈子使他的灵魂仿佛被窒息了，这种机器的状态、被动仪器的状态，很快就让他变得完全愚笨了。"②

令人震惊的是工人的降级和被愚昧化的画面，可能是对阿比维尔的经营者〔例如范·罗拜斯家族，而其业务已由朗杜安（J. Randoing）接管〕所做的观察的结果。纺纱厂无疑是一种"英式"的组织——即使已经宣布裁员，但范·罗拜斯家族仍雇用了 200 名男子、150 名妇女和 150 名儿童，并拥有约 80 台机械织机。无论如何，彼尔特还是加入了当时关于非人性化"机械"的论战中。正如弗朗索瓦·瓦坦（François Vatin）所展示的那样，这场辩论是由皮埃尔·爱德华·勒蒙泰（Pierre-Édouard Lemontey）在 19 世纪初发起的，以回应冷酷而又精打细算的经济学（直到彼尔特的时代，这仍然象征着亚当·斯密的制钉厂），之后被西蒙德·德·西斯蒙第（Simonde de Sismondi）、让-

---

① 参阅：Noiriel 1986, Fressoz 2012，以及本卷的讨论。
② Boucher de Perthes 1839,（p. 45-46）。

巴蒂斯特·赛、奥古斯特·孔德、皮埃尔·约瑟夫·蒲鲁东（Pierre-Joseph Proudhon）、儒勒·米什莱（Jules Michelet）、卡尔·马克思（Karl Marx）以及后来的埃米尔·涂尔干或乔治·弗里德曼（Georges Friedmann）等作家所接受、引用和借鉴。①

就彼尔特而言，最重要的是自由手工艺者和工厂工人之间在"道德和意志"上的差异：后者的自卑主要是由于不良习气和坏习惯导致。同时，彼尔特认为，"也许，这也是老板的冷漠所造成的。当老板能花费很少的钱来更换设备时，他对工人的关照比对工具的关心要少很多"。此外，彼尔特希望消除机器及其所有者所造成的痛苦。首先，从最一般的意义上讲，机械和蒸汽对于制造必不可少：因此，"阶级的利益（那些工厂工人）必须延迟所有人的进步和福祉吗？"其次，即使机器的改进使许多劳动力从此以后对工厂都毫无用处，但这些劳动力却从工厂中解放出来，重返田地进行劳作。他因此以重农主义的口吻建议道："推开我们车间里的机器，就好像我们把犁从田里拉开一样"。②最后，根据工厂工人的道德，必须根据他的劳动意识行事："如果我们的劳动是必不可少的，那劳动就是智慧和工业之父。在那里你不会让任何东西无所事事，也不会把任何东西给乞丐，那很快就只有活跃和忙碌的人。"③

彼尔特提倡用"自私的正直"将工人从苦难中解脱出来，但当他谈到孩子们的命运时，他却大大地软化了：他真诚地抵制他们所从事的繁琐而令人沮丧的劳动。他说，这要比"给予我们殖民地的黑人"或"有罪的犯人"的待遇差得多。在他的小册子《关于穷人的教育》（De l'éducation du pauvre）（1842年）中，他建议将孩子从不利的环境（以及父母的有害影响）中脱离出来，以确保他们接受农业学校、健康而充满活力的"居住地"的劳动价值观的教育。这让人想起了夏尔·傅里叶所想建立的社会基层组织：法伦斯泰尔（le

---

① 这些对"机器主义"[这个词是米什莱在其1846年的著作中创造的（p. 95 *sq*., p. 143-145），而不是卡尔·马克思]的各种批判和反批判激发了人们对工业现代性内在技术力量和社会关系的思考，如同在以下著作中的分析：Viallaneix 1979, et Vatin 2004 et 2012（p. 152 *sq*.）。关于"浪漫的机器"（la machine romantique）的模糊性，同样可参阅：John Tresch（2012，以及本卷的章节）。

② Boucher de Perthes 1839 (p. 47-48).

③ *Ibid*. (p. 51).

phalanstère）。他还设想为妇女提供这种改善的"居住地"，她们将在那里提高自己的技能，减少贫穷和无知，并重新获得社会地位，从而有助于提高人类自身（1860年）。① 无论如何，从彼尔特对机器和机械化的态度中可以看出某种矛盾，他采用了一种比浪漫主义批评更为自由的态度。然而，人们不能怀疑他对圣西蒙主义的"工业化"的信念，尤其是在他的《致工人》(Aux ouvriers)的演讲中说到："你们是工人，先生们，我们都是有用的公民、工厂主、商人、耕种者、管理人员、艺术家；是的，我们都是工业人士，在我们当中，都是同一职业的人。什么是工业？在劳动中运用推理，也就是说，赋予生命和福祉所必需的富有成果的劳动。因此，所有行业都具有相同的来源，它源于相同的计算、相同而丰富的思想。让我们关注它的发展。"②

交叉阅读：原始工业和原始工具

这样，我们就揭示了彼尔特真正的知识和史学计划。跟随该行业的发展，确定其起源并逐步追踪其谱系，找到与其未来共鸣的起源，这将使它现在的语言变得可理解，最终为其填补了一个概念的空间、一个"等待的视野"。如果这个计划最初可以在本地范围内进行，而不是考古化，其目的是展示"几个世纪以来阿比维尔如何成为优秀工人的摇篮"③，那么它将迅速扩展到十分宽广的历史范围中。1844年11月，彼尔特向竞争学会展示了他对人类最古老遗迹的第一项研究时，已经确定了这项任务的全部范围："如果我有更多的时间，尤其是更多的科学，那么这不是我要向您介绍的简单的出版说明，它是一本完整的书，也是我将题为《从工业方面看从（出生）到实用艺术的起源，或考古学》[De (la naissance) l'origine des arts utiles, ou de l'archéologie considérée sous ses rapports industriels] 的著作。但是，我看到这样的书是一个认真的承诺……因此，我放弃了一个框架，虽然还没有完成，但我还是要在这里指出，

---

① Ibid., (p. 46).
② Boucher de Perthes 1833, (p. 493–494)，正是笔者突出了这一点。
③ Ibid., (p. 492).

它可以作为介绍艺术通史及其变迁的入门给予他人。"①

因此,他的目标是绘制一个巨型的图画,将最古老的工业与现代的工业联系起来。但是情况却是这样的:彼尔特遭受了"快乐的挫折"(un heureux déboire),以经验发现为基础的成功的受害者,他放弃了工作的总体计划。从1840年代中叶开始,以及在他的余生中,彼尔特一拖再拖,只完成了第一个章节:他以证明考古地质学现实为荣的这一"大洪水时期"之前的遗迹。因此,这一时期将在他1847年(但于1849年出版)的作品中占据重要位置。彼尔特在逻辑上将其重新命名为《凯尔特人和大洪水之前的古代文化》(Antiquités celtiques et antédiluviennes),但在其副标题中保留了他总体的计划:《有关原始工业和原始艺术起源的论文》(Mémoire sur l'industrie primitive et les arts à leur origine)。

从"原始工业"(l'industrie primitive)一词的表达开始。彼尔特当然不是这个词的发明者[例如,我们能在博里·德·圣文森特(Bory de Saint-Vincent)的笔下或迪蒙·迪维尔的笔下找到这个词],但正是他将该词定位于古代与现代世界之间。他对"工业"一词的使用清楚地表明了时代的融合和语义的转移,包括劳动个体的"合理的努力"或"理解力引导的灵巧"的概念,以及商品的"必不可少的艺术"的概念,然后是商品的"领域"或"生产系统"在科学的支持下制造出来,以达到圣西蒙主义、社会学和乌托邦式接受的状态、阶级或"工业"时代。在这里无法弄清该术语关系的脉络和意义。实际上是彼尔特在考古词汇中引入了"原始工业"或"史前"的表述②——此外,在这里它很快变得司空见惯,但也变成了化石。在今天看来,以这种方式指定一系列粗糙形状的鹅卵石、产品和过程是多么得不协调。而从经验和概念上看,这些对于我们来说,都属于前工业时代的卓越成就,是前机械化和前现代的标志。

---

① 关于被引用的手稿(有删改和补充),可参阅:Aufrère 1936(p. 30)et 1940 (p. 77)。
② 关于19世纪初的劳动、其术语和问题,可参阅:Sewell 1980, Noiriel 1986, Dewerpe 1998, Vatin 2012。

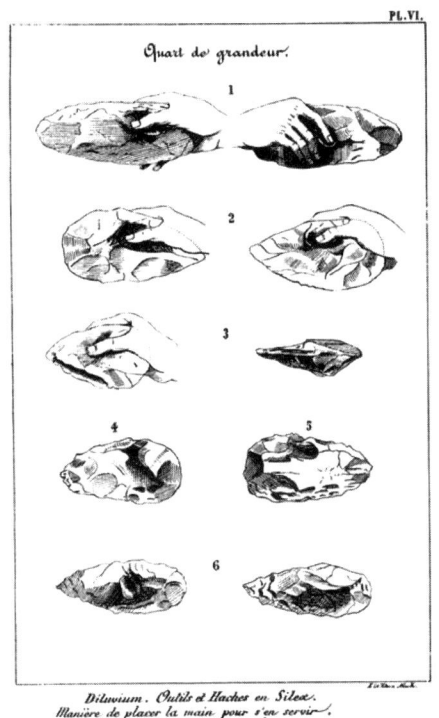

工具和燧石斧。布歇·德·彼尔特，《石质工具》（Des outils de pierre），巴黎，荣格－特罗特勒（Jung-Treuttel），1865年，第四版。

我在这里提出对彼尔特的交叉阅读（涉及他当时和过去的工作）。这可以在多个层面上进行。第一个"务实"或"技术"水平将特别显示彼尔特在他的当代世界中所观察到的劳动条件如何对他的观念和他对过去劳动的解释——是否涉及性别和年龄之间的分工、生产关系以及专业化或学习现象，最后涉及劳动的组织及其运行：家庭劳动、季节性劳动、专门的作坊、无家可归、获取原材料、积累、分配、成品流通、工具的处理和使用等。

第二层阅读，我在此提出一些线索，这属于"道德"或"社会"秩序，与劳动的历史化和归化有关。在作为社会调查者的彼尔特与史前史学者之间，词汇和图像有着惊人的相似性，同时，在主题和意识形态方面也有着不可否认的联系。因此，在《凯尔特人和大洪水之前的古代文化》中，彼尔特毫不犹豫地借鉴了当代劳动世界的观念和类比，以阐明遥远的过去。就像我们看到的工厂工人在他的"机械"圈子中窒息一样，早期的工人（就像被大洪水之前的机械化所奴役的原始无产阶级一样）也陷入了无尽的模仿中："他不会离开画出的小圆圈；他可以做更多，但他不能做；他按照自己的意愿去做某件事情，并且通过将自己的原因与模仿或他人的原因联系起来，将其简化为本能或机械的状态。只要他保持这个位置，他的作品就具有相同的声望。他是一台始终生产的机器，但是以相同的方式生产相同的东西。"彼尔特继续写道："那么，如何按年龄和人对似乎在一起诞生的事实或作品进行划分呢？这些第一批工具就是这种情况。相同的需求、相同的执着使它们保持不变。从世界上最早的石斧到现代的斧头，都没有什么敏感的差异，可以说这是最古老的。"①

因此，彼尔特试图解释这种由地层学反映出的反常现象，这似乎表明，"数百年来，他们被抛弃于进步的本性之外，仍然处于一种名副其实的智力的睡眠状态。"——就像今天的那些悲惨的"工人机器"一样，好像他们已被排除在人类进步轨道之外。

在接下来的段落中，这种潜在的教诲是明显的。在此，彼尔特一直试图证明"人类的童年"已有很长时间，甚至在今天仍然存在于某些民族或所谓的文明社会的阶层中："您觉得野蛮人与工厂工人或农村的某些居民之间会有什么区别？比较他们的欲望、他们的言语、他们的行为，并做出决定。尤其是从一个女人到另一个女人，您能够进行类比……提取十个（智慧、知识和工业）的男人，并放弃另九百九十个（精神和道德孱弱的）男人，他们很快将在工业和逻辑上达到这些早期原始人类的水平，正如我们向您展示的那些草图。"②

面对这种倒退回过去的风险，人们必须警惕革命或太突然的增速，并为累积的观念让路，只有这种观念才有可能重视人的勤劳本性。这一点是得到历史证明的。

彼尔特从事的关于原始工业的研究具有一种优势谱系学的特征，因为他的研究证实了所获得的商品和情况的优越性，并且倡导奖励由努力产生的成果，

---

① Boucher de Perthes 1847, (p. 176–177).
② Boucher de Perthes 1857, (p. 346).

而不是继承或遗传的吃老本的不思进取。"先生们，尊敬的真正代价，不是一个人的价值，不是他的名字，也不是他的财富，而是他的能力，是他能做到的，并且，毫无疑问，在这个积极而可计算的世纪末到来之前，正是这种真正的价值最终将赢得平衡。到时候，最勤奋、最能干的人将走在最前列。"①

这种信心源于对过去的新理解，而这成了热门话题："今天，我可以引述，已成为食利息者的简单的工人……打开城市的登记册，您会在那里看到我们许多最富裕的房产业主的父亲或祖父是像您一样的谦虚的手工艺者。"② 更重要的是，"今天社会上层的主要人物一开始是拿着瓦刀或刨子的"。③ 因此，为见证最近几代人，并因此从其古老的起源见证整个人类的历史：在所有规模上，劳动的工具及其物质效用，是一种社会进步的工具。竞争协会的主席在 1833 年的《致工人》演讲中已经深信这一点——这位史前史学家将在 30 多年后，在他最新的著作《石质工具》（1865 年）中，将理性应用到工业中，他赞美工具，并将其作为真正进步的唯一衡量标准："那么，为什么在我们中间如此轻蔑地讲出'工具'一词，就像在几乎所有其他文明国家中那样，在没有正义或没有反思的情况下，把处理和依靠它生存的人排在了社会的最后一位。没有工具的男人会在哪里？更进一步地讲，如果没有这个工具，这个人会成为什么？"④

人与工具的这种重要结合使人想起了本杰明·富兰克林（Benjamin Franklin）的"制作工具的动物"（toolmaking animal）。同样，彼尔特在其早期著作中给予该工具的中心位置可以与其同一时代的卡尔·马克思在《资本论》第 7 章（1867 年）概述的著名的人类学场景进行比较。其中，马克思强调了要研究洞穴中发现的古老的劳动方式、工具和石制武器的遗迹，甚至弗里德里希·恩格斯（Friedrich Engels）在 1876 年他的论文中都坚持要研究"劳动在将猴子转变为人的过程中的作用"。

---

① Boucher de Perthes 1833, (p. 502).
② *Ibid*., (p. 496).
③ Boucher de Perthes 1841, (p. 27).
④ Boucher de Perthes 1865, (p. 1).

无论如何，该工具对彼尔特的贡献必定超出了前大洪水时代古人类的天性、他们天生的软弱无力和对自然的简单掌握，并导致了彼尔特真正的开创性叙述："工具的发明并不需要很长时间就可以在周围通过交流建立社会关系：不是每个人都有同样的能力来制造这些工具。而且，不是所有地方都能找到制作工具的材料。这些交流使家人聚在一起。共同防御的需要加强了这种联系：人民组成了民族，国家又一点一点地形成了。这些人在一起进行了较大规模的劳动，并且由于需要更多的手段，因此工具也得到了完善。"① 故而，他有可能在这个巨大的猜想中看到——技能和劳动资料的差异分布是人类化的驱动力：基于劳动力、资本、竞争和自由贸易的分工，前大洪水时代的人可以根据分工来确认经济和社会自由主义的相关性。因此，毫不奇怪的是，史前工具的历史向彼尔特展示了其与现在的明显联系："尽管它们土里土气，但这些工具和这把锤子本身仍然是我们最复杂的机器的和名正言顺的祖先。"同样，"这些工具是有限的，要经过数百个世纪才能从努力到进步再到发展到这些强大的机器，就像一场新的大变动，但这场富有成效的大变动，改变了地球的面貌。"②

结论：所有的劳动者

恰恰是这种居维叶主义共鸣的术语使我们想起了我们距化石或原始人以及围绕他们的自然主义话语有多遥远，即使这些贡献很快被学科史所赞誉为史前人类的唯一认识论参考或可理解性框架。相反，通过认识到这种"富有成效的大变动"只不过是"工业革命"（在某种意义上仍然具有价值），我建议找到一种政治理性，而我们通常只希望看到一种纯粹的自然主义理性。尽管与彼尔特本人以及来自英国的普雷斯特维奇和埃文斯在1859年证实了他的假设，并无可否认地与第四纪地质学和脊椎动物的古生物学相关联，但毫无疑问，史前史即使不是政治经济学的分支或扩展领域，其本身仍应被理解为人类学和社会

---

① *Ibid.*, (p. 8).
② *Ibid.*, (p. 7 et 11).

科学。实际上，对于彼尔特而言，在这个遥远的"前大洪水时代"的过去，他能从中揭示出工具的内在，蕴含着工业现代化的到来，就像一个能解决复杂问题的方法。

鉴于当时的工人，彼尔特在当时的条件下，在阿比维尔的部分区域和采石场中确定了一种有形的材料，一种更加牢固和持久、一致而统一的叙述——难道他没有在1833年说服他人"是的，我们都是工业的"吗？——这种叙事在某些方面超越了当时的不平等，使之变得平滑、缓和，这在社会阶层、财富分配、繁荣或苦难方面越来越明显。他宣称，工业是一种来源、一种计算、一种思想。30年后，彼尔特通过人类的"采石场"的遥远开端，使他手头有材料去确认这一公设："从我们那遥远的时代开始，（史前人类）几乎用石头拥有了我们今天使用的几乎所有类型的铁制工具。这便宣布了他们与我们具有相同的需求，并且在许多方面，拥有相似的习惯，并具有相同的获取方式。通过在这里找到他们手艺的标志，我们的工人可以看到劳动可以追溯到很远的时代，上帝对亚当说的那句话是：您将靠劳动赚取面包，从今天起，这个人就致力于劳动了。"①

尾声：呈现劳动

这种在意识形态上对历代劳动的极力推崇，这种过去与未来的联系，是史前考古学作为一门科学学科在体制化进程中的首要任务之一。让我们确信的是，这种推崇，如彼尔特所称的"我们的工人"，可以通过参加1867年万国博览会来很快地感受和观察到它——包括彼尔特在30年前就已经宣称的社会和经济效用。在圣西蒙派米歇尔·谢瓦利埃（Michel Chevalier）的支持下，弗雷德里克·勒普莱（Frédéric Le Play）继承了维莱梅（Villermé）对欧洲工人的实证研究，在巴黎战神广场举办的万国博览会上将劳动作为一个统一的主

---

① *Ibid.*, (p. 18). 我的意思正是如此。

题，这也是将史前考古本身奉为一门科学学科的契机。[①] 由国家考古博物馆的地质工程师兼策展人，1848年革命后被放逐的共和党政治活动家，加布里埃尔·德·莫尔蒂耶（Gabriel de Mortillet）（1821—1898）指导，在建筑的中央画廊里，史前史首次被呈现在人们面前。在这里，长期以来被彼尔特宣称具有高度古文化性的石制工具终于获得了学科的合法性，此后，它们被系统地分为"阿舍利文化的工业""莫斯特文化的工业"和"索卢特雷文化的工业"——我们现在可以理解这些术语的全部意义。而彼尔特的那些石质工具也因此在"世界劳动史博物馆"中占据了如此具有象征意义的荣耀之位。

鸣谢： 弗朗索瓦·瓦坦和马克·安托万·克泽尔（Marc Antoine Kaeser）针对本章的第一版所提出的批评使我受益良多。我还要感谢亚眠图书馆（la bibliothèque Amiens métropole）提供的第712页的插图，以及阿诺·于雷尔（Arnaud Hurel）和古人类研究所（l'IPH）对第722页插图所进行的数字化。

纳坦·施兰格（Nathan Schlanger）撰

参考文献

Aufrère Léon, 1936, *Essai sur les premières découvertes de Boucher de Perthes et les origines de l'archéologie primitive (1838—1844)*, Paris, L. Staude.

– 1940, Figures de préhistoriens. I. Boucher de Perthes, *Préhistoire*, n° 7, p. 7–134.

– 2007, *Le Cercle d'Abbeville. Paléontologie et préhistoire dans la France romantique*, Turnhout, Brepols.

Boucher de Perthes Jacques, 1831, *Opinion de M. Cristophe, sur les prohibitions et la liberté du commerce*, Paris, Treuttel & Würtz, 2 vol.

– 1833, Aux ouvriers (Exposition des produits de l'industrie de l'arrondissement d'Abbeville), *Mémoires de la Société royale d'émulation d'Abbeville*, p. 491–516.

– 1835, *Petit Glossaire, traduction de quelques mots financiers. Esquisses de mœurs administratives*, Paris, Treuttel & Würtz, vol. 1.

[①] 关于1867年万国博览会有关史前史的展览，可参阅：Müller-Scheessel 2001, Quiblier 2014, Schlanger.

— 1839, De la misère, *Mémoires de la Société royale d'émulation d'Abbeville*, p. 1-82.

— 1842, De l'éducation du pauvre. Quelques mots sur celle du riche, *Mémoires de la Société royale d'émulation d'Abbeville*, p. 1-88.

— 1847, *Antiquités celtiques et antédiluviennes. Mémoire sur l'industrie primitive et les arts à leur origine*, Paris, Treuttel & Würtz, t. 1.

— 1857, *Antiquités celtiques et antédiluviennes. Mémoire sur l'industrie primitive et les arts à leur origine*, Paris, Treuttel & Würtz, t. 2.

— 1860, De la femme dans l'état social, de son travail et sa rémunération, *Mémoires de la Société royale d'émulation d'Abbeville*, p. 1-83.

— 1865, *Des outils de pierre*, Paris, Jung-Treuttel.

Cohen Claudine et Hublin Jean-Jacques, 1989, *Boucher de Perthes. Les origines romantiques de la préhistoire*, Paris, Belin.

Coye Noël, 1997, *La Préhistoire en parole et en acte. Méthodes et enjeux de la pratique archéologique (1830—1950)*, Paris, L'Harmattan.

Dewerpe Alain, 1998, *Le Monde du travail en France (1800—1950)*, Paris, Armand Colin.

Eskildsen Kasper, 2012, The Language of Objects: Christian Jürgensen Thomsen's Science of the Past, *Isis*, vol. 103, n° 1, p. 24-53.

Fressoz Jean-Baptiste, 2012, *L'Apocalypse joyeuse. Une histoire du risque technologique*, Paris, Seuil.

Gamble Clive et Kruszynski, Robert, 2009, John Evans, Joseph Prestwich and the Stone That Shattered the Time Barrier, *Antiquity*, vol. 83, p. 461-475.

Gras Alain, avec Poirot-Delpech Sophie, 1993, *Grandeur et dépendance. Sociologie des macro-systèmes techniques*, Paris, PUF.

Grayson Donald, 1983, *The Establishment of Human Antiquity*, New York, Academic Press.

Hurel Arnaud et Coye Noël (dir.), 2011, *Dans l'épaisseur du temps. Archéologues et géologues inventent la préhistoire*, Paris, Muséum national d'histoire naturelle.

Lewuillon Serge, 2008, Positif / négatif. Les antiquités nationales, l'estampe et la photographie, *Les Nouvelles de l'archéologie*, n° 113, p. 37-45.

Michelet Jules, 1846, *Le Peuple*, Paris, Le Livre de Poche.

Müller-Scheessel Nils, 2001, Fair Prehistory: Archaeological Exhibits at French Expositions universelles, *Antiquity*, vol. 75, p. 391-401.

Noiriel Gérard, 1986, *Les Ouvriers dans la société française (xixe-xxe siècle)*, Paris, Seuil.

Pinsard Charles, 1999, La première hache de pierre authentiquement découverte à Saint-

Acheul (note manuscrite non datée accompagnant l'album Pinsard, Amiens), in Éric de Bussac (dir.), *1859, naissance de la préhistoire. Récits des premiers témoins*, Clermont-Ferrand, Paléo, p. 251-255.

Quiblier Charlotte, 2014, L'exposition préhistorique de la galerie de l'Histoire du travail en 1867. Organisation, réception et impacts, *Cahiers de l'École du Louvre* [en ligne], n° 5, p. 67-77.

Richard Nathalie, 2008, *Inventer la préhistoire. Les débuts de l'archéologie préhistorique en France*, Paris, Vuibert & Adapt-Snes.

Rowley-Conwy Peter, 2007, *From Genesis to Prehistory: The Archaeological Three Age System and Its Contested Reception in Denmark, Britain, and Ireland*, Oxford, Oxford University Press.

Schivelbusch Wolfgang, 1986, *The Railway Journey: The Industrialization and Perception of Time and Space in the 19th Century*, Los Angeles (CA), University of California Press.

Schlanger Nathan, 2010, Series in Progress: Antiquities of Nature, Numismatics and Stone Implements in the Emergence of Prehistoric Archaeology (1776—1891), *History of Science*, vol. 48, p. 344-369.

– 2014, One Day Hero: Jules Reboux at the Crucible of Prehistory in 1860s Paris, *Complutum*, vol. 24, n° 2, p. 73-88.

– (sous presse), Collection, classification et structuration disciplinaire. L'archéologie préhistorique à l'Exposition universelle de 1867, in José María Lanzarote et Anne Loyau, *Montrer, démontrer la préhistoire*, Paris, Muséum national d'histoire naturelle.

Sewell William H., Jr., 1980, *Work and Revolution in France: The Language of Labor from the Old Regime to 1848*, Cambridge, Cambridge University Press.

Tresch John, 2012, *The Romantic Machine: Utopian Science and Technology after Napoleon*, Chicago (IL), University of Chicago Press.

Turpin de Sansay Louis-Adolphe, 1868, *Biographie de M. Boucher de Crèvecœur de Perthes* (extrait des *Sauveteurs célèbres*), Paris, E. Dentu.

Vatin François, 2004, Machinisme, marxisme, humanisme. Georges Friedmann avant et après guerre, *Sociologie du travail*, vol. 46, p. 205-223.

– 2012, *L'Espérance-monde. Essais sur l'idée de progrès à l'heure de la mondialisation*, Paris, Albin Michel.

Viallaneix Paul, 1979, Michelet, machines, machinisme, *Romantisme*, n° 23, p. 3-15.

Villermé Louis-René, 1840, *Tableau de l'état physique et moral des ouvriers employés dans les manufactures de coton, de laine et de soie*, Paris, Renouard; nouv. éd., Paris, EDI, 1989.

对于19世纪的工程师和科学家来说,这种可以追溯到古埃及和古印度的手工技术象征着非西方文明的原始技术的发展状态。

第十三章

科学与传统知识

在当前的全球化进程中，所谓的传统社会和科学技术社会常常为了主张各自的知识而发生冲突。这些冲突不能简单地认为是一种新现象，也不能简化为"西方的"与"其他的"之间的问题。相反，正如我们将要表明的那样，至少自近代以来，知识与科学之间的这种张力就已经成为欧洲科学史的一部分。

历史学以牺牲物质实践为代价而使书面知识享有特权，这在很大程度上改变了我们对现代科学的普遍认识，即一种普遍、自主和理论的知识（un savoir universel, autonome et théorique）。早在1920年代，生物学家和社会学家路德维克·弗莱克（Ludwik Fleck）便坚持要求除了唯一的文学形式之外，还应关注科学的日常实践，从而将目光投向这一特殊特征。只有对其进行研究，才能揭示导致形成这种称为"科学"的人类认知新形式的文化前提："有些文化，例如中国人的文化，在诸如医学等重要领域中，获得的实在与我们西方人的实在截然不同。我应该为他们伤心吗？他们的故事是不同的。同样，他们的努力和欲望决定了认知。因为认知既不是消极的思考，也不是在现成条件下获得唯一想法的方法。简而言之，这是一种活跃的、相互联系的关系，无论是塑造还是重构，都是一种创造行为。"[①]

长期以来，这种对人类认知进行比较历史研究的呼声，终于被新科学史所

---

① Fleck 1986 [1929] (p. 49).

重视。在过去的 30 多年里，新科学史开始通过观察科学的构造来重新思考科学。尽管他们的方法截然不同，但这些历史学家仍渴望克服现代社会和文化记忆中的旧有分歧，以更好地理解传统知识与现代科学之间的张力。其中，最明显的知识分化涉及知与行的区别，因而也涉及知识分子与教科书之间的等级关系。① 长期以来，人们一直认为知识（无论是否科学）都是无形的知识。在当今的许多学术领域中，通常都会区分其生产、保存和材料复制的知识，并且没有很大的竞争风险。新的科学史最近提出了一种动态的"动作知识"（le savoir gestuel）的概念，称为与个体或群体的执行行为相关的动作的知识。这样，经验就不再被认为是一系列的手工实践，而是一种体现在历史行动者表现中的学术型工作形式。② 最近的一本合著指出，对于培根而言，"无论是一只手，还是抛弃其自身的精神，都没有强大的力量"。但是，当试图将教科书与知识分子联系起来时，后者同时暗示了两者之间的根本区别。这种划分显然可以追溯到认知（épistémè）和技术（technè）之间经典的亚里士多德式的对立。但是，正如这本书的编辑在导言中所指出的那样，这些区别在现代的开端具有新的意义，因为现代时期见证了欧洲政治市场和经济的出现和崛起。在这个新的前提下，在旧制度社会中，在知识分子和教科书之间建立清晰的等级对于创建清晰的社会类别是至关重要的。为此，有必要投入大量精力以将这种区分显著化，但这将使得同时解构这种等级制度、动员创造和维持这种区分的知识和物质关系变得更加困难。③

正是在长 19 世纪，人们重新讨论了这个等式，并且出现了新的知识层次，特别是科学与本地知识之间的新区别。这种质疑的动力出现在 18 世纪，当时人们认为知识必须是有用的。因此，这是寻求普通知识尤其是科学知识之间富有成果和相互影响的关键时刻。在古代和现代语言中，*épistémè*、*scientia* 和 *Wissenschaft* 最初是指知识和能力，然后才成为专门的术语来指定一种特

---

① Shapin et Schaffer 1993 [1985].
② 关于"动作知识"（le savoir gestuel），可参阅：Sibum 1998. 关于历史地理学的方法，可参阅：Sibum 1995, Schaffer 1997, Lawrence et Shapin 1998。
③ Roberts et al. 2007 (p. xiii).

权形式的知识，比普通知识更确定、更权威。正如科学史学家洛兰·达斯顿（Lorraine Daston）所说："历史上，科学知识与其他类型知识之间的区别已反映在从事智力劳动的人与从事体力劳动的人之间的社会区别上，至少从18世纪开始，这种区别就体现在有现代科学的国家（主要在西欧）和没有现代科学的国家（即世界其他地区）。"[①]

我们刚刚开始对这种区别的历史产生兴趣。例如，经济历史学家最近提供了有趣的答案。他们使用令人回味的术语"工业启蒙"强调了工业革命中手工知识的重要性，从而使被边缘化的体力劳动得到了公正的对待。[②] 然而，基于陈旧的历史学，这种分析遭受了对科学概念的非批判性使用。一种更有前途的方法是通过历史地理学，其目的是绘制地图集，以追踪异质的知识共同体之间相互作用的动态，这些相互作用导致了我们现在所说的"科学"。这种复杂的文化生产和交流知识与专有技术的过程，即人、物、文本和思想的合作与流通，既是一个认识论的过程，也是一个划定界限的社会过程。

在本章中，我们将遵循知识建构模式的演变，即"实验物理学"（*physica experimentalis*），该知识在17世纪被引入西欧，在整个18世纪的认识论合法性上都受到强烈质疑，但最终在长19世纪被确立为欧洲和北美科学研究的典型手段。她甚至定义了现代科学。

实验物理学（*physica experimentalis*）

因此，让我们从18世纪这种"实验的艺术"（l'art de l'expérience）的认识论的价值争议开始。实验感的主要问题之一是客体的物理操纵。在我们刚才已经指出的世界中，做事与了解之间仍然存在明显的区别，这不是合法的学术活动。即使狄德罗（Diderot）在将实用艺术视为一种知识的形式的同时，也坚持认为它们不是开明话语的一部分。可以看一下他的《百科全书》的编纂计

---

① Daston 2003 (p. 34).

② Mokyr 2002.

划，作为一项建议，以通过开明的语言使手工知识变得可被理解。但是，就像许多其他针对新兴资产阶级文化的文学方法一样，这些复杂的知识形式通过可视的手工技术的表征和实物清单以碎片化的方式展现出来，这有助于保持甚至加强认识论与实践之间的界限。①

在 18 世纪中叶，工程师成为连接理论与实践的理想人选，即第三人（le troisième homme）。德国著名哲学家和数学家克里斯蒂安·沃尔夫（Christian Wolff）（1679—1754）在贝尔纳·福雷·德·贝利多（Bernard Forest de Bélidor）（1698—1761）的《水力建筑》（Architecture hydraulique）德译本的前言中写道："在这种情况下，需要第三人，其本身可以统一科学与艺术，以纠正理论家的缺点，同时，对抗那些认为自己可以没有理论就能做出艺术的业余爱好者的偏见，并让他们对这个世界毫无益处。"

但是，在认识到第三人的重要性的同时，工程师也感到非常沮丧。沃尔夫在同一个序言中，提及了自己已故的好友、学者和演奏家雅各布·利奥波德（Jakob Leupold）（1674—1727）："他将自己比作被鸟类和四足动物所拒绝的蝙蝠。他抱怨说自己既受到艺术从业者的憎恨，也遭到理论家的鄙视，因为他本人的天性想被这两类人赞誉为杰出的人物，与后者分享他在学术界的名望，与前者分享他的喜悦。"②

通过在文人共和国（la république des lettres）内创建"实验物理学"，实验者可以利用"第三人"这一优势，但也可能因此为自己带来不便。确实，像蝙蝠一样，他们是难以被分类的。他们在智慧和双手的帮助下进行的自然研究（即借助实验的艺术）是否会导致特定形式的知识？几代赞成经验论的哲学家也不得不努力把经验的专有技术从其认识论的烙印中解放出来，并把他们的知识定位在文人共和国中。

越来越多的电学和磁学实验研究对学术界关于实验专有技术的认识论地位的转变起到了关键作用。这些日常经验所带来的迄今未知的影响动摇了传统学

---

① Pannabecker 1998, Kaplan et Koepp 1986.
② Wolff 1764 (p. 2).

术界对物理学中经验的双重意义的肯定。正如德国神学家约翰·格奥尔格·瓦尔希（Johann Georg Walch）（1693—1775）在1733年写道："物理学中的感官所感知的体验是双重的：我们通过上帝的创造物，通过火、空气、地球，通过星星、花朵等感知到一种体验。另一种是我们用人工制成的人造物来感知它，……但是我们没有理由做很多事情，就像我们可以通过这些发现迄今未知的新物理真理一样。"①

随着时间的流逝，这个观点业已过时。这些通过实验建立的"迄今未知的新物理真理"逐渐解放了自然志的实验物理学。1753年5月15日，诺莱神父（l'abbé Nollet）（1700—1770）在纳瓦拉学院（le collège de Navarre）实验物理系主任的开幕式上发表了他的就职演讲，他试图将他的领域定位于文人共和国。②他坚持这一事实，即这种认知方式必须与自然志的实践区别开来，后者是一种调查形式，"在没有给出影响的原因的情况下，其主要目的是使我们对宇宙的构造有一个详细的了解；让我们区分属、种、多样的个体。众生之间的关系以及它们的不同特性……可以说，这就是我们的财富清单。"

另一方面，实验物理学的目的是"了解自然现象，并通过事实证据来说明它们的成因"，也就是说，"向我们揭示自然的机理"。但是，"这两种方法是如此紧密地联系在一起，几乎不可能将它们分开：一个不是博物学家的物理学家就是一个基于他所不认识的物体进行随机推理的人；一个不是物理学家的博物学家只是凭借自己的记忆行事。因此，要致力于实验物理学，就要致力于研究自然，不仅要研究自然的影响，而且要研究自然产生的各种材料。就是要检查它所做的一切，以使自己处于史好的位置以了解其行为。"③

1755年，诺莱的讲话被翻译成了德语。这使他的追随者们很快开始了工作，他们随后设法构想出一条不同于"骄傲的学者们"（les sçavans orgueilleux）所提出的道路，"他们试图通过表面上的，但往往是想象中的伟

---

① 被引用于 Schimank 1974 (p. 213)。
② Nollet 1753.
③ *Ibid.* (p. 9).

大，或通过他们承诺处理的对象的奇异性，使我们眼花缭乱。"① 但是，直到 19 世纪初，德国大学学者主要由作家（Schriftsteller）构成。他们的大部分活动都致力于翻译、编写教科书和收藏。因此，哥廷根大学实验物理学的先驱格奥尔格·克里斯托夫·利希滕贝格（Georg Christoph Lichtenberg）（1742—1799）既是文学家又是实验家，这并非偶然。他已故的同事约翰·克里斯蒂安·波利卡普·埃克斯勒本（Johann Christian Polycarp Erxleben）（1744—1777）重新发行的《自然哲学原理》（Anfangsgründeder Naturlehre）非常清楚地说明了如何通过实验手段建立的"迄今未知的新的物理真理"可以用来打破传统的学术文本的诠释。在该著作的第六版中可以找到许多注释，这些注释说明了"实验物理学"的艺术（l'art de *physica experimentalis*）的发展变化的速度以及这在多大程度上影响了获取有关自然知识的方式。然后，当地的实验知识开始改变传统大学学者的出版和研究实践。正如我们将看到的，实验研究有时被称为"科学发明"（das Erfinden im Scientifischen）。它们逐渐取代了百科全书的思想。②

因此，废除传统大学文本实践的最大挑战是开发实验所必需的工具。得益于日益精确的测量仪器的发展，我们再也不能没有仪器和其他实验设备来观察几乎所有的现象，尤其是在电和磁学领域。例如，夏尔－奥古斯丁·库仑（Charles-Augustin Coulomb）（1736-1806）的扭秤引起的争议表明，传统学者在认识仪器制造者的专有技术时遇到了困难。秤是否提供了电与磁的远距离作用力定律的证据？或者——正如某些学者所争论的那样——是确定这些测量结果的装置的几何形状，从而使定律成为纯人工的产物吗？到 18 世纪末，库仑、拉瓦锡和拉普拉斯着手建立了基于仪器和精确测量的实验科学的新道德经济学，这将改变传统的实验实践。

这一批新的学者不仅挑战传统的认识论价值观和规范，而且还把自学成才的实验者（未在古典大学受过教育）与传统学者区分开来。他们经常以公开表演的形式将实践的实验哲学与其他形式的知识区分开来。库仑在这里起着非常

---

① *Ibid.* (p. 45).
② Erxleben 1794.

积极的作用。在没有提及任何电物理学研究者的情况下，他关于扭秤的出版物更加广泛地指出，只有使用扭秤检测到的才是电。这可以说是一个决定性的声明：直到 1800 年，所有关于动物电（自发电池）的研究都未被认为是科学的，原因是无法通过扭秤来测量。①

尽管做出了这些尝试来清楚地定义可靠的实验知识，并清楚地区分了手工艺和学术知识的传统，但这些界限实际上仍然可以相互渗透。例如，在 1800 年左右，迄今不为人知的柏林的画家、颜料商人和哲学家进行的有关色彩和光线的研究，对物理学作为一门学科的出现产生了重大影响。同样，来自工匠社区的知识在很大程度上是口头传播，影响了 18 世纪的实验物理学。最后，药剂师的文化很容易使他们成为手工艺文化和化学学者之间的中介。②

手工艺者（*Handwerk Gelehrte*）／博学的工匠

19 世纪知识共同体的地图及其之间的互动与 18 世纪一样具有启发性。在欧洲，产生有用知识的计划向着新的方向发展，同时，基于特定的方法，论据和证据形式，为获得更可靠的知识形式所做的努力也在不断发展。科学旅行的发展、高精度实验室研究的加强以及各种规模的科学成果的成功交流都需要可靠的交流手段。公众必须首先知道什么是温度计，以及如何理解自然学家在实地访问期间收集的数据。在缺少精确实验的见证人的情况下，需要建立其他手段来报告事件的进展。他们通常无法获得成功，因为在实验室非常有限的环境之外，没有相关各方共享的标准化协议。甚至在这样的情况下，知识的产生地也远离学术场所，例如，维多利亚时代初期的英国啤酒厂，这让学术惯例受到了冲击。酿造业确实包括当时以最高精确度为基础的生产基地；这也是人们学习处理数字的地方。詹姆斯·焦耳或乔治·威格尼（George Wigney）等一些酿酒者渴望成为博物学家，他们努力工作，或者将专业知识领域转化为科学领

---

① Blondel *et al.* 1995, Hochadel 2000, Licoppe 1996, Meya et Sibum 1987 (p. 117-141), Schaffer 1983, Sibum 1997, Pancaldi 2002.
② Pietsch 2014, Werrett 2010, Klein 2012.

域，或者体现制造与学术界之间的联系，以至于他们成为唯一进行质疑经典知识的实验的人。① 然而，具有讽刺意味的是，尽管他们有才干，但为了使自己的活动合法化，这些参与者以无形的科学知识来表达自己的活动，这是一种可疑但普遍被接受的形象。在关于啤酒厂理论和实践的最著名论著中，威格尼写道："所谓'科学'，我们指的是那种仅通过头脑获得的知识，其目的是为了把它与精神和肉体力量的协同运动所产生的特殊知识区别开来。"②

19 世纪上半叶的实验者为塑造物理科学的历史进程作出了贡献。工匠、商人、工程师、仪器制造商，当然还有学者都参与了这一过程。但是，每个国家都以不同的方式使实验传统合法化。正如托马斯·库恩（Thomas Kuhn）所指出的那样："诺莱神父是一个法国科学院为机械艺术从业者所保留的特殊部门的成员。直到诺莱进入伦敦皇家学会之后，他的地位才得到提升，并接替了布丰伯爵和费尔绍·德·列奥米尔（Ferchault de Réaumur）等人的位置。著名的仪器制造商亚伯拉罕·宝玑（Abraham Breguet）是个才华横溢的人，理应进入机械部，但他并没能在法国科学院拥有一席之地。直到 1816 年，在他 69 岁时，多亏一项王室法令，他的名字才最终被写在了羊皮纸上。"③

在 18 世纪后期的英国，一些杰出的仪器制造商有的成为皇家学会的会员。在荷兰，马丁努斯·范·马伦（Martinus van Marum）明确希望通过他的实验工作来证明知识分子和教科书恰好与特勒尔学会（Teyler Society）所倡导的科学研究类型相对应。④ 在德意志，少数人设法将围绕实验（*Experimentalvorlesungen*）安排的课程引入大学：首先是利希滕贝格，然后是哥廷根的威廉·韦伯（Wilhelm Weber）、吉森的尤斯图斯·李比希、马尔堡的罗伯特·威廉·本生（Robert Bunsen）、柏林的古斯塔夫·马格努斯（Gustav Magnus）。对于巴伐利亚的光学仪器商约瑟夫·弗劳恩霍夫（Joseph Fraunhofer）或曼彻斯特的酿酒师詹姆斯·焦耳来说，工艺知识则是实验科学

---

① Sibum 1998, Sumner 2013.
② Wigney 1838 (p. 307).
③ Kuhn 1977 (p. 51).
④ Bennett 1985, Ginn 1991, Kuhn 1977 (p. 51–52), Morrell et Thackray 1981.

的组成部分。从总体上来看，在19世纪上半叶，学术界与手工业界之间的联系采取了几种形式：1833年，剑桥大学的威廉·惠威尔提出了"科学家"（scientist）一词。他受到了术语"艺术家"（artist）的影响而为这个新的混合角色的学者起了这个名字。然而，从业者的知识仍然未被认可或被认为是值得怀疑的，因为手工艺知识的交流往往是在行会内部进行的。但是，在革命战争和拿破仑战争期间，对博学的人和工程师的大规模动员消除了人们对实践知识在科学中所占地位的怀疑：信仰作为科学的一种长期研究的基础，作为一种寻求真理的方法，为工业过程提供了启示。①

1845年，正在进行现代化改革的普鲁士成立了德意志物理学会（Deutsche Physikalische Gesellschaft），毫无疑问，这是科学家身份形成上的一个重大进展。在这个科学社团的第一代成员中，有商人、工匠、仪器制造商、工程师和博学之人。该学会提供了表达这些社会群体所必需的文化空间。②

这种新型的实验知识的搬运者，被称为科学家，很快被称为"博学的工匠"（Handwerksgelehrte）。这个术语完美地诠释了实验运动与传统学术精英之间的融合。实验学家和"博学的书呆子"曾经被认为是两个截然不同的传统，现在融入实验科学家的共同体，在这些科学家中，做事和认知的方式已经获得了相同的认识论地位。像赫尔曼·冯·亥姆霍兹（1821—1894），埃米尔·杜布瓦-雷蒙（Emil du Bois-Reymond）（1818—1896）等杰出的"博学的工匠"和其他人反复表示实验知识需要特定类型的人："科学家（Naturforscher-"自然界的研究者"）不仅必须从会议和书籍中汲取知识，而且还需要一种只有通过丰富且专心的（感官知觉）才能获得的知识。他需要技能，而这些技能只有通过反复的试验和详尽的实践才能掌握。必须在某些类型的观察中增强其感觉，以察觉待检查对象的形状、颜色、稠度和气味之间的细微差异；必须对他的手进行训练，以便这双手有时可以从事铁匠、冶金师、木匠甚至是设计师或小提琴家的工作。"③1872年，在英国，剑桥大学实验物理学系第一任主

---

① Fox *et al.* 1999 (p. 69-93).
② Wise。（已于2018年出版——译注）
③ Helmholtz 1871 (p. 6).

席詹姆斯·克莱克·麦克斯韦（1831—1879）向听众重申，他无法从教科书中了解事实："必须去感觉，去实践。"然后，将实验的重述作为赋予实验知识以意义的手段，而不是对其进行验证的手段。此处尚未讨论术语"复制"（la réplication）的现代含义。将实验引入剑桥大学引起了关于教育价值的激烈争论，这主要来自数学家。[①]

事物的现代秩序

在欧洲和北美，这些新科学家并不相同，并且，不一定都能获得相同的学术认可。他们生产知识的基地仍然经常在大学之外，位于私人的住宅或工厂中。在19世纪，逐渐形成了一个年轻的大学学者的网络。他们访问了邻近国家，并在当时柏林、海德堡、吉森、哥廷根、格拉斯哥和巴黎成立的为数不多的教学实验室中学习。海德堡和柏林甚至将生理学、物理学、化学和其他学科的实验室并置在一起，这一过程对于计划中的科学统一具有象征意义。这些早期实验室的许多外国学生在获得博士学位后便建立了自己的研究实验室。[②]

在19世纪下半叶，这种麦克斯韦所称的"交叉施肥"（la fertilisation croisée）增加了。但是，尽管人们已努力采用新方法并交换了实验设备和实践知识，但各种旅行日记显示，人们做事的方式仍存在重大的差异。结果，在19世纪中叶的欧洲，科学的场所仍然是分散的共同体的脆弱拼凑，其访客既是科学家又是人类学家。此外，实验还没有被完全认可为产生比普通知识更可靠的自然知识的手段。摆脱传统的学术、社会和认识论准则，仍然需要整个"博学的工匠"一代人的共同努力。

这种特殊的实验知识，似乎是身心活动的共同努力，仍然是精英人士最难克服的障碍之一。例如，亥姆霍兹必须重复对德国受过良好教育的阶级表达：最大的科学发现并非来自简单的学术书籍阅读，而是科学家必须像小提琴手那

---

① Sibum 1995 (p. 33-36).
② Smith et Wise 1989 (p. 104-108), Fox et Guagnini 1999, Schaffer 1994.

样练习手部技巧。柏林的工程师弗朗兹·勒洛（Franz Reuleaux）（1829—1905）加入并扩展了这一论点，并提出了这样一种思想：对所有人类技术的分析和应用，无论是身体还是精神的，都是文明的杠杆。在有关理论动力学的主要著作中，他试图阐明发明的过程。勒洛认为，该过程仍然主要是无意识的物质生产、费力的人工劳动、干零活或测试（Pröbeln）。然后，他的书和大量的机器模型的集合将这个传统的共同体（以前通过口头传授知识）转变为一类训练有素的科学工程师。勒洛的书立即被翻译成英文，他的教学模型被复制并出售给欧洲和北美的主要大学。此外，例如他对机器的构造进行了自己的科学分析，这不仅仅用于提高工程师的工艺共同体的状况，还为全球范围内文明的发展提供了普遍的解释。综上所述，机器的使用及其精度的提高——减少偶然性，是人类文明的前提，甚至是动力。①

德意志科学家一致认为，由于难以获得最先进的工艺技能，新科学精度的下降似乎是不可避免的。勒洛、亥姆霍兹和威廉·弗尔斯特（Wilhelm Förster）（1832—1921）将其归因于大众工业的成功。例如，玻璃行业的高工资迫使最有才华的工匠放弃对科学的支持。当科学和工程需要最好的仪器制造商和技术人员生产出比行业标准更高精度的仪器时，还要表现出一种可靠的参与。在这里，我们引用弗尔斯特的论述："高精度技术是科学与艺术的融合，它旨在通过动员个人的创造力以及手和感官总体上的最佳表现，将理想的数学构造转变为或多或少可成形的材料。但是，只有像重视美术一样重视这种融合的创造的文明，才能从它们带来的经济成功中获益。"②

这些杰出的科学家成功地说服了德国的政界人士，"精确度"在科学和社会中具有了文化的重要性。弗尔斯特甚至谈到了 Genauigkeitssinn（一种特殊的准确度和精确度），这是必须培养德国人从而得到的特质。这些辩论导致帝国物理技术研究院（Physikalisch-Technische Reichsanstalt）于1880年成立。③早先的诸多计划之一便是与耶拿的玻璃厂合作生产高精度的温度计。玻璃技术

---

① Reuleaux 1875 et 1884.
② Förster 1900 (p. 41).
③ Cahan 1989.

员和未来的耶拿大学物理学私人讲师（*Privat Docent*）热纳·埃伯哈德·奇默（Jena Eberhard Zschimmer）描述了这种独特的科学和专有技术的合作，以实现对物质的绝对自由（*die vollkommene Freiheit über das Material*）。

德国只是众多例子中的一个，显示了人们在19世纪下半叶如何建立起一种新的科学知识体系。但是在其他欧洲国家，这种转变遵循着不同的动力。欧洲大学建立了越来越多的实验物理学教席。这证明了实验知识传统的逐步解放，被纳入科学院，并对大学教育产生了深远的影响。人们通过建立教学实验室，从智力方面和手工方面训练这种新型科学家。但是，这并非没有问题。例如，在剑桥，这样的项目遭到像艾萨克·陶德亨特（Isaac Todhunter）（1820—1884）这样的学者的强烈批评，他们质疑这种实验的整体教育价值。特别是他怀疑实验的艺术是否可以被教授。更重要的是，他认为这种教学将有助于将权力从教师转移到实验者：我们如何才能控制这种教学并评估学生？麦克斯韦一直在剑桥推广这种新型的培养模式。像亥姆霍兹一样，他提倡归纳概念，强调归纳实验物理学家和艺术家的智力活动之间的根本相似性。此外，他不断尝试模糊认识论和社会的界限，例如"博学的工匠"奇默批评了德国教育部长对教育（*Bildung*）的拙劣观念："当我们听到德国有才之人的成功时，我们指的是人才具备智力劳动的能力，而没有才干的人们则对体力劳动感到满意……但是，知识分子和体力劳动者之间的这种对比是人为的。这一切都取决于创造力，而不是智力或体力劳动的比例。身体智力（l'intelligence corporelle）是大学的德国教师尚未完全理解的概念，并且他们没有意识到这对于提高我们的文化的重要性。"①

然而，是这种知识产生在商业和政治上的成功（主要是在大学以外进行），而非在教育（*Bildung*）上进行的辩论为19世纪的物理学打开了学术之路，从而使该科学具有卓越的地位。但是它仍然面对传统的大学实践，因此导致对知识产生的基础的根本反思。新一代的"第三人"，"博学的工匠"正在加紧努力，以更新传统的欧洲大学。

---

① Zschimmer 1922 (p. 112–114).

科学家的旅行日记反映了这门新科学的异质性，以及发明一种可以培养现代科学家的新型教学制度的价值。美国物理学家亨利·罗兰（Henry Rowland）（1848—1901）来自当时非常年轻的约翰·霍普金斯大学（成立于1876年），他是这一转变的关键参与者。他被该大学创始人兼第一任校长丹尼尔·吉尔曼（Daniel C. Gilman）（1831—1908）派往欧洲，以了解欧洲的科学发展的现状。他的笔记和他在旅欧期间的书信证明了他遇到的共同体的异质性。这些还预示了他的田野调查将对他自己的大学建立新的知识体系产生影响。罗兰迅速意识到，在欧洲，科学家不仅对同一种自然现象有不同的理论概念，而且他们各自的实验规程和精确度标准也大不相同。[①] 从到达欧洲的第二个礼拜起，他就对欧洲人感到失望，他在笔记本上写道，他本人将能够在美国实践更好的科学。根据罗兰的观点，现代物理学要求配备有能够生产最高标准仪器的工具和机器的工厂，以及拥有非凡专业知识的仪器专家，以便为研究人员提供精密的和优良品质的仪器。最后，有必要设计在数学和实验方法之间取得较好平衡的物理课程，"不仅将满足长期以来的需求，还将吸引本来会继续在德国学习的学生"，而且还将培训"精密的物理学家"。

对于罗兰来说，只有这样的实践教育制度才能使"现代事物的秩序"发挥作用，这是他在开设新的物理实验室时提出的。该秩序由伽利略开创，他是第一个将其推理提交实验测试的研究人员。在罗兰的实验室中，新一代的学生"必须学会不断地测试他们的知识，从而亲眼看到模糊的猜测的可悲结果。他们必须从直接的实验中了解到这个世界上有真理这种东西的存在，并知道他们的思维很容易犯错误。他们必须重复实验和问题，直到成为行动者而不是理论者。这就是实验室在普通教育中的意义所在：通过不断地将其与绝对真理联系起来，以正确的思想方法来训练思维。"[②]

罗兰访问了欧洲最负盛名的实验室；他甚至参加了柏林亥姆霍兹实验室的实验，并与剑桥的麦克斯韦进行了讨论。因此，他完全有能力判断欧洲的科

---

① Sibum 2002.
② Rowland 1886 (p. 574-575), Cahan 1985.

学实践。他很快就确信，可以通过赋予其新的动力来重新启动欧洲的科学计划。但是，他认为这存在双重障碍：首先，"目前学校和大学的教育状况，其中包括科学在内的大多数科目都是作为一种记忆练习来教授的。我本人在一所享有盛誉的学校参加的课程，看到了注定要在未来成为知识分子的年轻女性的忧郁图景：她们一页接一页地背诵着，而丝毫不关心她们是否理解了这个主题。……我们言传身教，简单的话语产生的心境却绝非上面所描述的那样。……培养的目的不仅是要培养一个知道知识的人，而且要培养一个实践知识的人。一个为生存而奋斗并在事业上取得成功的人；一位能够在我们遇到自然和人类的问题时解决它们的人，当他知道自己是对的时候，他就有力量和勇气说服世界。"

其次，罗兰认为他可以进一步完善精度标准。在 20 世纪，他的目标是培养"精密的物理学家"（des physiciens de la précision），他们将成为现代文明的榜样。为了获得科学知识，这是必须要做的事。在这方面，他密切关注他在欧洲的盟友，例如，威廉·汤姆森（开尔文勋爵）（1824—1907），几年前他曾宣布："我常说，当一个人能够衡量自己所讲的东西，不管是什么主题，如用数字表达出来，就会对它有所了解；但当一个人不能衡量它，不能用数字表达出来的时候，这种知识便是毫无生气的，并留下了一些不足之处。这可能构成知识的种子，但远未达到科学的状态。"[①]

结论

在世纪之交，欧洲和北美的大学采用了一种强大的知识体系，称为"科学"。基于可控实验的知识是由新型研究人员实践的，这些研究人员在新建的教学实验室中接受了严格的知识和教科书的培养。*Wissenschaft* 的传统知识以长期以来与 *scientia* 分离的可感知的实验为基础，如今已成为现代科学的核心。物理尤其是所有其他科学、技术甚至现代民族国家的基础。以一种颇具说

---

① Thomson 1891 (p. 82-83).

服力的方式，德国物理学家奥托·维纳（Otto Wiener）在莱比锡大学实验物理系任教，并在接管该国最大的实验室时，将其就职课程命名为"感知的扩展"（l'extension des sens），从而庆祝科学在长19世纪中发生的巨大变化。"克服推测，揭示感知，为实验科学奠定基础：这就是19世纪的贡献。"[①]但是，为了理解现代物理学的这种新思维模式（den Geist der modernen Physik），学生们必须以实用的方式掌握测量精度的方法。

但是，这种现代科学的经济、政治和认识论的力量未能成功消除不同的声音。例如，物理学家迈克尔·波兰尼（Michael Polanyi）就表达了这样一种担忧：对精确性的痴迷会使物理学陷入疯狂。对于他来说，即使在高精度的科学工作中也总是存在不确定性："显然，仅在我们指定为确切的自然定律上没有绝对确定性这一事实。我们可以得出这样的结论：只有考虑到这些规律所包含的固有的不确定性因素，这些规律才是有价值的。而这种不确定性是由信仰——这一有效性的最高认可来弥补的。"[②]

奥托·赛本（H. Otto Sibum）撰；阿尔琼·拉杰（Arjoun Raj）译

参考文献

Bennett James A., 1985, Instrument Makers and the "Decline of Science in England": The Effects of Institutional Change on the Elite Makers, in Peter R. de Clercq (dir.), *Nineteenth-Century Scientific Instruments and Their Makers*, Amsterdam, Rodopi, p. 13-27.

– 2002, The Travels and Trials of Mr. Harrison's Timekeeper, in M.-N. Bourguet *et al.*, *op. cit.*, p. 75-95.

Blondel Christine et Dörries Mathias (dir.), 1994, *Restaging Coulomb: Usages, controverses et réplications autour de la balance de torsion*, Florence, Leo S. Olschki.

Bourguet Marie-Noëlle, Licoppe Christian et Sibum H. Otto (dir.), 2002, *Instruments, Travel and Science: Itineraries of Precision from the Seventeenth to the Twentieth Century*, Londres et New York, Routledge.

---

① Wiener 1900，Dietzgen 1869 (p. 57).
② Polanyi 1936.

Cahan David, 1985, The Institutional Revolution in German Physics (1865—1914), *Historical Studies in the Physical Sciences*, vol. 15, no 2, p. 1-65.

— 1989, *An Institute for an Empire. The Physikalisch-Technische Reichsanstalt (1871—1918)*, Cambridge, Cambridge University Press.

Daston Lorraine, 2003, Knowledge and Science: The New History of Science, *in* Miguel Herrero y Rodríguez de Miñón et Johannes-Michael Scholz (dir.), *Las ciencias sociales y la modernización*, Madrid et Berlin, RACMP et MPIWG, p. 33-52.

Dietzgen Joseph, 1973 [1869], Das Wesen der menschlichen Kopfarbeit. Darges tellt von einem Handarbeiter. Eine abermalige Kritik der reinen und praktischen Vernunft, *in* Joseph Dietzgen, *Das Wesen der menschlichen Kopfarbeit und andere Schriften*, éd. par Hellmut G. Haasis, Darmstadt, Luchterhand.

Erxleben Johann Christian Polycarp, 1794, *Anfangsgründe der Naturlehre*, 6, Aufl., mit Verbesserungen und vielen Zusätzen von G.C. Lichtenberg, Göttingen, Dieterich.

Fleck Ludwik, 1986 [1929], On the Crisis of Reality, *in* Robert S. Cohen et Thomas Schnelle, *Cognition and Fact. Materials on Ludwik Fleck*, Dordrecht, D. Reidel, p. 47-57.

Förster Wilhelm, 1900, Sternkunde und gewerbliche Arbeit, *in* Julius Eckstein et J.J. Landau (dir.), *Deutsche Industrie. Deutsche Kultur*, Berlin, Fischer, p. 38-42.

Fox Robert et Guagnini Anna (dir.), 1999, *Laboratories, Workshops and Sites: Concepts and Practices of Research in Industrial Europe (1800—1914)*, Berkeley (CA), Office for History of Science and Technology.

Ginn William Thomas, 1991, *Philosophers and Artisans: The Relationship between Men of Science and Instrument Makers in London (1820—1860)*, thèse de doctorat, université de Kent à Canterbury.

Helmholtz Hermann von, 1871, *Über die Ziele und Fortschritte der Naturwissenschaft*, Brunswick, Friedrich Vieweg & Sohn.

Hochadel Oliver, 2000, *Öffentliche Wissenschaft. Elektrizität in der deutschen Aufklärung*, Göttingen, Wallstein.

Kaplan Steven L. et Koepp Cynthia J. (dir.), 1986, *Work in France: Representations, Meaning, Organization, Practice*, Ithaca (NY), Cornell University Press.

Klein Ursula (dir.), 2012, Artisanal-Scientific Experts in Eighteenth-Century France and Germany, *Annals of Science*, vol. 69, p. 303-440.

Kuhn Thomas S., 1977, Mathematical versus Experimental Traditions in the Development of the Physical Science, *in* Thomas S. Kuhn, *The Essential Tension: Selected Studies in Scientific*

Tradition and Change, Chicago (IL), University of Chicago Press, p. 31-65.

Lawrence Christopher et Shapin Steven (dir.), 1998, *Science Incarnate: Historical Embodiments of Natural Knowledge*, Chicago (IL), University of Chicago Press.

Licoppe Christian, 1996, *La Formation de la pratique scientifique. Le discours de l'expérience en France et en Angleterre (1630—1800)*, Paris, La Découverte.

Meya Jörg et Sibum Heinz Otto, 1987, *Das fünfte Element. Wirkungen und Deutungen der Elektrizität*, Reinbek, Rowohlt Verlag.

Mokyr Joel, 2002, *The Gifts of Athena: Historical Origins of the Knowledge Economy*, Princeton, Princeton University Press.

Morrell Jack et Thackray Arnold, 1981, *Gentlemen of Science: Early Years of the British Association for the Advancement of Science*, Oxford, Clarendon Press.

Nollet Jean-Antoine, 1753, *Discours sur les dispositions et sur les qualités qu'il faut avoir pour faire du progrès dans l'étude de la physique expérimentale*, Paris; trad.allemande, *Rede von der nötigen Geschicklichkeit zur Erforschung der Natur, welche er den 15. Mai 1753 bei dem Antritte seines öffentlichen Lehramtes in dem Navarrischen Collegio gehalten*, Erfurt, 1755.

Pancaldi Giuliano, 2002, Appropriating Invention: The Reception of the Voltaic Battery in Europe, *in* M.-N. Bourguet *et al.*, *op. cit.*, p. 126-155.

Pannabecker John R., 1998, Representing Mechanical Arts in Diderot's *Encyclopédie*, *Technology and Culture*, vol. 39, p. 33-73.

Pietsch Annik, 2014, *Material, Technik, Ästhetik und Wissenschaft der Farbe (1750—1850). Eine produktionsästhetische Studie zur "Blüte" und zum "Verfall" der Malerei in Deutschland am Beispiel Berlin*, Berlin, Deutscher Kunstverlag.

Polanyi Michael, 1936, The Value of the Inexact, *Philosophy of Science*, vol. 3, p. 233-234.

Reuleaux Franz, 1875, *Theoretische Kinematik. Grundzüge einer Theorie des Maschinenwesens*, Brunswick, Vieweg.

– 1884, Kultur und Technik, *Zeitschrift des niederösterreichischen Gewerbevereins*, p. 1-37; repris *in* Carl Weihe, *Franz Reuleaux und seine Kinematik*, Berlin, Springer, 1925, p. 65-95.

Roberts Lisa, Schaffer Simon et Dear Peter (dir.), 2007, *The Mindful Hand: Inquiry and Invention from the Late Renaissance to Early Industrialisation*, Amsterdam, KNAW.

Rowland Henry A., 1886, The Physical Laboratory in Modern Education, *Science*, vol. 7, p. 573-575.

Schaffer Simon, 1983, Natural Philosophy and Public Spectacle in the Eighteenth Century, *History of Science*, vol. 21, p. 1-43.

— 1994, *From Physics to Anthropology – and Back Again*, Cambridge, Prickly Pear Press.

— 1997, Experimenters' Techniques, Dyers' Hands, and the Electric Planetarium, *Isis*, vol. 88, p. 456-483.

Schimank Hans, 1974, Zur Geschichte der Physik an der Universität Göttingen vor Wilhelm Weber (1734—1830), *Rete: Strukturgeschichte der Naturwissenschaften*, n° 2, p. 207-252.

Shapin Steven et Schaffer Simon, 1993 [1985], *Leviathan et la pompe à air. Hobbes et Boyle entre science et politique*, Paris, La Découverte.

Sibum H. Otto, 1995, Working Experiments: A History of Gestural Knowledge, *The Cambridge Review*, vol. 116, n° 2325, p. 25-37.

— 1997, Charles-Augustin Coulomb (1736—1806), *in* Karl von Meyenn *Die Grossen Physiker*, t. 1: *Von Aristoteles bis Kelvin*, (dir.), Munich, C.H. Beck, p. 243-262.

— 1998, Les gestes de la mesure. Joule, les pratiques de la brasserie et la science, *Annales. Histoire, sciences sociales*, nos 4-5, juillet-octobre, p. 745-774.

— 2002, Exploring the Margins of Precision, *in* M.-N. Bourguet *et al., op. cit.*, p. 216-242.

Smith Crosbie et Wise M. Norton, 1989, *Energy and Empire: A Biographical Study of Lord Kelvin*, Cambridge, Cambridge University Press.

Sumner James, 2013, *Brewing Science, Technology and Print (1700—1880)*, Londres, Pickering & Chatto.

Thomson William, 1891, Electrical Units of Measurement, *Popular Lectures and Addresses*, Londres, Macmillan, vol. 1, p. 82-83.

Werrett Simon, 2010, *Fireworks: Pyrotechnic Arts and Sciences in European History*, Chicago (IL), University of Chicago Press.

Wiener Otto, 1900, *Die Erweiterung unserer Sinne. Akademische Antrittsvorlesung gehalten am 19. Mai 1900*, Leipzig, J.A. Barth.

Wigney George Adolphus, 1838, *An Elementary Dictionary, or Cyclopediae, for the Use of Maltsters, Brewers, Distillers, Rectifiers, Vinegar Manufacturers, and Others*, Brighton et Londres, Sickelmore and Richardson.

Wise M. Norton, [à paraître], *Aesthetics of Science: Hermann Helmholtz and the Berlin Physical Society*.

Wolff Christian, 1764, Vorrede, *in* Bernard Forest de Bélidor, *Architectura hydraulica, oder Die Kunst, das Gewässer zu denen verschiedentlichen Nothwendigkeiten des menschlichen Lebens zu leiten, in die Höhe zu bringen, und vortheilhaftig anzuwenden*, Augsbourg.

Zschimmer Eberhard, 1922, *Die Überwindung des Kapitalismus*, Iéna, Volksbuchhandlung.

一位欧洲"绅士"和他的印度语老师（*munshee*），1813年。

第十四章

帝国霸权还是建设性互动？19世纪的印度殖民地

1766年11月，在一个寒冷潮湿的下午，从伦敦出发的马车停在牛津市中心的玉米市场街上。总而言之，如果只有一名乘客与其他乘客不太一样，那将是微不足道的。戴着黑色胡须，披着长长的粉红色上衣，腰间系着腰带，穿着精美的绣花披肩和彩色头巾，这位旅行者就是米扎尔·谢赫·伊特萨姆德汀［Mirza（Sieur）Sheikh I'tesam ud-Din］(1730—1800)，被莫卧儿皇帝沙阿兰姆（Shah'Alam）(1759—1806)派往英国，会见英王乔治三世，以抗议刚刚征服了大部分领土的英国东印度公司的雇员滥用职权，并请他派遣英军维持秩序。这位波斯裔孟加拉国学者之所以被选中，是因为他曾作为公司的代理人与莫卧儿王朝孟加拉省接壤的印度王国进行谈判。东印度公司在七年战争开始时就占领了孟加拉国。伊特萨姆德汀在南特短暂停留后于1766年9月到达伦敦，他表示希望参观在牛津的"伟大的伊斯兰逊尼派的教学机构"（la grande medersah）。著名东方学学者托马斯·亨特（Thomas Hunt）(1696—1774)在公共马车的门口迎接了他。亨特在牛津大学拥有阿拉伯语和希伯来语的教席。教授将这位米扎尔介绍给了他最喜欢的学生威廉·琼斯（William Jones）(1746—1794)，一个注定要成为18世纪最伟大的东方学学者的人。

伊特萨姆德汀在牛津度过的一个月中，人们向他展示了天文台、望远镜、星盘和行星，但大学的图书馆引起了他的兴趣，特别是里面所收藏的来自东方的瑰宝。这些文本对于当地专家来说很难获得。伊特萨姆德汀翻译了许多用阿拉伯语、土耳其语和波斯语撰写的文字。当时，在大学里还没有内行可以做到这些。① 应威廉·琼斯的要求，他还翻译了波斯语法的十二条规则。该语法是来自伟大的莫卧儿语言学家侯赛因·恩居（Husayn Enju）17 世纪初编写的经典波斯词典（*Farhang-e Jahangiri*）。琼斯不遗余力地将翻译稿做成教材供公司的雇员使用②——波斯语是莫卧儿帝国的官方语言，也是东印度公司新征服的领土的官方语言。伊特萨姆德汀写道："把它印出来后，他（琼斯）就把这些文稿卖掉了，赚了不少钱。"③ 伊特萨姆德汀的团队既没有在这些文稿中被提及，也没有被感谢。④

这几乎总结了英国人和印度人之间在科学和知识关系上的几个方面。首先，它破坏了一种思想，即欧洲是唯一的生产者和持有者，并将其知识传播到世界其他地方。⑤ 这个故事表明，跨文化的交流要复杂得多，而且这种互动的性质是长期的：自从欧洲人抵达印度洋以来，与其他印度学者一样，穆斯林贵族米扎尔也已经与 *Firangi* 合作⑥，或为他们工作。他以谈判代表、翻译和律师的身份出现，使一种文化的知识能被另一种文化理解，这使他成为必不可少的"中间人"（*go-between*）。几个世纪以来，这种合作不断发展。欧洲人起初是参加香料和其他奢侈品贸易的。在印度，当时只有几百个侨民在几千名士兵和水手的协助下生活。但是，即使在 20 世纪大英帝国的鼎盛时期，英国在印度的存在也只有万人左右，如果与当地中间人相比，人数是十分稀少的。⑦

---

① 这是以 1784-1785 年用波斯语写成的米尔扎旅行记为基础的重构，40 年后该日记被翻译成了英语出版：Alexander 1827.
② Jones 1771.
③ Alexander 1827,（p. 66）.
④ Tavakoli-Targhi 1996.
⑤ 关于这种扩散主义模式的最好表述，可参阅：Basalla 1967. 对这种模式的批评，可参阅：Adas 2006, Habib et Raina 2007（导言）.
⑥ 波斯语源词，字面意思是"法兰克人"，它无差别地指代所有欧洲人。
⑦ 据估计，在 19 世纪上半叶的马德拉斯省，为殖民行政部门服务的英国人与印度人的比例为 1∶180. 参阅：Frykenberg 1965,（p. 7）.

英国人到达印度之后就和 banians（银行家和商人）、船商、munshis（秘书）、dubashis（翻译）、harkaras（所有的信息提供者）、karigars（工匠、织布工、珠宝商、木匠、建筑商、造船商和水手……）建立了合作关系。在 18 世纪下半叶的欧洲内部竞争（尤其是与法国）的对抗中，这种合作甚至形成了一支由士兵、技师和本地军火商组成的军队。

比起这种简单的数字论证，欧洲人更为重要，因为他们是外国人，从认识论上讲，他们依赖于当地人来获取与他们互动的文化知识，并从 18 世纪中叶开始统治当地。① 大多数欧洲人，尤其是英国人，通常在 14～17 岁以雇员的身份来到印度。他们当时的想法是发财。知晓三率法和会计知识，再加上一些适当的支持，就足以加入东印度公司。因此，他们对公司事务、习俗和程序，以及更普遍的印度习惯和风俗的真正培训就留给了当地的孟什人（munshi）。他们有时甚至会诱使当地人成为"妻子"（búbú）。著名的东方学学者、地理学家、诗人和外交官理查德·伯顿爵士（Richard Burton）（1821—1890）对此进行了具有讽刺意味的描述："她是名副其实的'旅行词典''妻子'，对学生来说是必不可少的；她不仅教他印度语的语法，还教他本地的日常语法。她照顾这所房子，从不允许他省钱，或者尽可能地乱花钱。她维持着家里的良好秩序。她有防止生育的绝对秘诀，特别是如果她的雇佣合同有规定的话。他生病时，她会照顾他，她是那里最好的护士之一。由于一个人独居不便，这为他提供了一种家的感觉。"②

除了这些轶事之外，两种文化的行动者之间的相近之处确保了实践、思想和话语的丰富性，这极大地影响了做事的方式。③ 它还产生了两种文化都前所未有的科学或技术创新。这种互动是古老的，但是从 18 世纪中期开始其性质就发生了变化。然后，它将两个地区的对话者纳入了更加正式的体制结构中，即使在工作条件和薪酬方面都存在着极大的不对称性，并且都有利于殖民统治

---

① 关于科学史上的中介问题，参阅：Schaffer, Roberts, Raj et Delbourgo 2009; et Raj（已于 2016 年出版——译注）。
② Burton 1893 (vol. 1, p. 135).
③ 关于这一问题，请参阅：Bellenoit 2014.

者。① 在本章的余下部分中，我们将仔细研究在长 19 世纪中这种相互作用的演变及其对科学和知识发展的影响。

作为一种政治理论的语言学

让我们先从历史事件的回顾开始：18 世纪中叶，发生了两次重大事件，使印度次大陆动荡不安。1739 年，伊朗君主纳迪尔沙（Nader Shah）（1688—1747）入侵北印度与德里地区，这为莫卧儿帝国敲响了丧钟，加速了其崩溃和其他区域大国的崛起。然后，当七年战争开始时，东印度公司出于欧洲内部竞争的战略原因征服了孟加拉国。区域地缘政治局势的动荡使该公司以及英国人成了南亚地区新的主要行动者。

孟加拉国被征服后，新的支配者就参与了广阔领土的政治管理。英国人与当地人之间的合作扩大到了税收、司法和教育，之后又扩展到语言学、测量学、制图学、天文学和植物学等科学领域。② 然而，起初，公司的官员们将大部分精力用于对该地区的掠夺并将其财富占为己有。③ 无情的税收带来的毁灭和饥荒在三年内导致 1 000 多万人丧生（当时是孟加拉国人口的三分之一，几乎是农民或工匠数量的总和）。④ 1772 年，英国议会决定恢复孟加拉国的秩序。英国人与当地人之间的合作变得有组织起来。英国人保留了行政机构和大多数中层公务员的位置。脱胎于莫卧儿王朝的行政机构，负责档案和地籍的人员、测量员、收税员、治安官、县长、警察、抄写员或教师将殖民权力与当地居民联系在一起。不过，许多英国高级政府官员被任命承担这个新政府的高级职位，而新政府则受到英国议会的密切监视。

因此，威廉·琼斯（作为法学家和伦敦皇家学会的一员，并因他的东方学

---

① Kumar 1995.
② 由于篇幅有限，这里只谈前三个方面。对于天文学，可参阅：Schaffer 2007 et 2009. 对于植物学，可参阅：Noltie 2008. 要想了解更完整的殖民时期的科学史，可参阅：Arnold 2000, Habib et Raina 2007.
③ 英国人所犯下暴行的详细清单，可参阅：Great Britain 1803.
④ Kumar 1982 (p. 299).

作品而享有盛名）于1783年以印度英属领土首府加尔各答最高法院法官的身份抵达印度。琼斯在开展工作时，依赖于穆斯林和印度教法学家的建议。他利用由20名亚洲学者组成的庞大网络，将其描述为"我的读者和抄写员的私人机构"。① 这些都是著名的印度教和穆斯林知识分子，包括伊特萨姆德汀。② 琼斯精通波斯语和阿拉伯语，但他不懂梵语，而大多数印度法律文本的书写语言都是梵语。他对学习新语言并不感兴趣，他写道："语言仅仅是纯粹的知识工具，我认为将语言与知识混淆是错误的。"但是，两年后，威廉·琼斯的立场改变了："梵语虽然很古老，但在结构上令人钦佩。它比希腊语更完美，比拉丁语更丰富，并且比两者都更为精致。但是，我们认识到，它们在动词的根源和语法形式上的相似性并非偶然。实际上，这种相似性使得语言学家在研究这三种语言时，不可能不相信它们来自一个也许已经不存在的共同来源。"③

这段文字，也许是威廉·琼斯著作中最著名的一段，通常被誉为科学语言学和比较语言学的基石。因此，在历史学中，琼斯被视为一个天才，他设法独自在世界不同语言群体之间建立起这些联系。但是，现实却大不相同。对于那些熟悉莫卧儿时代的政治和语言理论的人来说，他们与琼斯的论点之间有着相似之处。正如历史学家穆扎法尔·阿拉姆（Muzaffar Alam）的研究所显示的那样，至少从16世纪开始印度地区就出现了苏非主义传统。从语言分析的比较来看，苏非主义传统为伊斯兰和印度教之间的宗教和文化融合提供了理论基础。④ 到18世纪中叶，印度诗人、字典作者和语言学家阿尔祖（Siraj al-Din'Ali Khan Arzu）（卒于1756年）写了一篇关于波斯语的论文《丰饶》（*Muthmir*），并使用与琼斯相同的推理方法分析了它与梵文的联系。⑤ 该文本广为流传，有迹象表明琼斯的合作者已经意识到这一点。⑥ 的确，莫卧儿帝国的波斯学者，例如，伊特萨姆德汀，确实接受了主流的政治理论的培养，包括

---

① Jones 1970 (vol. 2, p. 798).
② 关于琼斯在印期间情况更为详尽的分析，可参阅：Raj 2001.
③ Jones 1788 (p. 422–423).
④ Alam 2004（尤其是 p. 91–98）.
⑤ Arzu 1991 [*ca.* 1756].
⑥ Tavakoli-Targhi 1996.

那些使伊斯兰教与印度教结合的合法化理论。① 伊斯兰民族志和穆斯林大帝国中的民族分类与牛顿和威廉-琼斯等欧洲伟大的神话编写者一样，他们的灵感都来自《圣经》故事。② 对他的印度著作进行分析之后，我们可以清楚地看到，琼斯通过在梵文、拉丁文和希腊文之间建立联系，力图使英国在印度的殖民政权合法化。他在来信中有时会提到与当地人就此问题进行的讨论。③

绕过英国地图绘制术的印度

语言学并不是印度人和英国人之间紧密合作的唯一领域。在17世纪和18世纪，就像其他欧洲人与东方进行贸易一样，英国人绘制了欧洲和亚洲之间的海图。海图和道路勘测是导航的重要工具，并且至少自13世纪以来，它们就一直是合格水手携带的行李中的必备之物。但是，欧洲人并未做出很大的努力来绘制内陆的地图，部分原因是他们的贸易站位于沿海地区，或者像孟加拉国一样，位于河口。实际上，直到19世纪，地图才开始成为欧洲陆上旅行者的必备品。对于内陆，由于他们很少离开办公室，欧洲制图师主要依靠旅行者和传教士报告的信息，而这些人又经常雇用当地向导为自己服务。因此，印度的一些稀有地图，例如，让-巴蒂斯特·布吉尼翁·昂维尔（Jean-Baptiste Bourguignon d'Anville）（1697-1782）的地图（于1752年出版），是根据现代旅行者的记载更新而来的。这是一种古代地理学的制图方式。

英国征服南亚改变了他们的需求。英国人命令对其新的殖民地进行详细描述以建立边界，标出陆路和水路贸易路线，确定耕地的面积和潜在价值，并确保通信的规律性和安全性。④ 在18世纪，大约200名英国人参与了土地勘察，他们都没有接受过相关培训。由于许多人都是军人，他们通过实践来学习对道

---

① 关于到18世纪末期，印度培养学者的问题，可参阅：Alam et Subrahmanyam 2004.
② Lincoln 2002.
③ Jones 1970.
④ Raj 2004.

路进行测量的技巧。① 尽管存在诸多限制，但他们还是在 1783 年发布了印度次大陆的地图。该地图具有无与伦比的准确性和信息密度！这只能通过他们使用本地知识和人员的方式来解释。

如果结合当时的背景来看，这种"壮举"就更加惊人了。自 1760 年左右在印度开始首次大规模调查时，世界上还没有关于英伦三岛的详细而统一的地图。缺乏沿海、港口或设防图，也没有道路图、产业或郡县的地图。然而，后者是由土地丈量员进行的，其技术和工具（链条或木棍以及丈量用的角尺）无法进行任何广泛地勘察。② 对于大不列颠及爱尔兰的制图业务，是由 1791 年才建立的大不列颠及爱尔兰军械调查局（Ordnance Survey of Great Britain and Ireland）负责。直到 1801 年，英国的第一张地图在印度第一张详细地图出版后近 20 年才完成。③ 尽管，印度人自己也没有整个次大陆的地图，但是在欧洲人到来之前，其地理学绝非是白板一块，他们对南亚进行了广泛的调查、测量和展现。通过传播和协商调整专门知识和设备，技术得到不断发展，这一过程与中亚和西亚政权的文化和经济有着密切的联系。④ 在这方面，测量的目的和技术与当时在英国所实践的并没有很大不同。⑤ 除当地地图外，人们还制作了详细的路线图，地籍记录提供了几乎整个次大陆上耕地的范围和所有权的信息。⑥ 在常用的测量仪器中，我们可以看到杆子、绳索、谷物种子和人体的部分（拇指、手掌、脚、肘、步幅……）。但工具不止这些。自 14 世纪初以来，穆斯林制造商就在印度生产了星盘。这些星盘通常被印度教和穆斯林的天文学家用来确定天体和陆地上的坐标。其教材在 14 世纪后期从阿拉伯语和波斯语被翻译成各种当地语言。⑦ 测量经常以表格形式使用，这在年鉴或手册中可以找到。这些年鉴或手册提供了各省及其分区的系统描述，并指定了位

---

① Phillimore 1945-1968 (vol. 1, p. 307-400).
② 参阅：Bennett et Brown 1982 (p. 10).
③ 关于更多的细节，可参阅：Close 1969, Seymour 1980.
④ Szuppe 2004.
⑤ Bayly 1996 (p. 20 *sq.*).
⑥ Gole 1989, Phillimore 1952. 关于南亚地区制图的总体历史，可参阅：Schwartzberg 1992 (p. 400 *sq.*).
⑦ 参阅：Pingree 1981 (p. 52-54), Gunther 1932 (vol. 1, p. 179-228).

置和范围,在很大程度上并非唯一地履行了诸如我们今天设计它们时所具备的那些功能。其中最有名的是 16 世纪后期由政论家阿布－法兹伊本·穆巴拉克(Abu'al-Fazl ibn Mubarak)(1551—1602)编辑的《阿克巴治则》(Ain-i Akbari)。①

此外,与其他殖民活动一样,英国人呼吁对当地人进行调查。詹姆斯·伦内尔(James Rennell)(1742—1830),"无疑是第一位伟大的英国地理学家",可以被认为是第一个系统地使用这些不同传统以及欧洲沿海和陆地调查方法进行勘察的人。② 像他在印度的大多数同胞一样,伦内尔接受了基础教育,使他在七年战争的初期就可以找到工作,成为一艘英舰的尉官。他在布列塔尼海岸附近工作,通过实践学习了海岸和港口的测量技术。他从 1764—1777 年在印度使用并发展了这些当时看起来微不足道的技巧。他设法找到了一份工作,成为服务于英国东印度公司的试验工程师。在孟加拉国政府急切地寻找制图专家时,他很快被任命为孟加拉国的首席测量工程师(测量总监)。他负责的主要任务是绘制恒河三角洲的地图。实际上,通航河流的调查对于英国人而言至关重要。伦内尔像应对沿海情况一样考虑可航行的支流的问题,因此绘制了构成三角洲的数千个岛屿的草图。尽管如此,他还是利用海军学到的技术向当地人询问他所遇到的各种支流和小溪的航行能力。

在 1777 年回到英格兰后,当他决定发布整个次大陆的地图时,伦内尔使用了他对河流的测量数据。对于其他部分,尽管他主要在三角洲地区进行了一些土地勘察,但他依靠的是印度和欧洲的士兵与土地勘测员的日志。有趣的是,他在回忆录的导言中提到了他所有的资料,该回忆录随他在 1783 年发布的第一张地图一起被出版。在其中提及了印度士兵吴拉姆·穆罕默德(Ghulam Muhammad)负责"孟加拉国和德干之间的道路和区域";米尔扎·穆贾尔·贝

---

① 'Al-Fazl 1873-1894. 在论述阿克巴(Akbar)时期的莫卧儿帝国的十二个省份时,阿布－法兹伊本描述了整个帝国用于地籍和道路测量的不同单位(vol. 2, p. 58-62 和 414-418)。在专门介绍印度教信仰和知识的部分,他详细介绍了该地区用来确定经纬度的方法,并附上了从大西洋到中国的已知地方的坐标表(vol. 3, p. 33-36 et 46-105)。同样可参阅:Sarkar 1901。
② Markham 1895 (p. 9).

格（Mirza Mughal Beg）负责印度西北部地区；萨达南德（Sadanand）负责古吉拉特邦，是"天才与非凡的婆罗门"。①

而在欧洲人这边，信息的提供者包括耶稣会士和法国人，但他们本身也非常依赖当地人的知识。当然，伦内尔充分利用了《阿克巴治则》中的图表。他在第一版回忆录的序言中写道："为了将印度斯坦按省划分，我遵循了阿克巴皇帝采用的方案，因为在我看来，这是最为持久的方案：边界的思想不仅在传统上被印刻在当地人的脑海中，而且在权威的《阿克巴治则》中也有明确规定。"②

在半岛地图右下角的圆形装饰上，印度和英国精英之间的合作也以婆罗门为大不列颠所作的奉献代表，受到印度士兵和神圣的手稿《沙斯陀罗》[Shasters（shastra）]的保护。而画面中的其他婆罗门正在等待着交出他们盒匣中的其他手稿。前景是土地测量员的仪器，而背景是农民耕种土地，苦力正在装载一艘船上供出口的印度产品——可能是运往中国的鸦片，这些都描绘在用圆形框装饰的皇冠上。③

伦贝尔的地图比之前制作的英国或海外领土的地图信息都要密集得多，并且它成了未来英国地图细节和精度的样板。为了表彰他的成就，伦贝尔于1791年获得了科普利奖章，这是皇家学会最负盛名的奖项。在此场合，该学会主席约瑟夫·班克斯爵士（Joseph Banks）（1743—1820）宣布："请允许我自豪地说，在被邻国视为科学进步之王的英格兰，这是可以被炫耀的，由少校（指伦贝尔）制作的孟加拉国和比哈尔邦的完整地图，其地域比英国和爱尔兰大得多；……与该国迄今能够制作的最佳的省级地图相比，其勘察的准确性仍然是无与伦比的。"④

伦纳尔随后敦促政府对不列颠群岛进行统一制图。在班克斯的加入下，他希望能在这一年就取得成果，这导致了大不列颠及爱尔兰军械调查局的成立。

---

① Rennell 1783 (p. vi, 66 n, 69)et 1781 (p. x). 关于萨达南德，可参阅：Rennell 1793 (p. 185, n. 6).
② Rennell 1783 (p. iii).
③ *Ibid.* (p. xii).
④ Royal Society of London 1789−1792 (p. 437−442).

因此，在欧洲发展新科学的实践中，印度的贡献以及欧洲与该次大陆的专家共同体之间的文化互动日益显现。在下一部分中，我们将关注19世纪下半叶印度殖民地土地测量技术的发展。

对中亚的测量

1783年第一版伦内尔的印度斯坦地图所带的有寓意的圆形装饰框。

19世纪见证了各种调查、测量和地图绘制业务在殖民地的兴起，从勘测和制作地图——印度测绘局（Survey of India），到税收和其他统计数据［印度收入调查局和印度统计测绘局（Revenue Surveys of India, Statistical Survey of India）］，再到气象学［印度气象勘测局（Meteorological Survey of India）］和考古学［印度考古调查局（Archeological Survey of India）］。① 因此，印度殖民地也不无例外地把社会的所有组成部分都纳入全球化趋势。② 但是，所有

---

① Markham 1878.
② 比如，参阅贝利韦在本卷中的章节。

这些测量机构的领头羊是印度大三角测量局（Great Trigonometrical Survey of India），这是次大陆的三角测量机构，在土地测量和大地测量学领域代表着精确性的巅峰。这一领域已被公认为是计量学精度的顶点。①

到 19 世纪中叶，该机构已经绘制了从次大陆，直至喜马拉雅山最高峰的地图，并使用了"大经纬仪"三角测量技术。这是一种高约 2 米，重至少 500 千克的仪器，世界上只有 4 套，并且都由英国人使用。对于英国人来说，现在的问题是遏制俄罗斯帝国势不可挡的扩张。自 1812 年拿破仑失败以来，英国人就将俄罗斯视为主要竞争对手，尤其是和俄罗斯争夺与中亚地区的贸易。有些人甚至将俄罗斯人在世界这一地区的行动看作是准备入侵印度并将其从英国手中夺走的庞大计划。

因此，跨喜马拉雅地区成了英国和俄罗斯间谍之间争夺亚洲政治统治地位博弈的大舞台。里面的尔虞我诈由吉卜林（Kipling）在他的小说《基姆》（Kim）（1901 年）中给人们留下了深刻的印象。② 为了确保其享有特权的南亚殖民地的稳定，英国认为有必要了解（并稳定）这近 360 万平方千米的土地，虽然在书面上这是中国的一部分。后者尽管被削弱了，但其势力在该地区仍然存在，特别是由于鸦片战争（1839—1842 和 1856—1860），让英国人在这一区域的声誉不佳。而关心自己的自治权和身份的藏人对欧洲人更加警惕。大量的英国使节前往仍然独立于俄罗斯人的少数中亚可汗国进行勘探业务。但他们的结局十分悲惨，要么被绞死或斩首，要么被谋杀。由于地理学是政治延续，而政治形势要求地理学通过其他方式延续。

到了 1861 年，应上级要求，一位年轻的皇家工程师，托马斯·乔治·蒙哥马利（Thomas George Montgomerie）上尉（1830—1878）（他以对克什米尔的三角测量而闻名——这块区域面积为 42 万平方千米，是世界上最为艰苦的地区之一）来负责提高对不受英国控制的地区的地理知识。蒙哥马利注意到边境地区的土著人在西藏和中亚自由旅行，因此他请教了他们。但是蒙哥马利还

---

① Widmalm 1990.
② Kipling 1902 [1901].

意识到，即使他成功地招募了一些当地人代表英国人对这些荒凉的地区进行勘测，后者也将无法使用传统的勘测技术。因此，他的想法是：其合作者将通过计算步数来测量距离。无论在什么地形上，每个人都将通过纪律来调整自己的步调，因此 2 000 步就是一英里。蒙哥马利计划得到批准。随后，他便找到了第一批合作者并将其计划付诸实践。

在 1863—1885 年，大约有 15 位当地人转变为高效、谨慎、有智慧的"测量仪器"，并在喜马拉雅山脉以北的中亚地区漫步。这些人中有两个被谋杀，另一个被卖为奴隶，另一名涉嫌从事间谍活动的人在蒙古监狱里待了 7 个月。几乎所有的人都难以摆脱土匪的骚扰，但他们仍然在地理上取得了成功。他们被昵称为"博学者"（Pandit），成为数年内英国媒体的头版头条，并被几个欧洲的学者学会授勋。"博学者"收集的所有信息都被转换成跨喜马拉雅地区参谋部手中的地图。由于这项艰巨的工作，英国人感觉能更好地控制沙皇的幽灵。沙皇的帝国正以每天 140 平方千米的速度向东扩张。1903 年 12 月，时任印度总督的寇松勋爵（Lord Curzon）确信俄国人和中国人之间存在关于西藏的秘密协议，因此派遣一支军队入侵西藏：在荣赫鹏（Francis Younghusband）上尉的指挥下，这支部队由 1 000 名士兵，10 000 名脚夫，7 000 匹骡子和 4 000 匹牦牛组成。远征军使用印度大三角测量局的地图，于 1904 年 7 月下旬占领了拉萨，一路杀害了约 5 000 藏族军民。但英国人没有取得任何成果：纠缠于日俄战争的俄国人既无力也无时间回应英国的入侵；中国拒绝参与任何贸易谈判。两个月后，远征军收拾行装，一无所获地返回了印度。①

科学与印度精英的出现

在大英帝国科学机构扎根印度殖民地并在各种项目中动员本地居民的同时，新的地方精英开始出现，精英们自觉地将自己塑造成印度人和全球化的人。在他们的追求中，科学将发挥主要作用。因此，在 1816 年 5 月的某一

---

① 关于制图史上这一事件更为全面的描述，可参阅：Raj 1997。

天，50多名印度教徒聚集在加尔各答最高法院第一法官爱德华·海德·伊斯特（Edward Hyde East）爵士的家中，讨论建立一个教授他们子女"欧洲文学和科学的机构，但未提及基督宗教或任何其他宗教。这些人属于新生的印度教精英，他们存在的理由和繁荣与英国对孟加拉国的征服直接相关。随着加尔各答的崛起，成为继伦敦之后英帝国的第二大城市以及向远东扩张的基石，这个共同体获得了知识和财务手段，可以将权力建立在农村经济的基础上，并担任殖民地政权所设立的中等职位。他们需要一个教育机构根据一种深思熟虑的模式进行世袭和延续后代。经过讨论，加尔各答的印度教学院于1817年成立，由数十年后以被称为 Bhadralok（有礼貌或文明的人）的孟加拉国精英管理和资助。该计划专门为"将参加相同课程但不会一起吃饭的印度有教养家庭的男孩……"而设计的①，该课程包括学习孟加拉语、英语和算术（用英语和孟加拉语），还有历史、地理、编年学、天文学、数学、化学和其他科学。该计划还具有"英语道德体系"的特征——但实验科学不是课程的一部分。这些是留给医学生的，他们被认为在社会地位上不如 Bhadralok。② 第一年该学院招收了20名学生，但十年后，这个数字超过了400名。③ 该机构对于印度和南亚"现代"科学培养的体制化具有决定性作用。它是欧洲和北美以外地区同类机构中的第一个，并且是印度和大英帝国其他地区的学校和大学的榜样。在1830年代初期，印度教学院的许多校友遍布次大陆，以寻找小学和中学教育的工作。④ 1857年，围绕这个机构设计了加尔各答大学，现称为总统大学（Presidency University）。

到19世纪末，由国家或个人或团体（例如，Bhadralok）建立的教育机构的数量激增，他们试图根据西方科学的实践来更新传统的学术和科学实践。⑤ 几个中等城市经常设有提供本科教育的机构。即使在20世纪初期，印度虽然

---

① Great Britain, Parliament, House of Lords 1853 (p. 250-252).
② 关于对这种选择的历史分析，可参阅：Raj 1986.
③ University of Calcutta 1956.
④ Bhattacharya 2005.
⑤ Metcalf 1986，Habib 1991.

只有少数几位享誉世界的科学家，但不乏拥有科学专业技能或从事科学工作的人。印度科学培养协会（Association for the Cultivation of Science）于1876年在加尔各答成立，而19世纪和20世纪之交见证了数学、自然志、考古等学术团体的兴起。① 科学激发了新生的民族主义意识，要求对早期的印度科学进行研究，并质疑现代科学的权威。而对于英国人来说，这种权威是一种优势，并使殖民政权及其文明使命合法化。②

结论：本地人的回归

1914年4月14日上午，来自马德拉斯的远洋客轮"娜瓦萨"（Nevasa）号停靠在伦敦的海港。下船的乘客中有一个22岁的印度年轻人。他矮矮胖胖，健康状况明显不太好。在码头上等待着他的是埃里克·内维尔（Eric Neville）（1889—1961）。他是一位年轻的数学家，刚在马德拉斯（Madras）（现为金奈）教了几个月的书。这位印度年轻人立即被带到剑桥，由英格兰纯数学复兴的主要参与者戈弗雷·哈罗德·哈迪（Godfrey Harold Hardy）（1877—1947）和他的弟弟约翰·埃登索·利特伍德（John Edensor Littlewood）（1885—1977）接待。这位年轻的印度人就是斯里尼瓦瑟·拉马努金（Srinivasa Ramanujan）（1887—1920）。这位马德拉斯港口服务部门的一位小官员注定将在短时间内成为他那个时代最著名的数学家。对于这个年轻人来说，这是十年努力的顶峰，满足了他对数学的热爱。

这个故事与本章内容并不是没有关联的。这是来自印度次大陆的两个人，他们自愿参观了产生英国地区知识的伟大场所。两者都是通过在帝国范围内传播各种知识所产生的方法在印度接受培训的（莫卧儿帝国为一种，大英帝国为另一种）。他们都受到了著名学者的欢迎，并为后代留下了到访的印记。

---

① 当然，还应该提到孟加拉亚洲学会（Asiatic Society of Bengal），这是第一个早在1784年就在加尔各答由威廉·琼斯成立的学术协会。虽然这个协会接受当地人的通信和出版物，但他们要到1929年才能成为这个协会的正式成员。
② 比如，可参阅：Ray 1902-1909。

但对比到此为止。第一个人来自伊朗的穆斯林高官的家庭，自称他们是先知的直接后裔，是莫卧儿王朝派往英国的使者——这是英国对印度殖民之初发生的故事。第二个人是婆罗门，来自一个简朴的家庭，无力确保追求他所热爱的东西，他在马德拉斯港找到了一个会计职位——这是发生在大英帝国鼎盛时期的故事。第一位是在孟加拉国接受的教育，是波斯语、语言学、文献学和法学的大师。① 尽管后者没有大学学历，但由于中学教育机构、图书馆以及科学和数学协会的兴起，后者得到了数学及其语言方面的教育，正如我们之前已经说过的那样，这些在 19 世纪末期在印度各地兴起。② 尽管第一个和第二个人都经历过英国接待者模棱两可的态度，但第一位受到了他的接待者的敬佩。英国人则对第二位脆弱的身体和严格的素食主义感到惋惜，尤其是在 20 世纪初的牧人数学家（les mathématiciens *wranglers*）中，英国人困扰于他们的体形和外表。③ 最后，伊特萨姆德汀在牛津大学待了几周，无偿地将他对东方语言学和文献学的知识服务于牛津大学的学者，并发现自己遭到了剽窃，而剽窃他的人将成为这个时代最伟大的东方学学者之一；与此同时，拉马努金由于第一次世界大战被迫在英国待了 5 年。他受到了最著名的英国数学家的支持，他们试图弄清这位印度人呈现给他们的复杂公式。

因此，两次访问之间的时间发生了很大变化。18 世纪末，印度的精英由穆斯林贵族和波斯－印度人组成，他们通常来自贸易共同体④，而在英国开始殖民统治之后，新的印度教城市共同体取代了他们。这些共同体是在英国殖民统治之后诞生的，并寻求一种既传统又全球化的身份——他们很大程度上是通过掌握包括纯粹数学在内的新科学来达到这一目的。东方语言已经让位给科学学科。而且，在 18 世纪中叶作为在欧洲实力较为平庸的英国在 19 世纪处于其作为世界领先大国的荣耀顶峰，虽然维持的时间并不算长。

---

① Sadrul Ola 1984 (p. iii–iv).
② 这个故事是根据如下著作对拉马努金的生平和工作的出色描述而来：Kanigel 1992, Leavitt 2009 [2007]。
③ Warwick 1998.
④ Bellenoit 2014.

英国经常高高在上地以蔑视的态度看待殖民地人民及其遗产，认为他们的知识没有多大价值。麦考利勋爵（Lord Macaulay）在1835年写道："我从未听过有人认为在一个好的欧洲图书馆里放一个书架去呈现所有的印度和阿拉伯文学创作是值得的。"[1] 这是长19世纪英国著作中经常使用的一种说法。但是，如果我们放弃这些优越性的论述，转向日常实践，殖民者与被殖民者之间就会出现一种完全不同的关系：俘虏肯定是在等级上不对称的，这是迈克尔·戈尔丁（Michael Gordin）所描述的姿态，就如"敌对的适应"（l'appropriation hostile）[2]一样，但这些关系是在一种认识论的依赖性中建立起来的，这种依赖性给予本地对话者一定程度的决策和行动自由。

鸣谢： 我要感谢多米尼克·佩斯特（Dominique Pestre）、阿纳苏亚·拉杰（Anasuya Raj）和我在社会科学高等研究院（EHESS）的研讨会"科学与知识之间的流动边界"的参与者，在本章的撰写过程中提出了批评、建议和审阅。

卡皮尔·拉杰（Kapil Raj）撰

参考文献

Adas Michael, 2006, Testing Paradigms with Comparative Perspectives: British India and Patterns of Scientific and Technology Transfer in the Age of European Global Hegemony, in Aram A. Yengoyan (dir.), *Modes of Comparison: Theory and Practice*, Ann Arbor (MI), University of Michigan Press, p. 285-318.

Alam Muzaffar, 2004, *The Languages of Political Islam: India 1200—1800*, Chicago (IL), University of Chicago Press.

Alam Muzaffar et Subrahmanyam Sanjay, 2004, The Making of a Munshi, *Comparative Studies of South Asia, Africa and the Middle East*, vol. 24, n° 2, p. 61-72.

Alexander James Edward [et Munshi Shumsher Khan], 1827, *Shigurf namahi-velaët: or Excellent Intelligence Concerning Europe: Being the Travels of Mirza Itesa Modeen, Translated*

---

[1] Macaulay 1920 (p. 109).
[2] Gordin。（已于2015年出版——译注）

from the Original Persian Manuscripts into Hindostanee, with an English Version and Notes, Londres.

'Al-Fazl ibn Mubarak 'Abu 1873—1894 [*ca.* 1590], *Ain-i Akbari*, trad. en anglais par H. Blochmann (vol. 1) et H.S. Jarrett (vol. 2 et 3), Calcutta, Asiatic Society of Bengal, 3 vol.

Arnold David, 2000, *Science, Technology and Medicine in Colonial India*, Cambridge, Cambridge University Press.

Arzu Siraj al-Din Khan, 1991 [*ca.* 1756], *Muthmir*, éd. par Rehana Khatoon, Karachi, Institute of Central and West Asian Studies.

Basalla George, 1967, The Spread of Western Science, *Science*, vol. 156, n° 3775, p. 611-622.

Bayly Christopher Alan, 1996, *Empire and Information: Intelligence Gathering and Social Communication in India (1780—1870)*, Cambridge, Cambridge University Press.

Bellenoit Hayden, 2014, Between Qanungos and Clerks: The Cultural and Service Worlds of Hindustan's Pensmen, c. 1750—1850, *Modern Asian Studies*, vol. 48, n° 4, p. 872-910.

Bennett James A. et Brown Olivia, 1982, *The Compleat Surveyor*, Cambridge, Whipple Museum of the History of Science.

Bhattacharya Tithi, 2005, *The Sentinels of Culture: Class, Education, and the Colonial Intellectual in Bengal*, New Delhi, Oxford University Press.

Burton Isabel, 1893, *The Life of Captain Sir Richard F. Burton*, Londres, D. Chapman, 2 vol.

Close Charles, 1969, *The Early Years of the Ordnance Survey*, Newton Abbot, David & Charles Reprints.

Frykenberg Robert E., 1965, *Guntur District (1788—1848): A History of Local Influence and Central Authority in South India*, Oxford, Clarendon Press.

Gole Susan, 1989, *Indian Maps and Plans from Earliest Times to the Advent of European Surveys*, Delhi, Manohar.

Gordin Michael, [à paraître], What a Go-A-Head People They Are!: The Hostile Appropriation of Herbert Spencer in Imperial Russia, in Bernard Lightman (dir.), *Global Spencerism*, Leyde, Brill.

Great Britain, Parliament, House of Commons, 1803, Second Report from the Committee Appointed to Enquire into the Nature, State, and Condition of the East India Company, and of the British Affairs in the East Indies, Reported by Colonel Burgoyne, 26th of May 1772, *Reports from Committees of the House of Commons (1772—1773)*, Londres, vol. 3, p. 263-296.

Great Britain, Parliament, House of Lords, 1853, *The Sessional Papers [...] of the House of Lords [...] in the Session 1852—1853*, vol. XXIX: *Government of Indian Territories*, Second

Report from the Select Committee of the House of Lords [...] for the Better Government of Her Majesty's Indian Territories [...] together with the Minutes of Evidence, Londres.

Gunther Robert T., 1932, *The Astrolabes of the World*, Oxford, Oxford University Press, 2 vol.

Habib S. Irfan, 1991, Promoting Science and Its World-View in Mid-Nineteenth Century India, in Deepak Kumar (dir.), *Science and Empire: Essays in Indian Context (1700—1947)*, Delhi, Anamika Prakashan, p. 139-151.

Habib S. Irfan et Raina Dhruv (dir.), 2007, *Social History of Science in Colonial India*, New Delhi, Oxford University Press.

Jones William [nom de plume: Yūnus Uksfurdi], 1771, *A Grammar of the Persian Language [Kitāb-i Shakaristān dar nahvī-i zabān-i Pārsī]*, Londres.

– 1788, On the *Hindus, Asiatic Researches*, vol. 1, p. 415-431.

– 1970, *The Letters of Sir William Jones*, éd. par Garland Hampton Cannon, Oxford, Clarendon Press, 2 vol.

Kanigel Robert, 1992, *The Man Who Knew Infinity: A Life of the Genius Ramanujan*, New York, Washington Square Press.

Kipling Rudyard, 1902 [1901], *Kim*, trad. par L. Fabulet et C.F. Walker, Paris, Mercure de France.

Kumar Deepak, 1995, *Science and the Raj (1857—1905)*, New Delhi, Oxford University Press.

Kumar Dharma, 1982, *The Cambridge Economic History of India*, Cambridge, Cambridge University Press, vol. 2.

La Touche Thomas Henry Digges, 1910, *The Journals of Major James Rennell Written for the Information for the Governors of Bengal during His Surveys of the Ganges and Brahmaputra Rivers 1764 to 1767*, Calcutta, Asiatic Society.

Leavitt David, 2009 [2007], *Le comptable indien*, Paris, Denoël.

Lincoln Bruce, 2002, Isaac Newton and Oriental Jones on Myth, Ancient History, and the Relative Prestige of Peoples, *History of Religions*, vol. 42, n° 1, p. 1-18.

Macaulay Thomas Babington, 1920 [1835], Minute upon Indian Education, dated the 2nd February 1835, réimpr. in Henry Sharp, *Selections from Educational Records, Part I: 1781—1839*, Calcutta, Superintendent Government Printing, India, p. 107-117.324.

Kapil raj Markham Clements Robert, 1878, *A Memoir on the Indian Surveys*, 2e éd., Londres, Her Majesty's Secretary of State for India in Council.

– 1895, *Major James Rennell and the Rise of Modern English Geography*, New York, Macmillan.

Metcalf Barbara, 1986, Hakim Ajmal Khan: Rais of Delhi and Muslim "Leader", *in* Robert E. Frykenberg (dir.), *Delhi through the Ages: Essays in Urban History, Culture and Society*, New Delhi, Oxford University Press, p. 299−315.

Noltie Henry J., 2008, *Robert Wight and the Botanical Drawings of Rungiah and Govindoo*, Édimbourg, Royal Botanic Gardens Edinburgh, 3 vol.

Phillimore Reginald Henry, 1945—1968, *Historical Records of the Survey of India*, Dehra Dun, Survey of India, 5 vol.

− 1952, Three Indian Maps, *Imago Mundi*, vol. 9, p. 111−114.

Pingree David, 1981, *Jyotihsastra: Astral and Mathematical Literature. History of Indian Literature*, Wiesbaden, Otto Harrassowitz, vol. 6, fasc. 4.

Raj Kapil, 1986, Hermeneutics and Cross-Cultural Communication in Science: The Reception of Western Scientific Ideas in 19th Century India, *Revue de synthèse*, 4e série, n°s 1−2, p. 107−120.

− 1997, La construction de l'empire de la géographie. L'odyssée des arpenteurs de Sa Très Gracieuse Majesté, la reine Victoria, en Asie centrale, *Annales. Histoire, sciences sociales*, vol. 52, n° 5, p. 1153−1180.

− 2001, Refashioning Civilities, Engineering Trust: William Jones, Indian Intermediaries and the Production of Reliable Legal Knowledge in Late Eighteenth-Century Bengal, *Studies in History*, vol. 17, n° 2, p. 175−209.

− 2004, Connexions, croisements, circulations. Le détour de la cartographie britannique par l'Inde (xviiie−xixe siècle), *in* Michael Werner et Bénédicte Zimmermann(dir.), *De la comparaison à l'histoire croisée*, Paris, Seuil, p. 73−98.

− 2007, *Relocating Modern Science: Circulation and the Construction of Knowledge in South Asia and Europe (1650—1900)*, Basingstoke, Palgrave Macmillan.

− [à paraître], Go-Betweens, Travelers, and Cultural Translators, *in* Bernard Lightman (dir.), *The Blackwell Companion to the History of Science*, Chichester, Wiley-Blackwell.

Ray Prafulla Chandra, 1902—1909, *A History of Hindu Chemistry: From the Earliest Times to the Middle of the Sixteenth Century A.D. With Sanskrit Texts, Variants, Translation and Illustrations*, Calcutta, Bengal Chemical & Pharmaceutical Works, 2 vol.

Rennell James, 1781, *A Bengal Atlas: Containing Maps of the Theatre of War and Commerce on That Side of Hindoostan*, Londres, 1781.

− 1783, *Memoir of a Map of Hindoostan, or the Mogul's Empire*, 1re éd., Londres.

− 1793, *Memoir of a Map of Hindoostan, or the Mogul Empire*, 3e éd., Londres.

Royal Society of London, 1789—1792, *Journal Books*, vol. 34, 30 novembre 1791.

Sadrul Ola Khan Sahib Qazi Mohamed, 1984, *History of the Family of Mirza I'tesamuddin of Qusba, Panchnoor: The First Educated Indian and Bengali Muslim to Visit England in 1765 A.D. with Some Interesting Chronicles of His Time*, Dhaka, Q.A. Zaman.

Sarkar Jadunath, 1901, *The India of Aurangzib (Topography, Statistics, and Roads) Compared with the India of Akbar; with Extracts from the Khulasatu-t-tawarikh and the Chahar Gulshan*, Calcutta, Bose Brothers.

Schaffer Simon, 2007, Astrophysics, Anthropology and Other Imperial Pursuits, *in* Jeanette Edwards, Penny Harvey et Peter Wade (dir.), *Anthropology and Science: Epistemologies in Practice*, Oxford, Berg, p. 19-38.

— 2009, The Asiatic Enlightenments of British Astronomy, *in* Simon Schaffer *et al.*, *op. cit.*, p. 49-104.

Schaffer Simon, Roberts Lissa, Raj Kapil et Delbourgo James (dir.), 2009, *The Brokered World: Go-Betweens and Global Intelligence*, Sagamore Beach (MA), Science History Publications.

Schwartzberg Joseph E., 1992, South Asian Cartography, *in* John Brian Harley et David Woodward (dir.), *The History of Cartography*, vol. 2, livre 1: *Cartography in the Traditional Islamic and South Asian Societies*, Chicago (IL), University of Chicago Press, p. 293-509.

Seymour W.A. (dir.), 1980, *A History of the Ordnance Survey*, Folkestone, William Dawson.

Szuppe Maria, 2004, Circulation des lettrés et cercles littéraires. Entre Asie centrale, Iran et Inde du Nord (xve-xviiie siècle), *Annales. Histoire, sciencessociales*, vol. 59, n°s 5-6, p. 997-1018.

Tavakoli-Targhi Mohamad, 1996, Orientalism's Genesis Amnesia, *Comparative Studies of South Asia, Africa and the Middle East*, vol. 16, n° 1, p. 1-14.

University of Calcutta, Presidency College, 1956, *Centenary Volume, 1955*, Alipore, West Bengal Government Press.

Warwick Andrew, 1998, Exercising the Student Body: Mathematics and Athleticism in Victorian Cambridge, *in* Christopher Lawrence et Steven Shapin (dir.), *Science Incarnate: Historical Embodiments of Natural Knowledge*, Chicago (IL), University of Chicago Press, p. 288-326.

Widmalm Sven, 1990, Accuracy, Rhetoric, and Technology: The Paris-Greenwich Triangulation (1784—1788), *in* Tore Frängsmyr, John L. Heilbron et Robin Rider (dir.), *The Quantifying Spirit in the Eighteenth Century*, Berkeley (CA), University of California Press, p. 179-206.

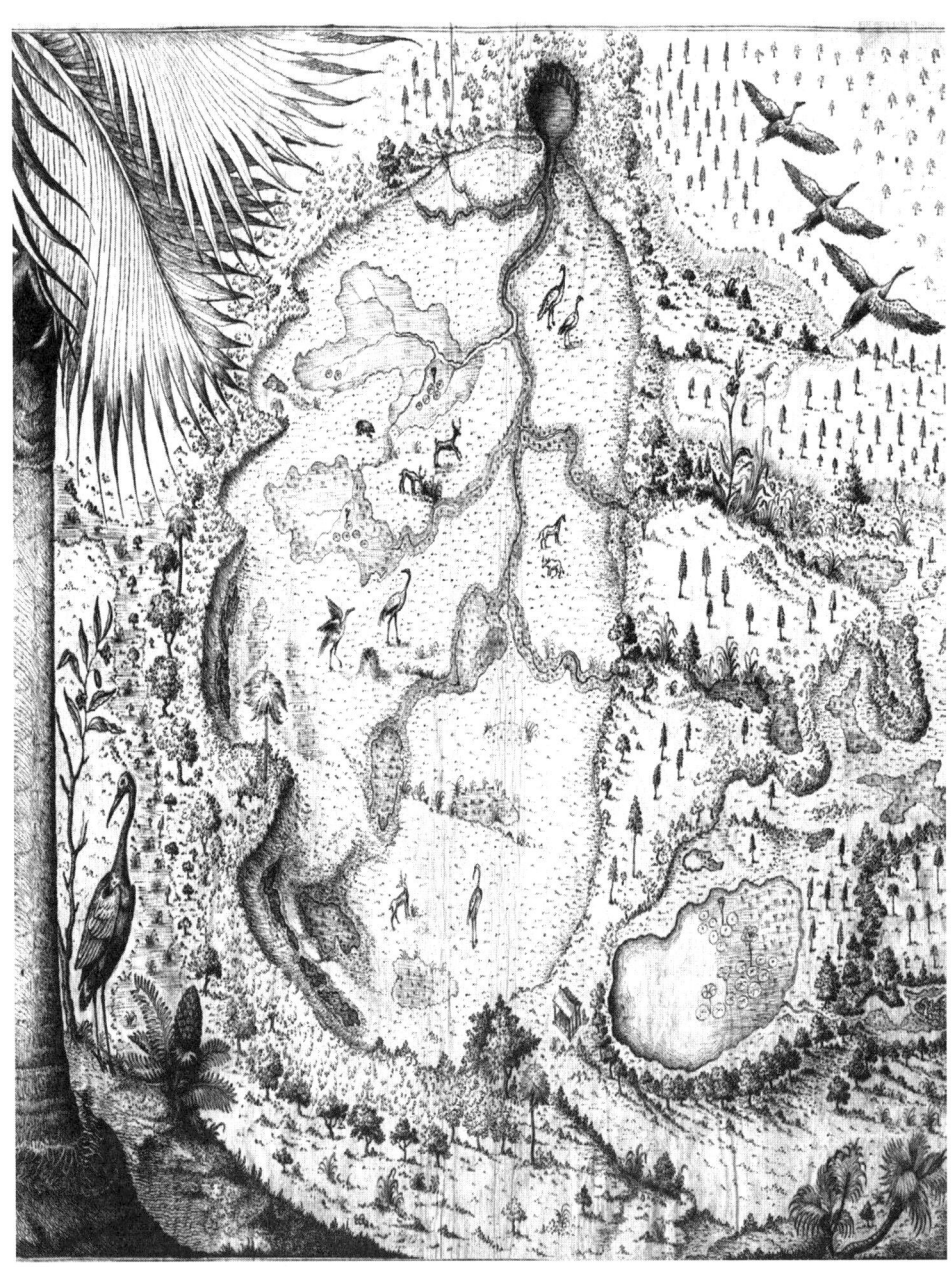

威廉·巴特拉姆（William Bartram）为其《游记》（*Travels*）一书（1791年）准备的插图。画面让人联想到北美洲东南部的荒野天堂。——威廉·巴特拉姆"大阿拉楚阿、萨万娜、东佛罗里达"（Great Alachua, Savana, East Florida）。

第十五章
美国的殖民认识论

——我说这不是人手的印记。

——杜邦回答说,请阅读居维叶的这段话。

埃德加·爱伦·坡(Edgar Allan Poe)《莫格街谋杀案》(Les Meurtres de la rue Morgue)(1841年)

美国作家埃德加·爱伦·坡(Edgar Allan Poe)在《莫格街谋杀案》中描绘了一只猩猩杀手,拥有犯人类罪行的能力,只有经过科学训练的调查员才能最终揭开其面纱。爱伦·坡显然意识到由乔治·居维叶这样的自然主义者在美国奴隶的非洲祖先与其他灵长类动物之间所建立的比较。当科学试图定义"种族"和"物种"之间的联系时,爱伦·坡有一种不适感。而且,如果种族不平等问题是19世纪美国社会的中心问题,那么人们不确定"科学"是否有必要对此发表意见。此外,尽管在1776年正式宣布独立,但美国的科学政策仍然深受殖民主义的影响,并且以白人移民与北美其他居民之间的对比作为特征。①

穿越大西洋后,美国科学具有标志性吗?长期以来,美国对科学史"扩散主义"的看法与对国家特殊性的信念并存。如果前者坚持认为欧洲是现代科学

---

① Frank, 1995.

的发源地，那么后者则在世界历史上保持了美利坚合众国的独特性。两者放在一起，通常会将美国叙述为一个注定要实现科学领先的国家。这是美国天命论（manifest destiny）的另一个版本。但是，作为科学史分析框架的民族国家受到了许多历史学家的质疑，从而导致对科学史和美洲史的重新定义。关于新世界的"大西洋主义"观点确实提出了新的联系和相似性，对这种方法来说，国家的起点不那么重要，例外主义的可能性也较小。将科学"大西洋化"的历史学家通常使它们成为帝国扩张或环大西洋的一部分，或者成为后殖民时代批评帝国主义的工具。①

最近，研究者（包括本章的作者）对帝国主义和后殖民主义这些概念在谈到美国时的相关性提出了质疑。实际上，从移民的意义上讲，这两种分析模式都不适合理解移民社会。移民殖民主义（settler colonialism）的类别对于思考人口主要为克里奥尔人的空间是有用的，也就是说既不是本地人也不是帝国的人。从这个意义上说，"殖民地"一词不是指一个由帝国为"中心"统治的社会，而是一个基于地方统治的世界。移殖民（colon-settler）必须被理解为古罗马的农民，自己土地的耕种者。掠夺土地确实是美国殖民精神的基础，当然它在革命中幸存了下来。即使美国在1776年之后成为"后帝国主义"国家，也没有成为"后殖民地"国家。对"后殖民地"一词的接受实际上意味着抽离出了不公平占领领土的人口；相反，就北美、澳大利亚或新西兰而言，欧洲裔的殖民人口仍然存在。与非洲和亚洲的被殖民者不同，美洲原住民和非洲人后裔别无选择，只能继续与独立前就存在的移殖民、政权和价值观进行斗争。这种斗争持续到了今天。②

在美国，政治和文化辩论（包括科学）从根本上仍然是殖民地的，因为它沉迷于根据假定的自然特征分类的人口种族等级以及应赋予他们的在社会内部的政治价值。就像19世纪美洲大陆的其他地区一样，科学家们不得不正视甚至可能反对人类群体之间固有差异的想法。这些差异是由气候还是由后裔产生

---

① Basalla 1987, Adas 1990, Delbourgo et Dew 2008, Seth 2009, Tyrrell 1991.
② Chaplin 2003 (p. 1453-1454), Gould 2007 (p. 1416), Armitage 2007, Belich 2009.

的都是无关紧要：占主导地位的观念（这种优越性/劣等关系）是整个美洲殖民地关系的核心。一旦确立了这种意识形态，即使在1776年参与北美独立战争的欧洲国家离开了，海地革命和拉丁美洲的独立战争之后，也很难摆脱这种意识形态。尽管本章侧重于美国，但其分析因此适用于整个大西洋美洲，也适用于移殖民主导的和平空间——新西兰和澳大利亚。这些科学的殖民地认识论不仅限于美国，尽管它们最早是在美国发展的。

一些背景情况

科学是帝国扩张的一部分。欧洲观察者首次冒险进入美洲的环境，就赶紧将其描述为与欧洲温带气候有着本质不同的地方。"美洲是没有气候调节的大陆"这一观点，在美洲大陆热带地区的首次登陆以及在加拿大或巴塔哥尼亚的较冷地区进行的远征中得到了证明。在欧洲人首次登陆的加勒比海和南美地区，由于缺少大型哺乳动物，以下观点被进一步强化了：美洲大陆的气候过于极端——要么太干燥或太潮湿，要么太热或太冷。更不用说在这些广阔的土地上明显没有类似于马、牛、骆驼或大象的大型生物。[①]

对气候的偏见会很快转嫁到土著人身上。和欧洲人相比，他们头发稀少，也不那么有活力。美洲印第安人似乎无法养活大家庭，这是由于他们稀少的栖息地（墨西哥和安第斯山脉除外）。流行病的出现和蔓延同样表明，印第安人体质的脆弱性：在欧洲人较多的地方，印第安人的死亡人数大大超过了出生人数（殖民者的到来与流行之间的联系是逐渐建立起来的）。相反，欧洲人很快就担心新世界会改变自己的身体。由于恶劣的气候条件及其与非欧洲人口的混合（首先是印第安人，然后是非洲奴隶），克里奥尔移殖民被认为与欧洲祖先不同，甚至次于欧洲人。这种欧洲人在顶部，印第安人和非洲人在底部，克里奥尔人在中间的等级制度是一种将人类视为不同自然实体的化身的一种

---

① Seth 2009, Gerbi 1973 et 1985.

方式。①

科学家从新大陆获取信息和标本，要么是直接获取，要么更多的时候是通过印第安人或非洲裔的中间人获取，只是与白人移殖民不同，他们很少被提及名字。白人移殖民抓住了科学提供的机会，以证明他们具有思维能力，与当地的奇怪动物是不同的。他们收集这些动物的角和残骸，并发送给专家们（*cognoscenti*）。同时，他们也希望证明自己与土著人是有差异的。他们分析土著人的传统、收集人工制品。他们所描述的土著人的身体与欧洲人祖先的完全不同。在英国殖民地、学校和学院，印刷商和书商传播了这样一种观念，即知识的发展不仅在移殖民中是可能的，而且已经非常活跃，即使它的发展程度不如欧洲。在1788年，有47名在美洲出生或曾在美洲工作过的人成为皇家学会会员。②

这种新情况最令人信服的例子无疑是本杰明·富兰克林（1706—1790），他本人是皇家学会会员，他对美国科学的贡献至关重要。这根据三个标准。首先，自从他出生于美洲大陆以来，他的工作就一直在美洲。他的《电的实验与观察》（*Expériences et observations sur l'électricité*）发表于1751年，并且经常被转载，他通过将电定义为具有正负两个状态的单一力，为牛顿力学哲学作出了贡献。这项工作证明了克里奥尔人成为自然哲学家的能力，而不仅仅是简单地收集样本和数据。富兰克林本身就是一个典型，大卫·休谟（David Hume）给他写信说："美洲为我们带来了很多好东西：黄金、白银、糖、烟草、红色衣料——但您是第一位哲学家。"③

其次，富兰克林的作品本质上是美洲的，因为他在其他作品中考察了新世界特有的现象，这些现象对于居住在那里的社群至关重要。与他最初有关电的著作不同，这些作品不一定符合认识论或欧洲价值观。因此，富兰克林参与绘制的各种地图上都出现了移殖民所特有的政治心态。这些地图既是移殖民对当地环境具有权威性的证据，也是帝国的信息来源。同样，他的政治考量显然是

---

① Chaplin 2001, Wey-Gómez 2008.

② Schiebinger 2004, Delbourgo *et al*. 2008, Stearns 1946.

③ Cohen 1956, Chaplin 2006, Labaree *et al*. 1959– (vol. 10, p. 81).

亲殖民主义的：富兰克林在《关于人类增长的观察报告》(*Observations sur la croissance de l'humanité*)（约写于 1751 年）中对比了大西洋两岸的人口，并指出克里奥尔人自成一派，他们比欧洲人更有活力，繁殖速度更快。根据他的模型，仅自然增长一项就可以说明北美白人的数量每二十年翻一番。①

这篇文章于 1755 年首次发表，是对殖民科学的赞扬。图像的使用——尤其是显微图像——以及人与植物之间的比较——这两者都注定要在美洲大陆的广袤土地上快速发展——这凸显了自然科学在富兰克林思想中的重要性。《关于人类增长的观察报告》的第一版已经明显的种族化了。富兰克林当然认为欧洲人和白人移殖民之间没有身体上的区别，但是北美丰富的土地资源比欧洲的"老摇篮"更适合早早地结婚，因此生育率更高。由于印第安人偶尔或非私有化地使用土地，因此有大量土地可供使用。像加勒比海的黑人奴隶一样，印第安人无法维持人口增长，因此注定要灭绝。富兰克林很欢迎这样的趋势，并得出结论：在北美，"我们有真正的可能性，通过排除所有黑色人种和棕色人种，发展美丽的白色人种和红色人种"，以及欧洲裔北美人的体格。② 富兰克林种族化的观点为批判帝国主义提供了机会：移殖民就像被送到广阔的土地上的野生植物一样，在没有（印第安或非洲裔）人口压力的情况下，必须成长，以超越他们的英国宗主。在这一点上，富兰克林的研究尤为重要，因为他引出了现代的进化理论：他的关于人口几何增长的假设最初在美洲移殖民的案例中得到了应用，很快在多样化的圈子中得到确立，是后来影响了 19 世纪的自然选择理论的主要思想之一。于是，有关人在自然界中作为种族存在的争论又重新开始了。这在日后成为殖民问题和南北战争的根源。③

科学和国家

科学在美国以三种方式发展。首先，作为日常文化景观的一部分；第二，

---

① Chaplin 2006 (p. 117–122, 196–200 et 319–324), Chaplin 2009, Labaree *et al.* 1959– (vol. 4, p. 227–228).
② Labaree *et al.* 1959– (vol. 4, p. 228 et 232–234), Chaplin 2006.
③ *Ibid.*

作为许多专家的研究课题；最后，作为旨在使领土合法化和加强统治的论点。无论如何，美国科学始终定位在种族等级问题上。是支持还是挑战种族等级的选择导致了一个极度分化的整体，至今依然存在。

从 1790 年代到 1820 年代，科学成为美国公共文化的一部分。科学在学校和大学课程中（为男人和女人开设）、流行出版物（例如，儿童读物）、博物馆［例如，费城的皮尔（Peale）展览空间］、图书馆、会议或示威游行（例如，1825 年在费城的富兰克林学院）中的作用越来越大。这表明，与其他地方一样，在美国，科学成了受教育阶层知识的正常组成部分。美国政府通过它的邮政系统（比欧洲的邮政系统要好）以及自由公民的教育水平指数间接地支持了科学。正是这种环境使埃德加·爱伦·坡对科学事物产生了持续的兴趣。也正是在这种情况下，耶鲁大学的本杰明·西里曼（Benjamin Silliman）（1779—1864）教授于 1818 年推出了美洲大陆第一本科学杂志《美国科学与艺术杂志》(American Journal of Science and Arts)，专门面向受过教育的公众。[1]

从 1840 年开始，美国科学开始专业化并依赖于欧洲在科学、医学和技术领域的发展。西点军校（纽约州，成立于 1802 年）成为接受欧洲数学和工程学的主要场所，而美国的医生则前往巴黎学习临床医学。工程师从事各种项目，例如，大型勘测或桥梁建造，并运用从制图学到材料学的最好的国际知识。[2]

这些发展，即使它们仍然是不规则的，但也导致了学者的专业化。他们逐渐接受了"科学家"这一称谓，并接受了"科学"这一研究自然的专业术语。马萨诸塞州的美国艺术与科学院（l'Académie américaine des arts et sciences du Massachusetts）（1780 年）加入了位于费城的美国哲学学会，成为年轻的合众国的第二所科学机构。但成立于 1840 年的美国地理学家协会（l'Association des géographes américains）是第一个真正的专业人士组成的科学协会（在 1847 年成为美国科学促进会（l'Association américaine pour le

---

[1] Guralnick 1975, McFarland et Bennett 1997, Kohlstedt 1990, John 1995, Baatz 1991.
[2] Oleson et Brown 1976, Bruce 1987, Warner 1998, Johnson 2009.

développement des sciences))。同样,《天文学杂志》(*Astronomical Journal*)(1849年)是第一本面向专业人士,而非普通读者的出版物。西里曼的《美国科学与艺术杂志》也是如此。这一时期人们还见证了史密森学会(Smithsonian Institution)(1846年)、哈佛大学劳伦斯科学学院(Lawrence Scientific School)(1847年),路易斯·阿加西比较动物学博物馆(Museum of Comparative Zoology)(1859年)和麻省理工学院(Massachusetts Institute of Technology)(1861年)的诞生。[①]

还应该指出的是,在内战之前,美国的科学常被用来以欧洲人的方式将移殖民的权威扩展到更为广阔的空间、衡量国家并向国外派遣科学考察队。但威廉·巴特拉姆(William Bartram)(1739—1823)的旅程是与众不同的。首先,因为他主要是步行,有时是骑马或乘船。威廉·巴特拉姆的父亲约翰·巴特拉姆(John Bartram)(1699—1777)是南部殖民地的植物学家和早期探险家。他因重要的通信而闻名,并受到林奈(Linné)的称赞,并成了北美植物学家的领袖。从1773—1777年,威廉·巴特拉姆从卡罗来纳州到佛罗里达州,途经印第安人的西部领地,收集标本和笔记。印第安人热烈地欢迎了他,并支持他的研究。因此,巴特拉姆注意到,一条旱河部落的首领授予他"无限次穿越其领地的权力,……以 *PUC PUGGY* 或猎花者(Chasseur de fleurs)的尊称向他致敬,并赞扬他对自己人民的友谊和保护。"[②]

[①] Daniels 1967, Kohlstedt 1976, Lucier 2009.
[②] Bartram 1996 [1791] (p. 163).

一幅表现当时美国探索运动（1838—1842）的滑稽漫画。它以讽刺和怀疑的方式表现了一种创造危险和混乱的国家科学。

巴特拉姆撰写的《游记》(*Travels*)（1791 年）成为一本经典的科学著作，并广受欢迎，在整个 19 世纪经历了多次修订。这本书的独创性在于它浓厚的反殖民色彩，故意忽略了独立战争，并且赞扬了印第安人与自然环境和谐相处的生活方式。像华兹华斯（Wordsworth）和柯勒律治（Coleridge）这样的浪漫主义诗人都喜欢这本书。而这本书也成为亚历山大·冯·洪堡撰写美洲考察记录和约翰·詹姆斯·奥杜邦（John James Audubon）（1827—1838）的《美洲鸟类》(*Birds of America*)的参考对象。查尔斯·达尔文则提到该书是他了解美洲自然环境的主要资料。①

巴特拉姆做科学的方式并不是一种常态。托马斯·杰斐逊（Thomas Jefferson）（1743—1826，1801—1809 年任美国总统）希望他的国家在科学考察方面与英国或法国相当。美国在 1803 年购买了路易斯安那州，增加了

---

① Slaughter 1996.

828 000英亩的领土。这是一次对自然界进行深入研究的机会。杰斐逊选择了梅里韦瑟·刘易斯（Meriwether Lewis）(1774—1809)和威廉·克拉克（William Clark）(1770—1838)来指挥"探索远征队"（Corps of Discovery Expedition）(1804—1806)，其目标是商业化和科学化的。这次远征成为美国在整个大陆上扩展其权力和权威的力证。但是，这次探险的宣传工作是失败的：的确，某些地图和故事被出版，但所收集的标本则遗失了，而完整的远征史到了20世纪才得以出版，这与詹姆斯·库克对太平洋的考察完全不同。库克的探险成了此类活动的标杆。①

许多美国名流希望能走得更远。约翰·昆西·亚当斯（John Quincy Adams）总统（1767—1848，1825—1829年任美国总统）利用美国科学促进会与世界上知名的学术协会保持联系，并加强个人与美国的科学学会的合作网络。他创建了新的机构，其中包括存在时间十分短暂的国家天文台。另一个旨在探索南半球大陆并对太平洋部分地区主张权利的行动则更为成功：由查尔斯·威尔克斯（Charles Wilkes）(1798—1877)领导的美国探险队组织了一场环球探险（1838—1842），并因此让美国跃升为具有环球航行能力的国家。远征队最终宣称发现了南极大陆，尽管法国人较早的主张似乎更为可信。与刘易斯和克拉克不同，威尔克斯和探险队成员出版了地图和游记，其发现和标本分别在华盛顿的专利局和史密森学会展出。但是，人员和船只的较大损失表明，与欧洲大国不同，美国仍没有为这种探险做好充分的准备。②

美国最重要的科学进步出现在对海洋的掌握上。本杰明·富兰克林的曾孙亚历山大·达拉斯·贝奇（Alexander Dallas Bache）于1843—1867年领导了美国海岸测量局（Coast Survey）。在1880年代之前，这一直是最重要的科学机构。哈佛天文台的《美国星历表和航海天文历》（*American Ephemeris and Nautical Almanac*）的编写为他的工作提供了支持。然而，这两个机构有一个竞争对手：马修·方丹·莫里（Matthew Fontaine Maury）领导的海军海图与仪器

---

① Slaughter 2003, Lewis 2004 (p. 236-250).
② Dupree 1957 (p. 39-43), Viola et Margolis 1985, Chaplin 2012 (p. 32-35).

库（Depot of Charts and Instruments）。该机构于 1842 年成立，后来更名为海军天文台（Naval Observatory Office）。1847 年，莫里出版了第一本指南——《北大西洋风向与海流图》（Wind and Current Charts of the North Atlantic）。随后，他研究了南大西洋的一个方位角，并在 1851 年出版了《对风向和海流图的说明和航行方向》（Explanations and Sailing Directions to Accompany the Wind and Current Charts）。他的研究和著作被商人和船长视为导航的重要工具。莫里的杰作《关于海洋的物理地理学》（The Physical Geography of the Sea）（1855 年）被公认为是对全球海洋的调查而广受赞誉，并得到亚历山大·冯·洪堡的称赞。然而，由于缺乏高等教育，莫里仍然被许多同胞视为业余爱好者。他还被批评支持南方的奴隶制度。[①]

科学和人文差异

尽管科学发展的这些主要阶段表明了美国和欧洲之间的趋同以及跨大西洋空间的缩小，但美国社会的特点在本质上仍然与欧洲有所差异。与印第安人的冲突以及南方奴隶制度的延续，美国更接近于大英帝国，而不是英国。与欧洲不同的是，在 20 世纪非殖民化之后才出现让非欧洲人成为正式公民的问题，而在 19 世纪的美国就出现了这个问题。在权利和事实上，扫除文盲、书面作品的发行和建立科学机构都是仅限"公民"做的事情，而公民基本上是白人。为此，本杰明·班纳克（Benjamin Banneker）（1731—1806）作为一名自由的非洲裔美国人引发了争议［尤其是在托马斯·杰斐逊（Thomas Jefferson）时期］，因为人们需要知道黑人来观察和制作星历表是否合法。[②]

当美国开始向西拓展时，关于公民身份的辩论仍然以种族为标志。始于 1789 年的十年一次的美国人口普查以将奴隶的价值计算为个人价值的 3/5（用于税务和在国会中的代表问题），并且拒绝计算（并因此进行了投票）未支

---

① Slotten 1994, Williams 1963.

② Andrews 2001 (p. 218–241).

付税收的印第安人。1790年第一次人口普查的结果证实了富兰克林的假设，即自由美国人的数量每20年翻一番，而印第安人的人口急剧下降。继乔治·居维叶关于"物种灭绝"的研究之后，地质学家查尔斯·赖尔将可能性扩展到了某些种族，并预言了美洲印第安人和澳大利亚原住民将会灭绝。尽管影响印第安人人口的灾祸不是大自然带来的，但这一假设引起了美国白种人的关注。1790年代在俄亥俄河谷针对印第安人的战争，或者是1830年代通过"眼泪小径"将他们驱逐到俄克拉荷马州的领土，都造成了印第安人人口的下降，而美国政府对他们的健康状况则呈现出普遍的漠视。西班牙在18世纪是第一个向印第安人接种天花疫苗的国家，而英国人则在1820年代在加拿大开始天花疫苗的接种，但美国在这方面没有任何政策。在1830年代中期之前，不仅奴隶制继续存在，而且即使在1808年奴隶贸易停止后，奴隶的数量也继续增加。①

富兰克林关于大型开放空间中美国人口迅速扩散的假设，随着维多利亚时代的进化论，特别是华莱士和达尔文的进化论，具有了新的意义。一边是富兰克林，一边是华莱士和达尔文，他们之间的中介是马尔萨斯关于人口原理的论文（1798年—1826年之间有6版），其论述了人口几何增长的论点。华莱士说，马尔萨斯对他的影响是物种之间存在竞争。达尔文在他的《物种的起源》（1859年）中，运用马尔萨斯的著作来发展他的自然选择理论，根据该理论，物种的多样性和活力取决于资源的可获得性。②

达尔文使人类成为可能灭绝的自然选择的对象，但他并不认为这些过程是"自然的"，例如，他承认白人移殖民在美国土著人口的减少中应承担责任。当达尔文使用"灭绝"一词来描述印第安人在智利沿海岛屿上的困境时，他指出，当地的一名牧师想从军事上消灭该大陆上幸存的人口。在澳大利亚，他还指出，原住民正在消失，因为他们在温饱线上挣扎。他在"小猎犬"号上写的日记中总结道："无论欧洲人踏进哪里，死亡似乎都追寻着土著人。"③

---

① Zirkle 1957, Semonin 2000 (p. 366–375), Jones 2004 (p. 112–116).

② Chaplin 2009 (p. 41 et 43–45).

③ Keynes 2001 (p. 278，293 et 399), Darwin 1839 (p. 520).

由于达尔文的理论在美国的起源和与殖民地社会的相关性，因此在美国，人们对其理论的态度是较为温和的。除此以外，通常还有宗教原因。但是，并非所有美国人都接受达尔文的理论，许多欧洲人也对此理论提出了宗教上的担忧。实际上，美国的反感并非源于对达尔文理论的疏远，而在于达尔文对美国背景的令人不安的熟悉以及其对被殖民者的间接辩护。马尔萨斯理论在殖民地（包括美国）中的永久回荡使得对原始和未开拓空间的殖民观念以及某些人口占据它们的权利得以长期存在。就像富兰克林对人和植物所做的那样，即使达尔文假设人类与自然王国的其他物种之间具有可比性，他也不像1791年的富兰克林和那些自称1803年后支持马尔萨斯的人那样陈述人类之间的等级制度。富兰克林希望通过他的理论来批评帝国主义，而不是质疑在那里的殖民社会的秩序。相反，达尔文批评殖民者的定居过程（移民的殖民主义），尤其是在美国发生的这一过程。①

关于达尔文的争论在路易·阿加西（Louis Agassiz）的案例中是显而易见的，路易·阿加西出生于瑞士，在1847年到达哈佛时就备受崇敬。他对达尔文主义论点的拒绝并不能掩盖他的光环，但阿加西反对达尔文的论点激怒了反对奴隶制的美国科学家。阿加西是一位相信创造的神圣本质的创造论者，也是一位人类多地起源说的坚定支持者，他声称亚当和夏娃仅是白色人种的祖先——其他"种族"在生物学上需要进行区分。如果他们不捍卫奴隶制，那么在南北对抗时阿加西表明的立场便是在提醒我们，美国科学家通常是种族主义的帮凶。塞缪尔·乔治·莫顿（Samuel George Morton）的《美国的头盖骨》（*Crania Americana*）（1839年）同样证明了这一点。莫顿强调，不同的"种族"是被分开创造的。②

科学能否为奴隶制问题提供平衡的答案？当科学家参与美国的扩张时，他们将科学直接带入了政治舞台。内战不是主要由于南部各州内的奴隶制造成的，而是将这一系统扩展到西南和加勒比地区的愿望。美墨战争（1846—

---

① Chaplin 2009 (p. 42-43).
② Irmscher 2013, Fabian 2010 (p. 79-120).

1848）之后，几支美国探险队试图探索西南部的新土地，以绘制自然资源图和从墨西哥那里获得的土地。这项工作激发了新一代的田野科学家，特别是在地质领域。作为南方人的莫里建议将科学作为一种阻挠的手段，而对拉丁美洲部分地区的入侵似乎为建立新的种植园铺平了道路。①

南方脱离联邦和内战开始后，北方开展了各种科学项目。尤其是1862年的《莫里尔法案》(Morrill Act)，该法案为农业教育和机械艺术提供联邦政府的资金。其他项目与反对奴隶制的斗争更加明确地联系在一起：1863年1月的《解放黑人奴隶宣言》(Emancipation Proclamation) 重新定义了战争的目标，包括彻底终结奴隶制。同年，马萨诸塞州参议员亨利·威尔逊（Henry Wilson）作为反奴隶制的先锋，提出了建立联邦科学研究院的想法，这是战争努力的一种意识形态："我希望旧世界的学者们可以看到，通过民族国家历史上最大规模内战的火与血，美国的领导人和人民……鼓励提升，净化和巩固宗教、志愿、文学、艺术和科学的机构。"

结果呢？美国国家科学院（l'Académie nationale des sciences）（1863年）作为联邦政府在定义科学和民族认同方面新角色的有力象征，并未真正参与到联邦政府的战争努力中来。②

之后呢？

内战之后，美国的科学继续发展和专业化，并成为美国的重要体制。1887年的《哈奇法案》(Hatch Act) 和1906年的《亚当斯法案》(Adams Act) 为农业研究提供了新的联邦资助。与欧洲一样，物理学和化学研究人员正在为有20世纪特征的"大科学"的到来做准备。这涉及按照德国模式将学院重新配置为大学，并将研究路径以博士学位作为结束。紧随康奈尔大学（1865年）成立的是约翰·霍普金斯大学（1876年）。纽约的美国自然历史博物馆则于

---

① Dupree 1957 (p. 92-95).
② *Ibid.* (p. 136-148), Curti 1942（引用 p. 263）.

1913 年建立。在对芝加哥的藏品重组之后，菲尔德自然历史博物馆于 1905 年成立。①

独立后很长一段时间，尽管在硬科学领域的地位日益提高，但美国从未放弃其殖民基础。虽然，1865 年在全国范围废除了奴隶制，并结束了对印第安人的暴力驱逐，但直到 20 世纪中叶，黑人和印第安人的政治权利才得到承认。白人继续要求印第安人放弃土地，1890 年联邦人口普查宣布边界的"尽头"，并重申了北美在多大程度上仍然是被殖民者和殖民者之间的斗争空间。社会达尔文主义主题的变化仍然很有效，并分析了社会和经济状况的差异，这是人类之间本体论差异的逻辑结果。印第安人的高死亡率继续被"自然化"：人们强调其组织能力的薄弱，而对传统资源的匮乏和缺乏医疗视而不见。②

美国的科学捍卫（或应该捍卫）移殖民利益的想法是一件坏事。白人怀疑进化论可能会导致种族的安排受到威胁，他们反对达尔文主义融入公共教育，正如 1925 年田纳西州对约翰·托马斯·斯科普斯（John Thomas Scopes）那场著名的判决所证明的那样。就非裔美国人而言，他们担心医学是否为了白人的利益而利用他们，例如，在塔斯基吉（Tuskegee）实验中，黑人受试者暴露于梅毒的威胁之下。美洲原住民通常将出于遗传学目的而对其遗传密码进行的分析视为入侵的另一种形式。③

整个 19 世纪，种族主义思想在美国科学中无处不在。它扮演着关键角色，并且深得人心。显然，我们最好回到对异议人士的研究，例如，威尔逊参议员或威廉·巴特拉姆，对他们而言，科学是批判殖民等级体系的工具。威廉·巴特拉姆衡量过任务的规模；在他关于旱河地区的回忆录中，他描述了佛罗里达州沼泽地中间的"陆地天堂"。他写道，任何接近这个地方的人都会意识到，"这个世界就像魔法的土地一样，在我们眼前闪闪发光，随意出现和消失"。因此，科学家看到了一个美国伊甸园，它仍然可以在我们的眼前闪耀，但也许

---

① Dupree 1957 (p. 169–172), Rosenberg 1997 (p. 153–199), Kohler 1990, Nye 1996.
② Jones 2004 (p. 146–147), Hofstadter 1992, Degler 1991.
③ Larson 1997, Reverby 2009, TallBear 2013.

不会永远闪烁。[1]

霍伊塞·沙普兰（Joyce E. Chaplin）撰；皮埃尔·迪布谢译

参考文献

Adas Michael, 1989, *Machines as the Measure of Men: Science, Technology, and Ideologies of Western Dominance*, Ithaca (NY), Cornell University Press.

Andrews William L., 2001, Benjamin Banneker's Revision of Thomas Jefferson: Conscience versus Science in the Early American Antislavery Debate, *in* Vincent Carretta et Philip Gould (dir.), *Genius in Bondage: Literature of the Early Black Atlantic*, Lexington (KY), University of Kentucky Press, p. 218-241.

Armitage David, 2007, From Colonial History to Postcolonial History: A Turn too Far?, *William and Mary Quarterly*, vol. 64, n° 2, p. 251-254.

Baatz Simon, 1991, "Squinting at Silliman": Scientific Periodicals in the Early American Republic (1810—1833), *Isis*, vol. 82, n° 2, p. 223-244.

Bartram William, 1996 [1791], *Travels through North and South Carolina, Georgia, East and West Florida, the Cherokee Country, etc.*, New York, Library of America (Penguin). [1re éd. française 1798: *Voyage dans les parties sud de l'Amérique septentrionale: savoir: les Carolines septentrionale et méridionale, la Georgie, les Florides orientale et occidentale, le pays des Cherokees, le vaste territoire des Muscogulges ou de la confédération Creek, et le pays des Chactaws; Contenant des détails sur le sol et les productions naturelles de ces contrées, et des observations sur les mœurs des sauvages qui les habitent*, trad. par P.V. Benoist, Paris.]

Basalla George, 1987, The Spread of Western Science, *Science*, n.s., vol. 156, n° 3775, p. 611-622.

Belich James, 2009, *Replenishing the Earth: The Settler Revolution and the Rise of the Anglo-World (1783—1939)*, New York, Oxford University Press.

Bruce Robert V., 1987, *The Launching of Modern American Science (1846—1876)*, Ithaca (NY), Cornell University Press.

Chaplin Joyce E., 2001, *Subject Matter: Technology, the Body, and Science on the Anglo-American Frontier (1500—1676)*, Cambridge (MA), Harvard University Press.

---

[1] Bartram 1996 (p. 47-48).

— 2003, Expansion and Exceptionalism in Early American History, *Journal of American History*, vol. 89, n° 4, p. 1431-1455.

— 2006, *The First Scientific American: Benjamin Franklin and the Pursuit of Genius*, New York, Basic Books.

— 2009, *Benjamin Franklin's Political Arithmetic: A Materialist View of Humanity*, Washington (DC), Smithsonian Institution.

— 2012, *Round about the Earth: Circumnavigation from Magellan to Orbit*, New York, Simon & Schuster.

Cohen I. Bernard, 1956, *Franklin and Newton: An Inquiry into Speculative Newtonian Experimental Science and Franklin's Work in Electricity as an Example Thereof*, Philadelphie (PA), American Philosophical Society.

Curti Merle, 1942, The American Scholar in Three Wars, *Journal of the History of Ideas*, vol. 3, n°3, p. 241-264.

Daniels George H., 1967, The Process of Professionalization in American Science: The Emergent Period (1820—1860), *Isis*, vol. 58, n° 2, p. 150-166.

Darwin Charles, 1839, *Journal and Remarks (1832—1836)*, Londres, Henry Colburn.

Degler Carl N., 1991, *In Search of Human Nature: The Decline and Revival of Darwinism in American Social Thought*, New York, Oxford University Press.

Delbourgo James et Dew Nicholas (dir.), 2008, *Science and Empire in the Atlantic World*, New York, Routledge.

Dupree A. Hunter, 1957, *Science in the Federal Government: A History of Policies and Activities to 1940*, Cambridge (MA), Harvard University Press.

Fabian Ann, 2010, *The Skull Collectors: Race, Science, and America's Unburied Dead*, Chicago (IL), University of Chicago Press.

Frank Lawrence, 1995, *The Murders in the Rue Morgue:* Edgar Allan Poe's Evolutionary Reverie, *Nineteenth-Century Literature*, vol. 50, n°2, p. 168-188.

Gerbi Antonello, 1973, *The Dispute of the New World: The History of a Polemic (1750—1900)*, trad. par Jeremy Moyle, Pittsburgh (PA), University of Pittsburgh Press.

— 1985, *Nature in the New World: From Christopher Columbus to Gonzalo Fernandez de Oviedo*, trad. par Jeremy Moyle, Pittsburgh (PA), University of Pittsburgh Press.

Gould Eliga H., 2007, Entangled Atlantic Histories: A Response from the AngloAmerican Periphery, *American Historical Review*, vol. 112, n° 5, p. 1415-1422.

Guralnick Stanley M., 1975, *Science and the Ante-Bellum American College*, Philadelphie

(PA), American Philosophical Society.

Hofstadter Richard, 1992, *Social Darwinism in American Thought*, Boston, Beacon Press.

Irmscher Christoph, 2013, *Louis Agassiz: Creator of American Science*, Boston, Houghton Mifflin.

John Richard R., 1995, *Spreading the News: The American Postal System from Franklin to Morse*, Cambridge (MA), Harvard University Press.

Johnson Ann, 2009, Material Experiments: Environment and Engineering Institutions in the Early American Republic, *in* Carol E. Harrison et Ann Johnson (dir.), *National Identity: The Role of Science and Technology*, Chicago (IL), University of Chicago Press.

Jones David Shumway, 2004, *Rationalizing Epidemics: Meanings and Uses of American Indian Mortality since 1600*, Cambridge (MA), Harvard University Press.

Keynes Richard D. (dir.), 2001, *Charles Darwin's "Beagle" Diary*, Cambridge, Cambridge University Press.

Kohler Robert E., 1990, The PhD Machine: Building on the Collegiate Base, *Isis*, vol. 81, n° 4, p. 638-662.

Kohlstedt Sally Gregory, 1976, *The Formation of the American Scientific Community: The American Association for the Advancement of Science (1848—1860)*, Urbana (IL), University of Illinois Press.

– 1990, Parlors, Primers, and Public Schooling: Education for Science in Nineteenth Century America, *Isis*, vol. 81, n° 3, p. 424-445.

Labaree Leonard *et al.* (dir.), 1959-, *The Papers of Benjamin Franklin*, New Haven (CT), Yale University Press, 41 vol. à ce jour.

Larson Edward J., 1997, *Summer for the Gods: The Scopes Trial and America's Continuing Debate over Science and Religion*, New York, Basic Books.

Lewis Andrew J., 2004, Nineteenth-Century Scientific Opinion of Lewis and Clark, *in* Robert S. Cox (dir.), *The Shortest and Most Convenient Route: Lewis and Clark in Context*, Philadelphie (PA), American Philosophical Society.

Lucier Paul, 2009, The Professional and the Scientist in Nineteenth-Century America, *Isis*, vol. 100, n° 4, p. 699-732.

McFarland Benjamin J. et Bennett Thomas Peter, 1997, The Image of Edgar Allan Poe: A Daguerreotype Linked to the Academy of Natural Sciences of Philadelphia, *Proceedings of the Academy of Natural Sciences of Philadelphia*, vol. 147, p. 1-32.

Nye Mary Jo, 1999, *Before Big Science: The Pursuit of Modern Chemistry and Physics*

(*1800—1940*), Cambridge (MA), Harvard University Press.

Oleson Alexandra et Brown Sanborn C. (dir.), 1976, *The Pursuit of Knowledge in the Early American Republic: American Scientific and Learned Societies from Colonial Times to the Civil War*, Baltimore (MD), Johns Hopkins University Press.

Reverby Susan, 2009, *Examining Tuskegee: The Infamous Syphilis Study and Its Legacy*, Chapel Hill (NC), University of North Carolina Press.

Rosenberg Charles E., 1997, *No Other Gods: On Science and American Social Thought*, Baltimore (MD), Johns Hopkins University Press.

Schaffer Simon, Roberts Lissa, Raj Kapil et Delbourgo James (dir.), 2009, *The Brokered World: Go-Betweens and Global Intelligence (1770—1820)*, Sagamore Beach (MA), Science History Publications.

Schiebinger Londa L., 2004, *Plants and Empire: Colonial Bioprospecting in the Atlantic World*, Cambridge (MA), Harvard University Press.

Semonin Paul, 2000, *American Monster: How the Nation's First Prehistoric Creature Became a Symbol of National Identity*, New York, New York University Press.

Seth Suman, 2009, Putting Knowledge in Its Place: Science, Colonialism, and the Postcolonial, *Postcolonial Studies*, vol. 12, n° 4, p. 373-388.

Slaughter Thomas P., 1996, *The Natures of John and William Bartram*, New York, Alfred A. Knopf.

– 2003, *Exploring Lewis and Clark: Reflections on Men and Wilderness*, New York, Alfred A. Knopf.

Slotten Hugh Richard, 1994, *Patronage, Practice, and the Culture of American Science: Alexander Dallas Bache and the US Coast Survey*, New York, Cambridge University Press.

Stearns Raymond Phineas, 1946, Colonial Fellows of the Royal Society of London (1661—1788), *William and Mary Quarterly*, vol. 3, n° 2, p. 208-268.

TallBear Kimberly, 2013, *Native American DNA: Tribal Belonging and the False Promise of Genetic Science*, Minneapolis (MN), University of Minnesota Press.

Tyrrell Ian, 1991, American Exceptionalism in an Age of International History, *American Historical Review*, vol. 96, n° 4, p. 1031-1055.

Viola Herman J. et Margolis Carolyn (dir.), 1985, *Magnificent Voyagers: The US Exploring Expedition (1838—1842)*, Washington (DC), Smithsonian Institution.

Warner John Harley, 1998, *Against the Spirit of System: The French Impulse in Nineteenth-Century American Medicine*, Princeton, Princeton University Press.

Wey-Gómez Nicolás, 2008, *The Tropics of Empire: Why Columbus Sailed South to the Indies*, Cambridge (MA), MIT Press.

Williams Frances Leigh, 1963, *Matthew Fontaine Maury: Scientist of the Sea*, New Brunswick (NJ), Rutgers University Press.

Zirkle Conway, 1957, Benjamin Franklin, Thomas Malthus and the United States Census, *Isis*, vol. 48, n° 1, p. 58–62.

一艘黑船。它表现了马修·佩里的舰队对日本人的威胁。——《黑船图》(*Kurofune no zu*)，木刻版画，无名氏，约1855年。

第十六章

明治维新中的"西方"科学：是模仿还是知识的适应？

导言

1853年，四艘美国军舰在三浦半岛东南部的日本渔村浦贺附近出现。他们属于东印度支队，由海军准将马修·佩里（Matthew C. Perry）指挥。日本遇见这些"黑船"（按照当时使用的术语）是群岛历史的关键时刻：日本与新的国际环境的第一个交集出现了，并将就此引入"西方"科学。

与"黑船"的相遇象征并宣布了"西方科学"已成为一种特殊形式的知识。这似乎是具有普遍性的。简·戈林斯基（Jan Golinski）在有关"特殊的科学"概念兴衰的文章中，试图证明"奇异的科学"（la science singulière）概念如何让我们进行反思，以及从这种无能为力中必须解决科学表面的普遍性问题。① 在这种情况下，有必要研究过去三个世纪中欧洲知识的统治；对于这种方法，日本在19世纪的科学转型提供了一个有用的例子。

最近关于非西方科学形式的研究倾向于采用循环和互动的观点，越来越重

---

① Golinski 2012.

视非西方的科学调查方法。因此，西方科学的泛化不是简单的传播，而是永久相互作用的结果，从而导致转化和新知识的产生。①

这种观点能相对容易地适用于日本的科学史。有关该主题最著名的英语著作是詹姆斯·巴塞洛缪（James Bartholomew）撰写的《科学在日本的形成》（*The Formation of Science in Japan*）。书中向人们展现了日本政要和科学家如何通过外国和当地传统的融合来产生自己的研究传统。② 泰萨·莫里斯－铃木（Tessa Morris-Suzuki）是关于该问题的另一本经典著作的作者。③ 她强调了被她称为"伟大的翻译"的过程。该过程重塑了日本本土的知识，使其与西方科学相适应。④ 在日本学界，科学史不被视为是对欧洲知识简单接受的历史，而是作为更广泛的全球科学和社会发展的一部分。早在 1973 年，广重彻（Tetu Hirosige）⑤ 就已经意识到 19 世纪存在一个巨大的断裂。⑥ 在他的《科学的社会史》（*Kagaku no shakaishi*）中提出了这样一种思想，即在 50 多年的时间里，欧洲和日本在科学和技术体制化的同时经历着剧烈的社会变革。⑦ 那么，当西方科学成为独特的科学模式时，是什么使某些形式的知识边缘化了呢？我建议通过竞争情景来分析这个问题，如此，我们便可以将不同形式的知识用于竞争和评估。德国物理学家帕斯库尔·约尔当（Pascual Jordan）为诺顿·怀斯所称的"客观性机枪的原则"（le principe mitraillette d'objectivité）辩护时写道："法国和德国数学之间的差异并不比每个国家机枪之间的差异更重要。"⑧ 尽管约尔当很冷酷，但他的观察强调了科学研究的高度竞争性——这种竞争不仅是军事方面的，而且也是经济、文化和学术方面的。我建议将这些竞争情况中的每一

---

① Raj 2007 et 2013, Schaffer *et al*. 2009.
② Bartholomew 1989 (p. 3).
③ Morris-Suzuki 1994.
④ Morris-Suzuki 1995.
⑤ 日本人的名字在这里以传统的顺序出现——先姓后名——除非是以欧洲语言发表出版物的作者。
⑥ Cunningham et Williams 1993.
⑦ Hirosige 1973.
⑧ Wise 1994 (p. 225-226).

个都视为"交战区"(la zone de combat)。[1] 我要说的是,"交战区"正是传递知识的空间,因为激烈的竞争会刺激人们更好地去了解对手。

因此,所谓的"西方科学"不仅表现为一种竞争性的知识形式,而且还表现为一种能够创造和定义其拥有优势的"交战区"的知识形式。故而,科学史学家罗伯特·科勒(Robert Kohler)指出科学具有"侵入性",就像草丛一样。[2] 如同常春藤,西方科学的入侵可以通过其创造适合其追求的环境的能力来解释。在西方知识塑造的新环境被引入后,19世纪的日本不得不借助它来恢复自身的优势。本章中的两个中心术语——"模仿"(mimétisme)和"适应"(appropriation)——在人文和社会科学中有着悠久的使用历史。在科学史的背景下,阿卜杜勒-哈米德·萨卜拉(Abdelhamid I. Sabra)区分了"适应"和"传播"(transmission),例如,其研究显示了伊斯兰世界的学者如何不仅将其知识从古希腊传播到中世纪的欧洲,也为它的发展作出了积极贡献。[3] 我在这里提出用"模仿"这个词来表示原始知识的接受者和生产者之间的深度同化。在日本的案例中,这两种方法对于吸收欧洲知识都是可行的。

先决条件

在以德川政府[称为幕府(Bakufu)]为首的封建社会的统治下,从1603—1868年的江户时代可谓是一个相对和平的时期。其社会结构是僵化的,并且职业通常是世袭的,无论在武术还是学习中,竞争仅发挥有限的作用。尽管有军事独立,高度自治的强大地区领主的存在,但该政权控制着大部分领土并行使国家政府的职能。在这些不同的封建领地之间存在着文化上的竞争,但是,除了在这个时代的前几十年和最后几十年之外,日本国内没有出现公开的军事对抗。德川幕府一般通过死刑来禁止人民出国旅行。

---

[1] 我在这里的灵感来自于彼得·加里森(Peter L. Galison)的交易区(trading zone)和范发迪(Fa-ti Fan)的接触区(contact zone),参阅:Galison 1997, Fan 2004.

[2] Kohler 2002 (p. 8—9).

[3] Sabra 1987.

长崎的出岛是唯一与中国和荷兰进行国际贸易的地方。1720 年标志着一个历史性的转折点：幕府第八代将军德川吉宗（Yoshimune）颁布了放宽对外国作品的禁令。① 这为通过西方作品的中译本和荷兰书籍引入新的科学知识铺平了道路。这些文本的阅读和翻译在日语中也被称为兰学（rangaku）或"荷兰学术"；医学是第一种被引进的兰学。在 1774 年，德意志人约翰·亚当·库尔姆斯（Johann Adam Kulmus）的解剖学著作《解剖图谱》（Anatomische Tabellen）（最初于 1722 年出版）在日本发行②，天文学也紧随其后。当时，农业对日本来说是至关重要的，建立可靠的关于农业收成的历法是政府的核心职责之一。在 1865 年成立的天文局（Tenmongata）内部存在由幕府于 1811 年创建的蛮书和解御用局（Bansho Wage Goyō）。这是当时阅读和翻译西方作品的主要场所。牛顿物理学和天文学被引入。志筑忠雄（Shizuki Tadao）的《历象新书》（Rekisei Shinsho）（1802 年）是约翰·基尔（John Keill）于 1742 年出版的《真实物理学与真实天文学导论》（Introductiones ad veram physicam et veram astronomicam）荷兰语版本的译本。③

但是，知识的涌入并非单方面的。例如，德意志物理学家菲利普·弗朗兹·冯·西博尔德（Philipp Franz von Siebold）是"兰学"中有影响力的教授之一。他于 1823 年在出岛建立了自己的公司。尽管西博尔德为许多日本医生提供了荷兰医学方面的培训，但他还是利用了日本本土植物学家（称为 honzōgakusha）的知识来研究当地的植物区系。西博尔德对日本自然志的大部分研究应归功于他们。④

除了西方科学，专门的日本科学技术知识也得到了发展。在 17 世纪末的战国时代晚期，出现了有关枪支弹道的早期研究，但日本在德川统治下的统一与和平使得这些知识变得无用——这与文艺复兴时期的欧洲战争有着很大区

---

① Numata 1989 & 1997 (p. 51-54).

② Ibid. (p. 96).

③ Boot 2008, Ravina 1993.

④ Ishiyama et al. 2003.

别。① 在江户时代，和算（*wasan*）（日本数学）蓬勃发展，既是一种文化实践，又是一种使用技巧。② 而且，传统中医 [或汉方医学（*kanpō*）] 和荷兰医学共存并相互竞争。③ 如果当时各地区之间不直接竞争，那么大多数封建领地都认为有必要进行经济和社会改革。土壤排水、新经济作物的种植或蚕桑业（蚕农）都是鼓励经济发展的措施。结果，与这些不同行业（尤其是农业和土木工程）相关的知识的重要性日益增加。最后，与中国传统一样，日本思想家也集中精力于自然哲学领域。④

在实际考虑之外，人们也会寻求知识，作为各种休闲活动的基础。除了在日程安排或会计评估中被使用外，数学还以围棋或日本象棋的形式作为娱乐活动进行实践 [幕府首任天文官涩川春海（Shibukawa）最初是围棋大师]。机械工艺可用于制造复杂的时钟和自动机，以供公共或私人娱乐。⑤ 在战国时代之后，制造火药所需的化学物质没有多大用途，但在信号或烟花中得到了应用。⑥ 电等物理现象是当时消遣的玩物。平贺源内（Hirage Gennai）是一位在18世纪从"兰学"中受益的科学家，他制造了一种静电发生器（Elekiter）用于向公众演示。⑦

可以说，德川时代的和平年代缺乏产生新知识的客观激励。尽管存在地域差异性，并且缺乏对文化程度标准的明确定义，但日本社会的识字率普遍较高。⑧ 经济动机有时是创新的基础，这为在19世纪末与西方列强的激烈对抗中的发展做好了准备。

---

① Itakura *et al*. 1990.
② Sato 2005.
③ Umihara 2007.
④ Tsuji 1973, Nakayama 1993 (p. 37–38).
⑤ Tatsukawa 1969.
⑥ Sakenobu 1969.
⑦ Roberts 2009.
⑧ Rubinger 2007.

"黑船"：贸易、战争、流行病和科学

佩里的远征在日本被视为"文明的使团"，结束了日本的孤立，将其带入了 19 世纪的世界。展示西方文明的崛起是使团的重要组成部分。佩里带给幕府的贡品包括各种技术物品，例如，小型蒸汽机车和两套电报仪器。在横滨，佩里在日本观众惊讶的眼神中展示了它们。[1] 一些人产生了浓厚的兴趣，为后来日本电报系统的建立作出了贡献。[2] 此外，佩里也将其他物品带入日本。因此，无论是否有意为之，这都有助于在经济、医学和军事领域引入"交战区"。经济竞争是佩里使团来日的一个主要方面：订立贸易条约是佩里被派遣到日本的初始动因。1854 年的《日美亲善条约》(le traité de paix et d'amitié) 和 1858 年的《美日友好通商条约》(le traité d'amitié et de commerce) 使得幕府向美国开放了日本的市场。其他列强也随之而来。在此情况下，日本外交官批准了一些对日本不利的条款，例如，治外法权。[3] 明治时代的部分特点是政府与这些不平等条约的遗留作斗争。

确实，日本通过向西方国家开放五个港口从而将自己纳入了国际贸易体系。马上，黄金——在日本的交易价格要低得多——大量流入国外。[4] 更重要的是，新市场促进了工业的发展：被困在条约所规定的少数几个港口飞地中海的外国商人无法扩大活动范围，从而留出了必要的时间和空间让日本工业成长。[5] 现有的统计数据表明，当时的出口在明治时代初期已经占进口的一半。主要出口产品是丝绸，其次是茶、铜和海鲜干货。[6] 丝绸和茶叶出口的增长触发了日本轻工业的发展。如果日本想成功摆脱外国列强的经济控制，其自身的工业化是必不可少的。[7] 然而，知识的转移在一定程度上是双向的，丝绸知识

---

[1] Hawks et Perry 1856 (p. 357–358).

[2] Takahashi 1989.

[3] Auslin 2006.

[4] Ishii T. 1987, Ishii K. 1984.

[5] Ishii K. 1984 (p. 419).

[6] Yamaguchi et Ōuchi 1968.

[7] Ishii K. 1984 (p. 423).

和实践在欧洲的传播证明了这一点。而纺纱的机械化使得日本生产的增长和标准化成为可能。①

在通过条约开放的港口内正在形成新的商业组织。为了与西方贸易公司进行贸易，德川幕府鼓励日本商人根据他们所认为的西方规则和惯例在 1867 年成立合作社。不过，这种努力在几个月后失败了，但那确实是使日本经济适应国际市场的第一次尝试。②

通过条约开放的港口也是人员交流和知识交流的场所。最早的商业公司位于距东京最近的港口——横滨。怡和有限公司（Jardine，Matheson & Co.）是当时东亚最大的公司。该公司于 1832 年在广州成立，并通过鸦片和武器贸易蒸蒸日上。1863 年，该公司组织了 5 名仆人从长州藩秘密前往英国进行考察。其中包括明治政府的未来领导人：伊藤博文（Ito Hirobumi）、井上馨（Inoue Kaoru）和山尾庸三（Yamao Yōzō）。③

"黑船"带给日本的另一个不那么具有隐喻的"交战区"。西方势力的明显优势导致了"老中首座"（Rōjū hittō）阿部正弘（Abe Masahiro）发起的政治改革，即"安政改革"。阿部任命年轻的幕府封臣（特别是那些会荷兰语的人）担任重要职务。沿海保护成为一个重要问题，德川幕府在从长崎寻求荷兰人的支持，而他们的确提供了许多详尽的建议。荷兰人没有提议建设海防部队，而是鼓励日本人建立一支舰队并培养合格的军官，甚至建议他们雇用荷兰教官——并慷慨地向他们提供资助——甚至确定应该教哪些科目。其中包括地理、天文学、算术、代数、几何等西方经典，以及导航、海军工程、蒸汽机和弹道学。④ 随着 1855 年长崎海军训练中心（Nagasaki Kaigun Denshūjo）的成立，这些设想得以实现，随后吸引了来自全国各地的年轻人才。该中心是最早的官办西方科学技术教育机构之一。⑤

---

① Okumura 1973, Morris-Suzuki 1992.
② Kanno 1929.
③ Blake 1999.
④ Kogure 2011 (p. 4–5), Fosu 2000.
⑤ Fujii 1991.

第三个"交战区"涉及医学领域。在长崎的海军训练中心，荷兰军医利迪乌斯·卡塔里尤斯·庞贝·范·梅德沃特（Lijdius Catharinus Pompe van Meerdervoort）早在1857年就开始教授医学课程。第二年，霍乱疫情席卷了长崎，并在主要路径向东蔓延。① 尽管没有详细的统计数据，但大阪的死亡人数约为10 000，在江户（东京）的死亡人数为30 000~40 000。② 西方医学尚未找到能有效治疗霍乱的方法，也无法阻止这一疾病的蔓延，但庞贝设法治愈霍乱患者。在长崎，接受庞贝和他的学生治疗的患者中的死亡率为36.4%；而其他医生治疗的患者的死亡率为55.5%。③ 由于庞贝的活动，长崎人极大地增强了对荷兰医学的信心。④

即使西方医学在霍乱的治疗上没有表现出像通过接种来治疗天花的优势，但历史悠久的日本传统医学却无法阻止这种毁灭性的流行病。

"交战区"和知识

佩里的到来只是一个威胁——但此后将发生真正的军事对抗。1808年的冲突已经埋下伏笔：在拿破仑战争中，英国军舰"辉腾"号（Phaeton）进入长崎港口寻找荷兰船只。尽管没有敌舰，但英国护卫舰仍以其强大的火力制服了港口驻军。现在看来，组织上的问题可能是日本人在这次事件中效率低下的原因⑤，那么它仍然推动了佐贺地区的现代化。德川幕府认为佐贺地区的责任是负责好港口的防御。⑥

日本的开放引发了针对西方列强和日本内部的更为严重的军事对抗，加速了该国的西化进程以及对新技术和科学的适应。在德川时代即将结束之际，越

---

① 庞贝（Pompe）认为，该病是由美国"密西西比"号（Mississippi）护卫舰带来的，这一论点遭到了一位美国医生的质疑。参阅：Pompe 1968（p. 288-289），Simmons 1880（p. 3）。
② Yamamoto 1982 (p. 17-22).
③ *Ibid.* (p. 17), Ogata *et al.* 1975.
④ Aoki 2012 (p. 248).
⑤ Wilson 2010.
⑥ Egashira 1973.

来越多具有民族和仇外意识形态的人们将天皇，而不再是幕府将军，看作最高道德权威的保存人。当幕府在未得到孝明天皇批准的情况下缔结了《日美亲善条约》时，怒火席卷了整个国家。天皇的支持者和朝廷起到了关键作用。作为回应，在1858年接替阿部正弘的井伊直弼（Ii Naosuke）成为幕府大老（le Grand Ancien）试图通过从德川政府中解职一些决策者和公务员来巩固自己的权力。这导致了阿部正弘任命的许多改良主义者被罢免，而幕府的反对者则被处决或监禁。在西南地区的大名中，反德川情绪日益高涨。次年，井伊直弼被天皇的支持者暗杀。而针对西方支持者的恐怖主义也出现了。

1863—1864年西方列强与长州藩之间的下关战争是这种日本民族主义兴起的后果之一。长州藩位于日本主岛的西端，控制着下关海峡，这是通向内海和大阪的必经通道。长州藩是成功进行土地和经济改革并积累财富的地区之一。传统上该地区是反对幕府而支持天皇的。长州藩在1863年下达了对外国人的驱逐令，并开始炮轰通过下关海峡的西方船只。为了报复，法国和美国，随后是英国和荷兰，组成了同盟，并于1863—1864年对长州藩发动了进攻。面对四国联军舰队的优势，长州藩失去了三艘战舰。在地面战场，半传统军队（其中一些士兵只有弓箭和盔甲）的状况并没有好到哪里去。在这场冲突中，日本步兵可以使用的最先进的火器是从荷兰购买的滑膛枪，而欧洲人使用的是卡宾枪。[①]

战败之后，长州藩的领导者派遣高杉晋作（Takasugi Shinsaku），一位熟悉西方教育的年轻改良主义者，作为使者进行谈判以达成停火协议。这种对抗改变了政治平衡，人们转而支持高杉之类的改良主义者，其目的是使军备现代化并与西方列强建立外交和经济关系。人们也感受到了社会的转变：战争结束后，士兵从非武士阶层招募，军队分为几支；其中就有奇兵队（*Kiheitai*）（非正规军）。在高杉本人的推动下，无论是在装备还是训练方法上，都以成为西方近代军队为目标。怡和公司在派遣仆人到欧洲时，已经向长州藩的改革派提供了援助，长州藩和英国人之间的关系因为战争而得以加强。后者对德川政府

---

① Notake 1926 (p. 72).

的腐败和迟钝感到厌倦，他们考虑与高杉等改革派建立更好的关系，并向他们提供现代化武器。①

德川时代末期，在九州岛上的另一个强大的地区——萨摩藩，发生了与下关战争类似的对抗。1862 年，萨摩藩大名的监护人岛津久光（Shimazu Hisamitsu），也是部族的首领，在生麦村附近遭遇了一群骑马的英国人。但是，英国人并没有按照当地风俗从马上下来。由于生麦村的武士认为这是一种不敬，他们便野蛮地砍死了其中一位英国人。萨摩藩对英国人提出的赔偿要求充耳不闻，也拒绝将罪魁祸首交给他们。次年，英国舰队进攻了萨摩藩，引发了所谓的"萨英战争"。萨摩藩看到了现代军队和海军的力量后，便与英国建立了牢固的关系，使他们能够从怡和公司和在长崎的代理格洛弗公司（Glover & Co）进口新的枪支和轮船。②

德川幕府的倒台始于 1864 年对长州藩发动的战争。年初，长州藩试图直接支持在京都的天皇。这标志着战争的开始，并导致他们与亲幕府的军队作战，并摧毁了京都的大部分地区。幕府因这一事件而感到愤怒，下令对长州藩发动惩罚性的远征；在萨摩藩等强大的大名的协助下，这次远征取得了成功。亲幕府的保守派分子控制了长州藩，但是改良派和以高杉为首的反幕府势力进行了叛乱。他们控制了装备精良的奇兵队，成功推翻了长州藩的亲幕府政权，并重新获得了对该地区的控制。面对这种强烈的反抗，幕府试图进行第二次远征，但是失败了。因为这次萨摩藩通过在土佐的坂本龙马（Sakamoto Ryōma）作为中间人，秘密地与长州藩结盟。对奇兵队和其他西方化的武装力量的有效利用以及亲幕府势力的解体表明了中央政权的软弱无力。

1867 年，面对亲帝国主义的意识形态和西南地区的军事力量的增强，幕府的权威进一步被削弱，将军德川庆喜（Yoshinobu）退位，结束了德川幕府近三个世纪的统治。不过，德川庆喜仍然希望能在天皇的支持下保持德川的领地和氏族强大的政治影响力。萨摩藩和反德川贵族为寻求德川势力的彻底瓦解和更

---

① Blake 1999 (p. 163-164).

② Denney 2011.

为中央集权的国家的出现，营造了一种敌视昔日权贵势力的战争氛围。1867年孝明天皇去世（以仇外心理和对德川家族的支持而闻名），这使他们更容易完成这个目标。孝明天皇14岁的继任者则将经历1868—1869年的战争。在此期间，长州藩、萨摩藩、土佐藩和佐贺藩的反幕府联盟战胜了德川及其盟友。德川当然可以依靠法国人训练的步兵和比反幕府联盟强大的海军，但是它的主要盟友，例如会津藩，只有残破不堪、装备不足和组织混乱的部队。

明治维新

在天皇的支持下，胜利者于1868年成立了新政府，宣告了明治时代的到来。政府通过天皇的授权和驱逐外国人的意愿将倒幕运动合法化；但是胜利，很大程度上是由于西方军备的缘故，这使得文化民族主义和仇外心理的政策无法实施。新的日本的口号不是"尊王攘夷"（Sonnō jōi），而是"富国强兵"（Fukoku kyōhei）。[①] 新政府希望继续，甚至加速已经在进行的西化运动。

"文明开化"是第二个口号。西方文明不再仅仅是为了实现日本的目标而去适应，而是一种文化模仿的手段。仅西方文化和文明的魅力不足以解释这一过程。为了修正不平等条约，促进外交关系，有必要使日本成为文明的国家。文化政策和外交包含西方的习俗和传统（例如井上馨的舞厅外交）。[②] 利用西方工程学进行基础设施建设以及建立科学和教育机构，都在模仿和适应方面发挥了作用：这不仅用于实现富国强兵，而且也要模仿西方的科学技术。明治维新后，建立了各种科学机构，有时会根据幕府的传统聘请外国教授。幕府的主要儒家学校，即教授中日思想的"大学"（Daigaku）进行了重组，并成为表达今天所说的"大学"的术语。蛮书和解御用局成为大学南校（Daigaku Nankō）。荷兰医生为患者接种疫苗而建立的私人诊所成为大学东校（Daigaku Tōkō）。在这些机构中，传统的大学由于新式教育的支持者和儒家学派的支持

[①] Samuels 1996.

[②] Keene 2004.

者之间的内部争执而式微。

一些新的机构出现了,最重要的是帝国工程学院,成立于1873年,是在工部省的指导下为日本培养新式工程师的机构。其校长山尾庸三(Yamao Yōzō)亲自前往英国,并在格拉斯哥大学学习工程学。他与工部卿伊藤博文一起为新机构寻找合适的教师。这两人得到了怡和公司联合创始人的侄子休·马西森(Hugh Matheson)以及格拉斯哥大学机械科学前教授路易斯·戈登(Lewis Gordon)及其继任者威廉·兰金(William Rankine)[①]为帝国理工学院提供的大量帮助。有才华的英国人——通常是格拉斯哥大学的毕业生,他们曾师从于兰金和威廉·汤姆森(William Thomson)。在兰金的推荐下,年轻的亨利·戴尔(Henry Dyer)(1848—1918)成为帝国理工学院的校长。在日本官僚的帮助下,戴尔支持兰金的原则,将日本的各种目标与其他欧洲国家的工程教育模式相结合,以此来制定帝国工程学院的课程。[②]

帝国工程学院为年轻的日本工程师提供了一种框架,他们现在能够为日本规划和建设工业基础设施。大学级别的工业工程学当时在欧洲是新鲜事物——格拉斯哥大学的教席是最早的该类教席之一,这说明了日本为何能够迅速采用这种模式的原因。琵琶湖运河是日本土木工程的早期成就之一。这条运河实现了那些希望将京都与琵琶湖连接起来的人的愿望,从而促进了南北干线的流通。帝国学院的五年级学生田边朔郎(Tanabe Sakurō)就该项目做了论文,并提供了实施该项目所需的专业知识。运河建设历时5年,动员了京都市年度预算的2倍,导致17人丧生,但最终于1890年完成。1891年,田边成功地利用了琵琶湖的水为水力发电站提供动力,仅次于当时的美国阿斯彭水电站,在世界上排名第二。[③]在合同到期后,帝国学院的英国教师回到了欧洲。有些人将他们的工程学教学经验再次运用:威廉·汤姆森的学生,帝国学院的电气工程学教师威廉·艾尔顿(William Ayrton)在伦敦的芬斯伯里学院追求事业。詹姆斯·汤姆森(James Thomson)(威廉·汤姆森的兄弟)的学生约翰·佩里

---

① Constable et Stevenson 1877 (p. 186-190).

② Marsden 1992, Gooday et Low 1998, Wada 2011.

③ Murase 1987.

（John Perry）在日本教授土木工程，并成为皇家科学院的教授。这两所学校后来组成了英国的帝国理工学院。①

大学南校、大学东校和日本帝国学院于1877年整合为东京大学：日本第一所大学，它逐渐获得了科学、工程、医学或农业学系，成为日本最大的高等教育机构。

随着西化教育机构的建立，传统医学和和算被排除在外。如果汉方医学的医生或和算的数学家继续发挥重要作用，那是以进一步被边缘化为代价，以使对西方科学的模仿继续下去。

第一次世界大战与研究在日本的兴起

在明治时代，随着学术机构的扩散，日本的知识生产开始显著增长。日本是否应该以及在何种程度上发展科学研究机构的问题引起了广泛的争论。② 争论主要集中在日本生产和进口的知识的类型上。医学和数学受益于悠久的传统，工程已经成为务实的优先选项。日本特有的学科，例如，地震学，在全球竞争中立竿见影。模仿和成为知识的生产国，都是需要考虑的两种文化价值，同时，也必须正视日本自身研究基础设施建设的成本。

研究始于针对行业的分析工作。在世纪之交，日本的目标是发展重工业。工业试验所（Kōgyō Shikenjo）的任务是从1900年开始建立有关工业材料与产品控制和标准化问题的一系列测试和科学分析。工业研究实验室网络涉及农业、工程、化学或采矿问题，为科学研究的出现铺平了道路。③ 战争加剧了这种趋势。虽然1914年的第一次世界大战没有波及日本，但它将影响日本的经济和科学。由于战争和药品或科学产品供应的短缺，日本开始寻求获得自己的科学研究能力。在这种背景下，理化研究所（RIKEN）于1917年成立，目的是提供化学与电气工业和其他先进行业的发展所需的知识。自明治维新以

---

① Hall 1982, Gay 2010.

② Bartholomew 1989.

③ Kamatani 1988.

来，像理化研究所这样的机构的出现，首次赋予日本科学研究所需的环境和资金——尽管其主要目标是在经济的"交战区"。①

重新专注于研究，工程师和科学家必须使他们的工作目标合法化，这不仅是因为它们对国家发展的实际贡献，而且也是在国际科学竞争的背景下的决策。当时，学术上的"交战区"由欧洲人主导，他们把自己的规则强加在那里。正如冈本拓司（Okamoto Takuji）所暗示的那样，从19世纪末到明治时代初，长冈半太郎（Nagaoka Hantarō）等资深的研究人员对欧洲的热情越来越高。② 日本研究人员在技能发展的同时，发现自己陷入了全球学术竞争的漩涡中。

1918年，刚从东京帝国大学毕业的电气工程专业学生西名义夫（Nishina Yoshio）加入理化研究所，从事"电化学"的研究，并逐渐转向原子物理学。他于1922年离开日本前往欧洲，并旅居到1928年。在那里他见证了量子力学的诞生。自从他回到日本之后，日本物理学家为实验和理论物理学的发展作出了持续的重大贡献。"西方科学"一词过时了，甚至在日本当时的环境中也变得不恰当了。

结论

佩里到达日本后，西方的扩张标志着日本进入了新环境，并受到新的竞争规则的约束。在这种环境下，我所谓的"交战区"指的是西方的知识、机构和科学实践转移的空间。在此过程中，一些日本人最初认为最好的策略是对西方科学的适应和/或模仿。但是规则随着时间的流逝而发展，并且随着竞争扩散到军事、经济和学术领域，尤其是在第一次世界大战之后，产生针对日本的知识的需求变得显而易见。为此，日本人不仅要采用西方知识中的实践知识和目的，还必须采用伴随这一科学发展的西方世界观（Weltanschauung）。不久，日

---

① Itakura 1971, Hirosige 1973 Bartholomew 1989, Saitō 1988, Kamatani 1988.
② Okamoto 2011.

本人就为科学的最基本方面作出了贡献，并与自然哲学联系起来，因此，"西方科学"变成了"科学"，从而完成了日本语境中科学的单一化过程。

伊藤宪二（Kenji Ito）撰；皮埃尔·迪布谢译

参考文献

Aoki Toshiyuki, 2012, *Edo jidai no igaku: Meii tachi no 300-nen* (La médecine pendant la période Edo: trois siècles de grands médecins), Tokyo, Yoshikawa Kō bunkan. Auslin Michael R., 2006, *Negotiating with Imperialism: The Unequal Treaties and the Culture of Japanese Diplomacy*, Cambridge (MA), Harvard University Press.

Bartholomew James, 1989, *The Formation of Science in Japan: Building a Research Tradition*, New Haven (CT), Yale University Press.

Blake Robert, 1999, *Jardine, Matheson: Traders of the Far East*, Londres, Weidenfeld & Nicholson.

Boot Wim J. (dir.), 2008, *The Patriarch of Dutch Learning Shizuki Tadao (1760—1806): Papers of the Symposium Held in Commemoration of the 200th Anniversary of His Death*, Tokyo, Japan-Netherlands Institute.

Constable Thomas et Stevenson David, 1877, *Memoir of Lewis D.B. Gordon, FRSE*, diffusion limitée.

Cunningham Andrew et Williams Perry, 1993, De-centering the "Big Picture": The Origins of Modern Science and the Modern Origins of Science, *The British Journal for the History of Science*, vol. 28, p. 407-423.

Denney John, 2011, *Respect and Consideration: Britain in Japan (1853—1868 and Beyond)*, Leicester, Radiance Press.

Egashira Tsuneharu, 1973, Sagahan niokeru yōshiki kōgyō (Industrie à la mode la science occidentale à Saga), in Nihon Keizaishi Kenkyūjo (dir.), *Bakumatsy keiziashi kenkyū* (Études sur l'histoire de l'économie au Japon), Kyoto, Rinsen Book, p. 59-100.

Fan Fa-ti, 2004, *British Naturalists in Qing China: Science, Empire, and Cultural Encounter*, Cambridge (MA), Harvard University Press.

Fosu Miyako (dir. et trad.), 2000, *Kaikoku Nihon no yoake: Oranda kaigun Fabiusu chūryū nisshi* (L'aube de la nation maritime nippone: le journal de l'officier naval néerlandais Fabius au Japon), Kyoto, Shibunkaku Shuppan.

Fujii Tetsuhiro, 1991, *Nagasaki Kaigun Denshūjo: Jūkyūseiki tōzai bunka no setten* (L'école navale de Nagasaki: une zone de contact entre Occident et Orient au xixe siècle), Tokyo, Chūō Kōron Sha.

Galison Peter L., 1997, *Image and Logic: A Material Culture of Microphysics*, Chicago (IL), University of Chicago Press.

Gay Hannah, 2010, Association and Practice: The City and Guilds of the Advancement of Technical Education, *Annals of Science*, vol. 57, p. 369-398.

Golinski Jan, 2012, Is It Time to Forget Science ? Reflections on Singular Science and Its History, *Osiris*, vol. 27, p. 19-36.

Gooday Graeme J.N. et Low Morris F., 1998, Technology Transfer and Cultural Exchange: Western Scientists and Engineers Encounter Late Tokugawa and Meiji Japan, *Osiris*, vol. 13, p. 99-128.

Hall A. Rupert, 1982, *Science for Industry: A Short History of the Imperial College of Science and Technology and Its Antecedents*, Londres, Imperial College.

Hawks Francis L. et Perry Matthew C., 1856, *Narrative of the Expedition of an American Squadron to the China Seas and Japan*, Washington (DC), Beverley Tucker, Senate Printer.

Hirosige Tetu, 1973, *Kagaku no shakaishi* (Histoire sociale des sciences), Tokyo, Chūō Kōron Sha.

Ishii Kanji, 1984, *Kindai Nihon to Igirisu shihon: Jādin Maseson shōkai o chūshi ni* (Le capital britannique au Japon moderne: le cas de Jardine, Matheson & Co.), Tokyo, University of Tokyo Press.

Ishii Takashi, 1987, *Bakumatsu kaikōki keizaishi kenkyū* (Études sur l'histoire économique de la période Edo tardive), Yokohama, Yūrindō.

— 2010, *Nihon kaikoku shi* (Histoire de l'ouverture du Japon), Tokyo, Yoshikawa Kōbunkan.

Ishiyama Teiichi *et al.*, 2003, *Shin Sīboruto kenkyū 1* (Études nouvelles sur Siebold I), Tokyo, Yasaka Shobō.

Itakura Kiyonobu, 1971, *Kagaku to shakai: Sōzō o umu shakai, shisō, shosiki* (Science et société: sociétés, idées et formes d'organisation propices à la créativité), Tokyo, Kisetzusha.

Itakura Kiyonobu, Nakamura Kunimitsu et Itakura Reiko, 1990, *Nihon ni okeru kagaku kenkyū no hōga to zasetsu: Kinsei Nihon kagakushi no nazotoki* (Commencement et entraves à la recherche scientifique: résolution des problèmes de l'histoire des sciences au Japon pendant la première modernité), Tokyo, Kasetsusha.

Kamatani Chikayoshi, 1988, *Gijutsu taikoku hyakunen no kei: Nihon no kindaika to kokuritsu* kenkyūkikan (Un plan de cent ans pour un pouvoir technologique: modernisation du Japon et des organismes de recherche nationaux), Tokyo, Heibonsha.

Kanno Watarō, 1929, Bakumatsu no shōsha (Compagnies de commerce pendant l'ère Edo tardive), *Keizai ronsō*, vol. 29, n° 1, p. 241-267.

Keene Donald, 2004, *Emperor of Japan: Meiji and His World (1852—1912)*, New York, Columbia University Press.

Kogure Minori, 2011, Sheisu cho Oranda Nihon kaikokuron fuzoku shiryō II: Oranda kaigun nihon bunkentai no rekishi (Appendice II au plaidoyer néerlandais pour l'ouverture du Japon: histoire de l'escadre néerlandaise au Japon), *Yōgaku kenkyūshi Ittaku*, n° 19, p. 1-86.

Kohler Robert E., 2002, *Landscapes and Labscapes: Exploring the Lab-Field Border in Biology*, Chicago (IL), University of Chicago Press.

Liss Robert, 2009, Frontier Tales: Tokugawa Japan in Translation, *in* Simon Schaffer, Lissa Roberts, Kapil Raj et James Delbourgo (dir.), *The Brokered World: Go-Betweens and Global Intelligence (1770—1820)*, Sagamore Beach (MA), Science History Publications, p. 1-47.

Marsden Ben, 1992, Engineering Science in Glasgow: Economy, Efficiency and Measurement as Prime Movers in the Differentiation of an Academic Discipline, *The British Journal for the History of Science*, vol. 25, p. 319-346.

Morris-Suzuki Tessa, 1992, Sericulture and the Origins of Japanese Industrialization, *Technology and Culture*, vol. 33, p. 101-121.

– 1994, *The Technological Transformation of Japan: From Seventeenth to the Twenty-First Century*, Cambridge, Cambridge University Press.

– 1995, The Great Translation: Traditional and Modern Science in Japan's Industrialization, *Historia Scientiarum*, n° 5, p. 103-116.

Murase Jin'ichi, 1987, *Kyō no mizu: Biwako Sosui ni seishun wo kaketa Tanabe Sakurō no shōgai* (L'eau de Kyoto: biographie de Tanabe Sakurō qui consacra sa vie au canal du lac Biwa), Tokyo, Hitoto Bunka Sha.

Nakayama Shigeru, 1993, *Kinsei Nihon no kagaku shisō* (Histoire intellectuelle du Japon de la première modernité), Tokyo, Kōdansha.

Notake Sanjin, 1926, *Toyo no namiura* (Les grandes vagues de Toyo), diffusion limitée.
Numata Jirō, 1989 et 1997, *Yōgaku* (Les savoirs occidentaux), Tokyo, Yoshikawa Kōbunkan.

Ogata Tomio *et al.*, 1975, *Nihon saikingaku gaishi: Sono mittsuno sokumen* (Histoire de la bactériologie au Japon: ses trois aspects), Osaka, Yamanaka Motoki.

Okamoto Takuji, 2011, Genshikaku soryūshi butsurigaku to kyōsōteki kagakukan no kiū

(Physique nucléaire et physique des particules élémentaires: bilan de la vision concurrentielle de la science), *Shōwa zenki no kagaku shisōshi* (Histoire intellectuelle de la science au début de l'ère Shōwa), Tokyo, Keisō Shobō, p. 105-181.

Okumura Shōji, 1973, *Koban, kiito, watetsu* (L'ovale, les fils de soie, le fer japonais), Tokyo, Iwanami Shoten.

Pompe van Meerdervoort Johannes Lijdius Catharinus, 1968, *Nihon taizai kenbunki: Nihon ni okeru gonenkan* (Récit d'un séjour de cinq ans au Japon), trad. par Numata Jirō et Arase Susumu, Tokyo, Yushōdō shuppan.

Raj Kapil, 2007, *Relocating Modern Science: Circulation and the Construction of Knowledge in South Asia and Europe (1650—1900)*, Basingstoke, Palgrave Macmillan.

– 2013, Beyond Postcolonialism⋯ and Postpositivism: Circulation and the Global History of Science, *Isis*, vol. 104, p. 337-347.

Ravina Mark, 1993, Wasan and the Physics That Wasn't: Mathematics in the Tokugawa Period, *Monumenta Nipponica*, no 48, p. 429-445.

Rubinger Richard, 2007, *Popular Literacy in Early Modern Japan*, Honolulu, University of Hawaii Press.

Sabra Abdelhamid I., 1987, The Appropriation and Subsequent Naturalization of Greek Science in Medieval Islam, *History of Science*, n° 25, p. 223-243.

Saitō Satoshi, 1988, *Shinkō kontsuerun RIKEN no kenkyū* (Études sur le RIKEN), Tokyo, Jichōsha.

Sakenobu Jō, 1969, Nihon hanabi shi, sono 3 (Histoire des feux d'artifice au Japon, 3ᵉ partie), *Kōgyō kayaku kyōkai shi*, vol. 30, n° 1, p. 11-16.

Samuels Richard J., 1996, *Rich Nation, Strong Army: National Security and the Technological Transformation of Japan*, Ithaca (NY), Cornell University Press.

Sato Ken'ichi, 2005, *Kinsei Nihon sūgakushi: Seki Kōwa no jitsuzō o motomete* (Histoire des mathématiques dans le Japon de la première modernité: À la recherche du vrai profil de Seki Kōwa), Tokyo, University of Tokyo Press.

Schaffer Simon, Roberts Lissa, Raj Kapil et Delbourgo James (dir.), 2009, *The Brokered World: Go-Betweens and Global Intelligence (1770—1820)*, Sagamore Beach (MA), Science History Publications.

Simmons Duane B., 1880, *Cholera Epidemics in Japan*, Shanghai, The Statistical Department of the Inspectorate General of Customs.

Takahashi Zenshichi, 1989, *Nihon denki tsūshin no chichi Terajima Munenori* (Terajima

Munenori, père des télécommunications au Japon), Tokyo, Kokusho Kankōkai.

Tatsukawa Shōji, 1969, *Karakuri* (Mécanisme), Tokyo, Hosei University Press.

Tsuji Tetsuo, 1973, *Nihon no kagaku shisō: Sono jiritsu e no mosaku* (Histoire intellectuelle des sciences au Japon: sa recherche d'autonomie), Tokyo, Chūō Kōron Sha. Umihara Ryō, 2007, *Kinsei iryō no shakaishi: chiski, gijutsu, jōhō* (Histoire de la médecine moderne: savoir, technique et information), Tokyo, Yoshikawa Kōbunkan.

Wada Masanori, 2011, Kōbu daigakkō sōsetsu saikō: Kōbushō niyoru kōgakuryō kōsō to sonojisshi (Revisiter la naissance du Collège impérial d'ingénierie: de sa conception par le ministère des Travaux publics à sa matérialisation), *Kagakushi kenkyū*, vol. 50, p. 86-96.

Wilson Noell, 2010, Tokugawa Defense Redux: Organizational Failure in the Phaeton Incident of 1808, *The Journal of Japanese Studies*, vol. 36, n° 1, p. 1-32.

Wise M. Norton, 1994, Pascual Jordan: Quantum Mechanics, Psychology, National Socialism, in Monika Renneberg et Mark Walker (dir.), *Science, Technology and National Socialism*, Cambridge, Cambridge University Press, p. 224-254.

Yamaguchi Kazuo et Ōuchi Tsutomu, 1968, *Meiji shonen no bōeki tōkei* (Statistiques sur le commerce international pendant les premières années Meiji), Tokyo, University of Tokyo Press.

Yamamoto Shun'ichi, 1982, *Nihon korera shi* (Histoire du choléra au Japon), Tokyo, University of Tokyo Press.

第四部分
科学与对世界的治理

铅室（1770年代后期）用于大量生产硫酸。1800年代的多项法规以及巴黎卫生委员会（Conseil de salubrité de Paris）所面临的挑战在于保护和鼓励此类投资。

第十七章

经济世界（*Mundus œconomicus*）：在 1800 年后彻底改变工业并重塑世界

历史学家已经表明，18 世纪的功利主义和自由主义哲学旨在将人类重新改变为反对传统的馈赠，牺牲或荣誉道德的计算主体与"经济人"（*homo œconomicus*）。① 本章提供了一个补充性的观点：经济人需要一个按其尺寸定制，并重新设计、重新组合和重新定义的世界，以便可以自由地最大化其效用。我将展示在 19 世纪初，科学、技术和政治经济学如何调整本体论以建立一种经济世界。②

在 19 世纪的前 30 年，两个旨在结束革命时代和解决社会问题的计划共存并相互作用。首先是经济和工业主义者的计划。圣西门（1760—1825）清晰地对其进行了展示。在《关于如何结束革命的思考》（*Considérations sur les mesures à prendre pour terminer la révolution*）中，他向法国保皇主义者解释说，他们必须与工业主义者结盟，以"组织自由的经济体制，其直接和独特的目标是提供福祉最大化的来源"。③ 社会只能通过实现富裕来相互协调。但是，这是一个温和的社会计划，它可以自由支配经济人的欲望，这违反了 19 世纪早

---

① Hirschman 1980, Laval 2007.
② Fressoz 2012.
③ Saint-Simon 1820 (p. vi).

期有机经济的狭窄界限。自由主义的成功取决于物质的繁荣，因此技术创新具有根本性的作用，而技术成为一种国家理性。

第二个计划是通过语言改革和正确观念的形成，灌输真实和教育来温和地行使权力。① 该计划继承于启蒙运动的哲学。正如霍尔巴赫（Holbach）(1723—1789)恰当地指出，温和地进行统治就是"使脆弱的头脑回归被无视的理性"和支配"有理性的、顺从的和真正依附的主体"。② 大约在 1800 年，这个计划是由观念学派运动和法兰西学院的道德科学班去进行的。科学起着核心的作用。早在 1793 年，孔多塞（Condorcet）(1743—1794)便坚持认为它们对政府来说是重要的："革命结束时……我们需要以思想的精确性和严谨的证据来束缚人们的理性。"③ 相对于通用语言或集会言论，数字的精确性使我们有可能建立更微妙的政治妥协，并由于其示可论证性而获得更广泛的共识。在英国，杰里米·边沁（Jeremy Bentham）(1748—1832)体现了一个温和与间接统治的计划，他写道："更高级别的法律通过丝线引导人们，丝线使自己依附于他们的倾向并永远适合他们。"④

本章将介绍 1800 年后科学技术如何编织自由社会的丝线，学者们如何看待物质的富足和温和的统治，简而言之，他们是如何将世界重构为"工业革命"的需要。

"工业革命"的发明

"工业革命"的思想在法国革命战争中的学者精英里诞生。这种表述表明了它打算与英国进行的斗争：对于一个水手和商人的帝国，法国必须面对一个工业家和学者的帝国。在 18 世纪，战争是一种正常现象，在大革命和帝国时期，战争成为各国人民、他们的生命力和生产力之间的普遍对抗。⑤ 在法国，

---

① Rosenfeld 2001.
② Holbach 1776 (p. xxii).
③ Condorcet 1793 (p. 109).
④ Bentham 2001 [1796].
⑤ Bell 2007, Knight 2013, Alder 1997, Bret 2002.

动员科学家和工程师造就了战争的技术意识形态。

1800 年左右，军事行为一直处于技术讨论的背景下。关于牛痘的接种，一位法国医生说，他应当培养出"能够确保适应外部状态的优秀人种"。① 从 1800 年代起，法国、英国和普鲁士陆军开始强制接种牛痘。② 战争使工业科学家的工作具有民族意义。化学家让－安托万·沙普塔尔（Jean-Antoine Chaptal）写道："四面被围困的法国只能使用其自身的资源，政府征召了科学家，并在瞬间将工作坊覆盖了全国。到处都有更完善、更快捷的方法代替了旧方法；硝石、火药、枪支、大炮、皮革等是通过新工艺制备或制造的。"③

化学，从火药到人造苏打，都象征着技术的决心，可以"将所有东西创造出来，使一切摆脱混乱"。④

在共和二年征召的学者也是科学、工业和国家之间新关系的基础。革命和帝国使得新的学者——管理者寡头的形式出现了，这在政府、医院、慈善运动、军队、工业、大型军团、基础设施以及各种医疗、技术和经济委员会中发挥了关键作用。沙普塔尔（1756—1832）的职业路径象征着将国家、科学界和工业利益联系起来的错综复杂的利益：医生、化学家、大工业家、1794 年的火药机构的负责人、科学院成员、艺术与制造委员会成员、国家工业促进协会（la Société d'encouragement pour l'industrie nationale）会员、国务委员，尤其是执政府时期的内政部长。⑤

---

① Parfait 1804 (p. 67).
② Baldwin 1999 (p. 235).
③ Chaptal 1819a (vol. 2, p. 37).
④ Darcet 1794 (p. 1).
⑤ Pigeire 1932. 1790—1830 年，许多其他人物也加入这种国家－科学－产业的复合体之中：拉扎尔·卡诺（Lazare Carnot），是 1793 年救国委员会（Comité de salut public）的成员；加斯帕尔·蒙日（Gaspard Monge），是数学家和海军部长；皮埃尔－西蒙·拉普拉斯，是雾月十八之后的内政部长。此外还有克洛德－路易·贝托莱（Claude-Louis Berthollet）、沙博勒·德·沃尔维克（Chabrol de Volvic）、夏尔·吉东·德·莫尔沃（Charles Guyton de Morveau）、路易－雅克·泰纳尔（Louis-Jacques Thénard）、皮埃尔－西蒙·吉拉尔（Pierre-Simon Girard）、约瑟夫·傅里叶（Joseph Fourier）、让·皮埃尔·达尔塞（Jean Pierre Darcet）、加斯帕尔·德·普罗尼（Gaspard de Prony）、路易·卡尼亚尔－拉图尔（Louis Cagniard-Latour）、盖伊－吕萨克（Gay-Lussac）、夏尔·迪潘……可参阅：Dhombres 1989，Fox 2012.

在这种环境下，法国出现了工业革命的思想。据我们所知，这种表达① 首次出现在 1797 年蒙彼利埃商人，该市皇家科学学会会长雅克 - 安托万·穆尔格（Jacques-Antoine Mourgue）（1734—1818）的笔下。他也是沙普塔尔的拥护者。沙普塔尔让其负责管理法国医院的事务，并让其儿子西皮翁·穆尔格（Scipion Mourgue）（1772—1860）成为内政部秘书长。② 工业革命在穆尔格看来是一项精确的经济计划，旨在通过削弱英国政府的商业控制力来破坏税收的基础。英国被描述为一个不自然的国家、一个非大陆的国家，其"公共债务的增加额大于土地总出售额"。③ 但是，根据穆尔格的说法，这笔债务是由世界上所有国家来结算的，都是从庞大的英国工业采购的。为了恢复平衡，法国必须"进行这场工业革命，通过与英国人在所有市场上开展竞争，将剥夺他们的许多资源以减少他们的税收"。④ 内政部长弗朗索瓦·德纳沙托（François de Neufchâteau）（1750—1828）于 1798 年在战神广场组织了第一次工业博览会，他也是基于这样的观念，即"我们的工厂是武器库，能够产生对英国最致命的武器"。⑤

因此，在战争中，英国海军占尽优势和失去殖民地的背景下，法国出现了工业革命的想法。这个想法是指与封锁和自给自足有关的一系列技术成功（甜菜糖的提取、人造苏打的合成、革命性的火药制造工艺）。它基于被技术决心增强的信心，以表明生产系统的突然转变几乎可以立即赶上英国。得益于"工业革命"的思想，第一帝国的技术官僚可以在波旁王朝复辟后继续发

---

① 弗朗索瓦·克鲁泽（François Crouzet）认为该表述的首次出现是在外交官路易 - 纪尧姆·奥托（Louis-Guillaume Otto）在 1799 年 7 月 6 日的信中。历史学家通常使用此日期，可参阅：Landes 1999（p. 129）et Horn 2006（p. 51）。关于该论述的后续历史，参阅：Vincent 2007.

② 雅克 - 安托万·穆尔格的职业生涯仍然鲜为人知。他于 1734 年出生在蒙彼利埃附近的马尔西拉尔盖（Marsillargues）一个新教徒家庭，他之后移民到英格兰，在那里做生意学徒。由负责瑟堡防务的迪穆里埃（Dumouriez）推荐，他被路易十六要求继任罗兰（Roland）的内政部长一职，但只做了 5 天。在雅各宾派专政时期，他生活在塞文山脉（Cévennes）。在那里，他为沙普塔尔领导的革命火药局（l'Agence révolutionnaire des poudres）开展提取硝石的业务。热月政变之后，他回到巴黎，致力于自己的研究和对慈善借贷进行思考，并与儿子一起经营纺织业务。

③ Mourgue 1797 (p. 10).

④ *Ibid.* (p. 11).

⑤ Neufchâteau 1798 (p. 228).

挥作用。英国的经济统治地位赋予了它爱国主义的作用，其自身利益与国家利益相吻合。1819年，沙普塔尔解释说，英国的胜利表明"工业可以做到什么"。[①] 当时出现的"法国的落后"的论述将创新根植于权力的意识形态上。此外，工业寡头为保皇党人提供了彻底结束革命时代的希望。沙博勒·德·沃尔维克（Chabrol de Volvic）（1773—1843）是一名桥梁和道路工程师，参与过对埃及的远征，并且被路易十八任命为塞纳省的建造总长（le préfet bâtisseur de la Seine）。他认为，"真正的政策是让生活更便利，人们更快乐"。这个理想没有第一次自由主义的复兴来得伟大，但它却可以保证本杰明·康斯坦特（Benjamin Constant）（1767—1830）提出的"现代自由"作为"私人享乐中的安全"[②] 与政治和社会的平静相得益彰。在法国的自由主义者中，现代人的自由与"工业革命"的必要性有关。在刊载在期刊《法国的智慧女神》（La Minerve française）上的有关康斯坦特作品的报告中，在关于自由思想的工具上，呼吁"一场巨大的工业革命……一场和平、理性和幸福的革命，不会让人们流泪"。[③] 工业革命成为治疗法国大革命的手段，将在1830年革命后充分发挥作用，以对抗"社会革命"。[④] 因此，"工业革命"构成了后革命力量跨越政治潮流，并最终成为独裁、自由或共和的工业主义至高无上的中心思想。[⑤]

保证资本环境

对于1800年代的专家治国论的精英而言，工业革命的第一个障碍就是政治事实本身：一方面是旧政权的残余（细化的市场、复杂的使用权、治安法官和强大的法院）以及另一方的革命性的不稳定（在工业，海关或货币政策方面的完全改变）扰乱了企业家对投资的考量。

---

① Chaptal 1819*b* (p. 67).
② Constant 2010 [1819].
③ Tissot 1818 (vol. 3, p. 441).
④ Dupin 1837 (p. 432).
⑤ Wallerstein 2011.

1798 年，沙普塔尔在其书名较为中性的著作《关于改善化学技术的评论》（*Essai sur le perfectionnement des arts chimiques*）中提出了一个计划，他把这个计划的重要性与对权力组织的革命性思考相比较。[①] 在沙普塔尔梦想的社会以及他将努力通过内政部建立的社会中，工业是位于政治之上的，对它的保护是必须的："无论成熟的制造业如何，政府都必须对其加以保护：只要它存在，就不再是研究引进它是否有利的问题了。"[②] 政治的目的是使社会秩序适应工业资本主义的需要：必须保证所有权，保证原材料和劳动力的供应，确保稳定的海关政策和立法。[③] 根据沙普塔尔的说法，旧制度反复无常的规定使资本家望而却步。关于蒸汽机，"我们的企业家没有足够勇气去投资建设，因为政府迄今尚未为他们提供保证……以防可能使他们的努力付诸东流的事件发生"。[④] 由于增加了工业所需的资本，企业家在自由的政治经济中获得了新的中心地位。让－巴蒂斯特·赛（Jean-Baptiste Say）（1767—1832）认为，企业家具有卓越的品质：他必须"知道如何勇于包容所有人类努力结果的不确定性"，拥有"明智的胆识""镇定自若的冷血""比勇气更难得的品质：毅力"。[⑤] 工业所必需的无处不在的"促进"（比如，沙普塔尔于 1801 年成立的国家工业促进协会）是基于企业家的这种心理定义。国家必须增加这些宝贵的个人，当然，其中的风险是不能避免的。当时的重大改革为这一保护和稳定工业资本的计划提供了具体形式：确定劳动力的工人手册；保证思想所有权的新专利法；建立一个相对受保护和更可预测的国家市场的海关法；成立法兰西银行以实现货币稳定；弱化不确定且受地方名流影响的司法制度；大规模诉诸行政命令作为技术经济调节的一种方式。正如沙普塔尔所希望的那样，工业生产所涉及的资本越来越受到政治运动的保护。

科学技术积极参与了这个项目。例如，从 1807 年开始，应用数学通过建

[①] Chaptal 1798.
[②] Chaptal 1819*a* (vol. 2, p. 418).
[③] *Ibid.* (p. 443).
[④] Chaptal 1798 (p. 51).
[⑤] Say 1836 [1828] (p. 145).

立法国的小块土地明细册帮助法国政府固定了土地的所有权，并因此确定了税收。根据拿破仑（1769—1821）所说的"巨大的行动"和"帝国的真正组成"，小块土地明细册无疑是19世纪初数学最广泛的应用之一。① 土地丈量员、大地测量仪器和成千上万的彩色地图必须消除争议。准确性是社会和平的保证："根据拿破仑的说法，计划必须足够精确……以防止出现诉讼。"目的是使法国成为物主的集合，而不必再担心税收管理的任意性，而对财产的担保能够使物主从容地享受它们。

同时，地质学对于地下世界起着相似的作用。在法国，伴随着国家地质勘探的发展，1810年4月的法律建立了永久特许权制度。拿破仑时期，法国在工程师了解地下世界的同时，也依法确保了矿业资本主义的发展。其目的是通过矿脉的构造重新定义矿产资源，从而使其更易于开采。② 可以根据地质性质将国有地下土地视为一个整体，而不必考虑地上土地的所有权。从1811年起，采矿工程师对圣埃蒂安（Saint-Étienne）地区进行了一次大规模勘测，以划定矿床并确定未来特许权土地的界线。③

科学和技术还通过帮助创造一个更加透明、更加统一和更具竞争力的新的国家市场空间来塑造经济人的环境。建立公制系统的学者们认为，新措施必须将"共和国领土转变为广阔的市场"。④ 他们的目的是从中间行业控制的地方标准中将计量学抽离出来，促进产品和商业信息的流通，并建立一个由贸易和竞争统一的国家。革命性的度量单位是通过制造新语言来改革思想的计划的象征。根据米制的临时机构，"如果没有精巧的语言，几乎不可能正确地推理"。米制必须建立清晰的交易语言，以便能够计算经济世界：一旦消除了度量的可变性，价格便会显示事物的真实价值。⑤

化学分析和新的命名法通过揭示产品的最终成分也参与了透明性贸易的计

---

① Pommies 1808.
② Girardin 1810 (p. 267).
③ Beaunier 1817.
④ Agence temporaire des poids et mesures 1796 (p. 4).
⑤ Alder 2005.

划。例如，鲁昂化学家德克劳西（Descroizilles）（1751—1825）在1800年代开发的定量给料技术，从而对纺织工业至关重要的酸、苏打和钾肥市场不再依赖于产品质量和产地的手工知识，而是基于使用仪器对浓度和力的测量。①

形象化的人类本质

卡尔·波兰尼（Karl Polanyi）写道："商业社会中的机械生产只是假定社会的自然和人的本质向商品的转化。"② 在18世纪和19世纪之交，人类的本质是工业革命计划的主要障碍之一。在机械化之初，反对的声音是普遍的。机器故障成倍增长，并在1811—1812年在英国的纺织三角区达到顶峰。1789年，在诺曼底，超过一半的申诉书呼吁消灭机器。③ 这些斗争是捍卫工艺技能、产品质量和地方生产信誉，"公平价格"和经济平衡形式的"道德经济"的一部分。因为机器的出现搅乱了这一切。④ 这些价值观通常被小手工业主和当地精英所共有，他们不赞成过于迅速的变化。当穆尔格表达"工业革命"一词时，他意识到了这些阻力，因此提出了一个精确的规划来规避它们。他认为，必须通过在没有纺织传统的地区引入机器，并雇用廉价的妇女、老人和儿童来打破工匠的"专制"。诺曼底和香槟地区的主要纺织品产地的顽强工人将被迫接受或屈从于竞争。⑤ 该计划是被付诸实践的。在内政部，他的儿子西皮翁·穆尔格在沙普塔尔的支持下，奉行鼓励机械化的积极政策。他甚至去色当制止对机器的破坏，并向企业家做出保证。⑥ 在这种情况下，政治经济学与道德或法律不同，它似乎是一门自治的学科。在1820—1830年，在英国，贫困和经济状况对工业化的正当性提出了质疑，诸如罗伯特·托伦斯（Robert Torrens）（1780—1864）和约翰·雷姆赛·麦克库洛赫（John Ramsay

---

① Fressoz 2012 (p. 155).
② Polanyi 1983 [1944] (p. 70).
③ Jarrige 2009 (p. 23-51).
④ Thompson 2012 [1963], Randall 1991.
⑤ Mourgue 1797 (p. 16-18).
⑥ Moulier 2004 (chap. 17).

McCulloch）（1789—1864）或者如安德鲁·尤尔（Andrew Ure）（1778—1857）和查尔斯·巴贝奇（1792—1871）等这样的学者以天赐的美德来夸耀机器：它们制止了生产力的下降并延缓了李嘉图所预测的稳定状态的到来；它们增加了利润，刺激了投资并创造了新的贸易来取代它们所破坏的贸易；最后，他们通过使工人摆脱繁琐的劳动来促进工人的道德进步。政治经济学从而变为了对机器的辩护。① 总体而言，它是伴随着有关规范、机构和团结方面的劳动的剥离，而这些劳动一般是用来调节实践的。宗教的普及散布了一种天意的经济观，即谴责任何形式的干预措施（比如限制面包价格、救济经济上的贫困人口等），因为这违背了上帝的本意。据保守党首相罗伯特·皮尔（Robert Peel）（1788—1850）称，市场被认为是广阔的舞台，上帝直接与所有人对话，这是一个道德补偿、忏悔和满足的地方，"这是一个伟大的人类救赎计划"。② 1826年，在革命前的环境中，神学家和经济学家托马斯·查尔默斯（Thomas Chalmers）（1780—1847）称政治经济学为"各种动荡和混乱的镇静剂"。③ 在法国，这个缓解焦虑的设想由一群杰出的经济学家和推广工作者实施。其中最重要的是让-巴蒂斯特·赛，他用必不可少的要素丰富了英国人的理论：市场定律。与旧制度的生产世界不同，旧制度主要关注生产过剩和竞争对产品质量的影响④，而市场定律则忽略了金钱和储蓄的作用，这种解释认为是市场创造了生产。因此，这成为取消行会监管的必要原因之一，并证明了无拘无束的工业主义是正当的。

形象化的自然本质

在18世纪，通过新希波克拉底（néo-hippocratique）医学研究的空气、水

---

① 我们必须将这种经济的普及与李嘉图的模棱两可的立场区分开来。李嘉图认为因机器而失业的工匠的控诉是合理的。可参阅：Berg 1980（p. 43-111）。
② Hilton 1997。
③ 被引用于 Berg 1980（p. 163）。
④ 工会法规经常规定不得超过生产配额，以避免过度竞争，维持产品质量以及城市工匠的声誉。因此，马赛或巴黎制帽商每天生产不超过3顶帽子。参阅：Sonenscher 1987。

以及更普遍的物理性疾病外因("周围事物")被认为是人口健康的重要决定因素。因此,旧制度下的警察对手工业的有害影响给予了认真的关注:他们处理投诉,给予不太方便的作坊特许证并发布禁令。因此,根据判例法,它对手工艺的活动进行了分区。①

革命后的环境秩序基于对警察法规的批判。路易·吉东·德·莫尔沃(Louis Guyton de Morveau)(1737—1816)和沙普塔尔在1804年向法兰西科学院提交的报告中解释说,"只要不保证工厂的命运……只要一个简单的警察就可以掌握制造商增加财富的机会或将其毁灭",资本家(这是他们故意提及的)就会拒绝投资工业革命的新技术。资本要求不再容忍警察的不确定性。按照这种逻辑,1810年10月15日关于场所分类的法令去除了警察管控工业的条款。企业家不再受实时的监管、持续的监督以及由于滋扰或危险而撤销其行使权的风险。政府对工厂进行严格的授权程序(对邻居的便利和不便问题的调查以及专家报告),并保证无论以后提出什么投诉,都将保证持续性。与工厂为邻的人不能指望关闭工厂,除了从民事法庭获得赔偿,别无他法。

行政和民事司法是同一个自由环境规章制度的两个方面:民事司法通过让企业家赔付污染带来的代价产生财务方面的激励机制,使企业家减少排放。作为决定健康的公共物品,并受制于旧制度的警察,环境成为金融交易的对象。在整个19世纪,正是经双方同意或由法院仲裁的赔偿,才有可能防止环境冲突的升级。这种赔偿还适用于因采矿造成的损害(1810年4月22日的法律要求特许公司以2倍的价格购买被破坏的土地)。同时,在一定程度上,工人群体的健康和安全应该对企业家有利,因为根据斯密的补偿性工资理论,处于危险之中的工人可以要求更高的工资。为了能够建立一种自由的损害赔偿制度,仍然有必要规避18世纪的环境医学。卫生主义在适应工业化及其在新希波克拉底的医学框架内对污染的前所未有的处理方面具有历史性作用。巴黎卫生委员会(Conseil de salubrité de Paris)具备这样的专长。这是一小群负责给工业机构授权的专家。当城市居民以"物理性疾病外因"要求工厂搬迁时,卫生

---

① 关于这一段,可参阅:Le Roux 2011, Fressoz 2012 (p. 149-337)。

学家便着手通过非常新颖的方法（在人工环境下进行的实验、职业风险的统计数据和工人的调查）证明工厂可能会带来不便，但不会带来不健康。为了使工厂与健康问题分离，他们比较了不同地区之间或不同专业之间的风险。例如，通过研究死亡率，卫生学家亚历山大·帕朗－迪沙特莱（Alexandre Parent-Duchâtelet）（1790—1836）证明，蒙福孔（Montfaucon）或皮埃弗（La Bièvre）发臭的环境不是特别不健康。地点的描述（医学地形）让位于对居住地人口健康状况的统计描述。

巴黎卫生委员会的成员路易－勒内·维莱梅（Louis-René Villermé）（1782—1863）将生活条件和财富看作造成死亡率差异的非常重要的原因之一。他倡导的社会卫生源于这种卫生和工业主义的设想。他在1830年的奠基性的文章中认为巴黎各地区的死亡率与环境（街道的狭窄程度、是否在塞纳河附近、车间的存在等）无关，而将其与居民的收入直接挂钩。他的这篇文章直接成为该委员会创始一代的项目的一部分。该项目旨在严谨地通过统计将环境排除于病理学原因之外。资产阶级对环境的抱怨对工业化提出了挑战。它可以成为一项被接受的历史性转变，但需要做一些修改：使工人道德化，将工资提高到"实际需求"的水平，废除童工和设立互助基金。卫生主义定义了维持工业所需的劳动力的最低社会条件。从医学地形到卫生学调查的转变，也就是说，病因学从环境到社会的转变，使工业和卫生的进步紧密相连。面对反对工业化滋扰的城市资产阶级，卫生学家证明了工厂尽管带来了不便，但它并非是不健康的。工业化不仅可以带来繁荣的社会，还能改善民众的健康。行政当局对机构的分类拥有最终决定权，而他们现在有了医学理论来拒绝工厂周围的人对"物理性疾病外因"的援引。在19世纪中叶，如果有一本字典将"工厂"定义为"危险的邻里"，那就是居斯塔夫·福楼拜（1821—1880）的《庸见词典》（*Dictionnaire des idées reçues*）。由于卫生主义，自由主义征服了"物理性疾病外因"。同时在英国，反传染主义学说构成了卫生运动（保健专家）的理论基础。他们强调疾病不是由可传播的细菌引起的，而是由污垢和从中释放出来的废气引起的。传染主义和反传染主义之间的辩论集中于有关经济和国家作用的两种看法：第一种看法涉及维持工业家和贸易商希望以自由贸易的名义废除的隔离制度。反传染主义让贸易全球化和帝国主义在19世纪上半叶爆发的主要流行病（来自印度的霍乱）中仍然能够得到发展。①

这种学说也证明了劳动力市场的自由化是合理的。在1830—1840年，英国卫生学的杰出人物埃德温·查德威克（Edwin Chadwick）（1800—1890）证明，工业区的过高死亡率不是因为贫穷或饥饿，而是因为污垢。污垢导致了产生贫困的疾病，而非相反的关系。因果关系定义了一项政策：1834年对《济贫法》（Poor Laws）的改革废除了教区救助，之后面临的挑战是使自由劳动力市场免于贫穷带来的灾难性生物后果。得益于查德威克的卫生学说，下水道的建设和个人行为的改革优先于社会改革。②

制造责任感

在法国，安全技术标准是在1820年代发明的，当时围绕工业革命的技术发生冲突的背景与此类似，人们需要解决其在城市中存在的合法化问题。安全标准代表着一种崭新而激进的政治行为：权力在科学上承认通过合理定义和先验技术形式来保障生产世界的能力。③ 在18世纪，无论如何，由警察或公司领导的（建筑、车辆等）安全行动的过程都是基于专业共同体的经验。标准化是在事故发生后或通过惩罚不良工艺以一种法学的方式发展的。该法规制定了不应采取的措施。它们是基于对不良实践的观察，而不是基于必须遵守的理论。④ 1820年代的变化是可观的：风险从此被纳入科学界的范围之中。

技术安全标准是两个不同的政治设想的一部分。首先，通过以行政和学术的方式控制工业风险，政府首先寻求将其合法化，并强加给担心并准备反对工业主义者的城市资产阶级身上。标准符合了1810年关于机构分级的法令。这是一种补充和适应。1820年出现的问题是要在城市中成功地建立起燃气照明系

---

① Ackerknecht 1948.
② Hamlin 1998.
③ 关于这一段落，参阅：Fressoz 2012（p. 237-284）.
④ Carvais 2001.

统和高压蒸汽机。这些显然是存在危险的技术。就像1810年法令所规定的行政授权一样，它保证了企业家在事后提出申诉的权利，安全标准确保他们不会在事故发生时看到生产规则的改变。此外，该标准在国家领土上的统一性也保证了不会发生扭曲的竞争。

第二，通过制造看似安全的、本身不会引起事故的对象。该标准制造了负责任的对象。1804年的《拿破仑民法典》对一个较弱的管理设想作出了回应：立法者打算将社会变成一个由个人组成的团体，司法互动将调和其行为。在这种情况下，事故被认为是涉及负责人和受害者的私人事件。这成了法律的对象的过错，必须通过施加赔偿来解决问题。《民法典》第1 382条规定了侵权责任方对过错的赔偿。但是，要使这种自我调节系统正常工作，仍然必须能够定义过错，也就是说，将人为原因归结为事故。因此，有必要清楚地区分两种本体论秩序：受归责者的秩序和被动事物的秩序。

但是，工业革命的技术模糊了责任的推定：在发生技术事故（机器和轮船爆炸、燃气爆炸、火车出轨）后，法官和工程师发现自己面临着轮廓模糊的因果群体，随意混合错误、粗心大意、无知、不可预测的技术故障、磨损过程、材料的不坚固、使用和维护条件等。原因隐藏在人与物的连续的错综复杂的关系中，无法进行归因和赔偿。结果，当时的科学社会学认为人与非人之间的这种对称性为立法者构成了起点和问题。因为将事物和人们置于同等的责任级别上并不能解决任何实际的正义问题，并且接受事物本身造成的暴力使社会丧失了一种强有力的个人自律手段：对持续的错误及其制裁的恐惧。

在这种情况下，技术标准发挥了至关重要的法律作用。1823年，法国政府对科学院定义的蒸汽锅炉进行了规定：必须"布置第二个安全阀，以使工人无法触及"，并且必须使用"自熔性垫圈"防止温度过高。在这两种情况下，目的都是要限制被认为是造成事故的工人的自由。可以从使用的压力和直径计算出板的厚度、自熔性垫圈的熔点和阀门的直径。数学方程首次定义了技术对象的合法形式。

锅炉爆炸时会发生什么？派遣到事故现场的矿务工程师对机器的缺陷和对工人不好的习惯一样感兴趣。他们发现工人在事故发生时喝醉了，睡着了，甚至过着放荡的生活。1824年的一条指令解释说，司炉必须"细心、活跃、整洁和不酗酒，而且必须没有任何可能影响服务正常性的缺点"。关于阀门过载，该指令警告说："这是非常危险的……工人必须知道爆炸会将大量的热蒸气排出。这会导致他们惨死。"对工人的危险促进了纪律，因此增加了安全性。如有必要，完美且可预测的蒸汽机也是一台不错的惩罚机器。

通过产生看似完美且可完全预测的对象，该标准系统性地将责任归因于人类，并在技术社会中维持负责任的人的形象。因此，技术标准构成了法律自由主义的物质基础。

化石能源资本主义的无尽世界

大约在1800年，工业革命终于遇到了巨大的障碍——地球及其极限。[①] 法国与欧洲其他地区一样，生活在有机经济中，制造业的发展受到能源的限制，因此也受到可用木材数量的限制。例如，生产1吨铁需要4公顷的森林，养马则需要2公顷的草地，等等。生产的任何发展都会负面影响其他部门的增长能力。消耗木材的锻造和玻璃制品的兴起与取暖和烹饪的需求发生冲突。自18世纪末以来，法国经历了严重的林业危机：木材价格在1770—1790年翻了一番。[②] 巴黎高等矿业学院（École des mines de Paris）成立于1783年严冬，当时，柴火的价格在首都达到了创纪录的水平，人们的不满情绪加剧了。布列塔尼的总督于1788年预测，"在20年内，目前所有的制造业场所都将因为缺乏木材供应而倒闭。"森林的未来似乎取决于人民的生存、工厂的维持和国家的地位。

尽管水利和肌肉能量得到了发展，但缓解能量限制的主要因素最终还是开采矿物煤。但是煤炭并非没有引起人们的关注。人们担心它会很快耗尽。1792年，农业、贸易和海洋委员会（Comité de l'agriculture, du commerce et de la

---

① 关于这一段，参阅 Bonneuil et Fressoz 2016.

② Buridant 2008.

marine）向国民议会递交的一份报告认为，应注意保护森林，因为煤矿"并不像我们认为的那样普遍"。他们注意到奥弗涅（地区）的煤炭已经快被开采完了，而在首都附近成倍增加的搜索都未能获得成功。① 起初，煤炭似乎只是临时解决方案。英国的地质学家约翰·威廉姆斯（John Williams）同时表达了类似的担忧：用于从矿井抽水的蒸汽机的增加预示着矿井运营的困难不断加剧，预示着煤炭的迅速枯竭。② 在这一点上，地质学的发展起了重要的抗焦虑作用。在 1800 年代，威廉·史密斯（William Smith）（1769—1839）是一位从事矿石和运河挖掘工作的英国土地测量员，他使用生物化石作为地质地层的标志物，并显示对它们的演替的研究可以让预测给定地层中是否存在煤炭成为可能。通过标明可能的矿藏，指导钻井并避免不必要的工作，地质学家的研究降低了采矿业的投资风险，并增加了利润。地质地图（史密斯是其中的先驱）鼓励地下资源可能比较丰富的地区的土地所有者进行勘测，从而进一步增加探明的储量。③ 一般而言，地质学是根据巨大的隐藏但连续的矿层来构建地表以下区域的图像的。④ 通过从矿山经营者被局限的视野转变为对地下资源的更广泛而连续的视野，它奠定了"潜在的发现"或"可能的储量"这一令人放心的概念，因此人们拥有了比从业者更为乐观的估计。从根本上讲，地质学通过渐进主义的兴起，改变着地球的视野、地球的年龄及其为工业提供的资源。欧洲人认为地球是非常古老的，其形态学是由当前原因的长期存在（而不是灾难性事件）而形成的。当煤炭成为主要能源的同时，这种观念已根植于欧洲文化。⑤ 确实，地球的古老足够让古代植被的遗迹有时间积聚在较厚的地层中，从而满足了工业数百年的能源需求。从地表有机能源到地下化石能源的转变增强了人们对无限古老且极为丰富的自然资源的信心。萨迪·卡诺（Sadi Carnot）（1796—

---

① Vidal et Laurent 1892 (vol. 39, p. 292).
② Albritton Jonsson 2014.
③ Torrens 2002.
④ Rudwick 2005 (p. 431-445).
⑤ 根据詹姆斯·哈顿（James Hutton）的论点，煤被发现具有与煤形成的中间阶段相对应的不同质量。这一事实通过表明该过程仍在进行中，从而巩固了渐进论。参阅：Hutton 1788（p. 33）。

1832）告诉我们，在黎明到来之前，大自然就准备了"巨大的仓库"[1]，工业可以在此基础上繁荣发展。让－巴蒂斯特·赛补充说："幸运的是，在人类形成之前很久，自然就已经储备了煤矿等大量燃料，就好像它预见到人类一旦拥有了主导地位，他们将销毁更多的物质，以致自然无法再次生产。"[2] 地质学家和神学家威廉·巴克兰（William Buckland）（1784—1856）在英国煤炭深处看到了上帝的天意之手：正如这些材料积累的时代一样古老，我们可以认为人类未来对它们的使用是它们存在目的的一部分。"[3] 由于地球的悠久历史，尽管其表面非常细腻，但地球实际上已成为无限的资源库。在几十年中，地质学将马尔萨斯的"惨淡的科学"转变成一种让人放心的无休止的增长需求。

经济世界

知识只有在参与已经构成的政治计划的范围内才能改变世界。在这项功能中，以专制的方式建立了经济世界并允许自由行使权力的科学。1800年以后，鉴于技术对国家的重要性，因此，以专业知识的对话形式（专门的医学系的大会或行业的咨询）被学术和行政的机构所代替。行业不再是专业知识的来源，而是首先必须在学术机构的支持下进行改革。技术委员会（疫苗委员会、卫生委员会或蒸汽机委员会）的建立深刻地改变了政府、知识与公众之间的关系。技术已经变得太重要了以至于无法质疑有关其能力的陈述。权力的技术温和与其在理性、证据、真理领域的投入相关。

在经济世界中，人们对社会及其调节的看法也有很大的不同：不是具有不同兴趣和知识的个体，而是必须调节的人们之间的对抗。法律为冲突创造了合适的框架（通过使冲突个体化并确定司法程序），科学确立了发生冲突的认知顺序。通过重新定义"物理性疾病外因"的变化作为一种简单的不便，卫生行政部门让产生冲突的个人来解决工厂的异味造成的细微分歧。通过对环境与健

---

[1] Carnot 1824 (p. 1).
[2] Say 1836 [1828] (p. 127).
[3] Buckland 1837 (vol. 1, p. 403).

康之间联系的新的学术定义，真正的敌对可以在上游得到解决。同样，由于爆炸的锅炉是由经验丰富的管理人员进行标准化和完善的，因此必须用责任追究来获得赔偿。因此，卫生主义或安全规范使建立个人主义和自由主义的框架成为可能，以规范现代性引起的冲突。根据圣西蒙的说法，革命后的权力必须转变：从"人治"（un gouvernement des hommes）到"物管"（une administration des choses）。也就是说，经济世界的准则正是通过对事物的管理来统治人类。

让 - 巴蒂斯特·弗雷索（Jean-Baptiste Fressoz）撰

参考文献

Ackerknecht Erwin, 1948, Anticontagionism between 1821 and 1867, *Bulletin of the History of Medicine*, vol. 22, p. 562−593.

Agence temporaire des poids et mesures, 1796, *Notions élémentaires sur les nouvelles mesures*, Paris, Imprimerie de la République. Albritton Jonsson Fredrik, 2014, The Origins of Cornucopianism, *Critical Historical Studies*, vol. 1, n°1, p. 151−168.

Alder Ken, 1997, *Engineering the Revolution: Arms and Enlightenment in France (1763—1815)*, Princeton, Princeton University Press.

– 2005, *La Mesure de toutes choses*, Paris, Flammarion.

Baldwin Peter, 1999, *Contagion and the State*, Cambridge, Cambridge University Press.

Beaunier, 1817, *Mémoire sur la topographie extérieure et souterraine du territoire houiller de Saint-Étienne*, Paris, Mme Huzard.

Bell David A., 2007, *The First Total War: Napoléon's Europe and the Birth of Warfare as We Know It*, Boston (MA), Houghton Mifflin.

Bentham Jeremy, 2001 [1796], Essays on the Subject of the Poor Laws, in *Writings on the Poor Laws*, éd. par Michael Quinn, Oxford, Clarendon Press.

Berg Maxine, 1980, *The Machinery Question and the Making of Political Economy (1815—1848)*, Cambridge, Cambridge University Press.

Bonneuil Christophe et Fressoz Jean-Baptiste, 2016, *Shock of the Anthropocene*, Londres, Verso.

Bret Patrice, 2002, *L'État, l'armée, la science. L'invention de la recherche publique en France (1763—1830)*, Rennes, Presses universitaires de Rennes.

Buckland William, 1837, *Geology and Mineralogy Considered with Reference to Natural Theology*, Philadelphie (PA), Carey.

Buridant Jérôme, 2008, *Le Premier Choc énergétique. La crise forestière dans le nord du Bassin parisien (début xviiie –début xixe siècle)*, thèse HDR université Paris 4.

Carnot Sadi, 1824, *Réflexions sur la puissance motrice du feu*, Paris, Bachelier.

Carvais Robert, 2001, *La Chambre royale des Bâtiments. Juridiction professionnelle et droit de la construction à Paris sous l'Ancien Régime*, thèse de droit, université Paris 2.

Chaptal Jean-Antoine, 1798, *Essai sur le perfectionnement des arts chimiques*, Paris, Crapelet.

— 1819a, *De l'industrie française*, Paris, Renouard, 2 vol.

— 1819b, *Quelques réflexions sur l'industrie en général, à l'occasion de l'exposition des produits de l'industrie française en 1819*, Paris, Corréard.

Condorcet Nicolas, 1793, Tableau général de la science qui a pour objet l'application du calcul aux sciences politiques et morales, *Journal d'instruction sociale*, vol. 1, n° 4.

Constant Benjamin, 2010 [1819], *De la liberté des anciens comparée à celle des modernes*, Paris, Mille et une nuits.

Darcet Jean-Pierre-Joseph, 1794, *Rapport sur les divers moyens d'extraire avec avantage le sel de soude du sel marin*, Paris, Imprimerie du Comité de salut public.

Dhombres Nicole et Jean, 1989, *La Naissance d'un pouvoir. Sciences et savants en France (1793—1824)*, Paris, Payot.

Dupin Charles, 1837, Analyse du rapport du jury central sur l'exposition des produits de l'industrie française en 1832, *Comptes rendus hebdomadaires de l'Académie des sciences*, Paris, Bachelier.

Fox Robert, 2012, *The Savant and the State: Science and Cultural Politics in Nineteenth-Century France*, Baltimore (MD), Johns Hopkins University Press.

Fressoz Jean-Baptiste, 2012, *L'Apocalypse joyeuse. Une histoire du risque technologique*, Paris, Seuil.

Girardin comte Stanislas de, 1810, Rapport fait au Corps législatif sur le projet de loi relatif aux mines, *Journal des mines*, vol. 27.

Hamlin Christopher, 1998, *Public Health and Social Justice in the Age of Chadwick (1800—1854)*, Cambridge, Cambridge University Press.

Hilton Boyd, 1997, *The Age of Atonement: The Influence of Evangelicalism on Social and Economic Thought (1785—1865)*, Oxford, Oxford University Press.

Hirschman Albert O., 1980, *Les Passions et les intérêts*, Paris, PUF.

Holbach Paul Henri Thiry d', 1776, *Éthocratie ou le Gouvernement fondé sur la morale*, Amsterdam, Rey.

Horn Jeff, 2006, *The Path Not Taken: French Industrialization in the Age of Revolution (1750—1830)*, Cambridge (MA), MIT Press.

Hutton James, 1788, *Theory of the Earth from the "Transactions of the Royal Society of Edinburgh"*.

Jarrige François, 2009, *Au temps des tueuses de bras. Les bris de machines à l'aube de l'ère industrielle*, Rennes, Presses universitaires de Rennes.

Knight Roger, 2013, *Britain against Napoléon: The Organization of Victory (1793—1815)*, Londres, Allen Lane.

Landes David, 1999, The Fable of the Dead Horse, in Joel Mokyr (dir.), *The British Industrial Revolution: An Economic Perspective*, Boulder (CO), Westview Press.

Laval Christian, 2007, *L'Homme économique. Essai sur les racines du néolibéralisme*, Paris, Gallimard.

Le Roux Thomas, 2011, *Le laboratoire des pollutions industrielles, Paris (1770—1830)*, Paris, Albin Michel.

Moulier Igor, 2004, *Le Ministère de l'Intérieur sous le Consulat et le Premier Empire (1799—1814)*, thèse de doctorat d'histoire, Lille 3.

Mourgue Jacques-Antoine, 1797, *De la France relativement à l'Angleterre et à la maison d'Autriche*, Paris, Dessenne.

Neufchâteau François de, 1798, Circulaire du 24 vendémiaire an VII, *Recueil des lettres circulaires*, Paris, Imprimerie de la République.

Parfait J., 1804, *Réflexions historiques et critiques sur les dangers de la variole naturelle, sur les différentes méthodes de traitement, sur les avantages de l'inoculation et les succès de la vaccine pour l'extinction de la variole*, Paris, Imprimerie des hospices civils.

Pigeire Jean, 1932, *La Vie et l'œuvre de Chaptal*, Paris, Donnat-Montchrestien.

Polanyi Karl, 1983 [1944], *La Grande Transformation*, Paris, Gallimard.

Pommies Michel, 1808, *Manuel de l'ingénieur du cadastre*, Paris, Imprimerie impériale.

Randall Adrian, 1991, *Before the Luddites: Custom, Community and Machinery in the English Woollen Industry (1776—1809)*, Cambridge, Cambridge University Press.

Rosenfeld Sophia, 2001, *A Revolution in Language: The Problem of Signs in Late Eighteenth Century France*, Stanford, Stanford University Press.

Rudwick Martin, 2005, *Bursting the Limits of Time*, Chicago (IL), University of Chicago Press.

Saint-Simon Claude-Henri de, 1820, *Considérations sur les mesures à prendre pour terminer la révolution*, Paris, Chez les marchands de nouveautés.

Say Jean-Baptiste, 1836 [1828], *Cours complet d'économie politique pratique*, Bruxelles, Dumont.

Sonenscher Michael, 1987, *The Hatters of Eighteenth-Century France*, Berkeley (CA), University of California Press.

Thompson Edward P., 2012 [1963], *La Formation de la classe ouvrière anglaise*, Paris, Seuil.

Tissot Pierre-François, 1818, Des élections de 1818 par Benjamin Constant, *La Minerve française*, vol. 3, p. 441.

Torrens Hugh, 2002, *The Practice of British Geology (1750—1850)*, Aldershot, Ashgate. Vidal M.J. et Laurent M.E., 1892, *Archives parlementaires de 1787 à 1860*, Paris, Paul Dupont.

Vincent Julien, 2007, Cycle ou catastrophe ? L'invention de "la révolution industrielle" en Grande-Bretagne, 1884—1914, *in* Jean-Philippe Genet et François-Joseph Ruggiu, *Les idées passent-elles la Manche ?*, Paris, Presses universitaires Paris-Sorbonne.

Wallerstein Immanuel, 2011, *The Modern-World System*, t. 4: *Centrist Liberalism Triumphant (1789—1914)*, Berkeley (CA), University of California Press.

第十八章

长19世纪的遗传、种族和优生学①

在长19世纪中,与民族健康有关的人类遗传、威胁和诺言成为政治辩论的核心。这些与为打击或促进其效果而提出和执行的政策有关。这一时期,与遗传有关的生物学理论迅速增长,最终导致了20世纪初遗传学的巩固。② 因此,遗传学为我们提供了米歇尔·福柯(Michel Foucault)所说的"生命政治装置"的范例,也就是说,出现了一系列概念、技术和实践。而它们的出现带来了"明确计算中的生命和机制"。③ 但是,正如我们将在本章中所看到的那样,在仔细研究优生学的历史之后,我们发现遗传学及其在人类健康、生活和政治中的应用之间的联系并不明显。在关于遗传的论述中,知识与权力之间的联系(在19世纪是明确的)不能简化为具有单方面影响的原因模型。正如福柯所说的权力是一种分散的概念,它更倾向于"主权的权力来源"的思想,即众多争夺权威和统治权的主体。知识的概念也必须摆脱这样的观念,即知识是由精英塑造的,只是简单地应用于社会的其余部分,或者被社会的其他成员被动地接受。福柯所描述的"生命政治装置"与其说是一种意识形态或学说,还不如说是一系列明确承认的具有约束力的技术和机构的结合,但是它们给予了人们新的治理形式。

---

① 本章的灵感来源于 Müller-Wille et Rheinberger 2012 (chap. 5)。
② López Beltrán 2004, Müller-Wille et Rheinberger 2012。
③ Foucault 1976 (p. 188);对于福柯的令人兴奋的解读,可参阅:Stoler 1995, Sarasin 2009。

优生学的现象

1900 年左右优生学的地位只能通过两个长期的历史发展来理解。首先，欧洲国家和美国以及它们的"后代"：加拿大、澳大利亚、南非和阿根廷，经历了人口的转变。这一转变的特征在于三个重要的参数：预期寿命的提高，其次是出生率的下降，两者之间的时间差最初导致人口的快速增长；来自农村地区的人口涌入城市中心；农业和工业生产率的大幅提高。与人口爆炸式增长最相关的例子是美国。1870 年，它的人口几乎与德意志帝国的人口相当。20 年后，美国人口则超过了包括俄罗斯在内的整个欧洲人口的总和。[1] 对德意志帝国 1890 年和 1911 年出生率的比较表明，生殖行为发生了非常大的变化：出生率从 1890 年的 40.9‰ 下降到 1911 年的 28.2‰。[2]

其次，医学社会化日益发展。医疗的提供逐渐变得职业化和专业化，传统形式的自我服药和治疗受到冲击。这些传统形式后来常常被指责为江湖骗术；卫生部门的行政和政治职位越来越多地由受过大学训练的医生而不是法学家担任；国家政府开始干预个人的私人、社会和家庭生活，以预防疾病；最后，这一时期出现了以人口为研究对象的学科，例如，人口统计学、流行病学、卫生学和社会医学。这些将很快从资源的增加中受益。因此，健康成为国家干预的目标，负责公共卫生是巩固民族国家的主要手段之一。[3]

人口转变和公共卫生保健系统的出现是两个紧密联系的现象，即使它们之间的关系远非一种确定性。出生率的下降以及灾难性的卫生条件，是严重打击城市无产阶级的健康问题的根源，被视为国民人口"退化"的严重症状。[4] 一些医生、生物学家和知识分子以优生学和"种族卫生"的名义所强烈要求威权主义和技术官僚主义的解决方案，但他们将不断面对强大和激烈的抵抗。所以，尽管几十年后纳粹政权犯下的罪行被认为是优生学和人口政策，但这不能

---

[1] Osterhammel 2009 (p. 191).
[2] Weindling 1989 (p. 261).
[3] Ibid. (p. 5).
[4] 可参阅：Pick 1989, Soloway 1995.

被视为这些学说在 19 世纪早期发展的直接和必然的结果。

在过去的 30 年中，对优生学的历史进行了大量研究，揭示了令人惊讶的各种系统的见解和结合。因此，除德国之外，北美、英国、法国、斯堪的纳维亚、俄罗斯和苏联都拥有优生计划，甚至在南美以及某些非洲和亚洲国家在殖民统治之下也有优生计划。此外，20 世纪初，一些优生主义者在国际组织的框架下建立了联系。① 优生政策的倡导者不仅是极右翼种族主义者，而且是社会主义者，尽管这些人通常更喜欢教育和自愿避孕，而不是强制绝育。② 不过，尽管 20 世纪初的争论存在多样性和普遍性，优生学却无法成功地形成真正的群众运动，其组织很少有超过 1 000 名成员，而大部分由医生、大学教授、工程师和教师所主导。③

因此，致力于"改善遗传性"的协会仍然处于更广范围的公共话语的边缘角落。④ 无产阶级运动、改革公共保健体系的尝试以及妇女权利运动的特点更为明显。对性和生殖自主权的要求，以及进而对政治权利的诉求，往往都受到优生学的支持。⑤ 优生学说助长了关于卖淫的辩论：确实，许多性病会损害遗传物质。⑥ 种族主义和民族主义运动使用优生学的关键词和口号似乎是稀松平常的。但是，为争取政治解放而奋斗的少数群体，例如，非裔美国人或犹太复国主义者，通常采用相同的口号。⑦ 因此，以广泛的公众共识为基础，在 1920 年代末和 1930 年代初在北美、德国和斯堪的纳维亚都制定了有关绝育的法律条款。⑧ 关于优生学的大多数历史研究都没有研究这些运动所带来的遗传的概念。的确，对获得的技能继承的拉马克主义立场在具有社会主义同情心的优生

---

① 关于德国的优生学运动，参阅：Weingart, Bayertz et Kroll 1992. 英美的，则可参阅：Kevles 1985. 法国的，可参阅：Schneider 1990, Carol 1995. 在国家、殖民地和国际背景中的优生学的阐释，参阅：Levine et Bashford 2010.

② Paul 1984, Mocek 1998.

③ Kevles 1985 (p. 59), Weindling 1989 (p. 14-46 et 499), MacKenzie 1978.

④ Kevles 1985 (p. 24-27), Weindling 1989 (p. 146).

⑤ Richardson 2003.

⑥ 这样的话语在殖民环境中非常普遍，充满了对混血的恐惧。Walther 2013.

⑦ Efron 1994, Dorr 2008.

⑧ Koch 2004.

学中以及在天主教由宗教原因而拒绝避孕的情况下特别普遍。① 但是，最近的研究表明，这些科学、政治和宗教姿态以各种方式相交融。这是非常出乎意料的。② 此外，大多数优生学仅通过基本的遗传决定论来要求医学或官僚的干预。优生计算本质上是经济的。目的不是让存在的竞争占上风，而是组织和引导这种竞争，使"优秀"类型的人成倍增加。

然而，毫无疑问，生物学和医学提供了优生学的关键概念和指导原则，此外，优生学反过来又为建立一门有关人类遗传的科学提供了必要而具体的假设。但是，这种关系不能认为仅是科学意识形态对社会和政治实践的确定性影响，反之亦然。在下面的内容中，我选择分析"生命政治装置"中的两套重要的 19 世纪技术：为量化人类多样性而开发的方法以及亲属观念的突变。正如我们将看到的，这些技术提出了这样一种想法，即可以基于重新分配和重新组合的元素来分析每一代人。从这个角度看，遗传的话语与过去的权重或传统的价值无关。如此设想，因此可以利用遗传，而且事实上通常是利用遗传来打破僵化的社会结构并为政治行动开辟新的视野。

种族与人体测量学

将人类历史的概念定义为不同种族之间为了生存进行的斗争。这种概念无疑是欧洲启蒙运动中最有害的产物之一。③ 人们在严肃地揭露这段历史时都必须认识到，尽管种族的概念是基于"虚假"的观念，但它对统治的政治斗争的影响却是真实的。④ 例如，在 19 世纪上半叶，许多欧洲历史学家开始将英国内战（1642—1649）和法国大革命（1789）中的政治上的反对派指定为不同的种族⑤，从潜在的种族斗争的角度重新解释了近代早期欧洲的社会和宗教冲突。

---

① Adams 1990.
② Paul 1995 (p. 44-45).
③ Arendt 2004 (chap. 6 et 7), Foucault 1991, Banton 1998, Frederickson 2002, Taguieff 2002.
④ Müller-Wille 2014.
⑤ Foucault 1997 (chap. 3 et 4).

这表明，人类的观念绝不仅仅与生理或生物学特征有关。人类学家乔治·斯托金（George Stocking）指出，"在文化和自然因素之间，以及在社会和生物遗传之间，没有明确的界限"。"'血液'是许多溶剂的混合物，所有问题都在其中融化，所有过程都混在一起。"①

19世纪频繁的关于"消失的部落"的辩论证明了这种"消融"的意识形态的效力。1839年，詹姆斯·考尔斯·普里查德（James Cowles Prichard）（1786—1848）在英国科学促进会（British Society for the Advancement of Science）的讲话就是一个很好的例子。"无论欧洲人定居在哪里，他们的到来都预示着土著部落的消亡。"②像其他人一样，普里查德更喜欢文化差异，即欧洲定居者的文化优势（通过农业、识字率、军事组织和基督教表现出来）来断言殖民地人民的低劣。③对欧洲殖民地扩张的乐观看法是上述对退化的恐惧的反向推论。这两种论述都基于相同而模糊的遗传概念。通常只不过是繁殖的思想——"完美的链条"（la chaîne dorée du perfectionnement）④——用于证明语言、文化和种族类型的持久性。

但是，在这种情况下，我们越来越倾向于传递孤立的特征。这些特征可以被精确地描述和测量。例如，普里查德提出了一种揭示的方法，以"拯救"那些注定灭亡的部落："广泛补充我们所掌握的有关身体和道德特征的信息。"⑤对身体和生理特征的这种兴趣可以追溯到18世纪。这是由肤色差异的起源问题引起的。⑥但是，后者通常不被视为出生时的明确特征。相反，在悠久的医学传统的延续下，许多人认为，它是由诸如气候、性情倾向和个人生活方式等因素决定的。⑦

因此，体质人类学专家很快就开始对更为"坚硬""恒定"的特征产生了

---

① Stocking 1994 (p. 6).
② 被引用于 Gruber 1970（p. 1293）.
③ 可参阅：Brantlinger 2003, Stocking 1987（chap. 6）.
④ Herder 2002 (p. 314).
⑤ 被引用于 Gruber 1970（p. 1293）.
⑥ 可参阅：Mazzolini 1994.
⑦ López Beltrán 2007.

兴趣。骨骼特征——尤其是头骨——特别引起了人类学家的注意。荷兰解剖学家彼得鲁斯·坎珀（Petrus Camper）（1722—1789）将面部角度视为文化成功的绝对标志。1842年，瑞典解剖学家安德斯·阿道夫·雷丘斯（Anders Adolf Retzius）（1796—1860）引入的"头围指数"的概念（宽度之间的比率）和最大的头围长度将占据体质人类学近一个世纪。根据他的头围指数，雷丘斯在欧洲头骨的类型中将短头型（短头骨）与长头型（长头骨）区分开。这样的一般理论立即引起了批评，例如，颇具影响力的人类学学会的法国创始人保罗·布罗卡（Paul Broca）（1824—1880）便着手开发能精确测量颅骨的仪器。[①]

在19世纪，所测变量的数量不断增加，从而有可能反过来区分越来越多的人种。测量技术和仪器已经标准化，并且变得如此广泛，以至于在1900年，人体测量学达到了诸如天文学或气象学之类的"大科学"（la grande science）地位。人们在各个方面都在收集人体测量数据：学童、囚犯、住院的患者、意大利和瑞典等国家的所有新兵部队，以及欧洲殖民地的"本地人"。除了该领域的扩展之外，特定的实验和测量设备还可以检测更为特殊的才能。尤其是精神病学和心理学，从广度和深度上都促进了人体测量学的发展。到19世纪末，这类研究可能集中在"智力"等难以捉摸的素质上。[②]

尽管确定一般种族类型仍然是最终目标，但人类学研究的日益应用和量化的性质使该学科进入了分析的视野。一方面，人体、文化和语言表现为由简单要素——特征或性格、风格要素、音素和语法结构组成的对象。另一方面，这种观点无意间似乎使管辖这些要素在人口中分布的自治规律重新回到了前台。统计学的兴起与19世纪现代官僚机构的"印刷的雪崩式发展"、人口统计学、流行病学、人类学都密切相关。[③]

英国自然学家和数学家弗朗西斯·高尔顿（1822—1911）是这种用统计

[①] 关于坎珀，参阅：Meijer 1999. 关于雷丘斯，参阅：Kyllingstad 2012. 关于布罗卡，参阅：Blanckaert 2009.

[②] 关于体质人类学的历史，参阅 Gould 1981, Stocking 1988, Blanckaert, Ducros et Hublin 1989, Lindee et Santos 2012. 关于智力测试的历史，参阅：Carson 2007.

[③] Hacking 1990, Porter 1986, Desrosières 1993, Schweber 2006.

学对人类繁殖进行理解的典型代表。1861年，他遇到了比利时天文学家阿道夫·凯特勒（1796—1874），自1835年以来，他就一直使用误差统计理论来研究"平均人"作为何蒙库鲁以代表一种国家的"类型"。高尔顿钦佩凯特勒的方法，但对平均数并不感冒①，相反，他对统计曲线的顶端更加感兴趣。例如，在《遗传的天才》(Hereditary Genius)（1869年）中，他试图证明，如果我们应用了这些特征的纯粹的随机分布，在才华横溢的音乐家、律师和政治家的家庭中可以发现比预期更多的才华横溢的人。高尔顿对他所谓的"退化"现象特别着迷，一种被动物饲养员所使用的表达。背离人口"类型"的祖先所产生的后代具有相同的偏差，但程度较小。此外，偏差越大，后代返回总体平均值的趋势就越大。因此，人口的平均值或"类型"似乎发挥了某种吸引力。

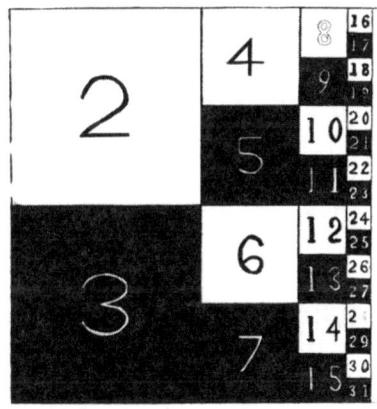

该图说明了高尔顿的"祖先遗传法则"。大方块代表一个人的全部遗传性，第2和3个方块代表父母的贡献，第4、5、6和7代表祖父母的贡献，等等。

数学家卡尔·皮尔逊（1857—1936），即所谓的遗传性"生物计量学"的创始人，为这些结果提供了另一种解释。他假定退化是由研究的性状与许多其他性状的"相关性"得出的，这些性状总体上更接近于人口的平均水平。高尔顿和皮尔逊的猜想都是基于"祖先遗传定律"的假设，这是他们为之创造的。根据该定律，生物的种质由遗传成分组成，这些遗传成分既可以从父母那里继

---

① 被引用于Porter 1986 (p. 129).

承，也可以从更远的祖先那里继承。该定律还假定种质中祖先元素的相对比例与祖先与后代分离的代数成比例地减少。

高尔顿和皮尔逊的研究清楚地表明，孤立特征的分布模式很快成为研究对象。相反，这些新兴模式似乎证实了这些特征的遗传。尽管在数学算法的开发和生物学研究之间没有明确的界线[①]——例如，术语"退化"（régression）和"关联"（corrélation）最初指的是基本生物力（des forces biologiques fondamentales）——生物学和统计推理之间的混合经常被用来使社会和文化的刻板观念合法化和物化。但是，这些也可以用作批判地检查这种定型观念的工具。实证主义的构成倾向包括始终指定越来越多的数据，不断对其进行分类和重新分类，从而引发了一种辩证发展，它倾向于颠覆种族、阶级和性别的通常范畴。[②]

德裔美国人类学家弗朗兹·博厄斯（1858—1942）的案例很好地说明了后者。在采用皮尔逊的方法进行美洲某些土著部落的人体测量学研究后，他于1890年代初展示了一个使学术共同体（首先是皮尔逊）感到沮丧的发现。博厄斯的研究表明构成头围指数的两个变量——头骨的长度和宽度——不相关，因此它们不表示共同的原因，例如，共同的血统或身体构成。[③] 这些调查的结果使博厄斯在1911年出版的名为《原始人的精神》（L'Esprit de l'homme primitif）的专著中对种族的概念进行了严格的修订。大约40年后，它们在联合国教科文组织关于《种族与种族偏见问题宣言》（Déclaration sur la race et les préjugés raciaux）中展现出来。[④] 一代人向另一代人的遗传以及语言、文化和身体特征的地理分布最终遵循不同的规律。人类"完美的链条"已分解为几部分，但仍然交织在一起。

---

① Gayon 1992.
② Hanke 2007.
③ Stocking 1982 (chap. 2).
④ Stepan 1982, Barkan 1992.

家谱和亲属关系的分析

19世纪的生命政治论述并非完全基于统计。族谱和亲属关系分析同样重要。在19世纪，人们将看到戏剧性的发展影响了亲属关系的概念。① 也许最重要的是对世代概念的重大扩展，该概念始于18世纪末。传统上，世代的概念一直被用作繁殖的代名词，即创造新生命的决定性行为。② 1800年左右，生命科学和社会科学中出现了新的世代概念。当时，一代人被理解为一个集体结构，包括同时出现的男人和其他机体。值得注意的是，世代相传为政治主权的继承辩护。③

因此，在"同代人"的意义上理解世代（在社会学家中使用的是技术性更高的术语），忽略了个人的家庭关系。正是这一方面为理解亲属关系和特征遗传提供了新的机会。几代之间特性的保存和变化成为可计算的量。因此，诸如奥古斯特·孔德、约翰·斯图亚特·密尔和卡尔·马克思等社会哲学家都使用世代的概念来描述整个社会的再生产。同样，像格雷戈尔·孟德尔（Gregor Mendel）这样的生物学家也利用这些政治和经济表现形式来展现生物繁殖的新视野。因此，构成世代之间的关系和控制这些关系定律的"世袭遗传的复杂网络"需要接受深入的科学审查。④

高尔顿在其《遗传的天才》中收集的家庭档案代表了亲属关系概念中时间上的连接点。尽管对近现代的亲属关系表现形式一直采用非常灵活的方式，要么排除近亲（例如，排除女性成员和旁支，以支持线性的宗谱），要么连远房亲戚也加入进来，其他家庭的文献反映了观念上的变化。为了全面记录同一代人之间的亲属关系，这些图分几代构成，并包括远房的亲戚，如叔叔、侄子或堂兄。

---

① Sabean，Teuscher et Mathieu 2007.
② Jacob 1970 (chap. 2), Müller-Wille et Rheinberger 2012 (chap. 2).
③ Parnes 2007 (p. 317). 也可参阅：Parnes, Vedder et Willer 2008. "世代"一词的这种变化伴随着法律史学家所说的"继承权的普及"（une généralisation du droit d'héritage），例如《拿破仑法典》；参阅：Gottschalk 2013（p. 113-124）.
④ Parnes 2007 (p. 324).

但是，高尔顿面临着本土术语的问题。确实，这通常太局限了，无法作为精确分析亲属关系的基础。他通过引入符号系统解决了这一难题，该符号系统通过结合一些基本的家谱术语来象征所有可能的家庭纽带。在1871年，由于美国律师路易斯·摩尔根（Lewis H. Morgan）（1818—1881）的工作，使人们对亲属关系的分析达到了一个新的水平。在史密森学会、各种传教士组织和美国国务院的帮助下，他在《人类家族的血亲和姻亲体系》（Systems of Consanguinity and Affinity of the Human Family）中以世界各地的语言对家谱术语进行了汇编。因此，摩尔根通过组合有限的基本关系来代表所有亲属关系：母亲、父亲、儿子、女儿、兄弟、姐妹、丈夫和妻子。摩尔根比较了从各种语言中提取的家谱术语和他自己的分析术语，可以证明在不同的本地语言中发现的亲属关系系统遵循非常不同的原则，这与他所认为的人类进化的不同阶段相对应。①

摩尔根的作品是研究传统的一部分，这种传统最终在1860年代导致了其他几本经典著作的出版，几乎都由法学家所创作。1861年，瑞士学者雅各布·巴霍芬（Jacob Bachofen）（1815—1887）提出，人类从原始的一夫多妻制状态开始，经历了母权制阶段，然后发展为父权制模式。同年，在英属印度政府任职的亨利·萨姆纳·梅因（Henry Sumner Maine）（1822—1888）使人们注意到婚姻与财产纠纷之间复杂的相互依存关系。4年后，约翰·麦克伦南（John F. McLennan）（1827—1881）介绍了族外婚和族内婚在分析上的区别。同样在1865年，爱德华·泰勒（Edward Tylor）（1832—1917）进一步阐明了近亲婚姻、族外婚和入赘婚之间的关系。简而言之，在任何社会中，控制婚姻、亲属关系和世袭的复杂律法，就像人类身体的变异性一样，成了人类学研究专注的对象之一。②

这些研究在19世纪中是必不可少的参考。达尔文1871年的《人类起源》（La Descendance de l'homme）（1871年）与弗里德里希·恩格斯1884年的《家

---

① Tooker 1992.
② Stocking 1995.

庭、私有制和国家的起源》(*L'Origine de la famille, de la propriété privée et de l'État*)都详尽地论述了这一点。因此，这种新生的社会人类学的结果是19世纪末期最重要的思想和思潮。① 但是，医学和精神病学文献对血缘关系概念的扩展具有更直接的影响。家庭关系以两种相关的方式进入精神病学领域：为行政目的收集个人家庭数据②，以及精神病科医生将心理和精神疾病归因于遗传因素［称为"素质"(diathèse)］的增加。③

因此，越来越多的医疗记录里包括有关患者父母中患有精神疾病、自杀和酗酒的信息。④ 从19世纪中叶开始，在医学或精神病学出版物中包含族谱图变得越来越普遍。位于冷泉港 (Cold Spring Harbor) 的优生学记录办公室 (Eugenics Record Office) 或进化实验研究实验室 (Laboratoire d'études expérimentales d'évolution)，于1910年收集了最著名的图表集。就像高尔顿早期的作品一样，这些图表试图列出围绕每个人的整个父母关系网络。⑤ 但是，家谱数据的收集超出了简单的科学猎奇。家谱研究确实已成为中产阶级的流行消遣。这些家谱研究的目的是在完整的表格中收集家庭关系，包括父系和母系的旁系成员。⑥ 这样积累的数据增加了建立整个国家"血统清单"的可能性。在德国，历史学家奥托卡尔·洛伦茨 (Ottokar Lorenz)(1832—1904)是第一个考虑这种可能性的人。他认为，族谱是"历史事件的主要成分"，具有特殊特征的民族和阶级的存在可以用近亲婚姻造成的"祖传的遗失 (*Ahnenverlust*)"来解释。⑦ 洛伦茨呼吁精神病学家和历史学家联合行动以致力于系统地收集家谱数据。像埃米尔·克雷珀林 (Emil Kraepelin) 这样的某些精神科医生确实会做出回应。在随后的有关创建和分析家谱数据的适当标准和方法的辩论中，20世纪初出现了一个转折点。人们不去追溯个体的祖先系，而是通过对族谱数据

---

① Kuper 1997, Krader 1973 (chap. 2).
② Goldstein 1990, Cartron 2007.
③ Dowbiggin 1997；关于素质的概念，参阅：Olby 1993.
④ Gausemeier 2005.
⑤ Allen 1986.
⑥ Hareven 1978.
⑦ Gausemeier 2008*a*.

的大量积累，将族谱转换为分析整个种群的工具。①

博厄斯实践了这种建设性的观点。在 1910 年，他为美国移民委员会（la Commission d'immigration américaine）进行了人体测量研究，结果表明，出生在美国的不同族裔移民的后代之间，身体特征发生了微小但显著的变化。博厄斯等人在分析了从学校和爱丽丝岛（Ellis Island）收集的大约 18 000 人的原始数据后得出了这个结果。该数据将父母及其子女分组为被博厄斯称为"家族后裔"（les lignées familiales）的单位。通过一次强有力的分析，涉及两代人的数据因此被同时处理，就好像它们是独立进行的大量"交叉"实验产生的一样。

再一次，博厄斯的研究具有重大的意义。种族和家庭血统的概念之间确实存在着紧张关系："种族"由许多不同的家族后裔组成，以至于"种族的纯洁"是一种罕见的巧合，正如博厄斯经常喜欢指出的那样，尤其是他的德国同事欧根·菲舍尔（Eugen Fischer）（1874—1967）。1903 年，菲舍尔发表了著名的《雷霍伯特混血儿》（*Bâtards de Rehoboth*）一书，这是一个居住在西南非洲的非裔欧洲小族群，他认为这是"混血种族"的典型案例②。相反，博厄斯坚持认为它们仅仅是"种族纯度"的罕见情况之一，因为这种受地理限制和族内婚的人口仅由少数家族后裔组成。③

结论

19 世纪发展起来的对人口进行统计和族谱分析的方法最终有助于下一世纪的遗传学家揭示了人类遗传内部机制的奥秘。④ 但是，对人类生殖进行直接和有针对性的干预仍然是不可能的。相反，新科学的实践者必须依靠过去的事件和过程，并进行回顾性分析，将其视为经验。真实和可察觉的移民与社会变革过程为此类研究提供了大量资料。正如历史学家薇罗尼卡·利普哈特（Veronika

---

① Gausemeier 2008*b*.
② Massin 1996 (p. 123).
③ Boas 1996 (p. 32).
④ Gausemeier, Müller-Wille et Ramsden 2013.

Lipphardt）所表明的那样，这种方法在 1900 年左右适用于许多"犹太人生物学"研究。犹太人确实被认为是理想的研究对象，特别是因为占主导地位的"生物历史叙述"坚持认为，由于犹太人的孤立性，他们在过去的几个世纪中都保留了"种族纯度"。[1]

通常，这种生物历史叙述在意识形态上仍然是模棱两可的，因此易于被用于各种目的。它们经常被用来形成政治身份，并声称自己是某个社会团体、某个国家或某个种族的成员。但是，意识形态的动机无法解释本章所述的分析的观点是如何产生以及为什么产生。值得注意的是，这种可能将消除种族观念的观点，不仅被对种族观念的认识论的合法性持怀疑态度的科学家（例如，博厄斯）采用，而且也被优生主义者采纳，例如，皮尔逊。

为了了解这些分析方法的起源，我们有必要理解：人类学家通常想了解社会转型的过程，尤其是要提供对这些过程进行政治控制的工具。[2] 根据泰勒的著名格言，人类学应被理解为"改革者的科学"，[3] 而且只能通过将人口概念化为独立要素的动态集合体来干预其发展的轨迹。与大多数将优生学视为社会关系"正当化"因素的传统说法相反，本章所阐述的分析操作类型与分馏过程类似。在此过程中，复杂的化学物质的主要成分被分离以进行新的有力的安排。[4] 基因——一个多世纪以来成为生命科学重心的概念——是传统范畴从认知空间中蒸发的过程的结果。这构成了遗传，并随之凝结成新的认识对象。

斯塔凡·米勒-维勒（Staffan Müller-Wille）撰；阿尔琼·拉杰译

---

[1] Lipphardt 2007.
[2] Kuklick 2007 (p. 58–60).
[3] Tylor 1873 (vol. 2, p. 539).
[4] 在此感谢诺顿·怀斯对此做的类比。

参考文献

Adams Mark B. (dir.), 1990, *The Wellborn Science: Eugenics in Germany, France, Brazil, and Russia*, New York, Oxford University Press.

Allen Garland E., 1986, The Eugenics Record Office, Cold Spring Harbor (1910—1940), *Osiris*, 2ᵉ série, nº 2, p. 225-264.

Arendt Hannah, 2004, *The Origins of Totalitarianism*, New York, Schocken.

Banton Michael, 1998, *Racial Theories*, Cambridge, Cambridge University Press.

Barkan Elazar, 1992, *The Retreat of Scientific Racism: Changing Concepts of Race in Britain and the United States Between the World Wars*, Cambridge, Cambridge University Press.

Blanckaert Claude, 2009, *De la race à l'évolution: Paul Broca et l'anthropologie française (1850—1900)*, Paris, L'Harmattan.

Blanckaert Claude, Ducros Albert et Hublin Jean-Jacques (dir.), 1989, *Histoire de l'anthropologie. Hommes, idées, moments*, Rouen, Corlet, 2 vol.

Boas Franz, 1996, *Race, Language and Culture*, Chicago (IL), University of Chicago Press.

Brantlinger Patrick, 2003, *Dark Vanishings: Discourse on the Extinction of Primitive Races (1800—1930)*, Ithaca (NY), Cornell University Press.

Carol Anne, 1995, *Histoire de l'eugénisme en France. Les médecins et la procréation (xixᵉ-xxᵉ siècle)*, Paris, Seuil.

Carson John, 2007, *The Measure of Merit: Talents, Intelligence, and Inequality in the French and American Republics (1750—1940)*, Princeton, Princeton University Press.

Cartron Laure, 2007, Degeneration and "Alienism" in Early Nineteenth-Century France, *in* Staffan Müller-Wille et Hans-Jörg Rheinberger (dir.), *Heredity Produced: At the Crossroads of Biology, Politics and Culture (1500—1870)*, Cambridge (MA), MIT Press, p. 155-174.

Desrosières Alain, 1993, *La Politique des grands nombres. Histoire de la raison statistique*, Paris, La Découverte.

Dorr Gregory Michael, 2008, *Segregation's Science: Eugenics and Society in Virginia*, Charlottesville (VA), University of Virginia Press.

Dowbiggin Ian Robert, 1997, *Keeping America Sane: Psychiatry and Eugenics in the United States (1880—v1940)*, Ithaca (NY), Cornell University Press.

Efron John M., 1994, *Defenders of the Race: Jewish Doctors and Race Science in Fin-de-Siècle Europe*, New Haven (CT), Yale University Press.

Foucault Michel, 1976, *Histoire de la sexualité*, t. 1: *La Volonté de savoir*, Paris, Gallimard.

– 1991, Faire vivre et laisser mourir. La naissance du racisme, *Les Temps modernes*, nº 535, p.

37-61.

— 1997, *Il faut défendre la société*, Paris, Gallimard.

Frederickson George M., 2002, *Racism: A Short History*, Princeton, Princeton University Press.

Gausemeier Bernd, 2005, From Pedigree to Database: Genealogy and Human Heredity in Germany (1890—1914), in *Conference: A Cultural History of Heredity* Ⅲ : *19th and Early 20th Centuries*, preprint 294, Berlin, Max Planck Institute for the History of Science, p. 179-191.

— 2008*a*, Auf der "Brücke zwischen Natur-und Geschichtswissenschaft" : Ottokar Lorenz und die Neuerfindung der Genealogie um 1900, *in* Florence Vienne et Christina Brandt, *Wissensobjekt Mensch. Humanwissenschaftliche Praktiken im 20. Jahrhundert*, Berlin, Kadmos, p. 137-164.

— 2008*b*, Pedigree vs. Mendelism: Concepts of Heredity in Psychiatry before and after 1900, in *Conference: A Cultural History of Heredity IV: Heredity in the Century of the Gene*, preprint 343, Berlin, Max Planck Institute for the History of Science, p. 149-162.

Gausemeier Bernd, Müller-Wille Staffan et Ramsden Edmund (dir.), 2013, *Human Heredity in the Twentieth Century*, Londres, Pickering & Chatto.

Gayon Jean, 1992, *Darwin et l'après-Darwin. Une histoire de l'hypothèse de sélection naturelle*, Paris, Kimé.

Goldstein Jan, 1990, *Console and Classify: The French Psychiatric Profession in the Nineteenth Century*, Cambridge, Cambridge University Press.

Gottschalk Karin, 2013, Erbe und Recht: Die Übertragung von Eigentum in der frühen Neuzeit, *in* Stefan Willer, Sigrid Weigel et Bernhard Jussen (dir.), *Erbe: Übertragungskonzepte zwischen Natur und Kultur*, Francfort, Suhrkamp, p. 85-125.

Gould Steven J., 1981, *The Mismeasure of Man*, New York, Norton.

Gruber Jacob W., 1970, Ethnographic Salvage and the Shaping of Anthropology, *American Anthropologist*, vol. 72, p. 1289-1299.

Hacking Ian, 1990, *The Taming of Chance*, Cambridge, Cambridge University Press.

Hanke Christine, 2007, *Zwischen Auflösung und Fixierung. Zur Konstitution von "Rasse" und "Geschlecht" in der physischen Anthropologie um 1900*, Bielefeld, Transcript.

Hareven Tamara, 1978, The Search for Generational Memory: Tribal Rites in Industrial Society, *Daedalus*, vol. 107, p. 137-149.

Herder Johann Gottfried, 2002, *Werke*, vol. Ⅲ -1: *Ideen zur Philosophie der Geschichte der Menschheit*, Munich, Carl Hanser.

Jacob François, 1970, *La Logique du vivant*, Paris, Gallimard.

Kevles Daniel J., 1985, *In the Name of Eugenics: Genetics and the Use of Human Heredity*, Cambridge (MA), Harvard University Press.

Koch Lene, 2004, The Meaning of Eugenics: Reflections on the Government of Genetic Knowledge in the Past and the Present, *Science in Context*, vol. 17, p. 315-331.

Krader Lawrence, 1973, *Ethnologie und Anthropologie bei Marx*, Munich, Hanser.

Kuklick Henrika, 2007, The British Tradition, *in* Henrika Kuklick (dir.), *A New History of Anthropology*, Oxford, Blackwell, p. 52-78.

Kuper Adam, 1997, On Human Nature: Darwin and the Anthropologists, *in* Mikuláš Teich, Roy Porter et Bo Gustafsson (dir.), *Nature and Society in Historical Context*, Cambridge, Cambridge University Press, p. 274-290.

Kyllingstad Jon Røyne, 2012, Norwegian Physical Anthropology and the Idea of a Nordic Master Race, *Current Anthropology*, vol. 53, n° S5, p. S46-S56.

Levine Philippa et Bashford Alison (dir.), 2010, *The Oxford Handbook of the History of Eugenics*, Oxford, Oxford University Press.

Lindee Susan et Santos Ricardo Ventura, 2012, The Biological Anthropology of Living Human Populations: World Histories, National Styles, and International Networks, *Current Anthropology*, vol. 53, n° S5, p. S3-S16.

Lipphardt Veronika, 2007, Zwischen "Inzucht" und "Mischehe". Demographisches Wissen in der Debatte um die "Biologie der Juden", *Tel Aviver Jahrbuch für Deutsche Geschichte*, vol. 35, p. 45-66.

López Beltrán Carlos, 2004, *El sesgo hereditario: ámbitos históricos del concepto de herencia biológica*, Mexico, Universidad Nacional Autónoma de México.

— 2007, Hippocratic Bodies: Temperament and Castas in Spanish America (1570—1820), *Journal of Spanish Cultural Studies*, vol. 8, p. 253-289.

MacKenzie Donald A., 1978, Statistical Theory and Social Interests, *Social Studies of Science*, vol. 8, p. 35-83.

Massin Benoit, 1996, From Virchow to Fischer: Physical Anthropology and "Modern Race Theories" in Wilhelmine Germany, *in* George W. Stocking (dir.), *Volksgeist as Method and Ethic: Essays on Boasian Ethnography and the German Anthropological Tradition*, Madison (WI), University of Wisconsin Press, p. 79-154.

Mazzolini Renato, 1994, Il colore della pelle e l'origine dell'antropologia fisica (1492—1848), *in* Renzo Zorzi (dir.), *L'epopea delle scoperte*, Florence, Olschki, p. 227-239.

Meijer Miriam C., 1999, *Race and Aesthetics in the Anthropology of Petrus Camper (1722—1789)*, Amsterdam, Rodopi.

Mocek Reinhard, 1998, Biology of Liberation: Some Historical Aspects of "Proletarian Race Hygienics", *in* Mikuláš Teich et Kurt Bayertz (dir.), *From Physico-Theology to Bio-Technology*, Amsterdam, Rodopi, p. 224-231.

Müller-Wille Staffan, 2014, Race and History: Comments from an Epistemological Point of View, *Science, Technology and Human Values*, vol. 39, p. 597-606.

Müller-Wille Staffan et Rheinberger Hans-Jörg, 2012, *A Cultural History of Heredity*, Chicago (IL), University of Chicago Press.

Robert C., 1993, Constitutional and Hereditary Disorders, *in* William F. Bynum et Roy Porter, *Companion Encyclopedia of the History of Medicine*, Londres, Routledge, vol. 1, p. 412-437.

Osterhammel Jürgen, 2009, *Die Verwandlung der Welt. Eine Geschichte des 19. Jahrhunderts*, Munich, Beck.

Parnes Ohad, 2007, On the Shoulders of Generations: The New Epistemology of Heredity in the Nineteenth Century, *in* Staffan Müller-Wille et Hans-Jörg Rheinberger (dir.), *Heredity Produced: At the Crossroads of Biology, Politics and Culture (1500—1870)*, Cambridge (MA), MIT Press, p. 315-346.

Parnes Ohad, Vedder Ulrike et Willer Stefan, 2008, *Das Konzept der Generation. Eine Wissenschafts-und Kulturgeschichte*, Francfort, Suhrkamp.

Paul Diane B., 1984, Eugenics and the Left, *Journal of the History of Ideas*, vol. 45, p. 567-590.

– 1995, *Controlling Human Heredity: 1865 to the Present*, Amherst, Prometheus.

Pick Daniel, 1989, *Faces of Degeneration: A European Disorder (ca. 1848-ca. 1918)*, Cambridge, Cambridge University Press.

Porter Theodore M., 1986, *The Rise of Statistical Thinking (1820—1900)*, Princeton, Princeton University Press.

Richardson Angelique, 2003, *Love and Eugenics in the Late Nineteenth Century: Rational Reproduction and the New Woman*, Oxford, Oxford University Press.

Sabean David Warren, Teuscher Simon et Mathieu Jon (dir.), 2007, *Kinship In Europe: Approaches to Long-Term Development (1300—1900)*, New York, Berghahn.

Sarasin Philipp, 2009, *Darwin und Foucault. Genealogie und Geschichte im Zeitalter der Biologie*, Francfort, Suhrkamp.

Schneider William H., 1990, *Quality and Quantity: The Quest for Biological Regeneration in*

Twentieth-Century France, Cambridge, Cambridge University Press.

Schweber Libby, 2006, *Disciplining Statistics: Demography and Vital Statistics in France and England (1830—1885)*, Durham (NC), Duke University Press.

Soloway Richard A., 1995, *Demography and Degeneration: Eugenics and the Declining Birthrate in Twentieth-Century Britain*, Chapel Hill (NC), University of North Carolina Press.

Stepan Nancy, 1982, *The Idea of Race in Science: Great Britain (1800—1960)*, Londres, Macmillan.

— 1991, *The Hour of Eugenics: Race, Gender, and Nation in Latin America*, Ithaca (NY), Cornell University Press.

Stocking George W., 1982, *Race, Culture, and Evolution: Essays in the History of Anthropology*, Chicago (IL), University of Chicago Press.

— 1987, *Victorian Anthropology*, Londres, Macmillan.

— (dir.), 1988, *Bones, Bodies, and Behavior: Essays on Biological Anthropology*, Madison (WI), University of Wisconsin Press.

— 1994, The Turn-of-the-Century Concept of Race, *Modernism / Modernity*, n° 1, p. 4-16.

— 1995, *After Tylor: British Social Anthropology (1888—1951)*, Madison (WI), University of Wisconsin Press.

Stoler Ann Laura, 1995, *Race and the Education of Desire: Foucault's History of Sexuality and the Colonial Order of Things*, Durham (NC), Duke University Press.

Taguieff Pierre-André, 2002, *La Couleur et le sang. Doctrines racistes à la française*, Paris, Mille et une nuits.

Tooker Elisabeth, 1992, Lewis H. Morgan and His Contemporaries, *American Anthropologist*, vol. 94, p. 357-375.

Tylor Edward B., 1873, *The Origins of Culture and Religion in Primitive Culture*, New York, Harper, 2 vol.

Walther Daniel J., 2013, Sex, Public Health and Colonial Control: The Campaign against Venereal Diseases in Germany's Overseas Possessions (1884—1914), *Social History of Medicine*, vol. 26, p. 182-203.

Weindling Paul, 1989, *Health, Race and German Politics between National Unification and Nazism (1870—1945)*, Cambridge, Cambridge University Press.

Weingart Peter, Bayertz Kurt et Kroll Jürgen, 1992, *Rasse, Blut und Gene: Geschichte der Eugenik und Rassenhygiene in* Deutschland, Francfort, Suhrkamp.

皇家统计协会（la Société royale de statistique）的一位代表在统计一天中有斜视的人走过伦敦桥的情况。这是乔治·莫罗（George Morrow）发表在1911年8月30日的讽刺杂志《潘趣》（*Punch*）上的漫画。

第十九章

社会统计的探索
—— 行政部门、学术协会和公开辩论

为了纪念阿兰·德罗西埃（Alain Desrosières）……

从 18 世纪末到第一次世界大战爆发之间的这段时期是统计史上的关键时期，这一独特的知识领域发生了两次深刻的变化。

Statistik 这个术语起源于德意志，似乎是于 1749 年在哥廷根大学教授戈特弗里德·阿亨瓦尔（Gottfried Achenwall）（1719—1772）的笔下诞生，尽管该研究领域在《威斯特伐利亚和约》签订后不久，在法伊特·路德维希·冯·泽肯多夫（Veit Ludwig von Seckendorff, 1626—1692）和赫尔曼·康林（Hermann Conring, 1606—1681）的带动下就已经出现了。[①] 与国民经济学（*Kameralwissenschaft*）和公安学（*Polizeiwissenschaft*）[②] 一样，它仅构成众多国家科学中的一门，但在很长一段时间内将与新兴地理学保持紧密联系。德意志现代统计学家希望通过精确描述国家的不同组成部分（领土、人口、机构……）来表征国家的力量。他们按照亚里士多德对四种原因的构想所启发的

---

① Garner 2005 (p. 82–85).
② 18—19 世纪，德意志大学里的一个学科，研究对象包括宪法、法律、政治和经济等——译注。

陈述顺序①，并尽可能避免求助于数字，因为数字带有先验的不精确性、粗糙性……他们更喜欢叙事形式，以便能够更好地把握现实的独特之处。它的立场是学术性的，在行政管理中没有任何作用（即使它可以进入行政体系），而且在这种学术与学科模式下，这种知识形式经历了第一个繁荣期：在哥廷根大学为主导的德意志地区，然后（从18世纪中叶开始）在哈布斯堡王朝、维也纳、布拉格甚至在意大利的伦巴第-威尼托的大学中。最后，只是在19世纪的前二十年（根据不同国家，时间顺序有所不同），"统计"一词才用来指称一种基于计数和其他数字技术的专有应用，而没有与约翰·格朗特（John Graunt, 1620—1674）和威廉·佩蒂（William Petty, 1623—1687）在1660—1670年在英国发明的"政治算术"（l'arithmétique politique）相混淆。政治算术的概念在18世纪才被法国接受。②

同时，第二个根本性变化可追溯到1880—1900年，当时概率计算（其原理在很大程度上是独立发展的，基本上围绕天文和其他的"测量误差的计算"）③被系统地调动到该研究领域。直到那时，"统计"才具有对所有类型的数字数据进行数学分析的当代意义，无论它们是否与人口、经济、生物或自然现象有关，而在整个中间阶段，它的干预领域仍然隐含地局限于对"社会事实"的研究。统计学家的工作与社会学家（长期以来基本上为理论的构建所垄断）或人类学家的工作相比，可以说构成了近一个世纪以来建立"社会"体制的主要媒介。它们的类别不仅强加于人类社会的多种视野和划分模式，而且它们在极为不同的领域中发现的"统计规律"（著名的"大数定律"）④倾向于认可潜在的独特事件中存在的秩序。他们的思维方式和数字技术的兴起不仅仅局限于西方世界。它之所以逐渐传播，不仅是由于殖民地扩张，而且还因为19

---

① 可参阅：Hoock 1977 (p. 477-492) et Zande 2010。

② 参阅：Martin 2006 et Brian 1994。

③ Porter 1986 (en particulier p. 3-5 et 11-12)。

④ 该术语由西梅翁·德尼·泊松（Siméon Denis Poisson, 1781—1840）在1835年在科学院进行的报告中被提出。该术语在其《刑事和民事案件中判决的可能性研究》（Recherches sur la probabilité des jugements en matière criminelle et en matière civile）（Poisson 1837, p. 7-8）中得到进一步的分析，并在好几处被添加了大量的注释。

世纪下半叶南美洲和东亚新兴国家的精英们使用了这些技术。

不可否认，根据当地情况，每次制作数字及其讨论都采用了一种特定的形式。然而，在整个 19 世纪中，从巴黎到东京，从柏林到布宜诺斯艾利斯或伦敦，创新很大程度上是在学术界之外产生的。实际上，统计数据超出了"学科"框架的范围。可以说，这是德意志地区和哈布斯堡王朝的大学一个半世纪以来的框架[①]，并且是由行政部门、学术社团、慈善家和一些经常在自己学科边缘工作的大学教员的多极结构形成的。统计学家的确是一个"多位置的"存在者，在不同的社会领域之间流转。

出于这个原因，本章将不着重探讨一些关键人物的研究工作（冒着脱离历史背景的风险），而是努力重建在整个 19 世纪主导统计学发展和转型的社会政治格局。在介绍了欧洲和其他大洲建立专门行政机构的条件之后，我们将详细介绍"统计学的社会"所起到的重要作用。然后，我们将分析学术界中那些反对统计学家推理的动机，并将重点介绍"推论统计学"，这个极其多样化的研究领域的出现，作为本章的结尾。

建立统计学的基础设施

伊恩·哈金在一篇仍广为人知的文章中指出了 1820 年至 1840 年席卷欧洲大陆的"印刷的雪崩式发展"是数字统计学的奠基时刻。[②] 作为拿破仑及其盟友在炮声中推动的行政改革主义的体制遗产，从 19 世纪初开始建立的"统计机构"在现代国家的兴起中具有举足轻重的地位。[③] 作为影响"人口"动态的

[①] Hacking 1987：他通过在"统计学"的谱系学中"文学"和"数字"时代之间不明言地引入了一个链接符，从而把这一时期定义为"准前学科"时期。这在某些方面是有道理的，但是其主要缺点是纯粹而又简单地抹掉了这两种思维方式中的第一历史实在（la réalité historique du premier）。

[②] Hacking 1982：这位哲学家讨论了一个时期的时间顺序 ["狂热时代"（l'ère de l'enthousiasme），Westergaard 1932]，其特征是创建了大量的统计期刊，并出版了越来越多的作品，这些作品声称通过数字说明了人类活动的多样性。

[③] 在拿破仑战争和维也纳会议之后，体制创建这一阶段的特点是经常重新定义政治疆界和出现新的国家实体。

特殊观测站，统计局甚至被视为新兴的"生命政治"的基石。① 哈金本人回应了对他论点的第一个可能的反对意见：17世纪下半叶开始在魁北克进行人口普查的组织（尽管是零星的）② 以及大革命前的统计机构的存在［特别是瑞典的报表局（Tabellverket，成立于1749年）］。通过强调它们的宗教性质（民事由牧师控制），体现了有别于拿破仑战争之后出现的实践和制度的世俗基础。③ 革命理想和帝国军队所承载的不可抗拒的汹涌的宏大叙事忽视了这些机构在其成立的头几年甚至几十年中发挥的作用。④ 此外，正如许多统计学史一样，哈金完全专注于欧洲国家，忽略了其他的分析尺度（亚国家和超国家）以及对欧洲如何实践这些新方法进行研究。

但是，从19世纪初开始建立的大部分机构，无论是在体制上的还是在科学上的，都存在持续的脆弱性。在行政上，在19世纪影响统计的众多重组中尤为明显，这反映了当权者在迅速发展的国家机构中加入这项新活动的困难。法国的例子构成了一个极端案例：法国的统计局在共和九年霜月1日（1800年11月22日）由新任命的内政部长，著名化学家让·安托万·沙普塔尔创建。统计局经过几次重组并逐步发展（到1808年已有12名公务员）。之后，统计局因无法满足拿破仑按制造业类型得出详尽的法国工业统计数据的要求而在

---

① 可参阅：Foucault 1994 [1982]（p. 826）："国家首先必须将人类作为人口进行关注。它对生命行使作为生命的权力，因此，它的政治必然是生命政治。"关于统计学家对"人口"这一概念的阐述，例如，阿尔弗雷德·勒古瓦［Alfred Legoyt，当时的法国统计局局长（directeur de la Statistique générale de la France）］的例子，参阅：Schweber 2006（p. 68-70）。
② Hacking 1982 第289页提到了在1666年2月至3月，对新法兰西3 215名定居者进行的全面的人口普查。我们可以在此同时加上在挪威和瑞典同时进行的人口统计（部分或全部）。
③ Hacking 1982 第286页提道："这些世俗的数字无疑构成了法国的创新，无疑是波拿巴主义的遗产。"在第288页，哈克更清楚地强调了他在世俗主义和科学之间建立的隐性联系。当时，他声称瑞典很长时间以来都不知道如何对待牧师们年复一年积累的数字，甚至称其为"偶然出现的钻石"（les diamants fortuits）。相对于必然的非科学的前现代时期，这种反宗教或非宗教的"现代性"观点显然是值得探讨的。
④ 在一些例子中，官方统计系统的体制化进程非常缓慢。美国人口普查办公室（Census Office）的历史体现了这种矛盾：自独立以来，普查一直是美国政治代表装置中必不可少的行政技术，但对其的抵制使得其体制化被推迟到20世纪初。在此之前，在两次人口普查之间的十年间隔中，该服务只是被简单的"封存"了（mothballed）（Anderson 1988, p. 72）。

1812 年 9 月被解散。① 它的各种任务（根据公民身份研究人口流动情况，对省长的信函、省长的年度账目和议会会议记录等提供的信息进行批判性分析）被分配给了其他机构。在波旁王朝复辟时期，越来越多的其他部委（从商务部到司法部）承担收集和发布有关其管辖范围内量化信息的工作。直到 1840 年，法国的统计局才在农业和贸易部内正式成立。② 相比之下，成立于 1805 年的普鲁士王国统计局（Königlich Preußische Statistische Bureau）的历史具有完美的行政连续性。然而，这种显著的体制稳定性往往掩盖了其中出现的争论的重要性。这些争论一方面涉及是否应与其他国家机构建立关系，另一方面涉及如何选择最合适的方法以保证所产生数字的"准确性"。③ 在 19 世纪初，由于德意志地区大学统计数据的危机而引发的这些争论持续了数十年。④ 在方法方面，围绕使用基本的图表技术问题的争论长期以来一直存在，但该技术带来了主要的认知效果：具有交叉开列的数字表格。许多信奉德意志和奥地利的传统统计"叙事"推理风格的学者和官员批评这种"Tabellenstatistik"（木板统计或表格统计），指责其对现象的看法过于简单抽象，且十分容易受到人为操纵的影响。⑤ 这场争论并不仅限于德语区，实际上已经影响到了整个欧洲的统计学。就法国而言，第一帝国时代的雅克·珀谢（Jacques Peuchet，1758—1830）与埃马纽埃尔-艾蒂安·迪维拉尔（Emmanuel-Étienne Duvillard，1755—1832）的研究涉及"如何编写统计信息"。⑥ 而这些关于国家现实客观化的最

---

① 有关更多详细的分析，可参阅：Moullier 2004（chap. 6）。
② 这标志着亚历山大·莫罗·德·若纳（Alexandre Moreau de Jonnès，1778—1870）在阿道夫·梯也尔（Adolphe Thiers，内政部长）的支持下发起的一项努力达到了高潮。该努力汇集了一系列在不同的行政部门中的统计工作（有关国家的人口以及工业、农业等统计数据）。该机构先后隶属于各个部委，然后于 1941 年并入新成立的国家统计局（le Service national de statistiques），参阅：Le Mée 1975。
③ 参阅：Voir Labbé 2006.
④ Garner 2005 (p. 262–275).
⑤ Labbé 2006 et 2008b (p. 23). 约翰·彼得·苏布米尔希（Johann Peter Süßmilch，1707—1767）之后是安东·弗里德里希斯·比兴（Anton Friedrisch Büsching，1724—1793）早在一个世纪以前就已经使用了二因素表，但是由于国家角色的变化和社会经济的转型，对它们的使用才变得空前重要。
⑥ Peuchet 1805（p. 30）et Duvillard 1977 [1806]. 关于对这两种类型思想的分析，参阅：Desrosières 1993（p. 48–53）. 关于迪维拉尔，这位来自日内瓦的科学家，其有关死亡率的表格一直使用到该世纪末，参阅：Dell'Aglio et Israel 2010。

合法手段的讨论，在 19 世纪欧洲及其他地区政治变革的背景下，很快就具有了前所未有的重要性。

TABLE F.

Of the RELATIVE MORTALITY in different parts of the Metropolis; exhibiting the Mean Annual Mortality of Females in the Thirty-two Metropolitan Districts, 1st July to 31st December, 1837. (The Deaths in the Hospitals are excluded.)

Unions.	Annual Deaths per cent.	Unions.	Annual Deaths per cent.	Unions.	Annual Deaths per cent.
1. Whitechapel	3·908	*11. St. Saviour, St. Olave	2·790	21. Kensington	2·190
2. Shoreditch	3·164	12. Clerkenwell	2·756	22. St. James	2·154
3. St. Giles	3·127	13. St. George, Southwark	2·700	23. St. Marylebone	2·137
4. Bethnal Green	3·054	14. Greenwich	2·662	24. Islington	2·130
5. Bermondsey	3·046	15. Strand	2·494	25. St. Pancras	2·035
*6. East London, West London	3·014	16. Poplar	2·452	26. Lambeth	1·994
7. St. George, East	2·970	17. Westminster	2·445	27. London (City)†	1·980
8. St. Luke	2·958	18. Stepney	2·428	28. Camberwell	1·814
9. Holborn	2·880	19. St. Martin-in-the-Fields	2·271	29. Hackney	1·814
10. Rotherhithe	2·838	20. Newington	2·264	30. St. George, Hanover-square	1·785
Mean	3·096	Mean	2·526	Mean	2·003

The Table is read thus:—out of 100 females living, 3·908 die annually in Whitechapel; or, without decimals, 3·908 die annually out of a population of 100,000.

统计类别令人担忧的抽象。这幅图表发表在《英国出生、死亡和婚姻登记总署的第一份年度报告》(*First Annual Report of the Registrar-General of Births, Deaths, and Marriages in England*) 伦敦，朗文出版社，1839 年，第 112 页。从视觉上反映了现代"相对死亡率"概念。

统计学的国际化

统计学在物质和智力活动中众所周知的作用是赋予了实体以政治实在。这些实体是由于比利时和荷兰等既有国家的解体，或者由于意大利或德意志地区长期的统一进程而产生的。① 同样，我们知道采用的统计学方法（汇总的原则以及所收集的经验要素的可视化技术），根据分类原则，在多大程度上影响了

---

① 关于荷兰和意大利的情况，参阅：Maarseveen, Klep et Stamhuis 2008, Patriarca 1996。

体现由语言、种族等定性的，跨国实体内部的多样性的方式。① 另一方面，尽管欧洲国家的公共统计制度化与海外扩张同时进行，但殖民地统计学很少受到历史学家的关注。② 同样，对欧洲以外局势的兴趣直到最近才出现，一方面是通过对拉丁美洲国家的研究，另一方面是对亚洲国家的研究。

在中美洲和南美洲国家，统计学的发展是国家认同过程的一部分，用于对抗西班牙和葡萄牙的帝国主义，以及英国，甚至法国干涉。尽管该地区的联邦制理想主义（许多国家也通过了联邦宪法）使定期的人口普查在各个州或省成为可能，独立之后的多次内战使得建立一个能稳定收集和发布有关这些国家人口和社会经济现实情况的可靠的信息系统变得极为困难。③ 埃尔南·奥特罗（Hernán Otero）在布宜诺斯艾利斯和"内部省份"精英之间竞争的背景下，仔细分析了于19世纪下半叶阿根廷国家统计体系逐步制度化相关的挑战。④ 他的工作兴趣不仅限于阿根廷，他还揭示了官方统计在南美克里奥尔人社会的实体化中，特别是在有关各种"民族"组成部分的争论中所起的关键作用（因国家而异）。⑤ 第二个研究领域是在更广泛的背景下，这些国家的政治精英动员西方国家有关自然界与人类治理的知识。这涉及在19世纪最后几十年中亚洲国家对西方统计数据的使用。由于所涉及的科学和政治文化之间的巨大差异，这一过程具有一个单一的维度，从而构成了一个有趣的典型案例：学术媒

---

① 关于奥匈帝国的经验，参阅：Török 2011et 2012. 关于德语世界，可参阅：Labbé 2007。
② Bayly 2012（p. 105-127 et 194-196）：其中分析了某些自由派印度知识分子批判性地阅读英国统计资料（有时还辅以特定的社会调查工作）来汲取其中的元素来用于谴责殖民活动中的剥削。
③ 这是关于哥伦比亚的一个特殊例子，可参阅：Estrada 2013。
④ Otero 2007（尤其是 p. 177-191）. 1864年，国家统计局（l'Oficina Estadística Nacional）建立。这个机构汇集了两个最初是相互对立的统计传统：布宜诺斯艾利斯省和阿根廷联邦的行政机构和学院。阿根廷联邦在1855年就建立了中央统计局。
⑤ Ibid.（p. 351-364）. 阿根廷的人口统计数据涉及与人的起源地有关的类别（对欧裔西班牙人［*español europeo*］与西班牙裔拉美人［*Americano/criollo*］进行了区分）和他们"种族或种姓的起源"（第175页），从而通过大量的类别来实现客观化：殖民地土著、拉丁裔与印第安人的混血、黑人、黑人和印第安人的混血、黑人与白人的混血……（*indio, mestizo / mulato, negro, zambo, pardo...*）

介的研究和中间人（go-between）的特殊作用。① 这始于明治维新之前的日本，当时唯一的授权研究"夷人"作品的机构——蕃书调所（Bansho shirabesho）（从字面上看，即研究夷人文字作品的机构）翻译了一些荷兰人的作品，从而使人们对荷兰的统计年鉴产生了兴趣。② 随着国家的"开放"，日本建立了欧洲式的国家官僚机构，这种知识的空前潜力吸引了政治精英的日益关注。不少荷兰和德国学者通过其著作或教学开启了日本对统计原理和方法的翻译运动。其中，具有代表性就有保罗·马耶特（Paul Mayet, 1846—1920）。他是柏林籍经济学家。对日本的热情促使他成为东京大学的外籍德语助教，然后成为日本财务省的外国专家（1876年至1893年）③；格奥尔格·冯·迈尔（Georg von Mayr, 1841—1925）是慕尼黑大学的统计学家和教师，他到日本对学生进行培训。④ 然而，围绕日本的中间人杉亨二（Sugi Kôji, 1828—1917），日本的官方统计系统才被组织起来。杉亨二是蕃书调所的前成员，通过阅读荷兰条约而熟知欧洲的行政管理学。杉亨二在1871年被任命为太政官（Dajôkan seiin seihyôka），并建立了统计部门。十一年后该部门演变为研究所（Tôkeiin）。⑤ 这段欧洲和亚洲之间科学（以及政治）的历史很快就发生了奇特的变化。在第一代日本统计学家"引入"荷兰、德国甚至是法国的方法不久⑥，就被中国的改革者视为榜样。中国在1895年的甲午战争中被日本击败，从而导致了一部分士大夫倡导清政府进行深度的改革。他们急于效仿日本的"现代化"进程，进而着手建立真正的官方统计机构：1907年8月的一项法令要求建立统计局；

---

① Schaffer, Roberts, Raj et Delbourgo 2009："因此，从这种意义上理解，中间人不仅仅是过客，也不仅仅是文化传播的简单推动者，而是由于他在翻译上的才能，能够在不同的世界或文化之间建立联系。"（p. xiv）。
② 关于日本统计学的大发展，可参阅：Thomann 2012（p. 60-73），以及 [Anonyme] 1919。
③ Tennstedt 1990 et Thomann 2012 (p. 62).
④ Bréard 2006 (p. 13-14).
⑤ Thomann 2012（p. 61）强调了该机构的重要性，该机构有不少于九个部门。关于杉亨二，同样可参阅：Ayami 2009（chap. 19）；他的一个"盟友"，西周（Nishi Amane）曾在荷兰莱顿大学学习政治学；Bréard 2006（p. 2）。
⑥ 1874年，一名叫箕佐麟祥（Mitsukuri Rinshō）的法学系学生翻译了亚历山大·莫罗·德·若纳的《统计的要素》（Éléments de statistique）(1847)；ibid. (p. 13)。

两个月后，在各部建立统计处，在各省建立调查局。①

当一些中国学者/有识之士拥有这种思想时，这种间接而独特的传播过程（两级传播理论）就已经达到了空前的规模。这个所谓的新学科的数学基础实际上是由他们的先辈在几个世纪之前建立的。如果我们部分地消除其新颖性，那么这种"援引本地旧有权威来实现合法化的策略"也促进了统计方法的引入。②

因此，在大约一个世纪的时间里，诞生于拿破仑的欧洲和维新时期的特殊的制度形式——"统计局"逐渐适应了迥然不同的行政和政治格局。不幸的是，这种不可否认的成功常常导致人们完全将注意力集中在行政统计的"国家"层面上，从而忽略了其他相关级别：事实上，在 19 世纪下半叶，随着城市治理的转型，地方一级，特别是市政一级的城市也经历了类似的繁荣③；后来，在比利时人阿道夫·凯特勒（1796—1874）的倡导下，1853 年第一次国际统计大会召开，一种国际格局形成了，然后，1885 年在海牙建立了国际统计研究所。④ 最重要的是，即使超出了分析范围的重叠，人们也错误地认为统计领域仍然仅局限于行政部门。

统计的社会生活：学术社会和公众辩论

尽管其作用可能很重要，但在斯堪的纳维亚半岛（还有日本或美洲），负责收集或制作有关人口流动和经济活动数字的机构网络（国家和地方）直到

---

① *Ibid.* (p. 7).
② *Ibid.* (p. 3). 当然，这并不是关于中国在该数学领域或其他知识领域的历史中可能存在的优先地位的第一次辩论。但是，由于其行政和政治问题，这一点尤为重要。在 Bréard 2006 中，比如，在 1909 年宪政编查馆（负责建立立宪政府的初步法规的机构）所写的一份报告中坚持认为，"在古代，不存在'统计'一词，却有统计学的方法。最后，他们只遵循了几年前提出的一项原则，即'中体西用'。根据该原则，西方知识被严格限于'用'的范围"（*ibid.*, p. 4-5）。
③ 关于在统计学发展中阐明国家和地方两级的问题，可参阅：Favero 2001. 对委员会的管理，然后是对巴黎市统计局的管理，将使路易 - 阿道夫·贝蒂荣（Louis-Adolphe Bertillon）以及他的儿子雅克（Jacques）在世界范围内享有盛誉（关于该机构，参阅：Fijalkow 1998, p. 57 sq.）。
④ 关于统计学的国际化，参阅：Brian 2002。

19世纪下半叶人们组建统计学的社会世界时才成为必不可少的一极。在政府、学术团体、贸易或工业机构、保险公司等之间流通的"多位置行动者"（des acteurs multipositionnels）所倡导的实践具有多方面的、流动的、无所不在的性质。① 这使其发展成为一项综合活动，同时具有某种不确定的地位。

从1830年代开始，在西欧建立了第二个机构网络，由部分或专门从事统计学工作的学术团体组成。这些团体是在当地建立的，其中一些连续组织了关于在其国家范围内合理使用数字的辩论，有的甚至将自己确立为国际公认的创新中心。在英国，这种关联性尤为重要。1833年（即成立后仅两年）在英国科学促进会内就创建了一个"统计部"（被命名为"F部"），同年，曼彻斯特统计协会（Manchester Statistics Society）建立。这种机构形式很快在伦敦（1834年）、格拉斯哥和布里斯托尔（1836年）、利物浦（1837年）、利兹和贝尔法斯特（1838年）被模仿与建立。② 在这种情况下，伦敦统计协会的成立产生了特别的影响，因为其创始人的社会和政治地位，其设想在创始文件中得到了明确的说明③："伦敦统计协会的成立是为了收集、建立和发布'经过计算的事实，以说明社会当前和未来的状况'。它采用的第一个也是最重要的原则是通过将其领域局限于事实，并尽可能地仅限于以数字和表格形式表示的事实，从而将其辩论和出版物中的任何意见准确地排除出去。"④

---

① 关于精算师在统计发展中的具体作用，以英国为例的代表性研究，可参阅：Alborn 2009。
② Statistical Society of London 1838, passim. 后者很快更名为阿尔斯特统计协会。关于这种发展的推动力，可参阅：Eyler 1979（p. 13）. 相比之下，直到1860年，巴黎才正式成立了一个统计学会（第一次尝试可追溯到1803年）；参阅：Armatte et Desrosières 2010。
③ Cullen 1975 (p. 77-83). 一个伦敦统计协会曾由一些工匠约于1824年成立［围绕约翰·鲍威尔（John Powell）而被组织起来］，以说明工人生活条件的恶化；可参阅：Goldman 2005（p. 100）。在其前辈中，有时也会提及1831年在德累斯顿成立的统计协会（Statistischen Vereins）。该组织根据萨克森国王的"授权"行事，并借助国家的（财政和人力）手段运作，但它仅仅是一个名义上的协会；可参阅：Statistischen Vereins für das Königreich Sachsen 1833（p. 15）。
④ 可参阅：*Prospectus of the Objects and Plans of the Statistical Society of London, Founded on the 15th of March 1834*, in British Association for the Advancement of Science 1834（p. 492）。该协会的建立与英国官方统计数据的兴起同时进行：贸易委员会（Board of Trade）的专门办公室于1832年成立，总登记局（General Register Office）于1836—1837年成立，并且埃德温·查德威克（Edwin Chadwick）担任秘书的济贫法委员会（Poor Law Commission）报告的发表（也是1834年）是卫生统计数据编制的一个里程碑。建立皇家统计协会的皇家宪章于1887年颁布。

该协会从一开始就围绕四个主要统计类别开展工作：

经济的，包括有关所有生产类型以及"财富分配"的信息；

政策，包括对公共支出和民事和军事机构活动的评估；

理解广义上的医学知识，以至于把所有与"人民的伟大主题"有关的问题都融合在一起；

道德和知识，涵盖与教育、宗教和犯罪有关的一切。

从一开始，学术团体就在统计学社会化方面发挥了作用，这在伦敦的例子中至关重要：各政府部门的负责人与社会改革者和商人、认真对待卫生问题的医生以及大学教师共同努力。阅读、讲座和演讲向公众开放。在那里发生的辩论也使统计学思想的风格得到了空前的传播。伦敦协会的《期刊》(Journal)于 1838 年创刊，为统计学在全世界范围内的普及作出了贡献。① 统计协会的图书馆构成了这种"事实积累"的物理场所，成为准备这些出版物的必不可少的"工具"。这些事实在其目标中占据重要地位：在其成立五十年后，已经有近 20 000 册不同的统计数据被出版。这些数据来自大英帝国以及欧洲和美洲的各个角落。②

但是，英国的统计协会并不满足于收集、建立文献记录和引起人们关注公共或私人机构产生的数据，它们还为调查的组织作出了贡献：早在 1839 年，他们在曼彻斯特、贝尔法斯特、布里斯托尔、利物浦、赫尔、伦敦和英格兰北部至南部的几个乡村教区中进行了关于工人阶级生活条件的研究。③ 五十年后，查尔斯·布思（Charles Booth，1840—1916）的研究工作为这一传统带来了新的现实性，同时引发了巨大的变化。④ 这位慈善家在统计协会的办公室（1892—1894 年担任协会会长）设计和实施了一系列的长期调查。他自费动员了一组调查人员直接在伦敦不同地区收集信息（通常通过访谈），以了解居民

---

① 在此之前已经有 11 册的《议程》(Proceedings) 和一卷本的《伦敦统计协会会报》(Transactions of the Statistical Society of London)（涵盖了其头四年的活动）问世（Rosenbaum 2001）。

② 可参阅：Royal Statistical Society 1884 (p. i)。像在许多其他学术领域一样，期刊、目录和其他书籍的相互交换也促成了 19 世纪下半叶国际统计协会网络的兴起。

③ Statistical Society of London 1838 (p. 118).

④ Booth 1889：这本创刊号主要集中于对伦敦东区的研究。

的生活状、经济活动和宗教习俗。① 尽管他的调查方法经常遭到同时代人的批评，但布思对研究工作进行了重大的创新，特别是在"统计事实"的空间表示方面：1889年至1903年出版的17卷中的每本书都附有彩色地图。其中，最著名的是城市不同地区之间的财富差异。街道根据其居民的经济和社会地位被分为七类，每一种都用一种颜色表示②：黑色表示"最低阶层"居住的地区（被定为恶性、半犯罪）；深蓝色代表"非常贫穷"；浅蓝色用于贫困家庭（定义为每周收入在18至21先令之间）；混合人群为紫色（由"其中一些人感到舒适，其他则是穷人）；粉红色的意思是感到"很舒适"；红色表示"中产阶级"（小康）；最后是表明"上层中产阶级和社会顶层的黄色"。这些调查的历史中另一个有趣的方面是跨越了统计学家世界的性别问题。从19世纪中叶开始，人们希望将被调查人口的信息收集工作让女性去完成。这种思想是为了调查能够更好地渗透到当地社区（特别是工人阶级）的隐私之中。这个方法得到了广泛的认同，但并不是总能得到实施。不过，比阿特丽斯·波特［Beatrice Potter，1858—1943；她于1892年与悉尼·韦伯（Sidney Webb）结婚］、克拉拉·科利特（Clara Collet，1860—1948）以及其他英国人（包括布思）或美国人［在芝加哥霍尔馆（Hull-House）的女性社区进行的研究非常著名］证明，这些有献身精神的妇女还促进了对社会领域的统计类别和感知模式的发展，这持续地为有关贫困的根源和后果的讨论提供信息。③

尽管统计学家的政策声明中一再重申，但将"事实"与"政治观点"区分开来往往并不明显。因此，人们认为已知能说明人类活动的数字的产生并对其进行的分析是19世纪最直接的政治学术实践之一。

---

① 仅在1886年至1891年期间，该小组就记录了共13 600条街道上每户人家的生活条件（Englander et O'Day 1993, p. 44, 对这种调查传统进行了概括的介绍，id. 1995, Yeo 2003）。
② 这些地图可以在查尔斯·布思的在线档案中找到，< http://booth.lse.ac.uk/>（访问日期是2013年4月15日）。
③ O'Day 1995；关于简·亚当斯（Jane Adams）和埃伦·盖茨·斯塔尔（Ellen Gates Starr）建立的社区，参阅：Sklar 1991。

保留意见和反对：对统计学的批评

人们怀疑，所有这些数字方法，尽管它们声称是科学的，但不过是对政治偏见的一种或多或少的有意识的合理化，而行政办公室、学术团体或个别调查人员所得出的数字容易受到多重适应的影响（这经常被证实）。从历史上看，对经济统计的兴趣的增长与关于"自由放任"、自由贸易的自由主义理论的讨论紧密相关。然后，从1840年代开始，有关预期寿命的健康统计数据和对工人阶级生活条件的研究成了支持社会改革的人们的主要立足之地。最后，在某些殖民地背景下，知识分子精英们使用地方或宗主国生产的数字来量化其社会成为受害者的"财富流失"程度（drain of wealth）。克里斯托弗·贝利（Christopher Bayly）[①] 因此追溯到1830年左右围绕巴尔沙斯特里·贾姆布卡（Balshastri Jambhekar，1812—1946）组织起来的孟买自由主义者提出的一项明确的策略，旨在使用英国官方统计数字来反对印度事务部（India Office）的政策。大约三十年后，达达拜·纳罗吉（Dadabhai Naoroji，1825—1917）和罗梅什·杜特（Romesh Dutt，1848—1909）将它系统化。

面对政治化的怀疑，在不同的国家背景和历史时期，社会事实的数字研究的发起者们经常使用相同的修辞策略：在观察事实和研究现象的"原因"之间划清界限。而这些都是为其他知识领域所忽略的，尤其是政治经济学。[②] 然而，要保持这种区别是十分困难的，除了统计学上的政治倾向之外，统计学家通常抱有很高的野心，例如，比利时的阿道夫·凯特勒宣称他想为真正的"社

[①] Bayly 2012：涉及他们的统计自由主义，请参阅：p. 121-127, 194-196。
[②] 该区别在《伦敦统计学会杂志》（Journal of the Statistical Society of London）第一期导言中就被有力地说明了。政治经济学家自己经常用它来区分工作中属于统计或经济学的内容。在第二帝国时期，约瑟夫·加尼耶（Joseph Garnier）（1813—1881）接受了让-巴蒂斯特·赛在"描述性科学"（"包含事物的命名和分类"）和"实验科学"（"这使我们知道事物彼此间施加的相互作用"）之间建立的对立（Schweber 2006, p. 40-41）. Patriarca 1996（p. 186-187）引用了来自杰罗拉莫·博卡尔多（Gerolamo Boccardo）（1829—1904），1861年出版的《政治经济与商业词典》（Dizionario della economia politica e del commercio）的作者。

会物理学"打下基础。① 他至少在1870年代之前的有关统计学的讨论中占据着中心位置,这是因为他在"平均"(这可以说是一个简单的工具)的分析和形式化上的工作产生了非凡的魅力。在全世界许多仰慕者的眼中,这具有一种巨大的力量,可以揭示肉眼不可见的社会生活的某些特征。这位精通天体位置测量误差计算的天文学家的创举在于,建立了在不同观察者,或在不同的时间时刻,对同一物理对象的测量平均值(可能不完美)和在一个给定的人群中反复观察的平均值之间建立起一种认识论上的等价关系:无论是几代征兵的身材,还是出生的人数。这种等价关系完全基于以下事实:在第二种情况下,测量值也经常根据"二项分布"进行分配。② 随后,关于一个可能的"平均人"的存在以及其特性使争论变得更加热烈。因为其中涉及的数学混杂了有关社会领域的本体论或人类自由等棘手的哲学问题。

第一种反对凯特勒及其拥护者论点的意见,是关于阿兰·德罗西埃(Alain Desrosières)所说的"聚合现实主义"问题(le réalisme des agrégats)。③ "平均数"这个概念被认为是人为的,因为它掩盖了不同人口的构成差异,而通过统计级数的离散差进行证明,将它们归入一个平均"类型",其特征可能与实际记录的任何值都不对应。凯特勒认为对统计分布的细致研究能让人们以足够的精度确定许多情况,从而对这一批评进行了驳斥。在这些情况中,级数中数字之间的差异仅是"偶然因素"的产物。它掩盖了"有影响""恒定"或"可变"的因素(具有"周期性"特征)等可能引起统计学家感兴趣的内容。④ 但是,许多(包括德高望重的)学者仍然以一种特别恶毒的方式否认"平均数"的科学价值。克洛德·贝尔纳(Claude Bernard,1813—1878)非常反对

---

① Quetelet 1835. 奥古斯特·孔德(1798-1857)已经使用了这个短语,但没有将其与概率演算相关联,他批评了它的认识论基础,可参阅:Porter 1986(p. 155-156)。
② 这种表述来自于Quetelet(ibid., p. 41-55 et 93);一百年前,亚伯拉罕·棣莫弗(Abraham de Moivre)将指数函数引入概率计算中。
③ Desrosières 1993 (p. 92-99).
④ Quetelet 1846 (p. 159, passim). 他指出,对"影响因素"的"完整"研究在"大多数社会现象中几乎是不可能的","天才的观察者的特点是知道如何掌握最有影响力的因素,即能够显著改变现象的因素,特别是那些以连续或周期性的方式发生的因素,并抛弃那些可以忽略不计且可以被归类为偶然因素的因素"(ibid., p. 192)。

概率推理，因此以一个虚构的生理学家的愚蠢行为进行讽刺："他在从各国人民经过的火车站的小便池里提取尿液，他认为他可以通过这种方式对欧洲平均尿液进行分析！"①

评论家对统计推理的不情愿是第二种反对意见，因为其同时提到了政治和神学方面的考虑。其问题在于对据称在世界各个角落观察到的无数统计规律的解释。这些规律涉及人类经验的极其不同的方面（从出生和死亡的数量到犯罪统计，包括自杀率）。指导个人行动的"纯出偶然"的概念（l'aveugle hasard）变得难以捍卫，②即使这种潜在"秩序"的存在仍有待解释。直到1860—1870年，许多统计学家，特别是法国的统计学家，并不太在意确定可能解释此类恒定的一种或多种机制；好像通过某种语义转换，统计的"定律"对个体施加了规范性。在其他国家，特别是德国各州，则拒绝这种转变，并坚持认为，科学家只有在已经清楚地确定了"原因"（用康德语的术语来说）的情况下才能就可观察到的规律性谈论"定律"。③这些争论的激烈程度当然可以用统计数据对"自由决定"原则以及"错误"概念所构成的风险加以解释。而"错误"这个概念是所有宗教或社会道德的核心。直到1870—1880年，统计学家的兴趣点从平均数研究转向离散差研究后，这种争论才逐渐平息。

结语和结论

然而，除了一些特定情况（首先是凯特勒）之外，统计数字的增长和概率计算的增长是同时发生的。尽管许多统计学家可以被直接动员起来出版他们的研究成果，但19世纪后半叶的特点是出版了许多具有更复杂的数学结构的著作。

例如，威廉·列克西斯（Wilhelm Lexis，1837—1914）在1870年代中期

---

① Bernard 1966 [1865]（p. 126）；在他看来，这种"统计的常态"（la normalité statistique）绝不能与生理的正常状态相混淆。
② 这一表达出自：Poisson 1837（p. 8）。
③ 关于此争论，可参阅：Hacking 1994。

发表的文章和作品的案例，他在其中分析了级数实际测得的离散差。① 在 1885 年，弗朗西斯·埃奇沃思（Francis Y. Edgeworth，1845—1926）为庆祝伦敦统计协会成立五十周年的著作所写的文章让人们注意到必须考虑统计序列的离散差（la dispersion des séries statistiques），以确保被测平均值之间的差异是"显著的"。② 在弗朗西斯·高尔顿（1822—1911）和卡尔·皮尔逊（1857—1936）的领导下，这些问题仍然是未来二十年英国统计学讨论的核心。1880 年代末期，受其表弟查尔斯·达尔文的研究的启发，高尔顿在对各种性状的遗传特征传递进行研究的过程中，首先发展了他的"退化"理论。也正是在这种情况下，他为"相关性"的研究奠定了基础。十年后，皮尔逊以计算"相关系数"的方法的形式对此作出了决定性的贡献。当统计学家采用这些创新时，"相关性"概念所承担的重要性极大地影响了他们看待"因果关系"的方式，即使对皮尔逊有极大的不满，该术语并未从学术词汇中消失。③

优生学世界观对高尔顿（他在 1883 年创造了优生学一词）和皮尔逊的吸引力是众所周知的，尽管他对其数学统计学工作的确切影响仍然难以评估。④ 无论如何，这并没有阻止他们的数字技术被用于最广泛的知识领域，以至于成为洛兰·达斯顿所说的"机械客观性"（l'objectivité mécanique）的关键。⑤ 实际上，皮尔逊从未停止将统计学本身提升到一门科学的地位，同时将其研究领域扩展到了对任何类型的任何数据的数学研究：物理、生物、医学，而不仅仅在社会层面。此外，他还担任伦敦大学学院（University College London）应用数学教授（自 1884 年起）和系主任（1903 年后）等职位，并具有制造易于被工程专业学生使用的工具的能力。而其他系的科研人员则赞成出现一种新的、

---

① 参阅：Porter 1886（p. 242-253）。
② "……确定在一般人群中观察到的 2 315 名罪犯的平均身高与 8 585 名英国成年男性的平均身高之间是否存在显著的差异……"（Edgeworth 1885，p. 187）. 同样可参阅：Aldrich 2010。
③ 基于皮尔逊的知识哲学，我们可以比对：Desrosières 1993（p. 132-140）et Porter 2005（p. 200-213）。
④ Magnello 1999。
⑤ 参阅：Daston 1992，以及完整展现客观性的不同概念，参阅：Daston et Galison 2007。

明确的统计学"学科"的概念。①

诚然，皮尔逊的情况在很长一段时间内仍然很特殊，如果在第一次世界大战前夕，人们已经在非常不同的机构中开设了许多专门的（方法论）课程，从经济学系到农学系或工程师，但统计学还没有成为成熟的学科。但是，从学科重新创建的这一维度上看，这标志着单一知识的历史周期的结束，并给出了其轨迹：从18世纪末到1914年，都是抛物线形的，并接近于圆形。在这段时间结束时，创造了一个术语来表示一门"定性分析"的科学，特别是德国，并且其领域被严格限制于国家研究。该学科以数学处理为特征，并受到与自然和社会所有类型现象有关的经验因素的影响。就像我们已经说过的，大学内部的统计学的体制化进展缓慢（直到20世纪下半叶才真正结束），有时还是不确定的（其教学应放在科学系还是法律系或经济学系进行？这是人们经常性讨论的问题），但其功能强大到足以让人们逐渐忘记它与国家之间的语义联系。

但是，简而言之，将19世纪视为统计历史的过渡时期是错误的，这是现代性的准备阶段。因为不仅是当时出现的机构，从行政机关到学术团体，直到今天一直都非常活跃（当然是以定期更新的形式），而且还有许多与统计学实践或其政治与哲学利益有关的讨论在20世纪都继续存在。实际上，在大数据时代，我们还没有完全解决"统计学的决定论"问题。

吕克·贝利韦（Luc Berlivet）撰

参考文献

Alborn Timothy, 2009, *Regulated Lives: Life Assurance and British Society (1840—1920)*, Toronto, University of Toronto Press.

Aldrich John, 2010, Mathematics in the London / Royal Statistical Society (1834—1934), *Journ@l électronique d'histoire des probabilités et de la statistique*, vol. 6, n° 1, 33 p.

Anderson Margo J., 1988, *The American Census: A Social History*, New Haven (CT), Yale

---

① 尽管皮尔逊通过他的主要研究对象而得到人们的认可，即生物统计学；他在1901年与高尔顿和韦尔登（W.F.R. Weldon, 1860—1906）共同创立的期刊被取名为《生物统计学》(*Biometrika*)。

University Press.

[Anonyme], 1919, The Official Statistics of Japan, in *Publications of the American Statistical Association*, vol. 16 (126), p. 339-346.

Armatte Michel et Desrosières Alain (dir), 2010, Dossier: le 150e anniversaire de la Société de statistique de Paris, *Journ@l électronique d'histoire des probabilités et de la statistique*, vol. 6, n° 2.

Ayami Akira, 2009, *Population, Family and Society in Pre-Modern Japan*, Folkestone, Global Oriental.

Bayly Christopher A., 2012, *Recovering Liberties: Indian Thought in the Age of Liberalism and Empire*, Cambridge, Cambridge University Press.

Bernard Claude, 1966 [1865], *Introduction à l'étude de la médecine expérimentale*, Paris, Garnier-Flammarion.

Booth Charles, 1889, *Labour and Life of the People*, Londres, Williams & Norgate, vol. 1.

Bréard Andrea, 2006, Translating Statistics into 20th Century China: A Glimpse on Early Institutions and Manuals, *Journ@l électronique d'histoire des probabilités et de la statistique*, vol. 2, n° 2, 28 p.

– 2007, Where Shall the History of Statistics in China Begin?, *in* Gudrun Wolf-schmidt (dir.), *"Es gibt für Könige keinen besonderen Weg zur Geometrie" Festschrift für Karin Reich*, Augsbourg, Rauner Verlag, p. 93-102.

Brian Éric, 1994, *La Mesure de l'État. Administrateurs et géomètres au xviiie siècle*, Paris, Albin Michel.

– 2002, Transactions statistiques au xixe siècle. Mouvements internationaux de capitaux symboliques, *Actes de la recherche en sciences sociales*, n° 145, p. 34-46.

British Association for the Advancement of Science, 1834, *Report of the 3rd Meeting of the British Association for the Advancement of Science*, Londres, John Murray.

Cullen Michael J., 1975, *The Statistical Movement in Early Victorian Britain: The Foundations of Empirical Social Research*, Hassocks, Harvester Press.

Daston Lorraine, 1992, Objectivity and the Escape from Perspective, *Social Studies of Science*, vol. 22, n° 4, p. 597-618.

Daston Lorraine et Galison Peter, 2007, *Objectivity*, New York, Zone Books.

Dell'Aglio Luca et Israel Giorgio, 2010, Duvillard et la mathématique sociale, *in* Emmanuel-Étienne Duvillard de Durand, *Principes et formules du calcul des probabilités pour assigner les limites des variations des événements naturels (1813)*, Paris, Éd. de l'INED, p. 13-98.

Desrosières Alain, 1993, *La Politique des grands nombres. Histoire de la raison statistique*,

Paris, La Découverte.

Duvillard (de Durand) Emmanuel-Étienne, 1977 [1806], Mémoire sur le travail du Bureau de la statistique, janvier 1806, *Annales de démographie historique*, vol. 14, n° 1, p. 439-443.

Edgeworth Francis Y., 1885, Methods of Statistics, *Journal of the Statistical Society of London*, Jubilee Volume, p. 181-217.

Englander David et O'Day Rosemary, 1993, *Mr. Charles Booth's Inquiry: Life and Labour of the People in London Reconsidered*, Londres, Hambledon.

– (dir.), 1995, *Retrieved Riches: Social Investigation in Britain (1840—1914)*, Aldershot, Scolar Press.

Estrada Victoria, 2013, Situation de la statistique officielle en Colombie au xixe siècle, working paper.

Eyler John M., 1979, *Victorian Social Medicine: The Ideas and Methods of William Farr*, Baltimore (MD), Johns Hopkins University Press.

Favero Giovanni, 2001, *Le misure del regno: direzione di statistica e municipi nell'Italia liberale*, Padoue, Il Poligrafo.

Fijalkow Yankel, 1998, *La Construction des îlots insalubres: Paris (1850—1945)*, Paris, L'Harmattan.

Foucault Michel, 1994 [1982], La technologie politique des individus, *in* Michel Foucault, *Dits et écrits*, Paris, Gallimard, p. 813-828.

Garner Guillaume, 2005, *État, économie et territoire en Allemagne. L'espace dans le caméralisme et l'économie politique (1740—1820)*, Paris, Éd. de l'EHESS.

Goldman Lawrence, 2005, Victorian Social Science: From Singular to Plural, *in* Martin Daunton (dir.), *The Organisation of Knowledge in Victorian Britain*, Oxford, Oxford University Press, p. 87-114.

Hacking Ian, 1982, Biopower and the Avalanche of Printed Numbers, *Humanities in Society*, vol. 5, n°s 3-4, p. 279-295.

– 1987, Was There a Probabilistic Revolution (1800—1930)?, *in* Lorenz Krüger, Lorraine Daston et Michael Heidelberger (dir.), *The Probabilistic Revolution*, t. 1: *Ideas in History*, Cambridge (MA), MIT Press, p. 45-55.

– 1994, How Numerical Sociology Began by Counting Suicides: From Medical Pathology to Social Pathology, *in* I. Bernard Cohen (dir.), *The Natural Sciences and the Social Sciences: Some Critical and Historical Perspectives*, Dordrecht, Kluwer, 1994, p. 101-133.

Hoock Jochen, 1977, D'Aristote à Adam Smith: quelques étapes de la statistique allemande entre le xviie et le xixe siècle, *in Pour une histoire de la statistique*, t. 1: *Contributions*, Paris, Éd. de l'INSEE.

Labbé Morgane, 2006, Le Séminaire de statistique du Bureau prussien de statistique (1862—1900). Former les administrateurs à la statistique, *Journ@l électronique d'histoire des probabilités et de la statistique*, vol. 2, n° 2, 29 p.

– 2007, Institutionalizing the Statistics of Nationality in Prussia in the 19th Century (From Local Bureaucracy to State-Level Census of Population), *Centaurus*, vol. 49, n° 4, p. 289-306.

– 2008*a*, Frontières des nationalités et statistiques de population en Prusse au xixe siècle, *in* Paul Pasteur, *Frontières rêvées, frontières réelles de l'Allemagne*, Presses universitaires de Rouen et du Havre, coll. Les Cahiers du GRHIS, n° 18, p. 55-74.

– 2008*b*, L'arithmétique politique en Allemagne au début du xixe siècle. Réceptions et polémiques, *Journ@l électronique d'histoire des probabilités et de la statistique*, vol. 4, n° 1, 23 p.

Le Mée René, 1975, *La Statistique générale de la France de 1833 à 1870. Étude suivie de notes concernant l'édition sur microfilm*, Paris, Service international des microfilms.

Maarseveen Jacques G.S.J. van, Klep Paul M.M. et Stamhuis Ida H. (dir.), 2008, *The Statistical Mind in Modern Society: The Netherlands (1850—1940)*, t. 1: *Official Statistics, Social Progress and Modern Enterprise*, Amsterdam, Aksant.

Magnello Eileen, 1999, The Non-Correlation of Biometrics and Eugenics: Rival Forms of Laboratory Work in Karl Pearson's Career at University College London, *History of Science*, vol. 37, n° 1, p. 79-106, et vol. 37, n° 2, p. 123-150.

Martin Thierry (dir.), 2006, *L'Arithmétique politique dans la France du xviiie siècle*, Paris, Éd. de l'INED.

Moullier Igor, 2004, *Le Ministère de l'Intérieur sous le Consulat et le Premier Empire (1799—1814). Gouverner la France après le 18 Brumaire*, thèse de l'université Lille 3.

O'Day Rosemary, 1995, Women and Social Investigation: Clara Collet and Beatrice Potter, *in* David Englander et Rosemary O'Day (dir.), *Retrieved Riches: Social Investigation in Britain (1840—1914)*, Aldershot, Scolar Press, p. 165-200.

Otero Hernán, 2007, *Estadística y nación. Una historia conceptual del pensamiento censal de la Argentina moderna (1869—1914)*, Buenos Aires, Prometeo.

Patriarca Silvana, 1996, *Numbers and Nationhood: Writing Statistics in 19th Italy*, Cambridge, Cambridge University Press.

Peuchet Jacques, 1805, *Statistique élémentaire de la France*, Paris, Gilbert & Cie. Poisson Siméon Denis, 1837, *Recherches sur la probabilité des jugements en matière criminelle et en matière civile*, Paris, Bachelier.

Porter Theodore M., 1986, *The Rise of Statistical Thinking (1820—1900)*, Princeton, Princeton University Press.

— 2005, *Karl Pearson: The Scientific Life in a Statistical Age*, Princeton, Princeton University Press.

Quetelet Adolphe, 1835, *Sur l'homme et le développement de ses facultés*, ou *Essai de physique sociale*, Paris, Bachelier.

— 1846, *Lettres à S.A.R. le duc régnant de Saxe-Coburg et Gotha sur la théorie des probabilités, appliquée aux sciences morales et politiques*, Bruxelles, Hayez.

Rosenbaum Sidney, 2001, Precursors of the Journal of the Royal Statistical Society, *Journal of the Royal Statistical Society*, série D, vol. 50, n° 4, p. 457-466.

Royal Statistical Society, 1884, *Catalogue of the Library of the Statistical Society*, Londres, E. Stanford.

Schaffer Simon, Roberts Lissa, Raj Kapil et Delbourgo James, 2009, Introduction, *in* Simon Schaffer *et al.* (dir.), *The Brokered World: Go-Betweens and Global Intelligence (1770—1820)*, Sagamore Beach (MA), Science History Publications, p. ix-xxxviii.

Schweber Libby, 2006, *Disciplining Statistics: Demography and Vital Statistics in France and England (1830—1885)*, Durham (NC), Duke University Press.

Sklar Kathryn Kish, 1991, Hull-House Maps and Papers: Social Science as Women's Work in the 1890s, *in* Martin Bulmer, Kevin Bales et Kathryn Kish Sklar (dir.), *The Social Survey in Historical Perspective (1880—1940)*, Cambridge, Cambridge University Press, p. 111-147.

Statistical Society of London, 1838, *Journal of the Statistical Society of London*, vol. 1.

Statistischen Vereins für das Königreich Sachsen, 1833, *Mittheilungen des Statistischen Vereins für das Königreich Sachsen*, Leipzig, Vogel, vol. 1.

Tennstedt Florian, 1990, Mayet, Paul, in *Neue Deutsche Biographie*, vol. 16, Berlin, Duncker & Humblot, p. 556-557.

Thomann Bernard, 2012, *Gouverner les populations laborieuses dans le Japon impérial. Vulnérabilité, biopolitique et citoyenneté (1868—1945)*, manuscrit présenté pour l'habilitation à diriger des recherches, Institut d'études politiques de Paris.

Török Borbála Zsuzsanna, 2011, The Ethnicity of Knowledge: Statistics and Landeskunde in Late Eighteenth-Century Hungary and Transylvania, *in* Guido Abbattista (dir.), *Encountering Otherness: Diversities and Transcultural Experiences in Early Modern European Culture*, Trieste, Edizioni Università di Trieste, p. 147-162.

— 2012, Ethnizität in der Statistik der ungarischen Spätaufklärung: Die Staatenkunde von Martin Schwartner, *in* Reinhard Johler et Josef Wolf (dir.), *Beschreiben und Vermessen. Raumwissen in der östlichen Habsburgermonarchie im 18. und 19. Jahrhundert*, Berlin, Franck & Timme.

Westergaard Harald, 1932, *Contributions to the History of Statistics*, Londres, King.

Yeo Eileen J., 2003, Social Surveys in the Eighteenth and Nineteenth Century, in *The Cambridge History of Science*, t. 7: Theodore M. Porter et Dorothy Ross (dir.), *The Modern Social Sciences*, Cambridge, Cambridge University Press, p. 83-99.

Zande Johan van der, 2010, Statistic and History in the German Enlightenment, *Journal of the History of Ideas*, vol. 71, n° 3, p. 411-432.

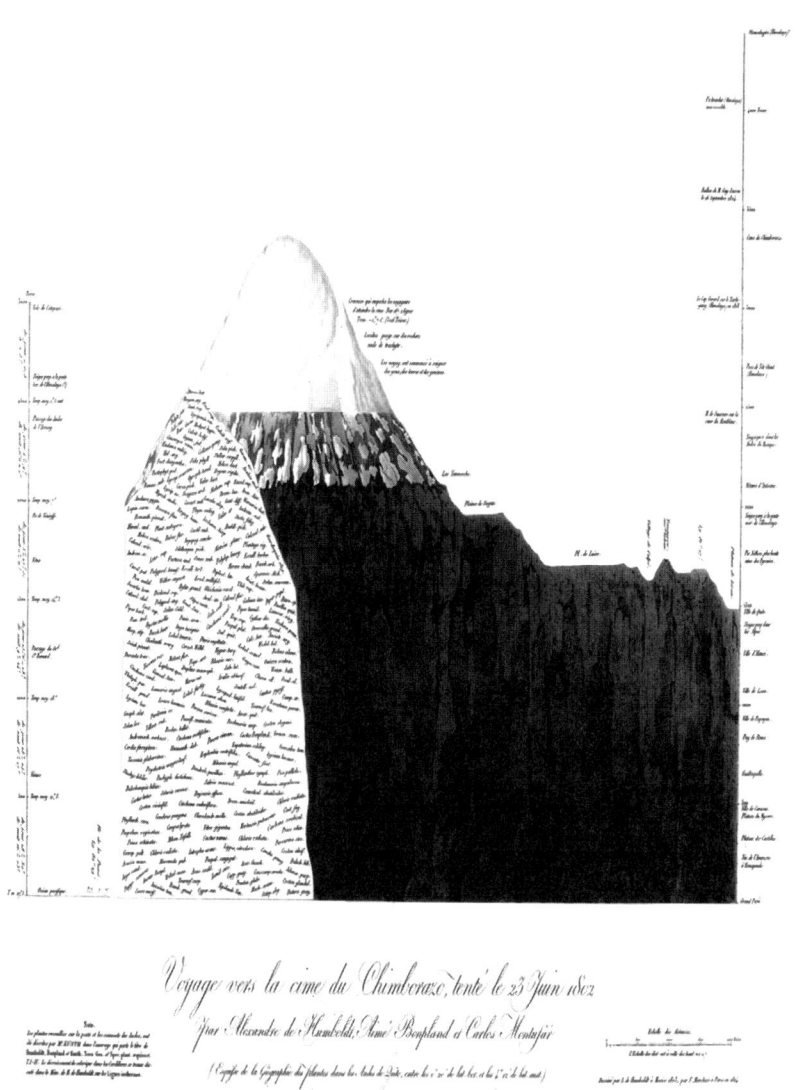

洪堡在攀登钦博拉索山（Chomborazo）和其他南美山峰时，会想到世界各地的不同气候，而人类通常具有灾难性的改变能力。

第二十章
气候变化、人类行为与殖民活动

从 18 世纪下半叶到 19 世纪下半叶的一百年来,气候的人为转变一直是人们探寻西方社会如何面对其居住地和受其控制的遥远领土的环境变化的一个主要原因。但是,这个问题在更长的时段内有所发展,尽管它更为谨慎:一方面,它出现在现代殖民事业的框架内,另一方面,地理学家和博物学家对环境的历史转变的兴趣一直持续到 20 世纪 20 年代。

这个问题动员了各种各样的学术共同体:从位于欧洲的宗主国到美洲的殖民地,从被殖民的阿尔及利亚到沙皇俄国的草原。[①] 其讨论遵循了欧洲是全球化周期的一分子的原则。同时,它又融入了行动者们思考与面对的新的社会和环境背景的框架。

在过去的十年中,在当代环境危机和全球气候变化威胁的推动下进行的历史研究让人们了解了这段历史的绝大部分。这些研究分析了多种情况下有关人为变化的论述的表现,并试图确定将这些加剧的气候变化联系起来的过程。这些研究首先根据著作和理论参考文献的传播来描述这些过程。这对于被分析的不同案例的清晰度至关重要,但也可能导致讨论的深度和社会历史基础的破裂。事实上,如果关于人类活动变化的论述不是从有时被简化为非时间性的常

---

① Fressoz et Locher 2012, Fleming et Jankovic 2011, Fleming 1998, Jonsson 2013,关于阿尔及利亚,参阅:Davis 2007,关于俄国,参阅:Moon 2010。

识出发（不再有季节之分），那么，在两个世纪中，它们也不是一个关于简单想法的文本生产的简单层叠。这个简单的想法——人类改变气候——被越来越多的学术性参考资料所支持。在每种情况下，人类有关气候的行为都是政治和文化问题，也是单一与偶然的关于个人和集体的战略问题。这些是我们必须设法去复原的。

在这里，我们将重点放在两个历史性的时空中，它们是"人为改变"思想的大熔炉和优先被展现出来的场所：18 世纪和 19 世纪的美洲和印度洋。因此，我们的目标是探索——而不是声称这个研究是详尽无遗的。[1] 从长远来看，在探索、征服、"增强"、定居和赋予周边能力的不同阶段，人们已经掌握了将气候活动与殖民现象有关的深层联系。在这种情况下，我们将看到去改善或恶化气候的动机如何构成一个有影响力的框架，用于思考为改造工作而努力的人类集体的遥远性质和特性。这也将使我们能够将理查德·格罗夫（Richard Grove）关于欧洲环境意识的殖民起源的有影响力的论述放到一个更为广阔的视野中。[2]

在 18 世纪的后半叶，美利坚民族诞生的缓慢过程走到了尾声。首先，当然是反对英国的斗争和获得独立。但是，这一运动是多方面的，并且也在知识领域发挥着作用。十三个殖民地繁荣的思想生活激发了人们对政治自治的渴望。它对应于新兴学术机构的兴起。这是从宗主国中解放出来的一部分。从 1760 年代末开始，其组织者也在另一个方面展开奋斗：他们努力创造一个宏伟的故事，以彰显美利坚天性的伟大和开拓者的文明行动。气候变化的主题是学术和政治叙事的核心内容。

休·威廉姆森（Hugh Williamson，1735—1819）是医生以及《美利坚合众国宪法》的共同签署人。他十分清楚地阐明了气候与国家认同建设之间的联系。1770 年，他写了一篇很有影响力的文章，在其中他捍卫了一种观点，即殖民行动——清理、耕种——可能会在之后的几十年中使北美的气候向更加温

---

[1] 例如，我们将不讨论法国在阿尔及利亚的殖民化问题。参阅 Davis 2007。

[2] Grove 1995 et 1997, Grove et Damodaran 2006 (p. 43-47).

和的方向转变。① 勤奋、道德、对上帝的信仰以及未来都可能会在不太寒冷的冬天，在肥沃的土地以及被转变的文明国家中得到回报。② 威廉姆森描述的是在大西洋另一侧建造一个新的阿卡迪亚。③ 后来，他宣称，美国的气候会被人们改造成世界上最好的气候。④ 在对人类活动的吹捧中，一些根本性因素发挥着作用。美国政治界较少将其看作自然秩序产生的决定性产物，而是自我生产的双重运动：自身和物质环境的结果。这两个方面是共存的，因为在 18 世纪，甚至在 19 世纪，气候被认为是改变有机体：植物、动物、人的动因。⑤ 改善气候意味着改善自身。

在 18 世纪和 19 世纪之交，这种政治气候的情景是由新共和国的精英阶层推动的。这也是捍卫美国的一种论断、一种"爱国主义的气候"。⑥ 实际上，在 1760 年代末，一场争论开始了，从公开争论到悄无声息的冲突，并发展到了 19 世纪。⑦ "新世界之争"问题涉及大自然与人类的相对优点以及美洲和欧洲哪个更好。这个争论的导火索是布丰（1707—1788）。他在他的《自然志》（*Histoire Naturelle*）中认为"新世界"的人比欧洲人更小、更脆弱。⑧ 这是潮湿和寒冷的气候造成的结果。该论断由其他作者反复提及并被极端化，⑨ 由此在 1770—1780 年间引起了激烈的争论。在这种情况下，威廉姆森表示，如果美国的气候是不好的，那它正在被重塑，将变得完美——并且随之而来的是新世界的人类。这个观点的推动者包括美国总统托马斯·杰斐逊（Thomas Jefferson，1743—1826）。在 1784 年至 1785 年间，他在关于弗吉尼亚的一本书中强调了

---

① Williamson 1771.
② Golinski 2007*a* (p. 192-202) et 2007*b*.
③ 古希腊传说中的世外桃源——译注。
④ Williamson 1811 (p. 174-178).
⑤ 关于这个问题和适应的历史的书目非常重要。让我们在这里做简单的引用：Spary 2005（p. 127-187），Anderson 1992, Harrison 1999。
⑥ 在这里，我们拒绝使用"爱国占星术"（l'astrologie patriotique）的概念，这是由于：Cañizares Esguerra 1999。
⑦ Gerbi 2010 [1955].
⑧ 第一次是在 1761 年的一篇题为《两块大陆共同的动物》(*Les animaux communs aux deux continents*) 的文章中。参阅：Roger 1989. 关于布丰与气候，参阅：Spary 2005（p. 127-178）et Hoquet 1998。
⑨ 尤其是 Pauw（1768-1769）。

弗吉尼亚发生的气候变化，以回应对北美的批评。① 他在当时做了定期的观察，力求记录下这种演变，并鼓励与他保持联络的人也能这样做。② 其他作者甚至更加明确地将他们对人类气候变化的信念与对美利坚民族的赞颂联系在一起。正如威廉·柯里（William Curry，1754—1828）医生所写的那样：人类最初的尊严将在这里得到恢复。③ 这种重新地征服既需要政治自由，又要完善的气候和人类。

但是人类对气候采取行动的想法早在建立美国的几十年之前就已经出现了。④ 这是"发现美洲"对欧洲有关地球及其构造的知识产生震动之后的产物。在文艺复兴时期，气候概念（源自古希腊）在宇宙志的描述中起着至关重要的作用。但是在这种情况下，其指定的是在地球仪上切割两个给定纬度的环绕带。到赤道的每个距离代表从冻结到灼热的气温范围。这正是 16 世纪初接近北美海岸的探险队成员们的思想框架。

他们与新世界的相遇将使他们对先前的经验产生怀疑：他们发现的地区可能处于伦敦、罗马或巴黎的同一气候（即纬度），但季节不同，有时甚至是极端的。⑤ 这种断裂引发了一个贯穿他们叙述的问题。在 17 世纪，这个问题在涉及法属路易斯安那的著作中无处不在。例如，马克·莱斯卡伯（Marc Lescarbot，1570？—1641）和萨米埃尔·德·尚普兰（Samuel de Champlain，1570？—1635）。⑥ 在英国这边，情况也差不多。⑦ 这种疑问将会长期存在，并且是引起威廉·柯里在 18 世纪末以及 19 世纪气候学家思考的原因。

这种差异的一种解释是美洲地区的林地面积很大。这个想法在 1610 年代

---

① Jefferson 1787 [1784-1785].
② Lettre de Thomas Jefferson à Lewis E. Beck, du 16 juillet 1824. Jefferson 1903 (p. 71-74).
③ Curry 1792 (p. 79-93 et 398-407).
④ 这一部分以弗雷索（Fressoz）与洛谢（Locher）的研究为基础：《 L'agir humain sur le climat et la naissance de la climatologie historique (xviie-xviiie siècle) 》, *Revue d'histoire moderne et contemporaine*。其中将对现代人为变化问题进行更详细的分析。
⑤ 雅克·卡地亚在 1535—1536 年的航行中遭遇的灾难性的冬季，给人们留下了深刻的印象：Cartier 1992 [1545] (p. 228-229)。
⑥ Lescarbot 1609 (p. 624-625) et Champlain 1613 (p. 52-53).
⑦ 可参阅由以下著作所列举的例子：Kupperman 1982 et 1984, Fleming 1998（ p. 21-32）。

的法属路易斯安那得到了验证。根据该想法，对这些领土的清理和耕种可以改变气象特征，并使季节变得温和。① 随后，参与殖民地建设的人使用了该论点，试图证明北美是——或可能变的宜人、肥沃与繁荣，以便向人们"推销"加拿大。② 随后，在北美的英国殖民地同样的言论也出现了，这似乎是从1620年代开始的。③ 在接下来的几十年中，学术界将采纳并讨论这个想法。

在英国，早在1671年，近代科学的主要人物之一罗伯特·波义耳（1627—1691）就根据美洲的案例撰写了关于气候的"人为转变"的根本性文本。④ 通过整合合法学术话语，该理论获得了新的地位。在法国，此过程要晚得多。1744年，耶稣会士夏洛瓦（Charlevoix，1682—1761）的《新法兰西的历史和一般概述》（Histoire et description générale de la Nouvelle-France）真正引起了人们对这一现象的注意。⑤ 在1760年代，当布丰受夏洛瓦的启发将这一想法整合到自己的《自然志》中时，转折点出现了。⑥ 他用夏洛瓦的叙述来解决两大洲常见动物的微妙差别：驼鹿和驯鹿，北美驼鹿和北美驯鹿。他还用它们来突出美洲和欧洲存在的人为气候变化。后来，他将依靠威廉姆森的研究在他的《自然的时期》（Époques de la Nature）中提出该理论更为详细的版本。⑦ 他随后写道，所有这些例子"都有助于证明人类可以改变居住地的气候，并将温度固定在对自身来说舒适的位置"⑧。这个提法的力量在于他对人类变革能力的肯定。在这种情况下，这种力量来自一种改良：自上古以来在欧洲，自殖民以来在北美，这些对土地的清理减轻了冬天的寒冷，使这些地方更为宜居。此外，布丰还认为，这种运动至少在一段时间内抵消了地球的气温在寒冷和酷热之间

---

① 在耶稣会教士皮埃尔·比亚尔（Pierre Biard）的笔下：参阅他在1612年1月31日给耶稣会总会长克劳德·阿夸维瓦（Claude Aquaviva）的信。Carayon 1864（p. 82-83），Biard 1858 [1616]（p. 6）。
② Denys 1672 (p. 8-12).
③ Vogel 2011.
④ Boyle 1671. "都柏林之信"（la lettre de Dublin）正是对这一文本的回应。关于"都柏林之信"的研究，参阅：Vogel 2011。
⑤ Charlevoix 1744 (p. 241-250).
⑥ Buffon 1764.
⑦ Buffon 1778 (p. 239-247).
⑧ Ibid. (p. 244).

的自动调节。①

布丰的文字是具有决定性作用的：在接下来的几十年中，所有学识渊博且世俗化的欧洲听众都会从中找到理由对气候的历史性和可塑性产生怀疑。该理论获得的影响是重新构造有关自然和社会知识的主要历史过程的一部分。这个过程标志着 18 世纪和 19 世纪之间的纽带，是历史主义的普遍兴起——将趋势中的所有人类和非人类现象都包括在时空演化的模式中，以评估变化、偶然性和不可逆转性。布丰是其中的主要人物之一。这种突变涉及从地球历史到物种历史再到政治体系分析的所有知识领域。在这种情况下，人为改变在这个背景中占有特殊的一席之地：实际上，它以社会历史和自然历史之间的连字符形式出现。美洲的发现、罗马帝国的灭亡或中世纪对土地的开垦在时间上具有了可比性，并且因严冬的频率变化，某些动物的消失或流行病史能在因果关系上相互联系。如果历史学在很大程度上研究了长时段中各种思想的兴起（尤其是随着地质学的兴起），那么迄今很少有人分析过将人类行为与自然历史联系起来的第二种历史主义。但是，它构成了当代环境反思的深厚的历史根源之一，围绕人们在短期和中期内改变其环境的能力而构建。② 同时，在对新世界的科学考察中，对人类历史与自然历史之间的纠缠也表现出相同的敏感性。在 18 世纪末，美洲似乎仍然是一个巨大的实验室，可以在其中探索人类活动的潜力。这就是亚历山大·洪堡（1769—1859）从 1799 年开始，为时五年的，在近赤道地区的著名探险期间所想到的。从到达实地起，洪堡便将人类活动与环境变化（侵蚀、干旱）紧紧联系起来。③ 科学考察是时间上的位移的概念加强了人们对人为因素的敏感性。地势被理解为该地点地质历史的概述，并将被解读。这是记录地质学的范式，它被弗赖贝格矿业学院（l'École des mines de Freiberg）采用。

1800 年冬天，洪堡到达委内瑞拉的塔卡里瓜湖（Tacarigua）岸边。④ 在这

---

① Buffon 1775 (p. 313–361 et 361–377).
② Fressoz et Locher 2012.
③ Cushman 2011.
④ Humboldt et Bonpland 1819 (p. 65–77).

个地点周围，他有关气候活动的第一个问题将得到解答。从一开始，湖水就引起了他的兴趣。首先因为它是封闭的，没有排水的河道。这是十分罕见的。最重要的是，当地的精英告诉他：几年来，湖泊似乎正在干涸，而其表面积也在缩小。洪堡对此进行了调查。他使用了多种方式：短途旅行；研究旅行者的记述；地名分析以识别目前发现的古老岛屿；证据的收集。他的结论很明确：土地的开垦和农作物的生长使老的支流干涸，并使湖水水位下降；塔卡里瓜湖正逐渐消失，并且气候逐渐变得干燥；西班牙殖民者应该为此承担责任。

三年后，洪堡在墨西哥城遇见了类似的问题。阿兹台克帝国的首都特诺赫蒂特兰（Tenochtitlán）变成了什么样呢？据描述这座城市位于湖水中央。与在塔卡里瓜一样，洪堡对此也进行了调查。他的结论是：这些变化再次应由殖民者负责。他们通过砍伐墨西哥城和周围山区的树木"改变了自然的秩序"。① 他们想象他们的故乡——贫瘠的卡斯蒂利亚一样塑造这个国家。他们消耗了森林以建造新的西班牙式的城市，却从未植树造林。对气候和水域的研究是对西班牙殖民主义的猛烈批评的基础，洪堡也根据社会和政治主题发展了批评。② 正如格雷戈里·库什曼（Gregory Cushman）所指出的那样，前一年，洪堡对在秘鲁发现的城市废墟和水利基础设施印象深刻。③ 这些是奇穆王国（Chimor）的遗迹。该国在 15、16 世纪之交被印加人和西班牙人征服。这种连续的视野使他对文明的衰落和西方的责任产生了沉思，他在旅行日记中写道："远离家乡——欧洲人像野蛮人一样野蛮，甚至更为严重，因为他们更狂热。"④ 气候变化是全球遭到破坏的一个方面，同时也对新世界负有责任。

这种对帝国主义的批评与 18 世纪下半叶在面对欧洲扩张的环境影响的旅行者和移殖民中出现的批评联系在一起。其中包括博物学家约翰·赖茵霍尔德·弗尔斯特（Johann Reinhold Forster，1729—1798），他参加了库克的第二次探险活动（1772—1775）。弗尔斯特早先受到布丰思想的影响。布丰认为人

---

① Humboldt 1811 (p. 125-132).
② Minguet 1997；而一个更为广阔的视野，可参阅 Zeuske 2001。
③ Cushman 2011 (p. 30-31).
④ Humboldt 2002 [1802] (p. 31-88). 被引用于：Cushman 2011（p. 30）。

类与生俱来便具有优势，并以此来赞扬人类具有的巨大的改变自然的能力。但是理查德·格罗夫展示了弗尔斯特在旅途中如何直接体验岛屿的微观世界（尤其是圣赫勒拿岛）以及文献的阅读将如何使弗尔斯特对人类行为对自然世界造成的后果持更为悲观的看法。[1] 这种观点的转变导致了对殖民主义的批判：欧洲人不仅没有让处在他们控制之下的岛屿变得更加美好，反而给它们和原住民社会带来了破坏，而原住民的社会在此之前都与自然和谐相处。

弗尔斯特和他的儿子格奥尔格（Georg，1754—1794，也参与了库克船长的探险）对年轻的洪堡在思想上产生了决定性的影响。这种影响既体现在学术上又体现在政治上，因为洪堡通过和他们的接触坚定了共和主义和反殖民的信念，这些都加强了他的存在感。通过他们对西班牙殖民所带来的环境恶化的分析，人们发现在18世纪欧洲统治下的全球岛屿的情况基本上是一致的。[2]

正如理查德·格罗夫所展现的那样，法属和英属岛屿（毛里求斯、圣赫勒拿、格林纳达、巴巴多斯）在18世纪成了人们对环境的关注、理论和保护实践的大熔炉。[3] 这是他在1995年出版的《绿色帝国主义》（*Green Imperialism*）一书中所描述的。格罗夫的论点引起了很大的反响：它确实在两种意义上打破了传统的观念。首先，与19世纪末以通过创建第一个自然公园为代表的美国环保主义的主导思想相反，它的运作方式是时间和地点的转移。它的出现与近代的殖民背景有关。此外，他的阐述还重新审视了殖民与环境之间的联系，强调欧洲人与遥远自然的接触不单单是有害的，而且还是富有成果的。这催生了人们对场所和环境的新关注。这便是"绿色帝国主义"（Green Imperialism）概念的含义。

气候变化问题在这里起着根本性的作用。的确，从1760年代开始，岛上的精英们担心对森林的砍伐会导致干燥的气候。这是种植园经济的后果。在植

---

[1] Grove 1995 (p. 325-327).
[2] 洪堡对"人为变化"的立场是逐渐改变的。在生命的最后一刻，他在很大程度上减小了"人为变化"的影响。比如，在关于北美的问题上：Humboldt 1851 (p. 147-160)（这被增补进了1808年的版本中）。
[3] Grove 1995.

被覆盖率正在不断下降的贫瘠岛屿上，雨水已经不再光顾。在 1763 年，这个问题出现在两种情况下。

首先，是旅行家和博物学家皮埃尔·普瓦夫尔（Pierre Poivre，1719—1786）在里昂科学院里进行的一次公开讲演。① 他因在毛里求斯引入了丁香和肉豆蔻树而闻名于 1750 年代。在里昂，普瓦夫尔表示砍伐森林是导致雨水"不再落在开垦的土地上"的原因。② 他的这次讲演在其著作中被再次提及从而产生了深刻而久远的影响。普瓦夫尔是在一个非常特殊的背景下采取这一立场的。1763 年，根据《巴黎条约》，法国几乎失去了所有的殖民地。一切都需要重建。他的论点是谴责该岛的所有者——东印度公司——管理不善的一种方式。这是一个成功的赌注：几年后，当东印度公司将其控制的土地转让给王室时，他被任命为总务专员（le commissaire intendant）。

他将在当地制定一项森林保护计划，其目标有两个：保证资源（尤其是船舶维修的资源）以及应对可能的气候恶化。他的主要动力来源于自己的担忧。在普瓦夫尔于 1767 年夏天到达岛上之后，他坚持认为森林消失和气候的恶化是移殖民破坏性行为的表现，他们以牺牲对岛屿资源的可持续开发为代价谋求短期利益。普瓦夫尔宣称："再过几年，法兰西岛（l'isle de France）将不再适合居住，并会被放弃。"③ 其规范土地开垦和补植的措施旨在抵御这种威胁。

在法国，雅克-亨利·贝尔纳丹·圣-皮埃尔（Jacques-Henri Bernardin de Saint-Pierre，1737—1814）通过半诗半学术的著作表达了这种忧虑。贝尔纳丹对普瓦夫尔提倡的政策有实地经验上的理解，因为他在毛里求斯担任过殖民地总工程师。他在毛里求斯待了两年多一点。在 1773 年出版的《法兰西岛之旅》（Voyage à l'Isle de France）中，他提及了使该岛资源枯竭的开垦行为。④ 贝尔纳丹的措辞充满了卢梭式的重返自然的愿望。他认为人们需要保护殖民地环境以确保这种可能性。在 1784 年出版的《对自然的研究》（Études de

---

① Poivre 1769（p. 5-64）（演讲是在 1763 年 8 月）．

② Poivre 1769 (p. 31).

③ *Ibid*.（p. 14-16 附有第一次的发言稿）．

④ Bernardin de Saint-Pierre 1773 (p. 104).

la nature）中，他再次提及了树木的存在与该地气象特征之间的联系。他认为一个自然的自然经济：山区和森林之间的协同作用在吸引降雨方面起着根本性的作用。① 贝尔纳丹提到他在毛里求斯所作的观察，由于山脉植被的破坏，河流干涸了。他指出，在欧洲，人为环境转变的过程也是如此：河床呈变窄的趋势——在世界其他地区，比如波斯，他写道，"毫无疑问，居住在山上的第一批人民不顾一切地将树木砍掉了"②。贝尔纳丹在此过程中提出了一项通过种植园对法国进行环境修复的计划。该项目旨在使河流得到恢复。③ 这些想法将在几年后激发桥梁工程师弗朗索瓦－安托万·劳克（François-Antoine Rauch，1762—1837），他将在第一帝国和波旁王朝复辟时期持续关注森林退化和法国的气候。④

就像在毛里求斯一样，正是在 1760 年代，英国殖民世界才开始关注气候变化。1765 年，皇家法令决定保护巴巴多斯的森林，以防止该岛遭受干旱。⑤ 当时岛上的森林已经被严重砍伐。这个例子促使殖民当局对管理《巴黎条约》（格林纳达、多巴哥、圣文森特）之后获得的岛屿持谨慎态度。在后一个岛屿上，当地种植园的负责人亚历山大·安德森（Alexander Anderson，1748—1811）在 1791 年建立了一个森林保护区用来吸引雨水和云。⑥

随后，植物园、学术团体和殖民地专家之间的交流网络的发展将导致形成一种真正的帝国文化，与宗主国几乎没有联系，并以对气候脆弱性/森林的保护为中心。在 19 世纪，它将渗透到英国殖民机构的行动中。到 1830 年代末，在马德拉斯任职的年轻外科助手爱德华·格林·鲍尔弗（Edward Green Balfour，1813—1889）通过将他的观察结果与贝尔纳丹和农艺师让－巴蒂斯特·布森戈（Jean-Baptiste Boussingault，1802—1887）的著作进行比较，提出了气候的人为转变问题。

---

① Bernardin de Saint-Pierre 1797 [1784] (p. 355-357).
② *Ibid.* (p. 356).
③ *Ibid.* (p. 357).
④ Rauch an X et 1818.
⑤ Grove 1995 (p. 271).
⑥ *Ibid.* (p. 294-296).

在 1820 年代初，布森戈前往塔卡里瓜湖。他在洪堡调查的基础上进行了新的考察。① 他在那里发现了一个再生湖，他将其解释为实践其导师理论的自然实验；同时，该国的独立战争致使人们减少了耕种，使水体免于消失。1837 年，布森戈在巴黎发表的一篇文章中介绍了有关人类改变环境的理论。这篇文章将在 19 世纪末有关该问题的讨论中成为人们争相参考的对象。② 继布森戈之后的鲍尔弗对水循环、树木对气候和健康状况的影响感兴趣。③ 他的推理风格既清晰又求助于统计学，并与 19 世纪中叶开始出现的科学标准相一致：他对人为改变理论的重新表述具有重要意义。他与驻印度的其他殖民地外科医生协同工作，他们也谴责了森林砍伐对气候的影响。这些行动导致了第一个省级森林保护机构（先是在孟买，然后是马德拉斯）的创建，然后是 1864 年帝国森林局（Imperial Forest Department）的成立。在 1850—1860 年间，热带环境下的森林砍伐问题及其对气候的影响，也在宗主国的学术领域（如英国科学促进会和皇家地理学会）中进行了讨论。总体而言，这一时期的特点是人们越来越关注地球表面，这使理查德·格罗夫将其描述为西方全球生态意识崛起的开始。④

帝国森林局成立的同一年，距威廉姆森关于美洲气候的论点发表不到一个世纪，律师、大使、博物学家和地理学家乔治·珀金斯·马什（George Perkins Marsh，1801—1882）在纽约发表了自己的著作，被认为是环保主义的创始文本之一。⑤ 在《人与自然》(Man and Nature) 中，他分析了人类文明对其资源的利用，并对人为的自然破坏进行了史无前例的评估。⑥ 气候活动在其叙述中占有重要的地位。⑦ 马什进行了详尽的讨论，动员了一系列美国和法国的作家。在法国七月王朝时期，政治和科学的争论使他受到极大启发。这场辩论动员了

---

① Boussingault 1896 (p. 56–75).
② Boussingault 1837. 例如，在针对 19 世纪末俄国出现的关于草原气候转变的争论中，他的文章就有重要的参考价值。参阅：Moon 2010。
③ Balfour 1849.
④ Grove et Damodaran 2006.
⑤ Lowenthal 2000.
⑥ Marsh 1864.
⑦ *Ibid.* (p. 19–23 et 172–223).

科学家和行政人员来解决森林监管和森林砍伐对气候的影响问题。

但是,如果说《人与自然》在理解我们与环境之间的关系时能带来有关气候问题重要性的思考,那么这项工作也呼应了人们在人为气候影响的现实、方式和程度上日益激烈的争论。在第一次世界大战之前,他们的这种认知继续构成环境叙事和治理自然的具体实践:在法国殖民统治下的阿尔及利亚或在美国内战之后推行的森林保护政策中就是这种情况。[1] 但是总的来说,这一时期是"人为改变"范式式微的时期。它首先流向宗主国,然后又流向殖民地,经历了严重的边缘化或融入了诸如与荒漠化过程有关的理论。[2]

从启蒙运动晚期到 19 世纪后半叶,气候的人为变化构成了环境反射性的框架,构建了西方社会从全球探索到征服的各个阶段。它被用来思考人对环境的影响。在环境和人类集体的大规模变革中,它立竿见影的效果以及道德和政治责任被认为是高度相互依赖的。历史主义作为真实知识的原则的大量兴起扩大了其影响。西方文化视野中的一种主要现象即历史主义敏感性的上升,通常被描述为是分裂的。[3] 它可能在"自然史"和"社会史"之间进行了分割。这两个与时间尺度相关的历史是先天不可调和的:一方面是地质时代,另一方面是王朝、战争与革命。

由 18 世纪和 19 世纪的人们所写的气候史破坏了这种叙述的稳定性。它源于所谓的"第二历史主义",它不是分裂而是包容。它将人类的行动与自然的历史性联系起来,既不能用现代人导致的自然/社会的大分化来辩解[4],也不能用历史主义投入对时间的大分化来裁决。这种历史主义并没有产生裂痕,而是紧密地融合了地方、人类、政治制度的变化:气候是一种充满活力的混合的黏合剂,它是现代性历史脚本中必不可少的但长期以来被忽略的组成部分。

法比安 · 洛谢(Fabien Locher)撰

---

[1] Davis 2007, Pisani 1985.
[2] 例如,在法国,国家气象机构中央气象局(le Bureau central météorologique)首席气候学家的职位就体现了这种边缘化。Angot 1889(p. 405-412)。
[3] 同样可参阅:Chakrabarty 2009.
[4] Latour 1991, Descola 2005.

参考文献

Anderson Warwick, 1992, Climates of Opinion: Acclimatization in Nineteenth Century France and England, *Victorian Studies*, vol. 35, n° 2, p. 135-157.

Angot Alfred, 1889, *Traité de météorologie*, Paris, Gauthier-Villars.

Balfour Edward Green, 1849, Notes on the Influence Exercised by Trees in Inducing the Rain and Preserving Moisture, *Madras Journal of Literature and Science*, n° 25, p. 402-448.

Bernardin de Saint-Pierre Jacques-Henri, 1773, *Voyage à l'Isle de France*, t. 1, Paris, Merlin.

— 1797 [1784], *Études de la nature*, t. 2, Bâle, Tourneizen.

Biard Pierre, 1858 [1616], Relation de la Nouvelle-France [...] faite par le P. Pierre Biard, in *Relations des Jésuites dans la Nouvelle-France*, t. 1, Québec, Augustin Coté.

Boussingault Jean-Baptiste, 1837, Mémoire sur l'influence des défrichemens dans la diminution des cours d'eau, *Annales de chimie et de physique*, n° 64, p. 113-141.

— 1896, *Mémoires*, t. 2, Paris, Chamerot & Renouard.

Boyle Robert, 1671, *Tractatus de cosmicis rerum qualitatibus, etc.*, Amsterdam, Janssonius Van Waesberge.

Buffon Georges Louis Leclerc, comte de, 1764, L'élan et le renne, *Histoire naturelle*, t. 12, Paris, Imprimerie royale, p. 79-117.

— 1775, *Histoire naturelle générale et particulière*, supplément, t. 2, Paris, Imprimerie royale.

— 1778, *Histoire naturelle générale et particulière*, supplément, t. 5 (Des époques de la Nature), Paris, Imprimerie royale.

Cañizares Esguerra Jorge, 1999, New World, New Stars: Patriotic Astrology and the Invention of Indian and Creole Bodies in Colonial Spanish America (1600—1650), *American Historical Review*, vol. 104, n° 1, p. 33-68.

Carayon Auguste (dir.), 1864, *Première Mission des jésuites au Canada. Lettres et documents inédits*, Paris, L'Écureux.

Cartier Jacques, 1992 [1545], *Voyages au Canada*, Paris, La Découverte. Chakrabarty Dipesh, 2009, The Climate of History: Four Theses, *Critical Inquiry*, vol. 35, n° 2, p. 197-222.

Champlain Samuel de, 1613, *Les Voyages du sieur de Champlain, xaintongeois, capitaine ordinaire pour le roy*, Paris, Jean Berjon.

Charlevoix Pierre-François-Xavier de, 1744, *Histoire et description générale de la Nouvelle-France*, 3ᵉ partie, t. 5, Paris, Veuve Ganeau.

Curry William, 1792, *An Historical Account of the Climate and Diseases of the United States of America*, Philadelphie (PA), T. Dobson.

Cushman Gregory T., 2011, Humboldtian Science, Creole Meteorology, and the Discovery of Human-Caused Climate Change in South America, *Osiris*, vol. 26, n° 1, p. 16-44.

Davis Diana K., 2007, *Resurrecting the Granary of Rome: Environmental History and French Colonial Expansion in North Africa*, Athens (OH), Ohio University Press.

Denys Nicolas, 1672, *Description géographique et historique des costes de l'Amérique septentrionale*, t. 2, Paris, Claude Barbin.

Descola Philippe, 2005, *Par-delà nature et culture*, Paris, NRF-Gallimard.

Fleming James R., 1998, *Historical Perspectives on Climate Change*, Oxford, Oxford University Press.

Fleming James R. et Jankovic Vladimir (dir.), 2011, Klima, dossier thématique d'*Osiris*, vol. 26, no 1.

Fressoz Jean-Baptiste et Locher Fabien, 2012, The Frail Climate of Modernity: A Climate History of Environmental Reflexivity, *Critical Inquiry*, vol. 38, n° 3, p. 579-598.

Gerbi Antonello, 2010 [1955], *The Dispute of the New World: The History of a Polemic (1750—1900)*, Pittsburgh (PA), University of Pittsburgh Press.

Golinski Jan, 2007a, *British Weather and the Climate of Enlightenment*, Chicago (IL), University of Chicago Press.

– 2007b, American Climate and the Civilization of Nature, *in* James Delbourgo et Nicholas Dew (dir.), *Science and Empire in the Atlantic World*, New York, Routledge, p. 153-174.

Grove Richard, 1995, *Green Imperialism: Colonial Expansion, Tropical Island Edens and the Origins of Environmentalism (1600—1860)*, Cambridge, Cambridge University Press.

– 1997, *Ecology, Climate and Empire: Colonialism and Global Environmental History (1400—1940)*, Cambridge, White Horse Press.

Grove Richard et Damodaran Vinita, 2006, Imperialism, Intellectual Networks, and Environmental Change: Origins and Evolution of Global Environmental History (1676—2000): Part I, *Economic and Political Weekly*, vol. 41, n° 41, p. 4345-4354.

Harrison Mark, 1999, *Climates and Constitutions: Health, Race, Environment and British Imperialism in India (1600—1850)*, New York, Oxford University Press.

Hoquet Thierry, 1998, La théorie des climats dans l'*Histoire naturelle* de Buffon, *Corpus. Revue de philosophie*, n° 34, p. 59-90.

Humboldt Alexandre, 1811, *Essai politique sur le royaume de Nouvelle-Espagne*, t. 2, Paris, F. Schoell.

– 1851, *Tableaux de la nature*, t. 1, Paris, Gide & J. Baudry.

– 2002 [1802], Diario de viaje, in *Alexander von Humboldt en el Perú: Diario de viaje y otros escritos*, Lima, Banco Central de Reserva del Perú & Goethe Institut Inter Nationes Lima.

Humboldt Alexandre et Bonpland Aimé, 1819, *Voyage de Humboldt et Bonpland. Première partie: Relation historique*, t. 2, Paris, N. Maze.

Jefferson Thomas, 1787 [1784—1785], *Notes on the State of Virginia*, Londres, John Stockdale.

– 1903, *The Writings of Thomas Jefferson*, t. 16, Washington (DC), Thomas Jefferson Memorial Association.

Jonsson Fredrik Albritton, 2013, *Enlightenment's Frontier: The Scottish Highlands and the Origins of Environmentalism*, New Haven (CT), Yale University Press.

Kupperman Karen Ordahl, 1982, The Puzzle of the American Climate in the Early Colonial World, *The American Historical Review*, vol. 87, n° 5, p. 1262–1289.

– 1984, Climate and Mastery of the Wilderness in Seventeenth-Century New England, *in* David D. Hall et David G. Allen (dir.), *Seventeenth-Century New England: A Conference Held by the Colonial Society of Massachusetts*, Boston, Colonial Society of Massachusetts, p. 3–38.

Latour Bruno, 1991, *Nous n'avons jamais été modernes. Essai d'anthropologie symétrique*, Paris, La Découverte.

Lescarbot Marc, 1609, *Histoire de la Nouvelle-France*, Paris, Jean Milot.

Lowenthal David, 2000, *George Perkins Marsh: Prophet of Conservation*, Seattle (WA), University of Washington Press.

Marsh George Perkins, 1864, *Man and Nature, or Physical Geography as Modified by Human Action*, New York, Scribner.

Minguet Charles, 1997, *Alexandre de Humboldt, historien et géographe de l'Amérique espagnole (1799—1804)*, Paris, L'Harmattan.

Moon David, 2010, The Debate over Climate Change in the Steppe Region in NineteenthCentury Russia, *The Russian Review*, n° 69, p. 251–275.

Pauw Cornélius de, 1768—1769, *Recherches philosophiques sur les Américains*, vol. 1 et 2, Berlin, George Jacques Decker.

Pisani Donald J., 1985, Forests and Conservation (1865—1890), *The Journal of American History*, vol. 72, n° 2, p. 340–359.

Poivre Pierre, 1769, *Voyage d'un philosophe, ou Observations sur les mœurs et les arts des peuples de l'Afrique, de l'Asie et de l'Amérique*, Londres et Lyon, J. de Ville et L. Rosset.

Rauch François-Antoine, an X, *Harmonie hydrovégétale et météorologique, ou Recherches sur les moyens de recréer avec nos forêts la force des températures et la régularité des saisons*, vol. 1 et 2, Paris, Levrault.

– 1818, *Régénération de la nature végétale, ou Recherches sur les moyens de recréer dans tous les climats les anciennes températures et l'ordre primitif des saisons par des plantations raisonnées*, vol. 1 et 2, Paris, Didot l'aîné.

Roger Jacques, 1989, Buffon, Jefferson et l'homme américain, *Bulletins et mémoires de la Société d'anthropologie de Paris*, vol. 1, n°s 3-4, p. 57-65.

Spary Emma C., 2005 [2000], *Le Jardin d'utopie. L'histoire naturelle en France de l'Ancien Régime à la Révolution*, Paris, Muséum d'histoire naturelle.

Vogel Brant, 2011, The Letter from Dublin: Climate Change, Colonialism, and the Royal Society in the Seventeenth Century, *Osiris*, vol. 26, n° 1, p. 111-128.

Williamson Hugh, 1771, An Attempts to Account for the Change of Climate, Which Has Been Observed in the Middle Colonies in North-America, *Transactions of the American Philosophical Society*, n° 1, p. 272-280.

– 1811, *Observation on the Climate in Different Parts of America*, New York, T. & J. Swords.

Zeuske Michael, 2001, Vater der Unabhängigkeit? Humboldt und die Transformation zur Moderne im spanischen Amerika, *in* Ottmar Ette *et al.* (dir.), *Alexander von Humboldt. Aufbruch in die Moderne,* Berlin, Akademie Verlag, p. 179-224.

 下卷

科学与知识的历史

科 技 史 经 典 译 丛

[法]多米尼克·佩斯特（Dominique Pestre） 总 主 编

[法]克里斯托夫·博纳伊（Christophe Bonneuil）
[法]多米尼克·佩斯特（Dominique Pestre） 分卷主编

李云逸 译

山东科学技术出版社
·济南·

Histoire des sciences et des savoirs
Tome 3. Le siècle des technosciences
Tome dirigé par Christophe Bonneuil et Dominique Pestre
© Éditions du Seuil. 2015
Simplified Chinese translation edition © 2023 by Shandong Science and Technology Press Co., Ltd.

版权登记号：图字 15-2021-351

下卷：技性科学的世纪

（1914 年至今）

分卷目录

883/ 技性科学的世纪（1914 年至今）

第一部分　科学、经济、社会

899/ **第一章** | 科学家的形象

　　901　大科学和其行动者
　　902　统计重要的科学家
　　907　"QSE"作为新的科学模型
　　909　充满活力的混合体：20 世纪末及以后的科学家

918/ **第二章** | 科学与战争

　　920　两段时间的解读
　　923　用创新赢得战争？
　　926　思考战争并使之合理化的科学
　　929　关键的联系

936/ **第三章** | 国家：科学的承办者

　　938　第一次世界大战和间战期

939　自给自足

941　建设社会主义

941　第二次世界大战

942　长期的增长与冷战

943　国家

944　真正存在的社会主义的挑战

945　农业

946　新自由主义革命

951/ 第四章　一种工业的认知方式

953　研发和药物筛选：为市场建设服务的科学

960　研究者工厂的尽头？企业研究员和"知识"经济

964　结论

971/ 第五章　发展主义国家中的科学与知识

972　印度民族运动中的科学与发展问题

977　印度独立后的科学与发展

979　批评家和积极的另类性方案，用于发展后的社会契约

988/ 第六章　社会的知识

990　从第一次世界大战到 1960 年代：作为权威的科学

993　自 1970 年代以来：（1）管理知识及其在社会中的传播

994　自 1970 年代以来：（2）自由－保守主义智库的知识

996　自 1970 年代以来：（3）新的非政府组织及其策略

997　自 1970 年代以来：（4）知识的生产和"普通"人群

1002　结语

1007/ **第七章** | 一个有毒的世纪——"环境卫生"的出现

  1008 工业环境中的健康：从洁净到安全
  1014 人体生态与环境健康
  1018 在充满化学物质的世界中，从安全到风险
  1021 结论

1026/ **第八章** | 图片中的原子世纪

  1027 原子的科学可视化
  1028 持久的影像：原子–球
  1031 亚原子世界的图像印记
  1034 展现或不展现原子能：一项政治事务
  1038 结论：从核文化到地球的新表现

第二部分 科学的场域

1047/ **第九章** | 社会科学的到来

  1048 肯定、不确定性、张力
  1051 1920—1970年：美国模式
  1055 欧洲的经验
  1059 喧嚣与重组

1068/ **第十章** | 福柯与生命权力的转变

  1068 生命权力的谱系
  1070 性史
  1077 生命权力的演变
  1083 结论

1088/ **第十一章** | 经济学的知识

    1089 建立一门学科

    1093 制造经济

    1095 增长与数学模型的黄金时代?

    1097 市场的胜利

1107/ **第十二章** | 关于人类多样性的知识

    1108 标准版本：科学种族主义的历史

    1111 新的方法和遥远的地平线：20世纪初的科学考察

    1114 生命科学中的动植物多样性

    1116 无限多样：1950年代的转变

    1120 结论

1128/ **第十三章** | 生态学：对自然的认知与治理

    1130 19世纪中叶至20世纪中叶，欧美生态学的兴起

    1135 第二次世界大战后的生态学：在技术官僚主义与环保主义之间的转变

    1139 适应性管理与经济化之间的自由生态学（1973—2013）

1148/ **第十四章** | 基因世纪

    1148 遗传学的历史

    1154 从遗传到遗传学

    1159 从泛子到基因

    1161 基因程序，细胞工厂的首席规划人员

    1163 后基因组生物学的基因网络

1170/ **第十五章** | 物质基础理论

  1171 第二次世界大战之前的基础物理学
  1174 第二次世界大战之后的基础物理学
  1180 基础物理学的演进与社会的变革

1187/ **第十六章** | 模型——从表征到行动

  1188 1930年之前的建模，当物理和数学逻辑确定框架之时
  1191 当第二次世界大战引发了持久的实践的变动时
  1193 当模型作为专家和风险治理的工具而无处不在时
  1195 经济学的建模
  1198 气候变化：模型、模拟、情景
  1201 结论

第三部分　科学与对世界的治理

1207/ **第十七章** | 性别、身体与生物医学

  1209 间战期：断裂和继续
  1214 现代：变革、医学化和解放（1950—1980）
  1217 后现代主义的承诺：性别的成本和收益（1980—2014）

1225/ **第十八章** | 治理受污染的世界：技术、健康和环境风险

  1226 标准治理
  1228 风险治理
  1232 适应治理

　　　　　1235　结论

1241/ 第十九章 ｜ 治理地球系统

　　　　　1242　1945年之前的地球科学

　　　　　1244　地球科学和环境治理（1945—1990）

　　　　　1251　地球系统的气候变化、科学与治理（1990—2010）

1263/ 第二十章 ｜ 管理创新

　　　　　1264　控制创新

　　　　　1267　加速创新

　　　　　1271　购买创新

　　　　　1275　结论

1279/ 第二十一章 ｜ 中国：向科学技术强国迈进

　　　　　1280　初次接触

　　　　　1280　体制建设

　　　　　1282　苏联的影响

　　　　　1284　改革开放：科学技术力量的重生

　　　　　1287　挑战依然存在

　　　　　1289　结论：中国的创新模式

1292/ 从文艺复兴时期到今天的知识和科学：一种长时段的解读

　　　　　1292　随时间讲述知识和科学的制度

　　　　　1300　从长远来看，是什么造就了知识和科学的世界：8个论点

技性科学的世纪（1914年至今）

如果说，19世纪的科学发明是基于作为技术和工业进步的科学所获得的认识论和政治权威，那么从第一次世界大战开始，就是科学知识及其想象力在社会、经济和文化等各个方面的渗透。从核能到高科技的消费主义，从军事科学到医学或农业的分子化，从对经济和社会科学的肯定到对全球变暖的科学监测，我们现实中的各个方面都已被科学、技术和当代知识所改变。

因此，本卷的一个核心议题是探讨科学技术在诸如学术界、工业界与军事界中、在国家机构和国际组织中、在经济管理以及对科技进步所带来伤害的管控中的应用。同时，本卷也将探讨社会团体、智库和非政府组织所生产的知识。本卷的另一个核心议题是讨论产生这些知识的方式以及使得它们产生的环境与背景。这决定了知识所采用的形式。此外，我们还将探讨由这些知识推广而出的正义之城（les cites de justice）和本体论、由它们产生的工具和设备以及它们对环境和人口的影响。探讨这些议题的目的，首先是为了从一个更广泛的角度去看待特定背景下的知识，去标注出发展趋势以寻找新产生的现象。其次，是为了阐明系统的关联性和意外情况的组合，以及持久的机构工作和自下而上的，诸如权力斗争之类的论证逻辑。

我们将以不同的方式，不同的研究角度，以及不同的方法论和本体论框架来展现上述论题。本卷的第一部分将从科学和知识与社会活动、国家和政治、军事和工业生活、社会意识形态以及信用和商业等领域的关系展开。而科学和科学家的形象，以及科学的推广则是科学和知识与上述领域之间产生关系的结果。第一部分将描述由技性科学的发展（le développement technoscientifique）

引起的人类生活方式的转变。而这一转变是知识产生的形式。同时，第一部分将侧重于历史考证、知识的替代形式以及"公民社会"的作用。此外，第一部分也将展现科学的规则制度，以及其应用手段、逻辑与反作用。

第二部分则着眼于科学本身，涉及科学的理论与实践、其思考和创造世界的方式。更为准确地说，是科学给予其自身的多样性和自1914年以来处于权衡状态的思想。比如，20世纪让主要的认识论论述深入人心的，被称为"基础"的物理学。再如，技性生物学和基因科学的长期发展。又如，在环境问题上知识的应用以及从自然保护到生态系统服务。第二部分也呈现了1920年代以来建模和模拟技术对科学实践所带来的改变；经济科学的兴起、独立与成为政府工具的过程；社会科学的成熟、多样性发展以及其认识论和地理上的变化。最后，该部分还将探讨20世纪以来在社会意识形态的影响下，建立在科学之上的，对"人类多样性"和种族的理解。

本卷的最后一个部分将考察治理所利用的知识、工具和手段。因为，在技性科学的世纪，知识一直被认为是行动合法性的主要依据之一。第三部分也将探讨身体管理，尤其是对女性的身体管理。作为近年来医学和行为科学的典型研究对象，身体管理是能让我们把握20世纪科学与知识所发生变化的一面镜子。该部分还将描述对"创新"的管理，尤其是考虑它与国家所有权和经济意愿的联系。在第三部分中，我们也会看到被用来管控技术开发以对健康和环境造成影响的认识论框架与工具。此外，我们还将在这一部分中展现地球如何成为科学和政策的对象和因早先军事用途而建立起的信息、收集和校准体系以监视和治理"地球系统"。最后，第三部分将围绕印度建立"发展主义国家"以及中国最近在技性科学、工业和经济上的变革来阐释"发展"的含义。

技性科学世纪的主要特征

我们将在本卷开始时提出一系列有关科学和知识的观点，因为它们与该时期的社会政治和经济问题息息相关。

首先，20世纪是战争的世纪。对于任何想谈论科学的人来说，这一观点虽不新颖,但却十分关键。20世纪可以说是总体战和对民众造成系统性残酷伤害的时代(不过,对民众的系统性伤害在"一战"之前就已经在殖民统治中出现了),是不对称战争和民族解放战争的时代,也是以冷战为代表的技性科学战争的时代。科学通过材料技术(比如,从在战争中使用的毒气到无人机)、用途优化(比如,运筹学)、人类学和医学在这一时代中扮演了非常重要的角色。与此同时,科学也因这一时代而相互交融、重组与创新,比如,1950年代后期,因国防需要,材料科学在美国的诞生。

虽然,1914年爆发的第一次世界大战是各主要参战国生产力的比拼,但是技术创新(比如,飞机和潜艇)和科学创新(比如,远距离射击校准)也不应被忽视。第二次世界大战和冷战使雷达、导弹和计算机以及系统分析和研发理论(R&D)得以普及。长达数十年的冷战和"9·11事件"之后的十年中,紧张的氛围导致了战争文化的普遍化。这改变了人类、社会和科学。从物质上和从概念上去分析,国家安全和"永久战争"的政策是因紧张与动荡的国际局势而得到了人们的支持。如果战争不是通过科学,而是通过步兵或游击队在地面战场上取得胜利,如果20世纪的野蛮争斗不需要技术手段的加持,那么,大家只要使用AK-47突击步枪就足够了。但事实并非如此。在这一历史时段,从原子到空间与环境,无所不在的战争深刻显示了对科技研究的实践以及科学、技术和知识之间的相互调节。

其次,20世纪是民族国家的世纪。国家成为一切生活的中心自第一次世界大战以来,各国因税收的增加,而获得了在19世纪无法拥有的手段,这便是由国家预测需求并指导经济发展的结果。这种方法不仅出现在东方和集权国家中,也出现在日本和凯末尔治下的土耳其。同时,在罗斯福总统领导下的美国,以及欧洲的社会民主主义国家都有类似的政策。同样的,在1960年代,"发展主义"国家将科学和创新视为"现代化"的重要组成部分。这些国家在国际竞争中积极保护本国企业,并且在整个世纪中都扶持科学的发展。随着第一次世界大战的爆发,大多数欧洲国家建立了长期为科学研究提供经费的机制,譬如,在战争期间,英国建立的科学与工业研究部(DSIR)和意大利建立的国家研究委员会(CNR)。1945年,人们认为是"科学"终结了第二次世界大战。美国由此开始近乎疯狂地寄希望于他们的科学家和工程师。于是乎，科学家与工程师在国家的规划下被培养出来，并在他们的管理者眼中成了有价值的"商品"。

有一个不再新颖的看法：我们当今社会的议题已经转向"治理"与"地球村"。这种看法有一定的道理：网络和社交媒体已成为一股主要的政治力量，而贸易的相互联系和当前的经济实力限制了许多国家的行为。但是，我们必须要注意这种看法的局限性，因为其不适用于大国。美国国防部每年的研发支出目前仍高于冷战中对抗最为激烈的时期。而世界的经济战争在很大程度上仍然是国家税收与工业体系之间的战争。每个国家都在尽一切努力复制美国的"硅谷奇迹"。因此，多数国家仍在技性科学领域大量投入。譬如，美国、中国、欧洲和日本之间在信息通信技术和生物技术领域上开展的竞争。

第三，1914—2014年是美国的世纪。美国早在1920年代就已经是领先的工业大国，并在1930年代成为研究潜力最大的国家。自1940年代以来，美国在地缘战略、媒体和文化、技术与机构创新以及消费与污染研究方面都占据着主导地位。由于其对全球科学家的吸引力，这一百年来，美国已获得了330多项诺贝尔科学与经济学奖。

由于美国是这一百年里世界体系的中心，因此在经济方面（尤其是与欧洲相比）具有显著的技术狂热和自由主义特征。同时，其科学与技术探索通常带有激进色彩（比如，优生学、大科学、使用化学产品或人类强化）。故而，美国面临着其他国家没有遇见或者规模更大的问题（比如，大规模污染或全球性资源问题）。美国也倾向于通过强大的，新的科学手段（例如，监管科学、成本效益分析等）来治理这些问题。在这一过程中，将会产生新的专家群体，并在全球范围内发挥主导作用（例如，在后"土地拨赠时代"的农业、在后"黑色风暴"时期的生态、环境经济学或环境健康）。

因为美国在社会意义上非常自由，并且拥有坚定的专业型少数派（比如，美国的非政府组织），所以也时常会出现激进的解决方案（比如，在1970年代初，美国国家环境保护局的力量）。由于美国强大的工业以及与之紧密相连的政治体系，其副作用也可能是非常巨大的（比如，由自由主义主导的智库和在1980年代对环境法规的破坏）。最后，由于美国自认为已经掌控了自身的命运，并且拥有独立自主的政策手段，因此，美国通过武力（及其复杂的科学－军事－工业复合体）和软实力（文化产业和各类基金扶持政策）来建立自己的霸权。

第四，20世纪也是工业与发明大爆发的世纪，是生产力得以解放和大众消费的世纪。这首先发生在西方国家，然后是"第三世界"的新兴大国。这是经济科学创造国民生产总值的世纪。在1900年至2008年之间，世界的国民生产总值提高了25倍。这也是科学工业化的世纪。通过科学知识重组了生产方法和技术。第二次世界大战之后的年代是大科学的时代，也是绿色革命的时代。期间，田野中布满了品种较少但却实现了标准化的农作物和动物，以此来适应农业的上下游产业。通过对碳元素的化学研究，人们逐渐用合成产品替代了具有较长使用历史的材料（比如，玻璃、木材、铁、铜、纸、橡胶、棉或羊毛）。

从1914年爆发的第一次世界大战到1970年代，工业主要由国家主导。在1930年代，大萧条期间各国在经济上采用自给自足的政策。国家和凯恩斯主义则在第二次世界大战后数十年的现代化进程中起到了关键作用。在这样的背景下，通过公司的实验室运作，人们将"工业研究"与"基础研究和开发"相结合，不断带来新的成果。贝尔实验室以及德国和瑞士的化学和制药实验室就是这种模式的典型例子。而工业生产也严重依赖于与军事用途有关的电子、材料和化学制品的订单以及由福利国家或医疗保险体系来保障的经费投入。

这些做法在近二三十年里逐渐发生着改变。产品与生产线的设计被要求能快速适应需求，研发的作用因此被相应地减少。这种思路已成为当下工业研究的基础。研发成了可以外包的工作。这种改变源于冷战，以及这种环境所允许的研究和初创公司的发展。当然，这也源于1980年代开始美国国内普遍存在的衰落感。通过重新定义知识产权和《拜杜法案》（Bayh–Dole Act）的出台，这种变化一方面导致了知识划分形式的变动，另一方面又导致垄断和司法化形式的改变。因此，一种基于更多专有权（比如，工业产权）的新的政治和道德知识经济便处于"知识社会"或"经济"的核心。

第五，这是技术梦想和希望的世纪。由滴滴涕杀虫剂（"没有昆虫的爱达荷州")清洁了大自然而得到的幸福形象、有导向性和选择性的人种进化、廉价的核能、对自然和太空的"征服"、制药学中的靶向性分子、有控制的繁殖、能够对抗饥荒的新型作物以及能控制老龄化的合成生物学,在长达一个世纪的时间中,媒体一遍又一遍地记录下这些以告诉我们科学和进步是如此的伟大。将来的一段时间将仍然是唯科学主义意识形态的世纪。那些支持科学社会主义的人们、支持发展主义国家的人们、支持中国模式的人们,当然,还有那些支持经济自由主义和市场的人们,都从最大程度上提出了最适当的技术解决方案,并得到了来自官方的认可。

不过,数十年来的论述也希望我们认识到这种现代化的科学主义不再完全是美好的。我们的社会已经开始关注科学与技术所造成的伤害与不良影响。科学与技术的副作用已经使我们曾认为是完美的"现代性"转变成了"风险型社会""反思型社会"和"后现代性"。在不低估过去的自反性、实力逻辑的持续中心性和当下的增长性的前提之下,这些论述反映出了真实的东西。此外,人类的愿望本身就是矛盾的。在为应对技性科学创新的长期影响而提出预防性措施的同时,人们仍然大规模应用先进技术、移动信息和通信技术以满足医疗技术与"自我完善"的需求。

因此,20世纪也是破坏与忧虑的世纪、是石棉和"烟雾"的世纪,是污染已成为全球性问题的世纪,是全球气候变化的世纪,也是去森林化的世纪(在人类生活在地球的11 000年里,地球的森林覆盖面积共消失了1 000万平方千米,其中的200万平方千米是在20世纪消失的)。

第六,这也是大规模疫苗接种的世纪,是生物医学产品(例如沙利度胺)对公共健康造成威胁的世纪。这也是人类健康出现震荡的时代,从传染病的流行到与城市生活方式相关的慢性病的全球性主张(包括在发展中国家),以及环境中无处不在的合成分子(les molécules de synthèse)。人们认为,在1945年之后的几十年中人类世(l'Anthropocène)得到了"极大发展"。

由于第一次世界大战中对诸如毒气等技术手段的应用,战后全球范围内对"进步"的批评十分尖锐,以至在经济大萧条时期有人呼吁要停止科学研究。而当1945年美国对广岛和长崎投放了原子弹之后,该批判之声更是此起彼伏。

从 1960 年代开始，更强劲的工业化浪潮致使人们对科学和技术的不信任达到了新的高度。保卫自然的博物学家、对核弹持不同意见的物理学家、警告生物圈被破坏的生态学家以及气候学家，科学家们在发现我们所碰到的问题时发挥了关键的作用。当然，这场运动也应归因于社会变革和受过良好教育的中产阶级的出现。自 1990 年代以来，科研公司们便宣称自己是"绿色发展"的主要推动力。

第七，这是知识空间的增加以及围绕知识合法性所产生冲突的世纪。在 19 世纪科学知识实现专业化之后，科学的业余爱好者在专业研究中失去了地位。同时，工业社会中的革新者和使用者之间也实现了劳动分工。在 20 世纪，我们见证了大学、制造商和国家的替代角色的增加。在 1910 年代，基金会在引导美国的研究方向上发挥了重要作用。而在 1970 年代，非政府组织推动了环保事业的发展，而其研究团队更是进入到专业知识领域。此外，女权主义发起了在生殖健康和控制方面的运动。同时，患者协会动摇了生物医学并改变了法律和研究计划。而最近"参与式科学"也发展起来。最后，1968 年以后的抗议运动非常广泛，我们看到了持不同政见的经济学家和反全球化运动，也看到了独立的德国生态机构的产生和巴西的农业生态运动。

自由派和保守派智库（传统基金会或企业组织）在 1970 年代商业界的倡议下建立起了一些学术机构，反思并削弱凯恩斯主义对大学教学与研究的影响。他们希望公共空间（l'espace public）能够被合法化，并成为一种必要的自由化主张。在 1990 年代，随着柏林墙的倒塌，它们还促进了"必要战争论"和"文明冲突论"的发展。这些智库以及有组织的产业利益链（尤其是通过更新"烟草产品文件"）通过与气候怀疑论相关的工程所提供的大量资金改变了在经济学、法律、环境、毒理学、健康以及气候领域的"大学知识"。

第八，20 世纪是调节措施不断增加的世纪，也是专家委员会、行政管理和相关机构不断增多的世纪。监管问题的核心矛盾是既要通过技术进步保持经济增长又要保护人民免受这种进步所带来的不利影响（这种需求在富国和穷国之间、在精英和草根之间有着很大的差异）。在利益的驱使下，这一矛盾通常表现为在没有更少毒性的替代产品出现前，拒绝完全禁止生产该产品，以及表现为不断建立新的监管体系。我们可以举出的实例有：从 1920 年代开始的对毒性阈值的定义、第二次世界大战后的成本效益计算（比如因成本过高而不能提供保护性产品）、风险评估和管理（尤其是自 1970 年代和 1980 年代以来）、"适应性"的知识和政策（特别是应对切尔诺贝利与福岛核事故，以及卡特里娜飓风所带来的伤害），还包括保密管理，以及积极编造无知和工业事实。

在 1930—1960 年是由技术鉴定支持的调整阶段。在此之后，在 1970 年代，则是在污染和环境问题当中继续发展经济。这主要依赖于"经济手段"、税收、市场以及企业自愿承担的责任。尽管不断出现的调整措施一般都落后于科学技术所带来的损害的增长。但是，它们在两极化的研究中发挥了重要作用，激发了新的知识领域。

第九，20 世纪还继续产生了生命政治学和人口管理的"积极"形式。承接于 19 个世纪的发展，这些形式是基于科学知识、医学和公共机构而建立的。它们首先仍然是处于社会基层的：如，工人和大众、种族和殖民地、女性和同性恋或双性恋以及医学治疗试验（比如，印度）等等。在 20 世纪，社会、种族和性别关系一直是科学、医学和政府人口管理的核心，也是（不断变化的）生命政治学的核心。

对于 19 世纪下半叶的工人和民众来说，迅速恶化的工作和生活条件产生了特定的疾病。社会的改革者们倡导"工业卫生"与微生物学以应对这一状况。在 1920 年代诞生的毒理学是一个新兴的领域。作为一种实验室的还原论和管理科学，其直接参与到工业管理中并确定安全阈值。从 1950 年代和 1960 年代开始，物质生活条件的转变，特别是由于石化产品的大量使用，一种"污染的广泛化"显现出来。因为石化产品影响到了我们每一个人。人们不得不重新定义人身安全，而中产阶级也发起了抗议活动。

来自 19 世纪的政策惯性导致对于女性的管理在 20 世纪依然带有国家主义色彩。从第一次世界大战后到第二次世界大战爆发前，在激素治疗的推动下，女性性生活周期正在实现医疗化。人口统计和"优生"知识在关于女性的生殖能力和对社会底层的控制也受到关注。优生学在许多国家通过不同的形式得以实践。在美国、瑞典、瑞士和纳粹德国都出现了种族隔离政策，而这种状况则较少出现在天主教国家。第二次世界大战后,如何控制人口增长成为发展中国家所面临的一大问题。而在工业化国家中,在家庭计划里则强调"愉快的性行为"。这带来了新的性科学。避孕药将性与性行为分离开来,这标志着"性革命"的开始,标志着"按计划要孩子"的时代的到来,同时,也意味着,个体化生命政治学的开始。当然,这也意味着不同的性身份时代的到来——所有的转变都是以科学和技术的发展为核心,从内分泌学到外科学。

第十,20世纪最终是一个网格化地球的世纪。它是全球连接成一个整体的世纪,所有的科学都对其进行了研究。从15世纪开始的全球化进程也在20世纪达到了顶峰。这些可以说是西方国家历时五个世纪的征服和"发现"的结果。地球上的土地和人口已经被我们知晓、记录和掌握。地缘政治是在人类的这些活动中产生的,而地理学在德国和法国也实现了重组。在1909年,白菱汉(Jean Brunhes)提出了"笼子的边界",并认为开放的时间就是对地球合理利用的时间。20世纪的世界是一个恰如其分的世界,因为在20世纪,人们继续着之前已有的科学研究,同时继续为征服自然而开展科学研究,譬如,在1914年前后对南极洲的探索以及在冷战期间对海床和高层大气的探索。从无线电到万维网,从汽车到飞机,这个世界也因技术的大规模应用而越变越"小"。

这种"缩小"的世界在不同的学说中也转化为一种为战争目的而监视领土和人口的封闭的世界,也是因全球金融化快速发展而形成的相互依存的世界。用维达尔·白兰士(Paul Vidal de la Blache)的话来说,世界变成了一个活着的有机体,一个自此变为无国界的世界。发达国家在1960年代通过太空探索及其想象力再次拓展了这个世界。

一个科学实践与科学论述的世纪

就科学本身而言,20世纪首先是一个实验室科学的世纪,是通过受控实验重塑世界的世纪。在19个世纪的传统中,实验室及其伴随的理论取代了观测和收集。从1910年代到1970—80年代,物理学在其天才学者的努力下实现了众多突破，并影响了这个时代的技术和政治选择。在科学的公共空间，首先是量子力学和原子物理学，然后是高能物理学。而新的遗传学和分子生物学直到后来才获得相同的认可。

物理学中"基础理论"的概念被确定下来，比如维也纳学派、巴什拉（Bachelard）、波普尔（Popper）和库恩（Kuhn）等人的研究。通过量子力学和相对论，人们才得以阐明什么才是优秀的科学。虽然，化学家、生物学家和固态物理学家对此提出了质疑。因为在战争中发挥了重要作用，人们也将大量经费投入进高能物理学的研究，在1940—1950年代建立的欧洲核子研究中心（CERN）便是很好的例子。

在此期间，物理学成为了一个更为广泛的领域。工业家们和1958年之后的军队就大规模资助了电子和材料科学。这些技术工业科学的成果包括晶体管、通信与制导、计算机、不断涌现的新材料。当然，还包括用于核心技性科学（les technosciences centrales）的化学与药学仪器，以及医学仪器。

从1970年代开始，虽然，作为实验室科学和技性科学，能够重组和优化生物的生命科学和生物技术还未能在现实工业中占据重要位置，但是，却在人们的设想中占据了一席之地。也许是因为它们在经济自由化的年代中得到了发展，所以这些科学的工作方法从一开始就显得"务实"。它们明确地遵循技术行动的意愿，并首先通过常识和技术来保证其有效性。从某种意义上说，它们是一种"知识"。虽然，生命科学和生物技术在战争中的作用不如物理学和数学那么重要，但是它们在个人和市场的层面上导致了新形式的生命政治学的诞生。

过去几十年来，伴随着图像、范式以及科学和生产实践的变化，研究重心从技性物理学转移到技性生物学。而由于数学和信息化工具的使用，科学实践也发生了重组。这表现在对计算机强大计算能力，以及建模与模拟技术的应用。直接读取现象的能力（例如，通过生物芯片实现自动记录和处理并在线进行大量交互）、存储信息的能力（庞大的数据库是高能物理和地球系统科学的核心）及数据处理能力（大量不同类型的软件）深刻地改变了科学与研究生活。

信息的生成和处理呈指数级增长。其影响在所有领域显现出来。因此，在成为大型技术－军事系统应用的核心之后，建模已成为分析大型自然系统的基本要素，比如，氢弹的概念最初是在1940年代末由数字计算机模拟出来的。

近几十年来也出现了新的科学领域。如果之前的150年是还原论方法和实验室科学的崛起，并损害其他方法的历史，那么在过去的几十年中，则是整体论或"系统性"方法的回归。今天的科学生活在很大程度上与生态系统、生态工程以及全球变暖问题有关。数以万计的研究人员致力于地球系统及其平衡、生物多样性及其演化、污染的影响以及"全球风险"管理。可以说，这些知识都是根源于生态学的，并且与在20世纪上半叶具有辉煌成就的科学研究相比，它们可以说是相当新颖和年轻的门类。最终的结果便是使科学统一成一个整体的方法的终结，同时，也是对"基础理论"追求的终结，也是1960年代所希望的建立单一认识论标准的终结。

科学研究"回归"全球问题的原因有很多。首先是我们刚刚提到的信息技术工具的出现。它们为这些研究的开展提供了条件。信息技术是将多种多样的观察和数据整合到单个认知空间中的条件。它们也是能发出预警的条件，因为，正是从1980年代以来，科学家们发现了全球性的气候变暖或生物多样性的减少。然而，广义上来说，是进步的失败及其在商业中的失败和不利的环境影响导致了这种"回归"。当然，另一个原因是自1960年代以来科学和生态学所发起的运动在公共空间中被提出，并让科学知识开始重视这些问题。

在这些新的科学领域中，管理、道德和政治考量不可避免地与研究和评估相结合。简而言之，这些分析是既具有描述性又具有立规性的。需解决的问题在于养护和可持续性、物种的性质和未来的管理以及技术或发展选择的期望变化。例如，围绕气候变化的问题，我们将不可避免地混合卫星测绘、跨学科动员（比如，海洋学或古年代学）、软件的应用、假设的提出以及参数和校准的选择等等。但是，我们面临的问题还包括地缘政治责任的分担，调节的标准、所使用的指标的选择（例如，测量二氧化碳排放量）以及由特定的经济和政治机制（比如，碳制品的市场）来指导的行动（比如，减少全球变暖）。这些问题是相互矛盾的，并且本质上是带有政治性的。采用的解决方案可能会引起许多不良的影响，比如，二氧化碳的测量是否可以很好地表明地球系统的平衡？如果我们仅保留二氧化碳这个指标，是否会失之偏颇？正是这些问题的复杂性，我们必须考虑社会科学与"自然的"科学的协作。

这些新的地球系统科学、模拟和建模实践（比如，生物纳米技术）所带来的社会和政治影响是巨大的。举一个较为极端的例子，克隆人技术或超人类主义所带来的问题比 20 世纪的物理学所带来的问题更大。海量的计算机模拟和处理导致了没有人能够独立去理解描述和情景。民主的讨论可能会处于一个十分微妙的位置，因为只有计算机模拟可以说出"事实"是什么，而科学家却仍在继续讨论它们。因此，对科学家工作的信任问题以及如何管理公共空间和媒体领域的信任问题成了主要的政治议题。

但是，20 世纪也是社会科学创新的世纪，因为 20 世纪初社会问题困扰着欧洲和美国的帝国主义和大众的公共空间。因此，与"社会"有关的知识和宣称自己为科学的知识开始凸显出来，例如社会学或经济学。但是，国家框架和知识传统仍然是具有决定性的：社会科学在学科划分或方法定位方面因国而异。在美国，这种知识是基于对社会干预的关注。行为主义、社会心理学和功能主义成为主流。这种社会工程学的趋势在冷战期间得到了放大。相比之下，在德国，战后盛行的是"批判理论"，它分析了资本主义、异化与文化的形态。

从 1950 年代开始，社会科学动摇并描述了被范式和不连续转变所塑造的世界。克劳德·列维－斯特劳斯（Claude Lévi-Strauss）和托马斯·库恩的作品是其中的代表。在维持平衡的过程中，1970 年代的社会科学通过媒介、共同生产、混合性和边界对象转向了个人及其重塑世界的能力。最近，则是"欧洲的地方化"（la provincialisation de l'Europe）奠定了这一基调。

因此，在哈特穆特·罗萨（Hartmut Rosa）的启发下，我们可以认为马克思（Marx）、韦伯（Weber）和涂尔干（Durkheim）开创了社会科学的第一个阶段：着重于时间意义上的历史转换。然后，第二个阶段是在第二次世界大战之后出现的，表现为对"结构"、复制和长时段的兴趣。最后一个阶段，是近四十年来对"行动者"如何理解并不断改变世界的探讨。然而，矛盾的是，这些社会科学研究追踪了众多和局部的膨胀与逆转，却很少关注历史的时空性问题。

1914—2014年终于构成了经济学家的世纪。他们成了统治者们具有特权的顾问。经济学家的知识在20世纪初获得了自主性。不过，在英语世界中，经济学一词以"政治经济"为代价强加了自己的力量。这项旨在开发新方法和更具技术性分析框架的运动，其基础是创建赋予经济活动权力的统计数据。而这些统计数据的主要来源是商业和金融。

1930年代的经济学科创造了"经济"，也就是说，整个生产和再分配流程都是在国家范围内设计规划的，就像一个巨大的机器。而现代的知识、计算和政府机构可以对其进行优化。对于国家来说，这一目标导致了新数据和指标（比如，国民收入）的出现，并导致了重新定位政策的方向。这些变化使专业经济学家处于至关重要的位置。第二次世界大战后，通过必须实行的数学化（这是受到了冷战和研发的推动）以及经济学家［尤其是通过阿罗－德布鲁模型（le modèle Arrow-Debreu）］根据竞争均衡的系统来思考经济。

作为具有新含义的类别，"市场"在最近几十年出现了，并且从根本上改变了经济学的面貌。因此，市场不再仅仅是经济交流的场所，而是自由的个体定义价格，并定义出能在社会上产生最优结果的路径。因此，分析的重点不再是整个经济，而是有才华的经济人的战略决策。

这种微观经济学很快发展起来，并带来了重要的参与者。即使国家（大国）并非没有权力，中央银行和金融机构也成了决策的场所，并对民选官员产生不利的影响。现在最能赚到钱的地方是金融业，其工具来自金融经济学及其数学技术。从这个意义上说，经济学作为一门学科，在推动近几十年来的世界发展，并使之能够不断发展方面起着核心作用。简而言之，它所创造的东西比它描述的要多得多。

如何总结？

首先要注意混乱的时间顺序和可以调用的转换逻辑的复杂性。可以根据主要的科学、技术、社会、经济和地缘政治变化来构建第一个时间表。我们可以大致将1910—1970年与1970—2010年分开，并描述其所涉及的科学的性质、创新的方式、社会的确定性以及与"科学"的关系。一方面是实验室科学、"基础"物理学、量化能量和物质流的生态系统生态学、"国民经济"学、分子和治疗性生物医学、"结构"的社会科学、只是在边缘提出质疑的技术工业以及简明科学的图像。另一方面是生物技术、应用数学、建模和计算方法、干扰生态学、适应力和生态系统"服务"、地球系统科学的全球体系、考虑个体的社会科学思维、网络和实体、作为经济核心参与者的市场，以及一个由网络"不确定性"和适应义务组成的"复杂的"世界。这个世界是平坦而动荡的。

但是，我们也可以提出较短的时间顺序，例如，战时的自给自足、冷战、自由化阶段乃至今天的安全形势，并分别分析此框架对科学和知识实践的意义。

当然，这里也有很强的连续性和复杂的逻辑反转。战争是具有决定性作用的。战争加速了国家对科学和技术的投资与应用。从 1918 年开始，在发达国家实施了最新的安全政策。在发展中国家实现了非殖民化之后，纷纷崇尚发展主义。虽然，事物发展的继承性是根据逻辑进行的，但是逻辑有时却是相反的。例如，1980 年代的反转深深植根于冷战时期的逻辑：即囚徒困境，或者将"敌对的本体论"（l'ontologie de l'ennemi）视为不合作的经济人的根源，或者从 1930 年代到 1970 年代盛行的专利政策及其带来的影响。

技性科学工具会改变社会，改变个人的存在方式以及改变金融行动者的行动方式。全球化和市场（产品市场和思想市场）的爆炸式增长导致权力的重新分配、导致另一种科学与技术的地理分布、导致许多国家的脆弱性以及其出现一种新的霸权形式。就像葛兰西（Gramsci）所说的那样，他担心人类对地球造成的损害（如果不是在社会问题上）。这主要集中在大国及其专家、国际组织（比如，世界银行或世贸组织）、跨国商业网络（世界可持续发展工商理事会）以及一些大型基金会和非政府组织。

但是，上述观点只能让我们窥见冰山的一角，而忘却了变化的无穷无尽。幸运的是，下面的章节将使我们可以更好地掌握这些问题。

克里斯托夫·博纳伊（Christophe Bonneuil），

多米尼克·佩斯特（Dominique Pestre）撰

第一部分

科学、经济、社会

20世纪两个截然不同的科学家形象：阿尔伯特·爱因斯坦（Albert Einstein）和克雷格·文特尔（Craig Venter）

第一章

科学家的形象

过去一个世纪以来,科学家的身份可以通过多种方式来理解。第一个是使用"人设"(persona)的概念,即通过典型事例来引起人们对科学家公认的社会和文化角色的关注。[①] 由此会产生这样的问题:关于科学家的形象、他们的精神和道德构成、他们所发展的体制和社会形式、他们的理想和实际行为,以及他们的兴趣和所做的研究,人们是如何去思考和描述的呢?另一个似乎更务实和更简单的方法是探索统计数据来告诉我们有关科学家的信息,比如,他们有几个人?他们在做什么?他们在哪些地方和机构工作?他们的研究的方式和研究的目标是什么?

历史学家一直沿用第一种"柔性"或"柔和"(soft-headed)的方法来描写这些科学家的"人设"。这些角色在现代社会中都受到重视和争论,我们可以看到他们的形象在什么程度上发生了改变。几乎宗教性的职业观念已被世俗的工作观念所取代,科学家已从知识分子转变为专家和技术人员,从真理的寻求者转变为对经济增长、公共卫生和军事力量来说不可或缺的产品的生产者。[②]

[①] "人设"(persona)的概念在科学史上已经广为流传,尤其是通过洛兰·达斯顿(Lorraine Daston)的著作。所有这些术语都可以用来捕捉历史进程中研究自然界的人们的表征的转变。参阅:Daston et Sibum 2003, Daston et Galison 1992。

[②] Kohler 1994, Herzig 2005, Haynes 1994, LaFollette 1990, Kaiser 2002 et 2004, Shapin 2008a et 2008b, Stevens 2013。

我可以更细致地解释一个世纪以来关于科学家的言论，但在这里我宁愿看看与统计数据的出现有关的，且讨论得比较少的问题。在什么情况下科学从业者开始受到系统的人口普查？这些统计的目的是为了什么？对价值体系和科学工作者的管理有什么影响？然后，科学家在被统计之前如何鉴别和分类？统计学计划确实是由政府资助的，而有关"人设"的讨论通常是在历史学家的圈子中进行的，这并非不重要。统计学的计划着眼于实践目的，而文化计划则着眼于历史学和社会学的理解。但是任何统计科学家的人都必须对这些"人"是谁有所了解，并且任何统计学计划都至少涉及"柔和"的文化计划，人物角色的文档和科学家的"人设"。

即使在 20 世纪上半叶人们采取了主动行动，以调查登记科学家并以可利用的形式组织这些普查的结果，但直到第二次世界大战及其后的几十年，科学家的系统统计以及向政府和官员传播有关他们的定量信息的政策才真正变得有意义。① 四个原因可以解释这种状况。首先，20 世纪的特点是科学的地位发生了历史性的变化，从业余爱好变成了职业。19 世纪最伟大的科学家查尔斯·达尔文仍然是业余爱好者，他凭借自己的兴趣进行研究，并且没有人为他的研究工作支付酬劳。而到了 1930 年代，科学的特点是专业性，以普遍交换科学知识和技能来获取报酬。第二，20 世纪中叶，世界上的科学家人数比以往任何时候都要多。科学界和外界的观察者对科学家数量的增长及其结果非常感兴趣。第三，在整个世纪中，工业界、军方和国家对科学家在工业研究实验室或政府机构中进行的研究越来越感兴趣。最后，对科学知识是什么以及对科学知识用途的评估，使科学在一个世纪中越来越多地与实践、技术和商业问题联系在一起。这里列举物理学家罗伯特·奥本海默（Robert Oppenheimer）的一桩轶事：在 1920 年代后期，哥廷根大学的一位数学家每年到"工学院"（Technische Hochschule）讲授"科学与技术之间的关系"课程，直到由于生病被迫放弃这项教学工作。他的一位著名同事接替了他，然后当他被要求谈论科学与技术之间的关系时，他说在他看来，这两者之间不可能存在联系（Sie haben ja gar

---

① Godin 2007a.

nichts miteinander zu tun）。① 科学是一回事，技术是另一回事。在战争期间，奥本海默在洛斯阿拉莫斯（Los Alamos）指导了借助"基础"物理学知识来开发核武器的项目。战争结束后，他喜欢讲述这段哥廷根的轶事，以展现事物的飞速变化。

根据他们的文献，战后政府想知道科学家的人数，因为他们是一种宝贵的资源，必须像其他宝贵资源一样进行评估、管理和调动。这些做法很快导致了科学家角色的"标准化"。如果可以将科学家视为"自然的神父"（根据17世纪的说法），作为对世俗呼吁的回应［韦伯（Max Weber）的观点］②或作为凭借其美德成为一个特殊共同体的成员［根据罗伯特·默顿（Robert Merton）的科学社会学］，到20世纪中叶，科学家通常被视为领取薪水的专业人员，其活动具有实用价值，值得被支持。③

大科学和其行动者

随着第二次世界大战和冷战，科学家身份的标准化大大加快了。1961年1月，美国总统德怀特·艾森豪威尔（Dwight D. Eisenhower）在其著名的离职演说中表达了他对"军工复合体"的不合理政治影响的关切。他认为这增加了"公共秩序可能成为科技精英的俘虏"的风险。而根据一些批评，科学研究的集体化和组织化的发展会扼杀创造力。④ 几个月后，美国原子能委员会橡树岭实验室（Laboratoire d'Oak Ridge）的主任提出了"大科学"（big science）一词，以表达对当代科学的规模和机构形式对科学工作质量的影响的担忧。⑤

1978年，生物化学家欧文·查格夫（Erwin Chargaff）宣布，新的分子生物学将自己的灵魂出卖给了伟大的和职业主义的恶魔："在我人生开始的时候，

---

① Oppenheimer 1955 [1947](p. 89).
② Shapin 2006 et 2003.
③ Shapin 2008*b*.
④ Eisenhower 1972 [1961].
⑤ Weinberg 1961. 多年前，人们就表达了对科学组织对创造力影响的担忧。参阅：Whyte 1956 (partie 5)。

科学的体制化如同大众活动，伴随着永久增长的义务（……）——与其说是因为有很多发现，不如说是因为有那么多人想要得到报酬。"①

奥本海默提醒他所在学科的同事，他们的物理技能不允许他们在各种知识、道德或政治问题上发表意见，尽管他不总是遵循自己的这条建议："我认为其他学科的同事会同意，我也代表他们发言，物理学的研究并不是用来创造哲学王。到目前为止，它还没有制造出任何王。它几乎没有培养出能干的哲学家——即使培养出来了，这种情况很少见，因此应被视为例外。"②

后来，米歇尔·福柯（Michel Foucault）在提到奥本海默时认为，他是第二次世界大战后出现的"特殊知识分子"形象的完美典范。他被授权对有限的技术问题进行裁决，但不再发挥代表"普遍性"的作用。从这个意义上说，新的特殊的科学家／知识分子最终不是真正的知识分子。③查尔斯·斯诺（Charles P. Snow）将福柯所呈现的现代装置的特征事实看作一种误解。后者想知道为什么像欧内斯特·卢瑟福（Ernest Rutherford）这样的科学家从未被认为是知识分子。但是斯诺在这一领域进行了长期而失败的战斗。④

统计重要的科学家

如果说，在冷战时期科学与国家之间的新契约中，大科学被一些批评家看作是一个问题，那前者则无法满足国家对科学家日益增长的需求，因此，政府开展了一系列积极措施确保科学家的数量。最初，物理学家是这些要求的主要受益者，但是，人们坚信各种科学家可以构成商业、军事或公民一级的重要王牌，这导致包括人文学科在内的许多其他专业也正在经历着从业人

---

① Chargaff 1978 (p. 117).
② Oppenheimer 1955 [1947] (p. 92).
③ Foucault 1980 (p. 126-128).
④ Snow 1993 [1959] (p. 4). 在其他地方（p. xxv, n. 13），斯诺表达了对"知识分子"的蔑视，这表明他也区分了科学家和知识分子的形象。

数和资源的飞跃式发展。①

关于科学家工作有用性的争论让人们支持对科学家的人数进行统计以便对未来需求做出预测，制定培养所需科学家的具体政策，并停止产生无用的人才。因此，在第二次世界大战期间和之后，科学家作为一个简单的从事发现探索的个体的观念被扩展，甚至被科学家的官僚主义观念所取代，就像给商品赋予了价值，故而也必须知道其数量。然后，国家以精确的方式增加对公共政策的支持。加拿大社会学家伯努瓦·戈丁（Benoît Godin）详细介绍了20世纪初为研究和盘点国家科学人力资源而采取的举措，以及在第二次世界大战及其后几十年中变得更加系统化和具有政治紧迫性的统计工作。②

《科学，无尽的前沿》(Science, the Endless Frontier) 是美国总统富兰克林·罗斯福（Franklin D. Roosevelt）于1945年所要求的报告。该报告来自战争期间美国科学研究与开发办公室（Office of Scientific Research and Development, OSRD）主任万尼瓦尔·布什（Vannevar Bush）。这份报告设想了战后组织科学与联邦政府之间关系的安排的形式，并迅速收集了可用科学家和人员数量的数据。1947年，约翰·斯蒂尔曼（John R. Steelman）向哈里·杜鲁门（Harry S. Truman）总统提交的报告更加完整，其中包括更为系统的统计调查。③ 英国人在战争期间收集从事科学工作的相关人员的统计数据，而在战争结束后，这一做法依然得到延续。1946年，下议院巴洛委员会（le comité Barlow）撰写了一份关于未来十年对科学人才需求的报告，报告的作者认为无需明确说明为什么"开发我们的科学资源"如此重要。他们只是指出："科学的重要性从来没有像现在这样得到广泛的认可，而且科学家们从来没有像现在这样寄希望于

---

① 关于物理学，冷战期间美国的物理学家的培养以及物理学家的角色和性质，参阅：Kaiser 2002, 2004, 2006 et 2015. 经典的论述可参阅：Kevles 1977（chap. 19-25）。关于冷战中的社会科学，参阅：Lemov 2010, Buck 1985, Solovey 2013。

② Godin 2002, 2005（尤其是 p. 26），2007b（尤其是 p. 5-7），2009（p. 9-12 et 15-16）。为了支持计划中的或可能的军事动员，法国政府在两次世界大战之间进行了一系列科学资源清查，但直到1960年代才再次系统地收集关于"人力和物力"的科学资源统计数据，参阅：Bouchard 2006。

③ Bush 1995 [1945]（尤其是 p. 127-134, 158 et 166-179），Steelman 1947（尤其是 t. 4: Manpower for Research）。

未来取得进步和福祉。"该报告还包含有关英国科学家人数的一些初步统计数据，并呼吁每年大学培养的科学家人数增加一倍。① 随着1950年美国国家科学基金会（National Science Foundation，NSF）的创立，有关科学家人数的统计数据的收集和分发采取了更加复杂和尖端的形式，并将这些统计数据纳入国家和国际政策的制定中。② 1960年代，经济合作与发展组织（l'Organisation de coopération et de développement économiques，OECD）紧随美国和英国的脚步，于1963年出版了第一版《弗拉斯卡蒂手册》(*Manuel de Frascati*)，该手册确立了对科学、科学家和科学资源进行统计和分类的规约。③

关于科学家人数的官方统计数据的收集不仅用于拟定政策实施情况的清单。这些统计数据及其所包含的政治项目也有助于重新构造科学家的概念、科学家的工作目的以及如何评估科学研究的价值，并得到认可。首先是在围绕这些统计数据的言论中，其次是在用于呈现这些统计数据的某些类别中。对于斯蒂尔曼来说，科学家是各种国家"进步"的"必不可少的资源"。④ 随着1950年朝鲜战争的爆发，对"资源"的措辞被精炼出来：现在，科学家们专门被称为"战争工具""战争产物""战争王牌"。可以像任何其他类型的主要基本资源一样被"存储"。⑤ 人们经常从"短缺"的角度来看待这个问题，也就是说，大学的供应与工业和政府对科学家的需求之间的不匹配，以及在较小的程度上，与生产这些资源的大学也不匹配。通常，科学家被认为是"投入"，必须与数量一定的物质"产品"建立因果关系，然后才能定量。在公众的讨论中，计量经济学语言无处不在。后者成为一种商品，可以像其他商品一样谈论和调整数量："科学家的短缺伴随着需求的显著增长。需求来自低于正

---

① Scientific Man-Power 1946 (p. 3 et 8).
② 美国国家科学基金会于1972年发起了"科学指标"（Science Indicators）计划，这是在官僚主义的框架内寻求客观地、量化地衡量科学家的福利、生产力和影响，参阅：NSF 1973, Godin 2001, Elkana et al. 1978。
③ Godin 2008*b*.
④ Steelman 1947 (t. 4, p. 1).
⑤ Smyth 1951 (p. 64).

常水平的供给。"①

正如预期的那样，对"短缺"的担忧存在于美国的冷战中，并随着苏联在1957年发射第一颗人造卫星而加剧。人们希望"生产"更多的科学家。这种需求在与越南战争和林登·约翰逊（Lyndon Johnson）总统的"伟大社会"计划所需的资源竞争中趋于缓和。② 遏制联邦政府在研发方面支出的最初努力并未成功：在1960年代中期，据估计，美国政府在该领域的支出大于整个珍珠港事件之前的预算。③ 科学家人数的增长与人们可将科学家比作可以储存的东西的想法齐头并进。科学工作是纪律严明、有条理的工作，可以解决难题。科学是"可能性的艺术"，科学问题可以通过大规模工作来解决，这已经不是什么新鲜事物了。但是，现在它们的意义如此重大，以至于可以引起负面反应［例如，艾森豪威尔的告别演说和温伯格（Weinberg）关于大科学的理论］。托马斯·库恩（Thomas Kuhn）参加了政府组织的关于科学创造力的会议，他丝毫不认为他的"标准科学"（science normale）概念是对这些政治问题的回应，但是他的想法确实在这种情况下得到了很大的回响。④

当然，对科学家人数的估计会有所不同，具体取决于确定谁是"科学家"的标准，但是所有迹象表明，在20世纪，尤其是第二次世界大战之后，这一领域取得了巨大的发展。1906年，詹姆斯·卡特尔（James Cattell）评判了4 000名值得列入他的传记集的科学家。1944年，这个数字大大增加到34 000人。⑤ 斯蒂尔曼的报告指出，美国的科学家人数在1937年为71 000（包括13 900名博士学位持有者），在1947年为128 000（包括23 200博士学位

---

① Steelman 1947 (t. 4, p. 1–6).
② Greenberg 2001. 该书表明：与美国科学界的领导者的论点相反，当从经济角度上看，许多领域的科学家供过于求之后，"稀缺性"的言论仍然长期存在。该论点也可参阅：Godin 2005（p. 239–260）。
③ Price 1965 (p. 3).
④ 主要参阅：Kuhn 1963. 库恩发表论文的会议于1959年举行，与会者包括五角大楼高级研究计划局（Advanced Research Projects Agency）和空军人事及训练研究中心（Air Force Personnel and Training Research Center）的一些官员以及陶氏化学公司（Dow Chemical）的代表。参阅：Cohen-Cole 2013（chap. 2）。
⑤ Godin 2007a (p. 701–702).

持有者)。① 1963 年，一位社会学家估计，美国当时约有 100 万人拥有科学和技术的高等教育文凭。② 根据美国国家科学基金会《科学指标》(*Science Indicators*)的第一份报告，"活跃于美国的科学家和工程师总数从 1960 年到 1971 年增加了约 50%，达到了 1 750 000 人。在职人数比同期翻了一番，占总数的 10%"③。最新版本的《科学指标》指出："(美国)科学和工程领域的从业者人数已从 1950 年的 152 000 名增加到 2009 年的 540 万。"年平均增长率接近 6%，是 18 岁以上劳动力总数增长率的五倍。④

科学家和政府已意识到这一显著增长，这一点在 1960 年代发展的"科学计量学"中得到了体现。1963 年，历史学家和社会学家德瑞克·约翰·德·索拉·普莱斯(Derek John de Solla Price)发表了一本具有很大影响力的著作。在该著作中，他坚持认为，无论选择哪种类别(科学论文、评论、发现或科学人员)增长始终是指数级的。对于许多科学家而言，大科学似乎是一种从未出现过的现象。实际上，根据普遍的定律，这种现象已简化为一个过程的简单时刻。如此发展是科学的本性，而精确地研究这样的定律就存在"科学的科学"一说。与科学的几乎所有方面的倍增相对应的时期大约是十到十五年，普莱斯认为，历史上任何时期都验证这一定律。唯一的区别是，倍增目前与更高的绝对值有关。因此，普赖斯为科学家的意识的历史性提供了一种历史解释：迄今为止，90% 还活着的科学家在接下来的十年或二十年中将产生与以前历史中产生的一样多的科学成果。科学消除了过去的意识，至少消除了过去的意义——但它一直都是这样(查尔斯·斯诺在 1959 年写道，科学家是"将未来牢牢锁在身体上的人"⑤，或者换句话说，他们对过去不感兴趣)。因此，普莱斯认为科学变革的体制方面和科学家认为他们正在经历的变革在历史上是不正常的这一想法是确实存在的。同时，他认为，这种变化模式的各个方面无法逃脱这种

---

① Steelman 1947 (t. 4, p. 11).

② Price 1986 [1963] (p. 7).

③ NSF 1973 (p. 48).

④ National Science Board, Science and Engineering Indicators 2012, chap. 3, < http://www.nsf.gov/statistics/seind12/>

⑤ Snow 1993 [1959] (p. 10).

急剧增长所产生的增长曲线。而且，如果以这种方式继续增长，"我们将为人口中的每个男人、女人、孩子和狗配备两名科学家……科学世界的终结距离我们不到一个世纪的时间"[①]。

普莱斯对不同类别的科学人员不是很感兴趣，因为他们确信所有科学指标都遵循相似的变化模式。但是，战后时期的官僚/统计工作从根本上重新构造了科学家的形象。R&D（研究与开发）的联合概念可能是第一次出现在1947年的斯蒂尔曼报告中，该报告本身可能参考了万尼瓦尔·布什在第二次世界大战期间领导的美国科学研究与开发办公室。研发类别的体制化方式尚未被明确地确定，尽管戈丁和莱恩（Lane）将其出现置于战后时期，在这个背景下，人们对"开发"这一工业范畴与"研究"这一学术范畴的联系产生了政治关切。"研发"被当作政府工作的一部分以证明通过对开发成果的评价来增加对研究的支持是合理的。这种思想尤其体现在报告《科学，无尽的前沿》中。创新的出现是所谓的"线性模型"，其中"纯"或"基础"的研究被确定为导致物质商品和服务改善的一系列因果关系的第一要素。这是经济学家对战后科学与国家妥协的贡献。[②]

"QSE"作为新的科学模型

在行政当局收集的统计数据中，谁会被视为科学家？第二次世界大战之前，科学家的类别与技术专家的类别是有区别的，就像经常提醒人们的那样，所谓的"科学研究"与人们可以合理预期的物质结果无关。与技术相比，科学追求不同的目标，需要特定的认知能力，并且要接受不同的评估方式。但是战后的妥协通过结合先前被认为与众不同的活动和意图来追求科学家的标准化。在确定科学家人数及其类型之前，所有统计活动的开展必须在科学工作与其他类型活动之间建立起边界。人们需要知道"科学家"（"科学工作者""研究人

[①] Price 1986 [1963] (p. 7–17, citation p. 17). 早在1959年在耶鲁大学举办的研讨会上，普莱斯就介绍了这些概念。

[②] Steelman 1947 (t. 1, p. 9–13), Godin et Lane 2011, Godin 2008c, Edgerton 2004.

员"等）是否可以通过这些人所做的工作类型、他们工作所在的机构、所接受的教育以及在这种情况下的学习类型和持续时间进行辨别。同时，必须区分不同种类的科学工作和相应的从属关系。此外，"社会科学"的专家是科学家吗？[①] 教授科学的老师应该被视为从事研究的科学家吗？那么，严格来说，在时间"t"接受过高等科学训练但又不在实验室工作的人呢？大学里的科学家甚至不在实验室里度过所有时间，而将所有时间都花在实验室上的工业研究人员呢？

正是在战后的环境中，新的行动者出现在了文化意识和行政实践里。这就是"合格的科学家和工程师"（Qualified Scientist and Engineer），其首字母缩写为QSE。QSE的确切来源尚不确定，尤其是因为该术语在战前已在各种情况下使用过，其不作为"专业术语"，只是作为指代不同人员类别的手段。而这些人员的专业知识已通过了机构认证。如果1940年代美国军方和教育局（Office of Education）保留了《科学和专业人才名册》（Roster of Scientific and Specialized Personnel），而美国国家科学基金会在创建QSE时，它的任务是汇编《科学技术人员名册》（Register of Scientific and Technical Personnel），那么典型的现代QSE的行政类别似乎在英国战后统计汇编的背景下被纳入调查范围。在根据马歇尔计划对欧洲经济合作组织（OEEC）的科学劳动力进行调查之前，并在1960年代成为经济合作与发展组织的标准之前。[②] 巴洛委员会1946年向下议院提交的报告提供了有关那些被称为"合格科学家"的数据，这些科学家被定义为获得了"数学、物理、化学和生物学的高等教育文凭（无论水平）"。在定义中加入"少数未从大学毕业但属于公认的科学机构成员的男性和女性工作者，其水平相当于这些学科的高等教育文凭获得者"。"巴洛报告"在强调"纯科学与工程的不同分支之间的紧密联系"的同时，却"没有估算"工程师和技术人员的数量。[③] 两年后，科学政策咨询委员会的第一份

---

① Solovey 2012.
② National Resources Planning Board 1943, NSF 1951 (p. 29), Kelley 1953 (p. 3), Godin 2005 (p. 187 et 249-251), Organisation for European Economic Co-operation 1955, Cockcroft 1965 (p. 30-32, 39 et 51).
③ Scientific Man-Power 1946 (p. 3 et 10). 应当指出，英国大学的第一学位比美国大学的学士学位（通常具有更广泛的学科基础）更专业，在特定主题上具有更多的相关技能和知识。

年度报告（*First Annual Report of the Advisory Council on Scientific Policy*）呼吁英国采取确保"科学家和合格的技术人员"统一归类的政策。"① 英国政府可能在 1950 年代中期和末期商定了 QSE 类别的使用（作为一个实体，其数量受到政府的密切监控），以分别分配给科学家和工程师，并提出"合格的科学家和工程师"一词的正式定义，这包括"大学文凭和技术文凭的持有者（由国家技术文凭理事会颁发）、来自技术"学院"的老师以及属于专业机构（例如机械工程师协会和皇家化学研究所）的成员。②

在整个 1960 年代及之后的时间里，统计资料继续区分科学和技术亚种——例如，表明化学家、生物学家、化学和电气工程师的人数。但是，在纯科学、应用科学和技术的类别之间因果关系得到明确强调的时候，由科学家和工程师（或技术专家）代表的类别的集合在历史上是值得被关注的。因此，科学家形象的标准化在政治和文化上都很重要。从文化的角度来看，科学家类别与工程师类别的重新组合构成了科学研究对象的重新规定，并且从政治的角度来看，这是一种对看似无关紧要的研究的公开辩解。在被赞美之后，无目的性现在在政治上被消解为一种成果文化，最终可以用计量经济学工具进行评估。就公众对科学家工作的支持而言，没有用的研究是不可想象的，并且从经济的角度来看，科学家通过这种标准化发现自己与其他重要行动者处于同一框架内。

充满活力的混合体：20 世纪末及以后的科学家

现在我们有了关于如何、为什么以及出于什么目的对科学家进行计数的想法，我们可以回到他们身份的定性方面。这里再次出现了标准化的概念，也就

---

① Advisory Council on Scientific Policy 1948 (p. 12–14).
② Advisory Council on Scientific Policy 1959 (p. 1–4 et 30). 在 1950 年代中期，欧洲经济合作组织的做法显然不那么正式，需要被解决的短缺类别被称为"高技能的科学家和工程师"。参阅：OEEC 1958. 该报告强调了国家之间关于谁能被认为是科学家或工程师的评判标准的差异，但是报告细化了这个问题，同时强调了提高公众对此类人群对于经济增长和国家安全的独特价值的认识的重要性（比如第 9 和第 23 页）。

是说，科学家身份与平民生活中通常认可的其他角色的身份是相关联。科学家从事商业事务已经很长时间了，但是在 20 世纪末和 21 世纪初出现了新的情况，即科学家工作的目的和真正动机是而且必须是一项商业成果——这个想法不仅在公众舆论中和赞助者之间传播，而且还在科学家们中间传播。企业工程师的形象至少可以追溯到工业革命。至少在 19 世纪下半叶就有科学家受雇于高科技行业，比如，在大型的德国化学公司中。但是，随着第二次世界大战后电子初创公司以及从 1970 年代开始的生物技术公司的出现，企业科学家才成为当前文化中公认的科学家形象。由风险投资基金资助的公司，例如 1976 年的基因泰克（Genentech）和 1978 年的渤健（Biogen）两家公司。然后，通过增加美国大学的技术转让办公室来加强对这一形象的构建和接受度。这些办公室管理和鼓励可商业化的知识产权（la propriété intellectuelle，PI），同时鼓励初创公司申请专业知识产权的专利，并鼓励教授们参与进来。① 虽然对科学家和商人的混合角色的接受以前仅限于工业界，但从 1970 年代和 1980 年代开始，这种混合形式在标准中得到了广泛认可，并受到各国政府的积极鼓励。政府往往成为研究项目的最终资助者。

2000 年，人类基因组测序被誉为科学组织化的结晶，是科学家所处的机构的实力领域的范例。人类基因组计划始终是一个混合行动，表现为"公共"（政府）行动与"私人"（商业和准商业）行动之间的"竞争"，需要出现纯科学的成果，并且最终目标是生产具有成本效益的药物，并实现面向全球市场的新型生物技术业务。通过基因组计划获得的知识属于生物学，但是产生该知识的方法完全取决于基因组测序的新技术手段和科学技术工作组织的新形式。"私人"在这项科学研究中的主动性本身是一种体制上的混合，这让商业行为和非营利实体之间形成了复杂的关系。这些非营利实体最终为其商业同行发现的基因序列申请了专利。美国在这一研究中公共行动的牵头人是虔诚的基督徒弗朗西斯·柯林斯（Francis Collins）和负责卫生事务的联邦机构［全国卫生研究所（National Institutes of Health，NIH），这不是一个营利机构］希望确保基

---

① Hughes 2011；同样可参阅：Shapin 2008b（chap. 6-8）。

因序列专利的安全性。这激怒了私人行动的负责人。生物学家（无神论者）约翰·克雷格·文特尔（John Craig Venter）决定离开全国卫生研究所，自立山头。① 然后，文特尔成为商业科学的象征性人物和第一位生物技术的亿万富翁。2004年，《商业周刊》（Business Week）杂志将文特尔评选为美国"伟大的创新者"之一。杂志中，他所穿衣服的右半边是实验室的白大褂，而左半边是男式西服外套。他这么打扮是为了体现一个当代商业和科学知识相混合的形象。② 但是，文特尔的目标与私人行动相关的商业利益之间存在真正的紧张关系，而后者最终妥协。然后，文特尔成为新兴的合成生物学领域的领军人物，领导着另一场商业和非营利实体的联合，并组织了一次科学行动以产生双方都可以想象得到的，能实现商业目的和利他主义目标的结果。

在20世纪中叶，爱因斯坦，也许是在他1955年去世后的很长一段时间内，是科学家形象的象征。他的背光脸在许多方面代表了成为一名科学家的含义，即，一个漫不经心，蓬头乱发，生活严肃艰苦，对这个世界感到厌倦的人。作为一个其理论研究与原子弹的发明息息相关的人，在广岛使用原子弹的消息传来后，他只用意第绪语说了句"天哪"（Oy vey）。③ 没有人能取代爱因斯坦成为现代科学的象征，但可以肯定的是，我们也能看到像文特尔这样的人成为候选人。他与恶魔共进晚餐，但坚持认为自己有足够长的勺子可以抵抗诱惑。他拍着自己的胸脯，同时挥舞着自己的自传。在自传中，他既是技术和组织方面雄心勃勃的天才，又是个人主义和独立圣殿的超传统守护者，他认为这对科学的理念至关重要。④ 但是，作为当代科学偶像地位的另一位竞争者，一位理论物理学专家，在剑桥担任艾萨克·牛顿（Isaac Newton）曾经担任的数学教席后退休。⑤ 这就是斯蒂芬·霍金（Stephen Hawking），他代表了科学家"人设"的延续。自从17世纪存在如苦行僧般沉思的自然神父以来，该角色几乎

---

① 关于基因组计划的科学史和机构史，参阅：Shreeve 2004, Sulston et Ferry 2002。
② 关于这副图片，可参阅：Shapin 2008b（p. 224），和 < http://sciencecomm.wikispaces.com/UNIT + 2_J.+ Craig + Venter > .（该链接已失效——译注）
③ 《Ô malheur!》被引用于 Nathan et Norden 1960（p. 308）。
④ Venter 2007.
⑤ Mialet 2012.

保持不变。他们在象征意义上脱离肉体，在身体意义上亦没有化为肉身，似乎来自另一个世界，似乎是从神那边而来。现代科学家的形象是一项正在进行中的工作（work in progress）。其当前状况证明了我们以不连贯的方式来考虑那些揭示自然现实并赋予我们极大潜力的人。如果说文特尔代表着科学家形象的体制和文化变革的先驱，那么这种先驱本身就仅代表当代现实的一部分。文特尔的形象是科学家与技术专家之间，纯知识性工作和商业与公民目标之间相混合的体现。您可以说，新型科学家和其他所有人一样，甚至更多一些。但是霍金的形象提醒我们这种崩溃和混合在当下的局限性。

史蒂文·夏平（Steven Shapin）撰；西里尔·勒罗伊（Cyril Le Roy）译

参考文献

Advisory Council on Scientific Policy 1948, *First Annual Report of the Advisory Council on Scientific Policy (1947—1948)*, Cmnd. 7465, Londres, His Majesty's Stationery Office.

– 1959, *Scientific and Engineering Manpower in Great Britain*, Cmnd. 902, Londres, His Majesty's Stationery Office.

Bouchard Julie, 2006, A Prehistory of Statistics on Science and Technology in France: From Inventories to Statistics, < http://juliebouchard.online.fr/articles pdf/2006c-bouchard-statistics.pdf > (consulté le 6 janvier 2015).

Buck Peter, 1985, Adjusting to Military Life: The Social Sciences Go to War (1941—1950), in Merritt Roe Smith (dir.), *Military Enterprise and Technological Change: Perspectives on the American Experience*, Cambridge (MA), MIT Press, p. 205-252.

Bush Vannevar, 1995 [1945], *Science, the Endless Frontier: A Report to the President on a Program for Postwar Scientific Research*, Washington (DC), National Science Foundation.

Chargaff Erwin, 1978, *Heraclitean Fire: Sketches from a Life before Nature*, New York, Rockefeller University Press.

Cockcroft Sir John (dir.), 1965, *The Organization of Research Establishments*, Cambridge, Cambridge University Press.

Cohen-Cole Jamie, 2013, *The Open Mind: Cold War Politics and the Sciences of Human Nature*, Chicago (IL), University of Chicago Press.

Daston Lorraine, 1998, Fear and Loathing of the Imagination in Science, *Daedalus*, vol. 127, hiver, p. 73-95.

Daston Lorraine et Galison Peter, 1992, The Image of Objectivity, *Representations*, vol. 40, automne, p. 81-128.

Daston Lorraine et Sibum H. Otto, 2003, Introduction: Scientific Personae and Their Histories, *Science in Context*, vol. 16, p. 1-8.

Edgerton David, 2004, The "Linear Model" Did Not Exist: Reflections on the History and Historiography of Science and Research in Industry in the Twentieth Century, *in* Karl Grandin, Nina Wormbs et Sven Widmalm, *The Science Industry Nexus: History, Policy, Implications*, Canton (MA), Science History Publications, p. 31-57.

Eisenhower Dwight D., 1972 [1961], Farewell Address [17 January 1961], *in* Carroll W. Pursell (dir.), *The Military-Industrial Complex*, New York, Harper & Row,, p. 204-208.

Elkana Yehuda, Lederberg Joshua, Merton Robert K., Thackray Arnold et Zuckerman Harriet (dir.), 1978, *Toward a Metric of Science: The Advent of Science Indicators*, New York, John Wiley.

Foucault Michel, 1980, Truth and Power, *in* Colin Gordon (dir.), *Power / Knowledge: Selected Interviews and Other Writings (1972—1977)*, New York, Pantheon, p. 109-133.

Godin Benoît, 2002, The Numbers Makers: Fifty Years of Science and Technology Official Statistics, *Minerva*, vol. 40, p. 375-397.

– 2005, *Measurement and Statistics on Science and Technology: 1920 to the Present*, Londres, Routledge.

– 2007*a*, From Eugenics to Scientometrics: Galton, Cattell, and Men of Science, *Social Studies of Science*, vol. 37, p. 691-728.

– 2007*b*, What Is Science ? Defining Science by the Numbers (1920—2000), Working Paper no. 35, Project on the History and Sociology of S & T Statistics, <http://www.csiic.ca/PDF/Godin_35.pdf>.

– 2008*a*, The Emergence of Science and Technology Indicators: Why Did Governments Supplant Statistics with Indicators?, Working Paper no. 8, Project on the History and Sociology of S & T Statistics, <http://www.csiic.ca/PDF/Godin_8.pdf>.

– 2008*b*, The Making of Statistical Standards: The OECD and the *Frascati Manual* (1962—2002), Working Paper no. 39, Project on the History and Sociology of STI Statistics, <http://www.csiic.ca/PDF/Godin_39.pdf>.

– 2008*c*, In the Shadow of Schumpeter: W. Rupert Maclaurin and the Study of Technological Innovation, Working Paper no. 2, Project on the Intellectual History of Innovation, <http://www.csiic.ca/PDF/IntellectualNo2.pdf>.

– 2009, The Culture of Numbers: The Origins and Development of Statistics on Science, Working Paper no. 40, Project on the History and Sociology of STI Statistics, < http://www.csiic.ca/PDF/Godin_40.pdf >.

Godin Benoît et Lane Joseph, 2011, Forschung oder Entwicklung ? Eine kurze Darstellung zweier Kategorien der Wissenschaftsforschung, *Gegenworte*, n° 26, automne, p. 44-48.

Greenberg Daniel S., 2001, *Science, Money, and Politics: Political Triumph and Ethical Erosion*, Chicago (IL), University of Chicago Press.

Haynes Roslynn D., 1994, *From Faust to Strangelove: Representations of the Scientist in Western Literature*, Baltimore (MD), Johns Hopkins University Press.

Herzig Rebecca, 2005, *Suffering for Science: Reason and Sacrifice in Modern America*, New Brunswick (NJ), Rutgers University Press.

Hughes Sally Smith, 2011, *Genentech: The Beginnings of Biotech*, Chicago (IL), University of Chicago Press.

Kaiser David, 2002, Scientific Manpower, Cold War Requisitions, and the Production of American Physicists after World War II, *Historical Studies in the Physical and Biological Sciences*, n° 33, p. 131-159.

– 2004, The Postwar Suburbanization of American Physics, *American Quarterly*, n° 56, p. 851-888.

– 2006, The Physics of Spin: Sputnik Politics and American Physicists in the 1950s, *Social Research*, n° 73, p. 1225-1252.

– 2015 [à paraître en], *American Physics and the Cold War Bubble*, Chicago (IL), University of Chicago Press.

Kelley Harry C., 1953, National Register of Scientific and Technical Personnel, *Science*, vol. 118, n° 3063, 11 septembre, p. 3.

Kevles Daniel J., 1977, *The Physicists: The History of a Scientific Community in Modern America*, New York, Alfred A. Knopf.

Kohler Robert E., 1994, *Lords of the Fly: Drosophila Genetics and the Experimental Life*, Chicago (IL), University of Chicago Press.

Kuhn Thomas S., 1963, The Essential Tension: Tradition and Innovation in Scientific Research, *in* Calvin W. Taylor et Frank Barron, *Scientific Creativity: Its Recognition and Development. Selected Papers from the Proceedings of the First, Second, and Third University of Utah Conferences: The Identification of Creative Scientific Talent*, Huntington (NY), Robert E. Krieger, p. 341-354.

LaFollette Marcel C., 1990, *Making Science Our Own: Public Images of Science (1910—1955)*, Chicago (IL), University of Chicago Press.

Lemov Rebecca, 2010, "Hypothetical Machines" : The Science Fiction Dreams of a Cold War Social Science, *Isis*, n° 101, p. 401-411.

Mialet Hélène, 2012, *Hawking Incorporated: Stephen Hawking and the Anthropology of the Knowing Subject*, Chicago (IL), University of Chicago Press.

Nathan Otto et Norden Heinz (dir.), 1960, *Einstein on Peace*, New York, Simon & Schuster.

National Resources Planning Board, 1943, *Report of the National Roster of Scientific and Specialized Personnel (June 1942)*, Washington (DC), Government Printing Office.

NSF, 1951, *First Annual Report of the National Science Foundation (1950—1951)*, Washington (DC), Government Printing Office.

– 1973, *Science Indicators 1972: Report of the National Science Board*, National Science Foundation, Washington (DC), Government Printing Office.

Oppenheimer J. Robert, 1955 [1947], Physics in the Contemporary World, *in* J. Robert Oppenheimer, *The Open Mind*, New York, Simon & Schuster, p. 81-102.

OEEC (Organisation for European Economic Co-operation), 1955, *Manpower Committee, Shortages and Surpluses of Highly Qualified Scientists and Engineers in Western Europe: A Report*, Paris, OEEC.

– 1958, *The Problem of Scientific and Technical Manpower in Western Europe, Canada, and the United States*, Paris, OEEC.

Price Derek John de Solla 1986 [1963], *Little Science, Big Science... and Beyond*, New York, Columbia University Press.

Price Don K., 1965, *The Scientific Estate*, Cambridge (MA), Harvard University Press.

Scientific Man-Power, 1946: *Scientific Man-Power, Report of a Committee Appointed by the Lord President of the Council*, Cmd. 6824, Londres, His Majesty's Stationery Office.

Shapin Steven, 2003, The Image of the Man of Science, *in* Roy Porter (dir.), *Eighteenth-Century Science*, t. 4 de *The Cambridge History of Science*, Cambridge, Cambridge University Press, p. 159-183.

– 2006, The Man of Science, *in* Lorraine Daston et Katharine Park (dir.), *Early Modern Science*, t. 3 de *The Cambridge History of Science*, Cambridge, Cambridge University Press, p. 179-191.

– 2008*a*, The Scientist in 2008, *Seed Magazine*, n° 19, décembre, p. 58-62.

– 2008*b*, *The Scientific Life: A Moral History of a Late Modern Vocation*, Chicago (IL),

University of Chicago Press.

Shreeve James, 2004, *The Genome War: How Craig Venter Tried to Capture the Code of Life and Save the World*, New York, Alfred A. Knopf.

Smyth Henry D., 1951, The Stockpiling and Rationing of Scientific Manpower, *Bulletin of the Atomic Scientists*, vol. 7, n° 2, février, p. 38-42 et 64.

Snow Charles P., 1993 [1959], *The Two Cultures and the Scientific Revolution*, Cambridge, Cambridge University Press.

Solovey Mark, 2012, Senator Fred Harris's Effort to Create a National Social Science Foundation: Challenge to the US National Science Establishment, *Isis*, vol. 103, p. 54-82.

– 2013, *Shaky Foundations: The Politics-Patronage-Social Science Nexus in Cold War America*, New Brunswick (NJ), Rutgers University Press.

Steelman John R., 1947, *Science and Public Policy: A Report to the President*, The President's Scientific Research Board, Washington (DC), Government Printing Office, 5 vol.

Stevens Hallam, 2013, *Life Out of Sequence: A Data-Driven History of Bioinformatics*, Chicago (IL), University of Chicago Press.

Sulston John et Ferry Georgina, 2002, *The Common Thread: A Story of Science, Politics, Ethics and the Human Genome*, New York, Bantam.

Venter J. Craig, 2007, *A Life Decoded: My Genome, My Life*, New York, Viking.

Weinberg Alvin M., 1961, Impact of Large-Scale Science on the United States, *Science*, vol. 134, no 3473, 21 juillet, p. 161-164.

Whyte William H., 1956, *The Organization Man*, New York, Simon & Schuster.

莫里斯·比塞（Maurice Busset）：对路德维希港（Ludwigshafen）的轰炸，1918年。

第二章

科学与战争

科学在 20 世纪战争的发展中起着核心作用，自第一次世界大战以来，当代的人们深信这一点。1915 年 11 月，日后将成为法国战争部长的数学家保罗·潘勒韦（Paul Painlevé）指出："战争在继续进行，科学与机器之间的斗争作为一种特征已经越来越明显了。"在对面的阵营中，参战的作家恩斯特·荣格尔（Ernst Jünger）对现代战争的新面貌表达了自己的蔑视，称其为物质战争（Materialschlacht）。在索姆河战役中，他将其称为机器在战场上对人类的支配，并将其表述为"科学战争的灵魂"。人们认为，科学和"机器"中所包含的技术是战争行为的重要组成部分，而且甚至在其结果中起着决定性作用，这种观念仅在整个 20 世纪中才得到发展。从曼哈顿项目到构成冷战中军备竞赛的技术升级，这个过程的各个阶段都是逐步发展起来的。在威慑的逻辑里，国家的安全取决于其武库的力量。核弹头、弹道导弹和卫星所蕴含的先进技术正是发生冲突的可能性条件。在 20 世纪下半叶，人们将武器和权力、科学的壮举和国家威望不可分割地联系到了一起。

历史学家努力解释科学与战争之间的这些相互作用。科学活动和技术成果在多大程度上影响了战争的进程呢？这是长期以来战争史一直在战略层面上权衡科学对战争结果的影响时提出的核心问题。这样的框架源于对科学与战争之间联系的肯定。这业已成为长时段中代表现代性的固有范式。这个联系是在文艺复兴时期建立的，是一个被确定的现代科学的设想的结果。该设想旨在改变自然并赋予人类基于知识的力量。四个世纪以来，"精巧的武器"和"工程科学"的发展证明了，这些大国将科学用于军事目的是使其在领土和对人开展的行动上更有效率。该设想历史悠久，但远非一成不变，在科学事业的变化和冲突全面化的双重影响下，甚至在当代似乎已经在本质上发生了变化。在20世纪，科学成为"创新系统的核心要素、大规模生产系统的基本工具和官僚主义的合理化手段：①"这三种功能使它们成为工业时代准备战争的必要条件。其特殊性还在于将这三个功能结合在一起：创新、生产、合理化。"一战"发生之后，思想家们分析了20世纪的战争及其带来的极端暴力，认为这是服务于社会工程项目的技术和工具理性的产物。② 从这个角度来看，战争引起的残酷化似乎并不与作为进步意识形态的文明进程相矛盾，通过科学来使人类文明的目标已经实现了，而且，这种战争带来的野蛮行为并没有转化为一个阶段的消退。但是相反，是行政和生产现代性的价值观与实践以及其科学、技术和官僚机构为这种可能性创造了条件。在这种动态里，科学占据了中心位置。

正如约翰·克里格（John Krige）和多米尼克·佩斯特（Dominique Pestre）所指出的那样，科学的社会研究突显出科学不仅建立了知识的生产，而且建立了影响自然和社会的"行动系统"，以及激发规范和理想的"价值体系"和"权威话语和职位所基于的代表体系"③。因此，考虑科学与战争之间的相互关系，无疑是在考虑科学对定义20世纪冲突的方式和意义，以及自身所得到的回报。但是，还应考虑对战争进行"科学"投资的多种形式：在实验室开发毒气或参加曼哈顿计划；在作战环境中进行实验；在军事机构中以大学教员的身份任职；改革战后研究机构；争取学术界由国家领导；签署或拒绝签署声明。作为科学家，可以通过召集知识和行动装置、象征性资源和从事科学职业的人的精神，以多种方式参与战争。

---

① Pestre 2003 (p. 40).

② Bauman 2002, Traverso 2009.

③ Krige et Pestre (dir.) 1997 (p. xxii).

两段时间的解读

科学与战争之间关系的当代历史通常通过两个时间段来解读。第一个时段是20世纪的历史扎根于19世纪的最后三十年，伴随着工业革命之后人类爆发的战争，最初是美国内战，然后是英布战争、日俄战争和两次巴尔干战争，这使得新型武器的威力——重型火炮和机枪——得到了印证。另一个时间段是第二次世界大战和冷战。这两次冲突被视为科学技术加速发展的催化剂，促成了西方社会科学实践的根本改变。[1]

在第一个时间段的解读中，在长达一个半世纪的时间里，坚持国家构建的遗产——使用"科学"在理性方面教育公民——以及欧洲社会的国有化。[2] 科学是国家事业的一部分，从某种意义上说，国家为其发展、资金和职业提供了特权框架，而科学反过来又对国家提升经济实力和实现国家的伟大作出了贡献。因此，由于国家对大学、技术学校和公共实验室的投资，它们成了国家竞争的有力手段。作为对这种支持的回报，科学家们发挥了专家治国的职能，并为国家利益而动员知识。[3] 正如20世纪初德国物理学家和生理学家赫尔曼·冯·亥姆霍兹（Hermann von Helmholtz）所说的那样，科学家必须"像一支有组织的军队"，并"为了整个国家的利益而赴汤蹈火"[4]。他的预言是正确的，20世纪科学的主要特征将是在战争中为国家服务。

这种解读突出了1914—1918年的第一次世界大战。这是一种新的发动战争的方式，其中科学及其"应用"发挥了主导作用。这一时期被认为是20世纪发生的冲突全面化的基质，所有活动部门和生产系统都被纳入战争进程。始于1914年至1915年的全面化逻辑使民事和军事之间的边界变得模糊，[5] 这个角度来说，这是如何使用科学的问题。在科学方面，动员科学家在其实验室中为战场服务是这一现象的征兆。随着战争在短时间内结束的期望的破灭，许多科

---

[1] Dahan et Pestre (dir.) 2004.
[2] Edgerton 2005.
[3] Harrison et Johnson (dir.) 2009.
[4] 被引用于 Crawford 1992（p. 35）.
[5] Horne (dir.) 2010.

学专业人员呼吁进行特定的动员并将其纳入国防机构，他们像作家赫伯特·乔治·威尔斯（H.G. Wells）一样坚信"胜利只能来自对最佳科学能力的最广泛使用"①。军队与科学家之间的合作形式被永久地塑造了。

战争的全面化之后是战争受害者范围的扩大。人们通过增加对武器系统的杀伤力以及将其应用扩展到新的目标。这些目标是敌方的整个人口。当远距离杀戮成为可能，第一次世界大战通过第一次空中轰炸拉开了战争对平民造成伤害的序幕。随之而来的还有其他形式，如第二次世界大战中的战略轰炸——其目标是要摧毁敌方的军事工业和民众的士气。还有，越南战争和两伊战争中所使用的化学武器。1945年8月，在广岛和长崎投下的原子弹是对整个社会实施不加选择暴力的高潮。因此，第二次世界大战一半以上的受害者是平民。②

意识形态的战斗是现代战争所产生的全面化的第三个方面。这不能减少其军事甚至经济挑战，却是知识和价值体系的对抗。1914年的交战方都声称以正义之名发动战争，每一方都指责对方的无正义性和不正当性，这意味着要使用一种意识形态的结构和话语以支持正在进行的，使社会战争努力合法化的工作。在真与假之间的斗争中，"科学"所赋予的权威以及对经过验证的知识的引用，给辩护战争的行为提供了一种有效率的知识机器，并有利于将其扩展到整个文化领域。《泰晤士报》（Times）在1915年1月就谈论所谓"教授制造的战争"（professor-made war）。

对科学与战争之间相互作用的另一种编年学的解读突出了较短的时序，其始于第二次世界大战引起的中断。这种解读认为在1940年代和1950年代，人们动员了整个"科学事业"，其规模远远超出了20世纪上半叶唯一的"战争科学"。③ 由紧迫性和永久动员所形成的战争文化在思想和行动方式上带来了巨大的影响。基于新的形式化和计算性实践的预测和控制变得重要起来；军事、学术和工业机构相互交集，基础科学和工程学也是如此。因此，对象、实践和科学文化因战争而受到冲击，但作为补偿，他们获得的突出地位使他们能

---

① H.G. Wells, courrier des lecteurs, *The Times*, 11 juin 1915.
② Lindqvist 2012, Traverso 2009.
③ Dahan et Pestre (dir.) 2004.

够影响战后世界。

该解读突出了 20 世纪下半叶为战争或国家整备（national preparedness）所作的持久性准备。根据美国天文学家乔治·埃勒里·海耳（George Ellery Hale）在第一次世界大战期间向威尔逊（Wilson）总统所提出的模式，美国建立了国家研究委员会（National Research Council，NRC）以进行基础研究来对抗来自德国的竞争。1940 年 6 月，整备的思想出现了一个全新的维度。美国科学战争政策的主要倡议者万尼瓦尔·布什说服罗斯福总统扩充国防部科研委员会（National Defence Research Committee），以应对即将发生的战争所带来的科学挑战。一年后，他领导了一个新机构，即美国科学研究与开发办公室。该办公室的资金来源证明了以军事为目的，采用合同形式为研究提供资金的重要性。①

1945 年后，共产主义阵营与资本主义阵营之间的对抗使得技性科学和经济战持久化。这定义了战时状态（warfare state）的形式，② 并要求军事力量和技术力量之间存在密切的相互依存关系。这种新情况在 1950 年代占据了主导地位，当时曼哈顿计划提出了科学和技术的超级力量的想法，并在战争中起到主导作用：由于社会资源的丰富，在任何未来的战争中，它的技术解决方案都要归功于社会现在已经准备好利用真正的科学神秘主义来提供资源。这种代表性是持久的，并不仅构成了 1950 年代东方阵营世界观的基础，也构成了美国保守派在其 1980 年代的战略防御计划（即媒体所看到的"星球大战"计划）的基础。军事和技性科学领域之间的基本联系体现在庞大的预算上，大国在国家的大力支持下，基于生产设备的大规模动员，致力于军备领域的研究和开发。因此，在冷战期间，美国国防部成为科学、物理学和工程学以及生命科学和社会科学领域最大的国家级承办人。③ 早在 1950 年代，朝鲜战争之后，美国用于大学和工业实验室军事研究的预算恢复到第二次世界大战的水平，随后就大大超过了它。1957 年苏联发射第一颗人造卫星之后，该预算在 1960 年代中期

---

① Leslie 1993 (p. 6).

② Edgerton 2005.

③ Leslie 1993.

达到峰值，而这个峰值将在 1980 年代被大大超过。

自冷战结束以来，整备的领域不断扩大，使科学与战争之间的关系更加复杂。其采取预防性措施，甚至采用"准备的技术"，即利用模拟真实情况中的科学模型和方案，为政府的应对计划提供支持。在 21 世纪初，这种方法本身就具有保护国家安全的合法性，它不仅涵盖了传统意义上的战争准备，而且将一系列恐怖主义、健康和环境威胁统一在一起进行介入。①

用创新赢得战争？

科学将是进行工业时代战争的基本动力。这一陈述假设科学是民族国家技术和经济发展的核心，强调了基础研究与作为其基础的知识以及扩展研究的应用之间的联系。这催生了 20 世纪战争的象征物：从 1915 年的毒气到 1945 年的原子弹，从冷战的导弹到海湾战争的爱国者反导系统或当下武装冲突中的无人机。自 18 世纪末以来，受现代国家新的政治决策能力的推动，国家对创新的重视与权力的愿景相对应。权力的愿景激发了以军事为目的的应用研究计划。这些都是对与军队战略设计有关的，探索创新技术手段的长期需求的起源。

人们对技术创新、科学与现代战争之间的牢固关系的论点进行了许多纠正。特别要强调的是，20 世纪的野蛮行为并不总是需要改进技术手段来实施。当然，致命的科学与战争的结合由纳粹的集中营系统走向了一个极端。该系统在奥斯威辛集中营实行了大规模的屠杀，这是人类毁灭行为科学化的标志：它结合了技术创新——一种专门设计用于杀死人类的气体（氰化氢），以及一种灭绝人类的工业组织系统和对其应用的合理化官僚架构。但是，在 1941 年至 1944 年间，在带有种族主义色彩的战争中，对波兰和苏联领土上的平民所进行的屠杀不需要尖端科学。紧随德军之后的别动队（Einsatzgruppen）用轻武器和卡车发动机废气中的一氧化碳杀死了 130 万犹太人。从这个角度来看，历史学家大卫·埃杰敦（David Edgerton）指出，在 20 世纪，战争的进攻能力首先建

---

① Zylberman 2013.

立在旧式武器上，特别是建立在大炮上。传统武器仍然是最致命与最有效的武器。因此，由工程师卡拉什尼科夫（Kalashnikov）发明的突击步枪被认为是坚固、精巧和廉价的，是共产主义阵营解放运动与美国支持的游击运动的主要武器。① 另一个引人注目的例子是1994年在卢旺达种族大屠杀中人们所使用的砍刀。这也是威力十足的破坏性武器。

相反的论点则强调战争与科技创新之间的内在联系。20世纪的战争使其得到了充分的证明。第一次世界大战被视为"化学家之战"，其炸药造成了战场上一半以上的死亡。第二次世界大战中起到决定性作用的是雷达和核武器，是"物理学家之战"。21世纪的"军事变革"概念强调了信息技术的首要地位。然而，这些明确的形式过于简单，并且受到行动者本身的质疑，如劳埃德·乔治（Lloyd George）。他们更愿意讲"工程师之战"以说明科学家、技术人员、军事和工业专家之间的联系。通过质疑工作中技术变革的根本性质，历史学家在两次世界大战之间划分了界线。

1918年，由于大量使用坦克、飞机、潜艇、毒气和炸药，战场的技术环境与"一战"刚爆发时相比发生了很大的改变。对于交战方而言，很明显，技术已经影响了战争，无论是水下探测、火控、航空和光学设备、航空摄影还是无线传输。在战场上混乱的实验条件下，人们已经发展出一种完整的"精确"文化，而这在和平时期需要在封闭的实验室中实施。② 英国人在1917年底的康布雷战役（la bataille de Cambrai）中启用了声音追踪等创新技术，体现了人们对精确手段的追求。这种创新方法由一系列麦克风组成。这些麦克风置于发动攻击的位置的前端，可以检测在远处发射的大炮的声响，然后以地震学测量方式追踪声波，比较这些读数就可以确定大炮的确切位置。但是，这些创新对战争的结果没有起到决定性的作用。战争的结果取决于1914年业已投入使用的武器，其新用途经过测试，效率不断提高。③ 马克·布洛赫（Marc Bloch）本人是一名参战人员，他强调了在四年的战争中士兵受到了由技术改造的装备

---

① Edgerton 2013 (p. 197).
② David Aubin et Patrice Bret,《Introduction》, in《Le sabre et l'éprouvette》2003 (p. 43—47).
③ Winter (dir.) 2013—2014 (vol. 2).

和战斗方式的影响。但是,比任何技术突破都更重要的是工业生产的巨大努力。毒气的情况说明了一切。经过德国数月的秘密测试,于1915年4月在比利时伊普尔的战场上出现,然后再扩展到其他战线。它们的使用是一系列创新的结果:达到有毒及其致残或致命性,并引起防御的瘫痪;在使用中,有埋在前线的木桶,也有装满气体的炮弹;在研究的组织结构中,最成功的是由弗里茨·哈伯(Fritz Haber)和沃尔瑟·能斯脱(Walther Nernst)指导的柏林威廉皇帝化学研究所(Kaiser-Wilhelm Institut de chimie)。很显然,尽管这种新的武器系统打破了战争的平衡,但只要新颖性消失,毒气也就没有什么战略影响了。[1] 该论点并没有要减少毒气的影响,而是将毒气置于恐怖武器的心理影响之中,这是造成战斗减员的战争特征。

然而,在第二次世界大战中,技术上的突破是显而易见的。在强烈动员科学和数学界的最后阶段,这一成果是破坏性武器的设计。首先是雷达和原子弹的设计与发展。此外,还有电子技术,近程火箭或固体燃料火箭都是这种空前的科学研究的主题。突破极限并不止于技术对象和仪器,甚至不止于使它们投入运行的巨大工业生产努力。从根本上说,技术突破涉及所有新工具。这些工具基于数学、逻辑、统计、概率、使用计算手段和第一台计算机允许的形式化工具来提供管理技术、预测和建模,以应用于战争产生的具体和抽象情况,甚至应用于战争本身:运筹学、博弈论、系统分析。这些反映出用理性管理实际流程的野心,无论是物质流程还是社会流程。[2]

正如保罗·爱德华兹(Paul Edwards)所指出的那样,在冷战时期,封闭世界的隐喻是由两大阵营共治世界的愿景得到了计算机工具的支持:战争是一个假想的领域,在实际中,模拟比武器更具决定性。针对威慑战略的不确定性的管理跨越了一个新的极限,这种不确定性是围绕专家和战略家世界所预想的最坏情况而组织的。由此产生的军备竞赛取决于方法和技术创新的积累。[3] 其标志性的对象是运载工具和对空间的征服。例如,从1950年代中期开始,美

---

[1] Lepick 1998.

[2] Dahan et Pestre (dir.) 2004.

[3] Edwards 2013, Chagnollaud 2011.

国大力投资研究洲际导弹和"北极星"潜射导弹的计划。①

对于新武器，它们被赋予了破坏性目的。例如，具有能将每个弹头对准不同目标的多弹头导弹。或者增加已知武器系统的效率，例如，结合了侦察手段和拦截武器的防御性武器系统。在威慑的配置中，防御性武器系统追求的是不被突破的能力，其中里根（Reagan）总统的战略防御计划是一个高峰。这是一个从1983年开始由国家机构和美国工业的许多先进部门支持的庞大研究计划。该计划在冷战结束时停止，然后在2001年9月11日之后由布什（Bush）政府恢复。

在冷战时期，伴随着威慑力对军火库的影响以及对寻求能够打破"恐怖平衡"的技术追求，人们对战争科学的考量成为决策过程中的关键要素不再只是战略性的（例如化学武器或原子弹），而是政治的一部分。因此，在1960年代初，美国决策者在不确定性背景下对技术数据进行评估——在苏联首次载人航天飞行成功后，美国认为美苏之间存在导弹差距（Missile Gap），或在远程导弹技术上存在鸿沟。这决定了国防部长罗伯特·麦克纳马拉（Robert McNamara）的政策。其为军事研究工作设定了前所未有的定量和定性目标。以国家安全的名义相互依存的，以美国国防政策与科学研究政策的共同建构为制度特征的科学与战争之间的新关系可以用美国1999年的《国家导弹防御法案》（la loi National Missile Defense）的口号来概括"以技术允许的最快速度"制定计划。②

思考战争并使之合理化的科学

从创新角度来看待问题有利于对因科学而改变的战争进一步推动战争科学发展的单义解读。与这种解读相反，历史学家质疑科学和军事、科学与战争等类别的交叉度以及它们之间的相互作用，从而质疑和平时期与战争期间实践的

---

① Chagnollaud 2011 (p. 23).
② Chagnollaud 2011 (p. 73).

连续性。在1970年代和1980年代，对科学的批判性研究以及在冷战时期，由于阐明了军事、政治和经济之间的联系，呼应了对"军工复合体"的批评，这些再解读因而受到了青睐。

如果从混合过程的角度看待科学活动的"军事化"，战争与科学之间关系的传统图景就凸显出来。科学生产是在民用领域出现的，当其用途发生改变时，它们就被军队使用了。就像大卫·埃杰顿的研究所展现的那样[1]，该图景可以微妙地加以细化，甚至可以逆转，这表明从航空到无线电的许多设备是在军事环境中得到进一步发展，并且是多次转移的结果。英国的雷达系统，依靠无线电的应用，源自1930年代的防空经验，而该经验则起源于第一次世界大战。这套第二次世界大战期间的核心军事装备在第二次世界大战后又成为核共振领域（le champ des résonances nucléaires）的起源。而专门用于战争的科学可能是大学科学的纯粹产物，比如，对原子弹的研究中涉及很多民用领域的科学。此外，20世纪的武器系统需要在共同的项目中实现学科的混合：这是一个将学术知识整合起来以服务于特定问题（化学家、生物学家、医生在1915年的反毒气战），以寻求大学中的专门知识，来使其在战争中发挥重要作用（第一次世界大战中的地理学、地形学、大地测量学、气象学、光学、电报或通讯科学），或者使最基础的科学和工程学协作（在曼哈顿项目中动员了超过15万名工程师、技术人员和工人并与从事基础理论研究的物理学家接轨）。最后，科学的军事化提出了科学家融入军事领域的问题。作为智囊团的大学学者们往往低估了他们之间的相互合作：要么谴责这种合作的脆弱；要么，科学家们对归因于领导者的保守主义感到遗憾，军方只打算将他们限制在解决问题而不是目标的定义上——或者，相反，他们否认这种合作的存在，因为这与科学家通过偏好表现出的精神格格不入。一旦消除了紧迫感和全面动员的束缚，战争所引发的实践是否会长期存在？我们将遵循多米尼克·佩斯特的结论，认为"二战"和冷战"在实验室科学实践中造成了重大断裂"[2]，并强加了新的合作形式。

---

[1] Edgerton 2013 (p. 195).
[2] Pestre,《Le nouvel univers des sciences et techniques》, in Dahan et Pestre 2004 (p. 26).

在20世纪，科学在战争中的用途还基于军事行动、生产组织和人员管理中的优化过程。这些行动通常使用科学工具来合理化和提高战争行为的效率。让我们来看两个例子。

在世界大战中，对"效率"的关注不仅涉及个人和集体、部队和工人，还涉及与全面征募的有害影响作斗争。该影响往往对受征募的社会造成毁灭性的破坏。在将人类行为的知识和实践结合起来的各个领域中，心理学（对于精神）以及生理（对于身体）已经占据了突出的位置。在20世纪上半叶，有关"人为因素"选择的研究就是这种情况。干预领域是一种专业领域，还处于起步阶段，它包括衡量心理状况。这需要技术技能。其目的还在于衡量和选择专门人员的"心理物理学"技能，通过心理过程与其生理基础之间紧密联系。在这一方面，德国人沃尔特·默德（Walther Moede）和库尔特·皮奥尔科夫斯基（Curt Piorkowski）根据实验心理学在实验室中发展起来的方法和仪器（例如希普（Hipp）计时器）对司机、飞行员和无线电操作员进行了测试。[①] 在法国，让-莫里斯·拉希（Jean-Maurice Lahy）进行了应用心理学研究，以选择炮兵。通过研究他们的反应时间，他实施了"易损性指标"，并通过测试将"功能可塑性"作为"冷静指标"进行测试，试图使战斗中的紧张情绪客观化。"纪律"在下一次世界大战中脱颖而出，人们认识到，现代战争甚至对于普通士兵来说，也需要拥有行动主动性的能力，其中涉及需要遵守纪律的知识能力。

第二个例子是1945年后为军事机构服务的智库。正如多米尼克·佩斯特和保罗·爱德华兹所描述的那样，[②] 这里的问题是通过数学和实验手段来优化战术和战略行动，以有效地控制战斗、后勤以及系统中人员和方法的管理。负责研究英国防空雷达系统的物理学家和工程师等运筹学先驱们发展了雷达技术、电子学和人员培训的包容性视野。这种系统思维尤其是在美国兰德公司（Rand Corporation）的框架内得到了发展。兰德公司是为军事机构服务的智库的原

---

① Rabinbach 1990.
② 关于本段，可参阅：Pestre 2002。

型，旨在通过为决策者提供逻辑和形式化的工具来使其行动合理化，并为下一场战争构想未来主义的手段。由美国空军成立的机构在应用数学专家沃伦·韦弗（Warren Weaver）周围汇集了大学科学专家——数学家和逻辑学家，以及经济学家、物理学家、心理学家——招募他们是为了通过分析系统来定义程序，对复杂对象进行建模，其中还涉及非常具体的实验情况。因此，约翰·冯·诺伊曼（John von Neumann）是与兰德相关的主要数学家之一，他运用由他率先提出的博弈论来模拟全球核战争的情景。

关键的联系

如果不考虑科学和战争两者之间关系的组成，而一直对其批评，那么我们就无法把握他们之间的关系。如果它没有政治影响力，甚至可能减慢"为了战争的科学"的发展，但是，它是社会对科学以及科学家对自己的描述的重要组成部分。如何调和启蒙运动的设想和19世纪进步主义的结果呢？科学作为理性化和普遍意识的产物，社会将从中受益——而这种绝对的恶是战争，在20世纪甚至威胁着人类的生存。我们如何协调在战争所涉及的残酷化过程中科学家的角色以及他们声称的精神？对为了"战争的科学"的批评已经讨论了这个棘手的问题。它设法逐步扩大了社会圈子，但与追求的关键目标相反，这也允许政客和科学家为这种有组织的合作辩护并为妥协进行谈判。

从第一次世界大战开始，显然对科学的动员增加了战争的破坏力。1915年，每个交战方都成立了调查委员会，谴责敌人的"非人道战争方法"，包括空中轰炸和化学武器。对致命的科学的谴责进入了公共空间，即使其本身不是这样的科学，但是，作为敌对方的科学，它们被指责为意识形态利益所统治和操控。弗里茨·哈伯正是以这种身份被《凡尔赛条约》起诉为像威廉皇帝那样的战犯。但是对科学家责任的反思仍然是次要的，因此同一位哈伯可以在1920年获得1918年的诺贝尔化学奖。实际上，很少有科学家能够"超越纷争"，如爱因斯坦拒绝签署《九三宣言》（Manifeste des 93）。该宣言于1914年召集了德国学界的精英，或者像数学家贝特朗·罗素（Bertrand Russell）一样谴责了科学在战争中的妥协。用法国历史学家儒勒·伊萨克（Jules Isaac）在1922年的话说，只有在冲突结束后，才能听到对"杀人的科学"的谴责："如果战争变成一场灾难，那就必须对科学进行抨击，而且必须单独对它进行抨击。通过科学，战争在杀人和破坏能力方面提高了十倍，一百倍。"[1]对战争期间将科学工具化的谴责是因为两次世界大战之间占主导地位的和平主义思潮，至少在民主国家中，人们赞成出现批判但也有人提出了其所拥有的正当性。第一个论点将纯科学理想化，不受任何兴趣的影响，并且仅以寻找真相为目标。想想保罗·兰格文（Paul Langevin），尽管他在土伦的实验室里是潜艇的创造者，但是，1925年他在人权联盟（la Ligue des droits de l'homme）的讲台上谴责"战争中科学的'卖淫'"。人们可以根据否定来进行分析，但这不涉及行为的心理学化——但要通过一种共同的精神来解决这一问题，这种精神赋予科学一种自治的理想。巴黎大学科学院的院长对儒勒·伊萨克回答说："科学对我们如何使用它无动于衷。"[2]它可能会因在大战中捍卫文明，比如在第二次世界大战和冷战中两大集团的对抗里对西方社会制度进行捍卫的要求，而偏离自己的境况，但它必须在这些结束之后恢复其正常的进程。对军工复合体的批评也在同一时期出现。这源于权力本身——正是艾森豪威尔于1961年提出警告，反对军工复合体的"非法影响"和"篡夺权力的灾难性发展"——这证明了军事对研究和高等教育的影响越来越大，无论是在预算和议程方面，还是在目标乃至精神方面。[3]

两次世界大战之间的第二个论点是科学需要理想的监管者。科学不过是手段的提供者，其被滥用不是科学的过错。因此，应该有更高的权力来对破坏能力进行限制并控制其应用。人们讨论的是关于监管机构的合法性及其背后的动机。政治权力一直主张其必须占领导地位，以使所有监管措施服从更高的战略利益。因此，在国际法的支持下，由于反导系统研究的巨额成本使国防预算枯竭，这促使美国与苏联在1960年代后期进行了首次裁军谈判。考虑到政治

---

[1] Isaac 2002 [1922] (p. 84).

[2] 25 novembre 1923，被引用于 Isaac 2002 [1922]（p. 87）。

[3] Leslie 1993.

权力是唯一能够控制监管范围的人，科学家们希望成为监管的一部分，并声称他们是唯一能够控制其范围的人。由核裂变武器到核聚变武器，其中人类所超越的界限，对科学家们决定参与其中起到了重要的作用。正如约里奥－居里（Joliot-Curie）在1945年11月指出的那样："科学家意识到自己在这件事上的责任，因此在就其发现和发明的使用做出决定时，科学家越发希望能参与其中。他们非常了解人们对他们研究的滥用，他们强烈希望被允许参与讨论与国际管制有关的问题。"[1]

因此，参与曼哈顿项目的一些主力物理学家能够不中断地调动他们在战争科学的动员以及结束这种动员方面的专业知识的有效性。1939年，莱奥·西拉德（Leo Szilard）呼吁公认的和平主义者爱因斯坦说服美国总统，对核武器设计进行大规模投资是有好处的。原子弹投入使用后，同一名西拉德向杜鲁门（Truman）总统递交了同一位爱因斯坦写的信，说明需要对核武器进行国际控制。在核弹投向日本之前，詹姆斯·弗兰克（James Franck）在1945年7月的报告中希望劝阻在沙漠中引爆核弹的试验。155位物理学家为此签署了一份请愿书，该请愿书在美国军队的审查下直到1963年才公之于众。[2] 在第二次世界大战结束后不久，莱奥·西拉德、尼尔斯·玻尔（Niels Bohr）、詹姆斯·弗兰克、汉斯·贝特（Hans Bethe）、伊西多·拉比（Isidore Rabi）的行动促成了美国原子科学家协会（l'association américaine des Atomic Scientists）的成立。该协会的公报成为支持减少核军备，甚至核裁军等观点的活动家的平台。正是这种政治家与科学家之间共同管理规则的精神，促使1957年在伯特兰·罗素和波兰物理学家约瑟夫·罗特布拉特（Józef Rotblat）（广岛爆炸之前，他是唯一离开了曼哈顿计划的科学家）的倡议下创立了帕格沃什科学和世界事务会议（Pugwash Conferences on Science and World Affairs）。以个人专长的名义在此开会的科学家们讨论了如何限制军备竞赛造成的国际紧张局势。从这个角度来看，在一些参与新武器设计的人的推动下，科学的反核抗议运动在媒体［1946

---

[1] Joliot-Curie 1945 (p. 198).
[2] Salomon 2006.

年出版的散文集《统一世界或毁灭世界》(One World or None)]、协会[禁止核弹组织(Ban the Bomb)]和活动家[1958年反对化学家莱纳斯·鲍林(Linus Pauling)的实验的请愿运动]的催化下带来了更为广泛的社会动员。

与1914—1918年一样,1945年以后的批评本质上仍然是道德的,但现在它是由个人而不是学术集体承担的。所以,曼哈顿项目的负责人奥本海默的良心拷问并不奇怪。萨哈罗夫(Sakharov)是1953年在由贝利亚(Beria)协调的项目中苏联氢弹的主要设计师。他在1962年之后以核试验引起的"道德问题"的名义表达了批判态度。对于普里莫·列维(Primo Levi),他的证词得到了作为化学家的专业身份和被驱逐出境的经历的双重支持,这是一个呼吁科学家个人良心的问题:"因此,在全世界,物理学家、化学家和生物学家充分意识到他们的邪恶力量。"[①] 道德问题不仅是社会责任。这也是在科学活动的源头上的狂妄和欢愉。萨哈罗夫承认,热核爆炸的物理学是理论家的天堂,而奥本海默则谈到了参与炸弹设计的科学家的动机:"我们进行这项工作的原因是,这是一种必要性。如果您是科学家,就无法阻止这种事情。"[②]20世纪的战争倾泻给了他们足够的社会和经济投资,为实现他们培根主义信仰的职业提供了实验基础:了解世界如何运转。

安妮·拉斯穆森(Anne Rasmussen)撰

参考文献

Bauman Zygmund, 2002, *Modernité et Holocauste*, Paris, La Fabrique.

Chagnollaud Jean-Paul, 2011, *Brève Histoire de l'arme nucléaire entre prolifération et désarmement*, Paris, Ellipses.

Crawford Elisabeth, 1992, *Nationalism and Internationalism in Science (1880—1939): Four Studies of the Nobel Population*, Cambridge, Cambridge University Press.

Dahan Amy et Pestre Dominique (dir.), 2004, *Les Sciences pour la guerre (1940—1960)*,

---

[①] Levi 2005 [1987] (p. 919).

[②] Salomon 2006 (p. 243 et passim).

Paris, Éd. de l'EHESS.

Edgerton David, 2005, *Warfare State: Britain (1920—1970)*, Cambridge, Cambridge University Press.

– 2013, *Quoi de neuf ? Du rôle des techniques dans l'histoire globale*, Paris, Seuil.

Edwards Paul N., 2013, *Un monde clos. L'ordinateur, la bombe et le discours politique de la guerre froide*, Paris, B2.

Harrison Carol E. et Johnson Ann (dir.), 2009, National Identity: The Role of Science and Technology, dossier thématique d'*Osiris*, vol. 24.

Horne John (dir.), 2010, *Vers la guerre totale. Le tournant de 1914—1915*, Paris, Tallandier.

Isaac Jules, 2002 [1922], Paradoxe sur la science homicide, rééd. in *Alliage*, n° 52, p. 79—87.

Joliot-Curie Frédéric, 1945, La désintégration atomique, *Les Cahiers rationalistes*, vol. 58, n° 86, p. 178—199.

Kevles Daniel J., 1978, *The Physicists: The History of a Scientific Community in Modern America*, New York, Alfred A. Knopf.

Krige John et Pestre Dominique (dir.), 1997, *Science in the Twentieth Century*, Amsterdam, Harwood Academic Publishers.

Lepick Olivier, 1998, *La Grande Guerre chimique*, Paris, PUF.

Le sabre et l'éprouvette, 2003: Le sabre et l'éprouvette. L'invention d'une science de guerre (1914—1939), dossier thématique de *14-18: Aujourd'hui, Heute, Today*, Paris, Noésis.

Leslie Stuart W., 1993, *The Cold War and American Science: The Military-Industrial Academic Complex at MIT and Stanford*, New York, Columbia University Press.

Levi Primo, 2005 [1987], Le sinistre pouvoir de la science, *Uomini e libri*, n° 112, janvier-février 1987, in Primo Levi, *Œuvres*, Paris, Robert Laffont, p. 918—919.

Lindqvist Sven, 2012, *Une histoire du bombardement*, Paris, La Découverte.

Pestre Dominique, 2002, La pensée mathématique des systèmes, *in* Dominique Pestre (dir.), dossier La science et la guerre, *La Recherche*, hors-série n° 7, p. 10—15.

– 2003, *Science, argent et politique. Un essai d'interprétation*, Paris, Quæ.

Prochasson Christophe et Rasmussen Anne (dir.), 2004, *Vrai et faux dans la Grande Guerre*, Paris, La Découverte.

Rabinbach Anson, 1990, *The Human Motor: Energy, Fatigue and the Origins of Modernity*, Berkeley (CA), University of California Press.

Sachse Carola et Walker Mark (dir.), 2005, *Politics and Science in Wartime: Comparative International Perspective on the Kaiser Wilhelm Institute*, Chicago (IL), University of Chicago

Press.

Salomon Jean-Jacques, 2006, *Les Scientifiques entre pouvoir et savoir*, Paris, Albin Michel.

Schroeder-Gudehus Brigitte, 1978, *Les Scientifiques et la paix. La communauté internationale au cours des années 20*, Montréal, Presses de l'université de Montréal.

Schweber Silvan S., 2000, *In the Shadow of the Bomb: Oppenheimer, Bethe, and the Moral Responsibility of the Scientist*, Princeton (NJ), Princeton University Press.

Traverso Enzo, 2009, *1914—1945: la guerre civile européenne*, Paris, Hachette Littératures.

Winter Jay (dir.), 2013—2014, *La Première Guerre mondiale*, Paris, Fayard, 3 vol.

Wittner Lawrence S., 2009, *Confronting the Bomb: A Short History of the World Nuclear Disarmament Movement*, Palo Alto (CA), Stanford University Press.

Zylberman Patrick, 2013, *Tempêtes microbiennes. Essai sur la politique de sécurité sanitaire dans le monde transatlantique,* Paris, Gallimard.

科学、经济、社会 | 第一部分 | 935

固特异·齐柏林（Goodyear Zeppelin）公司在美国俄亥俄州阿克伦城建造飞艇，时间约为1930年。

第三章

国家：科学的承办者

近年来，许多国家的政策研究机构的观念已发生转变，认为积极而有针对性的国家研究政策可以产生迅速而显著的经济效益。他们的领导者希望自己的国家能出现下一个类似谷歌（Google）或微软（Microsoft）这样的企业，即使在生命科学领域比在计算机科学领域更多。他们中的一些人认为，在未来十年内，可能会出现一个价值 1 000 亿美元的合成生物学产业。这些构想是十分新颖的：以前从未有国家研究机构声称能够取得这样的成果。当然，毫无疑问，没有这样的成就实例，这些说法会被理解为由国家资助的特定大学研究政策的产物，它与研究的现实没有什么关系，更不用说创造新的产业了。实际上，研究政策主要是由政治和预算因素决定的，而并不与经济产生真正地互动。温斯顿·丘吉尔（Winston Churchill）曾说："在战时，真相是如此宝贵，以至于总以谎言来保护它。"同样，国家研究经费的奥秘不仅受到花哨的未来学的保护，而且也受到有严重错误的分类和虚构故事的保护。

在研究政策领域，情形是十分复杂的。例如，诸如"科学政策"之类的既定术语，或关于"科学与社会"或"科学与国家"之间关系的辩论，其含义远非既定，而是传递了非常重要的预设。例如，在盎格鲁撒克逊模式中，科学和国家被预设为单独的类别，"科学"是在精英大学中进行的研究，"科学政策"指定与此类型相关的政策研究。此外，人们还假定科学与国家之间的关系就是这些精英大学与国家之间的关系等。当人们想要对整个研究,对我们可以称其为科学的所有形式的知识,以及科学与国家和社会的所有关系感兴趣时,这样的预设极易产生误导。同样,也有关于标志着进入全新时代的特殊发明的历史记载。这些发明在"革命"里接踵而至,但这在人类历史上只有3~4次。[1]

为了分析科学与国家之间的关系,最好避免从论述"科学政策"或与之相关的事物开始,而是依靠我们对国家运作以及新知识的历史作用的了解。为了明确起见,我们可以区分国家与知识生产之间的两种相反的互动模式。两者都不符合现实,但都说明了共同而有力的信念。根据第一种模式,独立而扎实的良好知识来自公民社会,而不是国家。它是具有国际化倾向的平民的产物,而不是军队或官僚机构的产物。这种知识及其从业者必须与国家,特别是与军队接触,这两个实体被认为是危险、腐败和保守的。有了知识的力量,国家和军队必定会因这种互动而改变,无论是好是坏,这都引发了有关"科学与国家""科学与军队"的问题,继续构成辩论的主题,尤其是从道德角度而言。"科学政策"是管理这些关系或至少那些被认为是最重要的关系(国家与来自外国的大学研究人员的精英的关系)的术语。这些辩论的全部特点是缺乏现实主义。

根据第二种模式,民族和国家被视为彼此竞争的创造力主体。这种模式不那么广泛和具有影响力。在该模式中,国家本身就是必要知识的发明者和生产者,因此,在科学与国家之间、知识与国家之间进行区分变得很费力。大学教师和研究人员不仅由国家资助他们的研究,而且他们都是国家的公务员,同时,各国都有技术专家和研究人员所组成的机构,想象将现有的机构置于国家之外是荒谬的。在这种模式下,鉴于国家军事职能的中心地位,可以预见国家的军事需求将在知识的研究、生产和维护中占据至关重要的位置。此外,国家对社会具有巨大的控制权,因而对整个知识的生产具有控制权。

因此,在第一种模式下,所有国家对属于公民社会的全球性与国际性的发明机构和知识生产者做出反应。而在第二种模式中,国家及其领导人主导并试

---

[1] 对于这种技术史的批判性观点,可参阅:Edgerton 2013。

图控制知识，以便与其他国家竞争。

尽管它们深深扎根于我们的思想之中，但这两种模式都没有真正起过作用。例如，存在一个既包含国家又包含公民社会的"国家创新系统"的想法，仍然是技术民族主义的幻想，它忽略了明显的但鲜为人知的经验发现，而创新部门的活动与经济增长率之间也没有直接的全国范围内的相关性。原因很简单：国家从国外的创新中获得的收益要比在本国境内产生的创新要多。技术知识和实践基本上具有重要的世界性而非国家性。这并不意味着我们应该简单地接受技术全球主义的观念，而反对那种古老但非常持久的，在全球化的民事机制影响下逐渐衰弱的民族国家的观念。确实，这个想法受到以下事实的挑战：大多数所谓的全球和全球化设备都是由民族国家出于国家目的而创建的，无论是无线电、飞机，还是互联网。①

正如历史所反映的那样，国家的作用不仅随着时间的推移而变化，而且在特定的国家想要做的事情以及相对于彼此的立场上也发生了变化。这取决于他们是强国还是有抱负的国家。例如，我们可以列举出美国与苏联之间的巨大差异。美国非常富有，但其中央国家机构在第二次世界大战之前一直很薄弱，而贫穷的苏联则试图追赶先进。还应该指出，创新领域的国家权力往往仅限于特定领域，首先是军事领域，然后是通信领域以及某些大型项目和机构。但是，国家之间有足够的协调性，可以使几个国家同时出现类似的事物，因此我们可以尝试进行一些概括。我的观点是，20世纪首先以研究计划国有化的强烈趋势为标志，其次是非国有化运动。

第一次世界大战和间战期

将1914年之前的世界视为自由放任统治的全球化世界是错误的。国家行动、经济保护主义，当然还有帝国主义都起着重要作用。然而，事实仍然是，第一次世界大战是各国和各民族采取新举措的机会，这将对两次世界大战之间

---

① Edgerton 2007.

及以后的时期产生重大影响。战后，世界贸易没有回到"美好时代"（la Belle Époque）的水平。与战前相比，各国家和帝国经济壁垒都变得更加严格。数量增加的独立国家和帝国都希望保护自己的经济发展。世界还以非资本主义的苏联的出现为特征。在战争期间，主要交战国动员起来，不仅动用了更多武器并设计了新的武器，而且还不断发展其被视为国民经济的一部分但对战争有用的材料的持续供应。随着贸易的中断，在战斗结束很长一段时间后，自给自足成为国家的关键问题。合成染料工业的例子是众所周知的。在世界范围内，这一以研究活动的特点是交战方，特别是英国和法国，在该领域创立了国有公司和自己的国家级研究计划。战争结束时，德国的合成染料工业仍然是世界上最强大的，但面临着来自美国、英国、法国以及瑞士公司的激烈竞争。然后，各种政治制度都将依靠科学、理性和专家来建立新的国家并促进社会经济发展的新载体。尽管有些政权被其批评家指责为反科学和反现代的，但除梵蒂冈外，没有哪个国家不是这样。纳粹德国以及苏联、英国、法国和美国都将自己视为是现代的和科学的。民国时期的中国和凯末尔·阿塔图尔克（Kemal Atatürk）治下的土耳其也将自己展现为现代的与促进科学的政权。他们希望能摆脱过去的蒙昧主义。在日本，尽管裕仁天皇（Hirohito）具有神圣性，但他还是海洋生物学专家，无论是民间还是军事场合，他都穿着西式服装。实际上，大多数现代性的批评者都是现代主义者，而那些批评帝国主义制度的人一般都是现代民族主义者。如果他们回顾前帝国主义时代，那他们就不会把帝国主义作为日后的榜样。

自给自足

1930年代初的经济危机以及各国确保军事安全的意愿为对自给自足的追求提供了新的动力。对于德国来说尤其如此，德国在1930年代就建立了自己的研发机构，专门采购越来越多的合成产品来代替进口商品。关键项目包括从煤炭生产石油的各种工艺、合成橡胶和纤维生产的开发。实际上，许多可能被禁止进入棉花或羊毛产区的国家正在投资从本地资源生产纤维的工艺，如从木材到牛奶蛋白。自给自足是所有法西斯主义或半法西斯主义国家政策的核心要素，即使在希腊等贫困国家也是如此。这不仅适用于工业，还适用于农业，并且这导致了国家农业研究计划的发展。① 这些政策与法西斯主义都延续了较长时间，而且它在第二次世界大战后被保留下来。例如，佛朗哥（Franco）治下的西班牙在1950年代花费了大量的研发资金，特别是开发了将煤炭转化为石油的方法。

并非所有国家都坚定地致力于自给自足的道路。当时的美利坚合众国作为一个美洲大国，除了热带产品外，几乎拥有其所需的一切。考虑到英国的需求范围和较小的国土面积，又是世界上最大的贸易国，其也不希望实现自给自足。但是，即使是传统上支持自由贸易的英国，也开始先引入最系统的进口管制和税收机制，并在这些保护措施的支持下发展工业部门。除了建立化学工业外，它还开发了将煤转化为石油的方法，并且更广泛地指导其研究政策用于国家和帝国的供应链，如在制冷领域，以运输来自大洋洲帝国领地的新鲜肉类和水果。帝国主义是各国在运输和通信基础设施领域对当时项目的支持的重要因素。

这样一来，便有了配备该国生产的机器的航空和海运国有企业。国家资助了当时"不来梅"号（Bremen）和"欧罗巴"号（Europa）、"雷克斯"号（Rex）和"萨瓦伯爵"号（Conte di Savoia）等邮轮的建造，而当时较大的邮轮是"诺曼底"号（Normandie）、"玛丽皇后"号（Queen Mary）和"伊丽莎白女王"号（Queen Elizabeth）。这些船只的成本可与美国西部的胡佛（Hoover）水坝等大型建筑物的成本相媲美，或与帝国大厦等巨型摩天大楼和大型军舰的成本相媲美。每个国家也都有自己的航空公司来使用国产飞机：帝国航空（Imperial Airways）、法航（Air France）和汉莎航空（Lufthansa）是各自国产飞机的展示平台。这对政府来说，是一笔不菲的成本和重要的研究工作。而荷兰皇家航空（KLM）在1930年代决定从国内供应商转向购买美国飞机则是一个例外。同样，国家与国有无线电公司之间也有紧密的联系，如美国的美国无线电公司（RCA）、英国的马可尼公司（Marconi）和法国的通用无线电报公司（CSF）。

---

① Saraiva et Wise 2010.

国家对航空、远洋客轮和无线电的关注是意识形态化的。根据一个习以为常的比喻，自由主义者认为这些领域如同国际化和产生国际化的技术，必须通过打破国家之间的壁垒来成为世界和平的载体。它们实际上是这些相同障碍的产物，并旨在进一步加强。

建设社会主义

在两次世界大战之间，没有任何国家比苏联对新知识的研究提供了更多的支持。苏联拥有被认为是基于自然科学的国家哲学，其自称是资产阶级世界一切最好事物的继承者，也是唯一拥有能使技术进步从资本主义矛盾所造成的停滞中解放出来的政治制度。得到了广泛支持的计划化和对研究的计划应用被认为可以加快人类进步的步伐。这个想法在苏联之外也有热情的支持者，如科学研究的先驱约翰·戴斯蒙德·贝尔纳（John Desmond Bernal）。真正的社会主义国家当然也有许多矛盾。尽管苏联是国际主义的，但也是极端民族主义的，尤其是在1940年代。尽管苏联对研究的计划化、创新和使用机械方面存在优势，但它也大量购买新的机器和工厂，并依靠主要是来自美国的外国专家来装配它们。苏联因此发展出了非凡的学习、复制和改进的能力，这使得苏联可以在1930年代自主发展出比进口的机器更好的机器。最后，1945年后的苏联有能力在核武器和火箭领域取得里程碑式的成就，似乎有能力超越资本主义世界。

第二次世界大战

在第二次世界大战开始时，人们可以正常地认为研发活动将会放缓，并且将经验丰富的研究人员重新分配到更紧迫的任务上。情况大抵如此，但是在许多交战国，研究和开发活动却在大力发展。最明显的例子是美国，尽管美国在1939年已经是一个大国，但在军事研究和开发方面还不是领导者。美国凭借其巨大的生产能力和巨大的财富来发展其研究能力。美国通过吸收欧洲的想法并迅速将其大规模地化为现实。他们以最强大的活塞发动机、最大的飞机、大量的合成橡胶生产、为飞机生产大量燃料的能力以及在新武器领域的主导地位结束了战争，如雷达、近程火箭、原子弹。在战争期间，由使用石油作为战争武器的政府、各种机构、陆军和海军执行了重大项目。这些项目中只有一小部分是由专门的研究机构执行的，其中包括美国科学研究与开发办公室（负责雷达研发的项目），这是用于大学研发的军事经费的主要来源。

由于战争的努力，美国发现自己拥有了强大的研究能力，并于1945年在军事领域和大多数以前没有主导的民用部门中成为世界的领先力量。此后，大学继续成为与国家和军队联系的主要研究中心。然后，美国可以在一个快速创新不断发挥着越来越重要作用的世界，一个它可以称霸的世界中充满信心地展望未来。

长期的增长与冷战

第二次世界大战后的几年，尤其是1949—1950年，军事支出水平异常高涨，其中大部分用于购置和设计新武器。由于人们认为技术优势对战争越来越重要，因此不仅军事领域的研发取得了长足的进步，而且越来越多的贷款被花费在数量越来越有限的项目上。在许多国家，用于研发的资金主要流向军事机构，这占1950年代所有研发的一半以上，即使在资本主义国家中也是如此。大部分资金被用于工业和政府实验室的火箭、喷气发动机和飞机、原子武器，以及电子产品的开发。在某些国家，尤其是在美国，军队成了大学中所谓的"基础"物理科学研究的主要赞助者。战后，美国军方和原子能委员会主导了大学研究的资金。直到1950年，美国才成立了一个纯粹的民间机构：国家科学基金会（National Science Foundation），但直到很久以后方能与大学校园里来自军方的经费相竞争。在美国的特殊情况下，战争标志着一个重要而永久的变化：联邦政府首次为大学的研究提供了大规模资金。当然，这种运动已经在其他主要国家开展了数十年，这些国家的研究计划和资助方式已被美国复制。但是美国开展的规模更大，特别是军事研究。校园里发生的事情只是历史的一部分。

战后国家扮演的主导角色应如何解释？迄今为止，最重要的要素是对为国家机构（主要是该国的武装部队）、航空公司、基础设施和民族工业提供机械的项目、企业和工业的支持。在这种情况下，从对重要性有限的机构（如美国国家科学基金会）的部分分析中想到"创新的线性模型"或其他误导性概念是没有意义的。[①] 我们必须采用一种新的语言来捕捉技术程序的广度和极端复杂性所带来的重要的连续性和根本变化，以及它们在新的管理要求，新的分析形式中所占有的份额。为此，绝对有必要认识到军事机器和官僚主义行为的核心作用。

国家

第二次世界大战的一个显著后果是——即使联合国试图缓和国际局势，而且盟国之间存在大量技术共享——1945年以后，每个国家都希望发展所有现代技术，并主要集中在军事领域。例如，第二次世界大战中投降的法国开始寻求通过确保其技术独立性以在战后世界中寻求力量和威望。因此，汤姆逊·休斯顿（Thomson-Houston）与美国通用电气公司（GE）解除许可协议后，于1953年成立了汤姆逊公司。法国制定了核计划，以建立一支核打击力量，并最终在1960年成为第四个核大国。法国还开发了新的喷气发动机和新飞机，特别是在第五共和国时期。[②] 世界上许多国家都陷入了核疯狂和制造自己的喷气飞机的渴望。因此，阿根廷也拥有了开发战斗机和核武器的计划。瑞典和西班牙的情况也是如此。新的独立国家正在走上新的后帝国主义时代的技术民族主义道路，如印度和埃及，它们试图发展自己的喷气式战斗机。

当然，这些项目面临许多困难。大多数国家放弃了雄心勃勃的核计划，尽管有些国家加入了核大国的圈子，而有些国家今天仍在寻求加入。如果曾经有一定数量的国家制造国产战斗机，那么在1960年代和1970年代，只有少数几

---

① Edgerton 2005, Godin 2006, Scranton 2006 et 2011.
② Jacq 1995.

个国家保留了这样的项目。飞机发动机的研发并没有超出几个核心国家的范围，而这个范围至今依然非常有限。这在大型民用飞机领域尤为突出。1960年，世界上运行的六种客机中，一种是法国的［装有英国发动机的"快帆"式（Caravelle）］，一种是英国的，一种是苏联的（图-104），三种是美国的。如今，在大型客机制造领域，世界只剩下两个主要参与者：美国和欧洲。俄罗斯仅生产很少数量的客机，中国和日本尚未进入该市场。当然，巴西航空工业公司（EMBRAER）是个例外。① 在核领域，一些国家后来制定了国家或半国家的原子弹发展计划，南非、以色列、印度和巴基斯坦都取得了重大进展。关于核能，能够生产反应堆的国家或公司的数量仍然非常有限。在这些领域进行投资的巨大困难是进行合作的重要原因。在欧洲，从1950年代末开始，与美国竞争的主要项目不可能由单一国家承担［例如，法英"协和"号超音速客机（Concorde）、法英联合研制战斗机的计划或欧洲民用和军用飞机与引擎］。欧洲民用航空航天领域的欧洲航天器发射器开发和建造委员会（Commission européenne pour la mise au point et la construction de lanceurs d'engins spatiaux, CECLES）和欧洲航天局（Agence spatiale européenne, ASE）也是如此。相反，一个独立的英国导弹计划并没有获得成功。

真正存在的社会主义的挑战

众所周知，赫鲁晓夫（Khrouchtchev）说，在资本主义世界中许多人认为苏联将超越资本主义国家。苏联在军事上和意识形态上对资本主义大国构成了严峻的挑战，这在今天看来依然是令人震惊的。在第二次世界大战后，随着工业化、城市化和大量科学家和工程师的培训，其经济迅速发展。在1960年代后期，苏联从事研发工作的科学家和工程师的人数超过了美国。一些成功，如第一枚苏联原子弹（1949年）、第一颗人造卫星（1957年）和尤里·加加林（Youri Gagarine）（1961）的太空旅行，都具有全球影响力。而一些其他成就，

---

① 感谢理查德·阿伯拉菲亚（Richard Aboulafia）对此提供的信息。

如首次将核能用于发电（在英国人之前）或世界上第二种喷气式飞机（在英国人之后）则反响平平。西方国家的许多学者指出，苏联的成功证明增加对教育和太空研究的投入或促进国家主导的计划和项目是合理的。苏联模式的显著成就使这种政策合法化，甚至在反共主义者中也持有同样的看法。但是苏联的成功是短暂的。苏联没有迎头赶上，而是很快发现自己在竞争中处于劣势，这在1970年代变得十分明显。有些人喜欢称苏联为"有火箭的上沃尔特"，这是一个夸张的表达，但也有一些道理。实际存在的社会主义无法与资本主义世界相抗衡的事实是一个具有重大历史意义的问题，但是，如果苏联在创新领域做得更好，我们又将如何描述呢？

关于社会主义是否已经产生了一种特定的科学或技术的问题，当然可以肯定地回答，但这导致了严重的短缺。东德生产的带有树脂车身的汽车；苏联使用的阀门比美国更长，但这不是自愿的选择。中国可能是一个例子，其特殊政策是一方面使用苏联制造的大型机器，另一方面使用较小的机器。虽然这些机器不是专用机器，并且通常基于西方的旧技术，但中国的科技创新正一步步走出了独具特色的道路。

在1960年代末期和1970年代末期，苏联高度集中的计划经济不仅受到共产主义的批评，而且受到了"高现代主义"（l'haut modernisme）的各种批评。[1] 思路狭隘的专家和拥有无限权力的官僚的傲慢自大是资本主义国家批评的对象。对技术专家和计划化的批评也来自新兴权力和环境保护运动。对于核能的许多反对者来说，无论是资本主义还是社会主义，其都涉及等级制度、保密、警察国家和巨大的成本。

农业

现代性话语的特征是对小农农业有一定的蔑视和冷漠。食品生产必须按照现代化的大型机械化工厂的模式进行组织。在间战期，苏联通过建立庞大的

---

[1] Scott 1998.

集体国有农场而破坏了其传统农业。这些提供了生产率的提高，但与小规模资本主义农业的生产率提高相反，尤其是在第二次世界大战之后。的确，战后农业正在经历世界历史上最显著、记录最少的变革之一。得益于国家的支持、补贴和对研发的投资，许多农民能够将其单位产量提高到前所未有的水平。与机械化相结合，肥料、水、农药、除草剂的开发以及新品种的使用正在引起深刻的变革。劳动生产率以前所未有的速度增长。在欧洲，农业的增长甚至超过工业。从这个意义上讲，英国就是一个典型的例子：在 20 世纪中叶，英国一半的食物依赖进口，而在 1980 年代，它成为自给自足的国家，但当时只有极少数的人口在土地上劳作。

在贫穷的非共产主义国家中，农业生产力的停滞是国际组织领导的一项政策需要解决的问题，即在不取代劳动力的情况下提高每公顷产量。这项政策的关键是灌溉和化肥，这需要对东方集约化精耕细作的品种进行革新。所谓的"绿色革命"始于一个尚未完成的转变过程，即农业转型以使其生产率达到与富裕国家相近的水平。一个极其重要的变化发生在 1980 年代的中国，新形势下集体化进程的逆转导致了巨大的农业生产率的增长。没有农业的这些震荡，就不可能实现世界的工业化和城市化。

新自由主义革命

1980 年代撒切尔和里根政府领导下的新自由主义革命是延续了 1970 年代智利的开创性经验。虽然国家通常不会脱离经济、研究和新产业的创造，并在某些情况下仍然如此。这场新自由主义革命的本质特征不仅在于垄断企业和国有企业的私有化，而且还在于它们在不同程度上取消了购买国民产品的义务以及对竞争的开放。非国有化是这场革命的核心要素。这导致人们放弃了以唯意志论为特征的国家工业政策，这对于为民族工业开发新的国家技术的集中规划产生了深远的影响。在英国，电力和其他公共服务分配的自由化和私有化正在严重削弱英国的核能、电话、电子、IT 和铁路工业。相反的是，法国在后两个领域［数字化电话信息交互式媒体（Minitel）和高速列车］启动了新的国家项目,同时对核能进行了大量投资。法国是一个例外,因为它在一个新自由主义的世界中长期坚持已经被他国放弃的政策。

当下,各国继续为科技研究提供大量资金,其中越来越多的资金流向了大学。假设该大学的研究带来了未来的产业,那么这笔资金投入便是合理的。该假设具有特定的背景,这是在电子领域以及最近在计算机和互联网领域从美国大学蜂拥而出的公司的成功之道(微软、谷歌和苹果)。各国希望这样的历史将围绕生物技术重演。在可见的范围内,1990年代末和21世纪初的人类基因组计划在这方面占有特殊的位置。美国在该项目上的投资已超过50亿美元(2010年),并在今天保持了同样的投资水平。但是生物技术并未获得非常大的成果。从1990年代中期开始,转基因玉米、大豆和棉花等品种就从美国迅速传播开来。种植转基因作物的地区每年以10%的速度惊人地增长。但是,这种发展主要是由美国的私营部门推动的,但其作用没有像过去几十年农业投入的增加那样具有革命性的效果。在制药领域,生物技术创新的影响微乎其微,而该行业的特点仍然是创新缓慢且成本高昂,对人类健康的影响很小,有时甚至是负面影响。[①] 这项研究支出的结果远非显而易见。尽管"创新"泛滥,新自由主义时代很有可能是技术发展相对薄弱的时期,但信息和通信技术除外。[②]

国家在军事领域的活动具有很强的连续性,这也挑战了我们在后冷战时代将生活在一个世界中的观念(这一观点在科学史研究中广泛流传,但在技术史研究中却没有)。如果说苏联军事科学综合体确实以惊人的方式瓦解,那么在北约国家、日本或中国都没法与之相比。例如,在冷战之后,美国国防部每年在研发上的支出要高于1970年代。

尽管对三重螺旋的概念,企业型大学或以其与商业世界之间的联系为特征的大学研究新模式进行了所有讨论,但大学从知识产权中获得的收入仍然不高。即使是最有创造力的大学,也仍然极其依赖学费、捐赠和国家资助,尤其是在研究方面。甚至可以说,关于一种新型大学的想法仅仅是获得公共资金的

---

① Le Fanu 2011.
② Edgerton 2013, Cohen 2011, Le Fanu 2011, Mirowski 2011.

一种手段。这也表明，通过对出版物和引文进行计数，对研究人员、大学和国家进行评估已经成为一项常规操作。这不是新自由主义，而是新官僚主义。对于研究的实际效果，甚至是经济影响，都没有真正令人信服的衡量标准。但是，随着新自由主义的转变，大学内部和学生之间的文化发生了深刻的变化。

一代人以前，代表了新自由主义的玛格丽特·撒切尔（Margaret Thatcher）（由于至今尚不明了的原因）提出了全球变暖所带来的威胁。这个问题成了获得很多关注和国家资助的主题，并且在研究人员中引起了极大的共鸣。然而，有关新能源以及更为重要的，应对气候变化的方法的研究却进展缓慢（实际上，在21世纪，伴随煤炭的消耗，温室气体排放量持续增长）。这听起来像是在提醒我们尚未触及的问题：人类生活的世界与谈论国家和科学时所想到的世界相距甚远。这并不是说这些世界与知识无关，也不与现代科学的机器无关，而是在分析"科学政策"的人们的视野之外。实际上，这种说法具有更广泛的范围：在大多数有关科学和国家历史中引用的概念、思想和例子，无法全面囊括行动力、政策和实践的多样性。

大卫·埃杰敦（David Edgerton）撰；西里尔·勒罗伊译

参考文献

Clarke Sabine, 2012, Pure Science with a Practical Aim: The Meanings of Fundamental Research in Britain (ca. 1916—1950), *Isis*, vol. 101, n°2, p. 285-311.

Cohen Tyler Cohen, 2011, *The Great Stagnation: How America Ate All the Low Hanging Fruit of Modern History, Got Sick, and Will (Eventually) Feel Better*, New York, Dutton.

Edgerton David, 2005, "The Linear Model" Did Not Exist: Reflections on the History and Historiography of Science and Research in Industry in the Twentieth Century, in Karl Grandin et Nina Wormbs (dir.), *The Science-Industry Nexus: History, Policy, Implications*, New York, Watson, p. 31-57.

— 2007, The Contradictions of Techno-Nationalism and Techno-Globalism: A Historical Perspective, *New Global Studies*, vol. 1, n°1, p. 1-32.

— 2013, *Quoi de neuf ? Du rôle des techniques dans l'histoire globale*, Paris, Seuil.

Forman Paul, 1987, Behind Quantum Electronics: National Security as Basis for Physical

Research in the United States (1940—1960), *Historical Studies in the Physical and Biological Sciences*, vol. 18, n° 1, p. 149-229.

Giffard Hermione, 2011, *The Development and Production of Turbojet Aero-Engines in Britain, Germany and the United States (1936—1945)*, PhD thesis, Imperial College, Londres.

Godin Benoît, 2006, The Linear Model of Innovation: The Historical Construction of an Analytical Framework, *Science, Technology, and Human Values*, vol. 31, n° 6, p. 639-667.

Guzzetti Luca (dir.), 2000, *Science and Power: The Historical Foundations of Research Policies in Europe*, Florence, Istituto e Museo di Storia della Scienza.

Harwood Jonathan, 2012, *Europe's Green Revolution and Others Since: The Rise and Fall of Peasant-Friendly Plant Breeding*, Londres, Routledge.

Jacq François, 1995, The Emergence of French Research Policy: Methodological and Historiographical Problems (1945—1970), *History and Technology*, vol.12, n° 4, p. 285-308.

Krige John, 2006, *American Hegemony and the Postwar Reconstruction of Science in Europe*, Cambridge (MA), MIT Press.

Krige John et Barth Kai-Henrik (dir.), 2006, Global Power Knowledge: Science and Technology in International Affairs, dossier thématique d'*Osiris*, n° 21.

Le Fanu James, 2011, *The Rise and Fall of Modern Medicine*, Londres, Abacus, 2ᵉ éd.

McDougall Walter A., 1985, *The Heavens and the Earth: A Political History of the Space Age Race*, New York, Basic Books.

Mirowski Philip, 2011, *Science-Mart: Privatizing American Science*, Cambridge (MA), Harvard University Press.

Pestre Dominique, 2003, *Science, argent et politique. Un essai d'interprétation*, Paris, Quæ.

Saraiva Tiago et Wise M. Norton (dir.), 2010, Autarky / Autarchy: Genetics, Food Production and the Building of Fascism, *Historical Studies in the Natural Sciences*, vol. 40, n° 4, p. 419-600.

Scott John, 1998, *Seeing Like a State: How Certain Schemes to Improve the Human Condition Have Failed*, New Haven (CT), Yale University Press.

Scranton Philip, 2006, Technology-Led Innovation: The Non-Linearity of US Jet Propulsion Development", *History and Technology*, vol. 22, n° 4, p. 337-367.

– 2011, Mastering Failure: Technological and Organisational Challenges in British and American Military Jet Propulsion (1943—1957), *Business Historys*, vol. 53, n° 4, p. 479-504.

Siddiqi Asif, 2000, *Challenge to Apollo: The Soviet Union and the Space Race (1945—1974)*, NASA History Office.

Thomas William, 2015, *Rational Action: The Sciences of Policy in Britain and America (1940—1960)*, Cambridge (MA), MIT Press.

在药物发明中占主导地位的有机合成法。1950年代后期，盖吉公司（Geigy）的化学实验室。

第四章
一种工业的认知方式

2011年1月,社会事务总督察(IGAS)发布了一份报告,该报告总结了其三名成员在创纪录的时间内进行的一项调查。该调查的重点是一种名为Mediator的药物。这种药物是自1976年以来由制药公司施维雅(Servier)发明和销售的苯氟雷司制剂。[①] 社会事务总督察被要求进行此类调查的原因是在2010年秋天爆出的丑闻:根据一些心脏病学家和流行病学家的评估,Mediator很可能已导致500~2 000名患者死亡。

自投放市场以来,Mediator被用以减少糖尿病或高血脂患者的脂质负荷。但是,这款药是有争议的创新。正如社会事务总督察报告所提及的那样,自1990年代中期以来,不仅包括医学杂志《处方》(Prescrire)的编辑,而且法国医保的负责人等都曾指出,Mediator的消费者远远超出了施维雅所给出的适用患者范围,其中,涉及一些将该药物当作食欲抑制剂的超重人群。

社会事务总督察的报告对法国的药品监管系统提出了严厉的批评。一方面,药物管制部门忽略了可能引起人们注意该药品危险性的死亡报告。另一方面,对于调查员来说,该产品不应被销售。为了支持这一判断,报告强调了两个问题。首先是,自首次提出市场许可请求以来,施维雅一直坚称苯氟雷司是一种创新物质。该产品与该公司1970年代生产的"食欲抑制剂"产品无关。

---

① IGAS 2011.

后者由于属于苯丙胺类而从市场上撤出。在当时，苯丙胺因其副作用和成瘾性而逐渐被禁止使用。而施维雅的市场营销也曾系统地反对过苯氟雷司及其化学和药理学同质物。第二个问题是监管机构缺乏手段，"利益冲突"的情况不断增加。这促使人们接受了施维雅用来平衡被认为是微不足道的健康风险与法国制药学的繁荣所带来的社会经济效益。

该事例之所以有趣，不仅是因为它引发了有关专家评估的争论，还因为它使治疗研究的资本组织受到质疑。对于那些同意从社会事务总督察的回顾性观点上进一步思考的人认为从药理学角度看，苯氟雷司是一种苯丙胺，就不应该被授权使用。该药的发展轨迹牵扯到的一个特定的研究组织，其中心是公司内部的研发部门。这种部门自第二次世界大战以来一直主导着制药业。

这种制度并非健康领域独有。制药和有机化学、电学或电子技术都是科学史上作为 20 世纪商业研究在高科技领域兴起的经典实例。工业研究人员的身份确实是一个新近创造的东西，在 19 世纪还没有出现。至少，如果我们要将工业研究与大学和公司之间存在的合作与交流区分开来，这些合作和交流的历史可以追溯到学术机构。①

工业研究人员的出现通常可以通过大型公司实验室的历史或 1930 年代以来国家所收集的数据来说明。其出现使工业研究能力得到提高，并涉及"研发"中的人力和财力投资规模、战略问题、国家安全状况、经济增长和社会进步的问题。关于研究实践内部化的最佳研究之一是对通用电气公司和贝尔公司（Bell）的研究实验室的轨迹进行分析，这是莱昂纳德·赖克（Leonard Reich）在《美国工业研究的形成》（*The Making of American Industrial Research*）中提出的。② 这尤其突出了知识产权问题，具有学术职业和工程经验的混合"人物"的作用以及公司其他部门的"服务"功能的重要性。这些实验室的发展为调查

---

① Shapin 2008.

② Reich 1985.

的基础化提供了手段。杜邦（Du Pont）[①]、柯达（Kodak）[②]或巴斯夫（BASF）[③]等公司也出现了类似的情况。

本章的目标是探讨这些历史现象出现的条件和这种"工业知识"的张力。但本章也将探讨最新的转变。该转变导致许多科学技术创新的观察者得出这样的结论：研究人员的工厂模型（如果不是工业科学的话）已经过时了，取而代之的是一种新的"知识经济"。[④] 换句话说，这是一个问题，需要知道"内部"研发制度在多大程度上不是一个题外话，在何种程度上无法与"黄金三十年"（les Trente Glorieuses）摆脱干系，又在何种程度上不是那个与大萧条的政治经济学密不可分的知识治理形式（该形式在战后时期负责管理国家、公司和市场之间的关系）。为此，我们将从最近有关制药学的研究（企业研发的模式）、其运作方式和其未来开始。

研发和药物筛选：为市场建设服务的科学

渗透到医药界的化学公司［例如，拜耳（Bayer）］的历史常常与电学公司的发展轨迹相比较。这成为人们将20世纪上半叶和下半叶进行对比的来源。

世界大战之前，药物界是专业人士和小企业的世界。制药学专业就像医学一样是自由职业，是围绕持有文凭和垄断实践而组织的。制药往往由药房负责（应医生的要求并根据在学校学到的药典配方来准备药剂）或由药剂师领导的小商行和小公司生产一些现成的专业产品。它们基于药典中所列物质的组合或更为激进的创新，但成分保密。1945年后，情况发生了变化：制药学成为大众市场上的工业部门，研发强度很高。[⑤] 规模的变化、标准化、组织能力和化学动员被认为是"治疗革命"成功的原因，[⑥] 同时也被解释为该系统与作为新药

[①] Hounshell et Smith 2000.
[②] Jenkins 1975.
[③] Abelshauser 2001.
[④] Kahin et Foray 2006.
[⑤] Gaudillière 2007.
[⑥] Weatherall 1990.

发明方法的"筛选"(screening)背后的大型"合作"之间存在联系。

更具体地说，历史学家约翰·莱希（John Lesch）讲述了1920年代和1930年代拜耳如何重塑其内部研究系统以采用筛选技术。[①] 他描述了在格哈德·多马克（Gerhard Domagk）的支持下，该公司如何组织并有计划地寻求具有临床活性和商业可行性的新分子。第一步筛选的核心是庞大的化学基础设施之间的结合。该基础设施雇用了数十名负责大规模合成有机分子的技术人员和医生，建设了药理实验室。在实验室中，生物学家和药剂师对少数标准动物模型进行了多次测试。拜耳系统的独创性不在于这种结合，而在于运营的规模和组织。这种配置将促使第一个磺酰胺类药物的上市，但它不是一种知识创新，而是一种新的组织实践，即药物研究的"工业化"。

最近的史学研究从两个方面挑战了这一解释。一方面，强调其目的论性质：将结果（筛选的一般性）作为对过程的解释；另一方面，通过回顾知识形式的多样性和治疗革命的标志性化合物的出现背景。抗生素、性激素、皮质类固醇或精神药物的轨迹表明化学和对分子的操纵作为动员知识的主要手段是如何被简化的——以临床或现行的知识为代价。[②] 同样，先灵（Schering）、默克（Merck）或霍夫曼（Hoffman）等其他公司的发展轨迹也突显了引入筛选的渐进性和滞后性，这不早于1960年代之前。[③] 因此，需要另一个解释内部研究和筛选的解读。

一种解读方法是将产品或公司的历史作为主题，如先灵公司，它是一家家族企业，是典型的专业制药业的制度。在两次世界大战之间，先灵公司经历了显著的增长。[④] 像许多欧洲竞争对手一样，该公司对从生命体中提取的产品，特别是对荷尔蒙制剂感兴趣。它销售一系列可用于治疗的分泌腺提取物，如胰腺胰岛素、肝提取物、睾丸或卵巢提取物等。在1920年代和1930年代，性激素是先灵的旗舰产品，它成为将腺体提取物转化为类固醇的关键角色，类固醇

---

① Lesch 1993 et 2007.
② Bud 2008, Haller 2012, Healy 1997, Quirke 2008, Ratmoko 2010.
③ Bächi 2009, Bürgi 2011, Galambos et Sewell 1997, Gaudillière 2010.
④ Bartmann 2003, Höllander 1955, Wimmer 1994.

是通过部分合成产生的，其分子结构是经过纯化和显示其特征的物质。因此，"分子化"过程先于并限制了筛选的采用。

与拜尔公司不同，先灵公司的研究并不专注于化学。大部分关于类固醇激素的生化研究是由大学实验室进行的。该实验室的主管是阿道夫·布特南特（Adolf Butenandt），他是威廉皇帝学会（Kaiser-Wilhelm Gesellschaft）生物化学研究所的所长，是该公司的长期合作者。① 在内部，先灵拥有重要的生理研究基础设施，其起源可在腺体提取物的标准化和控制实践中找到，也就是在医学材料的工业处理中。因此，旨在通过定量测量对生命体的作用（例如，缺乏卵巢雌激素的小鼠子宫的生长）来评估制剂活性的动物试验处于实验室研究的核心。这些研究工作的"基础性"与本文一开始提及的电学行业的相一致，是由对工具的掌握而完成的，并且最初是从生理学角度进行的，并与临床医生的小网络紧密联系。先灵公司委托他们根据临时的模式探索其制剂的临床特性。这并不意味着没有化学，而是其作用是有助于制剂的工业化：首先，改变溶剂和提取条件；然后，当提取物变成纯化的类固醇时，寻找新的原料或通过定义可大规模使用的化学反应的方案。

在1960年代中期，这种记述不再合适。生理学实验室已被生物化学实验室取代，从而将布特南特进行的研究类型内部化，而化学实验室则采用部门形式，包括数百名研究人员和技术人员，他们不仅致力于改进方案，而且最重要的是合成新分子。② 此外，正如肾上腺激素多样化发展为一个庞大的皮质类固醇家族所显示的那样，根据筛选阶段的线性顺序，对发现进行了真正的计划化：系列的选择、类似物和衍生物、对少数动物模型的功效测试、为合作医生的临时网络提供物质。③

在这两种配置之间，可的松事件是研发重组的催化剂。默克公司在1947年推出了一种由其化学家发明的人工类固醇，没有任何对结构/功能关系的推

---

① Gaudillière 2005.

② Kobrak 2002.

③ Gaudillière 2013.

断，但是在治疗风湿病和炎症过程中很有效。① 对于先灵而言，这是一次危机。这次教训之后，先灵公司于 1950 年代末开始了自己的实践。可的松的成功表明有可能通过掌握一种分子的知识来建立大众市场，而这种分子仅通过化学技能的调动即可获得，而无需事先的临床投入。像青霉素一样，可的松属于治疗革命的第一批"重磅炸弹"，但与以加强筛选而改写历史传奇的企业不同，可的松为代表的变革不再来自生物学。

但是，由于筛选不是一家或几家企业的业务，而是在"黄金三十年"期间成为研发的一般模式，因此筛选的历史不能简化为对地方发明或文化的偶然性的微观分析。从那里开始，第二种解读模式集中在药品知识与市场建设模式之间更大范围关系的转变上，考虑到它们在稳定"治疗发现工厂"（l'usine à découverte thérapeutique）制度中的决定性作用。从这个角度来看，最近的研究倾向于三个要素：知识产权、行政法规、科学营销。

使战后药学更接近化学或电子学的因素之一是专利在该行业经济中的地位日益提高。变化是重大的：在战争之前，大多数欧洲国家将药物排除在可申请的专利范围之外。② 如今，这种长期排除的原因已广为人知，并且有两个方面：公共卫生考虑和药剂师的专业文化。③ 药品专利的标准化也离不开社保体系的普遍化，后者使获取问题成为人们关注的焦点，另一方面与消除了临配药的工业化生产有关。但是，内部研究实践的发展推动了治疗药物从品牌、秘密或技术垄断的使用到由专利主导的模式的过渡，从而改变了它们的性质。

从 19 世纪末开始，排除治疗物质的专利性并不意味着完全没有专利占有。但是，这与程序有关，而与物质无关：分离的方案、反应的顺序、合成的程序。因此，围绕化学和制药公司，创建了一个真正的专利环境，使生产工程师、为公司提供法律服务的律师、咨询公司的专家、工业产权局的审查员、特别法院的法官联系在一起。通过提交扩展保护要求或针对非法复制提出投诉，

---

① Rasmussen 2002.
② Gaudillière 2008.
③ Cassier 2004.

该共同体已将法学从程序专利转移到了实质专利。① 因此,到1930年代末,人们已经普遍认为,生产已获得专利的物质构成对知识产权制度的侵犯,但也接受关于治疗药剂的专利申请,只要文本不涉及医疗用途。②

因此,药物专利的出现受到分子化的推动,但也增强了它的作用。一旦因其起源于实验室而被描述为新分子的任何物质组成均获得专利,则对具有治疗作用的化学物质进行内部研究的投资便成为控制和建立制药市场的有力工具。因此,在知识形式和财产制度之间建立了新的循环效应,并最终受到战后立法变更的认可,这些变更正式结束了对其不可授予专利的时代。③

工业知识与市场建设之间关系转变中的第二个因素是监管制度的变化,这在筛选的普遍化中起着举足轻重的作用。④ 从现代意义上讲,筛选模式不仅限于化学实验室和药理学实验室之间的耦合,还包括分子临床试验的所有阶段。理想情况下,将这些试验分为旨在评估毒性和副作用的Ⅰ期试验、Ⅱ期试验,其重点是与安慰剂相对比的治疗效果,最后是Ⅲ期试验旨在确认更大的人群和更接近常规条件下的疗效数据。引入医学标准统计测试的历史在学界是众所周知的,⑤ 特别是它与改革药物法律地位和建立代理制度的密切关系。⑥ 美国食品药品监督管理局(FDA)的发展轨迹以及1962年的改革具有参考意义。其首次使对照试验成为一种法律上规定的措施。因此,将测试系统地包含在筛选之中是由于以下事实:实施这些不同阶段已成为公司的一项行政义务。

然而,这种解读使国家和市场处于对立状态,从而阐明了公司在采用这些改革中的作用。因此,多米尼克·托贝尔(Dominique Tobbell)的研究显示了在美国,大型企业及其专业协会对新法规的参与如何迅速取代了对新措施的反对。⑦ 另外,面对在美国国会的讨论中一个更大的威胁:价格控制和专利改革,

---

① Pottage 2010.
② Cassier 2008, Gaudillière 2008.
③ Chauveau 1999.
④ Gaudillière et Hess 2013.
⑤ Marks 1997.
⑥ Carpenter 2010.
⑦ Tobbell 2012.

1962 年的美国改革被认为是两害相权取其轻。再次，就像专利一样，监管是由公司临床研究实践的转变所驱动的，而这又巩固了筛选的普遍性。瑞士公司盖吉的案例就是一个很好的例子。在 1950 年代，像先灵一样，它进行了非正式的临床评估：少数医院从业人员是长期合作者，他们接收了各种制剂，有时，公司也需要为他们做制剂。他们可以自由选择病理指标和治疗条件。他们从公司获取药物甚至获得资金支持的主要因素是能够提供有关临床病例的信息。在这个系统中，统计数据的作用微不足道。在接下来的十年中，公司创建了临床研究部门来编写方案，在多个中心进行同一分子的协调试验、增加参与的患者人数、统计汇总，以及评估和决策。最后的步骤分为两个阶段：一个阶段是毒理学阶段，另一个阶段是治疗阶段。因此，标准化和"规程化"是与创新计划紧密相关的"内化"临床试验控制的手段。他们使用统计测试参与内部的动态管理。但是这种发展也是对行政法规的回应。盖吉公司所面临的问题不是最初在临床评估标准仍然开放的瑞士、法国或德国上市，而是要进入美国市场。

尽管临床试验是由不领薪水的行动者进行的，但在公司外部的医院和护理中心进行的临床试验从 1970 年代开始大规模发展，至少有两个原因使其属于工业研究领域。首先是制药公司经营规模和融资的变化导致临床部门及其管理人员（通常是医生）对实验的组织进行集中管理。从目标的选择到结果的公布（或不公布）以及方案的定义，所有重要的决定都因此成为"内部"事务。第二个原因是这个新的研发部分被整合到一个扩大的筛选和战略规划系统中。该系统对科学营销起着决定性的作用。

战后市场的繁荣极大地改变了药物研发的性质。广告对于制药学当然不是新鲜事物。1920 年代和 1930 年代，在法国和德国，药品广告占据了该行业各个领域的第一位。但是，这种广告的方法和目标在 1930 年到 1970 年之间发生了很大的变化。[①]

科学营销的出现与目标的改变相对应：以非处方药销售和针对患者为主要

---

① Gaudillière et Thoms 2013.

特色的广告已经让位给医学媒体以及仅可通过处方才能购买的产品的媒体。①与营销的专业化相一致，这种发展经历了推广手段的全面改革。医疗访问被优先考虑，这是一个由代表组成的系统，对"访问者"进行技术培训以向医生宣传产品的特性。在拜耳或盖吉这样的公司中，三十年来，访问者的数量已从几十人增加到数千人。总体而言，基于各种工具，包括基于个性化的信函、小册子、文章、会议邀请、衍生产品等，科学营销俨然已成为整合式的运营。

营销投资的快速增长以两种不同的方式动员了科学。一方面，市场营销本身已成为一项研究活动：负责市场营销计划的部门利用了来自心理学、社会学、符号学和卫生经济学的知识。但是这还建立了远远超出简单的销售监控范围的市场调查，其目的是了解医护实践的演变、医生的社会学、他们的处方行为以及患者/消费者的期望。另一方面，科学营销已变得科学化，因为从形式和发行的意义上讲，对研究结果的动员业已于旨在影响处方实践的推广论证里占据了中心位置。这些变化的主要结果是将临床试验和市场营销相结合，希望能够预测中期内出现的创新和市场建设。在1960年代开始广泛使用的"生命周期"（le cycle de vie）概念便是一个标志。②

由于营销专业人员对控制论概念的使用，他们突出了产品的暂时性，可淘汰性以及对连续使用新产品的需求。因此，临床研究和市场营销的整合导致了一个新兴的工业研究人员形象的出现，他们和医生一起长期从事试验的布置、评估和宣传。这产生了回报，市场部门评估了市场潜力，不仅导致化学和药理学部门对某些种类的分子进行了多样化，而且在公司及其推广活动的支持下还将其推向了市场，从而重新定义了疾病和健康需求的边界。③

因此，制药学案例是"研究者工厂"（l'usine à chercheurs）模式的时间特性及其与特定知识形式保持联系的最佳例证。它还强调了内部研发制度与"福特主义"的组织和调节形式之间的关系。④ 后者结合了两种主要的体制结构：

---

① Tone et Siegel Watkins 2007, Greene et Siegel Watkins 2012.
② Thoms 2014.
③ Greene 2007.
④ Aglietta et Boyer 1976.

一方面，大型企业旨在实现大规模生产和规模经济，并且倾向将组织划分为多个部门。另一方面，社会保障体系确保了财富的（有限的）再分配，并被认为是增长的保证。在这种情况下，计划化（被理解为在全国范围内的经济干预措施，并着眼于中期预期）既是私人行为，也是公共行为。半个世纪以来，正是它为模仿学术和国家实践的工业研究提供了基础。在这种情况下，知识的生产是建立市场的重要工具，既是新产品的来源，又是（尤其是）经济调控的工具。

研究者工厂的尽头？企业研究员和"知识"经济

在1990年代，《科学》（Science）或《自然》（Nature）杂志的读者开始看到新的学者形象的出现——在《商业周刊》《经济学人》（The Economist）或《华尔街日报》（Wall Street Journal）上关于那些可以成为商业领袖的成功人士的文章。如果说比尔·盖茨（Bill Gates）凭借微软的发展，以及有关他的文章和书籍的数量而成为企业家-研究者（le chercheur entrepreneur）形象的代表，那么生物化学家克雷格·文特尔也是如此。

既可以提高解密人类染色体分子结构效率的技术方法，也可以为功能未知的基因片段申请专利，然后用于高通量DNA分析。这两种技术模式成了人们论战的焦点。在这一背景之下，作为美国全国卫生研究所的一名研究人员，文特尔在1997年离开了负责协调人类基因组测序计划的公共机构，转而承担起自己所创办的生物技术公司塞莱拉 [Celera，由仪器公司珀金埃尔默（Perkin Elmers）资助] 的管理工作，并从基因开发的两个角度进行基因组研究：自动测序和鉴定可能在农业或医学中发挥重要作用的基因。2001年，人类基因组"（几乎）完整结构"地正式展示认可了塞莱拉公司的成功，因为文特尔和全国卫生研究所的负责人弗朗西斯·柯林斯共同庆祝了该计划的结束，展示了公共部门和私人生物技术研究之间的合作价值。

企业家-研究者这个形象是从工厂到研究人员的科学家的先验模型，体现个人创造力、根本性创新的不可预测性、与大型组织决裂，以及企业家-研究者继续其在商业和大学之间的游走。这是对官僚主义的"研究者工厂"停滞不前和计划化的研发危机所做出的具体回应。

研究创新的社会学家和经济学家将科学、创新和产业之间联系的这一新体现视为以三个要素结合为特征的知识经济：① 对新知识的认可；② 创建主要或专门从事研究的小型企业（初创公司）；③ 通过风险投资筹集资金，并通过知识产权及早赋予成果价值。这种经济在 1980 年代围绕计算机技术和生物技术两个领域起飞。它们都得益于指数级增长的投资。而这些投资主要通过专门的股票市场来收集。创立研究公司已成为大学研究人员（特别是在美国）的普遍做法，并通过强大的承担大公司的研发外包工作来维持。从 1980 年代后期开始，美国无线电公司、美国电话电报公司（AT & T）、西屋公司（Westinghouse）、惠普公司（Hewlett-Packard）、IBM、罗氏集团（Hoffmann-La Roche）、默克公司和许多其他公司开始缩小研究平台的规模，以帮助建立伙伴公司的网络：负责研发实验阶段的公司、动员学术研究人员以及他们自己的雇员和专利生产商（而不是商品生产商）。①

为什么会有这样的演变？最初的回应呼应了企业家 – 研究者的话语，并强调了战后工业研究创新能力的枯竭。在这里，制药学的案例再次具有象征意义，因为"治疗创新危机"的概念在过去十年中一直是公开辩论的话题。这与 1990 年代以来受益于销售许可的新分子数量的减少有关；在投放市场之前，平均研究成本增加了；以及在竞争加剧和对"新药的疗效价值"（le service médical rendu, SMR）的经济评价不断提高的背景下，由于被认为不可控制的不良事件或商业失败而导致的引入临床阶段后被召回的产品出现倍增。对于工业家来说，这场危机首先是行政法规的收紧、临床试验普遍化以及各机构采用所谓的"循证医学"的要求所致。但是，如果我们考虑美国食品药品监督管理局的情况，则授权的时间顺序及其成本远不能支持这一解读。②

自 1950 年代以来，市场营销的数量一直保持相对稳定，但在没有监管变

---

① Buderi 2002.

② Munos 2009.

化（包括 1962 年改革）影响趋势的情况下，研发投入却稳定增长。因此，问题似乎不在于市场的行政组织，而在于筛选生产力的下降和研究者工厂制度的动态。这种已快达到极限的创新制度的"熊彼特式"（schumpéterienne）思想曾极大地促进了生物技术的繁荣。实际上，与导致 1980 年代和 1990 年代投资于战后制药研究或软件和微计算领域的情况不同，基因的生物技术没有提供新的治疗类产品。除改善风险诊断外，基因治疗以及基因组学的医学应用纯属一种长远的期望。[1] 没有了大型制药公司的信心，初创公司的发展，其通过风险资本的融资，建立复杂的科学和金融伙伴关系将变得更加困难。因此，生物技术承诺的信誉得益于制药学内部的一种信念，即对生物大分子、DNA 和蛋白质的了解是更新筛选的一种方法，以此来认定新的目标。大型制药公司与生物技术初创公司之间不断增加的联系是药物外包研究中更为普遍的现象的一部分。合同研究组织（Contract Research Organizations，CRO）的多元化提供了一个很好的例子。[2] 它们的功能可能非常多样：提供手头上的重要文章并跟踪发表的过程；专业知识和知识产权文件的汇编；组织临床试验并准备上市的授权申请。因此，医疗部门活动的重要部分已转移给专业公司。通常将这种外包解释为旨在降低成本的"合理化"过程的结果。外部管理将医院协作网络的建设、患者招募或数据收集转移给专门管理从业人员和目标人群的公司。因此，合同研究组织取代了医院的服务，与后者不同的是，它们的财务自主权很小，并且与工业承包商拥有相同的管理文化。正如菲利普·米罗夫斯基（Philip Mirowski）指出的那样，合同研究组织宽广的业务范围与学术研究的转变及其"商业化"紧密相连。[3]

除制药业外，对研究人员工厂制度的侵蚀还引起了公司内部部门的批评，这些内部部门培养了一种"紧缩"形式，使它们看起来像学术部门。将研究部门转变为具有财务自主权的部门，与初创公司和大学签订有针对性的合同，评估生产力，增强知识产权：似乎已经推广了相同的解决方案来改革"经典"的

---

[1] Martin 1999, Martin et Hedgecoe 2003.
[2] Mirowski et Van Horn 2005, Sismondo 2009.
[3] Mirowski et Sent 2006.

研发模式。企业家－研究者模型在"知识经济"的标志性领域之外的普遍程度，如在高强度的研发领域（比如，汽车或航空领域），仍然是一个悬而未决的问题。

因此，从 1980 年代开始，新的知识经济似乎正在参与另一种资本和市场监管制度的稳定化。在不对新管理实践进行详细讨论的情况下，首先必须强调公司治理已从大型公司的"钱德勒"（chandlerien）模式转变为被组织成职能部门并实行垂直整合的方式。外包、灵活的任务、突出的多样性、利基效应、及时的生产以及工业搬迁，这些为建立有利于网络企业和"项目"运营的组织作出了贡献。①

除了生产组织所特有的这些动力之外，还通过重大的机构重组来重新组织内部研究。因此，在美国，1980 年代看到了三项政治举措的结合，这些举措旨在使国家成为研究的承担者而不是新知识市场的活化剂：① 将纳斯达克（Nasdaq）转变为创新的股票市场；② 通过了《拜杜法案》；③ 美国专利商标局（USPTO）扩大了可授予专利的领域。

纳斯达克于 1960 年代作为第二个电子市场出现，最初旨在促进报价并提高其透明度。其性质随着重组金融市场交易的改革而改变［《证券交易法案》（Security Exchange Act）］。1980 年代的转折在于允许其财务平衡不是资产而是基于其增长潜力的前景的公司在纳斯达克上市。② 因此，新规定使没有收入与产品销售或未能提供服务的公司（通常是初创公司）可以在只要它们的"有形"资产（包括专利、商标和版权）被认为足够时，尽快动用金融资本。

1980 年的《拜杜法案》已授权大学将专利的独家许可给予企业利用联邦公共基金资助得到的研究成果。③ 这项改革的影响很大，因为它是一系列措施的一部分，到 1980 年代，这些措施已经促进了军事研究或国家实验室的商业化。战后联邦政府发放非排他性许可证以限制拨款，甚至（对于反托拉斯政策

---

① Boltanski et Chiapello 1999.

② Coriat 2003.

③ Movery 2004, Washburn 2005, Berman 2008.

而言）强制性许可的政策已被放弃。①

建立研究产品真实市场的决定性发展最终是将可专利性扩展到其他实体：基因、细胞、动物、软件、商业模式等。② 与 1930 年代的药品一样，标准的变迁被法律通过的次数少于判例、准则的制定和商业惯例。现有的案例尤其引人注目（今天的基因专利所保护的发明是在实验室中分离出的染色体 DNA 片段的分子结构，并具有保证潜在效用的生物学功能），自 1990 年代中期以来，这种发展一直受到患者、使用者、农业从业者和临床医生群体的争议。③

结论

"企业家 – 研究者"这一形象的出现凸显了科学、工业和市场之间关系的深刻变化。即使这意味着某种模式，我们以启发式的方式得出一种考虑到知识形式、研究和生产的组织，市场建设的法规和方式的类型学也是很有趣的。如果我们把奋斗中的科学家占主导地位的观点作为共同的思路，我们可以将其分为三个时期：

	发明家 – 研究者	工业研究者	企业家 – 研究者
可见的时期	1860—1920 年	1920—1980 年	1980 年至今
产生知识的首要地点	大学和工场	大公司的研发实验室和部门	大学、初创公司和合同研究组织
标志性领域	机械、电学	化学、制药、电子	生物技术、计算机科学
认知方式 [皮克斯通 （Pickstone）]	分析	合成	分子与互动论
首选标准	新颖性、稳定性	纯度、同质性、可复制性	适应性、网络连接和运行、风险管理

---

① Mirowski et Sent 2006, 以及本卷中克里斯托夫·勒屈耶的章节。
② Kevles 2002, Calvert et Joly 2011.
③ Parthasarathy 2010, Gaudillière et Joly 2013.

（续表）

	发明家－研究者	工业研究者	企业家－研究者
技术工业模型	机械化、开发基准产品	纯度、标准化与计划化、规模经济、研发流水线	品种多样、生产灵活的信息收集与处理
知识产权与市场建设	处理商标和专利、直接经营	专利（工艺和物质）作为交易资产（卡特尔）、科学营销	将扩展的（现有的）专利（或方案）和使用合同作为金融资产、生活方式的品牌和营销
经济和社会的调节	自由贸易与殖民帝国	福特主义和凯恩斯主义政策，民族国家和福利国家	新自由主义，全球化与金融化，国家安全和市场组织

在这种类型学中包括一种"发明家－研究者"（le chercheur inventeur）制度，其工作方式由巴斯德或爱迪生等科学家或工程师的轨迹来说明，其目的不仅在于回顾本章引言中提到的长期的工业科学，而且还包括强调战后制度的题外话题。在许多方面，企业家－研究者的形象似乎使20世纪初的某些实践得以复兴。巴斯德是不是研究和生产型初创公司的创始人，是不是一位在获取知识、发明产品和实现服务的前沿利用知识产权手段和合同来实现项目的科学家？当然，这里争论的不是简单的"旧时代的回归"，而是要适度地把握内部研发模式在多大程度上依赖于一种替代自由信念的政治经济学，从而使国家成为市场自由化的工具。

让－保罗·戈迪埃（Jean－Paul Gaudillière）撰

参考文献

Abelshauser Werner, 2001, *Die BASF. Eine Unternehmensgeschichte*, Munich, C.H. Beck Verlag.

Aglietta Michel et Boyer Robert, 1976, *Régulation et crises du capitalisme. L'expérience des États-Unis*, Paris, Calmann-Lévy.

Bächi Beat, 2009, *Vitamin C für Alle ! Pharmazeutische Produktion, Vermarktung und*

Gesundheitspolitik (1933—1953), Zurich, Chronos Verlag.

Bartmann Wolfgang, 2003, *Zwischen Tradition und Fortschritt. Aus der Geschichte der Pharmabereiche von Bayer, Hoechst und Schering von 1935—1975*, Stuttgart, Franz Steiner Verlag.

Berman Elisabeth Popp, 2008, Why Did Universities Start Patenting ? Institution Building and the Road to the Bayh-Dole Act, *Social Studies of Science*, vol. 38, n° 6, p. 835-871.

Boltanski Luc et Chiapello Ève, 1999, *Le Nouvel Esprit du capitalisme*, Paris, Gallimard.

Bud Robert, 2008, *Penicillin: Triumph and Tragedy*, Oxford, Oxford University Press.

Buderi Robert, 2002, The Once and Future Industrial Research, *in* Albert Teich (dir.), *Science and Technology Policy Yearbook*, Washington (DC), AAAS.

Bürgi Michael, 2011, *Pharmaforschung im 20. Jahrhundert. Arbeit an der Grenze zwischen Hochschule und Industrie*, Zurich, Chronos Verlag.

Calvert Jane et Joly Pierre-Benoît, 2011, How Did the Gene Become a Chemical Compound: The Ontology of the Gene and the Patenting of DNA, *Social Science Information*, vol. 50, n° 2, p. 157-177.

Carpenter Daniel, 2010, *Reputation and Power: Organizational Image and Pharmaceutical Regulation at the FDA*, Princeton (NJ), Princeton University Press.

Cassier Maurice, 2004, Brevets pharmaceutiques et santé publique en France, *Entreprise et histoire*, n° 36, p. 29-47.

— 2008, Patents and Public Health in France: Pharmaceutical Patent Law in-the-Making at the Patent Office between the Two World Wars, *History and Technology*, vol. 24, n° 1, p. 135-151.

Chauveau Sophie, 1999, *L'Invention pharmaceutique. La pharmacie française entre l'État et la société au xxe siècle*, Paris, Les Empêcheurs de penser en rond. Coriat Benjamin, 2003, Does Biotech Reflect a New Science-Based Innovation Regime ?, *Industry and Innovation*, vol. 10, n° 3, p. 231-253.

Galambos Louis et Sewell Jane, 1997, *Networks of Innovation: Vaccines Development at Merck, Sharp & Dohme & Mullford (1895—1955)*, Cambridge, Cambridge University Press.

Gaudillière Jean-Paul, 2005, Better Prepared Than Synthesized: Adolf Butenandt, Schering AG and the Transformation of Sex Steroids into Drugs, *Studies in History and Philosophy of Science*, vol. 36, n° 4, p. 612-644.

— 2007, L'industrialisation du médicament: une histoire de pratique entre sciences, techniques, droit et médecine, *Gesnerus*, vol. 64, n° 1, p. 93-108.

— 2008, How Pharmaceuticals Became Patentable in the Twentieth Century, *History and Technology*, vol. 24, n° 2, p. 99-106.

– 2010, Une marchandise scientifique ? Savoirs, industrie et régulation du médicament dans l'Allemagne des années trente, *Annales*, vol. 65, p. 89-120.

– 2013, From *Propaganda* to Scientific Marketing: Schering, Cortisone, and the Construction of Drugs Markets, *History and Technology*, vol. 29, n° 4, p. 188-209.

Gaudillière Jean-Paul et Hess Volker (dir.), 2013, *Ways of Regulating Drugs in the 19th and 20th Centuries*, Basingstoke et New York, Palgrave Macmillan.

Gaudillière Jean-Paul et Joly Pierre-Benoît, 2013, Crise des brevets de gènes et nouveaux objets d'appropriation. Vers une ontologie biologique de la propriété intellectuelle ?, *in* Frédéric Thomas et Valérie Boisvert, *Le Pouvoir de la biodiversité*, Paris, Éd. de l'IRD, p. 115-124.

Gaudillière Jean-Paul et Thoms Ulrike (dir.), 2013, Pharmaceutical Firms and the Construction of Drugs Markets: From Branding to Scientific Marketing, introduction au dossier thématique de *History and Technology*, vol. 29, n° 4, p. 105-115.

Greene Jeremy A., 2007, *Prescribing by Numbers: Drugs and the Definition of Disease*, Baltimore (MD), Johns Hopkins University Press.

Greene Jeremy A. et Siegel Watkins Elizabeth (dir.), 2012, *Prescribed: Writing, Filling, Using, and Abusing the Prescription in Modern America*, Baltimore (MD), Johns Hopkins University Press.

Haller Lea, 2012, *Cortison: Wissensgeschichte eines Hormons (1900—1955)*, Zurich, Chronos Verlag.

Healy David, 1997, *The Anti-Depressant Era*, Cambridge (MA), Harvard University Press.

Höllander Hans, 1955, *Geschichte der Schering AG*, Berlin, Schering AG.

Hounshell David et Smith John K., 2000, *Science and Corporate Strategy: DuPont R & D*, New York, Cambridge University Press.

IGAS (Inspection générale des affaires sociales), 2011, *Enquête sur le Mediator. Rapport définitif*, RM-2011-001P, < http://www.ladocumentationfrancaise.fr/ rapports-publics/114000028-enquete-sur-le-mediator-R >.

Jenkins Richard V., 1975, *Images and Enterprise: Technology and the American Photographic Industry*, Baltimore (MD), Johns Hopkins University Press.

Kahin Brian et Foray Dominique (dir.), 2006, *Advancing the Knowledge Economy*, Cambridge (MA), MIT Press.

Kevles Daniel, 2002, *A History of Patenting Life in the United States with Comparative Attention to Europe and Canada*, Report to European Group on Ethics, Science and New Technology, Bruxelles, Commission européenne.

Kobrak Chistopher, 2002, *National Cultures and International Competition: The Experience of Schering AG (1851—1950)*, Cambridge, Cambridge University Press.

Lesch John E., 1993, Chemistry and Biomedicine in an Industrial Setting: The Invention of the Sulfa Drugs, in Seymor H. Mauskopf (dir.), *Chemical Sciences in the Modern World*, Philadelphie (PA), University of Pennsylvania Press, p. 158-215.

— 2007, *The First Miracle Drugs: How the Sulfa Drugs Transformed Medicine*, Oxford, Oxford University Press.

Marks Harry, 1997, *The Progress of Experiment: Science and Therapeutic Reform in the United States (1890—1990)*, Cambridge, Cambridge University Press.

Martin Paul, 1999, Gene as Drugs: The Social Shaping of Gene Therapy and the Reconstruction of Genetic Disease, *Sociology of Health and Illness*, vol. 21, n° 5, p. 517-538.

Martin Paul et Hedgecoe Adam, 2003, The Drugs Don't Work: Expectations and the Shaping of Pharmacogenetics, *Social Studies of Science*, vol. 33, n° 3, p. 327-354.

Mirowski Philip et Sent Esther-Mirjam, 2006, The Commercialization of Science and the Response of STS, in *New Handbook of STS*, Cambridge (MA), MIT Press.

Mirowski Philip et Van Horn Robert, 2005, The Contract Research Organization and the Commercialization of Scientific Research, *Social Studies of Science*, vol. 35, n° 4, p. 503-548.

Mowery David C., 2004, *Ivory Tower and Industrial Innovation, University-Industry Technology Transfer before and after the Bayh-Dole Act in the United States*, Palo Alto (CA), Stanford University Press.

Munos Bernard, 2009, Lessons from 60 Years of Pharmaceutical Innovation, *Nature Reviews in Drug Discovery*, n° 8, p. 959-968.

Parthasarathy Shobita, 2010, *Building Genetic Medicine: Breast Cancer, Technology and the Comparative Politics of Health Care*, Cambridge (MA), MIT Press.

Pottage Alain, 2010, *Figures of Invention: A History of Modern Patent Law*, Oxford, Oxford University Press.

Quirke Viviane, 2008, *Collaboration in the Pharmaceutical Industry: Changing Relationships in Britain and France (1935—1965)*, New York, Routledge.

Rasmussen Nicolas, 2002, Steroids in Arms: Science, Government, Industry and the Hormones of the Adrenal Cortex in the United States (1930—1950), *Medical History*, vol. 46, n° 2, p. 299-324.

Ratmoko Christina, 2010, *Damit die Chemie Stimmt. Die Anfänge der industriellen Herstellung von weiblichen und männlichen Sexualhormonen (1914—1938)*, Zurich, Chronos

Verlag.

Reich Leonard, 1985, *The Making of American Industrial Research: Science and Business at GE and Bell (1876—1926)*, New York, Cambridge University Press.

Shapin Steven, 2008, *The Scientific Life: A Moral History of a Late Modern Vocation*, Chicago (IL), University of Chicago Press.

Sismondo Sergio, 2009, Ghosts in the Machine: Publication Planning in the Medical Sciences, *Social Studies of Science*, vol. 39, n° 2, p. 171-198.

Thoms Ulrike, 2014, Innovation, Life Cycles and Cybernetics in Marketing: Theoretical Concepts in the Scientific Marketing of Drugs and Their Consequences, *in* Ulrike Thoms et Jean-Paul Gaudillière (dir.), *Research for Sales: The Development of Drugs Scientific Marketing in the 20th Century*, Londres, Pickering & Chatto.

Tobbell Dominique, 2012, *Pills, Power and Policy: The Struggle for Drug Reform in Cold War America and Its Consequences*, Berkeley (CA), University of California Press.

Tone Andrea et Siegel Watkins Elizabeth (dir.), 2007, *Medicating Modern America: Prescription Drugs in History*, New York, New York University Press.

Washburn Jennifer, 2005, *University, Inc.: The Corporate Corruption of Higher Education*, New York, Basic Books.

Weatherall Miles, 1990, *In Search for a Cure: A History of Pharmaceutical Discovery*, Oxford, Oxford University Press.

Wimmer Wolfgang, 1994, *Wir haben fast immer was Neues: Gesundheitswesen und Innovationen der Pharma-Industrie in Deutschland (1880—1935)*, Berlin, Duncker & Humblot.

巴巴原子研究中心（le Centre Bhabba de recherche atomique）于 1961 年 1 月 16 日由总理瓦哈拉尔·尼赫鲁（Jawaharlal Nehru）宣布落成。这标志着印度在独立后加入了核竞赛。

第五章

发展主义国家中的科学与知识

大约在1960年,在加纳前领导人夸梅·恩克鲁玛(Kwame Nkrumah)的候见厅有一幅描绘了恩克鲁玛自己在努力摆脱沉重枷锁的油画。天空中充斥着雷暴和闪电,在画的一角是三个白人:一个双手抱着《圣经》的传教士、一个拿着公文包的商人和一个拿着一本题为《非洲政治制度》(Les Systèmes politiques africains)的人类学家。这幅画代表了新兴国家与殖民主义之间的斗争。

非殖民化之后,第三世界使用"发展"来应对这些问题。作为生物学上的流行词汇,"发展"被哈里·杜鲁门(Harry Truman)赋予了政治学的意义,从而成为改变、进步、创新的同义词。[1] "发展主义国家"(l'État développementiste)的概念更为具体。首先,它表达了一种观念,即发展是由国家发起的催化行动的对象,代表了国家的意识形态与核心能力。发展主义国家建立了不言而喻的社会契约,通过向其公民承诺安全与发展来证明自身存在的合法性。国家将自己视为一个项目。从欠发达到发达的过渡成为一个大有可为的领域。科学,也就是现代西方科学,由国家主导成为变革的推动力和政策的对象。正如"技术转让"这一关键概念所证明的那样,科学具有实用性和工具性。进口替代原则则说明了科学本身已成为发展的载体。因此,发展主义国家将自己表现为针对经济变革承诺的集合。而且,如果人们听说过这个词汇,并感到平

---

[1] Sachs 1992.

淡无奇，那是因为第三世界几乎所有民族主义运动在历史上都产生了它的各种变体。

印度民族运动中的科学与发展问题

印度的发展国家需要与 1904 年以来民族主义运动内部发生的辩论保持联系。1904 年是斯瓦德西运动（Swadesi）的发起之年。该运动是"自给自足"的反殖民运动，号召民众抵制英国产品以回应寇松（Curzon）勋爵分裂孟加拉国的政策。[①] 这些辩论作为世界观和变革手段，在科学和技术方面具有重要且高度国际化的组成部分。这些辩论肯定了发展主义，并确定了其许多特征。印度民族主义是具有反思性和自我批评性的，特别是在对科学和技术的分析中。这种民族主义不仅对英国人仁慈，而且还把自身作为一个领域，以想象西方已经失去或沉睡于内心深处的潜力。它将一个占主导地位的西方的愿景与一个被击败的西方的愿景，或者一个必须寻找替代方案的愿景相比对。例如，牛顿的科学必须面对神秘学和神智学的对应物。阿尔弗雷德·华莱士（Alfred Wallace）着重强调多样性（包括认知多样性）的研究对民族主义运动尤为重要。[②] 此外，西方被认为为印度提供了这一替代方案的可能性。因此，印度民族主义声称其计划之一是将西方从现代性中拯救出来。甘地（Gandhi）就这一思想的支持者。

民族主义运动内部的辩论对未来和科学持不同立场（图 3.5.1）。

首先，参加斯瓦德西运动的民族主义者希望科学、技术和经济在现代化精神不变的情况下受到印度的掌控。他们的口号是："硫酸是进步的标志。"传统主义者和甘地主义者反对这一想法。对于传统主义者而言，手工生产的形式不应过时并屈服于现代性。他们的主要代表，艺术评论家和地质学家阿纳达·肯蒂什·库玛拉斯瓦米（Ananda Kentish Coomaraswamy）发明了后工业社会的

---

① Sarkar 1973.
② Wallace 1908.

概念，即社会主义手工业在工业机制的冲击下得以幸存的社会。① 这个概念受威廉·莫里斯（William Morris）的启发，② 但他是第一个想到的。对库玛拉斯瓦米而言，工业化是一个单调且标准化的过程，它破坏了多样性，使淘汰成为规则，并清空了所有物质的传统。对此，他形容道："人们保留了流行的歌曲，却消灭了歌手。"③ 库玛拉斯瓦米反对新型合成染料。他声称，这排斥了植物染料的多样性导致了单一性的产生。

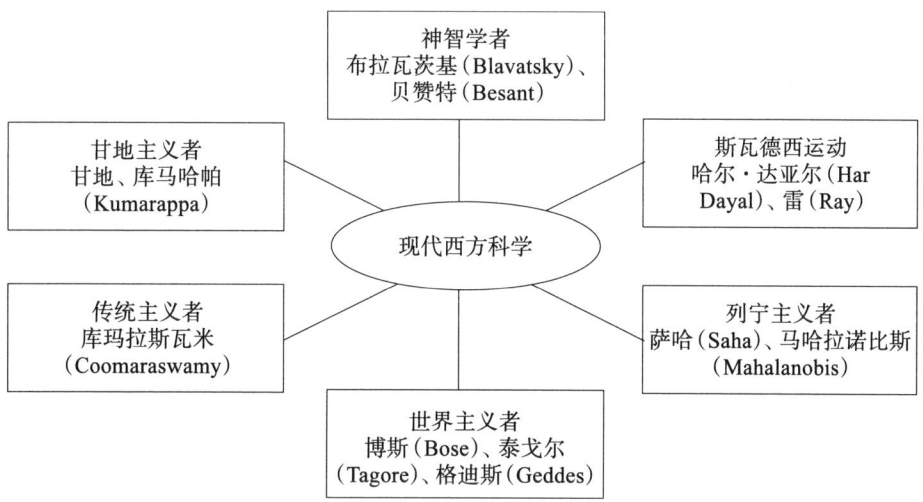

图 3.5.1　印度民族运动中关于科学的六个立场及其国际上的对应者

如果传统主义者质疑工业社会中的淘汰机制，甘地在其伟大的宣言《印度自治》（*Hind Swaraj*）中批评了现代性和大规模生产。④ 他认为，殖民主义将城市变成了行政场所，把村庄变成了污水池。甘地列举了一个现代医学的例子，他认为这是一种医源性循环——"我吃，我吃撑了，我吃药，然后我又吃"——这在他看来是奴隶制的一种形式。

---

① 后来，丹尼尔·贝尔（Daniel Bell）普及了"后工业社会"的另一种观点，即以科学为主导的服务性社会，参阅：Bell 1973。
② Lipsey 1977.
③ Coomaraswamy 1981(p. 74–75).
④ Gandhi 2014 [1909].

甘地在两种等级之间进行了深刻的区分，一种是伦理等级的，另一种是宇宙等级的，这两个具有生命意义的术语是斯瓦德西和斯瓦拉吉（Swaraj）。斯瓦德西概念包含地方性的方法，出于伦理和经济考虑，必须对本地产品和材料进行优待处理。甘地所说的抵制织机标志着斯瓦德西思想的兴起和对手工艺传统的回归。但是，对于甘地来说，斯瓦德西主义只是应用音域范围内的最低八度音阶。的确，如果没有对世界的开放和包括一切世间万物在内的斯瓦拉吉，斯瓦德西只是一种狭隘的地方性。甘地以海洋圈的形式构想了斯瓦拉吉，其以螺旋形分布在整个星球上。任何技术、文化或认识论系统都必须同时整合斯瓦德西和斯瓦拉吉。从这个角度看，西方文明是一种试图普及化的地方主义。①

在其他群体中，有国际主义者，包括拉宾德拉纳特·泰戈尔（Rabindranath Tagore）和帕特里克·格迪斯（Patrick Geddes）。泰戈尔是一位伟大的诗人，对科学深感兴趣。格迪斯是一位苏格兰生物学家，后来成为城市建筑学家和教育学家。早在1915年，格迪斯在其关于城市演变的书中就将两种工业主义（新石器时代和旧石器时代）区分开来。②旧石器时代的工业主义基于机器的刚性和煤的能量。另一方面，新石器时代的工业主义是在生态学和热力学之后发明的，并且对生命的过程更加开放。根据格德斯的说法，这两种形式的工业主义冲突是树叶经济（l'économie de la feuille）与煤矿经济（l'économie de la mine）竞争。新的花园城市代表了它对新石器时代城市的想法。帕特里克·格迪斯撰写了30多篇有关印度城市的报告。③而今天，人们对城市生态学的研究重新产生了兴趣。

泰戈尔以将大学视为一个微观城市而闻名。西方大学体现了一种对自然怀有敌意的城市精神，而印度的精神则始终体现为一种回归到与自然和谐相处的林中贤哲。泰戈尔预测，文明的对话是这两所原型大学之间的对话——在西方的城市大学（l'université-ville）和印度的森林大学（le forêt-université）之间，

---

① Sahasrabudhey 1985.
② Geddes 1993 [1915].
③ Tyrwhitt 1947.

在主导自然的科学和与自然和谐相处的知识体系之间。①

格迪斯认为人们可以将这两种方法结合起来。他认为大学系统是通过对学派不同意见的反应来建立知识生态的。对他而言，中世纪大学的出现是试图调和希腊主义与教会教义的产物。15世纪末，文艺复兴期间的大学通过印刷机的发明和对古希腊经典的重新发现而重生。创建于18世纪的德意志地区大学融合了伟大的百科全书派成员的研究和现代考试制度。而现代的德国大学结合了研究和教学功能。令格迪斯感到遗憾的是，印度选择英国的大学作为典范，这将德国的榜样简化为旨在培养白领上班族的考试体系。②

神智学者不仅为民族主义铺平了道路，而且还预示了科学的"女权主义"批判。该批判强调了童年的残酷性和潜力。神智学者捍卫身体和身体的多种观念。人们可以将其转化为对活体解剖和科学实验暴力的斗争。该运动为神秘性提供了某种观念，即隐喻、愿景和另类性假设的容器，以及在向牛顿世界挑战的过程中提供了对西方科学霸权本质的批判。华莱士是最伟大的持不同政见的科学家之一，他的著作《美好世纪》(*The Wonderful Century*)就是一个典型的例子。该书在开头对维多利亚时代的科学表示赞赏，然后为库恩式的转折提供了有趣的预兆。华莱士断言，在全盛时期，所有科学都有可能成为主流，并失去多样性之感，如同对可能性领域的直觉感知。华莱士认为，当务之急是科学家发明替代品并听取不同的意见。华莱士通过公开考虑心理学研究或有关疫苗接种的争论，将这些话付诸实践。他的持不同政见者的立场不仅限于科学，而且还与当时社会主义的重要性和促进印度摆脱殖民统治有关。分歧和多样性是他进化观的核心。这是神智学者们所传递的，并延伸到了动物保护、选举权运动、玛丽亚·蒙特梭利(Maria Montessori)提出的有关儿童潜能的新观念。③ 神智学不仅是女权主义和库恩主义科学批评的预示，它还通过展示新的隐喻为艺术 [尼古拉斯·洛里奇(Nicolai Roerich)]、儿童教育（玛丽亚·蒙特梭利）或科学 [华莱士，博斯(I.C.Bose)] 开辟了未开发的可能性，来向人们

---

① Tagore 1913.
② Geddes 1904 (p. 19).
③ Lane 1979.

提供用于分析认知差异的框架。后来，关于产生一种类科学的梦想很大程度上是以神智学为基础的。①

我们刚刚看到的大多数运动都支持多元主义，也考虑到认知的差异。但是，一种非常特殊的科学主义形式在民族运动中获胜，并在独立之后的印度取得了成功，这种形式结合了列宁主义、计划化、科学和某种关于能源的观点，从而提供了一种现代感。它起源于"科学与文化"团体［le groupe（Science et culture）］及其领导人梅格纳德·萨哈（Meghnad Saha）。②

萨哈是一位出色的电离层物理学家。在1920年代成为英国皇家学会会员后，他梦想着建立一个以科学方法为基础的社会。当他听到议员凯拉什纳塔·卡朱（Kailashnatah Katju）宣布火柴厂投产时便采取了行动。建立火柴厂是实现国家工业化的重要一步。但令他感到恼怒的是，国会的民族主义团体缺乏针对工业化的系统方法。他致力于通过查阅《国际联盟年鉴》（*Annales de la Société des Nations*）来建立一种历史学的视野，并从中得出这样的看法：现代文明可以根据其产生的能源进行分类。按照这个标准，美国的能源指数为2 500，而印度的能源指数最高为70。萨哈指出，唯一对能源问题有系统观点的国家是苏联。

科学家与政治领导人之间的关系也引起了他的兴趣，尤其是克日扎诺夫斯基（Krzhizhanovsky）和列宁之间的关系。后者鼓励创立苏维埃科学院并捍卫大规模生产的想法。克日扎诺夫斯基提出了国家能源指数"Energetika"的概念，列宁在他的影响下提出了"共产主义是苏维埃加电力"的口号。梅格纳德·萨哈（Meghnad Saha）在寻找可能成为他的列宁的人。

他找到了印度议会新任主席苏巴斯·钱德拉·博斯（Subhas Chandra Bose）。萨哈询问他打算在未来的工业领域做些什么。博斯仍然对此并没有清晰的思路，但很快就向萨哈征求意见。后者建议建立一个国家计划委员会。博斯同意了该主张。也是在萨哈的影响下，委员会选出的主席维斯韦斯瓦拉

---

① 详细地分析请参阅 Visvanathan 1997（p. 94-145）。
② Visvanathan 1985.

亚（Visvesvaraya）被搁置在了一边，年轻的贾瓦哈拉尔·尼赫鲁（Jawaharlal Nehru）成为领导。科学家与政治家之间的对话开始了。

萨哈于1934年创立了《科学与文化》（Science et culture）杂志。在之后的20年里，直到他1956年去世，《科学与文化》杂志和其形成的网络都主导了印度的计划化和工业化。尼赫鲁在1947年科学大会上的讲话中说，未来属于那些知道如何成为科学之友的人。他补充道："水坝和实验室是印度的新庙宇。"这一说法可以看作列宁口号的翻版。

因此，计划和工业化成为印度发展的口号。具有讽刺意味的是，虽然萨哈是发起者和捍卫者，但他被边缘化了。他是议会中唯一被独立选出的科学家，并发起了反对新制度的斗争。在1956年他因心脏骤停而去世后，《科学与文化》杂志淡出了人们的视野。然后，围绕科学、技术和经济学创建的大型推论网络几乎完全消失。具有独立性的，更经典的发展模式出现了。

印度独立后的科学与发展

印度的发展设想遵循传统经济学的规范，并认为科学应该为政权服务。作为不言明的等级分类的一部分，印度成为宪法中包含"科学气质"（le tempérament scientifique）发展的少数几个国家之一。大规模的、现代的、科学的一切事物都是官方的，而小型和传统的事物（尽管可以容忍）构成了隐形经济。科学是诸如电能和核能之类的官方能源的核心，而生物质能则来源于自给自足型社会的世界。官方医学是对抗疗法，但对传统系统也有所让步，例如尤那尼（Unani）、阿育吠陀（Ayurvedic）和悉达（Siddha）医疗。[①] 印度为自己的科学政策感到自豪，因为科学政策在国家象征意义上与护照和国旗一样重要。从1947年到1975年，发展主义国家的建设如火如荼，尼赫鲁的女儿英迪拉·甘地（Indira Gandhi）则宣布国家进入紧急状态，印度进入了第一个独裁时期。这种新秩序意味着民主权利被中止。该政权将其解释为为了应对发展主

---

① Srinivasa Murti 1923.

义国家的危机①——似乎有外部势力和内部团体在抵制发展。这一时期不仅释放了暴力，而且释放了一种无意的讽刺。英迪拉·甘地呼吁顶尖科学家支持政府与最贫困者的贫困所作的斗争，但有两个例子足以说明其在面对穷人和边缘人群时的矛盾。在德里，城市规划项目导致大规模的拆除行动——这迫使穷人离开市中心，淡出了人们的视野。而计划生育工作主要针对少数族裔——却采取大规模绝育的形式。所有这些行动显然都是以现代性、学科、科学的名义进行的，不过，政府所采用的方式着实具有讽刺意味。

在国大党遭受惨烈的选举失败之后，出现了挑战科学和国家发展主义霸权的运动。当然，作为一种设想的发展一直处在有张力的状态，它需要不断地被新的形容词充实、细化和人性化。印度的发展首先是社区发展，其重点是分治后针对难民问题的重建和再适应。1960年代紧随其后的是注重适用技术的本土开发。以前受到赞扬的重工业计划现在被认为是不适当的。凯恩斯的适用技术理论家、前合伙人弗里茨·舒马赫（Fritz Schumacher）成为计划办公室的顾问。他的书《小的是美好的》（*Small Is Beautiful*）被正式和非正式地用于捍卫发展必须地方化与逐步化的观点。② 布伦特兰（Brundtland）及其可持续发展理念极大地改变了地区的发展。但是，在发达国家和发展中国家里，有两种构思可持续性的方法，这引起了热烈的讨论。可持续性的确得到了承认，但没有整合"风险社会"的概念，后者使科学的不确定性成为知识的关键要素。人类发展作为一种批判性观点与可持续发展同时出现，其中包括权利、民主和性别观念。因此，与发展概念相关的每个限定词都会创建一个更改主旋律的新的亚循环——就像我们处于一个新的托勒密世界（le monde ptoléméen）中一样。在该世界里，人们不断发明亚循环以保存发展的现象。

这里必须承认，人们的批评首先集中在西方霸权，及其在中间和周边的组织，甚至是关于通过参与性手段民主化的建议。在这些手段中人们要求整合生态问题。从这个意义上说，通常的公共话语来自政治经济学或"民主"必须

---

① Visvanathan et Sethi 1998 (p. 45–87).
② Schumacher 1979 [1973].

采取的形式。激进的运动和反现制的宣言引起的辩论在很大程度上取代了这一点，特别是当它们把重点放在认知，甚至是认识上的时候。作为一种知识系统和生命系统，科学受到了挑战。因此，除了对发展想象的批评之外，另类性方案（我马上就要提到）还提供了更多开放和决定性的可能和未来，这与卡斯托里亚迪斯（Castoriadis）相呼应。

批评家和积极的另类性方案，用于发展后的社会契约

印度面临着另类知识问题的运动包括"抱树运动"（le mouvement Chipko）（该运动自1973年以来一直反对森林砍伐）、反对纳尔默达（Narmada）水坝的运动、环境保护主义者为生物多样性的斗争、反核运动、那些与大规模拆迁作斗争的人，以及来自寻求在知识与政治之间建立新关系的环境团体、女权主义者和维权者的一系列批评。也有学者和活动家，例如阿希斯·南迪（Ashis Nandy）、克劳德·阿尔瓦雷斯（Claude Alvares）、齐亚乌丁·萨达尔（Ziauddin Sardar）、希夫·维斯万纳坦或范达娜·席娃（Vandana Shiva）。批评的性质因运动而异。在概念上，它们可以在创新轴的基础上进行组织，并通过三个阶段来表示：发明、创新和传播。发明指科学思想。创新指对该思想的商业化以及通过技术手段实现的大规模复制。传播指该思想在整个社会中的流通。

从整体上看，该运动以不同的方式对待科学和技术：喀拉拿的人民科学运动（Kerala Sastra Sahitya Parishad，KSSP）；霍斯杭格阿巴德（Hoshangabad）的经验则是通过组织竞赛，以及致力于通过组织戏剧［例如贝尔托·布莱希特（Bertolt Brecht）的《伽利略传》（*La Vie de Galilée*）］或传递快乐、精神和科学方法的有趣实验。这样的运动并不质疑科学，而旨在使科学进一步渗透到乡村和人民中。就甘地主义或社会主义团体而言，他们寻求利用当地材料创造技术，并尝试找到合适的尺度。其中，许多人赞成适用性技术。1974年，其中最重要的团体ASTRA［科学技术在农村地区的应用（Application de la science et de la technologie aux espaces ruraux）］成立于班加罗尔（Bangalore）的印度科学院。第三种与科学的深奥、文化和民族方面有关。它从认识论的角度对科学

进行考察。[①] 其中，包括1978年在马德拉斯（Madras）成立的祖国和人民科学技术（la Science et la technologie de la patrie et du peuple，PPST）团体，以及穆鲁卡巴·切蒂亚尔研究中心（Murugappa Chettiar Research Center）的实验室。该研究中心是一家独立的研究中心，于1977年在泰米尔纳德邦钦奈（Chennai, Tamil Nadu）成立。

后者的工作和另类科学网络（Alternative Science Network）的著作力图建立一个阐明认识论和政治的理论框架。它们超越了技术转让模式，后者将发达国家视为发明的中心和来源，而发展中国家则仅仅是思想的消费者。对于这些群体来说，科学的暴力可以从其建构和认知过程中发现。他们质疑传统的认识论方法作为承认和验证知识的问题。对他们而言，这是实践科学哲学的一种带有书生气的方式。相反，他们认为知识的验证只能通过存在的方式和条件、生命的周期和生活方式来进行。对于他们来说，知识系统只能随着时间和背景的进行来验证。从这个角度看，和平不仅是暴力的结束或停止敌对的行动。这是一种非暴力态度，植根于工作、感官和身体，以及在与自然和财产的关系中。

这些团体在对现状不满的知识分子与政治和科学精英的斗争和辩论中积累了智慧和一套思想体系。通过这些行动，他们试图更好地去考虑为生存而斗争的边缘群体。从另一个角度看，它也暗示了另类宇宙论可能给科学带来新生，从而将两个文明融合在一起。因此，这些团体拒绝让自己的未来靠现行的发展范式来担保和决定，因此，他们寻求进一步解决关于科学和国家发展的争议。尽管它们分别以自己的方式开展斗争，但就如何在关于知识的辩论中重塑民主的问题上有着相同的经验和思想基础。

这种共同的焦点可以分为两个部分，一方面是一组假设和达成默契的思想，另一方面是由一系列清晰的概念所构成的理解和共识的框架。

1. 无论是暗示还是明示，所有这些群体都在解放和解除束缚之间有所作为。民族主义运动通过参与发展、技术转让和进口替代政策，将自己的国家从西方解放出来，建立了民族国家。但是边缘群体意识到，单靠自己是不够的，

[①] 参阅：Alvares 1980, Nandy 1980, Uberoi 1984, Visvanathan 1997.

要改变事物，就必须驱除所有霸权主义的分类和生活方式。因此，解放回到了思想体系中被发展的社会暴力的根源。

2. 这些思想共同体既不是反西方的，也不是敌视科学的。他们反对霸权主义体系，主张多元化和融合性。他们寻求创造反现制的叙述、空想和思想体系。例如，1492年被重新解释为现代性出现的日期，而不是被解释为多元化的西方时代的衰落，在这个时代，阿拉伯人、犹太人和基督徒可以就他们的世界观展开辩论。因此，另一种西方国家，即被击败和处于休眠状态的西方国家，开始反对寻找替代物的提议——即使歌德和斯韦登堡（Swedenborg）与泰戈尔或虔诚瑜伽运动（le mouvement Bhakti）一样重要。正如我们已经提到的那样，印度民族主义运动的目标之一是让甘地解放西方，而这只能通过解放和更新知识来实现。

3. 对于这些群体，认识论的范围已超出专业知识的逻辑范围，甚至扩展到城市的日常生活中。每个公民都被认为是知识、手艺和生活艺术的拥有者。库玛拉斯瓦米关于艺术家的言论适用于公民。根据他的说法，艺术家不是人类的特定类型——对自己职业的追求使人成了艺术家。[①] 同样，每个公民在寻求谋生手段时都是知识的承载者。不幸的是，发展主义国家的公民概念几乎没有为在隐形或边缘经济中生存所需的技能留出空间。公民知识中遗漏了大量的专有技术和才能。因此，有必要对知识进行分类，并能够承认这些形式在多元世界中与科学知识一样有效和重要

4. 这些运动还认为，如果现代科学是正式的和本质的，那么非正式的和边缘的经济需要一种默会结构。这个想法源于迈克尔·波兰尼（Michael Polanyi）的"默会知识"（la connaissance tacite）的概念。这位匈牙利哲学家和化学家认为，科学方法的正式论述并未穷尽所有科学。这些也与默会维度有关，例如沉默、肢体表现力、预先假定、暗示、行为等。因此需要一种默会结构，以涵盖语言、知识和类别中不包括在正式科学知识中的差异。知识的民主要求超越官方科学并探索默会形式的领域，例如，科学合理性之外的流行知识、传统知

---

① Coomaraswamy 1956.

识和"系统 D"(le système D)知识。

5. 默会结构作为知识多元框架的基础思想导致知识与公正之间围绕认知公正概念的有趣衔接。这个想法是笔者参与到行动主义运动中的讨论之后提出的。[①]

古吉拉特邦部落领导人和行动主义者的访问是一个导火索。古吉拉特邦是印度去罪责化部落数量最多的邦之一。被定罪的部落是殖民时期的遗产，在那段时期，种族主义和优生主义将一些群体归类为天生的有罪之人。印度独立之后，这一政策被废除，但这些部落的地位并没有得到真正的改变。他们的成员始终是警察的目标，在争吵中经常被殴打或谋杀。对他们而言，生存已成为一门艺术。有一天与这些部落合作的行动主义者与笔者进行了讨论。笔者在科学和民主方面的工作引起了他们的兴趣，他们要求组织一次围绕知识系统的研讨会或村务会(panchayat)。他们希望在西医与传统治疗师之间，在民族医学与现代精神病学之间，在驱魔师(ojhas)与社会工作者之间建立对话。他们知道他们的成员受到警察暴力的伤害，他们也知道镰状细胞性贫血是地方性疾病，许多人会在 35 岁之前死亡。他们报告说，来自哈佛大学的一组研究人员来探望他们，但没有后续行动。这些行动主义者希望进行对话，但不涉及世界银行(la Banque mondiale)倡导的通常的参与理念，也没有专门知识和常识之间的等级关系。他们希望在自己的知识与西方或政府的知识之间进行对话，并提出对两者之间可能的互动的思考。

认知公正(la justice cognitive)的概念是为满足这种需求而提出的，它唤起了一个认知领域，在这里，所有类型的知识都不同但彼此平等。它是各种形式的知识拥有继续存在和创新的权利。这个概念的提出是对科学霸权的挑战，但也邀请它加入进来。此外，科学并不能产生我们所期望的福利形式，并且住房、保健、农业和水领域的专家需要互补的知识形式。

6. 作为对话的工具，认知公正需要更大的生态系统。首先，民主作为一个政治共同体必须认识到多重的时间性。正如巴斯塔(Bastar)的一位人类学

---

① Visvanathan 2009.

家所指出的那样，布伦特兰报告中的可持续性是在线性和历史的时间性中构想的，而巴斯塔和奥里萨邦（Orissa）的文化是在与时间的交织中完成的：节日的时间、时间周期、斋戒和宴会的时间、禁止耕作的时间、神话和季节的时间。发展的观念也是建立在线性尺度上的。部落必须演变为农业社会，然后转变为工业和后工业社会。部落国家被认为是过去的一部分，这赋予了属于未来工业化的国家有权利将部落带入现代性。但是，正如阿希斯·南迪（Ashis Nandy）所说，部落不是我的祖先——它与我同属当代。因此，线性时间霸权是一种暴力形式，将人变成博物馆的物品，并将他们进行分类、种族灭绝和施加暴力，而多种时间性的结构却可以包容存在不同的生活轨迹和机会的可能性。

7. 从行动主义者团体的角度来看，现行结构反映了一种受时间、空间和想象力限制的宗派思想。随着时间的推移，博物馆化运动和社会生物学产生了过时的和堕落的暴力。时间的多样性还要求自然的多样性，这种多样性需要在宇宙学和结构中被体现出来。科学所参与的社会契约使它能够去代表，去客观化并带来关于自然的经验。但是，我们必须找到一个容纳各种形式的身体和自然的表现的地方。这是另类科学能发挥其重要性的领域。

齐亚乌丁·萨达尔（Ziauddin Sardar）提出了认知公正的简洁而多元的形式。① 作为英国公民，他声称可以使用国家卫生系统。他认为，作为一名穆斯林学生，他有权对身体、医学、护理和死亡拥有自己的想法。这些权利是互补的，就像平等可以通过多元化来丰富一样。

自然也必须以多种方式表现。这不仅仅与权利和赋予树木合法地位的想法有关。科学家汉·耶尼（Han Jeny）提供了一个很好的例子。② 他说，在伯克利的课堂上给不同类型的土壤拍照并询问学生这代表什么后，学生们回答说这些肯定是印象派绘画或马蒂斯（Matisse）的作品。然后，他们惊讶地发现这些是在显微镜下看到的土壤。但是，我们必须超越权利的观念来理解农业的认

---

① Sardar 2003.
② Stuart 1984.

知潜力。土壤品种使多样性成为可能，但多样性需要认知上的承认。由于多样性和知识形式之间的联系，阿尔弗雷德·华莱士和尼古拉·瓦维洛夫（Nikolaï Vavilov）的著作在这里很重要。一个经常被引用的例子是印度有超过 50 000 种大米。我们是通过继承而成为种质的拥有者——但很显然，科学无法独自承担这种多样性。要进行培育，就需要不同形式的农业的、宗教的、神话的和社群的知识。从进化和认识的意义上讲，多样性已成为知识民主化的基础。正如席娃所说的，农业的单一文化反映了思想的单一文化。①

在有关医学和农业的辩论中，传统知识与现代知识之间的对话尤其重要。但是，必须由风险科学所开设的方向来补充，对此，牛顿宇宙的确定性不再有效。风险有两种形式，本体论的风险和认识论的风险。首先是由于特定领域缺乏知识而导致的不确定性。如果这种无知可以被克服，那么必须承认，对于本体论的不确定性来说，这种情况永远不会出现。

这些风险方法现已与多样性方法相结合，以挑战科学中确定性的主流地位，并且现在的研究必须转向更为保守的非普罗米修斯式（non prométhéenne）的科学。这将基于以认识论的术语表达的和平思想，即以非暴力的知识的形式。反过来，这里需要提出一些建议。首先，科学创新应被视为将记忆伦理与创新伦理联系起来的社会契约。过时的知识缺乏记忆的伦理。其次，身体必须占据中心位置，不是作为物体，而是作为感觉中枢。这是对基于视觉的线性视角向感官共和国（la république des sens）提出挑战的尝试，在那里，视觉、听觉、触觉和嗅觉将共同构成一个感官和可理解的公共空间。第三，语言非常重要。翻译成几种语言的概念激发了真理的讨论，这是很好的。

最后，我们可以将民主与知识的多元化框架联系起来。知识社会不是把科学放在首位，而是把多样性和它的潜力放在首位。知识被视为一种公民身份，而科学被视为这种公民身份的可能形式之一。我们的运动和辩论导致了这样的观念，即斗争和批评不仅是抵抗的形式，而且还带来了多种生活的形式。在这种情况下，知识创造了生命。人们意识到霸权主义知识会导致单一文化和博物

---

① Shiva 1993.

馆化。但是，除了科学以外，民主还需要多元理性体系。默会经济和生物质能社会的生存还需要其他类型的知识。多样的知识创造了超越科学范式的想象。在这样的世界中，民主是知识的一种形式，而公民身份则是赋予创造力的科学行为。具有简单的专业知识、进步和科学概念的发展主义国家正在成为当今的一种可能性——世界是日益开放的。

希夫·维斯万纳坦（Shiv Visvanathan）撰；
克拉拉·布勒托（Clara Breteau）译

参考文献

Alvares Claude, 1980, Homo Faber: Technology and Culture in India, China and the West from 1500 to the Present Day, La Haye, Nijhoff.

Bell Daniel, 1973, The Coming of Post-Industrial Society: A Venture in Social Forecasting, New York, Basic Books.

Coomaraswamy Ananda Kentish, 1915, Love and Art, Modern Review, vol. 14, n° 11, mai, p. 574-584.

– 1947, The Bug Bear of Literacy, Londres, Dennis Dopson.

– 1956, Christian and Oriental Philosophy of Art, New York, Dover Publications.

– 1981, Essays in National Idealism, New Delhi, Munshiram Manoharlal.

Gandhi Mohandas K., 2014 [1909], Hind Swaraj. L'émancipation à l'indienne, Paris, Fayard.

Geddes Patrick, 1904, On Universities in Europe and India: Five Letters to an Indian Friend, Madras, National Press.

– 1993 [1915], L'Évolution des villes, Paris, Temenos.

Lane Harlan, 1979, The Wild Boy of Aveyron, Londres, Palladin Granada.

Lipsey Roger, 1977, Coomaraswamy: His Life and Work, Bollingen Foundation Collection, Princeton (NJ), Princeton University Press.

Nandy Ashis, 1980, Alternative Sciences: Creativity and Authenticity in Two Indian Scientists, New Delhi, Allied.

Sachs Wolfgang (dir.), 1992, The Development Dictionary: A Guide to Knowledge as Power, Londres, Zed Books.

Sahasrabudhey Sunil, 1985, Hind Swaraj and the Science Question, in Nageshwar Prasad (dir.), Hind Swaraj: A Fresh Look, Delhi, Gandhi Peace Foundation.

Sardar Ziauddin, 2003, Healing the Multiple Wounds: Medicine in Multicultural Society, in Sohail Inayatullah et Gail Boxwell (dir.), Islam, Postmodernism and Other Futures, Londres, Pluto Press, p. 299−311.

Sarkar Sumit, 1973, The Swadesi Movement in Bengal (1903−1905), New Delhi, People's Publishing House.

Schumacher Fritz 1979 [1973], Small Is Beautiful. Une société à la mesure de l'homme, Paris, Seuil.

Shiva Vandana, 1993, Monocultures of the Mind: Perspectives on Biodiversity and Biotechnology, Londres, Zed Books.

Srinivasa Murti G., 1923, Secretaries Minute, Report of Committee of Indigenous Medicine, Madras, Government Printing Press.

Stuart Kevin, 1984, My Friend, the Soil: A Conversation with Hans Jenny, Journal of Soil and Water Conservation, vol. 39, n° 3, p. 158−161.

Tagore Rabindranath, 1913, The Relation of the Universe and the Individual, Modern Review, vol. 14, n° 1, juillet, p. 1.

Tyrwhitt Jacqueline (dir.), 1947, Patrick Geddes in India, Londres, Lund Humphries.

Uberoi J.P. Singh, 1984, The Other Mind of Europe: Goethe as a Scientist, New York et Oxford, Oxford University Press.

Visvanathan Shiv, 1985, Organizing for Science: The Making of Industrial Research Laboratory, Delhi, Oxford University Press.

– 1997, A Carnival for Science, Delhi, Oxford University Press.

– 2009, The Search for Cognitive Justice, Seminar, n° 597, p. 45−49.

Visvanathan Shiv et Sethi Harsh (dir.), 1998, Foul Play: Chronicles of Corruption (1947−1997), New Delhi, Banyan Books.

Wallace Alfred Russel, 1908, The Wonderful Century, Londres, George Allen & Unwin.

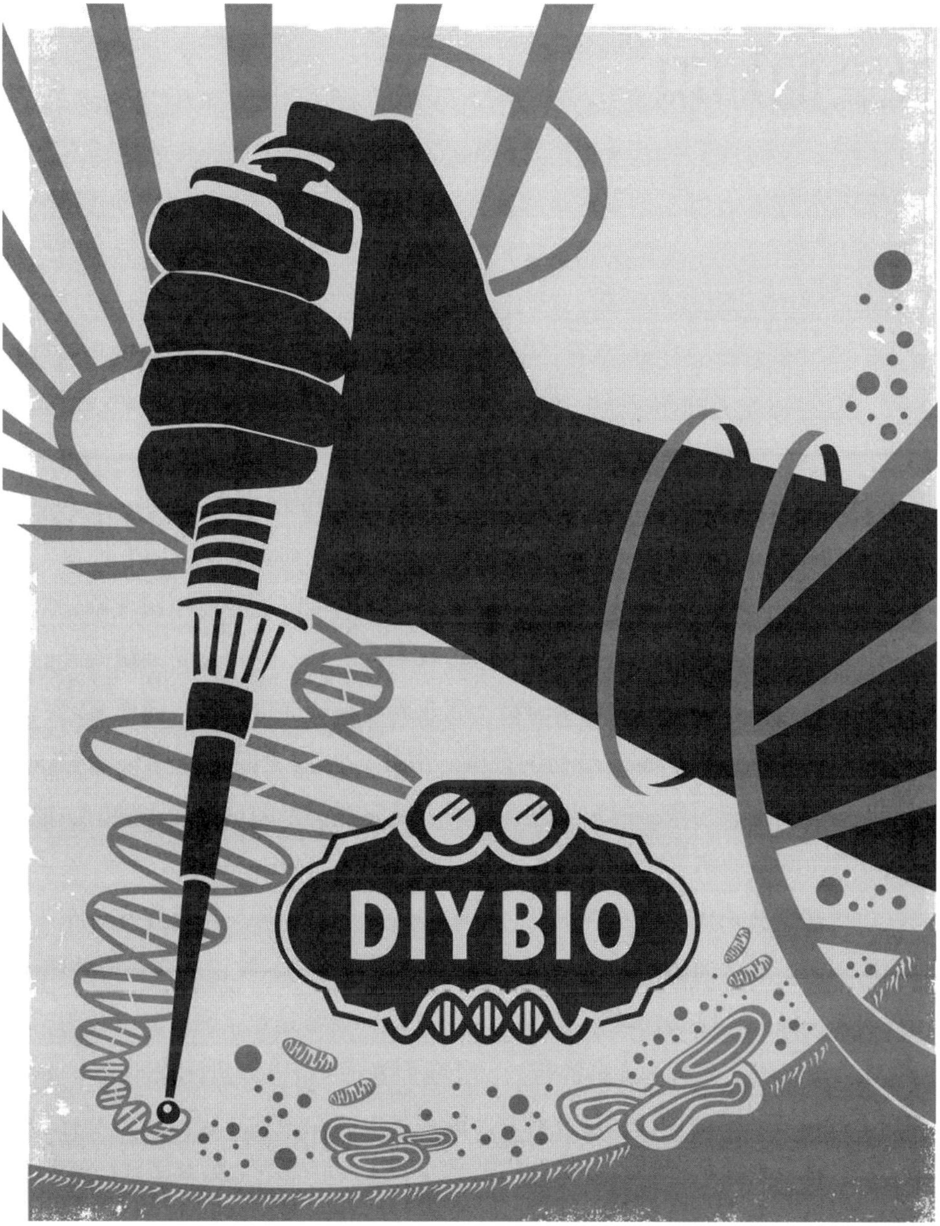

业余爱好者与发烧友，他们的实践、网络和想象力。2014年12月在巴黎举行的"DIY生物学"（Do-It-Yourself Biology）会议的海报。

第六章

社会的知识

科学和知识不是神的行为。它们是由能力有限的人类生产的。它们不能被简化、局部化和偏见化。但是，现代科学不仅仅是知识的活动。它们也是实际操作的活动。通过数学、受控实验和建模，它们可以更好地控制现象、自然和社会。因此，现代科学一直与各种力量联系在一起。它一直受到统治者的关注，学者们为君主、民主和专制国家、商业界和军队提供服务。简而言之，没有知识是纯净的，它们都有最初的范围。因此，大卫·布鲁尔（David Bloor）假定生产空间和作为产品的知识类型之间可能存在关系的论点是正确的。他以此来反对拉图尔的第二对称性（la seconde symétrie latourienne）。[1]

历史知识从未仅仅来自学术界、大学和其他专业领域。始终存在分布于社会中的知识，那些通俗的或业余的、工匠的或生产性的、抗议的或另类的知识。让我们想一想 19 世纪的自然主义或天文学知识，通常是业余爱好者的行为，或者是那些受到进步侵害的人群的行为。让我们考虑一下对大型开发项目（例如水坝）的收益的不同评估，以及对实践的和工人的知识的不同评估。没有这些评估，工业生活就不可能繁荣昌盛，或者当下就不可能出现免费的软件。[2]

---

[1] 参阅布鲁尔与拉图尔在《科学史与科学哲学研究》（Studies in History and Philosophy of Science），vol. 30, no.1, mars 1999 上的争论。

[2] Pritchard 2011, Fressoz 2012，以及赛本（Sibum）与沙费尔（Schaffer）在本系列第 2 卷中的章节，以及维斯万纳坦在本卷中的章节。

在 20 世纪，科学和技术的知识，尤其是实验室活动，一直是并且仍然是各国经济生活的核心。在过去的几十年中，这种情况并没有减少，而且各国正在投入越来越多的资金来控制技性科学领域，并使其更具生产力和效率。有关人口或公共卫生的知识也大大增加了，经济学家试图掌控经济的发展或市场的正常运转——例如，通过促进成本效益计算，或者近年被投入使用的财务算法。①

我在本章中的论点是，尽管存在真正的连续性，但在 1960—1970 年间还是发生了突然的转变。在冷战的第一次高峰和 1960 年代的抗议活动之后，因为国家的第二自我（alter ego de l'État）为所有人的利益行事，我们从荣耀中的大学（l'Université en gloire）过渡到了一种不再是庇护所的科学。我们看到以前被称为"公民社会"的知识有了新的表现和可见性，我们目睹了位置和权力的重新分配、重要机构的重新定义以及产生知识的空间的位移。国家的地位降低了，它所推广的知识的实用性正在消失，我们目睹了经济行动者的自主权的增加以及新知识和新工具的出现。② 换句话说，我支持这样的论点：社会中知识的创造和运用制度发生了突然的转变。这一突然转变的特征是由以下事物所体现的：通过公共空间作为合法化场所带来的新位置；通过追求知识的团体的增加、通过增加新的行动者、他们将强加"好的"标准与"好的"知识于他人，如同葛兰西所说，建立新的联盟和新的霸权阵营。

在本章中，我将采用一种 20 年来在历史学家中已证明其价值的策略。最成功的例子是对"科学革命"持批判态度。③ 也就是说，确定产生知识的社会空间，并从知识更新开始，以描绘知识本身转变的特征。首先，我将重点介绍 1910 年代至 1960 年代这 50 年的历史。在这一时期，在国家的框架内，知识在很大程度上是从属于与其他大型组织（即国家和经济体）合作的学术机构。这种知识的一个特点是它旨在对技术、经济、国家和社会公约进行综合管理。然

---

① 关于经济，参阅亨克（Shenk）和米切尔（Mitchell）在本卷中的章节；关于国家的角色，参阅埃杰敦在本卷中的章节。

② 例子可参阅：Desrosières 2009。

③ Biagioli 1993, Wintroub 2000。

后，我将考虑 1970 年代至今的四十多年，主要关注四种类型的空间：管理及其在知识生产和社会秩序管理中发生的改变；自由 – 保守主义智库和他们为市场科学取代"经济学"而采用的知识和技术；非政府组织的世界和有组织的"公民社会"；最后是"普通"人群在生产各种知识中所占有的位置。

从第一次世界大战到 1960 年代：作为权威的科学

从第一次世界大战到 1960 年代，国家获得了非凡的力量。它成为知识活动的核心，成为其战略的节点。为了发展经济和为战争做准备，国家成为科学的承办者、技术和工业发展的推动者、经济调节和社会福利的中心。"社会契约"是在作为仲裁者的国家的庇护下实现的一种进步，并且得益于不同的科学，它能够制定最佳的政策。

从 19 世纪末到 1920 年代，科学技术成为一项国家资产。国家资助大学和技术学院，将它们转变为研究的场所，并在欧洲建立新的机构、金融平台和研究中心，如德国的威廉皇帝学会（Kaiser Wilhelm Gesellschaft）、法国的国家科学研究中心（CNRS）、英国的科学与工业研究部、意大利的国立研究学会。[①]

国家还支持工业和经济行动者的协调。国家是通过建立国家标准化中心来实现这一目标的，这是工业领域必不可少的研究部门，因为由它们筹划产品和系统的兼容性。其中，最具代表性的是位于柏林的帝国物理技术研究所（Physikalisch–Technische Reichsanstalt）。该研究所在 1887 年由德国科学的负责人亥姆霍兹、最有影响力的企业家西门子（Siemens）和统一后德国政治的核心人物俾斯麦（Bismarck）赞助。国家也支持私人的行动，例如，工业家通过分支机构建立集体研究中心。对于工业家来说，他们经常将"基础"科学视为一种关键的财富，从而进行整合。最典型的实例是欧洲的飞利浦（Philips）、

---

① Pestre 2003.

西门子或拜耳，还有美国的电话电报公司里著名的贝尔实验室。①

国家作为进步和民族团结的核心行动者，其作用还涉及管理进步带来的负面影响。福利国家意味着劳动保护，特别是1898年的法国，其保险涵盖了"职业风险"。但是，它还管理着对健康产生负面影响的产品流通的后果（例如化学品）。在20世纪初的几十年中，由专家（医生、毒理学家和流行病学家）、专业组织和国家代表组成的委员会制定了质量标准——当产品被视为对国家经济竞争力至关重要时，则无法完全禁止这些产品。1945年以后，这些委员会成为国际性组织，电离辐射问题成为这一举动的最初动力。②

从第一次世界大战结束开始，经济学家就致力于控制国民经济，也就是说，生产和再分配的流通的集合被认为是可以由经济学家和国家高级官吏进行优化的巨型机器。将经济视为可以在一个领土范围内试行的系统的想法不仅仅是一个隐喻。③它转化为理论和算法、实践知识以及认知和社会的手段。这些手段中最著名的是法国或荷兰的计划。这些计划基于"社会伙伴关系"（les partenaires sociaux）构建的目标、统计数据、模型和计量经济学。这些实践（以及其他一些被遗忘的实践，例如环境方面的实践）背后肯定存在利益，但是这种知识是一般性的，因为它是"共同发展"（coélaboré）的，有利于集体的利益。因此，尽管有地方争端，但它们往往表现出中立性和普遍性，并具有强大的政治权威。④

在这一过程中，"科学"作为知识的权威出现。人们认为它在地球世界的性质方面具有卓越的权威。而科学体制也成了政治权威，其合法性源于以下事实：它经常通过进步显示了自己的力量。科学通过其有助于应用的技术产出，通过它可以在物质、社会和经济秩序中实现的目标而被合法化。那么，科学就是干预主义国家的第二自我。它们都拥有超验性的主张，或者至少对特定利益具有中立性。通过陈述大自然或国家的真或善，它们认为自己超越了偶然性。

---

① Cahan 2004, Vries 2005.
② Pestre 2013, Fressoz 2012, Jas 2007 et 2014.
③ 在伦敦科学博物馆可以看到1950年代初期的经济学水利模型。
④ Desrosières 1999，以及本卷第16章。

除了由于普选而产生的民主合法性之外，国家还从科学领域获得其行动合理性的保证。就像纪尧姆·卡尔尼诺（Guillaume Carnino）所说，大学知识以大写单数的形式出现了——"科学"（La Science）。①

这个体系的高峰是在冷战时期达到的，美国军方和军事智库发挥了决定性作用。然后，引人注目的是方法的数学化（加强其科学性）和合理性的提高，这种合理性被认为是包容的、系统的、总体的和最优的——基本上是神圣的。海军或空军资助了大量的实验室科学，并重塑了学科领域。弹道导弹和核计划导致了项目管理和工业模式的改革。② 兰德公司（RAND Corporation）当时正在开发系统分析——首先考虑战略力量的部署与核交换（l'échange nucléaire），然后考虑国家机构和社会系统的重组。成本效益分析和决策理论也在不确定的世界中发展，分析工具的目的是理性的，并且是无法动摇的，或者至少是不能被新手所质疑的。这些方法适用于风险管理，将科学分析和政治决策分开，并增强了专家不可触犯的地位。③

在冷战期间，"科学政策"（les politiques scientifiques）和"研究管理"（le pilotage de la recherche）的发明也标志着"科学"的威严的兴起。这些本质上涉及科学、工业与专家，并象征性地将科学置于创新和解决方案的起源。经合组织是实施这些创新所需工具的全球化的主要场所，这体现在《弗拉斯卡蒂手册》（1963 年）中。显然，核、航空、航天、电子和电信仍然是获得资金最多的部门，这是冷战所必需的，但它们不受共同规则的约束，更多地处于国家和与工业家合作的军方的自由决定权之下。④ 因此，在国家的推动下，知识的生产在此期间是金字塔式的，而且，国家构成了参考的范畴。这是否意味着没有争执？是否意味着这个有组织的网络在没有异议的情况下运作？当然不是，不过，这些不足以撼动现有的评估方法。协会和抗议运动继续产生知识，但是这种知识没有传递，对政治和公众辩论几乎没有影响。知识也来自学术协会，特

---

① Carnino 2015.
② 本卷第 20 章。
③ Dahan et Pestre 2004, Boudia 2014, 以及本卷第 18 章。
④ Godin 2009, 以及本卷第 3 章。

别是博物学家。他们批评环境的恶化,但是对技术进步的热情,例如生活水平的提高,使人们几乎听不见他们的批评。还有一个普遍的争议,涉及进步的不良影响(关于污染或重大工程,例如法国对罗纳河谷的开发),但是在1960年代以前,它仍然是局部的,人们不可能在媒体规模上进行组织。反映这些争端的唯一途径是当地的民选代表。他们有时会将问题向行政部门汇报。①

自1970年代以来:(1)管理知识及其在社会中的传播

为了理解1970年代以来发生的变化,我将以争执和拒绝的形式以及它们被现有力量整合和管理的方式开始。我将从工人的抗议开始,这在1960年代和1970年代之交是大规模的。考虑到菲亚特(Fiat)或通用汽车(GM)的工厂,这会危害工业秩序并引起管理人员的强烈反应。随之而来的是另一种管理知识,以"丰田生产方式"(le toyotisme)为标志的管理方法。我在这里仅提及一个示例,即基于事实的管理(fact-based management),这是在美国开发的一种管理方式,旨在控制车间,并以"客观现实"(la réalité objective)的事实记录为基础。这种事实性的产生是基于比较和排名构建的,是对员工效率的测量。它可以在公开显示为"基于事实"的基础上帮助消除错误的对象。②

这种知识的目的是指导他人的行为,但不是通过简单的暴力(流水线的暴力和机器的磨损),而是通过激励,尤其是通过参与自我评估的义务来进行。这并不意味着暴力形式的消失〔如果我们看一看德茹尔(Dejours)的研究,便能确信这一点③〕,而这种新型的管理方式能否行之有效则取决于企业家。事实仍然是,这种知识是一种新类型,并且他们没有像以前的知识那样建立自己的权威。它们是工具,它们的力量来自它们强加给对象的重新排序,来自它们引导对象所做的事情。它们的权力来自普遍存在的,伴随着它们的机制,而个人很少能不受到这些机制的影响。这种知识和机制每天都在重塑世界,因为它们

---

① Pritchard 2011, Pessis, Topçu et Bonneuil 2013.
② Boltanski et Chiapello 2000, Bruno et Didier 2013.
③ Dejours 1998.

有能力做到这一点——即使没有，它们也有一种道德权威。

这些技术和知识很快就迁移到了企业的外部，并为"维系社会"的纽带的转变作出了贡献。第一个遗产就是所谓的"基于证据的事物"（evidence-based anything）——例如基于"循证医学"（evidence-based medicine）。该医学以统计的元分析的名义宣称这是"可得到的最佳实践"。这种"规范化"形式伴随着新的疾病分类学，它意味着临床知识的失效与从业者自主权的降低，并且由于它并非简单的利益问题，而是对化学的解决方案的偏爱。

第二个遗产是从1980年代开始建立的基准——欧洲国家一级的开放式的协调方法——以及出现了大学排名。这些基准和排名有多种来源——报纸、私人或公共机构——但是只有在它们背后有足够强大的力量时，它们才会去做这些事。对于软科排名（le classement de Shanghai），我们可以想到中国的大学想将学生送到哪里；我们可以想到排名最高的大学以及是谁在推动大学排名；我们还能想到想要使自己的大学变的"优秀"的国家，等等。这些激励机制很少是公共发展过程的一部分；相反，它们构成了根据特定目标以临时的方式聚集的知识，然后在其所流传的人群中发挥作用。这种知识的权威性不是源于公众事先的认可，而是源于谁带有这些知识以及重新占有的次数。由于匿名性代表了它们的特点（它们就像没有作者，如同常识一样——再想一想"循证医学"）以及它们的分散但恒定的权重（软科学排名的存在和运作是因为它被接受并被使用），这种知识和技术几乎没有办法挑战，这引起了怨恨、焦虑和"压力"。[1]

自1970年代以来：（2）自由－保守主义智库的知识

1970年代初被应用的新知识也是新机构的产物。为了生存并面对与它们竞争的知识（各国和大学的知识），并使它们的知识可以被"听到"，它们倾向于呼吁公众舆论。

最早出现这种行为的机构是1970年代的自由派智库。它们最初是在商业

---

[1] Bruno et Didier 2013, numéro spécial de *Minerva* (vol. 47, no 3, octobre 2009).

世界和共和党网络的倡导下创建的智囊型机构，其目的是面向社会和反对凯恩斯主义。之后，这些机构主导了学术界。面对占据了合法的场所（大学）的知识，它们的战略是在加速政治化的新闻界的支持下［譬如，福克斯新闻（Fox News）和默多克集团（Murdoch）］，呼吁公众舆论为它们的分析提供依据，并使它们看起来可信可靠。① 这些分析采取报告和研究的形式，通过程序化的语言说明世界的"现实"是什么，它们是如何被忽略的以及人们应该如何去做。这种知识既具有描述性又具有时效性，它们通过公开的辩论获得了合法性——直到它们被听到后，这种知识才能渗透到大学并对其进行重组。一个标志性的例子是成立于1971年的传统基金会（Heritage Foundation），它在里根时代的知识准备和政策制定中起着决定性作用。②

从历史上看，第二阶段是1990年代的新保守主义智库。他们的目标是强调20年前开始的意识形态革命，重塑价值观——推动一个安全的世界，强调文明之间的冲突和排斥所有的多边主义。它们的策略是基于相同的原则——通过支持它们的媒体发布报告和引发论战。他们在1990年代和2000年代的重要性在于，它们帮助重新打开了所有已被人们接受的事物的"黑匣子"，加速动摇了人们已有的价值观和知识，并使具有侵略性的地缘政治变得寻常可见。更广泛地讲，智库的知识是基于政治和经济原因而被明确制定的。在这种情况下，他们没有传统的大学学者的精神：智库带来争论，而知识的生产则是为此目的而进行的。

我们也必须考虑国际机构及其变化。经合组织（OECD）和布雷顿森林体系（Bretton Woods）的机构世界银行（The World Bank）和国际货币基金组织（FMI），还有联合国，其项目从1970年代到2000年代不断变化。这些机构与智库一样，成为事实分析和规范标准的主要生产者。③

这里的变化很重要。例如，经合组织是发达国家的"意见箱"，它是协调各国政策的最重要机构，以便能够制定在全球范围内实际应用的标准。经合组

---

① Edwards 1997.

② Heatherly 1981.

③ Moretti et Pestre 2015.

织作用最广为人知的例子是 1971 年的《布鲁克斯报告》(le rapport Brooks)。因为人们受到 1960 年代争论和抗议的困扰，这成为一个引人注目的报告。1970 年代和 1980 年代的环境报告和建议将"经济手段"（污水和产品税、排污交易、激励性税收政策）推广为保护增长而又不损害环境的唯一合理的方法；在 1990 年代和 2000 年代采取了有利于"必要的自由化"的行动（例如水）；当然，还有放宽法规和提升基准。因此，从气候或生态系统服务到公私伙伴关系和"多方参与者的安排"，知识的本质在 2000 年代和 2010 年代被认为是有益的，例如，关于制定发展中国家农产品质量相关标准的"圆桌会议"。①

联合国的方案涉及经合组织和世界银行的工作和行动，后者在 21 世纪初被称为知识银行。他们之间是存在共识的，但是也相对缺乏资源，他们与发达国家的金融和权力的联系较少，因此它们的"效率"也较低。它们通常被发达国家绕开或忽略，它们的价值观和研究项目可能成为暴力袭击的目标。例如，世界卫生组织在 1970 年代后期发生的事情。当时其在阿拉木图的主要卫生保健计划激怒了美国，并停止了各种资助。②

这些机构定义的标准对大学产生了影响，并使其有义务澄清和证明是什么使得其表述、分类和框架具有合法性和有用性。这是一个新情况，导致布什政府从 2000 年代开始不承认某些科学知识的真实性。因为这些科学知识使诸如有关软饮料或全球变暖之类的工作无法正常开展或受到阻碍。当它不能产生预期的结果时，也会导致专业组织形式的不断重塑。③

自 1970 年代以来：(3) 新的非政府组织及其策略

自 1970 年代以来，自由主义与保守主义的智库并不是唯一使公共空间成为使知识合法化的新场所的机构。大型国际非政府组织在这些年中也变得越来越普遍——绿色和平组织（Greenpeace）和美国传统基金会一样于 1971 年成

---

① Cheyns 2011.
② Gaudillière 2014.
③ Pestre 2008, Oreskes et Conway 2010.

立。这些组织还组建了研究团队，渗透到专业知识领域，并挑战大学和工业界对"官方"知识的惯性或盲目性。从严格意义上来说，非政府组织与大学的学者共同开创了环境科学。[1]

非政府组织的"团体"远没有自由主义和保守主义智库那样的同质性。首先，非政府组织在规模和地理位置上存在差异——从发达国家的世界自然基金会（WWF）型非政府组织到发展中国家的发展主义非政府组织。发展中国家的非政府组织一般更为地方化。它们的地位也是不同的。有些是志愿性质的，有些则已成为联合国或欧共体（Communauté européenne）正式认可的机构，雇用了数百名专业人员，而针对国家发展或环境问题的资助也通过这些机构进行使用。历史逻辑也是非常多样的，而且二十年来，来自发达国家的一些大型非政府组织（例如世界自然基金会，但绿色和平组织较少）已成为商业界的合作伙伴，以促进一个务实的可持续发展的世界。[2] 在过去的三十年中，非政府组织现象已经广泛传播，并已成为知识生产的核心组成。在我看来，首先，与智库一样，非政府组织通过知识的生产在公共空间发挥作用。它们使用了大量智慧，它们带来了数据和报告——这又重新打开了官方科学的"黑匣子"。这些机构还改变了媒体，并将"公众舆论"作为提供的选择和知识的仲裁者。与工会不同，非政府组织没有"需求"。他们开展了非常引人注目的行动，并利用媒体的兴趣展现他们的结论并对人们的意识产生影响。最后，这种知识是基于原因和世界观进行表达的，但这并不意味着这种知识没有任何价值。结果是知识生产场所的奇妙开放，层次结构的"扁平化"，以及对相关利益的明确陈述，但最重要的是丧失了"科学"在早期阶段所享有的"超验性"的权威。

自1970年代以来：（4）知识的生产和"普通"人群

四十多年来，知识不仅是由大学、国际、企业、智库、非政府组织和其他

---

[1] 本卷第13章。

[2] MacDonald 2010。

国际组织等机构产生的。他们还受到被多样化组织的人群的影响。我们说过，这种现象并不新鲜，但自 1970 年代以来就呈爆炸性增长。从数量上看，应该指出的是，法国今天有 14 000 个患者协会（有 400 万订阅用户），并且每年围绕环境问题创建 1 500 至 2 000 个协会。① 在接下来的内容中，我建议通过四个切入点来研究这个庞大的体系，并将读者引向资源和互联网上的其他例子。

第一个是科学爱好者，这是 19 世纪众所周知的现象。我仅举两个最近的实践。一个是关于自然主义的实践［通过"植物学之网"（Tela Botanica）］，另一个是在空间数据的分析和可视化中显示爱好者的新位置。"植物学之网"是有大约 20 000 人的在线法语网络。每个人在其中都可以受到培训并帮助识别当地的植物群，关注生态系统或学习保护生物多样性。其围绕协作空间［维基百科（Wiki）］、需要被丰富的数据库、制图演示和一百个项目进行组织。它提供了创建观测站、管理和共享图像、观测季节或城市植物群的实用信息。该网络已整合到学术工作中，并促成了一个由专业人士和业余爱好者组成的开放式认知社群。此外，网络产生的"线上植物群"（la flore électronique）已成为该领域的标准之一（每天接受 10 000 次访问）。②

我的第二个例子与 2005 年 1 月在"惠更斯"号探测器下降到土卫六时记录的图像有关，这些图像由欧洲航天局立即发布到网上。在不到八个小时的时间内，一个业余爱好者的网络就提供了土卫六地形的 3D 图像，随后便出现了更为复杂的"艺术家视角"的图像。这里的新颖之处在于对欧洲航天局的数据的即时使用、图像开发人员的数据处理能力以及各种网站对它们的使用。这是由网络授予权威的制度，例如"植物学之网"，但它也标志着相对于业余爱好者的某些科学体制的新变化。③

---

① 参阅 < http://www.annuaire-aas.com > ou < http://www.francebenevolat.org >.
② < http://www.tela-botanica.org >, Millerand, Heaton et Proulx 2011.
③ Bigg 2007, 2011.

表现 2005 年 "惠更斯"号（Huygens）探测器的下降过程以及降落在土卫六表面的画作。这幅作品是艺术家根据探测器发送的图像描绘的，这些图像可以在欧洲航天局的网站上找到。

我要提到的第二个分布式实践，即患者协会，这在 1970 年代和 1980 年代也很盛行。这是通过妇女健康运动（Women Health Movement）及其畅销书《我们的身体，我们自己》（*Our Bodies Ourselves*）、国家妇女健康网络（National Women Health Network）及其法律和游说活动进行的，此外，还有艾滋病的流行，这导致了对医生、制药公司和患者之间关系的重新定义。这些运动使自身适应于与疾病以及与医疗机构的关系，他们将"健康生活"置于重要的地位，他们的目标是自主权和拒绝仅依靠专家和专业人士。他们的需求是知识的共享，在引入新的分子时参与规程的实施——如同从在被学术医学忽略的领域里的"另类"实践中汲取灵感的权利。患者协会还为专业人士提供重要数据（在罕见疾病中，家庭掌握临床专业知识的现象就很明显），并且这项工作通常与制药公司合作进行，导致治疗方法被重新定义。在社会科学中，这引起了许多反思。布鲁诺·拉图尔认为，这些团体的加入标志着一项新的集体实验，其他人则谈到了科学公民的身份［伊拉姆（Elam）和贝尔蒂森（Bertisson）］、有关权利赋予的模型［la modèle pour l'*empowerment*，克拉克（Clarke）］、生物社会性［la biosocialité，拉比诺（Rabinow）］以及在分子层面上新的生命政治（*vital politic*）形式［罗斯（Rose）］。①

---

① Löwy 2009, Epstein 2008. 其他的例子，可参阅：< http://www.renaloo.com/forum >, <http://www.cancercontribution.fr >, <http://www.grippenet.fr > .

第三个与环境知识有关。首先是对工业发展带来的负面影响的反应。历史演变是可见的。最初，在 1960 年代，问题围绕局部污染（空气、水、某些地理区域或某些分子引起的污染）展开。后来，由出现的众多协会解决的问题也成为全球性的问题。这些行动带来了胜利，如《蒙特利尔议定书》（le protocole de Montréal）对氟氯化碳的控制。对于核能，实践已从任何核工业最初的拒绝发展为对环境放射性的自主检测，以及切尔诺贝利事件之后对监管机构的管控，同时也为停止动员来禁止对核能的使用。对于全球变暖，数以千计的协会，从国际性的到地方的，继续清查恶化的情况并发布数据，它们仍然大量出现在联合国项目每年组织的缔约方会议之外。① 即使它们从不占主导地位，它们在 2000 年代依然是重要的。

第四个与创新有关。创新从来不是大学学者、工程师和工业家的专属。例如，雷奥米尔（Réaumur）拜访了手工业者，以理解他们的实践技巧，而在两次世界大战之间，无线电的发展很大程度上归功于成千上万的业余爱好者〔从词源上来说，"业余爱好者"（amateur）就是"喜爱的人"〕建造或发明自己的设备。但是，近年来，促进创新的人群数量大大增加了。我们当然会想到数字经济、免费软件、网页开发人员、维基百科的创建——以及所有使用、改造和适应它们的人。克里斯托夫·勒屈耶（Christophe Lécuyer）和弗雷德·特纳（Fred Turner）的研究也表明，如果没有 1960 年代和 1970 年代加利福尼亚的反文化和这一现象的边缘化，也没有在对技术的迷恋、自由选择的工作、合作和企业家精神之间盛行的惊人组合，我们就无法理解硅谷的发展。除了这些著名的案例外，我们还可以看到法国的农民种子运动。该运动拒绝接受近交系种子经销商的资金与培育支持，因为这样做会剥夺选择自己的种子、交换种子和自由进行试验的权利——以保证面粉的质量以及面对气候和土壤危害的生态抗性。②

在社会科学中，这种"自下而上"的创新形式的增长是在横向使用和交流的基础上实现的——企业对此很敏感，因为它们有时会为企业提供设计产品的

---

① 本卷第 13 章，Topçu 2014, Aikut et Dahan 2014.
② Lécuyer 2006, Turner 2006, Bonneuil et Demeulenaere 2007.

经济手段——这导致了有关网络创新的大量文献,将这些形式纳入公共政策的重要性或提供所有权中间形式的义务——这些都是具有至高无上的价值。这种全面促进混合和共建的做法,在科学研究中非常重要,但有其局限性。

这种做法会忽略这样的事实:这些创新形式有时也是新的商业模式(business model)的核心。例如,谷歌的成功取决于成千上万"业余爱好者"的热情——但又不仅仅是"协作",而且还是很不对等的。这里的确存在着免费的劳动力,并且在公司的免费软件平台上工作。这些人自愿成为免费劳动力,有时甚至还希望被招进公司。也正是这些人为谷歌提供了非凡的开发能力。

在本节结束时,我想简短地谈谈促成或为新知识生产者的繁荣提供了便利的因素。对于这种繁荣,我们是需要为之高兴的。首先,这种繁荣反映出的是马塞尔·戈谢(Marcel Gauchet)所说的自由事实(le fait libéral),即个人总是要求更多的自主权、自由和权利,而且拒绝强加给他们的权威。他们希望独立于[哈贝马斯(Habermas)意义上的]"系统"进行组织。[1] 这种繁荣反映的是充斥于公共空间的历史上的污染事件[1967年的"托雷·卡尼翁"号(Torrey Canyon)油船事件、1984年的博帕尔(Bhopal)杀虫剂泄露事件]、重大事故(1986年的切尔诺贝利核泄漏)、公共卫生事件(从1961年的萨立多胺到2012年的Mediator)。简而言之,这反映的就是我们的社会所经历的生产的指数级发展。这种繁荣依然源于有关环境、气候或生物多样性的新科学的出现。作为这些领域的科学,它们既树立了一种模式,也同样为非专业人士开辟了新的空间(实验室科学则倾向于减少此类开放)。这种繁荣最终从新的数据处理和收集工具(用于建立模式)以及互联网中出现。这样会产生不那么等级森严的学习和处理问题的形式;这引出了"扩展"的工作方法、其他产生和消费信息的方法、判断可用知识和管理与当局关系的其他方法。这是一种多中心的形式。它边缘化了知识传播的等级通道——从而破坏了科学作为权威的自然形式。[2]

---

[1] Gauchet 2010—2012, Habermas 1987.
[2] Pestre 2013, Mallein 2007.

结语

知识是带有偏见和局部性的，因为它总是以特定的方式进行组织，并且所有知识都有其忽略的部分。知识也分布在社会中，没有人能拥有所有相关的知识——即使有人相信自己拥有，那也只是一种傲慢罢了。但是，这并不意味着一切知识都具有同样的价值：在一个技术和互联的世界中，每个人都知道有必要拥有正确的知识，无论是创新、问题评估还是监测解决方案。但是，这种好的知识，即"适当的"知识，是根据价值观、目标、个人或集体组织的利益来定义的。

因此，一切都很复杂——尤其是当人们必须做出选择时。今天出现了两种趋势，以减少这种戈耳狄俄斯之结式的束缚，即消除人类自身和知识固有的局限性。有些人推动论据之间的对比、讨论，随后做出决定——特别是对于集体性的规则；还有些人则诉诸市场，认为这是我们对抗无知的唯一手段。[1] 在第一种情况下，知识的多样性及其框架有一种认识论和政治上的优势，同时，进行理性的对比是必要的，而这导致了扩大民主的要求。[2] 在第二种情况中，解决方案是采用新形式的和激进的自由主义（只有市场才能够正确预测），可能将某些负面外部性（例如环境）内部化或要求更严格的产权（对于普通商品或通过专利法的变更）。如此，政策就是现实状况的反映，而这又产生了之后对它的拒绝和反对。

除了这些选择以外，显然没有能达成共识的解决方案——因为这不是要在"理性的"行动者之间解决的问题。而且，未来的平衡是无法预料的。这将取决于我们的想象力、个人与团体之间力量的平衡、地球系统的演进——尤其是世界"人类世"化进程的速度。相反，这并不意味着我们不需要支持任何一方，也不意味着我们不需要为研究作出贡献。因为可以确定的是，文明会消亡或自我毁灭。

多米尼克·佩斯特（Dominique Pestre）撰

---

[1] Hayek 1944.
[2] Rosanvallon 2006.

参考文献

Aykut Stefan et Dahan Amy, 2014, La gouvernance du changement climatique. Anatomie d'un schisme de réalité, in Dominique Pestre (dir.), *Le Gouvernement des technosciences*, Paris, La Découverte, p. 97-131.

Biagioli Mario, 1993, *The Practice of Science in the Culture of Absolutism*, Chicago (IL), University of Chicago Press.

Bigg Charlotte, 2011, Images, in Gérard Azoulay et Dominique Pestre (dir.), *C'est l'espace 101 savoirs, histoires et curiosités*, Paris, Gallimard, p. 179-181.

– 2007, In weiter Ferne so nah. Bilder des Titans, *Bildwelten des Wissens*, 5/2, p. 9-19.

Boltanski Luc et Chiapello Ève, 2000, *Le Nouvel Esprit du capitalisme*, Paris, Gallimard.

Bonneuil Christophe et Demeulenaere Élise, 2007, Vers une génétique de pair à pair? L'émergence de la sélection participative, in Florian Charvolin, André Micoud et Lynn K. Nyhart, *Des sciences citoyennes ? La question de l'amateur dans les sciences naturalistes*, La Tour-d'Aigues, Éd. de l'Aube, p. 122-147.

Boudia Soraya, 2014, Gouverner par les instruments économiques. La trajectoire de l'analyse coût-bénéfice dans l'action publique, in Dominique Pestre (dir.), *Le Gouvernement des technosciences*, Paris, La Découverte, p. 231-260.

Brown Theodore M., Cueto Marcos et Fee Elizabeth, 2006, The World Health Organization and the Transition from International to Global Public Health, *American Journal of Public Health*, vol. 96, p. 62-72.

Bruno Isabelle et Didier Emmanuel, 2013, *Benchmarking. L'État sous pression statistique*, Paris, La Découverte.

Cahan David, 2004, *An Institute for an Empire: The Physikalisch-Technische Reichsanstalt (1871-1918)*, Cambridge, Cambridge University Press.

Carnino Guillaume, 2015, *L'Invention de la science. La nouvelle religion de l'âge industriel*, Paris, Seuil.

Cheyns Emmanuelle, 2011, Multi-Stakeholder Initiatives for Sustainable Agriculture: Limits of the "Inclusiveness" Paradigm, in Stefano Ponte, Jakob Vestergaard et Peter Gibbon (dir.), *Governing through Standards: Origins, Drivers and Limits*, Londres, Palgrave, p. 318-354.

Dahan Amy et Pestre Dominique, 2004, *Les Sciences pour la guerre (1940-1960)*, Paris, Éd. de l'EHESS.

Dejours Christophe, 1998, *Souffrance en France. La banalisation de l'injustice sociale*, Paris, Seuil.

Desrosières Alain, 1999, La commission et l'équation: une comparaison des plans français et néerlandais entre 1945 et 1980, *Genèses*, n° 34, p. 28-52.

– 2009, How to Be Real and Conventional: A Discussion of the Quality Criteria of Official Statistics, *Minerva*, vol. 47, p. 307-322.

Edwards Lee, 1997, *The Power of Ideas: The Heritage Foundation at 25 Years*, Ottawa (IL), Jameson Books.

Epstein Steve, 2008, Patient Groups and Health Movements, *in* Edward J. Hackett, Olga Amsterdamska, Michael Lynch et Judy Wajcman (dir.), *The Handbook of Science and Technology Studies*, Cambridge (MA), MIT Press, p. 499-539.

Fressoz Jean-Baptiste, 2012, *L'Apocalypse joyeuse. Une histoire du risque techno logique*, Paris, Seuil.

Gauchet Marcel, 2010—2012, séminaire sur *La Signification du néolibéralisme* (17 décembre 2010-25 mai 2011) et sur *La Radicalisation de la modernité: le droit et la dynamique de l'individualisation* (16 novembre 2011-30 mai 2012), Paris, Éd. de l'EHESS, < http://marcelgauchet.fr/blog >.

Gaudillière Jean-Paul, 2014, De la santé publique internationale à la santé globale. L'OMS, la Banque mondiale et le gouvernement des thérapies chimiques, *in* Dominique Pestre (dir.), *Le Gouvernement des technosciences*, Paris, La Découverte, p. 65-96.

Godin Benoît, 2009, The Making of Science, Technology and Innovation Policy, accessible sur < www.ucs.inrs.ca >.

Habermas Jürgen, 1987, *Théorie de l'agir communicationnel*, Paris, Fayard, 2 vol.

Hayek Friedrich A., 1944, *The Road to Serfdom*, Chicago (IL), University of Chicago Press.

Heatherly Charles (dir.), 1981, *Mandate for Leadership*, Washington (DC), The Heritage Foundation.

Jas Nathalie, 2007, Public Health and Pesticide Regulation in France before and after Silent Spring, *History and Technology*, vol. 23, n° 4, p. 369-388.

– 2014, Gouverner les substances chimiques dangereuses dans les espaces internationaux, *in* Dominique Pestre (dir.), *Le Gouvernement des technosciences*, Paris, La Découverte, p. 31-64.

Lécuyer Christophe, 2006, *Making Silicon Valley: Innovation and the Growth of High Tech (1930—1970)*, Cambridge (MA), MIT Press.

Löwy Ilana, 2009, *Preventive Strikes: Women, Precancer, and Prophylactic Surgery*, Baltimore (MD), Johns Hopkins University Press.

MacDonald Kenneth Iain, 2010, The Devil Is in the (Bio) diversity: Private Sector

"Engagement" and the Restructuring of Biodiversity Conservation, *Antipode*, vol. 42, n° 3, p. 513-550.

Mallein Philippe, 2007, Usage des TIC et signaux faibles du changement social, < http://ensmp.net/pdf/2008/TIC%20et%20Paradoxes%20philippe%20Mallein.pdf>.

Millerand Florence, Heaton Lorna et Proulx Serge, 2011, Émergence d'une communauté épistémique. Création et partage du savoir botanique en réseau, *in* Serge Proulx et Annabelle Klein (dir.), *Connexions. Communication numérique et lien social*, Namur, Presses universitaires de Namur.

Moretti Franco et Pestre Dominique, 2015, Bankspeak: The Language of World Bank Reports, *The New Left Review*, n° 92, mars-avril, p. 75-99.

Murphy Michelle, 2012, *Seizing the Means of Reproduction: Entanglements of Feminism, Health, and Technoscience*, Durham (NC), Duke University Press.

Oreskes Naomi et Conway Erik M., 2010, *Merchants of Doubt: How a Handful of Scientists Obscured the Truth on Issues from Tobacco Smoke to Global Warming*, New York, Bloomsbury Press.

Pessis Céline, Topçu Sezin et Bonneuil Christophe (dir.), 2013, *Une autre histoire des Trente Glorieuses. Modernisation, contestations et pollutions dans la France d'après guerre*, Paris, La Découverte.

Pestre Dominique, 2003, *Science, argent et politique. Un essai d'interprétation*, Paris, Quæ.

– 2008, Challenges for the Democratic Management of Technoscience: Governance, Participation and the Political Today, *Science as Culture*, vol. 17, n° 2, juin, p. 101-119.

– 2013, *À contre-science. Politiques et savoirs des sociétés contemporaines*, Paris, Seuil.

Pritchard Sara B., 2011, *Confluence: The Nature of Technology and the Remaking of the Rhône*, Cambridge (MA), Harvard University Press.

Rosanvallon Pierre, 2006, *La Contre-Démocratie. La politique à l'âge de la défiance*, Paris, Seuil.

Topçu Sezin, 2014, *L'Agir contestataire à l'épreuve de l'atome. Critique et gouvernement de la critique dans l'histoire de l'énergie nucléaire en France (1968—2008)*, Paris, Seuil.

Turner Fred, 2006, *From Counterculture to Cyberculture: Stewart Brand, the Whole Earth Network and the Rise of Digital Utopianism*, Chicago (IL), University of Chicago Press.

Vieille-Blanchard Élodie, 2011, *Les Limites à la croissance dans un monde global*, thèse de doctorat, EHESS, Paris.

Vries Marc de, 2005, *80 Years of Research at the Philips Natuurkundig Laboratorium (1914—1994)*, Amsterdam, Pallas Publications.

Wintroub Michael, 2000, Court Society, *in* Arne Hessenbruch (dir.), *Reader's Guide to the History of Science*, Londres, Fitzroy Dearborn, p.154-157.

1955年美国洛杉矶抗议污染的示威。

第七章

一个有毒的世纪——"环境卫生"的出现

"环境卫生"既是一种物质条件,同时,又是一种文化观点。该术语起源于1930年代的公共卫生专家中,但直到第二次世界大战后的几十年才被普遍使用。当然,人们对环境与健康之间联系的担忧可以追溯到很久以前,比如,古希腊围绕希波克拉底(Hippocrate)的传统[《空气、水及地点》(*Airs, eaux, lieux*)]、印度阿育吠陀医学的实践或中国的中医。但是,健康与场所之间的联系是基本公理的重要组成部分,以至于谈论环境健康有些多余。这种表述只有在环境与身体健康分离之后才变得有意义。

研究者一般认为在19世纪末对健康和疾病的理解出现了一个转折点。实验医学的开端通常可追溯到这一时期,即使许多历史学家对这种叙述的胜利主义层面提出质疑,他们也普遍认为,微生物理论作为一种理解疾病的方式,已大大削弱了环境与健康之间发展的关系。在路易·巴斯德(Louis Pasteur)的发现之后,新一代的医生和卫生专业人员越来越多地将疾病原因定位在特定的细菌、病毒或寄生虫上,而非周遭的环境之中。然后,健康变为了一个不受环境影响的身体问题。①

---

① Rosen 1958, Tomes 1998.

然而，医学知识的进化已经发生，并且在前所未有的，环境变化的时代，这是最有趣的悖论。随着欧洲社会利用煤炭和石油，它们开始以深刻、根本和最终的方式改变环境。现代环境卫生概念的某些渊源可以追溯到19世纪末，以及工业化带来的快速的环境、社会和身体变化。

工业环境中的健康：从洁净到安全

甚至在医学专业人员开始将视线限制在作为"自治"实体的身体健康之前，工业化正在破坏地球环境，并导致出现新的疾病和流行病。大量的劳动力形成了工业城市的新环境。芝加哥和曼彻斯特等地区成为人满为患、工人生活条件恶劣以及空气和水污染十分严重的中心。传染病在欧洲和北美的城市中心造成了巨大的损失。在19世纪末，微生物理论为这些流行病提供了基础性的答案：环境的作用丧失了其重要性，人们开始突出强调个人的身体，尤其是那些以种族来区分的身体；在欧洲和北美、少数族裔和种族常常被当作疾病的"携带者"。[①]

造成已知疾病恶化的灾难性城市污染水平开始产生新的疾病。高密度的人口和动物种群，加上工业废物的增长，使河流和湖泊变成了带有伤寒或霍乱的地方。使用煤炭而导致的空气污染导致了儿童的呼吸道疾病和佝偻病。对于进步的改革者而言，身体与环境之间的关系是明确的。他们将健康问题和污染的环境联系起来，并敦促地方当局采取行动。与此同时，医学缩小了其作用范围，开始关注于人体级别的问题。[②]

为了满足资源需求，工业国家将控制权扩展到了资源富庶的地区。随着新技术将前所未有的煤炭、石油和矿物质带向地球表面，成群的工人被运送到之前难以想象的地点，例如，威尔士或北美的煤矿井、非洲的铜矿或波利尼西亚的磷酸盐矿。工人发现自己在狭窄的环境中每天工作12~14个小时。这导

---

① Platt 2005, Tarr 1996, Hardy 1993, Kraut 1994, Leavitt 1996, Shah 2001.
② Platt 2005, Melosi 1980, Mosley 2001.

致越来越多的特定疾病："铅绞痛"（铅中毒）、"陶瓷坏疽"（矽肺）、"磷坏死"（磷中毒）。尽管许多与工作有关的疾病已为人所知，但现在它们的出现频率更高，受影响的人也越来越多。这些环境的毒性导致出现新的职业、新的行动。那些致力于强调疾病症状与工业工作之间联系的人形成了一个新学科：工业卫生。无论是在欧洲还是美国，改革者都在工厂中漫游，与工人谈论他们的病情，并追踪他们所得病症的各种表现形式。在1880年代，德国开始要求对主要工业进行定期检查。1895年，英国政府成立了危险活动委员会（Commission sur les activités dangereuses）。在医生托马斯·奥利弗（Thomas Oliver）的指导下，该委员会在职业医学史上做出了开创性的工作，即完成了一份报告：《工业及其危险：专家视角下从历史、社会和法律看待影响健康的工业活动》（Les Industries et leurs dangers. Aspects historiques, sociaux et légaux des activités industrielles affectant la santé, de l'avis d'un comité d'experts）。该报告内容详尽，并特别关注粉尘的排放（陶瓷、设备工业、铜、铁和锌的生产、石材的开采、纺织业）以及使用汞、砷、铅等有毒金属的行业。①

在美国，运动的支柱是来自中西部的爱丽丝·汉密尔顿（Alice Hamilton）。她的家境殷实，是一名受过培训的细菌学家，并且是芝加哥赫尔馆（Hull House）的渐进改革小组的成员。1910年，汉密尔顿参加了伊利诺伊州国家委员会的工作，以研究"有毒工业"的工人健康状况。在随后的报告中，她提供了有关这些工业大规模铅中毒的大量信息，这导致了美国历史上的首次职业健康改革。② 正如奥利弗的工作或汉密尔顿的职业生涯所暗示的那样，工业卫生主要与铅有关。铅长期以来一直被认为是有毒的且19世纪末在工业陶瓷、电池、水管或油漆中被广泛使用。

在第一次世界大战后的几年中，对工业疾病的研究进入了实验室。通过将研究重点放在特定的化学物质上，新一代的专业人员致力于量化地评估其对健康的影响。这种新的科学——毒理学把工作场所的危害归结为微生物的产物以

---

① Oliver 1902, Sellers 1997a, Corn 1992.
② Grant 1967, Hamilton 1943.

及能够穿透生物体而引起确切症状的单一因素。在此过程中，毒理学认为重要的不是总体的环境，而是暴露于特定的化学物质。这是基于微生物理论所给出的因果关系和疾病的狭义定义。①

这种研究取决于提高工作效率的渴望以及工人天生容易隐瞒实情的假设。在毒理学资料库中，只有可以定量地与所测得的暴露量相联系，并与已知的生理反应相关联，才能被视为化学源性疾病。正如克里斯托弗·塞勒斯（Christopher Sellers）所说，毒理学因此符合新的科学专业人员和企业主管的利益。毒理学虽然是一门科学，但这也是两次世界大战之间政治和经济妥协的结果。构成学科的问题与关于"健康"的一般想法无关，而与工作效率和生产力的目标有关。②

然而，通过毒理学塑造的人体表征与细菌学中所遇到的有很大不同。细菌学将健康视为阻止细菌滋生的纯净身体的产物，而毒理学则将其视为稳定而平衡的身体的结果——这一概念取自实验生理学的新学科。用哈佛教授沃尔特·坎农（Walter Cannon）的话说，新的生理学家将身体视为寻求达到"体内情况稳定性"条件的自我调节系统，而不是将其视为可能被污染的容器。受自我调节概念的启发，毒理学家引入了生物学阈值的概念，根据该阈值存在一定的暴露水平，在此水平以下身体可以吸收并适应污染物质而不会造成永久性损害。基于对动物的实验室实验，这些阈值成为工厂中"安全浓度水平"的基础。因此，环境和身体洁净的概念不再起作用。③对身体洁净的追求已被对连续化学暴露的身体安全性取代。

从20世纪初开始，人们就知道化学物质的危险会在工作场所以外显现出来。英国通过认识到临近居民面临的危险，而努力减少工厂的化学物质排放。1900年代初期，铅对健康的有害影响也是众所周知的。法国于1909年禁止在室内粉刷中使用它。10年后，国际联盟希望普遍实施该禁令。尽管有40多个国家支持这一立场，但美国由于铅工业的实力、孤立主义和保守主义政府的存

---

① Sellers 1997a (p. 141–186), Nash 2008.
② Sellers 1997a (p. 159–169).
③ Nash 2008, Sellers 1997a (p. 175–183), Sturdy 1988.

在，拒绝实施该禁令。① 但是，铅不仅仅在油漆中构成危害。从 1860 年代发现"巴黎绿"（乙酰亚砷酸铜）的杀虫特性开始，美国农民就采用了基于金属的农药。正是由于不同的不怕"巴黎绿"的害虫所带来的挑战，促使人们在 1892 年采用了一种新的砷化合物：砷酸铅。在接下来的半个世纪中，这种杀虫剂仍然是最常见的杀虫剂［只有滴滴涕（DDT）才能超过它］，而新鲜农产品成了消费者潜在的中毒来源。②

尽管在欧洲销售相同的杀虫剂，但农民并未像在美国那样广泛地使用它们，而且欧洲政府采取了更为谨慎的方法。法国于 1846 年和 1916 年两次禁止使用砷杀虫剂，而英国政府则在 1903 年设定了每磅 0.01 谷物砷含量的严格食品标准。美国立法者对此同样关注，但由于缺乏权威而受到限制。在媒体广泛报道的中毒事件之后，美国直到 1927 年才限制使用砷，并受到英国对美国产品实施禁运的威胁。③ 立法者还寻求工业毒理学家确定安全浓度限值。因此，工厂中流行的逻辑正成为公共场所的规则。毒理学的重点放在生物学阈值的概念上，在该阈值以下不会发生严重损害，这是数十年来我们在环境和人体中"安全"水平的论点。④ 在第二次世界大战期间和战后经济的繁荣年代，铅的生产和消费量大大增加。战后时期建造的许多房屋都含铅过多，这意味着数十年来公众不断暴露于其威胁之下。尽管那时的风险是普遍的，但并非所有人的暴露程度都是一样的。由于法规薄弱，美国人最容易受到伤害。在美国国内，受苦最深的是穷人和非白人，他们被限制在市中心破旧不堪的房屋中。在 1950 年代初，城市贫困儿童中发现了铅中毒的流行病。但是，只是为了响应 1960 年代的行动主义，才采取了一些严肃的措施。不过，毒理学所设定的铅暴露的"安全"等级会导致这些改革的尝试陷入僵局。直到 1976 年，美国才禁止使用

---

① Halliday 1961, Warren 2000 (p. 57 et 62).

② Whorton 1975.

③ 1927 年制定的美国砷标准在果农及其政治同盟的影响下于 1940 年被削弱。参阅：Whorton 1975（p. 68-92 et 133-175）。

④ Warren 2000. 由于缺乏快速、简单的检测方法，有关含铅量的标准迟迟未能推出。分析方法的进步促使美国 1933 年通过了食品含铅量的法规。参阅：Whorton 1975（p. 220-221），Sellers 1997a（p. 200-209）。

含铅油漆并开始逐步淘汰含铅汽油。① 然而，铅仍然存在于环境和人体中：中毒的地理分布已经发生了变化。现在，在某些发展中国家，铅的暴露水平更高，要想轻松摆脱饱和的铅产品并不容易。它们存在于一些国家的废品回收中心里。这些产品是通过船只运送到那里以进行循环利用的。这种做法有时会导致重大的公共卫生危机（例如，在乌拉圭）。而且，现代社会有关铅的故事仍在继续：今天，铅的提取比以往任何时候都多。②

但铅不是万能的，工业化也产生了许多来自煤炭和石油的化合物。最初受到军队需求的推动，在美国和德国，由于专利制度慷慨地奖励了个人发明，在19世纪末人们开始了对新合成产品的疯狂追求。发明家们试验着各种材料，从焦化过程中得到的煤焦油提取物成为包括染料和炸药在内的新物质的关键成分。德国拥有丰富的煤炭资源和先进的技术体系，在颜料和染料的生产中占主导地位。化工厂于1800年代后期开始在莱茵河成批建起。1895年，一位德国医生报告了颜料厂员工和下游居民中患膀胱肿瘤的数量。③

即使在第二次世界大战之前煤炭仍然是化学原料的主要来源。石油公司在1900年代开始生产石油衍生物，其中最早的一种是甲苯（1903）——炸药中的一种成分。1908年发现了石油裂解工艺，该工艺减少了大的碳分子并产生了更轻便且易于使用的燃料，从而催生了新产品。第一次世界大战期间供应链的中断促使合成替代品的发展，并且在两次世界大战之间，石油公司催生了新型合成纤维，例如，尼龙、合成橡胶（氯丁橡胶）、塑料（聚四氟乙烯，聚氯乙烯）等。④

---

① 美国人铅的摄入在1939年至1944年之间增加了70%。参阅：Warren 2000（p. 134-177，有关数据在 p. 173）。直到1960年代后期，美国公共卫生管理部门一直认为60微克/升的血铅水平是可以接受的。然后在2012年将该标准降低至5微克/升。科学家认为该水平应为0或接近0。参阅：Markowitz et Rosner 2013（p. 18），Pirkle et al. 1994。

② Lead Poisoning in China: The Hidden Scourge, *The New York Times*, 5 juin 2011; Renfrew 2012. 自1970年以来，全球铅产量增加了38%，达到470万吨。US Geological Survey,《Historical Statistics for Minteral and Material Commodities in the US, Data Series 140, < http://minerals.usgs.gov/ds/2005/140/#data >（查阅于2013年12月2日）。2006年，欧盟禁止在所有产品中使用铅，而其他国家并没有这么做。

③ Cioc 2002 (p. 112-130).

④ Spitz 1988, Aftalion 1991.

第二次世界大战促进了化学工业的发展，特别是在美国，由于战争产生的需求导致了巨大的政府投资。战争结束时，美国的制造商开始用合成产品代替以前使用的常规材料。这些房屋以前由木材、玻璃、金属、石膏和砖建造，现在充满了胶合板、石棉和塑料。食品正经历一场"化学革命"，而以前由棉花或羊毛制成的衣服越来越多地由尼龙或聚酯制成。①

从以碳水化合物为基础的社会迅速转变为以生物质能为基础的社会，这是对生命的物质基础的一场革命。在20世纪，新兴的石油化工和塑料工业成功地搁置了有关其产品对健康和环境的影响问题——相反使这些产品成为现代文化和经济的象征。杜邦公司以自己的方式将其放在1933年的一个著名口号中："通过化学，提供更好的产品，改善您的生活。"②

当这些现代化的口号响起时，杜邦公司在染料生产领域出现了十多例膀胱癌病例。杜邦意识到公司可能承担部分责任的可能性，于1934年创建了毒理学实验室，并由德国医生威廉·休珀（Wilhelm Hueper）领导。其研究表明该公司的旗舰产品之一——β-萘胺可引起狗的膀胱癌。然而，杜邦并不打算深入探讨工人所面临的风险，休珀的工作仅仅开展了3年便被免职了。③

食品的包装和加工是最早使用石油产品衍生物的领域。消费者对食品中使用人工成分的担忧导致世纪之交的欧洲和美国发生了许多改革。1905年，法国针对食品领域的欺诈和伪造进行了立法；次年，美国通过了《纯净食品和药品法案》（la loi sur la pureté de la nourriture et des médicaments），该法案的文本赋予了联邦政府化学局（Bureau de chimie）以没收任何可能含有"危害健康"成分的食品的权力。该部门的第一任局长哈维·威利（Harvey Wiley）是一位坚定的改革者，致力于实现"纯净"的食品。④

威利和他的部门确定哪些化学物质会"危害健康"，应予以禁止。该法律

---

① US Public Health Service 1962 (p. 21), White 1994 (p. 211-236).
② Morris et Ahmed 1992, Meikle 1995.
③ Hueper 1938 (p. 255), Sellers 1997a. 杜邦先指控休珀是纳粹分子，然后是共产主义者。Proctor 1995 (p. 39-40 et 43).
④ Dessaux 2007, Junod 2000.

基于以下假设：问题的根源在于化合物进入"纯净"的食品中，并且有可能进行逐案处理。因此，威利成功地禁止了最危险的食品防腐剂，并限制了所用颜料的数量。但是，法院倾向于将举证责任放在政府身上。随着食品化学工业的飞速发展以及两次世界大战之间加工产品的不断增加，成千上万种化学物质未经检验即进入到食品中。[①]

人体生态与环境健康

第二次世界大战标志着工业化世界环境的转折点。战争激增了对金属、石油和化学创新的需求。此外，非常有效的杀虫剂、新的以石油为基础的消费产品的大量生产以及对核武器的不懈追求对水、空气和土壤产生了多种影响。人们很快就会知道这些变化也会影响人体，而健康在很大程度上不受环境影响的观念很快就被放弃了。

德兰尼（Delaney）听证会和监管风险评估的由来

1950—1952年，美国众议院组织了有关食品化学添加剂的一系列磋商。自1910年代以来，美国食品药品监督管理局（FDA）一直难以监管食品添加剂。截至听证会举行时，该机构估计食品加工中通常使用700多种化学物质，并认为其中大约300种具有危险性或未经测试。这些证词凸显了专家和消费者担忧食品行业的这些变化会长期影响健康。主持这些听证会的詹姆斯·德兰尼（James Delaney）对食品中某些化学物质的潜在致癌性愈加关注。

尽管美国未能坚决采取行动来解决食品中的农药残留问题，国会在1958年通过了一项禁止在加工食品中使用任何已知致癌化学物质的禁令。但是，几年后，国会批准了一项例外规定，允许动物饲料中继

[①] White 1994 (p. 1–161). 英国随后于1925年禁止甲醛、水杨酸和硼酸。French et Phillips 2000. 但是威利未能确保禁止糖精的使用，参阅：Junod 2000。

续使用致癌物。那时，合成激素的使用也受到了影响，尤其是己烯雌酚（DES）。这种合成激素在美国的农场中被大量使用以为牲畜和家禽增肥。

然而，几年后，由于采用了更精确的化学分析方法，有关部门可定期检测肉类中的己烯雌酚。美国食品药品监督管理局决定不禁止使用这种利润丰厚的产品，因此采取了新的监管框架。1973年，"关于方法的精确性"的新规定仅限于用于动物饲料这种非常有限的物质类别，以"不存在重大风险"的概念代替了"不存在残留物"的概念，并声明，只要检测方法能够确定"没有重大风险"，它就是可以被接受的方法。

根据美国食品药品监督管理局的定义，任何给定的化学物质"不存在重大风险"需要两个因素：该化学物质的效力和个体所能承受的剂量。但是，美国食品药品监督管理局还指出，随着检测技术和关于它们的知识的发展，将来与每种物质所对应的"不存在重大风险"的水平可能会降低。尽管该提案仅适用于少数几种化学品，但行业代表强烈抨击了该提案，并呼吁采用固定而非会变化的定义。美国食品药品监督管理局在1979年给出了答案："不存在重大风险"指每人患癌症的风险为百万分之一。在接下来的十年中，美国食品药品监督管理局方法和可接受的风险水平（百万分之一）成为美国法规的标准。

1950年代后期，一位美国海洋生物学家和科学作家着手编写一本有关新型合成农药破坏作用的书。1962年，蕾切尔·卡森（Rachel Carson）出版了《寂静的春天》（*Un printemps silencieux*），该书迅速成为经典。其核心是滴滴涕和其他有机氯化合物。这些产品对大多数昆虫都极为有效，而对哺乳动物的风险却很小。因此，农业界采用了这些新物质，并将它们视为替代对健康构成威胁的基于金属的农药的解决方案。

蕾切尔·卡森的工作基于这样的想法，即这些新物质在环境中的扩散以意想不到但可能会带来灾难性的方式危及人类健康。为了支持她的论点，卡森依靠毒理学的进步，尤其是威廉·休珀的工作，以及从1950年至1952年在美国国会举行的一系列听证会上收集的有关农药残留和食品添加剂的信息（请参见上方的关于德兰尼听证会的介绍）。但是卡森并不认为人体是通过不可渗透的边界与周围环境隔开的实体。相反，她认为这应该涉及系统生态学和进化生物学，认为破坏环境最终会对其居民产生不良影响：生态条件是人类健康的核心。

尽管卡森专注于农业杀虫剂，但她的书受到了广泛的关注——这表明越来越多的人认为世界已被污染。城市的扩张、工业的快速发展以及化石燃料使用的激增，正将水和空气污染变成主要问题。从1940年代初开始，"烟雾"在洛杉矶便屡见不鲜。1948年，一场比平常持续时间更长的空气污染造成19人死亡，并导致宾夕法尼亚州多诺拉市三分之一的人口患病。四年之后，伦敦烟雾事件影响超过100 000人，并带走了4 000人的生命。尽管自19世纪末以来，公共卫生专家一直对水污染表示担忧，但第二次世界大战之后这些问题仍在升级。

卡森还提到了另一个令人担忧的问题，即辐射的危险和越来越强大的核武器的发展。在第二次世界大战之后，当时美国正在持续进行核试验，核辐射成为一个令人担忧的问题。但是，直到1950年代中期发生严重事件后，其后果的危险性才引起公众注意。1954年，在太平洋的比基尼环礁上进行了一次试验——在那里，美国引爆了它的第一枚氢弹——造成了东部海域的大规模污染。受害者中有一艘日本渔船上的渔民。当渔民返回家园时，食品本身被污染的可能性引发了恐慌。超过3 000万日本人签署请愿书，要求停止核试验。美国国会宣布举行听证会，而美国科学院（l'Académie des sciences américaine）和英国医学研究委员会（le Comité de la recherche médicale britannique）开展了有关放射性健康危害的研究。① 因此，与辐射有关的风险会对人身安全的概念产生深远的影响。实际上，我们面临着一种新的、看不见的危险，该危险能够长途跋涉并隐藏在食品中。此外，已知辐射不仅会影响暴露于其下的人，还会影响胎儿。随着新一代的行动主义科学家努力传播对放射性尘埃危害的认识，整个人群逐渐意识到他们面对这些新事物时具有共同的脆弱性。

---

① Carson 1962, Whittemore 1987 (p. 505–549), Boudia 2007.

这些大规模物质的转化正在改变健康的表征，无论是专家还是未参与进来的公众。五十多年来，基于对身体的独立和不可渗透概念的理解，公共健康的思想在 1960 年代因环境污染的现实而被严重动摇。公众对生活环境及其对健康的影响的重新出现或持续存在，重新激发了要求加强对工业进行监控和进行环境改革的运动。

1960 年，美国国会组织了关于"环境卫生"的听证会。这些凸显了与核废料、空气和水污染以及在食物和工作场所中发现的化学物质有关的问题。两年后，负责审查这些问题的专家委员会批评了美国政府将人类健康与环境计划在体制上进行分离的做法，并主张对其进行彻底的改革。在 1960 年代后期，现代环境运动成为认识到污染对健康带来影响的主要政治力量。[①]

《寂静的春天》在欧洲和日本都产生了巨大的反响，表明同样的焦虑贯穿着整个工业化的世界。在所有有关国家中，仅有瑞典对农药采取了较早且有力的行动，在 1969 年就禁止了滴滴涕。与此同时，英法两国工业和政府的代表继续将农药问题描述为美国特有的问题，并声称那里的农业系统在很大程度上是工业化的，而法规则没有那么健全。[②]

显然，现代医学强调微生物和身体的不可渗透性，并将人类健康与环境分开。这使得人们对环境进行了前所未有的改变，而不认真考虑其可能对健康造成的危害。更为重要的是，专家和非专家仍然坚持医学和科学进步的传说，并指出这些新问题的发现首先证明了解决先前问题的成功。[③]

在 1960 年代中期，大规模的示威游行使各国政府经受了考验，并迫使他们采取行动应对环境污染。与欧洲国家或日本相比，美国从一开始就更加积极地处理有关污染物法规，通过了严格限制空气和水污染的措施，并要求对活动的环境影响进行评估。在寻求监管模式时，美国政府的成员参考了毒理学和职业健康的领域。1970 年，美国国会通过了《职业安全与健康法案》（la loi de la sécurité et de la santé au travail），授权劳工部制定用于监管化学暴露的标准阈限

---

① US Public Health Service 1962, Hays 1987.

② Stoll 2012.

③ 比如：US Public Health Service 1962, Hays 1987.

值。几年后，《安全饮用水法案》（la loi sur l'eau potable）（1974年）和《有毒物质控制法案》（la loi sur le contrôle des substances toxiques）（1976年）授权美国环境保护局制定监控整个环境的标准阈限值。[①] 但是，随着对这些法案的辩论和通过，对人体及其与环境的关系的表述发生了进一步的变化。

在充满化学物质的世界中，从安全到风险

用乌尔里希·贝克（Ulrich Beck）的话来说，20世纪末标志着"风险社会"的到来。[②] 贝克认为，健康和环境完整性风险的无休止扩散是资本主义现代化的产物。除了工业化带来新的威胁外，这些威胁以"风险"而不是"危险"或"疾病"的形式表现出来，这标志着政策和论点的转变。理想的"安全"承认危险物质会不可避免地渗透到人体中，但专家和主管部门仍认为存在阈限值。在这个阈限值以下，人体能够修复损伤，从而保护自己免受严重的损害。相比之下，风险的概念是基于这样的思想：安全（就像以前的"洁净"一样）是不切实际的，健康风险是现代世界中固有的，并且是不可避免的。从这个角度考虑，健康便成为一个相对的概念，即权衡彼此之间的风险以及它们与某些利益的联系所导致的状态。

"风险"是共同的语言和文化的一部分；另一方面，"风险评估"是一种官僚主义的技术，它将概念转变为环境立法的内容，其最初来自美国为规范核计划和致癌食品添加剂所做的努力。放射性和致癌化学物质是美国政府在尝试确定"安全"水平（低于该水平不会产生健康影响）时遇到的一个问题。美国政府认识到要保证没有任何危害是有问题的，并且拒绝停止生产核武器，以及拒绝停止在食品中使用化学品。美国政府因此放弃了其作为公共安全保证者的责任。

自1920年代中期以来，科学家们就知道辐射暴露具有几代人的遗传效应，

[①] Andrews 1999.
[②] Beck 1992.

无法确定任何阈值或安全性水平。它们的特征之一是只能以统计学方式进行观察,其形式为总体上突变数量的普遍增加。由于这些突变中的某些是自然发生的,因此无法确定特定的个体突变是由于辐射、暴露于化学物质,还是无论如何都会发生。此外,人口中的高风险可能在个人层面上相对较低。这种悖论使专家(尤其是核武器)仅关注个人的低风险水平,从而将威胁的重要性降至最低。至少从修辞的角度上来说,还可以将每个人遭受核辐射的危险与自然辐射、工作场所甚至开车所带来的风险进行比较。此外,美国原子能委员会(la Commission à l'énergie atomique américaine)不停地强调苏联在冷战时期对国家安全构成的威胁。美国原子能委员会还非正式地进行了成本效益分析,尽管它在当时从未公开这一做法。其结果显示,美国人因暴露于辐射而产生的健康成本,与美国核能优势所带来的不可估量的好处相比,可以得到充分的平衡。①

将健康问题视为获取更大利益所必需的风险的这种看法导致人们将由一定水平的辐射引起的健康影响视为是正常的。认识到没有安全的放射性物质,美国主要的监管机构——国家辐射防护委员会(le Comité national sur la protection contre les radiations)在不更改允许的暴露水平的情况下,以不同的名称悄悄恢复了1948年的标准。辐射的"耐受剂量"(la quantité tolérée)被重命名为"最大耐受剂量"(la quantité maximale permise)。②

在1950年代中期,有关核试验后果的危机不断发酵之际,美国食品药品监督管理局在控制食品中急剧增加的化学品时遇到了许多内部困难。某些化学品被认为具有致癌性。1958年,美国国会决定解决越来越多的担忧,即似乎没有"不存在风险"的致癌物质暴露水平。对《食品添加剂法案》(la loi sur les additifs alimentaires)的一项修订,即《德莱尼修正案》(l'amendement Delaney),通过禁止在加工食品中使用可能致癌的产品,从而呼应了"纯净"的旧原则。但是,该修正案是以相当务实的方式制定的,因为它使许多已经被普遍使用添加剂不在禁用范围内。美国是当时唯一采取这种预防措施的国家。③

---

① Whittemore 1987 (p. 135–217), Walker 2000, Boland 2002 (p. 496–617).

② Whittemore 1987 (p. 322–323).

③ Vogel 2013 (p. 34–38), FAO / WHO Expert Committee on Food Additives 1961.

然而，在已经充满化学物质的食品市场中捍卫纯净的难度变得显而易见：在接下来的20年中，美国食品药品监督管理局结束了其禁止致癌物的政策。1970年代，它基于"方法的模块化"（la modularité des méthodes）实施了一个项目，并将风险概念作为其法规的基础。这一演进在1979年达到高潮，并最终发展出了食品中致癌物"可接受风险"（le risque acceptable）的数字标准（每100万个中有1个）。通过这种方式，定量风险评估进入了消费者世界。

工业的参与者和保守的政治领导人采用这种方法作为原则，然后试图反对1960年代和1970年代之初的环境法规；他们普遍认为风险评估是将成本效益分析纳入健康和环境法规的一种手段，尽管人们普遍反对从经济角度评估人类健康的观点。法院和行政当局正试图限制相关机构的权力，并指出风险评估是环境健康的一种更"科学"的方法和框架。

一系列重大灾难激起了人们对有毒物质的关注。1976年，意大利萨浮索的依米沙（ICMESA）化工厂发生了爆炸，释放了二噁英并导致3 000多头牲畜死亡。1978年，纽约州尼亚加拉大瀑布拉夫运河（Love Canal）社区的化学废物污染事件轰动全美，揭示了美国成千上万有毒废料场的存在。一年后，宾夕法尼亚州三里岛核电站反应堆的堆芯部分融化导致14万人被疏散。在1982年，印度博帕尔的联合碳化物（Union Carbide）的工厂发生爆炸，释放出大量有毒气体。在这场今天看来仍然是世界上最严重的工业事故中，有超过3 000人丧生，500 000人受伤。

随着有毒物质成为人们关注的主要问题，定量风险评估日益受到关注。1983年，美国国家研究委员会将风险评估作为一种监管框架，用于识别危害并在多个领域中被确定为优先事项。里根政府的高层人物公开地将风险评估作为有效手段，优先对之前十年里被认为是过度的环境和健康监管进行限制。

在1990年代初期，风险的方法论在很大程度上取代了美国监管政策中的安全性概念。它们的倡导者坚持认为风险评估可以使环境政策更加科学并且受政治的影响更小，因此有人认为这样的程序无异于将政治和社会判断转变为技术决策，从而限制了公共干预。还有的观点认为，风险评估的到来标志着将市场逻辑应用于健康和身体领域的胜利。该方法在美国内部得到认可，并且，由于美国已融入国际贸易协定，因此将其推广到美国的主要合作伙伴成为可能。但是，这种政治和专业变革从未得到称赞，也从未被公开辩论过。在美国和世界各地，大多数人仍然期望政府能够保护他们免受污染环境的危害。在监管者、坚持"微不足道的"风险想法的科学家以及要求具有更高安全性和预防性的团体之间存在的诸多争议中，这一分歧变得显而易见。

结论

因此，"环境卫生"一词是 20 世纪和工业化世界的产物。它指出了身体与生态之间以及它们永存的联系之间的知识上的分隔。但是如何理解这些联系的问题仍然是引起争议的根源。20 世纪初的监管体系是建立在双重观念的基础上的，即身体相对的不可渗透性，以及对环境健康的威胁在数量上是有限的，而且彼此之间并没有多少联系。当人们清楚地知道数百种污染物正在进入人体并且环境中存在成千上万种污染物时，监管机构便面临着不可能完成的任务。公众在呼吁安全时，制造商宣称只有最危险的化学制品才有必要进行直接管制，并且前提是这种化学制品必须大量存在。但是，科学工作正在积累，并摧毁了这一主张的基础。暴露于低剂量下也可能会对人体造成重大影响。这些影响可以在人的一生中产生协同作用并不断累加。在大多数情况下，暴露的次数和水平比预期的要高得多。

因此，那些对发展核能和化学工业怀有最大兴趣的人试图将法规转移到更具适应性的解决方案上。例如，在平衡成本（或风险）与所谓收益之间的系统就是这种情况。我们今天所处的"风险社会"不仅是一个充满工业资本主义带来的危险的世界，而且，在这个世界中，我们大多数人都开始首选以经济计算方式来了解我们以及我们孩子的健康状况。

琳达·纳什（Linda Nash）撰；克拉拉·布勒托译

参考文献

Aftalion Fred, 1991, *A History of the International Chemical Industry*, Philadelphie(PA), University of Pennsylvania Press.

Andrews Richard N.L., 1999, *Managing the Environment, Managing Ourselves: A History of American Environmental Policy*, New Haven (CT), Yale University Press.

Beck Ulrich, 2008 [1992], *La Société des risques*, Flammarion.

Boland Joseph B., 2002, *The Cold War Legacy of Regulatory Risk Analysis: The Atomic Energy Commission and Radiation Safety*, Ph.D., University of Oregon.

Boudia Soraya, 2007, Global Regulation: Controlling and Accepting Radioactivity Risks, *History and Technology*, vol. 23, n°4, décembre, p. 389−406.

Carson Rachel, 2014 [1962], *Printemps silencieux*, Wildproject Éditions.

Cioc Mark, 2002, *The Rhine: An Eco-Biography (1815—2000)*, Seattle (WA), University of Washington Press.

Corn Jaqueline, 1992, *Response to Occupational Health Hazards: A Historical Perspective*, New York, Van Nostrand Reinhold.

Dessaux Pierre-Antoine, 2007, Chemical Expertise and Food Market Regulation in Belle Époque France, *History and Technology*, vol. 23, n°4, décembre, p.351−368.

FAO / WHO Expert Committee on Food Additives, 1961, *Evaluation of the Carcinogenic Hazards of Food Additives*, Genève, World Health Organization.

French Michael et Phillips Jim, 2000, *Cheated Not Poisoned? Food Regulation in the United Kingdom (1875—1938)*, Manchester, Manchester University Press.

Grant Madeleine P., 1967, *Alice Hamilton: Pioneer Doctor in Industrial Medicine*, Londres, Abelard-Schuman.

Halliday E.C., 1961, *A Historical Review of Atmospheric Pollution*, World Health Organization, Monograph Series n°46.

Hamilton Alice, 1943, *Exploring the Dangerous Trades: The Autobiography of Alice Hamilton, M.D.*, Boston (MA), Little, Brown & Company.

Hardy Anne, 1993, *The Epidemic Streets: Infectious Disease and the Rise of Preventive Medicine (1856—1900)*, Oxford, Oxford University Press.

Hays Samuel P., 1987, *Beauty, Health, and Permanence: Environmental Politics in the United States (1955—1985)*, New York, Cambridge University Press.

Hueper Wilhelm C., 1938, Cancer of the Urinary Bladder in Workers of Chemical Dye Factories and Dyeing Establishments, *Journal of Industrial Hygiene*, vol. 16, n°4.

Junod Suzanne W., 2000, Food Standards in the United States: The Case of the Peanut Butter and Jelly Sandwich, *in* David F. Smith et Jim Phillips (dir.), *Food, Science, Policy, and Regulation in the Twentieth Century: International and Comparative Perspectives*, New York, Routledge, p. 167-188.

Kraut Alan M., 1994, *Silent Travelers: Germs, Genes, and the Immigrant Menace*, New York, NY, BasicBooks.

Leavitt Judith W., 1996, *Typhoid Mary: Captive to the Public's Health*, Boston (MA), Beacon Press.

Markowitz Gerald et Rosner David, 2013, *Lead Wars: The Politics of Science and the Fate of America's Children*, Berkeley (CA), University of California Press.

Meikle Jeffrey L., 1995, *American Plastic: A Cultural History*, New Brunswick (NJ), Rutgers University Press.

Melosi Martin, 1980, *Pollution and Reform in American Cities (1870—1930)*, Austin(TX), University of Texas Press.

Morris David J. et Ahmed Irshad, 1992, *The Carbohydrate Economy: Making Chemicals and Industrial Materials from Plant Matter*, Washington (DC), Institute for Local Self-Reliance.

Mosley Stephen, 2001, *The Chimney of the World: A History of Smoke Pollution in Victorian and Edwardian Manchester*, Cambridge, White Horse Press.

Nash Linda, 2006, *Inescapable Ecologies: A History of Environment, Disease, and Knowledge*, Berkeley (CA), University of California Press.

— 2008, Purity and Danger: Historical Reflections on the Regulation of Environmental Pollutants, *Environmental History*, vol. 13, no 4, octobre, p. 651-658.

Oliver Thomas, 1902, *Dangerous Trades: The Historical, Social, and Legal Aspects of Industrial Occupations as Affecting Health, by a Number of Experts*, Londres, J. Murray.

Pirkle J.L. *et al.*, 1994, The Decline in Blood Lead Levels in the United States: The National Health and Nutrition Examination Surveys (NHANES), *JAMA: The Journal of the American Medical Association*, vol. 272, n° 44, 27 juillet, p. 284-291.

Platt Harold L., 2005, *Shock Cities: The Environmental Transformation and Reform of Manchester and Chicago*, Chicago (IL), University of Chicago Press.

Proctor Robert, 1995, *Cancer Wars: How Politics Shapes What We Know and Don't Know about Cancer*, New York, Basic Books.

Renfrew Daniel E., 2012, New Hazards and Old Disease: Lead Contamination and the Uruguayan Battery Industry, *in* Christopher Sellers et Joseph Melling (dir.), *Dangerous Trade:*

Histories of Industrial Hazard across a Globalizing World, Philadelphie (PA), Temple University Press, p. 99-112.

Rosen George, 1958, *A History of Public Health*, New York, MD Publications.

Sellers Christopher C., 1997*a*, *Hazards of the Job: From Industrial Disease to Environmental Health Science*, Chapel Hill (NC), University of North Carolina Press.

— 1997*b*, Discovering Environmental Cancer: Wilhelm Hueper, Post-World War II Epidemiology, and the Vanishing Clinician's Eye, *American Journal of Public Health*, vol. 87, novembre, p. 1824-1835.

Shah Nayan, 2001, *Contagious Divides: Epidemics and Race in San Francisco's Chinatown*, Berkeley (CA), University of California Press.

Spitz Peter H., 1988, *Petrochemicals: The Rise of an Industry*, New York, Wiley.

Stoll Mark, 2012, Rachel Carson's *Silent Spring:* A Book That Changed the World, <http://www.environmentandsociety.org/exhibitions/silent-spring/overview >.

Sturdy Steve, 1988, Biology as Social Theory: John Scott Haldane and Physiological Regulation, *The British Journal for the History of Science*, vol. 21, p. 315-340.

Tarr Joel A., 1996, *The Search for the Ultimate Sink Urban Pollution in Historical Perspective*, Akron (OH), University of Akron Press.

Tomes Nancy, 1998, *The Gospel of Germs: Men, Women, and the Microbe in American Life*, Cambridge (MA), Harvard University Press.

US Public Health Service, 1962, *Report of the Committee on Environmental Health Problems*, Washington (DC), Government Printing Office.

Vogel Sarah A., 2013, *Is It Safe ? BPA and the Struggle to Define the Safety of Chemicals*, Berkeley (CA), University of California Press.

Walker J. Samuel, 2000, *Permissible Dose: A History of Radiation Protection in the Twentieth Century*, Berkeley (CA), University of California Press.

Warren Christian, 2000, *Brush with Death: A Social History of Lead Poisoning*, Baltimore (MD), Johns Hopkins University Press.

White Suzanne R., 1994, *Chemistry and Controversy: Regulating the Use of Chemicals in Foods (1883—1959)*, Ph.D., Emory University.

Whittemore Gilbert Franklin, 1987, *The National Committee on Radiation Protection (1928—1960): From Professional Guidelines to Government Regulation*, Ph.D., Harvard University.

Whorton James C., 1975, *Before Silent Spring: Pesticides and Public Health in Pre-DDT America*, Princeton (NJ), Princeton University Press.

从 1952 年到 1957 年,拉斯维加斯市举办了选美比赛,获胜者被称为原子弹小姐(Miss Atomic Bomb)。这张原子弹小姐的照片是 1957 年 5 月由唐·英格利希(Don English)拍摄的。

第八章

图片中的原子世纪

20世纪是原子的世纪。从电子到希格斯玻色子，从贝克勒尔（Becquerel）到切尔诺贝利，从弗雷德里克·约里奥－居里（Frédéric Joliot-Curie）的实验室到伊朗的离心机，再到曼哈顿计划和欧洲核子研究中心、哈萨克斯坦和尼日尔的铀矿、核潜艇或放射性同位素的医学用途，原子和原子能已成为科学、技术、工业、军事和政治等越来越相互依存的领域的主要问题。除了原子之外，没有其他物体可能更适合于说明科学在20世纪的巨变及其当代遗产中的地位：世界大战、大科学的到来、工业事故和污染、全球化以及能源政策。

这段历史的每一个分支都产生了特征鲜明的图像，并且往往引人注目。我们是否想到玻尔的原子模型或蘑菇云；核电厂冷却塔的双曲面结构或由氙原子（纳米科学的象征）组成的IBM徽标。这些视觉主题贯穿了我们的集体文化。每个事件都来自一个特定的历史背景和一系列可识别的事件，但是通过它们的重复、复制和传播，它们最终扎根并滋养了20世纪技性科学的想象力。

我想在这里明确的是，我们不应该将文化理解为一组对象（传统的艺术、文学或建筑作品），而是一个动态的过程、个人和群体通过这些过程来创造意义，包括被描述为流行文化的内容。在这种观念下，文化不是一方面产生，另一方面是消费，而是个体彼此之间以及与物体、图像和文本互动的结果。它被制造和表达，同时，它也定义了我们对这些图像和文字的构思，感知和谈论它们的方式，以及我们展现它们的方式。文化在个人和集体身份的发展中都起着作用。在这里，权力关系得以表达、挑战和转变。因此，科学文化史对科学和文化这两个构成对象之间的相互交流（例如科幻小说或电影对科学的评论方式）的兴趣较小，而着重于这两个实体之间的相互塑造，更重要的是，科学活动对世界和社会共同观念和实践发展的贡献。[1]

文化史认为这些概念和实践位于时间与空间中。因此，即使我们可以假设人类感知的生理学范围是相对稳定的，我们也对被描述为历史上存在的现象的嗅觉或注视感兴趣。[2] 因此，视觉文化的历史包括对美学标准的研究、制作图像的技术和表现的惯例（例如透视图），还有感知理论以及在给定的背景中图像状态和功能的特定概念。[3]

如果图像和视觉实践一直在发挥作用，那么20世纪的特征是媒体革命。得益于可视化、记录和复制的新技术，印刷品中的图像数量呈指数增长。同时，广播和接收图像和声音的技术，如电视、电影、录像和后来的互联网，得到发展和传播。在不否认书面和口头语言具有持久重要性的情况下，图像和视觉技术的这种泛滥使得如果不考虑这些文化和与之相关的视觉文化，就很难对20世纪的文化表现形式进行研究（从集体想象的意义上来说）。我在这里提出研究的切入点：一方面遵循原子与原子能历史的混合线索，另一方面遵循技术和视觉媒体的历史，这两者体现了20世纪的特殊性。

原子的科学可视化

原子在心态史上显然是自相矛盾的，因为它在定义上是不可见的——人们对它的真实性已经争论了很长时间。直到20世纪初，原子才可以通过与科学

---

[1] 关于文化史的介绍，可参阅：Ory 2007, Poirrier 2010, Burke 2008。
[2] 关于嗅觉，可参阅：Corbin 1982；关于注视感，可参阅的开创性研究有：Baxandall 1972, Alpers 1983, Crary 1992。
[3] 关于视觉文化的研究，可参阅：Mirzoeff 1995, Sturken et Cartwright 2001, Kromm et Benforado Bakewell 2010。

和实践上发生剧变相关的新工具来进行研究与探索。这些深刻的变化适用于物质和生物，涉及物理学、化学和生物学，后来又涉及材料科学和纳米科学。①原子的科学图像与之相关，并反映了这些发展。当它们创造的视觉世界就像召唤它们的理论和工具一样新颖时，它们便进入到所谓的现代性之中；但反过来说，当这些图像通过唤起古老的图像学传统而破坏了产生它们的理论和工具的新颖性时，也是如此。像任何图像一样，科学图像绝不是现实的简单反映。

持久的影像：原子-球

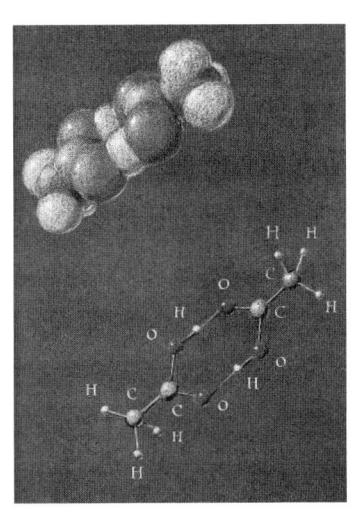

图1　分子模型图（此处为乙酸）

原子的图像（最古老和最广泛）以球形形式表示，例如在分子模型中（本卷图1）。②这些模型，三维实体或最近以数值模拟的形式是用于思考化学转化的启发性和教育性工具。它们物化了涉及视觉想象力的虚拟操作的实践，以此作为通过实验提供的数据来概念化难以接近的分子机制的方法。③这些模型的起源可在传播、科学教育以及研究中找到：此类化学模型的首批模型之一是化学家威廉·奥格斯特·冯·霍夫曼（Wilhelm August von Hofmann）于1865年用木棍和棒球制成的，其用途是在伦敦皇家学会的一次公开演讲中进行展示。④

莱纳斯·鲍林（Linus Pauling）与艺术家罗杰·海沃德（Roger Hayward）于1964年合作创作的这些图像显示了鲍林对科学可视化的美学意义的极大兴

---

① 关于这些技术对化学的影响，可参阅：Morris 2002, Reinhardt 2006；对生物的影响可参阅：Rasmussen 1997, Chadarevian et Kamminga 1998。
② Lüthy 2003.
③ Rocke 2010.
④ Meinel 2004.

趣。上面是鲍林与罗伯特·科里（Robert Corey）和沃尔特·科尔通（Walter Koltun）发明的 CPK（Corey, Pauling, Koltun）模型的示例。该模型可以表示每个原子所占据的空间，这是通过结晶学测量获得的信息。该模型是霍夫曼类型的经典模型（图像底部）的变体。霍夫曼建立的惯例一直沿用至今，就像用颜色表示元素，例如，用红色表示氧气。这些模型可以由专业公司以套件形式出售的标准元件组装而成，也可以使用特定软件进行虚拟操纵。

在这些模型中，原子以常规方式被表现出来。其与 20 世纪发展起来的原子实验可视化的表现形式具有惊人的相似性。在 1980 年代，近场显微镜刺激了纳米科学和纳米技术的发展（本卷图 2）。诸如隧道显微镜和原子力显微镜之类的仪器可以在精准确定的条件下以纳米级别观测甚至操纵金属表面。虽然这些仪器产生的数字数据可以通过多种方式成像，但它最终采用了一种符合原子球图像惯例的表现方式。[1]

我们从这些图像和评论中可以发现，它们唤起了人们获得"原子分辨率圣杯"（le saint Graal de la résolution atomique）的希望。这种希望在 20 世纪初就已经出现，即无限地提高光学显微镜的分辨率，直到我们最终能够看到原子为止。[2] 这在物理上是不可能的，并且近场显微镜的工作原理与光学显微镜完全不同。但是，在使用术语"显微镜"来描述这些仪器时，这种想法仍然存在。纳米科学的流行表述还表明，原子世界与我们的世界之间有着令人疑惑的可公度性（la commensurabilité trompeuse），这与微观技术的不断进步相对应，这使我们能够在更遥远的维度上进行"变焦"，就像 1968 年查尔斯（Charles）和雷·埃姆斯（Ray Eames）制作的著名电影《十的力量》（Powers of Ten）。[3]

此外，例如，当我们相信我们能感知到由代表单个原子的小丘所投射的阴影时，我们可以在某些纳米形貌中看到遵循宏观的表现方法（包括摄影方法）

---

[1] Hennig 2011 (p. 221–276). 关于纳米科学中的可视化问题，同样可参阅：Baird et al. 2004, Mody et Lynch 2010.

[2] Hessenbruch 2004 (p. 137).

[3] 这部电影及其后的版本在 1977 年受到博克（Boeke）在 1957 年电影的启发，参阅：Pratschke 2009. 关于科幻小说在当代纳米科学的论述中的地位，参阅：Milburn 2008.

的情况。但是摄影技术在这里没有发挥作用,是软件将数字数据转换为了可视的图像。① 通过这个例子,我们能够发现,不可见者永远不会完全的不可见:在对其进行可视化时,它不仅已经由其物理特性、其背后的理论和成像技术的限制进行了部分定义,而且,甚至在最科学的环境下,它还可以通过它所引起的期望、视觉习惯和它激发的想象来定义。②

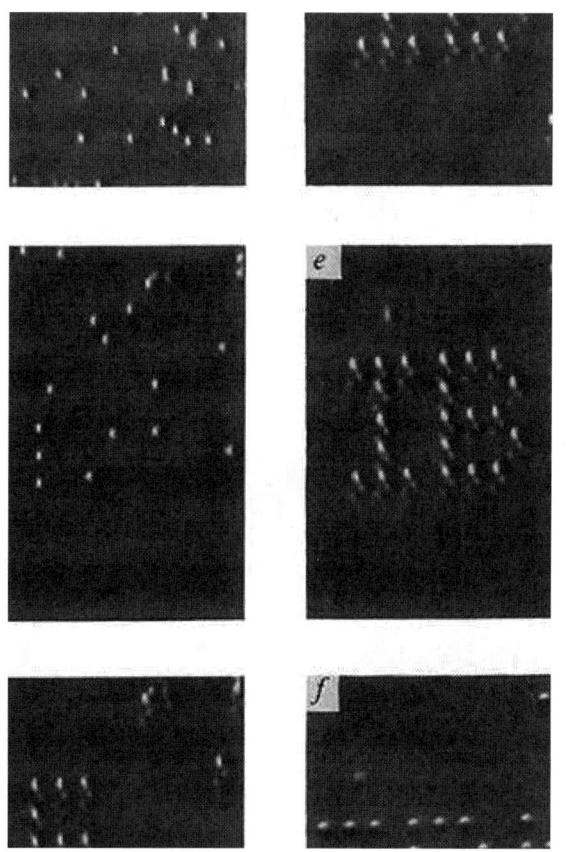

图2　在镍(110)表面上构造氙原子排列期间拍摄的一系列扫描隧道显微镜(STM)图像

---

① Hennig 2001 (p. 221–276).
② Geimer 2010 (p. 21).

以上是新兴的纳米科学最著名的图像之一，由隧道显微镜的先驱唐·艾格勒（Don Eigler）和埃哈德·施魏策尔（Erhard Schweizer）于1990年发表在《自然》（*Nature*）杂志上。按照约亨·亨尼希的建议，他们在使仪器提供的数据实现可视化的不同方式中，最终采用了类似的铜板照相的原则。我们可以将这一选择解释为对照相技术历史重要性的致敬。正是因为这一技术的存在，人们才能识别20世纪物理学中肉眼不可见的实体。而单个原子以小球形状呈现则呼应了更古老的图像学传统。这一系列图像在视觉和实验上证明了人们可以原子级别上操纵物质的可能性。这张图片上刻有计算机界巨头IBM的徽标，这幅图像还揭示了私营企业在科学技术研究及其与公众的交流中的重要作用：也是在IBM的帮助下，查尔斯和雷·埃姆斯完成了他们的教学电影《十的力量》。

在这些想象中，我们必须包含原子球的图像。其持久性表明存在一种图像学逻辑，而这种图像学逻辑独立于概念的历史演变。这即构成了物质，同时也被"原子"一词所涵盖。

亚原子世界的图像印记

摄影在整个20世纪对亚原子世界的研究和可视化中起着至关重要的作用。同时，摄影制版复制技术的发展使这些图像在印刷品中得到了前所未有的扩散，如同X射线那种媒体现象级的科学发现，其影响远远超出了科学界。确实，20世纪之交揭示了一个新世界的存在，该世界充满了粒子和射线，这要归功于基于新的电磁物质理论的设备：盖革计数器或发光屏，其咔嗒声和闪烁声使得记录粒子和电离射线的通过成为可能，而雾化室的快速膨胀则展现出亚原子粒子的轨迹。但是，我们决不能忘记摄影技术所起到的媒介的作用。根据模拟摄影的概念（这被看作是真正的"科学家的视网膜"[①]）人们记录下这些仪器

[①] 该表述来自天体物理学家朱尔·让森（Jules Janssen），参阅：Gunthert 2000. 关于19世纪有关摄影的历史论述，参阅：Brunet 2000。

所揭示的现象,而感光乳剂也确实为20世纪原子物理和核物理实验可视化提供了主要支持(本卷图3)。

正如亨利·贝克勒尔于1896年通过摄影发现放射性所展现的那样,照片既显现出图像,又是研究手段,还是新的辐射的有形证据。① 它们都是表现和研究的工具:感光乳剂的变化特别难以掌握,并且直到20世纪末在粒子物理学领域仍是研究的主题。② 这些照片的外观迅速变得均匀,形成了一组新的实验图像,这些图像继而促进了新原子模型的发展;从玻尔的行星原子模型开始,另一种视觉图标尽管在1920年代受到物理学家的质疑,却仍在继续传播,例如国际原子能机构的徽标。③

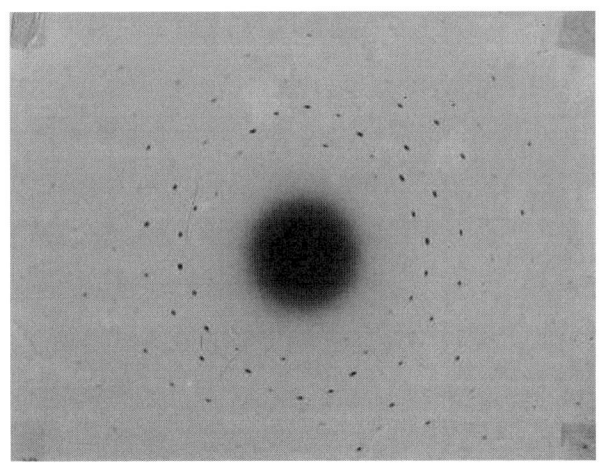

图3　马克思·冯·劳厄(Max von Laue)的X射线衍射照片

感光乳剂为探测和研究20世纪初发现的新辐射和新粒子提供了主要的支持。1912年,物理学家马克思·冯·劳厄将摄影作为一种工具来阐明X射线的本质,来知晓它们到底是微粒的还是波动的。产生的图像构成了这些实验的痕迹,也证明了X射线衍射是有可能的。这些原始照片由物理学家冯·劳

---

① 参阅: Wilder 2009.

② Galison 1997 (chap. 2 et 3).

③ Schirrmacher 2010.

厄在1913年索尔维会议（Congrès Solvay）期间展示，然后粘贴到会议的报告中，作为有力证据证明了他在这一发现中的优先地位。当人们用X射线衍射来研究晶体的结构时，这种类型的摄影就具有了完全不同的功能。人们通过测量照片以获得三维结构。借助这些测量，我们可以构建诸如鲍林提出的那种模型。

这些照片还在学术和大众报纸上广泛散布：发现X射线在20世纪对媒体的影响仅有1945年宣布原子弹爆炸时才能与之相提并论。① 这种传播是通过1890年代开始采用的摄影制版的复制技术而得以实现的。与手动雕刻相比，它们更便宜且更有效，它们有助于在科学和非科学媒体出版高质量和大尺寸的图像。反过来，它们有助于增强公众心目中对摄影图像的权威性的认可和"机械客观性"的理想，同时有助于科学事实的客观性。②

但是原子物理学的照片通过无限的复制和循环成了在视觉共同点意义上的照片。它们特有的美学在许多领域都适用，包括现代艺术摄影，而报纸上的广告则突出了放射性物质的磷光现象或其所谓的治疗特性。这些（亚）原子世界的图像与1900年左右更普遍的，对不可见事物的视觉化的关注有关，是渗透到科学、艺术、文学和新兴电影中的对现实的新认识。③ 从出现照相技术开始，人们就将摄影想象为揭示不可见物体的一种手段。摄影将成为其"媒介及其范式的话语"。④

更加务实的是，摄影将在整个20世纪中继续成为将肉眼看不见的辐射可视化的一种优先手段：在电子剂量计出现之前，通常是感光乳剂测量一个人（研究人员、医生或正在接受放射治疗的患者）所暴露的电离辐射的剂量。感光乳剂对放射性的敏感性在检测受控较少的放射性排放中也起到了作用：在1945年，伊士曼柯达公司（Eastman Kodak Company）一家工厂的员工竟

---

① Badash 1979 (p. 9).
② Hüppauf et Weingart 2008 (p. 11), Daston et Galison 2007.
③ 对于科学，可参阅：Sibum 2008。对于艺术，可参阅：Henderson 1988。
④ Scholz et Griem 2010 (p. 8).

然知晓了人类历史上第一次秘密核试验：从印第安纳州一家工厂生产的包装使得他们生产的胶片产生蒙翳。这些包装被在新墨西哥州进行的核试验所污染。1979 年，为了评估三里岛核电站事故的严重性，专家在约 10 千米的商店中调取库存的 Kodacolor 400 胶片以进行分析。[①] 1986 年 4 月 26 日切尔诺贝利核电站发生灾难性事故的第一组照片更加令人心碎，因为强烈的放射性是可见的。当它照射到图像中"清理者"的躯体时，它把自己刻在了摄影胶片上，扭曲了颜色，甚至烧毁了胶片。

展现或不展现原子能：一项政治事务

原子时代和大众媒体的时代

随着 20 世纪中叶核物理学的兴起以及核裂变技术的应用，与上文提到的性质完全不同的新图像学出现了。其并不侧重于原子作为一个科学对象的可视化，而是侧重于核技术。这些首先证明了伴随着曼哈顿计划出现的大科学，即由军方资金资助的大规模技性科学研究。另一方面，它们也同样见证了原子弹和核反应堆在相互依存的军事、地缘战略、工业、能源以及环境领域中，在国家和国际层面上都面临着新的挑战。

这些图像也是 20 世纪下半叶新媒体出现导致的结果。自 20 世纪初以来，照片制造和打印技术的不断发展，使印刷的图像在数量、质量（包括颜色）和面积上不断增加；在接下来的几十年中，电影院加入广播、电视和视频等新的通信技术之中。此外，这些技术经常受到军事研究所涉及的技性科学的影响，例如美国广播公司（Radio Corporation of America）。这些技术共同被称为大众媒体，它们加速了图像的传播，扩大了受众，并达到了一种全球规模。

从严格意义上讲，原子时代的概念定义了 1945 年在新墨西哥州沙漠进行的首次原子弹爆炸试验所带来的新的世界秩序。但是，原子弹的后果不仅是军

---

① Webb 1949, Shuping 1981；参阅：Bigg et Hennig 2009。

事和政治问题，而是关系到整个社会。特别是（但不仅是）在美国，原子时代与新闻、文学、视听，博物馆学的丰富生产密不可分。与开发核技性科学主题有关的希望和恐惧，从正式竞选活动到流行文化的表达与宣传片［如《卧倒藏好》(Duck and Cover) 和斯坦利·库布里克（Stanley Kubrick）的《奇爱博士》(Doctor Strangelove)］，从科幻小说到以销售私人核防空洞为代表的市场和反核活动。①

与之相关的图像被视为对这一时代的总结：1957 年在拉斯维加斯加冕的原子弹爆炸小姐的照片（请参阅章节开头的图像），被史密森学会（la Smithsonian Institution）认为是 1950 年代的标志性图像。当然，这是对于美国来说的。鉴于显而易见的原因，在日本或德国，原子弹的含义在很大程度上是负面的，对美国人而言，蘑菇云，一个装饰着舞者的紧身衣、邮票和口香糖包装的图像，已经融合进第二次世界大战的胜利和随之而来的经济繁荣之中。拉斯维加斯和内华达州核试验场的地理位置相接近，有利于这种混合风格。赌场和原子弹爆炸时的壮观景象成为这座城市的旅游特色。②

在拉斯维加斯，1951 年以来，人们可以在距离内华达州试验场不足 100 千米的地方观看核试验。原子弹被纳入战后这座娱乐城市发展的大众文化中，尤其还组织了"原子弹小姐"的竞赛。正如格哈德·保罗（Gerhard Paul）所指出的那样，这张照片的成功还归功于其构图：以仰视的角度拍摄，这位姑娘似乎像蘑菇云一样具有纪念意义。蘑菇云的标志性形状是棉质的，以适应女性的身材，并与自然云融为一体。通过这种类型的图像，原子弹还被赋予了性含义。恰在此时，因美军在马绍尔群岛的环礁进行了十字路口行动（Operation Crossroads）的核试验，而出现了"性炸弹"或"比基尼"一词。

根据第一批研究原子能文化的历史学家的说法，原子弹已成为"康德观点下，存在的一种类别，如空间和时间，是我们思维结构的一部分，它决定了我

---

① 关于美国的核文化，在许多其他类型的图书中，可参阅：Weart 2012. 对于一种跨国的观点，可参阅：Van Lente 2012, Kargon et Low 2003。
② Hales 1991, Bexte 2005.

们所有感知的形式和含义"。① 人类彻底消灭人类的可能性、无限和几乎免费的能源也许震动了公民与国家以及社会与自然的关系。

在美国，大量照片和电影被作为原子测试的官方纪录片的一部分。这些照片展示了活动见证人的身影，他们也成了景观的一部分，即使这一时刻实际上是比较难以忍受的。如果蘑菇云在美国背景下成为原子弹的象征，那么在日本，"光亮刺眼的爆炸"（pika-don）就可以总结出这一点：在人们面前发出如此强烈的光的闪电，其亮到只能用比喻的方式来展现。制造特定的感光乳剂还需要大量研究，以使爆炸能够被照相而不会造成无法弥补的过度曝光。尽管受到严格的审查，但在美国以及在太平洋和其他地区，核试验对目睹它的人的健康造成的可怕影响将很快突显出来。

在这些原子能文化的结晶中，图像首先通过其可见性问题而处于中心位置；正如我们在上面所看到的，它不是一个技术和科学问题，而是一个政治问题：与原子能有关的图像的生产和控制是公共政策的核心，旨在首先保证军事秘密，同时也塑造现代公民。

审查与宣传

在 1945 年至 1963 年之间，美国在露天进行了 126 次核试验。它们产生了大量的官方摄影和电影作品（本卷图 4），这表明政府也需要大观景的视觉影响力。好莱坞成立了一个秘密电影制片厂，即"瞭望山"制片厂（Lookout Mountain Studio），以为科学目的记录爆炸，特别是为了对爆炸冲击的研究。② 该程序引发了众多技术创新，从超高速电子摄像机到以难以察觉的速度捕获发光强度现象和放射性的核子乳剂。它有助于激发大众的想象力，例如，通过新的媒体图片［例如《生活》（Life），《时代周刊》（Time）］来让蘑菇云的新视觉印象深入人心，此外还可以创造古怪的新图像，例如，当时哈罗德·艾格顿（Harold Edgerton）用他的高速相机（la caméra

---

① Boyer 1991 (p. xix–xx).

② Kuran 2006.

rapatronique）制作的图像。①

图 4　安东尼·欧莱特（Anthony J. Ouellette），民众与原子弹测试（内华达州，1955 年）

然而，很少有图像可以被看到，它们大部分消失于机密档案之中。② 在第二次世界大战期间及战后，美国对原子弹的研究和开发必须遵守军事保密规定。不过，原子弹生产中涉及的许多设备都已获得专利并得到公开了。③ 与媒体呈现出的美国核试验的图像相反，直到 1952 年，第一批核爆炸受害者的照片才得以发布。美国在长崎和广岛上空拍摄的蘑菇云照片被立即发布出来，但爆炸对城市和人口影响的图像到 1970 年（彩色胶片则为 1980 年）依然受到管控。④ 这种重要图像和媒体的记录与日本的情况形成鲜明对比。日本自 1941 年以来一直严格控制摄影摄像。广岛被轰炸的当天仅有五张地面照片，长崎则

---

① Elkins 2003.
② 参阅 Kuran 2006 和他电影：《原子制片人：好莱坞的绝密电影工作室》[*The Atomic Filmmakers: Hollywood's Secret Film Studio*（1998）]。这些照片也由其他作者分享，以及这些试验的许多目击者和参与者，他们现在经常生病。参阅：Gallagher et Schneider 1993，该书的作者找到了幸存者并给他们拍了照。
③ Wellerstein 2008.
④ Paul 2006.

一张都没有。①

1953 年 12 月，由德怀特·艾森豪威尔领导的美国政府发起了"原子用于和平"计划（l'Atome pour la paix），以促进核研究在医学、工业和能源领域的和平应用。在冷战和非殖民化的新国际背景下，美国政府已将核技术作为外交政策的手段加以推广。② 该计划包括一系列媒体倡议，并在许多国家进行展览。1955 年，在一次关于和平利用核能的国际会议上，一个核反应堆通过飞机从美国橡树岭运到了瑞士日内瓦，并在联合国总部附近重新组装。参观者被邀请使用操纵杆激活反应堆，以表明该技术的安全性。同时，人们使用海报、讲座、课程、模型来说明设备的技术细节。像整个"原子用于和平"的宣传装置一样，这次展览可以理解为主要利用视觉手段以教育各国人民或至少他们的代表了解"和平利用核能"是一种有望获得物质进步和美国式生活（American way of life）的技术解决方案。③

美国作为核超级大国，伴随着旨在永久性动员人口的民防战略，对公民开展心理教育，让人们在面对普遍存在的核战争威胁时能淡定自若。媒体、电视、广播、电影院，通过反复的演习，甚至模拟一次核袭击，以及大量的"灾难电影"，使核危险常态化的同时，有助于制造一种特殊形式的恐惧。因此，在第二次世界大战之后的几十年中，在美国和其他地区，核图像在秘密、安全、技性科学与国家认同之间关系的重新配置中起着至关重要的作用。④

结论：从核文化到地球的新表现

1960 年代末，出现了一种新形式的环境行动主义，这在很大程度上归功于反核运动。在英国，核裁军运动催生了一种脆弱而相互依存的地球环境概

---

① Lucken 2008.
② Krige 2008.
③ Krige 2010.
④ Masco 2006, Masco 2008, Weart 2012. 对于英国对核文化的处理与国家认同，可参阅：Welsh 2003；法国的情况可参阅：Hecht 1998；非洲的情况可参阅：Hecht 2012。

念。这种环境首先受到核战争的威胁，然后更普遍地受到各种污染的威胁，包括核反应堆的放射性泄漏。正是通过这种方式，自然的"生态中心主义"（écocentrique）的概念得以传播。现在人们认为后者不是与人类社会截然不同的领域，而是人类充分参与其中且不可避免地会造成退化的环境。①

由于冷战期间美国机构发起了大型的科学、军事和工业研究项目，这些新的表述也与对地球的科学重新概念化产生了共鸣。地球系统的科学——是地理学、地质学、地球物理学、大气科学乃至地形学和制图学机构战后不间断被动员的产物，结合了地理定位和探测技术在全球范围内的发展，尤其是通过飞机和卫星。②对全球进行监测的军事需求有助于对地球作为一个有限的环境从科学上进行理解，并在全球范围内研究其各个部分的相互作用。这一新概念通过一系列引人入胜的话语和视觉作品出现在媒体上，其中也包括对航天器的隐喻——地球、宇航员从月球上拍摄的地球的照片，或者后来的臭氧层空洞的图像。因此，它与同时期征服太空引起的视角变化是不能被分开看待的。③

在20世纪最后的几十年里出现的这些新的关于地球的表征中，原子或原子能表现得并不鲜明，但是，它们与第二次世界大战之后的核文化又是密不可分的。

夏洛特·比格（Charlotte Bigg）④ 撰

---

① Burkett 2012. 关于在美国，原子能委员会、生态科学和环保主义的关系，可参阅：Rothschild 2013。
② Cloud 2001, Gordin 2009 (p. 285-307).
③ Grevsmühl 2014.
④ 我感谢约亨·亨尼希（Jochen Hennig）能允许我在这里继续进行一些分析工作。该分析工作是围绕原子图像的联合项目的一部分，其中包括在柏林洪堡大学的研讨会（2006年）和慕尼黑德意志博物馆的展览（Atombilder. Strategien der Sichtbarmachung im 20. Jahrhundert, 2007—2008）以及一本专著（Bigg et Hennig 2009）。

参考文献

Alpers Svetlana, 1983, *The Art of Describing: Dutch Art in the Seventeenth Century*, Chicago (IL), University of Chicago Press.

Badash Lawrence, 1979, *Radioactivity in America: Growth and Decay of a Science*, Baltimore (MD), Johns Hopkins University Press.

Baird Davis, Nordmann Alfred et Schummer Joachim (dir.), 2004, *Discovering the Nanoscale*, Amsterdam, IOS Press.

Baxandall Michael, 1972, *Painting and Experience in Fifteenth-Century Italy: A Primer in the Social History of Pictorial Style*, Oxford, Oxford University Press.

Bensaude-Vincent Bernadette et Simon Jonathan, 2008, *Chemistry: The Impure Science*, Londres, Imperial College Press.

Bexte Peter, 2005, Wolken über Las Vegas, *Archiv für Mediengeschichte*, n° 5, p. 131-137.

Bigg Charlotte, 2008, Evident Atoms: Visuality in Jean Perrin's Brownian Motion Research, *Studies in the History and Philosophy of Science*, vol. 39, p. 312-322.

Bigg Charlotte et Hennig Jochen (dir.), 2009, Spuren des Unsichtbaren. Fotografiemacht Radioaktivität sichtbar, *in* Charlotte Bigg et Jochen Hennig, *Atombilder. Ikonografie des Atoms in Wissenschaft und Öffentlichkeit des 20. Jahrhunderts*, Göttingen, Wallstein, p. 31-36.

Boeke Kees, 1957, *Cosmic View: The Universe in 40 Jumps*, New York, J. Day.

Boyer Paul S., 1985, *By the Bomb's Early Light: American Thought and Culture at the Dawn of the Atomic Age*, New York, Pantheon.

Brunet François, 2000, *La Naissance de l'idée de photographie*, Paris, PUF.

Buchwald Jed et Warwick Andrew (dir.), 2004, *Histories of the Electron*, Cambridge (MA), MIT Press.

Burke Peter, 2008, *What Is Cultural History ?*, Cambridge, Polity Press.

Burkett Jodi, 2012, The Campaign for Nuclear Disarmament and Changing Attitudes towards the Earth in the Nuclear Age, *The British Journal for the History of Science*, vol. 45, n° 4, p. 625-639.

Chadarevian Soraya de et Kamminga Harmke (dir.), 1998, *Molecularizing Biology and Medicine: New Practices and Alliances (1920s to 1970s)*, Amsterdam, Harwood Academic Publishers.

Chang Hasok, 2012, *Is Water H2O? Evidence, Pluralism and Realism*, Dordrecht, Springer.

Cloud John, 2001, Imaging the World in a Barrel: CORONA and the Clandestine

Convergence of the Earth Sciences, *Social Studies of Science*, vol. 31, p. 231-251.

Corbin Alain, 1982, *Le Miasme et la jonquille. L'odorat et l'imaginaire social aux xviiie -xixe siècles*, Paris, Aubier-Montaigne.

Crary Jonathan, 1992, *Techniques of the Observer: On Vision and Modernity in the Nineteenth Century*, Cambridge (MA), MIT Press.

Daston Lorraine et Galison Peter, 2007, *Objectivité*, Dijon, Les Presses du Réel.

Elkins James, 2003, *After and Before: Documenting the A-Bomb*, New York, PPP Editions.

Galison Peter, 1997, *Image and Logic: A Material Culture of Microphysics*, Chicago (IL), University of Chicago Press.

Gallagher Carole et Schneider Keith, 1993, *American Ground Zero: The Secret Nuclear War*, Cambridge (MA), MIT Press.

Geimer Peter, 2010, Sichtbar / unsichtbar. Szenen einer Zweiteilung, *in* Susanne Scholz et Julika Griem (dir.), *Medialisierung des Unsichtbaren um 1900*, Munich, Fink, p. 17-30.

Gordin Michael, 2009, *Red Cloud at Dawn: Truman, Stalin and the End of the Atomic Monopoly*, New York, Farrar, Straus & Giroux.

Grevsmühl Sebastian, 2014, *L'Invention de l'environnement global*, Paris, Seuil.

Gunthert André, 2000, La rétine du savant. La fonction heuristique de la photographie, *Études photographiques*, no 7, mis en ligne le 18 novembre 2002, < http:// etudesphotographiques.revues.org/205 > (consulté le 3 juillet 2013).

Hales Peter B., 1991, The Atomic Sublime, *American Studies*, vol. 32, p. 5-31.

Hecht Gabrielle, 1998, *The Radiance of France: Nuclear Power and National Identity after World War II*, Cambridge (MA), MIT Press.

– 2012, *Being Nuclear: Africans and the Global Uranium Trade*, Cambridge (MA), MIT Press.

Henderson Linda Dalrymple, 1988, X-Rays and the Quest for Invisible Reality in the Art of Kupka, Duchamp and the Cubists, *Art Journal*, vol. 47, n° 4, p. 323-340.

Hennig Jochen, 2011, *Bildpraxis. Visuelle Strategien der frühen Nanotechnologie*, Bielefeld, Transcript.

Hessenbruch Arne, 2004, Nanotechnology and the Negociation of Novelty, *in* Davis Baird, Alfred Nordmann et Joachim Schummer (dir.), *Discovering the Nanoscale*, Amsterdam, IOS Press, p. 135-144.

Hogg Jonathan et Laucht Christoph (dir.), 2012, British Nuclear Culture, dossier thématique de *The British Journal for the History of Science*, vol. 45, n° 4, p. 479-719.

Hüppauf Bernd et Weingart Peter (dir.), 2008, *Science Images and Popular Images of the Sciences*, New York, Routledge.

Kargon Robert et Low Morris (dir.), 2003, Visions of the Atomic Age: Towards a Comparative Perspective, dossier thématique de *History and Technology*, vol. 19, n° 3, p. 175-298.

Krige John, 2008, The Peaceful Atom as Political Weapon: Euratom and American Foreign Policy in the Late 1950s, *Historical Studies in the Natural Sciences*, vol. 38, n° 1, p. 5-44.

– 2010, Techno-Utopian Dreams, Techno-Political Realities, in Michael D. Gordin, Helen Tilley et Gyan Prakash (dir.), *Utopia / Dystopia: Conditions of Historical Possibility*, Princeton (NJ), Princeton University Press, p. 151-175.

Kromm Jane et Benforado Bakewell Susan (dir.), 2010, *A History of Visual Culture: Western Civilization from the 18th to the 21st Century*, Oxford, Berg.

Kuran Peter, 2006, *How to Photograph an Atomic Bomb*, Santa Clarita (CA), VCE.

Lucken Michael, 2008, *1945-Hiroshima. Les images sources*, Paris, Hermann.

Lüthy Christoph, 2003, The Invention of Atomist Iconography, in Wolfgang Lefèvre, Jürgen Renn et Urs Schoepflin (dir.), *The Power of Images in Early Modern Science*, Bâle, Birkhäuser, p. 117-138.

Masco Joseph, 2006, *The Nuclear Borderlands: The Manhattan Projet in Post-Cold War New Mexico*, Princeton (NJ), Princeton University Press.

– 2008, "Survival Is Your Business": Engineering Ruins and Affect in Nuclear America, *Cultural Anthropology*, vol. 23, p. 361-398.

Meinel Christoph, 2004, Molecules and Croquet Balls, in Soraya de Chadarevian et Nick Hopwood (dir.), *Models: The Third Dimension of Science*, Palo Alto (CA),

Stanford University Press, p. 242-276.

Milburn Colin, 2008, *Nanovision: Engineering the Future*, Durham (NC), Duke University Press.

Mirzoeff Nicholas (dir.), 1995, *The Visual Culture Reader*, New York et Londres, Routledge.

Mody Cyrus et Lynch Michael, 2010, Test Objects and Other Epistemic Things: A History of a Nanoscale Object, *The British Journal for the History of Science*, vol. 43, n° 3, p. 423-458.

Morris Peter J.T. (dir.), 2002, *From Classical to Modern Chemistry: The Instrumental Revolution*, Cambridge, Royal Society of Chemistry.

Nye Mary Jo, 1993, *From Chemical Philosophy to Theoretical Chemistry*, Berkeley (CA),

University of California Press.

Ory Pascal, 2007, *L'Histoire culturelle*, Paris, PUF.

Paul Gerhardt, 2006, "Mushroom Clouds". Entstehung, Struktur und Funktion einer Medienikone des 20. Jahrhunderts im interkulturellen Vergleich, in Gerhardt Paul (dir.), *Visual History*, Göttingen, Vandenhoeck & Ruprecht.

Poirrier Philippe, 2010, *Les Enjeux de l'histoire culturelle*, Paris, Seuil.

Pratschke Margarete, 2009, Charles und Ray Eames' *Powers of Ten*. Die künstlerische Bildfindung des Atoms zwischen spielerischem Entwurf und wissenschaftlicher Affirmation, in Charlotte Bigg et Jochen Hennig (dir.), *Atombilder. Ikonografie des Atoms in Wissenschaft und Öffentlichkeit des 20. Jahrhunderts*, Göttingen, Wallstein, p. 21-30.

Rasmussen Nicolas, 1997, *Picture Control: The Electron Microscope and the Transformation of Biology in America (1940—1960)*, Palo Alto (CA), Stanford University Press.

Reinhardt Carsten, 2006, *Shifting and Rearranging: Physical Methods and the Transformation of Modern Chemistry*, Sagamore Beach (MA), Science History Publications.

Rocke Alan, 2010, *Image and Reality: Kekulé, Kopp and the Scientific Imagination*, Chicago (IL), University of Chicago Press.

Rothschild Rachel, 2013, Environmental Awareness in the Atomic Age: Radioecologists and Nuclear Technology, *Historical Studies in the Natural Sciences*, vol. 43, n° 4, p. 492-530.

Schirrmacher Arne, 2010, Looking into (the) Matter: Scientific Artifacts and Atomistic Iconography, in Peter Morris et Klaus Staubermann (dir.), *Illuminating Instruments*, Washington (DC), Smithsonian Institution Scholarly Press, p. 131-155.

Scholz Susanne et Griem Julika (dir.), 2010, *Medialisierung des Unsichtbaren um 1900*, Munich, Fink.

Shuping Ralph E., 1981, *Use of Photographic Film to Estimate Exposure near the Three Mile Island Nuclear Power Station*, Washington (DC), US Department of Health and Human Services.

Sibum H. Otto (dir.), 2008, Science and the Changing Senses of Reality circa 1900, *Studies in History and Philosophy of Science*, vol. 39, n° 3, p. 295-458.

Sturken Marita et Cartwright Lisa, 2001, *Practices of Looking: An Introduction to Visual Culture*, Oxford, Oxford University Press.

Van Lente Dick (dir.), 2012, *The Nuclear Age in Popular Media: A Transnational History (1945—1965)*, Basingstoke, Palgrave Macmillan.

Weart Spencer, 2012, *The Rise of Nuclear Fear*, Cambridge (MA), Harvard University Press.

Webb J.H., 1949, The Fogging of Photographic Film by Radioactive Contaminants in Cardboard Packaging Materials, *Physical Review*, vol. 76, n° 3, p. 375-380.

Wellerstein Alex, 2008, Patenting the Bomb: Nuclear Weapons, Intellectual Property and Technological Control, *Isis*, vol. 99, n° 1, p. 57-87.

Welsh Ian, 2003, *Mobilising Modernity: The Nuclear Moment*, New York, Routledge.

Wilder Kelley, 2009, *Photography and Science*, Londres, Reaktion Books.

第二部分
科学的场域

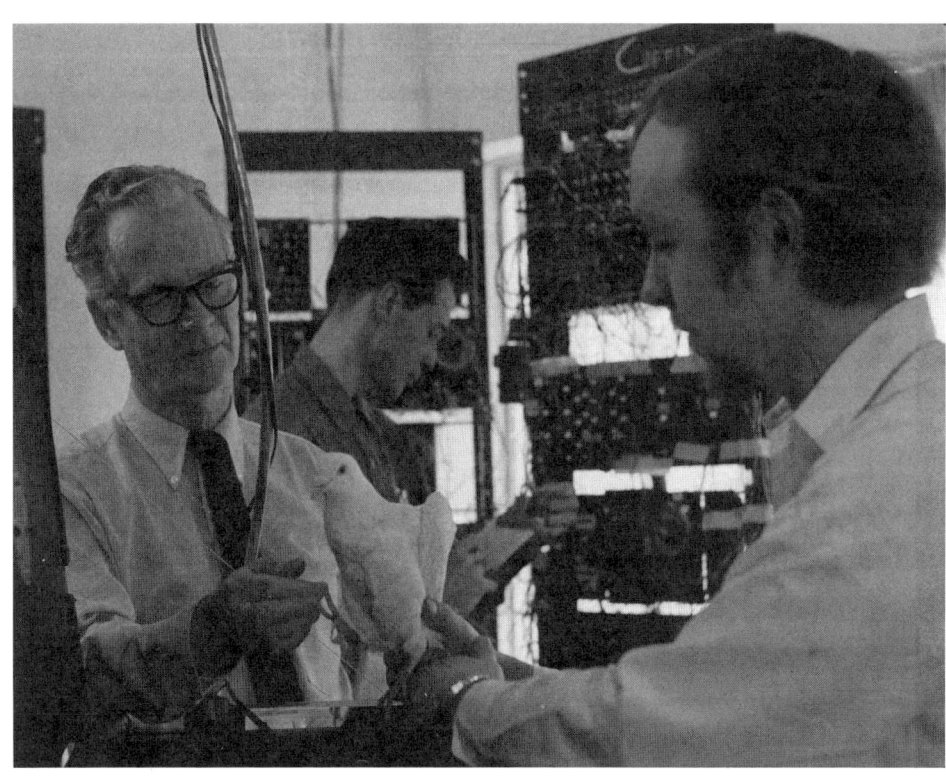

"给我一个孩子,然后我能对其进行塑造。"——伯尔赫斯·弗雷德里克·斯金纳(Burrhus Frederic Skinner),《后果问题》(*A Matter of Consequences*, New York University Press, 1985)。图片为斯金纳(左)和他实验用的鸽子。

第九章

社会科学的到来

社会科学并不是诞生于20世纪的。它们在当代的展开经过了长时间的酝酿。这是一段很复杂的历史。这是一系列连续的构建，其中多次重新定义了有关社会世界的计划、关键性问题、工具和知识资源。在1900年左右，这些问题引起了人们的广泛关注，远远超出了知识界的范畴。社会学家加布里埃尔·塔尔德（Gabriel Tarde）发现"社会学"成了时髦语。它或多或少准确地唤起了人们的期望及其所涵盖的投入。人们对"社会"具有浓厚的兴趣，而且常常带有政治意愿。历史学家亨利·豪瑟（Henri Hauser）对此表示赞同："这种社会问题的修饰语对当代社会产生了巨大的诱惑力，以至于只需一个名词就足以引起世界和大众的关注。"[①] 现代性、社会组织的新形式、对群众的煽动、对民主权利的行使带来了人们感到迫切需要答案的问题。同时，这又是一个更笼统、更混乱的干预项目。在社会上动员了社会的积极性，这些社会的灵感来自各种各样的思想、期刊，甚至是后来泛滥成灾的准大学机构。实际上，关于思想以及实践的辩论都在"美好时代"（la Belle Époque）的巴黎广泛传播。这是私人或半私人性质的倡议所导致的。与此同时，对社会问题进行干预得更为笼统与模糊的计划动员了社会中各种各样的思想和期刊的实践主义，甚至后来不断增多的准大学机构。我们知道，正是由于这种歧义，涂尔干才对知识和学

[①] Hauser 1903 (p. 16).

科计划进行了定义，即严格建立在方法上的科学，并与大众观点和常识保持距离。这一主张并非专门针对社会学或法国知识界。19世纪末20世纪初，是大多数社会科学的研究领域选择在科学学科中，甚至在大学学科中自我构建的时期。他们的方法将取得不同程度的成功。

新的协议似乎已经达成。一方面，人们对新的社会经验形式带来的问题产生了持续与广泛的兴趣。另一方面，由于这些扩散的关注，同时又需要对它们做出回应，因此对专门知识给予肯定的要求在明确的假设的基础上对它们进行了重新整理，并在有条不紊和可重复的程序结束时为其提供了客观的答案。这样的做法与我们一个多世纪以来可以观察到的做法有何不同呢？我们需要知道：与第一次世界大战前夕的情况相比，社会科学已经占有一席之地，并且产生了无与伦比的认知；然而，它们并没有减少个人或大众的意见，因为它们专业领域的边界通常是相互交叉的。很少有人声称对量子物理学或分子生物学形成个人的见解。而在对社会世界做出判断时，几乎所有人都做出过个人的见解，毕竟这是他们所生活的世界。今天，人们经常对社会科学的词汇提出个人见解，其中，至少一部分已通过媒体的传播被接受为通用语言。这不是唯一的现象。在公众和专家之间，各种各样的机构和主管部门一直对这些问题感兴趣，他们打算更有效地表达自己的观点，因为他们为研究资源作出了巨大贡献。这种分界的共用性有时可能会成为问题。但是必须首先注意它们。当我们谈论"社会科学的到来"时，它们提醒我们这是一个模棱两可的表述。社会科学无疑已经在我们的日常生活中无处不在。但是它们具有各种形式，有时甚至是相互矛盾的形式，因为它们仍然受到永久张力的影响，这些张力通常是由于期望、禁令以及不合时宜的用途所造成的。

肯定、不确定性、张力

因此，19世纪的最后十年和20世纪的头几年，社会科学或早或晚地在欧洲和北美的大学进入了人们的视野。它们在学术学科中的构成大体上总是相同的。这与科学方案是分不开的，而科学方案通常被认为与既有认识相违背：涂尔干在1894年完成的《社会学方法的准则》(Règles de la méthode sociologique)就是这种情况。涂尔干试图在这本书中打破常识以及之前人们所做出的关于社会学准则的提议。而韦达·白兰士（Vidal de La Blache）在同一年以更加平和的方式提出了一个关于地理学的版本。成功的体制化还需要承认由文凭证明的学术课程，并且要有能在大学内部和外部的专业市场中进行增值的可能性。最后，一门学科受益于通过协会形式所进行的内部组织，同时，得益于其成果的发表和一本或多本表现共同计划的期刊，以在外部被更多的人知晓。这种创新模式普遍存在于早期的社会科学界之中，并带来了许多传奇故事。实际上，它可能以各种方式存在：在美国，大学里对新课程的开设和对协会的组织很早就出现了。这些协会往往负责对经济学、政治学和社会学进行专业上的协调。在法国，人们则重视认识论或方法论上的突破，尽管对新学科的接受远没有那么确定。

人们必须承认：社会科学的认识是不均衡的。在意大利，其野心很早就被哲学家和历史学家贝内代托·克罗齐（Benedetto Croce）所挑战，而对其的抛弃将在整个20世纪的大部分时间产生持久影响。在美国，特别是在刚成立的大学中，它们是作为与社会干预问题相衔接的成熟的知识方案来被接受和组织的。在德国，它们中的一些比其他地方更为古老，而它们能够在洪堡大学的开放模式中找到自己的位置。在法国，第三共和国大学改革的计划书中包括了引入"社会学科"的内容，然而，其在外围机构中却享有盛誉，比如法兰西公学院（le Collège de France）、法国高等研究实践学院（l'École pratique des hautes études）和师范学院等，其中一些机构开设与社会科学有关的学科已经有很长的历史了。在所有这些情况里，新的学科都受到来自经典学科的抵制，有时甚至是赤裸裸的敌对。它们因此不得不尝试与经典学科进行谈判，以获得栖身之所。这些对抗引起了多重冲突，特别是在德国和法国：方法上的冲突，但也以更分散、更公开的方式，在专门文化和一般文化的传统主张之间形成对立。后者的文学、哲学和历史学将自己视为唯一合法的保管人。[1]

---

[1] Ringer 1992.

但是还有更多。如果说社会科学在20世纪初被广为人知，那么它们实际上涵盖了各种异质的现实。正如人们经常强调的那样，它们的发展是国家框架的一部分，由此产生了期望、资源以及特有的限制。它也带有深度差异化的知识传统的印记。在20世纪初作为参考对象的德语世界中，一方面，哲学在高等教育中占有中心地位，另一方面，经济学者传统的古老遗产是反思性关注的起源，这与美国的经验形成了鲜明的对比。在美国，人们要求对社会世界有时政性的了解。这种思想占据了主导地位。这些背景还对应于不同的机制：在第一种情况下，基于广泛共享的问题清单，概念更全面，整合更深入。第二种是快速但分段的体制化，其中每个学科都定义了自己的范围和规则以供自身使用。法国的情况则不尽相同：人们强烈主张一种方法论上的共同体，但体制上的分裂则持续到20世纪下半叶。

此外，当我们提及社会科学时，我们在谈论什么？除了语义上的区别是不可忽略的［社会科学（les sciences sociales）、人文科学（les sciences humaines）、人的科学（les sciences de l'homme）之间］之外，我们正在面对一系列项目。它们共同反对人文传统（即使它们并非总是以同样的术语反对）并提供对当代世界的理解。在世纪之交，它们也继承于19世纪的进化论，但进化论可能成为对比解读的主题。这些项目是科学的；它们打算遵循实证科学的方法论和认识论的议程，但德语世界是一个明显的例外，在德语世界中，哲学家狄尔泰提出的自然科学与精神科学之间的区别是本质分裂的起源，其影响将持续很久。除此之外，内容也大不相同。政治学和经济学在美国大学中很早就建立了，而在法国却很晚。历史学并不是美国社会科学的一部分。在美国，历史与人文的区别更大，尽管它是德国或法国新学科中公认的主角（即使其方法受到了质疑）。因此，没有统一的定义，而是一系列涉及许多独特经验的安排。新学科形成的条件，有时是通过从先前存在的领域中减去，有时是通过添加，它们之间保持的竞争关系（有时候也互相团结），以及它们选择融入的范式都是决定性因素。在世纪之交的社会知识中，心理学占据着重要的位置，但它依然是一个脆弱的实体，因为其分散于医学系和文学系。在不同方向上进行的人类学研究需要很长时间才能找到稳定的学科基础。经济学在盎格鲁—撒克逊的世界中很早就独立成科,但在法国,经济学却一直属于法律系。相反,在涂尔干式的社会学中,社会学则表现出要将自己确立为社会科学的雄心,而其他学科则只是社会学中的专业领域。这一概念还要求组织其成员的实际工作,这在学派的方针或原则中得到了肯定,正如我们在第一期《社会学年鉴》(*Année sociologique*)的目录中所能看到的那样;这同样也引发了一系列由涂尔干主义者,尤其是弗朗索瓦·西米昂(François Simiand)针对历史学家、地理学家和经济学家的才华横溢的论战。但是,这是第一次自愿的与系统的组织的尝试。这种围绕科学概念和方法的尝试在当时没有即刻显现的前景,因为面对更扎实的学科,社会学没有拓展其事业的手段。但是,这一节并非是对轶事的罗列。因为这里提出了一个问题,即社会科学共同体是否存在?这仍然有待证明。

所以,这一时期是复杂的。新的知识项目被提出;它们与专业的培养相关,在某些情况下会带来专业技能的提高;总之,它们响应社会的需求。这种需求是希望有可靠的数据来定义管理和操作规则。从这个意义上说,社会科学已经成功地取得了突破。在唯科学主义的时代,它们发现自己拥有知识生产的合法性,它们声称自己可以有条不紊地摆脱主观观点和意识形态的偏见。因此,它们可以培养参与到共同利益之中的雄心。但是,它们不是一个统一的甚至是协调的整体。它们的设想确实是在提出一种一般知识的模型,但是其实施仍然强烈依赖于部落化的、基于国家语境的条件和传统。在20世纪的大部分时间里,直到今天,两种主要的理论结构仍将引发许多争论,同时,也赋予了它们整体思考的任务,一个是法国的涂尔干,一个是德国的马克思·韦伯(Max Weber)。不过在当时,这两个结构并非是相互了解的。它们还不足以说服参与者们就社会科学的共同秩序达成一致,即使他们不断地思考其特殊性。[①]

1920—1970年: 美国模式

从第一次世界大战到1960年代的半个世纪通常被描述为美国社会科学享

[①] Fabiani 2006 (p. 22).

有霸权的时期，同时，其发展在1945年之后得到充分的准备和有力的维护。这当然是一种十分概括性的描述。建立创新的模式仍然是正确的。这与社会学科的惊人发展、它们产生的结果以及它们在社会思考和管理自己的方式中所占据的位置密不可分。知识的积累对于改善社会条件和民主进步是必不可少的这一信念绝非美国独有。但是，尽管战后欧洲仍处于怀疑之中，但它们仍在关注组织一个在它们看来是有希望的未来。在背景中隐约可见一种现代化理论，它将在第二次世界大战后得到充分的解释，并带有隐含的规范性的观点。

在为该计划的服务中，科学活动的"严谨"的概念受到逻辑实证主义的启发。它基于自然科学的模型，将系统经验观察的要求与精确校准的分析规程结合在了一起。因此，为了回应人们的期望，新的社会科学必须赋予自己产生客观和可检验数据的手段，而不受任何主观偏见和任何意识形态预设的影响。不是推测仍然无法实现和无法控制的现实，学者必须专注于可观察的事物，即行为。行为主义与"心灵主义"相对立。"行为主义"一词是约翰·华生（John B. Watson）创造的，他最早至1925年的作品中描述了其纲要和方法。[①] 在可观察和可测量的变量基础上，这种方法旨在通过实验说明心理、经济和社会行为。华生是一名心理学家。他已从研究动物行为转变为研究人类行为，并打算描述和衡量个人对定义为社会的外部刺激的反应。汇总后，可以对观察的结果进行统计学的处理，这样便能找出规律性。他们希望通过汇总数据，比较和控制来得出关于客观事物的一般性规律。不过，其雄心不仅是法理学的，而且还是预言性的。在自然科学的模型上，人们认为可以为决策制定和合理政策的定义作出贡献。

行为主义方法经常被简化为"刺激—反应"的二元形式，不过，它也的确符合这种讽刺性质的歪曲。虽然产生了多样化和竞争性的发展，有时甚至具有极端的复杂性，事实仍然是它对美国模式的社会科学产生了持久的影响。自1920年代以来，实验心理学显然是受这一新计划影响的第一门学科。从此后十年一直到1960年代，伯尔赫斯·弗雷德里克·斯金纳的激进行为主义在这

---

① Watson 1925.

里占据了中心位置。但是科学模型很快就被其他学科所采用。政治学除了选择政治体制、纲领和意图，对民主进行理论反思之外，还选择致力于研究那些位于不同层级上的实际参与者的行为，从选举行为到政党的行为以及舆论产生机制。经济学也跟随于这一趋势。当面对在大萧条时期的不确定性时，当迫切需要停止政治干预原则并能够预见未来的危机时，周期性分析必须能够基于大量可靠的数据。学科的数学化，特别是宏观经济学将成为一种鲜明的特征。随着计量经济学的发展，它在这些年中得到了传播。在所有这些情况中，统计工具对于数据分析和通过它们进行的实验形式已变得至关重要。统计学的传统是相对古老的，但是它已经成为设备、实践和现代社会科学的有机组成部分，而这在那些年是必不可少的。在这方面，历史学家多萝西·罗斯（Dorothy Ross）谈到了一个科学的"工程学"概念（l'ingénierie scientifique）。[①] 该术语选择得当，它结合了实证主义与强烈的程序性要求，同时又关注为具体的社会问题提供符合实际的答案。该模型至关重要，并得到一系列有利条件的支持。在两次世界大战之间，美国看到了大学网络及其内部的社会科学的强劲发展。建立新的专院系，这意味着它们提出了新的方法，但同时也培训了社会所需的专家。联邦政府鼓励这一运动，但在一个高等教育仍然非常分散的国家中，还有其他机构参与其中。"科学公益"（la philanthropie scientifique）在这里起着决定性的作用。私人基金会，如卡内基（Carnegie）、罗素·塞奇（Russell Sage）、洛克菲勒（Rockefeller）、福特（Ford）等——大量参与社会科学的发展，它们期望社会科学在将其计划扩展到欧洲和世界其他地区之前，对"改善美国的社会和生活条件"作出决定性的贡献。这些基金会资助了它们选定的大学，如芝加哥大学。它们还通过它们偏爱的主题为公共政策的定位作出贡献；同时，他们也通过例如支持1923年成立的社会科学研究理事会（Social Science Research Council）等方式做到了这一点。他们为选定的研究和培养计划提供的巨额资金被认为是对进步的贡献，以保护当代世界免受危机和激进的根本性变化的威胁以及来自艰难岁月的困扰。它们的观点明显是功利主义和改

[①] Ross 1991 et 2003.

良主义的。因此，它们将重点放在了社会科学对更好地整合和稳定社会世界的贡献上，人们期望它们能帮助制定切实可行的政治解决方案。因此，毫无疑问地，人们也选择在多个维度中将社会作为一个系统性整体进行考虑。这一整体由确保社会平衡与和谐的日常职能所控制。功能主义的方法（这个词出现在1930年代）持续性地代表了社会科学史上这一时期的主要特征。

第二次世界大战的经验进一步强化了这些趋势。然后，经济学家、心理学家、社会学家和人类学家被大规模地动员起来，为人们力求合理化的战争努力服务。从业人员需要团队合作，并协调他们的工作以提出解决实际问题的方法。这些实质上是学科框架的一部分。现在，它们必须能够在共同的参考和实践的框架内面对挑战。战后的二十年，是美国模式大发展的时期，还能看到进行雄心勃勃的理论化之前的跨学科发展。在确定社会科学已经成熟之后，创建新理论的雄心壮志被建立于实证主义和科学家信念的古老基础之上。塔尔科特·帕森斯（Talcott Parsons）（1902—1979）无疑是最能体现这一时期的人物之一。在欧洲接受经济学和社会学的交叉研究时，他受到了涂尔干、韦伯和帕累托（Pareto）等人作品的深刻影响。自1930年代末以来，他一直在发展行动理论。该理论提供了广阔的概念性建构。他提议在其中对个人和集体行为，以及引导这些行为的价值观进行分类。结构功能主义，正如其名，与复杂的系统性设想密不可分。不过，帕森斯也正在进行一项实用的计划，因为他打算定义一个适应社会变化的最佳条件。最后，他成了学术帝国的建设者。他于1946年在哈佛大学成立的社会关系学系汇集了社会学家、社会心理学家、临床医生与人类学家。这是美国多学科系的第一个范例。"基础社会科学"的组成部分最终得以整合。这些不同学科不仅分享一个庞大的计划，而且他们拥有整个研究的技术文化，这是十分重要的。[①] 帕森斯（Parsons）开展了有效的"经纪人"活动，从而可以动员公共和私人机构的支持、资源和影响力。这种做法和他同时代的人很相似，比如经济学家、政治学家和心理学家赫伯特·西蒙（Herbert Simon）以及许多其他著名人物，如保罗·拉扎斯菲尔德（Paul

---

① Isaac 2012.

Lazarsfeld）与罗伯特·默顿。这也和当时许多研究计划的做法一样。

这是充满希望的时代。在令人瞩目的大学发展的推动下——它们现已进驻最负盛名的中心——在公共机构［包括美国国家科学基金会（National Science Foundation），1950 年］和私人基金会的大力支持下，通过直接与需求和决策者的选择相联系，社会科学似乎对现代社会的运作至关重要。运作研究被提上日程。在冷战的高峰期，它们提供了由现代化理论形式化的意志主义和自由主义管理的愿景。① 它们自称是科学严谨性的典范。数学化、形式化和建模是几个学科领域的常规工作，从新古典经济学开始，其原理由萨谬尔森（Samuelson）、列昂节夫（Leontief）、弗里德曼（Friedman）和许多其他人所提出。除了它们之间的差异（这是值得注意的）以外，他们的观点共同构成了一个标准（主流），并将其强加于世界其他地区。现在人们更普遍地使用理论的和方法论的工具：例如博弈论或理性选择的方法论，因此，方法论个人主义的范式被政治学所接受，而在较小程度上被社会学所接受。在美国模式中，社会科学结合了理论野心和经验要求：调查研究（survey）成为大型统计学开展的标准形式。它们在社会效用方面得到了高度认可，并进行整合。在如此强盛的时刻，它们声称自己是可供参考借鉴的模型。

欧洲的经验

面对美国给出的模式，欧洲所拥有的资源是有限的。但是，欧洲也产生了著名学者和优秀的著作，其中有一些受到国际社会的广泛认可，从维尔夫雷多·帕累托（Vilfredo Pareto）到约翰·梅纳德·凯恩斯（John Maynard Keynes），从莫里斯·哈布瓦赫（Maurice Halbwachs）、马瑟·莫斯（Marcel Mauss）、马克·布洛赫、让·皮亚杰（Jean Piaget）或诺伯特·埃里亚斯（Norbert Elias）。但是那里的社会科学仍然相对边缘。它们是分散的并且集成度很弱。它们因两次世界大战的灾难付出了沉重的代价。它们有被极权政权消灭的危险。极权政

---

① Gilman 2003.

权的建立导致大量主要专家学者移居到新世界。与20世纪头几十年相比，学术流动在某种程度上已经逆转。在果决的邀请、奖学金和交流政策的影响下，到欧洲的培养之旅，尤其是在德国的培养之旅，已被前往美国所取代。关于美国在这一时期的霸权已经有很多讨论。的确，现在世界各地使用的研究标准基本来自美国。对于经济学而言尤其如此[①]，对于政治学、社会学的某些方面而言，在很大程度上也是如此。这一运动关系到全世界，特别是新兴国家。确实，某些欧洲国家，例如英国和北欧国家，比其他国家更欢迎社会科学的功利主义概念。但是，从总体上讲，这是至关重要的国际化普及过程，像联合国教科文组织这样的机构在其中占有重要的地位。显然，它鼓励传播通用模型。有时，它还可以提供重要的交锋机会。[②]

要发现欧洲经验共有的特征并不容易，仅因为它们植根于迥然不同的知识、政治和社会传统。英国人类学和法国人类学之间的比较，法国和德国之间社会学研究的不同发展都证明了这一点。当然，有一定数量的创始参考文献是被共享的（这并不意味着它们没有被讨论过）：譬如，涂尔干和韦伯，还有马克思，在一定程度上，还有弗洛伊德（Freud）。我们还观察到，在美国的社会科学希望为社会世界的融合及其稳定作出贡献的地方，它们的欧洲同行承担了一种批判的角色。像社会研究所（l'Institut de recherche sociale）（后来被称为法兰克福学派）这样的相对长期发展的学术团体就是一个很好的例子。[③]它成立于1923年，但历史并不连续，因为十年后它被迫流亡去了纽约，而在第二次世界大战后才返回德国。它的发展时间超过三代人。其伟大的开创者们，如霍克海默（Horkheimer）、阿多诺（Adorno）、弗洛姆（Fromm）和本雅明（Benjamin）的研究各自独立，但又和谐地统一为一个整体，故而它不能用一个通用的方法来概括。但是，它所召集的研究者提议动员当代社会的各种方法来为一种"批判理论"（une théorie critique）服务：对资本主义演变的高级形式及其所产生的社会病理学的批评，也对批判的工作进行反思。从对危机

[①] Fourcade 2006.

[②] Guilhot, Heilbron et Jeanpierre 2009.

[③] Jay 1977 [1973], Durand-Gasselin 2012.

的解释开始——启蒙运动的承诺便误入歧途,它们导致了"一种新的野蛮形式"①——从集体劳动着手以日常经验的形式解释劳动和社会关系的组织、文化生产和消费中异化的不同方面。批判理论给自己的任务是产生综合,而不是面对观点和方法(经济学、社会学、政治哲学、美学、心理学和精神分析学),以此来不断丰富多元的设问空间。人们衡量了什么可以将这样的项目与美国的概念区分开。基于经验论的观察和程序标准化对科学客观性的需求,积极性的知识的构成在这里要少于问卷调查的迁移和不断的变化。马克思主义计划的哲学根源和扩展是显而易见的,就如同来自历史分析的灵感一样。

在社会科学领域中,这种历史维度的存在不仅仅局限于韦伯传统的范围之内。我们在法国能发现一个截然不同的版本,更为中和,更为经验论,而其影响也不是那么持久。法国历史学家马克·布洛赫和吕西安·费弗尔(Lucien Febvre)在1929年创办了《经济与社会史年鉴》(Annales)。② 其在战后得到了体制上的扩展。③ 其经验源于最初的学科结构。在该学科中,历史学处于中心地位,并且在一定程度上是独特的地位。因此,费尔南德·布罗代尔(Fernand Braudel)可以要求它在社会科学之间的艰难对话中发挥必要的作用,所有这些都必须考虑到他们研究的现象的"时间"。④ 二十年后,在以开放和批判的马克思主义为主导的不同的知识背景下,学者们聚集于《过去与现在》杂志(Past and Present),然后更广泛地围绕于《新左派》杂志(New Left),这提供了同一项目的可比较的版本,即使它有更为明确的政治诉求。

---

① Adorno et Horkheimer 1974 [1947], Adorno 2003 [1951].
② 该杂志一般被称为《年鉴》。该杂志原名《经济与社会史年鉴》。在1946年,它更名为《年鉴:经济,社会,文明》(*Annales. Économies, sociétés, civilisations*);1994年,它更改为现在的名字:《年鉴:历史、社会科学》(*Annales. Histoire, sciences sociales*)。
③ 1947年,法国高等研究实践学院第六系成立。在1975年,第六系成为了法国社会科学高等研究院(l'École des hautes études en sciences sociales)。关于这段历史,可参阅:Braudel 1972。
④ Braudel 1958,在 Braudel 1972(p. 41-83)中也再次提及。

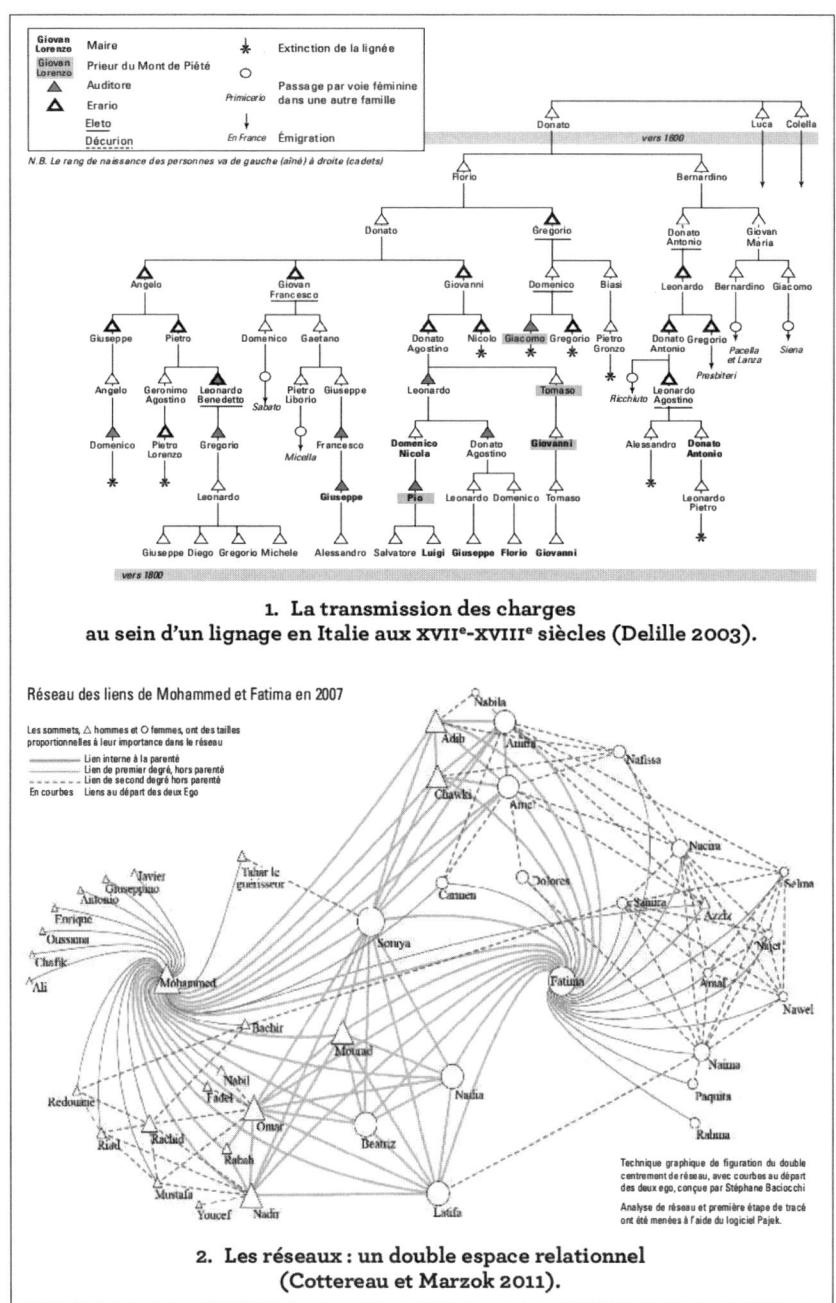

Deux exemples de représentations du monde social

两种对社会世界表述的范例：1：17、18世纪意大利家族中的职务传承（Delille 2003）；2：二元关系的网络空间（Cottereau et Marzok 2011）

这些在希望能够被考虑到的欧洲变体中所列举出的例子都提出了社会科学之间关系的组织问题。通过简化到极致，我们可以对比两种方法。第一种希望每一个特定的学科实践要符合一种共同的认识论和方法论模型。我们应当记住，涂尔干和他的信奉者在20世纪初曾试图规定社会学方法的规则；此外，我们也看到了1960年代结构主义的重现。① 第二种方法是灵活的：它涉及事实上的观点共存和多元，以及借用的制度；法兰克福学派对批判理论的发展以及《年鉴》杂志的实证经验以不同的方式说明了这一点。多学科性和跨学科性的问题无疑与社会科学本身一样古老，而且在一个多世纪以来，人们从未停止过思考它们的共同体的基础是什么，以及他们的科学地位和合法性。

喧嚣与重组

因此，在美洲和欧洲之间，差异很明显：体量不同，科学机制的设计也不同；社会科学的作用和效用不是以相同的方式来考虑和实施的。最终，权力关系是不平等的：第二次世界大战后的几十年中美国模式具有显著的优势。这一模式在世界范围内得到了应用。在这个可持续增长的时期，它提供了一系列积极性知识和累积性知识让人心安的图景。我们期待这些知识能为当代的经济、社会、文化和政治进步作出贡献。然而，在1960年至1970年，人们对这种乐观主义以及支持这种乐观主义的科学的可靠性提出了质疑。然后开始了长期的动荡，我们至今还未能从中走出来。

原因很复杂。对结构功能主义模型的批评本来可以很早就被提出来［查尔斯·赖特·米尔斯（Charles Wright Mills），《社会学的想象力》（*L'Imagination sociologique*），1959年］，但它在1968年前后成为一个具有象征意义的里程碑，在社会学和政治学领域，它变得更加激进，并且变得更加普遍，同时，经济学所受的影响程度相对较轻。在我们选择从有关集成功能系统，以及分析框

---

① Lévi-Strauss 1964. 我们在这里提供了法国的示例。但是我们也可以用这种模型来识别第二次世界大战后美国社会科学的"帕森斯时刻"（le moment Parsons）。

架和思想投射进行思考的地方，我们现在坚持认为它是功能失调的，我们重视边缘或另类的经验（收容所、监狱与精神疾病），并坚信从社会整体性上看，它们有一些重要的东西可以教给我们。与美国的赫伯特·马尔库塞（Herbert Marcuse）或欧文·戈夫曼（Erving Goffman）、法国的米歇尔·福柯（Michel Foucault）不同，知识项目的成功可以说明这一重大转变。但不久之后，社会作为一种总体性，即"作为其系统功能和文化所整合的自然整体"的想法受到了挑战。① 始于1970年代的全球危机使社会的行为主体和其中的社会科学的从业者面临着难以被解读的现实。他们生活和努力去解释的世界似乎不那么连贯，也不太清晰。全球化作为一个最近几十年困扰人们的主题，以及世界地缘政治地图的深刻转变也进一步增加了这种不透明性。同时，旧有的发达社会与历史时间的关系正在发生根本性的变化。克日什托夫·波米扬（Krzysztof Pomian）在1980年将其称之为"未来危机"②，进步破坏了经验：不可被解读的未来，不确定的现在，过去不再提供对人们预期的保证。漫长而长久的磅礴浩瀚的进化，其中大规模的自动实现的转变似乎已被不连续的非线性时间所取代，并被阈值和分歧所打断。这是与前一时期的科学和方法论乐观主义背道而驰的不确定时期。

支持社会科学发展的积极的确定性的古老基础发生了动摇。《科学革命的结构》（*La Structure des révolutions scientifiques*）于1962年出版，这是托马斯·库恩带来的第一个强烈信号。该著作围绕范式的概念提出了对科学进步形式的不连续解读，并发展了科学真理的实用主义概念。这本著作成了广泛讨论的起点。就像保罗·费耶阿本德（Paul Feyerabend）所提出的认识论一样，有时在激进的相对主义意义上，这些论点会有激化的效果。更有用的是，它们还将启发"对科学的社会研究"［科学论（*science studies*）］，这些研究旨在不将科学成就的获得与体制的、社会的和实践的条件区分开来。从社会科学的角度来看，正是免于外力的中立化的知识的思想受到了挑战。美国哲学家理查

---

① Dubet et Martuccelli 1998 (p. 17).

② Pomian 1999 (p. 233–262).

德·罗蒂（Richard Rorty）在1970年代重新开启了这一辩论，并对其进行了部分的重新定位。在欧洲，从一开始，人们对这一辩论的期望就大相径庭，特别是通过米歇尔·福柯的作品。对福柯观点的接受和解读在很大程度上是国际性的。福柯还通过思考在什么特定的历史和认识论条件下有可能以真与假的方式提问，从而围绕"真实"的概念重新阐述了科学真理的问题。那些人文科学研究的人和被社会科学作为对象的社会仅仅只是历史、数据和临时的安排。① 此外，他认为，这种知识所产生的认知与"规训的权力"（les pouvoirs disciplinaires）对社会世界漫长的排序和控制过程密不可分。正如我们所看到的那样，这些批判来自不同的灵感和性质。它们在截然不同的哲学传统中具有不同的意义：美国的实用主义、盎格鲁—撒克逊人世界中的第二位维特根斯坦（Wittgenstein）、欧洲的"大陆"哲学。有时学者们会将它们结合起来，就像克利福德·格尔兹（Clifford Geertz）提出的"阐释人类学"（l'anthropologie interprétative）一样，在很多社会科学领域都留下了印记。② 它们也将为新的研究方法供支持：比如，上述的科学研究；布鲁诺·拉图尔、米歇尔·卡伦（Michel Callon）或彼得·加里森（Peter Galison）提出的科学活动的社会人类学方法。同样，它们也位于让-克洛德·帕斯隆（Jean-Claude Passeron）在《社会学评论》（Le Raisonnement sociologique）中提出的认识论框架之中。③

最后，人们认为辩论的总体结构发生了深远的变化。长期以来，其一直只限于欧洲和北美。在过去的几十年中，它已经成为全球性的了。迪佩什·查卡拉巴提（Dipesh Chakrabarty）发起的口号："将欧洲地方化"（Provincialiser l'Europe）实际上远远超出了其明确的目标。现在的参与者已经很多了，他们之所以有所不同，是因为直到那时它们才被考虑在内。他们提出了期望，见证了各种各样的经验，并重新形成了这些问题。仅列举了一些最明显的领域，女

---

① Foucault 1966 et 1975. 同样，我们会查阅《说与写》（Dits et écrits）（1994年）："证明""真理""真理的历史""真理的规则"。
② Geertz 1973.
③ 该作品的副标题解释了其计划（1991年第一版，而在2006的第二版则进行了较多的修订）。其计划的目的是确定人类和社会科学特有的科学规则："自然推理的非波普尔空间"（L'espace non poppérien du raisonnement naturel）。

权主义研究、后殖民研究和庶民研究（subaltern study）的惊人发展不仅提出了另类的主张，而且最终"平等地"对待了世界。迄今为止，只能从仅限于设计和实施社会科学计划的国家角度出发，才有可能对现实提出不同的观点。这一时期是人类学方法在社会科学体系中占据中心地位的时期，这可能并非巧合。这是因为它使我们能够考虑到人类经验的多样性，并通过进行比较来面对它们。今天，与"经典"问题有关的偏移中心的计划在许多方面都被拒绝了。这里举一个特别重要的例子，因为它回答了我们社会中已成为中心的问题：自1970年代以来，一系列的有关环境的方法（历史学、社会学、生态人类学、伦理学）也开始质疑人类的中心性和例外论，现在人们已经想到了自然实体，就像"社会"的行动者一样。而在当前对人类世（Anthropocène）的反思中，这个"社会"在很大程度上也得到了重新地表述。

这些新的不确定性和所提出的全部问题的第一个结果无疑是伟大的功能主义范式被更为快速地侵蚀了。这些功能主义范式自19世纪末以来就明确或不明确地成为社会科学计划的基础。从美国的结构功能主义到欧洲的马克思主义和结构主义，它们本来可以是多种多样的，而不会忘记在法国科学生活中占有如此持久地位的旧的实证主义基础。但是，无论它们多么不同，他们都提出了一个包容性框架，以保证该项目（至少是渐进的）具有对社会历史世界的把握和全局的可理解性。全球化进程正在起作用，而且毫无疑问，因为它正在起作用，所以社会作为一个整体或作为一个系统的表征变得暂时难以被思考。同时，大多数社会学科的野心已经比它们的上一代有所减少。或者，更确切地说，它们变得更加谦逊，尤其是更具自反性。今天，它们质疑自己的谱系、所使用的概念和工具、实践的有效条件以及所产生结果的社会用途。皮埃尔·布尔迪厄（Pierre Bourdieu）回忆说："社会科学有幸能够将自己的科学工具用作自反性的工具"。[1] 这使得它们学会了批判的运用[2]，这常常是很有启发性的，即使自反性的实践使它们变得自我陶醉，并且使得它们自身成了目标。

---

[1] Bourdieu 2004 (p. 19).
[2] 其事例可参阅：Desrosières 1993。

这些动荡被斯金纳称为"一系列波动"（une série de vagues successives），是对积极的社会科学堡垒发动的，因为它已经存在了半个多世纪。这些动荡导致了重大的修正和重组。毫无疑问，社会科学的统一性不如预期的那么明显：相反，它变得更加分散，如今，没有任何一种范式声称能够对此做出解释。在各学科及其方法之间，存在明显的区分，尤其是在经济学与其余社会科学之间，即使最近的反思表明我们不能满足于过于简单地反对"模型"的科学和"叙事"的科学。① 仅仅指出这些转变的消极方面也是错误的。就碎片化而言，在这里谈论重建，至少是局部的重建，并不过分。研究计划变得更加谦逊，同时也摆脱了主导模型，它们更有效地促进了学科之间的对照：在认知科学和更为成熟的社会学科之间，例如人类学、经济学与语言学。当然，将跨学科性视为一项权利无疑变得更加困难，更难以想象统一的社会科学。但是，贝尔纳·勒珀蒂（Bernard Lepetit）建议的"有限的实践"（la pratique restreinte）并不意味着任何放弃：除了允许每个学科特定的相对开放程度成为事实之外，它还强调了创新机制（其中学科转移是一种特殊情况）意味着在方法之间存在差异，例如，人们可以期望从知识方面受益。②

　　对基础的重建工作并非引人入胜。大量前沿研究所采用的、长期以来在社会科学的想象中占主导地位的开拓模式已被越来越多的局部实验形式所取代。然而，对统一的范式的逐渐破坏产生了可见的结果。也许，最明显的是人们开始考虑长期以来不受系统思维关注的行动者。伟大的功能主义模型并不意味着它们被要求报告社会世界中正在发生的事情。它们在当代的衰落（毫无疑问在大多数当代社会中也是监管机构的失败）可能有助于理解"实践转向"（le tournant pragmatique），从荣耀的社会学（la sociologie des grandeurs）到制度经济学（l'économie des conventions），从科学研究到微观史学，提供了关于社会世界的不连续的表征，受谨慎的理性形式的支配，对行动者施加了约束，但也为他们提供了获得和选择的可能性。③ 这种方法使时间成为行动的基本变量，

---

① Grenier, Grignon et Menger 2001.

② Lepetit 1990, Berthelot 2001.

③ Boltanski et Thévenot 1991.

而且更普遍地说，可以理解历史维度的进化意义。在不确定的时期，旧的韦伯式主题的重新出现可能不是一个巧合。这种主题提醒我们，社会科学的工作与历史的客体有关，并且其本身就是历史性的。

半个多世纪前，布罗代尔指出"人文科学有一个普遍的危机"。[①] 不难看出，一个多世纪以来，由一系列危机构成的是整个人文社会科学史，这并不意味着它们一直具有相同的性质，或包含在可比较的参考系中。因此，我们可以将它们理解为一连串的测试和重组。这些测试和重组会影响知识的实践，而这些实践与它们所产生的世界有关，并且无法在这种被创建的关系之外进行思考。这样的情况是否令人不适？答案是肯定的。但这无疑是为了成为同代者的同代特权而要付出的代价。

雅克·雷韦尔（Jacques Revel）撰

参考文献

Adorno Theodor Wiesengrund, 2003 [1951], *Minima moralia. Réflexions sur la vie mutilée*, trad. fr., Paris, Payot.

Adorno Theodor Wiesengrund et Horkheimer Max, 1974 [1947], *La Dialectique de la raison*, trad. fr., Paris, Gallimard.

Backhouse Roger E. et Fontaine Philippe (dir.), 2010, *The History of the Social Sciences since 1945*, New York, Cambridge University Press.

Berthelot Jean-Michel (dir.), 2001, *Épistémologie des sciences sociales*, Paris, PUF.

Boltanski Luc et Thévenot Laurent, 1991, *De la justification*, Paris, Gallimard.

Boudon Raymond, 1986, Mathematical and Statistical Thinking in the Social Sciences, in Karl W. Deutsch, Andrei S. Markovits et John Platt (dir.), *Advances in the Social Sciences (1900—1980): What, Who, Where, How*, Cambridge (MA), Abt, p. 199-217.

Bourdieu Pierre, 2004, L'objectivation du sujet de l'objectivation, in Johan Heilbron, Rémi Lenoir et Gisèle Sapiro (dir.), *Pour une histoire des sciences sociales*, Paris, Fayard, p. 19-23.

Braudel Fernand, 1958, Histoire et sciences sociales: la longue durée, *Annales. Économies,*

[①] Braudel 1958, in Braudel 1972 (p. 41).

sociétés, civilisations, vol. 13, n° 4, p. 725-753.

— 1972, *Écrits sur l'histoire*, Paris, Flammarion.

Cottereau Alain et Marzok Mokhtar Mohatar, *Une famille andalouse. Ethno-comptabilité d'une économie invisible*, Paris, Bouchène, 2011, p.297.

Delille Gérard, *Le Maire et le Prieur. Pouvoir central et pouvoir local en Méditerranée occidentale (xve -xviiie siècle)*, Paris, EHESS, 2003, p. 329.

Desrosières Alain, 1993, *La Politique des grands nombres. Histoire de la raison statistique*, Paris, La Découverte.

Dubet François et Martuccelli Danilo, 1998, *Dans quelle société vivons-nous ?*, Paris, Seuil.

Durand-Gasselin Jean-Marc, 2012, *L'École de Francfort*, Paris, Gallimard.

Fabiani Jean-Louis, 2006, À quoi sert la notion de discipline ?, *in* Jean Boutier, Jean-Claude Passeron et Jacques Revel (dir.), *Qu'est-ce qu'une discipline ?*, Paris, Éd. de l'EHESS, coll. Enquête n° 6, p. 11-34.

Foucault Michel, 1966, *Les Mots et les choses. Une archéologie des sciences humaines*, Paris, Gallimard.

— 1975, *Surveiller et punir. Naissance de la prison*, Paris, Gallimard.

— 1994, *Dits et écrits*, Paris, Gallimard, 4 vol.

Fourcade Marion, 2006, The Construction of a Global Profession: The Transnationalization of Economics, *American Journal of Sociology*, vol. 112, n° 1, p. 145-194.

Geertz Clifford, 1973, *The Interpretation of Cultures*, New York, Basic Books.

Gilman Nils, 2003, *Mandarins of the Future: Modernization Theory in Cold War America*, Baltimore (MD), Johns Hopkins University Press.

Grenier Jean-Yves, Claude Grignon et Pierre-Michel Menger (dir.), 2001, *Le Modèle et le récit*, Paris, Éd. de la Maison des sciences de l'homme.

Guilhot Nicolas, Heilbron Johan et Jeanpierre Laurent, 2009, Social Sciences, *in* Akira Irye et Pierre-Yves Saunier (dir.), *The Palgrave Dictionary of Transnational History*, Basingstoke, Palgrave Macmillan, p. 953-959.

Hauser Henri, 1903, *L'Enseignement des sciences sociales. État actuel de cet enseignement dans les divers pays du monde*, Paris, A. Chevalier-Maresq.

Isaac Joel, 2012, *Working Knowledge: Making the Human Sciences from Parsons to Kuhn*, Cambridge (MA) et Londres, Harvard University Press.

Jay Martin, 1977 [1973], *L'Imagination dialectique. Histoire de l'école de Francfort (1923—1950)*, Paris, Payot.

Kuhn Thomas S., 1972 [1962], *Structure des révolutions scientifiques*, trad. fr., Paris, Flammarion.

Lepetit Bernard, 1990, Propositions pour une pratique restreinte de l'interdisciplinarité, *Revue de synthèse*, vol. 4, n° 3, p. 331-338.

Lévi-Strauss Claude, 1964, Critères scientifiques dans les disciplines sociales et humaines, *Revue internationale des sciences sociales*, vol. 16, n° 4, p. 579-597.

Pomian Krzysztof, 1999, *Sur l'histoire*, Paris, Gallimard.

Porter Theodore M. et Ross Dorothy (dir.), 2003, *The Modern Social Sciences*, t. 7 de *The Cambridge History of Science*, Cambridge et New York, Cambridge University Press.

Ringer Fritz, 1992, *Fields of Knowledge: French Academic Culture in Comparative Perspective (1890—1920)*, Cambridge, Cambridge University Press, et Paris, Éd. de la Maison des sciences de l'homme.

Ross Dorothy, 1991, *The Origins of the American Social Science*, New York et Cambridge, Cambridge University Press.

— 1993, An Historian's View of American Social Science, *Journal of the History of Behavioral Sciences*, vol. 29, n° 2, p. 99-112.

— 2003, Changing Contours of the Social Sciences Disciplines, *in* Theodore M. Porter et Dorothy Ross (dir.), *The Modern Social Sciences*, t. 7 de *The Cambridge History of Science*, Cambridge, Cambridge University Press, p. 205-237.

Wallerstein Immanuel *et al.*, 1996, *Open the Social Sciences*, Report of the Gulbenkian Commission on the Restructuring of the Social Sciences, Palo Alto(CA), Stanford University Press.

Watson John B., 1925, *Behaviorism,* New York, People's Institute.

位于卡法尔小湾（Anse Caffard）的 Cap 110 纪念碑。这是马提尼克岛艺术家洛朗·瓦莱尔（Laurent Valère）为纪念那些在奴隶贸易中的溺亡者所做的雕塑。

第十章

福柯与生命权力的转变

1976 年出版的《认知的意志》(*La Volonté de savoir*),是米歇尔·福柯撰写的著名的《性史》(*Histoire de la sexualité*)的第一卷。近 40 年后,该书至今依然具有影响力。生命权力(le biopouvoir)是本书中的核心概念。它是分析和思考最近许多转变的基础,这些转变包括男女同性恋解放运动的诞生、第二波女权主义浪潮、遗传学的发展、医疗辅助生育、生物技术和广泛意义上的生物科学。如同在社会和科学创新蓬勃发展的时期中已在众多领域里广泛使用的任何概念一样,该术语的含义仍不断被解读,并且饱受争议。

本章将讨论福柯生命权力概念的起源。然后,本章将探讨在被称为"生命社会"(la biosociété)的背景下该概念如何成为范围可变的分析工具。最后,本章将对这个概念工具的未来使用进行一些思考。通过研究人员从 1970 年代开始使用该概念所发展出的一系列示例,本章试图表明生命权力在 21 世纪可能拥有的日益重要的地位。

生命权力的谱系

"生命权力"这个术语在福柯的作品中出现较晚,在 1954 年福柯的第一本著作出版的二十年后才亮相。因此,追溯该概念的谱系并回顾 1970 年代中期导致它出现的总体情况是有用的。福柯的早期作品既关注疯癫以及通过官僚形式的规训和监视控制异常个体，也关注人口——这个在他看来是很重要的——观念的历史。生物学的诞生是福柯在 1966 年出版的《词与物》（Les Mots et les choses）中关注的一个内容。在明确将注意力集中在生命权力上的十年之前，他就留下一句后来变成名言的话：18 世纪之前"生命不存在"，而这种不存在的唯一原因是缺乏一个能够理解其相互连接的系统。根据福柯的观点，没有达尔文主义的进化观的统一作用就不可能存在"这样的生命"，因为通过达尔文的进化观，人们可以将生命理解为共享相同联系的集合。在 1850 年代之前，自然志主要由各种各样的图表组成，它们虽然可以用来对生命进行分类，但是并没有定义其特性或原则。对于福柯而言，只有在达尔文之后，生命才作为自然系统的新定义赋予了有生命的物体以概念上的统一性，从而为建立现代科学的学科——生物学——提供了可能性。①

根据达尔文的模型，本质上并不是选择机制去解释生命是如何形成并随着时间发展的，而是达尔文所强调的所有生命形式的共同而独特的祖先，它取代了不可还原的原则。简而言之，有生命和无生命之间的区别是基于一个前提：所有有机生命都是通过共享相同的生殖物质而联系在一起的，并且是共同祖先的后代。正如人类学家玛丽莲·斯特森（Marilyn Strathern）与历史学家吉莲·比尔（Gillian Beer）观察到的那样，达尔文选择在家谱或树状谱系以及相互连接的生命体模型之间进行类比。这种选择的意图并不只是为了将其理论扎根于既有的表现形式中，而且因为与《圣经》中的树状谱系足够接近，从而减少了对犹太基督教信徒的潜在冒犯。② 根据斯特森的说法，达尔文所做的借用也改变了这种类比本身，其导致的后果在回顾时依然是引人注目的。因为这确实是通过回程效应（l'effet retour），通过反向轨迹使所选择的类比回到其原点。他用来使生物系统可见的家族纽带模型改变了这些纽带的含义——简而言之，他使它们自然化了。这些关系随后被视为"生物关系"（les relations

---

① Foucault 1966.
② Strathern 1992, Beer 1983.

biologiques），正是通过这种回程效应，才出现了一整套概念。[1] 其中包括在此之后人们通晓的自然/生物亲属关系的观念，以及家族、身份和种群的概念。

如果我们再加上另一种新事物，我们就获得了完整的转化序列，这对于我们理解福柯作品中生命权力模型是如何产生的，以及理解该概念如何参与到自20世纪下半叶以来影响社会生活和生命科学的许多变化中，是十分重要的。那就是20世纪中叶现代分子遗传学的诞生，而这种现代分子遗传学在基因中定位了生物关系的起源。确实，这就像通过与自然系统的类比来使用家族纽带，反过来又使谱系纽带自然化一样；就像通过类比自然界所赋予的生物学的形式从其学科角度解释了自然；生物学的遗传学化接替了自然的生物学化。为了呼应福柯的风格，我们可以说，直到20世纪末，都不存在遗传上的亲属关系：直到形容词"遗传的"成为"生物的"的同义词之后，以及通过这样做，才开始产生其含义——就像以前生物亲属关系取代了血缘关系一样——每个人都有两个遗传学上的父母的想法变得普遍并且被认为是理所当然。

将自然、生物学和遗传学联系起来的一系列变化对引入"生命权力"一词及其后续解释具有决定性的影响。我将在后文分析遗传学和遗传学化在生命权力方面提出的重要问题，以及解释新遗传学已成为广泛使用这一概念的领域之一的原因。但是，在此之前，先考察诞生"生命权力"的特定情形可能是有用的，因为这是福柯在《性史》的第一卷中以特定意义使用的一个术语。

性史

《性史》主要关注性，提出了这样一种观念：性构成了主体形成的背景。这使福柯可以质疑性与权力之间的联系，然后提出一种新的治理术模式，或更确切地说是一种新的人口治理模式。福柯同时在多个级别的话语上游走（他也因此饱受批评），他不仅讨论个人主体，而且还处理导致该主体出现的系统，主体从中采纳行为以及关于自身、身体以及社会的表征。这样一来，他试图理

---

[1] Franklin 2013.

论化主体形成的过程是如何在权力形式中并通过权力形式所展开的。他还要将权力发挥作用来塑造个人身份的方式加以理论化。但是，正如马克·卡曾斯（Mark Cousins）和阿塔尔·侯赛因（Athar Hussain）所指出的那样，福柯很少讨论权力是什么，而是讨论权力不是什么。

"因此，福柯关于权力的所有评论要么是消极的——通过拒绝当前被接受的权力关系——要么是作为分析这些关系的通用规约。"[1]

卡曾斯和侯赛因将福柯的权力理论描述为"异质性的"，源于"一系列不一致的言论，其中一些相对平庸，另一些则是新颖的，并给人留下强烈的印象，另一些是简明精辟的，但在仔细考察后会让人感到困惑"。他们认为，这些言论"充满了从战争、权力关系、国王与臣民之间以及牧羊人和他的羊群之间的关系等主题中汲取的意象和类比。"[2] 然而，如果说这是一个总体上颇具特点的论述，并且还充斥着陈词滥调，那么同时，它也第一次向人们提供了一种生命权力的理论。福柯将权力解释为一种多形态领域的新方式，而这与政治思想广泛使用的层级模型相冲突。福柯提出了一个具有挑战性的观点，即霸权的法律和他所谓的基于约束、压制和从属的"司法—话语工具"既不能成为监护者，也不能成为权力的来源。他提议将这一概念结合其他类比，即围绕引导和关怀概念表达的"牧领"权力模式，其关键可在使牧师（牧羊人）和民众（羊群）团结的保护关系中找到。牧师是通过结合个人和隐秘的权力来管理自己的基督徒的，这种权力以忏悔的关系表现出来，并通过前缀"生命的"（bio）赋予了流动与多变的权力领域。福柯从而描绘了以新权力的诞生为标志的历史性转折的轮廓。这也使他能够描述权力如何通过产生主体来确立自身的作用，这些主体用其躯体展现了他们受到规训的方式。

在福柯发表过著名的声明，即权力不是专名，并且它不以实体词存在之后[3]，他的生命权力的论题似乎与他以前的理论相悖，并且普遍引起了混乱。这就是我们考察生命权力如何起作用而不是对它是什么或对其定义进行讨论的原

---

[1] Cousins et Hussain 1984 (p. 225).

[2] *Ibid.* (p. 225).

[3] Foucault 1980.

因之一。确实，当福柯一再重申生命权力的目的是内在的，并存在于其手段中时，他就不想谈论任何其他情况了。通过回顾福柯对网络、机器、设备和配置的意象的不断寻求，我们就能意识到在他的权力和主体化理论中技术概念的重要性，也因此认识到技术在权力及其机制中的地位。他很早就开始研究知识在技术模式下的运作方式，并且他期望随后能对性技术进行描述。这使福柯能够证明生命权力如何通过其流动的装置来维持其作用。他本可以将其描述为"生命规训"。性为何以及如何成为技术的问题，以及这种类比在福柯的模型中如此重要的原因，将使我们能够更好地理解该概念是如何从准人类学的亲属关系模型构建和演变而来。

福柯的性、技术和生命权力模型对于经过人类学训练的读者来说似乎更顺理成章的原因之一是福柯认为亲属关系对社会生活具有结构性影响。[1] 对于克劳德·列维－斯特劳斯（Claude Lévi-Strauss）而言，亲属制度同时是法律的基础和社会身份的重要来源：它们通过一种在社会中作为普遍语法起作用的规则来参与主体的形成或对其开展的规训。"他的结构主义人类学论文于1949年发表，并成为福柯博士学位论文（于1961年出版）探讨的一部分。生殖在列维－斯特劳斯研究中的作用是模棱两可的。实际上，他认为"词语应当成为交流的对象"是一件好事，但是这种想法使他无法对贩卖妇女的普遍现象作出令人满意的解释，他声称这源于乱伦的禁忌，开启了从自然到文化的通道。[2] 许多人类学研究因为同样的原因遭受批评，因为他们的前提预设了生殖既是亲属关系的存在理由又是亲属关系所建立的系统的产物。[3] 这些在社会人类学中围绕"生物性"生殖的具体含义的循环关系难免采取了种族中心主义的形式，而在许多社会中该类别并不存在。[4]

当福柯在《性史》中叙述从他所谓的"君主"权力（le pouvoir "souverain"）到生命权力的过程时，他会关注君主的角色，尤其是君主按照自己的意愿判处

---

[1] Butler 1989 (p. 606-607).
[2] Rubin 1975.
[3] Strathern 1988.
[4] Strathern 1980.

任何他的臣民死刑的权力。但是福柯实际上专注的权力结构是贵族的亲属制度，尤其是继承和转移的手段。他认为，这些系统主要与血统的传代延续有关，因此生殖控制是确保继承人的一种手段。这种向内强调婚姻、生殖和继承的方式与列维－斯特劳斯所提出的向外的生殖功能形成对比：根据他的研究，近亲、同一血统的子女之间的婚姻以及内婚制是对生育的威胁，而乱伦的禁忌则是其解药。换而言之，尽管两位学者对生殖控制的策略、机制或语法的细节有着相同的兴趣，但对于列维－斯特劳斯来说，重要的是在共同体外的婚姻，而对于福柯来说，则是在共同体内找到婚姻。

因此，福柯描述了直到18世纪在贵族统治下的"一种婚姻的、固定的制度"，与"约束机制"相结合，其"主要目的"之一是"复制关系的作用并维护支配它们的法律"。因此，他用"联姻装置"（le dispositif d'alliance）确定了继承、控制生育以及保护贵族的主要战略，他认为这种"联姻装置被调节到与社会肌体的自动平衡相一致，它对此有维护的功能，由此，导致了它与法律的特殊关系，也使它的重要特点是"生殖"。① 然而，到了18世纪中叶，随着工业化的发展，"联姻装置"不再那么成功，并被福柯描述为"性装置"（le dispositif de sexualité）的新装置所取代。这个新的整体"不以生殖为目的"而是"从一开始就和强化身体联系在一起，与身体作为知识对象以及权力关系中的要素联系在一起"②。与贵族社会世界的生殖功能相比——这种功能意味着规则的永久性使得可以依靠固定的亲属关系装置随着时间转移地位和财富——现代家庭则遵循相反的原则。它较少基于受控的转移机制，而是基于"多变的、多形的以及权力的随机应变的技术而进行的"。这些技术产生了"对其所控制的领域和形式的不断拓展"，并通过"大量微妙的中介"得以体现，而主要中介就是"身体"。③ 因此，资产阶级上升时期新的亲属系统不是通过联姻维持秩序或维持继承，而是建立在一个由性角色的加强所推动的可塑的和不稳定的系统之上——核心家庭的性化，即"自18世纪以来，家庭已成为情感的

---

① Foucault 1976 (p. 140)
② *Ibid.* (p. 141).
③ *Ibid.* (p. 140–141).

与爱的必然场所",并建立了一种快感的经济。① 福柯在其开创性的建议中指出,这种规训谱系学的方法一方面是史无前例的,另一方面它之所以起作用,是因为它嵌套在特定的知识形式中,例如现代生物学以及后来的遗传学。

根据福柯的说法,与关注所有权、血统和同态调节稳定性的"联姻装置"不同,现代资产阶级家庭关注的是性。乱伦的威胁在这个模型中扮演的角色与列维-斯特劳斯所设想的完全不同,既不是通过婚姻(族外婚)进行交流的刺激性源头,也不是保留血统的崇高结果(族内婚)。乱伦禁忌以一种矛盾的方式促使核心家庭中性行为的加强。福柯解释说,有关性的话语激增,包括性的活动、演出和游艺以及偏移、倒错和禁止的表现,证明此时的性并没有被"压抑",而是加剧了。特别是,家庭成为乱伦"不断被需求和遭拒绝"的"性最活跃的场所",使资产阶级家庭成为"性鼓动的永恒温床"。② 然而,需要指出的是,在 19 世纪,福柯称之为性的这项新的性技术不需要完全取代由联姻装置建立的"性关系";它只是通过在其上叠放一个"矫正术"来改变其机制,用诸如健康、卫生和生殖控制之类的价值观取代"放荡或过度的旧道德观念"。③ 福柯特别指出,联姻装置上"叠加的新装置"与"性伴侣联结起来;但它所依据的模式则完全不同",并根据不一样的原则。④

在这一点上,福柯的观点是非常明确的。他解释说,通过他所谓的"性倒错-遗传-变性"的核心,人类中正在出现一种新的"生物责任"(la responsabilité biologique)形式。他明确地写道:"遗传分析让性(性关系、性病、夫妻性关系、性倒错)承担起对人类的"生物责任":不仅性可能受到各种性病的影响,而且如果不加控制,它能够传播疾病,或者遗传给子孙后代。"⑤

正是由于国家及其臣民共同承担的针对种族的这种新的生物责任,才产生

---

① *Ibid.* (p. 143).
② *Ibid.* (p. 143-144).
③ *Ibid.* (p. 155-156).
④ *Ibid.* (p. 140).
⑤ *Ibid.* (p. 156).

了对性行为进行监督的医学、政治以及个人和家庭方面的迫切需求。后者是通过对出生、婚姻、生育以及疾病、性倒错和行为的行政治理来控制人口及其未来的手段。正是在这个新的认识论空间中，将人类或"人"作为对象的福柯认为生命、性和人口服从于新的生物控制的责任。这是一个关键的转折点，促成了"在知识和权力秩序以及政治技术领域中的人类生命所特有的现象的进入"。① 简而言之，这是生命进入了历史，生命权力由此诞生。

19世纪初期，驱动贵族式亲属系统的生殖力量被性的管理所取代，这印证了福柯提出的技术与他提出的权力或规训理论之间的联系。它还使我们能够阐明将其精确称为"生命权力"的原因，并让我们能更好地理解为什么后者的运作方式比起确切地了解其含义更让福柯着迷。然后，我们可以想象，在1970年代初，福柯本可以开展与他在监狱、精神病院或诊所进行的案例研究相类似的研究，并考察诸如节育、色情或性病等主题。

但是，事实并非如此，福柯将注意力集中在一个难以预测的方向上。在这个方向上，牧师和他的羊群的比喻处于中心地位。因为尽管福柯从他的概念网络和作品装置中汲取了关于知识和真理的生产以及它们与词与物保持的关系。但他还有另外一个关注点，他强调了一组惯例，并用"肉体技术"（les technologies de la chair）一词来表达它。通过使用这个词，福柯要传达的想法非常具体，即忏悔在天主教中的作用。忏悔者与听忏悔的神父之间的关系是福柯权力理论中自律或"意志"内在化的一个重要类比。它不仅阐明了新的"生物责任"形式的对象，其涉及国家及其国民，而且也阐明了将国民的意志与国家策略联系起来的机制。

如果没有关于行为形式以及权力运作手段的理论，福柯无法解释主体如何变得如此渴望适应自己所从属的设备。他也无法解释他所描述的维多利亚时期对性的鼓动和扩散。而维多利亚社会是通过对性行为的规训和追求生物责任的原则同时产生和形成的。根据福柯的观点，这种转变与基督宗教牧师引导形式的"传统肉体技术"以及通过忏悔表达赎罪的动力相对应，并正在演变为一种

---

① *Ibid.* (p. 141–142).

由医学、教育、精神病学、人口学和国家管理的"性的新技术"。这就是性成为"整个社会肌体及其几乎所有社会的个人都被要求将自己置于监视之下的事情"。① 这样，英国国教牧领被 19 世纪的医学和控制生育率的运动所取代，这种运动以另一种形式，在另一个层面上改变了对夫妻关系的控制。"最后，以这种方式，"死亡和永劫的问题"变为了"与生命、疾病有关问题"②。

在接下来的内容中，我们将探讨生命权力的概念如何在三十年间被应用于社会科学领域，以及在其影响下出现了哪些新的范式。为此，到目前为止我们提到的几个框架是核心。因为在福柯的理论中，权力是产生和构成而不是等级性的和惩罚性的，所以这种理解尤其与"生物控制时代"（l'âge du contrôle biologique）提出的问题、身份、治理或身体规训问题形成了很好的共鸣。同样，亲属关系结构在当前的重要性以及变化的不可预测性影响了生殖控制的意义和利益。这意味着，通过体外受精、胚胎干细胞的衍生或克隆高等哺乳动物（例如多莉羊）的可能性，生命权力的概念得到了新的体现和增强。福柯一生中没有涉及的问题（例如人口控制、人口普查、性别不平等或生殖科学）为许多研究人员留出了足够的空间来进行研究。福柯对优生学、自我保健或健康和疾病监测的长期兴趣可预见地导致他的思想在遗传学、流行病学、药品开发领域的广泛应用。维-金·阮（Vinh-Kim Nguyen）将其描述为生物医学和生命科学中的"实验"文化。③ 就像我们将看到的那样，福柯对牧领主义的兴趣在新自由主义背景下也出现了新的方面，在这种情况下，诸如激励措施之类的软实力战略的引入呼应了他的异质性权力理论不断作出更新的贡献。这是所有使我们能够回顾当代政治和社会思想演变的事物。

---

① *Ibid.* (p. 154).
② *Ibid.* (p. 155).
③ Nguyen 2009.

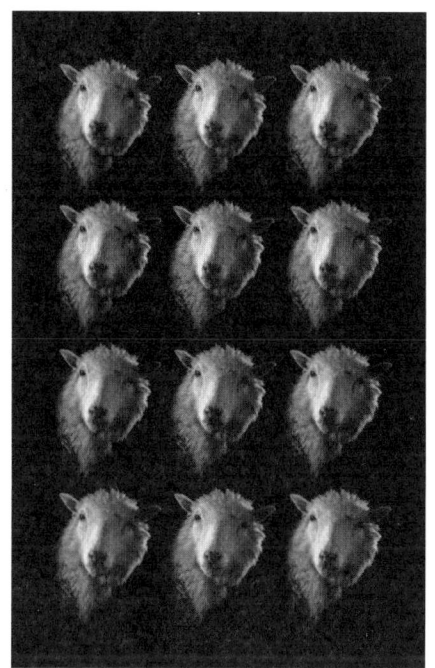

多莉羊，1996年在实验室里从成年体细胞核中克隆的第一只哺乳动物。

生命权力的演变

生命权力的概念非常适合20世纪和21世纪初的许多社会政治现象，例如组织培养①、现代农业或畜牧业②、胚胎学③、口服避孕药的大规模采用。④尽管许多研究人员利用了福柯的观念⑤，但对其生命权力的概念最有决定性的应用是从20世纪末开始的，作为对人类基因组测序的回应。正如我们之前说过的那样，这并不会让人感到奇怪，因为生命权力已明确地根植于谱系学、人口和物种的未来等领域。

---

① Landecker 2007.
② Fitzgerald 1990, Ritvo 1987.
③ Hopwood 2000, Keller 2003.
④ Watkins 1998.
⑤ Clarke 1998, Palladino 2003, Murphy 2012.

人类学家保罗·拉比诺（Paul Rabinow）是研究福柯的最知名的专家之一。他是最早认识到生命权力概念可以用来理解"人类基因组计划"利害关系的人之一。正是他在 1992 年引入了"生物社会性"一词，用以表示主体和共同体形成的新观点。这些观点是由与人类基因和遗传病理学有关的信息传播所引起的。根据拉比诺的研究，新的遗传学证实了福柯的预测，即生命将以无与伦比的规模进入人类行政制度。依据福柯对生命权力的定义，生命权力"将生命及其机制带入了明显的计算领域，并使知识的权力成为人类生命转化的媒介"，拉比诺解释说人类基因组计划在两个方面都是技术性的：首先，在其使用机器的一般意义上，其次是在我们所面对的知识都产生了它们的对象的更复杂的意义上。换句话说，人类基因组计划的目标不仅是重建人类基因组的序列，还包括产生有关基因的新知识，而这些知识使得无论是在身体内还是整个种群中，都可以检测和控制它们。根据拉比诺的说法，人类基因组的这一新的认知不仅通过新型知识和医疗干预手段，而且还通过社会交往和主体形成的形式——他形容为"一种绝对新的自生产的形式……我称之为生物社会性"来嵌入到社会结构中。① 通过这种方式，文化不再以自然为模型，而是成为一种独立的模型，一种在"技术"中重塑自然的模型。

在这种"自生产"的史无前例的背景下，新的主体出现了。它们与受影响的身体、处于风险中的身体、可能受到其基因危害的身体的管理手段有关。他的理论将以预防为目的的遗传风险的治理术与灌输新形式的生物身份（例如，成为突变基因携带者的风险）结合起来作为关键。在拉比诺提出的生物社会模型中，对有生命的物体的政治控制前所未有地扩展了——在新形式的科学知识和遗传特性之间建立明确的联系，要求进行检测并干预遗传病理（为了当代人或子孙后代），以及通过受它们直接影响的，如同进步，甚至解放的征兆对这些过程进行认知，等等。

在进行类似于拉比诺的分析的众多理论家中，社会科学家则宁可追随着新技术和遗传身份的并行出现。例如，雷娜·拉普（Rayna Rapp）十五年来在纽

---

① Rabinow 1992 (p. 241).

约市进行的关于产前染色体检测的人种学研究。① 她对孕妇如何解读和掌握越来越多的遗传信息感兴趣。她的结论与福柯关于 18 世纪末发生的变化的描述非常接近，即旧的亲属关系并没有被太多地取代，而是和与性装置相关的新家庭形式融合在一起。与拉比诺关于自然－文化分离的消失以及"现代"社会观念的描述相反，拉普描述了"更古老的和更深层的父母和家庭传统"（例如重视外貌上的相像或"非正式的民间信仰"）和科学或专业类别（比如，用于解释基因中检测到的异常的类型学）之间的互动。② 在拉普看来，监测遗传风险的识别制度，并广泛拒绝"新兴类别的生物医学和相关科学"，不仅证明了当代社会生活中"科学后果的不均匀分布"，而且也证明了这些新类别所遇到的阻力。③ 值得注意的是，在大多数受访者中，宗教对所有期望起着决定性作用，以及与福柯对古老"肉体技术"的强调和使它们与"性技术"区别开来的逻辑产生共鸣的方式。

在阿德里安娜·佩特里纳（Adriana Petryna）所描绘的新遗传技术的背景下出现的生命政治身份则是非常不同的画面。在对切尔诺贝利幸存者展开的一项具有里程碑意义的研究中，阿德里安娜见证了他们为进入一种生物计算政策（une politique de calculs biologiques）而成为她所谓的"生物公民"（les citoyens biologiques）的努力。正如她所指出的，生物学与身份之间的联系只是最近才发生的，但是这种联系发生的具体实践以及由此产生的身份在各个层面上都是不同的。正如许多研究人员所观察到的那样，通过识别某些分子突变（例如 BRCA1 或 BRCA2）而产生的对遗传同一性的新理解不仅仅导致了新形式的共同体和社会行动主义的出现，它也已成为制药和生物技术行业经济发展的主要动力，并导致了诸如健赞公司（Genzyme）之类的大企业的崛起，以及基因序列的快速商业化和私有化。④ 对于阿德里安娜而言，这些变化见证了新形式的公民身份的同时出现——例如具有受到威胁的生物基因遗传型的乌克兰

---

① Rapp 1999.

② *Ibid.* (p. 242).

③ *Ibid.* (p. 303).

④ Petryna 2003. 同样可参阅：Rajan 2006。

人，被发现正在发展能得出有关其症状的数据的方法，以便能够向行政当局索取赔偿金。这样的生物公民汇聚成一种新型的受过生物学教育的主体。他们熟悉旨在识别和干预遗传风险的行政语法分析。它们也在福柯的意义上被视为生命权力的经典主题。在这种构建中，生物损害成为一种保护手段和获得国家承认的社会团体成员地位的方法。在最近有关生物医学化（la biomédicalisation）的报告中，阿黛尔·克拉克（Adele Clarke）及其同事认为，"医学、健康、疾病、生与死的新生命政治经济［……］形成［此后］令人难以置信的密集和精致的空间。在该空间中，生物医学知识、技术、服务和资本相互影响并越来越多地构成彼此。"①

这些对生命政治领域迅速发展的担忧导致许多理论家通过"生物资本"（le biocapital）②、"生物价值"（le biovaleur）③、"生物利用度"（la biodisponibilité）④和最近的"活着的资本"（le capital vivant）⑤等概念将生命权力与经济控制联系起来。其他研究者，例如乔治·阿甘本（Giorgio Agamben）和若昂·比尔（João Biehl），已经采取了类似的方法，通过产生非生命、"赤裸生命"（la vie nue）甚至是"遗弃区"（les zones d'abandon）的想法来研究生命权力的反面，这与朱迪斯·巴特勒（Judith Butler）在介绍"脆弱不堪的生命"（la vie précaire）的概念时是一样的。通过这些不同的形式，对治理术的分析发生了决定性的观念转变，因为这种分析作为一种设备不仅允许还需要产生非生命。

与人们从"特质性"理论所期望的一致，关于治理术与主权之间的关系，以及它们与生命力或"生命本身"（la vie elle-même）之间的关系引发了另一场辩论。正如福柯1978年在法兰西学院的演讲中所阐明的那样，治理术描述了人民生活的管理方式，以及使行政管理及其对象之间的关系合法化和被保持的方式。他认为，治理术与主权之间的主要区别在于，前者是策略上的和两愿

---

① Clarke et al. 2010 (p. 1).
② Franklin 2001, Franklin et Lock 2003, Rose 2006, Rajan 2006.
③ Waldby 2002.
④ Cohen 2005.
⑤ Rajan et al. 2012.

的，而后者是压制、惩罚和等级制的。但是，没有必要由治理术来取代主权以确保其统治甚至霸权。正如朱迪斯·巴特勒所指出的，法治可以转化为策略上的主权形式，就像911恐怖袭击后在美国所发生的那样。她在对脆弱不堪的生命的描述中写道："尽管福柯在分析上对主权权力和治理术进行了区分，从而一再暗示，后者是一种较晚的权力形式，但他仍然认为这两种权力形式可以共存，实际上它们确实以几种方式共存，特别是与他称之为"学科"的这种权力形式有关。"① 巴特勒认为，这些不同形式的权力的能力不仅可以共存，而且可以组合起来。这成为福柯理论既不稳固又不可或缺的原因之一：通过生命政治实现的人口的治理术被叠加在先前的社会秩序上这一事实并不意味着第二个必须消失。拉比诺在捍卫这样一种观点时也提出了类似的看法，即生物社会性的出现并不认可"以全面的一致性为标志的时代的变化"，而是汇集了一系列不平衡且零碎的事件、片段和排列。

因此，通过扩大使用生命政治和生命权力的概念，我们可以看到其规模和着力点发生了双重变化：由于生命的生产已被视为非生命的生产以及新旧形式的治理的混合，因此生命政治的使命被重新审视了。这对应了21世纪初对生命权力所做出的更为一般的社会学解释，作为构成社会关系上模棱两可的协商空间。

历史学家米歇尔·墨菲（Michelle Murphy）通过她在生殖技术爆炸的背景下对"女性主义生命政治"的分析研究成了这种现象的经典例证。② 正如她指出的那样，将性别转变为治理的目标不仅在实验室和诊所中进行，而且还在国家行政机构、非政府组织、人道主义组织和超国家组织，例如，在世界银行（Banque mondiale）或国际货币基金组织（IMF）中进行。因此，她写道，"20世纪的一个典型特征可以在一种方式中找到。这种方式是国家和跨国计划通过分发数以百万计的避孕药、宫内节育器和其他形式的手术避孕措施以鼓励大规模限制出生的技术，从而以未来的经济利益为借口干预整个人口的生育。因

---

① Butler 2004 (p. 53–54).
② Murphy 2012.

此，以"人口"总体形式对繁殖进行改变已经成为通过技术，国家和商业解决方案处理的全球性的转型问题。"①

正如墨菲所指出的那样，这种将繁殖转变为人口管理和辅助的谱系学的问题不仅影响着人类的生育能力，而且还影响了动植物的繁殖机制。技术变革伴随着"生物责任"的扩展以及对于后代的"问责制"。②

在对美国女权主义者团体如何干预生殖政策的研究中，墨菲使用"错杂"（l'entremêlement）一词来描述为回应生命政治权力而发声的过程，同时，使用该词可以按照他们想要避免的术语重新列出主体。墨菲在这方面引入了"技性科学的反向操作"（contre-conduite technoscientifque）来表述一种过程。通过这种过程，每个人对"生殖手段的再次占有"都可以描述为抵抗的局部形式。这种形式在对抗的同时又拓展了生物权力对主体的控制。

因此，墨菲分析了一系列"社会技术实验"，例如，从 1970 年开始的妇女健康运动，为每个妇女提供了负责自己的妇科健康的手段。墨菲强调了随后出现的错杂：女权主义者通过自我检查或争取获得巴氏涂片或避孕药品等方法，为生命权力作出了贡献，同时扩展了其使命并重新分配了其作用。生育问题是"时空、物质和政治分布的问题，并且它通过由身体问题在微观和跨国之间建立起的联系与国家、种族、自由、个人和经济繁荣联结起来。"因此，墨菲研究了通过动员技术、科学、临床医学和国家机构来增强妇女的权力所必需的（模棱两可的）政策。通过描述汇聚于生殖概念的"谱系学的密切关系"（le nœud des généalogies）③，并通过展示如何将问责制项目理解为"通过毛细现象"来体现权力的场所，墨菲提供一个辩证案例的简明研究。由机构和学科仪器的叠加、规范化的类别和"问责性"生物控制的伦理学所组成，生命权力还掌握在那些试图干预这种生物控制的人的手中。生命权力的两个"反面"—"来自上方"，并通过例如征用和占用权以传统形式的主权权力为代表，和"来自下方"，不愿自己承担责任并承认生物学知识权威的公民—继续提供新的案例

---

① *Ibid.* (p. 1).
② *Ibid.* (p. 2).
③ *Ibid.* (p. 7).

研究，同时提醒我们垂直的等级结构与水平的布局之间不可避免的张力。福柯本人对形容词"系谱的"所做的改变回应了生命权力对主体的掌控所经历的十字路口、弯路和奇特的排布。而福柯所做的改变正好反映了这种反向含义及其模棱两可之处。

结论

新自由主义制度的兴起导致了"诱导—激励"策略、集体智慧、病毒性分拆（les essaimages viraux），即时通信和社交媒体共享。它们往往受矛盾的控制、占有、分类、分层和排斥的意愿所策动。在这样的背景下，福柯的观念看到了它们的价值和信誉的极大提高。这些观念表明，没有必要将生命权力的概念限制为"控制生命"，而是可以将其应用于更大的一组现象。在我们这个时代，前缀"bio"已经经历了转变。它从在字面意义上所提到的有生命的物体，变成了技术性的标志，而未来的发展可能会导致其更加明显地去生物化。然而，这无疑将伴随着重新的生物化以涵盖更大的全体性，例如气候变暖，作为一种准生物学现象起源于一种新的地质类别，即"人类世"。福柯迷恋于人类与人类科学之间的关系，而布鲁诺·拉图尔专注于人文科学、社会科学和政治科学中非人类的主体、客体和行动者。同时，唐纳·哈拉维（Donna Haraway）预测了反生物学策略的重要性以及技术的和非人类的行动者的干预。他转向了共生的相互作用模型，这预示着生命政治的另一个可能的转折点。这次可能是通过例如将藻类菌落的活动与人类健康和迁徙模式联系起来的相互作用，颠覆了治理术与活力之间的关系。从政治角度上不易解读，故而我们不能根据当前的政治、经济或社会权力模型来解释这种联系。如果我们想了解和预测未来权力的影响产生和驻留的方式，那么福柯所强调的控制的特异性本质可能意味着他提出的是迄今为止最强大的、尚待进一步发展的模型之一。

萨拉·富兰克林（Sarah Franklin）撰；克拉拉·布勒托译

参考文献

Agamben Georgio, 1998, *Homo sacer: Sovereign Power and Bare Life*, Palo Alto (CA), Stanford University Press.

Beer Gillian, 1983, *Darwin's Plots: Evolutionary Narrative in Darwin, George Eliot and Nineteenth-Century Literature*, Londres, Routledge & Kegan Paul.

Biehl João Guilherme, 2005, *Vita: Life in a Zone of Social Abandonment*, Berkeley (CA), University of California Press.

Butler Judith, 1989, Michel Foucault and the Paradox of Bodily Inscriptions, *The Journal of Philosophy*, vol. 86, n° 11, p. 601-607.

– 2004, *Precarious Life: The Powers of Mourning and Violence*, Londres, Verso. Clarke Adele E., 1998, *Disciplining Reproduction: Modernity, American Life Sciences, and the Problems of Sex*, Berkeley (CA), University of California Press. Clarke Adele E., Mamo Laura et Fosket Jennifer Ruth (dir.), 2010, *Biomedicalization: Technoscience, Health, and Illness in the US*, Durham (NC), Duke University Press.

Clough Patricia Ticineto et Willse Craig, 2011, *Beyond Politics: Essays on the Governance of Life and Death*, Durham (NC), Duke University Press.

Cohen Lawrence, 2005, Operability, Bioavailability, and Exception, *in* Aihwa Ong et Stephen Collier (dir.), *Global Assemblages: Technology, Politics and Ethics as Anthropological Problems*, Oxford, Blackwell Publishing, p. 79-90.

Cousins Mark et Hussain Athar, 1984, *Foucault*, Londres, Macmillan. Fitzgerald Deborah K., 1990, *The Business of Breeding: Hybrid Corn in Illinois (1890—1940)*, Ithaca (NY), Cornell University Press.

Foucault Michel, 1966, *Les Mots et les choses. Une archéologie des sciences humaines*, Paris, Gallimard.

– 1976, *Histoire de la sexualité*, t. 1: *La Volonté de savoir*, Paris, Gallimard.

– 1978, Governmentality, *Ideology and Consciousness*, n° 6, p. 5-12.

– 1980, *Power / Knowledge: Selected Interviews and Other Writings (1972—1977)*, Brighton, Harvester Press.

Franklin Sarah, 2013, *Biological Relatives: IVF, Stem Cells and the Future of Kinship*, Durham (NC), Duke University Press.

– 2001, Culturing Biology: Cell Lines for the Second Millennium, *Health*, vol. 5, n° 3, p. 335-354.

Franklin Sarah et Lock Margaret (dir.), 2003, *Remaking Life and Death: Toward an Anthropology of the Biosciences*, Santa Fe (NM), School of American Research Press.

Hopwood Nick, 2000, Producing Development: The Anatomy of Human Embryos and the Norms of Wilhelm His, *Bulletin of the History of Medicine*, vol. 74, n° 1, p. 29-79.

Keller Evelyn Fox, 2003, *Making Sense of Life: Explaining Biological Development with Models, Metaphors and Machines*, Cambridge (MA), Harvard University Press.

Landecker Hannah, 2007, *Culturing Life: How Cells Become Technologies*, Cambridge (MA), Harvard University Press.

Lévi-Strauss Claude, 1969 [1949], *The Elementary Structures of Kinship*, trad. J.H. Bell, J.R. von Sturmer et R. Needham, Londres, Tavistock.

Murphy Michelle, 2012, *Seizing the Means of Reproduction: Entanglements of Feminism, Health, and Technoscience*, Durham (NC), Duke University Press.

Nguyen Vinh-Kim, 2009, Government-by-Exception: Enrolment and Experimentality in Mass HIV Treatment Programmes in Africa, *Social Theory and Health*, vol. 7, n° 3, p. 196 – 217.

Palladino Paolo, 2003, *Plants, Patients and Historians: On (Re) membering in the Age of Genetic Engineering*, New Brunswick (NJ), Rutgers University Press.

Petryna Adriana, 2003, *Life Exposed: Biological Citizens after Chernobyl*, Princeton(NJ), Princeton University Press.

Rabinow Paul, 1992, Artificiality and Enlightenment: From Sociobiology to Biosociality, *in* Jonathan Crary et Sanford Kwinter (dir.), *Incorporations*, New York, Zone Books, p. 234-252.

Rajan Kaushik Sunder, 2006, *Biocapital: The Constitution of Postgenomic Life*, Durham (NC), Duke University Press.

– (dir.), 2012, *Lively Capital: Technologies, Ethics, and Governance in Global Markets*, Durham (NC), Duke University Press.

Rapp Rayna, 1999, *Testing Women, Testing the Fetus: The Social Impact of Amniocentesis in America*, New York, Routledge.

Ritvo Harriet, 1987, *The Animal Estate: The English and Other Creatures in the Victorian Age*, Cambridge (MA), Harvard University Press.

Rose Nikolas, 2006, *The Politics of Life Itself: Biomedicine, Power, and Subjectivity in the Twenty-First Century*, Princeton (NJ), Princeton University Press.

Rubin Gayle, 1975, The Traffic in Women: Notes on the "Political Economy" of Sex, *in* Rayna Reiter (dir.), *Toward an Anthropology of Women*, New York, Monthly Review Press, p. 157-210.

Schneider David M., 1986, *American Kinship: A Cultural Account*, Englewood Cliffs (NJ), Prentice Hall.

Strathern Marilyn, 1980, No Nature, No Culture: The Hagen Case, *in* Carol MacCormack et Marilyn Strathern (dir.), *Nature, Culture and Gender*, Cambridge, Cambridge University Press, p. 174-222.

– 1988, *The Gender of the Gift: Problems with Women and Problems with Society in Melanesia*, Berkeley (CA), University of California Press.

– 1992, *After Nature: English Kinship in the Twentieth Century*, Cambridge, Cambridge University Press.

Waldby Cathy, 2002, Stem Cells, Tissue Cultures and the Production of Biovalue, *Health*, vol. 6, n° 3, p. 305-323.

Watkins Elizabeth Siegel, 1998, *On the Pill: A Social History of Oral Contraceptives (1950—1970)*, Baltimore (MD), Johns Hopkins University Press.

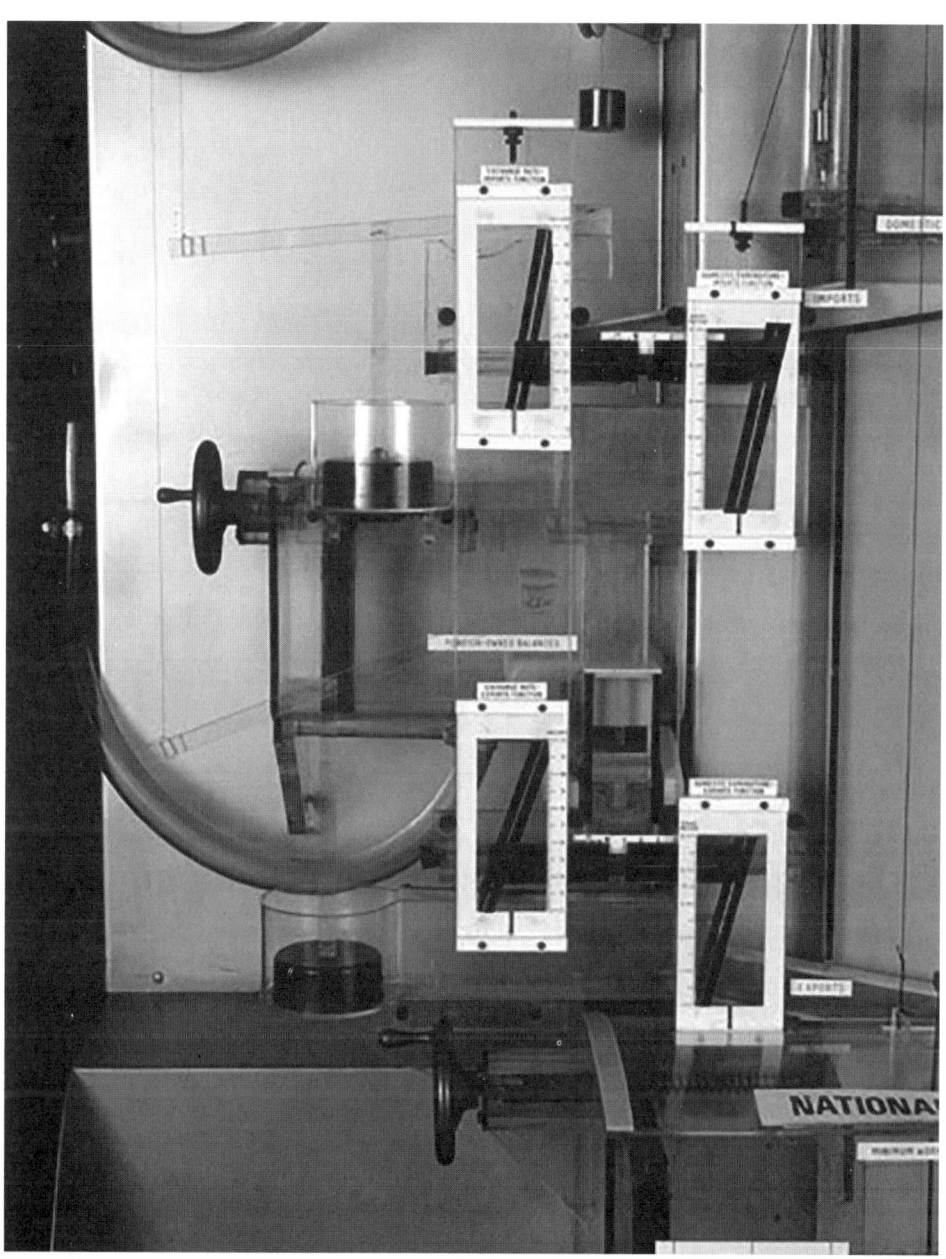

MONIAC 计算机（货币国民收入模拟计算机）（Monetary national income analogue computer）或"菲利普斯机器"，由经济学家威廉·菲利普斯（William Phillips）于1949年创造出来，旨在为英国国民经济建立模型。

第十一章

经济学的知识

自亚当·斯密（Adam Smith）和"重农主义者"以来，人们对"经济科学"（la science économique）的兴起毁誉参半。19世纪的最后几年则标志着经济学的加速发展以建立"真正的"学科。旨在容纳经济学家的新机构应运而生，而观念重新定义了研究的领域和技术。

如今，经济学家享受着他们的前辈梦寐以求的影响力。经济学已成为具有霸权性质的社会科学，在世界范围内对政治和商业享有无与伦比的权威。它构成了政府新的权能领域，即"经济"领域，并且已经彻底改造了20世纪一些最为重要的概念，例如，它赋予了"市场"概念在当今世界类似图腾一般的重要性。

然而，在20世纪初，经济学家们并没有设法使自己的学科在社会科学中占据优势地位，而是忙于为以"社会问题"为中心的统一科学奠定基础。如此一来，社会学家、政治学家、人类学家、心理学家就可以与经济学并肩作战。人们通常将经济视为这一广泛研究的一个分支，或者找出其中可以看到在阿尔弗雷德·马歇尔（Alfred Marshall）著名的《经济学原理》（Principes économiques）中被称为人的社会生活的"经济方面"的定义。[①] 在19世纪，一种观点逐渐被人们接受，即：社会作为一种系统会按照自己的逻辑运作，并

---

① Marshall 1890.

独立于国家之外。而那些实践所谓"社会科学"的人则试图利用自己的技能来发展他们认为正在改变世界的（经济和社会）力量的潜力（并加以控制）。

为了充分理解20世纪的经济学史，有必要将两个要素结合在一起：经济学家认为正在被构建的未来，以及实际上他们为其创造作出过贡献的未来。在19世纪和20世纪之交，经济学成为社会科学的一部分，旨在理解和驯服一个新发现的被称为"资本主义"的实体。一百年后，经济学家正在产生越来越复杂的模型，以探索被该学科宣称为专有领域的对象的本质特征，例如，经济。为此，他们依靠庞大的生产线所提供的工具和数据。这条庞大的生产线可以说为数以千计的经济学家提供了巨大的帮助，从而突破了"公共"和"私人"之间的壁垒。知识界之间的流转是很容易的——行为经济学家利用心理学来建立一个更复杂的经济人。对于经济学家来说，从事帝国主义的活动，试图吞并相邻领域的对象并将其带到自己的分析模式中也是很常见的事。但是，这种经济学与其创始人们的抱负之间的间隙已经变大变深，其后果是深远的。

建立一门学科

当然，数百年来，我们在任何地方都为那些被归类为"经济"的主题展开讨论。但是，在许多情况下，参与辩论的各方很少或没有接受过专业的培训。在19世纪末，那些试图使经济学成为一门学科的人依赖于一些先例，但是鉴于需要进行重新调配的规模，这些努力都可以说是无济于事的。专业期刊、大学教席、专业协会和研究机构正在成倍增加，而大学也正成为培养经济学学者的首选场所。人们不再认为经济学家只是具有某种特殊的世界观。现在，他们是专业培训的产物，而该学科的组建或多或少取决于场所。在20世纪初，业余爱好者的消遣演变为职业，并为遍布全球的学术组织方案奠定了基础。

在英语世界中，这种转变涉及采用术语"经济学"以希望能摆脱被认为过于陈旧且不够严谨的"政治经济"领域。在德国和奥地利的经济学家之间进行的一次相关辩论，即所谓的"方法之争"（Methodenstreit），将对经济生活的研究采用历史学方法的捍卫者与具有强大理论基础且其结构基于基本原理的科学的拥护者联系起来。尽管最初的讨论限于特定的地理位置，但它们最终在全球范围内展开。而按照德国或英国的标准，法国则落在了后面。然而，在 20 世纪的大部分时间里，那些试图将经济学与法律、历史学、社会学或其他社会科学联系起来的学者几乎没有忧虑，因为赞扬他们"经济计算"优点的工程师和数学家不在少数。[①]

在世纪之交，欧洲和美国并非唯一经历过由经济活动导致大量统计数据出现的国家。这些统计数据的产生（如分析）不仅仅是大学中经济学家的工作，甚至不是他们的主要工作。经济统计所提供的知识的确是过于有用且有利可图以至于无法保密。铁路、电报和其他领域正在塑造新的商业世界，并从根本上动摇了社会，这使得创建新型数据变得至关重要。这种数据可以让一个充满活力的财政部门寻求与潜在的投资者进行交流。比如，美国电话电报公司率先在美国生产此类统计数据。但是，体系的反对者则扮演了重要的角色。因此，在记录失业统计数据方面起决定性作用的是工会。而致力于详细追踪所谓的"经济生活"的报纸和其他行业也开始大量涌现：《华尔街日报》（Wall Street Journal）于 1883 年开始筹划，紧随其后的是查尔斯·道（Charles Dow）的表现工业股票指数的道琼斯工业指数（Dow Jones Industrial Average）。两者都反映出一个活跃的社群，他们倾向于通过存在来巩固自己。这样，它们所呈现的数据和统计信息将具有新的与强大的含义。许多经济学研究者都相信统计的力量。以前，从李嘉图（Ricardo）到瓦尔拉斯（Walras），即使是热衷于数学的经济学家也很少在其工作中给出定量的数据。相比之下，在 19 世纪下半叶，越来越多的经济学家，尤其是那些有历史学倾向的经济学家，认为统计对于经济分析及其工具箱至关重要。该运动在德国非常有影响力，并得到专门用于观察工作的办事处网络的支持，并有源源不断的经济学家到德国接受培训。第一次世界大战使德国失去了这一特权，但其所作出过贡献的经济学研究的扩展却势在必行。在 1920 年代后期，无论是美国国家经济研究局（National Bureau of Economic Research）还是苏联斯大林时期的瓦尔加研究所（l'Institut Varga），

[①] Etner 1987.

研究经济的机构都发挥了无与伦比的影响力。

价格政策

经济生活的社会结构的重要性有助于我们更好地把握改良主义政策在当时经济学家中的流行。边际主义通常被认为是剥削的合理化，使政治经济学失去了其巨大的潜力，然后可以导致社会主义的出现。正如马歇尔的同代人和竞争对手埃德温·坎南（Edwin Cannan）从获得伦敦经济学院教席后所指出的那样："边际效用学说将许多以前只能用"情感上的"或"非经济的"术语来表征的事物看作为经济"——社会主义者利用这一扩展将自己定位为社会正义和有效利用有限资源的拥护者。[①]1 从数学的角度来看，市场活动所达到的均衡与中央计划所达到的均衡之间也没有区别。关于社会主义者设定价格以使市场可见的能力的争论有很多，当约翰·梅纳德·凯恩斯（John Maynard Keynes）在1926年宣布"自由放任的终结"时，这呼应了人们广泛持有的一种立场。[②]

20世纪初期的经济学知识史通常被描述为边际主义者在1870年代发起的革命的结果。不过，这个版本只是对这段历史的讽刺，实际上这段历史是有趣和多样的。后来被称为边际主义者的人的确代替了对生产和消费周期以及社会阶级之间价值分配形式的研究，围绕个人经济代理人的问题，他们依靠价格来最大化其效用，以一种未经预先策划的方式达到了市场均衡。但是，直到第二次世界大战之前，经济在多元论的突出表现远胜于任何共识的力量。体制结构、自然资源的管理、帝国的架构、财政的复杂性或种族问题只是其中的一些主题。这些主题在具有迷惑性而现今则广为人知的"新古典主义经济学"所集合的工作中为了第一名的位置相互竞争。

与今天流行的刻板观念相反，我们应当记住的是，被边际主义的标准所接

---

① Cannan 1903 (p. 405).
② Keynes 1926.

受的工作与体制有关。瓦尔拉斯的理论适合特定类型的市场，即受监管的证券交易。在马歇尔看来，市场具有相似的有形品质，尽管他的关注点其更多地体现为城市市场的变化。因此，两者都将其市场概念定位在突出的社会环境中。

我们很难将边际主义者与他们的同事区分开来，但这并不意味着经济学家之间没有较深的分歧。但是，如果希望以目的论的方式解读这段时期，以此作为经济发展的序幕，那么只会使事情变得难以理解。20世纪初，经济学在两条道路之间摇摆，两条道路都拥有丰富的知识遗产：成为自然与资源管理的科学，或者成为价格和金钱的科学。当时，人们将这种唯一可代替的办法描述为优先考虑"效率"或"稀缺性"之间的选择。第一个使经济学家成为物质世界和社会世界之间的调解人；第二个则是存在于社会和根据自身逻辑的世界范围内的货币流动之间。

然后要说出两者中的哪一个会获得胜利是不容易的。数百年来，人们一直认为经济生活与农业生产密不可分。美国的农业部门通常是经济学家的避风港，而其中一些著名学者，例如约翰·肯尼思·加尔布雷思（John Kenneth Galbraith），研究了农业经济学。直到1970年代，初学者的教科书中通常都包含一个关于农业的章节，这是农业作为曾经该学科基础而存在的痕迹和标志。经济学家已经着手破译人类行为在社会中的一个方面，但是他们对社会领域的探索导致许多人重新定义人类行为，并拒绝将自然与社会区分开来。

在20世纪的前几十年，即使是被人们遗忘，另一个必不可少的要素也占据了当时人们的头脑——种族纯净的不可估量的资源。例如，欧文·费雪（Irving Fisher）是最受赞誉的经济学家之一，而他是优生学的坚定支持者。在他看来，经济学和优生学是密不可分的，是他所研究的国家财富的两个方面。这一观点使他成为该学科的主流，并与爱德华·罗斯（Edward Ross）等人联系在一起，爱德华·罗斯是美国经济协会（American Economic Association）的创始成员之一，他提出过"种族自杀"的概念，这是政治经济学对人口管理的传统关注的一种变体。[1] 数据和统计学的技术工具的应用也与优生学有机地联系

---

[1] Ross 1901 (p. 88).

起来：人口的生物统计学分析导致了十分新颖的统计学技术的发展。这些统计学技术无疑证明了优生学信息的合理性，但是它们具有自己的力量，随后在计量经济学中得到了广泛的应用。

在 1920 年代，经济学家可以对取得的成就做出积极的评价：他们对于经济活动的治理变得越来越重要，学科的组织化稳步发展，致力于生产经济知识（并涉及商业世界）的其他机构也在不断壮大。通过慈善组织、国立机构和技术研究中心的协调，资金正以前所未有的水平流动。但是，经济学家的工作范围可能更广，但其影响力仍然有限。知识多样性引发了激烈的辩论，而这种异质性使得人们很容易将经济学视作一种学术性质的工作，而这种工作本身又过于分裂，以至于无法用于事物的治理。人们向那些预言即将发生概念革命的学者表示敬意，但是这种转变的轮廓仍然是不清晰的。

制造经济

在 1930 年代，经济学作为一门学科参与了将经济作为一个新对象的制造，在接下来的几十年中，对该对象的管理成为各国政府的主要关注点。围绕这一对象的政治生活的重组，以及对其进行管理所必需的经济知识的重要性，使专业经济学家有了新的重要性。他们克服了过去的不确定性和分歧，开始寻求在社会科学和公共决策中占据重要地位。在过去的几十年中，"经济"一词通常是指一个过程，而不是一个对象。与"治理"的概念有关，经济学是指对资源和物质手段的管理或有效利用。在诸如"政治经济学"或"社会经济学"的表述中，它不仅指对生活的"良好"管理，还指对这种管理有用的技术和行政知识模式。在 20 世纪中叶，"经济"的概念有了新的含义。经济学家开始使用该术语来指代特定领土内生产、交换和消费关系的整体。这一变化反映出使用了新的统计学方法，旨在测量和监测国家一级的货币化关系。它还反映了生活的物质和社会方面的变化，特别是国家官僚机构和企业行政管理机构的崛起。它最终标志着工业大国从领土扩张和帝国主义政策的时代向民族国家政府中的优先地位和危机管理的转变。一项重大发明为制造经济，建立国民收入统计作出了贡献。在间战期，美国的西蒙·库兹涅茨（Simon Kuznets）等统计学家开发了测量后来称为国民生产总值（GNP）的方法。其设想经济世界由三大实体组成：家庭、企业和政府——国民收入计算得出这些单位之间兑换的每月估计值，并将总数表示为反映新对象演变的形式：国民经济，当时被视为一个系统单位。其他力量可能会从外部干扰系统，但现在可以将经济视为动态对象，与其他社会过程不同，并受其自身凭经验可理解的运行规律。但是，并不是只有政府才能围绕这些类别和数据开发新用途。变化正在同时发生：大型上市公司数量的增加、纸张和纸币的日常使用、越来越多的家庭支付所得税等——所有活动都增加了集体生活的方式。这种生活方式通过货币和会计计算来进行调节，从而产生了一个由数字统一的世界，而这可以被想象并表示为经济。大约在同一时间，大萧条让人们注意到英国经济学家凯恩斯的工作（以及其他国家的类似研究）。凯恩斯的《通论》（*Théorie générale*）有助于将重点从针对特定市场的行动者和价格的微观研究转移到后来被称为"宏观经济学"的宏观研究，其关注于国民生产、就业、收入、储蓄、投资、货币供应和税率。政府依靠这些观念来计算新的总量，并引入计划来管理它们的相互作用。如此一来，发明经济学学科的概念就成为经济学家声称要描述的世界的一部分。同一时期，苏联的计划经济的实验，以及魏玛共和国或国际联盟的经济学家的工作，也促进了经济作为知识对象的出现。

　　数学经济学的发展是这一时期的第三个具有特点的演化，对于理解我们试图表征的变化至关重要。出版商兼投资顾问阿尔弗雷德·考尔斯（Alfred Cowles）对不准确的市场预测感到沮丧，他正在资助数学和统计技术的发展，以使经济学成为一门更加精确的科学。他创办了《计量经济学》杂志（*Econometrica*），并建立了研究机构——考尔斯委员会（Commission Cowles），以编制经济过程的通用模型。方程系统是这种知识的起点。现在，收集统计信息的目的不只是对现实世界的描述，而更多的是作为数据样本以导入数学模型中，以此来推导经济规律。后来，数学经济学的抽象将使经济学家定义实际经济政策的任务大为复杂化。但是，科学的抽象有助于增强经济对象的现实效果，而模型和数据似乎与之相关。①

最后，在第二次世界大战中人们开发了更实用的国民经济计算和管理方法。各国政府的确必须最大限度地提高其工业生产、控制价格和工资、管理劳动力和原材料的分配，以便能够满足民用和军事需求。因此，他们将经济学家召集到了计划办公室，在那里开发了估算和对宏观经济变量之间相互作用进行建模的新方法。这些努力正在使经济学脱颖而出。

再提一点：第二次世界大战终结了殖民帝国的时代。那个大国通过控制领土来组织生产和贸易的时代一去不复返了。但是，彼此纠缠的帝国主义的全球网络使以自给自足的领土单位来计算经济的过程变得困难。随着工业强国放松控制，殖民帝国体系瓦解并重新专注于国民经济的管理、经济思想和政府实践，它们便有能力在全国范围和经济规模上组织这些事务。

增长与数学模型的黄金时代？

战争结束时，工业强国的人民期望其政府建立以高工资为基础的平等社会，改善社会保障，结束种族隔离（在美国），并在许多情况下加强工人在生产资料的管理和所有权中的作用。经济学家采用了新的方法，提供了另一个答案：政府可以重新分配"增长"政策，而不是重新分配财产和收入。

经济学经常面临变化——人口增长、贸易扩大、自然资源过剩或短缺，以及通货膨胀。在罗斯福新政的背景下，刺激政策涉及工厂的重启和为失业者创造就业，这被理解为增长和收缩活动周期的一部分，人们称其为"经济周期"。因此，扩张本身并不是目的——即使对经济周期的研究使人们确定了减少变化的手段，如有必要，限制扩张运动以减少衰退的规模，或寻求减少商品或劳动力供应中的瓶颈（这可能会为摆脱危机设立障碍）。另一方面，在1945年之后，"增长"意味着完全不同的东西：政府的政策赋予自己的目标不是增加人口、贸易、资源或财富，而是更宽泛且具有更少的物质性，尤其是人们所希望

---

① 关于对这些模型的另一种解读，参阅本卷第16章的论述。

的，能够持续发展的东西：经济。经济学家还利用增长来思考和推动工业化国家与前殖民地之间的关系，其主旨是"经济发展"。在间战期，英国及其他帝国主义力量推行了殖民地发展项目，希望通过更好地利用资源和改善人民的生活条件来减少反对殖民统治的力量。第二次世界大战之后，（尤其是）与世界银行合作的美国经济学家利用国民生产总值及其增长来衡量发展中国家的新未来。美国在拒绝了印度等新独立国家提出的修改国际贸易条件并将资本从发达国家转移到发展中国家的要求之后，它们转向求助于经济增长的科学，以解决贫困和全球不平等的问题。这些发展计划并没有缩小"南—北"之间的财富水平与生活质量之间的差距，但它们再次为新科学提供了定义和制定公共政策的可能性。

以上只是战后经济学家作为经济管理者和效率专家变得日渐重要的一个例子。同时，福特基金会等机构也鼓励输出美国的经济学。各国之间的差异仍然存在，但是美国的经济学，至少是非常具有选择性和狭义的版本，开始在全球范围内主导了教学和研究。

将学科建立在经济现象数学模型之上的运动设置了一种通用语（lingua franca），这为该职业提供了专业术语。从最初的哲学方法开始，经济学完成了向工程学的转换。1950年代初期，没有什么能比肯尼斯·阿罗（Kenneth Arrow）和吉拉德·德布鲁（Gérard Debreu）所提出的一般均衡理论更好地代表这一转变了。阿罗—德布鲁模型显示，整个经济，而不仅仅是特定的商品市场，都可以在竞争均衡中进行数学建模——作为一种系统，其中基于一系列不现实的假设，例如，在完全竞争的假设中，每个生产者和消费者都会找到一个平衡供需的价格。它成为新古典综合学派的核心——这是美国调和凯恩斯主义宏观经济学与瓦尔拉斯的新古典微观经济学的主要尝试。

凯恩斯的杰出继任者，例如英国剑桥学派的成员，对这些试图将整个经济视为单个经济计算的总和的尝试进行了批判性研究。然而，保罗·萨缪尔森（Paul Samuelson）所著的《经济学分析基础》（Economics:An Introductory Analysis）及其所产生的巨大影响力确保了综合学派的成功。该书于1948年首次发行，后来被翻译成40多种语言，在其19个版本形成的过程中得到了丰富，有时某些观点也会被删除。但是，该书成功地促进了这门学科的数学化，并将其划分为两个截然不同但却相互兼容的分支：宏观经济学涉及整个经济学，微观经济学涉及单个市场。

市场的胜利

当1970年代到来时，刺激经济增长的要素的重要组合走向瓦解。布雷顿森林协定（Bretton Woods）所确立的秩序于1971年崩溃。米尔顿·弗里德曼（Milton Friedman）和他的朋友们都大为高兴。然而，在开始走向"全球化"的时代，这一信号只是那些试图控制国民经济的人所面临的第一个挑战。"滞胀"（la stagflation），一个注定要成为经济学家和政客日常接触的新词，它描述了经济增长停滞与通货膨胀失控的联系。这个时期通常被描述为资本主义的黄金时代——法国的"黄金三十年"。当这一时期被新自由主义所取代的那一刻，揭示了先前被社会民主主义的天鹅绒手套所掩盖的铁拳。但是，如果我们仔细观察，就会发现一个更丰富、更有趣的历史。

首先，从两次世界大战之间到1950年代和1960年代的生产经济知识的装置在基于国家计划的政治制度下仍然存在。经济绩效仍然是衡量政府成功与否的指标，经济学家仍然被赋予了设计出能够维持增长的公共政策的任务，并且经济学知识比以往任何时候都受到重视。然而，计量经济学的远见已部分转化为有利可图的私营行业，该学科以前是在国家行政部门的研究人员的主导下显著发展的，而他们在大萧条之前，谴责私营分析家为"江湖骗子"。

尽管重新导向了新的目标，但推动第二次世界大战后经济发展的机构仍在继续发展。美联储主席保罗·沃尔克（Paul Volcker）用以下话语描述了这一转变的实质及其矛盾的一面。他解释说："我们现在都是凯恩斯主义者，这与我们看待事物的方式有关。国民收入统计数据属于凯恩斯主义的世界观，而经济学家的语言主要是凯恩斯主义的。但是，如果在我们使用'凯恩斯主义'时，指给经济输液，指构成经济的关系是清晰的和可被理解的，并且，如果实施得当,它可以使我们获得永恒的繁荣,那么这种指代方式将是荒谬的。"[1]

但是,沃尔克的这番话遗忘了那些声称已经超越凯恩斯主义"荒谬之处"的人的关键词:市场。这个术语具有非常新的含义。直到1950年代,商业界的捍卫者都是"创业"一词汇集的所有机构的监护人。但是,在1970年代盛行的"市场"概念更灵巧、更抽象并且易于使用。与国家繁琐而准独裁的官僚机构不同,市场是(或者更确切地说是)一个通用且灵活的场所,行使自由意志的个人在此将解读价格所返还的信息,计算他们应当行走的轨迹——为公司带来最佳的结果。尽管市场的拥护者从容地将注意力放在无限制竞争的优势上,但事实证明,市场本身很难描述。这种模棱两可导致了一种平静的精神分裂。市场既是人类关系的通用性质,如果看不到其毁灭,就无法拒绝这一判断。市场也易受到伤害,需要受到不断的保护,防止出现潜在的破坏者。但是,我们知道,模糊的概念非常有用,而且与过于具体的概念相比,它们通常能更有效地用于具体目的。在该行业里,象牙塔内的经济学家对市场的痴迷导致对整体经济学理论必不可少的微观基石的追求。

有效市场假说

这种对市场的新信念最著名的例子之一就是对有效市场假说(HEM,l'hypothèse d'efficience du marché)的接受度不断提高。这一假说将金融市场描述为无与伦比的信息处理者,任何人都望尘莫及。这种将市场视为处理信息的理想装置(而不是作为分配资源的工具)的方式巩固了金融经济学并改变了金融的主要内容。自称"金融工程师"的人依靠有效市场假说和其他创新技术[最著名和最受欢迎的是布莱克——斯科尔斯(Black-Scholes)期权定价模型]来创建日益复杂的金融工具。一些人认为,这些发展使投资者可以更有效地管理风险,甚至消除风险。在金融市场中,资金自由流动,促进了资本和生产的跨界流动。当1980年代

---

[1] 被引用于 Neikirk 1986(p. 107)。

> 到来时，布雷顿森林体系被后来的"华盛顿共识"取代。其鼓吹者的建议将价格稳定、私有化、贸易自由化和最低预算赤字紧密地联系在一起。试图扭转局势的政治领导人则被无情的债券市场的惩罚所警告。该系统的基础是经济学理论使之成为可能的金融体系结构。

米尔顿·弗里德曼在捍卫其凯恩斯主义"货币性的"替代方案时，当然会继续使用构成战后宏观经济学基础的总量。同样，政客及其专家继续使用这些工具中的大多数——但学术界的前卫人士谴责这些工具是极为落后的：经济学所需要的是从一般均衡理论中以及从其内部得出对经济学普遍有效的结论的模型。

通过"理性预期"假设（l'hypothèse des "attentes rationnelles"）可以找到解决方案。其提出了一个原则，即个人是非常精明的经济行动者，能够理解经济学家用来解释其行为的模型。在这种"自反性"条件下，稳定政策只会在无法预测的情况下影响经济。因此，这种"新古典主义"经济学的支持者提出了经济时空的新概念：分析的相关基准不再是整体经济，而是前瞻性的经济人的决策。能够预测政治干预的结果涉及从现在到未来的另一种治理方式。如果人们知道今天的减税是为了明天的加税，那么他们不会像凯恩斯主义者所期望的那样花钱，而是要省下来。理性期望理论填补了允许凯恩斯主义者利用当下的模糊性带领人们不情愿地走向繁荣之路的空白。随着批评家的涌入，罗伯特·卢卡斯（Robert Lucas）宣布了芝加哥学派的理性期望理论的转折点。他预测"宏观经济"一词会从流通中逐渐淡出，并且，这个词汇只不过是过去时代的遗迹。[①]

但是卢卡斯的预言是错误的："宏观经济学"依然存在，特别是因为理性预期理论的支持者未能建立对有效管理经济的人有用的模型（尽管其影响力仍然很大）。因此，在1980年代，理性期望理论的拥护者引起的动力转移到了"真实周期"（le cycle réel）的捍卫者一边。新一代的理论家仍然将个人视为

---

① Lucas 1987 (p. 107).

理性行动者，但他们将某些"真正的"冲击（例如石油价格的飞涨）视为经济波动的根源。根据他们的说法，总需求的变动可以用个体决策中的错误来解释。怀疑论者拒绝新凯恩斯主义，并指责它试图以各种方式使自己的结论合理化。而且，新凯恩斯主义者本身也认识到，他们对表面上看起来是次要的话题给予了巨大的分析权重，例如，价格和工资适应不断变化的市场条件的速度。尽管这些个体决策在菲利普斯曲线（la courbe de Phillips）等传统凯恩斯主义工具中所体现的确切方法仍然是模糊不清的。

但是这些顾虑很快就被放弃了，特别是因为该行业需要达成共识，以协调经济事务的日常管理和尖端的经济理论。一种新型的模型，即动态随机一般均衡模型（DSGE），在宏观经济中处于核心地位。在这种模型中，经济的行动者是理性的和具有前瞻性的，而市场则被认为是存在一系列缺陷的。平衡在20世纪中叶占领经济学的经济宏观总量的尝试还历历在目，在新千年之交，我们就见证了该学科所达成的前所未有的共识。

一些漫画将经济学家们讽刺为缺乏经验基础的抽象模型的崇拜者。但是，这种做法忽视了该学科的最新发展。从1960年代加里·贝克尔（Gary Becker）关于"人力资本"的研究到以贝克尔在芝加哥大学的同事史蒂文·莱维特（Steven Levitt）所作的著名的《魔鬼经济学》（Freakonomics），经济学的范围扩大到涵盖任何似乎与效用最大化问题直接或间接相关的事物——无论是种族主义、自杀还是其他。行为经济学家正在寻找一种方法，以建立拥有有限理性的更敏锐的行动者，而不是无情的效用最大化的刻板形象。在1980年代，博弈论变得无处不在，并促进了该学科领域的扩展。在计量经济学研究中受过训练的经济学家队伍，由于计算机的日益成熟而获得了激增的数据量，从而能将实证研究的实践重新引入行业的核心。

微观经济学可以很快地证明其在学科之外的效用。被认为是效率计算的大师，经济学家获得了商业顾问的工作，同时，在芝加哥蓬勃发展的"法律和经济学"运动的推动下，价格理论课程在法律培训中成为日常。由于不断的争论，宏观经济学在吸引高级官员的注意方面花费了一些时间。甚至在2006年，格雷戈里·曼基夫（Gregory Mankiw）在离开担任经济顾问委员会主席的职位时，仍然观察到："可悲的事实是，在过去的三十年里，宏观经济研究在实践中对财政和货币政策的分析几乎没有影响。"[①] 尽管在这些不抱幻想的言论出现后不久，情况就发生了变化，但在经过一番调整后，在 1960 年代由凯恩斯主义发展出来的更简单的模型可能仍然是使用最广泛的经济管理工具。此外，新凯恩斯主义者在政治领域的权力位置上无疑是有效率的：劳伦斯·萨默斯（Lawrence Summers）、珍妮特·耶伦（Janet Yellen）、约瑟夫·斯蒂格利茨（Joseph Stiglitz）、奥利维尔·布兰查德（Olivier Blanchard）、本·伯南克（Ben Bernanke）和曼基夫本人都是在这一运动中涌现出来的人物。

尽管在指导高级官员的理论中可以看到一些连续性，但对经济治理的责任却从选民代表的手中巧妙地与决定性地转移到了中央银行行长身上。从 1970 年代开始，人们对民主政府进行经济收缩时所需要的有难度的裁决能力缺乏信心。这标志着有能力掌握技术知识的独立机构的出现。它们遵循着限制政治家自由裁量权的规则。该项目最初由中央银行实施，后来被广泛应用，从税收到机场管理。在此期间，银行应行使的权力，以及该权力运行的方式都发生了巨大变化。在 1980 年代前后，货币主义趋势迅速被校准短期利率的政策所取代，旨在减少通胀（从而降低通胀预期）。除了这些发展之外，独立的专家可以保护经济并规训公众的想法仍然占据主流地位。

同时，经济学学科（l'économie-discipline）正在蓬勃发展。政治精英拥有经济学高等教育学位的可能性从未如此之高：在一份 1998 年的报告中写道，几乎有一半的国家至少有一位具有经济学学位的高级别领导人。超过八分之一的国家拥有获得西方国家经济学博士学位的领导人。主要集中于美国的少数大学精英控制着整个世界范围内该领域的入场券。1980 年代，本·伯南克和默文·金恩（Mervyn King）是麻省理工学院的办公室同事。二十年后，他们分别领导了美联储和英格兰银行。伯南克的论文导师斯坦利·菲舍尔（Stanley Fischer）接任以色列银行行长。菲舍尔的另一位学生马里奥·德拉吉（Mario Draghi）成为欧洲中央银行行长。跨国组织还雇用了数百名经济学家，其规模

---

① Mankiw 2006 (p. 42).

超过了最负盛名的大学研究部门，譬如，1990年代世界银行大约有800名经济学家。而美联储雇用的经济学家数量几乎和世界银行一样多。全世界的政府雇用了数千名经济学家，更不用说自1970年代以来激增的智库和其他私人研究机构了。

因此，在大学经济学演进的背后都能看到学术界之外的大型组织的身影。理性预期理论是在明尼苏达州美联储的一个分支机构发展的早期阶段里产生的。动态随机一般均衡模型是由美联储地区办事处制造出来的。几十年前，在博弈论广泛在学科中传播之前，美国国防部慷慨地资助了博弈论的研究。从国民经济核算到线性规划，该领域的许多其他支柱都依赖于公共资金。

但是，并非只有政治家对经济知识如此渴望。2000年，在美国以及世界的每个角落，经济学博士学位获得者中超过一半在公共空间以外工作。学术界仍然是受到人们关注的。在著名大学里，商学院的经济学家和经济学系的经济学家一样多。加里·贝克尔认为，在学习过程中采用"一种经济学的方式看待生活"的商人学徒更有可能在毕业后聘请经济学家。[①]

对于经济学家来说，最赚钱的工作是在金融行业。由于金融经济学衍生出的技术，这种实践在1980年代初期受到了干扰。定量模型可预测投资回报率，而高度复杂的算法则作为触发交易的基础。衍生品市场比其他任何受益于这种创新的市场都多。在2000年代，通过这些市场流通着数万亿美元，而如果没有金融经济学在知识上的投入，这是不可能实现的。经济学学科和经济学家已经与他们声称要研究的对象建立了密不可分的联系，并且比以往任何时候都对它们的正常运转发挥着至关重要的作用。他们获得了巨大的利益，并且在一个主要部门中获得的成功为学术界、政治界和商业界或同时兼顾这三者的职业开辟了道路。但是，这些个人成功是更大转型的结果。经济学家不仅观察了这个世界，还对这个世界的到来起到了决定性的作用。

这种影响从未像2008年那样明显，当时大多数经济学家建立起了将导致崩溃的威胁：一个金融机构让本该被驯服的工具所动摇；多年来赞扬"大稳

---

① Becker 1992.

定"时期（la Grande Modération）并为防止再次陷入萧条而奋斗的政客；一个因事件而感到震惊的行业，其模型没有出现，而这个行业甚至使这些事件成为可能。① 这不仅仅是一次简单的经济危机，更重要的是，这是经济学家们制造的危机。

蒂莫西·亨克（Timothy Shenk），蒂莫西·米切尔（Timothy Mitchell）撰；
克拉拉·布勒托译

参考文献

Alacevich Michele, 2009, *The Political Economy of the World Bank: The Early Years*, Palo Alto (CA) et Washington (DC), Stanford University Press et the World Bank.

Backhouse Roger et Boianovsky Mauro, 2013, *Transforming Modern Macroeco nomics: Exploring Disequilibrium Microfoundations (1956—2003)*, Cambridge, Cambridge University Press.

Becker Gary, 1992, The Economic Way of Looking at Life, conférence Nobel, Stockholm.

Bernanke Ben, 2004, The Great Moderation, discours prononcé devant l'Eastern Economic Association, Washington (DC).

Bockman Johanna, 2011, *Markets in the Name of Socialism: The Left-Wing Origins of Neoliberalism*, Palo Alto (CA), Stanford University Press.

Burgin Angus, 2012, *The Great Persuasion: Reinventing Free Markets since the Great Depression*, Cambridge (MA), Harvard University Press.

Cannan Edwin, 1903, *A History of the Theories of Production and Distribution in English Political Economy from 1776 to 1848*, Londres, P.S. King & Son.

Clavin Patricia, 2013, *Securing the World Economy: The Reinvention of the League of Nation (1920—1946)*, Oxford, Oxford University Press.

Cook Simon, 2009, *The Intellectual Foundations of Alfred Marshall's Economic Science: A Rounded Globe of Knowledge*, Cambridge, Cambridge University Press.

Cooper Frederick et Packard Randall (dir.), 1998, *International Development and the Social Sciences: Essays on the History and Politics of Knowledge*, Berkeley (CA), University of

---

① 关于最先宣布"大稳定"时期已经到来的言论，可参阅：Bernanke 2004。

California Press.

Desrosières Alain, 1993, *La Politique des grands nombres. Histoire de la raison statistique*, Paris, La Découverte.

Etner François, 1987, *Histoire du calcul économique en France*, Paris, Economica.

Foucault Michel, 2004, *Naissance de la biopolitique. Cours au Collège de France (1978—1979)*, Paris, Seuil / Gallimard.

Fourcade Marion, 2009, *Economists and Societies: Discipline and Profession in the United States, Britain, and France, 1880s to 1990s*, Princeton (NJ), Princeton University Press.

Grimmer-Solem Erik, 2003, *The Rise of Historical Economics and Social Reform in Germany (1864—1894)*, Oxford, Oxford University Press.

Hall Peter (dir.), 1989, *The Political Power of Economic Ideas: Keynesianism across Nations*, Princeton (NJ), Princeton University Press.

Keynes John Maynard, 1926, *The End of Laissez-Faire*, Londres, Hogarth Press.

Laidler David, 1991, *The Golden Age of the Quantity Theory*, Princeton (NJ), Princeton University Press.

– 1999, *Fabricating the Keynesian Revolution: Studies of the Inter-War Literature on Money, the Cycle, and Unemployment*, Cambridge, Cambridge University Press.

Lucas Robert, 1987, *Models of Business Cycles*, New York, Basil Blackwell.

Mackenzie Donald, 2006, *An Engine Not a Camera: How Financial Models Shape Markets*, Cambridge (MA), MIT Press.

Maier Charles, 1987, *In Search of Stability: Explorations in Historical Political Economy*, Cambridge, Cambridge University Press.

Mankiw Gregory N., 2006, The Macroeconomist as Scientist and Engineer, *Journal of Economic Perspectives*, vol. 20, no 4, automne, p. 29-46.

Marshall Alfred, 1890, *Principles of Economics*, Londres, Macmillan, < www. econlib.org/index.html >.

Mehrling Perry, 1997, *The Money Interest and the Public Interest*, Cambridge (MA), Harvard University Press.

– 2005, *Fischer Black and the Revolutionary Idea of Finance*, Hoboken (NJ), John Wiley & Sons.

Mirowski Philip, 2002, *Machine Dreams: Economics Becomes a Cyborg Science*, Cambridge, Cambridge University Press.

– 2013, *Never Let a Serious Crisis Go to Waste: How Neoliberalism Survived the Financial*

Meltdown, New York, Verso.

Mirowski Philip et Plehwe Dieter (dir.), 2009, *The Road from Mont Pelerin: The Making of the Neoliberal Thought Collective*, Cambridge (MA), Harvard University Press.

Mitchell Timothy, 2011, *Carbon Democracy: Political Power in the Age of Oil*, New York, Verso.

Montecinos Verónica et Markoff John (dir.), *Economists in the Americas*, Cheltenham et Northampton, Edward Elgar.

Morgan Mary, 1990, *The History of Econometric Ideas*, Cambridge, Cambridge University Press.

– 2012, *The World in the Model*, Cambridge, Cambridge University Press.

Neikirk William, 1986, *Volcker: Portrait of the Money Man*, Chicago (IL), Congdon & Weed.

Roberts Alasdair, 2010, *The Logic of Discipline: Global Capitalism and the Archi tecture of Government*, Oxford, Oxford University Press.

Ross Edward, 1901, The Causes of Race Superiority, *Annals of the American Academy of Political and Social Science*, no 18, p. 67-89.

Rutherford Malcolm, 2011, *The Institutionalist Movement in American Economics (1918—1947): Science and Social Control*, Cambridge, Cambridge University Press.

Shenk Timothy, 2013, *Maurice Dobb: Political Economist*, New York, Palgrave Macmillan.

Speich Daniel, 2013, *Die Erfindung des Bruttosozialprodukts. Globale Ungleichheit in der Wissensgeschichte der Ökonomie*, Göttingen, Vandenhoeck & Ruprecht.

Tooze Adam, 2001, *Statistics and the German State (1900—1945): The Making of Modern Economic Knowledge*, Cambridge, Cambridge University Press.

Weintraub E. Roy, 2002, *How Economics Became a Mathematical Science*, Durham (NC), Duke University Press.

卡特里·冯·莱曼(Katrin von Lehmann),《多样性一览》(局部)(Blick auf Vielfalt 3-3),2013年。

第十二章
关于人类多样性的知识

科学家如何理解人类内部的变异？对于遗传学家肯尼斯·马瑟（Kenneth Mather）而言，"自人类出现以来，人类多样性一直是人们关注和思考的主题。"① 马瑟用这句话声称，人类的多样性一直存在并且一直是被提问的对象。他还断言，在对过去的科学进行"推测"之后，现代科学知道了人类的多样性以及这种多样性在过去是一直存在的。通过使多样性成为一个概念和刻在其 DNA 中的稳定现象，马瑟和他的同事们相信他们正在触及其基本性质，并一劳永逸地解决与它有关的问题。但是，那些试图通过稳定人类多样性来对其进行理解的人则避免了弗雷克（Fleck）所说的"反抗信号"（le signal de résistance）。② 人类的多样性从未被科学相继发展为概念、技术、理论或解释框架。事实证明，它总是比预期的更为复杂和难以捉摸，并且不仅仅是知识问题。关于这一问题的知识的产生总是与法律的起草、行政的干预与殖民政策并驾齐驱的，在这些政策中，人类多样性的特殊观念建立了等级制度和人类群体之间的歧视。学术上的思辨助长了社会和政治实践，并且受到社会的政治实践的推动，无论科学家是否意识到这一点，是否与之抗争，他们都绝不会摆脱深刻地决定其工作的信念。但是，从种族科学的特权以及种族主义科学合法性的

---

① Mather 1964.
② Fleck 1980.

历史角度讲人类多样性知识的历史，不足以说明20世纪进行的科学研究的复杂性。因此，我们建议将解读范围扩大到其他维度。

标准版本：科学种族主义的历史

在介绍"人种科学"（les sciences de la race）、"种族科学"（les sciences raciales）、"科学中的种族"（la race dans les sciences）或"科学种族主义"（le racisme scientifique）时，历史学家特别注意科学家参与到种族分类，建立类型学以及种族不平等思想的发展中的方式。[1]

大约在1800年，第一批种族分类和类型学开始在学术界传播。在19世纪中叶，科学家们为所有人类都有共同祖先的可能性展开了辩论。但是，最终胜出的人类同祖论与人类多地起源说一样与种族主义和殖民主义相兼容。同意将人类分为不同的种族群体，从而可以将其进行等级划分，这是由当时的种族理论完成的，尤其是人体测量学工具的使用。[2]

在20世纪初，科学种族主义得以巩固，并成为人们对优生学或遗传学日益增长的兴趣的一部分。在美国和德国，种族歧视和优生学的激进支持者都站在了科学机构的最前沿。

我们现在非常了解各种国家背景下人种科学的政治轨迹和复杂性。[3] 每个国家的历史，就像将它们联系在一起的跨国历史一样，都存在种族灭绝、迫害、驱逐出境、歧视或对犯罪无动于衷的特征，而科学家可以直接参与其中。

第二次世界大战后，人种生物学家的强势地位失去了所有的信誉。人口遗传学则有望为解释人类变异提供新的基础。最早的人口遗传学研究人员参加了联合国教科文组织所发起的反对种族主义的运动，并在后者于1950年发表的有关种族问题的宣言中试图就这一概念达成共识。但如果所有人都同意谴责种族类型学、纳粹暴行或某些种族的优越论思想，那么科学家之间仍然存在严重

---

[1] Stepan 1984, Jackson et Weidman 2004, Kaupen-Haas et Saller 1999.

[2] Mendelsohn 2001.

[3] 一些案例研究可参阅：Stocking 1988, Lindee et Santos 2012.

分歧：问题是"种族"是否具有科学含义，是否应在非种族主义意义上拒绝或重新定义该概念。根据詹妮·雷登顿（Jenny Reardon）的说法，尽管与"种族"这一术语保持了在修辞上的区别，在全球范围内，"应用于人口的种族概念"仍然是新人口遗传学范式的核心。在 20 世纪下半叶，依类型学进行的推理仍然占主导地位。① 而且，大量研究表明，"种族"在 20 世纪的最后十年在科学界卷土重来。显然，即使不是整个 20 世纪的种族等级，这种生物学的经典解释仍然围绕着类型化进行，而这并非是错误的。但是这个"科学种族主义"的历史是局部的，也是带有偏见的。它没有提供有关人类变异或"人性"研究的全部画面。在 1945 年之前和之后，研究人员努力使他们的工作摆脱政治或社会的干扰，或从他们认为是干扰的影响中解放出来。

有必要详细研究科学家将人类变异问题作为认知对象的方式，以便了解其所扮演的角色，了解其如何参与到有关人类遗传学的问题中，并了解为什么经常引起争议的"种族"概念总是会经常出现。

早在 1900 年代之前，科学家就已在明确的生物学意义上使用过"人类变异"（variation humaine）和"人类多样性"（diversité humaine）等术语。他们可以互换地使用诸如"人的多样性"（variété de l'homme）或德语中的 *Mannigfaltigkeit*〔来自德语 *manifold*（多样）一词〕、"种族多样性"（diversité raciale）、"种族变异"（variation raciale）之类的表达，但同样在 20 世纪末，出现了"遗传多样性"（diversité génétique）、"遗传变异"（variation génétique）、"遗传异质性"（hétérogénéité génétique）或"地理变异性"（variabilité géographique）等表达。我们发现，包括 19 世纪在内，研究人员使用"多样性"或"渐变群"（*cline*）一词来确定人类的无限多重性，并反对在三个、四个、五个、十四个或更多种族之间进行狭义分类的想法。南希·斯捷潘（Nancy Stepan）因此正确地断言，种族科学的历史是"一系列不同科学领域相继妥协的历史，并伴随着它们对人类不平等的'自然性'（Naturalité）的深刻信念"②。

---

① Gannett 2001 (p. 490), Reardon 2004, Gannett et Griesemer 2004, Wade 2002, Farber 2011.
② Stepan 1984 (p. 335).

卡尔·布鲁克 (Carl Bruck) 与爪哇人的血清学

1905年，布鲁克（Bruck）与著名的皮肤科医生阿尔贝特·奈斯纳（Albert Neisser）一起加入了前往爪哇岛进行研究的团队。欧洲人和"土著人"聚居的殖民地为这种研究提供了理想的基础。这位年轻的医生放弃了当时在科学旅行者中流行的人体测量学方法。根据血液样本，他比较了由男子和驴组成的不同群体之间的凝血率。他的方法受到奈斯纳设计的补充结合法（*Komplementbindungsmethode*）的启发，该方法已应用于法医学。他收集并分析血液血清，包括"7个荷兰人……6个马来西亚人，再加上7个爪哇人，1个'西爪哇人'和1个'阿拉伯人'"①，以及各种猴子的血清。将结果汇总到一张表格中后，布鲁克得出结论，这可以区分种族并了解其系统发育的关系。血清学因此证明了种族等级的论点是合理的并且将其"科学化"了，因为它获得了种族血清免疫学的渐进特征，即从"最低级"到"最高级"的提取过程。

但是，这项工作只针对一个小样本，并不缺乏对布鲁克的种族主义模式异常现象的质疑：涉及的7个爪哇人中有两个不符合典型的形象，他们似乎优于日本人。他通过援引某些爪哇人的假说来解释这种异常。该假说认为他们的印度祖先具有一种特别"纯净"的、迄今未获认可的世系……

但是，如果"种族"确实是1800年至1945年的主要概念，并且在此之后仍然存在，那么它就从来不是科学界用来描述被认为是遗传的生物学变异的唯一概念。本章将致力于重新发现整个20世纪这些更为复杂的认知实践。

---

① Bruck 1907 (p. 796).

新的方法和遥远的地平线：20 世纪初的科学考察

1905 年，一位雄心勃勃的年轻医生卡尔·布鲁克启程前往爪哇岛，以发展有关人类血液变异的设想。布鲁克的调查在保留殖民地背景和种族类型学的同时，还具有应用免疫学方法的优势，而免疫学方法是当时医学研究中最具创新性的方法之一。他的研究（请参见第 1110 页"卡尔·布鲁克与爪哇人的血清学"）表明，在 20 世纪初，在种族主义人类学思想的范围内，人们正在探索人类多样性的新方面，以及新方法和新对象如何与血清学、生物化学和遗传学的发展联系起来。

方法和方针

自 18 世纪以来，人类的"多元化"引起了在多学科交界处的旅行者和学者们的兴趣。19 世纪末，该框架开始向生命科学，尤其是医学人类学靠拢。对人类变异的研究需要知识和精通被认为是该领域最客观与最先进的方法：人体测量学和统计学。在使用了这些技术之后，数据可以快速累积。在学校、军营、工厂、医院和殖民地的诊所中，我们测量身体各个部位的大小，并确定数十万人的疾病、头发、眼睛和皮肤的颜色。但是，从 20 世纪初开始，科学家开始动员其他方法来筛选其他特征：体液、粪便、生理功能，以及大脑、皮肤和眼睑层的解剖结构。人们可以通过它们来比较病理特征，例如死亡率、疾病的发展、症状、寄生虫和伴随的生化现象。此外，谱系学、对孪生子女的研究和遗传学为人类变异的研究开辟了新途径。在 1920 年代，当医学谱系学和遗传学变得越来越重要时，以血清学补充人体测量学，建立谱系图并检查每个人的病理或生理特征已成为普遍现象。

群体和场所

对人类变异的研究随着欧洲殖民主义的发展而扩展，许多医学探险活动，例如布鲁克与奈斯纳的爪哇之行，将研究与医疗保健相结合，以便更好地接触当地人群。比较"土著人"和"欧洲人"的生命统计和医学统计为殖民者适应新领土所做的努力提供了帮助，例如，他们对殖民人口的管理。殖民地也是研究人类变异的理想实验室：由于似乎与地理学研究同时发生，因此，研究人员周游世界以绘制相关的地图，并通过诸如医疗机构或工作场所之类的殖民地基础设施为研究者接触当地人口提供便利。实际上，最适合研究的群体是那些已经受到新的政治制度约束的群体——雇员、国家机构的使用者、被殖民者或受民族主义政策欺凌的少数民族。在殖民地医生的许多工作中，都有不同人类群体之间的比较，并且以"种族"一词来定义这些群体并不少见。然而，虽然人类多样性或种族不是这些研究的核心问题，但它们将为其他领域提供数据和论据。这些研究工作广为流传，并且与呈现出相似性的其他研究之间联系紧密，并巩固了自身的地位，无论是行政类别还是更直观的类别。[1]

欧洲社会和政治界中种族主义的兴起是人类多样性研究发展的决定性因素之一。许多科学家自称是种族主义者。而一些人则坚持认为他们的研究是"纯粹客观的""严格经验性的"或依靠了"先进的方法论"。

从一个自称比另一个国家更"文明"到另一个研究人类变异的独特风格正在兴起。[2] 在美国，对肤色的兴趣最大。而在德国，大多数人的注意力都集中在"德国人""犹太人"和"斯拉夫人"之间的比较上。瑞士科学家把重点放在阿尔卑斯山的小村庄上。挪威人则将重点放在游牧民族"萨米人"身上。在太平洋地区，人们对岛屿上的土著人口进行审查。在苏联，人们对渐变群很感兴趣。在任何情况下，受到地理或社会隔绝影响最大的人类群体受到的关注最多，因为他们被认为代表着最古老的同质聚居条件。因此，从根本上说，人类群体之间的差异是由隔离、距离和迁徙造成的。这是多样性思想和种族科学的核心。这种方法是由长期趋势驱动的，而这些趋势早于进化论带来的影响。因此，在许多种族主义叙述中都发现了对群体起源和连贯性的本质主义解读：犹太人不是一直强烈希望要与当地居民（*Wirtsvölker*）保持分离状态吗？我们可以忽略古罗马内婚制社会意识形态的重要性吗？巴斯克人没有和其他欧洲人混

---

[1] AG gegen Rassismus in den Lebenswissenschaften 2009.
[2] Lindee et Santos 2012, 可参阅其中的不少文章。

血是不是真的？同样，游牧的斯堪的纳维亚社群似乎经历了人口减少的阶段，而从未得到来自外界的帮助。在差异不太明显的情况下（例如在欧洲），分裂的历史通常被用作主张差异和使分裂隔离合法化的叙事上的支持。

理解遗传

长期隔离所导致的生物学变异的理论化，即使它不是新的（例如，地理隔离是达尔文进化论的基础），也已通过新的遗传方法进行了转换。在20世纪初，人们是否可以在一生中改变性格、身体、精神状态，或者世代相传的各种遗传特征能否保持稳定是许多政治和科学争议的一个中心问题。拥护新拉马克主义的人认为，个人获得的特质可以传递给他的后代。他们反对新达尔文主义。这些人特别依赖于奥古斯特·魏斯曼（August Weismann）的主张，宣称种质通过传播和世代传承保持稳定和完整。正如赖因贝格尔（Rheinberger）和米勒－维勒（Müller-Wille）所表明的那样，魏斯曼和孟德尔（Mendel）的理论限制了可用于理解遗传的解释的数量。[①] 在医学人类学家、遗传学家和优生学的许多支持者传播新达尔文主义的同时，来自其他领域的大量科学家，例如在古生物学和医学领域，继续坚持新拉马克主义。[②] 但是，后者在面对1940年代的综合进化论时失去了影响。

研究人类变异的遗传学或系统地利用人类遗传学更好地了解遗传的科学家通常是新达尔文主义者。他们中的一些人正在开发类似于孟德尔杂交实验的研究方案：他们考虑了两个被视为"纯净"并且长期相互隔离的同质群体，然后分析两个群体混合之后的产物，即两个群体经过两代人的混合后所产生的后代。产生的世代——在孟德尔术语中称为F2世代——被认为表现出独特的表型，并附有能明确识别的基因型。孟德尔的实验逻辑是在动物遗传学实验中实施的，然后在1910年代初被用于在人类遗传学中。[③] 它通过多代调查和运用图谱，例如美国优生学档案办公室（Eugenics Record Office）遗传学家开发的

[①] Müller-Wille et Rheinberger 2012.

[②] Löwy et Gaudillière 2012 [2001].

[③] Fischer 1913, Davenport et Steggerda 1929, MacCanghey 1919.

谱系图，实现了系统化。这些应用于群体历史的生物学理论参与了繁殖、好的或坏的联姻、变性和优生项目的其他有特点的、引起担忧的主题等问题。然后，多样性被赋予了宽广的时间性："种族"或"品种"被认为在数万年中具有稳定的遗传生物学特性。从那时起，他们似乎在两到三代中出现重大变化，但其基本条件是他们没有出现与其他团体混杂的情况。

生命科学中的动植物多样性

对人类变异、稳定性和"种族融合"的研究有助于遗传学和进化生物学的发展。[1] 达尔文之后，人们对植物、动物和微生物的物种多样性，其遗传结构、地理分布以及不同的潜在进化模式越来越感兴趣。这些作品中出现的多样性概念为20世纪初的有关人类多样性的知识提供了参考框架。因此，植物遗传学专家，纳粹政权的反对者伊丽莎白·席曼（Elisabeth Schiemann）在1931年提出了人类变异的另一种理论。[2] 她拒绝了现代欧洲人的祖先是印度的雅利安人的观点，她认为欧洲人口来自亚洲和非洲大陆（包括撒哈拉以南地区）的人类群体。席曼使用尼古拉·瓦维洛夫关于植物迁移和进化的理论丰富了研究人类多样性的方法。[3] 瓦维洛夫使用染色体研究表明，植物物种起源于具有最大遗传多样性的地方。而在外围，遗传多样性要低得多。今天被称为"多样性中心论"的理论（la théorie des centres de diversité）改变了我们对待多样性的方式。以前被视为可分类的一系列层级的实体变成了一个复杂的信息结构，人们从中提出了重建后代和穿越时空迁移的具体的历史问题。瓦维洛夫的理论受到了包括他本人在内的争议和改进。这导致了"次级"多样性中心的概念的产生。这个概念不对应起源地，而是对应于从起源中心首次迁移后，物种在非常有利的条件下发展的地方。

在席曼之后，其他动植物遗传学家，例如特奥多修斯·多勃赞斯基

---

[1] Müller-Wille et Rheinberger 2008, Anderson 2012.

[2] Schiemann 1931.

[3] Vavilov 1926, Bauer 2014.

（Theodosius Dobzhansky）和莱斯利·克拉伦斯·邓恩（Leslie Clarence Dunn），又将新概念和新方法从种群遗传学引入到人类多样性研究中。因此，他们的工作与捍卫种族分类和类型学的研究者几乎没有关系。

从20世纪初开始，人体测量学的方法和"种族"的分类遭受了严厉的评击。美国著名人类学家弗朗兹·博厄斯（Franz Boas）在1920年代对种族科学进行了首次激进的批判，特别是对智力遗传的种族特征论点提出了质疑。[①] 在世纪之交，批评不仅针对种族理论，而且很快开始针对优生学。[②] 这些异议的声音尚未得到当时体制内科学的认可，但在新闻界和公众舆论的某些部门却得到了支持。面对主流科学界和期刊的抵制，俄罗斯医生兼人类学家塞缪尔·魏森伯格（Samuel Weissenberg）采取了两种编辑策略：他在科学期刊上发表了许多关于人体测量学和医学谱系学的研究，以确保他的知名度，但是他在流行杂志上则猛烈地抨击种族科学。[③]

从1920年代起，当"种族"概念描述人类复杂的差异时，其局限性成了批判的对象。越来越多的科学家正在寻找替代方案，从简单地用"亚种"或"品种"代替"种族"一词，而又不改变概念或分类，再到提出在欧洲人、亚洲人、非洲人等大型种族群体中所遇到的复杂性问题，但也有激进的批判，认为将人类分为几类是不正确的。[④] 那些拒绝基于种族概念的人类多样性分类方法的人是根据两个主要论点。这两个论点已经由像赫尔德（Herder）这样的研究人员提出[⑤]：任何变异都以渐弱而不以散体的形式呈现；群体内部的多样性要大于群体之间的多样性。

尽管这些批评再次出现，但是在20世纪上半叶，人体测量学仍然被认为是研究人类变异最可靠的技术。尽管人类多样性的复杂性变得众所周知且明

[①] Geisthövel 2013, Lipphardt 2009.

[②] Lipphardt 2008.

[③] Weissenberg 1927.

[④] 可参阅弗里德里希·赫兹（Friedrich Hertz）、琼·菲诺特（Jean Finot）、塞缪尔·魏森伯格、汉斯·弗里登塔尔（Hans Friedenthal）、马克思·马库塞（Max Marcuse）、雨果·伊尔蒂斯（Hugo Iltis）的批评。

[⑤] Herder 2000 [éd. originale en 1784—1791] (p. 23 et 26).

显，但该学科中的大多数科学研究都涉及个体的种族分布，并且通常是种族主义的。

无限多样：1950年代的转变

第二次世界大战后，由科学家组成的网络围绕着多勃赞斯基和邓恩等遗传学家，通过种群遗传学的视角来研究人类变异。洛克菲勒基金会慷慨地资助了初步的研究，并在考察团和国际会议的大力支持下进行。[1] 新兴的专门机构正在出现，例如由邓恩和多勃赞斯基领导的哥伦比亚大学人类变异研究所（Institut pour l'étude de la variation humaine）。

在孟买，由桑吉维（L.D.Sanghvi）创立了一个人类变异研究实验室。这名印度人是在邓恩的指导下完成论文的，并且是最早进行群体遗传学系统分析的研究人员之一。他拥有一些遗传标记，于是，他采集血液样本并测试色盲或对PTC（苯硫脲）的敏感性。为了评估不同方法的优点，桑吉维在进行了一系列人体测量之后，断言"印度人口是无限多样的"。[2] 据他所说，那些声称将印度人划分成较少族群的古老分类方法是错误的。他声称"对于印度人口遗传特征分布的任何研究，唯一的种族单位应该是内婚制群体。"[3] 根据桑吉维的说法，两个印度种姓之间的遗传差异与黑人和白人之间的差异一样大。因此，对他而言，种姓制度构成了隔离和人类多样性的手段。他并没有在著作中指出与这一制度相关的统治及其在殖民时期的巩固的方式，而是说明了这样一种情况：对种族主义方法的批评伴随着对其他社会排斥形式的认可，比如种姓。

与桑吉维的研究类似的遗传学家还前往澳大利亚、阿拉斯加、非洲、太平洋岛屿、南美国家和其他"偏远"地方，研究孤立的人类群体。然而，遗传学的出版物都没有提及这些人类群体所遭受到的压迫，也没有提及行政或卫生干预在对他们的隔离方面如何发挥作用。这些人群中没有一个是真正地被首次研

---

[1] Osborn 1954, Cold Spring Harbor Symposia 1955.
[2] Sanghvi et Khanolkar 1950 (p. 53).
[3] *Ibid.* (p. 52–53 et 62).

究的，而他们已经成为种族知识－权力的对象（l'objet des savoirs-pouvoirs de la race）。尽管研究人员与这些实验对象之间的关系随着非殖民化在1960年代以及后来的人类基因组多样性计划（Human Genome Diversity Project）中发生了变化，但隔离的群体仍然是研究的重点。① 在人类变异研究中，从人体测量学（因德国的种族生物学而名誉扫地）到遗传学的方法论的转变并不是在第二次世界大战后立即发生的。人口遗传学由于其形式和数学方法而享有盛誉，因此正逐步向人类研究推广最初在果蝇和鸡身上开发的方法。自1920年代以来所实践的血型遗传学在对人类变异的遗传学理解中似乎特别有前途。尽管血型等位基因的地理分布表明人类变异的模式与人体测量法不同，但在接下来的几十年中，仍将根据种族分类来确定结果。但是，作为通过孟德尔遗传机制传播的第一个稳定的遗传标记，血型不同于形态学特征且与等级判断无关，它有望在具有高度争议的领域中提供"中性"信息。某些疾病素因或免疫特征的地理分布或明显的遗传特性提供了其他标记。② 每当发现具有医学利益的遗传差异（例如通过味觉发现某些如PTC等化学物质存在的能力）时，科学家便着手研究人类群体在这方面的变异性。作为认识论对象的"人类多样性"也是医学遗传学为工具的技术对象，用来动员已经被明确标记出来的人类群体以便控制或比较。

因此，建立这样的遗传标记，新的进化综合理论，不会忘记战后生命科学中的反种族主义运动，并正在逐步但深刻地改变该学科的议程、研究方法、实践和合作模式。

多样性和人口：战后时代的术语转变

第二次世界大战后，"人类多样性"一词占据了主导地位。它明确地反驳

---

① 同时，在世卫组织的支持下，人类学家通过研究"原始民族"投入到自然科学和人文科学的新的统一范式之中，参阅：Radin 2014。1960年代的文化人类学通常也遵循以强调"被隔离的人口"和以"原始民族""原始隔离性"或"原始人口"为对象的理论假设，参阅：Thompson 1967, OMS 1964。
② Mendelsohn 2001。

了有关"种族"的方法，并反映出从种族类型学到人口遗传学的转变。① 然后，科学家将其用于反对纳粹和种族科学的小册子中。有人试图用"族群"（groupe ethnique）、"人口"（population）、"遗传隔离群"（isolat génétique）、"孟德尔式的人口"（population mendélienne）、"内婚制共同体"（communauté endogame）甚至"隔离性"（isolat）来完全替代"种族"一词。② 由于"种族"一词在公共空间如此普遍，并且仍然构成了对人类差异和人类群体独特性的共同理解，因此行动的成功性仍然受到限制。但是，"人类多样性"一词正在传播。到1960年代中期，该术语在人类遗传学和自然人类学中已被普遍使用。它无疑指代的是人类遗传多样性。③

对于研究人员而言，由于突变、遗传漂变、选择和同系交配，一个已经隔离了几个世纪的种群应该在遗传上与其他种群有所不同。我们正在朝着对人类进化更动态的理解，特别是因为遗传变化所指的持续时间比种族进化的旧范式更短。④

但是，人们仍然认为，人类群体出现在某个地方，然后迁移到其他地方，并长时间"以隔离的方式"繁殖。在这里，隔离的概念不仅仅是理论上的：它有助于构成样本并寻找具有明确定义的界限的种群。这些起源、迁移、隔离或遗传混合的概念在很大程度上仍然与种族相关的旧概念非常相似。

渐变群

人类学家弗兰克·利文斯通（Frank Livingstone）和遗传学家多勃赞斯基在1962年之间的争论标志着孤立主义方法的突破。利文斯通认为，"一小部分生物学家"有很好的论据以让人们"停止使用与现代人有关的种族概念"，"这样的人数正在增加"。⑤ 他明确地说："这样的位置不假定相同物种的生物

---

① Müller-Wille et Rheinberger 2008.
② Montagu 1947, Gannett 2001, Lipphardt 2012.
③ Mather 1962 et 1964, Lewontin 1953, Dobzhansky 1973.
④ 一些作者认为，数百年的时间足以在人类遗传的隔离性中产生明显的差异；参阅：Sanghvi et Khanolkar 1950（p. 62）。
⑤ Livingstone 1962 (p. 279).

种群之间不存在生物学变异性，这仅仅是说变异性与标记为不同种族的孤立隔离区不符。换句话说，我们可以认为没有种族，只有渐变群。"①

150多年前曾有人提出过类似的想法，但利文斯通的观点似乎是新的。大约在同一时间，比利时生理人类学家让·耶尔诺（Jean Hiernaux）试图建立一种数字分类学，以替代种族分类——因为他一直在收集数据的非洲殖民地走向了独立。② 耶尔诺和利文斯通提出的两个概念继续将人类变异视为地理分布和遗传传播，但是放弃了"种族"或"隔离性"的概念。如果"孟德尔式的人口"的概念以类似于种族的方式发挥作用，那么"渐变群"就会超越这一框架，并试图描述同一类型的差异。这里引用利文斯通的话："尽管生理人类学的主要问题之一是解释遗传变异性——我认为确实如此——但是有些方法没有使用种族的概念来描述和解释变异性。这也可以用渐变群和同态来描述［赫胥黎（Huxley）1955］"。③

但是，渐变群不容易进行研究，也没有呼应政治上的老生常谈，这与被隔离的人类群体一样。从1960年代后期开始，生理人类学和人口遗传学领域对"种族"问题的兴趣显著下降，而遗传多样性的其他方面变得越来越重要。著名的遗传学家卡瓦利-斯福扎（Cavalli-Sforza）观察到，每次发生技术革新时，无论是血型分析、1960年代的蛋白质分析，还是1980年代的DNA分析，科学家们惊讶地发现了越来越多的人类变异："我们对1950年代后期很晚才看到的、惊人的遗传变异幅度有了初步的了解。1960年代，当我们系统地研究了蛋白质的个体差异后，这一观点变得更为全面。［但是，］只有在可以对遗传物质本身DNA进行分析的情况下，个体遗传变异才开始显示其全部范围。"④

理查德·勒沃廷（Richard Lewontin）引发轰动的文章《人类多样性的分布》（*La répartition de la diversité humaine*）（1972年）为研究者提供了基础，

---

① Ibid.
② Ibid., Hiernaux 1964.
③ Livingstone 1962 (p. 279).
④ Cavalli-Sforza et al. 1994 (p. 3), Reardon 2004.

可以据此发展新的，尤其是成功的人类多样性概念。^①但是，"多样性"一词在1980年代被指定为人类之间的各种差异，遗传学家随后开始添加形容词"遗传"。如今，人类多样性涵盖了多种差异——无论是性别、种族、年龄还是社会阶层。它已成为就业或平权法案政策的优先对象，并通常成为机构中特殊管理的主题。

自从勒沃廷作出贡献以来，遗传学家、哲学家和社会科学家一直没有停止过争论，尤其是在过去的十年中，一直在辩论人类遗传多样性的状况，并试图知道是否将其解释为与常理中的种族分类具有相同的逻辑。

结论

尽管遗传学确定了所有复杂性，但"科学技术与社会"领域的研究人员表明，20世纪末人类多样性的研究现状保留了种族科学的某些早期方面。群体和依附于他们的逻辑几乎没有改变，尽管在政治层面上已经不再有任何最为歧视和最能损害名誉的痕迹了。随着遗传历史的发展，在政治上正确的条件下，群体历史的叙事成了他们的社会隔离的叙事。例如，最近对罗马的遗传学研究使我们掌握了起源、迁徙、散布、隔离和内婚制意识形态的古老情节。另一方面，具有大陆或全球意义的基因研究仍依赖于欧洲人、非洲人、亚洲人等旧有的类别。卡瓦利-斯福扎从1960年代至今的工作就是一个很好的例证，尤其是人类基因组多样性计划的研究，这使他成为人类多样性及其地理分布方面最受认可的专家。单体型图计划（HapMap Project）则是另一个比较好的例证。[2]

为什么人类遗传学在其结论中一遍又一遍地列出相同的类别？我们可以从叙事学的角度重新解释这个问题：某些群体的故事如何在科学与公众之间如此轻松地传播，而另一些群体却不能？遗传学家声称他们的程序系统是无偏见的，并且这些类别一直在重新处理，原因很简单，因为它们已在全球范围内嵌

---

① Marks 1995.
② Reardon 2004；关于单体型图计划，参阅：Fujimura et Rajagopalan 2012.

入人类变异的结构之中。① 根据他们的批评者的说法,这种重复仅表明相同的偏见也在起作用,并且它们在科学上和社会上一样强大。

从历史学和社会人类学的角度来看,对被研究人类群体的选择和抽样过程具有极大的随意性。科学家主要关注让他们感到特别有趣的某些群体,通过他们的工作对其进行物化,并继续以相同的逻辑提出结果。叙事纲要似乎一直在"科学"和"大众"之间穿梭,并在双方扎根的地方找到了滋生的土壤。因此,如果它们看起来合理,那是因为它们回应了人们记忆中已经理解并记住的老一套。对人类的科学分类与常识所认为的相符的方式可能是令人怀疑的依据——科学或常识类别与行政管理中使用的类别之间令人怀疑的关系也是如此。

这些类别帮助组织了数百万看护者、政府官员和教育工作者的工作;他们帮助促进获得不同的照料服务、特权、住房、食物、电力、水、学校教育、有影响力的职位、法院和警察保护。当然,这些不是我们需要的新分类。正如桑吉维给出的例子所示,用种姓分类代替用种族来分类就等于产生了新的有问题的划分。只要对人类遗传多样性进行分类,任何对人类遗传多样性的图式化都会使人类在时间、空间以及自然和社会秩序中凝结。

本章的目的是将种族科学的历史(以及科学中的种族)纳入更大的历史背景下,即科学家努力理解的人类多样性的历史。只有从这种话语中,才可以看到"种族"的具体位置,并将其与其他多样性方法进行比较并联系起来。但是,这些其他有关人类多样性的方式也应受到政治关注,并应与"种族"本身的概念一样用批判的眼光来看待。"人类多样性"和"人类变异"这些表述在政治和社会领域中的传播可能不如"种族"那么多,相比之下,它们的出现是一个相当无恶意、无害甚至是积极的方面。但是,就如同"种族"而言,尽管有些人做出了种种努力,但在科学、政治和社会环境中"人类多样性"的出现意味着张力永远不会消失,并在中立的外表上变得显而易见。

人类变异在学术项目和出版物中起到了许多工具性和实用性的作用。它以为科学家提供了与认知论相关的服务为荣,这与它为政治阶层所行使的意识形

---

① Jobling 2012.

态功能并不矛盾。无论如何,毫无疑问的是,研究了人类变异或将其用作知识工具的科学家捍卫了政治立场,并且它们在整个生命政治话语中都具有深厚的烙印。

安·斯托勒(Ann Stoler)强调,在选择讲述一个特定种族的历史时,必须考虑我们的动机。[①] 我并不是想表示本章讲述了关于人类变异及其对"种族"的理解的唯一可能的历史。确实,这段历史所带来的问题是如此之多和复杂,以至于我们可能需要多种叙述来捕捉这种复杂性。但是,在我看来,突出人类变异研究的认识论层面有助于使人们更加了解迄今仍存在的阴影:除优生学和种族主义外,还存在将隔离的人类群体视为理所当然的危险;不管某些基因是基于种族还是人口的概念,都在遗传研究中不断地被诉诸某些类别;最后,今天,关于某些群体的广泛讨论以及遗传发现的方式仍然成了本质主义。所有这些还使我们能够理解,为什么研究人类变异的科学事实上是为"种族"的话语提供养分,而不是与之抗争。这并不是说科学家一定是种族主义者。相反,这是说,他们所采用的差异,就好像它们是公认的科学实践的一部分一样,在文化和社会上被打上种族的烙印。这对每个人,包括科学家来说,与种族主义、生物学主义和决定论作斗争都变得更为困难。

薇罗妮卡·利普哈特(Veronika Lipphardt)撰;克拉拉·布勒托译

参考文献

AG gegen Rassismus in den Lebenswissenschaften, 2009, *Gemachte Differenz: Kontinuitäten biologischer "Rasse"-Konzepte*, vol. 1, Münster, Unrast-Verlag.

Anderson Warwick, 2012, Hybridity, Race, and Science: The Voyage of the *Zaca* (1934—1935), *Isis*, vol. 103, p. 229-253.

Barkan Elazar, 1992, *The Retreat of Scientific Racism: Changing Concepts of Race in Britain and the United States between the World Wars*, Cambridge, Cambridge University Press.

Bauer Susanne, 2014, Virtual Geographies of Belonging: The Case of Soviet and Post-Soviet

---

① Stoler 2002, Fearnley 2009.

Human Genetic Diversity Research, *Science, Technology and Human Values*, vol. 39, n° 4, p. 511-537.

Bruck Carl, 1907, Die biologische Differenzierung von Affenarten und menschlichen Rassen durch spezifische Blutreaktion, *Berliner Klinische Wochenschrift*, vol. 44, n° 26, p. 793-797.

Cavalli-Sforza Luigi Luca, Menozzi Paolo et Piazza Alberto, 1994, *The History and Geography of Human Genes*, Princeton (NJ), Princeton University Press.

Cold Spring Harbor Symposia, 1955, *Population Genetics: The Nature and Causes of Genetic Variability in Populations*, New York, Biological Laboratory, coll. Cold Spring Harbor Symposia on Quantitative Biology, n° 20.

Davenport Charles B. et Steggerda Morris, 1929, *Race Crossing in Jamaica*, Washington (DC), Carnegie Institution.

Dobzhansky Theodosius Grigorievich, 1973, *Genetic Diversity and Human Equality*, New York, Basic Books.

Farber Paul Lawrence, 2011, *Mixing Races: From Scientific Racism to Modern Evolutionary Ideas*, Baltimore (MD), Johns Hopkins University Press.

Fearnley Andrew M., 2009, How Historians' Beliefs about Race Have Influenced Histories of Racial Thought, *Reviews in American History*, vol. 37, n° 3, p. 386-394.

Fischer Eugen, 1913, *Die Rehobother Bastards und das Bastardierungsproblem beim Menschen*, Iéna, Gustav Fischer.

Fleck Ludwik, 1980, *Entstehung und Entwicklung einer wissenschaftlichen Tatsache. Einführung in die Lehre vom Denkstil und Denkkollektiv*, Francfort-sur-le-Main, Suhrkamp, 9ᵉ éd.

Fujimura Joan et Rajagopalan Ramya, 2012, Making History *via* DNA, Making DNA from History: Deconstructing the Race-Disease Connection in Admixture Mapping, *in* Keith Wailoo, Catherine Lee et Alondra Nelson (dir.), *Genetics and the Unsettled Past: The Collision between DNA, Race, and History*, New Brunswick (NJ), Rutgers University Press.

Gannett Lisa, 2001, Racism and Human Genome Diversity Research: The Ethical Limits of "Population Thinking", *Philosophy of Science*, vol. 68, n° 3, p. 479-492.

Gannett Lisa et Griesemer James, 2004, The ABO Blood Groups: Mapping the History and Geography of Genes in *Homo sapiens*, *in* Hans-Jörg Rheinberger et Jean-Paul Gaudillière (dir.), *Classical Genetic Research and Its Legacy: The Mapping Cultures of Twentieth-Century Genetics*, Londres, Routledge, p. 119-172.

Geisthövel Alexa, 2013, *Intelligenz und Rasse. Franz Boas' psychologischer Antirassismus* zwischen Amerika und Deutschland (1910—1942), Bielefeld, Transcript Verlag.

Gissis Snait B., 2008, When Is "Race" a Race ? (1946—2003), *Studies in History and Philosophy of Biological and Biomedical Sciences*, vol. 39, n° 4, p. 437-450.

Herder Johann Gottfried von, 2000, Ideas on the Philosophy of the History of Humankind, *in* Robert Bernasconi et Tommy L. Lott (dir.), *The Idea of Race*, Indianapolis (IN), Hackett, p. 23-26.

Herskovits Melville, 1927, Variability and Racial Mixture, *The American Naturalist*, vol. 61, n° 672, p. 68-81.

Hiernaux Jean, 1964, The Concept of Race and the Taxonomy of Mankind, *in* Ashley Montagu (dir.), *The Concept of Race*, Londres, Free Press Glencoe, p. 29-45.

Jackson John P. et Weidman Nadine M., 2004, *Race, Racism, and Science: Social Impact and Interaction*, Santa Barbara (CA), ABC-CLIO.

Jobling Mark A., 2012, The Impact of Recent Events on Human Genetic Diversity, *Philosophical Transactions of the Royal Society B*, vol. 367, p. 793-799.

Kaupen-Haas Heidrun et Saller Christian (dir.), 1999, *Wissenschaftlicher Rassismus. Analysen einer Kontinuität in den Human- und Naturwissenschaften*, Francfort-sur-le-Main, Campus.

Kenan Malik, 1996, *The Meaning of Race: Race, History and Culture in Western Society*, Basingstoke, Macmillan.

Kohn Marek, 1995, *The Race Gallery: The Return of Racial Science*, Londres, Cape.
Lewontin Richard C., 1953, The Effect of Compensation on Populations Subject to Natural Selection, *The American Naturalist*, vol. 87, n° 837, décembre, p. 375-381.

Lindee Susan et Santos Ricardo Ventura (dir.), 2012, numéro spécial de *Current Anthropology*, vol. 53, n° 5, avril.

Lipphardt Veronika, 2008, *Biologie der Juden. Jüdische Wissenschaftler über "Rasse" und Vererbung (1900—1935)*, Göttingen, Vandenhoeck & Ruprecht.

– 2009, "Investigation of Biological Changes". Franz Boas in Kooperation mit deutsch-jüdischen Anthropologen (1929—1940), *in* Hans-Walter Schmuhl (dir.), *Kulturrelativismus und Antirassismus. Der Anthropologe Franz Boas (1858—1942)*, Bielefeld, Transcript Verlag, p. 163-186.

– 2012, Isolates and Crosses: Human Evolution and Population Genetics in the Mid-Twentieth Century, *Current Anthropology*, vol. 53, suppl. n° 5, p. 69-82.

Livingstone Frank B., 1962, On the Non-Existence of Human Races, *Current Anthropology*, vol. 3, n° 3, juin, p. 279-281.

López-Beltrán Carlos, 1994, Forging Heredity: From Metaphor to Cause, a Reification Story, *Studies in History and Philosophy of Science*, vol. 25, p. 211-235.

Löwy Ilana et Gaudillière Jean-Paul, 2012 [2001], *Heredity and Infection: The History of Disease Transmission*, Londres, Routledge.

MacCanghey Vaughan, 1919, Race Mixture in Hawaii, *Journal of Heredity*, n° 10, p. 41-47.

Marks Jonathan, 1995, *Human Biodiversity: Genes, Race, and History*, Foundations of Human Behavior, New York, Aldine de Gruyter.

Mather Kenneth, 1962, Biometrical Genetics of Man, in *The Use of Vital and Health Statistics for Genetic and Radiation Studies: Proceedings of the Seminar Sponsored by the United Nations and the World Health Organization (Geneva 5-9 September 1960)*, New York, Nations unies, p. 235-239.

— 1964, *Human Diversity: The Nature and Significance of Differences among Men*, Édimbourg, Oliver & Boyd.

Mendelsohn Andrew, 2001, Medicine and the Making of Bodily Inequality in Twentieth-Century Europe, in Jean-Paul Gaudillière et Ilana Löwy, *Heredity and Infection: The History of Disease Transmission*, Londres, Routledge, p. 21-79.

Montagu Ashley, 1947, *Man's Most Dangerous Myth: The Fallacy of Race*, New York, Columbia University Press.

Müller-Wille Staffan et Rheinberger Hans-Jörg, 2008, Race and Genomics: Old Wine in New Bottles?, *NTM Zeitschrift für Geschichte der Wissenschaften, Technik und Medizin*, vol. 16, n° 3, p. 363-386.

— 2012, *A Cultural History of Heredity*, Chicago (IL), University of Chicago Press. OMS, 1964, *Research in Population Genetics of Primitive Groups*, Report of a WHO Scientific Group, vol. 279, Genève.

Osborn Frederick, 1954, The Origin and Evolution of Man: Cold Spring Harbor Symposium 1950, *Eugenics Quarterly*, vol. 1, n° 1, p. 67-70.

Radin Joanna, 2014, Unfolding Epidemiological Stories: How the WHO Made Frozen Blood into a Flexible Resource for the Future, *Studies in History and Philosophy of the Life Sciences*, vol. 47, p. 62-73.

Reardon Jenny, 2004, *Race to the Finish: Identity and Governance in an Age of Genomics*, Princeton (NJ), Princeton University Press.

Sanghvi L.D. et Khanolkar V.R., 1950, Data Relating to Seven Genetical Characters in Six Endogamous Groups in Bombay, *Annals of Eugenics*, vol. 15, no 51, p. 52-76.

Schiemann Elisabeth, 1931, Beziehungen zwischen der Stammesgeschichte der Menschen und der Kulturpflanzen, *Jahrbuch des Naturwissenschaftlichen Vereins für die Neumark in Landsberg*, n° 3, p. 5-15.

Stepan Nancy L., 1984, *The Idea of Race in Science: Great Britain (1800—1960)*, Basingstoke, Macmillan.

Stocking George W. (dir.), 1988, *Bones, Bodies, Behaviour: Essays on Biological Anthropology*, Wisconsin (WI), University of Winsconsin Press.

Stoler Ann Laura, 2002, Reflections on "Racial Histories and Their Regimes of Truth", *in* Philomena Essed et David Theo Goldberg, *Race Critical Theories: Text and Context*, Malden (MA), Blackwell, p. 417-421.

Thompson Laura, 1967, Steps toward a Unified Anthropology, *Current Anthropology*, vol. 8, n°s 1-2, p. 67-91.

Tucker William H., 2002, *The Funding of Scientific Racism: Wickliffe Draper and the Pioneer Fund*, Urbana (IL), University of Illinois Press.

Vavilov Nikolai I., 1926, *Studies on the Origin of Cultivated Plants*, Leningrad, Institut de botanique appliquée.

Wade Peter, 2002, *Race, Nature and Culture: An Anthropological Perspective*, Londres, Pluto Press.

Weissenberg Samuel, 1927, Die gegenwärtigen Aufgaben der jüdischen Demographie, *Zeitschrift für Demographie und Statistik der Juden*, n° 4, p. 402-418.

1962年夏季，在尤金·奥德姆（Eugene P. Odum）（图中最右侧）的督导下，科研人员在橡树岭的一块空地中进行了放射性示踪测试。

第十三章

生态学：对自然的认知与治理

从 19 世纪中叶开始，在工业资本主义兴起和欧美大国领土扩张的共同作用下，欧洲、美洲和殖民地出现了环境的物质退化。然后外交官、地理学家、博物学家和护林员发出了一系列有关环境问题的警报。在常规的木材供应已成为经济发展和稳定的中心的情况下，当时的精英阶层谴责了在美国以及英国、法国和荷兰的殖民地密集开采森林对气候变化和降雨减少的影响。① 在英国，机械、汽船的发展、铁路和通信线路的延伸使当局担心煤炭资源会不可避免地枯竭。② 美国外交官乔治·马什（George P. Marsh）在无数次往返新旧世界和近东各个地区之后，于 1864 年指出人类通过技术和工业行动会不可逆转地改变地球。③ 在欧洲，地理学家们 [例如法国的埃利泽·雷克吕斯（Élisée Reclus）和德国的恩斯特·弗里德里希（Ernst Friedrich）] 也遇到了这些环境问题。④ 正如环境历史学家所指出的那样，对人类行为的批评远非边缘化的，并在 19 世纪下半叶到 20 世纪初之间得到了发展，占有了一席之地。⑤

正是在这个时期，环境对工业化以及经济和农业现代化的限制变得越来越

---

① Starr 1866.
② Madureira 2012.
③ Marsh 1864.
④ Reclus 1864, Raumolin 1984.
⑤ Bonneuil et Fressoz 2013 (p. 120).

明显，西方社会越来越质疑农业占有模式对新征服的环境的影响。1866 年，生物学家恩斯特·海克尔（Ernst Haeckel）的笔下出现了"生态学"一词，被定义为"生物与环境之间关系的科学"。

本章希望通过描述对应于从 19 世纪末到今天的三个时期的三种知识－权力的生产机制，来探讨世界生态的演进和转变。本章将试图描述在其中形成生态学及其子学科的经济、社会、文化和政治环境，以及这些知识反过来又如何有助于在自然管理方面确定专业领域和公共行动。这些制度中的每一个都通过诉诸特定的本体论和隐喻、实验实践和工具手段、合作形式和研究在制度上的组织、辩护顺序和集体行动形式、相对于他者的文化优势，并以看待和管理生物的某种方式之间的特定表达为特征。①

从 19 世纪末到第二次世界大战结束，作为民族国家的形成和现代化以及帝国力量扩张的一部分，以有机主义本体论（l'ontologie organiciste）为特征的植物生态学围绕植物园、实验农业站和高等农业教育机构被建立起来。基于实验生理学和植物地理学的认识论文化，其目的是加强政府对领土和资源的国家控制，并科学地监督农业实践。从 1945 年到 1970 年代中期，在冷战和新福特主义积累制度的背景下，一种更为正式和数学化的"新生态"根据一种大科学的模型进行管理，并在军工复合体的国家实验室中体制化。

这主要是由工程学的认识文化和以放射性示踪剂和计算机模型的使用为中心的实验实践所主导。这种生态学以自然的机械和控制论的本体论为基础，并承诺进行优化和管理，旨在满足经济体对自然资源日益增长的需求。

最终，从 1970 年代中期到今天，生态科学进入了"新自由主义和后福特主义"制度，其特征是生物的网络和经济本体论，其中，"社会生态系统"和"生态系统服务"成为分析和行动的基本单位。这种新的生物本体论体现在促进一种"适应性管理"（une gestion adaptative）；机构的权力下放和灵活性；对自然提供的"服务"进行经济评估，并建立经济激励措施；跨学科和公私伙伴关系也发挥着重要作用。

---

① Pestre 2003 (p. 34).

19世纪中叶至20世纪中叶，欧美生态学的兴起

为欧洲帝国主义服务的生态学的兴起

从17世纪末到19世纪下半叶，欧洲帝国主义的扩张、清点财产的运动、系统化的转移的实践、动员和适应地球上的植物资源都与殖民地植物园网络的发展密切相关，并深刻重绘了世界农业地图，促进了自然志上植物学的体制化和专业化。[1]

但是，在19世纪后半叶，由于单作种植系统的经济衰退以及行政上要求科学地使殖民地的农业生产多样化和合理化的行政愿望，植物资源的重要性正在下降，植物园被迫将其活动的方向转向进行实验研究和农业咨询。这种重新定位反映在创建植物研究站的过程中，这些站以旨在发展热带农业的实验和实验室方法为基础，促进新的科学学科（例如生态学）的发展。[2] 其中，由种植园主组织资助的荷属印度茂物（Buitenzorg）植物园成为新一代植物学家经常光顾的地方。这些植物学家专门从事植物生理学研究，并在印度地区接受实验室方法的培训。他们对热带自然植物生长的分类学丰富性和各种环境条件的观察，促使他们将实验分析的框架扩展到研究植物在自然环境中的适应过程和生理结构。[3] 在考察了巴西拉哥亚圣塔、西印度群岛和格陵兰地区之后，哥本哈根植物园的教授兼园长尤金纽斯·瓦尔明（Eugenius Warming，1841—1924）实现了一种基于植物形态学与系统植物学方法的植物生态地理学的正规化。这项新知识旨在根据植物的相貌和植物群落的生长适应其周围条件（例如，水、光照、温度等）来描述植物的地理分布。他认为植物地理学的中心任务是研究"关于植物的经济、植物对环境的需求、植物利用周围环境和适应内部与外部结构，以及一般形式的手段的问题"[4]，这种基于"经济"隐喻对自然进行的排

---

[1] Bonneuil et Bourguet 1999 (p. 21-28).
[2] Headrick 1988 (p. 215).
[3] Cittadino 1990 (p. 134-145).
[4] Warming 1909 (p. 2).

序使瓦尔明能够将植物地理学合法化，以此作为扩展丹麦对外部地区资源进行控制的工具。①

如果1913年第一个生态学学会［英国生态学学会（British Ecological Society）］在英国诞生，那么只有在两次世界大战之间的时期，植物生态学和动物生态学才被体制化，并具有了一定的组织结构。彼泽·安高（Peder Anker）因此展示了在两大帝国资助网络的支持下，生态学学科在英帝国时期如何确立了自身的地位。一个位于外围，围绕在南非的扬·史末资（Jan C. Smuts），另一个则以"牛津帝国生态学派"（l'école d'écologie impériale d'Oxford）为中心。

这种资助有利于将生态学方法引入非洲的英国殖民地行政当局，以作为资源管理和对当地居民农业实践进行科学指导的手段。在对环境因素与植被覆盖类型之间的相关性进行详细考察的基础上，对植被、土壤、当地种植系统进行的生态调查和地图绘制将导致在1940年代北罗得西亚的发展政策和农业的重组。②

在欧洲大国为控制领土和矿产资源而进行的斗争以及旨在促进英国殖民地和自治领之间的贸易和商业的帝国经济一体化战略的框架内，动物学家查尔斯·埃尔顿（Charles Elton）正在以"动物生态学"的名义开发新的研究领域。被哈德逊湾公司（la Compagnie de la baie d'Hudson）和帝国商品行销局（Empire Marketing Board）等帝国机构聘为顾问，以开发预测动物种群周期的模型（旨在稳定毛皮市场），埃尔顿建立了一种自然的概要表征法，即一种自然经济，其中动物物种通过食物链和食物循环、食物的大小和类型以及数量金字塔来构造和调节。③

---

① Anker 2001 (p. 13).

② Hodge 2007 (p. 144-178).

③ Anker 2001, Erickson 2010.

从"进步时代"（Progressive Era）到罗斯福新政，美国有机主义者的植物生态学：在科学、农业与保护主义之间

在 19 世纪后半叶和 20 世纪初之间，动态植物生态学在美国出现，并在三种动力的交汇处被体制化：移民、耕种和快速的城市化带来的农业和环境危机，应对这些危机的联邦农业研究和政策倡议，最后，是植物科学专业化的动力。

从 19 世纪中叶开始，在密集的工农业资本主义和大都市发展的影响下，美国的环境景观发生了深刻的变化。1862 年《宅地法案》（Homestead Act）的通过和 1869 年第一条横贯大陆的铁路的建成，加速了西部的移民，并扩大了在大平原（Grandes Plaines）谷物的单项种植、牧场和林业。伴随而来的是水土流失、草和饲料植物的消失、入侵物种和有害昆虫的增加，以及森林覆盖率和许多牧场的承载能力急剧下降。

在这种情况下，在进步时代期间，在农业政策和研究领域建立了一种新的联邦干预主义，这种干预主义促进了孟德尔式的遗传学、农学、植物生态学和科学保护主义的出现。1862 年《莫里尔土地授予法案》（Morrill Land-Grant Act）、1887 年《哈奇法案》（Hatch Act）和 1890 年《默里尔法案》（Morill Act）的相继颁布，规定了为农业现代化服务的国家农业科学专门知识体系的体制化。这是围绕每个州创建的高等科学教育机构、学院和农业实验站所组织的，由成立于 1862 年的美国农业部协调，并由大量联邦资金提供。农业科学化的这种体制化提供了一个框架，有利于接受孟德尔式的遗传学，并发展了实验杂交技术，并导致 1910 年左右杂交玉米的种植。在此期间，也在国家机构的最高层级发起了一场保护主义的科学运动，积极致力于建立合理和技术官僚的资源集中计划。

在不断扩大的农业研究和保护干预浪潮中，越来越多的美国植物学家（大多位于中西部的大学和农业站）使充满活力的植物生态学正规化。急于证明其实验植物学在农业方面的实际应用，他们转向对植物形成过程和功能的户外研究。内布拉斯加大学植物学系就是这样宣称自己是"草原生态学学派"

（Grassland School of Ecology）的熔炉。①

植物学和植物生理学教授弗雷德里克·克莱门茨（Frederic Clements）在20世纪初在这里正式建立了以植物演替理论为基础的有机主义植物生态学（l'écologie végétale organiciste），该理论将在近半个世纪的美国生态学研究中占据主导地位。克莱门茨从实验生理学中提取了基本原理和方法，将植物的形成定义为具有结构和功能的复杂生物，其结构和功能易受与实验室中对简单生物的实践相同的研究和实验方法的影响。对他来说，这些植物的形成经历了由土壤和气候因素控制的不同发展阶段，从未开垦土壤上的一些先驱物种（例如，禾本科植物）开始，然后被新的组合所取代，从而导致由气候控制的稳定植物集合，这被称之为"演替顶级"（climax）（例如，林分）。②

植物演替的逻辑似乎重现了著名的边疆理论（la thèse de la Frontière）的逻辑，这并非巧合，这一理论由历史学家弗雷德里克·特纳（Frederick. J. Turner）于1893年创造出来，在这一时期，在美国历史上，对"未开垦"的土地的征服和定居在不断发展。科学史学家莎朗·金斯兰（Sharon Kingsland）就美国的科学生态学的兴起与拓荒者在定居点边界向西转移时所遇到的农业适应和管理问题进行过比对。③

这种有机主义植物生态学的正规化和科学实践是基于新的实验研究方法，对测量仪器（温度计、干湿计等）以及新的量化技术的系统使用，以基于对精确性的追求和与自然更为疏远的实践来构成道义经济。它旨在将生态学转变成接近实验室标准的严格而精确的科学，以保证这门户外实践学科的科学性，并排除业余植物学家来提高进入生态学研究的门槛。④ 用作抽样技术的四边形区域使生态学家能够估计和量化一种或多种植物物种的丰度，并比较组成地层的不同区域之间的统计频率。通过将植物转化为生长环境的理化指标，植物计站（la station de phytomètre）被视为一个"微观世界"，生态学家能够以与实验室

---

① Tobey 1981.
② Clements 1905.
③ Kingsland 2005.
④ Kohler 2002.

相同的精度来控制和测量环境因素（湿度、水含量、土壤成分、光、降水、风等）如何影响植物的生长和植物对此的反应。内布拉斯加学校的植物生态学绝不是单纯的理论和学术知识，而是在学术界和农业界以及基础研究和应用研究上发展的。在1910—1920年间，这种植物生态学帮助重新定义了林业和农学实践，并建立了牧场的科学管理方法。这些生态学家受到与环境保护者相同的经济迫切需求的推动，旨在将生态学提升到美国自然资源管理领域的主要学科。实际上，这种将自然描述为有序过程的方法使生态学家可以展示生态学如何能够准确预测给定区域中的植物动态，并选定最适合种植特定植物物种的环境。除了其认识论的范围外，使用有机论的类比还构成了一种修辞策略，这使生态学家作为自然资源规划和管理方面专家的身份被合法化了。①

由克莱门茨设计的植物计站，用于监视和测量环境因素在植物生长中的作用。

---

① Nicolson 1989.

但是在罗斯福新政的背景下，沙尘暴引发了一场环境灾难，生态学从而真正地上升到了公共专门知识的水平。在 1929 年股灾后的一段经济衰退期，沙尘暴袭击了大平原近十年。这些风暴是由于长期干旱和过度农业开垦导致的土壤退化造成的。由于已不适合进行耕种，中西部各州数以百万计的人口外流，约翰·斯坦贝克（John Steinbeck）在《愤怒的葡萄》（*Les Raisins de la colère*）中对此进行了描述。为应对这一农业和环境危机，罗斯福总统在新政中启动了一项广泛的农业土地修复政策，根据克莱门茨植物生态学的基本原理和概念，政府招募了内布拉斯加的生态学家担任专家，为制定和修复大平原土壤的公共政策作出了贡献。[1]

第二次世界大战后的生态学：在技术官僚主义与环保主义之间的转变

在第二次世界大战结束时，生态科学（尤其是在美国）在福特主义积累制度、民用和军事核计划，以及与军工联合体的新研究联盟的框架之下经历了深刻的重构，包括手段的实践、它们看待和治理自然的方式。

福特主义的自然

为了保证在商业起货剧烈波动的情况下蓬勃发展的工业捕鱼业中投资者和政府的可预测性，呼吁海洋生物学家开发新的鱼类种群统计模型。人们重新定义鱼类种群为自然趋于平衡的自我调节系统，其特征在于确定的生物学参数——繁殖率、特定生长率、自然和捕捞死亡率——这些模型有助于将这些鱼类数量转变为可预测和可治理的对象，从而有可能计算出最佳开采率。[2] 与战后经济和工业现代化的新框架相一致，还围绕生态系统的概念提出了新的方法。生态系统科学将自然概念重新定义为一个自动化的福特工厂，遍及能源和

---

[1] Masutti 2006.
[2] Bavington 2010, Finley 2011.

物质的输入和输出,围绕标准化的装配线和专门的分工进行组织。在食物链中,根据物种在能源生产和转化过程中执行的任务,将它们归为各职能组。在这种方法中,能量效率[不同营养区(les compartiments trophiques)之间的能量转化为生物质能的速率]成为评估自然的新标准。生态学家的主要职责是像泰勒式的工程师一样,通过各种测量设备(例如,量热弹、实验区内植物气体交换量的测量等)以能源预算的形式测量"生物生产力"(la productivité biologique)。[1] 将自然重新定义为一种能够进行控制和优化的自我调节系统,这是重构知识领域的更广泛动力的一部分。这种新动力是在第二次世界大战期间开发出的新技性科学方法地推动下产生的。作为数学家诺伯特·维纳(Norbert Wiener)和工程师朱利安·比格洛(Julian Bigelow)于战争期间在防空作战框架下的火炮控制中的研究成果,控制论在战后为人们提供了一种新的通用原理,其中所有对象都可以根据系统、反馈回路和控制机制进行分析。[2]

确保原子能的安全

这是与民用和军事核计划的发展以及当局对放射性污染的影响和机理的日益关注相关的研究和被提供资金的机会有关。这将促进1950年代生态系统生态学的体制化。得益于军工复合体的赞助,生态学将成为控制和保护原子能并将放射性示踪剂和现代计算机等新工具集成到实践中的关键手段。

1961年至1976年之间,美国原子能委员会的"医学与生物学"部(la division "Médecine et biologie" de la Commission de l'énergie atomique des États-Unis)协调了汉福德、布鲁克海文、橡树岭和萨凡纳河等国家实验室里的60多个生态系统生态学研究计划,以测量和预测生物和生态系统对电离辐射的耐受阈值。与1950年代后期通过谴责核试验对健康和环境的影响而形成的环境运动相反,这些生态学家表现出了乐观的和技术官僚性质的环境保护主义。其希望来源于尤金·奥德姆(Eugene Odum)在1959年所采用的放射性示踪剂技

---

[1] Odum 1959.

[2] Dahan et Pestre 2004.

术，以此来解决与原子能发展相关的环境问题："未来，我们最担心的某些事情，例如放射性，如果经过仔细研究，将有助于我们解决其所带来的问题。这就是为什么用作示踪剂的同位素将使我们能够阐明在放射性废物安全释放到环境中之前我们应要了解的变化的过程。"[1]

但是，这些国家实验室进行的生态研究并不仅仅针对解决核技术的环境管理问题。科学史学家的确证明了这些生态学家在施加于他们的限制内是多么成功，也的确展现了这些生态学家如何定义和发展自己的研究计划，同时，也表明了生态学家将放射性同位素示踪剂技术作为一种知识技术引入到他们的实践中以及系统生态学的兴起。[2]

确实，如果这些实验研究首先对技术安全的需求做出了回应，那么它们也被证明了是生态学家动用的有力的知识工具，可以更好地界定和隔离食物链，并跟踪物质和能量从一个隔室到另一个隔室的循环和转换，并量化它们的滞留和更新速率。

橡树岭国家实验室的机构空间以及它提供的信息技术的基础设施有助于使其成为系统生态学的摇篮。这些生态学家被形容为寻求现代化的社会运动，旨在革新生态学方法，将系统生态学正规化为一个新的混合研究计划，该计划结合了数学建模、运筹学或系统分析的方法论以及在模拟或数字计算机上进行的模拟。[3] 在第二次世界大战时开发，旨在简化美国和英国的反潜战和后勤工作的方法在战后于学术、工业和政府部门中传播，并应用于生态学。这些生态学家使用系统分析来识别、清点和分类要研究的生态系统的重要元素。这成为将生态学转变为管理复杂生态系统的科学的手段，也是公共决策的工具。对资源的良好管理被重新定义为一个优化问题，从而有可能调和生态系统生物生产力在短期内的最大化和对更新资源生态过程的长期维护。[4]

虽然最初这项新的研究项目在很大程度上仅限于军工复合体的实验室，那

---

[1] Odum 1959 (p. v et vi).
[2] Bocking 1995.
[3] Kwa 1993a et 1993b.
[4] Watt 1968 (p. 54).

么在 1960 年代，其推动者成功地将其广泛确立为环境管理中的关键知识。

环境保护主义、社会责任与大科学之间的国际生物学计划

从 1964 年到 1974 年，国际科学联盟理事会（le Conseil international des unions scientifiques）和国际生物科学联盟（l'Union internationale des sciences biologiques）协调了国际生物计划（le Programme biologique international，PBI）。它们希望通过展示其在解决全球环境问题（污染、资源枯竭等）和"人类福祉"（le bien-être humain）中的实用性，来提高生态学在生物学领域中的学术地位。计划创始人建议在全球范围内建立观测站，并同时测量"地球的生产能力"。在 43 个参与国中有 2 000 多个项目，200 次国际会议以及 24 本书的出版，生态系统科学从前所未有的体制化中在国家层面和国际层面上受益。

在美国，国际生物计划在两种动力交错中找到了自己的位置。为了利用 1960 年代对环境问题的关注，美国生态学会（Ecological Society of America，ESA）通过奖励策略和开展环保运动，对生态学的社会责任进行了战略性的重新定义。美国的议员们则将系统生态定位为定义和解决环境问题的必要步骤。为了寻求应对环境危机的技性科学解决方案，以及通过将其体制化来消除生态学的批评，美国议员被系统生态学提供的自然工程和控制理想所吸引。他们积极支持国际生物计划的提议。[1] 东方阵营国家的积极参与也引起了约翰逊总统的兴趣，他将其指定为对实施缓和政策至关重要的国际科学合作的典范，并呼吁世界所有国家建立一个国际人类环境理事会。[2]

美国的国际生物计划受益于为期六年（1968—1974）的 4 300 万美元的资助，动员了 1 800 多名研究人员，并将生态系统生态学纳入了大科学模型，并使其与行星环境科学结合，例如，海洋学、地球物理学、气象学和大气科学。五个计划中的每个计划都负责对覆盖美国的一个主要生物群落进行建模和计算机模拟。其目标是提高生态系统对环境干扰或各种开采战略的反应的生态预测

---

[1] Kwa 1987.

[2] Lyndon B. Johnson, Commencement Address at Glassboro State College, 4 juin 1968.

能力，并科学地将对自然资源的管理合理化。这些项目是按照分级和集中的结构进行组织和管理的，需要大型跨学科的科学团队，这些团队由使用高速数字计算机和构建中央观测数据库的计算机的行政管理人员、现场应用科学家、技术人员、程序员和建模人员组成。① 尽管建立在少数应确定所有生态系统变量的物理变量之上，未能整合诸如空间分化和连通性在食物链中的作用等参数，但是，这些模型很快被证明是还原论和确定论的。②

随着1969年《国家环境政策法案》（National Environmental Policy Act, NEPA）的通过，国家机构对环境问题实现了体制化，加之国际生物计划的相对成功，这导致在1970年代初人们创建了第一批大学内专门针对生态学的院系和教育计划。此外，《国家环境政策法案》对所有规划人员进行环境影响研究的义务为生态学家提供了在环境专业知识和咨询领域的新的职业空间。

适应性管理与经济化之间的自由生态学（1973—2013）

"失控的"自然？

1970年代见证了新的知识制度的兴起。在该知识体系中，生物圈被重新定义为具有复杂的适应性、混杂、随机行为的生态系统网络，该系统不断受到冲击和意想不到的事物的影响。在这种方法中，空间的多相性、时间变化、扰动或灾难（风暴破坏海岸线、公园或森林再次发生火灾），无论是自然的还是人为的，似乎都构成了生态系统更新的动力和过程。平衡状态仅对应于所被观察系统的临时状态。

不可否认，生态学中平衡与稳定概念的回流很大程度上归功于耗散结构和系统的自组织［普里戈津（Prigogine）］、混沌与巨灾理论［勒内·托姆（René Thom）］以及圣塔菲研究所（Santa Fe Institute）宣扬复杂性的科学。但是，也正是在更深层的社会、文化和经济动力的交叉点上，这种看待生物

---

① Aronova et al. 2010.
② Kwa 1993*a* et 1993*b*.

的新方式出现了。

在 1970 年代初，广泛的反环保运动、私人公司对生态学专业知识的工具化程度不断提高以及担心丧失专业自主权的情况下，生态学家和美国生态学会正在使自己脱离对现实不满的环境保护论，而退回到更多的学术关注和理论生态学上。① 从行动主义者的舞台上的退出伴随着对系统生态学和进化生态学的新认识论文化推动的去合法化。这确实更符合 1980 年代企业家的思想。他们认为发展不再是逐步走向更高的复杂性、相互依赖和自我调节的方向迈进，而是由于某些特殊的自私个体追求优化策略以增加其繁殖成功率的结果。此外，对越南军事干预的失败、凯恩斯主义计划国家模式的削弱、石油危机、新的后福特主义积累制度的兴起，它们导致了在生态学、气象学和计量经济学领域中人们幻想的破灭。这些幻想是关于大规模集成建模，以及作为这些模型基础的平衡、稳定性和理想控制等概念的回流。② 加拿大生态学家克劳福德·霍林（Crawford S. Holling）的工作是这方面的重大转折。霍林认为渔业管理中使用的所谓"以平衡为中心"的方法应对大量渔业资源的崩溃负有责任。于是，他在 1973 年提出了"以弹性为中心"的方法来代替。这种弹性生态学旨在衡量生态系统可以吸收的冲击和干扰的程度，而不会改变其功能特征，从而确保其适应性。③ 对后平衡生态学的肯定并没有脱离任何管理的观念，相反，它伴随着从生态系统控制策略向管理策略的转变。其中，人类集体及其与这些复杂生态系统的相互作用正成为干预的新目标。④ 致力于"社会生态系统"分析的研究机构的重要性日益增长，就证明了这一点。

这些新专家不将自然管理视为"保护所有物种"或维持最大的持续产量，而是将其视为"在经济活动的压力下确保生态系统在不确定的世界中创造性发展的能力"的战略。⑤ 这种平衡后的生态还具有中和任何对经济增长的环境限

---

① Nelkin 1977.

② Kwa 1994.

③ Holling 1973.

④ Bavington 2002.

⑤ Perrings et al. 1995 (p. 4).

制的批评并使之政治化的功能。不指出资本主义和工业的责任，新一代的生态学家将全球环境危机归结为僵化的官僚机构和过度的国家监管的结果。因此，解决方案只能来自"更具创新性的方法、更灵活的代理机构、更自治的行业和更了解情况的公民"。① 在渔业和林业领域应用了大约 30 年，一种被称为"适应性管理"的方法将自然的管理以及由此产生的冲击和意想不到的情况视为一种尝试和反复学习的过程，并根据所学知识对管理进行重新调整。这种新的后平衡生态学非常适合强调创新、生产过程的灵活性和管理权下放的逻辑。

杰里米·沃克（Jeremy Walker）和梅琳达·库珀（Melinda Cooper）更加强调了这种新生态学范式与新自由主义治理术在意识形态上的一致性，新自由主义治理术通过复杂系统的哈耶克主义认识论赢得了国际治理领域。②

自然是一个"相互联结的网络"

受到从太空拍摄的第一张地球图像、卫星技术和个人计算机的发展的深刻影响，这种新的知识－权力制度的特征是明确拒绝了系统生态学特有的机器隐喻，并促进了从新信息技术中汲取的新隐喻。生态学家丹尼尔·博特金（Daniel Botkin）说："机器的年龄及其隐喻不适用于解释生态系统如何工作以及我们如何维护它们……计算机为我们对地球生命的感知提供了新的隐喻……它们使我们感觉到森林是由许多生长、吸收空气、水和氮、种子并垂死的树木组成的。所有这些过程都以相互关联但独立的方式同时进行。"③

这种新的网络范式的出现标志着景观生态学（l'écologie du paysage）的诞生。该生态学始建于 1980 年代，将自然理解为通过人类活动进行修改和构造的景观的马赛克，并由狭长的通道、过滤器和屏障组成的网络链接在一起的生态环境点块组成。点块的大小、它们的距离以及它们的破碎程度和连通性决定了种群的空间分布以及生存和繁殖能力。景观生态学是基于航空摄影、制图、遥测和遥感工具的结合，使景观的空间、数学和数字成形成为可能。这些工具

---

① Holling et Meffe 1996 (p. 331).
② Walker et Cooper 2011.
③ Botkin 2012 (p. 158 et 177).

使得可以收集有关景观构成的地理参考数据，然后将其集成到地理信息系统（les Systèmes d'informations géographiques，SIG）中，并进行分析。这种新的自然表现形式与网状保护系统的建立密切相关，例如，法国的绿色和蓝色框架（la Trame verte et bleue）。这些"生态网络"旨在驱动景观尺度上的基因、有机体和物理－化学过程的流动。这些装置由"节点区"（les zones nodales）和"走廊"（les corridors）组成，"节点区"被设计为物种扩散和迁移的储存库，"走廊"起着促进生态环境之间物理和遗传交换的联络作用。

一种新的自然经济

这一新制度的另一个重要要素是将自然重新概念化为提供"生态系统服务"的"自然资本"。良好的保护将有赖于节约和建立"环境市场"。然后，我们将目睹地球系统逐渐融入全球金融系统。克里斯托夫·博纳伊（Christophe Bonneuil）因此分析了如何从资源丰富的自然表征（被理解为实体存量，如基因、物种、储备等）过渡到作为要评估的金融资产服务流通的自然表征，而这是与从福特工业资本主义向金融资本主义的转变齐头并进的。①

1990年代初，生态经济学的兴起和体制化在这一转变中发挥了关键作用。自2000年代中期以来，已经出现了由学者、环保非政府组织［大自然保护协会（TNC）、世界自然基金会（WWF）、保护国际（CI）］和私人咨询公司协调的新科学平台。这些方法将生态建模和定量方法与环境经济学货币评估方法相结合，旨在将自然货币化，以吸引私人资本进入保护部门。因此，这种新方法在其主导者看来："生态系统服务的科学需要迅速发展。通过承诺对自然的投资回报，科学界必须提供预测和量化这种回报所必需的知识和工具。"②

这些平台［如自然资本计划（The Natural Capital Project）、生态系统服务的人工智能技术（Artificial Intelligence for Ecosystem Services）、多尺度生态系统服务综合模型（MIMES）等］动员了经济学家、生物保护学家、开发人员

---

① Bonneuil 2015.

② Daily et al. 2009 (p. 21).

和程序员、业务分析师在免费的地理信息系统软件上开发定量和空间明确的建模工具，从而可以根据生物物理覆盖面和土地利用的分布情况对这些"生态系统服务"的使用进行量化、空间制图和经济评估。

基于这些方法，世界各地的许多试点试验目前正在致力于开发自愿市场和被称为"环境服务付款"（les paiements pour services environnementaux）的机制，将"受益者"和"供应商"联系在一起。

对保护目标与私人资本利益的重视给科学生态学带来了两个主要影响。一方面，生态学越来越被简化为度量技术的辅助角色，旨在证明其价值并确保在环境市场中交易的"生态系统服务"的信誉。[1] 为此，美国国家研究委员会（National Research Council）呼吁生态学家加大力度开发生态模型，其结果"可以用作经济分析中的数据"。[2] 另一方面，这种重视为生态学家在私人研究机构、投资银行和清算银行（如今在美国有500多家，并在欧洲和世界范围内迅速扩展）中提供了新的职业空间。他们可以提供工程和生态修复服务，以减少或抵消工业和开发商对环境的影响。

扬妮克·马兰（Yannick Mahrane）撰

参考文献

Anker Peder, 2001, *Imperial Ecology: Environmental Order in the British Empire (1895—1945)*, Cambridge, Cambridge University Press.

Aronova Elena, Baker Karen et Oreskes Naomi, 2010, Big Science and Big Data in Biology: From the International Geophysical Year through the International Biological Program to the Long Term Ecological Research (LTER) Network, 1957-Present, *Historical Studies in the Natural Sciences*, vol. 40, no 2, p. 183-224.

Bavington Dean, 2002, Managerial Ecology and Its Discontents: Exploring the Complexities of Control, Careful Use and Coping in Resource and Environmental Management, *Environments*, vol. 30, n° 3, p. 3-21.

---

[1] Robertson 2006.
[2] National Research Council 2005 (p. 257).

– 2010, From Hunting Fish to Managing Populations: Fisheries Science and the Destruction of Newfoundland Cod Fisheries, *Science as Culture*, vol. 19, n° 4, p. 509-528.

Bocking Stephen, 1995, Ecosystems, Ecologists, and the Atom: Environmental Research at Oak Ridge National Laboratory, *Journal of the History of Biology*, vol. 28, n° 1, p. 1-47.

Bonneuil Christophe, 2015, Une nature liquide ? Les discours de la biodiversité dans le nouvel esprit du capitalisme, in Frédéric Thomas et Valérie Boisvert (dir.), *Le Pouvoir de la biodiversité. Néolibéralisation de la nature dans les pays émergents*, Paris, Quæ, p.193-213.

Bonneuil Christophe et Bourguet Marie-Noëlle, 1999, De l'inventaire du globe à la "mise en valeur" du monde: botanique et colonisation (fin xviiie siècle-début xxe siècle). Présentation, *Revue française d'histoire d'outre-mer*, n°s 322-323, p. 9-38.

Bonneuil Christophe et Fressoz Jean-Baptiste, 2013, *L'Événement Anthropocène. La Terre, l'histoire et nous*, Paris, Seuil.

Botkin Daniel B., 2012, *The Moon in the Nautilus Shell: Discordant Harmonies Reconsidered*, Oxford, Oxford University Press.

Cittadino Eugene, 1990, *Nature as the Laboratory: Darwinian Plant Ecology in the German Empire (1880—1900)*, Cambridge, Cambridge University Press.

Clements Frederic E., 1905, *Research Methods in Ecology*, Lincoln (NE), University Publishing Company.

Dahan Amy et Pestre Dominique (dir.), 2004, *Les Sciences pour la guerre (1940—1960)*, Paris, Éd. de l'EHESS.

Daily Gretchen *et al.*, 2009, Ecosystem Services in Decision Making: Time to Deliver, *Frontiers in Ecology and the Environment*, vol. 7, n° 1, p. 21-28.

Erickson Paul, 2010, Knowing Nature through Markets: Trade, Populations, and the History of Ecology, *Science as Culture*, vol. 19, n° 4, p. 529-551.

Finley Carmel, 2011, *All the Fish in the Sea: Maximum Sustainable Yield and the Failure of Fisheries Management*, Chicago (IL), University of Chicago Press.

Headrick Daniel R., 1988, *The Tentacles of Progress: Technology Transfer in the Age of Imperialism (1850—1940)*, New York, Oxford University Press.

Hodge Joseph M., 2007, *Triumph of the Expert: Agrarian Doctrines of Development and the Legacies of British Colonialism*, Athens (OH), Ohio University Press.

Holling Crawford S., 1973, Resilience and Stability of Ecological Systems, *Annual Review of Ecology and Systematics*, vol. 4, p. 1-23.

Holling Crawford S. et Meffe Gary K., 1996, Command and Control and the Pathology of

Natural Resource Management, *Conservation Biology*, vol. 10, n° 2.

Kingsland Sharon, 2005, *The Evolution of American Ecology (1890—2000)*, Baltimore (MD), Johns Hopkins University Press.

Kohler Robert E., 2002, *Landscapes and Labscapes: Exploring the Lab-Field Border in Biology*, Chicago (IL), University of Chicago Press.

Kwa Chunglin, 1987, Representations of Nature Mediating between Ecology and Science Policy: The Case of the International Biological Programme, *Social Studies of Science*, vol. 17, n° 3, p. 413-442.

— 1993*a*, Modeling the Grasslands, *Historical Studies in the Physical and Biological Sciences*, vol. 24, no 1, p. 125-155.

— 1993*b*, Radiation Ecology, Systems Ecology and the Management of the Environment, *in* Michael Shortland (dir.), *Science and Nature: Essays in the History of the Environmental Sciences*, Oxford, British Society for the History of Science, p. 213-249.

— 1994, Modelling Technologies of Control, *Science as Culture*, vol. 4, n° 3, p. 363-391.

Madureira Nuno L., 2012, The Anxiety of Abundance: William Stanley Jevons and Coal Scarcity in the Nineteenth Century, *Environment and History*, vol. 18, n° 3, p. 395-421.

Marsh George P., 1864, *Man and Nature, or Physical Geography as Modified by Human Action*, New York, C. Scribner.

Masutti Christophe, 2006, Frederic Clements, Climatology, and Conservation in the 1930s, *Historical Studies in the Physical and Biological Sciences*, vol. 37, n° 1, p. 27-48.

National Research Council, 2005, *Valuing Ecosystem Services: Toward Better Environmental Decision-Making*, Washington (DC), National Academies Press.

Nelkin Dorothy, 1977, Scientists and Professional Responsibility: The Experience of American Ecologists, *Social Studies of Science*, vol. 7, n° 1, p. 75-95.

Nicolson Malcolm, 1989, National Styles, Divergent Classifications: A Comparative Case Study from the History of French and American Plant Ecology, *Knowledge and Society: Studies in the Sociology of Science Past and Present*, vol. 8, p. 139-186.

Odum Eugene P., 1959, *Fundamentals of Ecology*, Philadelphie (PA), W.B. Saunders Company.

Perrings Charles *et al.* (dir.), 1995, *Biodiversity Conservation: Problems and Policies*, Dordrecht, Kluwer Academic Publishers.

Pestre Dominique, 2003, *Science, argent et politique. Un essai d'interprétation*, Paris, Quæ.

Raumolin Jussi, 1984, L'homme et la destruction des ressources naturelles: la *Raubwirtschaft* au tournant du siècle, *Annales. Économies, sociétés, civilisations*, vol. 39, n° 4, p. 798-819.

Reclus Élisée, 1864, De l'action humaine sur la géographie physique, *Revue des Deux Mondes*, vol. 34, n° 54, p. 762-771.

Robertson Morgan M., 2006, The Nature That Capital Can See: Science, State, and Market in the Commodification of Ecosystem Services, *Environment and Planning D: Society and Space*, vol. 24, p. 367-387.

Starr Frederick, 1866, American Forests: Their Destruction and Preservation, *in* US Department of Agriculture, *Report of the Commissioner of Agriculture*,

Washington (DC), Government Printing Office, p. 210-234.

Tobey Ronald C., 1981, *Saving the Prairies: The Life Cycle of the Founding School of American Plant Ecology (1895—1955)*, Berkeley (CA), University of California Press.

Walker Jeremy et Cooper Melinda, 2011, Genealogies of Resilience: From Systems Ecology to the Political Economy of Crisis Adaptation, *Security Dialogue*, vol. 42, n° 2, p. 143-160.

Warming Eugenius, 1909, *The Oecology of Plants: An Introduction to the Study of Plant Communities*, Oxford, Clarendon Press.

Watt Kenneth, 1968, *Ecology and Resource Management: A Quantitative Approach*, New York, McGraw-Hill.

"引起轰动的遗传科学。它可以产生新的人种。"摘自《大众科学》杂志(*Popular Science*),1934年11月。

第十四章

基因世纪

20世纪被称为"基因世纪"是恰当的。遗传学不仅起源于这个世纪,而且已成为其最具标志性的学科之一。从孟德尔到后基因组时代,通过从数学借用来的形式主义和来自物理化学的工具学,遗传学也"基因化"(génétisé)了关于生物的所有知识和话语,并扩散到了农业、医学、政治、文化领域,以及随时间变化思考物种之间关系的方式。从孟德尔主义和突变论到围绕转基因产品和预测医学的创造性预言,遗传学从未停止过去提出更好的被引导的生活承诺,并将其融入政治行为(优生学、健康、农业现代化)和使生物发挥作用并提高其价值的经济战略。

遗传学的历史

毫无疑问,遗传学是历史最悠久的科学领域之一,尤其是它的实践者,如沃森(Watson)、斯特蒂文特(Sturtevant)、雅各布(Jacob)或莫诺(Monod)等,他们的历史故事最为丰富。在这些生物学家中,一种关于许多人的连续叙事使一个故事分阶段地沉淀下来,每个阶段都有新的进展。另一种叙事则将某些角色和过程置于前台,而其他人则变得默默无闻。这些故事以作者的认识论或学科论断为特征,也以通过制度问题以及每个时代所特有的构想为特征,即跨时空联系不同生物的构想。

一个标准的叙事出现了，可以总结为：在 1900 年左右，随着对孟德尔定律的"重新发现"，基因征服生物学思想的世纪开始了。大约在 1915 年，伴随着摩尔根（Morgan）的染色体理论，与动植物选择和优生学密切相关的遗传学进入了一个更加自主、更具学术性的阶段。这被伊夫琳·福克斯·凯勒（Evelyn Fox Keller）强调为"进步"，即实现了"正规化和递增"。[①] 遗传知识，以其浓厚的 19 世纪社会背景为标志，将变得更加纯正、更加技术化和专业化。米勒-维勒和赖因贝格尔认为对这一学科束缚的解除应该是从 1900 年代开始的：遗传学从与"对人口的社会政治和文化关注"相关的遗传的"活跃而广泛的猜测"演变为"特殊的围绕少数模型生物的实验学科"。因此，除了"先决条件"的类型以外，与经济、社会政治和文化领域之间的任何联系都基本被排除了。[②] 人们在 1906 年给这种学科知识起了一个名字："遗传学"。如果遗传知识是 19 世纪非常广泛的社会和意识形态基质的一部分，那么 20 世纪的遗传学将拥有更多的认识论和较少与境化的叙述。因此，我们会看到一个有关遗传的文化史，但很少会有关于遗传学的文化史。

从 1930 年代末开始，在遗传学的研究中，人们尚不清楚基因的生化性质及其作用方式，而在研究机构中成为主流的"分子生物学"（la biologie moléculaire）则始于沃森和克里克（Crick）在 1953 年发现的 DNA 双螺旋结构。尽管遗传学兴起于用于优化和控制植物、动物和人类的生命政治的项目，分子生物学和基于种群遗传学的进化综合理论作为基础学科出现在标准的叙述中。直到四分之一世纪之后，随着限制酶和重组 DNA 技术的发现，也就是说，存在跨越物种壁垒转移基因的可能性，分子生物学才"从理论科学转变为实践科学"。[③] 第一种转基因生物是一种被植入两栖类基因的细菌，其历史可追溯到 1973 年。这为分子生物学的"应用"开辟了新领域，也引起了公众的争议。如果今天在合成生物学中发现这种工业主义和还原主义的趋势，那么伴随着基因组学（自 1990 年启动"人类基因组"项目以来）、系统生物学和表观遗传

---

① Keller 2003 (p. 7).

② Müller-Wille et Rheinberger 2012（第 128 页和 136 页是关于"先决条件"的定义）。

③ Morange 1994 (p. 213).

学，我们仍将目睹一种超越分子生物学的教条：以新的 DNA 观点质疑遗传决定论不再是一个程序，而是一种在环境影响下通过细胞动力学有选择地动员的记忆；由 98% 的不包含制造蛋白质的非编码 DNA（最初称为"垃圾 DNA"）编码的小分子 RNA 被发现；基因概念的破裂①，回归于根本和复杂性②——甚至拉马克主义也有所恢复。③

为了向人们展示遗传学家和分子生物学家如何参与规定范围、制度化和更新这个领域的知识谱系，从 1960 年代末开始，社会学家和历史学家，例如罗伯特·奥尔比（Robert Olby），之后罗伯特·科勒（Robert Kohler）也加入进来。在由进步、突破和脱离移除背景构成的标准叙事中，为了提取越来越准确的知识，他们在共同体的出现以及制度、社会政治和文化动态方面增加了其他叙事。

从那以后进行的历史考察表明，孟德尔不是一个与世隔绝的修道士，他完全意识到自己那个时代的科学问题。并且，他还加入了摩拉维亚（当时欧洲最活跃的地区之一）的农业和工业育种者和合理化者（le rationalisateur）的团体。④ 当意识到作为孟德尔定律的"再发现者"之一的雨果·德弗里斯（Hugo De Vries）或"基因"和"基因型"一词的发明者威廉·约翰森（Wilhelm Johannsen）并没有真正投入到实验性杂交程序中，历史学家已经在所谓的"经典"遗传学的出现里确立了有机体纯化和标准化实践（例如纯血统的概念）的作用（与孟德尔的杂交一样重要）。⑤ 随后，遗传学的重要性逐渐显现，并成为 20 世纪初了解和操纵遗传的新方法、热衷于对生物进行工业操纵的企业家、农业合理化以及人口增长的温床。⑥ 因此，所谓的"经典"遗传学的历史可以被包含在涉及跨国相似性和国家特殊性的生物合理化计划的更广泛的历史里。对相似性的探索使我们可以将遗传学想象为第二次工业革命的产物，是大

---

① Keller 2003.
② Barnes et Dupré 2008.
③ Jablonka et Lamb 1995.
④ Wood et Orel 2005.
⑤ Bonneuil 2015a.
⑥ Paul et Kimmelman 1988, Paul 1995.

规模生产中对生物的招募,并且是"控制革命"和大型组织的一个组成部分,这在国家现代化的世纪开创了信息管理[1]和生命政治的新形式。[2] 对国家情况的比较分析突出了实验知识和基因优化项目的多样性,以及它们与针对人类和非人类的生命政治计划形成鲜明对比的联合生产。[3] 因此,由蒂亚戈·萨赖瓦(Tiago Saraiva)对猪的基因改良的研究表明,被剥夺了殖民地的纳粹政权的自给自足计划[肥壮和爱国的猪肉,以及提高德国土壤中产出的产品(甜菜根、土豆等)的价值]与寻找美国理想的猪肉(面对热带植物脂肪在动物饲料和人类饮食中发起的挑战,猪肉需要更为精瘦、更"全球化")形成了鲜明的对比。[4] 因此,对研究项目以及对人类、微生物、植物和动物的遗传合理化的分析为我们提供了一个窗口,以了解20世纪各种政治体制的结构,并通过将科学史整合到20世纪历史的主要对象中来消除隔膜。

至于其从业者的历史叙事所提倡的分子生物学的基本性和普遍性的观念,它也没有抵制涉及档案的调查的激增。将分子生物学和进化论的合成理论强调为俯瞰政治及其时代的中立科学,恰恰是1945年后意识形态和文化背景的结果:然后,遗传学家便要远离种族生物学,同时,受到纳粹德国在道德上令人反感的做法的影响,他们必须消除优生学不堪的过去并拒绝接受李森科主义(le lyssenkisme)。虽然联合国教科文组织坚决主张种族理论缺乏科学依据[5],路易斯·坎波斯(Luis Campos)还是指出,20世纪上半叶,遗传学家们的培根式和造物主式的论述曾在承诺使生物生产更有效率方面大放异彩,但现在却被置于次要地位。[6] 在通过净化、有规划地杂交或诱变创造新生命的计划之后(德弗里斯在1901年制定的计划),洛克菲勒基金会实施的生命技术控制项目确实从分子生物学中脱颖而出,该项目在1932年至1959年间捐款9000

---

[1] Thurtle 2007.
[2] 参阅本卷第3章。
[3] Flitner 2003.
[4] Saraiva 2016.
[5] 参阅本卷第12章。
[6] Campos 2009, Endersby 2013.

万美元，几乎资助了该领域未来所有的诺贝尔奖。① 其自然科学主管，物理学家沃伦·韦弗（Warren Weaver）于1938年创造了"分子生物学"一词，他认为1929年的大萧条发生的原因是在关于该学科积累的知识方面，人们对人类、生物学和心理学的认识不足。他写道："人能控制自己的力量吗？我们能否发展出如此确定，如此完善的遗传学，以至于我们希望将来能够培养出优秀的人类？……我们能否将心理学从当前的困惑和无效中解脱出来，并将其转变为每个人在日常生活中可以用来使自己的行为合理化的工具？"②

历史考察还确定，远非直接源自20世纪初的遗传学，分子生物学已经出现在一个由科学界和工业界共同合作的技术领域中，目的是在分子水平上理解和作用于生物过程。③ 在美国，维生素研究是由美国农业部（USDA）和食品工业推动的，而通用电气或美国无线电公司对植物改良感兴趣。在北欧，嘉士伯工业研究实验室（laboratoire de recherche industrielle de Carlsberg）是对生物化学研究具有重要意义的地方，而乌普萨拉的特奥多尔·斯韦德贝里（Theodor Svedberg）则与工业建立了紧密的联系，以开发超离心分离和细胞功能的生物化学分析。在德国，德国威廉皇帝生物化学研究所（Kaiser-Wilhelm Institut für Biochimie）与制药业合作研究性激素并使其商业化④，其他机构则由于德国缺乏殖民地的原材料供给，而从事生物化学和原材料的合成。在纽约洛克菲勒学院（l'Institut Rockefeller）等医学研究机构中，研究和应用环境之间的交流也很频繁，埃弗里（Avery）在1944年证明了基因是由DNA组成的，此外还有在巴斯德研究所（l'Institut Pasteur）工作的弗朗索瓦·雅各布（François Jacob）和雅克·莫诺（Jacques Monod）。正是在这一科学工业领域中，从1920年代开始人们应用了一组新的技术（超速离心分离、电泳、X射线、电子显微镜，然后是放射性同位素），以研究（并将其转化为药物或食品）维生素、激素、病毒、抗体、酶，然后是DNA。物质实践和装置的探索带来了从包含（在

---

① Müller-Wille et Rheinberger 2012（p. 168）。
② 被引用于 Morange 1994（p. 107）。参阅 Kay 1993。
③ Müller-Wille et Rheinberger 2012（p. 162-168）。
④ Gaudillière (dans ce volume, p. 85)。

搬运和定位的双重意义上）认识对象的"实验系统"的角度来考虑遗传学和分子生物学研究的动态。从罗伯特·科勒研究的"果蝇反应器"（le réacteur drosophile）到汉斯－约格·赖因贝格尔（Hans-Jörg Rheinberger）分析的分子生物学体外系统（les systèmes *in vitro* de la biologie moléculaire），这些实验系统通过构成研究网络的框架来构成研究新现象的网络（首先是例外，然后是对象和研究工具），从而提高生产力。① 苍蝇、蠕虫、小鼠、螃蟹和其他遗传学模型生物不仅是知识对象，也是反应物，是遗传知识本身的体现形式。通过案例研究和跨国比较，1990年代和2000年代的工作还表明，分子生物学的发展绝非是国家对既有学科项目的简单"接受"，它的发展在每个国家都意味着新的布局和新的身份。因此，这项工作将分子生物学分为几部相互联系但又单一的国家历史，从而将了解生命的新方法融入第二次世界大战之后国家的、政治的和社会的历史之中。② 最后，历史学家在合成生物学方面的工作使得其起源可以追溯到1970年代的生物技术，而且可以追溯到较早的生物合成计划（"合成生物学"的表达可以追溯到1912年）。③ 如果现在通过某些"重新净化"（repurifiant）的历史叙述④ 将生物技术和生物工业时代放在了次要地位，那么它已成为社会学家、历史学家、人类学家和政治学家进行大量研究的主题。⑤ 至于后基因组学和表观遗传学的转变，这有利于改变我们的目光，并可能很快导致重读有关获得性遗传以及环境和营养的遗传作用的辩论。这些辩论在20世纪上半叶非常活跃，与在分子生物学获得胜利时所给出的观点不同。然而，当前基因危机的戏剧化不应掩盖这样一个事实，即基因中心主义在实验、工业、法律（专利）和监管背景下仍能有效发挥作用。

以下叙述试图提供一种遗传学的文化历史，即遗传学如何将生命和基因变成知识、话语和干预的对象。

---

① Kohler 1994, Rheinberger 1997.
② Gaudillière 2002, Strasser 2002.
③ Campos 2009；可参阅：Bud 1993.
④ Telles Barnes et Dupré 2008.
⑤ 最新的有关研究是：Rasmussen 2014.

从遗传到遗传学

康德（Kant）解释说，在林奈的世界（un monde linnéen）中，物种的蜕变不仅是一种异端邪说，而且在逻辑上也是不可能的，因为，如果没有物种的不可变性，那世界就是不稳定的，不可能进行分类和思考。通过拉长生命和地球的时间，19世纪的科学打破了这些界限：对于达尔文来说，物种的边界只是不断扩大的品种的边界，生命是不断变化的流，是"纠结在一起的亲缘关系网络"。① 生物学构建了生物的历史观和程序观②，因此，在将遗传视为一种力量时，记忆就充满了环境和时间的影响。人类从古猿那里进化过来，也可以在没有持续选择的情况下回到之前的状态。而天才的孩子变得平庸，则说明先辈的卓越从未被他们的后代所获得。因此，在高尔顿（Galton）的遗传理论中，如果天才的孩子回归平庸，这是因为带有遗传的微芽在亲代有机体中表达得如此之多，以至于它们变得疲倦并且在传承给后代时无法与潜伏的元素进行竞争。因此，"如果这一变化是偶然出现的话，育种者将难以保持其优良特性"，"只有通过严格的选择才能使现有种族保持在其水平上"。③ 就像发现熵之后秩序的脆弱性一样，19世纪末，生物学家、生物统计学家的这种"软"遗传呼应了面对大众阶级和大众社会兴起时的焦虑。它还证明了一种观念，即遗传只能随着时间和环境的作用而强化：遗传、文化和环境共同参与了整个世代的连续性和变异性管理过程。

这与20世纪初的遗传学所强调的历史性、过程性、柔性和对环境有渗透性的遗传世界有着显著的不同。它反对相对于环境的结构性④、组合性、硬性与自闭性的视野，以及遗传的无历史性。

首先，的确，新的遗传学想成为非历史性的。该结构优先于时间并超越时间。"啊，进化的连续性和缓慢性，根据指令获得的变异万岁（参见德弗里斯

---

① Darwin 1859 (p. 434).
② Thurtle 2007.
③ Galton 1876 (p. 339-340).
④ Gayon 2000.

的突变和跃移理论,以及寻求实验指导的进化①)!"在威廉·约翰森的一篇著名文章中,他揭示了"现代遗传概念",认为基因型是"物理化学结构"。约翰森表示,虽然内格利(Nägeli)、魏斯曼和19世纪的许多其他生物学家都坚持发育、遗传和种质本身的过程维度,但其"仅根据自身实现状态进行反应,并非来自其创造的历史";新的遗传学是对生物反应的非历史性观察,类似于化学……化学品没有妥协的过去,无论水的形成历史或元素的先前状态如何,H_2O 始终是 H_2O,并且总是以相同的方式发生反应。②

在这种概念中,遗传不再随时间累积;这是一个组合的问题:育种者菲利普·德维尔莫兰(Philippe de Vilmorin)认为"这种(返祖性)的神秘力量是不存在的",返祖性实际上是一种"遗传[隐性]因素相同的重新组合"的情况③。"一个纯种的特性并非像以前所认为的那样,是因为有许多具有该特性的祖先;而是因为通过两个相同配子的结合产生了这个特性。"④

其次,这种历史的退场也是生殖和传播纽带的退场。如果将这种遗传概念的变异与吕克·博尔坦斯基(Luc Boltanski)和洛朗·泰弗诺(Laurent Thévenot)提出的不同"正义之城"(les cités de justice)的分析框架联系起来⑤,我们可以注意到,达尔文时代研究遗传的视野属于"家庭之城"(la cité domestique),而新遗传学的视野属于"工业之城"(la cité industrielle)。遵循种质和体质分离理论⑥,人们不再认为亲代将特征或决定因素传给了其后代(在家庭之城,传播意味着其个人债务与历史的铭刻),只有种系与连续性有关,而给每一代一种有机体,就像从根茎中长出的幼苗一样。因此,"遗传可以定义为在亲属和后代中存在或不存在相同基因"。⑦ 以这种方式定义,遗传便于将各代联系在一起的生殖链(la chaîne génésique)的其他维度(表型、象征、

---

① Endersby 2013.

② Johannsen 1911 (p. 139).

③ Vilmorin et Meunissier 1913,被引用于 Bonneuil 2015*a*.

④ Meunissier 1910 (p. 13),被引用于 Bonneuil 2015*a*.

⑤ Boltanski et Thévenot 1991.

⑥ Weismann 1892.

⑦ Johannsen 1911 (p. 159).

动态、历史、文化）是分离的。这一变化也与让·鲍德里亚（Jean Baudrillard）对生产和消费世界的工业化进行的文化分析相重叠。在工业化前的世界中，产品的起源，其真实性是一种财产，有助于赋予其含义并表示其持有者的社会地位。但是，"这是随着工业革命而出现的新一代标志和对象。没有社会等级传统的特征……立即产生了巨大规模。它们的奇异性和起源问题不再出现：技术是它们的起源，它们仅在工业模拟方面具有意义。也就是说是一系列；也就是说，两个或 n 个相同对象的可能性很大。它们之间的关系不再是其假冒原件的关系，既不是类比也不是反映，而是等效，冷漠"[1]。根据鲍德里亚的说法，可以说遗传正在进入工业系列的时代，当新的遗传学取代了"垂直的"历史（由生殖、印记和竞争组成）时，它们是基因的相同重组和装配的"水平"逻辑。

贵族阶级的世袭，其卓越是宝贵的，因为卓越是稀有的，需要永久的照顾（礼节、婚姻选择等）。但这种世袭最终让位于工业的遗传。刻在"基因型"的大理石之上，现在，卓越必须能够以足够稳定的方式大规模生产，以流通于广阔的市场中，就像1883年由嘉士伯生产的第一批工业化啤酒一样，是通过一个独特细胞的酵母克隆进行发酵的。就像疫苗一样，在被大规模生产的同时，其功效和安全性必须保持恒定。就像摩尔根实验室中所培育数百种果蝇谱系一样，或者大型育种站生产并符合大磨坊所要求的具有标准品质的小麦品种，因为"工业的理想选择是对性质明确且始终相同的产品进行操作"[2]。

第三，正是在工业标准化的这一非常广泛的运动中，生命的遗传纯度成了关于遗传的所有合法知识的追求和中心标准。对于约翰森来说，"对近交系动物的行为研究是遗传科学的基础，尽管大多数种群（尤其是人类社会）根本不包含近交系"[3]。对纯度的追求揭示了离散类型和具有稳定特征的血统的存在，19世纪的生物学和育种家看到了由环境驱动的统一体。1900年后不久，出现了新的概念和术语：约翰森提出的"近交系"或"生物型"的概念；1903年，由美国育种家韦伯（Webber）提出了"克隆"或"克隆品种"的概念，即

---

[1] Baudrillard 1975 (p. 85).
[2] Blaringhem 1905（p. 362），被引用于 Bonneuil 2015a。
[3] Johannsen 1903 (p. 9).

1912 年杂交玉米之父沙尔（Shull）所设想的。所有人都在寻找"一个将包括一系列基因型相同形式的术语"①，无论其生成方式如何（营养繁殖、单性生殖、细胞分裂、同花受精、F1 杂交）。

针对遗传同质性的概念和实践的激增可以归结为进行科学所必需的严谨性；它反映了生命有机体（疫苗、发酵、农业食品）进入工业领域的过程：产生了新的、遗传稳定的和可预测的生命形式，因为它们更适合于生产过程的合理化、部门的扩展和工业产权问题。为了说明生物工业产业合理化和遗传学诞生的共同基质，威廉·约翰森在 1881 年至 1887 年间是嘉士伯啤酒厂实验室的助手，他恰好是在此开发了由近交系酵母生产啤酒的工业过程。如此，我们便可以理解约翰森为何之后能将这种纯化方法应用于植物，并成为近交系概念的推动者，并在外观（表型）持续波动下，寻求深层的、均匀的且稳定的结构（基因型）的离散变异。

第四，大型工业，技术或官僚组织对新实践的渗透不仅限于标准化和纯正。与实验生物学的发展相伴的是生物学知识实践的工业化，包括医院、统计或人类生物学调查、农艺学工作站和实验室。实际上，随着统计学使用的增加，科学工作涵盖了大量实体。育种者、医生和生物学家都在鼓吹海量数据累积的优点。美国农业部植物改良实验室主任重申 1890 年代系统化育种（Systematic plant breeding）的信条和"需要大的基数"以增加"选择和获得期望结果的可能性"。② 他的同事威利特·海斯（Willet M. Hays）（后来的农业部副部长）开发了几种工具和方法，例如使用百株法（centgener method）将小麦育种产业化，他认为"改善物种的工作可以像制造缝纫机一样系统而有效地进行。"③ 在农艺工作站中，要使成千上万条受到并行监控谱系的特征具有可比性，同时，以严格相同的方式对其进行处理（通过播种的距离和深度、添加肥料的土壤、对除草的"工业化"组织等以实现完美的均质化）。使成千上万的实体受到系统的观察还意味着大量的工作人员、分工和特定于"控制革命"（la

---

① Jennings 1911（p. 842），被引用于 Bonneuil 2015a。
② Webber 1895（p. 54），被引用于 Bonneuil 2015a。
③ Hays 1905（p. 177），被引用于 Bonneuil 2015a。

révolution du contrôle）和系统管理（system management）的非人格化信息组织形式。它们在世纪之交被部署于铁路和邮购公司、军队、政府和医院以及图书馆中。使用符号、带有索引和交叉引用的目录、在活页上的打字技术，以及可以在垂直文件系统中移动的硬纸卡片。[1] 雨果·德弗里斯强调了新遗传学与"大规模"工作之间的这种联系，并赞扬了瑞典的斯瓦洛夫育种站实施的"几乎难以置信的簿记范围（记录，登记）"。该站与他和约翰森都保持着紧密的联系。[2]

像哥伦比亚大学的摩尔根的学术实验室也无法避免这种工业的合理化。也许是受杜威（Dewey）对这所大学的图书馆进行重组的启发，摩尔根的小组使用可拆换的硬纸卡片来记录菌株特性或杂交结果。重要的是，这种转变发生在1905年至1918年之间——大约与福特在红河（Rouge River）建立生产车间同时进行——从一个普通的生物实验室（每个人都在多个不同的物种上开展研究工作）转变为一个对高速产生的单一有机体进行密集而系统的研究的平台——每十二天产生新的世代——大规模工作容易检测到突变。温度和湿度得到了完美的控制，并且设计了生产线以标准化其交换速率（crossing-over）。"果蝇反应器"是许多突变体和新问题的"生产系统"，这些问题导致摩尔根改变了突变的分类系统，并从实验进化的角度转向了后孟德尔式的染色体图谱法角度。[3] 研究人员——摩尔根、布里奇斯（Bridges）、斯特蒂文特、维勒等人——进行了分工，每项工作都产生了数以百计的信息块，并拼装成染色体的图像。从1919年到1923年之间发布的那些内容是在处理约1 300万到2 000万只苍蝇之后所得到的结果。

《美国博物学家》杂志（American Naturalist）每年刊发的文章中研究的物种数量从1870年左右的约400种下降到1940年左右的约100种。作为生物学家研究对象的有机体数量的减少有利于对少量典型物种进行深入研究[4]，并在农

---

[1] Yates 1989.
[2] De Vries 1907 (p. 48 et 79).
[3] Kohler 1994 (p. 49).
[4] Bruno Strasser, communication personnelle.

业领域准备了新的生物医学①和动植物的生命政治。②对同质生命形式的追求是农艺工作站及其认识论培植实验系统的一部分,即一种实验研究与深入的统计学分析相结合的"证据农学"(l'agronomie des preuves)。正是在这些农艺学证据的领域中,人们在尝试确保一次仅更改一个参数,以使遗传同质化有意义。推广少量同质品种,也使农村世界对国家及其专家更加易于理解和管理。因此,"清晰、均质和稳定"的品种标准将在20世纪的农业现代化中盛行,无论从法西斯意大利的小麦之战到发展中国家的"绿色革命",还是美国F1杂交玉米和1934年的纳粹种子法。后者通过授权行政当局来取缔被认为是非生产性或易感疾病的品种,这一做法将在几个国家被模仿(比如,1942年在法国),并成为当前欧洲种子目录的先声。③

从泛子到基因

在19世纪的后半叶,这种观点占据了主导地位:存在于配子中并聚集在卵中的粒子所携带的遗传特性以形成一个成年个体,这不仅决定了其物种的所有个体的相似性,而且也决定了其直接祖先的相似性。在1909年约翰森提出"基因"一词之前,这些粒子是达尔文的泛子理论(1869年)和高尔顿的"遗传学理论"(1876年)中的"微芽",也是魏斯曼提出的"原生体"、孟德尔之后不少作者笔下的"间叶原基"、内格利的"种质"和德弗里斯的"泛子"等。

但是,达尔文和高尔顿的泛子理论中的胚芽与20世纪初"现代"遗传学中的基因有何共同之处?胚芽是真正的类器官,能够在体内迁移、学习或疲劳,而基因则被埋在种系的核中,不再学习任何有关环境或有机体经验的信息。当物种在历史进化史上占有一席之地时,胚芽在大漩涡中过着冒险而丰富的生活,而基因表现为一种惰性,是不可分割和可重组的砖块,其频率和组合

---

① Rader 2004, Gaudillière 2002.
② 关于生命政治的议题,详见本卷第12章和第10章。
③ Saraiva 2016, Bonneuil et Thomas 2009.

是我们寻求的作为生物多样性、进化、改良和稳定的基础。它们的存在方式类似于模块化工业基础结构中的标准化"乐高积木"或垂直文件系统中的移动卡片。我们可以概述这种新的遗传粒子的动物行为学的四个方面。首先，1880年代之后，越来越多的生物学家和育种者打破了在有机体特征之间取得平衡的生理概念，以将该有机体视为一组特征。这样人们便可以单独进行选择，以结合以前被视为对立的两个特征。威廉·贝特森（William Bateson）宣称"有机体是特征的集合，我们可以删除黄色的特征，然后插入绿色的，删除高挑的，插入矮小的"[1]。甚至在孟德尔定律被重新发现之前，这一想法就已经被提出，即每种类型的遗传粒子都确定了非常离散的特征，并且可以独立传播。[2]

其次，该基因不再是飘忽不定的：作为一种传播单位，自1889年德弗里斯提出"细胞内泛子"理论和1892年魏斯曼提出种系理论以来，它局限于细胞核中，而不是在有机体中自由循环。两者都引用分工论证来证明其假设的合理性。魏斯曼将体细胞比作不需要完整的基因组成即可完成其精确功能的军队。[3] 而德弗里斯则宣称："传输是细胞核的功能，发育是细胞质的任务。[4]"将生命分为存储领域和实现领域的这种分离，导致了上述分析在遗传、历史以及环境之间的突破。1973年，分子生物学家萨尔瓦多·卢里亚（Salvador Luria）再次将涉及分子生物学的"行动中的生命"（la vie en action）与涉及种群遗传学和进化生物学的"历史中的生命"（la vie dans l'histoire）区分开来。[5]

第三，我们目睹了遗传粒子的失活。在1892年之前，德弗里斯和魏斯曼的泛子或原生体可以吸取养料、生长和繁殖。但是在1894年，德弗里斯接受了凯特勒的球比喻（la métaphore des boules de Quételet），并于1896年开始使用，以考虑配种的第二代获得的孟德尔式比率。因此，遗传不再是拉动和重组惰性球（la boule inerte）的问题，而是动态小体之间的生长、循环和竞争。

---

[1] Bateson 1902，被引用于 Allen 2003（p. 67）。
[2] 参见 De Vries 1889。
[3] Weismann 1892 (p. 40–41).
[4] De Vries 1889 (p. 194).
[5] Luria 1973.

最终，结合孟德尔式的倾向，1903 年，德弗里斯放弃了泛子的早期构想，后者可以改变状态、数量或性质，使其成为模块化遗传结构中的固定和独立的单元。[1] 每个体细胞只限于两个拷贝，两个"等位基因"[2]，因此经典遗传学的基因很快就会减少到只有三个参量：存在/不存在、显性/隐性，然后，在染色体上的位置。

在 1920 年代，这种基因积木的概念导致了尼古拉·瓦维洛夫及其苏联同事提出的"遗传资源"概念（les ressources génétiques）。受过贝特森指导的瓦维洛夫负责收集来自世界各地的种族和品种，这成为苏联在该方面计划中的一部分。1940 年，列宁格勒的瓦维洛夫研究所的藏品不少于 25 万种。瓦维洛夫希望通过他的收藏"找到基本元素，'砖和水泥'（基因）……拥有用于改良动植物……的原材料，以构建现代的复杂组合"[3]。生物多样性作为可以在"基因库"中异地保存惰性和独立基因存储的看法是这一事业的继承者。我们发现它是"绿色革命"的核心，然后是 1992 年在里约通过的《生物多样性公约》（Convention sur la diversité biologique）的核心。而该公约的目标（第一条）则是"从事保护生物多样性、持久使用其组成部分以及公平合理分享由利用遗传资源而产生的惠益。"

基因程序，细胞工厂的首席规划人员

从超速离心和电泳开始，两次世界大战之间的生物化学和生物物理学的新仪器和方法趋向于离散细胞质，也将其引入新的模块化想象和新的工业操作方法中。就像基因使种质原子化一样，"胶体"（le colloïde）放弃了酶和其他蛋白质的主要细胞作用。[4] 从 1941 年比德尔（Beadle）和塔特姆（Tatum）的"一个基因－一个酶"假说（un gène-une enzyme）到 1960 年代通过证明

---

[1] Stamhuis et al. 1999 (p. 247–259).
[2] 在最普通的情况下是二倍体的有机体。
[3] Vavilov 1931, Flitner 2003.
[4] Müller-Wille et Rheinberger 2012 (p. 166).

DNA 的双螺旋结构来解释"遗传密码",基因获得了信息化学分子的有形性质。① 从结构上讲,遗传也是与信息论和控制论的发展协同的"信息"——也由误解构成。② 如此被"编码"的蛋白质,根据全面的类比法(钥匙锁),具有特异性的概念,"就像机床一样工作","被安排在生产线上以实现最佳速度和高效输出"。③ 在这样设想的细胞生产空间中,机会、历史、竞争都没有任何权利。按照良好的福特主义逻辑,分子生物学的"中心教义"(le dogme central)(克里克)认为,信息仅根据指示模式从上到下,从 DNA 到蛋白质。雅各布和莫诺以这样一种方式来解释他们在操纵子上的研究:他们得出的结论是,基因不受硬件环境的调控,而是受基因组硬件中已经存在某种"遗传调控机制"(le mécanisme génétique de régulation)的影响。④ 每个用于大量生产单个蛋白质的基因编码都与"带有齿轮、齿轮机构和活塞的金属机器的刚性运行"有关。⑤ 一些"调节基因"(les gènes régulateurs)以将导弹射向目标的控制论伺服系统的表匠级的精度控制着有机体的发展:基因组不仅包含一系列的计划,而且还包含蛋白质合成的协调的方案,以及控制其执行的手段。⑥ 没有一个比计划化的法国更是这样,在福特主义的时代,细胞工厂似乎在基因的控制下被激活,并构成了程序与总工程师。但是,是美国进化论者恩斯特·迈尔(Ernst Mayr)在 1961 年提出了"遗传程序"(le programme génétique)的概念,并提出"DNA 代码是……个体行为计算机的程序"。⑦

利用新的分子"复制和粘贴"工具的力量,基因工程继承了孟德尔式的基因"重组"概念,通过一对一的移植基因来实现优化——因此,术语"重组 DNA",也来自基因程序的想象。它实际上是"征服任何生物以执行另一生物

---

① Morange 1994, Müller-Wille et Rheinberger 2012 (p. 161–186).
② Kay 1993.
③ Luria 1973 (p. 67).
④ Keller 2003 (p. 79).
⑤ Monod 1965 (p. 8).
⑥ Jacob et Monod 1962 (p. 354).
⑦ Mayr 1961 (p. 1504).

的基因程序的一部分"。① 由于基因的可操纵性以及从一个物种到另一个物种的互用性，并且在比战后时期更为宽松的背景下，基因在 1980 年代成为知识占有的单位（序列专利），并积极参与新的生物经济。② 近年来，合成生物学已使该程序激进化，因为它像一个世纪前的德弗里斯或达文波特（Davenport）声称的那样，通过定制与构建新生物的基因组比进化来得更好。

因此，围绕着计划、程序和控制的想象，尤其是 20 世纪中叶，"教学论"（l'instructionniste）的分子生物学在遗传学已经开放的环境中掘开了基因组垂悬的鸿沟。对于莫诺而言，基因程序是"完全封闭和非常保守的，绝对无法接受外界的任何教导"。③ 作为工业之城中当之无愧的"伟人"④，基因就似乎被赋予了管制经济社会中计划的特权和威望，或者说是方法工程师的权威。控制和排序基因，就像在 1990 年代的人类基因组竞赛一样，获得专利的转基因或突变植物，或人工染色体，似乎成了王道。

后基因组生物学的基因网络

但是，近年来，生物学的进步已经颠覆了新达尔文主义和分子生物学的早期范式。后者见证了工作方式和被动员技能的大规模重组。高通量的自动化和实验在成千上万的基因的协同表达模式上产生了大量的新数据，生物信息学的任务就是从这些意义上理解这些数据。正如化学家和物理学家将他们的工具带到分子生物学（晶体学、放射性示踪剂等）一样，他们的概念［根据薛定谔（Schrödinger）的观点，DNA 是一个独立的、有序的分子，可以阻止熵］和他们的想象（反馈和代码），现在占据生物学实验室的生物信息学家为后基因组学带来了新的文化（计算机科学、用来分析网络的拓扑学特性的图论、互联网

---

① Kahn 1996 (p. 16).
② Thomas 2015.
③ Monod 1970 (p. 145).
④ Boltanski et Thévenot 1991.

的超文本想象力等）。① 然后，我们见证了基因概念的全部或部分消散（请参阅 ENCODE 项目），证明表观遗传现象是遗传传递的，发现微小 RNA 的新大陆，复杂性的回归和网络方法的兴起（系统生物学）。越来越多的生物学家已经对过去的基因中心论和还原论进行了谴责。他们现在对复杂的分子网络感兴趣。他们寻求在系统和动态驱动的相互作用中生物过程的效率和坚固性，而不是通过 DNA 中预先存在的顺序。从分子生物学到系统生物学，我们从实体本体论转变为关系本体论，而从道德经济学的角度看，我们通过计划从"工业之城"转变为"联结主义之城"（la cité connexionniste）。② 计划主义的中央集权在科学的生命观和社会经济辩论中失去了光环。对于有机体的生产机制而言，基因有时是不公平的，甚至似乎是自己在玩自己的游戏，从而变得"自私"。③ 网络数学家艾伯特-拉斯洛·巴拉巴西（Albert-László Barabási）在发现基因调控网络方面发挥了关键作用，甚至将其与商业世界进行类比："树形图（分层）模型非常适合大规模生产，这是直到最近才取得经济成功的关键。但是，现如今，价值在于思想和信息……在瞬息万变的市场中，面对信息的爆炸式增长和对灵活性的无与伦比的需求……企业正在从基于树形图优化组织模型转换为具有发展性的动态网络模型，从而提供了更具延展性和灵活性的命令结构。"④

生物多样性不仅是基因的储存库，也被理解为一种生物文化的、动态的和无缝的结构。由 20 世纪的遗传现代主义所建立的旧边界、旧分类（在本地品种与"改良"品种之间，在多样性的保护与利用之间，遗传与环境之间等等）让位于超现代的联结和混合的激昂。因此，我们将从一种冻结实体而又调用边界溢出的现代性转向旨在绘制网络连续体，加强联系并获取其附加值的现代性。

像对待企业一样，人们较少对生物（通过个体从细胞到生态系统）在规

---

① Fujimura 2005.
② 这场分析在 Bonneuil 2015b 中有所展开。
③ Dawkins 1976.
④ Barabási 2002 (p. 201–202).

范、稳定和最佳条件下的表现进行评估，而是基于其适应快速、持续变化的能力。从各个方面来看，生物越来越被视为一种敏捷的、适应性的、复杂和网状的系统，这呼应了以持续创新、连通性和灵活的专业化为特征的新的经济和社会秩序。1960年代分子生物学的刚性基因程序在系统生物学的分子相互作用的网络中灵活地进行了自我改造。[①] 曾经被视为"垃圾DNA"的领域，微小RNA的新大陆现在正成为轻微调节（la régulation légère）的新领域——避免了蛋白质生产的代谢成本。生物学家有时会明确地用类似于非实体性经济在现代资本主义中所发挥得更高功能（数字、金融、保险、创新等）来与其进行类比。

这些全是让生物学的新进展变得可理解的简单巧合与简单隐喻吗？我们可以打个赌，未来的工作将在圣达菲研究所和其他地方确定新的生物学、管理和金融以及数字宇宙之间的范围，这不仅是想象力的传播，还是参与者和实践的传播。并且，它们将为当代生物学提供启示，就像积累的历史著作丰富了我们对现代遗传学或分子生物学诞生的理解一样。

克里斯托夫·博纳伊（Christophe Bonneuil）撰

参考文献

Allen Garland E., 2003, Mendel and Modern Genetics: The Legacy for Today, *Endeavour*, vol. 27, n° 2, p. 63-68.

BarabásiAlbert-László, 2002, *Linked: The New Science of Networks*, New York, Perseus.

Barnes Barry et Dupré John, 2008, *Genomes and What to Make of Them*, Chicago (IL), University of Chicago Press.

Baudrillard Jean, 1975, *L'Échange symbolique et la mort*, Paris, Gallimard.

Boltanski Luc et Thévenot Laurent, 1991, *De la justification. Les économies de la grandeur*, Paris, Gallimard.

Bonneuil Christophe, 2015*a*, Pure Lines as Industrial Simulacra: A Cultural History of Genetics from Darwin to Johannsen, *in* Christina Brandt, Staffan Müller-Wille et Hans-Jörg

---

[①] Bonneuil 2015*b*.

Rheinberger (dir.), *A Cultural History of Heredity*, t. 2: *Exploring Heredity*, Cambridge (MA), MIT Press.

— 2015b, Une nature liquide ? Les discours de la biodiversité dans le nouvel esprit du capitalisme, *in* Frédéric Thomas et Valérie Boisvert (dir.), *Le Pouvoir de la biodiversité. Néolibéralisation de la nature dans les pays émergents*, Paris, Quæ, p. 193-213.

Bonneuil Christophe et Thomas Frédéric, 2009, *Gènes, pouvoirs et profits*, Paris, Quæ.

Bud Robert, 1993, *The Uses of Life: A History of Biotechnology*, Cambridge (MA), Cambridge University Press.

Campos Luis, 2009, That Was the Synthetic Biology That Was", *in* Markus Schmidt *et al.* (dir.), *Synthetic Biology: The Technoscience and Its Societal Consequences*, Dordrecht, Springer, p. 5-21.

Darwin Charles, 1859, *On the Origin of Species by Means of Natural Selection*, Londres, John Murray.

Dawkins Richard, 2003 [1976], *Le Gène égoïste*, Odile Jacob.

De Vries Hugo, 1889, *Intracellulare Pangenesis*, Iéna, Gustav Fischer.

— 1907, *Plant-Breeding*, Chicago (IL), Open Court.

Endersby Jim, 2013, Mutant Utopias: Evening Primroses and Imagined Futures in Early Twentieth-Century America, *Isis*, vol. 104, p. 471-503.

Flitner Michael, 2003, Genetic Geographies: A Historical Comparison of Agrarian Modernization and Eugenic Thought in Germany, the Soviet Union, and the United States, *Geoforum*, vol. 34, n° 2, p. 175-185.

Fujimura Joann H., 2005, Postgenomic Futures: Translations across the Machine Nature Border in Systems Biology, *New Genetics and Society*, vol. 24, n° 2, p. 195-225.

Galton Francis, 1876, A Theory of Heredity, *The Journal of the Anthropological Institute of Great Britain and Ireland*, p. 329-348.

Gaudillière Jean-Paul, 2002, *Inventer la biomédecine. La France, l'Amérique et la production des savoirs du vivant (1945—1965)*, Paris, La Découverte.

Gayon Jean, 2000, From Measurement to Organization: A Philosophical Scheme for the History of the Concept of Heredity, *in* Peter Beurton, Raphael Falk et Hans-Jörg Rheinberger (dir.), *The Concept of the Gene in Development and Evolution*, Cambridge, Cambridge University Press, p. 69-90.

Jablonka Eva et Lamb Marion, 1995, *Epigenetic Inheritance and Evolution: The Lamarckian Dimension*, Oxford, Oxford University Press.

Jacob François et Monod Jacques, 1961, Genetic Regulatory Mechanisms in the Synthesis of Proteins, *Journal of Molecular Biology*, vol. 3, p. 318-356.

Johannsen Wilhelm, 1903, *Erblichkeit in Populationen und in reinen Linien*, Iéna, Gustav Fischer.

– 1911, The Genotype Conception of Heredity, *American Naturalist*, vol. 45, n° 531, p. 129-159.

Kahn Axel, 1996, *Société et révolution biologique*, Paris, Éd. de l'INRA.

Kay Lily E., 1993, *The Molecular Vision of Life: Caltech, the Rockefeller Foundation, and the Rise of the New Biology*, Oxford, Oxford University Press.

Keller Evelyn Fox, 2003, *Le Siècle du gène*, Paris, Gallimard.

Kohler Robert E., 1994, *Lords of the Fly: Drosophila Genetics and the Experimental Life*, Chicago (IL), University of Chicago Press.

Luria Salvador, 1973, *Life: The Unfinished Experiment*, New York, Charles Scribner's Sons.

Mayr Ernst, 1961, Cause and Effects in Biology, *Science*, vol. 134, n° 3489, 10 novembre, p. 1501-1506.

Monod Jacques, 1965, L'être vivant comme machine, tapuscrit de sa conférence lors des XXe Rencontres internationales de Genève, 2 septembre, archives de l'Institut Pasteur, fonds Monod, MON Mss 4.

– 1970, *Le Hasard et la nécessité*, Paris, Seuil.

Morange Michel, 1994, *Histoire de la biologie moléculaire*, Paris, La Découverte.

Müller-Wille Staffan et Rheinberger Hans-Jörg, 2012, *A Cultural History of Heredity*, Chicago (IL), University of Chicago Press.

Paul Diane B., 1995, *Controlling Human Heredity, 1865 to the Present*, Atlantic Highlands (NJ), Humanities Press.

Paul Diane B. et Kimmelman Barbara A., 1988, Mendel in America: Theory and Practice (1900-1919), *in* Ronald Rainger, Keith R. Benson et Jane Maienschein (dir.) *The American Development of Biology*, Philadelphie (PA), University of Pennsylvania Press, p. 281-310.

Pichot André, 1999, Histoire de la notion de gène, Paris, Flammarion.

Rader Karen A., 2004, *Making Mice: Standardizing Animals for American Biomedical Research (1900-1955)*, Princeton (NJ), Princeton University Press.

Rasmussen Nicolas, 2014, *Gene Jockeys: Life Science and the Rise of Biotech Enterprise*, Baltimore (MD), Johns Hopkins University Press.

Rheinberger Hans-Jörg, 1997, *Toward a History of Epistemic Things: Synthesizing Proteins in a Test Tube*, Stanford (CA), Stanford University Press.

Saraiva Tiago, 2016, *Fascist Pigs: Technoscientific Organisms and the History of Fascism*, Cambridge (MA), MIT Press.

Stamhuis Ida H., Meijer Onno G. et Zevenhuizen Erik J.A., 1999, Hugo De Vries on Heredity (1889—1903): Statistics, Mendelian Laws, Pangenes, Mutations, *Isis*, vol. 90, n° 2, p. 238-267.

Strasser Bruno, 2002, Institutionalizing Molecular Biology in Post-War Europe: A Comparative Study, *Studies in History and Philosophy of Biological and Biomedical Sciences*, vol. 33, p. 515-546.

Sturtevant Alfred H., 1965, *A History of Genetics*, New York, Harper & Row.

Thomas Frédéric (dir.), 2015, *Le Pouvoir de la biodiversité. Néolibéralisation de la nature dans les pays émergents*, Paris, Presses de l'IRD.

Thurtle Phillip, 2007, *The Emergence of Genetic Rationality: Space, Time and Information in American Biological Science (1870—1920)*, Seattle (WA), University of Washington Press.

Vavilov Nicolaï I., 1931, The Problem of the Origin of the World's Agriculture in the Light of the Latest Investigations, in *Science at the Crossroads*, Londres, Frank Cass & Co. (<http://www.marxists.org/subject/science/essays/vavilov.htm >).

Weismann August, 1892, *Die Kontinuität des Keimplasmas als Grundlage einer Theorie der Vererbung*, Iéna, Gustav Fischer, 2e éd. complétée.

Wood Roger J. et Orel Vítěslav, 2005, Scientific Breeding in Central Europe during the Early Nineteenth Century: Background to Mendel's Later Work, *Journal of the History of Biology*, vol. 38, p. 239-272.

Yates JoAnne, 1989, *Control through Communication: The Rise of System in American Management*, Baltimore (MD), Johns Hopkins University Press.

彼得·希格斯（Peter Higgs）在欧洲核子研究中心大型强子对撞机（LHC）的 ATLAS 探测器前。

第十五章

物质基础理论

2012年7月4日，世界各地的头条新闻报道了在日内瓦欧洲核子研究中心发现"希格斯玻色子"（le boson de Higgs）的现象。一周后，在《纽约时报》（New York Times）发表的专栏中，诺贝尔奖获得者斯蒂芬·温伯格（Steven Weinberg）提出了以下问题，他的理论贡献促成了这一粒子的发现："为何没有对其他基本粒子的发现进行大张旗鼓地报道，而对这个粒子却格外关注呢？"他认为，原因在于"该粒子为理解所有其他基本粒子如何获得其质量至关重要"。在1964年，一些理论家构思了这一粒子后，可以将这种粒子（更恰当地说，是BEH玻色子）[①]视为"标准模型"的基石——我们如今称其为描述基本粒子及其相互作用的主导理论。它以很高的精度，在其涵盖的能量范围和有效性范围内假设的稳定性解释了大量的实验数据，并证明了其重要性。正如我们将看到的，它还导致讨论作为社会活动的科学知识的特殊性质和演变。

但是，希格斯玻色子在媒体的普及过程中不够严格的科学因素却不能被忽视。实际上，这是目前在该物理领域工作的大科学的一个特别有代表性的例子：欧洲核子研究中心的大型强子对撞机是一台真正的巨型机器，安装在周长

[①] "BEH玻色子"以其主要发现者的名字的首字母缩写：一边是布劳特（Brout）和恩格勒特（Englert），另一方面是希格斯（Higgs），他们是同时且独立发现的——当然，更不用说基布尔（Kibble），哈根（Hagen）和古拉尔尼克（Guralnik）等人的贡献了。

27千米的地下环状设施中，其成本约为50亿欧元。人力规模不亚于技术规模，因为宣布这一发现的文章是由数百名研究人员签署的，因此作者及其实验室的名单几乎与文章本身等长。3 000多名实验人员和工程师参与了ATLAS的建造工作，这是大型强子对撞机用于实验的两个探测器之一。来自50个国家/地区的5 000多名实验人员正在合作分析这些探测器记录的数万亿个碰撞。鉴于涉及的人数众多，诺贝尔奖将不会颁给希格斯玻色子的发现。确实，这一事业的显著合作性质可能是其主要特征。因此，很容易看出，机构知名度、学术威望、社会和经济合理性问题在对该事件的宣传中起着至关重要的作用，而这丝毫没有减少其科学意义。

第二次世界大战之前的基础物理学

到19世纪末，物理学以经典力学和电磁场理论为基础。但它无法说明三种稳定性：由通过电荷（例如原子）相互作用的粒子组成的系统的稳定性，这些原子发出的光谱结构的稳定性，以及原子之间解释了分子组成的力的性质的稳定性。[①] 更糟糕的是，也许经典理论未能解释宏观物体的辐射随温度的变化（金属在锻造、熔炉等中的"炽热"）。随后，令人不安的中断将物质和学科的"基本"理论与更接近技术应用的学科，例如化学、电子学、辐射物理学（从无线电到X射线）分离开来。但是在20世纪初，量子理论得到了发展，在克服上述困难方面取得了显著的成功。第一次世界大战之前，它的创立者是普朗克（Planck）、爱因斯坦（Einstein）和玻尔（Bohr）。在1920—1930年的全面发展之前，其主要人物是德布罗意（de Broglie）、海森堡（Heisenberg）、玻恩（Born）、薛定谔（Schrödinger）和狄拉克（Dirac）。从1930年《量子力学原理》（*Principes de la mécanique quantique*）的第一版开始，狄拉克就强调，量子理论对物理世界的表述建立了一个等级顺序，将这种理论的有效性领域与经

---

① 在这里我们集中讨论物质物理学，我们忽略经典物理学在19世纪末遇到的另一个大问题，即难以使伽利略-牛顿的空间和时间表示与麦克斯韦的电磁理论相协调。爱因斯坦的相对论将重新定义时空框架，以解决这一明显的矛盾。

典理论所占据的范围区分开。①

与经典力学不同,量子力学规定"结合态"(l'état lié)的能量(所涉及的粒子保持分组状态)只能具有不连续的值。特别是存在一种较低能量的状态,称为"基态"(l'état fondamental)。顺便说一句,无论我们对所提到的海森堡的不确定性原理说了什么,量子力学都向我们保证了对物质的可靠的知识:所有处于分立状态的基态钠原子都相同;氦、铅或任何其他元素的原子核也是如此。此外,如果相关系统的基态能量与第一激发态能量之差远大于系统通过与环境相互作用而获得的能量,则该系统是稳定的(在该环境中)。地球环境中的原子核具有此属性:原子核的第一激发态通过其至少比其周围可用的能量大数千倍的能量(例如,通过热能或电子键)以与基态分离。

因此,量子力学的成功归因于以下事实:在其通常的地球环境中,原子和分子可以被视为由稳定的原子核和可以被视为点的电子组成。与原子尺寸相比,原子核的尺寸非常小,与电子相比,原子核的质量非常大,这一事实证明,电子主要通过库仑静电力首先与原子核相互作用,并且彼此相互作用。与光相比,电子的低速也起着至关重要的作用,这使得由爱因斯坦相对论而引起的影响在最初情况下可以忽略不计(这就是为什么我们常说"非相对论量子力学")。最后一个基本要素是,绝对相同的电子无法彼此区分,这迫使它们遵守泡利不相容原理(le principe d'exclusion de Pauli),该原理控制原子的电子"分层"结构。这样就解释了原子的构成、分子的构成以及化学键的性质。

从一开始,量子理论就可以有效地应用于具有多粒子的系统。因此,电子的集体量子行为使人们有可能了解材料[导体(金属)、绝缘体或半导体]的热和电性质,为第二次世界大战后现代电子技术(晶体管)的发展铺平了道路。爱因斯坦在1917年理论上发现了光子的集体行为,特别是受激发射现象,将在半个世纪后导致激光的发展。在低温物理学中,对超导或超流等原始现象的解释将在1950年代进一步加强,量子理论通常具有解释性和预测

---

① 记为 h 的是普朗克常数,它是一个标准:质量 M,长度 L 和时间 T 的特征量具有如 $ML^2/T \gg h$ 的值(SI 系统中的数值为 6,626 069 57 × 10^{-34}),这些系统是宏观的,可以用经典力学来描述;$ML^2/T \approx h$ 通常是微观的,必须用量子力学来描述。

性。一些宏观宇宙物体，例如白矮星，甚至可能会揭示出大规模量子行为的非凡实例。①

在 1920 年代末期和 1930 年代末期，这一次是在微观方面，正是核物理学为量子理论开辟了新的应用领域。值得注意的是，原子核的行为符合一般的量子定律，但在原子领域的发展规模是十万到一百万倍，尽管它们受与控制原子中的电子的电磁相互作用完全不同的力支配。原子核的结构、稳定性和具体性质取决于其成分（质子和中子）之间相互作用的核力的量子动力学。但是，这些力的强度使它们的作用分析比电磁相互作用的情况困难得多，而且仅显示了部分成功的可能性。核物理的这些理论发展与实验技术的变化齐头并进，其中粒子加速器（回旋加速器）取代了天然放射性元素，新的探测器（气泡室）开始发挥作用。

在提出了由有限数量的电子和原子核组成的系统动力学的量子定律后不久，狄拉克等人在 1920 年代后期将形式化的方法推广到可以描述电磁相互作用。因此，在 1930 年代，出现了新的物理学概念，其中带电粒子之间的电磁相互作用（例如众所周知的静电力）可以通过光子交换来解释。这项任务的难度很大，因为它需要从牛顿的时空框架转移到爱因斯坦的框架，这是唯一与电磁学描述兼容的框架。实际上，直到第二次世界大战之后，严密且大致令人满意的量子电动力学才得以发展。然而，从一开始，由此获得的知识就引发了量子场的一般理论的发展，从而使人们能够在亚核水平上理解其他现象：费米（Fermi）提出了 β 衰变理论，汤川（Yukawa）提议通过类比电磁力，核子之间的短程核力可以由当时尚未发现的粒子交换产生（该粒子在 1940 年代末被实验发现，后称其为"介子"）。

因此，提出了基础物理学的概念，其中可以将物理世界视为在相当明确的区域和问题中按等级排序：宇宙学水平（星系、其元素、其演化和动力学），宏观水平（由物质、固体、液体、气体、其结构、性质和过程的经典状态组

---

① Chandrasekhar 1931.

成），微观水平（分子和原子、核和亚核）。① 物理学的目的是识别、分类和表征这些不同的级别及其关系。后者被认为是"基础性的"，并通过了解基础层次来努力重建较高的层次。更具体地说，较低层次的理论试图通过定量的方法去解释通过经验确定的参数。而这些参数是较高层次的组成部分。对于这种溯流而上的可能性，这里显然有一个乞题。我们之后将对这些还原论方法的成功性进行评估。

必须指出的是，在1930年代之前，这些进步鲜有应用。卢瑟福（Rutherford）本人（1913年发现原子核）在1935年仍然表达了他对核物理实际应用可能性的全面怀疑。

第二次世界大战之后的基础物理学

1938年，第二次世界大战在欧洲爆发的前夕，发现核裂变［哈恩（Hahn）、斯特拉斯曼（Strassmann）、迈特纳（Meitner）］具有十分重要的意义。实际上，由于链式反应的可能性，这种现象为释放原子核中包含的大量能量开辟了道路。物理学家很快意识到了其在军事上应用的可能性，他们将最终说服交战国的政治力量。因此，1942年曼哈顿计划启动，旨在研究和制造美国的第一批核武器。最终，1945年8月，两颗原子弹被投放在了日本的广岛和长崎，从而标志着人类进入了核时代。在研究设计中引起的突变不能被高估。的确，这是一批最好的基础理论研究者、理论家和实验者。他们的任务是设计与他们的知识相关的军事应用以及顺带研发的民用设施（核电站）。对战争的投资是巨大的。据估计，从1935年到1945年，美国在研发方面的军事支出增加了1 000倍。

因此，基础科学在政治和经济领导人的眼中具有全新的重要性，并将在战争结束后被视为强权政治的基本要素。其特征主要在于冷战年代的军备竞赛和

---

① 但是，应该指出的是，这些能级之间的区别不是绝对的，因为在我们这个尺度上，物质的许多特性（例如其不可渗透性）取决于其成分的量子行为。另请参阅上面引用的白矮星的示例。

技术产业的扩张。1947 年，杜鲁门总统的科学顾问万尼瓦尔·布什以有说服力的标题提交了著名报告：《科学，无尽的前沿》。这足以明确这一点。基础科学领域公共投资的数量级发生了巨大变化，并推动了基于真正的工业规模仪器的大科学的发展，例如通过使用大型粒子加速器。

如果基础科学对战争作出了贡献，那么互惠也同样必不可少。例如，在电子学中开发的用于提高雷达效率的军事技术正在改变原子和分子物理学。在亚核水平上，新的加速器由于战争期间开发的速调管技术而得以建造，并通过研究能量不断增加的现象从根本上改变了该领域。因此，该学科将被称为"高能物理学"，这个名称有些含糊，因为它可能使人们相信这是一个产生大量能量的领域，但是它是一个能量的消耗者。仪器的这些进步对理论物理学产生了直接影响，并允许确定量子电动力学的特定作用。氢原子能谱的精细和超精细结构的测量需要超越狄拉克方程的简单预测。因此，贝特（Bethe）指出，由于其固有的电磁场，电子自能可以看作对电子惯性质量的贡献，必须将其添加到电子静止质量中。不幸的是，通过量子电动力学计算的这种贡献是无限的。这可以通过称为"重整化"（la renormalisation）过程来实现。在该过程中，仅电子的电磁质量和静止质量之和可以通过其实验测量的质量进行识别，从而可以消除计算中出现的无穷大。最终，根据爱因斯坦相对论，将形成自洽的量子电动力学（l'électrodynamique quantique cohérente），即电子和正电子与电磁场相互作用的理论。贝特、施温格（Schwinger）、费曼（Feynman），朝永振一郎（Tomonaga）和戴森（Dyson）在战后立即开发了现代的重整化，解释了允许绕过某些相对论量子理论中所遇到的分歧的方法规则。费曼发明的图形表示极大地简化了计算，并且将在量子电动力学以及更普遍的量子场论的成功中发挥至关重要的作用。

在整个 1950 年代至 1980 年代，基本粒子物理学经历了巨大的发展。随着军事（核武器）和民用（核电厂）对科学的贡献，物理学家从而能够获得国家对物理学的大力支持，他们毫不犹豫地将其投入到引人注目，但依然虚幻的实际应用中。此外，部署大型科学所需的大量财务工作导致了研究的国际化，这起了重要的政治作用。因此，欧洲核子研究中心的建立体现了在这一领域的科学野心，构成了欧洲新型体制合作形式的真实考验。

粒子加速器和检测器达到了相当大的尺寸，并且成本也是极大的。在人类级别的自然环境中不存在的许多寿命短暂的新粒子被发现了。得益于深层结构对称性的展示［特别是盖尔曼（Gell-Mann）的展示］，可以完成这个真实"动物园"的排序。这就假定存在一个下层的（亚核）水平，该水平由构成"核子"的新实体（称为"夸克"和"胶子"）及其更深奥的表亲组成。同时，由于施温格、费曼和戴森的形式化方法在技术上取得了进步，固态物理学和统计力学开始使用量子场论的方法。1950年代末，将这些方法纳入"N体问题"（le problème à N corps）的理论中，这被称为凝聚态的理论物理学（la physique théorique de la matière condensée），它涉及由大量颗粒组成的宏观系统。巴丁（Bardeen）、库伯（Cooper）和施里弗（Schrieffer）用场论解释超导性建立了一个模型（称为BCS，超导的微观理论），这是一个非凡的成功。这种现象自20世纪初开始就为人所知，其特征是低于某个临界温度的任何电阻都会消失，并且排除了低于此临界温度的超导体内部的任何磁通量［迈斯纳效应（l'effet Meissner）］。

在BCS理论提出之前，超导电性被认为是量子力学无法解释的主要问题。超导理论使量子场论有了相当深的发展。实际上，即使确定系统结构和动力学的方程式遵守了BCS所获得的解决方案，也违反了粒子数守恒的原则。安德森（Anderson）等人对BCS方法的主要分析通过不变性和相关对称性的原理阐明并扩展了其在量子场论中的作用。安德森（Anderson）、南部（Nambu）、戈德斯通（Goldstone）、萨拉姆（Salam）、温伯格（Weinberg）、希格斯、吉布尔（Kibble）和其他人阐明的"对称性自发破缺"（la brisure spontanée de symétrie）概念是最终构建标准模型的重要步骤，并接受了杨-米尔斯理论（les théories de jauge de Yang-Mills）作为其基础。物理学家们确信，量子场论是表示描述微观世界的所有基本理论的形式化方法，其距离可到10^{-20}米，即比核物理学的尺度小一百万倍。

对称性自发破缺

在经典物理学中，当描述系统的理论遵循某种对称性时，系统的基态（其低能态）在这种对称性下可能不会保持不变，我们称其为对称性破缺。最简单的示例是磁体，其磁极轴对应于特定方向，而负责磁性的相互作用不偏向任何方向（各向同性）。对于量子理论所描述的物理系统，可以提出相同的问题。对于具有有限自由度的系统，可以证明基态必须始终遵守动力学的对称性。尽管保持有限的密度，但仅在包含无限数量的粒子的系统中才会发生对称性自发破缺。连续对称性自发破缺总是与基态的退化相关联 [称为"真空"（vide）]。因此，存在无限数量的具有相同最小能量的状态。此外，在量子场论的情况下，如果对称性自发破缺是连续的，首先由戈德斯通、萨拉姆和温伯格提出的定理则指出对于每个破缺的对称性，物理粒子的波谱中必须包含质量为零的粒子。这些粒子被称为戈德斯通玻色子。在破缺对称性是规范对称性的情况下，该定理有一个重要例外。这就是产生 BEH 玻色子的黑格斯—基布尔（Higgs–Kibble）机制。

负责电磁力和弱核力的实体（β 放射性的来源）在控制这些力的方程式中几乎相同。通过反转代表光子的符号，一个实体负责传递带电粒子之间的电磁力，并用代表 W 和 Z 粒子的符号组合来负责传递弱核力，则方程式保持不变。这种对称性将对两种力的描述合并为一个统一的理论，即"电弱"统一理论。电弱统一理论规定了受电磁力和弱核力作用的基本实体之间的相互作用：轻子（电子、μ 子、陶子及其相关的中微子）、夸克、作为传递弱相互作用媒介的玻色子（W、Z 和光子）。但是，如果没有任何干预来破坏上述对称性，则 W 和 Z 粒子（如光子）将没有质量。实际上，所有其他基本粒子也将具有零质量。然而，大多数基本粒子具有质量。为了打破电弱对称性并赋予这些基本实体质量，温伯格和其他理论家在 1960 年代初期假设存在特定的量子场，该量子场对应于一种新型的电中性，不稳定粒子：希格斯玻色子。2012 年欧洲核子研究中心对它的检测是基于标准模型预测的衰变模式，从而对解释基本粒子为何如此庞大的希格斯机制给予了肯定。提出电弱统一理论后不久，实现了局部规范对称性概念的场论模型。这一概念在电弱理论中已被使用，被用于制定量子色动力学（la chromodynamique quantique）理论。量子色动力学理论是关于"强"核力的理论。它是根据当今被认为是最基本的粒子、夸克和胶子来实现的，夸克之间的相互作用的介质，其承载着被喻为"颜色"的电荷。再次，希格斯机制被调用以赋予这些实体以质量。量子色动力学理论具有两个显著的特性。首先是所谓的"渐近自由"（l'liberté asymptotique）：当夸克与胶子之间，以及胶子之间的间隔变为零时，它们之间的相互作用就会消失。第二个是"约束"（le confinement）：夸克和胶子，它们是核子和介子的假定成分。它们具有不能被视为独立对象的特性。它们仅存在于强子中，而强子是通过强核力相互作用的实体。

规范对称性

爱因斯坦狭义相对论的特征是整体对称性。它基于当这两个参照系匀速相对运动（以恒定速度）时用于识别各种物理量的参照系的等效性。连接两个这样的等效参考框架的变换 [称为洛伦兹变换（Lorentz）] 是整体变换，它在所有时间点始终有效。

另一方面，广义相对论的公理只是定域的。广义相对论只是在时空中给定点的直接环境中强加了两个参照系的等价关系。因此，这两个参照系在时空中给定点附近的相对速度取决于该点，并且随点而变化：这是局域变换。广义相对论指出，物理定律在任何两个参照系中都是相同的，这导致在任意坐标变换下基本方程式的形式不变。通过引入与对应于时空速度变化的加速度有关的场可以满足这一要求。然后，等价原理使我们观察到，这个场就是引力场。

因此，广义相对论导致人们认识到了狭义相对论假设中所隐含的理想化，故而提出了一个问题，即是否在理论上强加任何全局对称性（无论它是什么）不是太宽泛和不切实际的要求。在量子力学出现后不久，菲列兹·伦敦（Fritz London）考虑了局部相变条件下量子粒子波函数不变性要求的后果，并发现了这一要求与带电粒子与电磁场的耦合之间的联系。

在核物理学中，中子在1932年被发现后，很快就确立了质子和中子（即使它们具有不同的电特性）在核力方面无法相互区分。因此，海森堡将质子和中子视为质子的两个状态，称为核子。因此，核力相对于这些状态的相互转变是不会变化的。将这种不变性视为定域对称性（称为规范对称性），可以发现一个称为杨－米尔斯场的力场。它的特性比电磁场的特性复杂得多，因为此处的规范变换具有更丰富，更复杂的结构［它们是"非对易性"（non commutatives）］。与光子一样，与杨－米尔斯场相关的量子质量为零，并且类似地，核子与场之间的相互作用项由规范不变性原理（le principe d'invariance de jauge）确定。在20世纪下半叶，使用杨－米尔斯规范场成为基础粒子物理学取得重大进展的基础。这是因为，在对称性作用于粒子的内部属性的情况下，对称性是局部性的要求规定了规范场与其源相互作用的形式。这引起了将它们全部包含到一个"统一的大理论"中的希望，该理论涉及具有多个维度的单个规范场。

相对论量子场论基于某些假设，即关于粒子在任意小的时空尺度上或者等效的在能量和动量任意高尺度上的行为。但是，不可能凭经验直接验证这些假设。但是，在当前的理论中，这些高能（或短距离）行为赋予各种物理量的计算值无穷大的值［"发散"（divergence）］。如果在量子电动力学的情况下，我们已经能够控制这些"发散"，那么控制强核相互作用的量子色动力学就不是这种情况。

第二次世界大战后发展的重整化项目，以及肯尼斯·威尔逊（Kenneth

Wilson）等人在 1970 年代初进行了重新的解读以旨在解决这些发散为目标。有趣的是，随着威尔逊对凝聚态物理问题［相变问题（例如液相／固相转化）］的分析和解决，学界涌现出了许多观念。威尔逊成功地证明了给定理论的所有可能相互作用项的影响超出了高能的某个临界值的截断（cut-off）可以被解释为低能理论领域中相互作用的重新参数化。

威尔逊、温伯格和其他人的伟大进步是证明了由重整化过程引起的低能物理学的普遍性，从而证明了使用"有效场论"的合理性，允许人们在比某个临界值低得多的能量状态下描述现象。这种有效的理论假定，可以根据被认为是基本实体的实体来陈述其有效域中的物理学，从该实体中构造存在于该域中的复合实体。这些"基本"实体构成了这一层级的有效自由水平（le niveau de liberté effectif）。他们依靠仅有一小部分参数构建的最"基本"的理论。而这些参数用于描述这些实体的演化。有效场论是对现象学类型的描述，有效性有限。因此，物理学在量子场论领域的进步证明了将物理世界划分为不同层级的愿景是合理的，每一个层级都由临时的理论进行描述，却是稳定而稳健的。在这里重要的是，对于微观世界的这种精确而稳定的描述并不会因为高能发现带来的新的短程效应而变得不稳定。比如，占大多数原子和分子现象的非相对论量子力学绝不会受到有关基本粒子之间高能相互作用的理论变化的影响，至少人们只要小心不要在很小的距离上测试系统，在那种情况下"有效理论"不再适用。这意味着描述原子、分子和固体并允许计算其许多性质的理论具有封闭的形式。这些领域的研究人员对发现自然界中通常无法观察到的新颖实体或效应特别感兴趣，而这些取决于它们的复杂性和多样性，较少取决于控制相互作用并确定底层结构演变的基本理论。

基础物理学的演进与社会的变革

因此，应该指出的是，自 1970 年代中期以来理论物理学的进步与西方世界自那时以来所遇见的深刻的文化、社会和政治动荡产生了共鸣。尽管对这些突变的解释在很大程度上取决于外部因素（社会、政治、经济），但正如我们已经看到的那样,不应忽略科学技术领域内部的认知因素。但是,除了少数物理学家外,该学科的研究议程主要由以下外部因素决定:即在纳米技术、光子学或量子计算领域中看到地对实践创新、经济收益、技术效率的要求。因此,很难将基础研究和应用研究区分开来,甚至常常很难将科学研究活动和技术开发活动区分开。

保罗·福曼(Paul Forman)能够将正在发生的根本性转变描述为"科学与技术之间的关系的文化的逆转:从一直持续到1980年左右的科学相对于技术的优先地位,再到此后技术相对于科学的优先地位。"对于福曼来说,这相当于现代性和后现代性之间的界限。现代性的特征在于"无私者优先于利益者,并相信手段认可目的,坚持适当的手段是实现'好结果'的最好保证。相反,对于后现代性,该方法是自上而下的:科学是技术的牺牲品,而技术是我们从手段到目的的务实和服从于功利主义的受益者……尤其是对无私的怀疑和对概念性问题的屈尊的受益者"①。

毫无疑问,新自由主义在实现这一转变中发挥了重要作用,菲利普·米洛夫斯基(Philip Mirowski)认为:"新自由主义的基本原则认为市场是理想的信息处理器,任何成功的经济学都是知识经济学。尽管这是人工制品,但据说市场比任何人都聪明,并且仍然能够提供解决问题的方法(这些问题是根本原因):企业不能做错任何事。在存在理由方面,新自由主义是矛盾的。一方面,他认为民主是理想市场中国家的适当框架,但另一方面,他想取消其权力。他把政治当作市场一样对待,并提倡民主的经济理论,在这种理论中,公民身份等同于成为国家服务的客户。新自由主义将教育视为一种商品,而不是一种去改变存在的经验,并产生有见识、负责任和有爱心的学生。"②

罗伯特·劳克林(Robert Laughlin)的著作《不同的宇宙:自下而上重塑物理学》(*A Different Universe:Reinventing Physics from the Bottom Down*)说明了这种意识形态与当代物理学中某些概念的共鸣。劳克林是凝聚态理论家,他

---

① Forman 2002.
② Mirowski 2011.

因解释了冯·克利津（von Klitzing）发现的霍尔效应而与克利津一起获得了诺贝尔奖。劳克林传达的信息是，新兴主义战胜了还原主义。他的论点是，宏观对象是组织和集体行为原则的产物，不能被简化为其"基本"成分的演变。劳克林的立场甚至比菲利普·安得森（Philip Anderson）在 1971 年发表在《科学》杂志上的标志性文章《多了就是不一样》（More Is Different）中的立场还要极端。

实际上，如我们所见，如果在越来越小的尺度上对物质的组成进行自上而下的分析是非常成功的，那么向上的合成便不是如此。这种合成旨在从较低的层级上解释物质在特定层级上的行为。问一个问题："我们能在多大程度上利用迄今为止已知的最'基本'的有效理论，即标准模型，来重构世界？"答案是我们只能预测由于夸克和胶子的束缚状态而导致的数量非常有限的实体的存在或计算它们的属性。

这是由于多种原因，包括所需计算的复杂性。通过巧妙的近似（例如量子色动力学的公式化），可以以令人印象深刻的精度计算某些强子粒子的特性。但是要计算最简单的复合核（氘核，仅包含一个质子和一个中子）的性质，或者通过基于标准模型的领头阶计算（le calcul ab initio）硼或碳核能级的结构是不可能的，即使使用最强大的计算机。基于非相对论的薛定谔方程，该现象控制着通过简单的库仑力（原子域的"基本"理论）相互作用的电子和原子核的行为，因此，由十多个原子组成的分子的特性也存在相同的情况。尽管计算机或诸如密度泛函方法之类的最新方法的功能确实已大大扩展了可以计算和预测的分子结构的范围。这些新工具已经改变了凝聚态物理和量子化学的整个领域，其研究人员可以不加区分地在物理、化学或计算机科学部门被找到。

但是，有几个因素对基本实体及其相互作用形式的物理学在短期内的未来提出了疑问。首先，设备成本是公权力的关注对象。在数百亿欧元的规模上，关注社会的集体利益与科学的自身利益之间的平衡是合理的，尽管目前该领域的国家决策程序几乎不受民主原则约束。无论如何，自 1980 年代以来各国政府在经济紧张局势下进行的仲裁导致对大科学的支持严重减少。在这方面的一个非常重要的事件是美国国会在 1993 年底放弃了超大型的 SSC［超导超级对撞机，（Superconducting Super Collider）]加速器计划，该计划的规模超越了欧洲核子研究中心的LHC。当这个计划的预算达到数百亿美元时，它被认为太过昂贵。

然后，在成功解决其基本方程时，遇到强相互作用理论（量子色动力学）的上述理论困难，人们对这种理论在解释和预测在其相关层级上的现象能否达到与量子电动力学一样大的成功表示怀疑。尽管有雄心勃勃的名字["超弦"（supercordes），"超对称"（supersymétries）]，但已经进行了至少二十年的尝试来扩大或修改这一理论框架，但似乎并不能保证取得任何快速的成功。此外，希格斯玻色子的发现可能是基础物理学最后的杰作，因为人们还远不能确定在目前最强大的现有或计划中的加速器可以探索的能源领域中是否会有新的实验发现。学者们普遍认为可能存在一个将这些能量区与将出现新的理论概念的能量区分开的大型的实验"沙漠"[例如相互作用的大统一（l'unification globale des interactions）]。

最后，物理学家长期以来一直无法调和量子场论与广义相对论，换句话说，不能以与核相互作用（强和弱相互作用）和电磁相互作用相同的方式来处理引力，这仍然是一个令人深切关注的问题。① 此外，在宇宙学层面上出现了意想不到的现象，例如可能存在未知的"暗物质"，该物质将构成宇宙物质成分的最大部分，并由目前完全神秘的实体组成，这增加了有关我们当前基础物理学概念的问题。

这些事态发展所带来的深刻变化，只是表明一门科学中发生的普遍情况，这门科学的活动越来越多地由外部要求，主要是对技术革新的需求所决定。研究的社会实践仍然是最基本的，同时也变得越来越集体化和专门化。现代研究人员在严格的机构中从事职业比个人职业更多。尽管他们的科学活动与社会问

---

① 在狭义相对论的唯一要求下，固定不变的量子场论显然具有局限性，因为它们假设发生所有相互作用的时空框架是刚性的，不依赖于那里发生的事件。但是，到目前为止，公式化一个引力的量子理论，即制定一个使广义相对论和量子理论连贯表达的理论，是不可能的。我们尚不了解我们的理解力何时会或如何发展。显然，无论如何，任何声称能够解释所有当前已知力（包括重力）的理论都必须以相同的精确度再现实验所证实的标准模型的所有结果。

题之间的联系至关重要，但对研究人员的培训及其工作条件使他们在这一层次上进行反思和采取行动的可能性越来越少。这就提出了一个问题，即在这些错综复杂的条件下，就技能、知识和后果而言，是否仍然可以追求一般的科学专门知识。在另一个领域，对气候变化进行科学分析提出的挑战提出了同样的问题。

基本上，这是一门基础科学的生存之道，在不放弃有用的希望的情况下，它仍然渴望成为一个有争议的投机性和公正的活动。希望威廉·詹姆斯（William James）的话在这方面仍然有效："在我们积极的认知生活中，我们创造。我们在现实的两个部分都添加了一些东西——主语和谓语。这个世界充满了可塑性，它在等待着我们用双手进行最后的修饰……人使其产生真理。"[①]

西尔文·谢韦伯（Silvan S. Schweber），让－马克·莱维－勒布隆（Jean-Marc Lévy-Leblond）撰；西尔文·谢韦伯所写的文字部分由西里尔·勒罗伊译

参考文献

Boisot Max, Nordberg Markus, Yami Saïd et Nicquevert Bertrand (dir.), 2011, *Collisions and Collaboration: The Organization of Learning in the ATLAS Experiment at the LHC*, Oxford et New York, Oxford University Press.

Brown Laurie M., Pais Abraham et Pippard Brian (dir.), 1995, *Twentieth Century Physics*, New York, American Institute of Physics Press, 3 vol.

Brown Laurie M. et Rechenberg Helmut, 1996, *The Origin of the Concept of Nuclear Forces*, Philadelphie (PA), Institute of Physics Publishing.

Cao Tian Yu, 2010, *From Current Algebra to Quantum Chromodynamics*, Cambridge, Cambridge University Press.

Chandrasekhar Subramanian, 1931, The Maximum Mass of Ideal White Dwarfs, *The Astrophysical Journal*, vol. 74, p. 81.

Duncan Anthony, 2012, *The Conceptual Framework of Quantum Field Theory*, New York, Oxford University Press.

[①] James 2007 [1907] (p. 268-271).

Fitch Val et Rosner Jonathan, 1995, Elementary Particle Physics in the Second Half of the Twentieth Century, *in* L.M. Brown, A. Pais et B. Pippard (dir.), *Twentieth Century Physics, op. cit.*, vol. 2, p. 635-794.

Forman Paul, 2002, Recent Science: Late Modern and Post-Modern, *in* Philip Mirowski et Esther-Mirjam Sent (dir.), *Science Bought and Sold: Rethinking the Economics of Science*, Chicago (IL), University of Chicago Press, p. 109-148.

– 2012, On the Historical Forms of Knowledge Productions and Curation: Modernity Entailed Disciplinarity, Postmodernity Entails Antidisciplinarity, *Osiris*, vol. 27, p. 56-100.

Gottfried Kurt et Weisskopf Victor F., 1986, *Concepts of Particle Physics*, Oxford, Clarendon Press, 2 vol.

Leggett Anthony J., 1995, Superfluids and Superconductors, *in* L.M. Brown, A. Pais et B. Pippard (dir.), *Twentieth Century Physics, op. cit.*, vol. 2, p. 913-966.

Leite Lopes José et Escoubès Bruno, 1997, *Sources et évolution de la physique quantique. Textes fondateurs*, Paris, Elsevier Masson.

Mills Robert, 1989, Gauge Fields, *American Journal of Physics*, vol. 57, n° 6, p. 493-507.

Nambu Yoichiro, 1981, *Quarks: Frontiers in Elementary Particle Physics*, Singapour, World Scientific.

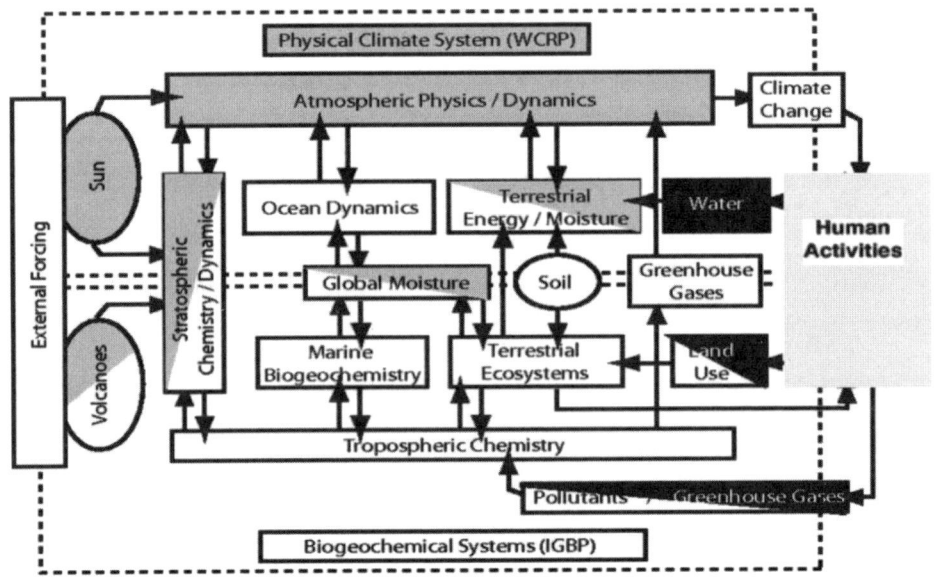

用来表现"地球系统"（le système Terre）的"布雷瑟顿图"（Bretherton Diagram），1986 年。

第十六章
模型——从表征到行动

在日常语言中，模型的概念是多义的，既指预示对象或理想类型的集合的原型（模型、矩阵、铸模），预示着对象的集合或理想的事后构建的表征类型（符号或形式）。[①] 在 20 世纪初，当模型成为理解世界及其作用方式的工具时，该术语在科学领域具有更精确的含义。然后，它们将三个维度：句法、语义和语用，联系起来。如今，不可能在知识、决策和行动的时间和地点之外，以脱离背景的方式处理模型。这是因为缺乏一种比科学的实践更具有规范性的哲学方法，而非描述性。[②]

作为介绍，我们将首先概述模型的一般历史。我们不会按逻辑类型作为切入点，而是按这些模型在专业知识制度中所占据的位置切入。在 20 世纪初，认识论认为模型作为对知识过程有用的简单的认知装置。该框架是统一的还原论的科学框架，仅处理模型的语言和代数特性。第二次世界大战标志着一个转折点，这是因为科学对象的扩展，其日益增加的复杂性、方法的异质性、理论以及新的分析和表征工具的泛滥（这从应用数学到信息科学）。自 1980 年代以来，关键点一直是将科学及其工具包含在规模空前的工程和创新中，这使科学服务于人类改造和适应环境的项目。风险的控制、规制和管理是主要问题，

[①] Bachelard 1979.

[②] Armatte et Dahan 2004.

这些模型同时成为发现、证明、管理和治理的工具。因此，对它们进行描述和分析需要发展一种社会学。这种社会学将社会、行为和战略网络中的每个模型置于一个将其与特定专业知识制度联系起来的历史中，这是一种将科学与社会，知识与力量联系起来的方式。我们通过来自各个学科的示例来介绍这段历史，从而说明"通用"建模制度的存在和其多样性。在第二部分中，我们将专注于并进一步分析两个重要领域，即经济学和气候科学领域。

1930年之前的建模，当物理和数学逻辑确定框架之时

在19世纪，用乔治·以色列（Giorgio Israel）的话说，模型的概念是"现实的数学化"的代名词。① 当几何学家和自然哲学家放弃以数学语言编写的"自然之书"（le Livre de la Nature）的研究方法时，它在现代科学中正在发挥作用。早期数学化的一个特征是大大简化了描述，以便数学化（通常是线性或微分）可以提供正确的说明。伽利略说，为了数学化诸如物体坠落等现象，有必要"消除障碍"，无视摩擦和危险并重建理想的现实。例如在斜面或摆的例子中，它们经常作为模型的模型。

模型的术语和科学概念与基尔霍夫（Kirchhoff）和赫兹（Hertz）所追求的麦克斯韦物理学新方法相伴随。正如路德维希·玻尔兹曼（Ludwig Boltzmann）在1902年其署名的《大不列颠百科全书》（Encyclopaedia Britannica）中关于"模型"的词条所证明的一样，麦克斯韦在1870年写道："认识两个思想体系之间的形式类比——对应的物理量确实属于同一数学级别——导致对这两个系统的了解比单独研究时更深入。"

对"模型"的重新定义取决于机制和现实主义的突破。模型的概念在统计力学的历史中仍然是中心，尤其是在吉布斯（Gibbs）、爱因斯坦、埃伦费斯特（Ehrenfest）和博雷尔（Borel）的工作中。

物理学家对模型的这种认识论由逻辑学家的工作所接替。罗素（Russell）

---

① Israel 1996.

和怀特海德（Whitehead），在他们的《数学原理》（*Principia*）中（1910—1913），然后是 1920 年代的希尔伯特（Hilbert），提议通过建立独立于其数学意义的公式的构造和推导规则从而在逻辑上使所有数学成为基础。这种超数学的主要概念是形式系统（le système formel）的概念，该系统阐明了字母、句法规则、推论规则和公理。那么理论就是公式的延续，这些公式是由公理和证明（定理）得出的。这种思考在 1930 年代维也纳学派的工作中仍在继续，他们旨在使任何科学成为由其唯一句法控制的正式语言。[①] 在哥德尔不完全性定理（les théorèmes d'impossibilité de Gödel）带来的冲击之后，学者们放弃了这条轨道，从而转向了模型概念的语义学版本，其中解释的概念成为中心，特别是由塔斯基（Tarski）所发展的。[②] 在今天的科学哲学中，这种将模型视为表征的观点或多或少一直延续到今天，但与这种表征是现实的观点相距甚远。巴伯鲁斯（Barberousse）和路德维希（Ludwig）（2000）将其描述为被构建的假想，摩根和莫里森（Morgan and Morrison，1999）认为它们是理论和经验这两种形式之间的自主介质（le médiateur autonome），在这种形式下，人们可以理解"现实世界"。

因此，在第一个阶段中，模型主要是认识论的对象，它是用将所有系统分解成各个部分的笛卡尔方法突出的统一科学的一部分。但是，与此同时，出现了模型［数据模型（*model of data*）］概念的经验版本。该模型与系统相关联，研究了一组通过测量或统计计算装置评估的定量测量。这种方法能够要求一种事实的客观化状态，因此在 20 世纪初诞生了大量有关"测量"的学科（例如，人体测量学、心理测量学、计量经济学等），或被视为对该理论进行归纳验证的要求。在生命科学领域，罗纳德·费希尔（Ronald Fisher）开创了统计学与现代遗传学之间的联系，并建立了数学统计学中模型的概念。他的实验设计和随机试验方法将在随后的农业研究和流行病学中大规模被应用。

乔治·以色列（1996）使范德波尔（Van der Pol）的心跳模型（le modèle

[①] Carnap, Hahn et Neurath 1985 [1929]
[②] Sinaceur 1999.

des battements du coeur）成为新一代模型的原型。这个模型在1920年代，打破了伽利略和笛卡尔的现实的数学化。实际上，该模型不是基于对通过实验建立的对象的基本特征的数学描述之上的，而是基于有差异但同构的对象共有的数学形式。电气系统的数学类比取代了系统自身的分析以生成形式模型。在同一时期（约1925年），沃尔泰拉（Volterra）和洛特卡（Lotka）为种群动态奠定了基础，它们的方程以微分方程的形式写成，涉及捕食者－猎物数量的平衡。在1920—1950年间，形式模型的方法将自己强加于来自四个不同领域的所有定量生物学[①]：生物统计学、种群生物学、数学生物学和生物控制论。在所有这些领域中，模型永远都不是"客观的"或"真实的"，并且它们不会作为忠实和现实的表示形式出现。因此，勒盖（1997）给出了一项关于血吸虫病的研究的例子，该研究可以从三个不同的角度进行：医学、动物学、生态学。它们通过认知工具（类别、惯例）或材料（观测设备）和我们选择要处理的特殊问题进行了预先的格式化。当然，这些特殊问题是强加了对现实的特定划分。

实验生物学通过在该术语下指定诸如机器、动物（鼠、果蝇）或代表所研究的实体和系统的实验装置之类的物理实体，将模型的概念扩展为类比。然后，我们基于形式语言的概念谈论物理模型，而不是所谓的辩证模型。在这种知识的生产制度中[②]，"真正的科学"（la vraie science）害怕"政治传染"（la contagion du politique），这是具有特殊利益的行动者或团体的干预的代名词。"真正的科学"将自己定义为公正的，这个词出现在19世纪的大多数学术论述中。科学与政治之间的这种分离几乎无法抵抗来自1920年代和1930年代的技术官僚主义的推动力，在战争和冷战时期更是如此。

[①] Varenne 2007.

[②] Pestre 2003.

当第二次世界大战引发了持久的实践的变动时

1930年代的金融危机和随后的经济危机引起了学术界〔法国的X危机集团（X-Crise）、维也纳的门格尔研讨会（le séminaire Menger）、美国计量经济学会（la Société économétrique aux États-Unis）的成立〕和政治界的剧烈反应，这导致受新凯恩斯主义理论和罗斯福新政启发的国家监管政策的出现。第二次世界大战对动员学术精英服务于新的大学和军事工业综合体产生了更大的影响，他们的项目在万尼瓦尔·布什报告中有所概述。[①] 科学家发现自己在紧急情况下和必须做出成果的义务下共同致力于控制和优化军事行动的项目，而且还拥有空前的财务和物质资源，比如第一台计算机：模拟计算机〔麻省理工学院（MIT）〕、数字计算机〔冯·诺依曼（von Neumann）的"埃尼阿克"（ENIAC）〕或者运算模型〔麦卡洛克－皮特斯模型（McCulloch-Pitts），库菲尼亚尔（Couffignal）模型〕。这些新做法的起源是三组问题，而这些问题带来了战后强大的研究动力：

第一组是流体力学、冲击波、爆炸理论、水下弹道问题。这些问题位于流体力学和数值分析的十字路口，并且涉及气象学和核爆炸传播的动力学。

第二组来自运筹学和物流问题（特别是防空或制造管制）、经济问题（资源分配），并导致围绕建模活动（数学统计、博弈论、线性或随机规划）建立各种学科。

第三组是根据控制论和自我调节的术语总结的。它来自由人和机器组成的防御和通信系统的研究（诺伯特·维纳），也来自对大脑进行逻辑建模的努力（冯·诺伊曼、麦卡洛克和皮特斯）。

冯·诺依曼在所有三个领域都发挥着重要作用。它象征着一个新的数学家形象介入政治、军事和技术选择，在最高层次上非常接近权力。由于冯·诺依曼，模型很快便具有了特定于数学家方法的可转移和多态的特征。他指出，科学不是试图去解释，而是很难去解读。它主要是建立在人们最期望起作用的模

---

① Dahan et Pestre 2004.

型之上。结果是应用数学[①]和基于优化的学科（线性编程、图形、动态规划）被应用于运输、生产管理或活动分析等问题上。我们还必须提到通信工程（电气、电话、伺服机构）和管制的关键作用[②]，以及维纳配合监护图（la figure tutélaire）的控制论的作用，它阐明了反馈、非线性、黑匣子、系统和自动机理论，并将在其中添加确定性混沌和动态系统。[③]

在这种变化的基质中，模型不仅成为科学发展的工具，而且还是行动的工具。预测、展望、决策支持、模拟是新用途的核心。除了理论建模和验证（数据分析、参数估计、假设检验）之外，计算机还被用于对大量数据进行数值计算。因此，建模促进了量化的基础。在之前以二重性为主导的地方，理论/观察的结合变得可能，并找到了新的工具，例如计量经济学。经济学或生物学中博弈论的出现使建模可以带来"战略"的概念。计算机还可以通过数值模拟[蒙特卡洛法（Monte-Carlo）]代替数学分析，也可以通过虚拟实验代替物理实验（核弹）。算法规则几乎在所有地方都优先于数学定律。几年后，大约在1980年，整个科学领域将通过数字仿真看到其认识论地位的变化：二维湍流、古气候学、行星大气研究或星系演化就是这种情况。它从纯粹观察的科学过渡到了数字实验科学的地位。

建模的第二阶段，即数字模拟（la simulation numérique）。[④] 与形式模型的认识论不同，其通过统一的科学的棱镜使人们掌握了现实的位似表征（la représentation homothétique），并适应了多种方法、利益和战略目标。但是，计算机在科学实践和模型设计中所采取的方法论转变远非是统一的。它会引起抵抗——参见气象学中有关预测模型和理解模型之间的争议[⑤]——并与公理化方法和僵化的"模型-结构"（les modèles-structures）概念并存，这在经济学家之间长期存在。知识模型之间的区别在这里出现了，基于已知的定律，从复杂

[①] Dahan 1996 et 2004.
[②] Bennett 1993, Bissell 2004.
[③] Aubin et Dahan 2002.
[④] Sismondo 1999.
[⑤] Dahan 2001.

系统中得到满足的模拟或动作模型，其物理定律是未知的，并且被认为像黑匣子一样被构建，旨在通过比较输入和输出数据来重现行为。通过模拟，可以取代昂贵的多次实验，弄清一组复杂的规定或可能放大每个因素的影响（启发性的作用），或对系统采取行动并实施程序，以对其发展进行最佳控制和管理。但是，这两种类型的模型（知识模型和行为模型）并存，并且大多数情况下会产生混合模型。

第二阶段的专业知识制度遵循线性模式：政治决策有力地建立在科学家的研究之上，而研究人员只要尊重其最初的自治权，就会发现许多优势。

当模型作为专家和风险治理的工具而无处不在时

第三阶段在1970年代末和1980年代初开始。此刻的特点是两次石油危机以及黄金三十年的增长向石油危机所导致的滞胀的过渡。经济危机也是一种生态危机，其标志是罗马俱乐部关于限制增长的报告[1]和环境问题被提上联合国的议事日程［在斯德哥尔摩和内罗毕举行的地球峰会（le Sommet de la Terre），以及1992年的里约会议］。经济转向伴随着意识形态的转向：福特主义妥协的终结、凯恩斯主义的衰落、人们转向货币主义，然后是新古典主义，伴随着理性预期的手段，和对国家承包和福利国家的贬低；企业家和管理者处于股东和金融市场的控制之下，而这些市场又被新的金融产品（期权）所丰富。该框架是由贸易全球化，撒切尔（Thatcher）和里根（Reagan）的当选以及华盛顿共识引起的新自由主义政治转向的框架。最后，市场从新引擎——信息和通信技术（TIC）中受益匪浅，它将通信技术结合在一起，并为数据收集，计算过程和传播提供了新的机会：例如，卫星地球观测系统连续提供需要处理和吸收的数据模型，以将其输入其他模型。[2]

这些条件开启了新的科学制度（私有化、知识产权扩展）和新的专业知识

---

[1] Meadows 1972.
[2] Edwards 2010.

制度，其中，政治框架，对机构的委派、危机和风险管理以及对各种规模的治理的需求定义了研究的项目。在第三阶段，建模将适应新的挑战（生态和健康危机）和新的工具。需要一个新的角色，即将异构和跨学科的知识整合到一个集成的信息技术工具中，以处理全球问题并帮助决策。但是，在学科科学的背景下对有限的物体的建模并没有停止，特别是在材料科学、纳米技术或神经科学中。然而，由反馈和非线性正式定义的科学对象的日益复杂性是科学建模实践的创新要素。这种复杂性表征了凝集异质元素（人类和非人类）、不同的空间尺度（从分子到行星）和分散的时间尺度的系统和现象。在工程科学或本地环境管理中，建模被称为非波普尔式的"小科学"（les sciencettes）[①]，这个名字是恰到好处的，它也正在成为进行技术和社会对话的工具。

在将自然、人类和文化结合在一起的这些模型中，我们可以引用城市中的运输和人口流动模型[②]、水管理模型、欧洲大气污染和酸雨管理的 RAINS 模型[③]，或者农产品贸易政策分析国际模型（IMPACT, International Model for Policy Analysis of Agricultural Commodities and Trade）——一种世界农业的前瞻性经济模型。[④] 全球经济体系及其子系统（能源、运输、工业、农业）、生物圈及其生物群落、生物多样性和气候都是具有不同复杂性特征的建模领域。这导致需要将多种知识与不同的认识论和地位结合起来，并涉及不同的文化和共同体（专家、政治决策者、公民社会、有关人员等）。因此，该模型的演变通常取决于其聚集的行动者网络的生存或满足决策者的政治需求的能力。该模型比以往任何时候都成为认识论文化的聚合器，因此成为或多或少被共享的治理工具：模拟取代了表征，脱离了实在论，并适应了系统控制的需求。

因此，根据第三阶段的专业知识制度，模型的概念似乎是科学与行动之间进行连结的必不可少的工具。在该制度中，在政治议程中提出的新问题则决定和编排了对科学家的召集。建模比模型要重要得多，因为建模是一项在可能且

---

① Bouleau 2002.

② Bazzani et al. 2003.

③ Kieken 2004.

④ Cornilleau et Leblond 2012.

理想的未来可以开展的活动。这些新的建模形式提出了新的问题，我们将要详细说明的两个示例证明了这种混合特性。

经济学的建模[①]

统计学家定义的"模型"［费希尔（Fisher）和瓦尔德（Wald）之后］和经济学家使用的"模型"，在新成立的计量经济学学会中联合了起来。这些是受工程师的振荡器模型（les modèles d'oscillateurs）启发的，或者像廷伯格根（Tinbergen）为国际联盟所做的那样直接编写而成的 20 来个方程的模型，它们受到新生的国民经济核算的均等性和主要总量指标（消费、投资等）的假定的规定性的启发。凯恩斯（1939 年）对这种"统计学的花样"感到不快。如果形式模型对他来说对定性推理很有用，他认为，基于稀疏（11 年）且不可靠的统计信息对大量参数的数值估计进行分析是轻率和思路不清的。尽管如此，考尔斯委员会的工作仍将与哈维尔莫（Haavelmo）（1944 年）一起提出模型的综合版本，该模型结合了以理论为基础的瓦尔拉斯式（walrassien）数学模型的概念以及随机模型的思想，这允许学者从证实主义或反驳论的角度比较理论和数据。这些方程是所谓的自主行为经济关系的直接表达，其受到如投资水平或失业水平等理论假设的启发。明确引入方程式中的风险既反映了测量误差和规格误差（被遗忘的变量），又受到自然界和观察者的采样影响，以及差异化但不可观察的决策和个体行为的结果。这些风险的混合性质对于分析不确定性是有问题的，但是它允许进行统计测试，从而为反驳开辟了道路：检验经济理论是对统计模型的参数进行统计检验。只有经过无数次讨论和技术创新，该原则才能被转化为有效的方法创新。[②]

在凯恩斯主义战后背景下，宏观计量经济学模型将具有更加务实的目标：提供国民经济的短期预测，或者通过模拟相同模型的变体，提供中期预测

---

① 作为补充，可参阅本卷第 11 章。
② Morgan 1990, Armatte 2004 et 2010.

作为指示性计划的一部分（针对荷兰或法国）。菲利普斯关系（la relation de Phillips）的典型案例，在这些模型中代表了价格-工资-就业的连通机理，说明了模型的双重作用：一方面，对凯恩斯主义者和货币主义者之间这种极富争议的关系进行了理论上的验证或证实，另一方面，在经济政策的背景下，通货膨胀与就业或老板与雇员之间存在着这种仲裁工具。在石油和货币危机，制度更迭（滞涨）和货币主义的批评使菲利普斯关系失去信誉之后，这种考尔斯委员会范式在1970年代中期崩溃了。① 在预测方法上，人们开始倾向于在短期内有效的多元过程，这就是世界银行在结构调整操作中动员的可计算一般均衡模型（le modèle d'équilibre général）。在精心选择的驱动力的基础上，出现了各种不同的长期预测方法，它们更加灵活，并且融合了某些政治情况下预期或期望的突然变化。场景法（la méthode des scénarios）已在大型公司、政府部门、罗马俱乐部以及与冷战有关的一些美国机构中进行了测试。在1980年代，新框架变成了新自由主义的框架，而国家由于被剥夺了其监管职能而不再需要预测和规划模型。这些由后验的公共政策评估工具代替，例如基准测试〔法国的《财政法组织法》（LOLF）、欧洲的技术和设施变更管理（MOC）等〕或随机实验经济学。

现在是金融全球化塑造了整个经济领域，而模型在这一过程中的作用相当重要。金融的"史前史"是在巴舍利耶（Bachelier）（1900年）的研究中，通过连续的布朗过程，建立了第一个概率的股票市场价格模型。基于类似的假设，马科维茨（Markovitz）和沙普（Scharpe）的最优投资组合理论是在1960年代提出的，它依靠道琼斯指数的CAC 40指数将股票的收益与整个市场的收益联系起来。他们的模型开创了股票投资组合的被动指数管理的新时代。期货市场的出现，即可以对冲与不确定的未来有关的风险的外汇合约，对所涉金额和风险的迅速扩散都具有重大影响。这种创新会影响产品、机制、理论、模型和机构。1973年，布莱克（Black）、斯科尔斯（Scholes）和默顿（Merton）提出的期权价格形成理论在其动态套期保值方法方面具有相当大的革命性，这

---

① Malgrange 1990.

利用了按照期权价格使用股票和债券的投资组合。① 它不仅经过验证，以解释已开放的市场［如，1986年，法国的资产资本定价模型（MEDAF）］，而且还促进了这些市场的增加，通过与发明人的概率假设直接建立的风险度量标准（风险价值）（value at risk）进行配置和监管，并在交易室中实施根据其公式进行交易的程序。1987年的股票市场危机和1998年的美国长期资本管理公司（LTCM）的证券投资基金（默顿和斯科尔斯参与其中）危机揭示了该模型的特殊特征。② 尽管连续随机游走假说（l'hypothèse de marche aléatoire continue）在上一时期已通过与观察到的价格的良好匹配而得到了验证，但事实证明在危机期间它完全无效。主要有如下几个原因。

价格正常性的假设（l'hypothèses de normalité des cours）早在1960年代就受到曼德布罗（Mandelbrot）的质疑，在1990年代受到长期的挑战。这些挑战来自理论论据（价格不是由同质和独立的随机冲击产生的）、经验的检验、以帕累托–莱维定律（la loi de Pareto-Lévy）（其更强调高风险）代替定律的建议，以及对该过程的独立性和连续性的质疑。这项工作的作者［沃尔特（Walter）和塔勒布（Taleb）］建议在这种情况下，除了模型处理的风险外，还要讲模型的风险。

除了这种技术批评之外，这场危机的主要教训是金融系统被过多的同化为理论和模型不会改变"自然"对象的物理系统。现代金融理论（不同于物理理论）是现实的组成部分，因为它描述了自身参与塑造的体制、信念和人类行为。这是麦肯兹（MacKenzie）用来解释长期资本管理公司危机并由卡隆（Callon）采纳的理论和模型的表述行为的论证③：现实被现代金融理论架构得像理论一样。期权理论假设了一个有效的市场，并引入了交易实践，该交易实践通过频繁的增加和重复，使市场具有流动性和效率。我们与自我实现预言（la prophétie autoréalisatrice）保持着密切的关系。在一般情况下，这种预言可以被视为有利于理论以及既定机构的稳定性。自我实现预言的概念是通过默顿

---

① Bouleau 1999.
② MacKenzie 2000.
③ 从 Callon 2007 的意义上来说。

的父亲破产的谣言而被"发明"出来的,这些谣言足以引起银行的挤兑并导致真正的破产。在这种情况下,表述行为是适得其反的、病态的和反常的。以长期资本管理公司为例,自1993年以来一直有利于该基金的市场效率在1998年夏天后迅速传播了被误认为是实际价格的信号,从而成为一个严重的问题。金融市场是一种人类的创造,取决于数百万个人类的决策(买卖),因此它的功能取决于其发生的社会环境。该模型的假设是正确的,但仅适用于特定的语境,并且对代理商在关键时刻做出的决定敏感,这只会加剧泡沫。市场效率的假设导致套利机会推动了交易的爆炸式增长,而套利机会随着个人和机构的相互作用而倍增。金融市场在很大程度上还受到非法协议、非独立机构的控制、各种游说组织的压力(与有组织犯罪或外来冲击有关的做法,比如,俄罗斯债务违约、交易员在八月份休假、银行使用相同模型进行博弈等)的扭曲。交易者的个人决定是在信念和信心、模仿现象、集体策略等游戏中做出的,这些策略与金钱一样具有至关重要的作用。

2007—2008年之后的债务证券化和次贷危机提供了破坏性相互作用的其他示例。市场模型是陷入复杂的反馈游戏中并带有建模对象的社会结构。将模型用于现实并不是正确的先验,但是金融社会学证实,行动者可以轻松地做到这一点。因此,金融领域对模型与现实之间联系的复杂性提出了令人吃惊的看法,而且还包括数学专家的地位,他们轮番被征召,被赞扬然后被公开指责。

气候变化:模型、模拟、情景

在众多人多次提出警告之后,气候变化问题在1980年代带来了通过联合国公约(UNFCCC)进行的全球政治治理。其年会——联合国气候变化框架公约缔约大会(COP)非常受欢迎。同时,人们还通过政府间气候变化专门委员会(IPCC)进行独特的科学治理,该委员会负责编制该领域科学出版物的摘要报告。气候学家的模型(全球大气环流模型(*global circulation models*))使用了不同定律的,如流体力学〔纳维-斯托克斯方程(*les équations de Navier-Stokes*)〕、辐射物理学(温室效应)和化学,并具有多个交错的时间和空间比例，以及统计方法和确定性方法之间的权衡。所有这些关于大气的科学知识，然后扩展到与海洋和冰帽的耦合，被用在数字模型中，该模型为大气的每个三维单元（纬度、经度、海拔）提供气候变量在时间 t 中的平均值。显然，这些模型不能考虑到所有涉及的物理现象，其中很大一部分会引起参数化，从而使模型具有理论和经验的双重特征。此外，这些参数化通常是全局模型中的"小模型"。此外，要使用和验证全局模型，科学家需要其他工具，他们需要许多中间模型（他们称之为"模型实验室"），这些中间模型会进入复杂的相互比对的规程。全球模型（les modèles globaux），每个模型都由一组实验室提供，其功能类似于大型模拟器，这些模型负责汇总非常不同的认识论状态的知识，并概括性地再现过去和当前的气候。

这里的关键词是"场景"。这些场景通过数值预测和情节（story line）来表达，这些情节确保了时间和空间的连贯性，这是关于人为干扰对气候系统进行强制的假设。因此，除了气候科学界以外的其他科学共同体——经济学家、社会学家、生物学家（后者对碳循环与植被和森林覆盖之间的相互作用感兴趣）——也要负责制定此类场景。政府间气候变化专门委员会根据经济开放性和恢复能力的不同标准建立的模型为其前四份报告进行的所有模拟提供了框架。这些方案是从所谓的综合评估模型中输入的，以评估各种经济和环境政策的效果。

综合评估模型（IAM）通常在结构上是模块化的（例如，世界粮食的 IMPACT 模型）；它们集成了人口统计模块、一般经济模块、部门模块和气候摘要模块。他们的构造结合了自上而下的方法、自下而上的方法以及罗马俱乐部 World 3 模型中动态系统的形式。①

综合评估模型还用于评估影响和削减或调适政策，其专业知识属于压力－状态－影响－响应（PSIR）类型的线性和顺序逻辑图，其根据政府间气候变化专门委员会的结构分为三类。如斯特恩报告（Rapport Stern）（2006 年）所示，它们可以与其他成本效益型经济计算工具相关联。因此，这种集成化建模

---

① Armatte 2007.

的特征不在于模型自身的本质，而在于使模型得以存在和发展的行动者网络所动员的力量，以及该工具和行动者将为之作出贡献的专业知识的构架：成本或政策评估、设备或协议的协商等。

这种建模体系结构提出了认识论的问题（我们可以从这些工具中获得什么知识？）以及社会和政治问题（它提供什么专业知识？）。通过替代实验方法、推论统计预测法和假设推理法、数字模拟的方法被证明是非常强大，但可靠性也值得怀疑。这导致不确定性，这些不确定性直接体现为政府间气候变化专门委员会报告中预测的分散性。试图根据其来源（现象的内在变异性、各种可能的情况、模型输出的变化）分解这些不确定性无法解释它们，甚至无法减少它们。那么这些不确定因素又该怎么办？是否应该将其转换为可以用成本和相关概率衡量的风险？这似乎非常困难，因为我们不知道在什么基础上评估成本，最重要的是，我们不知道以什么系数来折算成未来成本。至于分配给结果的概率，这些结果混合了无数的程序，因此在其评估的基础上，争议也在增加：专家认为，未来的可能性是模拟中的频率。

压力-状态-影响-响应的线状图表已受到强烈批评。政府间气候变化专门委员会在2014年发布的第五次报告中部分纠正了这些批评所提出的问题，将顺序的图表替换为围绕同一目标团结在一起的两个共同体工作的并行组织。这是根据大气中温室气体的浓度来定义的：气候学家在他们的模型中输入了不同的浓度值，而社会经济学家则探索了与应该导致这些相同浓度值的轨迹相对应的经济和环境政策场景。建模者的愿望是想要包含越来越多的过程，不仅在气候方面，而且在生物化学和地球化学方面，还使用地球系统（Earth system models）的大型模型。[1] 关于模拟在气候专业知识中的作用仍然存在许多疑问。2008年的经济危机以及2009年的哥本哈根会议的失败表明了政府间气候变化专门委员会在气候/科学专业知识的双重政治治理上的固有弱点。[2] 如果信任危机像野火一样从政治机构传播到科学机构，那也是因为接连登场的专业知识

---

[1] Dahan 2010.
[2] Aykut et Dahan 2011.

体制在某种程度上共存，并且引起了科学家、政治家或舆论的矛盾期望。

让我们提出三个特别生动的问题，它们涉及作为社会对话和政治治理工具的模式：

（1）在全球治理中，我们应该让建模工作发挥什么样的用途？发现自己在嘈杂的谈判中难以发声的人和那些认为模型过于重要，以至于扭曲了游戏的人之间，如何客观地处理这些问题及其体制化？

（2）如何在地方或国家层面上动员全球模型的结果？这是该领域行动者唯一感兴趣的模型。我们知道，大气海洋环流模型（AOGCM）在某些地区效果不佳，因此该计划旨在对模型进行系统比较，以建立其相对的可靠性。但是，在减小网格尺寸和计算机功能以及人为缩小规模的竞赛之间，人们是不是应该坚定地转向其他工具来应对气候变化的适应性和脆弱性的问题？而且，如果人类世世代代的诊断得到证实，我们又怎能不更加仔细地研究社会科学，为我们的社会创造生态过渡的路径，以及确定希望实现这些变化的社会力量？而且，如果人类世的判断得到证实，我们又怎能不更加仔细地研究社会科学，为我们的社会创造生态过渡的路径，以及确定希望实现这些变化的社会力量呢？

（3）有关人群如何才能更紧密地参与专家的工作，以克服不信任，或者，对这些模型的结果充满信心？这项新科学的民主意义重大，并且还远未得到解决。

结论

自20世纪初以来，模型对象已经发生了很大的变化，如今在各种领域中都发挥着核心作用，这个角色不再局限于理论的验证，而是干预了复杂系统的功能和演化的模拟。这个主要功能改变了它的认识论和社会地位。这使其可以直接参与决策和政治管理。通过以经济和气候为例，我们描述了一些与建模相关的装置。我们认为从任何历史和社会语境中提取模型的抽象概念都没有多大意义。并且，我们还讨论了认识论和政治上的一些与新用途有关的问题。

米歇尔·阿尔马特（Michel Armatte），阿米·达昂（Amy Dahan）撰

参考文献

Armatte Michel, 2004, Les sciences économiques reconfigurées par la *pax americana*, *in* Dominique Pestre et Amy Dahan (dir.), *Les Sciences pour la guerre (1940—1960)*, Paris, Éd. de l'EHESS, p. 129–174.

— 2007, Les économistes face au long terme: l'ascension de la notion de scénario, *in* Amy Dahan (dir.), *Les Modèles du futur*, Paris, La Découverte, p. 63–90.

— 2010, *La Science économique comme ingénierie. Quantification et modélisation*, Paris, Presses des Mines.

Armatte Michel et Dahan Amy, 2004, Modèles et modélisations (1950—2000). Nouvelles pratiques, nouveaux enjeux, *Revue d'histoire des sciences*, vol. 57, n° 2, p. 245–305.

Aubin David et Dahan Amy, 2002, Writing the History of Dynamical Systems and Chaos: *Longue Durée* and Revolution, Disciplines and Culture, *Historia Mathematica*, vol. 29, n° 3, p. 273–339.

Aykut Stefan et Dahan Amy, 2011, Le régime climatique avant et après Copenhague. Sciences, politiques et l'objectif des deux degrés, *Natures, sciences, sociétés*, n° 19, p. 144–157.

Bachelard Suzanne, 1979, Quelques aspects historiques des notions de modèle et de justification des modèles, *Actes du colloque "Élaboration et justification des modèles"*, éd. par Pierre Delattre, Paris, Maloine.

Bachelier Louis, 1900, Théorie de la spéculation, *Annales de l'École normale supérieure*, n° 17, p. 21–86.

Barberousse Anouk et Ludwig Pascal, 2000, Les modèles comme fictions, *Philosophie*, n° 68, p. 16–43.

Bazzani Armando, Giorgini Bruno, Servizi Graziano et Turchetti Giorgio, 2003, A Chronotopic Model of Mobility in Urban Spaces, *Physica A*, vol. 325, n°s 3–4, p. 517–530..

Bennett Stuart, 1993, *History of Control Engineering (1930—1955)*, Stevenage, Peter Peregrinus.

BissellChris, 2004, Models and Black Boxes: Mathematics as an Enabling Technology in the History of Communication and Control Engineering, *Revue d'histoire des sciences*, vol. 57, n° 2, p. 305–338.

Boltzmann Ludwig, 1902, Model, in *Encyclopaedia Britannica*.

Bouleau Nicolas, 1999, *Martingales et marchés financiers*, Paris, Odile Jacob.

— 2002, La modélisation et les sciences de l'ingénieur, *in* Pascal Nouvel (dir.), *Enquête sur le concept de modèle*, Paris, PUF.

Callon Michel, 2007, Performative Economics, *in* D. MacKenzie, *Do Economists Make Markets ?*, Princeton, Princeton University Press, p. 311-357.

Carnap Rudolf, 1928, *Der logische Aufbau der Welt*, Berlin, Weltkreis; trad. fr., *La Construction logique du monde*, Paris, Vrin, 2002.

Carnap Rudolf, Hahn Hans et Neurath Otto, 1985 [1929], La conception scientifique du monde, *in* Antonia Soulez (dir.), *Manifeste du Cercle de Vienne et autres écrits*, Paris, PUF.

Cornilleau Lise et Leblond N., 2012, Gouverner la sécurité alimentaire globale par la modélisation? Le cas du modèle IMPACT de l'IFPRI, communication non publiée, Paris, Collège doctoral de l'IFRIS.

Dahan Amy, 1996, L'essor des mathématiques appliquées aux États-Unis: l'impact de la Seconde Guerre mondiale, *Revue d'histoire des mathématiques*, n° 2, p. 149-213.

– 2001, History and Epistemology of Models: Meteorology (1946—1963) as a Case-Study, *Archive for History of Exact Sciences*, vol. 55, n° 5, p. 395-422.

– 2004, Axiomatiser, modéliser, calculer. Les mathématiques, instrument universel et polymorphe d'action, *in* Dominique Pestre et Amy Dahan (dir.), *Les Sciences pour la guerre (1940—1960)*, Paris, Éd. de l'EHESS.

– (dir.), 2007, *Les Modèles du futur*, Paris, La Découverte.

– 2010, Putting the Earth System in a Numerical Box ? The Evolution from Climate Modeling toward Climate Change, *Studies in History and Philosophy of Modern Physics*, n° 41, p. 282-292.

Dahan Amy et Guillemot H., 2006, Changement climatique. Dynamiques scientifiques, expertise, enjeux géopolitiques, *Revue de sociologie du travail*, n° 48, p. 412-432.

Dahan Amy et Pestre Dominique (dir.), 2004, *Les Sciences pour la guerre (1940—1960)*, Paris, Éd. de l'EHESS.

Edwards Paul N., 2010, *A Vast Machine: Computer Models, Climate Data and the Politics of Global Warming*, Cambridge (MA), MIT Press.

Forrester Jay Wright, 1971, *World Dynamics*, Cambridge (MA), MIT Press.

Galison Peter, 1996, Computer Simulations and the Trading Zone, *in* Peter Galison et David J. Stump (dir.), *The Disunity of Science: Boundaries, Contexts, and Power*, Palo Alto (CA), Stanford University Press, p. 118-157.

Haavelmo Trygve, 1944, *The Probability Approach in Econometrics*, supplément à *Econometrica*, n° 12.

Israel Giorgio, 1996, *La Mathématisation du réel*, Paris, Seuil.

Keynes John Maynard, 1939, Professor Tinbergen's Method, *Economic Journal*, n° 49, p. 558-568.

Kieken Hubert, 2004, RAINS: modéliser les pollutions atmosphériques pour la négociation internationale, *Revue d'histoire des sciences*, vol. 57, n° 2, p. 379-408.

Legay Jean-Marie, 1997, *L'Expérience et le modèle*, Paris, Éd. de l'INRA.

MacKenzie Donald, 2000, Fear in the Markets, *London Review of Books*, n° 13, avril, p. 31-32.– et al., 2007, *Do Economists Make Markets ? On the Performativity of Economics*, Princeton (NJ), Princeton University Press.

Malgrange Pierre, 1990, Forces et faiblesses des modèles macroéconométriques, *in* Bernard Cornet et Henry Tulkens (dir.), *Modélisation et décisions économiques*, Louvain, De Boeck.

Meadows Dennis L. et Meadows Donella H., 1974 [1972], *The Limits to Growth: A Report for the Club of Rome's Project on the Predicament of Mankind*, New York, New American Library.

Morgan Mary S., 1990, *The History of Econometric Ideas*, Cambridge, Cambridge University Press.

Morgan Mary S. et Morrison Margaret, 1999, *Models as Mediators: Perspectives on Natural and Social Science*, Cambridge, Cambridge University Press.

Pestre Dominique, 2003, *Science, argent et politique. Un essai d'interprétation*, Paris, Quæ.

Sinaceur Hourya, 1999, Modèle, *in* Dominique Lecourt (dir.), *Dictionnaire d'histoire et de philosophie des sciences*, Paris, PUF, p. 649-651.

Sismondo Sergio (dir.), 1999, Modeling and Simulation, dossier thématique de *Science in Context*, vol. 12, n° 2.

Varenne Franck, 2007, *Du modèle à la simulation informatique*, Paris, Vrin.

Walliser Bernard, 2011, *Comment raisonnent les économistes. Les fonctions des modèles*, Paris, Odile Jacob.

第三部分

科学与对世界的治理

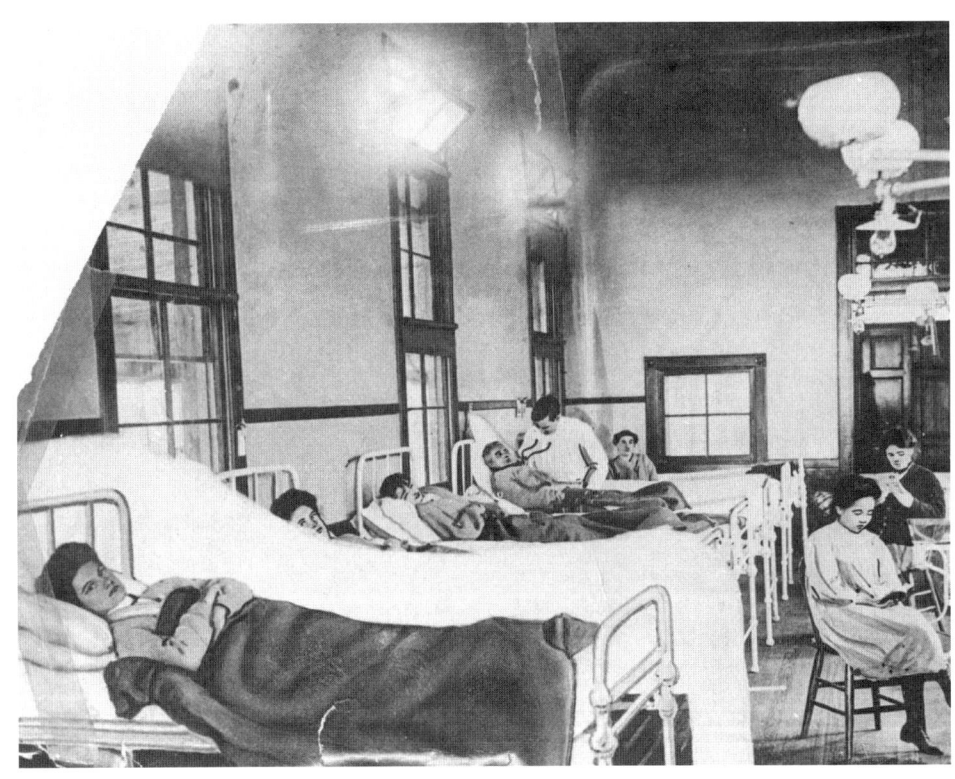

玛丽·马伦（Mary Mallon），被称为"伤寒玛丽"，在纽约兄弟岛医院隔离。她在那里从1907年一直待到1910年。她的第二次隔离从1915年开始到1938年结束，持续了23年。

第十七章
性别、身体与生物医学

1907年左右，在美国出现了伤寒病例，人们无法解释其起源。主管卫生的机构提出了新的假设：存在健康的病毒携带者及其传播媒介。新闻媒体开始聚焦于即将被隔离的家庭厨师玛丽·马伦（Mary Mallon）。违背个人意愿而被强迫住院治疗的她，在被释放之前成为名副其实的"实验室小白鼠"，然后在感染新的人群之后重新住院。被称为"伤寒玛丽"的这位健壮、不愿合作的妇女因其"男子气概"的行为和"累犯"的性质而受到医学界和媒体的歧视。这位无家可归的单身妇女被指控擅自恢复了自己家庭厨师的工作，之后她在医疗机构待了超过26年。历史学家朱迪思·沃尔泽·莱维特（Judith Walzer Leavitt）将她的病例与其他健康的伤寒携带者进行比较，得出的结论是，她悲惨的命运部分来自她的社会地位（仆人）和在当时并不讨喜的特征标签（中年妇女、独身、男子气概和反叛心理）。① 玛丽·马伦的自由似乎与实现更高的医学知识目标或保护社会免受侵害的需求并不相称。

这个故事通过见证过去的时代和即将到来的时代开启了20世纪。至于过去，马伦可以被归入一种"卑微的身体"（le corps vils）的传统：这些人并未很好地受到社会的重视，无法得到保护。孤儿、妓女和疯子的身体有可能为了

---

① Walzer Leavitt 1995.

实验而被处置，人们有必要对此加以关注。对社会身体的保护取决于此。[1] 由于社交不稳定和社会的融入度，与有可能遭受玛丽·马伦威胁的生活相比，她自己的生活很少被关注。从某种意义上说，她的生活可以被抹去。从某种意义上说，对其抹去已经在进行了。[2]

在目前和即将发生的事情方面，玛丽的案例的影响还在持续，并修正了先前的讨论和做法。这就提出了风险和为实现预期的（医学和社会）目标而应使用或不应使用的手段（实验、卫生、规训）的问题。让-巴蒂斯特·弗雷索（Jean-Baptiste Fressoz）对18世纪末天花的接种问题进行了详尽的讨论。[3] 成本和收益问题不仅是医学或社会问题，而且还成为法律和政治问题。在玛丽的案例中，不当地剥夺自由违反了美国民主的宪法基础之一：为了治疗和预防，我们可以在多大程度上摆脱对基本个人权利的尊重？引起问题的不是玛丽的具体生活的被抹除，而是她的生活的抽象价值被消除，因此，也可能是她一生的抽象价值。这为在身体健康和医疗管理领域的公共干预提供了新的约束。

玛丽的案例使得我们某些预期的想法有可能被动摇。当我们想到"伤寒"时，我们并不认为"性别"是先验的。然而，在这个故事中，性别作为一种社会关系很重要（在其他情况下，则是殖民关系）。性别可以在当代身体史及其与医学的关系的许多方面发挥作用。对于伤寒，就技术和医疗机构而言，社会和性别认同是经过谈判的，同时，事实上，科学知识和实践参与了这些身份的定义和产生。[4] 这个故事从另一个角度来说，提出了"重要的身体"（corps qui comptent）和应得到治愈或挽救的生命的问题[5]，以及为促进、限制或控制值得存在并可以延续的生命的问题。[6] 仍然需要指出的是，普通人会根据疾病的经验以及与医疗技术的关系而改变自己的命运[7]，这提出了管理和调节健康和

---

[1] Chamayou 2008.

[2] Butler 2010.

[3] Fressoz 2012.

[4] Gardey et Löwy 2000, Chabaud-Rychter et Gardey 2002.

[5] Butler 2010.

[6] Boltanski 2004.

[7] Akrich et Laborie 1999.

不健康身体，正常的和病理的更大问题。①

为了回顾 20 世纪，我建议利用积累的案例，以衡量长期的趋势和影响，并评估当前的历史动态。一些经典的问题被再次提出：妇女和男子的身体在 20 世纪成为医学和公共调查或考量的资源时，是否经历了不平等的命运？对性和生殖器官有哪些研究和医学实践？在此期间，性别是否会成为人口健康状况演变的判别因素？哪些医学知识和实践有助于产生有关性别差异和这种差异的"性质"的知识？男性的社会和医学结构又如何呢？有关性的医学知识和做法如何有助于改变性别关系？在 20 世纪对身份的社会经历的定义中，什么是我们说到的医学领域的扩展？"自然"和"文化"领域是如何发展的，生物技术是如何帮助转变它们的？最后，在限制和约束方面发生了什么变化，在这一时期结束时出现的行动力和新准则又是什么？

间战期：断裂和继续

女性的身体：医疗和政治投资的可持续目标

如果患癔症的、疯的、卖淫的或罪犯的异常之人在 19 世纪引起医学和卫生当局的极大兴趣，女性在 20 世纪继续动员着医学知识和实践，但是方式有所不同。考虑到性征的部位（与男人的身体不同），在两次世界大战之间，女性的身体被从作为有性别的身体（或性身体）（le corps sexué ou sexuel）、妊娠的身体（le corps gestant）和繁殖的身体（le corps reproducteur）三个方面进行投入。这最后两种特质直接与"国家的身体"（le corps de la nation）联系在一起。妇女自身并不重要，重要的是使她们在差异和社会角色方面具有资格的东西。从这点上来看，医疗和国家当局方面的不对称和过度投资是显而易见的。20 世纪初似乎发生了新的分裂。精神病学和新兴的性学继承了癔病患者和"反常的愉悦"（des plaisirs pervers），而在生物学和内分泌学中，以发情、排卵、

---

① Fassin et Memmi 2004.

月经周期为中心的新研究领域正在开放,而在动物科学中,则是人工授精。①如果性学(首先是美国的性学)把性作为"人类的本性"进行关注,生殖科学就脱离了性问题,与兽医学和动物学共享许多议程,并在这一阶段结束时,拥有了强大的自主权与合法性。生殖科学仍处于起步阶段,只是通过内分泌学真正影响了妇女的生活。从1920年代后期到1940年代,器官疗法(从天然的与合成的性腺提取物发展到临床应用)确实在欧洲和美国经历了黄金时期。治疗方法和适应证大量增加:从传统上将疾病定义为女性特有的(头痛、烦躁、抑郁)到将女性生命中某些时刻定义为需要治疗的疾病(月经、更年期)。②在实验室寻求销售市场的刺激下,女性性生活周期的医学化正在进行之中。③

控制子宫,控制人口

在这个时期,并非只有生命科学才能重新定义性别,以及科学与身体之间的关系。人口统计学以及女性行动者和非科学行动者都在讨论妇女的生殖能力和控制人口方面发挥着重要的作用。在间战期,一些团体越来越关心节育和限制生育。欧洲和美国的节育(birth control)支持者(女权主义者、新马尔萨斯主义者、一些社会主义者)希望在限制生育方面获得个人、家庭和社会利益,这被视为个人解放和社会进步的源泉。女权主义者玛格丽特·桑格(Margaret Sanger)是"避孕药之母",是这一时期和下一个时期的主要人物。④ 在1927年于日内瓦举行的人口统计学大会上,她是唯一一个反对人口统计学家(全是男性),并捍卫节育的人,并且以优生取向为中心。⑤

在此期间,新马尔萨斯主义与优生学之间的界限是脆弱而复杂的。无论哪种情况,都希望通过"良好"的人口管理来获得社会乃至国家利益。但是优生学项目的特点是引入了人口选择的维度。对于某些优生学的趋势,人类的繁殖

---

① Clarke 1998, Oudshoorn 1994.
② Oudshoorn 1994.
③ Oudshoorn 1993, Löwy 2006.
④ Marks 2001, Clarke 1998.
⑤ Vienne 2006.

似乎成为一种遗传畸变：其目的是再现"最好的"而不是最弱的，并且此选择基于生物学的项目。优生学将节育作为控制生殖的数量和"质量"的一种手段。科学地组织人类繁殖的思想在这里具有其全部意义。① "民族"和"种族"反对"现代文明"的邪恶，其"身体虚弱"的作用损害了"生殖本能"。② 正如唐娜·哈拉威（Donna Haraway）为美国指出的那样，这是一个在"种族"和"人口"概念之间不断变化和波动的时期。③ 1924 年，芝加哥大学种族生物学研究所（Institute of Racial Biology）的成立标志着在民主的背景下，这项基于遗传学的"新种群生物学"计划。④

鼓励生育主义、母性主义、优生学、病毒主义：欧洲的不可调和

优生学计划的开展方式因国家和制度而异。在大多数情况下，欧洲国家仍然是主张多生育的。无论是在资方还是在国家的倡议下，这种鼓励多生育的政策都采取了母权主义政策的形式，这体现在社会法、劳动法、孕妇保护和生育时的协助上。法国的鼓励生育主义体现于在 1920 年颁布的法律中将堕胎定为犯罪。如果法国像大多数天主教国家一样，没有积极的政策来防止"不必要的生育"，那么美国、瑞典、挪威和瑞士则相反。它转化为针对特定人群的绝育政策，并影响到男性和女性，比如，1907 年至 1920 年间，美国对"犯罪分子"和癫痫病患者的绝育。据估计，在 1970 年代仍然有效的瑞典绝育方案涉及总共 60 000 人。⑤

纳粹德国以其政治暴力而著称，同时也以其反母权主义为特征。在纳粹的案例中，卫生和人类学种族主义凌驾于鼓励多生育的思想之上。问题不在于数字，而在于对"质量"的控制。这里迷信的是父性和男性生殖力，而不是母性。⑥ 在优生学和人口选择方面，我们能想起这项谋杀政策的某些方面。15 万

---

① Marks 2001.
② Vienne 2006.
③ Haraway 2003.
④ Clarke 1998 (p. 114).
⑤ Marks 2001.
⑥ Bock 1996.

名患者的安乐死和 30 万名"遗传病患者"的绝育证明了"普通精神病学"和"纳粹医学"之间的深刻联系，从而定义了"生命专制"（la biocratie）。这将在第三帝国进行的更加系统的灭绝工作中得到加强和调动。① 仅绝育政策就导致 5 000 人死亡（多数是妇女）。自 1939 年起该政策被安乐死和灭绝政策所取代，其受害者人数要多得多。② 在其他领域，父性的信仰（生物学的和种族的），对男子气概的崇拜也很明显。如果欧洲内分泌学和器官疗法主要关注女性作为一种疾病和治疗对象，男性的生殖问题在纳粹德国的表现则是举足轻重的，甚至勾勒出了男性生殖器病学的前提（在妇科领域的生物化学化过程中），其计划因政权垮台而中断。③

治疗与被治疗：护理的形式

从长远来看，有关女性和男性的知识的生产以及更普遍的医学实践是男性的特权。享有盛誉的"医学界"似乎永远是男性主导。这种结构上的不对称性几乎没有被女医科学生以及后来的第一批女医生的出现所动摇，她们通常认为自己仅限于"特殊"病患，例如儿童或女性。④ 但是，妇女对医疗活动的贡献历史是较为长远的，主要体现在世俗护士或传统的助产士中。医疗工作的社会和性别分工对活动的定义、内容和行为也是存在影响的。因此，尽管细菌学和微生物学得到了发展，但巴什福德（Bashford）仍然基于护士的知识在 20 世纪初的健康概念上展现了英国的坚持。⑤ 她坚持通过护理工作［包括"测量、记录、调节食物的摄入与排泄（呕吐、排便、喝水、排尿、出汗）"］对女性患者进行长期调节。如果，医生是治愈，那护士就是治疗。慈善、奉献、自给或牺牲的范畴被女性所吸收。知识、实验、技术精通、事业和"职业性"的范畴在男性中缩小了。人（和身体）参与医疗工作本身就是性别关系的结果。

---

① Massin 1996.
② Marks 2001.
③ Gaudillière 2003.
④ Edelman 2005.
⑤ Bashford 1998.

劳动的身体

最后一点更普遍地涉及"劳动的身体"（corpus laborans）以及工作条件对健康的影响。很少有系统地从性别角度研究因专业活动而导致的病理学。[①] 一些典型的案例勾勒出了工业历史：19世纪末法国的火柴行业的女工运动，她们谴责白磷对其健康的有害影响。[②] 新泽西州制作度盘指示器的工人因其使用的镭基涂料而导致颌骨坏死的痛苦[③]，而她们的抗议运动促成了工业环境中的首次风险预防运动。[④] 在这里，诉诸科学的专业知识可能会也可能不会导致"事实的确立"和法律责任，无论是获得补救还是定义保护措施。[⑤] 显然，由于活动和职业的性别隔离，男人和女人在工作中没有共同的风险。在科学工作方面，我们可以提及法国的放射化学部门和居里实验室，1920—1940年间，平均有30%的女性在那里工作。尽管有警告和症状，放射化学家还是忽略和低估了使用镭和放射性元素造成的风险。也许这些女性科学家对某些病态的抵抗是对在这一开创时期作为一名科学家（以及作为女性成为一名科学家）所必需的牺牲信念的最好证明？[⑥] 有趣的是，尽管研究了辐射对身体的影响（特别是对性腺和女性不育的影响），"专家们"却不建议采取预防措施。直到1945年之后，人们才意识到不育问题，因为当人们认识到辐射的诱变效应时，便认为需要实施保护措施。同样，工人的身体作为（可能）怀孕的身体引起了人们的注意，证明了医学干预对女性生殖系统的这种持久关注。

---

① Bruno et Omnès 2004.
② Gordon 1993.
③ 为了使指针发光。
④ Clark 1997.
⑤ Bale 1990.
⑥ Fellinger 2010.

现代：变革、医学化和解放（1950—1980）

产妇状况的变迁

在战后这个人口繁荣的时代，孕妇是一个可以选择从一个年龄过渡到另一个年龄的形象。尽管经历了艰难的岁月，但在工业化国家，1935—1950 年期间，围绕怀孕和分娩的健康状况有所改善。然后，我们见证了孕产妇和围生期死亡率的显著降低。1950 年之后，这些死亡率达到了低水平，听起来好像该问题得到了永久性的解决。自 1930 年代以来，许多因素有助于改善分娩期间的健康状况：磺胺类药物、青霉素、输血以及增加麻醉的安全性，而且还有新的妊娠监测形式，例如，可以在子痫发作之前诊断出高血压。福利国家的建立和新的社会保险伴随并推动了 1945 年以后的这一运动。① 在 1950 年代和 1960 年代，剖宫产和麻醉的风险似乎都降低了，随着医院的现代化，用于监测妊娠和分娩的新设备也不断发展。

战后人口的繁荣可能不会改变马尔萨斯理论的长期趋势。家庭的生育次数越来越少。在良好的条件下生出健康的婴儿似乎已成为现代性的要求。在第二次世界大战期间，有关推广己烯雌酚（Distilbene）的运动夸大了这种给美国孕妇防止流产的产品的优点。在此之后，则是随着士兵们最终返回家园，人们认为他们可以保证"美丽而壮硕的婴儿"的出生。② 在美国，数百万名美国妇女都服用了己烯雌酚，在 1948—1977 年，它还被用于预防自然流产，产生了巨大的副作用：癌症和不育症。

从快乐的生育到快乐的性生活？

"快乐的生育"是什么意思？这种表达是从这一时期发展并在某些国家盛行的节育和计划生育运动中借用来的。在女权运动与行动主义者和专业人士协会的交汇处，1960 年代的计划生育首先着眼于婚姻幸福以及通过控制和限制生

---

① 感谢玛丽莱纳·维耶（Marilène Vuille）在这一点上提供的帮助。
② Langston 2010.

育获得的家庭和社会和谐。获野法（la méthode Ogino）是在婚姻层面上的避孕技术，这在当时是十分先进的。"快乐的生育"也意味着无痛分娩，在这一时期，其教义和意识形态的内容得到了定义和传播（尽管仍然是有限的）。[1] "快乐的生育"最终也是幸福的夫妻性生活的出路。性学的历史凸显了这种医学专科（介于精神病学和妇科之间）如何发展为一种关于夫妻的科学。性学的目的实质上是治疗夫妻的所谓"轻微"的功能障碍和病理。这种取向与正常的性行为一样，在产生异性恋方面也起着重要的作用，它指示出必须按照病理学或异常的范畴来拒绝哪些东西，例如同性恋。[2] 我们可以看到，此时，"快乐的性生活"并不在所有人的考虑范围中。尽管它涉及的人很少，但是性学从其具有完全的医学权威后就作出了贡献。性学有助于实现对性乐趣的追求，尤其是对女性追求性高潮的合法化，以此作为良好的性发育的目标。

健康环境发生什么样的变化？

在考虑"无障碍地享受"成为人们思想的一部分之前，让我们回到"健康"的婴儿、己烯雌酚药物和他们对发生的转变的看法。战后时期，化工工业的兴起带来了"好处"，随之而来的技术也转移到了民间社会。从工厂或实验室出来的可能有毒并影响人体的物质越来越多且种类繁杂。在这段时期，伴随化学物质及其用途的增加，有关的内分泌疾病风险也增加了。除了预防流产外，己烯雌酚还广泛用于家禽饲养场和养牛场。在1960年代达到最高使用率时，在美国，它存在于95％的牛饲料中，实现了"为人们提供良好食物"的现代目标，以及提供了获取大量蛋白质的途径，但这些蛋白质对数百万儿童具有明显的致病性副作用。实际上，这种对身体有毒的新环境（其中滴滴涕是主要成分）到1970年代才为人所知。科学专业知识的独立性，以及化学和制药集团积极的商业政策开始受到人们的质疑。[3] 从性别的角度来看，这些环境转变对健康的影响还很少得到研究。在广泛使用己烯雌酚药物的时期，以及最严

---

[1] Vuille 1998.
[2] Burgnard 2012.
[3] Langston 2010, 以及本卷第 18 章。

重的后果之一是在怀孕期间服用这种药物的母亲所产女儿的阴道癌患病率，就如同广泛使用沙利度胺（thalidomide）的时期，服用沙利度胺后所生的孩子存在许多畸形一样，这也是这段历史的重要方面。

争取避孕的自由和权利

自从战后时期以来，合成雌激素已被广泛使用，以"缓解"绝经期妇女的病情，这已越来越多地被视为需要治疗的疾病。更年期被定义为一种功能减退性疾病，其医学化证明了有关妇女无节制的文化观念，以及荷尔蒙（和化学）调节可以克服这一事实的文化观念。

在这个对进步充满信心的时期，以一颗"简单药丸"的形式获得对生育问题"普遍适用的"解决方案（遵循玛格丽特·桑格的概念）并非是一件不起眼的小事。避孕药是"现代主义的创举"[①]，完全属于福特主义和批量生产的范畴。作为对西方关注的第三世界"人口爆炸"的科学解决方案，它标志着过去几十年来生殖科学领域发展方向的最高潮，回应了当时的地缘政治和意识形态问题，也标志着一个女权主义计划的高潮（和起点），该计划以自由处置身体、节育和之后的性自由为主要目标。

避孕药通过其提供的自由（特别是与性伴侣有关的自由）征服了使用者，因为它的摄入可以与性行为分开，这与其他避孕技术（隔膜、避孕套和戒断）不同。起初它受到严格控制并仅在夫妻关系中使用，它在美国然后在欧洲经历了空前的繁荣，成为数以百万计的中产阶级妇女的需求。因此，它是更大的社会和文化运动的一部分。在质疑家庭规范和传统权威形式以及对自主权的诉求的背景之下，避孕药成了"性革命"的代理人。争取避孕权和堕胎权的斗争是这一时期女权主义复兴的特征。在大多数西方国家，1970年代发生的堕胎合法化最终标志着妇女、她们的身体（子宫）、男人、医生和国家之间的长期关系史上的根本突破。前所未有的主权诉求（和可能性）深刻地改变了这种关系，表明了父权制对女性的控制权的终结，从而表明了某种生命政治秩

---

① Marks 2001.

序的终结。

妇女可以使用的第一个"通用避孕药物"是一种创举。这种科学上的（社会和文化上的）成功是妇女身体上知识和实践（妇科、妇产科和内分泌学）积累的成果，并表达出人类生殖与女性身体之间的这种同化。将男性生育能力排除在医学的与政治的研究和实践之外是持续性的。[1] 在20世纪最后的十年之前，没有任何男性避孕药在市场上销售，其原因是缺乏科学和文化习惯，这使得人们可以将男性身体认真地视为性别的和生殖的身体。性别的身体的心理适应是青少年工作中的主要问题。但是，这些新的行动力与医学领域的扩展密切相关，而医学领域的扩展既是适当的又是不适当的，这既是自主权的来源，又是新的限制的来源，正如1970年代至1980年代挑战医学权威的自助式（selfhelp）女权运动所抱怨的那样。

后现代主义的承诺：性别的成本和收益（1980—2014）

"生殖自由"和"按计划生孩子"：生殖失调？

现在，人们普遍认为医疗问题在我们的社会生活的许多方面都很重要。在20世纪末，这种发展采取了两种主要形式：显然，正在出现一种"身体管理"的新模式，而有关"身体""健康"和"生命"的问题在"人类事务管理"中的地位越来越重要。[2] 此外，许多新的社会或性别认同、生活方式、主体的生命或生存是由生物医学资源定义或规定的。

第一个试管婴儿（1978年）对阿黛尔·克拉克（Adèle Clarke）来说是一个"真正的前沿"，因为它涉及修改"生命的事实"。[3] 如果说生殖科学的"现代"时期是标准化、规范和关怀的时期，那么"新生殖技术"就标志着一种新的处理过程和产品的制度。避孕方法和堕胎使性与生育之间的分离成为可

---

[1] Pfeffer 1993.
[2] Fassin et Memmi 2004 (p. 10).
[3] Clarke 1998.

能，从而迎来了"按计划生孩子"的时代。婚姻（或机构）不再生育孩子；孩子是父母渴望和意愿的结果（无论他们的性别如何）。① 这些转变以道德规范、家庭和性别关系的顺序与"通过计划"进行管理的时代相吻合，并在生物技术的供应中寻找资源。这些资源尤其被看成对当代不孕不育问题的回应和许诺，其历史仍有待在西方背景下书写。

生殖技术的发展在性别方面重申了旧的观念并产生了新的观念。从旧的角度看，医疗干预主要是针对女性的身体进行的——女性生殖系统甚至可以被广泛动员起来以解决男性不育的问题［例如，卵胞浆内单精子显微注射技术（ISCI）］②。至于新的，将受精和妊娠转移到实验室有助于发明新的医学和社会类别：不育夫妇、精子捐赠者、卵子或子宫捐赠者、"未出生"患者（le patient "non né"）。③ 这些技术可以用作同性恋关系中的资源，并对实现许多育儿计划施加影响。最后，前所未有的获取子宫内容物的手段（超声波、羊膜穿刺术、胎儿手术）导致了母亲与胎儿这一组合的分离，并使胎儿出现在公共场合。如同我们所能看到的，在美国的自由主义框架中，或者以代孕的合同形式对精子进行商业化的捐赠中，"妊娠产品"（配子和子宫）商品化过程的性别的、社会的和种族的影响是复杂的，并且仍在发展之中。④

在这一时期，性别和身体的界限通过当代生物技术发生了深刻的变化和重新定义。更重要的是，允许生命存在的条件，生命是或可以成为生命的定义要素，以及重要而值得支持的生命的计划化（例如，我们将考虑过去三十年中针对极度早产药物的重大发展）特别地参与到这些过程中。实际上，西方社会并没有实质性地探索可能的新优生学的现实（即某些未出生的，但先天存在问题的生命的组织：聋哑、唐氏综合征）。

---

① Boltanski 2004.
② Löwy 2000.
③ Casper 2000.
④ Becker 2000.

性与性别的失调：异性恋规范的终结？

通过承认想要有助于"使生命成为可能"的工作的本质特征，朱迪思·巴特勒（Judith Butler）在《性别麻烦》（Gender Trouble）中提出了自己的反思。[①] 通过恢复以刑事定罪为特征的身体治理和"异常"人群（同性恋和双性恋）的谱系学、镇压和医学化，她想了解这些"生命"存在于主观、社会和政治层面的可能性。"性革命"开启的时间是对不同性别和性身份的确认和承认。摆脱罪行化、异常的或病理的状态（医学化标志着从一种疾病变为另一种疾病）一直是当代同性恋运动的主要问题。尽管同性恋者在1974年从《精神疾病诊断和统计手册》（Manuel diagnostique et statistique des troubles mentaux）的分类中消失了，但新的群体：跨变性者，作为医学和干预的客体/主体进入其中。

从间战期开始，两性间体者成为医疗的对象。旨在"修复"和重新定向，以提高被认为有问题的指标和性器官（医学的和社会的）可读性。这些临床实践基于内分泌学和修复手术。从1950年代和约翰·霍普金斯大学建立的医疗平台开始，直到1990年代一直是主流做法，其目的是通过手术和社交方式为两性间体的孩子分配性别。这通常是背着父母和孩子进行的。对于这段历史，伯妮斯·豪斯曼（Bernice Hausman）的作品强调了变性问题的奇异之处。[②] 它表明性倒错不是永恒欲望的新表达。但是相反，"作为一种社会和科学事实，它完全取决于诸如内分泌学和整形外科等医学技术的发展，以及建立因变性需求而出现的必要条件的能力，即变性的主观性指标"。

变性人将自己定义为必须接受治疗才能被承认的人。他们的主观立场取决于他们与医疗的关系。因此，它是一种经验和特性类别，反映了与特定科学技术实践密不可分的社会和文化条件。在这里，医学以一种非常积极的方式"使"女人或男人在没有育龄阶段的情况下，可能有或没有性生活（尤其是异性恋）。豪斯曼强调，同性恋恐惧症是变性技术历史的中心。自1990年

[①] Butler 2006.

[②] Hausman 1995.

代以来，对这些医学技术以及允许其进入或从中受益的规程的争执激发了"变性、间性与酷儿"群体或协会的新诉求。例如，我们注意到瑞士间性协会（Zwischengeschlecht）的主张，该组织以"人权"的名义反对出生时进行的手术，并提请医学和国际当局注意手术对新生儿造成的影响，包括不可逆转的生殖损害。

男性和性行为的医学建构：从药物治疗到表现

由于较小的侵袭性，通过伟哥（Viagra）治疗男性阳痿似乎已变得无可厚非。首先是心理分析的对象，然后是性学研究的对象，阳痿在1980年代被泌尿科医生重新定义。他们没有探寻治疗或性关系的问题，而是在其干预领域提供了更为有限的框架，从阳痿的（和精神性的）词汇转变为勃起障碍和器官的表述。①

在这种新的有机主义病因学的框架内，神经内分泌学起着重要作用，就像当代治疗女性性问题（如产后性欲下降）一样。② 制药公司在这里起了决定性的作用，他们发明了西地那非（silnédafil）（伟哥分子）。勃起障碍的临床定义的扩展被证明是相当可观的，囊括了越来越多的潜在患者。在法国，药品监管的初步框架（当局大幅调整处方和报销）很快就被自我医疗的伟哥"消遣性"使用所破坏。这些男性和男性表现（异性恋和同性恋），对性能力的这些禁令似乎具有当代性，朱迪思·巴特勒提出的双面"表现"考虑了身份和性的新政治。③ 它们是有意义的和重申性别认同和性规范以及施为的表示［或"行动权"（la puissance d'agir）］的实践。但是，这种解放的内涵缺乏管理上的偏斜。通过强大的医疗服务，可以通过生物技术达到"自我实现"（l'accomplissement de soi），这很可能定义了需要治疗的问题的"性质"和"框架"，定义了什么可以或应该属于医学的范畴，以及该采取何种治疗方案。它在生产者主义和新自由主义的背景下运作，见证了商人领域和可以被商品化领域的不断扩大。

---

① Giami 2004.
② Hirt 2009.
③ Butler 2006.

在这种情况下，我们是否应继续将这些新的实践置于个人、他的自由和他的选择的唯一笔调之下？"药典"或"性欲市场"和女性性能力① 是否与尖端技术和人工授精、代孕、性修复或自我完善，例如整容手术一起迈进？在不考虑生物医学技术和药典所构成的巨大市场的情况下，是否可以考虑超越自身（自己的生殖、性或性别限制）？尽管"新资本主义精神"② 重估自己的身体作为劳动力的价值的负担，但我们如何能调和管理规范和促使和解的自我实现的宣告呢？

增强（l'enhancement）的可能性的倍增，用于月经和性欲问题的安定神经的药典，以及对"过度活跃"（suractif）儿童的行为障碍的长期治疗，让我们想起这些医疗"解决方案"在经济、规范和政治方面的利害关系。这些"解决方案"也是"社会和政治解决方案"。从政治和性别的角度出发，探讨神经科学当前的霸权地位似乎迫在眉睫。③

德尔菲娜·加尔代（Delphine Gardey）撰

参考文献

Akrich Madeleine et Laborie Françoise (dir.), 1999, De la contraception à l'enfantement. L'offre technologique en question, *Les Cahiers du genre*, n° 25.

Bale Anthony, 1990, Women Toxic Experience, in Rima D. Apple, *Women, Health and Medicine in America*, New Brunswick (NJ), Rutgers University Press, p. 403-431.

Dashford Alison, 1998, *Purity and Pollution: Gender, Embodiment and Victorian Medicine*, Basingtoke, Macmillan.

Becker Gay, 2000, Espoir à vendre. Commercialisation et consommation de techniques d'assistance médicale à la procréation aux États-Unis, *Sciences sociales et santé*, vol. 18, n° 4, p. 105-126.

Bock Gisela, 1996, Equality and Difference in National Socialist Racism, in Joan Wallach

---

① Fishman 2004.
② Boltanski et Chiapello 1999.
③ Dussauge et Kaiser 2012.

Scott (dir.), *Feminism and History*, Oxford, Oxford University Press, p. 267-292.

Boltanski Luc, 2004, *La Condition fœtale. Sociologie de l'engendrement*, Paris, Gallimard.

Boltanski Luc et Chiapello Ève, 1999, *Le Nouvel Esprit du capitalisme*, Paris, Gallimard.

Bruno Anne-Sophie et Omnès Catherine, 2004, *Les Mains inutiles. Inaptitude au travail et emploi en Europe*, Paris, Belin.

Burgnard Sylvie, 2012, *Produire, diffuser et contester les savoirs sur le sexe. Une sociohistoire de la sexualité dans la Genève des années 1970*, thèse de doctorat de sociologie, université de Genève.

Butler Judith, 2006, *Trouble dans le genre. Le féminisme et la subversion de l'identité*, Paris, La Découverte.

– 2010, *Ce qui fait une vie. Essai sur la violence, la guerre et le deuil*, Paris, Zones.

Casper Monica, 2000, *The Making of the Unborn Patient*, New Brunswick (NJ), Rutgers University Press.

Chabaud-Rychter Danielle et Gardey Delphine (dir.), 2002, *L'Engendrement des choses. Des hommes, des femmes et des techniques*, Paris, Éd. des Archives contemporaines.

Chamayou Grégoire, 2008, *Les Corps vils*, Paris, La Découverte.

Clark Claudia, 1997, *Radium Girls: Women and Industrial Health Reform (1910—1935)*, Chapel Hill (NC), University of North Carolina Press.

Clarke Adele, 1998, *Disciplining Reproduction: Modernity, American Life and the Problem of Sex*, Berkeley (CA), California University Press.

Dussauge Isabelle et Kaiser Annelyse, 2012, Re-Queering the Brain, in Robyn Bluhm *et al.* (dir.), *Neurofeminism*, Palgrave Macmillan.

Edelman Nicole, 2005, Les femmes médecins, in Jacqueline Carroy *et al.* (dir.), *Les Femmes dans les sciences de l'homme (xixe-xxe siècle). Inspiratrices, collaboratrices ou créatrices*, Paris, Seli Arslan.

Fassin Didier et Memmi Dominique, 2004, *Le Gouvernement des corps*, Paris, Éd. de l'EHESS.

Fellinger Anne, 2010, Femmes, risque et radioactivité en France. Les scientifiques et le danger professionnel, *Travail, genre et sociétés*, n° 1, p. 147-165.

Fishman Jennifer, 2004, Manufacturing Desire: The Commodification of Female Sexual Dysfunction, *Social Studies of Science*, vol. 34, n° 2, p. 187-218.

Fressoz Jean-Baptiste, 2012, *L'Apocalypse joyeuse*, Paris, La Découverte.

Gardey Delphine et Löwy Ilana (dir.), 2000, *L'Invention du naturel. Les sciences et la* fabrication du féminin et du masculin, Paris, Éd. des Archives contemporaines.

Gaudillière Jean-Paul, 2003, La fabrique moléculaire du genre. Hormones sexuelles, industrie et médecine avant la pilule, in Ilana Löwy et Hélène Rouch(dir.), dossier "La distinction entre sexe et genre", Cahiers du genre, n°34, p. 81-104.

Giami Alain, 2004, De l'impuissance à la dysfonction érectile, in D. Fassin et D. Memmi (dir.), Le Gouvernement des corps, Paris, EHESS, p. 77-108.

Gordon Bonnie, 1993, Ouvrières et maladies professionnelles sous la Troisième République. La victoire des allumettiers français sur la nécrose phosphorée de la mâchoire, Le Mouvement social, vol. 3, n°164, p. 77-138.

Haraway Donna, 2003, The Haraway Reader, New York, Routledge.

Hausman Bernice, 1995, Changing Sex: Transsexualism, Technology and the Idea of Gender, Durham (NC), Duke University Press.

Hirt Caroline, 2009, La sexualité postnatale: un objet d'étude négligé par les sciences humaines et sociales, in Catherine Deschamps, Laurent Gaissad et Christelle Taraud (dir.), Hétéros. Discours, lieux, pratiques, Paris, EPEL, p. 145-153.

Langston Nancy, 2010, Toxic Bodies: Hormone Disruptors and the Legacy of DES, New Haven (CT), Yale University Press.

Löwy Ilana, 2000, Assistance médicale à la procréation et traitement de la stérilité masculine en France, Sciences sociales et santé, vol. 18, n°4, p. 75-102.

– 2006, L'Emprise du genre. Masculinité, féminité, inégalité, Paris, La Dispute.

Marks Lara, 2001, Sexual Chemistry: A History of the Contraceptive Pill, New Haven (CT), Yale University Press.

Massin Benoît, 1996, L'euthanasie psychiatrique sous le IIIe Reich. La question de l'eugénisme, L'Information psychiatrique, no 8, p. 811-822.

Oudshoorn Nelly, 1993, United We Stand: The Pharmaceutical Industry, Laboratory and Clinics in the Development of Sex Hormones into Scientific Drugs (1920-1940), Science, Technology and Human Values, vol. 18, n° 1, p. 5-24.

– 1994, Beyond the Natural Body: Archeology of Sex Hormons, Londres, Routledge.

Pfeffer Naomi, 1993, A Political History of Reproductive Medicine, Cambridge, Polity Press.

Thébaud Françoise, 1986, Quand nos grand-mères donnaient la vie. La maternité en France dans l'entre-deux-guerres, Lyon, Presses universitaires de Lyon.

Vienne Florence, 2006, Une science de la peur. La démographie avant et après 1933, Francfort, Peter Lang.

Vuille Marilène, 1998, *Accouchement et douleur. Une étude sociologique*, Lausanne, Antipodes.

Walzer Leavitt Judith, 1995, Gender Expectations: Women and Early Twentieth Century Public Health, *in* Linda K. Kerber, Alice Kessler-Harris et Kathryn Kish Sklar (dir.), *US History as Women's History: New Feminist Essays*, Chapel Hill (NC), University of North Carolina Press, p. 147-169.

第十八章

治理受污染的世界：技术、健康和环境风险

本章旨在追溯20世纪治理技术、健康和环境风险的方法的转变，即科学家、专家、公共当局、工业家和批判团体的思考、构想和管理技性科学和工业活动所构成的风险的方式。通过我们指导的两个论文集中收录的研究[1]，我们建议区分三种治理模式：标准治理、风险治理和适应治理。它们以这种顺序出现，但是它们是共存与交融的，而非彼此取代。我们的论点是，已经在整个世纪中建立起来的监管体系是根据和解的逻辑发展起来的，而这些逻辑旨在保护公共健康和环境，但不会过度限制被认为必不可少的工业活动的发展。我们还捍卫这样一种观点，即20世纪以来对技术、健康和环境的危害的治理所发生的变化，是严重性和所带来问题的多少、政策失败的程度、从中汲取的教训以及批评和动员的更新所带来的结果。为了解释这些转变，我们以一个有代表性的案例为例，即有毒物质——对健康和环境有潜在危险的化学物质和物理制剂。

---

[1] Boudia et Jas 2013 et 2014.

标准治理

整个 20 世纪，新技术的发展对环境和健康的危害已在 19 世纪扎根。早在 19 世纪，飞速的工业变革以工业事故、化学污染以及工人和消费者的身体中毒为代价，导致了环境的深刻变化。这些多重影响不容忽视。它们引发了不同形式的管理的发展：专家委员会、诉讼、保险、补偿、技术体系的完善以及法规和新政府的发展。[①]

这些管理的装置除了种类繁多之外，还都基于掌握和控制的思想为建立一种治理技术、健康和环境的危害的方法作出了贡献：通过建立技术标准或排放和暴露的极限值来掌控危险技术，例如，蒸汽机爆炸或控制液态污染物及其影响。因此，监管体系在禁止使用被认为具有危险性的技术或物质上的作用要比将它们限制在某些空间、某些人群或某些用途上少。正是这种监控的逻辑构成了 19 世纪通过的关于场所分类的法律。从 19 世纪末开始，我们见证了国家监管体系的兴起。这些系统尤其涉及工业设施的安全、污染的控制、工人健康的保护、食品安全以及有毒物质的生产和流通。[②] 这些发展是在国家扩大其权限范围，同时通过建立主管部门来改变其管理方法的时候发生的，在这些主管部门中技术和科学专业知识起着至关重要的作用。这些体系的建立伴随着诸如工业卫生或毒理学等新学科的发展，以及诸如律师、化学专家或检验员之类的新职业的发展。在间战期，这些监管体系得到了加强，但未能成功防止某些活动领域的扩大而引起的健康丑闻——工业事故造成的污染、药物集体中毒或被有毒物质污染的消费品或食物。[③] 在第二次世界大战结束时，技性科学的兴起对健康和环境造成的有害影响引起的问题规模发生了根本性变化。诸如核能和合成化学等新技术的应用开启了一个新时代。我们目睹了可以被视为 20 世纪的特征之一，即出现问题的时空尺度的扩大。现在问题不再是局部的，而是会影响到整个地球。它们不再仅仅涉及个人或小团体的健康，而是所有生态系统。

---

① Bernhardt 2004, Massard-Guilbaud 2010, Le Roux 2011, Fressoz 2012.
② Carpenter 2001, Buzzi, Devinck et Rosental 2006, Dessaux 2007.
③ Whorton 1974, Sellers 1997.

其后果不仅仅是能立刻显现，而且可以持续数代之久。事实上，它们以前所未有的规模发生，从无限小到无限大，创新对健康和环境的影响反映在迄今为止仍然未知的问题中，而制造商、专家和公共机构都遇到了这些问题。潜在有毒物质的情况完美说明了未知问题的出现以及为解决这些问题而开发的方法的局限性。因此，在战后时期，经历深刻结构调整的监管体系必须应对不断投放市场的新物质的流向，其中大多数尚未受到任何评估或事先监管。旨在限制其可能的毒性作用的解决方案是通过发展治理标准：暴露极限值的产生。根据被认为是可靠的科学知识，这涉及设定食物、工作环境或药物可能包含的每种污染物的最大浓度，而这些浓度必须保证没有危险。极限值的这种使用被所谓的毒理学基本原理——剂量制毒（la dose fait le poison）——合法化了，并且被认为自然能够吸收一定量的污染物而不会造成损害。然后似乎有可能确定每种毒物和每种用途的暴露阈值，低于该阈值将不会观察到明显的有害作用。从1950年代开始，无论是在职业健康、食品、环境污染还是药物方面，使用极限值作为管理有毒物质影响的手段逐渐普及。但是，这种概括是在没有进行任何毒理学评估对象的情况下进行的，而在20世纪下半叶投入使用的数千种物质中的大多数没有被循环利用。因此，产生的极限值通常是专家、主管部门和工业家之间折衷的结果，反映出有毒物质（包括特别危险的物质，如致癌物）的流通和对其使用之间的逐步和解。后者的情况表明了这种和解的逻辑，它通过标准伴随着治理。

早在1950年代，尤其是在有关核试验的国际争议之后，科学研究表明，不可能确定这些致癌物的暴露阈值。一种保护性的逻辑可能导致对它们的禁令。但是，做出这种选择将意味着剥夺许多对一些工业部门来说必不可少的物质。由于该禁令在经济上是不可想象的，因此监管机构迅速认识到，可以按极限值设定的比例批准致癌物的使用。然而，在促进全面保护的话语框架中，这种立场不太容易被公开。这导致了一种矛盾，特别是在食物的敏感区域更为明显。因此，各个国家和国际专家委员会在1950年代中期建议完全禁止食品中的致癌物质。该规定甚至于1958年以德莱尼条款》（Delaney Clause）的形式在美国被正式采用。但是，该禁令证明无法被执行。到1950年代后期，美国和国际专家委员会正在建立致癌性测试体系以及外推法模型和对数据的解读,以产生包括已知致癌物的暴露极限值。①

如果没有担忧、疑问和批评就不会发生与标准治理和承担它们产生的风险所依据的绝对健康保护理论原则的调适。工业活动及其对景观、水和大气质量、人类健康、森林、农作物或牲畜的影响,或其社会后果在19世纪引发了无数抗议活动。这些抗议活动是由工会推动的社会运动,或当地居民发起的诉讼,甚至有些还采用新闻运动的形式。这些运动从间战期一直持续到1950年代,甚至引起了全国范围内针对美国化学工业的第一次动员。② 在1960年代末,自第二次世界大战以来建立的所有技性科学和工业活动的监管体系都受到了猛烈批评和环保主义者的攻击,引发了第一次重大危机。旨在为他们提供答案的机构和私人举措带来了第二种治理模式的设计,即风险治理。

风险治理

从1950年代中期开始,关于人类导致环境对健康有害的想法变得广为接受。在关于放射性尘埃影响的争论浪潮之后,化学污染,尤其是与杀虫剂和某些物质(如多氯联苯)有关的化学污染,已成为广泛讨论的主题。这些顾虑出现在某些专业领域,尤其是癌症或环境遗传学领域的专家,但在中产阶级的日常经历中,他们也面临着空气污染和居住环境的恶化。1962年由海洋生物学专家蕾切尔·卡森撰写《寂静的春天》出版。③ 这本书在全球范围内迅速取得成功,标志着这一运动的开始。该运动从1960年代后期开始变得越来越重要。④

随后发展起来的环境保护论着重指出了涵盖广泛领域的新问题,其中最主要的是环境污染的不可逆转的影响、资源枯竭、健康影响的重要性,或在技

---

① Jas 2013, Boudia 2013a, Vogel 2012.
② Ross et Amter 2010.
③ Carson 1962.
④ Hays 1987, Brooks 2009.

性科学选择中缺乏民主。① 这些不同的主题得到无数协会的支持，这些协会由诸如消费者运动发起人美国律师拉尔夫·纳德（Ralph Nader）等知名人士的领导。这些协会不仅仅只在美国蓬勃发展。1972年联合国人类环境会议的许多筹备会议表明，北欧各个国家都存在类似的行动主义。按照联盟的逻辑，人们应当集中资源并提高行动能力，而国家协会需要聚集在一起并形成网络。② 从1970年代初开始，人们创建了具有跨国志向的新一代非政府组织，例如1969年成立的地球之友（les Amis de la Terre）或1971年成立的绿色和平组织（Greenpeace）。

这些在政治、法律和科学领域采取行动的批判性、组织性和多方面的动员是当时许多抗议运动的一部分。它们有时会借用激进抗议的方法。这开启了一段危机期，导致监管健康和环境风险的观念和体系发生了重大变化。因此，新的立法产生了，例如，美国1969年的《国家环境政策法案》（National Environmental Policy Act）、1970年的《清洁空气法案》（Clean Air Act）、1972年的《清洁水法案》（Clean Water Act）、1976年的《有毒物质控制法案》（Toxic Chemical Substances Act）。③ 而欧洲国家的第一项环境立法往往采取法规或指令的形式，例如，关于化学物质的1967年指令67/548/EEC、关于废物的1975年指令75/442/EEC、1982年关于存在重大风险的工业现场的赛维索（Seveso）指令。而1985年《环境影响评价》（EIA）指令则强制性地对某些工业和开发计划进行环境影响评估。这些法律的通过伴随着新机构的建立，特别是评估和监管机构的建立，例如1970年的环境保护署（EPA）或1978年的国家毒理部（National Toxicological Program），或1993年的欧洲环境局（EEA）和2002年的欧洲食品安全局（EFSA）。国际环境健康风险专业知识的空前繁荣也是这一时期的标志。例如，经济合作与发展组织（OECD）和各种联合国组织正在启动新的研究和专业知识的项目，并开发用于测量和评估风险的系统。这就是如何收集大量数据并构造国际专家共同体的方式；例如在国际科学

---

① Boudia et Jas 2007, Brown et Mikkelsen 1990.
② Keck 2005, Tarrow 1998, Pellow 2007.
③ Jones 1975, Milazzo 2006.

理事会（ICSU）于1969年成立的国际环境问题科学委员会（SCOPE）的框架中。该委员会也是联合国环境规划署（UNEP）的科学委员会；或在1980年成立并依附于世界卫生组织（WHO）的国际化学物质安全计划组织（IPCS）中。[1] 对这些体制变革的分析表明，在观念和治理技术、健康和环境风险方面的方式发生了变化。面对抗议活动的泛滥，科学家和政治家认为，有必要对技性科学和工业活动所产生的过度行为提供新的应对措施。从现在开始，要求完全控制这些过失的问题比提出基于部分风险识别以及新的评估、管理和修复程序新的社会契约的问题呼声要小得多。在充满争议和政治紧张的气氛中，一些专家共同体投身于与风险技术有关的决策问题，并寻求定义在有争议的世界中采取新的行动方法。[2] 除了部门方面的考虑之外，引起人们注意的是用于比较和分类不同风险的通用框架和通用程序的定义。从1960年代末开始，风险评估（risk assessment）的主题就成了几个美国联邦机构工作的对象。环境保护署、美国食品药品管理局（FDA）、美国国立卫生研究院（NIH）与美国国家科学院（NAS）、美国国家研究委员会（NRC）和美国国家科学基金会（NSF）对评估和决策存在技术、健康或环境风险活动的横向方法定义进行了共同的思考。这项工作在联合国环境规划署、经合组织、国际卫生组织和国际应用系统分析研究所（IIASA）等国际组织中都得到了响应，它们也成立了专家委员会来探讨这些问题。在整个1970年代，对技术、健康和环境风险管理方法的各种思考都集中于在不确定的情况下定义标准和决策程序。这种不确定性关系到危险程度或这些风险产生的技术和社会干扰。专家们将两个主要主题作为优先重点投入：一方面是风险的社会接受度，另一方面是经济分析方法的实施。尽管在公共场合，各个专家委员会对他们定义通用方法的能力表现出极大的信心，但在专家世界的狭窄空间中，存在许多批评和怀疑。一些行动者捍卫"更为温和的方法"的想法，并首先寻求定义风险评估工具以及针对特定案例的科学与决策之间的体制联系：尤其是辐射、化学物质和药品。美国工业

---

[1] IARC 1972.
[2] Boudia 2013b, Cranor 1993, Jasanoff 1990.

卫生委员会（AIHC），是由 130 家化学和石化公司于 1977 年秋季成立的一个协会，其中最重要的成员是壳牌（Shell）、宝洁（Proctor & Gamble）和孟山都（Monsanto），它们是这种观点的代言人。其中一些公司抗议监管政策的兴起，该政策在整个 1970 年代一直未能处理好围绕生产活动的管理、销售和使用潜在危险物质的冲突。工业卫生委员会参与了一系列游说活动，以促进将识别和量化风险的功能与监管过程（包括社会和经济判断）分开。该委员会得到了科学技术政策办公室（OSTP）主席的支持。[1]

工业集团的成员与美国国家科学院和国家研究委员会领导人之间的定期会议于 1979 年末和 1980 年初举行。同时，工业卫生委员会积极游说国会和参议院议员，特别是隶属于参议院拨款委员会（Senate Committee on Appropriations）的农业及相关机构小组委员会（Subcommittee on Agriculture and Related Agencies）主席。最后，参议院批准拨款 500 000 美元用于风险评估研究。参议院分配给研究的目标是按照类似于美国工业卫生委员会所使用的目标来制定的。由负责研究的专家委员会制作的报告被称为风险评估的"红皮书"[2]，提出了一种现已被负责管理有毒物质的大多数国家的和国际的机构所采用的方法。这种方法基于科学方法，是严谨的数学建模方法，并且适用于各种问题和情况。它的特点是实施了分步进行的程序，该程序将分析和决策分开，通过评估保护的风险、收益和额外成本，以及考虑不同选择的优化。

"红皮书"开发的风险分析和管理方法结合了一定的政治和社会概念。[3] 要解决的问题不是争议或公众抗议，而是抽象和正规化地处理风险。风险分析建议从总体上考虑问题，并通过考虑确定问题的所有变量来优化解决方案。不再是讨论开展特定活动或选择特定政策的相关性的问题，而是将其发展视为理所当然的事，并致力于解决可能产生的问题的最佳条件。它是在考虑资源、约束和可能性的情况下做出决策，以及不同行动者对决策的可接受性的期望。风险分析的思想是可以定义一种"合理"的方法，该方法考虑到所涉及的不同利

---

[1] Boudia 2010.
[2] NAS-NRC 1983.
[3] Boudia et Demortain 2014.

益，通过确定的程序，可以达成集体共识并做出决定。

适应治理

自1980年代以来，随着一系列新程序的引入，风险技术稳步发展。因此，美国机构和国际组织，例如，经合组织、国际食品法典委员会（Codex Alimentarius）或国际原子能机构（IAEA）的专家委员会会定期增加可用于风险评估和预防的工具库，例如考虑到与缺乏科学知识有关的不确定性。[1] 因此，在有毒物质领域，定期开发出新的外推论模型，以回应相关的批评。在其他领域，例如工业场所的安全或自然灾害，通过反馈来分析常规或重大事故的成因，已成为改善风险评估和管理的手段。某些危机表明，专家委员会内部开展的工作并不透明，并且还陷入许多利益冲突之中，故而，从1980年代美国的一些州到1990年代的欧洲，人们就采取了更加严格的和保护性的方法，尤其是在疯牛病危机的影响下。此外，各种风险评估和管理机构已在公共传播问题上投入大量资金，以改善人们对风险的"感知"。现在，专门知识和风险监管倡导"透明"和"参与"，并力图告知有关人群以及将他们囊括进可接受风险水平的决策。[2]

但是，这些旨在保证社会"可接受的"风险水平的政策和安排从未成功地建立起持久的共识。恶化的物质世界迫使制造商和公共当局更新其治理技术、健康和环境危险的方法。气候变化、生物多样性减少和污染泛滥或重大事故的可见性等全球性问题的增加——从切尔诺贝利到福岛，以及博帕尔——使健康和环境问题在公共场所几乎永久存在。这些问题及其造成的严重后果不断引发争论和争端，并迫使公共当局和行业寻求增加其管理问题和政治后果的手段。自20世纪初以来，出现了一种新的治理技性科学的有害影响的方式，即通过适应来治理。

---

[1] Jasanoff 2006, Demortain 2011.
[2] Irwin et Wynne 1996, Irwin 2006, Pestre 2013.

要了解这种新的行动方式所发生的转变，我们应该记住，风险治理的思想是通过在一个给定的时间内，将"自然"程度的伤害视为"可被接受的"，以此来控制危险性。这种治理模式建议采取适当的措施以确保不会发生灾难，例如，重大健康危机或工业事故。虽然不能排除损害的可能性，但这种可能性被力求降到最低。如果发生违规，则存在赔偿和补救机制，并试图修复所造成的损害。通过适应来构建治理的逻辑是完全不同的。这种治理的出发点是认识到一个固有危险世界的存在。或多或少不可逆转的损害程度，就像将要发生的工业和环境灾难的确定性一样，并被自然化了。结果，每个人每天都必须面对这样一个环境。在该环境中，危险是多种多样的，他们必须学会生存。因此，这种治理不是控制风险，防止任何灾难或保护民众免受一切危险，而是通过适应来寻求为人们提供工具，以应对这个不确定和怀有敌意的环境，并在其中生活。换句话说，就是何如组织"共存"的问题，比如与风险、灾难和污染共存。这种治理技性科学有害影响的新方法是其哲学的核心，同时，也将个人和人群的适应性作为其论述的核心。

受高度严重影响的地区，比如受工业灾难或多年生污染的影响，会成为试验如何组织"共存"的实验室。这不再是恢复因严重污染而受损的场所的问题（这很少能令人满意地完成），不是控制污染工业活动的副作用，也不是修复和补偿这些影响的问题。相反，工作方法体现在推广工具上，这些工具应使人们能够在持久污染的情况下管理和组织生活。因此，例如，这种方法是法属安的列斯群岛最近采取的政策的核心，即旨在管理由于大量使用杀虫剂：氯奎而造成的大规模持久污染，[①] 或者，对切尔诺贝利核电站事故所造成的放射性污染的灾难性后果的管理。[②] 因此，政治和行政当局的作用在于向民众提供信息，使每个人都能管理自己被污染程度，从而管理自己承担的风险程度。这种指南被制作并提供给这些居民。他们提供了有关当地生产的食品、鱼类、蔬菜中污染物含量的信息，并提供了有关谁可以吃什么，多久吃一次，在什么条件

[①] Torny 2013.

[②] Topçu 2013.

下吃什么或如何种庄稼的建议。他们还可以提供有关住房维护的建议，选择一天何时外出或进行特定活动的频率。这种工具并不仅仅是在被污染严重的地区推广，现在也存在于"普通"领域：不要喝污染物含量高的水、不要在达到一定空气污染水平时外出、不要每月吃超过特定次数的某些食物，因为它们含有污染物。那么，每个人都可以实施或不实施它们，以及管理它们对健康造成的风险。

自1990年代中期以来，在危机和自然灾害的国际管理中进行的变革为这种适应治理提供了养分。因此，与实践、专业团体和机构相关联的一系列概念逐渐变得越来越重要。首先是美国在冷战期间的措施，以使人们为可能的原子弹袭击做好准备。随后，美国将这种方法用于重大自然灾害的管理。[1] 这为人们提供了必要的工具，以在这些灾难造成的紧急情况下以最佳方式采取行动。在这些政策中，脆弱性的概念占有重要地位。[2] 通过关注人口与环境以及塑造人口的社会力量之间的关系，从而反映了灾害的多面性。这就要了解所有使某些人群特别容易遭受某些灾难，甚至造成灾难的物质、政治和社会因素。通过脆弱性的概念，我们目睹了注意力的转移。自然灾害的原因不仅是环境的，也是政治和社会的。我们必须基于这些原因而采取行动。在脆弱性之后，随着抗灾能力概念的出现，这种转移更加激进。[3] 联合国在宣布1990年代后引入"国际减轻自然灾害十年"（International Decade for Natural Disaster Reduction Effort）的概念，被用于构建有关如何处理自然灾害或工业活动造成的灾难的新论述。[4] 因此，在专家报告和研究文献中，诸如"可持续和有抗灾能力的社区"（sustainable and resilient communities）或"建立社区抗灾能力"（building community resilience）等表述充斥其中。这种策略的实施显示出一种重大的转移。不再是去努力消除灾难，而是认识到灾难的必然性，并通过提供工具来使个人做好准备。而这些工具必须使他们自己能够减少灾难的影响，以及灾难的

---

[1] Collier et Lakoff 2008.
[2] Revet et Langumier 2013.
[3] Revet 2009a.
[4] Revet 2009b, Cabane 2012.

直接和长期后果。这种抗灾能力和对灾难将产生的艰难条件的适应能力是个人所需要的。因此，可能源于某些灾难的国家政策和行业，或介入危机局势的国家或国际组织，就会退后一步，将大部分问题的管理权转移给个人。现在，他们的责任仅限于提供有关在给定情况下该做什么和不该做什么的建议。通过适应治理的成功带来这一概念的传播。例如，适应已成为管理气候变化影响的新口号。人们对计划的呼吁倍增，其目的是开发旨在帮助个人应对其必须生活的不利环境的工具，以及在不同风险和灾难管理领域中传播抗灾能力的概念。

各个国际组织和国家制定的这些政策表明，治理人口、领土或问题的艺术现在通过反复受到气候危害、灾难、受污染的环境、战争，甚至金融和经济危机影响的人们的行为举止来组成。此类管理可与自我治理的兴起进行比较。在自我治理中，每个人都必须将自己的身体视为成长的资本。[1] 但是，作为管理污染或被严重破坏的环境，甚至是不稳定的政治、社会和经济环境的工具，个人资本的作用具有特殊的意义。它使每个人应对自己受到的损害以及在不利环境中做出反应的能力负责。它首先在于使每个人都是自己的风险"管理者"，并呼吁个人确定解决方案，以使他能够限制这种环境产生的有害影响。这种情况并非没有悖论，甚至是犬儒主义。对每个人的个人责任的承认可以作为一种解脱的解决方案来表达，可以使个人有能力面对这样的情况，即他们对此不负责任，并且影响力非常有限。因此，在一个本来就很危险的世界中，这种对"新治理术"实施的解释与一个事实相矛盾，即在许多情况下，经历这种影响的人实际上别无选择，只能继续生活在对他们的健康和生命造成潜在的或确实存在的威胁的条件下。

结论

总而言之，我们首先要强调的是，我们在整个 20 世纪确定的治理模式不是相互替代的，而是共存的，是相互融合和相互沉淀的。因此，掌握和控制的

---

[1] Franklin（本卷第 10 章），Rose 1999, Dean 1999.

话语并没有消失，而是有规律地被动员起来，包括在治理框架内通过适应来调动。例如，在 2011 年 3 月 11 日福岛核事故发生仅一年半之后，日本开始出售其在核设施安全方面的能力。通过强调在事故中积累的经验，日本的企业声称对安全问题掌握了无与伦比的能力，特别是在复杂的环境中——地震带，暴风雨等。他们现在寻求将这些技能增值和货币化。同样，基于风险的方法继续构建许多监管体系：工业设施的安全、化学物质、生物技术、纳米技术等。最后，当我们仔细检查它们时，旨在组织"共存并与之互动"的装置采用并部分融入了先前的约束或对冒险行为进行优化的逻辑。

最后，我们想回到一个在本文中少有论述的方面，即受害者，那些遭受这些技术、健康和环境危险影响的人。对这些受害者及围绕他们展开的动员对于强调自第二次世界大战以来发生的前所未有的工业和技术发展所带来的有害影响至关重要。公共当局和行业以不同的方式进行了管理，包括对其进行融合、压制，甚至诉诸暴力镇压。这些动员已经遭到了多方面的批评。这些动员为建立保护和预防措施、新的立法和新的权利做出了巨大贡献。然而，尽管取得了不可否认的进步，但对不当行为，对造成的损害的赔偿以及受污染领土的复原的评估清楚地表明，这些 20 世纪的转型所产生的治理模式绝无法解决那些遗留到 21 世纪社会的问题。①

莎拉雅·布迪亚（Soraya Boudia），纳塔莉·亚斯（Nathalie Jas）撰

参考文献

Bernhardt Christoph (dir.), 2004, *Environmental Problems in European Cities in the 19th and 20th Century*, Münster, Waxmann.

Boudia Soraya, 2010, *Gouverner les risques, gouverner par les risques*, mémoire d'habilitation à diriger des recherches, université de Strasbourg.

– 2013*a*, From Threshold to Risk: Exposure to Low Dose of Radiation and Its Effects on Toxicants Regulation, *in* Soraya Boudia et Nathalie Jas (dir.), *Toxicants, Health and Regulation*

---

① Pestre et Fressoz 2013.

since 1945, Londres, Pickering & Chatto, p. 71-87.

— 2013*b*, La genèse d'un gouvernement par le risque, *in* Dominique Bourg, Pierre-Benoît Joly et Alain Kaufmann, *Retour sur la société du risque*, Paris, PUF, p. 57-76.

Boudia Soraya et Demortain David, 2014, La production d'un instrument générique de gouvernement. Le "livre rouge" de l'analyse des risques, *Gouvernement et action publique*, vol. 3, n° 3, p. 33-53.

Boudia Soraya et Jas Nathalie (dir.), 2007, Risk and Risk Society in Historical Perspective, dossier thématique de *History and Technology*, vol. 23, n° 4, p. 317-331.

— (dir.), 2013, *Toxicants, Health and Regulation since 1945*, Londres, Pickering & Chatto.

— (dir.), 2014, *Powerless Science ? Science and Politics in a Toxic World*, New York et Oxford, Berghahn Books.

Brooks Karl Boyd, 2009, *Before Earth Day: The Origins of American Environmental Law (1945—1970)*, Lawrence (KS), University Press of Kansas.

Brown Phil et Mikkelsen Edwin J., 1990, *No Safe Place: Toxic Waste, Leukemia, and Community Action*, Berkeley (CA), California University Press.

Buzzi Stéphane, Devinck Jean-Claude et Rosental Paul-André (dir.), 2006, *La Santé au travail (1880—2006)*, Paris, La Découverte.

Cabane Lydie, 2012, *Gouverner les catastrophes. Politiques, savoirs et organisation de la gestion des catastrophes en Afrique du Sud*, thèse de doctorat de sociologie, Sciences Po, Paris.

Carpenter Daniel P., 2001, *The Forging of Bureaucratic Autonomy: Reputations, Networks, and Policy Innovation in Executive Agencies (1862—1928)*, Princeton (NJ), Princeton University Press.

Carson Rachel, 2014 [1962], *Printemps silencieux*, Wildproject Éditions.

Collier Stephen J. et Lakoff Andrew, 2008, Distributed Preparedness: The Spatial Logic of Domestic Security in the United States, *Environment and Planning D: Society and Space*, vol. 26, n° 1, p. 7-28.

Cranor Carl, 1993, *Regulating Toxic Substances: A Philosophy of Science and the Law*, Oxford, Oxford University Press.

Dean Mitchell, 1999, *Governmentality: Power and Rule in Modern Society*, Londres, Sage.

Demortain David, 2011, *Scientists and the Regulation of Risk: Standardising Control*, Cheltenham et Aldershot, Edward Elgar Publishing.

Dessaux Pierre Antoine, 2007, Chemical Expertise and Food Market Regulation in Belle Époque, France, *History and Technology*, vol. 23, n° 4, p. 351-368.

Fressoz Jean-Baptiste, 2012, *L'Apocalypse joyeuse. Une histoire du risque technologique*, Paris, Seuil.

Hays Samuel, 1987, *Beauty, Health, and Permanence: Environmental Politics in the United States (1955—1985)*, Cambridge, Cambridge University Press.

IARC, 1972, *IARC Monographs on the Evaluation of Carcinogenic Risk of Chemicals to Man*, Genève, IARC/WHO, vol. 1.

Irwin Alan, 2006, The Politics of Talk: Coming to Terms with the "New" Scientific Governance, *Social Studies of Science*, vol. 36, n° 2, p. 299-320.

Irwin Alan et Wynne Brian (dir.), 1996, *Misunderstanding Science ? The Public Reconstruction of Science and Technology*, Cambridge, Cambridge University Press.

Jas Nathalie, 2013, Adapting to Reality: The Emergence of an International Expertise on Food Additives and Contaminants in the 1950's and Early 1960's, *in* Soraya Boudia et Nathalie Jas (dir.), *Toxicants, Health and Regulation since 1945*, Londres, Pickering & Chatto, p. 47-69.

Jasanoff Sheila, 1990, *The Fifth Branch: Science Advisers as Policymakers*, Cambridge (MA), Harvard University Press.

— 1992, Science, Politics, and the Renegotiation of Expertise at EPA, *Osiris*, vol. 7, p. 194-217.

Jones Charles O., 1975, *Clean Air: The Policies and Politics of Pollution Control*, Pittsburgh (PA), University of Pittsburgh Press.

Keck Margaret, 2005, *Activists beyond Borders: Advocacy Networks in International Politics*, Ithaca (NY), Cornell University Press.

Le Roux Thomas, 2011, *Le Laboratoire des pollutions industrielles. Paris (1770—1830)*, Paris, Albin Michel.

Massard-Guilbaud Geneviève, 2010, *Histoire de la pollution industrielle en France (1789—1914)*, Paris, Éd. de l'EHESS.

Milazzo Paul Charles, 2006, *Unlikely Environmentalists: Congress and Clean Water (1945—1972)*, Lawrence (KS), University Press of Kansas.

NAS-NRC, 1983, *Risk Assessment in the Federal Government: Managing the Process*, Washington (DC), National Academy Press.

Pellow David Naguib, 2007, *Resisting Global Toxics: Transnational Movements for Environmental Justice*, Cambridge (MA), MIT Press.

Pestre Dominique, 2013, *À contre-science. Politiques et savoirs des sociétés contemporaines*, Paris, Seuil.

Pestre Dominique et Fressoz Jean-Baptiste, 2013, Critique historique du satisfecit postmoderne. Risque et "société du risque" depuis deux siècles, *in* Dominique Bourg, Pierre-Benoît Joly et Alain Kaufmann (dir.), *Retour sur la société du risque*, Paris, PUF, p. 19-56.

Revet Sandrine, 2009*a*, De la vulnérabilité aux vulnérables. Approche critique d'une notion performative, *in* Sylvia Becerra et Anne Peltier (dir.), *Risque et environnement. Recherches interdisciplinaires sur la vulnérabilité des sociétés*, Paris, L'Harmattan, p. 89-99.

— 2009*b*, Les organisations internationales et la gestion des risques et des catas trophes "naturels", *Études du CERI*, n° 157.

Revet Sandrine et Langumier Julien (dir.), 2013, *Le Gouvernement des catastrophes*, Paris, Karthala.

Rose Nikolas, 1999, *Powers of Freedom: Reframing Political Thought*, Cambridge, Cambridge University Press.

Ross Benjamin et Amter Steven, 2010, *The Polluters: The Making of Our Chemically Altered Environment*, Oxford, Oxford University Press.

Sellers Christopher, 1997, *Hazards of the Job: From Industrial Disease to Environmental Health Science*, Chapel Hill (NC), University of North Carolina Press.

Tarrow Sidney, 1998, *The New Transnational Activism*, Cambridge, Cambridge University Press.

Topçu Sezin, 2013, Chernobyl Empowerment? Exporting "Participatory Governance" to Contaminated Territories, *in* Soraya Boudia et Nathalie Jas (dir.), *Toxicants, Health and Regulation since 1945*, Londres, Pickering & Chatto, p. 135-158.

Torny Didier, 2013, Managing an Everlastingly Polluted World: Food Policies and Community Health Actions in the French West Indies, *in* Soraya Boudia et Nathalie Jas (dir.), *Toxicants, Health and Regulation since 1945*, Londres, Pickering & Chatto, p. 117-134.

Vogel Sarah, 2012, *Is It Safe ? BPA and the Struggle to Define the Safety of Chemicals*, Berkeley (CA), University of California Press.

Whorton James, 1974, *Before Silent Spring: Pesticides and Public Health in Pre-DDT America*, Princeton (NJ), Princeton University Press.

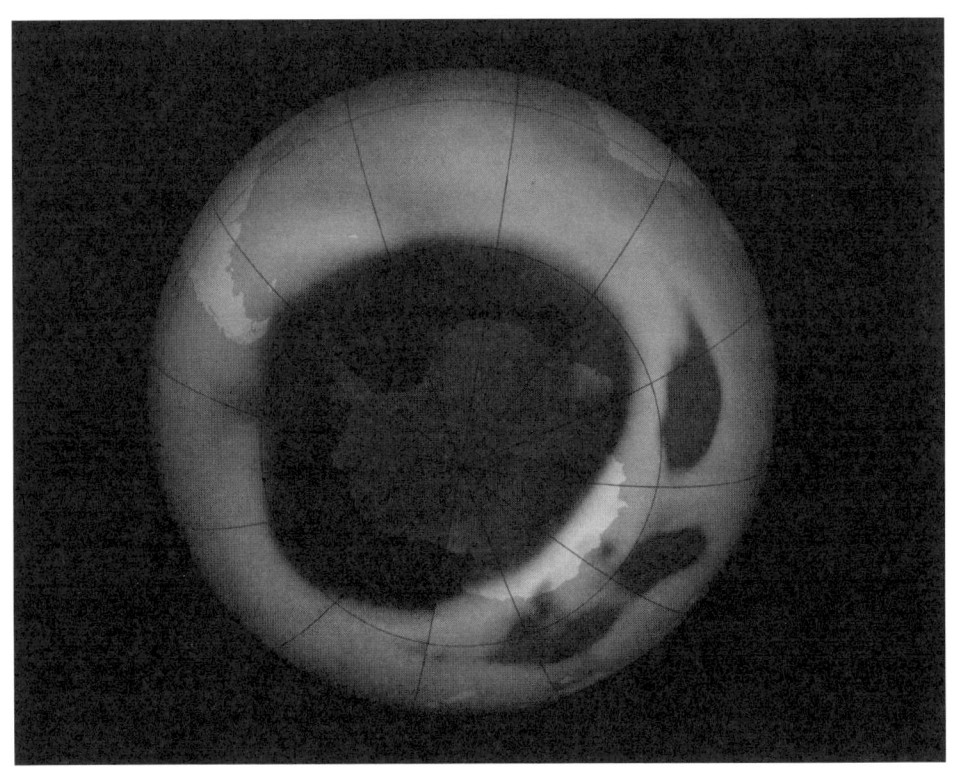

美国国家航空航天局(NASA)将臭氧层"空洞"可视化,2005年9月11日。

第十九章

治理地球系统

2007年，诺贝尔和平奖被授予政府间气候变化专门委员会（IPCC）和美国前副总统阿尔·戈尔（Al Gore）。该委员会由《联合国气候变化框架公约》（UNFCCC）的科学顾问组成，自1990年以来就一直在对全球气候变化的原因和后果进行科学评估。2006年，阿尔·戈尔在他的纪录片《难以忽视的真相》（*Une vérité qui dérange*）中介绍了人为气候变化的科学知识概述。该纪录片在世界各地广为传播。

这项诺贝尔奖表明了20世纪最后几十年出现的地球系统科学与环境治理之间的融合。本章首先将简要介绍1945年之前的地球科学。然后，本章将显示1945年至1990年之间地球系统科学的发展，这主要是冷战期间政治界和军事界内的关注（尤其是有关放射性尘埃的问题），并伴随着全球环境监测和数据分析基础设施的建设。这一时期的第二个部分，对臭氧层的破坏、"核冬天"和对全球变暖的担忧标志着地球系统科学进入了政治上的讨论。随着1970年代的进步，计算机仿真模型有望在环境治理中发挥越来越重要的作用。

在一种模式中，科学家们发出警报并呼吁通过联合国机构和/或国际科学团体采取政治行动，但是有时也可以通过私人非政府组织或技术专家组织（例如，罗马俱乐部）获得成功。随着时间的流逝，出现了各种治理结构，并取得了一些显著成就，例如1988年关于臭氧层的《蒙特利尔议定书》。

1945年之前的地球科学

从地质学到地磁学，再到气象学，19世纪见证了地球科学领域的许多进步。在1820年代，傅立叶是第一个表征，并捕获导致温室效应的热量的人。赫顿（Hutton）和莱尔（Lyell）的地质均变说为地球的历史提供了新的亮点：冰川期和白垩纪炎热气候之间存在明显的振荡，并且比以前更长，变化更大。从1860年代，廷德尔（Tyndall）和后来的钱伯林（Chamberlin）开始研究气体对地球温度的调节，特别是水蒸气和二氧化碳。因此，他们认为，地质气候变化是由碳循环引起的，碳循环涉及与火山喷发有关的气体释放、海洋生物的吸收、石灰沉积、地表扰动，以及通过将碳返回大气层来完成循环的石灰岩的侵蚀。1895年，阿伦尼乌斯（Arrhenius）评估了二氧化碳对气候的影响，认为二氧化碳的倍增会导致地球温度升高5℃~6℃（今天的温度刚好高于2℃~4.5℃的范围）。他认为，人类使用化石燃料最终可能导致温度升高。[①] 冯·汉恩（von Hann）在1883年的《气候学手册》（*Manuel de climatologie*）（这将是之后50年该领域的主要教科书）中提出了一种"行星尺度上的力"（les forces d'échelle planétaire）的观点。该力是太阳辐射、温度、降水等分布的构成原因。

19世纪下半叶，许多国际科学组织诞生了。早在1850年代，海洋专家便搭乘船只来系统地收集气象和海洋学数据，从而产生了连续的全球记录。许多天文台也有气象站，并在其中保存记录。1840年代在欧洲和美国成立了国家气象局。这些机构的负责人在1873年成立了国际气象组织（OMI）。第一个国际极地年（API）（1882—1883）涉及来自11个国家的科学家，在北极圈内建立了12个研究站。尽管受到美国探险队悲剧的打击（在这次远征中有17人饿死），但国际极地年的科学家仍然收集了大量的气象、地磁和口头数据。旨在统一涉及地球尺度现象的"世界科学"和"地球物理学"等概念在整个19世纪出现，但是他们的发起人通常直到20世纪初才获得机构参与的

[①] Weart 2003.

支持。国际大地测量与地球物理学联合会（l'Union géodésique et géophysique internationale）于 1919 年成立，标志着跨学科的"集合"稳定下来。该集合将大地测量学、地磁学、地震学、气象学、水文学和海洋学结合在一起。①

早期，地球物理科学的野心常常超出了现有能力。例如，泰瑟朗·德博尔（Léon Teisserenc de Bort）提出了建立"世界气象学网络"的构想，并于 1905 年设想了一种基于电报的实时全球数据收集系统。然而，由国际气象组织实际开发的全球网络却是基于邮件的，其中，年度报告的撰写通常要花费数年时间。使用打孔卡系统对数据进行机械处理的热情在 1930 年代达到顶峰：出于一种过分的乐观，捷克气象局提出用打孔卡来采集来自世界各地的气象数据。② 第二次国际极地年于 1932—1933 年举行，有 44 个参与国，但由于金融危机和大萧条，它不得不下调其目标。③

第二次世界大战之前的这一时期是基础性的，囊括了重要概念的定义、学科之间联系的体制化以及国际结构和标准的建立。但是，只有采用"基础设施的整体论"（le globalisme infrastructurel），才能实现这种"信息的整体论"（le globalisme informationnel）的共同目标（收集整个地球的数据），即需要拥有永久和统一的机构和技术装置来产生全球信息。④ 许多此类计划是在第一次世界大战之前就启动的，但很少有在 1950 年代之前完成的。"数据的摩擦"（标准冲突、实践差异和技术不兼容）阻碍了生成汇总数据的努力。同时，"计算的摩擦"（在数据模型中混合了异构的数据源）阻碍了在通过手动和机械方式进行计算的时代聚合全球的数据。⑤ 但，这个时期仍然取得了一些成功。在两次世界大战期间，军队需要可靠的天气预报、洋流图和其他地球物理信息，因此，人们发展观测和通信网络，并使气象学和海洋学实现了专业化。⑥ 早在 1930 年代，就已经可以通过基于电报、电传、短波无线电和其他媒体的分散网

---

① Good 2000.
② Edwards 2010.
③ Elzinga 2010.
④ Edwards 2006.
⑤ Edwards 2010.
⑥ Fleming 1996, Mukerji 1989, Weart 2003.

络在整个大陆表面获得基本的气象数据。

人类对气候产生影响的想法至少可以追溯到 18 世纪。但，这些影响被认为具有区域性而不是全球性。不过，在一些重要领域，例如森林管理中，科学家们认为他们正在发现全球性的人为影响，并且一些政府正在考虑限制这些影响的政策。① 但是，直到第二次世界大战之后，这些干预措施才达到了跨国治理的水平。

地球科学和环境治理（1945—1990）

冷战的前半期以建立知识基础设施为标志，这些知识基础设施将地球视为一组相互联系的物理系统。② 1970 年左右，地球科学开始担心人类对全球系统的影响，例如，臭氧层的退化、核冬天和全球变暖。从 1980 年代开始，它们在全球环境治理中发挥了重要作用。

除了冷战本身，这一时期还具有三个发展特征。首先，联合国系统为全球环境监测的标准化提供了体制框架，并为全球环境问题的最终治理提供了结构。第二，国际地球物理年（l'Année géophysique internationale）和全球大气研究计划（le Programme mondial de recherche atmosphérique）等重大研究项目证明了永久性基础设施对全球环境监测是有用的。第三，与计算机建模相关的系统思维的发展带来了既可以收集全局数据又可以模拟未来的方案的技术。

冷战

当今的地球系统科学在很大程度上与冷战有着密切而复杂的关系。③ 这个时期的特点，笔者称之为一种"有限世界的话语"（un discours du monde fini），它结合了全球和霸权的目标、美国和苏联的目标、技术部署策略、世界

---

① Brückner et al. 2000, Fleming 1998, Grove 1997, Locher et Fressoz 2013.
② Edwards 2010.
③ Barth 2003, Cloud 2003, Doel 2003, Krige et Barth 2006.

末日话语以及集成系统语言。① 有限世界的话语还意味着，军队不仅需要技术能力，还需要能使他们可以监视整个星球并将其兵力投射到任何地方的知识。②

在美国、英国和苏联，第二次世界大战推动了科学家和工程师占据重要的权力位置。军事研究促进了气象学（用于预报和天气控制）、海洋学（用于海战和潜艇战）、大地测量学（用于导弹制导）和地震学（用于侦测核试验）。③ 对核武器的控制是全球环境治理的第一个机制的起源。

在 1950 年代，核武器发展迅速。核试验（或可能发生的核战争）的放射性尘埃开始引起人们的密切关注，军方考虑使用尘埃来检测试验并为民防做好准备。美国、英国和世界气象组织在全球范围内建立了监测地表放射性沉积物的系统。人们开始跟踪全球特定航空包裹（les paquets d'air）的移动，并且，空中监视站（例如，高空气球）使气象学家可以了解平流层的结构。核试验产生的放射性碳 -14 也使跟踪从大气到海洋、植物和动物的碳路径变得更加容易。在 1960 年代，为了了解核交换后放射性沉降的可能路径，人们开发了大气传输模型，该模型将在以后用于研究城市中的空气污染。这些对碳循环的研究最终代表了地球物理学与生命科学之间的第一次交融。④ 能够监测世界各地核试验的地震和大气监测系统的存在是实施 1963 年《部分禁止核试验条约》（TIP）的必要条件。实际上，关于全面禁止测试的争论长期存在，但是美国认为地震监测不够灵敏，无法禁止地下测试。因此，该禁令仅适用于大气层内、水下（可使用水声和地震监测设备轻松检测到）和大气层外的测试。⑤ 从这个意义上讲，该条约可以被认为是第一项国际环境条约。

我们现在称为"地球工程学"的想法也是在冷战期间出现的。大约在这个时候，像朗缪尔（Langmuir）和泰勒（Teller）这样的科学家想象通过核爆炸引导风暴，人工催雨以让敌军陷入泥潭，或者通过剥夺一个国家的降雨来进行气

---

① Edwards 1996
② Doel et Harper 2006, Hamblin 2000, Harper 2008, McDougall 1985, Miller 2001a, Needell et al. 1992, Turchetti 2012.
③ Barth 2003, Cloud 2002, Edwards 2012, Fleming 2010, Mukerji 1989, Oreskes 2003.
④ Edwards 2012, Machta 2002.
⑤ 该禁令并没有获得所有国家的遵守，例如法国直到 1974 年才停止了大气层内核试验。

候战。1955 年，冯·诺依曼宣布："毫无疑问，人们可以以任何期望的规模……进行干预，并最终取得一些相当出色的成果。特定区域的气候和降水方式可能会发生变化……除了最近或将来的战争，甚至是任何时期的经济，此类行动将是直接而真正的具有世界性的范围……"[1]

人们没有进行任何刻意的气候变化尝试，但是在越南战争期间经常使用天气变化，比如人工降雨，但其结果没有普遍的定论。[2]

联合国：专家机构和治理机制

第二次世界大战后，许多政府间机构在联合国的主持下发展。大多数是专家组织，通常来自国际气象组织或国际农业研究所（l'Institut international d'agriculture）等具有一定历史的机构。联合国政府间系统赋予了那些传播标准、收集数据和促进统一实践的专家组织极大的权力。

原则上，联合国系统向以领土为基础的威斯特伐利亚主权体系发起挑战。[3] 1950 年从国际气象组织诞生的世界气象组织（OMM）在试图标准化气象实践的头十年中就一直在处理主权问题。在讨论标准设置时，其成员对诸如"必须""应该"或"义务"之类的词的含义进行争论。最终一些标准被采用，而另一些标准则不断变化，从而形成了一种"数据的摩擦"，阻止了天气预报系统的全球化。但是，随着时间的流逝，世界气象组织的中央权威和组织有助于将天气预报和气候监测转变为全球、协调和标准化的事业。[4]

许多人认为，1972 年在斯德哥尔摩举行的联合国人类环境会议是环保主义历史的转折点。它对欧洲各国政府产生重要影响，并最终建立了联合国环境规划署，从而加强了世界气象组织在全球监测系统中的计划。在 1980 年代，联合国布伦特兰委员会（la Commission Brundtland de l'ONU）试图阐明经

---

[1] Neumann 1955.
[2] Fleming 2010.
[3] 联合国可能从未真正拥有束缚大国的力量。安全理事会及其在该机构拥有的否决权反映了大国的话语权。
[4] Edwards 2006, Miller 2001a.

济发展和社会正义的平衡之路，同时长期维护环境，并强调这些相互关联的问题需要补充性的解决方案。① 也许，更重要的是，联合国的治理机制为世界环境遗产的条约准则建立了框架。从1950年代起，一系列海洋法公约涉及矿产资源（包括石油）、渔业资源和海洋污染问题。随着越来越多的证据表明含氯氟烃（CFC）在臭氧层消失中的作用，类似的机制使人们能够迅速开展谈判，并在1985年签署，然后于1988年批准了《维也纳公约》（la Convention de Vienne）（目前已有197个国家批准，该公约是历史上最成功的条约之一）。该条约的谈判分两个阶段进行：框架公约首先建立基本规则，并要求签署方就限制造成臭氧层消失的化学品进行谈判。然后，国家官员与科学机构磋商后举行了一系列会议，形成了关于保护臭氧层的《蒙特利尔议定书》。② 《维也纳公约》正在取得预期的效果：自1995年以来，让臭氧层消失的化学品浓度一直在稳步下降。2011年，人们发现了南极上方"臭氧层空洞"恢复的迹象。③ 但是，含氯氟烃仅由数量有限的公司生产，并且替代品已经面世（这对于"先行者"——杜邦公司而言是有利可图的）。该事实与全球其他所有环境问题相比，这种情况就变得特殊了。

全球科学基础设施

在冷战期间，大型国际科学计划发挥了核心作用。一方面，他们呼吁科学家和公民成为和平与相互了解的"工具"。另一方面，它们符合政府的利益，希望被视为精明且技术先进的。国际地球物理年（1957—1958）由地球物理学家于1950年构想出来。它的组织始于向国际科学理事会的呼吁。④ 国际气象组织迅速提供了支持，希望该项目能扩展到全世界，而不仅是极地地区。这导致了国际地球物理年引人注目的"单一物理系统假说"（l'hypothèse du système physique unique），即土地、海洋、大气层、磁层和冰冻圈形成了一个单一的

---

① World Commission on Environment and Development 1987.

② Parson 2003.

③ Salby et al. 2011.

④ Needell et al. 1992.

地球系统。世界上大多数国家都参与到这项计划之中。

国际地球物理年旨在部分抵消民族主义和冷战①，建立由国家机构托管的全球数据中心（CMD），以存储和分发数据。一般来说，每个学科至少是一分为二，一个在苏联势力范围内，另一个在西方势力范围内。全球数据中心之间职责的互补性保证了持续的合作，这是克服冷战分歧的一种手段。最初旨在支持来自观测系统和国际地球物理年实验的数据由全球数据中心发展成为永久性数据仓库，形成了地球系统科学事实上的全球数据基础架构。在2009年国际科学理事会将全球数据中心进一步发展为全球数据系统。同时，国际地球物理年的火箭和卫星项目也是军事监测行动的掩护。因此，苏联在华盛顿举行的国际地球物理年招待会上宣布了1957年人造卫星的成功发射。②

在国际地球物理年主持下，人们在南极洲进行的勘探和研究最终以1959年的《南极条约》（le traité sur l'Antarctique）为高潮，该条约最初由在场的12个国家签署，此后又由其他38个国家签署。该条约要求只将南极大陆用于科学活动，冻结所有领土主张并禁止军事活动。这实际上是冷战的第一项军备控制协定。③另一方面，地球北部的极地地区仍然是美国与苏联之间潜在冲突的地点，并且，两国迅速在北极部署了观测站、雷达网，甚至出现了由位于格陵兰的核反应堆提供动力的"冰下城市"。④

伴随着卫星监测时代的到来，气象学家对这项技术很感兴趣。约翰·肯尼迪（John F. Kennedy）在1963年在联合国发表的关于军备控制的演讲中承诺"将加强各国之间在气象预报和天气控制领域的合作努力"。受到这一事件的鼓舞，世界气象组织开始设想一个全球天气监视系统。该系统将国家机构整合到一个全球观测、通信和数据处理系统中，并于1968年投入运行。

世界气象组织和国际科学联盟理事会的全球大气研究计划（GARP）于1974年夏季启动了大西洋热带实验（ETGA）。来自20个国家和地区的4 000

---

① Krige 2006, Miller 2006, Needell 2000.

② McDougall 1985.

③ Naylor et al. 2008.

④ Nielsen et al. 2014.

人搭乘船只和飞机在非洲西海岸和南美洲东海岸之间漫游于热带大西洋。该实验成为第一个大规模卫星气象测试。① 我们可以认为"这构成了有史以来最大的科学资源集中",有 140 个参与国。② 自 1972 年首次发射地球资源卫星以来,地图绘制领域已经在经历变革。这些影像系统将在地球系统的治理中扮演重要角色,官员称地球资源卫星计划是"将太空和遥感技术整合到一个系统中,是盘点和管理地球资源的第一步"③。

卫星观测系统可以实现对植被、海冰、雪和许多其他地理和地球物理特征的统一、重复和校准的测量。同时,它们使对农业、采矿、森林砍伐和水坝等大规模人类活动的统一监控成为可能。大部分来自民用气象卫星的数据在国家之间自由共享。另一方面,来自军事卫星的数据仍然是保密的。

因此,在 1980 年代中期,全球的许多地球监测基础设施日趋成熟。这些通常是由世界气象组织和国际科学联盟理事会等国际机构以相当宽松的方式组织的国家机构网络。主要发达国家提供了大部分资源,尽管其他国家也参与其中。但是,在发达和发展中国家之间,由于科学能力的差距,仍然存在明显的分隔。然而,世界气象组织的支持有助于在许多发展中国家建立气象服务,尽管研究费用的不断增加和较强的技术性往往将这些国家的工作限制在辅助性的角色上。

使用计算机仿真为地球系统建模

现代形式的环保主义于 1960 年代出现,最初是当地人对"污染"的关注。然而,到 20 世纪末,诸如"整个地球"(Terre entière)、"地球航天器"(vaisseau spatial Terre)或"全球性思考"(penser global)之类的概念已经非常普遍。1970 年代,随着计算机仿真技术的发展,人们开始意识到全球环境问题的存在。④

---

① Edwards 2010 (chap. 9).
② National Oceanic and Atmospheric Administration 1981 (p. iii).
③ Williams et Carter 1976 (p. iii);可参阅: Cloud 2002, Mack 1990.
④ 关于系统思维的发展,可参阅: Hughes(A.C.)et Hughes(T.P.)2000。

与核武器研究人员一样，天气预报专家也是最早开发计算机模拟的人之一——最早的天气预报是 1950 年在美国第一台电子计算机埃尼阿克上进行的。1970 年，天气预报模型使模拟整个地球的大气成为可能。这导致了预报质量的迅速和显著提高，消除了对其价值和相关性的怀疑。1960 年代出现了气候模拟（模拟数十年或更长时间的全球大气环流），从根本上改变了气候学的方法。① 随着海洋在气候系统中的重要作用，科学家将 1970 年代的大气模型与海洋环流模型结合在了一起。

　　第一个气候模型引起了人们对由于大气中二氧化碳增加而引起的全球变暖的担忧。1970 年和 1971 年，作为联合国人类环境会议筹备工作的一部分，欧洲地球物理学家和环境专家撰写了两份报告，美国人和日本人对"不经意间对气候造成的改变"表示担忧。② 早在 1979 年，一种共识就已经出现，即如果二氧化碳浓度增加一倍，全球温度可能会升高 $1.5\,℃ \sim 4.5\,℃$，此后的预测范围几乎没有变化。③ 1970 年左右，建造大型超音速飞机的计划引起了人们对臭氧层破坏的担忧，以及飞机废气中的气溶胶可能对地球环境带来的负面影响。在美国，对超音速大飞机的争议源自迄今为止最大的环境评估计划：气候影响评估项目（CIAP），历时三年，预算为 2 000 万美元。该小组的成员在 1980 年代继续工作，创建了重大核交换中释放到平流层中的烟雾和尘埃导致的冷却效果的计算机模拟。大约在同一时间，苏联科学家正在构建类似的模型。这些模型突显了此类事件将对气候产生的巨大影响。在最坏的情况下，北半球的大部分地区可能会经历数月或更长时间的极低气温，日照也会减少，从而导致光合作用停止，影响收成，并带来一场生态灾难。④ 1983 年出现的关于核冬天的研究在里根和戈尔巴乔夫（Gorbatchev）在 1986—1987 年签署的核裁军协议中起到

---

① Edwards 2010, Weart 2013.
② Study of Critical Environmental Problems 1970, Study of Man's Impact on Climate 1971.
③ Oreskes 2007. "气候敏感性"（la sensibilité du climat）是指由于大气中二氧化碳浓度从前工业化时代 280 ppm 的水平上增加一倍所带来的预期温度上升。2013 年，该值首次超过 400 ppm。尽管这一共识仍然保持着显著的稳定性，但思吕斯（Sluijs）等人在 1998 年指出了它从模型结果中建立起来的方式存在不一致性。
④ Badash 2009, Dörries 2011, Thompson et Schneider 1986, Turco et al. 1983.

了重要作用。①

同时，其他建模者也对行星的极限感兴趣。罗马俱乐部就迅速发展的技术、污染水平上升和全球人口爆炸产生的影响发表报告。《停止增长？关于增长的极限的报告》(*Halte à la croissance ? Rapport sur les limites de la croissance*)在1972年出版，成为影响力最大的报告。② 基于"世界系统动力学"模型（des modèles de dynamique des systèmes mondiaux），该报告指出，人口、污染（包括二氧化碳）、自然资源消耗和粮食生产失控的指数级增长将导致全球系统在50至100年内"崩溃"。③ 该报告还提出了伴随着人口和资源消耗的减少，一个"超技术世界"（un monde supertechnologique）将转变为"稳定世界"（un monde stabilisé）的未来愿景。该报告正在成为一种国际现象，以30多种语言出售了超过700万本，罗马俱乐部的成员正在向世界主要政治人物介绍他们的报告。

该报告受到了经济学家和技术专家的强烈批评。他们谴责其新马尔萨斯主义的灾难性思想。对于这些批评者而言，人的创造力、改进的技术和自由市场将会使束缚变得松弛。④ 但是，在其发表的20年之内，报告中采用的建模方法不仅被接受，而且成为被称作"综合评价模型"（les modèles d'évaluation intégrés）的规范。⑤ 在整个1970年代和1980年代，仿真模型已成为决策中越来越重要的工具，尤其是在能源、经济和环境领域。

地球系统的气候变化、科学与治理（1990—2010）

对核战争带来世界末日的恐惧随着苏联的解体而消退，但随之而来的是全球气候变化的威胁。气候科学家呼吁采取行动的呼声越来越高。政治家（特

---

① Robock 2010, Robock et Toon 2012.
② Elichirigoity 1999.
③ 令人担忧的是，在1972年至2002年间，总体发展所遵循的实际道路与报告中作为"标准情景"所预测的道路非常接近。Turner 2008.
④ Cole et al. 1973, Simon 1981, Simon et Kahn 1984.
⑤ Vieille-Blanchard 2010 et 2012.

别是玛格丽特·撒切尔和阿尔·戈尔）和非政府组织［例如，绿色和平组织、世界资源研究所（l'Institut des ressources mondiales）和塞拉俱乐部（Sierra Club）］都对此表示赞同。关于《气候变化框架公约》的谈判始于 1988 年。世界气象组织和联合国环境规划署共同成立了政府间气候变化专门委员会，负责审查所有相关的科学文献并评估知识的状态。该小组分为三个工作组，分别涉及物理科学、人类活动的影响和应对措施。

政府间气候变化专门委员会的第一份评估报告于 1990 年发布，其中得出了谨慎的结论，即"这些活动产生的排放……将导致温室效应的增加，并导致地球表面进一步变暖。"[1] 这份报告指出了 1.5℃~4.5℃之间的气候敏感性差幅，而"最可能的值"估计约为 2.5℃。这些模型预测了一系列物理影响，包括海平面上升、冰川消融以及对水资源的各种后果，这些足以给世界各地的人类社会造成重大压力（尤其是那些缺乏资源的社会）。但是，很大的不确定性妨碍了准确的预测，并且建模能力还不能对影响的分布方式进行可靠的分析。然而，通向可持续未来的所有途径都将从根本上减少化石燃料的消耗，以及农业和森林管理的重大变革。

有关臭氧层条约取得的显著成功，使人们有希望就全球变暖达成类似协议。像《维也纳公约》一样，1992 年里约《气候变化框架公约》的缔约国承诺发展一个条约。编写政府间气候变化专门委员会报告的过程至关重要。[2] 尽管这些文章（以 5~7 年为一个周期编写）完全由科学家撰写，但该机构呼吁政府、非政府组织和其他利益相关者审核中期报告。而报告的作者必须明确地回应所有评论。[3]

这种方法旨在提高报告的质量，但也有助于政府更快地吸收科学知识。通过事先确保就事实达成共识，人们希望这种审议能够迅速导致政治解决。但是，政府间气候变化专门委员会在 1995 年发布第二份评估报告时已经受到了攻击。复核鉴定的"手工业"诞生了。其由石油集团和保守派政治团体慷慨资

---

[1] Houghton et al. 1990 (p. xi).

[2] Miller 2001*b*.

[3] Edwards et Schneider 2001.

助。石油输出国组织（OPEC）的成员，以及诸如美国西方燃料协会（Western Fuels Association）这样的行业游说组织，利用气候科学固有的不确定性来反对政府间气候变化专门委员会的结论或限制其影响。[1] 他们与气候怀疑论者团体一起，将该委员会和整个气候科学家群体视为全球阴谋中的行动者。互联网的使用（尤其是通过博客）为这些群体提供了新的手段来推广他们的观点。在1990年代和2000年代，它们在美国的影响力远大于世界其他地区，但自2010年以来，它们开始在欧洲和其他地区取得突破。[2] 大气中过量的碳主要是能源消耗大国（例如，西欧国家、俄罗斯等，尤其是美国）的责任，这些国家占全球排放量的25%。发展中国家也要求享有由能源消耗推动的经济增长权，而这是其他国家先于他们享有的。最终，《京都议定书》采取了分级的形式。为"附件1"（发达国家）的国家设定了有约束力的目标和时间表，以将其排放量减少到1990年以下的水平，而发展中国家仅在自愿基础上确定目标。排放配额交易和联合实施项目在附件1中得到授权，而"清洁发展机制"（le mécanisme de développement propre）则允许附件1中的国家提高排放限值，以换取支持减少发展中国家排放量的项目。2005年，有190个国家批准了《京都议定书》，但美国拒绝批准该议定书。2002年，美国完全退出了该流程。

《京都议定书》的大多数结果都突出了其弱点和无效性。2012年，附件1国家和美国的集体排放量减少了约16%，这主要是由于苏东阵营的崩溃以及自2008年以来世界经济的放缓。但是，发展中国家的经济增长导致2011年全球二氧化碳排放量增加了近50%。[3]

《京都议定书》原定于2012年到期，但由于以更具雄心的新条约取代《京都议定书》的计划失败，该议定书延期至2020年，有关新条约的协商暂停至2015年。

应对气候变化最成功的行动不是在全球一级，而是在城市、国家和地区一级。2003年，一个基于自愿的排放交易系统，即芝加哥气候交易所（Chicago

---

[1] Hoggan et Littlemore 2009, Oreskes et Conway 2010.
[2] 关于怀疑论者及其立场，以及相关科学期刊的链接，参阅 < http://www.skepticalscience.com >.
[3] Schiermeier 2012.

Climate Exchange），促使美国、加拿大和其他14个国家的公共服务和企业做出具有法律约束力的承诺，即二氧化碳排放总量为7亿吨。在2010年，计划参与者共同减少了20%以上的排放。2005年，欧盟采用了类似的系统，覆盖了大约一半的二氧化碳排放量。事实证明，碳市场是不稳定的，且容易受到操纵，这削弱了它们的信誉，但它们仍然是一个相对有效的治理机制。[1] 欧盟对碳市场的承诺以及《联合国气候变化框架公约》的谈判发挥了重要的象征性作用。[2] 其他有效行动的例子包括德国实施的雄心勃勃的"能源转型"（Energiewende）计划，该计划旨在从2050年开始，利用可再生能源来生产其80%的电力（不包括核电）。[3]

对于《联合国气候变化框架公约》的失败有各种各样的原因。当然，最重要的是气候问题的内在复杂性、解决方案的根本性和成本，甚至是与产油国和石油集团的特殊利益相关的秘密或公开的抵抗。失败的另一个重要原因是美国自觉无法行使真正的领导权，而未能遵守《京都议定书》。

此外，与科学和政治之间的关系更直接相关的几个因素也发挥了重要作用。科学家似乎无法以与公众对话的形式来表达他们对气候的了解。由于担心建立他们无法辩解的因果关系，他们所坚持的气象学和气候之间的区别对大多数人来说非常困难。事实上，常规研究表明，人们对气候变化的看法受到天气的强烈影响。科学家坚持"不确定性"这一通常具有不同含义的技术术语，使人产生了一种关于气候知识不可靠的感觉。这种情绪被媒体的报道和气候怀疑论者的言论所放大。[4] 在2009年的"气候门"（Climategate）事件中，这种情绪伴随着阴谋的指控而进一步发酵。这迫使政府间气候变化专门委员会审查其流程。但是，无论在透明度和问责制方面做出什么努力，在对该组织最有敌意的批评家眼中，没有任何东西可以得到称赞。[5] 这表明了互联网通信的发展如

---

[1] MacKenzie 2007, Robert 2012.
[2] Dahan et Aykut 2012.
[3] Schiermeier 2013.
[4] Boykoff (M.T.) et Boykoff (J.M.) 2007.
[5] Beck 2012, Grundmann 2012, Jasanoff 2010*b*.

何限制了专家组的力量，也许是一种永久性的限制。同时，它允许所有政治阶层的外行人参与生产和解释有用知识的过程。①

最后，经济学话语的日益盛行是"观望主义"（attentiste）方法的起源。经济学家们过多的观点反映了人们对所实现的真实储蓄率（le véritable taux d'économies réalisées）（用于计算当今采取的气候变化预防措施的未来收益）的深刻分歧。就像四十年前围绕增长极限的报告所展开的辩论一样。② 2006 年出版的权威的《斯特恩报告》（Rapport Stern）属于第一类，强调了形势的"紧迫性"（在 2013 年，该报告被引述为"我错了，情况要糟得多。"）

实施全球治理遇到的困难也与时空尺度的极端范围有关。与通常的人类经验不同步，数十年来发生的全球变化难以适应现有的生活形式和选择。③ 另一方面，气候不仅仅是一种物理现象：气候与生活形式（农业、食物、水、衣服）、恐惧和希望、族裔身份和宗教（二至点和庆祝收获的节日）有关，具有重要且不同的文化含义。这些多重含义，以及可以动员的大量地方和土著知识（尤其是在极端气候条件下生活的民众），在政府间气候变化专门委员会专家的话语中似乎没有找到它们的位置。④ 最终，随着时间的流逝，政府间气候变化专门委员会的进程逐渐被新要素的积累所淹没（与历史上的不公正、种族和民族生存等有关的赔偿问题等等）。

全球环境治理的失败导致了对"太阳辐射管理"的讨论。这些地球工程项目让人想起 1950 年代的那些地球工程学项目，但是现在他们的动机似乎是一种绝望感，而不仅仅是技术上的狂妄自大。提出的想法包括发射印度大小的聚酯薄膜镜、庞大的机器人船队向空中喷射细小水滴以制造人造云，以及通过火箭将硫黄颗粒送入平流层，形成人造火山尘。⑤ 科学家们正在研究这种剧烈干预对气候模型的潜在影响，并且他们开始将所涉及的风险与固有的风险进行比

---

① Jasanoff 2010b, Edwards et al. 2013.
② Goulder et Williams 2012, Stern et al. 2006.
③ Jasanoff et Martello 2004, Jasanoff 2010*a*.
④ Hulme 2009.
⑤ Fleming 2010.

较。大多数人将地球工程学视为彻底重组能源基础设施,但又能节省时间的方法。但其他人,则根据冯·诺依曼的想法,将这些"非常出色的效果"视为永久的解决方案。这类干预所必需的技术手段是许多国家可以独自承担的。这在治理方面提出了一个主要问题,即如何做出部署这些技术的决定——以及该决定可能是单方面的,没有达成全球协议的事实。

地球系统的治理是一个常见的公共问题,但是其规模是空前的。与其他"世界主义共同体"一样,从某种意义上说,问题是由我们用来感知它的知识的基础设施造成的。[1]"地球系统"不是人们心中的"安身之所",故而,很少有个人、团体或国家将全球性问题放在优先事项上。似乎只有科学家代表地球本身,但客观性的科学伦理使他们无法直接发挥政治作用。我们尚不知道"关心地球的人"是否会组成一个共同体,如果他们想与科学家一起为盖亚女神(Gaïa)而战,正如布鲁诺·拉图尔(Bruno Latour)所敦促的那样。[2]

保罗·爱德华兹(Paul N. Edwards)撰;西里尔·勒罗伊译

参考文献

Badash Lawrence, 2009, *A Nuclear Winter's Tale: Science and Politics in the 1980s*, Cambridge (MA), MIT Press.

Barth Kai-Henrik, 2003, The Politics of Seismology: Nuclear Testing, Arms Control, and the Transformation of a Discipline, *Social Studies of Science*, vol. 33, n°5, p. 743-781.

Beck Silke, 2012, Between Tribalism and Trust: The IPCC Under the "Public Microscope", *Nature and Culture*, vol. 7, n°2, été, p. 151-173.

Boykoff Maxwell T. et Boykoff Jules M., 2007, Climate Change and Journalistic Norms: A Case-Study of US Mass Media Coverage, *Geoforum*, vol. 38, n°6, p. 1190-1204.

Brückner Eduard, 2000, *The Sources and Consequences of Climate Change and Climate Variability in Historical Times*, éd. par Nico Stehr et Hans von Storch, Boston (MA), Kluwer Academic Publishers.

---

[1] Disco et Kranakis 2013, Miller 2009.
[2] Latour 2013.

Cloud John, 2002, American Cartographic Transformations during the Cold War, *Cartography and Geographic Information Science*, vol. 29, n° 3, p. 261-282.

– 2003, Introduction: Special Guest-Edited Issue on the Earth Sciences in the Cold War,*Social Studies of Science*, vol. 33, n° 5, p. 629-633.

Cole H.S.D., Freeman Christopher, Jahoda Marie et Pavitt K.R. (dir.), 1973, *Models of Doom: A Critique of "The Limits to Growth"*, New York, Universe Books.

Dahan Amy et Aykut Stefan C., 2012, *De Rio 1992 à Rio 2012: vingt années de négociations climatiques*, Paris, Centre Alexandre Koyré (CNRS / EHESS) et Institut francilien recherche innovation société (IFRIS).

Disco Nil et Kranakis Eda, 2013, *Cosmopolitan Commons: Sharing Resources and Risks across Borders*, Cambridge (MA), MIT Press.

Doel Ronald E., 2003, Constituting the Postwar Earth Sciences: The Military's Influence on the Environmental Sciences in the USA after 1945, *Social Studies of Science*, vol. 33, n° 5, p. 635-666.

Doel Ronald E. et Harper Kristine C., 2006, Prometheus Unleashed: Science as a Diplomatic Weapon in the Lyndon B. Johnson Administration, *Osiris*, vol. 21, n° 1, p. 66-85.

Dörries Matthias, 2011, The Politics of Atmospheric Sciences: "Nuclear Winter" and Global Climate Change, *Osiris*, vol. 26, n° 1, p. 198-223.

Edwards Paul N., 1996, *The Closed World: Computers and the Politics of Discourse in Cold War America*, Cambridge (MA), MIT Press.

– 2006, Meteorology as Infrastructural Globalism, *Osiris*, vol. 21, p. 229-250.

– 2010, *A Vast Machine: Computer Models, Climate Data, and the Politics of Global Warming*, Cambridge (MA), MIT Press.

– 2012, Entangled Histories: Climate Science and Nuclear Weapons Research, *Bulletin of the Atomic Scientists*, vol. 68, n° 4, p. 28-40.

Edwards Paul N. *et al.* 2013, *Knowledge Infrastructures: Intellectual Frameworks and Research Challenges*, Ann Arbor (MI), Deep Blue.

Edwards Paul N. et Schneider Stephen H., 2001, Governance and Peer Review in Science-for-Policy: The Case of the IPCC Second Assessment Report, *in* Clark A. Miller et Paul N. Edwards (dir.), *Changing the Atmosphere: Expert Knowledge and Environmental Governance*, Cambridge (MA), MIT Press, p. 219-246.

Elichirigoity Fernando, 1999, *Planet Management: Limits to Growth, Computer Simulation, and the Emergence of Global Spaces*, Evanston (IL), Northwestern University Press.

Elzinga Aant, 2010, Achievements of the Second International Polar Year, *in* Susan Barr et Cornelia Luedecke (dir.), *The History of the International Polar Years (IPYs)*, Berlin, Springer, p. 211-234.

Fleming James R. (dir.), 1996, *Historical Essays on Meteorology (1919—1995)*, Boston (MA), American Meteorological Society.

— 1998, *Historical Perspectives on Climate Change*, New York, Oxford University Press.

— 2010, *Fixing the Sky: The Checkered History of Weather and Climate Control*, New York, Columbia University Press.

Good Gregory A., 2000, The Assembly of Geophysics: Scientific Disciplines as Frameworks of Consensus, *Studies in History and Philosophy of Modern Physics*, vol. 31, n° 3, p. 259-292.

Goulder Lawrence H. et Williams III Roberton C., 2012, The Choice of Discount Rate for Climate Change Policy Evaluation, *Climate Change Economics*, vol. 3, n° 4, p.1250024-1 à 18.

Grove Richard, 1997, *Ecology, Climate and Empire: Colonialism and Global Environmental History (1400—1940)*, Cambridge, White Horse Press.

Grundmann Reiner, 2012, The Legacy of Climategate: Revitalizing or Undermining Climate Science and Policy ?, *WIREs Climate Change*, vol. 3, n° 3, p. 281-288.

Hamblin Jacob D., 2000, Visions of International Scientific Cooperation: The Case of Oceanic Science (1920—1955), *Minerva*, vol. 38, n° 4, p. 393-423.

Harper Kristine C., 2008, *Weather by the Numbers: The Genesis of Modern Meteorology*, Cambridge (MA), MIT Press.

Hoggan James et Littlemore Richard D., 2009, *Climate Cover-Up: The Crusade to Deny Global Warming*, Vancouver, Greystone Books.

Houghton John Theodore, Jenkins Geoffrey J. et Ephraums J.J. (dir.), 1990, *Climate Change: The IPCC Scientific Assessment*, Cambridge, Cambridge University Press.

Hughes Agatha C. et Hughes Thomas P. (dir.), 2000, *Systems, Experts, and Computers: The Systems Approach in Management and Engineering, World War II and After*, Cambridge (MA), MIT Press.

Hulme Mike, 2009, *Why We Disagree about Climate Change: Understanding Controversy, Inaction and Opportunity*, Cambridge, Cambridge University Press.

Jasanoff Sheila, 2010*a*, A New Climate for Society, *Theory, Culture and Society*, vol. 27, n[os] 2-3, p. 233-253.

— 2010*b*, Testing Time for Climate Science, *Science*, vol. 328, no 5979, p. 695-696.

Jasanoff Sheila et Martello Marybeth Long (dir.), 2004, *Earthly Politics: Local and Global in*

Environmental Governance, Cambridge (MA), MIT Press.

Krige John, 2006, Atoms for Peace, Scientific Internationalism, and Scientific Intelligence, *Osiris*, vol. 21, p. 161-181.

Krige John et Barth Kai-Henrik, 2006, Introduction: Science, Technology, and International Affairs, *Osiris*, vol. 21, n° 1, p. 1-21.

Latour Bruno, 2013, *Facing Gaia: Six Lectures on the Political Theology of Nature*, Gefford Lectures, Édimbourg 18-28 février 2013.

Locher Fabien et Fressoz Jean-Baptiste, 2012, Modernity's Frail Climate: A Climate History of Environmental Reflexivity, *Critical Inquiry*, vol. 38, n° 3, p. 579-598.

Machta Lester, 2002, Meteorological Benefits from Atmospheric Nuclear Tests, *Health Physics*, vol. 82, n° 5, p. 635-643.

Mack Pamela E., 1990, *Viewing the Earth: The Social Construction of the Landsat Satellite System*, Cambridge (MA), MIT Press.

MacKenzie Donald, 2007, The Political Economy of Carbon Trading, *London Review of Books*, vol. 29, n° 7, p. 29-31.

McDougall Walter A., 1985, *The Heavens and the Earth: A Political History of the Space Age*, New York, Basic Books.

Miller Clark A., 2001*a*, Scientific Internationalism in American Foreign Policy: The Case of Meteorology (1947—1958), *in* Clark A. Miller et Paul N. Edwards (dir.), *Changing the Atmosphere: Expert Knowledge and Environmental Governance*, Cambridge (MA), MIT Press, p. 167-218.

— 2001*b*, Hybrid Management: Boundary Organizations, Science Policy, and Environmental Governance in the Climate Regime, *Science, Technology and Human Values*, vol. 26, n° 4, p. 478-500.

— 2006, "An Effective Instrument of Peace": Scientific Cooperation as an Instrument of US Foreign Policy (1938—1950), *Osiris*, vol. 21, p. 133-160.

— 2009, Epistemic Constitutionalism in International Governance: The Case of Climate Change, *in* Michael A. Heazle, Martin Griffiths et Tom J. Conley (dir.), *Foreign Policy Challenges in the 21st Century*, Northampton (MA), Edward Elgar Publishing, p. 141-163.

Mukerji Chandra, 1989, *A Fragile Power: Scientists and the State*, Princeton (NJ), Princeton University Press.

National Oceanic and Atmospheric Administration 1981, *The Global Weather Experiment: Final Report of US Operations*, Washington (DC), National Oceanic and Atmospheric Administration.

Naylor Simon *et al.*, 2008, Science, Geopolitics and the Governance of Antarctica, *Nature Geoscience*, vol. 1, n° 3, p. 143-145.

Needell Allan A., 2000, *Science, Cold War and the American State: Lloyd V. Berkner and the Balance of Professional Ideals*, Amsterdam, Harwood Academic.

Needell Allan A., Galison Peter L. et Hevly Bruce, 1992, From Military Research to Big Science: Lloyd Berkner and Science Statesmanship in the Postwar Era, *in* Peter Louis Galison et Bruce Hevly (dir.), *Big Science: The Growth of Large Scale Research*, Palo Alto (CA), Stanford University Press, p. 290-311.

Neumann John von, 1955, Can We Survive Technology ?, *Fortune*, vol. 51, n° 6, juin, p. 106-108 et 151-152.

Nielsen Kristian, Nielsen Henry et Martin-Nielsen Janet, 2014, City under the Ice: The Closed World of Camp Century in Cold War Culture, *Science as Culture*, vol. 23, n° 4, p. 443-464.

Oreskes Naomi, 2003, A Context of Motivation US Navy Oceanographic Research and the Discovery of Sea-Floor Hydrothermal Vents, *Social Studies of Science*, vol. 33, n° 5, p. 697-742.

— 2007, The Scientific Consensus on Climate Change: How Do We Know We're Not Wrong?, *in* Joseph F. DiMento et Pamela Doughman (dir.), *Climate Change: What It Means for Us, Our Children, and Our Grandchildren*, Cambridge (MA), MIT Press, p. 65-100.

Oreskes Naomi et Conway Erik M., 2010, *Merchants of Doubt*, New York, Bloomsbury Press.

Parson Edward A., 2003, *Protecting the Ozone Layer*, New York, Oxford University Press.

Robert Aline, 2012, *Carbone connexion: le casse du siècle*, Paris, Max Milo.

Robock Alan, 2010, Nuclear Winter, *Wiley Interdisciplinary Reviews: Climate Change*, vol. 1, n° 3, p. 418-427.

Robock Alan et Toon Owen Brian, 2012, Self-Assured Destruction: The Climate Impacts of Nuclear War, *Bulletin of the Atomic Scientists*, vol. 68, n° 5, p. 66-74.

Salby Murry, Titova Evgenia et Deschamps Lilia, 2011, Rebound of Antarctic Ozone, *Geophysical Research Letters*, vol. 38, n° 9.

Schiermeier Quentin, 2012, The Kyoto Protocol: Hot Air, *Nature*, vol.491, n° 7426, p. 656-658.

— 2013, Germany's Energy Gamble, *Nature*, vol. 496, p. 156-158.

Simon Julian, 1981, *The Ultimate Resource*, Princeton (NJ), Princeton University Press.

gouverner le système terre Simon Julian et Kahn Herman (dir.), 1984, *The Resourceful Earth: A Response to Global 2000*, Oxford, Basil Blackwell.

Sluijs Jeroen P. van der *et al.*, 1998, Anchoring Devices in Science for Policy: The Case of Consensus around Climate Sensitivity, *Social Studies of Science*, vol. 28, n° 2, p. 291-323.

Stern Nicholas H. *et al.*, 2006, *Stern Review: The Economics of Climate Change*, Londres, HM Treasury.

Study of Critical Environmental Problems 1970, *Man's Impact on the Global Environment: Assessment and Recommendations for Action*, Cambridge (MA), MIT Press.

Study of Man's Impact on Climate 1971, *Inadvertent Climate Modification: Report of the Study of Man's Impact on Climate*, Cambridge (MA), MIT Press.

Thompson Starley L. et Schneider Stephen H., 1986, Nuclear Winter Reappraised, *Foreign Affairs*, vol. 64, p. 981-1005.

Turchetti Simone, 2012, Sword, Shield and Buoys: A History of the NATO Sub-Committee on Oceanographic Research (1959—1973), *Centaurus*, vol.54, n°3, p. 205-231.

Turco Richard P. *et al.*, 1983, Nuclear Winter: Global Consequences of Multiple Nuclear Explosions, *Science*, vol. 222, p. 1283-1292.

Turner Graham M., 2008, A Comparison of *The Limits to Growth* with 30 Years of Reality, *Global Environmental Change*, vol. 18, n°3, p. 397-411.

Vieille-Blanchard Élodie, 2010, Modelling the Future: An Overview of *The Limits to Growth* Debate, *Centaurus*, vol. 52, n°2, p. 91-116.

– 2012, The Origins of Integrated Models of Climate Change, *Atoms For Peace: An International Journal*, vol. 3, n° 3, p. 238-255.

Weart Spencer R., 2003, *The Discovery of Global Warming*, Cambridge (MA), Harvard University Press.

– 2013, Rise of Interdisciplinary Research on Climate, *Proceedings of the National Academy of Sciences*, vol. 110, suppl. 1, p. 3657-3664.

Williams Richard S. Jr. et Carter William D., 1976, *ERTS-1: A New Window on Our Planet. Geological Survey Professional Paper 929*, Washington (DC), US Geological Survey.

World Commission on Environment and Development 1987, *Our Common Future,* New York, Oxford University Press.

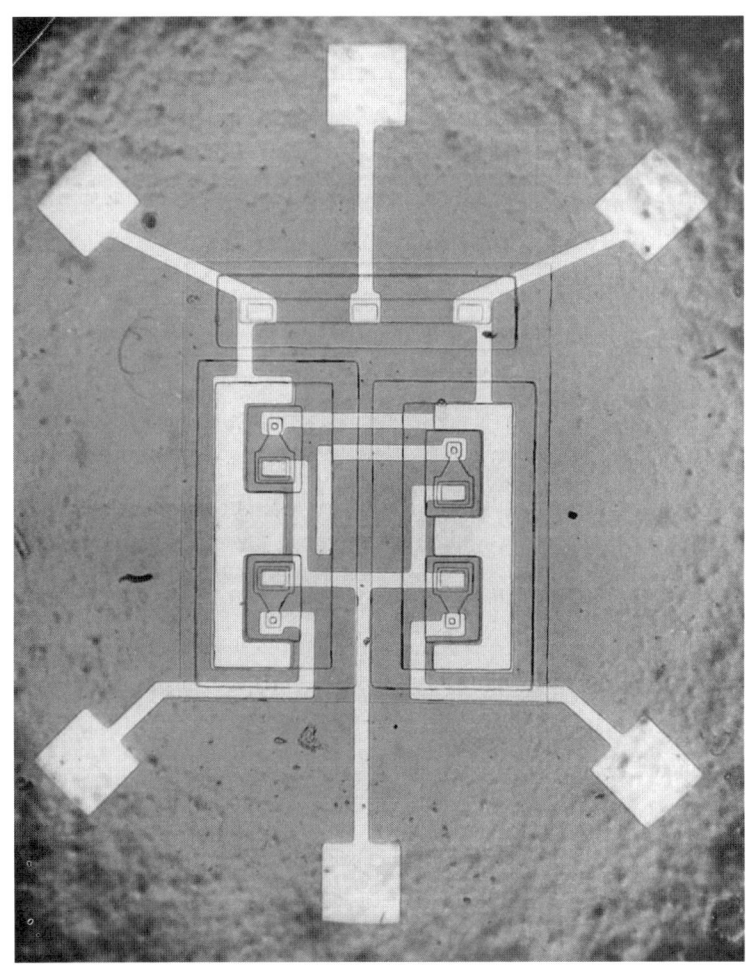

1960年8月,在快捷半导体公司(Fairchild semiconductor)制造的第一块集成电路。

第二十章

管理创新

"今天比昨天更多,明天比今天更多,人及其机构的生存将取决于创新。创新对于企业的成立和发展以及国家的经济、社会和政治健康至关重要。"① 1971年,美国最大的工业研究实验室贝尔电话实验室(Bell Telephone Laboratories)的一位高管就这样总结了自20世纪初以来驱动创新实践的问题和表象。革命性的材料(例如,塑料、复合材料和半导体)应运而生,并可以设计和生产新的组件和系统。技术世界的结构正在发生变化。当它在19世纪末成为机电设备时,它变成了一个数字世界——也就是说,一个机电设备由芯片和软件等数字设备控制的世界。在20世纪,企业和研究组织还获得了对生物越来越大的掌控。

与这些大规模技术变革相关的是创新管理本身的变化。新的管理技术和新的制度机制在企业和国家机构内部出现以管理创新。例如,大型企业创建了可以吸收创新并以此为基础设计新流程和新产品的研究实验室。诸如风险投资和初创公司之类的新机构的兴起以筹集资金并加速创新过程。各国建立了主要职能是促进技术变革的机构。随着有关创新的科学文献的涌现以及开展培训创新管理专家的教育计划,创新管理也变得越来越专业化。②

---

① Morton 1971.
② Hounshell 1996.

企业和公共机构如何管理技术创新？创新的新的机制、技术与融资方式，如何以及为什么会出现？这些社会创新如何塑造技术变革，又如何影响创新管理？为了回答这些问题，本章将以美国为例进行探讨。在 20 世纪，美国是一个技术强国与大国，它创造了许多创新技术，例如集成电路和基因重组，并将其商业化。美国还是管理技术和创新机构进行试验的好地方。这些管理和组织创新很大程度上归功于竞争的合法化、工业产权判例的变化以及技术本身提供的机遇和制约。全球冲突和经济战争在其转变中也起着至关重要的作用。

从 1900 年代到现在，美国分三个阶段开发了创新管理的技术和机构。[①] 首先，直到 20 世纪初才在工业产权市场上购买技术的大型企业吸收了创新以更好地控制创新。它们创建了研究实验室，使其能够发展内部创新的能力，丰富其专利的组合并在高科技产业中形成准垄断。1929 年的经济危机和随后的战争使联邦政府成为技术创新的主要行动者。然后，联邦政府创建了新的组织来加速创新过程，并为新技术的发展提供了大量资金。联邦政府日益重要的作用改变了工业研究并促进了风险资本和初创公司的出现。从 1970 年代末开始，美国经历了一次创新危机，导致许多工业实验室关闭，大公司回归市场创新，正如它们在 19 世纪末和 20 世纪初实践的那样。

控制创新

19 世纪下半叶的创新来自独立的发明家。发明家很少是在工程学校和大学中受过训练的工程师。相反，是从业人员发明和申请专利。他们确定了与电气化和大型网络（例如，电报、铁路和电网）兴起有关的最重要的技术问题，并找到了解决之法。为了使他们的发明货币化，发明人经常雇用销售代理商。这些人可以帮助他们确定潜在客户并就权利转让进行谈判。于是工业产权市场蓬勃发展了起来。到 1880 年代中期，美国有 550 多家专门从事工业产权交易的律师事务所。通过将公司因侵犯其工业产权而告上法庭，一些事务所获得了专

[①] 创新管理在这里被认为是对创新过程的组织。它包括三个方面：融资方式、机构和管理技术。

利，然后寻求出售经营许可证。因此，他们受益于对专利持有人非常有利的知识产权制度。①

在这种创新通常取决于专利购买和销售的环境。大型企业开发了技术监控的功能，旨在确定对其发展最为重要的发明和专利。例如，美国最大的电话公司——美国贝尔电话公司有一个专利部门，其职能是评估在公司外部做出的发明，并在它们对公司未来看似重要的情况下购买它们。因为，确实存在这样的危险：重要的专利落入了竞争对手手中。然后，公司将市场上获得的技术集成到自己的产品和系统中，并将其推向市场。公司还通过与竞争性公司合作创建专利卡特尔来保护自己免受律师事务所的起诉。这些卡特尔在铁路行业中特别普遍，使公司能够在专利持有人面前展现统一的立场，从而降低知识产权的成本。②

在20世纪初，这些最先进的行业的创新管理实践发生了变化，特别是电信、电气行业、化学行业以及照相和轮胎行业。大型企业吸收技术创新并创建研究实验室以更好地指导和控制创新（它们继续购买专利和技术，但是这些购买仅占其技术资产的一小部分，尤其是在从1920年代开始）。因此，他们效仿德国大型企业的例子，像拜尔公司（Friedrich Bayer AG）在19世纪末建立了研究实验室。1900年至1913年间，有50家大型美国公司建立了自己的研究计划。其中最著名的是杜邦、通用电气（General Electric）、美国电话电报公司（美国贝尔电话公司的新化身）、陶氏化学（Dow Chemical）、伊士曼柯达（Eastman Kodak）、固特异（Goodyear）和印第安纳州标准石油（Standard Oil of Indiana）。③

这些研究实验室的建立可以用竞争和20世纪初统治产业集中的法律来解释。当时，德国公司在自己的市场中越来越多地与大型美国集团展开竞争。许多公司看到很多很最重要的专利在此期间到期。另一个因素是诸如无线电之类的新技术的出现，这些技术最终威胁到电话网络。但是，为了应对这些威胁其

---

① Lamoreaux et Sokoloff 1999, Hughes 1989.
② Lamoreaux et Sokoloff 1999.
③ Noble 1977, Reich 1985, Hounshell et Smith 1988, Hounshell 1996, Gertner 2012.

投资和市场地位的挑战，企业无法像以前那样收购竞争对手。1890年，美国国会通过了《谢尔曼反托拉斯法》（loi Sherman contre les trusts）。该法案限制了企业的反竞争行为，并在20世纪初越来越多地被采用。同时，该法案允许联邦政府拆解标准石油公司和美国烟草公司（American Tobacco）等几家大型公司。为了应对技术挑战和外部竞争，企业只有一条出路：通过建立研究实验室，进一步发展其内部创新能力。实验室还带来政治和法律优势。它们使大型企业可以通过与科学相结合来改善自己的形象，而科学在美国因此受到了高度重视。此外，对托拉斯的未来能做出决定的法院对研究投资持赞成态度，并在决策时将其考虑在内。[1]

1900年代和1910年代初期建立的工业实验室具有几个共同点。与发明家工作室不同，它们雇用在大学和工程学校接受过培训的工程师、化学家和物理学家。实验室的研究人员，像他们之前的发明家一样，进行反复试验。但是，他们还试图更好地理解产品和制造方法背后的科学原理，以改进它们并创造新的原理。这可以说是与之前不同的地方。最后，实验室与生产单位隔离，因此研究人员不会将精力集中在制造问题上。但这并不意味着实验室与公司的业务问题无关。相反，它们的功能是建立技术标准，设计新设备和制造方法，获得专利，以及更普遍地合理化生产并加强公司在市场中的地位。为此，通过督导机构和技术委员会的介入，将实验室整合到公司的其他职能部门中。[2]

工业实验室很快对创新产生了重大影响。它们使对技术、市场和法律环境采取行动成为可能。以美国第一家从事研究工作的通用电气公司为例，研究实验室的建立刺激了白炽灯泡的创新。通用电气的物理学家威廉·柯立芝（William Coolidge）使用反复试验的方法，设计了一种钨丝，而使用这种钨丝能够生产出更加可靠的灯泡。然后，化学家和未来的诺贝尔奖获得者欧文·朗缪尔（Irving Langmuir）完善了这种灯泡，解决了灯泡变黑的问题。朗缪尔研

---

[1] Lamoreaux et Sokoloff 1999, Reich 1985, Hounshell et Smith 1988, Hounshell 1996, Gertner 2012. 美国的大型企业旨在通过垂直整合和创新、生产、营销和销售的内部化来实现范围和规模经济，参阅：Chandler 1988。

[2] Reich 1985, Hounshell et Smith 1988, Hounshell 1996, Gertner 2012, Lécuyer et Choi 2012.

究了灯泡内部发生的物理化学现象。这些研究使他用惰性气体（例如氩气）填充灯泡，从而解决了灯泡变暗的问题并延长了使用寿命。在1910年代，通用电气为这些以及与之相关的其他发明申请了专利。该公司的专利组合变得如此强大，以至于它可以垄断白炽灯泡，尽管联邦政府在1912年拆除了控制其生产和销售的卡特尔。确实，专利阻止了其他公司进入白炽灯泡市场。与许可证持有人相比，通用电气还处于强势地位，如果许可证持有人超过了销售配额，则必须支付高额的专利权使用费。许可证持有人也被要求向通用电气提供其自己的专利。到1928年，通用电气及其通过专利控制的公司已占据美国白炽灯泡市场96%的份额。灯泡占到公司利润的一半。简而言之，该研究实验室让通用电气规避了有关托拉斯的法规并获得了可观的经济利益。①

第一批工业研究实验室在技术、商业和法律上的成功刺激了间战期工业研究的飞速发展。然后，许多公司建立了这种类型的实验室，特别是在钢铁行业、汽车行业和制药行业。对于他们而言，建立实验室对于保持竞争力和保持市场地位至关重要。拥有研究实验室的公司数量从1913年的50家增加到1931年的1 600家和1940年的2 000家。同时，实验室的规模大幅增长。例如，1925年，美国电话电报公司实验室（又被称为贝尔电话实验室）拥有3 600名员工，1940年，有5 000多人。②

加速创新

1929年的危机和第二次世界大战改变了美国的体制机制和创新的融资模式。然后，创新的行动者的主要目标将成为加速创新——减少发明和商业化之间的时间，并鼓励新兴产业的发展。经济和军事危机确实推动了联邦政府对创新过程进行大规模干预，而联邦政府在此之前一直是对技术采取自由放任的。首先，联邦政府试图打破专利垄断，以加速创新并将其在工业结构中传播。对

---

① Reich 1985.
② Reich 1985, Hounshell 1996.

于许多观察家来说，1929年的经济危机表明了20世纪初出现的创新体系的局限性。大型集团对创新的控制如此之好，以至于窒息了创新，从而减缓了新兴产业的增长。因此，必须向其他行动者，特别是中小企业开放创新。这一发现促使罗斯福政府的司法副部长瑟曼·阿诺德（Thurman Arnold）在1930年代后期对违反《谢尔曼反托拉斯法》的行为展开了调查。其目的不是要拆解大公司，而是要获得其专利并将其提供给其他公司。这些努力在战后由对1920年代工业产权领域的做法怀有敌意的联邦法官继承下来。①

这项法律运动改变了美国的知识产权制度。它迫使美国电话电报公司、IBM、美国铝公司（Alcoa）和杜邦等许多企业向所有希望使用其专利的美国公司免费提供经营许可证。因此，从1941年到1959年，在总共60万项专利中，有近50 000项是"公开的"。其中许多专利涉及重要的创新，例如，1930年代后期由杜邦公司的化学家设计的尼龙。企业还必须承诺以较低的价格出售将来获得的专利许可。这些措施极大地动摇了20世纪前几十年在化学、电子和制药行业中出现的垄断。它们阻止了大型企业使用其专利来限制竞争。专利本身已变得不那么重要，并且越来越被防御性地使用。②

第二次世界大战还将联邦政府转变为主要的资助者和创新的倡导者。罗斯福政府大力投资开发雷达系统和原子弹等新技术。其还创建了新的组织来促进技术创新。在战后年代，历届政府加倍努力以增强美国的军事能力。他们在研发方面进行巨额投资。这笔资金从1951年的18亿美元增加到1975年的198亿美元，在此期间，这占美国研发投资的一半以上。联邦政府还建立了多个机构来资助和指导新技术的发展。从管理的角度来看，这些组织中最具创新性的也许是美国国防部的高级研究计划局［ARPA，后称国防高级研究计划局（DARPA）］。高级研究计划局的管理者选择大学和公司中最好的研究小组，并密切监管他们的进度。他们将这些团体的活动整合到一个连贯的计划中，这为军队开发了先进的技术。③

---

① Hart 1998, Mowery 2009.
② Hart 1998.
③ 美国国家科学基金会的历史数据。

联邦机构和计划的激增创建了一个分散的创新系统，该系统刺激了公共机构与其所资助机构之间的竞争，从而刺激了随之而来的大量军事技术的设计。联邦政府资助的研发项目以及军方对设备的大量购买极大地推动了材料、电子、计算机和航空航天领域的创新。例如，为了使其武器和通信系统更加可靠，国防部正在推动技术数字化。通过研究合同和公共采购为半导体、计算机和信息网络的发展以及将其集成到武器和通信网络中提供资金。①

战后不久，联邦政府在创新和反托拉斯诉讼方面投入了大量资金，这导致了大公司研究的增长和重组。大型团体获得联邦研发资金的一半以上。他们大力增加自己的研发投入，以参与联邦研究计划所承诺的技术革命。这些工业投资从1954年的23亿美元增加到1975年的155亿美元。从1940年的2 000家到1975年的11 000多家，拥有自己实验室的公司数量增加了五倍。此外，许多公司建立了中央实验室，以增强其科学技能并开发基础研究产生的产品。②

同时，一些公司建立了新的机制来加速创新，并将实验室中设计的产品和过程尽快转移到制造部门。这些加速创新的努力在武器系统必不可少的电子部件中尤为突出。组件的特征还在于设备和制造工艺的相互交织，并且要求研发与生产之间的紧密合作。贝尔电话实验室处在这些创新的最前沿。1945年，贝尔实验室的负责人重组了实验室。他们建立了由物理学家、化学家和材料专家组成的跨学科研究小组，以解决难题，例如使用固态物理学创建放大器。其中一个由威廉·肖克利（William Shockley）领导的小组于1947年发明了点接触晶体管，并在几年后开发了结型晶体管。③

贝尔实验室的负责人还于1945年在西方电子公司（Western Electric）的工厂建立了一个开发实验室（西方电子公司是美国电话电报公司生产电话设备的子公司）。该实验室协助将贝尔实验室团队设计的电子管转移到工厂的生产线。许多电子元件制造商都以贝尔实验室为榜样，并在1950年代和1960年代

---

① Lécuyer 2006.
② Hounshell et Smith 1988, Hounshell 1996, Lécuyer et Choi 2012.
③ Morton 1971. 大型企业还采用计划评价与审查技术，以及矩阵组织形式来加快1950年代和1960年代新型武器系统的设计。

建立了多学科的研究团队以及自己的内部转移机制。[1]

但是，在战后时期，大型企业面临着来自创新、大学和初创公司等新的行动者的日益激烈的竞争。在 20 世纪的前几十年中，大学经常为企业工作，解决公司向他们提出的实际问题。随着 1929 年的危机所导致的工业融资枯竭，以及第二次世界大战和冷战，这种情况发生了变化。联邦政府对大学研究的巨额投资使大学与大型企业展开竞争。麻省理工学院、斯坦福大学和加州大学伯克利分校等大学利用联邦政府的资金，着手开发新材料和新部件，以及设计雷达、计算机、制导系统和远程通信。它们进行了重要的创新，例如用于计算机内存的磁芯。在军方支持下，大学将这些技术应用于工业领域。例如，杰伊·弗雷斯特（Jay Forrester）手下的一个小组发明了磁芯，并在麻省理工学院设计了 SAGE 计算机。之后，这些技术被转让给 IBM，由其生产并将它们集成到弹道导弹的探测系统中。在 1960 年代末，大学在创新，尤其是高科技领域已成了充分的行动者。[2]

军事市场的增长和工业产权的削弱也导致了战后新的创新机构的出现：初创公司。他们专注于最先进的技术领域，并将通常在大学和大型企业中设计的技术商业化。初创公司的增长很大程度上归功于新型融资创新形式的建立。波士顿地区的金融家和麻省理工学院的管理者担心新兴高科技公司的资金短缺，于 1940 年代末和 1950 年代初发明了风险投资。然后，风险资本在 1960 年代和 1970 年代传播到了西海岸，尤其是在硅谷。风险资本家通过收购年轻公司的股份来资助管理和工程团队的建设以及新产品的开发。然后，他们通过将这些公司的股票在股票市场上上市来收回投资。风险投资基金的投资期限为五年。[3]

这项财务目标和在高科技行业盛行的激烈竞争，促使初创公司加快创新过程——缩短发明与商业化之间的时间。对于年轻的公司而言，其产品的上市速度要比具有卓越的技术和财务资源以及销售队伍的大型企业更快。这确实至

---

[1] Morton 1971.

[2] Leslie 1992.

[3] Lécuyer 2006.

关重要。为了尽快进行创新，一些初创公司创建了多个内部开发小组，它们相互竞争以设计新技术并将其推向市场。其他初创公司，尤其是从1960年代后期开始，决定在生产线上而不是在独立实验室中进行研发。尽管贝尔实验室进行了组织上的创新，但自世纪之交开始实践以来，实验室与生产单位之间的转移确实是工业研究的薄弱环节。例如，专门从事电子存储器和微处理器的硅谷新兴公司英特尔（Intel）没有建立自己的研究实验室。它的工程师直接在生产线上进行研发项目，并观察他们设计新产品的过程。这种创新模式为初创公司带来了很大的优势。在半导体等某些行业中，它们与大型企业的竞争越来越激烈，以至于迫使其对手放弃整个行业。[1]

购买创新

在1970年代后期和整个1980年代，美国经历了一次创新危机。大型工业实验室面临着越来越多的初创公司的竞争。他们的生产力越来越低，并且很难推销自己的产品。面对日益激烈的外部竞争的大集团的领导者们减少了中央实验室的数量，并将其转移到直接的业务问题上。长期以来一直主导工业创新的一些研究实验室，例如贝尔电话实验室，逐渐关闭。联邦政府部分地退出了军事研究，并将自己重新定位于生命科学上。人们还发现其在研发融资中地位的相对下降。[2] 同时，新兴的商业竞争对手正在崛起，例如日本，它在创新过程中拥有更好的处理能力。日本公司能更快地将产品推向市场。这些产品通常质量更高。它们逐步征服了美国的电子消费市场，并威胁到其他工业部门的生存，例如汽车和半导体。

为了应对日本的挑战，里根政府鼓励创新的行动者进行合作。在美国，人们认为日本公司在技术和商业上的成功应归功于日本经济产业省（MITI）组织的企业间合作。为了创建允许在美国进行此类合作的立法框架，国会于1984

---

[1] Lécuyer 2006, Lécuyer et Brock 2010, Lécuyer et Choi 2012.
[2] 联邦政府在研究与开发经费中所占的份额从1982年的研发经费的近一半下降到2000年的四分之一。

年通过了《国家合作研究法案》(National Cooperative Research Act),该法案将研发合作从反托拉斯法中排除。国防部还与企业合作,资助建立企业集团,例如半导体制造技术联盟(SEMATECH)以对微电子行业的制造工艺进行研究。同时,人们认为加强企业与大学之间的联系非常重要(大学被视为对日经济战中的一张王牌),另一个联邦国家机构,国家科学基金会(NSF)建立了一千多所大学研究中心。这些中心由企业和国家科学基金会共同资助,并研究对业务至关重要的通用技术。[1]

里根政府还加强了知识产权,以让美国企业在面对外国竞争时能得到保护。为此,它在 1982 年成立了新的联邦法院,即联邦巡回上诉法院(Court of Appeals for the Federal Circuit),该法院集中处理全美范围内的专利侵权诉讼。该上诉分庭的创立深刻地改变了工业产权制度。与被取代的地方分庭不同,新法院支持专利持有人的权利。它迫使侵犯专利的公司支付高额罚款,并停止销售违规产品。这些决定赋予专利和许可更大的市场价值。专利申请的数量和许可证的价值正在迅速增加。工业产权市场的增长吸引了中间人,就像他们在 19 世纪末的前辈一样,他们以专利贸易为生。也出现了新的实体,通常被称为"巨魔"(troll),迫使大型企业向他们支付已获得专利的特许权使用费。为了保护自己免受巨魔的侵害,高科技公司随后创建了集体专利组合,就像一个世纪前的铁路公司所做的那样。

一个非常活跃的工业产权市场的出现,企业之间以及企业与大学之间合作的加强重塑了美国的创新格局。他们推动了企业能够部分地回到 19 世纪末和 20 世纪初的创新组织形式。大型团体将创新外包了出去。它们越来越依赖外部行动者来设计和开发它们销售的技术和产品。然后,研究实验室的主要功能将变为识别外部设计的知识和技术,购买这些技术的权利并将其整合到企业内部。技术购买有多种形式。一些企业收购初创公司来进行创新。总部位于硅谷的电信设备公司思科系统(Cisco Systems)就是这种情况,该公司在 1990 年代收购了数十家专门从事网络互联的初创公司。思科很少进行内部研究,而是

---

[1] Block et Keller 2009.

严重依赖这些收购来的公司以将新产品推向市场。①

其他企业资助大学的研发以获取新技术。例如，孟山都公司和一些制药公司与麻省理工学院、哈佛大学和加州大学旧金山分校签订了大量研究合同，以获取这些大学在联邦政府资助下发展的生物技术的能力。英特尔还呼吁大学发展企业所需的知识。英特尔的高管们使用国防高级研究计划局设计的管理技术，将这些大学项目整合到有凝聚力的项目中，并将最有希望的结果从大学研究团队转移到设计公司内部新微处理器和制造工艺的团队里。英特尔还通过成立自己的风险投资基金来转变为风险投资家。该基金为加速其产品投入使用的初创公司提供资金。②在这种新的创新形式下，大学越来越承担战后中央研究实验室的职能。它们承担起大型企业不再做的基础研究，以及这项工作的风险和部分成本。工业研究合同在资金中所占的份额越来越大。在1990年代上半年，这种合同负担了麻省理工学院超过三分之一的研究经费。这些大学于1980年通过《拜杜法案》(Bayh-Dole Act)获得了其雇员在联邦资助下的发明专利，并越来越多地要求拥有由学生和教师制作的技术和软件的权利。他们从事知识产权贸易，并创建旨在最大程度地提高产业使用费的技术转让服务。对于某些人来说，这项业务非常有利可图。例如，斯坦利·科恩(Stanley Cohen)和赫伯特·博耶(Herbert Boyer)的基因重组专利在1980年代和1990年代为斯坦福大学和加利福尼亚大学带来了超过2亿美元的收入。相反，许多其他大学在其技术转让活动中却在亏损。为了构建创新前景并协调许多经常有不同利益关系的行动者的活动，在1980年代末和1990年代出现了新的体制：路线图。市场机制实际上不足以组织创新并给予长期指导。路线图主要由大型企业主导，在冷战期间接管了联邦机构的领导职能，并组织起多机构的创新活动。它们首先出现在微电子行业中，该市场最早是在创新的市场模式下发展的，后来又传播到其他高科技行业。③

也许，最著名的路线图是国家半导体技术发展路线图（National Technology

---

① Mowery 2009, Chesbrough 2003.

② Chesbrough 2003.

③ Lécuyer et Choi 2012.

Roadmap for Semiconductor，NTRS），该路线图由半导体行业的雇主工会于1992年创建。该路线图为整个微电子行业设定了十五年的主要技术目标。它还确定了工程师要实现这些目标必须面对的困难，并提出了解决这些问题的方案。国家半导体技术发展路线图深刻地影响着半导体的创新。通过就微电子学的未来方向达成共识，它指导集成电路日益复杂的发展以及新材料和制造工艺的发展，并使之成为可能。企业、大学、国家实验室、联邦机构和半导体制造技术联盟等财团承担了国家半导体技术发展路线图的目标，并利用其发现来指导研发投资并与其他组织建立合作关系。在过去的十五年中，化学、能源、光伏电池、纳米技术和生物技术等其他行业一直在创建自己的路线图，以组织和指导创新。路线图在此处具有相同的功能：它们允许大型企业加强其技术目标，与中小型企业建立协作网络并为联邦政府的研发资金指明了投入的方向。[①]

市场创新的胜利具有连锁效应，并引发了计算领域开源运动的兴起，从而拒绝了创新管理的新形式。许多在1960年代和1970年代自由交易其程序的计算机科学家反对创新的商品化和对知识产权的过分重视。他们特别反对企业和大学通过许可证禁止免费分发其软件。1985年，麻省理工学院的一群程序员创建了自由软件基金会（Free Software Foundation），该基金会设计并分发了一种新型许可，使程序用户可以免费使用、修改和分发该程序，但无法将其整合到商业产品中。简而言之，基金会使用市场创新工具更好地与之抗衡。互联网的发展使自由软件运动在1990年代蓬勃发展。然后，成千上万的志愿者共同设计软件，并使用自由软件基金会设计的许可证，使其能够免费访问和使用。这一运动变得如此强大，以至于许多IT公司不得不改编并发布一些软件。一些公司被创建，专门来保留开源软件，对其进行改进并向其用户解释相关的工作原理。[②]

---

① Lécuyer et Choi 2012.
② Hippel 2005.

结论

20世纪美国创新管理的历史可以概括为三个动词：控制、加速和购买。首先，最大的企业吸收创新并创建研究实验室以更好地控制创新。从第二次世界大战开始，出现了新的创新参与者：联邦政府以及新兴的公司类别——初创公司。他们专注于加速创新和创造新产业。从1970年代后期的危机中，出现了新形式的创新管理。在联邦政府的支持下，公司将创新过程外包。它们退出研究并购买知识产权市场中的知识和技术，以设计和销售新产品。

这些变化是由竞争法的演变和工业产权制度的变化所决定的。他们还应归功于历届政府的经济政策和军事选择。最后，创新管理形式的演变与新技术的出现有关。管理创新在某种程度上跟随着技术创新。这并不意味着技术决定了使用它们的社会形式。工程师、工业主管和高级官员尝试组织和资助创新的新形式，以充分利用新技术。事实证明，一些组织上的创新比其他方面更适合于某些部门的技术创新。例如，贝尔电话实验室的负责人建立跨学科的研究小组，并在西方电子公司的工厂建立其开发实验室的分支机构，以设计晶体管并将其尽快转移到生产单位。但是，最适合于利用微电子技术并将其推向市场的组织形式出现在硅谷的初创公司中，这些公司直接在生产线上进行所有研发。

美国在组织创新过程方面尤其具备创新能力，并且在整个20世纪一直是该领域的榜样。美国公司当然受到德国工业实验室和日本研发合作的启发。但是，在美国，工业研究实验室发展最快，并且发明了诸如初创公司和风险投资之类的新形式的创新管理。也是在美国，拆除大型工业研究实验室的过程最早开始，而且大型企业更倾向于外部的行动者，以加强其创新流程。随后，许多管理创新在欧洲和日本被采用。比如，在过去的十五年中，欧洲通常越来越多地将创新市场模式称为"开放式创新"。

克里斯托夫·勒屈耶（Christophe Lécuyer）[①] 撰

[①] 作者要感谢中欧大学高等研究所（l'Institut d'études avancées de la Central European University）在撰写本章过程中所给予的支持。

参考文献

Block Fred et Keller Matthew, 2009, Where Do Innovations Come From? Transformations in the United States Economy (1970—2006), *Socio-Economic Review*, vol. 7, p. 459-483.

Brock David et Lécuyer Christophe, 2012, Digital Foundations: The Making of Silicon Gate Manufacturing Technology, *Technology and Culture*, vol. 53, p. 561-597.

Chandler Alfred, 1988, *La Main visible des managers*, Paris, Economica.

Chesbrough Henry, 2003, *Open Innovation: The New Imperative for Creating and Profiting from Technology*, Boston (MA), Harvard Business School Press.

Gertner Jon, 2012, *The Idea Factory: Bell Labs and the Great Age of American Innovation*, New York, Penguin Press.

Hart David, 1998, *Forged Consensus: Science, Technology, and Economic Policy in the United States (1921—1953)*, Princeton (NJ), Princeton University Press.

Hippel Eric von, 2005, *Democratizing Innovation*, Cambridge (MA), MIT Press.

Hounshell David, 1996, The Evolution of Industrial Research in the United States, *in* Richard Rosenbloom et William Spencer (dir.), *Engines of Innovation*, Boston (MA), Harvard Business School Press, p. 13-69.

Hounshell David et Smith John, 1988, *Science and Corporate Strategy: DuPont R & D (1902—1980)*, New York, Cambridge University Press.

Hughes Thomas, 1989, *American Genesis: A Century of Invention and Technological Enthusiasm*, Chicago (IL), University of Chicago Press.

Lamoreaux Naomi et Sokoloff Kenneth, 1999, Inventors, Firms, and the Market for Technology in the Nineteenth and Early Twentieth Centuries, *in* Naomi Lamoreaux, Daniel Raff et Peter Temin (dir.), *Learning by Doing in Markets, Firms, and Countries*, Chicago (IL), University of Chicago Press, p. 19-60.

Lécuyer Christophe, 2006, *Making Silicon Valley: Innovation and the Growth of High Tech (1930—1970)*, Cambridge (MA), MIT Press.

Lécuyer Christophe et Brock David, 2010, *Makers of the Microchip: A Documentary History of Fairchild Semiconductor*, Cambridge (MA), MIT Press.

Lécuyer Christophe et Choi Hyungsub, 2012, Les secrets de la Silicon Valley ou les entreprises américaines de microélectronique face à l'incertitude technique, *La Revue d'histoire moderne et contemporaine*, vol. 59, n° 3, p. 48-69.

Leslie Stuart, 1992, *The Cold War and American Science: The Military-Industrial-Academic*

Complex at MIT and Stanford, New York, Columbia University Press.

Morton Jack, 1971, *Organizing for Innovation: A Systems Approach to Technical Management*, New York, McGraw-Hill.

Mowery David, 2009, *Plus ça change:* Industrial R & D in the "Third Industrial Revolution", *Industrial and Corporate Change*, vol. 18, p. 1–50.

Noble David, 1977, *America by Design: Science, Technology and the Rise of Corporate Capitalism*, New York, Knopf.

Reich Leonard, 1985, *The Making of American Industrial Research: Science and Business at GE and Bell (1876—1926)*, New York, Cambridge University Press.

1950年9月，100名在美国接受教育的中国学生准备回国途中在"克利夫兰总统"号（President Cleveland）邮轮上与家属的合影。

第二十一章

中国：向科学技术强国迈进[①]

在中世纪，中国曾是世界上技术和经济最发达的地区之一。但是，它安于现状，并且与世界其他地区，尤其是与产生了文艺复兴运动的欧洲保持着一种隔离的状态。在欧洲，系统性和结构性的自然观得以发展并繁荣。资本主义精神不仅帮助西方国家在经济上超越了中国，而且还成了现代科学技术兴起的舞台。中国在1840年之后的一系列军事失败，标志着这个曾经强大的国家进入了一段缓慢发展的时期。

1911年，辛亥革命结束了中国数千年的封建统治。1919年，五四运动捍卫了科学与民主的发展，而当时的人们认为科学和民主是西方能够取得成功的两个基本要素。国民政府为科学技术的发展奠定了必要的制度基础，并培养了服务于该政权的一代科学家和专业人士。这些都将被之后的新中国承续并动员。为了实现重新成为世界大国的梦想，中国政府将科学技术作为其工作的重点。尽管中国取得了令人瞩目的进步，在"两弹一星"和一些基础研究等领域取得的成就尤为令人瞩目，但是，中国科学事业的发展受到极左政策的影响，科学家经常处于动荡的环境中。直到1978年之后，中国才开始经历了一个较为稳定的时期，并掀开了历史巨变的新篇章。

[①] 本章有部分删减。

初次接触

中国与现代科学技术的第一次接触是偶然的。早在 16 世纪，作为西方传教的间接结果，外国传教士将科学特别是数学和天文学引入中国，他们还翻译了当时的一些主要的科学著作。[1] 例如，1607 年，意大利耶稣会教士利玛窦（Matteo Ricci）在中国学者徐光启的帮助下翻译了欧几里得的《几何原本》(*Éléments de géométrie*)的前六卷。但是，中国在 1840 年鸦片战争中的失败，迫使清政府对科学采取了开放的态度。随后，有人简单地将清军的失败归咎于缺乏军事和技术手段。为了防止清朝彻底崩溃，许多有识之士随后着手开展了洋务运动。他们从西方购买设备和武器，建立现代化的工厂，邀请外国专家，建立新型学校，翻译更多的科学著作。也就是在这一时期，一批 9 岁的幼童被派往美国、日本和欧洲，以让他们学习西方的科学与技术，以期他们回国后能够帮助中国实现现代化并确保中国的繁荣。[2][3] 他们中一些人的确成了各个领域的精英，并在中国社会发挥作用。他们还作为"科学"和"民主"的积极捍卫者参与到了 1919 年的五四运动中。不少中国人还通过庚子赔款所提供的奖学金到国外接受科学和工程教育。[4] 学习结束时，他们的目的是将现代科学带到中国，希望通过科学知识来拯救国家。他们的努力，促成第一批科学组织、独立研究机构和现代大学在中国的土地上发展了起来。

体制建设

1914 年，一批学习自然科学的中国留学生在美国康奈尔大学成立了中国科学社，这是当时传播现代科学最具影响力的团体之一。其成员认为有必

---

[1] 在 19 世纪下半叶和 20 世纪上半叶，外国使团在中国高等教育中也发挥了重要作用。
[2] 实际上，很难对一个在 19 世纪 20 年代经济占世界经济三分之一的帝国保持这种分析。政治体制的腐败导致清朝不能适应资本主义的迅速发展。可参阅：Zhu 2008。
[3] Leibovitz et Miller 2011, Wang 1966, Ye 2001.
[4] Hunt 1972. 美国政府收到的庚子赔款被用来建立清华学堂。它最初是留美中国学生的一所预备学校，如今已发展成为清华大学。

要遵循国外模式来组织科学活动。因此，中国科学社模仿了美国科学促进会（AAAS）。它的全称是"中国科学促进会"（Société chinoise pour l'avancement des sciences），以美国机构的名字为蓝本，而它的期刊名也与美国科学促进会的期刊名一样。返回中国后，其成员加大了捍卫科学重要性的努力，说服政府和公民对科学研究产生兴趣和支持，并自行组织科学研究。①

始建于 1916 年的地质调查局是近代中国第一家科学研究所。② 1922 年，科学社创建了生物研究所。商人们也投资研究机构，例如，黄海化学工业研究所就是由久大精制盐公司的范旭东创立的。③ 现代科学随着大学的建立而体制化。20 世纪 20 年代之后，大量拥有西方大学数学、物理和工程等学科博士学位的留学生回到了中国。由于他们的承诺和社会的支持，中国大学的本科教育迅速达到了国际水平，研究生教育也开始起飞。清华大学和北京大学等公立大学不仅培养着科学人才，也成为开展研究的重要场所。④

日本入侵中国，迫使清华大学、北京大学和南开大学分别撤离北平（现为北京）和天津前往云南昆明，并于云南省建立了西南联大。尽管西南联大的历史很短（1938 年 4 月至 1946 年 5 月），而且承受了战争带来的极大困难，但该大学仍然发挥着重要的作用。⑤

1927 年国民政府定都南京后不久，成立中央研究院的问题就被提上了议事日程。一年后，中央研究院成立，蔡元培出任第一任院长。蔡元培曾接受过儒学和西方科学的教育，曾是北京大学的校长。他在北京大学贯彻了德式的大学管理、自主性（教授治校）和学术自由的办学理念。他在中央研究院创立时也提出了同样的想法。后来，这种思想在国民政府时期的中国科学界占有重要地位。⑥

1929 年，另一家主要的研究机构——北平研究院也成立了。这两个研究院

---

① Buck 1980 (p. 91–98), Wang 2002, Ye 2001.
② Furth 1970 (p. 34–65).
③ Yao et al. 1994 (p. 5).
④ Hayhoe 1996 (p. 29–71).
⑤ Israel 1998.
⑥ Gao 1996 [1982] (p. 410–414).

的建立（南方的中央研究院主要汇集了留美科学家，而北方的北平研究院则聚集了从欧洲回国的学者），标志着中国自主科研体系的肇始。这两个研究院成为后来建立中国科学院的基础，并影响着中国的科学研究和教育的发展。

苏联的影响

1949年中华人民共和国成立。新中国早期的科学技术发展具有鲜明的苏联色彩。中国科学院采用了苏联模式进行构建。在研究管理、建立学部委员等方面也效仿了苏联科学院。中国还按照苏联模式在各部委中建立专门研究机构和实验室。

同样在苏联人的建议下，中国政府于1952年进行了院系调整。[①] 比如，清华大学的文学、法学和自然科学系并入了北京大学，而清华大学又吸收了北京大学和燕京大学的工程系科，成为一所理工科大学。工程、医学和农业等领域的专业院校则由其他学校的师生组成。例如，北京农业大学农学系是在清华农学院的基础上建立的。结果，大学开始专注于专业教学而不是跨学科教学，而其研究活动逐渐转移到中国科学院或专门从事研究的部委研究机构。这进一步将研究与教育割裂开来。院系调整还中断了基础研究、应用研究与开发之间的联系，这反过来又对科学人才的培养产生了长期影响。

计划作为苏联体制的另一个特色，对中国也有很大的影响。像经济和社会发展一样，科学是有计划的，国家动员科学家制定计划。第一个是十二年科技规划（1956—1967），其目标是跟上世界科学技术的快速发展，并发展重点学科。该计划包括围绕12个优先发展领域的57个项目，其中5个被认为是最为紧迫的（原子能、电子、喷气发动机、自动化和稀有矿物的提取）。显然，十二年科学规划确立了"以任务带动学科发展"的原则，即通过学科专业知识的发展来实现开发"两弹一星"的目标。

---

① Hayhoe 1996（p.77）——作为院系调整的一部分，所有教会大学被关闭并被并入公立大学。

中国科学院

中国科学院成立于1949年11月1日，也就是中华人民共和国成立刚刚一个月之时。它是在中央研究院和北平研究院这两个国民政府时期的国家研究院的基础上成立的。中国科学院最初是政府的一部分，除了进行研究以外，还负责领导国家的科学计划的任务。之后，它演变为一个纯粹的学术机构。中国科学院在"两弹一星"工程中发挥了重要作用，新建了许多研究机构来为此提供服务。这些机构后来被纳入国防研究的体系里。

在"文化大革命"期间，与其他中国教育科研机构一样，中国科学院也停止了研究活动。中国科学院随后不得不重建其许多科学学科及研究机构。但是，随着中国科学院在20世纪80年代中期对改革科学技术管理体制，这种努力受到了影响。当时中国科学院提出了"一院两制"的政策，将大部分研究人员集中在直接有益于中国经济的研究上，并创建满足市场需求的企业，只留一小部分人员继续从事基础研究。这是中国科学院作为传统的纯学术机构的一项重大变革。

自1998年以来，中国科学院启动了"知识创新工程"，旨在使其成为在自然科学和高科技领域中国家知识创新的核心和世界一流的科学研究基地，从而培养顶尖科学人才和推动高科技产业的发展。（Suttmeier, Cao et Simon 2006）

中国科学院现在主导了中国大陆的科学体系。院部在北京，有12个分院和100多个研究所，50 000多名研究人员遍布全国各地。它还在科学政策的制定和实施以及整个国家的学术活动中担当学术领导角色。为此，中国科学院创建了学部（数学和物理、化学、生命科学和医学、地球科学、计算机科学和技术科学等），汇集了中国科学院研究人员以及来自全国各地的科学精英。总而言之，即使从机构的角度来看，学部虽然隶属于中国科学院，但更像是名誉学会，其成员都来自科学界的精英，与英国皇家学会或美国国家科学院相似。[①]

[①] Cao, 2004.

为了执行十二年科学规划，中国采取了战时的方法，利用其政治力量动员大学、科研机构和科学家的合作。1964年10月16日，中国第一枚原子弹的爆炸，标志着该计划在7年内得以实现。考虑到反右运动、"大跃进"所造成的混乱，以及苏联在20世纪50年代末期和20世纪60年代初中止了对该计划的支持，从而造成了计划实施的困难和延误，中国的"两弹一星"的成功的确是一项了不起的成就。十二年科学规划也成为后续科技发展计划的参照，并为制定最新的中长期科学和技术发展规划（2006—2020）时被引用。

改革开放：科学技术力量的重生

中国在"文革"之后进入了一个新的时代。在科学技术方面，政府立即做出了巨大的努力，恢复研究和教育体系，以赶上正在进行新技术革命的发达国家。大学开始重新招收高中生。通过为学术界人士平反，并使他们重新回到以前担任的职位，政府将他们聚集在实现国家现代化的旗帜之下。科学家们对他们的专业主张以及国家发展的爱国口号十分敏感，因此对这一呼吁做出了积极的回应。

然后，科学和教育成为国家发展的重中之重。1995年，"科教兴国"成为新的发展战略。其后，国家着重于围绕人才问题开展工作，提出了"人才强国"的政策。在专业能力领域，科学家被赋予更多自由和自主权。他们将精力投入工作。政府在2006年初完成了制定新的中长期科学和技术发展规划（2006—2020）。[①] 通过确保财政和人力资源的持续增长，其目标是到2020年使中国成为创新型国家。其主要目标是发展国家的创新能力，以服务于高增长的经济以及富裕和谐的社会。科学被要求用来实现创新，并用可持续发展替代过度投资、过度依赖出口、资源利用效率低下和环境破坏而无法持续的经济发展模式。

政府在20世纪80年代中期调整了其技性科学政策，以使其对经济需求更

---

① Cao, Simon et Suttmeier 2006 et 2009.

为敏感。自1995年以来，中国的研发支出一直以几乎是经济增长两倍的速度增加。中国的高等教育机构正在培养越来越多优秀的理工科大学生。2011年，682万大学生毕业，还有430 000名拥有硕士学位或博士学位的学生毕业，这些数字都是世界之最。

中国的科学技术论文也稳定增长。根据汤森路透（Thomson Reuters）在2011年发布的基于《科学引文索引》（SCI）中的论文数量，中国排名世界第三，仅次于美国和英国。2007年，中国超过美国成为《工程索引》（EI）收录文章的最大贡献国。尽管中国在许多科学技术领域仍落后于世界领先水平，但在基因组学和纳米技术等许多新兴领域取得了重大成就。[1]

中国根据国际《专利合作条约》（PCT）注册的专利数量也显著增加。2011年，中国的发明者申请了16 000项PCT专利，排在美国、日本和德国之后，位居世界第四。同年，中国电信设备巨头中兴通讯以2 826项国际专利获得了全球公司专利申请的第一位，而另一家同行业公司华为排名第三。[2]

国家中长期科学和技术发展规划纲要（2006—2020年）

2006年1月，中国国务院发布了为期15年的《国家中长期科学和技术发展规划纲要（2006—2020年）》。该规划定义了各种量化目标，并要求中国在2020年成为"创新型国家"，在2050年之前成为科学技术的世界领导者。该规划致力于中国自主创新能力的培育，在规划到期之前将其从根本上提升到新兴的基于科学的产业的领导地位。[3]

从战略角度来看，该规划可以被认为是中国对与科学技术发展相关的四个基本问题的回应[4]。首先，凭借其"技术换市场"战略吸引跨国公司投资和转让技术以换取商机，中国已成为世界工厂，这导致其高技术

---

[1] 可参阅：Zhou et Leydesdorff 2006.
[2] World Intellectual Property Organization 2012.
[3] Cao, Suttmeier et Simon 2006 et 2009.
[4] Cao, Suttmeier et Simon 2009.

产品出口的惊人增长。但是,随着成本上升以及因产业转移而失去就业岗位的国家实施保护主义措施,这项政策可能已达到极限。

其次,国际知识产权制度和全球技术标准的实施可能不符合中国的利益,因为中国可能会面临来自创新领域控制全球技术系统架构的领导者们不断增加的限制性压力。因此,中国在21世纪的工业经济应制定自己的标准,并应产生和实施自己的知识产权制度。

第三,中国的技术能力无法满足能源、水和资源利用以及环境保护和公共卫生等重要领域的社会需求。

最后,与中国国防需求相关的技术挑战是该规划纲要制定目标的核心。尽管中国在战略武器方面取得了成就,但迄今为止,中国在国防技术创新方面的总体能力还不是很出色。中国仍然缺乏强大的民用技术文化以作为满足重要军事需求的基础。

规划纲要首先定义了一系列指导原则和一般原则,其目标是使科学技术成为未来经济发展的动力,使中国能够从根本上晋升为新兴的基于科学的产业的领导者,并发展其自主创新的能力。

规划纲要的第二部分确定了优先领域和项目,包括与国家需求相关的11个主要"关键领域"和8个"前沿技术"领域。规划纲要在这些领域中确定了一系列优先项目,特别是16个重大工程专项和4个重大科学专项(之后又添加了两个)。

第三部分探讨了正在进行的研究和创新体系改革以及促进国家创新体系的发展。它强调了一些重要的目标。这些目标与政府研究机构的持续改革,科学技术管理政策的变化以及有必要鼓励中国企业在国家创新体系中发挥领导作用,制定政策以促进企业的产业研究和对中小企业的支持有关。

该规划纲要的最后几个部分以及后续文件涉及实施该计划的政策框架,包括税收优惠,针对高科技产业的区域政策,对外国技术的消化吸收和技术转让,加强对中国创新者的知识产权保护。科技人力资源开发

> 领域的政策包括采取措施培养具有丰富经验的世界一流专家，扩大科学家和工程师在工业界的作用，招募海外人才和改革教育体系，以满足创造和创新的目标。

中国经济从国外的技术转让和投资中受益匪浅。最近，世界上许多最具创新力的公司，包括《财富》（Fortune）500强公司，在中国设立研发中心，为全球市场以及中国国内市场开发新产品和服务。

简而言之，曾经被认为是最落后的发展中国家之一的中国已经成为世界上最强大的经济和技术强国之一。

英国哲学家贝特朗·罗素（Bertrand Russell）于90年前设想的情景似已成真：“如果中国人能够拥有自己稳定的政府和足够的资金，他们将在未来30年中开始在科学领域开展卓越的工作。他们很可能会超越我们，因为他们精神饱满，并拥有一切用于复兴的动力。”[1]

挑战依然存在

尽管取得了上述显著的进步，但中国要成为"创新型国家"，仍然面临许多艰巨的挑战。[2]

首先，企业研究仍然薄弱或墨守成规。尽管全球统计数据表明，中国现在有四分之三的研发支出是企业承担的[3]，但实际上，后者对创新研发计划的贡献很小，像华为和中兴这样的公司只是个例。创新不仅仅与研发有关，还要发展一种创造力文化，这种文化应奖励新的和原创的思想以及企业家精神。为了寻求快速和短期的利益，中国公司倾向于从国外进口技术和设备以升级其生产技术。因此，设备引进优先于以专利、专有技术、模型等形式的软件的转让。总

---

[1] Russell 1922 (p. 193).
[2] Cao, Simon et Suttmeier 2009.
[3] 这些数字也可能反映了公司研发支出申报中的通货膨胀。

体而言，中国公司在技术引进上的投入比在研发上的花费多。同时，设备的进口限制了可用于吸收、消化和创新的财政资源，这也导致了"进口、落后、再进口、再落后"的恶性循环。

企业也未对委托大学和研究机构开展研发表现出持续的兴趣。20世纪80年代中期开始的研究和高等教育体制改革引起了这些机构研究人员的一定热情，但是，企业家对技性科学创新的需求并没有随之而来。企业一直不愿购买中国自己开发的技术。换句话说，研究与经济部门之间，商业世界与教育系统之间根深蒂固的分离问题尚未得到解决。

第二，在许多情况下，就国家和地方层面不断增加的研发预算来说，人们在使用它们时是否经过了深思熟虑？我们知道，即使在国家重大研究计划里，在中国进行的研究的想法有很大一部分来自其他地方已经完成的研究，这就构成了资源的浪费，这些资源肯定在增长，但仍然有限。挪用研究资金的情况也很普遍。更严重的是，科学研究的学术不端不仅吸收了相当一部分资金，由于媒体和互联网上报道的欺诈和挪用公款的行为，还损害了科学研究的形象。

第三，尽管中国的知识产权法律法规不断与国际上接轨，但其实施和执行仍然存在问题。的确，分权使地方的知识产权执法更加困难。山寨模仿文化的流行，即使它源于创新和独创的思维方式，也会对那些以硬件产权为主导的商业模式中领先的高技术公司产生寒蝉效应。中国在知识产权保护方面的弱点也是外国企业主要关切的地方。中长期科学和技术发展规划倡导创新能力的发展，呼吁加强知识产权保护，不仅要遵守当前的国际知识产权制度，同时也为中国公司产生自己的知识产权并在全球范围内维护自己的地位做准备。

第四，中国面临真正的是人才问题。[①] 伴随着中国的开放政策，留学的举措一定程度上导致了巨大的"人才外流"。的确，留在国外（往往是最优秀和最聪明的人）与中国科学技术界之间存在着卓有成效的联系，但一些最有能力和最有潜力的人的离职对发展科学技术和工业能力的努力产生了负面影响。大多数中国毕业生尚未达到满足整个经济领域对技能不断增长的需求的标准。更

---

① Simon et Cao 2009.

为明显的是，随着中国人口开始老龄化，劳动力人口结构的变化，特别是在年龄和专业经验方面，也对进一步发展的潜力产生了影响。

最后，人们需要知道中国能否在不开放不同思维方式的情况下成为创新型国家，这将不是简单的哲学层面的讨论。尽管有正常鼓励中国研究人员和企业家提出创新和原创的想法，容忍失败，但同样重要的是，中国仍需要充分培养和包容真正的创新文化所必需的因素，如科学精神。为了激发创造力和创新能力[1]，这不仅是让创新转化为国家的新的信仰，而且首先是给"百花齐放，百家争鸣"赋予新的含义。

总而言之，尽管中国为成为创新型国家所做的努力当然可以改变全球地缘政治和技性科学的格局，但事实仍然是，中国必须迅速克服许多国内挑战以实现为其设定的目标。特别是必须更多关注创新的"软件"，以使真正的"创造文化"得以在中国的国家和地方研究组织和机构中生根开花。

结论：中国的创新模式

在中华人民共和国的大部分历史中，科学的发展都具有以下特点：强化国家在研究中的作用、开展大型科学计划（在大科学方面）、资源的高效动员和集中。这种产生科学和创新的方式在一些领域取得了非凡的成就，尤其是在工程和技术领域，无论是"两弹一星"还是最近的高铁等。

现在，中国已成为全球经济和技术领域的领导者。中国的研究和创新体系的改革的需求仍十分突出。为了充分发挥各级部门、大学和科研机构的创新能力的潜力，中国必须在宏观层面解决不同政府部门之间缺乏协调的问题，在中观层面上解决资金分配不尽合理的问题，在微观层面上解决科学家绩效评估的问题。唯有这些问题的解决，才能真正实现中国科学的复兴。

曹聪撰；西里尔·勒罗伊译

---

[1] Florida 2003.

参考文献

Bowie Robert R. et Fairbank John King (dir.), 1962, *Communist China (1955—1959): Policy Documents and Analysis*, Cambridge (MA), Harvard University Press.

Buck Peter, 1980, *American Science and Modern China (1876—1936)*, Cambridge, Cambridge University Press.

Cao Cong, 2004, *China's Scientific Elite*, Londres et New York, Routledge Curzon.

Cao Cong, Simon Denis Fred et Suttmeier Richard P., 2009, China's Innovation Challenge, *Innovation: Management, Policy and Practice*, vol. 11, n° 2, p. 253−259.

Cao Cong, Suttmeier Richard P. et Simon Denis Fred, 2006, China's 15-Year Science and Technology Plan, *Physics Today*, vol. 59, n° 12, p. 38−43.

− 2009, Success in State Directed Innovation? Perspectives on China's Plan for the Development of Science and Technology, *in* Govindan Parayil et Anthony P. D'Costa (dir.), *The New Asian Innovation Dynamics: China and India in Perspective*, Londres, Palgrave Macmillan, p. 247−264.

Florida Richard, 2003, *The Rise of the Creative Class: And How It's Transforming Work, Leisure, Community and Everyday Life*, New York, Basic Books.

Furth Charlotte, 1970, *Ting Wen-chiang: Science and China's New Culture*, Cambridge (MA), Harvard University Press.

Gao Pingshu, 1996 [1982], Cai Yuanpei's Contributions to China's Science, *in* Fan Dainian et Robert S. Cohen (dir.), *Chinese Studies in the History and Philosophy of Science and Technology*, Dordrecht, Kluwer Academic, p. 395−417.

Hayhoe Ruth, 1996, *China's Universities (1895—1995): A Century of Cultural Conflict*, Londres et New York, Routledge.

Hunt Michael H., 1972, The American Remission of the Boxer Indemnity: A Reappraisal, *The Journal of Asian Studies*, vol. 31, n° 3, p. 539−559.

Israel John, 1998, *Lianda: A Chinese University in War and Revolution*, Palo Alto (CA), Stanford University Press.

Leibovitz Liel et Miller Matthew, 2011, *Fortunate Sons: The 120 Chinese Boys Who Came to America, Went to School, and Revolutionized an Ancient Civilization*, New York et Londres, W.W. Norton.

Qu Shipei, 1993, *A Developmental History of University Education in China* (en chinois), Shanxi Education Press.

Russell Bertrand, 1922, *The Problem of China*, Londres, George Allen & Unwin.

Simon Denis Fred et Cao Cong, 2009, *China's Emerging Technological Edge: Assessing the Role of High-End Talent*, Cambridge et New York, Cambridge University Press.

Suttmeier Richard P., Cao Cong et Simon Denis Fred, 2006, China's Innovation Challenge and the Remaking of the Chinese Academy of Sciences, *Innovations: Technology, Governance, Globalization*, vol. 1, n° 3, p. 78-97.

Wang Yi Chu, 1966, *Chinese Intellectuals and the West (1872—1949)*, Chapel Hill (NC), University of North Carolina Press.

Wang Zuoyue, 2002, Saving China through Science: The Science Society of China, Scientific Nationalism, and Civil Society in Republican China, *Osiris*, vol. 17, p. 291-322.

World Intellectual Property Organization (WIPO), 2012, International Patent Filings Set New Record in 2011, Genève, WIPO, < http://www.wipo.int/pressroom/en/articles/2012/article_0001.html > (consulté le 22 juillet 2012).

Yao Shuping, Wei Luo, Li Peishan et Zhang Wei, 1994, A Developmental History of the Chinese Academy of Sciences (en chinois), *in* Qian Linzhao et Gu Yu (dir.), *The Chinese Academy of Sciences* (en chinois), 3 vol., Beijing, Contemporary China Press, vol. 1, p. 1-230.

Ye Weili, 2001, *Seeking Modernity in China's Name: Chinese Students in the United States (1900—1927)*, Palo Alto (CA), Stanford University Press.

Zhou Ping et Leydesdorff Loet, 2006, The Emergence of China as a Leading Nation in Science, *Research Policy*, vol. 35, n° 1, p. 83-104.

Zhu Weizheng, 2008, *Financial Times* (en chinois), < http://www.ftchinese.com/story/001016455 > (consulté le 4 juin 2012).

从文艺复兴时期到今天的知识和科学：
一种长时段的解读

随时间讲述知识和科学的制度

在本套图书三卷之中所讲述的历史在知识和科学的历史之间摇摆——这是不可避免的。① 从文艺复兴时期到今天，这些术语没有语义上的稳定性；根据柯瓦雷（Koyré）的想法，"科学"（我们是其持有者或继承者）并没有在17世纪欧洲发生的一场概念革命中"全副武装"地出现②；科学不再是独立于我们的分类而存在的"事物"；而今天的科学并不涵盖所有相关、有用或有趣的知识。

一种"知识的旧制度"——从文艺复兴到启蒙运动

为忠于历史，我们首先便要谈论"知识的旧制度"——简单地讲科学可能会产生时代错置的问题，并且会忽略事物的特殊性。如此，知识的核心就是"古老"的知识，而不是实验室科学。③ 当时没有"专业人员"。收藏与知识

---

① 在没有标注引用文献的地方，本文参考的是三卷的各个章节。我要感谢皮埃尔-伯努瓦·若利（Pierre-Benoît Joly）、雅克·雷韦尔（Jacques Revel）和西蒙·沙费尔（Simon Schaffer）对本文初稿的评论和意见。如果没有他们，本文将会成为一篇摘要。
② Koyré 1962.
③ Van Damme 2014.

实践和审美活动、思考和地位展示密不可分。制作书籍就是对他人的文字进行无休止的释义、复制、改编和评论。与著作权的概念一样，知识产权并不是今天我们所熟知的形式。"图书馆"不是指对印刷书籍的收集，而是与手稿和抄袭作品的紧密结合。这些藏书的知识和市场价值取决于书中有关《圣经》内容的多少以及由此而集合和体现的选择。①

宫廷是主要的知识中心——即使许多学者都谴责这种过于简单和带有诱惑性的论断。宫廷得到了17世纪地方学院、仪器或机器的收藏，以及珍奇屋的支持。贵族秩序固定了对话的方式、沙龙的生活以及书籍的发行。但是这些宫廷是与通信网络［文人共和国（la république des lettres）］竞争的。通信网络像伟大的学院（伦敦的皇家学会或巴黎的王家科学院）一样，在17世纪后半叶恢复了学者们最低限度的自信和自主权。手工艺人、仪器制造者、实物示教者、新产品的倡导者——或自由主义者或哲学上的精英——就其本身而言，占据了一个热爱"科学的"对象、理论和展示的公共空间。小册子、货摊、咖啡馆、报纸和共济会俱乐部充满了猎奇和技术的新物品。在17世纪末，阿姆斯特丹是世界贸易的枢纽，是一个知识仓库、包括地图、自然界的藏品和药剂师的植物园。

面对经常与"科学革命"和北欧，甚至新教联系在一起的编史学，我们应该记住伊比利亚、墨西哥城、里斯本和罗马的生气勃勃。教堂的力量赋予了教皇城独特的收藏品；那里流动的财富使这座城市成为吸引建筑师和创意家的永久性工地。宗教团体的规模（往往是覆盖全球的）使天主教会的中心成为收集知识和对比人类学、语言学、制图学和人文知识的特殊场所。

但这种局面的变化是很容易被察觉到的。中世纪的大学正在失去光彩，其知识和工作方法受到争议——于是，它们被绕开了。因此，混合数学受到陆军或舰船指挥官、君主和政治家的青睐，在16世纪被认为对发展武器、工业生活和剧院至关重要。大地测量学、建筑物和海深的测量、时间的确定、重量的评估、平面图的绘制、火炮的校准、对海上航行路线的测量，对于阿尔伯蒂

---

① Delon 2007.

(Alberti）来说，这是它们的力量所在。

这些实践方法使哲学家着迷；他们适当地运用了它们并"重塑"了自然哲学。到了17世纪中叶，后者在实验哲学中应运而生，它由实物示教者——制造者部署的仪器和技巧所控制。它旨在产生"事实"，即知识的基本要素。哲学家和数学家（包括伟大的牛顿本人）共同为企业家和商业聚焦点提供支持。他们将自己的声望带给了在荷兰、法国和英国成立的印度公司。

然而，自然志也许是那时最珍贵的知识。在分类系统的发明中，通过交换标本，可以在野外、陈列馆和家中（博洛尼亚的阿尔多夫兰迪［Aldovrandi］）进行实践。自然志与医学、药典、植物的驯化、农业、商业有关，这据说可以为人民的退化问题提供解决方案。[①] 探险之旅、征服之旅、植物的转移以及间谍活动和海盗探险都是它的日常。面对来自大海的发现之潮，近代人逐渐减少了古代人对大自然的那种解读。在该阶段结束时，显微镜和手术刀的使用也带来了生理学、营养、生殖、汁液循环的研究。

"科学"和第一个"国家－民族－学者"复合体的诞生——从18世纪下半叶到19世纪下半叶

在这一百年里，观察和比较，然后分析地分解为简单的元素，对于许多知识运动来说都是很普遍的，至少在巴黎，数学分析占主导地位，而在拉瓦锡之后，化学成为以给定比例组合元素的科学。但是组织也成为一般解剖学的要素［比如，比沙（Bichat）的论点］，并且地质层成为地球历史的基础。此外，实践可以赋予自身以力量［例如，像库仑（Coulomb）这样的工程师们在英国的造船业或法国的土木工程中组织实地试验的实践］，以及在阿尔克伊（Arcueil），围绕贝尔托（Berthollet）和拉普拉斯（Laplace），一种新的"物理"实践被巩固。这是牛顿数学形式对尘世问题的概括（我们也可以想到库仑的静电学），并结合了新的观测技术和对精度的要求。即使这些发展没有简单的因果关系，国立路桥学校（l'école des Ponts et Chaussées，1747）和梅济尔

---

① Spary 2005 [2000].

工程师学院（l'école du génie de Mézières，1748）的创建也绝非偶然。实际上，人们对实际事物以及理论推测，仪器仪表和非常精确的测量都具有浓厚的兴趣。因此，1770年代末在梅济尔的教学基于描述性几何学、机器理论和物理科学——1783年在化学实验室进行了水成分的实验。①

这些科学具有两个方面的特征。一种是认识论的：它们是收集、分类、比较和分析的技术。总之，所要解决的是一种知识的秩序。但是第二个方面是社会和道德的：远离沙龙和贵族活动的美学形式，表达了另一种精神，即劳动精神，与"猎奇"和世俗或资产阶级礼节的规范脱节，这种精神支持精度和责任。在自然历史博物馆、综合理工学院任教的巴黎医院的教授，或19世纪初军队的工程师，都受到雇用他们的国家机构的"保护"。他们住在与普通人分开的地方，并且完全是男性（这当然与沙龙不同，并且非同小可）。只要他们保持效率，并对国家有用的话，他们就可以确定自己的职业规则。他们宣称自己是做事和有知识的人（专业人士），他们让自己变为有自主性的，并且比以前更加清楚地挑战了在"业余爱好者"或"江湖骗子"于公共空间中盛行的知识形式 [这就是王家科学院为反对梅斯梅尔（Messmer）和他的磁学采取的行动的含义]。

他们还倡导关于"科学"的新论述——比如"科学家"一词在19世纪前几十年在英语世界中的出现——或关于科学知识的方法和顺序——例如，奥古斯特·孔德（Auguste Comte）。现在，它们通常位于"学科"中：物理学及其子部分：力学、光学、电学和磁学、热力学；还有化学、比较解剖学、地质学等等。这同样具有表象和本质：量化精神遍布各个领域，以及数字雪崩的开始。它会影响数据的产生（用于测量经度、气象或社会数据），数据的分布以及我们对掌握数据所抱有的希望。显然，这一运动并非独立于个人的无所不能的理想，这些理想在后来的政治上成型。它要求尝试定义标准化的公制并使数据标准化，而各国正以更好的管理人口和资源的名义控制它。

要了解这些实践的成功，就需要扩大关注范围，分析这些科学家所处的新

---

① Belhoste, Picon et Sakarovitch 1990.

环境——从政治和经济意义上讲，这首先是自由秩序的环境。① 定义它的是工业、科学、技术和国家精英的新组合的存在，以及优先考虑国家发展形式的寡头政治。新的"企业家-科学家"通过其科学、技术提供和企业家角色在其中发挥了重要作用。但也要看他们在政治生活中的地位，这在法国比其他任何地方都更加清楚；而且他们可以同时扮演大多数角色，例如，执政府统治下的沙普塔尔（Chaptal）男爵，他同时是医生、化学家、工业家和内政部长。这种寡头政治有利于市场和行政秩序——这是科学家和实业家在主要国家文员的协助下的秩序，这是负责定义规则和标准的专家委员会的秩序。②

新的、技术上更安全的生产规定产生了对更稳定的立法和财务环境的需求——但从未完全满足。由于新生产方式所需的投资规模，企业家需要一种长期的可见性，并保证能免受不确定性的风险。③ 因此，积极的法律是十分重要的。故而，1790年代初在法国和美国定义了一个非常新的、个性化的专利法，这使个人创造者成为其思想的完全所有者。④ 因此，建立了更加均质、各向同性的市场区域（由法律和行政管理建立的国家空间），定义了新的产品范畴（除了西班牙或鲁昂的碱之外，人们还必须定义碱的成分，这是科学提供的定义）。还必须保护这种生产逻辑，使其免受政治干预和公共空间的运动。因此，经济学思想家发明了自治的经济宇宙，它遵循自己的逻辑，如果任其发展便是最优解。

从1870年代到1970年代兴起的"技术、工业、军事"复合体

正如我们在此结论中所尝试的那样，如果需要提出广阔的时间视野就不可能独立于对空间的考虑：地理位置决定了时间的顺序（因此，上一节中对法国的关注清楚地为我们带来了分期）。即使在没有选择组织原则的情况下，提出长期愿景也不可能没有一定的随意性。我现在要检验以下假设：从1870年代

---

① Graber 2009.
② Fressoz 2012.
③ Fressoz et Pestre 2013.
④ Biagioli 2006.

到 1970 年代的世纪具有足够的连贯性，可以作为一个整体来理解。① 在这一时期，我们首先看到了公众科学形象的转变。始于 19 世纪下半叶的大型国际展览为技术工业提供了荣耀。在欧洲和美国，这已是被广泛接受的事实：英国的捣毁机器运动失败了，巴黎的国立工艺学院周日上午的科学课程吸引了大量工人。通过科学计量学的建立、标准的部署、批量生产和科学管理，技术和生产变得"科学化"了，而科学实践也实现了产业化。在 1930 年代，从战争和殖民地管理的经验来看，"经济"成为一种类别，并成为治理的对象。

经过复核并与技术和工艺美术密切相关的实验科学现在在学术界占据主导地位；教学实验室在不断扩展——在柏林、在剑桥大学和索邦大学。即使用于清点的科学在殖民地世界中仍然必不可少，但"社会科学"已经出现并且人文学科蓬勃发展。在世界各地，实验室变得更加组织化和等级化，并且随着专业化而普遍实现了分工。科学企业实现了爆炸式的发展——美国电讯电话公司的贝尔实验室在 1920 年代就雇用了数千名专业人员。这种扩展，这种实践的转变，一种新的技性科学制度的出现与国家的重新定义密切相关——而发明具有了全新的地位和作用。这个国家是得益于税收的国家；是科学之国家，是承揽科学活动的国家，为研究和协会提供资金［例如，创建威廉皇帝学会（Kaiser-Wilhelm Gesellschaft）］，并关注技术和创新，为国家谋取更多的利益；是一个专心于武器质量的好战之国，借助科学，为保卫国家及其经济、政治和帝国主义利益做好准备［《炮兵备忘录》（le Mémorial de l'artillerie）是 19 世纪末法国最大的统计学杂志］；是一个旨在通过保险、社会科学和男性投票来整合"危险阶级"的福利国家——这是大民主（la démocratie de masse）的到来；以及，最后，这是一个旨在通过生产者、专业协会和国家标准来控制技术进步对健康或环境带来负面影响的管制国家（État régulateur）。②

关于知识，三个主要趋势起到了作用。首先，在工业和科学界采取务实的态度以调动超出大学既定学科范围的所有可用手段。19 世纪末出现在工业界

---

① 对我们而言，这种看法破坏了本套图书的分期基础。对于支持这种分期方法的论点可参见 Pestre 2003。对于支持我们本套图书所使用的分期方法的论点，可参见在第一卷开头的《总序》。
② Pestre 2003。

的这些实践，也是一种跨行业实践，在第二次世界大战期间和之后被军方普遍推广。这种"怎么都行"（everything goes）的哲学首先要解决的是导致与公众和归因于"科学"的道德价值观相悖的结果。① 通过在实验室中掌握微观现象而产生的"广义还原论"（le réductionnisme généralisé）是第二件引人注目的事情。这在电子、原子、原子核、粒子的物理学中很典型。微生物学（微生物）、遗传学以及后来的生物分子化也是如此。这种"微小"的延绵曲折是非常有效的，因为它允许我们创造出广阔而造物主式的人造宇宙。最终，多年来，引人注目的是，数学被更多地用于"正规化"（le processus de formalisation）。例如，统计学和概率论方法在19世纪末的物理科学，20世纪前几十年的人口生物学和经济学领域得到了普遍应用。建模在1920年代和1930年代展开，而"应用数学"和第一批模拟领域则在1950年代兴起。

可以说，这是发达国家社会的"科学化"，是科学成为变革的主要力量。"科学"（在19世纪后半叶在法国广泛使用单数大写"La Science"）成为"国家"的第二自我（alter ego），一种表达集体利益并在特殊利益面前宣扬其中立的手段。科学因为指导社会、经济和技术进步，从而成为一种参考体制——而在1850年代，情况并非如此——它成为国家依赖或证明其选择依据的体制。因而，科学是适得其所的。它从其自身所获得的资助和象征意义上受益，并在后来成为"现代性"的中心体制之一。

从1980年代到2010年代的全球自由化制度、生物技术、模拟和数字化

四十年来，相同的知识、相同的学科或相同的价值观一直不再主导科学的活动。在20世纪初期，是"基础"物理科学塑造了"好的科学"（la bonne science）的标准——相对论、量子力学。自1980年代以来，其他（技性）科学领域（尤其是生命科学、生物技术-纳米科学）得到了广泛关注，这些活动能够重组生物材料。这些科学本质上面向技术生产，是新的市场惯例和新的

---

① 保罗·费耶拉本德（Paul Feyerabend）1979年在他的《反方法论》（Against Method）一书中提出了"怎么都行"的概念。

所有制行使方式的核心。例如，它们在经济中的作用不如化学科学和工业那么重要，但是它们导致了新的生命政治的形式，其掌控在个人手中，而不是在国家手中。① 在这方面，它们为社会世界的深刻变革作出了贡献。

通过部署计算机工具和数据库，以及通过部署大型模拟，如气候变化研究、科学实践也得到了重组。在地球系统及其平衡、地球环境科学、生物多样性保护周围出现了新的"科学的场域"，与造就科学辉煌历史的一切相比，所有这些都是新事物。但是，在超过一个世纪的限定之外，它们又部分地与自然志及其清单重新建立了联系。然而，这些新科学和生物技术的社会和政治后果是巨大的，它们占据了公共空间。

但是还有另一组新生事物——近几十年来出现了一种新的知识的政治和道德经济学。生产规则已经改变。如果人们接受保持过度的简洁的话，那么在经济生活中，权力通常已经从管理者转移到股东和金融行动者。在这一过程中，自从民主制以来被定义的政策至少在大多数国家中已经被重新定义，甚至被边缘化了。② 在地缘政治秩序中，我们已经从威斯特伐利亚体系的平衡的国家框架下由民选机构定义优先次序的宇宙转变为更加一体化的、经济全球化的系统，并由合法性各异的行动者在多个"治理"空间中进行监管：大型企业、世界银行以及许多非政府组织。最后，世界似乎处于不稳定的平衡中，对所有的颠覆都是开放的。这种感觉与冷战时期盛行的可预测性和稳定性相反。其结果是越来越多的不确定感和一种"风险"感，人们可以通过这种"风险感"来感知自己与世界和环境的关系。③

这种变化伴随着知识产生方式的转变。首先，学术领域的兴趣成倍增加。风险资本、纳斯达克、初创公司、商业律师，主要的国家项目在研究方向、采取的形式以及所研究的和需要忽略的内容方面已变得越来越重要。就其本身而言，在日益激烈的全球竞争中，工业研究也摆脱了领土框架，从定义上来说，该框架仍然是大学的和人口的框架。现在，根据潜力和机遇，在全球范围内定

---

① Rose 2007.
② Supiot 2010.
③ Beck 1992.

义其研究的本地化。在企业中，创新工作的性质也发生了变化。不再是 1870 年到 1970 年之间的研发，不再进行研发的通用产品和生产线的设计在这一时期已成为创新工作的基石。因此，"研究"已成为我们倾向于外包的参量。①最后，对知识产权的定义和规则进行了深刻的修改——一方面导致知识分化的形式，另一方面导致垄断和司法化的形式。② 因此，一种新的知识政治经济学和道德经济学得以确立。

就污染和进步的负面影响而言，其新颖之处在于现在普遍提出了以下问题：当前，环境和气候问题已普遍化（涉及人类）和全球化（地球是一个整体）。在 18 世纪和 19 世纪之交，有关各种碱的化学的争议已经非常强大，并且与我们今天所知道的极为相似（我们不理解前人面对生活环境遭到破坏时为什么会做出与我们截然不同的反应）；但是，它仍然是局部的。进行流行病学和毒理学研究、请愿和提起投诉的是沿岸居民。即使这种抗议活动没有失去活力，今天的这些行动也往往被更多的讨论所吸收——这是有新颖之处的：这个问题已经成为物种和地球生存的一场战斗，只有科学才能说明现实——除了科学外，谁还可以判断是否存在全球变暖？

从长远来看，是什么造就了知识和科学的世界：8 个论点

理解过去五个世纪以来围绕科学和知识发生的事情，不能仅仅简化为之前的综合分期，因为这必然会歪曲这种分期所忽略或突出的东西。相反，我们有必要尝试确定和限定认知和社会的、技术和经济的、知识和道德的制度。这些制度是相互连接并随着时间的推移而重叠。分期工作当然只能被简化，一部分和一部分地进行，但事实并非如此，其他人会建议其他或补充性的解读。在接下来的内容中，我建议以另一种方式来探讨这个问题，把注意力集中在持久性、稳定性，以及持续的特点上，并借此机会质疑 8 个空洞的陈词滥调。即：

---

① Le Masson et al. 2006.
② Pestre 2003.

欧洲发明了"科学",而这些科学将首先来自其科学家的创造力;科学只会是知识和概念问题,对它而言,专有技术、材料的、手工的或工业的实践无法起决定性作用;科学的部署不会与贸易和商业世界有机地联系在一起;科学不是国家的核心事务;"科学共同体"将在"内部"解决他们的问题,并且他们将超越空间和舆论;科学将不同于社会意识形态,例如,他们可以说明种族和性别的客观现实;我们的祖先会发展自己的活动而不必担心对自然造成的损害,他们不会像今天这样拥有(稀有的)自反性;科学最终将根据其自身的逻辑发展——而那些突变可以被有力地理解为它们发生的空间位移。

论点1:欧洲或北美的科学体制并不是重塑知识并使科学脱颖而出的唯一体制。与新世界和发展中国家,以及他们的知识和精英的相遇,同样具有决定性。

第一个论点是说,在这五个世纪中,科学和知识里众所周知的惊人转变并不仅仅是在发达国家发现一种新的方式:在"科学"中找到其来源。相反,这种知识涉及欧洲人与"南方"人口和文人之间的有来有往的交流。从15世纪末开始的各种"全球化"意味着对植物、动物和生态系统、农业知识和药典、地理学、制图学和航海知识、语言学、人类学和艺术的知识,以及技术和生产方式的持续适应。在这方面,"相遇"引起了信息的大量传播,这导致了当时、今天以及其他地方的问题、知识和自我形象的根本转变。

我们可以通过一些中间人来了解这一现象的复杂性:翻译、行医者、侦察兵、毛皮贩子、奴隶以及今天的农民和"当地居民"。他们的对面呢?人道主义者、传教士、探险家、殖民地行政人员、博物学家——以及当今的协会和非政府组织、游客和农业工程师、世界银行和世界卫生组织。在什么场所呢?在美洲印第安人的带领下,欧洲探险家的独木舟里,在审讯俘虏的船只甲板上,在知识和法治相互碰撞的港口酒吧和法庭中——以及在当今的达沃斯论坛、世界社会论坛和减少发展中国家毁林及森林退化的温室气体排放(REDD)的项目。

但是必须说,在其利用这些交流机会并重新整理其积累的知识的那一刻，"北方"消除了其债务并使"他者"东方化了。这些新知识当然是通过交流而产生的，但是这些借用和适应却从历史和回忆中被抹去了，而另一种相遇被讲述，并被从本质上认为是无能的、不科学的——即野蛮的。"北方"是建立在这种遗忘和抑制之上的——它是通过突出"科学"的姿态来定义的。"科学"使它与众不同，并按排除另一种理性的顺序将它单独放置。这种新知识的盟友、商人或士兵，也被组织起来进行征服或掠夺。因此，其后果是可怕的：欧洲人和他们带来的病原体摧毁了美洲人口；欧洲港口、黄金海岸和美洲大陆之间的奴隶贸易；破坏传统的农业形式（例如，在19世纪尼罗河谷地对私有财产的暴力征收。[①]）——或者，在过去的几十年中，通过结构调整政策对世界进行了彻底的改造，并始终认为这是唯一可行且合理的政策。

但是，关于中间人的思考依然有限。在过去的五个世纪中，席卷欧洲（和世界）的永久性战争造成了大规模的人口迁移，例如，17世纪的摩里斯科人、西班牙系犹太人、希腊人、亚美尼亚人。这些侨民通常以贸易为生，但其中一些对于知识和技术转让至关重要——这就是近代法国以外的胡格诺派教徒和英格兰以外的英王詹姆斯二世拥戴者的情况。而且，如果我们希望在时段上有个大的跨越，我们将看到1930年代犹太知识分子从德国迁出，其中的一个影响就是对科学的深刻重组，首先是发生在美国，然后从那里扩展到世界各地。

论点2：专有技术、工艺和生产知识在科学的出现（和持续转型）中起着决定性作用。这对于精密文化和实验实践尤其如此。

但这不仅仅是关于自然、植物、水和天空的知识。它也涉及工匠和工人、建筑商和工程师的实践知识，没有它们，每个世纪都不可能建立和重新发明"技术和工业"科学。在进行物质上的操作时，专有技术至关重要。长期以来，已经确立的默会知识（les savoirs tacites）和手艺是实验室和生产生活的核心。保证成功的是它们，而最难获得的也是它们。他们的转让仅能依靠"参与实践"，而其形式化，正如科林斯国王西西弗斯，无法如期望般把石头

[①] Mitchell 2002.

推上山去。①

在17和18世纪，实验实践仍然是非常混杂的，几乎没有系统化——波义耳（Boyle）可以指责帕斯卡（Pascal）并未真正进行真空里的实验。伦敦或巴黎的科学院的实践工作通常仅仅靠实物示教者（他们并不总是被视为是学者）而存在。他们是唯一动手工作的人。科学院的绅士们还知道，工匠掌握的实践知识是他们所没有的，因此必须向他们学习。17世纪和18世纪的造船业就是如此——对于那些想进行激进的创新的人来说，这是一项冒风险的活动，正如瑞典国王古斯塔夫二世阿道夫（Gustave II Adolphe）统治时期发生的"瓦萨"号（Wasa）战舰沉没的灾难所显示的那样，而雷奥米尔（Réaumur）当时则参观了巴黎的手工作坊，以提高王国的科学能力。②

一个半世纪后，与仪器生产商［例如，德国在光学领域的蔡司（Zeiss）］和机床行业紧密合作，使人们建立了精密物理学。在实验室科学中，"精密"的新价值来自生产的组织、零件行业、车间和建筑工地的管理，科学的工作组织——对专有技术和工人行为的驯服；在其他环境，大型植物园或调查的实施中都可以找到这种对精密的实践。③ 在19世纪后半叶，它反映在天文学观察者的"个人方程式"的确定、教学实验室中学徒物理学家的实际培养、对园林工人工作的严格控制等方面。当然，成立于1845年的德国物理学会不只是"学院式"的：像20世纪中叶以前的所有其他物理学学会一样，它汇集了大学教员和工程师、工匠、生产者和企业家。

论点3：商业、贸易和生产世界一直是知识和科学部署的主要资源。

在科学界，人们通常认为科学是技术发展之母。今天还在出现的是商业界对某种科学"殖民化"的论述，其"利益"将减少科学本身的回旋余地。这不是没有根据的，并且远非如此，但是本套图书的三卷所鼓励的历史观点带来了一段更具对比性的历史。

---

① Collins 1985.
② Licoppe 1996.
③ Drayton 2000, Secord 1986. 感谢西蒙·沙费尔提供的这些参考。

五个世纪以来，知识生产者的确与贸易和生产世界保持着密切的关系。在贸易与收藏家、学者、贵族和商人之间，事情不言而喻：有关物品的知识（手稿的来源、植物的药用特性、艺术品的质量）同时也是学术工作的核心、收藏的基础和市场的起源。这个例子在 17 世纪尤其令人信服：商人和他们的专家从遥远的地方选择制成品、异域的产品、植物和手稿；它们被运送和集中到仓库或植物园中，并在那里被分类；它们被重新包装为消费的对象，人们建立了商品交易所以确定它们的价格。在这一运动中，科学和商业共同发展，而又没有相互干扰，这在很大程度上对两者都有益。这里的关键是：交流的动力首先是商业的，并且正是在这种全球性的客体的流通中，知识及其自身的流通才得以融入进来。

但是，尽管这种联系本质上是不同的，但对于工业生活来说是同样重要的。我们已经谈到过在 19 世纪初碱与酸的化学，科学家和发明家本身就是企业家和调节者。在 19 世纪末，在合成化学和工业实验室中，大学教授是工业界的顾问，并且在两个世界之间，学生、资金或产品的交换网络是连续的。微生物学的先驱以相同的模式发展与制药业的紧密联系。贝林（Behring）成为成功的企业家，而巴斯德研究所（Institut Pasteur）则建立了自己的生产中心。在 20 世纪初的美国电力行业中，发明家（通常是工程师）通过专利部署了控制的策略，并建立了最强大的框架［爱迪生（Edison）、斯佩里（Sperry）］。无论哪种情况，都是错综复杂的——这并不意味着每个人都在做相同的工作。

在 20 世纪余下的时间里，这些例子无穷无尽，由此产生的科学重组令人瞩目：因此，跨越第二次世界大战的固态物理的构成，其产生的原因，不是学科逻辑（"科学"的发展），而是源于（电子技术的）大型企业针对实际目标的作用（开发人造半导体）以及从而动员了此前无人以这种方式阐明的一系列技术（电子物理学、材料化学、晶体学、晶体制造、量子力学）。这些公司制定了以专利负责人（经过科学和工程培训）为中心的发展战略。他们在部门之间往来，确定产生阻力的地方和可能的协作，并带来另一种安排，即结合理论知识并加以实践的另一种方式——成为"固态物理"。在 1950 年代末期，材料科学领域再次出现了同样的现象。这一次军方是融合的力量，是财务和组织上的枢纽，从而使这个新领域得以诞生和体制化，并让它成为对自身来说不可或缺的存在。①

论点4：知识，尤其是科学，始终依赖国家。国家在它们的许多发展中直接或间接地扮演着角色。

如果将国家放进等式之中，则知识的载体与商业和生产领域之间的结合的紧密程度将更加惊人——尽管国家不会永远统一，并且存在着无限的变化——从1500年的佛罗伦萨到2010年的美国，从明朝到当今的中国。知识与国家之间的联系主要与安全和战争问题有关：对于军方来说，实践知识太过重要，故而只能由学者或有才能的人来完成。接下来则是有关库存、自然、人力和生产资源的认知问题——例如，它是19世纪美国联邦政府科学活动的核心。出于经济原因，商业界也经常要求国家提供帮助——通过军队、立法或其他专利政策去学习该怎么做。最终，当实验室科学成为工业进步的主要组成部分时，在19世纪末，国家本身便成为科学的承揽者、资助者和组织者。而且，需要指出的是，由于当今全球的经济竞争，以及人们相信国家的未来取决于发展他们自己的硅谷的能力，这一作用比以往任何时候都更加重要。

因此，我们必须从公设出发，然后与众所周知的说法相反：科学、国家和军方之间的相遇并不构成"选角的错误"（l'erreur de casting），而是五个世纪以来的普遍现实，而且这并不意味着任何人都在这一过程中"出卖了自己的灵魂"。16世纪意大利城市的君主供养着数学家、工程师，伊比利亚王国和之后的英国建立了构成国家脊梁的海军，法国则在18世纪偏爱工程师—学者——正如刘易斯·皮尔森（Lewis Pyenson）所做的美好比喻：动不动就教训人的物理学。普鲁士和法国在19世纪末推崇科学的火炮，而英国，意大利和法国则使用第一架飞机通过对平民的战略轰炸为殖民地带来"和平"。② 在二战中，英国发展了运筹学。在冷战中，美苏发展了导弹。而如今，美国和以色列发展

---

① Pestre 1992.

② Lindqvist 2000.

了无人机。即使总是存在有人拒绝参与其中，却总是有足够的学者和工程师准备进行这项工作。

国家的角色比军事更广泛。君主出于多种原因支持艺术和科学。在巴洛克时代，出于声望和名望的原因、经济或商业实力的原因、农业或林业生产的原因、财政的原因——由于战争依然有可能爆发，因此有必要征收更多的税款。但是重商主义、政治算术、政治经济学、统计学是与国家最常联系在一起的科学实践，由此国家发展出新的治理形式：19世纪初开始接种疫苗或进行卫生监督，而在一个世纪后开始实行社会保险和劳动法。

这里可以考虑三点。首先，"统计学问题"并不是国家唱独角戏：在很多国家，它是联合的结果，在公共空间以不同的方式表达。然后，负责数据处理的机构会定期尝试标准化其过程（收集、处理），但这在历史上是永远不可达成的。因此，我们在叙事中一定不要太过"韦伯式"（wébérien）：对事实的狂热追求是掌控那些能产生效应的事物的梦想，尤其是当这种追求被权力所支持时。不过，它总是会遇到很大的限制，并且只是偶尔有效。

至于人类所使用的技术，从18世纪到冷战年代，它们一直非常稳定。在过去的两个世纪中，用于做笔记、书写、复印、分类和检索信息的纸张技术几乎没有什么变化，从知识工作到行政活动，从自然主义分类到邮购业务的组织，都可以找到它们。从1850年到1950年，他们经历了机械化、机械电气化和现代办公家具（主要属于商业领域的发明）所进行的改进，但其知识的目标却丝毫没有改变。[①] 实验室科学本身的假设推论方法，例如，其数据的构造，走向过时：新的工具和软件可以轻松地从商业和通信机器每分钟收集的大量数据中提取出相关信息。[②] 幸运的是，从某种意义上说，幸福的预言（例如，NSA是真正知识的提供者）仅对相信它们的人有效。

---

① Gardey 2008.
② 可参阅克里斯·安德森（Chris Anderson）的精彩社论：《理论的终结：海量的数据使科学方法过时》（The End of Theory: The Data Deluge Makes the Scientifc Method Obsolete），《连线》（Wired Magazine），2008, vol. 16, n° 7。

论点 5：说服公众舆论和诱导人们了解"科学"奇观一直是科学家、政治界和企业界持续关注的问题。

知识和科学不仅仅建立在实验室或统计学家的办公室当中。因为它们与技术、政治和经济生活以及消费息息相关，所以知识和科学成为公共空间的一部分。从文艺复兴时期到 21 世纪，向有卓识的或流行的公众舆论推广科学和知识，是一种较为普遍的实践。知识和技术的提升首先是一种炫耀的手段，展现君主、行业、国家的牌面和能力。大型的焰火表演和宏伟的王室宫门（17 世纪）、巴黎林荫大道的壮观景象和国际展览（19 世纪和 20 世纪）都属于这个世界。

但是，这种推广活动不停出现在年鉴、广告海报中（18 世纪末），并通过来自"新世界"的实物示教者（19 世纪）和通过广告和科研机构本身（自两个世纪以来）实施。在 19 世纪初，皇家科学研究所（Royal Institution）成立于伦敦，以开设公共课程，就像在巴黎的国立工艺学院一样。赫兹在 1888 年发现的电波立即在伦敦、巴黎和维也纳公开展示；日内瓦欧洲核子研究中心五十年来对向广大观众展示其机器、粒子及其物理原理等给予了很多关注。

从 17 世纪开始，喜欢科学的公众开始传播科学。这反映在实验哲学的兴起、对机器和仪器的崇敬、对奇妙事物的迷恋、学者共同体和活动编审的开放性，以及具有博学、有趣和美感的城市文化。18 世纪末，随着商业的发展、政治辩论的兴起以及咖啡馆、俱乐部和报纸的活跃，越来越多的人着迷于科学、机器和消费品。从 19 世纪中叶开始，人们见证了技术和工业的大发展，以及不得不接受的进步。出于科学或实践、商业或力量展示的原因，但也出于政治原因：1848 年革命之后，工人阶级登上了公共空间的舞台。展览会被重新设计，以庆祝如今已具有社会包容性的进步。

从 19 世纪中叶开始，国际展览会的竞争愈演愈烈，而每个展览会中民族工业之间的竞争也是如此。纪念性的成就（例如，1900 年在巴黎展出了 60 米长的天文望远镜[①]）与商业产品，当然，还有殖民地居民的"标本"，一起

---

① Launay 2007.

被展览出来。建筑追随着运动和古典形式，随后便是水晶宫和埃菲尔铁塔的诞生。在 20 世纪中叶，媒体性质的变化导致了其他形式的出现（电影、科学文化中心以及模拟）。但是，有一件事依然是不变的：公共空间充满了科学、技术、进步的形象以及无尽的希望。

论点 6：几个世纪以来，知识和科学在种族和性别的定义以及卑微身体的驯化方面发挥了巨大作用。

至少在"北方"，一个问题困扰了人们至少五个世纪，即种族问题。依靠"重大发现"、奴隶贸易和殖民化，它成为先前基督宗教顽念的一部分。无论是科学、知识还是普通良知，从巴利亚多利德（Valladolid）之争到纳粹对犹太人和吉卜赛人的灭绝、血统、宗教和种族的发展道路一直交错在一起。[①] 此外，在自然界中建立种族（和性别）是科学界长期以来重视的一项活动——这在纳粹的大屠杀之后被抑制——而社会科学已经尽其所能为殖民化的合理性辩解。

在学术论述中，从一开始，对种族的顽念就与性及其暴力的问题、妇女及其控制的问题、性别和异常的问题交织在一起［难道我们不应该在这里认为这与非常男性化的"学术之城"（la cité savante）有关吗？］。但是，从一开始，伴随着人类存在劣等种族的思想，这种顽念也非常接近动物及其生物学连续性的问题。伴随着启蒙运动的开展，"进化"的观念深入人心。种族化被更多地视作人类进步的阶段和自然分类的问题。然后，种族的论说讲述了一系列从猩猩到黑人与白人的自然和文明进化的范围。

自 1850 年以来，对种族是不可分割的生物和社会类别的这种理解在欧洲的心脏地带和它所塑造的领土上被认可，然后又被普及。在这门科学的中心，进行种族研究的是生物学和体质人类学，但其实自然志、比较解剖学、地理学和语言学也会涉及其中。种族科学让人们了解了对立者和无限的细微差别，其目的是显示人类之间存在等级制度，例如，"闪米特人"和"雅利安人"之间

---

① Anidjar 2014.

的对立，或者拥有更发达的大脑的优越种族的必然胜利（印度日耳曼族）——进化论并不否认这一点。

但是，在欧洲人的帝国和殖民扩张运动中，形成"种族－性别"类别的来源比知识的产生更多：对黑人大规模和持续性的奴役；欧洲和大西洋地区之间长期的反犹太主义和对少数民族的迫害；在整个19世纪和20世纪初，性别关系十分严重的男性化。这些知识和做法被转化为话语，并通过不同背景让摩尔人、犹太人、新教徒、天主教徒、印第安人、黑人、妇女、同性恋者、疯子、共济会、犯罪分子、危险阶层之间保持距离。教会人士、学者、医生、科学家都参与了这项指定和分配的工作——从临床观察、人类学测量、分类、调查、主题实验、理论和大型公共展览。

第二次世界大战后，反犹太的话语在公共空间中被减少。二十年后，种族主义的话语变得更加难以维持，性别歧视的话语也在式微——尽管在过去20年中，这种情况再次发生了逆转。另一方面，在学术界中，自1945年以来，种族不再是可接受的类别，生物学家致力于"人类多样性"。但这也许并不能避免不可想象之事和巨大的模糊性。

论点7：几个世纪以来，科学家们一直关注人类对自然的改造，这不是最近几十年才出现的现象。

当今，人们普遍认为，作为我们先辈的现代化者不关心他们行动的后果以及对自然造成的损害。也只有在这几十年的时间中，我们才关注我们的环境，并会专心致志地治理环境。[①] 通过本套图书所展现的历史，我们可以发现，这种论述是错误的。这不仅是因为现代化在很早就提出了这些问题，而且，如果从"人类世"现象的曲线来判断，我们的良知似乎并未带来与过去在质量上有所不同的结果。

有两点可以使这个论述更为充实。首先，当我们的先辈遭受健康或环境破坏时，他们往往会积极地去应对——例如，当河流被手工或工业生产污染时。

---

① Beck, Giddens et Lash 1994.

这并不奇怪，因为这首先涉及的是财产权，尽管它不是唯一被侵犯的权利。然后，既然这个问题已经成为历史学家的研究对象，那我们到处都能找到例子。两个世纪以来，我们看到人们动员了多种知识（流行病学、统计学以及使用实验室）来确定他们所遭受的损害，捍卫自己的权利，建立同盟，走上法庭，要求赔偿所遭受的健康或环境损害以及未来的预防措施。

不过，也许有人会认为，只有在我们的时代才可以考虑全球现象（例如，气候变化），因为知识和工具（计算机、卫星）经常需要很大的规模，而这些条件是我们的祖先所不具备的。但是，每个时代都用它所能拥有的方法来处理。可能在这里存在一个悖论，那就是，首先在殖民地的环境中，人们从根本上改变了气候。因此，洪堡（Humboldt）将其在拉丁美洲遇到的水源短缺归咎于西班牙殖民者以及他们的做法。在18世纪和19世纪，这导致了漫长的立法辩论、众多的科学调查以及整个欧洲的造林政策。

然而，在1870年至1970年之间，人为的气候变化（和人类责任）的范式变得有些模糊不清。这当然是因为这100年人们深信工业的进步和科学的造物能力。的确，工业的成功是惊人的——"科学"成为一种参考标准的体制，被认为能够找到任何问题的解决方案。而后来出现的微生物学趋向于通过仅将疾病归因于微生物来将疾病与环境隔离开来——这种还原论使实验室成为抵抗自然惯性的绝对的补救方法。我们仍然可以援引近年来流行的自由主义，并相信它们自己建立的平衡；或使用社会学，然后倾向于将社会视为地上（hors-sol）的事物，并将任何问题简化为人与人之间的关系。[①] 另一方面，随着1960年代，污染的激增（尤其是化学污染）以及年轻人通过学校和科学而成长起来，人类在地球失常中的作用又重新回到了社会关注的焦点——由此，出现了一种相当新的社会学，试图在同一运动中思考人类和自然环境。

---

① Fressoz et Locher 2012.

论点 8：了解知识和科学发展的一个好方法是遵循生产地的自然和社会地理分布。

在本文的第一部分中，我尝试叙述了五个世纪的知识和科学制度。总而言之，我想从另一个想法（从一个简单的想法）来解决这个问题，即解释知识发展的一个好方法是跟随知识被制造出来的地方、空间和机构的转移。

长期以来，一个论点盛行——在 16 世纪至 18 世纪的欧洲发生了一场科学革命。这场革命涉及很多方面——是世界观的革命（哥白尼式的）、形而上学的革命（柏拉图式的）、事实方面的革命（实验性的）、数值规律性的革命（数学的）——无论如何，是观念和关注点的革命。通过阅读本套图书，我们会发现这个论点过于简单，因为事物不可能一成不变。我们并不是说观念和断裂没有意义——它们是主要的事情，而且与这段历史有关。此外，还有谁敢否认知识的生产中没有观念、没有革命发生过？但是，我要说的不是这一点，而是从一个非常简单的事实开始，即像所有人类活动一样，知识的活动取决于谁制造了这些陈述，以及何时、何地、如何设计这些陈述。因此，至关重要的是将这些不同的空间命名为科学和知识的生产者，以表征它们允许、排斥或看不到的问题，并说出它们认为有效、有趣或无意义的内容，以及根据它们的发展，想象这些空间所带来的知识形式的转变。

但是，这次应该由读者来定性这些空间的位移对重要知识的影响［通过课外作业（homework）和阅读本套图书的方式］。因此，我将自己限制在这三卷中经常遇到的几个场所。在文艺复兴时期和 21 世纪之间发生的一切首先是人文主义界和印刷铺、自由和商业城镇、发现之旅和植物之旅，在世界各地的海滩和城市相遇，为另一场战争做准备的兵工厂和军队——从新式火炮到意大利的图样。但是，也有为改变世界和寻求了解世界的团体、宫廷和珍奇屋、文人共和国、仪器商店、不同的东印度公司、巴黎的贵族沙龙、墨西哥城的克里奥尔人沙龙、加尔各答的学院、伦敦和波哥大的猎奇和付费的观众、阿姆斯特丹或马尼拉的小酒馆和咖啡馆、共济会旅馆、圣彼得堡和维也纳的皇家学院、植物园和新的藏品、自然历史博物馆以及科学和军事工程师学校。

在过去的两个世纪中，随着创建许多学校（也许从巴黎综合理工学院开始），它们至少与许多军官学校（西点军校）、新的大学（首先是德国）、各种调查（首先是在欧洲，在北美洲，然后在殖民地）、发明者的工作坊和商业实验室、研究与教学实验室、专利局、化学和机械产品的生产线、国际计量学中心和会议、咨询工程公司、方法和组织科学工作的办公室。但是，在19世纪末，仍然有许多院系和新科学涉及人文和社会问题，涉及公共、技术、工业或科学政策、商业律师、纳斯达克等技术股票、计算机和超快速金融工具；涉及业余爱好者和科学博物馆、演出和国际展览会、流行杂志、电视和广播节目、网络；涉及论文奖学金以及科学、黑客、参与性科学和协商一致的会议的"民主化"，等等。

而且，如果有人想说在1500年至2010年之间发生了一场"科学革命"，这听起来并不是一个荒唐的表述，当然，之后就要看他们如何去讲述这段历史了。

多米尼克·佩斯特（Dominique Pestre）撰

参考文献

Anidjar Gil, 2014, *Blood: A Critique of Christianity*, New York, Columbia University Press.

Beck Ulrich, 2008 [1992], *La Société des risques,* Flammarion.

Beck Ulrich, Giddens Anthony et Lash Scott, 1994, *Reflexive Modernization: Politics, Tradition and Asthetics in the Modern Social Order*, Cambridge, Polity Press.

Belhoste Bruno, Picon Antoine et Sakarovitch Joël, 1990, Les exercices dans les écoles d'ingénieurs sous l'Ancien Régime et la Révolution, *Histoire de l'éducation*, n°46, p. 53-109.

Biagioli Mario, 2006, Patent Republic: Representing Inventions, Constructing Rights and Authors, *Social Research*, vol. 73, n°4, p. 1129-1172.

Collins Harry M., 1985, *Changing Order: Replication and Induction in Scientific Practice*, Londres, Sage.

Delon Michel, 2007, xviiie siècle, *in* Jean-Yves Tadié, *La Littérature française. Dynamique et histoire II*, Paris, Gallimard, coll. "Folio Essais", p. 9-294.

Drayton Richard Harry, 2000, *Nature's Government: Science, Imperial Britain, and the

"Improvement" of the World, New Haven (CT), Yale University Press.

Feyerabend Paul, 1979 [1re éd. en anglais 1975], Contre la méthode. Esquisse d'une théorie anarchiste de la connaissance, Paris, Seuil.

Fressoz Jean-Baptiste, 2012, L'Apocalypse joyeuse. Une histoire du risque technologique, Paris, Seuil.

Fressoz Jean-Baptiste et Locher Fabien, 2012, The Frail Climate of Modernity: A Climate History of Environmental Reflexivity, Critical Inquiry, vol. 38, n° 3, p. 579-598.

Fressoz Jean-Baptiste et Pestre Dominique, 2013, Risque et société du risque depuis deux siècles, in Dominique Bourg, Pierre-Benoît Joly et Alain Kaufmann (dir.), Du risque à la menace. Penser la catastrophe, Paris, PUF, p. 19-56.

Gardey Delphine, 2008, Écrire, calculer, classer. Comment une révolution de papier a transformé les sociétés contemporaines (1800-1940), Paris, La Découverte.

Graber Frédéric, 2009, Paris a besoin d'eau. Projet, disputes et délibération technique dans la France napoléonienne, Paris, CNRS Éditions.

Koyré Alexandre, 1962, Du monde clos à l'univers infini, Paris, PUF.

— 1966 [1939], Études galiléennes, Paris, Hermann.

Launay Françoise, 2007, The Great Paris Exhibition Telescope of 1900, Journal for the History of Astronomy, vol. 38, p. 459-475.

Le Masson Pascal, Weil Benoît et Hatchuel Armand, 2006, Les Processus d'innovation. Conceptions innovantes et croissance des entreprises, Paris, Hermès-Lavoisier.

Licoppe Christian, 1996, La Formation de la pratique scientifique, Paris, La Découverte.

Lindqvist Sven, 2000, Une histoire du bombardement, La Découverte, 2012.

Mitchell Timothy, 2002, Rule of Experts: Egypt, Techno-Politics, Modernity, Berkeley (CA), University of California Press.

Pestre Dominique, 1992, Les physiciens dans les sociétés occidentales de l'après guerre. Une mutation des pratiques techniques et des comportements sociaux et culturels, Revue d'histoire moderne et contemporaine, vol. 39, n° 1, p. 56-72.

— 2003, Science, argent et politique. Un essai d'interprétation, Paris, Quæ.

Rose Nikolas, 2007, The Politics of Life Itself: Biomedicine, Power, and Subjectivity in the Twenty-First Century, Princeton (NJ), Princeton University Press.

Secord James A., 1986, The Geological Survey of Great Britain as a Research School (1839-1855), History of Science, vol. 24, p. 223-275.

Spary Emma C., 2005 [1re éd. en anglais 2000], Le Jardin de l'utopie. L'histoire naturelle en

France entre Ancien Régime et Révolution, Paris, Éd. du Muséum national d'histoire naturelle.

Supiot Alain, 2010, *L'Esprit de Philadelphie. La justice sociale face au marché total*, Paris, Seuil.

Van Damme Stéphane, 2014, *À toutes voiles vers la vérité. Une autre histoire de la philosophie au temps des Lumières*,Paris, Seuil.

致 谢

在此我们由衷感谢中国科学院自然科学史研究所张柏春研究员提供了这次学习与翻译本套图书的机会，并就相关科技史问题对我们进行的指导。同时，感谢田淼研究员就西方科技史问题，姚大志研究员就科技哲学问题，刘金岩青年研究员就理论物理学史问题，王晓斐助理研究员就数学史问题提供的指导与帮助。

我们也由衷感谢中国人民大学雷立柏（Leopold Leeb）教授就拉丁语翻译问题，宁波诺丁汉大学曹聪教授就中国当代科技史问题，浙江传媒学院讲师沈汐博士就社会科学问题，法国里昂高等师范学院何祺韡博士就米歇尔·福柯相关问题提供的指导与帮助。

译 者